数学分析学习指导

(上)

丁彦恒　吴　刚　郭　琪　编著

科 学 出 版 社

北　京

内 容 简 介

本书为数学分析的学习指导书，是丁彦恒、刘笑颖、吴刚编写的《数学分析讲义》第一、二、三卷的配套用书. 主要内容除了经典的一元微积分、多元微积分、级数理论与含参积分之外，还包括拓扑空间的映射、流形及微分形式、流形上微分形式的积分、向量分析与场论、线性赋范空间中的微分学和傅里叶变换等. 为了便于读者复习与自查，每一章中都包含了知识点总结与补充、例题讲解和《数学分析讲义》中的习题参考解答.

全书分上、下两册出版，本书为上册，主要对应《数学分析讲义》第一、二卷，适合数学专业本科一年级的学生参考使用.

图书在版编目(CIP)数据

数学分析学习指导. 上/丁彦恒，吴刚，郭琪编著. —北京：科学出版社，2021.7

ISBN 978-7-03-069367-9

I. ①数… II. ①丁… ②吴… ③郭… III.①数学分析-高等学校-教学参考资料 IV. ①O17

中国版本图书馆 CIP 数据核字（2021）第 138116 号

责任编辑：胡庆家 贾晓瑞 / 责任校对：彭珍珍
责任印制：赵 博 / 封面设计：无极书装

科 学 出 版 社 出版
北京东黄城根北街 16 号
邮政编码：100717
http://www.sciencep.com
北京中石油彩色印刷有限责任公司印刷
科学出版社发行 各地新华书店经销
*
2021 年 7 月第 一 版 开本：720×1000 B5
2024 年 2 月第四次印刷 印张：33 1/4
字数：668 000
定价：128.00 元
（如有印装质量问题，我社负责调换）

前　　言

本书是作者在中国科学院大学讲授“数学分析”及习题课的过程中, 在丁彦恒、刘笑颖、吴刚编写的《数学分析讲义》(以下及正文中简称为《讲义》) 第一、二、三卷的基础上, 在教学实践中形成的配套用书. 书中除了经典的微积分理论外，还包含了一些现代分析的内容, 部分内容具有一定的难度. 每一章中都包含了知识点总结与补充、例题讲解和《讲义》中的习题参考解答, 可作为习题课的讲义使用. 由于作者水平有限, 难免有不足和疏漏之处, 欢迎读者批评指正.

全书分上、下两册出版, 本书为上册, 主要针对《讲义》第一、二卷, 适合数学专业本科一年级的学生参考使用.

本书由中国科学院数学与系统科学研究院资助.

丁彦恒

2020 年 10 月于北京

目　　录

第 1 章 实　　数

1.1 实数集的公理系统及它的某些一般性质
&
1.2 重要的实数类

一、知识点总结与补充

1. 与确界相关的基本概念

(1) 集合的上确界 (最小上界)

$$M=\sup X=\sup_{x\in X} x \Leftrightarrow \forall x\in X\left((x\leqslant M)\wedge(\forall\varepsilon>0\exists x'\in X(x'>M-\varepsilon))\right).$$

(2) 集合的下确界 (最大下界)

$$m=\inf X=\inf_{x\in X} x \Leftrightarrow \forall x\in X\left((x\geqslant m)\wedge(\forall\varepsilon>0\exists x''\in X(x''<m+\varepsilon))\right).$$

(3) 函数的上确界 (值域的上确界) $\sup\limits_{x\in D} f(x):=\sup f(D)$.

(4) 函数的下确界 (值域的下确界) $\inf\limits_{x\in D} f(x):=\inf f(D)$.

2. 完备 (连续) 公理

如果 X 与 Y 是 $\mathbb{R}$ 的非空子集, 且具有性质: $\forall x\in X, y\in Y$ 有 $x\leqslant y$, 则 $\exists c\in\mathbb{R}$, 使对 $\forall x\in X, y\in Y$ 有 $x\leqslant c\leqslant y$.

3. 确界原理

实数集的任何非空有上界 (下界) 的子集有唯一的上确界 (下确界).

注 利用完备 (连续) 公理可证明确界原理.

4. 数学归纳原理

如果 E 是自然数集 $\mathbb{N}$ 的子集, $1\in E$, 并且当 $x\in E$ 时, $x+1$ 也属于 E, 那么 $E=\mathbb{N}$. 用符号表示为

$$(E\subset\mathbb{N})\wedge(1\in E)\wedge(\forall x\in E(x\in E\Rightarrow(x+1)\in E))\Rightarrow E=\mathbb{N}.$$

5. 算术基本定理

每个自然数能唯一地不计因数顺序的区别表示成乘积的形式

$$n = p_1 \cdot \cdots \cdot p_k,$$

其中 $p_1, \cdots, p_k$ 都是素数.

6. 阿基米德原理

如果 h 是任意一个固定的正数, 那么对于任何实数 x, 必能找到唯一的整数 k, 使得 $(k-1)h \leqslant x < kh$.

7. 有理数和无理数的稠密性①

有理数集 $\mathbb{Q}$ 和无理数集 $\mathbb{R}\backslash\mathbb{Q}$ 均在 $\mathbb{R}$ 中稠密.

8. 实数集的位置记数法引理

如果固定实数 $q > 1$, 那么, 对于任何正数 $x \in \mathbb{R}$, 必有唯一的整数 $k \in \mathbb{Z}$, 使得 $q^{k-1} \leqslant x < q^k$.

二、例题讲解

1. 对于定义在集合 $D \subset \mathbb{R}$ 上的函数 $f(x)$ 和 $g(x)$, 证明:

(1) $\inf\limits_{x\in D} f(x) + \inf\limits_{x\in D} g(x) \leqslant \inf\limits_{x\in D}\{f(x)+g(x)\} \leqslant \inf\limits_{x\in D} f(x) + \sup\limits_{x\in D} g(x)$;

(2) $\sup\limits_{x\in D} f(x) + \inf\limits_{x\in D} g(x) \leqslant \sup\limits_{x\in D}\{f(x)+g(x)\} \leqslant \sup\limits_{x\in D} f(x) + \sup\limits_{x\in D} g(x)$.

证 这里只给出 (1) 的证明, (2) 的证明是类似的.

先证 (1) 的第一个不等式. 首先, $\forall x \in D$, 由下确界的定义, 显然有

$$\inf_{x\in D} f(x) \leqslant f(x) \quad 和 \quad \inf_{x\in D} g(x) \leqslant g(x),$$

因此

$$\inf_{x\in D} f(x) + \inf_{x\in D} g(x) \leqslant f(x) + g(x).$$

再次由下确界的定义, 可知

$$\inf_{x\in D} f(x) + \inf_{x\in D} g(x) \leqslant \inf_{x\in D}\{f(x)+g(x)\}.$$

再证 (1) 的第二个不等式. 由上、下确界的定义易见

$$\inf_{x\in D}\{f(x)+g(x)\} \leqslant f(x)+g(x) \leqslant f(x) + \sup_{x\in D} g(x),$$

这蕴含着

$$\inf_{x\in D}\{f(x)+g(x)\} - \sup_{x\in D} g(x) \leqslant f(x),$$

再由下确界的定义即得

① 定义: 设 $E \subset \mathbb{R}$. 若任意两个实数之间必有 E 中的一个数, 则称 E 在 $\mathbb{R}$ 中稠密. 换句话说就是, $\forall x \in \mathbb{R}$, $\forall \varepsilon > 0$, $\exists y \in E(|x-y| < \varepsilon)$.

$$\inf_{x\in D}\{f(x)+g(x)\}-\sup_{x\in D}g(x)\leqslant\inf_{x\in D}f(x),$$

移项即得所要证的不等式. □

注 容易给出 (1) 和 (2) 中不等式取严格不等号的例子, 此处从略.

2. 设函数 $f(x)$ 于集合 $I\subset\mathbb{R}$ 上有界, 记 $M:=\sup\limits_{x\in I}f(x)$, $m:=\inf\limits_{x\in I}f(x)$. 证明:

$$\sup_{x',x''\in I}|f(x')-f(x'')|=M-m.$$

证 由上、下确界的定义可知, $\forall\varepsilon>0$, $\exists x'_\varepsilon, x''_\varepsilon\in I$, 使得 $f(x'_\varepsilon)>M-\varepsilon$ 且 $f(x''_\varepsilon)<m+\varepsilon$. 若 $M=m$, 结论显然成立. 若 $M>m$, 则当 $\varepsilon<\dfrac{M-m}{2}$ 时,

$$|f(x'_\varepsilon)-f(x''_\varepsilon)|\geqslant f(x'_\varepsilon)-f(x''_\varepsilon)>(M-\varepsilon)-(m+\varepsilon)=M-m-2\varepsilon>0.\quad(*)$$

又显然 $\forall x',x''\in I$, $|f(x')-f(x'')|\leqslant M-m$. 再结合 $(*)$ 式, 由上确界的定义即得结论. □

3. $\forall a,b\in\mathbb{R}$, 给出 $\max\{a,b\}$ 和 $\min\{a,b\}$ 的表达式.

解 容易验证

$$\max\{a,b\}=\frac{a+b}{2}+\frac{|a-b|}{2}$$

和

$$\min\{a,b\}=\frac{a+b}{2}-\frac{|a-b|}{2}.$$

此外, 也可以通过解如下方程组求得

$$\begin{cases}\max\{a,b\}+\min\{a,b\}=a+b,\\ \max\{a,b\}-\min\{a,b\}=|a-b|.\end{cases}$$ □

注 (几何意义) $\dfrac{a+b}{2}$ 为 a 和 b 的中点, $\dfrac{|a-b|}{2}$ 为两点距离的一半.

4. 函数 $(u=u(x))$ 的正部与负部定义如下:

- 正部: $u_+:=\max\{u,0\}=\dfrac{u+|u|}{2}\geqslant 0$.
- 负部: $u_-:=\min\{u,0\}=\dfrac{u-|u|}{2}\leqslant 0$.

因此我们有如下的分解:

- 函数的分解: $u=u_++u_-$.
- 绝对值的分解: $|u|=u_+-u_-$.

5. 设 $A \subset \mathbb{R}$ 为一个无限集, 常数 $a > 0$. 如果 $\forall a_1, a_2 \in A$ 且 $a_1 \neq a_2$, 都有 $|a_1 - a_2| \geqslant a$ 成立. 证明: 数集 A 是无界集.

证 反证法. 假设 A 是有界集, 则 $\exists M > 0$, 使得 $\forall x \in A$, $|x| \leqslant M$. 取自然数 n 使得 $\dfrac{M}{n} < a$. 将闭区间 $[-M, M]$ 分成 $2n$ 等份, 得到 $2n$ 个闭区间: $\left[-M, -M + \dfrac{M}{n}\right]$, $\left[-M + \dfrac{M}{n}, -M + 2\dfrac{M}{n}\right]$, $\cdots$, $\left[-\dfrac{M}{n}, 0\right]$, $\left[0, \dfrac{M}{n}\right]$, $\cdots$, $\left[M - 2\dfrac{M}{n}, M - \dfrac{M}{n}\right]$, $\left[M - \dfrac{M}{n}, M\right]$. 因为 A 是无限集, 所以在上面的 $2n$ 个闭区间中至少有一个闭区间包含了 A 中两个不同的元素 a_1, a_2, 此时 $|a_1 - a_2| \leqslant \dfrac{M}{n} < a$, 矛盾. □

6. (无理数的稠密性) 证明: 设 $a, b \in \mathbb{R}$, $a < b$, 则 $\exists c \in \mathbb{R} \backslash \mathbb{Q}$, 使得 $a < c < b$.

证 1 由 $a + \sqrt{2} < b + \sqrt{2}$ 和有理数在 $\mathbb{R}$ 中的稠密性, 可知 $\exists r \in \mathbb{Q}$, 使得 $a + \sqrt{2} < r < b + \sqrt{2}$, 所以 $a < r - \sqrt{2} < b$. 显然 $r - \sqrt{2} \in \mathbb{R} \backslash \mathbb{Q}$, 所以取 $c = r - \sqrt{2}$ 即可.

证 2 由 $\sqrt{2}a < \sqrt{2}b$ 和有理数在 $\mathbb{R}$ 中的稠密性, 可知 $\exists r \in \mathbb{Q}$, 使得 $\sqrt{2}a < r < \sqrt{2}b$, 所以 $a < \dfrac{r}{\sqrt{2}} < b$. 若 $r \neq 0$, 则 $\dfrac{r}{\sqrt{2}} \in \mathbb{R} \backslash \mathbb{Q}$, 则取 $c = \dfrac{r}{\sqrt{2}}$ 即可. 若 $r = 0$, 则 $\sqrt{2}a < 0 < \sqrt{2}b$. 同样由有理数的稠密性易知 $\exists s \in \mathbb{Q}$, 使得 $0 < s < \sqrt{2}b$, 所以 $a < \dfrac{s}{\sqrt{2}} < b$. 显然 $\dfrac{s}{\sqrt{2}} \in \mathbb{R} \backslash \mathbb{Q}$, 则取 $c = \dfrac{s}{\sqrt{2}}$ 即可. □

三、习题参考解答 (1.2 节)

1. 依据归纳原理证明:

(1) 当 $x > -1$ 且 $n \in \mathbb{N}$ 时, $(1+x)^n \geqslant 1 + nx$; 同时只有 $n = 1$ 或 $x = 0$ 时等号成立 (伯努利不等式).

(2) $(a+b)^n = a^n + \dfrac{n}{1!}a^{n-1}b + \dfrac{n(n-1)}{2!}a^{n-2}b^2 + \cdots + \dfrac{n(n-1)\cdots 2}{(n-1)!}ab^{n-1} + b^n$ (牛顿二项式).

证 (1) 当 $n = 1$ 或 $x = 0$ 时等号显然成立. 往证

$$E := \left\{n \in \mathbb{N} : (1+x)^{n+1} > 1 + (n+1)x, x > -1, x \neq 0\right\} = \mathbb{N}.$$

当 $n = 1$ 时,

$$(1+x)^2 = 1 + 2x + x^2 > 1 + 2x,$$

因此 $1 \in E$. 设 $n \in E$, 则

$$\begin{aligned}(1+x)^{n+1+1} &= (1+x)^{n+1}(1+x)\\ &> (1+(n+1)x)(1+x)\\ &= 1+(n+1+1)x+(n+1)x^2\\ &> 1+(n+1+1)x.\end{aligned}$$

故 $n+1 \in E$, 因此据归纳原理可知 $E=\mathbb{N}$. 至此, 伯努利不等式得证.

(2) 牛顿二项式可改写为

$$(a+b)^n = \mathrm{C}_n^0 a^n + \mathrm{C}_n^1 a^{n-1}b + \cdots + \mathrm{C}_n^k a^{n-k}b^k + \cdots + \mathrm{C}_n^n b^n = \sum_{k=0}^{n} \mathrm{C}_n^k a^{n-k}b^k,$$

这里 $\mathrm{C}_n^k = \dfrac{n!}{k!(n-k)!}$ 是二项式系数. 往证

$$E := \left\{ n\in\mathbb{N} : (a+b)^n = \sum_{k=0}^{n} \mathrm{C}_n^k a^{n-k}b^k \right\} = \mathbb{N}.$$

显然 $1\in E$. 设 $n \in E$, 则

$$\begin{aligned}(a+b)^{n+1} = (a+b)^n(a+b) &= \left(\sum_{k=0}^{n} \mathrm{C}_n^k a^{n-k}b^k\right)(a+b)\\ &= \sum_{k=0}^{n} \mathrm{C}_n^k a^{n+1-k}b^k + \sum_{k=0}^{n} \mathrm{C}_n^k a^{n-k}b^{k+1}\\ &= \sum_{k=0}^{n} \mathrm{C}_n^k a^{n+1-k}b^k + \sum_{k=1}^{n+1} \mathrm{C}_n^{k-1} a^{n+1-k}b^k\\ &= a^{n+1} + \sum_{k=1}^{n} \left(\mathrm{C}_n^k + \mathrm{C}_n^{k-1}\right) a^{n+1-k}b^k + b^{n+1}\\ &= a^{n+1} + \sum_{k=1}^{n} \mathrm{C}_{n+1}^k a^{n+1-k}b^k + b^{n+1}\\ &= \sum_{k=0}^{n+1} \mathrm{C}_{n+1}^k a^{n+1-k}b^k,\end{aligned}$$

这里利用了如下公式: 当 $k=1,2,\cdots,n$ 时,

$$\begin{aligned}&\mathrm{C}_n^k + \mathrm{C}_n^{k-1} = \frac{n!}{k!(n-k)!} + \frac{n!}{(k-1)!(n-(k-1))!}\\ =&\frac{n!(n+1-k)}{k!(n+1-k)!} + \frac{n!k}{k!(n+1-k)!} = \frac{(n+1)!}{k!(n+1-k)!} = \mathrm{C}_{n+1}^k.\end{aligned}$$

故 $n+1\in E$, 因此据归纳原理可知 $E=\mathbb{N}$. 至此, 牛顿二项式得证. □

2. 设 S 为非空有下界数集. 证明:

$$\inf S=\xi\in S\Leftrightarrow\xi=\min S.$$

证　先证 "$\Rightarrow$": $\forall x\in S$, $x\geqslant\inf S$, 又 $\inf S\in S$, 所以 $\inf S=\min S$.

再证 "$\Leftarrow$": $\xi=\min S$, 所以 $\xi\in S$. 又 $\forall x\in S$, $x\geqslant\xi$, 所以 ξ 为下界. 对 S 的任何下界 m, 由定义, $\forall x\in S$, $x\geqslant m$. 又因为 $\xi\in S$, 所以也有 $\xi\geqslant m$, 故 ξ 为最大下界, 即 $\xi=\inf S$. □

3. 设 $-A$ 是形如 $-a$ 的数的集合, 这里 $a\in A\subset\mathbb{R}$, 试证, $\sup(-A)=-\inf A$.

证　由下确界的定义, $\forall\varepsilon>0$, $\exists a_0\in A$, 使得 $a_0<\inf A+\varepsilon$, 所以 $(-A)\ni -a_0>-\inf A-\varepsilon$. 又显然 $\forall a\in A$, $a\geqslant\inf A$, 所以 $-a\leqslant-\inf A$, 故由上确界的定义可知 $\sup(-A)=-\inf A$. □

4. 设 $A+B$ 是形如 $a+b$ 的数的集合, $A\cdot B$ 是形如 $a\cdot b$ 的数的集合, 其中 $a\in A\subset\mathbb{R}$, $b\in B\subset\mathbb{R}$. 试检查是否总有

(1) $\sup(A+B)=\sup A+\sup B$.

(2) $\sup(A\cdot B)=\sup A\cdot\sup B$.

解　(1) $\forall a\in A,b\in B$, 显然 $a\leqslant\sup A$, $b\leqslant\sup B$, 所以 $a+b\leqslant\sup A+\sup B$, 故 $\sup(A+B)\leqslant\sup A+\sup B$. 另一方面, $\forall\varepsilon>0$, $\exists a_0\in A,b_0\in B$, 使得

$$a_0\geqslant\sup A-\frac{\varepsilon}{2},\quad b_0\geqslant\sup B-\frac{\varepsilon}{2}.$$

所以 $a_0+b_0\geqslant(\sup A+\sup B)-\varepsilon$. 显然 $a_0+b_0\in A+B$, 因此由上确界的定义可知 $\sup(A+B)=\sup A+\sup B$.

另外一种证明: 首先, 容易看出 $\sup(A+B)\leqslant\sup A+\sup B$. 事实上, 对于任意的 $z\in A+B$, 则 $z=a+b$, 其中 $a\in A$, $b\in B$, 显然 $a\leqslant\sup A$, $b\leqslant\sup B$. 因此

$$z\leqslant\sup A+\sup B,\quad\forall z\in A+B,$$

这就证明了 $\sup(A+B)\leqslant\sup A+\sup B$. 如果 $\sup(A+B)<\sup A+\sup B$, 则存在 $a\in A,b\in B$, 使得

$$\sup A\geqslant a>\sup A-\frac{\sup A+\sup B-\sup(A+B)}{2},$$

$$\sup B\geqslant b>\sup B-\frac{\sup A+\sup B-\sup(A+B)}{2}.$$

因此, $\sup A+\sup B\geqslant a+b>\sup(A+B)$, 这与 $a+b\leqslant\sup(A+B)$ 矛盾. 因此, 我们得到 $\sup(A+B)=\sup A+\sup B$.

(2) 反例: $A=\{2,3\}$, $B=\{-1\}$, $\sup A=3$, $\sup B=-1$, $A\cdot B=\{-2,-3\}$, $\sup(A\cdot B)=-2\neq\sup A\cdot\sup B=-3$. □

注　事实上, 采用与 (1) 类似的方法我们可以证明如下结论: 若 $A,B\subset\mathbb{R}$ 是非空非负数集, 则有 $\sup(A\cdot B)=\sup A\cdot\sup B$.

5. (1) 如果 $A\subset B\subset\mathbb{R}$, 那么 $\sup A\leqslant\sup B$, 而 $\inf A\geqslant\inf B$.

(2) 设 $\mathbb{R}\supset X\neq\varnothing$, 且 $\mathbb{R}\supset Y\neq\varnothing$. 若 $\forall x\in X$, $\forall y\in Y$ 满足 $x\leqslant y$. 那么 X 上有界而 Y 下有界, 并且 $\sup X\leqslant\inf Y$.

(3) 如果 (2) 中的 X 与 Y 又满足 $X\cup Y=\mathbb{R}$, 那么, $\sup X=\inf Y$.

(4) 如果 X, Y 是 (3) 中所定义的集, 那么, 或者 $\exists\max X$, 或者 $\exists\min Y$(这是戴德金定理).

(5)(接 (4)) 试证戴德金定理与完备公理等价.

证　(1) 因为 $A\subset B\subset\mathbb{R}$, 所以 $\forall x\in A$, $x\leqslant\sup B$, 故 $\sup A\leqslant\sup B$. 同理, $\forall x\in A$, $x\geqslant\inf B$, 所以 $\inf A\geqslant\inf B$.

(2) 由完备公理, $\exists c\in\mathbb{R}$, 使得 $\forall x\in X, y\in Y$, $x\leqslant c\leqslant y$. 所以 c 为 X 的上界, Y 的下界. 再由确界原理 (完备公理的推论), $\sup X\leqslant c\leqslant\inf Y$.

(3) 反证法. 假设 $\sup X<\inf Y$. 令 $a=\dfrac{\sup X+\inf Y}{2}$, 则 $a\in\mathbb{R}$ 且 $\sup X<a<\inf Y$, 因此 $a\notin X$, $a\notin Y$. 又因为 $X\cup Y=\mathbb{R}$, 所以 $a\notin\mathbb{R}$, 矛盾.

(4) 由 (3), $\sup X=\inf Y=:c\in\mathbb{R}=X\cup Y$. 因此 $c\in X$ 或 $c\in Y$. 由习题 2, 或者 $\exists\max X=c$, 或者 $\exists\min Y=c$, 即戴德金定理得证.

(5) 先证 "完备公理 $\Rightarrow$ 戴德金定理": 由前面已证的 (2)—(4) 即得结论.

再证 "戴德金定理 $\Rightarrow$ 完备公理"(注意此时不能再利用确界原理): 设 $\mathbb{R}\supset X\neq\varnothing$, $\mathbb{R}\supset Y\neq\varnothing$ 且 $\forall x\in X, y\in Y$, $x\leqslant y$. 则 X 有上界, Y 有下界. 设 $\widetilde{X}$ 为 X 的上界集, 则 $\varnothing\neq\widetilde{X}\supset Y$. 再令 $\underline{X}:=\{\underline{x}\in\mathbb{R}:\exists x\in X,\text{使得}\,x\geqslant\underline{x}\}$, 则 $\varnothing\neq\underline{X}\supset X$ 且 $\underline{X}\cup\widetilde{X}=\mathbb{R}$. $\forall\underline{x}\in\underline{X},\tilde{x}\in\widetilde{X}$, 由 $\underline{X}$ 的定义可知 $\exists x\in X$, 使得 $x\geqslant\underline{x}$. 又由 $\widetilde{X}$ 的定义, $\tilde{x}\geqslant x$, 故我们有 $\underline{x}\leqslant x\leqslant\tilde{x}$. 由此可知 $\underline{X}$ 和 $\widetilde{X}$ 满足戴德金定理的条件, 所以或者 $\exists\max\underline{X}$, 或者 $\exists\min\widetilde{X}$.

若 $\exists\max\underline{X}=:\underline{c}$, 则易知 $\underline{c}\in X\cap\widetilde{X}$ 且 $\underline{c}=\min\widetilde{X}$, 所以显然 $\forall x\in X, y\in Y$, 有 $x\leqslant\underline{c}\leqslant y$. 若只 $\exists\min\widetilde{X}=:\tilde{c}$, 同样易知 $\forall x\in X, y\in Y$, 也有 $x\leqslant\tilde{c}\leqslant y$. 至此完备公理得证. □

6. (1) 验证 $\mathbb{Z}$ 与 $\mathbb{Q}$ 都是归纳集.

(2) 举出一个异于 $\mathbb{N}$, $\mathbb{Z}$, $\mathbb{Q}$, $\mathbb{R}$ 的归纳集的例子.

证　(1) 首先, $\forall x\in\mathbb{Z}$, 因为 $1\in\mathbb{Z}$, 所以由《讲义》1.2.2 小节命题 1 知

$x+1\in\mathbb{Z}$, 因此 $\mathbb{Z}$ 为归纳集. 其次, $\forall q=\dfrac{m}{n}\in\mathbb{Q}$,

$$\begin{aligned}q+1&=\frac{m}{n}+1=\frac{m}{n}+\frac{n}{n}=m\cdot n^{-1}+n\cdot n^{-1}\\&=(m+n)\cdot n^{-1}=\frac{m+n}{n}\in\mathbb{Q},\end{aligned}$$

所以 $\mathbb{Q}$ 也为归纳集.

(2) $A=\mathbb{N}+\dfrac{1}{2}:=\left\{\dfrac{3}{2},\dfrac{5}{2},\cdots,\dfrac{2n+1}{2},\cdots\right\}$. □

7. 试证: 任何归纳集无上界.

证 1 反证法. 若归纳集 X 有上界, 则由确界原理, $\exists M=\sup X$, 使得 $\forall x\in X$, $x\leqslant M$, 且 $\exists x_1\in X$, 使得 $M-1<x_1\leqslant M$. 所以 $x_1+1>M$, 而由 X 是归纳集, $x_1+1\in X$, 所以 $x_1+1\leqslant M$, 矛盾.

证 2 反证法. 若归纳集 X 有上界, 则 $\exists M=\sup X$. 对某一固定的 $x_0\in X$, 取 $N=[M-x_0]+1$. 显然 $N\in\mathbb{N}$, 所以由归纳集的定义, $x_0+N\in X$, 所以 $x_0+N\leqslant M$. 但由 N 的取法,

$$x_0+N=x_0+[M-x_0]+1>x_0+(M-x_0-1)+1=M,$$

矛盾. □

8. 验证有理数集 $\mathbb{Q}$ 满足实数集的一切公理, 但完备公理除外.

证 有理数集 $\mathbb{Q}$ 不满足完备公理的证明可参见《讲义》1.2.2 小节命题 3, 而满足实数集的其他公理的证明是容易的, 这里从略. □

9. (1) 在数轴上解释完备公理.

(2) 证明上确界原理与完备公理等价.

证 (1) 用几何语言来说, $\mathbb{R}$ 的完备 (连续) 公理表示数轴上 "没有洞", 即不存在能把数轴分为没有公共点的两部分的 "洞"(这种分划只有通过数轴上的某点才能实现).

(2) "完备公理 $\Rightarrow$ 上确界原理": 证明可见《讲义》1.1.3 小节定理 1. "上确界原理 $\Rightarrow$ 完备公理": 设 $\mathbb{R}\supset X\neq\varnothing$, $\mathbb{R}\supset Y\neq\varnothing$ 且 $\forall x\in X,y\in Y$, $x\leqslant y$. 因为 $Y\neq\varnothing$, 所以 $\exists y_0\in Y$, 因此 y_0 为 X 的上界. 由上确界原理, $\exists! c=\sup X$ 使得 $\forall x\in X$, $x\leqslant c$. 又由上确界的定义, c 为 X 的最小上界, 而 $\forall y\in Y$, 均为 X 的上界, 所以 $y\geqslant c$. 故 $x\leqslant c\leqslant y$, 即得完备公理的结论. □

10. 设 $a,b\in\mathbb{R}$. 证明: 若对任何正数 ε 有 $|a-b|<\varepsilon$, 则 $a=b$.

证 1 反证法. 若 $a\neq b$, 则 $|a-b|>0$. 取 $\varepsilon_0=\dfrac{|a-b|}{2}$, 则 $\varepsilon_0>0$, 但 $\varepsilon_0<|a-b|$, 矛盾.

证 2 因为 $\left\{\dfrac{1}{n}: n\in\mathbb{N}\right\}\subset\mathbb{R}^+$, 所以可直接利用《讲义》1.2.3 小节推论 1(2). □

11. 试证: 在任何 q 进位记数法中, 有理数必是循环的, 即从某一位开始, 由周期重复的一组数码构成.

证 不妨只考虑正有理数 $x=\dfrac{k}{m}$, $k,m\in\mathbb{N}$. 引入记号

$$R_n := m(x-r_n)q^{n+1-p},\quad n=0,1,2,\cdots,$$

这里 p 是数 x 的阶, 而 $r_n=\sum\limits_{j=0}^{n}\alpha_{p-j}q^{p-j}$. 由 q 进位记数法的记号, 显然 $0\leqslant \mathbb{R}_n<mq$. 将 x 和 r_n 代入上述记号有

$$R_n=m\left(\frac{k}{m}-\sum_{j=0}^{n}\alpha_{p-j}q^{p-j}\right)q^{n+1-p}=kq^{n+1-p}-m\sum_{j=0}^{n}\alpha_{p-j}q^{n+1-j}.$$

当 $n+1\geqslant p$ 时, 显然可知 $R_n\in\mathbb{N}\cup\{0\}$. 因此

$$R_n\in\{0,1,2,\cdots,mq-1\}. \tag{$*$}$$

由阿基米德原理和 q 进位记数法, α_{p-n-1} 由 R_n 唯一确定 (这里得到的映射 $R_n\mapsto\alpha_{p-n-1}$ 未必是单射). 又因为

$$R_{n+1}=kq^{n+2-p}-m\sum_{j=0}^{n+1}\alpha_{p-j}q^{n+2-j}=qR_n-mq\alpha_{p-n-1},$$

所以 R_{n+1} 也由 R_n 唯一确定. 这一结论再结合 $(*)$ 可知, R_n 一定从某个 $N\in\mathbb{N}$ 开始重复出现, 从而导致 α_{p-n-1} 也从 N 开始重复出现, 即正有理数 x 必是循环的. □

12. 将 $(100)_{10}$ 写成二进位及三进位数的形式.

解 $(100)_{10}=(1100100)_2$, $(100)_{10}=(10201)_3$. □

13. (1) 试证方程 $x^n=a$ 当 $n\in\mathbb{N}$ 且 $a>0$ 时有正根 (记作 $\sqrt[n]{a}$ 或 $a^{\frac{1}{n}}$), 叫 n 次算术根.

(2) 验证, 当 $a>0$, $b>0$ 且 $n,m\in\mathbb{N}$ 时,

$$\sqrt[n]{ab}=\sqrt[n]{a}\cdot\sqrt[n]{b}\quad 且\quad \sqrt[n]{\sqrt[m]{a}}=\sqrt[mn]{a}.$$

(3) $(a^{\frac{1}{n}})^m=(a^m)^{\frac{1}{n}}=:a^{\frac{m}{n}}$ 而 $a^{\frac{1}{n}}\cdot a^{\frac{1}{m}}=a^{\frac{1}{n}+\frac{1}{m}}$.

(4) $(a^{\frac{m}{n}})^{-1}=(a^{-1})^{\frac{m}{n}}=:a^{-\frac{m}{n}}$.

(5) 试证: 对于任何 $r_1,r_2\in\mathbb{Q}$,

$$a^{r_1}\cdot a^{r_2}=a^{r_1+r_2}\quad 且\quad (a^{r_1})^{r_2}=a^{r_1r_2}.$$

证　(1) 证明见《讲义》1.2.3 小节命题 4, 同时由对任何 $x>0,y>0$ 成立的关系式

$$(x<y)\Leftrightarrow(x^n<y^n)$$

可知算术根还是唯一的. 下面 (2)—(5) 的证明都要用到唯一性.

(2) 因为

$$\left(\sqrt[n]{ab}\right)^n=ab=\left(\sqrt[n]{a}\right)^n\cdot\left(\sqrt[n]{b}\right)^n=\left(\sqrt[n]{a}\cdot\sqrt[n]{b}\right)^n,$$

所以由算术根的唯一性可知 $\sqrt[n]{ab}=\sqrt[n]{a}\cdot\sqrt[n]{b}$.

同理, 由

$$\left(\sqrt[n]{\sqrt[m]{a}}\right)^{mn}=\left(\left(\sqrt[n]{\sqrt[m]{a}}\right)^n\right)^m=\left(\sqrt[m]{a}\right)^m=a=\left(\sqrt[mn]{a}\right)^{mn}$$

可知 $\sqrt[n]{\sqrt[m]{a}}=\sqrt[mn]{a}$.

(3) 由

$$\left(\left(a^{\frac{1}{n}}\right)^m\right)^n=\left(a^{\frac{1}{n}}\right)^{mn}=\left(\left(a^{\frac{1}{n}}\right)^n\right)^m=a^m=\left((a^m)^{\frac{1}{n}}\right)^n$$

及根的唯一性可知 $(a^{\frac{1}{n}})^m=(a^m)^{\frac{1}{n}}=:a^{\frac{m}{n}}$.

同理, 由

$$\left(a^{\frac{1}{n}}\cdot a^{\frac{1}{m}}\right)^{mn}=\left(a^{\frac{1}{n}}\right)^{mn}\cdot\left(a^{\frac{1}{m}}\right)^{mn}=a^m\cdot a^n=a^{m+n}=\left(a^{\frac{m+n}{mn}}\right)^{mn}=\left(a^{\frac{1}{n}+\frac{1}{m}}\right)^{mn}$$

可知 $a^{\frac{1}{n}}\cdot a^{\frac{1}{m}}=a^{\frac{1}{n}+\frac{1}{m}}$.

(4) 首先 $\forall b>0$, 由

$$(b^n)^{-1}\cdot b^n=1=\left(b^{-1}\right)^n\cdot b^n$$

及逆元的唯一性可知

$$\left(b^{-1}\right)^n=(b^n)^{-1}:=b^{-n}.\tag{$*$}$$

再由

$$\left(\left(a^{\frac{m}{n}}\right)^{-1}\right)^n\overset{(*)}{=\!=\!=}\left(a^{\frac{m}{n}}\right)^{-n}\overset{(*)}{=\!=\!=}\left(\left(a^{\frac{m}{n}}\right)^n\right)^{-1}\overset{(3)}{=\!=\!=}\left(\left((a^m)^{\frac{1}{n}}\right)^n\right)^{-1}$$
$$=(a^m)^{-1}\overset{(*)}{=\!=\!=}\left(a^{-1}\right)^m=\left(\left((a^{-1})^m\right)^{\frac{1}{n}}\right)^n\overset{(3)}{=\!=\!=}\left(\left(a^{-1}\right)^{\frac{m}{n}}\right)^n$$

及根的唯一性可知 $(a^{\frac{m}{n}})^{-1}=(a^{-1})^{\frac{m}{n}}=:a^{-\frac{m}{n}}$.

(5) 设 $r_1 = \dfrac{m_1}{n_1}, r_2 = \dfrac{m_2}{n_2}$, 其中 $n_1, n_2 \in \mathbb{N}, m_1, m_2 \in \mathbb{Z}$. 因为

$$\begin{aligned}
(a^{r_1} \cdot a^{r_2})^{n_1 n_2} &= \left(a^{\frac{m_1}{n_1}} \cdot a^{\frac{m_2}{n_2}}\right)^{n_1 n_2} = \left(a^{\frac{m_1}{n_1}}\right)^{n_1 n_2} \cdot \left(a^{\frac{m_2}{n_2}}\right)^{n_1 n_2} \\
&\xlongequal{(3)-(4)} \left(\left(a^{m_1}\right)^{\frac{1}{n_1}}\right)^{n_1 n_2} \cdot \left(\left(a^{m_2}\right)^{\frac{1}{n_2}}\right)^{n_1 n_2} \\
&\xlongequal{(3)-(4)} a^{m_1 n_2} \cdot a^{m_2 n_1} \xlongequal{(4)} a^{m_1 n_2 + m_2 n_1} \\
&\xlongequal{(3)-(4)} \left(a^{\frac{m_1 n_2 + m_2 n_1}{n_1 n_2}}\right)^{n_1 n_2} \\
&= \left(a^{\frac{m_1}{n_1} + \frac{m_2}{n_2}}\right)^{n_1 n_2} = \left(a^{r_1 + r_2}\right)^{n_1 n_2},
\end{aligned}$$

所以由根的唯一性可知 $a^{r_1} \cdot a^{r_2} = a^{r_1 + r_2}$.

同理, 由

$$\begin{aligned}
\left(\left(a^{r_1}\right)^{r_2}\right)^{n_1 n_2} &= \left(\left(a^{\frac{m_1}{n_1}}\right)^{\frac{m_2}{n_2}}\right)^{n_1 n_2} \xlongequal{(2)-(4)} \left(\left(a^{m_1 m_2}\right)^{\frac{1}{n_1 n_2}}\right)^{n_1 n_2} \\
&\xlongequal{(3)-(4)} \left(a^{\frac{m_1 m_2}{n_1 n_2}}\right)^{n_1 n_2} = \left(a^{\frac{m_1}{n_1} \cdot \frac{m_2}{n_2}}\right)^{n_1 n_2} = \left(a^{r_1 r_2}\right)^{n_1 n_2},
\end{aligned}$$

可知 $(a^{r_1})^{r_2} = a^{r_1 r_2}$. □

14. (1) 试证: 像有理数集 $\mathbb{Q}$ 一样, 形如 $a + b\sqrt{n}$ 之集 $\mathbb{Q}(\sqrt{n})$ 是有序域, 其中 $a, b \in \mathbb{Q}$, 而 n 是不等于平方整数的固定的自然数. $\mathbb{Q}(\sqrt{n})$ 还满足阿基米德原理, 但不满足完备公理.

(2) 如果在 $\mathbb{Q}(\sqrt{n})$ 中保留以前的算术运算, 而按

$$a + b\sqrt{n} \leqslant a' + b'\sqrt{n} := ((b < b') \vee ((b = b') \wedge (a \leqslant a')))$$

规定序关系, 检验实数公理中的哪一些对 $\mathbb{Q}(\sqrt{n})$ 不再满足. 这时对于 $\mathbb{Q}(\sqrt{n})$ 来说, 阿基米德原理是否还正确?

(3) 在有理系数或实系数多项式集合 $\mathbb{P}[x]$ 中建立序关系使

$$a_0 + a_1 x + \cdots + a_m x^m \succ 0, \quad 若 \quad a_m > 0.$$

(4) 试证: 系数 a_j, b_j 属于 $\mathbb{Q}$ 或属于 $\mathbb{R}$ 的所有有理分式

$$R_{m,n} = \frac{a_0 + a_1 x + \cdots + a_m x^m}{b_0 + b_1 x + \cdots + b_n x^n}$$

的集合 $\mathbb{Q}[x]$, 在按 $R_{m,n} \succ 0$, 若 $\dfrac{a_m}{b_n} > 0$ 引入序关系与通常的算术运算之后, 构成有序域, 但不是阿基米德序域. 这意味着, 阿基米德原理不能抛开完备公理从 $\mathbb{R}$ 的其他公理推出.

证 (1) 容易验证 $\mathbb{Q}(\sqrt{n})$ 按照实数的序关系依然构成一个有序域, 又由于 $\mathbb{Q}(\sqrt{n})$ 本身是 $\mathbb{R}$ 的一个子集, 故而 $\mathbb{Q}(\sqrt{n})$ 满足阿基米德原理. 其不满足完备公理的原因和 $\mathbb{Q}$ 一样, 只需要考虑 $\{x\in\mathbb{Q}(\sqrt{n}): x>0, x^4<n\}$ 与 $\{x\in\mathbb{Q}(\sqrt{n}): x>0, x^4>n\}$ 即可.

(2) 新的序关系不满足乘法与序关系的联系公理 (II,III), 比如 $0\leqslant -1+\sqrt{n}\leqslant 2\sqrt{n}$, 然而 $(-1+\sqrt{n})2\sqrt{n}=-2\sqrt{n}+2n<0$. 采用和 (1) 中类似的证明可知, 新的序关系也不满足完备公理. 此外, 由这种新的序定义的 $\mathbb{Q}(\sqrt{n})$ 不满足阿基米德原理, 因为如果我们取 $x=\sqrt{n}$, $h=1$, 集合 $\left\{n\in\mathbb{Z}\middle|\frac{x}{h}<n\right\}=\varnothing$.

(3) 类似 (2) 的序关系, 我们考虑

$$b_0+b_1x+\cdots+b_nx^n\succeq a_0+a_1x+\cdots+a_mx^m,$$

定义为

$$((n>m)\vee((n=m)\wedge(b_n>a_m))\vee((n=m)\wedge(b_n=a_m)\wedge(b_{n-1}>a_{m-1}))\vee\cdots),$$

则容易看出这种关系是一个序关系并且满足 $a_0+a_1x+\cdots+a_mx^m\succ 0$, 若$a_m>0$.

(4) 结合 (3) 的结论容易验证 $\mathbb{Q}[x]$ 按关系 $\succ$ 是一个线性序集, 并且加法与序关系的联系公理 (I,III) 成立, 这是因为对于任意的 $R_{m,n}$, $R_{m',n'}$, $R_{m'',n''}\in\mathbb{Q}[x]$, 如果 $R_{m,n}\succeq R_{m',n'}$, 则 $R_{m,n}+R_{m'',n''}\succeq R_{m',n'}+R_{m'',n''}$. 此外, 乘法与序关系的联系公理 (II,III) 也成立, 因为如果 $R_{m,n}\succ 0$, $R_{m',n'}\succ 0$, 则 $\frac{a_m}{b_n}>0$, $\frac{a_{m'}}{b_{n'}}>0$, 所以 $\frac{a_m\cdot a_{m'}}{b_n\cdot b_{n'}}>0$, 进而

$$R_{m,n}\cdot R_{m',n'}=\frac{(a_0+\cdots+a_mx^m)(a_0+\cdots+a_{m'}x^{m'})}{(b_0+\cdots+b_nx^n)(b_0+\cdots+b_{n'}x^{n'})}\succ 0.$$

综上可知, $\mathbb{Q}[x]$ 是有序域, 然而 $\mathbb{Q}[x]$ 不是阿基米德序域, 因为它包含无穷小的元素 $\left(\text{例如}\frac{1-x^2}{x}\right)$ 以及无穷大的元素 (例如 x). □

1.3 与实数集的完备性有关的等价引理 & 1.4 可数集与连续统

一、知识点总结与补充

1. 极限点的等价定义

极限点也叫聚点, 其另一个等价定义为: 设 $X\subset\mathbb{R}$, 假如点 $p\in\mathbb{R}$ 的任何邻

域都包含 X 中异于 p 的点, 则称 p 为集合 X 的聚点.

2. 与确界原理等价的几个原理

(1) **闭区间套定理** (柯西–康托尔原理) 对于任何闭区间套 $I_1 \supset I_2 \supset \cdots \supset I_n \supset \cdots$, 存在一点 $c \in \mathbb{R}$, 属于这些闭区间的每一个. 此外, 如果对于任何 $\varepsilon > 0$, 在序列中能找到闭区间 I_k, 使其长 $|I_k| < \varepsilon$, 那么 c 就是所有闭区间的唯一公共点.

(2) **有限覆盖定理** (博雷尔–勒贝格原理) 在覆盖一个闭区间的任何开区间族中, 存在着覆盖这一闭区间的有限子族.

(3) **极限点定理** (波尔察诺–魏尔斯特拉斯原理) 每个无穷有界集至少有一个极限点.

3. 定理 (康托尔)

$\mathrm{card}X < \mathrm{card}\mathcal{P}(X)$, $\mathrm{card}\mathbb{N} < \mathrm{card}\mathbb{R}$.

二、例题讲解

1. 设 E' 是集合 E 的全体聚点 (极限点) 所构成的集合, x_0 是 E' 的一个聚点. 试证: $x_0 \in E'$.

证 $\forall \delta > 0$, 因为 x_0 是 E' 的聚点, 所以 $\exists x' \in E'$, $x' \neq x_0$, 使得 $x' \in (x_0 - \delta/2, x_0 + \delta/2)$. 又因为 x' 是 E 的聚点, $\exists x_1 \in E$, $x_1 \neq x_0$, 使得 $x_1 \in (x' - \delta/2, x' + \delta/2)$. 因此我们得到

$$|x_1 - x_0| \leqslant |x_1 - x'| + |x' - x_0| < \frac{\delta}{2} + \frac{\delta}{2} = \delta,$$

即 $x_1 \in ((x_0 - \delta, x_0) \cup (x_0, x_0 + \delta)) \cap E$. 由 δ 的任意性和极限点的等价定义知 x_0 为 E 的极限点 (聚点), 所以 $x_0 \in E'$. □

2. 勒贝格 (Lebesgue) 引理

设 H 为 $[a,b]$ 的开覆盖, 则 $\exists \ell > 0$, 使得 $\forall x \in [a,b]$, $\exists U \in H$, 使得 $(x - \ell, x + \ell) \subset U$. 该结论的另一种等价说法是: $\exists \ell > 0$, 使得 $\forall x', x'' \in [a,b]$ 满足 $|x' - x''| < 2\ell$, $\exists U \in H$, 使得 $x', x'' \in U$. 这里, ℓ 称为 Lebesgue 数.

证 由有限覆盖定理, $[a,b]$ 可被 H 中有限多个开区间所覆盖. 设这些开区间为

$$H' = \{(a_i, b_i) : i = 1, 2, \cdots, n\}.$$

将 a, b, a_i, $b_i (i = 1, 2, \cdots, n)$ 按从小到大的顺序排列 (相同的作为一个点), 记为 $c_1 < c_2 < \cdots < c_m$. 令

$$\ell = \frac{1}{2} \min_{1 \leqslant i \leqslant m-1} \{c_{i+1} - c_i\},$$

则 $\forall x \in [a,b]$, 分两种情形讨论:

(1) 若 $(x - \ell, x + \ell)$ 不包含任何 $c_i (i = 1, 2, \cdots, m)$, 由于 H' 覆盖 $[a,b]$, 所以 $\exists$ 某个 (a_i, b_i), 使得 $x \in (a_i, b_i)$. 因为 $a_i, b_i \notin (x - \ell, x + \ell)$, 所以 $x - a_i \geqslant \ell$, $b_i - x \geqslant \ell$, 因此 $b_i - a_i \geqslant 2\ell$ 且 $(x - \ell, x + \ell) \subset (a_i, b_i)$.

(2) 若 $\exists$ 某个 $c_i \in (x-\ell, x+\ell)(1 \leqslant i \leqslant m)$, 由 ℓ 的取法知 $(x-\ell, x+\ell)$ 中至多只含有一个这样的点. 若 $c_i > b$, 则 $c_i - b \geqslant 2\ell$, 所以 $c_i - x \geqslant b + 2\ell - b = 2\ell$ 与 $|c_i - x| < \ell$ 矛盾, 所以 $c_i \leqslant b$. 同理可知 $c_i \geqslant a$. 因此 $c_i \in [a,b]$. 所以 $\exists (a_j, b_j) \in H'$, 使得 $c_i \in (a_j, b_j)$. 又因为 $(x-\ell, x+\ell)$ 只含一个 c_i, 所以 $a_j, b_j \notin (x-\ell, x+\ell)$, 因此 $(x-\ell, x+\ell) \subset (a_j, b_j)$. □

注　高维情形可参见 6.1 节例题 15.

三、习题参考解答 (1.3 节)

1. 证明数集 $\left\{(-1)^n + \dfrac{1}{n}\right\}$ 有且只有两个极限点 $\xi_1 = -1$ 和 $\xi_2 = 1$.

证　(1) 先证 $\xi_1 = -1$ 是极限点. $\forall \varepsilon > 0$, 当 $n = 2k+1 > \dfrac{1}{\varepsilon}(k \in \mathbb{N})$ 时, 有

$$\left|(-1)^{2k+1} + \frac{1}{2k+1} - (-1)\right| = \frac{1}{2k+1} < \varepsilon,$$

所以可知 $\xi_1 = -1$ 是极限点.

(2) 再证 $\xi_2 = 1$ 是极限点. $\forall \varepsilon > 0$, 当 $n = 2k > \dfrac{1}{\varepsilon}(k \in \mathbb{N})$ 时, 有

$$\left|(-1)^{2k} + \frac{1}{2k} - 1\right| = \frac{1}{2k} < \varepsilon,$$

所以可知 $\xi_2 = 1$ 是极限点.

(3) 最后证 $\forall a \in \mathbb{R}\backslash\{-1,1\}$, a 不是极限点. 事实上, $\forall a \in \mathbb{R}\backslash\{-1,1\}$, 令 $\delta := \min\{|a-1|, |a+1|\}$, 则 $\delta > 0$. 再令 $N := \left[\dfrac{2}{\delta}\right] + 1$, 则 $\forall \mathbb{N} \ni n > N$, $\dfrac{1}{n} < \dfrac{\delta}{2}$, 因此

$$(-1)^n + \frac{1}{n} \in \left(-1 - \frac{\delta}{2}, -1 + \frac{\delta}{2}\right) \cup \left(1 - \frac{\delta}{2}, 1 + \frac{\delta}{2}\right),$$

故由 δ 的定义可知 $(-1)^n + \dfrac{1}{n} \notin \left(a - \dfrac{\delta}{2}, a + \dfrac{\delta}{2}\right)$, 这就说明 $\left(a - \dfrac{\delta}{2}, a + \dfrac{\delta}{2}\right)$ 中至多含有 $N \in \mathbb{N}$ 个数集 $\left\{(-1)^n + \dfrac{1}{n}\right\}$ 中的元素, 从而也就说明了 a 不是极限点.

□

2. 证明: 任何有限数集都没有极限点.

证　由极限点 (聚点) 的定义, 结论是显然的. 如果采用极限点的等价定义, 则也可以通过简单的证明得到结论. □

3. 设 $H = \left\{\left(\dfrac{1}{n+2}, \dfrac{1}{n}\right) \middle| n = 1, 2, \cdots\right\}$. 问

(1) H 能否覆盖 $(0,1)$?

(2) 能否从 H 中选出有限个开区间覆盖 $\left(0,\dfrac{1}{2}\right)$?

(3) 能否从 H 中选出有限个开区间覆盖 $\left(\dfrac{1}{100},1\right)$?

证 (1) $\forall x_0\in(0,1)$, 由阿基米德原理, $\exists n_0\in\mathbb{N}$, 使得 $n_0<\dfrac{1}{x_0}\leqslant n_0+1$, 所以 $\dfrac{1}{n_0+2}<\dfrac{1}{n_0+1}\leqslant x_0<\dfrac{1}{n_0}$, 即 $x_0\in\left(\dfrac{1}{n_0+2},\dfrac{1}{n_0}\right)\in H$, 由此可知 H 能否覆盖 $(0,1)$.

(2) 记 $I_n=\left(\dfrac{1}{n+2},\dfrac{1}{n}\right)$. 设从 H 中选出 m 个开区间: $I_{k_1},I_{k_2},\cdots,I_{k_m}$. 令 $k_0=\max\{k_1,k_2,\cdots,k_m\}$, 则 $A:=I_{k_1}\cup I_{k_2}\cup\cdots\cup I_{k_m}$ 的下确界为 $\dfrac{1}{k_0+2}$. 于是 $\left(0,\dfrac{1}{2}\right)$ 的子集 $\left(0,\dfrac{1}{k_0+2}\right]\not\subset A$, 由此即知不能从 H 中选出有限个开区间覆盖 $\left(0,\dfrac{1}{2}\right)$.

(3) 从 H 中选出 98 个开区间: $I_1,I_2,\cdots,I_{98}$. 因为 $\dfrac{1}{98+2}=\dfrac{1}{100}$, 所以这 98 个区间即可覆盖 $\left(\dfrac{1}{100},1\right)$. 事实上, 我们可以证明更一般的结论: $\forall\delta\in(0,1)$, 能从 H 中选出有限个开区间覆盖 $(\delta,1)$, 而不能从 H 中选出有限个开区间覆盖 $(0,\delta)$. □

4. 试证: (1) 如果 I 是任意一个闭区间套, 那么

$$\sup\{a\in\mathbb{R}|[a,b]\in I\}=\alpha\leqslant\beta=\inf\{b\in\mathbb{R}|[a,b]\in I\},$$

且

$$[\alpha,\beta]=\bigcap_{[a,b]\in I}[a,b].$$

(2) 如果 I 是一个开区间套, 那么, 交集 $\bigcap\limits_{(a,b)\in I}(a,b)$ 可能是空集.

提示 $(a_n,b_n)=\left(0,\dfrac{1}{n}\right)$.

证 (1) 引入记号: $A:=\{a\in\mathbb{R}|[a,b]\in I\}$, $B:=\{b\in\mathbb{R}|[a,b]\in I\}$, $C:=\bigcap\limits_{[a,b]\in I}[a,b]$. 由《讲义》1.3 节定理 1 闭区间套定理的证明可知 $[\alpha,\beta]\subset C$. 又 $\forall x\in C$, 显然 $\forall a\in A,b\in B$, $a\leqslant x\leqslant b$, 所以由确界定义可知 $\alpha\leqslant x\leqslant\beta$, 因此 $C\subset[\alpha,\beta]$, 故 $[\alpha,\beta]=C=\bigcap\limits_{[a,b]\in I}[a,b]$.

(2) 记 $I_n=(a_n,b_n)=\left(0,\dfrac{1}{n}\right)$, $n\in\mathbb{N}$, 则 $I_1\supset I_2\supset\cdots\supset I_n\supset\cdots$ 显然是一个开区间套. 往证 $A:=\bigcap\limits_{n\in\mathbb{N}}\left(0,\dfrac{1}{n}\right)=\varnothing$. 若 A 非空, 则 $\exists x\in A$, 所以 $\forall n\in\mathbb{N}$, $x\in\left(0,\dfrac{1}{n}\right)$. 但由阿基米德原理又知 $\exists n_0\in\mathbb{N}$, 使得 $\dfrac{1}{x}<n_0$, 即 $\dfrac{1}{n_0}<x$, 矛盾. □

5. 试证: (1) 覆盖一个闭区间的闭区间族不必包含此闭区间的有限子覆盖.

(2) 覆盖一个开区间的开区间族不必包含此开区间的有限子覆盖.

(3) 覆盖一个开区间的闭区间族也不必包含此开区间的有限子覆盖.

证　(1) 修改习题 3 的例子, 考虑闭区间 $[0,1]$ 和 $H_1=\left\{\left[\dfrac{1}{n+2},\dfrac{1}{n}\right]\right\}_{n\in\mathbb{N}}\cup\{[-1,0]\}$. 则由习题 3 的证明易知闭区间族 H_1 是闭区间 $[0,1]$ 的覆盖, 但不存在有限子覆盖.

(2) 考虑习题 3 的例子即可: 开区间 $(0,1)$, 开区间族 $H=\left\{\left(\dfrac{1}{n+2},\dfrac{1}{n}\right)\right\}_{n\in\mathbb{N}}$.

(3) 修改习题 3 的例子, 考虑开区间 $(0,1)$ 和 $H_2=\left\{\left[\dfrac{1}{n+2},\dfrac{1}{n}\right]\right\}_{n\in\mathbb{N}}$. 则由习题 3 的证明易知闭区间族 H_2 是开区间 $(0,1)$ 的覆盖, 但不存在有限子覆盖. □

6. 试证: 如果将所有实数之集 $\mathbb{R}$ 代之以有理数之集 $\mathbb{Q}$, 把闭区间、开区间与点 $r\in\mathbb{Q}$ 之邻域理解成 $\mathbb{Q}$ 的相应的子集, 那么, 定理 1 所证明的三个基本原理的任一个都不再成立.

证　(1) 令

$$J_n=\left\{x\in\mathbb{Q}:x>0,2+\frac{1}{n+1}<x^2<2+\frac{1}{n}\right\},\quad n\in\mathbb{N}.$$

则显然 J_n 均非空且互不相交. 对每一个 J_n, 取 $r_n\in J_n$, 则易知 $r_1>r_2>\cdots>r_n>r_{n+1}>\cdots$ 且 $r_n^2>2(\forall n\in\mathbb{N})$. 同理, 令

$$K_n=\left\{x\in\mathbb{Q}:x>0,2-\frac{1}{n}<x^2<2-\frac{1}{n+1}\right\},\quad n\in\mathbb{N}.$$

对每一个 K_n, 取 $l_n\in K_n$, 则易知 $l_1<l_2<\cdots<l_n<l_{n+1}<\cdots$ 且 $l_n^2<2(\forall n\in\mathbb{N})$. 令 $I_n=[l_n,r_n]\cap\mathbb{Q}$, 则 $I_1\supset I_2\supset\cdots\supset I_n\supset\cdots$ 为 $\mathbb{Q}$ 中的闭区间套, 但不存在公共点. 实际上, $[l_n,r_n](n\in\mathbb{N})$ 的公共点为 $\sqrt{2}\notin\mathbb{Q}$.

(2) 考虑 $J=[1,2]\cap\mathbb{Q}$. $\forall x\in J$, 由于 $x\neq\sqrt{2}$, 所以 $\exists r_x\in(0,|x-\sqrt{2}|)\cap\mathbb{Q}$, 则

$$\sqrt{2}\notin(x-r_x,x+r_x)\cap\mathbb{Q}=:I_x.$$

这样就得到了 J 的一个开覆盖

$$I := \{I_x = (x - r_x, x + r_x) \cap \mathbb{Q} : x \in J, r_x \in (0, |x - \sqrt{2}|) \cap \mathbb{Q}\}.$$

往证: 该开覆盖没有有限子覆盖. 事实上, 任取上述集合的有限子集:

$$I_1 = (x_1 - r_{x_1}, x_1 + r_{x_1}), \cdots, I_n = (x_n - r_{x_n}, x_n + r_{x_n}).$$

对 $i = 1, \cdots, n$, 令

$$d_i = \min\{|\sqrt{2} - (x_i - r_{x_i})|, |\sqrt{2} - (x_i + r_{x_i})|\},$$

则由 I 的构造方式可知 $d_i > 0$. 再令 $d = \min\{d_1, \cdots, d_n\}$, 则 $d > 0$. 因此

$$\left(\sqrt{2} - d, \sqrt{2} + d\right) \cap \left(\bigcup_{i=1}^{n} I_i\right) = \varnothing.$$

所以 $\exists r \in (\sqrt{2} - d, \sqrt{2} + d) \cap J$ 但 $r \notin \bigcup\limits_{i=1}^{n} I_i$, 即 $\bigcup\limits_{i=1}^{n} I_i$ 不能覆盖 J.

(3) 取 (1) 中的 $\{r_n\}_{n\in\mathbb{N}}$ 即可. □

7. 试证, 如果把

(1) 波尔察诺–魏尔斯特拉斯原理或

(2) 博雷尔–勒贝格原理

取作为实数集的完备公理, 那么就得到与前面等价的 $\mathbb{R}$ 的公理系统.

提示　由 (1) 推出阿基米德原理及原来形式的完备公理.

(2) 用柯西–康托尔原理代替公理系统中的完备公理, 另外, 再假定阿基米德原理, 这样得到的公理系统与原公理系统等价 (参看 1.2 节问题 14).

证　参看《讲义》1.3 节定理 1. □

四、习题参考解答 (1.4 节)

1. 试证: 所有实数之集与开区间 $(-1,1)$ 之点的集等势.

证　欲证 $(-1,1) \sim \mathbb{R}$, 考虑如下任一双射即可:

$$f_1(x) = \frac{x}{1-x^2}, \quad f_2(x) = \frac{x}{1-|x|}, \quad f_3(x) = \tan\frac{\pi x}{2}. \qquad \square$$

2. 在以下各对点集之间直接建立双方单值对应 (一一对应) 关系.

(1) 两个开区间.　　(2) 两个闭区间.

(3) 闭区间与开区间.　　(4) 闭区间 [0,1]与实数集 $\mathbb{R}$.

证 (1) 设两个开区间分别为 (a,b) 和 (c,d). 易知 $\lambda\in(0,1)$ 分别与 $x=a+\lambda(b-a)$ 和 $y=c+\lambda(d-c)$ 一一对应, 因此

$$y=c+\frac{x-a}{b-a}(d-c)=c+\frac{d-c}{b-a}(x-a)$$

即是开区间 (a,b) 和 (c,d) 之间的一一对应关系.

(2) 设两个闭区间分别为 $[a,b]$ 和 $[c,d]$. 同上, 易知

$$y=c+\frac{x-a}{b-a}(d-c)=c+\frac{d-c}{b-a}(x-a)$$

即是闭区间 $[a,b]$ 和 $[c,d]$ 之间的一一对应关系.

(3) 设闭区间为 $[a,b]$, 开区间为 (c,d). 为了表达式简洁, 不妨设其分别为 $[0,1]$ 和 $(0,1)$. 考虑映射

$$F(x)=\begin{cases}\dfrac{1}{2}, & x=0,\\ \dfrac{1}{n+2}, & x=\dfrac{1}{n}, n\in\mathbb{N},\\ x, & x\in[0,1]\backslash\left(\{0\}\cup\left\{\dfrac{1}{n}:n\in\mathbb{N}\right\}\right).\end{cases}$$

易知 F 即是 $[0,1]$ 和 $(0,1)$ 之间的一一对应关系.

(4) 设 $G(x):=\tan\left(\pi x-\dfrac{\pi}{2}\right)$, $x\in(0,1)$, 则取 $H=G\circ F$ 即可. □

3. 试证: (1) 任何无穷集含有可数子集.

(2) 偶数集与所有自然数集 $\mathbb{N}$ 等势.

(3) 无穷集与一个至多可数集的并的势与原来那个无穷集的势一样.

(4) 无理数集具有连续统势.

(5) 超越数之集具有连续统势.

证 (1) 对任何无穷集合 M, 先任取 $e_1\in M$. 因为 $M\backslash\{e_1\}$ 仍为无穷集合, 所以可取 $e_2\in M\backslash\{e_1\}$. 依此方式, 若已取出 $e_1,\cdots,e_n\in M$, 又因为 $M\backslash\{e_1,\cdots,e_n\}$ 仍为无穷集合, 所以可再取 $e_{n+1}\in M\backslash\{e_1,\cdots,e_n\}$. 据归纳法, 由前述选取方式, 就得到一个由 M 中互不相同的元素组成的无穷序列: $e_1,\cdots,e_n,\cdots$. 显然 $M^*=\{e_1,\cdots,e_n,\cdots\}$ 即是 M 的可数子集.

(2) 设

$$f(n)=\frac{1-(-1)^n}{2}(n-1)-\frac{1+(-1)^n}{2}n,\quad n\in\mathbb{N},$$

则易知 f 即是 $\mathbb{N}$ 与偶数集 $(\{2k\in\mathbb{Z}:k\in\mathbb{Z}\})$ 之间的双射, 所以 $\mathbb{N}$ 与偶数集等势.

(3) 考虑无穷集 M 和至多可数集 B, 记 $A := B\backslash M$, 则显然有 $M\cup B = M\cup A$. 由 (1) 可知存在可数集 $M^* \subset M$, 因此 $M^* \cup A$ 可数, 所以 $M^* \cup A \sim M^*$, 即存在双射 $f : M^* \to M^* \cup A$. 再令

$$g(x) = \begin{cases} x, & x \in M\backslash M^*, \\ f(x), & x \in M^*. \end{cases}$$

则 $g : M \to M \cup A = M \cup B$ 即为 M 与 $M \cup B$ 之间的双射, 因此结论成立.

(4) 由 (3) 可知

$$\mathbb{R} = (\mathbb{R}\backslash\mathbb{Q}) \cup \mathbb{Q} \sim \mathbb{R}\backslash\mathbb{Q}.$$

(5) 因为超越数之集是无穷集而代数无理数之集至多可数, 所以由 (3) 和 (4) 可知

$$\{\text{超越数}\} \sim \{\text{超越数}\} \cup \{\text{代数无理数}\} = \mathbb{R}\backslash\mathbb{Q} \sim \mathbb{R}.$$ □

4. 试证: (1) 递增自然数列之集与形如 $0.\alpha_1\alpha_2\cdots$ 之二进位小数之集等势.

(2) 可数集的一切子集之集合, 具有连续统的势.

证 (1) 对递增自然数列 $n_1 < n_2 < \cdots < n_k < \cdots$, 令

$$\alpha_m = \begin{cases} 0, & m = n_j,\ j = 1, 2, \cdots, k, \cdots, \\ 1, & \text{其他情形}. \end{cases}$$

从而得到二进位小数 $0.\alpha_1\alpha_2\cdots$. 易见, 这个对应是递增自然数列之集与形如 $0.\alpha_1\alpha_2\cdots$ 之二进位小数之集之间的一一对应关系, 因此二者等势.

(2) 对可数集 X, 记 X 的一切子集的集合为 $\mathcal{P}(X)$. 因为 $X \sim \mathbb{N}$, 所以 $\mathcal{P}(X) \sim \mathcal{P}(\mathbb{N})$. 因此, 只需证明 $\mathcal{P}(\mathbb{N}) \sim \mathbb{R}$ 即可. 事实上, $\forall M \in \mathcal{P}(\mathbb{N})$, 若 M 为无限集, 则由 (1) 知 M 可与形如 $0.\alpha_1\alpha_2\cdots$ 之二进位小数之间建立一一对应关系, 这样就证明了 $\mathbb{N}$ 的所有无限子集之集合 $\mathcal{P}_1(\mathbb{N}) \sim [0, 1)$. 而 $\mathbb{N}$ 的所有有限子集 (包括空集) 之集合 $\mathcal{P}_2(\mathbb{N})$ 至多可数, 因此

$$\mathcal{P}(X) \sim \mathcal{P}(\mathbb{N}) = \mathcal{P}_1(\mathbb{N}) \cup \mathcal{P}_2(\mathbb{N}) \sim \mathcal{P}_1(\mathbb{N}) \sim [0, 1) \sim [0, 1] \sim \mathbb{R}.$$ □

5. 试证: (1) 集合 X 的一切子集的集合 $\mathcal{P}(X)$, 与一切在 X 上定义而取值为 0 或 1 的函数 (即一切映射 $f : X \to \{0, 1\}$) 之集等势.

(2) 设 X 是 n 个元素之有限集, 那么 $\mathrm{card}\mathcal{P}(X) = 2^n$.

(3) 注意到问题 4(2) 与 5(1) 之结论, 可以得到 $\mathrm{card}\mathcal{P}(X) = 2^{\mathrm{card}X}$, 特别地, $\mathrm{card}\mathcal{P}(\mathbb{N}) = 2^{\mathrm{card}\mathbb{N}} = \mathrm{card}\mathbb{R}$.

(4) 对于任何集合 X, 有

$$\mathrm{card}X < 2^{\mathrm{card}X},$$

特别地, 对一切 $n \in \mathbb{N}$, 有 $n < 2^n$.

证 (1) 记 $Q(X) := \{f : f$是在 X 上定义而取值为 0 或 1 的函数, 即$f : X \to \{0,1\}\}$. $\forall A \in \mathcal{P}(X)$, 显然 $A \subset X$, 记

$$\chi_A(x) = \begin{cases} 1, & x \in A, \\ 0, & x \in X \backslash A. \end{cases}$$

则特征函数 $\chi_A \in Q(X)$. 令映射 $T(A) = \chi_A$, $A \in \mathcal{P}(X)$. 易知 $T : \mathcal{P}(X) \to Q(X)$ 为双射, 此即说明二者等势.

(2) 显然

$$\mathrm{card}\mathcal{P}(X) = \mathrm{C}_n^0 + \mathrm{C}_n^1 + \cdots + \mathrm{C}_n^n = (1+1)^n = 2^n.$$

(3) 由 (1), $\mathrm{card}\mathcal{P}(X) = 2^{\mathrm{card}X}$. 又由习题 4(2), $\mathrm{card}\mathcal{P}(\mathbb{N}) = 2^{\mathrm{card}\mathbb{N}} = \mathrm{card}\mathbb{R}$.

(4) 由 (3), 只需证明康托尔定理 ($\mathrm{card}X < \mathrm{card}\mathcal{P}(X)$) 即可. 该结论对于空集 $\varnothing$ 显然成立, 所以下面可以认为 $X \neq \varnothing$. 因为 $\mathcal{P}(X)$ 含有 X 的一切单元素子集, 所以 $\mathrm{card}X \leqslant \mathrm{card}\mathcal{P}(X)$. 现在只需证明, 如果 $X \neq \varnothing$, 则 $\mathrm{card}X \neq \mathrm{card}\mathcal{P}(X)$. 假如该结论不成立, 则设双射 $f : X \to \mathcal{P}(X)$ 存在. 考虑由不属于所对应集合 $f(x) \in \mathcal{P}(X)$ 的元素 $x \in X$ 所组成的集合 $A = \{x \in X : x \notin f(x)\}$. 因为 $A \in \mathcal{P}(X)$, 所以可以找到元素 $a \in X$, 使得 $f(a) = A$. 对于元素 $a \in X$, 关系 $a \in A$ 不可能成立 (根据 A 的定义), 关系 $a \notin A$ 也不可能成立 (仍然根据 A 的定义). 这与排中律矛盾. □

6. 设 $X_1, \cdots, X_m$ 是有限个有限集, 试证:

$$\mathrm{card}\left(\bigcup_{i=1}^m X_i\right) = \sum_{i_1} \mathrm{card}X_{i_1} - \sum_{i_1<i_2} \mathrm{card}(X_{i_1} \cap X_{i_2}) + \sum_{i_1<i_2<i_3} \mathrm{card}(X_{i_1} \cap X_{i_2} \cap X_{i_3}) - \cdots + (-1)^{m-1}\mathrm{card}(X_1 \cap \cdots \cap X_m),$$

并且求和是对于在 $1, \cdots, m$ 范围内满足和号下的不等式的一切可能的选取来做的.

证 利用数学归纳原理即可证明, 具体细节从略. □

7. 在闭区间 $[0,1] \subset \mathbb{R}$ 上画出那样的数 x 的集合: $x \in [0,1]$, 其三进位记数法 $x = 0.\alpha_1\alpha_2\alpha_3\cdots$ $(\alpha_i \in \{0,1,2\})$ 具下列三性质之一:

(1) $\alpha_1 \neq 1$;

(2) $(\alpha_1 \neq 1) \wedge (\alpha_2 \neq 1)$;

(3) $\forall i \in \mathbb{N}(\alpha_i \neq 1)$(康托尔集).

解 从略. □

8. (续问题 7) 试证: (1) 在三进位记数法中不含有 1 的那些数 $x \in [0,1]$ 的集, 与二进位记数法中表示成 $0.\beta_1\beta_2\cdots$ 的所有数的集等势.

(2) 康托尔集与闭区间 $[0,1]$ 的所有点之集等势.

证 (1) 显然不含有 1 的三进位小数之集和不含有 1 的二进位小数之集都可与 $[0,1)$ 之集建立一一映射, 所以结论成立.

(2) $\forall i \in \mathbb{N}$, 因为 $\alpha_i \neq 1$, 所以可令

$$\beta_i = \begin{cases} 0, & \alpha_i = 0, \\ 1, & \alpha_i = 2. \end{cases}$$

这样就建立了康托尔集中的点和不含有 1 的二进位小数之间的一一映射, 因此

$$\text{康托尔集} \sim [0,1) \sim [0,1]. \qquad \square$$

第 2 章　极　　限

2.1　序列的极限

一、知识点总结与补充

1. 数列极限的基本性质

(1) 有界性: 收敛数列必有界.

(2) 保不等式性: 设 $\lim\limits_{n\to\infty} x_n < \lim\limits_{n\to\infty} y_n$, 则 $\exists N \in \mathbb{N}$, 使得 $\forall n > N$, 不等式 $x_n < y_n$ 成立.

(3) 迫敛性: 设 $\forall n > N_0 \in \mathbb{N}$, $x_n \leqslant y_n \leqslant z_n$, 且 $\lim\limits_{n\to\infty} x_n = \lim\limits_{n\to\infty} z_n = A$, 则 $\lim\limits_{n\to\infty} y_n = A$.

(4) 绝对值收敛性: 若 $\lim\limits_{n\to\infty} a_n = a$, 则 $\lim\limits_{n\to\infty} |a_n| = |a|$; 反之未必成立, 但当 $a = 0$ 时一定成立.

2. 数列收敛的条件

(1) **柯西准则**　数列收敛的充要条件是它是基本列 (柯西列).

(2) **魏尔斯特拉斯定理**　单调不减 (不增) 数列有极限的充要条件是它上 (下) 有界.

(3) 数列有极限 (或趋于负无穷或趋于正无穷) 当且仅当它的上、下极限重合.

(4) $\{x_n\}$ 收敛 $\Longleftrightarrow$ $\{x_n\}$ 的所有子列收敛且极限相同.

(5) $\{x_n\}$ 收敛 $\Longleftrightarrow$ $\{x_{2k}\}$ 与 $\{x_{2k-1}\}$ 均收敛且极限相同.

(6) 单调数列 $\{x_n\}$ 收敛 $\Longleftrightarrow$ $\{x_n\}$ 有一个收敛子列.

3. 常见正无穷大量的比较

$$\log_a n \ll n^\alpha \ll b^n \ll n! \ll n^n, \quad n\to\infty, \quad a>1, \quad \alpha>0, \quad b>1.$$

4. 关于部分极限的一些结论

(1) 任何实数列都有单调子列.

(2) **波尔察诺–魏尔斯特拉斯引理**　每个有界数列含有收敛子列.

(3) 如果 $\{x_n\}$ 无界, 则它必有单调子列趋于具有确定符号的无穷大.

(4) 任何数列的下极限是它的部分极限中的最小者, 而其上极限是它的部分极限中的最大者.

(5) 设 $\{x_n\}$ 上有界, 则 $\overline{\lim\limits_{n\to\infty}}\, x_n = s$ 的充要条件是: $\forall \varepsilon > 0$,

- $\exists N \in \mathbb{N}$, 使得 $\forall n > N$, $x_n < s + \varepsilon$;
- $\exists$ 子列 $\{x_{n_k}\}$, 使得 $\forall k \in \mathbb{N}$, $x_{n_k} > s - \varepsilon$.

该充要条件可描述为: $\forall A > s$, $\{x_n\}$ 中大于 A 的项至多有有限个; $\forall B < s$, $\{x_n\}$ 中大于 B 的项有无限多个.

(6) 设 $\{x_n\}$ 下有界, 则 $\varliminf\limits_{n\to\infty} x_n = i$ 的充要条件是: $\forall \varepsilon > 0$,

- $\exists N \in \mathbb{N}$, 使得 $\forall n > N$, $x_n > i - \varepsilon$;
- $\exists$ 子列 $\{x_{n_k}\}$, 使得 $\forall k \in \mathbb{N}$, $x_{n_k} < i + \varepsilon$.

该充要条件可描述为: $\forall A' < i$, $\{x_n\}$ 中小于 A' 的项至多有有限个; $\forall B' > i$, $\{x_n\}$ 中小于 B' 的项有无限多个.

5. 级数收敛的条件

(1) **柯西准则** 级数 $\sum\limits_{n=1}^{\infty} u_n$ 收敛的充要条件是: $\forall \varepsilon > 0, \exists N \in \mathbb{N}$, 当 $m > N$ 时, 对 $\forall p \in \mathbb{N}$, 都有

$$\left|\sum_{k=1}^{p} u_{m+k}\right| = |u_{m+1} + \cdots + u_{m+p}| < \varepsilon.$$

(2) 级数收敛的必要非充分条件: 若级数 $\sum\limits_{n=1}^{\infty} u_n$ 收敛, 则 $\lim\limits_{n\to\infty} u_n = 0$.

6. 特殊级数

- 等比 (几何) 级数: $\sum\limits_{n=0}^{\infty} aq^n = \dfrac{a}{1-q}$, $a \neq 0$, $|q| < 1$.
- p 级数: $\sum\limits_{n=1}^{\infty} \dfrac{1}{n^p}$ 当 $p > 1$ 时收敛, 当 $p \leqslant 1$ 时发散. 特别地, 当 $p = 1$ 时,

即为调和级数: $\sum\limits_{n=1}^{\infty} \dfrac{1}{n} = +\infty$.

7. 正项级数的性质

(1) 正项级数 $\sum\limits_{n=1}^{\infty} u_n$ 收敛 $\Longleftrightarrow$ 其部分和数列 $\{S_n\}$ 有界.

(2) 比较原则: 设 $\sum\limits_{n=1}^{\infty} u_n, \sum\limits_{n=1}^{\infty} v_n$ 为两个正项级数, 若 $\exists N \in \mathbb{N}$, 使当 $n > N$ 时, 有 $u_n \leqslant v_n$. 则

- $\sum\limits_{n=1}^{\infty} v_n$ 收敛 $\Longrightarrow \sum\limits_{n=1}^{\infty} u_n$ 收敛;
- $\sum\limits_{n=1}^{\infty} u_n$ 发散 $\Longrightarrow \sum\limits_{n=1}^{\infty} v_n$ 发散.

(3) 比较原则的极限形式: 设 $\sum\limits_{n=1}^{\infty} u_n$, $\sum\limits_{n=1}^{\infty} v_n$ 均为正项级数, 且 $\lim\limits_{n\to\infty} \dfrac{u_n}{v_n} = l$. 则

- 若 $0<l<+\infty$, 则 $\sum\limits_{n=1}^{\infty} u_n$ 与 $\sum\limits_{n=1}^{\infty} v_n$ 同敛散;
- 若 $l=0$, 则 $\sum\limits_{n=1}^{\infty} v_n$ 收敛 $\Longrightarrow \sum\limits_{n=1}^{\infty} u_n$ 收敛;
- 若 $l=+\infty$, 则 $\sum\limits_{n=1}^{\infty} v_n$ 发散 $\Longrightarrow \sum\limits_{n=1}^{\infty} u_n$ 发散.

8. 级数收敛的常用判别法

(1) 魏尔斯特拉斯比较判别法: 设 $\sum\limits_{n=1}^{\infty} u_n$ 与 $\sum\limits_{n=1}^{\infty} v_n$ 是两个级数. 若存在 $N_0 \in \mathbb{N}$, 使得当 $n>N_0$ 时 $|u_n| \leqslant v_n$, 则 $\sum\limits_{n=1}^{\infty} v_n$ 收敛 $\Longrightarrow \sum\limits_{n=1}^{\infty} u_n$ 绝对收敛.

(2) 根式判别法 (柯西判别法): 设 $\sum\limits_{n=1}^{\infty} u_n$ 为一级数, $N_0 \in \mathbb{N}$.

- 若 $\sqrt[n]{|u_n|} \leqslant l < 1\,(\forall\, n > N_0)$, 则级数 $\sum\limits_{n=1}^{\infty} u_n$ 绝对收敛;
- 若 $\sqrt[n]{|u_n|} \geqslant 1\,(\forall\, n > N_0)$, 则级数 $\sum\limits_{n=1}^{\infty} u_n$ 发散.

(3) 根式判别法的 (上) 极限形式: 设 $\sum\limits_{n=1}^{\infty} u_n$ 为一级数, $\alpha = \varlimsup\limits_{n\to\infty} \sqrt[n]{|u_n|}$.

- 若 $\alpha<1$, 则级数 $\sum\limits_{n=1}^{\infty} u_n$ 绝对收敛;
- 若 $\alpha>1$, 则级数 $\sum\limits_{n=1}^{\infty} u_n$ 发散;
- 若 $\alpha=1$, 无法判断.

(4) 比式判别法 (达朗贝尔判别法): 设 $\sum\limits_{n=1}^{\infty} u_n$ 为一级数, $N_0 \in \mathbb{N}$.

- 若 $\left|\dfrac{u_{n+1}}{u_n}\right| \leqslant l < 1\,(\forall\, n > N_0)$, 则级数 $\sum\limits_{n=1}^{\infty} u_n$ 绝对收敛;
- 若 $\left|\dfrac{u_{n+1}}{u_n}\right| \geqslant 1\,(\forall\, n > N_0)$, 则级数 $\sum\limits_{n=1}^{\infty} u_n$ 发散.

(5) 比式判别法的极限形式: 设 $\sum\limits_{n=1}^{\infty} u_n$ 为一级数, $\alpha = \lim\limits_{n\to\infty} \left|\dfrac{u_{n+1}}{u_n}\right|$.

- 若 $\alpha<1$, 则级数 $\sum\limits_{n=1}^{\infty} u_n$ 绝对收敛;
- 若 $\alpha>1$, 则级数 $\sum\limits_{n=1}^{\infty} u_n$ 发散;
- 若 $\alpha=1$, 无法判断.

(6) 阿贝尔判别法: 若 $\{a_n\}$ 为单调有界数列, 且级数 $\sum\limits_{n=1}^{\infty} b_n$ 收敛, 则级数 $\sum\limits_{n=1}^{\infty} a_n b_n$ 收敛.

(7) 狄利克雷判别法: 若数列 $\{a_n\}$ 单调递减, 且 $\lim\limits_{n\to\infty} a_n = 0$, 又级数 $\sum\limits_{n=1}^{\infty} b_n$ 的部分和数列有界, 则级数 $\sum\limits_{n=1}^{\infty} a_n b_n$ 收敛.

二、例题讲解

1. 设 $u_n > 0(n=1,2,\cdots)$ 且 $\lim\limits_{n\to\infty} \dfrac{u_{n+1}}{u_n} = q$. 证明: $\lim\limits_{n\to\infty} \sqrt[n]{u_n} = q$.

证　补充定义 $u_0 = 1$, 并令 $v_n = \dfrac{u_n}{u_{n-1}}$, $n=1,2,\cdots$. 则由习题 7(2) 和习题 2 可知

$$\begin{aligned}\lim_{n\to\infty} \sqrt[n]{u_n} &= \lim_{n\to\infty} \sqrt[n]{\frac{u_1}{1}\cdot\frac{u_2}{u_1}\cdot\cdots\cdot\frac{u_n}{u_{n-1}}} = \lim_{n\to\infty} \sqrt[n]{v_1\cdot v_2\cdot\cdots\cdot v_n}\\ &= \lim_{n\to\infty} v_n = \lim_{n\to\infty}\frac{u_{n+1}}{u_n} = q.\end{aligned}$$

□

2. 若 $\{x_n\}$ 是无界数列, 但不趋于无穷. 证明: 存在 $\{x_n\}$ 的两个子列, 其中一个子列收敛, 另一个趋于无穷.

证　首先, 对 $M_1 = 1$, 因为 $\{x_n\}$ 是无界数列, 所以 $\exists n_1 \in \mathbb{N}$, 使得 $|x_{n_1}| > M_1 = 1$. 再对 $M_2 = \max\{2, |x_1|, \cdots, |x_{n_1}|\}$, 同理 $\exists n_2 \in \mathbb{N}$ 使得 $n_2 > n_1$ 且 $|x_{n_2}| > M_2 \geqslant 2$. 同样, 又 $\exists n_3 \in \mathbb{N}$ 使得 $n_3 > n_2$ 且 $|x_{n_3}| > M_3 = \max\{3, |x_1|, \cdots, |x_{n_2}|\} \geqslant 3$. 重复此过程, 则由数学归纳原理可得到 $\{x_n\}$ 的一个子列 $\{x_{n_k}\}$ 满足: $\forall k \in \mathbb{N}$, $|x_{n_k}| > k$. 现在, $\forall c \in \mathbb{R}$, 由阿基米德原理, $\exists k_c \in \mathbb{N}$, 使得 $k_c > |c|$. 因此当 $k \geqslant k_c$ 时, $|x_{n_k}| > k \geqslant k_c > |c|$, 从而说明了 $\{x_{n_k}\}$ 趋于无穷. 这实际上就是《讲义》2.1.3 小节推论 4(2) 的结论.

其次, 因为 $\{x_n\}$ 不趋于无穷, 所以 $\exists K > 0$, 使得 $\forall N \in \mathbb{N}$, $\exists m \in \mathbb{N}$, 使得 $m > N$ 且 $|x_m| \leqslant K$. 于是, 首先对 $N_1 = 1$, $\exists m_1 > N_1$, 使得 $|x_{m_1}| \leqslant K$. 再对 $N_2 = \max\{2, m_1\}$, $\exists m_2 > N_2$, 使得 $|x_{m_2}| \leqslant K$. 同理 $\exists m_3 > N_3 = \max\{3, m_2\}$, 使得 $|x_{m_3}| \leqslant K$. 重复此过程, 则由数学归纳原理可得到 $\{x_n\}$ 的一个有界子列 $\{x_{m_k}\}$ 满足: $\forall k \in \mathbb{N}$, $|x_{m_k}| \leqslant K$. 由《讲义》2.1.3 小节推论 4(1), 存在 $\{x_{m_k}\}$ 的收敛子列 $\{x_{m_{k_j}}\}$, 当然 $\{x_{m_{k_j}}\}$ 也是 $\{x_n\}$ 的收敛子列. □

注　我们实际上可以证明无界数列的趋于具有确定符号的无穷的单调子列的存在性, 只需对上边的证明稍作修改即可.

3. 设 $\{a_n\}$ 有界但不收敛, 证明: 存在两个子列 $\{a_{n_k}^{(1)}\}$ 与 $\{a_{n_k}^{(2)}\}$ 收敛到不同

的极限, 即

$$a_{n_k}^{(1)} \to a_1 \neq a_2 \leftarrow a_{n_k}^{(2)} \quad (k \to \infty).$$

证 1 因为 $\{x_n\}$ 不收敛, 所以由柯西准则, $\exists \varepsilon_0 > 0$, 使得 $\forall N \in \mathbb{N}$, $\exists m_N > l_N > N$ 使得 $|a_{m_N} - a_{l_N}| \geqslant \varepsilon_0$.

首先, 对 $N_1 = 1$, $\exists m_1 > l_1 > 1$ 使得 $|a_{m_1} - a_{l_1}| \geqslant \varepsilon_0$. 又对 $N_2 = m_1$, $\exists m_2 > l_2 > m_1 > l_1$ 使得 $|a_{m_2} - a_{l_2}| \geqslant \varepsilon_0$. 再对 $N_3 = m_2$, $\exists m_3 > l_3 > m_2 > l_2$ 使得 $|a_{m_3} - a_{l_3}| \geqslant \varepsilon_0$. 重复此过程即得两个子列 $\{a_{m_i}\}$ 和 $\{a_{l_i}\}$ 满足, $\forall i \in \mathbb{N}$,

$$|a_{m_i} - a_{l_i}| \geqslant \varepsilon_0. \tag{$*$}$$

现在, $\{a_{m_i}\}$ 作为有界数列 $\{a_n\}$ 的子列当然也有界, 所以由波尔察诺–魏尔斯特拉斯引理可知, 存在收敛子列, 记为 $\{a_{m_{i_j}}\}$, 其极限 $\lim\limits_{j\to\infty} a_{m_{i_j}} =: a_2$. 再次利用波尔察诺–魏尔斯特拉斯引理可知, $\{a_{l_i}\}$ 与 $\{a_{m_{i_j}}\}$ 脚标相同的对应子列 $\{a_{l_{i_j}}\}$ 也存在收敛子列, 当然也是原数列 $\{a_n\}$ 的收敛子列, 记为 $\{a_{n_k}^{(1)}\}$, 其极限 $\lim\limits_{k\to\infty} a_{n_k}^{(1)} =: a_1$. 收敛数列 $\{a_{m_{i_j}}\}$ 与 $\{a_{n_k}^{(1)}\}$ 脚标相同的对应子列记为 $\{a_{n_k}^{(2)}\}$, 由《讲义》2.1.3 小节推论 6 可知 $\{a_{n_k}^{(2)}\}$ 也收敛且 $\lim\limits_{k\to\infty} a_{n_k}^{(2)} = \lim\limits_{j\to\infty} a_{m_{i_j}} = a_2$. 而 $\{a_{n_k}^{(1)}\}$ 和 $\{a_{n_k}^{(2)}\}$ 分别作为 $\{a_{l_i}\}$ 和 $\{a_{m_i}\}$ 的子列当然也满足 $(*)$ 式, 由此即知 $a_1 \neq a_2$.

证 2 因为 $\{a_n\}$ 有界, 所以可知 $\limsup\limits_{n\to\infty} a_n =: a_1$ 和 $\liminf\limits_{n\to\infty} a_n =: a_2$ 都存在且有限. 再由《讲义》2.1.3 小节命题 1 即知存在两个子列 $\{a_{n_k}^{(1)}\}$ 与 $\{a_{n_k}^{(2)}\}$ 分别收敛于 a_1 和 a_2, 又由 $\{a_n\}$ 不收敛及《讲义》2.1.3 小节推论 5 可知 $a_1 \neq a_2$. □

4. 证明: $\lim\limits_{n\to\infty} \sin\left(\pi\sqrt{n^2+1}\right) = 0$.

证 $\forall \varepsilon > 0$, 令 $N = \left[\dfrac{\pi}{\varepsilon}\right] + 1$, 则当 $n > N$ 时,

$$\begin{aligned}
&\left|\sin\left(\pi\sqrt{n^2+1}\right) - 0\right| = \left|\sin\left(\pi\sqrt{n^2+1}\right) - \sin\left(\pi\sqrt{n^2}\right)\right| \\
=&\left|2\sin\frac{\pi\left(\sqrt{n^2+1}-\sqrt{n^2}\right)}{2}\cos\frac{\pi\left(\sqrt{n^2+1}+\sqrt{n^2}\right)}{2}\right| \\
\leqslant&\pi\left(\sqrt{n^2+1}-\sqrt{n^2}\right) = \frac{\pi}{\sqrt{n^2+1}+\sqrt{n^2}} \leqslant \frac{\pi}{n} < \varepsilon.
\end{aligned}$$

因此, 由极限定义可知 $\lim\limits_{n\to\infty} \sin(\pi\sqrt{n^2+1}) = 0$. □

注 上面的不等式也可采用如下方法证明:

$$\left|\sin\left(\pi\sqrt{n^2+1}\right)-0\right|=\left|(-1)^n\sin\left(\pi\sqrt{n^2+1}-n\pi\right)\right|$$
$$=\left|\sin\pi\left(\sqrt{n^2+1}-\sqrt{n^2}\right)\right|\leqslant\pi\left(\sqrt{n^2+1}-\sqrt{n^2}\right)<\varepsilon.$$

5. 求极限 $\lim\limits_{n\to\infty}\left(\dfrac{2}{3}\cdot\dfrac{3}{5}\cdot\cdots\cdot\dfrac{n+1}{2n+1}\right)$.

解　容易看出 $\forall n\in\mathbb{N}$, $\dfrac{1}{2}\leqslant\dfrac{n+1}{2n+1}\leqslant\dfrac{2}{3}$, 因此

$$\left(\frac{1}{2}\right)^n\leqslant\frac{2}{3}\cdot\frac{3}{5}\cdot\cdots\cdot\frac{n+1}{2n+1}\leqslant\left(\frac{2}{3}\right)^n.$$

而 $\lim\limits_{n\to\infty}\left(\dfrac{1}{2}\right)^n=\lim\limits_{n\to\infty}\left(\dfrac{2}{3}\right)^n=0$, 故由迫敛性可知

$$\lim_{n\to\infty}\left(\frac{2}{3}\cdot\frac{3}{5}\cdot\cdots\cdot\frac{n+1}{2n+1}\right)=0.$$ □

6. 设 $\forall n\in\mathbb{N}$,

$$a_n=\sqrt{1+\sqrt{2+\cdots+\sqrt{n}}}.$$

证明 $\lim\limits_{n\to\infty}a_n$ 存在.

证　显然数列 $\{a_n\}$ 是单调递增的, 又由数学归纳法易知 $\forall n\in\mathbb{N}$, $n\leqslant 2^n\leqslant 2^{2^n}$, 故

$$a_n\leqslant\sqrt{2^{2^1}+\sqrt{2^{2^2}+\cdots+\sqrt{2^{2^n}}}}$$
$$\leqslant 2\sqrt{1+\sqrt{1+\cdots+\sqrt{1}}}.$$

注意到 $\sqrt{1}\leqslant\sqrt{3}$, $\sqrt{1+\sqrt{3}}\leqslant\sqrt{3}$, 从而由数学归纳法容易证明

$$\sqrt{1+\sqrt{1+\cdots+\sqrt{1}}}\leqslant\sqrt{3},$$

因此我们有 $a_n\leqslant 2\sqrt{3}$, 这说明了数列 $\{a_n\}$ 有上界, 故由魏尔斯特拉斯定理可知 $\lim\limits_{n\to\infty}a_n$ 存在. □

7. 设 $\lim\limits_{n\to\infty}x_n=\alpha$, $\lim\limits_{n\to\infty}y_n=\beta$, 证明:

$$\lim_{n\to\infty}\frac{x_1y_n+x_2y_{n-1}+\cdots+x_ny_1}{n}=\alpha\beta.$$

证 1　因为 $\lim\limits_{n\to\infty} x_n = \alpha$, $\lim\limits_{n\to\infty} y_n = \beta$, 所以 $\forall \varepsilon > 0$, $\exists N \in \mathbb{N}$, 使得 $\forall n > N$, $|x_n - \alpha| < \varepsilon$, $|y_n - \beta| < \varepsilon$. 又由《讲义》2.1.2 小节定理 1 可知, $\exists M > 0$, 使得 $\forall n \in \mathbb{N}$, $|x_n| \leqslant M$, $|y_n| \leqslant M$. 因此, 当 $n > 2N$ 时, 我们有

$$\begin{aligned}\left|\frac{x_1y_n + \cdots + x_ny_1}{n} - \alpha\beta\right| \leqslant & \frac{1}{n}\left(|x_1y_n - \alpha\beta| + \cdots + |x_Ny_{n+1-N} - \alpha\beta|\right) \\ & + \frac{1}{n}\left(|x_{N+1}y_{n-N} - \alpha\beta| + \cdots + |x_{n-N}y_{N+1} - \alpha\beta|\right) \\ & + \frac{1}{n}\left(|x_{n+1-N}y_N - \alpha\beta| + \cdots + |x_ny_1 - \alpha\beta|\right) \\ =: & \mathrm{I} + \mathrm{II} + \mathrm{III}.\end{aligned}$$

对于 I, 我们有

$$\begin{aligned}\mathrm{I} \leqslant & \frac{1}{n}\left(|x_1y_n - x_1\beta| + |x_1\beta - \alpha\beta| + \cdots + |x_Ny_{n+1-N} - x_N\beta| + |x_N\beta - \alpha\beta|\right) \\ \leqslant & \frac{1}{n}\left(|x_1||y_n - \beta| + (|x_1| + |\alpha|)|\beta| + \cdots + |x_N||y_{n+1-N} - \beta| + (|x_N| + |\alpha|)|\beta|\right) \\ \leqslant & \frac{1}{n}N\left(M\varepsilon + (M + |\alpha|)|\beta|\right) \leqslant M\varepsilon + \frac{1}{n}N(M + |\alpha|)|\beta|.\end{aligned}$$

类似地, 对于 III, 我们有

$$\mathrm{III} \leqslant \frac{1}{n}N\left(M\varepsilon + (M + |\beta|)|\alpha|\right) \leqslant M\varepsilon + \frac{1}{n}N(M + |\beta|)|\alpha|.$$

而对于 II, 我们有

$$\begin{aligned}\mathrm{II} \leqslant & \frac{1}{n}\Big(|x_{N+1}y_{n-N} - x_{N+1}\beta| + |x_{N+1}\beta - \alpha\beta| + \cdots \\ & + |x_{n-N}y_{N+1} - x_{n-N}\beta| + |x_{n-N}\beta - \alpha\beta|\Big) \\ \leqslant & \frac{1}{n}\Big(|x_{N+1}||y_{n-N} - \beta| + |x_{N+1} - \alpha||\beta| + \cdots \\ & + |x_{n-N}||y_{N+1} - \beta| + |x_{n-N} - \alpha||\beta|\Big) \\ \leqslant & \frac{1}{n}(n - 2N)\left(M\varepsilon + \varepsilon|\beta|\right) \leqslant (M + |\beta|)\varepsilon.\end{aligned}$$

因此, $\forall n > 2N$,

$$\mathrm{I} + \mathrm{II} + \mathrm{III} \leqslant (3M + |\beta|)\varepsilon + \frac{1}{n}N(M|\alpha| + M|\beta| + 2|\alpha||\beta|).$$

令

$$N_1 := \left[\frac{N(M|\alpha| + M|\beta| + 2|\alpha||\beta|)}{\varepsilon}\right] + 1,$$

再令 $N_2 := \max\{N_1, 2N\}$, 则当 $n > N_2$ 时,

$$\left|\frac{x_1y_n + \cdots + x_ny_1}{n} - \alpha\beta\right| \leqslant \mathrm{I} + \mathrm{II} + \mathrm{III} \leqslant (3M + |\beta|)\varepsilon + \varepsilon = (3M + |\beta| + 1)\varepsilon.$$

注意这里 M 是与 ε 无关的常数, 因此由极限定义可知

$$\lim_{n\to\infty} \frac{x_1y_n + x_2y_{n-1} + \cdots + x_ny_1}{n} = \alpha\beta.$$

证 2 令 $\alpha_n = x_n - \alpha$, $\beta_n = y_n - \beta$, 则 $\lim\limits_{n\to\infty} \alpha_n = 0$, $\lim\limits_{n\to\infty} \beta_n = 0$, 且

$$\begin{aligned}
&x_1y_n + x_2y_{n-1} + \cdots + x_ny_1 \\
&= (\alpha + \alpha_1)(\beta + \beta_n) + (\alpha + \alpha_2)(\beta + \beta_{n-1}) + \cdots + (\alpha + \alpha_n)(\beta + \beta_1) \\
&= n\alpha\beta + \beta(\alpha_1 + \cdots + \alpha_n) + \alpha(\beta_1 + \cdots + \beta_n) + (\alpha_1\beta_n + \alpha_2\beta_{n-1} + \cdots + \alpha_n\beta_1).
\end{aligned}$$

因为 $\lim\limits_{n\to\infty} \alpha_n = 0$, 所以 $\exists M > 0$, 使得 $\forall n \in \mathbb{N}$, $|\alpha_n| \leqslant M$. 因此

$$0 \leqslant \left|\frac{\alpha_1\beta_n + \alpha_2\beta_{n-1} + \cdots + \alpha_n\beta_1}{n}\right| \leqslant M\frac{|\beta_1| + \cdots + |\beta_n|}{n}.$$

由 $\lim\limits_{n\to\infty} \beta_n = 0$ 可知 $\lim\limits_{n\to\infty} |\beta_n| = 0$, 再由习题 7(1) 可知

$$\lim_{n\to\infty} \frac{|\beta_1| + \cdots + |\beta_n|}{n} = 0,$$

故由迫敛性即得

$$\lim_{n\to\infty} \left|\frac{\alpha_1\beta_n + \alpha_2\beta_{n-1} + \cdots + \alpha_n\beta_1}{n}\right| = 0,$$

进而

$$\lim_{n\to\infty} \frac{\alpha_1\beta_n + \alpha_2\beta_{n-1} + \cdots + \alpha_n\beta_1}{n} = 0.$$

此外, 由习题 7(1) 还有

$$\lim_{n\to\infty} \frac{\alpha_1 + \cdots + \alpha_n}{n} = \lim_{n\to\infty} \frac{\beta_1 + \cdots + \beta_n}{n} = 0.$$

因此

$$\begin{aligned}
&\lim_{n\to\infty} \frac{x_1y_n + x_2y_{n-1} + \cdots + x_ny_1}{n} \\
&= \alpha\beta + \beta \lim_{n\to\infty} \frac{\alpha_1 + \cdots + \alpha_n}{n} + \alpha \lim_{n\to\infty} \frac{\beta_1 + \cdots + \beta_n}{n}
\end{aligned}$$

$$+\lim_{n\to\infty}\frac{\alpha_1\beta_n+\alpha_2\beta_{n-1}+\cdots+\alpha_n\beta_1}{n}$$
$$=\alpha\beta+0+0+0=\alpha\beta.$$ □

8. Stolz 定理

(1) $\left(\dfrac{0}{0}\text{型}\right)$ 设数列 $\{x_n\}$ 和 $\{y_n\}$ 满足:

- $\lim\limits_{n\to\infty}x_n=\lim\limits_{n\to\infty}y_n=0$;
- $\{x_n\}$ 严格单调递减;
- $\lim\limits_{n\to\infty}\dfrac{y_{n+1}-y_n}{x_{n+1}-x_n}=A$ (A 有限或为 $\pm\infty$),

则 $\lim\limits_{n\to\infty}\dfrac{y_n}{x_n}=A$.

(2) $\left(\dfrac{*}{\infty}\text{型}\right)$ 设数列 $\{x_n\}$ 和 $\{y_n\}$ 满足:

- $\lim\limits_{n\to\infty}x_n=+\infty$;
- $\{x_n\}$ 严格单调递增;
- $\lim\limits_{n\to\infty}\dfrac{y_{n+1}-y_n}{x_{n+1}-x_n}=B$ (B 有限或为 $\pm\infty$),

则 $\lim\limits_{n\to\infty}\dfrac{y_n}{x_n}=B$.

证　(1) 显然, $\forall n\in\mathbb{N}$, $x_n>0$. 我们将对三种情形分别证明.

情形 1: A 有限. 因为 $\lim\limits_{n\to\infty}\dfrac{y_{n+1}-y_n}{x_{n+1}-x_n}=A$, 所以 $\forall\varepsilon>0$, $\exists N\in\mathbb{N}$ 使得 $\forall n>N$,

$$\left|\frac{y_{n+1}-y_n}{x_{n+1}-x_n}-A\right|<\varepsilon.$$

又因为 $\{x_n\}$ 严格单调递减, 故有

$$(A-\varepsilon)(x_n-x_{n+1})<y_n-y_{n+1}<(A+\varepsilon)(x_n-x_{n+1}).$$

$\forall m>n$, 此式蕴含着

$$(A-\varepsilon)\sum_{j=n}^{m-1}(x_j-x_{j+1})<\sum_{j=n}^{m-1}(y_j-y_{j+1})<(A+\varepsilon)\sum_{j=n}^{m-1}(x_j-x_{j+1}),$$

即

$$(A-\varepsilon)(x_n-x_m)<y_n-y_m<(A+\varepsilon)(x_n-x_m),$$

或者写成

$$\left|\frac{y_n-y_m}{x_n-x_m}-A\right|<\varepsilon.$$

令 $m \to \infty$, 并由 $\lim\limits_{n\to\infty} x_n = \lim\limits_{n\to\infty} y_n = 0$ 可知, $\forall n > N$,

$$\left|\frac{y_n}{x_n} - A\right| \leqslant \varepsilon.$$

因此由极限定义, $\lim\limits_{n\to\infty} \frac{y_n}{x_n} = A$.

情形 2: $A = +\infty$. 因为 $\lim\limits_{n\to\infty} \frac{y_{n+1} - y_n}{x_{n+1} - x_n} = +\infty$, 所以 $\exists N \in \mathbb{N}$ 使得 $\forall n \geqslant N$,

$$\frac{y_{n+1} - y_n}{x_{n+1} - x_n} > 1.$$

又因为 $\{x_n\}$ 严格单调递减, 我们得到 $y_N > y_{N+1} > \cdots$, 再由 $\lim\limits_{n\to\infty} y_n = 0$, 因此可知 $\forall n \geqslant N$, $y_n > 0$. 又显然 $\lim\limits_{n\to\infty} \frac{x_{n+1} - x_n}{y_{n+1} - y_n} = 0$, 而数列的前有限项不影响其敛散性, 所以由上面已证情形 1 之结论, $\lim\limits_{n\to\infty} \frac{x_n}{y_n} = 0$, 于是 $\lim\limits_{n\to\infty} \frac{y_n}{x_n} = +\infty$.

情形 3: $A = -\infty$. 因为 $\lim\limits_{n\to\infty} \frac{y_{n+1} - y_n}{x_{n+1} - x_n} = -\infty$, 所以

$$\lim_{n\to\infty} \frac{(-y_{n+1}) - (-y_n)}{x_{n+1} - x_n} = -\lim_{n\to\infty} \frac{y_{n+1} - y_n}{x_{n+1} - x_n} = +\infty.$$

因此由情形 2 之结论 $\lim\limits_{n\to\infty} \frac{-y_n}{x_n} = +\infty$, 于是 $\lim\limits_{n\to\infty} \frac{y_n}{x_n} = -\infty$.

(2) 我们同样将对三种情形分别证明.

情形 1: B 有限. 因为 $\lim\limits_{n\to\infty} \frac{y_{n+1} - y_n}{x_{n+1} - x_n} = B$, 所以 $\forall \varepsilon > 0$, $\exists N \in \mathbb{N}$ 使得 $\forall n \geqslant N$,

$$\left|\frac{y_{n+1} - y_n}{x_{n+1} - x_n} - B\right| < \varepsilon.$$

又因为 $\{x_n\}$ 严格单调递增, 采用类似于 (1) 中的推导可得, $\forall n > N$,

$$\left|\frac{y_n - y_N}{x_n - x_N} - B\right| < \varepsilon.$$

显然

$$\frac{y_n}{x_n} - B = \left(1 - \frac{x_N}{x_n}\right) \cdot \left(\frac{y_n - y_N}{x_n - x_N} - B\right) + \frac{y_N - Bx_N}{x_n}.$$

由 $\lim\limits_{n\to\infty} x_n = +\infty$ 可知, $\exists N_1 \in \mathbb{N}$ 使得 $\forall n > N_1$, $0 < 1 - \frac{x_N}{x_n} < 2$ 且 $\left|\frac{y_N - Bx_N}{x_n}\right| < \varepsilon$. 现在, 令 $N_2 = \max\{N, N_1\}$, 则当 $n > N_2$ 时,

$$\left|\frac{y_n}{x_n} - B\right| < 2\varepsilon + \varepsilon = 3\varepsilon.$$

因此由极限定义, $\lim\limits_{n\to\infty}\dfrac{y_n}{x_n}=B$.

情形 2: $B=+\infty$. 因为 $\lim\limits_{n\to\infty}\dfrac{y_{n+1}-y_n}{x_{n+1}-x_n}=+\infty$, 所以 $\exists N\in\mathbb{N}$ 使得 $\forall n\geqslant N$,

$$\frac{y_{n+1}-y_n}{x_{n+1}-x_n}>1.$$

又因为 $\{x_n\}$ 严格单调递增, 我们得到 $y_N<y_{N+1}<\cdots$, 且通过类似于 (1) 中的推导可得, $\forall n>N$,

$$y_n-y_N>x_n-x_N,$$

即 $y_n>x_n-x_N+y_N$. 再由 $\lim\limits_{n\to\infty}x_n=+\infty$ 可知 $\lim\limits_{n\to\infty}y_n=+\infty$, 因此 $\exists N_1\in\mathbb{N}$ 使得 $\forall n\geqslant N_1$, $x_n>0$ 且 $y_n>0$. 然后再通过类似于 (1) 中情形 2 的证明可得 $\lim\limits_{n\to\infty}\dfrac{y_n}{x_n}=+\infty$.

情形 3: $B=-\infty$. 采用与 (1) 中情形 3 一样的证明即可. □

注 1 当 $A=\infty$ 和 $B=\infty$ 时定理的结论可能不成立. 比如对于 $\dfrac{*}{\infty}$ 型的 Stolz 定理, 取 $y_n=\dfrac{(1+(-1)^n)n^2}{2}$, $x_n=n$, 容易看出 $\{x_n\}$ 严格单调递增, $\lim\limits_{n\to\infty}x_n=+\infty$, 且 $\lim\limits_{n\to\infty}\dfrac{y_{n+1}-y_n}{x_{n+1}-x_n}=\infty$, 但 $\lim\limits_{n\to\infty}\dfrac{y_n}{x_n}=\infty$ 不成立.

注 2 Stolz 定理的几何意义如下: 将 (x_n,y_n) 看成坐标平面 xOy 上的点 P_n 的坐标, 则 Stolz 定理反映了直线 OP_n 的斜率的极限等于直线 P_nP_{n+1} 的斜率的极限 (当 $n\to\infty$ 时).

9. 交错级数的莱布尼茨判别法. 设级数 $\sum\limits_{n=1}^{\infty}(-1)^{n+1}u_n$ 满足下述两个条件:

(1) 数列 $\{u_n\}$ 单调;

(2) $\lim\limits_{n\to\infty}u_n=0$.

证明: 级数 $\sum\limits_{n=1}^{\infty}(-1)^{n+1}u_n$ 收敛.

证 为确定起见, 只考虑 $\forall n$, $u_n>0$ 的情形, 此时 $\{u_n\}$ 单调递减趋于 0. 显然部分和数列 $\{S_n\}$ 的奇数项和偶数项分别为

$$S_{2m-1}=u_1-(u_2-u_3)-\cdots-(u_{2m-2}-u_{2m-1})$$

和

$$S_{2m}=(u_1-u_2)+(u_3-u_4)+\cdots+(u_{2m-1}-u_{2m}).$$

由 $\{u_n\}$ 单调递减可知上述两式中各个括号内的数都是非负的, 从而数列 $\{S_{2m-1}\}$ 是单调递减的, 而数列 $\{S_{2m}\}$ 是单调递增的. 又由条件 (2) 可知

$$0<S_{2m-1}-S_{2m}=u_{2m}\to 0,\quad m\to\infty.$$

因此 $[S_2, S_1] \supset [S_4, S_3] \supset \cdots \supset [S_{2m}, S_{2m-1}] \supset \cdots$ 是一个闭区间套, 从而由闭区间套定理可知, 存在唯一的数 $S \in \mathbb{R}$, 使得

$$\lim_{m\to\infty} S_{2m-1} = \lim_{m\to\infty} S_{2m} = S.$$

所以数列 $\{S_n\}$ 收敛, 即级数 $\sum\limits_{n=1}^{\infty}(-1)^{n+1}u_n$ 收敛. □

注 交错级数的莱布尼茨判别法也可直接利用狄利克雷判别法证明: $\{|u_n|\}$ 单调递减, 且 $\lim\limits_{n\to\infty}|u_n| = 0$, 又级数 $\sum\limits_{n=1}^{\infty}(-1)^{n+1}\mathrm{sgn}u_n$ 的部分和数列有界, 则级数

$$\sum_{n=1}^{\infty}(-1)^{n+1}\mathrm{sgn}u_n|u_n| = \sum_{n=1}^{\infty}(-1)^{n+1}u_n$$

收敛.

10. 如果 $\lim\limits_{n\to\infty} a_n = a$, $\lim\limits_{n\to\infty} b_n = b$, 证明:

$$\lim_{n\to\infty}\max\{a_n, b_n\} = \max\{a, b\}, \quad \lim_{n\to\infty}\min\{a_n, b_n\} = \min\{a, b\}.$$

证 1 如果 $a \neq b$, 我们不妨假定 $a > b$. 对 $\varepsilon_0 := \dfrac{a-b}{2} > 0$, 则 $\exists N_1$, 使得 $\forall n > N_1$, $|a_n - a| < \varepsilon_0$, 且 $\exists N_2$, 使得 $\forall n > N_2$, $|b_n - b| < \varepsilon_0$. 此外, $\forall \varepsilon > 0$, $\exists N_3$, 使得 $\forall n > N_3$, $|a_n - a| < \varepsilon$. 令 $N = \max\{N_1, N_2, N_3\}$, 则 $\forall n > N$,

$$b_n < b + \varepsilon_0 = a - \varepsilon_0 < a_n.$$

因此, $\max\{a_n, b_n\} = a_n$, 这意味着

$$|\max\{a_n, b_n\} - \max\{a, b\}| = |a_n - a| < \varepsilon.$$

如果 $a = b$, 则 $\forall \varepsilon > 0$, $\exists N_1$, 使得 $\forall n > N_1$, $|a_n - a| < \varepsilon$, 且 $\exists N_2$, 使得 $\forall n > N_2$, $|b_n - a| < \varepsilon$. 令 $N = \max\{N_1, N_2\}$, 则 $\forall n > N$, $|\max\{a_n, b_n\} - a| < \varepsilon$. 综上可知 $\lim\limits_{n\to\infty}\max\{a_n, b_n\} = \max\{a, b\}$. 再由关系式 $\min\{a, b\} = -\max\{-a, -b\}$ 可知 $\lim\limits_{n\to\infty}\min\{a_n, b_n\} = \min\{a, b\}$.

证 2 利用 1.2 节例题 3 的公式可知

$$\max\{a_n, b_n\} = \frac{a_n + b_n + |a_n - b_n|}{2}, \quad \min\{a_n, b_n\} = \frac{a_n + b_n - |a_n - b_n|}{2}.$$

由 $\lim\limits_{n\to\infty} a_n - b_n = a - b$ 和不等式

$$||a_n - b_n| - |a - b|| \leqslant |a_n - b_n - (a - b)|$$

可知 $\lim\limits_{n\to\infty}|a_n-b_n|=|a-b|$. 进而由极限的四则运算公式并再次利用 1.2 节例题 3 的公式可知结论成立. □

11. 设集合 $A:=\{n+2k\pi; n+2k\pi\in[0,2\pi], n,k\in\mathbb{Z}\}\subset[0,2\pi]$. 证明: A 中任一点是 A 的一个极限点.

证 首先, 我们断言 A 是无限集. 事实上, $\forall k\in\mathbb{Z}$, 由阿基米德原理可知, $\exists n_k\in\mathbb{Z}$, 使得 $n_k+2k\pi\in[0,1]\subset[0,2\pi]$. 显然, 如果 $n_1\neq n_2$ 或者 $k_1\neq k_2$, 则 $n_1+2k_1\pi\neq n_2+2k_2\pi$. 否则, $n_1+2k_1\pi=n_2+2k_2\pi$, 则 $n_1-n_2=2(k_2-k_1)\pi$, 矛盾. 这就说明了 A 是无限集.

现在, $\forall\varepsilon>0$, 由 1.2 节例题 5 可知, 至少存在两点 $a_\varepsilon, b_\varepsilon\in A$, 使得 $|a_\varepsilon-b_\varepsilon|<\varepsilon$. 由集合 A 的定义可知, $x_\varepsilon:=|a_\varepsilon-b_\varepsilon|\in A$, 因此 $x_\varepsilon\in(0,\varepsilon)$. 故 $\forall m\in A, \forall\varepsilon>0$, $0<|m+x_\varepsilon-m|=x_\varepsilon<\varepsilon$, 且 $m+x_\varepsilon\in A$. 由此可知对 m 的任一邻域, 存在 A 中的无穷多个点属于该邻域. 这就证明了 A 中任一点是 A 的一个极限点. □

12. 证明正项级数 $\sum\limits_{n=2}^{\infty}\dfrac{1}{n\ln n}$ 发散.

证 由于 $\dfrac{1}{n\ln n}$ 单调不增, 根据《讲义》2.1.4 小节命题 2, 只需要证明 $\sum\limits_{k=1}^{\infty}2^k\dfrac{1}{2^k\ln 2^k}$ 发散即可. 实际上, $\sum\limits_{k=1}^{\infty}2^k\dfrac{1}{2^k\ln 2^k}=\sum\limits_{k=1}^{\infty}\dfrac{1}{k\cdot\ln 2}$, 而 $\sum\limits_{k=1}^{\infty}\dfrac{1}{k\cdot\ln 2}$ 发散, 故而 $\sum\limits_{n=2}^{\infty}\dfrac{1}{n\ln n}$ 发散. □

三、习题参考解答 (2.1 节)

1. 按 ε-N 定义证明:

(1) $\lim\limits_{n\to\infty}\dfrac{n!}{n^n}=0$.

(2) $\lim\limits_{n\to\infty}\sin\dfrac{\pi}{n}=0$.

(3) $\lim\limits_{n\to\infty}(\sqrt{n+1}-\sqrt{n})=0$.

(4) $\lim\limits_{n\to\infty}\dfrac{1+2+\cdots+n}{n^3}=0$.

证 (1) $\forall\varepsilon>0$, 取 $N=\left[\dfrac{1}{\varepsilon}\right]+1$, 则 $\forall n>N$,

$$\left|\frac{n!}{n^n}-0\right|=\frac{n\cdot(n-1)\cdot\cdots\cdot 1}{n\cdot n\cdot\cdots\cdot n}<\frac{1}{n}<\frac{1}{N}<\varepsilon.$$

(2) $\forall\varepsilon>0$, 取 $N=\left[\dfrac{\pi}{\varepsilon}\right]+1$, 则 $\forall n>N$,

$$\left|\sin\frac{\pi}{n}-0\right|\leqslant\frac{\pi}{n}<\frac{\pi}{N}<\varepsilon.$$

或者 $\forall\varepsilon>0$, 取 $N=\left[\dfrac{\pi}{\arcsin\dfrac{\varepsilon}{1+\varepsilon}}\right]+1$, 显然 $N>2$, 则 $\forall n>N$,

$$\left|\sin\frac{\pi}{n}-0\right|=\sin\frac{\pi}{n}\leqslant\sin\frac{\pi}{N}<\sin\arcsin\frac{\varepsilon}{1+\varepsilon}=\frac{\varepsilon}{1+\varepsilon}<\varepsilon.$$

(3) $\forall\varepsilon>0$, 取 $N=\left[\dfrac{1}{\varepsilon^2}\right]+1$, 则 $\forall n>N$,

$$\begin{aligned}\left|\sqrt{n+1}-\sqrt{n}-0\right|&=\sqrt{n+1}-\sqrt{n}\\&=\frac{(\sqrt{n+1}-\sqrt{n})\cdot(\sqrt{n+1}+\sqrt{n})}{\sqrt{n+1}+\sqrt{n}}\\&=\frac{1}{\sqrt{n+1}+\sqrt{n}}<\frac{1}{\sqrt{n}}<\frac{1}{\sqrt{N}}<\varepsilon.\end{aligned}$$

(4) $\forall\varepsilon>0$, 取 $N=\left[\dfrac{1}{\varepsilon}\right]+1$, 则 $\forall n>N$,

$$\left|\frac{1+2+\cdots+n}{n^3}-0\right|=\frac{\dfrac{n(1+n)}{2}}{n^3}=\frac{1+n}{2n^2}<\frac{1}{n}<\frac{1}{N}<\varepsilon.$$ □

2. 证明: 若 $\lim\limits_{n\to\infty}a_n=a$, 则对任一正整数 k, 有 $\lim\limits_{n\to\infty}a_{n+k}=a$.

证 因为 $\lim\limits_{n\to\infty}a_n=a$, 所以 $\forall\varepsilon>0$, $\exists N\in\mathbb{N}$, 使得 $\forall n>N$, $|a_n-a|<\varepsilon$. 又因为 $\forall k\in\mathbb{N}$, $\mathbb{N}\ni n+k>N$, 所以 $|a_{n+k}-a|<\varepsilon$, 由极限定义可知 $\lim\limits_{n\to\infty}a_{n+k}=a$. □

3. 求下列极限:

(1) $\lim\limits_{n\to\infty}(\sqrt{n+2}-2\sqrt{n+1}+\sqrt{n})$.

(2) $\lim\limits_{n\to\infty}\dfrac{(-2)^n+3^n}{(-2)^{n+1}+3^{n+1}}$.

(3) $\lim\limits_{n\to\infty}\dfrac{\dfrac{1}{2}+\dfrac{1}{2^2}+\cdots+\dfrac{1}{2^n}}{\dfrac{1}{3}+\dfrac{1}{3^2}+\cdots+\dfrac{1}{3^n}}$.

(4) $\lim\limits_{n\to\infty}\left(\dfrac{1}{1\cdot2}+\cdots+\dfrac{1}{n\cdot(n+1)}\right)$.

(5) $\lim\limits_{n\to\infty}\left(\dfrac{1}{2}+\dfrac{3}{2^2}+\cdots+\dfrac{2n-1}{2^n}\right)$.

(6) $\lim\limits_{n\to\infty}\left(\frac{1}{n^2}+\frac{1}{(n+1)^2}+\cdots+\frac{1}{(2n)^2}\right)$.

(7) $\lim\limits_{n\to\infty}\left(\frac{1}{\sqrt{n^2+1}}+\cdots+\frac{1}{\sqrt{n^2+n}}\right)$.

(8) $\lim\limits_{n\to\infty}\frac{1}{2}\frac{3}{4}\cdots\frac{2n-1}{2n}$.

(9) $\lim\limits_{n\to\infty}\left(\sum\limits_{p=1}^{n}p!\right)\Big/n!$.

(10) $\lim\limits_{n\to\infty}\left((n+1)^{\alpha}-n^{\alpha}\right),0<\alpha<1$.

(11) $\lim\limits_{n\to\infty}(1+\alpha)(1+\alpha^2)\cdots(1+\alpha^{2^n}),|\alpha|<1$.

证 (1)

$$\begin{aligned}&\lim_{n\to\infty}(\sqrt{n+2}-2\sqrt{n+1}+\sqrt{n})\\=&\lim_{n\to\infty}\left((\sqrt{n+2}-\sqrt{n+1})-(\sqrt{n+1}-\sqrt{n})\right)\\=&\lim_{n\to\infty}\left(\frac{1}{\sqrt{n+2}+\sqrt{n+1}}-\frac{1}{\sqrt{n+1}+\sqrt{n}}\right)\\=&\lim_{n\to\infty}\frac{1}{\sqrt{n+2}+\sqrt{n+1}}-\lim_{n\to\infty}\frac{1}{\sqrt{n+1}+\sqrt{n}}\\=&0-0=0.\end{aligned}$$

(2)

$$\lim_{n\to\infty}\frac{(-2)^n+3^n}{(-2)^{n+1}+3^{n+1}}=\lim_{n\to\infty}\frac{(-2/3)^n+1}{(-2)\cdot(-2/3)^n+3}=\frac{0+1}{(-2)\cdot 0+3}=\frac{1}{3}.$$

(3)

$$\lim_{n\to\infty}\frac{\frac{1}{2}+\frac{1}{2^2}+\cdots+\frac{1}{2^n}}{\frac{1}{3}+\frac{1}{3^2}+\cdots+\frac{1}{3^n}}=\lim_{n\to\infty}\frac{1-\left(\frac{1}{2}\right)^n}{\frac{1}{2}\cdot\left(1-\left(\frac{1}{3}\right)^n\right)}=\frac{1-0}{\frac{1}{2}\cdot(1-0)}=2.$$

(4)

$$\begin{aligned}\lim_{n\to\infty}\left(\frac{1}{1\cdot 2}+\cdots+\frac{1}{n\cdot(n+1)}\right)&=\lim_{n\to\infty}\left(\left(1-\frac{1}{2}\right)+\cdots+\left(\frac{1}{n}-\frac{1}{n+1}\right)\right)\\&=\lim_{n\to\infty}\left(1-\frac{1}{n+1}\right)=1-0=1.\end{aligned}$$

(5)

$$\begin{aligned}
&\lim_{n\to\infty}\left(\frac{1}{2}+\frac{3}{2^2}+\cdots+\frac{2n-1}{2^n}\right)\\
=&\lim_{n\to\infty}\left(\left(\frac{3}{2^0}-\frac{5}{2^1}\right)+\left(\frac{5}{2^1}-\frac{7}{2^2}\right)+\cdots+\left(\frac{2n+1}{2^{n-1}}-\frac{2n+3}{2^n}\right)\right)\\
=&\lim_{n\to\infty}\left(\frac{3}{2^0}-\frac{2n+3}{2^n}\right)=3-0=3.
\end{aligned}$$

(6) 因为

$$0\leqslant\frac{1}{n^2}+\frac{1}{(n+1)^2}+\cdots+\frac{1}{(2n)^2}\leqslant\frac{1}{n^2}\cdot(n+1)\leqslant\frac{2}{n},$$

且 $\lim\limits_{n\to\infty}\frac{2}{n}=0$, 所以由迫敛性可知

$$\lim_{n\to\infty}\left(\frac{1}{n^2}+\frac{1}{(n+1)^2}+\cdots+\frac{1}{(2n)^2}\right)=0.$$

(7) 因为

$$\frac{n}{\sqrt{n^2+n}}\leqslant\frac{1}{\sqrt{n^2+1}}+\cdots+\frac{1}{\sqrt{n^2+n}}\leqslant\frac{n}{\sqrt{n^2+1}},$$

且

$$\lim_{n\to\infty}\frac{n}{\sqrt{n^2+n}}=\lim_{n\to\infty}\frac{n}{\sqrt{n^2+1}}=1,$$

所以由迫敛性可知

$$\lim_{n\to\infty}\left(\frac{1}{\sqrt{n^2+1}}+\cdots+\frac{1}{\sqrt{n^2+n}}\right)=1.$$

(8) 由均值不等式,

$$2n=\frac{(2n-1)+(2n+1)}{2}\geqslant\sqrt{(2n-1)(2n+1)},$$

所以

$$\frac{2n-1}{2n}\leqslant\frac{2n-1}{\sqrt{(2n-1)(2n+1)}}=\frac{\sqrt{2n-1}}{\sqrt{2n+1}},$$

因此

$$0\leqslant\frac{1}{2}\frac{3}{4}\cdot\cdots\cdot\frac{2n-1}{2n}\leqslant\frac{\sqrt{1}}{\sqrt{3}}\cdot\frac{\sqrt{3}}{\sqrt{5}}\cdot\cdots\cdot\frac{\sqrt{2n-1}}{\sqrt{2n+1}}=\frac{1}{\sqrt{2n+1}},$$

而 $\lim\limits_{n\to\infty}\dfrac{1}{\sqrt{2n+1}}=0$, 所以由迫敛性可知

$$\lim_{n\to\infty}\frac{1}{2}\frac{3}{4}\cdots\frac{2n-1}{2n}=0.$$

也可证明如下: 记

$$a_n=\frac{1}{2}\frac{3}{4}\cdots\frac{2n-1}{2n},\quad b_n=\frac{2}{3}\frac{4}{5}\cdots\frac{2n}{2n+1},\quad c_n=\frac{1}{2}\frac{2}{3}\cdots\frac{2n-2}{2n-1}.$$

于是, 根据 $a_n^2<a_n\cdot b_n=\dfrac{1}{2n+1}$ 以及 $a_n^2>a_n\cdot c_n=\dfrac{1}{2}\cdot\dfrac{1}{2n}$, 我们有

$$\frac{1}{2\sqrt{n}}<a_n=\frac{1}{2}\frac{3}{4}\cdots\frac{2n-1}{2n}<\frac{1}{\sqrt{2n+1}}.$$

再根据 $\lim\limits_{n\to\infty}\dfrac{1}{2\sqrt{n}}=\lim\limits_{n\to\infty}\dfrac{1}{\sqrt{2n+1}}=0$ 和迫敛性我们有 $\lim\limits_{n\to\infty}\dfrac{1}{2}\dfrac{3}{4}\cdots\dfrac{2n-1}{2n}=0.$

(9) 当 $n>2$ 时, 因为

$$n!\leqslant\sum_{p=1}^{n}p!\leqslant(n-1)(n-2)!+(n-1)!+n!=2(n-1)!+n!,$$

所以

$$1\leqslant\frac{\sum\limits_{p=1}^{n}p!}{n!}\leqslant\frac{2}{n}+1.$$

而 $\lim\limits_{n\to\infty}\left(\dfrac{2}{n}+1\right)=1$, 所以由迫敛性可知

$$\lim_{n\to\infty}\left(\sum_{p=1}^{n}p!\right)\bigg/n!=1.$$

(10) 因为 $0<\alpha<1$, 所以 $(n+1)^{\alpha-1}\leqslant n^{\alpha-1}$, 进而

$$(n+1)^{\alpha}=(n+1)(n+1)^{\alpha-1}\leqslant(n+1)n^{\alpha-1}=n^{\alpha}+n^{\alpha-1},$$

因此

$$0\leqslant(n+1)^{\alpha}-n^{\alpha}\leqslant n^{\alpha-1}.$$

此式也直接证明如下:

$$0\leqslant(n+1)^{\alpha}-n^{\alpha}=n^{\alpha}\left(\left(1+\frac{1}{n}\right)^{\alpha}-1\right)<n^{\alpha}\left(\left(1+\frac{1}{n}\right)-1\right)=n^{\alpha-1}.$$

而 $\lim\limits_{n\to\infty} n^{\alpha-1}=0$, 所以由迫敛性可知

$$\lim_{n\to\infty}((n+1)^\alpha-n^\alpha)=0.$$

(11)

$$\lim_{n\to\infty}(1+\alpha)(1+\alpha^2)\cdots(1+\alpha^{2^n})=\lim_{n\to\infty}\frac{(1-\alpha)(1+\alpha)(1+\alpha^2)\cdots(1+\alpha^{2^n})}{1-\alpha}$$

$$=\lim_{n\to\infty}\frac{(1-\alpha^2)(1+\alpha^2)\cdots(1+\alpha^{2^n})}{1-\alpha}=\cdots=\lim_{n\to\infty}\frac{1-\alpha^{2^{n+1}}}{1-\alpha}=\frac{1}{1-\alpha}.$$ □

4. 设 $a_1,a_2,\cdots,a_m$ 为 m 个正数, 证明:

$$\lim_{n\to\infty}\sqrt[n]{a_1^n+a_2^n+\cdots+a_m^n}=\max\{a_1,a_2,\cdots,a_m\}.$$

证 不妨设 $\max\{a_1,a_2,\cdots,a_m\}=a_1$. 于是

$$a_1=\sqrt[n]{a_1^n}\leqslant\sqrt[n]{a_1^n+a_2^n+\cdots+a_m^n}\leqslant\sqrt[n]{ma_1^n}=a_1\cdot\sqrt[n]{m}.$$

而 $\lim\limits_{n\to\infty} a_1\cdot\sqrt[n]{m}=a_1$, 所以由迫敛性可知

$$\lim_{n\to\infty}\sqrt[n]{a_1^n+a_2^n+\cdots+a_m^n}=a_1=\max\{a_1,a_2,\cdots,a_m\}.$$ □

5. 设 $\lim\limits_{n\to\infty} a_n=a$, 证明:

(1) $\lim\limits_{n\to\infty}\dfrac{[na_n]}{n}=a$.

(2) 若 $a>0$, $a_n>0$, 则 $\lim\limits_{n\to\infty}\sqrt[n]{a_n}=1$.

证 (1) 由 $[\cdot]$ 的定义可知

$$a_n-\frac{1}{n}=\frac{na_n-1}{n}<\frac{[na_n]}{n}\leqslant\frac{na_n}{n}=a_n.$$

而 $\lim\limits_{n\to\infty}\left(a_n-\dfrac{1}{n}\right)=\lim\limits_{n\to\infty} a_n=a$, 所以由迫敛性可知

$$\lim_{n\to\infty}\frac{[na_n]}{n}=a.$$

(2) 因为 $a>0$, 所以由极限定义, 对 $\varepsilon=\dfrac{a}{2}>0$, $\exists N\in\mathbb{N}$, 使得 $\forall n>N$, $|a_n-a|<\varepsilon=\dfrac{a}{2}$, 因此 $0<\dfrac{a}{2}<a_n<\dfrac{3a}{2}$. 这蕴含着

$$\sqrt[n]{\frac{a}{2}}<\sqrt[n]{a_n}<\sqrt[n]{\frac{3a}{2}}.$$

而 $\lim_{n\to\infty}\sqrt[n]{\frac{a}{2}}=\lim_{n\to\infty}\sqrt[n]{\frac{3a}{2}}=1$, 所以由迫敛性可知

$$\lim_{n\to\infty}\sqrt[n]{a_n}=1.$$ □

6. 证明下列数列极限存在并求其值:

(1) 设 $a_1=\sqrt{2}$, $a_{n+1}=\sqrt{2a_n}$, $n=1,2,\cdots$.

(2) 设 $a_1=\sqrt{c}(c>0)$, $a_{n+1}=\sqrt{c+a_n}$, $n=1,2,\cdots$.

证 (1) 首先, 由数学归纳原理容易证明, $\forall n\in\mathbb{N}$, $1<a_n<2$, 即 $\{a_n\}$ 有界. 其次, 由此又可推出

$$\frac{a_{n+1}}{a_n}=\frac{\sqrt{2a_n}}{a_n}=\sqrt{\frac{2}{a_n}}>1,$$

这说明数列 $\{a_n\}$ 是单调递增的. 由魏尔斯特拉斯定理可知, $\exists\lim_{n\to\infty}a_n=:a$. 因此由递推公式可知 $a^2=2a$, 解得 $a=2$(由数列的性质, $a=0$ 舍去), 即 $\lim_{n\to\infty}a_n=2$.

(2) 令 $M=\frac{1+\sqrt{1+4c}}{2}$, 则 $M>0$ 且 $M^2-M-c=0$. 显然 $0<a_1=\sqrt{c}\leqslant M$, 假设 $0<a_n\leqslant M$, 则

$$0<a_{n+1}=\sqrt{c+a_n}\leqslant\sqrt{c+M}=\sqrt{M^2}=M.$$

因此由数学归纳原理可知, $\forall n\in\mathbb{N}$, $0<a_n\leqslant M$, 即 $\{a_n\}$ 有界. 又由 $0<a_n\leqslant M$ 及一元二次函数的性质可知

$$a_n^2-a_{n+1}^2=a_n^2-a_n-c\leqslant 0,$$

所以 $\{a_n\}$ 单调不减. 由魏尔斯特拉斯定理可知, $\exists\lim_{n\to\infty}a_n=:a$. 因此由递推公式可知 $a^2=c+a$, 解得 $a=M$(由数列的性质, $a=\frac{1-\sqrt{1+4c}}{2}<0$ 舍去), 即 $\lim_{n\to\infty}a_n=\frac{1+\sqrt{1+4c}}{2}$. □

7. 设 $\lim_{n\to\infty}a_n=a$, 证明:

(1) $\lim_{n\to\infty}\frac{a_1+a_2+\cdots+a_n}{n}=a$, 又问由此等式能否反过来推出 $\lim_{n\to\infty}a_n=a$.

(2) 若 $a_n>0(n=1,2,\cdots)$, 则 $\lim_{n\to\infty}\sqrt[n]{a_1a_2\cdots a_n}=a$.

证 (1) 因为 $\lim_{n\to\infty}a_n=a$, 所以 $\forall\varepsilon>0$, $\exists N_1\in\mathbb{N}$, 使得 $\forall n>N_1$, $|a_n-a|<\varepsilon$. 记

$$M:=\max\{|a_1-a|,\cdots,|a_{N_1}-a|\},$$

再令 $N_2 := [N_1M/\varepsilon]+1$, 则当 $n > N := \max\{N_1, N_2\}$ 时,

$$\begin{aligned}&\left|\frac{a_1+a_2+\cdots+a_n}{n}-a\right|\\&\leqslant\frac{1}{n}\left(|a_1-a|+\cdots+|a_{N_1}-a|+|a_{N_1+1}-a|+\cdots+|a_n-a|\right)\\&\leqslant\frac{1}{n}N_1M+\frac{n-N_1}{n}\varepsilon<\frac{1}{N_2}N_1M+\varepsilon<\varepsilon+\varepsilon=2\varepsilon.\end{aligned}$$

由极限定义可知 $\lim\limits_{n\to\infty}\dfrac{a_1+a_2+\cdots+a_n}{n}=a$.

但此等式反过来不能推出 $\lim\limits_{n\to\infty}a_n=a$. 反例: 令 $a_n=(-1)^n$, 显然

$$\lim_{n\to\infty}\frac{a_1+a_2+\cdots+a_n}{n}=0,$$

但 $\lim\limits_{n\to\infty}a_n$ 不存在.

(2) 因为 $(\forall n\in\mathbb{N})a_n>0$, 所以 $a\geqslant 0$. 若 $a=0$, 则由均值不等式有

$$0\leqslant\sqrt[n]{a_1a_2\cdots a_n}\leqslant\frac{a_1+a_2+\cdots+a_n}{n},$$

而由 (1) 又有 $\lim\limits_{n\to\infty}\dfrac{a_1+a_2+\cdots+a_n}{n}=a=0$, 所以由极限的迫敛性可知 $\lim\limits_{n\to\infty}\sqrt[n]{a_1a_2\cdots a_n}=a=0$. 当 $a>0$ 时, 显然 $\lim\limits_{n\to\infty}\dfrac{1}{a_n}=\dfrac{1}{a}$, 同样由均值不等式有

$$\frac{1}{\dfrac{\dfrac{1}{a_1}+\cdots+\dfrac{1}{a_n}}{n}}\leqslant\sqrt[n]{a_1a_2\cdots a_n}\leqslant\frac{a_1+a_2+\cdots+a_n}{n},$$

而由 (1) 还有 $\lim\limits_{n\to\infty}\dfrac{\dfrac{1}{a_1}+\cdots+\dfrac{1}{a_n}}{n}=\lim\limits_{n\to\infty}\dfrac{1}{a_n}=\dfrac{1}{a}$, 进而 $\lim\limits_{n\to\infty}\dfrac{1}{\dfrac{\dfrac{1}{a_1}+\cdots+\dfrac{1}{a_n}}{n}}=a=\lim\limits_{n\to\infty}\dfrac{a_1+a_2+\cdots+a_n}{n}$, 所以再次由迫敛性可知 $\lim\limits_{n\to\infty}\sqrt[n]{a_1a_2\cdots a_n}=a$.

与 (1) 类似, 此等式反过来也不能推出 $\lim\limits_{n\to\infty}a_n=a$. 反例: 令 $a_n=2^{(-1)^n}$, 容易看出 $\lim\limits_{n\to\infty}\sqrt[n]{a_1a_2\cdots a_n}=1$, 但 $\lim\limits_{n\to\infty}a_n$ 不存在. □

注 1　这里 (1) 中的第一个结论也可以利用 Stolz 定理 (见例题 8) 证明. 事实上, 令 $y_n=a_1+\cdots+a_n$, $x_n=n$, 则显然 x_n 严格单调递增且 $\lim\limits_{n\to\infty}x_n=+\infty$, 因此

$$\lim_{n\to\infty}\frac{a_1+a_2+\cdots+a_n}{n}=\lim_{n\to\infty}\frac{y_n}{x_n}=\lim_{n\to\infty}\frac{y_{n+1}-y_n}{x_{n+1}-x_n}=\lim_{n\to\infty}\frac{a_{n+1}}{1}=\lim_{n\to\infty}a_n=a.$$

由 Stolz 定理可看出, 这里的 a 也可以等于 $\pm\infty$, 但 $a=\infty$ 未必成立.

注 2　这里 (2) 也可以利用公式 $\sqrt[n]{a_1\cdots a_n}=\mathrm{e}^{\frac{\ln a_1+\cdots+\ln a_n}{n}}$ 以及指数函数和对数函数的连续性证明.

8. 求以下数列的上、下极限:

(1) $\{1+(-1)^n\}$.　　(2) $\left\{(-1)^n\dfrac{n}{2n+1}\right\}$.

(3) $\{2n+1\}$.　　(4) $\left\{\dfrac{2n}{n+1}\sin\dfrac{n\pi}{4}\right\}$.

(5) $\left\{\dfrac{n^2+1}{n}\sin\dfrac{\pi}{n}\right\}$.　　(6) $\left\{\sqrt[n]{\left|\cos\dfrac{n\pi}{3}\right|}\right\}$.

解　(1) $\overline{\lim\limits_{n\to\infty}}\,(1+(-1)^n)=2$, $\underline{\lim\limits_{n\to\infty}}\,(1+(-1)^n)=0$.

(2) $\overline{\lim\limits_{n\to\infty}}\left((-1)^n\dfrac{n}{2n+1}\right)=\dfrac{1}{2}$, $\underline{\lim\limits_{n\to\infty}}\left((-1)^n\dfrac{n}{2n+1}\right)=-\dfrac{1}{2}$.

(3) 因为 $\lim\limits_{n\to\infty}(2n+1)=+\infty$, 所以由《讲义》2.1.3 小节推论 5 可知

$$\overline{\lim_{n\to\infty}}\,(2n+1)=\underline{\lim_{n\to\infty}}\,(2n+1)=+\infty.$$

(4) 因为

$$\left\{\sin\frac{n\pi}{4}\right\}_{n\in\mathbb{N}}=\left\{-1,-\frac{\sqrt{2}}{2},0,\frac{\sqrt{2}}{2},1\right\},$$

所以 $\overline{\lim\limits_{n\to\infty}}\left(\dfrac{2n}{n+1}\sin\dfrac{n\pi}{4}\right)=2$, $\underline{\lim\limits_{n\to\infty}}\left(\dfrac{2n}{n+1}\sin\dfrac{n\pi}{4}\right)=-2$.

(5) 因为

$$\lim_{n\to\infty}\frac{n^2+1}{n}\sin\frac{\pi}{n}=\lim_{n\to\infty}\frac{\pi(n^2+1)}{n^2}\cdot\frac{\sin\dfrac{\pi}{n}}{\dfrac{\pi}{n}}=\pi\cdot 1=\pi,$$

所以同样由《讲义》2.1.3 小节推论 5 可知

$$\overline{\lim_{n\to\infty}}\left(\frac{n^2+1}{n}\sin\frac{\pi}{n}\right)=\underline{\lim_{n\to\infty}}\left(\frac{n^2+1}{n}\cdot\sin\frac{\pi}{n}\right)=\pi.$$

(6) 因为 $\left\{\cos\dfrac{n\pi}{3}\right\}_{n\in\mathbb{N}}=\left\{-1,-\dfrac{1}{2},\dfrac{1}{2},1\right\}$, 所以 $\dfrac{1}{2}\leqslant\left|\cos\dfrac{n\pi}{3}\right|\leqslant 1$, 因此

$$\frac{1}{\sqrt[n]{2}}\leqslant\sqrt[n]{\left|\cos\frac{n\pi}{3}\right|}\leqslant 1.$$

而 $\lim\limits_{n\to\infty}\dfrac{1}{\sqrt[n]{2}}=1$, 所以由追敛性可知 $\lim\limits_{n\to\infty}\sqrt[n]{\left|\cos\dfrac{n\pi}{3}\right|}=1$, 因此再次由《讲义》

2.1.3 小节推论 5 可知

$$\overline{\lim_{n\to\infty}}\sqrt[n]{\left|\cos\frac{n\pi}{3}\right|}=\lim_{n\to\infty}\sqrt[n]{\left|\cos\frac{n\pi}{3}\right|}=1. \qquad \square$$

9. 圆周上有一固定点, 把圆周转动 n 个弧度, n 取一切自然数, 就得到圆周上的许多点. 试求这样得到的点集的所有极限点.

解 圆周上每个点都是极限点, 即旋转得到的点集在圆周上稠密. 下面给出证明. 不妨设圆周半径为 1, 起点的极坐标为 $(r=1,\theta_0=0)$, 则每次的步长 (即旋转的弧长) 为 1, 从而得到点集 $\Theta:=\{\theta_n:n\in\mathbb{N}\}$. 若规定 $\theta_n\in(0,2\pi)$, 则易知 $\theta_n=n-2\pi\left[\frac{n}{2\pi}\right]$. 显然 θ_n 各不相同, 因而得到数列 $\{\theta_n\}$, 且显然两个点之间的距离为 $d(\theta_m,\theta_n)=\min\{|\theta_m-\theta_n|,2\pi-|\theta_m-\theta_n|\}$.

$\forall\varepsilon>0$, 令 $N_0:=\left[\frac{2\pi}{\varepsilon}\right]+1$, 把圆周等分为 N_0 个小弧段, 则显然每个小弧段的弧长小于 ε. 因为 θ_n 彼此不同, 则必存在 $n_1>n_2$ 使得 θ_{n_1} 与 θ_{n_2} 落入同一个小弧段中, 即 $0<d(\theta_{n_1},\theta_{n_2})<\varepsilon$. 令 $N=n_1-n_2$, 显然 $N\in\mathbb{N}$, 则由圆周的几何对称性质可知

$$0<d(\theta_N,\theta_0)=d(\theta_{n_1},\theta_{n_2})<\varepsilon.$$

因为 $\forall n\in\mathbb{N}$, $\theta_n\neq0$, 所以由极限点的等价定义可知, $\theta_0=0$ 是点集 Θ 的一个极限点. 同理, $\forall n\in\mathbb{N}$, 再次由对称性可知

$$0<d(\theta_{n+N},\theta_n)=d(\theta_N,\theta_0)<\varepsilon,$$

因此 θ_n 也是点集 Θ 的极限点.

现在, 任意固定 $\theta\in[0,2\pi]\backslash\Theta$, $\forall\varepsilon>0$, 由刚刚已证的结果可知, $\exists N\in\mathbb{N}$, 使得 $d_N:=d(\theta_N,\theta_0)<\varepsilon$. 由周期对称性可知, $d(\theta_{2N},d_N)=d(\theta_{3N},d_{2N})=\cdots=d(\theta_{N_\theta N},d_{(N_\theta-1)N})=d_N<\varepsilon$, 这里 $N_\theta:=\left[\frac{2\pi}{d_N}\right]+1$. 这里的过程相当于将 N 小步并作一大步, 且大步长 $d_N<\varepsilon$. 显然这 N_θ 个不同的点将圆周分成了 N_θ 个小弧段 (未必正好等分), 且每个小弧段的弧长小于 ε. 显然, 必 $\exists k\in\{1,2,\cdots,N_\theta\}$, 使得 $d(\theta_{kN},\theta)<\varepsilon$. 显然由 $\theta\notin\Theta$ 可知, 必有 $\theta_{kN}\neq\theta$, 这就说明了 θ 也是点集 Θ 的极限点. 再由 θ 的任意性以及前面已证的结果, 即知圆周上每个点都是点集 Θ 的极限点. $\square$

注 "$\forall n\in\mathbb{N}$, θ_n 是点集 Θ 的极限点." 这一结论也可利用例题 11 的方式证明. 此外, 题中的原始步长 1 可换成任意满足 $\frac{s}{\pi}\in\mathbb{R}\backslash\mathbb{Q}$ 的 $s\in\mathbb{R}^+$, 同样的结论仍然成立.

10. 如果 a 与 b 是正数, 而 p 是任意实数, 就称

$$S_p(a,b)=\left(\frac{a^p+b^p}{2}\right)^{\frac{1}{p}}$$

为 a 与 b 的 p 次平均值. 特别当 $p=1$ 时得到算术平均值; 当 $p=2$ 时得到二次平均值或均方值; 当 $p=-1$ 时, 得到调和平均值.

(1) 试证任何次的平均值 $S_p(a,b)$ 介于 a, b 之间.

(2) 求平均值列

$$\{S_n(a,b)\},\quad \{S_{-n}(a,b)\}$$

的极限.

证 不妨设 $a\leqslant b$.

(1) 当 $p>0$ 时, 由

$$a^p=\frac{a^p+a^p}{2}\leqslant\frac{a^p+b^p}{2}\leqslant\frac{b^p+b^p}{2}=b^p$$

可知

$$a\leqslant S_p(a,b)\leqslant b.$$

而当 $p<0$ 时, 由

$$b^p=\frac{b^p+b^p}{2}\leqslant\frac{a^p+b^p}{2}\leqslant\frac{a^p+a^p}{2}=a^p$$

可知

$$a\leqslant S_p(a,b)\leqslant b.$$

综上可知, 不论 $p>0$ 还是 $p<0$, 均有

$$\min\{a,b\}=a\leqslant S_p(a,b)\leqslant b=\max\{a,b\}.$$

(2) 由 (1)

$$\frac{b}{2^{\frac{1}{n}}}=\left(\frac{b^n}{2}\right)^{\frac{1}{n}}<\left(\frac{a^n+b^n}{2}\right)^{\frac{1}{n}}=S_n(a,b)\leqslant b,$$

再由 $\lim\limits_{n\to\infty}\dfrac{b}{2^{\frac{1}{n}}}=b$ 和追敛性可知

$$\lim_{n\to\infty}S_n(a,b)=b=\max\{a,b\}.$$

类似地, 由 (1)

$$a \leqslant S_{-n}(a,b) = \left(\frac{a^{-n}+b^{-n}}{2}\right)^{\frac{1}{-n}} < \left(\frac{a^{-n}}{2}\right)^{\frac{1}{-n}} = 2^{\frac{1}{n}}a,$$

再由 $\lim\limits_{n\to\infty} 2^{\frac{1}{n}}a = a$ 和迫敛性可知

$$\lim_{n\to\infty} S_{-n}(a,b) = a = \min\{a,b\}. \qquad \square$$

11. 试证: 如果 $a>0$, 那么数列

$$x_{n+1} = \frac{1}{2}\left(x_n + \frac{a}{x_n}\right)$$

收敛于 a 的算术平方根, 其中 $x_1>0$. 估计收敛速度, 即估计与 n 有关的绝对误差 $|\Delta_n| = |x_n - \sqrt{a}|$.

证 显然, $\forall n \geqslant 2$, $x_n \geqslant \sqrt{a}$, 因此 $\forall n \in \mathbb{N}$, $x_n \geqslant \min\{\sqrt{a}, x_1\}$, 即数列有下界. 又因为 $\forall n \geqslant 2$,

$$x_n - x_{n+1} = \frac{1}{2}\left(x_n - \frac{a}{x_n}\right) \geqslant 0,$$

所以数列从第 2 项开始单调不增. 因此该数列收敛, 设 $s = \lim\limits_{n\to\infty} x_n$, 则由 $x_{n+1} = \frac{1}{2}\left(x_n + \frac{a}{x_n}\right)$ 可知

$$s = \frac{1}{2}\left(s + \frac{a}{s}\right),$$

解得 $s = \sqrt{a}$(负值 $-\sqrt{a}$ 舍掉), 即 $\lim\limits_{n\to\infty} x_n = \sqrt{a}$.

关于绝对误差, 如果 n 充分大, 我们有

$$\begin{aligned}&|\Delta_{n+1}| = |x_{n+1} - \sqrt{a}| = x_{n+1} - \sqrt{a}\\ =&\frac{1}{2}\left(x_n + \frac{a}{x_n}\right) - \sqrt{a} = \frac{1}{2x_n}(x_n - \sqrt{a})^2 \sim \frac{1}{2\sqrt{a}}|\Delta_n|^2.\end{aligned} \qquad \square$$

12. 证明下列级数的收敛性, 并求其和:

(1) $\dfrac{1}{1\cdot 6} + \dfrac{1}{6\cdot 11} + \cdots + \dfrac{1}{(5n-4)(5n+1)} + \cdots$.

(2) $\sum\limits_{n=1}^{\infty}(\sqrt{n+2} - 2\sqrt{n+1} + \sqrt{n})$.

(3) $\sum\limits_{n=1}^{\infty}\dfrac{1}{n(n+1)(n+2)}$.

(4) $\sum\limits_{n=1}^{\infty}\dfrac{2n-1}{2^n}$.

证　(1) 因为通项

$$a_n = \frac{1}{(5n-4)(5n+1)} = \frac{1}{5}\left(\frac{1}{5n-4} - \frac{1}{5n+1}\right),$$

所以部分和

$$\begin{aligned} S_n &= \sum_{k=1}^{n} a_k = \frac{1}{5}\sum_{k=1}^{n}\left(\frac{1}{5k-4} - \frac{1}{5k+1}\right) \\ &= \frac{1}{5}\left(\frac{1}{1} - \frac{1}{6} + \frac{1}{6} - \frac{1}{11} + \cdots + \frac{1}{5n-4} - \frac{1}{5n+1}\right) \\ &= \frac{1}{5}\left(\frac{1}{1} - \frac{1}{5n+1}\right) = \frac{n}{5n+1}. \end{aligned}$$

因此 $\lim\limits_{n\to\infty} S_n = \frac{1}{5}$, 这就说明级数收敛且和为 $\frac{1}{5}$.

(2) 类似于习题 3(1), 通项

$$a_n = \sqrt{n+2} - 2\sqrt{n+1} + \sqrt{n} = \frac{1}{\sqrt{n+2}+\sqrt{n+1}} - \frac{1}{\sqrt{n+1}+\sqrt{n}},$$

所以部分和

$$\begin{aligned} S_n &= \sum_{k=1}^{n} a_k = \sum_{k=1}^{n}\left(\frac{1}{\sqrt{n+2}+\sqrt{n+1}} - \frac{1}{\sqrt{n+1}+\sqrt{n}}\right) \\ &= \left(\frac{1}{\sqrt{3}+\sqrt{2}} - \frac{1}{\sqrt{2}+\sqrt{1}}\right) + \left(\frac{1}{\sqrt{4}+\sqrt{3}} - \frac{1}{\sqrt{3}+\sqrt{2}}\right) \\ &\quad + \cdots + \left(\frac{1}{\sqrt{n+2}+\sqrt{n+1}} - \frac{1}{\sqrt{n+1}+\sqrt{n}}\right) \\ &= \frac{1}{\sqrt{n+2}+\sqrt{n+1}} - \frac{1}{\sqrt{2}+\sqrt{1}}. \end{aligned}$$

因此 $\lim\limits_{n\to\infty} S_n = -\frac{1}{\sqrt{2}+\sqrt{1}} = 1-\sqrt{2}$, 这就说明级数收敛且和为 $1-\sqrt{2}$.

(3) 因为通项

$$a_n = \frac{1}{n(n+1)(n+2)} = \frac{1}{2}\left(\frac{1}{n(n+1)} - \frac{1}{(n+1)(n+2)}\right),$$

所以部分和

$$
\begin{aligned}
S_n &= \sum_{k=1}^{n} a_k = \frac{1}{2}\sum_{k=1}^{n}\left(\frac{1}{n(n+1)} - \frac{1}{(n+1)(n+2)}\right) \\
&= \frac{1}{2}\left(\frac{1}{1\cdot 2} - \frac{1}{2\cdot 3} + \frac{1}{2\cdot 3} - \frac{1}{3\cdot 4} + \cdots + \frac{1}{n(n+1)} - \frac{1}{(n+1)(n+2)}\right) \\
&= \frac{1}{2}\left(\frac{1}{1\cdot 2} - \frac{1}{(n+1)(n+2)}\right).
\end{aligned}
$$

因此 $\lim\limits_{n\to\infty} S_n = \dfrac{1}{4}$, 这就说明级数收敛且和为 $\dfrac{1}{4}$.

也可如下证明:

$$
\begin{aligned}
\sum_{n=1}^{\infty}\frac{1}{n(n+1)(n+2)} &= \lim_{N\to\infty}\sum_{n=1}^{N}\frac{1}{2}\left(\frac{1}{n} - \frac{2}{n+1} + \frac{1}{n+2}\right) \\
&= \lim_{N\to\infty}\frac{1}{2}\left(\frac{1}{2} - \left(\frac{1}{N+1} - \frac{1}{N+2}\right)\right) = \frac{1}{4}.
\end{aligned}
$$

(4) 由习题 3(5),

$$
S_n = \frac{1}{2} + \frac{3}{2^2} + \cdots + \frac{2n-1}{2^n} = \frac{3}{2^0} - \frac{2n+3}{2^n},
$$

因此 $\lim\limits_{n\to\infty} S_n = 3$, 这就说明级数收敛且和为 3. □

13. 应用比较原则判别下列级数的敛散性:

(1) $\sum 2^n \sin\dfrac{\pi}{3^n}$. (2) $\sum\limits_{n=2}^{\infty}\dfrac{1}{(\ln n)^n}$. (3) $\sum\dfrac{1}{n\sqrt[n]{n}}$.

(4) $\sum\limits_{n=2}^{\infty}\dfrac{1}{(\ln n)^{\ln n}}$. (5) $\sum\dfrac{1}{n^{2n\sin\frac{1}{n}}}$.

解 (1) 显然正项级数的通项

$$
2^n\sin\frac{\pi}{3^n} \leqslant \pi\left(\frac{2}{3}\right)^n,
$$

而 $\sum\pi\left(\dfrac{2}{3}\right)^n$ 收敛, 所以由比较原则可知级数 $\sum 2^n\sin\dfrac{\pi}{3^n}$ 收敛.

(2) 当 $n > \mathrm{e}^2$ 时, 显然 $\ln n > \ln\mathrm{e}^2 = 2$, 因此

$$
0 < \frac{1}{(\ln n)^n} < \frac{1}{2^n},
$$

而 $\sum\dfrac{1}{2^n}$ 收敛, 所以由比较原则可知级数 $\sum\limits_{n=2}^{\infty}\dfrac{1}{(\ln n)^n}$ 收敛.

(3) 因为

$$\lim_{n\to\infty}\frac{\dfrac{1}{n\sqrt[n]{n}}}{\dfrac{1}{n}}=\lim_{n\to\infty}\frac{1}{\sqrt[n]{n}}=1,$$

而 $\sum\frac{1}{n}$ 发散, 所以由比较原则的极限形式可知级数 $\sum\frac{1}{n\sqrt[n]{n}}$ 发散.

(4) 当 $n>\mathrm{e}^{\mathrm{e}^2}$ 时, 显然 $\ln(\ln n)>\ln(\ln\mathrm{e}^{\mathrm{e}^2})=2$, 因此

$$(\ln n)^{\ln n}=\mathrm{e}^{\ln(\ln n)^{\ln n}}=\mathrm{e}^{\ln n\ln(\ln n)}=\mathrm{e}^{\ln(\ln n)\ln n}=\mathrm{e}^{\ln n^{\ln(\ln n)}}=n^{\ln(\ln n)}>n^2,$$

所以

$$0<\frac{1}{(\ln n)^{\ln n}}<\frac{1}{n^2},$$

而 $\sum\frac{1}{n^2}$ 收敛, 所以由比较原则可知级数 $\sum\limits_{n=2}^{\infty}\frac{1}{(\ln n)^{\ln n}}$ 收敛.

(5) 因为 $\lim\limits_{n\to\infty}\dfrac{\sin\frac{1}{n}}{\frac{1}{n}}=1$, 所以 $\exists N\in\mathbb{N}$, 使得 $\forall n>N$, $\dfrac{\sin\frac{1}{n}}{\frac{1}{n}}>\dfrac{3}{4}$, 因此

$$0<\frac{1}{n^{2n\sin\frac{1}{n}}}=\left(\frac{1}{n^2}\right)^{\frac{\sin\frac{1}{n}}{\frac{1}{n}}}<\left(\frac{1}{n^2}\right)^{\frac{3}{4}}=\frac{1}{n^{\frac{3}{2}}},$$

而 $\sum\frac{1}{n^{\frac{3}{2}}}$ 收敛, 所以由比较原则可知级数 $\sum\frac{1}{n^{2n\sin\frac{1}{n}}}$ 收敛. □

14. 用比式判别法或根式判别法鉴定下列级数的敛散性:

(1) $\sum\dfrac{1\cdots(2n-1)}{n!}$.　　(2) $\sum\dfrac{(n+1)!}{10^n}$.　　(3) $\sum\left(\dfrac{n}{2n+1}\right)^n$.

(4) $\sum\dfrac{n!}{n^n}$.　　(5) $\sum\dfrac{n^2}{2^n}$.

解　(1) 因为

$$\lim_{n\to\infty}\left|\frac{u_{n+1}}{u_n}\right|=\lim_{n\to\infty}\frac{(2n+1)!!\cdot n!}{(2n-1)!!\cdot(n+1)!}=\lim_{n\to\infty}\frac{2n+1}{n+1}=2>1,$$

所以由比式判别法可知级数发散.

(2) 因为

$$\lim_{n\to\infty}\left|\frac{u_{n+1}}{u_n}\right|=\lim_{n\to\infty}\frac{(n+2)!\cdot 10^n}{(n+1)!\cdot 10^{n+1}}=\lim_{n\to\infty}\frac{n+2}{10}=+\infty,$$

所以由比式判别法可知级数发散.

(3) 因为

$$\lim_{n\to\infty}\sqrt[n]{|u_n|}=\lim_{n\to\infty}\frac{n}{2n+1}=\frac{1}{2}<1,$$

所以由根式判别法可知级数收敛.

(4) 因为

$$\lim_{n\to\infty}\left|\frac{u_{n+1}}{u_n}\right|=\lim_{n\to\infty}\frac{(n+1)!\cdot n^n}{n!\cdot(n+1)^{n+1}}=\lim_{n\to\infty}\left(\frac{n}{n+1}\right)^n=\frac{1}{\lim\limits_{n\to\infty}\left(1+\dfrac{1}{n}\right)^n}=\frac{1}{\mathrm{e}}<1,$$

所以由比式判别法可知级数收敛.

(5) 因为

$$\lim_{n\to\infty}\left|\frac{u_{n+1}}{u_n}\right|=\lim_{n\to\infty}\frac{(n+1)^2\cdot 2^n}{n^2\cdot 2^{n+1}}=\lim_{n\to\infty}\frac{(n+1)^2}{2n^2}=\frac{1}{2}<1,$$

所以由比式判别法可知级数收敛. □

15. 设级数 $\sum a_n^2$ 收敛, 证明 $\sum \dfrac{a_n}{n}(a_n>0)$ 也收敛.

证　因为

$$0<\frac{a_n}{n}=a_n\cdot\frac{1}{n}\leqslant\frac{1}{2}\left(a_n^2+\frac{1}{n^2}\right),$$

而 $\sum a_n^2$ 和 $\sum\dfrac{1}{n^2}$ 均收敛, 进而其和也收敛, 因此由比较原则可知级数 $\sum\dfrac{a_n}{n}$ 收敛. □

16. 设正项级数 $\sum u_n$ 收敛, 证明级数 $\sum\sqrt{u_nu_{n+1}}$ 也收敛.

证　因为

$$0\leqslant\sqrt{u_nu_{n+1}}\leqslant\frac{1}{2}(u_n+u_{n+1}),$$

而由 $\sum u_n$ 收敛可知 $\sum\dfrac{1}{2}(u_n+u_{n+1})$ 也收敛, 因此由比较原则可知级数 $\sum\sqrt{u_nu_{n+1}}$ 收敛. □

17. 设 $a_n>0$, 证明数列 $\{(1+a_1)(1+a_2)\cdots(1+a_n)\}$ 与级数 $\sum a_n$ 同时收敛或同时发散.

证　因为

$$\ln\left((1+a_1)(1+a_2)\cdots(1+a_n)\right)=\ln(1+a_1)+\cdots+\ln(1+a_n),$$

所以数列 $\left\{\prod\limits_{i=1}^{n}(1+a_i)\right\}$ 的敛散性与级数 $\sum\limits_{n=1}^{\infty}\ln(1+a_n)$ 的敛散性相同. 因此只需证明 $\sum\limits_{n=1}^{\infty}\ln(1+a_n)$ 的敛散性与 $\sum\limits_{n=1}^{\infty}a_n$ 的敛散性相同.

若级数 $\sum_{n=1}^{\infty} a_n$ 收敛, 则由级数收敛的必要条件可知 $\lim_{n\to\infty} a_n = 0$, 因此

$$\lim_{n\to\infty} \frac{\ln(1+a_n)}{a_n} = \lim_{n\to\infty} \ln(1+a_n)^{\frac{1}{a_n}} = \ln \lim_{n\to\infty} (1+a_n)^{\frac{1}{a_n}} = \ln \mathrm{e} = 1, \qquad (*)$$

所以正项级数 $\sum_{n=1}^{\infty} \ln(1+a_n)$ 收敛. 反之, 若级数 $\sum_{n=1}^{\infty} \ln(1+a_n)$ 收敛, 则由级数收敛的必要条件可知 $\lim_{n\to\infty} \ln(1+a_n) = 0$, 因此 $\lim_{n\to\infty} a_n = \lim_{n\to\infty} \mathrm{e}^{\ln(1+a_n)} - 1 = 0$. 从而再次由 $(*)$ 式可知级数 $\sum_{n=1}^{\infty} a_n$ 也收敛. □

2.2　函数的极限

一、知识点总结与补充

1. 函数极限的一般定义

(1) 常见的七种基: $x \to a$, $x \to a+0$(右极限), $x \to a-0$(左极限), $x \to \infty$, $x \to +\infty$, $x \to -\infty$, $\mathbb{N} \ni x \to \infty$(数列极限 $n \to \infty$).

(2) 函数 f 关于基 $\mathcal{B}$ 的极限:

$$\left(\lim_{\mathcal{B}} f(x) = A\right) := \forall \varepsilon > 0, \exists B \in \mathcal{B}, \forall x \in B(|f(x) - A| < \varepsilon).$$

2. 归结原则

$\lim_{E\ni x\to a} f(x) = A$ 当且仅当对于任何收敛于 a 的点列 $\{x_n\}, x_n \in E\backslash\{a\}$, 数列 $\{f(x_n)\}$ 收敛于 A.

注　归结原则常用来证明 $\lim_{E\ni x\to a} f(x)$ 不存在. 归结原则对任意的基 $\mathcal{B}$ 都有类似的结论.

3. 函数极限的基本性质

(1) 局部有界性: 若 $\lim_{E\ni x\to a} f(x) = A$, 则当 $E \ni x \to a$ 时 $f(x)$ 最终有界.

(2) 保不等式性: 设 $\lim_{E\ni x\to a} f(x) < \lim_{E\ni x\to a} g(x)$, 则 $\exists \mathring{U}_E(a)$ 使得 $f(x) < g(x)$, $\forall x \in \mathring{U}_E(a)$.

(3) 迫敛性: 设 $\lim_{E\ni x\to a} f(x) = \lim_{E\ni x\to a} g(x) = C$, 且在某去心邻域 $\mathring{U}_E(a)$ 内有 $f(x) \leqslant h(x) \leqslant g(x)$, 则 $\lim_{E\ni x\to a} h(x) = C$.

(4) 绝对值收敛性: 若 $\lim_{E\ni x\to a} f(x) = A$, 则 $\lim_{E\ni x\to a} |f(x)| = |A|$; 反之未必成立, 但当 $A = 0$ 时一定成立.

注　这里的性质只对特殊的基 $x \to a$ 给出叙述, 实际上这些性质对任意的基 $\mathcal{B}$ 都成立.

4. 函数极限存在的条件

(1) **柯西准则**　设 X 为一集, $\mathcal{B}$ 为 X 中的基. 函数 $f: X \to \mathbb{R}$ 关于基 $\mathcal{B}$ 有极限, 当且仅当对任何数 $\varepsilon > 0$, 存在着 $B \in \mathcal{B}$, 使得函数在 B 上的振幅小于 ε. 即

$$\exists \lim_{\mathcal{B}} f(x) \Leftrightarrow \forall \varepsilon > 0, \exists B \in \mathcal{B}(\omega(f; B) < \varepsilon).$$

注　称 $\omega(f; E) = \sup\limits_{x_1, x_2 \in E} |f(x_1) - f(x_2)|$ 为函数 $f: X \to \mathbb{R}$ 在集合 $E \subset X$ 上的振幅. 事实上, $\omega(f; E) = \sup\limits_{x \in E} f(x) - \inf\limits_{x \in E} f(x)$.

(2) **复合函数极限的定理**　假设:

• Y 是一个集合, $\mathcal{B}_Y$ 是 Y 的一个基; $g: Y \to \mathbb{R}$ 是关于基 $\mathcal{B}_Y$ 有极限的一个映射.

• X 是一个集合, $\mathcal{B}_X$ 是 X 的一个基; 映射 $f: X \to Y$ 满足: $\forall B_Y \in \mathcal{B}_Y$, $\exists B_X \in \mathcal{B}_X$ 使得 $f(B_X) \subset B_Y$.

则映射 f 与 g 的复合 $(g \circ f): X \to \mathbb{R}$ 有定义, 关于基 $\mathcal{B}_X$ 有极限, 且

$$\lim_{\mathcal{B}_X} (g \circ f)(x) = \lim_{\mathcal{B}_Y} g(y).$$

注　复合函数极限的定理为用变量替换方法求极限提供了依据.

(3) **单调函数极限存在的准则**　集合 $E \subset \mathbb{R}$ 上的单调不减 (不增) 函数 $f: E \to \mathbb{R}$, 当 $x \to \sup E(\text{或} +\infty), x \in E$ 时有极限的充要条件是它上 (下) 有界; 当 $x \to \inf E(\text{或} -\infty), x \in E$ 时有极限的充要条件是它下 (上) 有界.

5. 两个重要极限

(1) $\lim\limits_{x \to 0} \dfrac{\sin x}{x} = 1$.

(2) $\lim\limits_{x \to \infty} \left(1 + \dfrac{1}{x}\right)^x = \lim\limits_{x \to 0} (1 + x)^{\frac{1}{x}} = \mathrm{e}$.

6. 等价代换求极限

设 $f \overset{\mathcal{B}}{\sim} \tilde{f}$, 那么 $\lim\limits_{\mathcal{B}} f(x)g(x) = \lim\limits_{\mathcal{B}} \tilde{f}(x)g(x)$, 如果这两个极限至少有一个存在.

注　乘除可代换, 加减一般不可代换, 但如果加减的项代换后不再参与其他项的极限运算则也可以代换.

7. 无穷小量与无穷大量的性质

(1) $\left(\lim\limits_{E \ni x \to a} f(x) = A\right) \Leftrightarrow (f(x) = A + \alpha(x)) \wedge \left(\lim\limits_{E \ni x \to a} \alpha(x) = 0\right)$.

(2) 无穷小量的和、差和乘积仍是无穷小量.

(3) 无穷小量与有界量之积仍是无穷小量.

(4) 无穷小量与无穷大量的关系: 非零的无穷小量的倒数为无穷大量, 反之亦然.

(5) 常见正无穷大量的比较:

$$\log_a x \ll x^\alpha \ll b^x, \quad x \to +\infty, \quad a > 1, \quad \alpha > 0, \quad b > 1.$$

(6) 几个重要的等价无穷小量:

- $x \sim \sin x \sim \arcsin x \sim \tan x \sim \arctan x \sim \mathrm{e}^x - 1 \sim \ln(1+x),\ x \to 0$.
- $1 - \cos x \sim \dfrac{x^2}{2},\ x \to 0$.
- $(1+x)^\alpha - 1 \sim \alpha x,\ x \to 0,\ \alpha \in \mathbb{R}$.

8. $o(\ )$ 与 $O(\ )$ 的变换规则

(1) $o(f) + o(f) = o(f)$.

(2) $o(f)$ 也是 $O(f)$.

(3) $o(f) + O(f) = O(f)$.

(4) $O(f) + O(f) = O(f)$.

(5) 如果 $g(x) \neq 0$, 那么

$$\frac{o(f(x))}{g(x)} = o\left(\frac{f(x)}{g(x)}\right),$$

并且

$$\frac{O(f(x))}{g(x)} = O\left(\frac{f(x)}{g(x)}\right).$$

二、例题讲解

1. 假设函数 f 和 g 满足:

(1) $\lim\limits_{y \to A} g(y) = G$;

(2) $\lim\limits_{x \to a} f(x) = A$;

(3) 存在某 $\mathring{U}(a)$, 使得 $\forall x \in \mathring{U}(a)$, $f(x) \neq A$.

证明:

$$\lim_{x \to a}(g \circ f)(x) = G = \lim_{y \to A} g(y).$$

证 容易证明, 这里给出的三个条件可以保证复合函数极限的定理的条件成立, 因此要证的结论成立. □

注 显然, 如果 $f(a) = A$ 且 $f(x)$ 在 a 的一个邻域上严格单调, 则 $f(x)$ 满足上述条件 (3). 此外, 该例题的结论对其他类型的基也有类似的结果.

2. 假设函数 f 和 g 满足:

(1) $\lim\limits_{y\to A} g(y)=G$;

(2) $g(A)=G$;

(3) $\lim\limits_{x\to a} f(x)=A$.

证明:

$$\lim_{x\to a}(g\circ f)(x)=G=\lim_{y\to A} g(y)=g(A)=g\left(\lim_{x\to a} f(x)\right).$$

证　因为 $\lim\limits_{y\to A} g(y)=G$, 所以由极限定义可知 $\forall\varepsilon>0$, $\exists\rho>0$, 使得 $\forall y\in\mathring{U}^{\rho}(A)$, $|g(y)-G|<\varepsilon$. 又因为 $g(A)=G$, 所以我们有, $\forall y\in U^{\rho}(A)$, $|g(y)-G|<\varepsilon$.

现在, 因为 $\lim\limits_{x\to a} f(x)=A$, 所以再次由极限定义可知, 对上述的 $\rho>0$, $\exists\delta>0$, 使得 $\forall x\in\mathring{U}^{\delta}(a)$, $|f(x)-A|<\rho$, 即 $f(x)\in U^{\rho}(A)$, 因此 $|g(f(x))-G|<\varepsilon$. 这就证明了要证的结论. □

注　该例题和例题 1 为求极限的变量替换方法 (在相应的条件下) 提供了依据:

$$\boxed{\lim_{x\to a}(g\circ f)(x)\xlongequal[\text{变量替换}]{y=f(x)}\lim_{y\to\lim\limits_{x\to a} f(x)} g(y).}$$

3. (1) 证明: 若 $\lim\limits_{x\to 0} f(x^3)$ 存在, 则 $\lim\limits_{x\to 0} f(x)=\lim\limits_{x\to 0} f(x^3)$.

(2) 若 $\lim\limits_{x\to 0} f(x^2)$ 存在, 试问是否成立 $\lim\limits_{x\to 0} f(x)=\lim\limits_{x\to 0} f(x^2)$?

解　(1) 令 $F(x)=x^{\frac{1}{3}}$, $G(y)=f(y^3)$, 则容易看出 $F(x)$ 和 $G(x)$ 满足例题 1 的条件, 而 $f(x)=(G\circ F)(x)$, 因此

$$\lim_{x\to 0} f(x)=\lim_{x\to 0}(G\circ F)(x)=\lim_{y\to 0} G(y)=\lim_{x\to 0} f(x^3).$$

(2) 未必成立, 反例:

$$f(x)=\begin{cases} x+1, & x\in(0,1),\\ x-2, & x\in(-1,0).\end{cases}$$

显然 $\lim\limits_{x\to 0} f(x^2)=\lim\limits_{x\to 0}(x^2+1)=1$, 而 $\lim\limits_{x\to +0} f(x)=1$, $\lim\limits_{x\to -0} f(x)=-2$, 因此 $\lim\limits_{x\to 0} f(x)$ 不存在. 又如: 符号函数 $f(x)=\operatorname{sgn}x$ 也有类似的性质.

但类似于 (1), 我们有 $\lim\limits_{x\to +0} f(x)=\lim\limits_{x\to 0} f(x^2)$. 事实上, 令 $F(x)=|x|^{\frac{1}{2}}$ 和 $G(y)=f(y^2)$ 即可得到 $\lim\limits_{x\to 0} f(|x|)=\lim\limits_{x\to 0} f(x^2)$, 因此显然结论成立. 或者令 $\widetilde{F}(x)=x^{\frac{1}{2}}$, $x>0$, $\widetilde{G}(y)=f(y^2)$, 再由例题 1 的注 (只考虑右极限 $x\to +0$) 也可证明该结论. □

4. 幂指函数的极限. 设 $\varphi(x)$ 和 $\psi(x)$ 在 $\mathring{U}^\delta(x_0)(\delta>0)$ 上有定义, 且 $\forall x\in \mathring{U}^\delta(x_0)$, $\varphi(x)>0$. 若 $\lim\limits_{x\to x_0}\varphi(x)=a>0$, $\lim\limits_{x\to x_0}\psi(x)=b$, 证明:

$$\lim_{x\to x_0}\varphi(x)^{\psi(x)}=a^b.$$

证 由《讲义》2.2.5 小节命题 2(4) 和命题 3(4′)(即指数函数和对数函数的连续性, 参看例题 2) 及幂指函数的定义可知

$$\begin{aligned}\lim_{x\to x_0}\varphi(x)^{\psi(x)}&=\lim_{x\to x_0}\mathrm{e}^{\psi(x)\ln\varphi(x)}=\mathrm{e}^{\lim\limits_{x\to x_0}\psi(x)\ln\varphi(x)}\\&=\mathrm{e}^{\lim\limits_{x\to x_0}\psi(x)\ln\lim\limits_{x\to x_0}\varphi(x)}=\mathrm{e}^{b\ln a}=a^b.\end{aligned}$$ □

5. 两个重要极限的一般形式. 由前述的变量替换方法可知:

(1) 若 $\lim\limits_{x\to x_0}\varphi(x)=0$ 且存在某 $\mathring{U}(x_0)$, 使得 $\forall x\in\mathring{U}(x_0)$, $\varphi(x)\neq 0$, 则

$$\lim_{x\to x_0}\frac{\sin\varphi(x)}{\varphi(x)}\xlongequal[\text{变量替换}]{t=\varphi(x)}\lim_{t\to 0}\frac{\sin t}{t}=1.$$

(2) 若 $\lim\limits_{x\to x_0}\psi(x)=\infty$, 则

$$\lim_{x\to x_0}\left(1+\frac{1}{\psi(x)}\right)^{\psi(x)}\xlongequal[\text{变量替换}]{t=\psi(x)}\lim_{t\to\infty}\left(1+\frac{1}{t}\right)^t=\mathrm{e}.$$

(3) 若 $\lim\limits_{x\to x_0}\phi(x)=0$ 且存在某 $\mathring{U}(x_0)$, 使得 $\forall x\in\mathring{U}(x_0)$, $\phi(x)\neq 0$, 则

$$\lim_{x\to x_0}(1+\phi(x))^{\frac{1}{\phi(x)}}\xlongequal[\text{变量替换}]{t=\phi(x)}\lim_{t\to 0}(1+t)^{\frac{1}{t}}=\mathrm{e}.$$

6. 求极限 $\lim\limits_{x\to 0}(\cos x)^{\frac{1}{x^2}}$.

解 由例题 4 和例题 5 的公式可知

$$\begin{aligned}\lim_{x\to 0}(\cos x)^{\frac{1}{x^2}}&=\lim_{x\to 0}\left((1+\ \cos x-1\ )^{\frac{1}{\cos x-1}}\right)^{\frac{\cos x-1}{x^2}}\\&=\mathrm{e}^{\lim\limits_{x\to 0}\frac{\cos x-1}{x^2}}=\mathrm{e}^{\lim\limits_{x\to 0}\frac{-2\sin^2\frac{x}{2}}{x^2}}\\&=\mathrm{e}^{-\frac{1}{2}\lim\limits_{x\to 0}\left(\frac{\sin\frac{x}{2}}{\frac{x}{2}}\right)^2}=\mathrm{e}^{-\frac{1}{2}}.\end{aligned}$$ □

7. 设 $a>0$, $b>0$, 求 $\lim\limits_{n\to\infty}\left(\dfrac{\sqrt[n]{a}+\sqrt[n]{b}}{2}\right)^n$.

解　我们先求 $\lim\limits_{x\to+0}\left(\dfrac{a^x+b^x}{2}\right)^{\frac{1}{x}}$. 对 $a=b=1$ 的特殊情形, 显然

$$\lim_{x\to+0}\cdot\left(\frac{a^x+b^x}{2}\right)^{\frac{1}{x}}=1.$$

对其他情形, 由 $\lim\limits_{x\to+0}\dfrac{a^x+b^x-2}{2}=0$ 以及指数函数的性质可知, 可以应用例题 4 和例题 5 中的公式得到

$$\begin{aligned}\lim_{x\to+0}\left(\frac{a^x+b^x}{2}\right)^{\frac{1}{x}}&=\lim_{x\to+0}\left(\left(1+\frac{a^x+b^x-2}{2}\right)^{\frac{2}{a^x+b^x-2}}\right)^{\frac{a^x+b^x-2}{2x}}\\&=\mathrm{e}^{\lim\limits_{x\to+0}\frac{a^x+b^x-2}{2x}}=\mathrm{e}^{\frac{1}{2}\left(\lim\limits_{x\to+0}\frac{a^x-1}{x}+\lim\limits_{x\to+0}\frac{b^x-1}{x}\right)}.\end{aligned}$$

再由变量替换公式和对数函数的性质可知

$$\begin{aligned}\lim_{x\to+0}\frac{a^x-1}{x}&\xlongequal{t=a^x-1}\lim_{t\to0}\frac{t}{\log_a(1+t)}\\&=\lim_{t\to0}\frac{t\ln a}{\ln(1+t)}=\lim_{t\to0}\frac{\ln a}{\ln(1+t)^{\frac{1}{t}}}\\&=\frac{\ln a}{\ln\lim\limits_{t\to0}(1+t)^{\frac{1}{t}}}=\frac{\ln a}{\ln\mathrm{e}}=\ln a,\end{aligned}$$

同理, $\lim\limits_{x\to+0}\dfrac{b^x-1}{x}=\ln b$. 因此我们得到 $\lim\limits_{x\to+0}\left(\dfrac{a^x+b^x}{2}\right)^{\frac{1}{x}}=\mathrm{e}^{\frac{\ln a+\ln b}{2}}=\sqrt{ab}$. 注意该结论对 $a=b=1$ 的特殊情形也成立.

令 $x_n=\dfrac{1}{n}$, $n\in\mathbb{N}$, 则 $x_n>0$ 且 $\lim\limits_{n\to\infty}x_n=0$, 因此由归结原则可知

$$\lim_{n\to\infty}\left(\frac{\sqrt[n]{a}+\sqrt[n]{b}}{2}\right)^n=\lim_{n\to\infty}\left(\frac{a^{x_n}+b^{x_n}}{2}\right)^{\frac{1}{x_n}}=\lim_{x\to+0}\left(\frac{a^x+b^x}{2}\right)^{\frac{1}{x}}=\sqrt{ab}.\quad\square$$

8. 求极限 $\lim\limits_{x\to0}\dfrac{\sin x-\tan x}{x^3}$.

解　由无穷小等价代换 $\sin x\sim x$ 和 $1-\cos x\sim\dfrac{1}{2}x^2$ 可知

$$\lim_{x\to0}\frac{\sin x-\tan x}{x^3}=\lim_{x\to0}\frac{\sin x-\dfrac{\sin x}{\cos x}}{x^3}=\lim_{x\to0}\frac{\sin x}{x}\cdot\frac{1}{\cos x}\cdot\frac{\cos x-1}{x^2}$$

$$=\lim_{x\to0}\frac{x}{x}\cdot\frac{1}{\lim\limits_{x\to0}\cos x}\cdot\lim_{x\to0}\frac{-\dfrac{1}{2}x^2}{x^2}=1\cdot1\cdot\frac{-1}{2}=-\frac{1}{2}.\quad\square$$

9. 求极限 $\lim\limits_{x\to0}\dfrac{3\sin x+x^2\cos\dfrac{1}{x}}{(1+\cos x)\ln(1+x)}$.

解 由无穷小等价代换 $\ln(1+x)\sim x$ 可知

$$\lim_{x\to0}\frac{3\sin x+x^2\cos\dfrac{1}{x}}{(1+\cos x)\ln(1+x)}=\lim_{x\to0}\frac{1}{1+\cos x}\cdot\lim_{x\to0}\frac{3\sin x+x^2\cos\dfrac{1}{x}}{x}$$

$$=\frac{1}{1+\lim\limits_{x\to0}\cos x}\cdot\left(3\lim_{x\to0}\frac{\sin x}{x}+\lim_{x\to0}x\cos\frac{1}{x}\right)=\frac{1}{2}(3+0)=\frac{3}{2}.$$ □

10. 求极限 $\lim\limits_{x\to0}\dfrac{\sin2x+2\arctan3x+3x^2}{\ln(1+3x+\sin^2x)+xe^x}$.

解 因为

$$\lim_{x\to0}(3x+\sin^2x)=0,$$

所以由变量替换公式可知

$$\lim_{x\to0}\frac{\ln(1+3x+\sin^2x)}{1+3x+\sin^2x}\xlongequal{t=3x+\sin^2x}\lim_{x\to0}\frac{\ln(1+t)}{t}=1,$$

即 $\ln(1+3x+\sin^2x)\sim3x+\sin^2x$, 故由无穷小等价代换可知

$$\lim_{x\to0}\frac{\sin2x+2\arctan3x+3x^2}{\ln(1+3x+\sin^2x)+xe^x}$$

$$=\lim_{x\to0}\frac{\dfrac{\sin2x}{x}+2\dfrac{\arctan3x}{x}+3x}{\dfrac{\ln(1+3x+\sin^2x)}{x}+e^x}=\frac{\lim\limits_{x\to0}\dfrac{\sin2x}{x}+2\lim\limits_{x\to0}\dfrac{\arctan3x}{x}+3\lim\limits_{x\to0}x}{\lim\limits_{x\to0}\dfrac{\ln(1+3x+\sin^2x)}{x}+\lim\limits_{x\to0}e^x}$$

$$=\frac{\lim\limits_{x\to0}\dfrac{2x}{x}+2\lim\limits_{x\to0}\dfrac{3x}{x}+3\lim\limits_{x\to0}x}{\lim\limits_{x\to0}\dfrac{\ln(1+3x+\sin^2x)}{x}+\lim\limits_{x\to0}e^x}=\frac{2+6+0}{\lim\limits_{x\to0}\dfrac{3x+\sin^2x}{x}+1}$$

$$=\frac{8}{3+\lim\limits_{x\to0}\dfrac{\sin x}{x}\cdot\lim\limits_{x\to0}\sin x+1}=\frac{8}{3+1\cdot0+1}=2.$$ □

11. $\dfrac{*}{\infty}$ **型 Stolz 定理** 设函数 $f(x)$ 和 $g(x)$ 在 $[a,+\infty)$ 上有定义, T 是一个正的常数, 满足下列条件:

(1) $\lim\limits_{x\to+\infty}g(x)=+\infty$;

(2) $\forall x\in[a,+\infty)$, 有 $g(x+T)>g(x)$;

(3) $f(x)$ 和 $g(x)$ 在任一区间 $[a,b]$ 上是有界的;

(4) $\lim\limits_{x\to+\infty}\dfrac{f(x+T)-f(x)}{g(x+T)-g(x)}=A$ (A 有限或为 $\pm\infty$),

则 $\lim\limits_{x\to+\infty}\dfrac{f(x)}{g(x)}=A$.

证　我们将对三种情形分别证明.

情形 1: A 有限. 先考虑 $A=0$ 的特殊情形. 因为 $\lim\limits_{x\to+\infty}g(x)=+\infty$, 所以 $\exists M_0>a$ 使得 $\forall x>M_0$, $g(x)>0$. 又因为 $\lim\limits_{x\to+\infty}\dfrac{f(x+T)-f(x)}{g(x+T)-g(x)}=0$, 所以 $\forall\varepsilon>0$, $\exists M_1>M_0$ 使得 $\forall x>M_1$,

$$\left|\frac{f(x+T)-f(x)}{g(x+T)-g(x)}\right|<\frac{\varepsilon}{2}.$$

再由条件 (2) 可知

$$\big|f(x+T)-f(x)\big|<\frac{\varepsilon}{2}\left(g(x+T)-g(x)\right).$$

又由条件 (3) 可知, $\exists K>0$, 使得 $\forall x\in[M_1+T,M_1+2T]$, $|f(x)|\leqslant K$, $|g(x)|\leqslant K$. 此外, 由 $\lim\limits_{x\to+\infty}g(x)=+\infty$, 可知 $\exists M_2>M_0$ 使得 $\forall x>M_2$, $0<\dfrac{1}{g(x)}K<\dfrac{\varepsilon}{2}$.

现在, 令 $M=\max\{M_1+2T,M_2\}$, 则当 $x>M$ 时,

$$M_1+T\leqslant x-N_xT<M_1+2T,$$

这里 $N_x:=\left[\dfrac{x-M_1}{T}\right]-1\in\mathbb{N}$. 所以我们有

$$\begin{aligned}\left|\frac{f(x)}{g(x)}-0\right|&=\frac{1}{g(x)}|f(x)|\leqslant\frac{1}{g(x)}\left(\big|f(x)-f\left(x-N_xT\right)\big|+\big|f\left(x-N_xT\right)\big|\right)\\&\leqslant\frac{1}{g(x)}\left(\sum_{n=1}^{N_x}\big|f(x-(n-1)T)-f(x-nT)\big|+\big|f\left(x-N_xT\right)\big|\right)\\&<\frac{1}{g(x)}\left(\frac{\varepsilon}{2}\sum_{n=1}^{N_x}\left(g(x-(n-1)T)-g(x-nT)\right)+K\right)\\&=\frac{1}{g(x)}\left(\frac{\varepsilon}{2}\left(g(x)-g(x-N_xT)\right)+K\right)<\frac{\varepsilon}{2}+\frac{1}{g(x)}K<\frac{\varepsilon}{2}+\frac{\varepsilon}{2}=\varepsilon.\end{aligned}$$

因此由极限定义可知 $\lim\limits_{x\to+\infty}\dfrac{f(x)}{g(x)}=0$.

而对于 $A \neq 0$ 的一般情形, 记 $F(x) = f(x) - Ag(x)$, $x \in [a, +\infty)$, 则显然 $F(x)$ 于任何区间 $[a,b]$ 有界, 且

$$\lim_{x\to+\infty}\frac{F(x+T)-F(x)}{g(x+T)-g(x)} = \lim_{x\to+\infty}\left(\frac{f(x+T)-f(x)}{g(x+T)-g(x)} - A\right) = 0,$$

因此由上边已证的特殊情形可知 $\lim\limits_{x\to+\infty}\dfrac{F(x)}{g(x)} = 0$, 进而

$$\lim_{x\to+\infty}\frac{f(x)}{g(x)} = \lim_{x\to+\infty}\frac{F(x)+Ag(x)}{g(x)} = \lim_{x\to+\infty}\frac{F(x)}{g(x)} + A = 0 + A = A.$$

情形 2: $A = +\infty$. 因为 $\lim\limits_{x\to+\infty}\dfrac{f(x+T)-f(x)}{g(x+T)-g(x)} = +\infty$, 所以 $\exists M_1 > a$ 使得 $\forall x > M_1$,

$$\frac{f(x+T)-f(x)}{g(x+T)-g(x)} > 1.$$

再由条件 (2) 可知

$$f(x+T) - f(x) > g(x+T) - g(x) > 0.$$

这说明对于充分大的 x, $f(x)$ 也满足条件 (2). 又由条件 (3) 可知, $\exists K > 0$, 使得 $\forall x \in [M_1 + T, M_1 + 2T]$, $|f(x)| \leqslant K$, $|g(x)| \leqslant K$. 当 $x > M_1 + 2T$ 时,

$$M_1 + T \leqslant x - N_x T < M_1 + 2T,$$

这里 $N_x := \left[\dfrac{x - M_1}{T}\right] - 1 \in \mathbb{N}$. 所以我们有

$$\begin{aligned}
f(x) =& f(x) - f(x - N_x T) + f(x - N_x T) \\
=& \sum_{n=1}^{N_x}(f(x-(n-1)T) - f(x-nT)) + f(x - N_x T) \\
>& \sum_{n=1}^{N_x}(g(x-(n-1)T) - g(x-nT)) - K \\
=& g(x) - g(x - N_x T) - K > g(x) - 2K.
\end{aligned}$$

所以, 由 $\lim\limits_{x\to+\infty} g(x) = +\infty$, 可知 $\lim\limits_{x\to+\infty} f(x) = +\infty$, 这说明了 $f(x)$ 也满足条件 (1). 又显然 $\lim\limits_{x\to+\infty}\dfrac{g(x+T)-g(x)}{f(x+T)-f(x)} = 0$, 因此由前边已证的情形 1 的结论可知 $\lim\limits_{x\to+\infty}\dfrac{g(x)}{f(x)} = 0$, 故 $\lim\limits_{x\to+\infty}\dfrac{f(x)}{g(x)} = +\infty$.

情形 3: $A=-\infty$. 采用与 2.1 节例题 8(1) 中情形 3 一样的证明即可. □

12. $\dfrac{\mathbf{0}}{\mathbf{0}}$ **型 Stolz 定理** 设函数 $f(x)$ 和 $g(x)$ 在 $[a,+\infty)$ 上有定义, T 是一个正的常数, 满足下列条件:

(1) $\lim\limits_{x\to+\infty} f(x)=\lim\limits_{x\to+\infty} g(x)=0$;

(2) $\forall x\in[a,+\infty)$, 有 $g(x+T)<g(x)$;

(3) $\lim\limits_{x\to+\infty}\dfrac{f(x+T)-f(x)}{g(x+T)-g(x)}=A$ (A 有限或为 $\pm\infty$),

则 $\lim\limits_{x\to+\infty}\dfrac{f(x)}{g(x)}=A$.

证 我们将对三种情形分别证明.

情形 1: A 有限. 因为 $\lim\limits_{x\to+\infty}\dfrac{f(x+T)-f(x)}{g(x+T)-g(x)}=A$, 所以 $\forall\varepsilon>0$, $\exists M>a$ 使得 $\forall x>M$,

$$\left|\frac{f(x+T)-f(x)}{g(x+T)-g(x)}-A\right|<\varepsilon.$$

再由条件 (2) 可知

$$(A-\varepsilon)(g(x)-g(x+T))<f(x)-f(x+T)<(A+\varepsilon)(g(x)-g(x+T)).$$

$\forall n\in\mathbb{N}$, 此式蕴含着

$$\begin{aligned}&(A-\varepsilon)\sum_{j=1}^{n}(g(x+(j-1)T)-g(x+jT))\\<&\sum_{j=1}^{n}(f(x+(j-1)T)-f(x+jT))\\<&(A+\varepsilon)\sum_{j=1}^{n}(g(x+(j-1)T)-g(x+jT)),\end{aligned}$$

即

$$(A-\varepsilon)(g(x)-g(x+nT))<f(x)-f(x+nT)<(A+\varepsilon)(g(x)-g(x+nT)),$$

或者写成

$$\left|\frac{f(x)-f(x+nT)}{g(x)-g(x+nT)}-A\right|<\varepsilon.$$

令 $n\to+\infty$, 并由 $\lim\limits_{x\to+\infty} f(x)=\lim\limits_{x\to+\infty} g(x)=0$ 可知, $\forall x>M$,

$$\left|\frac{f(x)}{g(x)}-A\right|\leqslant\varepsilon.$$

因此由极限定义, $\lim\limits_{x\to+\infty}\dfrac{f(x)}{g(x)}=A$.

情形 2: $A=+\infty$. 因为 $\lim\limits_{x\to+\infty}\dfrac{f(x+T)-f(x)}{g(x+T)-g(x)}=+\infty$, 所以 $\exists M>a$ 使得 $\forall x>M$,

$$\frac{f(x+T)-f(x)}{g(x+T)-g(x)}>1.$$

再由条件 (2) 可知

$$f(x+T)-f(x)<g(x+T)-g(x)<0.$$

这说明对于充分大的 x, $f(x)$ 也满足条件 (2). 又显然 $\lim\limits_{x\to+\infty}\dfrac{g(x+T)-g(x)}{f(x+T)-f(x)}=0$, 因此由前边已证的情形 1 的结论可知 $\lim\limits_{x\to+\infty}\dfrac{g(x)}{f(x)}=0$, 故 $\lim\limits_{x\to+\infty}\dfrac{f(x)}{g(x)}=+\infty$.

情形 3: 采用与 2.1 节例题 8(1) 中情形 3 一样的证明即可. □

注　这里的 $\dfrac{0}{0}$ 型 Stolz 定理和例题 11 中的 $\dfrac{*}{\infty}$ 型 Stolz 定理是 2.1 节数列极限相应 Stolz 定理 $(T=1)$ 的推广.

13. 证明: 当 $p\in\mathbb{R}^+$ 时, $\lim\limits_{\mathbb{N}\ni n\to\infty}\sin n^p$ 不存在.

证　以下均假定 $n\in\mathbb{N}$. 假设 $\lim\limits_{n\to\infty}\sin n^p=A$, 则显然 $|A|\leqslant 1$. 下面我们分情况讨论.

情形 1: $0<p<1$. 由阿基米德原理可知, $\forall n\in\mathbb{N}$, $\exists k_n\in\mathbb{Z}$ 使得

$$(k_n-1)\pi\leqslant n^p-\frac{\pi}{2}<k_n\pi,$$

因此当 $n\to\infty$ 时 $k_n\to+\infty$ 且

$$-\frac{\pi}{2}\leqslant n^p-k_n\pi<\frac{\pi}{2}.$$

令

$$\varepsilon_n=n^p-k_n\pi-(-1)^{k_n}\arcsin A,$$

则由反三角函数 $\arcsin x$ 的性质可知

$$\begin{aligned}\lim_{n\to\infty}\varepsilon_n&=\lim_{n\to\infty}\arcsin\sin(n^p-k_n\pi)-(-1)^{k_n}\arcsin A\\&=\lim_{n\to\infty}\arcsin(-1)^{k_n}\sin n^p-(-1)^{k_n}\arcsin A\\&=\lim_{n\to\infty}(-1)^{k_n}(\arcsin\sin n^p-\arcsin A)=0.\end{aligned}$$

因此 $\forall n \in \mathbb{N}$, 我们有分解式

$$n^p = k_n\pi + (-1)^{k_n}\arcsin A + \varepsilon_n, \quad \mathbb{Z} \ni k_n \to +\infty, \quad \varepsilon_n \to 0, \quad n \to \infty.$$

显然

$$(n+1)^p - n^p = k_{n+1}\pi + (-1)^{k_{n+1}}\arcsin A + \varepsilon_{n+1} - k_n\pi - (-1)^{k_n}\arcsin A - \varepsilon_n.$$

记 $\theta = \arcsin A$, 则 $|\theta| \leqslant \dfrac{\pi}{2}$, 故

$$\left((-1)^{k_{n+1}} - (-1)^{k_n}\right)\arcsin A \in \{0, -2\theta, 2\theta\} \subset [-\pi, \pi].$$

此外由

$$n+1 = (n^p)^{\frac{1}{p}} + 1 = \left(k_n\pi + (-1)^{k_n}\arcsin A + \varepsilon_n\right)^{\frac{1}{p}} + 1$$

和

$$n+1 = ((n+1)^p)^{\frac{1}{p}} = \left(k_{n+1}\pi + (-1)^{k_{n+1}}\arcsin A + \varepsilon_{n+1}\right)^{\frac{1}{p}}$$

还得到

$$\left(k_n\pi + (-1)^{k_n}\arcsin A + \varepsilon_n\right)^{\frac{1}{p}} + 1 = \left(k_{n+1}\pi + (-1)^{k_{n+1}}\arcsin A + \varepsilon_{n+1}\right)^{\frac{1}{p}}. \quad (*)$$

由 2.1 节习题 3(10) 可知, 当 $0 < p < 1$ 时,

$$\lim_{n\to\infty}((n+1)^p - n^p) = 0,$$

因此我们有

$$\lim_{n\to\infty}\left(k_{n+1}\pi + (-1)^{k_{n+1}}\arcsin A + \varepsilon_{n+1} - k_n\pi - (-1)^{k_n}\arcsin A - \varepsilon_n\right) = 0,$$

从而由 $\varepsilon_n \to 0(n \to \infty)$ 可知

$$\lim_{n\to\infty}\left(\pi\left(k_{n+1} - k_n\right) + \left((-1)^{k_{n+1}} - (-1)^{k_n}\right)\arcsin A\right) = 0.$$

又因为 $k_n \in \mathbb{Z}(\forall n \in \mathbb{N})$, 所以可知 $\exists N \in \mathbb{N}$, 使得 $\forall n \geqslant N$,

$$k_{n+1} - k_n \in \{0, 1, -1\}, \quad \left((-1)^{k_{n+1}} - (-1)^{k_n}\right)\arcsin A \in \{0, -\pi, \pi\}$$

且

$$\pi\left(k_{n+1} - k_n\right) + \left((-1)^{k_{n+1}} - (-1)^{k_n}\right)\arcsin A = 0.$$

进而我们得到 $\forall n \geqslant N$,

$$k_n\pi + (-1)^{k_n}\arcsin A = k_N\pi + (-1)^{k_N}\arcsin A,$$

由此再结合 (*) 式可得到 $\forall n \geqslant N$,

$$\left(k_N\pi + (-1)^{k_N}\arcsin A + \varepsilon_n\right)^{\frac{1}{p}} + 1 = \left(k_N\pi + (-1)^{k_N}\arcsin A + \varepsilon_{n+1}\right)^{\frac{1}{p}}.$$

令 $n \to \infty$, 即得

$$\left(k_N\pi + (-1)^{k_N}\arcsin A\right)^{\frac{1}{p}} + 1 = \left(k_N\pi + (-1)^{k_N}\arcsin A\right)^{\frac{1}{p}},$$

矛盾, 故可知当 $0 < p < 1$ 时 $\lim\limits_{n\to\infty}\sin n^p$ 不存在.

情形 2: $p = 1$. 由 $\lim\limits_{n\to\infty}\sin n = A$ 可知 $\lim\limits_{n\to\infty}\sin(2n) = \lim\limits_{n\to\infty}\sin(n+2) = A$, 进而由

$$\sin(n+2) - \sin n = 2\sin 1\cos(n+1)$$

可知

$$\lim_{n\to\infty}\cos(n+1) = 0,$$

即 $\lim\limits_{n\to\infty}\cos n = 0$. 因此

$$\lim_{n\to\infty}\sin(2n) = 2\lim_{n\to\infty}\sin n\cos n = 0.$$

因此 $A = 0$, 即

$$\lim_{n\to\infty}\sin n = \lim_{n\to\infty}\cos n = 0,$$

这与 $\cos^2 x + \sin^2 x = 1$ 矛盾, 故可知当 $p = 1$ 时 $\lim\limits_{n\to\infty}\sin n^p = \lim\limits_{n\to\infty}\sin n$ 也不存在.

情形 3: $p > 1$. 我们先考虑 $p \in \mathbb{N}$ 的情况. 实际上, 我们能证明更一般的结论: 对于任意的非常数有理系数多项式 $f(x) \in \mathbb{Q}[x]$, 序列 $\{\sin f(n) : n \in \mathbb{N}\}$ 有无穷多个极限点. 记 $d = \deg f$, 对多项式的阶用归纳法. 当 $d = 1$ 时, 由 2.1 节例题 11(或 2.1 节习题 9) 可知, $\{f(n) \mod 2\pi : n \in \mathbb{N}\}$ 在 $[0, 2\pi]$ 中稠密, 于是 $\{\sin f(n) : n \in \mathbb{N}\}$ 在 $[-1, 1]$ 中稠密 (上边已证的情形 2 也可作为这里的特例直接得到). 当 $d > 1$ 时, 显然 $g(x) := f(x+1) - f(x)$ 是一个阶为 $d-1$ 的有理系数多项式. 如果 $\sin f(n)$ 只有 N 个极限点, 则 $\cos f(n)$ 最多有 $2N$ 个极限点, 进而

$$\sin g(n) = \sin f(n+1)\cos f(n) - \cos f(n+1)\sin f(n)$$

最多有 $4N^2$ 个极限点, 从而导致矛盾, 因此 $\sin f(n)$ 有无穷多个极限点.

当 $p > 1$ 且 $p \in \mathbb{Q}^+$ 时, 不妨设 $p = \dfrac{m}{l}$, $m, l \in \mathbb{N}$, $m > l$. 由 $\lim\limits_{n\to\infty}\sin n^p = \lim\limits_{n\to\infty}\sin n^{\frac{m}{l}} = A$ 可知

$$\lim_{n\to\infty}\sin n^m = \lim_{n\to\infty}\sin(n^l)^{\frac{m}{l}} = A,$$

从而与刚证之结果矛盾, 故此时也有 $\lim\limits_{n\to\infty}\sin n^p$ 不存在.

当 $p>1$ 且 $p\in\mathbb{R}^+\backslash\mathbb{Q}^+$ 时, 利用 Weyl 均匀分布准则可证明 $\{\mathrm{e}^{\mathrm{i}n^p}\}$(这里 i 为虚数单位: $\mathrm{i}^2=-1$) 在单位圆周上稠密, 从而可知 $\lim\limits_{n\to\infty}\sin n^p$ 不存在, 具体细节从略. □

三、习题参考解答 (2.2 节)

1. 求极限:

(1) $\lim\limits_{x\to1}\dfrac{x^2-1}{2x^2-x-1}$.　(2) $\lim\limits_{x\to4}\dfrac{\sqrt{1+2x}-3}{\sqrt{x}-2}$.

(3) $\lim\limits_{x\to+\infty}\dfrac{(3x+6)^{70}(8x-5)^{20}}{(5x-1)^{90}}$.　(4) $\lim\limits_{x\to-\infty}\dfrac{x-\cos x}{x}$.

(5) $\lim\limits_{x\to+\infty}\dfrac{x\sin x}{x^2-4}$.　(6) $\lim\limits_{x\to0}\dfrac{\sqrt[7]{1+x}-1}{x}$.

(7) $\lim\limits_{x\to\frac{\pi}{2}}\dfrac{\cos x}{x-\dfrac{\pi}{2}}$.　(8) $\lim\limits_{x\to0}\dfrac{\arctan x}{x}$.

(9) $\lim\limits_{x\to0}\dfrac{\sqrt{1-\cos x^2}}{1-\cos x}$.　(10) $\lim\limits_{x\to0}\left(\dfrac{1+x}{1-x}\right)^{\frac{1}{x}}$.

(11) $\lim\limits_{x\to+\infty}\left(\dfrac{3x+2}{3x-1}\right)^{2x-1}$.　(12) $\lim\limits_{n\to\infty}\left(1+\dfrac{1}{n}+\dfrac{1}{n^2}\right)^n$.

(13) $\lim\limits_{x\to+0}x^x$.　(14) $\lim\limits_{x\to+\infty}x^{\frac{1}{x}}$.

(15) $\lim\limits_{x\to0}\dfrac{\log_a(1+x)}{x}$.　(16) $\lim\limits_{x\to0}\dfrac{a^x-1}{x}$.

解　(1)

$$\lim_{x\to1}\frac{x^2-1}{2x^2-x-1}=\lim_{x\to1}\frac{(x-1)(x+1)}{(x-1)(2x+1)}=\lim_{x\to1}\frac{x+1}{2x+1}=\frac{2}{3}.$$

(2)

$$\begin{aligned}\lim_{x\to4}\frac{\sqrt{1+2x}-3}{\sqrt{x}-2}&=\lim_{x\to4}\frac{(\sqrt{1+2x}-3)(\sqrt{1+2x}+3)(\sqrt{x}+2)}{(\sqrt{x}-2)(\sqrt{x}+2)(\sqrt{1+2x}+3)}\\&=\lim_{x\to4}\frac{(2x-8)(\sqrt{x}+2)}{(x-4)(\sqrt{1+2x}+3)}\\&=\lim_{x\to4}\frac{2(\sqrt{x}+2)}{\sqrt{1+2x}+3}=\frac{2(\sqrt{4}+2)}{\sqrt{1+2\cdot4}+3}=\frac{4}{3}.\end{aligned}$$

(3)

$$\lim_{x\to+\infty}\frac{(3x+6)^{70}(8x-5)^{20}}{(5x-1)^{90}}=\lim_{x\to+\infty}\frac{\left(3+\dfrac{6}{x}\right)^{70}\left(8-\dfrac{5}{x}\right)^{20}}{\left(5-\dfrac{1}{x}\right)^{90}}=\frac{3^{70}\cdot 8^{20}}{5^{90}}.$$

(4) 因为 $\lim\limits_{x\to-\infty}\dfrac{1}{x}=0$, 而 $\cos x$ 为有界函数, 所以

$$\lim_{x\to-\infty}\frac{x-\cos x}{x}=1-\lim_{x\to-\infty}\frac{1}{x}\cos x=1-0=1.$$

(5) 因为

$$\lim_{x\to+\infty}\frac{x}{x^2-4}=\lim_{x\to+\infty}\frac{\dfrac{1}{x}}{1-\dfrac{4}{x^2}}=\frac{0}{1-0}=0,$$

而 $\sin x$ 为有界函数, 所以 $\lim\limits_{x\to+\infty}\dfrac{x\sin x}{x^2-4}=0$.

(6) 直接利用《讲义》2.2.7 小节例 38 的结果 (当 $x\to 0$ 时, $\sqrt[7]{1+x}=1+\dfrac{1}{7}x+o(x)$) 可知

$$\lim_{x\to 0}\frac{\sqrt[7]{1+x}-1}{x}=\lim_{x\to 0}\frac{\dfrac{1}{7}x+o(x)}{x}=\frac{1}{7}+\lim_{x\to 0}\frac{o(x)}{x}=\frac{1}{7}+0=\frac{1}{7}.$$

(7) 由变量替换公式可知

$$\lim_{x\to\frac{\pi}{2}}\frac{\cos x}{x-\dfrac{\pi}{2}}\xlongequal{t=x-\frac{\pi}{2}}\lim_{t\to 0}\frac{\cos\left(t+\dfrac{\pi}{2}\right)}{t}=-\lim_{t\to 0}\frac{\sin t}{t}=-1.$$

(8) 由变量替换公式可知

$$\lim_{x\to 0}\frac{\arctan x}{x}\xlongequal{t=\arctan x}\lim_{x\to 0}\frac{t}{\tan t}=\frac{\lim\limits_{x\to 0}\cos t}{\lim\limits_{x\to 0}\dfrac{\sin t}{t}}=\frac{1}{1}=1.$$

(9)

$$\lim_{x\to 0}\frac{\sqrt{1-\cos x^2}}{1-\cos x}=\lim_{x\to 0}\frac{\sqrt{2\sin^2\dfrac{x^2}{2}}}{2\sin^2\dfrac{x}{2}}=\lim_{x\to 0}\frac{\sqrt{2}\sin\dfrac{x^2}{2}}{2\sin^2\dfrac{x}{2}}$$

$$=\sqrt{2}\lim_{x\to 0}\frac{\sin\frac{x^2}{2}}{\frac{x^2}{2}}\cdot\lim_{x\to 0}\frac{\left(\frac{x}{2}\right)^2}{\sin^2\frac{x}{2}}=\sqrt{2}\cdot 1\cdot 1^2=\sqrt{2}.$$

(10) 由复合函数极限的定理可知

$$\lim_{x\to 0}\left(\frac{1+x}{1-x}\right)^{\frac{1}{x}}=\lim_{x\to 0}\left(\left(1+\frac{2x}{1-x}\right)^{\frac{1-x}{2x}}\right)^{\frac{2}{1-x}}=\mathrm{e}^{\lim\limits_{x\to 0}\frac{2}{1-x}}=\mathrm{e}^2.$$

(11) 由复合函数极限的定理可知

$$\lim_{x\to+\infty}\left(\frac{3x+2}{3x-1}\right)^{2x-1}=\lim_{x\to+\infty}\left(\left(1+\frac{3}{3x-1}\right)^{\frac{3x-1}{3}}\right)^{\frac{3(2x-1)}{3x-1}}=\mathrm{e}^{\lim\limits_{x\to+\infty}\frac{3(2x-1)}{3x-1}}=\mathrm{e}^2.$$

(12) 令 $f(x)=\left(1+\frac{1}{x}+\frac{1}{x^2}\right)^x$，则由复合函数极限的定理可知

$$\lim_{x\to+\infty}f(x)=\lim_{x\to+\infty}\left(\left(1+\frac{x+1}{x^2}\right)^{\frac{x^2}{x+1}}\right)^{\frac{x+1}{x}}=\mathrm{e}^{\lim\limits_{x\to+\infty}\frac{x+1}{x}}=\mathrm{e}^1=\mathrm{e},$$

因此由归结原则可知

$$\lim_{n\to\infty}\left(1+\frac{1}{n}+\frac{1}{n^2}\right)^n=\lim_{x\to+\infty}\left(1+\frac{1}{x}+\frac{1}{x^2}\right)^x=\mathrm{e}.$$

(13) 由《讲义》2.2.7 小节例 30 之结论 ($x\ln x=o(1),\ x\to+0$) 可知

$$\lim_{x\to+0}x^x=\lim_{x\to+0}\mathrm{e}^{x\ln x}=\mathrm{e}^{\lim\limits_{x\to+0}x\ln x}=\mathrm{e}^0=1.$$

(14) 由变量替换公式和 (13) 之结论可知

$$\lim_{x\to+\infty}x^{\frac{1}{x}}\xlongequal{t=\frac{1}{x}}\lim_{t\to+0}\left(\frac{1}{t}\right)^t=\frac{1}{\lim\limits_{t\to+0}t^t}=\frac{1}{1}=1.$$

(15) 由 $\ln(1+x)\sim x(x\to 0)$ 可知

$$\lim_{x\to 0}\frac{\log_a(1+x)}{x}=\frac{1}{\ln a}\lim_{x\to 0}\frac{\ln(1+x)}{x}=\frac{1}{\ln a}.$$

(16) 由变量替换公式和 (15) 之结论可知

$$\lim_{x\to 0}\frac{a^x-1}{x}\xlongequal{t=a^x-1}\lim_{t\to 0}\frac{t}{\log_a(1+t)}=\ln a.$$ □

2. 证明: 若 f 为周期函数, 且 $\lim\limits_{x\to+\infty} f(x)=0$, 则 $f(x)\equiv 0$.

证 反证法. 设 f 的周期为 $T>0$, 假设 $f(x)\not\equiv 0$, 则 $\exists x_0\in\mathbb{R}$, 使得 $f(x_0)\neq 0$. 做数列 $x_n=x_0+nT$, $n=1,2,\cdots$. 则显然 $\lim\limits_{n\to\infty} x_n=+\infty$, 因此由函数 f 的周期性

$$\lim_{n\to\infty} f(x_n)=\lim_{n\to\infty} f(x_0)=f(x_0)\neq 0.$$

而由 $\lim\limits_{x\to+\infty} f(x)=0$ 及归结原则又知 $\lim\limits_{n\to\infty} f(x_n)=0$, 矛盾. □

3. 证明:

$$\lim_{x\to 0}\left\{\lim_{n\to\infty}\left(\cos x\cos\frac{x}{2}\cos\frac{x}{2^2}\cdots\cos\frac{x}{2^n}\right)\right\}=1.$$

证 因为

$$\begin{aligned}\sin 2x&=2\cos x\sin x=2^2\cos x\cos\frac{x}{2}\sin\frac{x}{2}=2^3\cos x\cos\frac{x}{2}\cos\frac{x}{2^2}\sin\frac{x}{2^2}\\&=\cdots=2^{n+1}\cos x\cos\frac{x}{2}\cos\frac{x}{2^2}\cdots\cos\frac{x}{2^n}\sin\frac{x}{2^n},\end{aligned}$$

所以 $\forall x\neq 0$,

$$\lim_{n\to\infty}\left(\cos x\cos\frac{x}{2}\cos\frac{x}{2^2}\cdots\cos\frac{x}{2^n}\right)=\lim_{n\to\infty}\frac{\sin 2x}{2^{n+1}\sin\dfrac{x}{2^n}}$$

$$=\frac{\sin 2x}{2x}\lim_{n\to\infty}\frac{\dfrac{x}{2^n}}{\sin\dfrac{x}{2^n}}\xlongequal{t=\frac{x}{2^n}}\frac{\sin 2x}{2x}\lim_{t\to 0}\frac{t}{\sin t}=\frac{\sin 2x}{2x}\cdot 1=\frac{\sin 2x}{2x}.$$

因此

$$\lim_{x\to 0}\left\{\lim_{n\to\infty}\left(\cos x\cos\frac{x}{2}\cos\frac{x}{2^2}\cdots\cos\frac{x}{2^n}\right)\right\}=\lim_{x\to 0}\frac{\sin 2x}{2x}\xlongequal{u=2x}\lim_{u\to 0}\frac{\sin u}{u}=1.$$ □

4. 设函数 f 在 $(0,+\infty)$ 上满足方程 $f(2x)=f(x)$, 且 $\lim\limits_{x\to+\infty} f(x)=A$. 证明: $f(x)\equiv A$, $x\in(0,+\infty)$.

证 因为 $\lim\limits_{x\to+\infty} f(x)=A$, 所以 $\forall\varepsilon>0$, $\exists M>0$, 使得 $\forall x>M$, $A-\varepsilon<f(x)<A+\varepsilon$. 又 $\forall\xi\in(0,+\infty)$, 显然 $\exists N\in\mathbb{N}$, 使得 $2^N\xi>M$. 由 $f(2x)=f(x)(\forall x\in(0,+\infty))$, 可知

$$f(\xi)=f(2\xi)=\cdots=f(2^N\xi),$$

因此 $A-\varepsilon<f(\xi)=f(2^N\xi)<A+\varepsilon$. 由 ξ 的任意性可知, $\forall x\in(0,+\infty)$, $A-\varepsilon<f(x)<A+\varepsilon$. 再由 ε 的任意性, $f(x)\equiv A$. □

5. 设函数 f 在 $(0,+\infty)$ 上满足方程 $f(x^2)=f(x)$, 且

$$\lim_{x\to+0} f(x)=\lim_{x\to+\infty} f(x)=f(1).$$

证明: $f(x) \equiv f(1), x \in (0, +\infty)$.

证 任取 $x_0 \in (0,1)$, 令 $x_n = x_0^{2^n}$, $n = 1, 2, \cdots$. 显然 $\lim\limits_{n\to\infty} x_n = 0$, 由归结原则可知

$$\lim_{n\to\infty} f(x_n) = \lim_{x\to+0} f(x) = f(1).$$

而由 $f(x^2) = f(x)(\forall x \in (0, +\infty))$, 可知 $\forall n \in \mathbb{N}$, $f(x_n) = f(x_0^{2^n}) = f(x_0^{2^{n-1}}) = \cdots = f(x_0)$, 因此

$$f(x_0) = \lim_{n\to\infty} f(x_0) = \lim_{n\to\infty} f(x_n) = f(1).$$

同理, 任取 $t_0 \in (1, +\infty)$, 可知

$$f(t_0) = \lim_{n\to\infty} f(t_0) = \lim_{n\to\infty} f(t_0^{2^n}) = \lim_{x\to+\infty} f(x) = f(1).$$

因此, 我们证明了 $f(x) \equiv f(1)$. □

6. 试证

$$1 + \frac{1}{2} + \cdots + \frac{1}{n} = \ln n + c + o(1), \quad n \to \infty.$$

这里 c 是常数 ($c = 0.57721\cdots$ 叫做欧拉常数).

提示 可用

$$\ln \frac{n+1}{n} = \ln\left(1 + \frac{1}{n}\right) = \frac{1}{n} + O\left(\frac{1}{n^2}\right), \quad n \to \infty.$$

证 1 令 $a_n = \frac{1}{n} - \ln\frac{n+1}{n}$, 则由公式 $\ln(1+x) \leqslant x(\forall x \geqslant 0)$ 和提示可知 $0 \leqslant a_n = O\left(\frac{1}{n^2}\right)$, 即 $\exists C > 0, N \in \mathbb{N}$, 使得 $\forall n \geqslant N, 0 \leqslant a_n \leqslant C\frac{1}{n^2}$. 而由级数 $\sum\limits_{n=1}^{\infty} \frac{1}{n^2}$ 的收敛性和比较判别法可知级数 $\sum\limits_{n=1}^{\infty} a_n$ 也收敛, 因此存在 $\lim\limits_{n\to\infty}(a_1 + \cdots + a_n) =: c$. 再由

$$0 \leqslant b_n := 1 + \frac{1}{2} + \cdots + \frac{1}{n} - \ln n = a_1 + \cdots + a_n + \ln\frac{n+1}{n}$$

可知

$$\lim_{n\to\infty} b_n = \lim_{n\to\infty}(a_1 + \cdots + a_n) + \lim_{n\to\infty} \ln\frac{n+1}{n} = c + 0 = c,$$

因此 $b_n = c + o(1)$.

证 2 采用与《讲义》2.1.3 小节例 13 类似的方法容易证明公式

$$\left(1 + \frac{1}{n}\right)^n < \mathrm{e} < \left(1 + \frac{1}{n}\right)^{n+1},$$

由此可知

$$\frac{1}{n+1}<\ln\left(1+\frac{1}{n}\right)<\frac{1}{n}.$$

记 $a_n:=1+\frac{1}{2}+\cdots+\frac{1}{n}-\ln n$, 则有 $a_{n+1}-a_n=\frac{1}{n+1}-\ln\left(1+\frac{1}{n}\right)<0$, 即 $\{a_n\}$ 是单调递减的. 又由

$$\begin{aligned}a_n&=1+\frac{1}{2}+\cdots+\frac{1}{n}-\ln n\\&>\ln\left(1+\frac{1}{1}\right)+\ln\left(1+\frac{1}{2}\right)+\cdots+\ln\left(1+\frac{1}{n}\right)-\ln n=\ln\frac{n+1}{n}>0\end{aligned}$$

可知 $\{a_n\}$ 有下界, 因此存在 $\lim\limits_{n\to\infty}a_n=:c$, 即 $1+\frac{1}{2}+\cdots+\frac{1}{n}=\ln n+c+o(1)$. 若记 $b_n:=1+\frac{1}{2}+\cdots+\frac{1}{n-1}-\ln n$, 同理可证 $\{b_n\}$ 单调递增有上界 1, 且 $\lim\limits_{n\to\infty}b_n=c$, 即我们还可以得到

$$1+\frac{1}{2}+\cdots+\frac{1}{n-1}=\ln n+c+o(1).$$

□

7. 试证: (1) 如果两个级数 $\sum\limits_{n=1}^{\infty}a_n$, $\sum\limits_{n=1}^{\infty}b_n$ 都是正项级数, 且当 $n\to\infty$ 时 $a_n\sim b_n$, 则这两个级数同时收敛或同时发散.

(2) 级数 $\sum\limits_{n=1}^{\infty}\sin\frac{1}{n^p}$ 仅当 $p>1$ 时收敛.

证　(1) 因为当 $n\to\infty$ 时 $a_n\sim b_n$, 所以 $a_n=\gamma_n b_n$, 其中 $\lim\limits_{n\to\infty}\gamma_n=1$. 因此 $\exists N\in\mathbb{N}$, 使得 $\forall n>N$, $\frac{1}{2}\leqslant\gamma_n\leqslant\frac{3}{2}$, 故

$$\frac{1}{2}b_n\leqslant a_n\leqslant\frac{3}{2}b_n.$$

再由正项级数的比较原则即知这两个级数同时收敛或同时发散.

(2) 当 $p\leqslant 0$ 时, 因为 $\lim\limits_{n\to\infty}\sin\frac{1}{n^p}\neq 0$, 所以由级数收敛的必要条件可知此时级数 $\sum\limits_{n=1}^{\infty}\sin\frac{1}{n^p}$ 发散. 当 $p>0$ 时, 因为 $\lim\limits_{n\to\infty}\frac{1}{n^p}=0$, 所以当 $n\to\infty$ 时 $\sin\frac{1}{n^p}\sim\frac{1}{n^p}$, 因此由 (1) 可知级数 $\sum\limits_{n=1}^{\infty}\sin\frac{1}{n^p}$ 与级数 $\sum\limits_{n=1}^{\infty}\frac{1}{n^p}$ 当 $p>0$ 时具有相同的敛散性, 故级数 $\sum\limits_{n=1}^{\infty}\sin\frac{1}{n^p}$ 当 $0<p\leqslant 1$ 时发散, 当 $p>1$ 时收敛, 即级数 $\sum\limits_{n=1}^{\infty}\sin\frac{1}{n^p}$ 仅当 $p>1$ 时收敛.

□

8. 试证: (1) 如果对于任何 $n \in \mathbb{N}$ 有 $a_n \geqslant a_{n+1} > 0$, 且 $\sum\limits_{n=1}^{\infty} a_n$ 收敛, 则当 $n \to \infty$ 时 $a_n = o\left(\dfrac{1}{n}\right)$.

(2) 如果 $b_n = o\left(\dfrac{1}{n}\right)$, 则必能做出一个收敛级数 $\sum\limits_{n=1}^{\infty} a_n$, 使得当 $n \to \infty$ 时, $b_n = o(a_n)$.

(3) 如果正项级数 $\sum\limits_{n=1}^{\infty} a_n$ 收敛, 则以 $A_n = \sqrt{\sum\limits_{k=n}^{\infty} a_k} - \sqrt{\sum\limits_{k=n+1}^{\infty} a_k}$ 为项的级数 $\sum\limits_{n=1}^{\infty} A_n$ 也收敛, 并且当 $n \to \infty$ 时, $a_n = o(A_n)$.

(4) 如果正项级数 $\sum\limits_{n=1}^{\infty} a_n$ 不收敛, 则以 $A_n = \sqrt{\sum\limits_{k=1}^{n} a_k} - \sqrt{\sum\limits_{k=1}^{n-1} a_k}$ 为项的级数 $\sum\limits_{n=2}^{\infty} A_n$ 也不收敛, 并且当 $n \to \infty$ 时, $A_n = o(a_n)$.

由 (3) 与 (4) 推知, 没有任何收敛 (发散) 级数, 能够作为用比较法对其他级数判断收敛 (发散) 的万能的标准级数.

证 (1) 因为 $\sum\limits_{n=1}^{\infty} a_n$ 收敛, 所以由级数收敛的柯西准则可知, $\forall \varepsilon > 0, \exists N \in \mathbb{N}$ 使得, $\forall n > N$,

$$|a_{N+1} + a_{N+2} + \cdots + a_n| < \varepsilon.$$

再由 $a_n \geqslant a_{n+1} > 0(\forall n \in \mathbb{N})$, 我们得到

$$(n - N)a_n \leqslant a_{N+1} + a_{N+2} + \cdots + a_n < \varepsilon.$$

因此 $\forall n > \widetilde{N} := 2N$, 显然 $\dfrac{n}{2} < (n - N)$, 从而

$$0 < na_n = 2 \cdot \frac{n}{2} a_n < 2 \cdot (n - N)a_n < 2\varepsilon,$$

由极限定义 $\lim\limits_{n \to \infty} (na_n) = 0$, 又 $a_n = na_n \cdot \dfrac{1}{n}$, 所以可知当 $n \to \infty$ 时 $a_n = o\left(\dfrac{1}{n}\right)$.

(2) 令 $a_n = (-1)^n \dfrac{1}{n}$, 则由交错级数的莱布尼茨判别法可知级数 $\sum\limits_{n=1}^{\infty} a_n$ 收敛. 又因为 $b_n = o\left(\dfrac{1}{n}\right)$, 所以 $b_n = \alpha_n \cdot \dfrac{1}{n}$, 其中 $\lim\limits_{n \to \infty} \alpha_n = 0$, 因此 $\lim\limits_{n \to \infty} (-1)^n \alpha_n = 0$. 而

$$b_n = ((-1)^n \alpha_n) \cdot a_n,$$

所以当 $n \to \infty$ 时, $b_n = o(a_n)$.

(3) 记余项 $R_n=\sum\limits_{n=1}^{\infty}a_n-\sum\limits_{k=1}^{n}a_k=\sum\limits_{k=n+1}^{\infty}a_k$, 其中 $R_0=\sum\limits_{n=1}^{\infty}a_n$. 由正项级数 $\sum\limits_{n=1}^{\infty}a_n$ 收敛可知 R_n 单调不增且收敛于 0. 又显然 $A_n=\sqrt{R_{n-1}}-\sqrt{R_n}\geqslant 0$, 即级数 $\sum\limits_{n=1}^{\infty}A_n$ 也为正项级数. 又由 $\sum\limits_{k=1}^{n}A_k=\sqrt{R_0}-\sqrt{R_n}\leqslant\sqrt{R_0}$ 可知 $\sum\limits_{n=1}^{\infty}A_n$ 收敛. 此外显然

$$a_n=R_{n-1}-R_n=\left(\sqrt{R_{n-1}}+\sqrt{R_n}\right)\cdot\left(\sqrt{R_{n-1}}-\sqrt{R_n}\right)=\left(\sqrt{R_{n-1}}+\sqrt{R_n}\right)\cdot A_n,$$

而

$$\lim_{n\to\infty}\left(\sqrt{R_{n-1}}+\sqrt{R_n}\right)=0,$$

所以当 $n\to\infty$ 时, $a_n=o(A_n)$.

(4) 记部分和 $S_n=\sum\limits_{k=1}^{n}a_k$. 由正项级数 $\sum\limits_{n=1}^{\infty}a_n$ 不收敛可知 S_n 单调不减且 $\lim\limits_{n\to\infty}S_n=+\infty$. 又显然 $\forall n\geqslant 2$, $A_n=\sqrt{S_n}-\sqrt{S_{n-1}}\geqslant 0$, 即级数 $\sum\limits_{n=2}^{\infty}A_n$ 也为正项级数. 又由

$$\lim_{n\to\infty}\left(\sum_{k=2}^{n}A_k\right)=\lim_{n\to\infty}\left(\sqrt{S_n}-\sqrt{S_1}\right)=+\infty$$

可知 $\sum\limits_{n=2}^{\infty}A_n$ 也发散. 此外显然 $\forall n\geqslant 2$

$$A_n=\sqrt{S_n}-\sqrt{S_{n-1}}=\frac{S_n-S_{n-1}}{\sqrt{S_n}+\sqrt{S_{n-1}}}=\frac{1}{\sqrt{S_n}+\sqrt{S_{n-1}}}\cdot a_n,$$

而

$$\lim_{n\to\infty}\frac{1}{\sqrt{S_n}+\sqrt{S_{n-1}}}=0,$$

所以当 $n\to\infty$ 时, $A_n=o(a_n)$. □

注 关于 (2), 我们实际上还可以证明 $\sum\limits_{n=1}^{\infty}\dfrac{(-1)^n}{n}=-\ln 2$. 由于

$$-\sum_{k=1}^{2n}\frac{(-1)^k}{k}=\sum_{k=1}^{2n}\frac{1}{k}-2\sum_{k=1}^{n}\frac{1}{2k}=\sum_{k=n+1}^{2n}\frac{1}{k},$$

因此, 利用基本不等式

$$\frac{1}{k+1}\leqslant\ln\left(1+\frac{1}{k}\right)=\ln\frac{k+1}{k}=\ln(k+1)-\ln k\leqslant\frac{1}{k}$$

可知

$$-\ln 2=\sum_{k=n+1}^{2n}(\ln(k-1)-\ln k)\leqslant\sum_{k=1}^{2n}\frac{(-1)^k}{k}\leqslant\sum_{k=n+1}^{2n}(\ln k-\ln(k+1))=\ln\frac{n+1}{2n+1}.$$

对 n 取极限即得结论.

9. 试证: (1) 级数 $\sum\limits_{n=1}^{\infty}\ln a_n,\ a_n>0,\ n\in\mathbb{N}$ 收敛当且仅当数列 $\{\Pi_n=a_1\cdots a_n\}$ 有不为零的极限.

(2) 级数 $\sum\limits_{n=1}^{\infty}\ln(1+a_n)$ 绝对收敛, 当且仅当级数 $\sum\limits_{n=1}^{\infty}a_n$ 绝对收敛, 其中 $|a_n|<1$.

提示 参看习题 7(1).

证 (1) 一方面, 显然级数 $\sum\limits_{n=1}^{\infty}\ln a_n$ 的部分和

$$S_n=\sum_{k=1}^{n}\ln a_k=\ln\prod_{k=1}^{n}a_k=\ln\Pi_n. \tag{*}$$

因此, 若 $\lim\limits_{n\to\infty}S_n=S$, 则由 (*) 式 $\lim\limits_{n\to\infty}\ln\Pi_n=S$, 因此

$$\lim_{n\to\infty}\Pi_n=\lim_{n\to\infty}\mathrm{e}^{\ln\Pi_n}=\mathrm{e}^{\lim\limits_{n\to\infty}\ln\Pi_n}=\mathrm{e}^S>0.$$

另一方面, 若 $\lim\limits_{n\to\infty}\Pi_n=\Pi>0$, 则 $\lim\limits_{n\to\infty}\ln\Pi_n=\ln\lim\limits_{n\to\infty}\Pi_n=\ln\Pi$, 因此由 (*) 式 $\lim\limits_{n\to\infty}S_n=\ln\Pi$.

(2) 若级数 $\sum\limits_{n=1}^{\infty}\ln(1+a_n)$ 绝对收敛, 则 $\lim\limits_{n\to\infty}\ln(1+a_n)=0$, 因此

$$\lim_{n\to\infty}a_n=\lim_{n\to\infty}\mathrm{e}^{\ln(1+a_n)}-1=\mathrm{e}^{\lim\limits_{n\to\infty}\ln(1+a_n)}-1=\mathrm{e}^0-1=0,$$

所以 $\ln(1+a_n)\sim a_n(n\to\infty)$, 进而 $|\ln(1+a_n)|\sim|a_n|(n\to\infty)$, 因此由习题 7(1) 可知级数 $\sum\limits_{n=1}^{\infty}a_n$ 绝对收敛.

反之, 若级数 $\sum\limits_{n=1}^{\infty}a_n$ 绝对收敛, 则 $\lim\limits_{n\to\infty}a_n=0$, 因此 $\ln(1+a_n)\sim a_n(n\to\infty)$, 进而 $|\ln(1+a_n)|\sim|a_n|(n\to\infty)$, 因此同样由习题 7(1) 可知级数 $\sum\limits_{n=1}^{\infty}\ln(1+a_n)$ 绝对收敛. □

10. 设数列 $\Pi_n=\prod\limits_{k=1}^{n}e_k$ 有有限的异于零的极限 Π, 就说无穷乘积 $\prod\limits_{k=1}^{\infty}e_k$ 收敛, 且记 $\prod\limits_{k=1}^{\infty}e_k=\Pi$. 试证:

(1) 如果无穷乘积 $\prod\limits_{n=1}^{\infty}e_n$ 收敛, 则当 $n\to\infty$ 时, $e_n\to 1$.

(2) 如果 $\forall n \in \mathbb{N}(e_n > 0)$, 那么, 无穷乘积 $\prod\limits_{n=1}^{\infty} e_n$ 收敛, 当且仅当 $\sum\limits_{n=1}^{\infty} \ln e_n$ 收敛.

(3) 如果 $e_n = 1 + a_n$, 并且所有 a_n 同号, 那么, 无穷乘积 $\prod\limits_{n=1}^{\infty}(1+a_n)$ 收敛, 当且仅当级数 $\sum\limits_{n=1}^{\infty} a_n$ 收敛.

证　(1) 因为 $\lim\limits_{n\to\infty} \Pi_n = \Pi \neq 0$, 所以 $\exists N \in \mathbb{N}$, 使得 $\forall n > N$, $\Pi_n \neq 0$, 因此 $e_n = \dfrac{\Pi_n}{\Pi_{n-1}} \neq 0$, 且

$$\lim_{n\to\infty} e_n = \lim_{n\to\infty} \frac{\Pi_n}{\Pi_{n-1}} = \frac{\lim\limits_{n\to\infty} \Pi_n}{\lim\limits_{n\to\infty} \Pi_n} = \frac{\Pi}{\Pi} = 1.$$

(2) 由习题 9(1) 即知结论成立.

(3) 若无穷乘积 $\prod\limits_{n=1}^{\infty}(1+a_n)$ 收敛, 则由 (1) 可知 $\lim\limits_{n\to\infty}(1+a_n) = 1$, 因此 $\lim\limits_{n\to\infty} a_n = \lim\limits_{n\to\infty}(1+a_n) - 1 = 0$, 由此可知 $\exists N_0 \in \mathbb{N}$, 使得 $\forall n \geqslant N_0$, $|a_n| < 1$, 因此 $e_n = 1 + a_n > 0$. 故由 (2) 及 $\prod\limits_{n=N_0}^{\infty} e_n = \prod\limits_{n=N_0}^{\infty}(1+a_n)$ 收敛可知 $\sum\limits_{n=N_0}^{\infty} \ln e_n = \sum\limits_{n=N_0}^{\infty} \ln(1+a_n)$ 收敛. 又由 a_n 同号可知 $\ln(1+a_n)(n \geqslant N_0)$ 不变号, 因此 $\sum\limits_{n=N_0}^{\infty} \ln(1+a_n)$ 绝对收敛, 进而再由习题 9(2) 知 $\sum\limits_{n=N_0}^{\infty} a_n$ 绝对收敛, 故 $\sum\limits_{n=1}^{\infty} a_n$(绝对) 收敛.

反之, 若 $\sum\limits_{n=1}^{\infty} a_n$ 收敛, 则 $\lim\limits_{n\to\infty} a_n = 0$, 所以 $\exists N_1 \in \mathbb{N}$, 使得 $\forall n \geqslant N_1$, $|a_n| < 1$, 因此 $e_n = 1 + a_n > 0$. 又由 a_n 同号可知 $\sum\limits_{n=1}^{\infty} a_n$ 绝对收敛, 因此同样由习题 9(2) 知 $\sum\limits_{n=N_1}^{\infty} \ln(1+a_n)$ 绝对收敛, 当然蕴含着 $\sum\limits_{n=N_1}^{\infty} \ln(1+a_n)$ 收敛, 由此及 (2) 可知 $\prod\limits_{n=N_1}^{\infty}(1+a_n)$ 收敛, 故 $\prod\limits_{n=1}^{\infty}(1+a_n)$ 收敛. □

第 3 章 连续函数

3.1 基本定义和例子

一、知识点总结与补充

1. 函数的连续性

(1) 函数在一点处连续的极限语言:

$$\big(f:E\to\mathbb{R}\text{在}a\in E\text{连续}\big)\Leftrightarrow(\forall\varepsilon>0,\exists U_E(a),\forall x\in U_E(a)(|f(x)-f(a)|<\varepsilon)).$$

(2) $f:E\to\mathbb{R}$ 在任何孤立点处是连续的.

(3) 函数在一点处连续的关于邻域 $U_E(a)$ 构成的基 $\mathcal{B}_a$ 的一般定义:

$$\big(f:E\to\mathbb{R}\text{在}a\in E\text{连续}\big)\Leftrightarrow\left(\lim_{\mathcal{B}_a}f(x)=f(a)\right).$$

(4) 函数在一点处连续的充要条件:

$$(f:E\to\mathbb{R}\text{在}a\in E\text{连续})\Leftrightarrow\left(\omega(f,a):=\lim_{\delta\to0+0}\omega(f,U_E^\delta(a))=0\right).$$

(5) 函数在极限点处左 (右) 连续的定义:

- 左连续: $f(a-0):=\lim\limits_{E\ni x\to a-0}f(x)=f(a)$.
- 右连续: $f(a+0):=\lim\limits_{E\ni x\to a+0}f(x)=f(a)$.

(6) 函数在极限点处连续的充要条件是函数在该点既左连续又右连续.

(7) 函数在集合上连续的记号: $C(E;\mathbb{R})$, 或简记为 $C(E)$.

(8) 函数的绝对值的连续性: 若 f 在点 a 连续, 则 $|f|$ 也在点 a 连续, 反之未必成立.

2. 间断点

(1) 间断点的分类:

- 第一类间断点:
  - 可去间断点: $f(a-0)=f(a+0)\neq f(a)$.
  - 跳跃间断点: $f(a-0)\neq f(a+0)$.

- 第二类间断点.

(2) 分段连续函数的定义: 若函数 f 在区间 $[a,b]$ 上仅有有限个第一类间断点, 则称 f 在 $[a,b]$ 上分段连续.

3. 特殊函数

(1) 狄利克雷函数:

$$\mathcal{D}(x)=\begin{cases}1, & x\in\mathbb{Q},\\ 0, & x\in\mathbb{R}\backslash\mathbb{Q}.\end{cases}$$

狄利克雷函数在所有点都间断, 且它的一切间断点都是第二类的.

(2) 黎曼函数:

$$\mathcal{R}(x)=\begin{cases}\dfrac{1}{n}, & x=\dfrac{m}{n}\in\mathbb{Q}\left(\dfrac{m}{n}\text{是既约分数}, n\in\mathbb{N}\right),\\ 0, & x\in\mathbb{R}\backslash\mathbb{Q}.\end{cases}$$

黎曼函数 $\mathcal{R}(x)$ 在任意无理数点都连续, 在任意有理数点 $x\in\mathbb{Q}$ 都间断, 且所有这些有理数点都是第一类可去间断点.

二、例题讲解

1. 证明: $\forall\alpha>0$, 函数 $f(x)=x^\alpha\mathcal{D}(x)$ 仅在点 $x=0$ 处连续.

证 当 $x_0\neq0$ 时, 由归结原则可知 $f(x)$ 在点 $x_0\neq0$ 处不连续. 当 $x_0=0$ 时, 因为 $\lim\limits_{x\to0}x^\alpha=0$, $|\mathcal{D}(x)|\leqslant1$, 所以

$$\lim_{x\to0}f(x)=\lim_{x\to0}x^\alpha\mathcal{D}(x)=0,$$

又由 $f(0)=0$ 可知 $f(x)$ 在点 $x_0=0$ 处连续. □

2. 给出一个函数 $f:\mathbb{R}\to\mathbb{R}$, 使得 $f\circ f=-\mathrm{id}$, 这里 id 表示恒同映射.

解 考虑如下的 f 即可

$$f(x)=\begin{cases}x+1, & x>0, \lceil x\rceil\text{ 为奇数},\\ -x+1, & x>0, \lceil x\rceil\text{ 为偶数},\\ 0, & x=0,\\ x-1, & x<0, \lfloor x\rfloor\text{ 为奇数},\\ -x-1, & x<0, \lfloor x\rfloor\text{ 为偶数}.\end{cases}$$

这里, $\lceil\cdot\rceil$ 表示上取整函数, 而 $\lfloor\cdot\rfloor$ 表示下取整函数. □

三、习题参考解答 (3.1 节)

1. 指出下列函数的间断点并说明其类型.

(1) $f(x)=\dfrac{\sin x}{|x|}$.　　(2) $f(x)=[|\cos x|]$.

(3) $f(x)=\operatorname{sgn}|x|$.　　(4) $f(x)=\operatorname{sgn}(\cos x)$.

(5) $f(x)=\begin{cases}x, & x\text{为有理数},\\ -x, & x\text{为无理数}.\end{cases}$

(6) $f(x)=\begin{cases}\dfrac{1}{x+7}, & -\infty<x<-7,\\ x, & -7\leqslant x\leqslant 1,\\ (x-1)\sin\dfrac{1}{x-1}, & 1<x<+\infty.\end{cases}$

解　(1) 任意补充定义 $f(0)$, 因为 $f(0+0)=\lim\limits_{x\to+0}f(x)=\lim\limits_{x\to+0}\dfrac{\sin x}{x}=1$, $f(0-0)=\lim\limits_{x\to-0}f(x)=\lim\limits_{x\to-0}\dfrac{\sin x}{-x}=-1$, 所以点 0 为 f 的第一类跳跃间断点.

(2) 显然

$$f(x)=[|\cos x|]=\begin{cases}1, & x=n\pi,\ n\in\mathbb{Z},\\ 0, & x\neq n\pi,\ n\in\mathbb{Z}.\end{cases}$$

因此 $\forall n\in\mathbb{Z}$,

$$\lim_{x\to n\pi}f(x)=0\neq 1=f(n\pi),$$

故 $n\pi(n\in\mathbb{Z})$ 均为 f 的第一类可去间断点 (可修改定义 $f(n\pi)=0$).

(3) 显然

$$f(x)=\operatorname{sgn}|x|=\begin{cases}0, & x=0,\\ 1, & x\neq 0.\end{cases}$$

因此

$$\lim_{x\to 0}f(x)=1\neq 0=f(0),$$

故点 0 为 f 的第一类可去间断点 (可修改定义 $f(0)=1$).

(4) 显然

$$f(x)=\operatorname{sgn}(\cos x)=\begin{cases}1, & x\in\left(2k\pi-\dfrac{\pi}{2},2k\pi+\dfrac{\pi}{2}\right),\ k\in\mathbb{Z},\\ 0, & x=2k\pi\pm\dfrac{\pi}{2},\ k\in\mathbb{Z},\\ -1, & x\in\left(2k\pi+\dfrac{\pi}{2},2k\pi+\dfrac{3\pi}{2}\right),\ k\in\mathbb{Z}.\end{cases}$$

因此 $\forall k\in\mathbb{Z}$,

$$\lim_{x\to 2k\pi+\frac{\pi}{2}+0}f(x)=-1,\quad \lim_{x\to 2k\pi+\frac{\pi}{2}-0}f(x)=1,$$
$$\lim_{x\to 2k\pi-\frac{\pi}{2}+0}f(x)=1,\quad \lim_{x\to 2k\pi-\frac{\pi}{2}-0}f(x)=-1,$$

故点 $2k\pi\pm\dfrac{\pi}{2}(k\in\mathbb{Z})$ 或者记作 $k\pi+\dfrac{\pi}{2}(k\in\mathbb{Z})$ 是 f 的第一类跳跃间断点.

(5) 当 $x_0=0$ 时, 易知其不是间断点. 当 $x_0\neq 0$ 时, 任取有理数序列 $\{x_n'\}$ 和无理数序列 $\{x_n''\}$ 使得 $\lim\limits_{n\to\infty}x_n'=\lim\limits_{n\to\infty}x_n'=x_0$. 显然

$$\lim_{n\to\infty}f(x_n')=\lim_{n\to\infty}x_n'=x_0,$$

而

$$\lim_{n\to\infty}f(x_n'')=-\lim_{n\to\infty}x_n''=-x_0,$$

故可知 $f(x_0+0)$ 和 $f(x_0-0)$ 均不存在, 即任意的 $x_0\neq 0$ 均为 f 的第二类间断点.

(6) 容易看出

$$\lim_{x\to -7+0}f(x)=\lim_{x\to -7+0}x=-7,\quad \lim_{x\to -7-0}f(x)=\lim_{x\to -7-0}\frac{1}{x+7}=-\infty,$$
$$\lim_{x\to 1+0}f(x)=\lim_{x\to 1+0}(x-1)\sin\frac{1}{x-1}=0,\quad \lim_{x\to 1-0}f(x)=\lim_{x\to 1-0}x=1,$$

故点 1 是 f 的第一类跳跃间断点, 而点 -7 为 f 的第二类间断点. □

2. 举出定义在 $[0,1]$ 上分别符合下述要求的函数.

(1) 只在 $\dfrac{1}{2},\dfrac{1}{3}$ 和 $\dfrac{1}{4}$ 三点不连续的函数.

(2) 只在 $\dfrac{1}{2},\dfrac{1}{3}$ 和 $\dfrac{1}{4}$ 三点连续的函数.

(3) 只在 $\dfrac{1}{n}(n=1,2,3,\cdots)$ 上间断的函数.

(4) 只在 $x=0$ 右连续, 而在其他点都不连续的函数.

解　(1) 函数

$$f_1(x)=\begin{cases}\dfrac{1}{\left(x-\dfrac{1}{2}\right)\left(x-\dfrac{1}{3}\right)\left(x-\dfrac{1}{4}\right)}, & x\in[0,1]\backslash\left\{\dfrac{1}{2},\dfrac{1}{3},\dfrac{1}{4}\right\},\\ 0, & x\in\left\{\dfrac{1}{2},\dfrac{1}{3},\dfrac{1}{4}\right\},\end{cases}$$

$$f_2(x)=\begin{cases}1, & x\in[0,1]\backslash\left\{\dfrac{1}{2},\dfrac{1}{3},\dfrac{1}{4}\right\},\\ 0, & x\in\left\{\dfrac{1}{2},\dfrac{1}{3},\dfrac{1}{4}\right\}\end{cases}$$

和

$$f_3(x)=\begin{cases}1, & x\in\left[0,\dfrac{1}{4}\right),\\ 2, & x\in\left[\dfrac{1}{4},\dfrac{1}{3}\right),\\ 3, & x\in\left[\dfrac{1}{3},\dfrac{1}{2}\right),\\ 4, & x\in\left[\dfrac{1}{2},1\right]\end{cases}$$

均满足要求.

(2) 由例题 1 可知, $f(x)=\left(x-\dfrac{1}{2}\right)\left(x-\dfrac{1}{3}\right)\left(x-\dfrac{1}{4}\right)\cdot\mathcal{D}(x)$, $x\in[0,1]$ 即满足要求.

(3) 函数

$$f_1(x)=\begin{cases}0, & x\in[0,1]\backslash\left\{\dfrac{1}{n}:n\in\mathbb{N}\right\},\\ \dfrac{1}{n}, & x\in\left\{\dfrac{1}{n}:n\in\mathbb{N}\right\}\end{cases}$$

和

$$f_2(x)=\begin{cases}\dfrac{1}{\left[\dfrac{1}{x}\right]}, & x\in[0,1]\backslash\{0,1\},\\ 0, & x\in\{0,1\}\end{cases}$$

均满足要求.

(4) 由例题 1 可知, $f(x)=x\cdot\mathcal{D}(x)$, $x\in[0,1]$ 只在点 $x=0$ 右连续, 而 $\forall x_0\neq 0$, 其为第二类间断点. □

3.2 连续函数的性质

一、知识点总结与补充

1. 连续函数的局部性质

(1) 局部有界性: 若 $f:E\to\mathbb{R}$ 在点 $a\in E$ 处连续, 则 f 在点 a 的某个邻域 $U_E(a)$ 中有界.

(2) 局部保号性: 若 $f: E \to \mathbb{R}$ 在点 $a \in E$ 处连续且 $f(a) \neq 0$, 则 $f(x)$ 在 a 的某个邻域 $U_E(a)$ 中的所有值与 $f(a)$ 同时为正或同时为负.

(3) 复合函数的连续性: 若函数 $g: Y \to \mathbb{R}$ 在点 $b \in Y$ 连续, 而函数 $f: E \to Y$ 满足 $f(a) = b$ 且 f 在点 $a \in E$ 连续, 那么, 复合函数 $(g \circ f)$ 在 E 上有定义且在点 a 连续.

(4) 一切基本初等函数 (常值函数、幂函数、指数函数、对数函数、三角函数、反三角函数) 都是其定义域上的连续函数.

(5) 任何初等函数 (由基本初等函数经过有限次四则运算与复合运算得到的函数) 都是在其定义区间上的连续函数.

2. 连续函数的全局性质

设函数 f 在闭区间 $[a, b]$ 上连续, 则它具有下述整体性质:

(1) 全局有界性: f 在 $[a, b]$ 上有界.

(2) 最值性: f 在 $[a, b]$ 上有最大值、最小值.

(3) 介值性: 若 $f(a) \neq f(b)$, 则对任何介于 $f(a), f(b)$ 之间的实数 c, 至少有一点 $x_0 \in (a, b)$, 使得 $f(x_0) = c$.

(4) 根的存在性: 若 $f(a)f(b) < 0$, 则至少有一点 $\xi \in (a, b)$, 使得 $f(\xi) = 0$.

(5) 一致连续性: f 在 $[a, b]$ 上一致连续.

3. 一致连续性的定义与条件

(1) 一致连续性的定义: 函数 $f: E \to \mathbb{R}$ 叫做是在集 $E \subset \mathbb{R}$ 上一致连续的, 如果对于任意的数 $\varepsilon > 0$, 存在数 $\delta > 0$, 使得对于任意满足 $|x_1 - x_2| < \delta$ 的点 $x_1, x_2 \in E$ 成立 $|f(x_1) - f(x_2)| < \varepsilon$. 简言之,

$$
\begin{aligned}
&(f: E \to \mathbb{R}\text{一致连续})\\
:=\ &(\forall \varepsilon > 0, \exists \delta > 0, \forall x_1 \in E, \forall x_2 \in E(|x_1 - x_2| < \delta \Rightarrow |f(x_1) - f(x_2)| < \varepsilon)).
\end{aligned}
$$

(2) 函数 f 在 $E \subset \mathbb{R}$ 上一致连续的充要条件是: 对于 E 中任何两个点列 $\{x_n'\}, \{x_n''\}$, 只要 $x_n' - x_n'' \to 0$, 就有 $f(x_n') - f(x_n'') \to 0$.

(3) 函数 f 在 $E \subset \mathbb{R}$ 上不一致连续的充要条件是: 存在两个点列 $\{x_n'\}, \{x_n''\} \subset E$, 虽然 $x_n' - x_n'' \to 0$, 但 $f(x_n') - f(x_n'') \nrightarrow 0$.

4. 单调函数与反函数的连续性

(1) 闭区间 $E = [a, b]$ 到 $\mathbb{R}$ 中的连续映射 $f: E \to \mathbb{R}$ 是单射的充要条件是函数 f 在闭区间 $E = [a, b]$ 上严格单调.

(2) 在 $E \subset \mathbb{R}$ 上单调的函数 $f: E \to \mathbb{R}$ 只可能有第一类间断点.

(3) 若 a 是单调函数 $f: E \to \mathbb{R}$ 的间断点, 则单侧极限 $f(a - 0)$ 与 $f(a + 0)$

之中至少有一个是确定的; 如果是非减的 (或者非增的)，那么不等式

$$f(a-0)\leqslant f(a)\leqslant f(a+0)(\text{或者}f(a-0)\geqslant f(a)\geqslant f(a+0))$$

之中至少有一个成立严格的不等号; 在这个严格的不等式所确定的开区间中不含有函数的值; 对应于单调函数的不同的间断点的这种开区间彼此不相交.

(4) 单调函数的间断点的集合至多可数.

(5) 单调函数的连续性准则: 设 $f:[a,b]\to\mathbb{R}$ 是单调函数, 则 f $[a,b]$ 在上连续当且仅当 $f([a,b])$ 是一个以 $f(a)$ 和 $f(b)$ 为端点的闭区间.

(6) 关于反函数: 集 $X\subset\mathbb{R}$ 上严格单调的函数 $f:X\to\mathbb{R}$ 有反函数 $f^{-1}:Y\to\mathbb{R}$, 它定义在函数 f 的值的集合 $Y=f(X)$ 上. 函数 $f^{-1}:Y\to\mathbb{R}$ 是单调的, 而且它在 Y 上的单调形式和函数 $f:X\to\mathbb{R}$ 在集 X 上的单调形式相同. 此外, 若 X 是闭区间 $[a,b]$, 且函数 f 在此集上连续, 则集 $Y=f(X)$ 是以 $f(a)$ 和 $f(b)$ 为端点的闭区间, 且函数 $f^{-1}:Y\to\mathbb{R}$ 在集 Y 上连续.

二、例题讲解

1. 设 $f\in C[a,b]$, 且 $\forall x\in[a,b]$, $\exists y\in[a,b]$ 使得 $|f(y)|\leqslant\dfrac{1}{2}|f(x)|$. 证明: f 在 $[a,b]$ 中有零点.

证 1　由 $f\in C[a,b]$ 可知 $|f|\in C[a,b]$, 故 $|f|$ 于闭区间 $[a,b]$ 上有最小值, 设于 $x_0\in[a,b]$ 取得该最小值, 即 $\min\limits_{[a,b]}|f|=|f|(x_0)=|f(x_0)|$. 若 $|f(x_0)|>0$, 则由所给条件可知, $\exists y_0\in[a,b]$ 使得 $|f(y_0)|\leqslant\dfrac{1}{2}|f(x_0)|<|f(x_0)|$, 这与 $|f(x_0)|$ 的最小性矛盾, 故我们有 $|f(x_0)|=0$, 因此 $f(x_0)=0$, 即 x_0 为 f 的零点.

证 2　任取 $x_0\in[a,b]$, 则由所给条件可知, $\exists x_1\in[a,b]$ 使得 $|f(x_1)|\leqslant\dfrac{1}{2}|f(x_0)|$. 重复此过程可得到一个数列 $\{x_n\}\subset[a,b]$ 满足: $\forall n\in\mathbb{N}$,

$$|f(x_n)|\leqslant\frac{1}{2^n}|f(x_0)|.$$

显然 $\lim\limits_{n\to\infty}f(x_n)=0$. 又因为 $\{x_n\}\subset[a,b]$, 所以存在收敛子列 $\{x_{n_k}\}$ 使得 $\lim\limits_{k\to\infty}x_{n_k}=\eta\in[a,b]$. 因为 f 于点 η 连续, 所以 $\lim\limits_{k\to\infty}f(x_{n_k})=f\left(\lim\limits_{k\to\infty}x_{n_k}\right)=f(\eta)$, 因此 $f(\eta)=\lim\limits_{n\to\infty}f(x_n)=0$, 这说明 η 即为 f 的零点. □

2. 设函数 f 于 $[0,1]$ 上连续, $f\geqslant0$, 且 $f(0)=f(1)=0$. 证明: $\forall a\in(0,1)$, $\exists x_0\in[0,1]$ 使得 $x_0+a\in[0,1]$ 且 $f(x_0)=f(x_0+a)$.

证　令 $F(x):=f(x+a)-f(x)$, $x\in[0,1-a]$. 显然 F 于 $[0,1-a]$ 上连续. 又由 $f\geqslant0$ 和 $f(0)=f(1)=0$ 可知

$$F(0)=f(a)-f(0)=f(a)\geqslant0$$

且

$$F(1-a)=f(1)-f(1-a)=-f(1-a)\leqslant 0.$$

因此由闭区间上连续函数的介值性定理可知, $\exists x_0\in[0,1-a]\subset[0,1]$ 使得 $F(x_0)=0$, 即 $f(x_0)=f(x_0+a)$. □

3. 设 $f\in C[0,1]$, $f(0)=0$, $f(1)=1$. 证明: $\forall n\in\mathbb{N}$, $\exists\xi_n\in[0,1)$ 使得

$$f\left(\xi_n+\frac{1}{n}\right)=f(\xi_n)+\frac{1}{n}.$$

证 当 $n=1$ 时, 因为 $f(0)=0$, $f(0+1)=f(1)=1=f(0)+1$, 所以取 $\xi_1=0$ 即可. $\forall n\in\mathbb{N}\backslash\{1\}$, 令 $F(x):=f\left(x+\dfrac{1}{n}\right)-f(x)-\dfrac{1}{n}$, $x\in\left[0,\dfrac{n-1}{n}\right]$. 显然 F 于 $\left[0,\dfrac{n-1}{n}\right]$ 上连续, 且由定义可知

$$\begin{aligned}
&F(0)=f\left(\frac{1}{n}\right)-\frac{1}{n},\\
&F\left(\frac{1}{n}\right)=f\left(\frac{2}{n}\right)-f\left(\frac{1}{n}\right)-\frac{1}{n},\\
&\cdots\cdots\\
&F\left(\frac{n-1}{n}\right)=f(1)-f\left(\frac{n-1}{n}\right)-\frac{1}{n}=1-f\left(\frac{n-1}{n}\right)-\frac{1}{n}.
\end{aligned}$$

因此

$$F(0)+F\left(\frac{1}{n}\right)+\cdots+F\left(\frac{n-1}{n}\right)=0.$$

若 $\exists k\in\{0,1,\cdots,n-1\}$ 使得 $F\left(\dfrac{k}{n}\right)=0$, 则取 $\xi_n=\dfrac{k}{n}$ 即可. 否则 $\exists k_1,k_2\in\{0,1,\cdots,n-1\},k_1\neq k_2$, 使得 $F\left(\dfrac{k_1}{n}\right)F\left(\dfrac{k_2}{n}\right)<0$, 因此由介值性定理可知 $\exists\xi_n\in(0,1)$ 使得 $F(\xi_n)=0$, 即 $f\left(\xi_n+\dfrac{1}{n}\right)=f(\xi_n)+\dfrac{1}{n}$, 从而结论成立. □

4. 设 $f(x)$ 于 $[0,+\infty)$ 连续, 且 $\lim\limits_{x\to+\infty}(f(x)-ax-b)=0$. 证明: $f(x)$ 在 $[0,+\infty)$ 上一致连续.

证 首先由 $\lim\limits_{x\to+\infty}(f(x)-ax-b)=0$ 可知, $\forall\varepsilon>0$, $\exists M>0$, 使得 $\forall x>M$,

$$\big|f(x)-ax-b\big|<\frac{\varepsilon}{3}.$$

又由 $f(x)$ 于 $[0,+\infty)$ 连续可知, $f(x)$ 于闭区间 $[0,M+1]$ 上连续且一致连续, 故 $\exists\delta_1>0$, 使得 $\forall x',x''\in[0,M+1]$ 且 $|x'-x''|<\delta_1$, 都有

$$\big|f(x')-f(x'')\big|<\varepsilon.$$

现在令

$$\delta=\min\left\{1,\delta_1,\frac{\varepsilon}{3|a|+1}\right\},$$

则 $\forall x_1,x_2\in[0,+\infty)$ 且 $|x_1-x_2|<\delta$, 有 $x_1,x_2\in[0,M+1]$ 或者 $x_1,x_2\in[M,+\infty)$.

若 $x_1,x_2\in[0,M+1]$, 则 $|x_1-x_2|<\delta_1$, 因此 $\big|f(x_1)-f(x_2)\big|<\varepsilon$.

而若 $x_1,x_2\in[M,+\infty)$, 则由 $|x_1-x_2|<\dfrac{\varepsilon}{3|a|+1}$ 可知

$$\begin{aligned}\big|f(x_1)-f(x_2)\big|&\leqslant\big|f(x_1)-ax_1-b\big|+\big|f(x_2)-ax_2-b\big|+|a||x_1-x_2|\\&<\frac{\varepsilon}{3}+\frac{\varepsilon}{3}+\frac{\varepsilon}{3}=\varepsilon.\end{aligned}$$

综上可知不管哪种情况, 我们均有

$$\big|f(x_1)-f(x_2)\big|<\varepsilon.$$

因此 $f(x)$ 在 $[0,+\infty)$ 上一致连续. □

注 实际上, 这里的直线 $y=ax+b$ 就是函数当 $x\to+\infty$ 时的渐近线. 此外, 由证明过程可以看出, 将这里的 $ax+b$ 换成任一在 $[0,+\infty)$ 上一致连续的函数 $g(x)$, 结论仍然成立.

5. 设函数 f 在 $\mathbb{R}$ 上一致连续, 证明: $\exists A>0,\ B>0$, 使得 $\forall x\in\mathbb{R}$,

$$|f(x)|\leqslant A|x|+B.$$

证 因为 f 在 $\mathbb{R}$ 上一致连续, 所以 $\exists\delta>0$, 使得 $\forall x',x''\in\mathbb{R}$ 且 $|x'-x''|<\delta$, 有 $|f(x')-f(x'')|<1$. 取 $\delta_0\in(0,\delta)$, 由 f 在 $[0,\delta_0]$ 上的连续性可知, $\exists M>0$, 使得 $\forall x\in[0,\delta_0]$, $|f(x)|\leqslant M$.

$\forall x\in\mathbb{R}$, 记 $n:=\left[\dfrac{x}{\delta_0}\right]$, 则 $n\in\mathbb{Z}$, 且

$$x=n\delta_0+r=|n|\mathrm{sgn}n\cdot\delta_0+r,$$

其中 $r\in[0,\delta_0)$. 因此我们有, $\forall x\in\mathbb{R}$,

$$\begin{aligned}|f(x)| &= \left|\sum_{k=1}^{|n|}\left(f\left(k\operatorname{sgn}n\cdot\delta_0+r\right)-f\left((k-1)\operatorname{sgn}n\cdot\delta_0+r\right)\right)+f(r)\right| \\ &\leqslant \sum_{k=1}^{|n|}\left|f\left(k\operatorname{sgn}n\cdot\delta_0+r\right)-f\left((k-1)\operatorname{sgn}n\cdot\delta_0+r\right)\right|+|f(r)| \\ &\leqslant \sum_{k=1}^{|n|}1+M=|n|+M=\left|\frac{x-r}{\delta_0}\right|+M\leqslant\frac{1}{\delta_0}|x|+1+M.\end{aligned}$$

令 $A=\dfrac{1}{\delta_0}$, $B=1+M$ 即得结论. □

6. 设 c 为 (有限或无限) 区间 I_1 的右端点, 又为 (有限或无限) 区间 I_2 的左端点, 且 $c\in I_1\cap I_2$, 又设函数 f 分别在 I_1 和 I_2 上一致连续, 证明: f 在 $I=I_1\cup I_2$ 上也一致连续.

证 因为 f 在 I_1 上一致连续, 所以 $\forall\varepsilon>0$, $\exists\delta_1>0$, 使得 $\forall x_1',x_1''\in I_1$ 满足 $|x_1'-x_1''|<\delta_1$, 有

$$|f(x_1')-f(x_1'')|<\varepsilon.$$

同理, 由 f 在 I_2 上一致连续可知, $\exists\delta_2>0$, 使得 $\forall x_2',x_2''\in I_2$ 满足 $|x_2'-x_2''|<\delta_2$, 有

$$|f(x_2')-f(x_2'')|<\varepsilon.$$

显然 f 在 I 上连续, 而 $c\in I$, 所以 f 于点 c 连续, 因此 $\exists\delta_3>0$, 使得 $\forall x\in I$ 满足 $|x-c|<\delta_3$, 有

$$|f(x)-f(c)|<\frac{\varepsilon}{2}.$$

令 $\delta:=\min\{\delta_1,\delta_2,\delta_3\}$, 则 $\delta>0$. $\forall x',x''\in I=I_1\cup I_2$ 满足 $|x'-x''|<\delta$, 则有两种可能的情形: (1) x',x'' 同时属于 I_1 或 I_2; (2) x',x'' 分别属于 I_1 和 I_2. 下面分别讨论.

情形 (1): 此时, 由前述证明显然有

$$|f(x')-f(x'')|<\varepsilon.$$

情形 (2): 为确定起见, 不妨设 $x'\in I_1$, $x''\in I_2$, 由 $c\in I_1\cap I_2$ 可知

$$|x'-c|=c-x'\leqslant x''-x'<\delta\leqslant\delta_3,$$

因此

$$|f(x')-f(c)|<\frac{\varepsilon}{2}.$$

同理可知

$$|f(x'') - f(c)| < \frac{\varepsilon}{2},$$

故

$$|f(x') - f(x'')| \leqslant |f(x') - f(c)| + |f(x'') - f(c)| < \varepsilon.$$

综上可知, 不管哪种情形, 我们都有

$$|f(x') - f(x'')| < \varepsilon,$$

这就证明了 f 在 $I = I_1 \cup I_2$ 上一致连续. □

7. 假设 $f : [-1, 1] \to [-1, 1]$, 并且满足 $f \circ f \circ f \circ f = -\text{id}$. 证明: f 一定不是连续函数.

证　首先, f 一定是可逆的, 这是因为 $f \circ f \circ f \circ f \circ f \circ f \circ f \circ f = \text{id}$. 如果 f 是连续的, 那么 f 一定是严格单调递增或者递减的. 如果 f 严格单调递增, 那么 $\forall x_1 < x_2$, $f(x_1) < f(x_2)$, 进而 $f \circ f \circ f \circ f(x_1) < f \circ f \circ f \circ f(x_2)$, 则 $-x_1 < -x_2$, 矛盾. 类似地, 如果 f 严格单调递减也有类似的矛盾. 因此 f 一定不是连续函数. □

8. 设连续函数 $f : [0, 1] \to \mathbb{R}$, 且 $f(x) \in \mathbb{Q}$, $\forall x \in [0, 1]$. 证明: f 一定是常值函数.

证　这是介值性定理的直接推论. □

9. 假设 f 在 $(0, 1]$ 上连续. 证明: f 在 $(0, 1]$ 上一致连续等价于 $\lim\limits_{x\to+0} f(x)$ 存在.

证　如果 $\lim\limits_{x\to+0} f(x)$ 存在, 记

$$\bar{f}(x) = \begin{cases} f(x), & x \in (0, 1], \\ \lim\limits_{x\to+0} f(x), & x = 0. \end{cases}$$

于是 $\bar{f}$ 在 $[0, 1]$ 上连续进而一致连续, 因此 f 在 $(0, 1]$ 上一致连续.

如果 f 在 $(0, 1]$ 上一致连续, 则对于任意的点列 $\{x_n\} \subset (0, 1]$, 若 $\lim\limits_{n\to\infty} x_n = 0$, 则由《讲义》3.2.2 小节命题 1 可知, $\{f(x_n)\}$ 是一个柯西列, 于是根据归结原则, $\lim\limits_{x\to+0} f(x)$ 存在. □

三、习题参考解答 (3.2 节)

1. 设 f 在 $[a, +\infty)$ 上连续, 且 $\lim\limits_{x\to+\infty} f(x)$ 存在. 证明 f 在 $[a, +\infty)$ 上有界, 进一步证明 f 在 $[a, +\infty)$ 上一致连续.

证　记 $\lim\limits_{x\to+\infty} f(x) =: A$, 则由极限定义可知, $\forall\varepsilon>0$, $\exists M>a$, 使得 $\forall x>M$, $|f(x)-A|<\varepsilon$. 特别地, 对 $\varepsilon_0=1$, $\exists M_0>a$, 使得 $\forall x>M_0$, $|f(x)-A|<1$, 故 $|f(x)|\leqslant|A|+1$. 又由 f 在 $[a,+\infty)$ 上连续可知 f 在闭区间 $[a,M_0]$ 上连续, 因此 $\exists G>0$, 使得 $\forall x\in[a,M_0]$, $|f(x)|\leqslant G$. 因此我们得到 $\forall x\in[a,+\infty)$, $|f(x)|\leqslant\max\{G,|A|+1\}$, 即 f 在 $[a,+\infty)$ 上有界.

往证 f 在 $[a,+\infty)$ 上一致连续. 事实上, 由 $\lim\limits_{x\to+\infty} f(x)=A$ 及前述结论可知, $\forall x',x''\in[M+1,+\infty)$,

$$|f(x')-f(x'')|\leqslant|f(x')-A|+|f(x'')-A|<2\varepsilon,$$

故 f 在 $[M+1,+\infty)$ 上一致连续. 又由 f 在 $[a,M+1]$ 上连续进而一致连续及例题 6 可知 f 在 $[a,+\infty)=[a,M+1]\cup[M+1,+\infty)$ 上一致连续. □

注　与前边例题 9 不同, 即使 f 在 $[a,+\infty)$ 上一致连续, $\lim\limits_{x\to+\infty} f(x)$ 也不一定存在, 比如 $f(x)=x$.

2. 设函数 f 在 $[0,2a]$ 上连续, 且 $f(0)=f(2a)$. 证明: 存在点 $x_0\in[0,a]$, 使得 $f(x_0)=f(x_0+a)$.

证　令 $F(x):=f(x)-f(x+a)$, $x\in[0,a]$. 显然 F 于 $[0,a]$ 上连续. 由定义可知 $F(0)=f(0)-f(a)$, 而由 $f(0)=f(2a)$ 又知

$$F(a)=f(a)-f(2a)=f(a)-f(0)=-F(0).$$

若 $F(0)=0$, 即 $f(0)=f(a)=f(2a)$, 则取 $x_0=0$ 或 $x_0=a$ 均可. 若 $F(0)\neq0$, 则 $F(0)\cdot F(a)<0$, 因而由根的存在性定理可知, $\exists x_0\in(0,a)\subset[0,a]$ 使得 $F(x_0)=0$, 即 $f(x_0)=f(x_0+a)$. □

3. 设函数 f 在 $[a,b]$ 上连续, $x_1,x_2,\cdots,x_n\in[a,b]$. 证明: 存在 $\xi\in[a,b]$, 使得

$$f(\xi)=\frac{1}{n}[f(x_1)+f(x_2)+\cdots+f(x_n)].$$

证　因为函数 f 在 $[a,b]$ 上连续, 所以存在 $M=\max\limits_{[a,b]} f$ 和 $m=\min\limits_{[a,b]} f$. 又显然

$$m\leqslant\frac{1}{n}[f(x_1)+f(x_2)+\cdots+f(x_n)]\leqslant M,$$

因此由介值性定理可知存在 $\xi\in[a,b]$, 使得

$$f(\xi)=\frac{1}{n}[f(x_1)+f(x_2)+\cdots+f(x_n)].$$ □

4. 设函数 f 在 $[a,b]$ 上连续, $x_1,x_2,\cdots,x_n\in[a,b]$, 另有一组正数 $\lambda_1,\lambda_2,\cdots,\lambda_n$ 满足 $\lambda_1+\lambda_2+\cdots+\lambda_n=1$. 证明: 存在一点 $\xi\in[a,b]$, 使得

$$f(\xi)=\lambda_1 f(x_1)+\lambda_2 f(x_2)+\cdots+\lambda_n f(x_n).$$

习题 3 是本题的特例, 其中 $\lambda_1 = \lambda_2 = \cdots = \lambda_n = \dfrac{1}{n}$.

证 因为函数 f 在 $[a,b]$ 上连续, 所以存在 $M = \max\limits_{[a,b]} f$ 和 $m = \min\limits_{[a,b]} f$. 又显然

$$m = (\lambda_1 + \cdots + \lambda_n)m \leqslant \lambda_1 f(x_1) + \lambda_2 f(x_2) + \cdots + \lambda_n f(x_n) \leqslant (\lambda_1 + \cdots + \lambda_n)M = M,$$

因此由介值性定理可知存在 $\xi \in [a,b]$, 使得

$$f(\xi) = \lambda_1 f(x_1) + \lambda_2 f(x_2) + \cdots + \lambda_n f(x_n). \qquad \square$$

5. 证明: (1) 若 $f \in C(A)$ 且 $B \subset A$, 则 $f|_B \in C(B)$.

(2) 若函数 $f: E_1 \cup E_2 \to \mathbb{R}$ 使 $f|_{E_i} \in C(E_i)(i = 1,2)$, 则并不总有 $f \in C(E_1 \cup E_2)$.

(3) 黎曼函数 $\mathcal{R}$ 和它在有理数集上的限制 $\mathcal{R}|_{\mathbb{Q}}$ 一样, 在集 $\mathbb{Q}$ 的每点都间断, 并且所有的间断点都是可去间断点.

证 (1) 由 $f \in C(A)$ 可知 f 在任意点 $x \in A$ 连续, 因此 $\forall x' \in B \subset A$, 也有 f 在点 x' 连续, 因此由定义 $f|_B \in C(B)$.

(2) 若 $E_1 \cap E_2 = \varnothing$, 则一般来讲并不总有 $f \in C(E_1 \cup E_2)$, 例如, 令 $E_1 = [0,1]$, $E_2 = (1,2]$,

$$f = \begin{cases} 3, & x \in E_1, \\ 4, & x \in E_2. \end{cases}$$

显然 $f|_{E_i} \in C(E_i)(i = 1,2)$, 但 $f \notin C(E_1 \cup E_2)$.

又如, 令 $E_1 = \mathbb{Q}$, $E_2 = \mathbb{R} \backslash \mathbb{Q}$, $f(x) = \mathcal{D}(x)(x \in E_1 \cup E_2 = \mathbb{R})$ 也满足: $f|_{E_i} \in C(E_i)(i = 1,2)$, 但 $f \notin C(E_1 \cup E_2)$.

(3) $\forall a \in \mathbb{Q} \backslash \{0\}$, 由

$$\lim_{\mathbb{Q} \ni x \to a} \mathcal{R}|_{\mathbb{Q}}(x) = \lim_{x \to a} \mathcal{R}(x) = 0$$

可知结论成立. $\square$

注 在 (2) 中, 若 $E_1 \cap E_2 \neq \varnothing$, 则由 $f|_{E_i} \in C(E_i)(i = 1,2)$, 可导出总有 $f \in C(E_1 \cup E_2)$.

6. 证明: 若函数 $f \in C[a,b]$, 则函数

$$m(x) = \min_{a \leqslant t \leqslant x} f(t), \quad M(x) = \max_{a \leqslant t \leqslant x} f(t)$$

也在闭区间 $[a,b]$ 上连续.

证 只对 $m(x)$ 给出证明, $M(x)$ 是类似的.

设 $x_0 \in [a,b)$, 先证 $m(x)$ 在 x_0 右连续. 因为 f 在 x_0 右连续, 所以 $\forall \varepsilon > 0$, $\exists \delta > 0$, 使得 $\forall t \in [a,b]$ 满足 $x_0 < t < x_0 + \delta$, $|f(t) - f(x_0)| < \varepsilon$. 因此当 $x_0 < t < x_0 + \delta$ 时,

$$f(t) > f(x_0) - \varepsilon \geqslant m(x_0) - \varepsilon.$$

而当 $a \leqslant t \leqslant x_0$ 时,

$$f(t) \geqslant m(x_0) > m(x_0) - \varepsilon.$$

因此当 $x_0 < x < x_0 + \delta$ 时,

$$m(x) > m(x_0) - \varepsilon.$$

又显然 $m(x)$ 是单调递减的, 所以

$$m(x_0) \geqslant m(x) > m(x_0) - \varepsilon.$$

这就说明了 $m(x_0 + 0) = m(x_0)$, 即 $m(x)$ 在 x_0 右连续. 由 $x_0 \in [a,b)$ 的任意性可知 $m(x)$ 在任意点 $x \in [a,b)$ 右连续.

设 $x_0 \in (a,b]$, 往证 $m(x)$ 在 x_0 左连续. 若 $\exists x_1 \in [a, x_0)$ 使得 $f(x_1) = m(x_0)$, 则 $\forall x \in (x_1, x_0)$, $m(x) \equiv m(x_0)$, 因此在这种情况下显然有 $m(x)$ 在 x_0 左连续. 若不存在这样的 x_1, 则 $f(x_0) = m(x_0)$. 在这种情况下, 类似于上边右连续的证明可知, $\forall \varepsilon > 0$, $\exists \delta > 0$, 使得 $\forall t \in [a,b]$ 满足 $x_0 - \delta < t < x_0$, $|f(t) - f(x_0)| < \varepsilon$. 因此当 $x_0 - \delta < t < x_0$ 时,

$$f(t) < f(x_0) + \varepsilon = m(x_0) + \varepsilon,$$

进而当 $x_0 - \delta < x < x_0$ 时,

$$m(x) < m(x_0) + \varepsilon.$$

又由 $m(x)$ 的单调递减性可知

$$m(x_0) \leqslant m(x) < m(x_0) + \varepsilon.$$

这就说明了 $m(x_0 - 0) = m(x_0)$, 即 $m(x)$ 在 x_0 左连续. 由 $x_0 \in [a,b)$ 的任意性可知 $m(x)$ 在任意点 $x \in (a,b]$ 左连续.

综上可知 $m(x)$ 在闭区间 $[a,b]$ 上连续. □

7. (1) 证明: 开区间上的单调函数的反函数在自己的定义域上连续.

(2) 构造一个具有可数个间断点的单调函数.

(3) 证明: 若函数 $f: X \to Y$ 和 $f^{-1}: Y \to X$ 互反 (这里 X, Y 都是 $\mathbb{R}$ 的子集) 且 f 在点 $x_0 \in X$ 连续, 那么, 由此还不能推出函数 f^{-1} 在点 $y_0 = f(x_0) \in Y$ 连续.

证 (1) 记开区间为 (a, b), 这里只考虑单调递增函数 $f: (a, b) \to \mathbb{R}$ 的情形, 单调递减的情形是类似的. 记函数的值域为 $Y = f((a, b)) \subset \mathbb{R}$, 反函数为 $f^{-1}: Y \to (a, b)$. 由《讲义》3.2.2 小节的定理 4 可知, f^{-1} 在其定义域 Y 上也是单调递增的. 若 f^{-1} 在某点 $c \in Y$ 处间断, 则开区间 $(f^{-1}(c-0), f^{-1}(c))$ 和 $(f^{-1}(c), f^{-1}(c+0))$ 中至少有一个是确有定义的, 且关系式

$$(f^{-1}(c-0), f^{-1}(c)) \cap (a, b) = \varnothing$$

和

$$(f^{-1}(c), f^{-1}(c+0)) \cap (a, b) = \varnothing$$

相应地至少有一个成立. 显然 $f^{-1}(c)$ 属于 f^{-1} 的值域 (a, b), 由此可知上述两式都不可能成立, 因此导致矛盾, 故 f^{-1} 在 Y 中无间断点, 即 f^{-1} 在其定义域 Y 上连续.

(2) 容易看出函数 $f(x) = x + [x]$ 在 $\mathbb{R}$ 上严格单调递增, 且其间断点集为 $\mathbb{Z}$, 因此该函数即满足要求.

(3) 反例:

$$f_1(x) = \begin{cases} x, & 0 < x \leqslant 1, \\ 0, & x = 2. \end{cases}$$

由定义可知 $f_1(x)$ 于孤立点 $x_0 = 2$ 连续. 而反函数

$$f_1^{-1}(y) = \begin{cases} y, & 0 < y \leqslant 1, \\ 2, & y = 0. \end{cases}$$

故由

$$\lim_{y \to 0 = f_1(2)} f_1^{-1}(y) = 0 \neq 2 = f_1^{-1}(0)$$

可知反函数 $f_1^{-1}(y)$ 在点 $y_0 = 0 = f_1(2)$ 不连续.

又如单调函数

$$f_2(x) = \begin{cases} x, & x \in [0, 1], \\ x - 1, & x \in (2, +\infty). \end{cases}$$

由定义可知 $f_2(x)$ 于点 $x_0 = 1$ 连续. 而反函数

$$f_2^{-1}(y) = \begin{cases} y, & y \in [0, 1], \\ y + 1, & y \in (1, +\infty). \end{cases}$$

故由

$$\lim_{y\to 1+0} f_2^{-1}(y) = 2 \neq 1 = f_2^{-1}(1)$$

可知反函数 $f_2^{-1}(y)$ 在点 $y_0 = 1 = f_2(1)$ 不连续. □

注 问题 (1) 中要注意的一点是开区间上的单调可逆函数本身不一定连续, 比如

$$f(x) = \begin{cases} x, & x \in (-1, 0], \\ x+1, & x \in (0, 1). \end{cases}$$

此外, 由 (1) 可以得到结论: 开区间上的连续函数的反函数一定连续.

8. 证明: (1) 若 $f \in C[a,b]$ 且 $g \in C[a,b]$, 同时 $f(a) < g(a)$ 且 $f(b) > g(b)$, 那么, 存在点 $c \in [a,b]$, 在这点处 $f(c) = g(c)$.

(2) 任何闭区间到自身的连续映射 $f : [0,1] \to [0,1]$ 都有不动点, 即点 $x \in [0,1]$ 使 $f(x) = x$.

(3) 若从闭区间到自身的连续映射 f 和 g 是可交换的, 即 $f \circ g = g \circ f$, 则它们并不总有共同的不动点.

(4) 连续映射 $f : \mathbb{R} \to \mathbb{R}$ 可以没有不动点.

(5) 连续映射 $f : (0,1) \to (0,1)$ 可以没有不动点.

(6) 若映射 $f : [0,1] \to [0,1]$ 连续, $f(0) = 0$, $f(1) = 1$, 且在 $[0,1]$ 上 $(f \circ f)(x) \equiv x$, 则 $f(x) \equiv x$.

证 (1) 令 $F(x) = f(x) - g(x)$, 则显然 $F \in C[a,b]$, 且 $F(a) = f(a) - g(a) < 0$, $F(b) = f(b) - g(b) > 0$, 因此由根的存在性定理可知, 存在点 $c \in (a,b) \subset [a,b]$ 使得 $F(c) = 0$, 即 $f(c) = g(c)$.

(2) 令 $F(x) = f(x) - x$, 则显然 $F \in C[0,1]$, 且 $F(0) = f(0) - 0 = f(0) \geqslant 0$, $F(1) = f(1) - 1 \leqslant 0$. 若 $F(0) = 0$, 则取 $x_0 = 0$ 即可. 若 $F(1) = 0$, 则取 $x_0 = 1$ 即可. 若 $F(0) > 0$, $F(1) < 0$, 则由根的存在性定理可知, $\exists x_0 \in (0,1) \subset [0,1]$ 使得 $F(x_0) = 0$, 即 $f(x_0) = x_0$.

(3) 参见文章: William M. Boyce, "Commuting functions with no common fixed point", Trans. Amer. Math. Soc. 137(1969), 77-92.

(4) $\forall c \neq 0$, 连续函数 $f(x) = x + c$ 都没有不动点.

(5) 考虑如下连续函数即可:

$$f(x) = \begin{cases} 0, & x \in \left(0, \dfrac{1}{2}\right], \\ 2x - 1, & x \in \left(\dfrac{1}{2}, 1\right). \end{cases}$$

(6) 由 $(f\circ f)(x)\equiv x$ 可知, f 有反函数 $f^{-1}:[0,1]\to[0,1]$, 故由《讲义》3.2.2 小节命题 2 可知连续函数 f 在闭区间 $[0,1]$ 上严格单调, 再由 $f(0)=0<1=f(1)$ 即知 f 在闭区间 $[0,1]$ 上严格单调递增. $\forall x\in[0,1]$, 若 $f(x)>x$, 则由 f 的严格单调递增性可知 $x=f(f(x))>f(x)$, 矛盾. 同理, 若 $f(x)<x$, 则 $x=f(f(x))<f(x)$, 也导致矛盾. 故总有 $f(x)=x$, 即 $f(x)\equiv x$. □

9. 证明: 任意一个在闭区间上连续的函数的值的集合也是闭区间.

证 设 $f(x)$ 在闭区间 $[a,b]$ 上连续, 则由《讲义》3.2.2 小节定理 2 可知, $\exists x_m,x_M\in[a,b]$ 使得 $f(x_m)=\min\limits_{[a,b]}f=m$, $f(x_M)=\max\limits_{[a,b]}f=M$. 若 $m=M$, 则函数 $f(x)$ 在区间 $[a,b]$ 上为常值函数 $f(x)\equiv M$, 其值的集合退化为单点集 $\{M\}$. 若 $m<M$, 则由介值性定理可知, $\forall c\in(m,M)=(f(x_m),f(x_M))$, $\exists x_c\in[a,b]$ 使得 $f(x_c)=c$, 即函数 $f(x)$ 在区间 $[a,b]$ 上的值的集合为闭区间 $[m,M]$. □

10. 设 $f:[0,1]\to\mathbb{R}$ 是连续函数, $f(0)=f(1)$. 证明

(1) 对于任意的 $n\in\mathbb{N}$, 存在两端点在这个函数的图像上且长度等于 $\dfrac{1}{n}$ 的水平线段.

(2) 若数 l 不是形如 $\dfrac{1}{n}$ 的数, 则存在所说的那样的函数, 在它的图像上已不能内接上长为 l 的水平线段.

证 (1) 当 $n=1$ 时, 因为 $f(0)=f(1)$, 所以取线段为 $[0,1]$ 即可. $\forall n\in\mathbb{N}\backslash\{1\}$, 令 $F(x):=f(x)-f\left(x+\dfrac{1}{n}\right)$, $x\in\left[0,\dfrac{n-1}{n}\right]$. 显然 F 于 $\left[0,\dfrac{n-1}{n}\right]$ 上连续, 且由定义可知

$$
\begin{aligned}
&F(0)=f(0)-f\left(\frac{1}{n}\right),\\
&F\left(\frac{1}{n}\right)=f\left(\frac{1}{n}\right)-f\left(\frac{2}{n}\right),\\
&\cdots\cdots\\
&F\left(\frac{n-1}{n}\right)=f\left(\frac{n-1}{n}\right)-f(1)=f\left(\frac{n-1}{n}\right)-f(0).
\end{aligned}
$$

因此

$$
F(0)+F\left(\frac{1}{n}\right)+\cdots+F\left(\frac{n-1}{n}\right)=0.
$$

若 $F(0)\cdot F\left(\dfrac{1}{n}\right)\cdot\cdots\cdot F\left(\dfrac{n-1}{n}\right)=0$, 则显然结论成立. 若 $F(0),F\left(\dfrac{1}{n}\right),\cdots,$

$F\left(\frac{n-1}{n}\right)$ 同号且均不为 0, 则

$$f(0)>f\left(\frac{1}{n}\right)>f\left(\frac{2}{n}\right)>\cdots>f\left(\frac{n-1}{n}\right)>f(0)$$

或

$$f(0)<f\left(\frac{1}{n}\right)<f\left(\frac{2}{n}\right)<\cdots<f\left(\frac{n-1}{n}\right)<f(0),$$

均导致矛盾. 故可知 $F(0),F\left(\frac{1}{n}\right),\cdots,F\left(\frac{n-1}{n}\right)$ 不同号, 即 $\exists i,j\in\left\{0,\frac{1}{n},\cdots,\frac{n-1}{n}\right\},i\neq j$, 使得 $F(i)F(j)<0$, 因此由介值性定理可知 $\exists x_0\in\left[0,\frac{n-1}{n}\right]$ 使得 $F(x_0)=0$, 即 $f(x_0)=f\left(x_0+\frac{1}{n}\right)$, 从而结论成立.

(2) 若数 $l\in(0,1]$ 不是形如 $\frac{1}{n}$ 的数, 则显然 $l<1$ 且 $\forall n\in\mathbb{N}$, $nl\neq 1$. 由阿基米德原理可知 $\exists m\in\mathbb{N}$ 使得 $ml<1<(m+1)l$, 故 $0<1-ml<l$. 任取 $\varphi\in C(\mathbb{R})$ 满足: $\varphi(0)=0$, $\varphi(1-ml)=A\neq 0$, 且以 l 为周期. 则由 φ 的周期性可知 $\varphi(1)=\varphi(1-ml)=A$. 这样的 φ 很容易取到, 比如可取 $\varphi(x)=\left|\sin\frac{\pi x}{l}\right|$ 或 $\varphi(x)=\sin^2\frac{\pi x}{l}$.

再令 $f(x)=\varphi(x)-Ax$, $x\in[0,1]$, 则显然 $f\in C[0,1]$, $f(0)=f(1)=0$, 且 $\forall x\in[0,1-l]$,

$$\begin{aligned}&f(x)-f(x+l)=(\varphi(x)-Ax)-(\varphi(x+l)-A(x+l))\\=&(\varphi(x)-Ax)-(\varphi(x)-Ax-Al)=Al\neq 0.\end{aligned}$$

因此 f 即满足要求. □

11. 以下述方式对于 $\delta>0$ 定义的函数 $\omega(\delta)$, 叫做函数 $f:E\to\mathbb{R}$ 的连续模:

$$\omega(\delta)=\sup_{\substack{|x_1-x_2|<\delta\\x_1,x_2\in E}}|f(x_1)-f(x_2)|.$$

这里上确界取遍集 E 的相互距离小于 δ 的一切可能的点对. 证明:

(1) 连续模是非减的非负的函数, 有极限

$$\omega(+0)=\lim_{\delta\to 0+0}\omega(\delta).$$

(2) 对于任意的 $\varepsilon>0$, 存在 $\delta>0$, 使得对于任意的点 $x_1,x_2\in E$, 关系式 $|x_1-x_2|<\delta$ 蕴含 $|f(x_1)-f(x_2)|<\omega(+0)+\varepsilon$.

(3) 若 E 是闭区间、开区间或半开区间, 则对于函数 $f:E\to\mathbb{R}$ 的连续模成立着关系式

$$\omega(\delta_1+\delta_2)\leqslant\omega(\delta_1)+\omega(\delta_2).$$

(4) 在全直线上考察的函数 x 和 $\sin x^2$ 的连续模分别是在区域 $\delta>0$ 中的函数 $\omega(\delta)=\delta$ 和常数函数 $\omega(\delta)=2$.

(5) 函数 f 在集 E 上一致连续当且仅当 $\omega(+0)=0$.

证 (1) 由连续模的定义可以看出其显然是非减的非负的函数, 因此有极限

$$\omega(+0)=\lim_{\delta\to 0+0}\omega(\delta)=\inf_{\delta>0}\omega(\delta).$$

(2) 由已证结论 $\omega(+0)=\inf\limits_{\delta>0}\omega(\delta)$ 可知, $\forall\varepsilon>0, \exists\delta>0$, 使得 $\omega(\delta)<\omega(+0)+\varepsilon$, 因此 $\forall x_1,x_2\in E$, 关系式 $|x_1-x_2|<\delta$ 蕴含着

$$|f(x_1)-f(x_2)|\leqslant\omega(\delta)<\omega(+0)+\varepsilon.$$

(3) $\forall x_1,x_2\in E, |x_1-x_2|<\delta_1+\delta_2$, 令 $x_3=\dfrac{\delta_2}{\delta_1+\delta_2}x_1+\dfrac{\delta_1}{\delta_1+\delta_2}x_2$, 因为 E 是闭区间、开区间或半开区间, 则 $x_3\in E$ 且

$$|x_1-x_3|=\left|\frac{\delta_1}{\delta_1+\delta_2}x_1-\frac{\delta_1}{\delta_1+\delta_2}x_2\right|=\frac{\delta_1}{\delta_1+\delta_2}|x_1-x_2|<\delta_1,$$

$$|x_2-x_3|=\left|\frac{\delta_2}{\delta_1+\delta_2}x_2-\frac{\delta_2}{\delta_1+\delta_2}x_1\right|=\frac{\delta_2}{\delta_1+\delta_2}|x_1-x_2|<\delta_2.$$

因此

$$|f(x_1)-f(x_2)|\leqslant|f(x_1)-f(x_3)|+|f(x_2)-f(x_3)|\leqslant\omega(\delta_1)+\omega(\delta_2),$$

进而有

$$\omega(\delta_1+\delta_2)\leqslant\omega(\delta_1)+\omega(\delta_2).$$

(4) 当 $f(x)=x$ 时, 显然

$$\omega(\delta)=\sup_{|x_1-x_2|<\delta}|f(x_1)-f(x_2)|=\sup_{|x_1-x_2|<\delta}|x_1-x_2|=\delta.$$

当 $f(x)=\sin x^2$ 时, 因为 $\forall x_1,x_2\in\mathbb{R}, |\sin x_1^2-\sin x_2^2|\leqslant 2$, 所以 $\omega(\delta)\leqslant 2$. 又因为

$$\lim_{n\to\infty}\left(\sqrt{2n\pi+\frac{\pi}{2}}-\sqrt{2n\pi-\frac{\pi}{2}}\right)=\lim_{n\to\infty}\frac{\pi}{\sqrt{2n\pi+\dfrac{\pi}{2}}+\sqrt{2n\pi-\dfrac{\pi}{2}}}=0,$$

所以 $\forall\delta>0, \exists N\in\mathbb{N}$ 使得 $\forall n>N$,

$$\left|\sqrt{2n\pi+\frac{\pi}{2}}-\sqrt{2n\pi-\frac{\pi}{2}}\right|=\sqrt{2n\pi+\frac{\pi}{2}}-\sqrt{2n\pi-\frac{\pi}{2}}<\delta.$$

因此

$$\omega(\delta)\geqslant\left|\sin\left(\sqrt{2n\pi+\frac{\pi}{2}}\right)^2-\sin\left(\sqrt{2n\pi-\frac{\pi}{2}}\right)^2\right|=2,$$

故 $\omega(\delta)=2$.

(5) 由一致连续和连续模的定义可知, 函数 f 在集 E 上一致连续, 等价于 $\forall\varepsilon>0, \exists\delta>0$ 使得 $\omega(\delta)\leqslant\varepsilon$, 而由 (1) 可知这又等价于 $\omega(+0)=\inf\limits_{\delta>0}\omega(\delta)=0$. □

12. 设 f 和 g 是定义在同一个集合 X 上的有界函数. 量

$$\Delta=\sup_{x\in X}|f(x)-g(x)|$$

称为有界函数 f 和 g 之间的距离; 它表示在给定的集 X 上, 一个函数近似于另一个函数的好坏程度. 设 X 是闭区间 $[a,b]$. 证明: 如果 $f,g\in C[a,b]$, 那么, $\exists x_0\in[a,b]$, 使 $\Delta=|f(x_0)-g(x_0)|$, 而对于任意的有界函数, 此式一般说来并不成立.

证　因为 $f,g\in C[a,b]$, 所以 $f-g\in C[a,b]$, 进而 $|f-g|\in C[a,b]$, 因此 $\exists x_0\in[a,b]$, 使得

$$|f(x_0)-g(x_0)|=\max_{x\in X}|f(x)-g(x)|=\sup_{x\in X}|f(x)-g(x)|=\Delta.$$

对于一般的有界函数, 考虑如下反例即可:

反例 1: $f(x)=x$, $g(x)=2x$, $x\in(0,1)$.

反例 2: $f(x)=x$, $g(x)=x+h(x)$, $x\in[0,1]$, 这里

$$h(x)=\begin{cases}x, & x\in[0,1),\\ 0, & x=1.\end{cases}$$

□

13. 设 $P_n(x)$ 是 n 阶多项式. 我们用多项式来逼近有界函数 $f:[a,b]\to\mathbb{R}$. 设

$$\Delta(P_n)=\sup_{x\in[a,b]}|f(x)-P_n(x)| \quad 以及 \quad E_n(f)=\inf_{P_n}\Delta(P_n),$$

其中下确界取遍一切可能的 n 阶多项式. 如果 $\Delta(P_n)=E_n(f)$, 则多项式 P_n 叫做函数 f 的最佳逼近多项式. 证明:

(1) 存在零阶最佳逼近多项式 $P_0(x) \equiv a_0$.

(2) 当 P_n 是固定的多项式时, 在形如 λP_n 的多项式 $Q_\lambda(x)$ 中间, 存在多项式 $Q_{\lambda_0}(x)$ 使得

$$\Delta(Q_{\lambda_0}) = \min_{\lambda\in\mathbb{R}} \Delta(Q_\lambda).$$

(3) 如果 n 阶最佳逼近多项式存在, 则 $n+1$ 阶最佳逼近多项式也存在.

(4) 对于任意的在闭区间上有界的函数和任意的 $n = 0, 1, 2, \cdots$, n 阶最佳逼近多项式总存在.

证　(1) 因为 f 是有界函数, 所以存在 $M = \sup\limits_{x\in[a,b]} f(x)$, $m = \inf\limits_{x\in[a,b]} f(x)$. 设 $P_0(x) = c$ 是 0 阶多项式, 我们断言

$$\Delta(P_0) = \sup_{x\in[a,b]} |f(x) - c| = \max\{|M-c|, |m-c|\} =: K. \tag{$*$}$$

事实上, 首先, 显然有

$$f(x) - c \leqslant M - c \leqslant K,$$

且

$$c - f(x) \leqslant c - m \leqslant K,$$

因此

$$|f(x) - c| \leqslant K.$$

若 $M = m$, 则断言 $(*)$ 显然成立.

若 $c \leqslant \dfrac{M+m}{2} < M$, 则 $K = M - c > 0$. 又 $\forall \varepsilon \in (0, K)$, $\exists x_1 \in [a,b]$, 使得 $f(x_1) > M - \varepsilon$, 所以

$$|f(x_1) - c| = f(x_1) - c > M - \varepsilon - c = K - \varepsilon > 0.$$

故此时有 $\Delta(P_0) = K$.

若 $c > \dfrac{M+m}{2} > m$, 则 $K = c - m > 0$. 又 $\forall \varepsilon \in (0, K)$, $\exists x_2 \in [a,b]$, 使得 $f(x_2) < m + \varepsilon$, 所以

$$|f(x_2) - c| = c - f(x_2) > c - m - \varepsilon = K - \varepsilon > 0.$$

故此时也有 $\Delta(P_0) = K$.

由 $(*)$ 式可知当 $c = \dfrac{M+m}{2} =: a_0$ 时, $\min K = \dfrac{M-m}{2}$, 故

$$E_0(f) = \inf_{P_0} \Delta(P_0) = \min_{P_0} \Delta(P_0) = \frac{M-m}{2},$$

即 $P_0(x) \equiv a_0 = \dfrac{M+m}{2}$ 是零阶最佳逼近多项式.

(2) 定义 $\delta(\lambda) := \Delta(Q_\lambda)$, $\lambda \in \mathbb{R}$. 往证 $\delta(\lambda)$ 是连续函数. 因为 P_n 是固定的多项式, 所以在闭区间 $[a,b]$ 上连续, 所以 $\exists M > 0$, 使得 $\forall x \in [a,b]$, $|P_n(x)| \leqslant M$. $\forall \varepsilon > 0$, 显然 $\eta := \dfrac{\varepsilon}{M} > 0$, 因此 $\forall \lambda, \lambda' \in \mathbb{R}$, $|\lambda - \lambda'| < \eta$, 我们有

$$\begin{aligned}
|\delta(\lambda) - \delta(\lambda')| &= |\Delta(Q_\lambda) - \Delta(Q_{\lambda'})| = |\Delta(\lambda P_n) - \Delta(\lambda' P_n)| \\
&= \left| \sup_{x\in[a,b]} |f(x) - \lambda P_n(x)| - \sup_{x\in[a,b]} |f(x) - \lambda' P_n(x)| \right| \\
&\leqslant \sup_{x\in[a,b]} \Big| |f(x) - \lambda P_n(x)| - |f(x) - \lambda' P_n(x)| \Big| \\
&\leqslant \sup_{x\in[a,b]} \Big| (f(x) - \lambda P_n(x)) - (f(x) - \lambda' P_n(x)) \Big| \\
&= |\lambda - \lambda'| \sup_{x\in[a,b]} |P_n(x)| < \eta M = \varepsilon.
\end{aligned}$$

这就说明了 $\delta(\lambda)$ 在 $\mathbb{R}$ 上是 (一致) 连续的.

由 f 的有界性和 $\delta(\lambda)$ 的定义可知

$$\begin{aligned}
\delta(\lambda) = \sup_{x\in[a,b]} |f(x) - \lambda P_n(x)| &\geqslant \sup_{x\in[a,b]} (|\lambda||P_n(x)| - |f(x)|) \\
&\geqslant |\lambda| \sup_{x\in[a,b]} |P_n(x)| - \sup_{x\in[a,b]} |f(x)|.
\end{aligned}$$

如果 $\sup\limits_{x\in[a,b]} |P_n(x)| = 0$, 则此时 $P_n(x) \equiv 0$, $\delta(\lambda) \equiv \delta(0)$, 结论显然成立. 如果 $\sup\limits_{x\in[a,b]} |P_n(x)| > 0$, 则当 $\lambda \to \infty$ 时, $\delta(\lambda) \to +\infty$, 因此 $\exists \Lambda > 0$, 使得 $\forall |\lambda| > \Lambda$, $\delta(\lambda) > \delta(0) = \sup\limits_{x\in[a,b]} |f(x)|$. 又由 $\delta(\lambda)$ 在 $[-\Lambda, \Lambda]$ 上是连续的, 所以 $\exists \lambda_0 \in [-\Lambda, \Lambda]$ 使得 $\delta(\lambda_0) = \min\limits_{\lambda\in[-\Lambda,\Lambda]} \delta(\lambda)$. 因此 $\delta(\lambda_0) \leqslant \delta(0)$, 进而有

$$\delta(\lambda_0) = \min_{\lambda\in\mathbb{R}} \delta(\lambda),$$

即

$$\Delta(Q_{\lambda_0}) = \min_{\lambda\in\mathbb{R}} \Delta(Q_\lambda).$$

(3) 存在性直接见下边的 (4) 的证明.

(4) 考虑函数 $\alpha : (a_0, a_1, \cdots, a_n) \to \mathbb{R}$, 定义为

$$\alpha(a_0, a_1, \cdots, a_n) = \sup_{x\in[a,b]} |f(x) - (a_0 + a_1 x + \cdots + a_n x^n)|.$$

考虑集合

$$S := \{(a_0, a_1, \cdots, a_n) : |a_i| \leqslant M, \forall i = 0, \cdots, n\},$$

其中 $M > 0$ 是某个充分大的与 $\sup\limits_{x\in[a,b]} |f(x)|$ 和 a, b 相关的常数. 根据下确界的定义, 存在序列 $(a_{0m}, a_{1m}, \cdots, a_{nm}) \in S, m \in \mathbb{N}$, 使得 $\lim\limits_{m\to\infty} \alpha(a_{0m}, a_{1m}, \cdots, a_{nm}) = \inf\limits_{S} \alpha$. 由于 $\forall i \in \{0, 1, \cdots, m\}$, a_{im} 都是有界的, 我们不妨取其子列, 并且假设 $\lim\limits_{m\to\infty} a_{im} = b_i$, 因此 $\forall \delta > 0$, 存在 m 足够大, 使得 $|a_{im} - b_i| \leqslant \delta$. 于是 $\forall x \in [a, b]$, 我们有

$$\begin{aligned}
&\big||f(x) - (a_{0m} + a_{1m}x + \cdots + a_{nm}x^n)| - |f(x) - (b_0 + b_1x + \cdots + b_nx^n)|\big| \\
\leqslant&\big|(a_{0m} - b_0) + (a_{1m} - b_1)x + \cdots + (a_{nm} - b_n)x^n\big| \\
\leqslant&\delta \sup_{x\in[a,b]} (1 + |x| + \cdots + |x|^n) =: \delta M_1.
\end{aligned}$$

因此

$$\begin{aligned}
&|\alpha(a_{0m}, a_{1m}, \cdots, a_{nm}) - \alpha(b_0, b_1, \cdots, b_m)| \\
=&\Bigg| \sup_{x\in[a,b]} |f(x) - (a_{0m} + a_{1m}x + \cdots + a_{nm}x^n)| \\
&- \sup_{x\in[a,b]} |f(x) - (b_0 + b_1x + \cdots + b_nx^n)|\Bigg| \\
\leqslant& \sup_{x\in[a,b]} \big||f(x) - (a_{0m} + a_{1m}x + \cdots + a_{nm}x^n)| \\
&- |f(x) - (b_0 + b_1x + \cdots + b_nx^n)|\big| \\
\leqslant& \delta M_1,
\end{aligned}$$

这意味着 $\lim\limits_{m\to\infty} \alpha(a_{0m}, a_{1m}, \cdots, a_{nm}) = \alpha(b_0, b_1, \cdots, b_n)$, 于是 $\inf\limits_{S} \alpha = \alpha(b_0, b_1, \cdots, b_n)$, 即最佳逼近多项式存在. □

14. 证明: (1) 奇数阶实系数多项式至少有一个实根.

(2) 若 $P_n(x)$ 是 n 阶多项式, 则函数 $\mathrm{sgn} P_n(x)$ 最多有 n 个间断点.

(3) 若在闭区间 $[a, b]$ 上有 $n + 2$ 个点 $x_0 < x_1 < \cdots < x_{n+1}$ 使得量

$$\mathrm{sgn}[(f(x_i) - P_n(x_i))(-1)^i]$$

对于 $i = 0, 1, \cdots, n+1$ 为常数, 则 $E_n(f) \geqslant \min\limits_{0\leqslant i\leqslant n+1} |f(x_i) - P_n(x_i)|$. 这是德拉瓦莱–布森定理. $E_n(f)$ 的定义见习题 13.

证　(1) 设奇数阶实系数多项式为 $P_{2n-1}(x)=a_{2n-1}x^{2n-1}+\cdots+a_1x+a_0$, 其中 $n\in\mathbb{N}$, $a_{2n-1}\neq 0$. 令 $Q_{2n-1}(x)=\dfrac{P_{2n-1}(x)}{a_{2n-1}}$, 则 $Q_{2n-1}(x)=x^{2n-1}+\cdots+\dfrac{a_1}{a_{2n-1}}x+\dfrac{a_0}{a_{2n-1}}$. 显然 $Q_{2n-1}(x)$ 为连续函数, 且 $\lim\limits_{x\to+\infty}Q_{2n-1}(x)=+\infty$, $\lim\limits_{x\to-\infty}Q_{2n-1}(x)=-\infty$, 因此 $\exists N>0$ 使得, $Q_{2n-1}(N)\cdot Q_{2n-1}(-N)<0$, 因此由介值性定理可知, $\exists x_0\in[-N,N]\subset\mathbb{R}$ 使得 $Q_{2n-1}(x_0)=0$, 显然 $P_{2n-1}(x_0)=a_{2n-1}Q_{2n-1}(x_0)=0$, 即该奇数阶实系数多项式 $P_{2n-1}(x)$ 至少有一个实根 $x_0\in\mathbb{R}$.

(2) 设 $P_n(x)$ 是 n 阶多项式, 显然 $P_n(x)$ 是连续函数, 而函数 $\mathrm{sgn}y$ 仅在 $y=0$ 处间断. 由复合函数的连续性可知, 函数 $\mathrm{sgn}P_n(x)$ 当且仅当 $P_n(x)=0$ 时不连续, 因此间断点为 $P_n(x)$ 的零点, 而 n 阶多项式的根显然最多有 n 个, 因此结论成立.

(3) 对于 $i=0,1,\cdots,n+1$, 记 $\mathrm{sgn}[(f(x_i)-P_n(x_i))(-1)^i]=:c_i$, 则 $c_i\in\{0,1,-1\}$. 再记

$$\delta:=\min_{0\leqslant i\leqslant n+1}|f(x_i)-P_n(x_i)|,$$

则 $\delta\geqslant 0$. 当 $c_i\equiv 0$ 时, $\delta=0$, 结论显然成立.

当 $c_i\equiv 1$ 时, $\delta>0$. 由习题 13 可知, 存在 f 的最佳逼近多项式 $\widetilde{P}_n$, 使得

$$E_n(f)=\Delta(\widetilde{P}_n)=\sup_{x\in[a,b]}|f(x)-\widetilde{P}_n(x)|.$$

接下来采用反证法. 若 $E_nf<\delta$, 即

$$\sup_{x\in[a,b]}|f(x)-\widetilde{P}_n(x)|<\delta,$$

则 $\forall i\in\{0,1,\cdots,n+1\}$,

$$|f(x_i)-\widetilde{P}_n(x_i)|<\delta.$$

再由

$$(f(x_i)-P_n(x_i))(-1)^i=c_i|f(x_i)-P_n(x_i)|=|f(x_i)-P_n(x_i)|\geqslant\delta$$

可知

$$-\delta<(f(x_i)-\widetilde{P}_n(x_i))(-1)^i<\delta\leqslant(f(x_i)-P_n(x_i))(-1)^i,$$

因此 $\forall i\in\{0,1,\cdots,n+1\}$,

$$(\widetilde{P}_n(x_i)-P_n(x_i))(-1)^i>0,$$

即

$$\mathrm{sgn}[(\widetilde{P}_n(x_i)-P_n(x_i))(-1)^i]=1\equiv c_i=\mathrm{sgn}[(f(x_i)-P_n(x_i))(-1)^i].$$

因为 n 次多项式 $\widetilde{P}_n(x_i)-P_n(x_i)$ 为连续函数, 从而由介值性定理可知其有 $n+1$ 个根, 矛盾. 因此必有

$$E_n(f)\geqslant\delta=\min_{0\leqslant i\leqslant n+1}|f(x_i)-P_n(x_i)|.$$

当 $c_i\equiv-1$ 时, 同理可证结论也成立. □

15. (1) 证明对于任意的 $n\in\mathbb{N}$, 闭区间 $[-1,1]$ 上定义的函数

$$T_n(x)=\cos(n\arccos x)$$

是 n 阶代数多项式 (切比雪夫多项式).

(2) 求出多项式 T_1,T_2,T_3,T_4 的明显的代数表达式并画出它们的图像.

(3) 求出多项式 $T_n(x)$ 在闭区间 $[-1,1]$ 上的根以及量 $|T_n(x)|$ 在闭区间上达到最大值的点.

(4) 证明在 x^n 项的系数为 1 的一切 n 阶多项式当中, 多项式 $2^{1-n}T_n(x)$ 是唯一的与零偏差最小的多项式, 即

$$E_n(0)=\max_{|x|\leqslant1}|2^{1-n}T_n(x)|$$

($E_n(f)$ 的定义见习题 13).

证 (1) 由倍角公式 (虚数单位: $\mathrm{i}^2=-1$)

$$\begin{aligned}\cos n\theta&=\cos^n\theta+\mathrm{i}^2\mathrm{C}_n^2\cos^{n-2}\theta\sin^2\theta+i^4\mathrm{C}_n^4\cos^{n-4}\theta\sin^4\theta+\cdots\\&=\cos^n\theta-\mathrm{C}_n^2\cos^{n-2}\theta\sin^2\theta+\mathrm{C}_n^4\cos^{n-4}\theta\sin^4\theta-\cdots\end{aligned}$$

和 $\cos\arccos x=x$ 及 $\sin\arccos x=\sqrt{1-x^2}$ 可知①

$$\begin{aligned}T_n(x)&=\cos(n\arccos x)=x^n-\mathrm{C}_n^2x^{n-2}(1-x^2)+\mathrm{C}_n^4x^{n-4}(1-x^2)^2-\cdots\\&=x^n+\mathrm{C}_n^2x^{n-2}(x^2-1)+\mathrm{C}_n^4x^{n-4}(x^2-1)^2+\cdots\\&=(1+\mathrm{C}_n^2+\mathrm{C}_n^4+\cdots)x^n+\cdots=2^{n-1}x^n+\cdots,\end{aligned}$$

因此 $T_n(x)$ 是 n 阶代数多项式 (切比雪夫多项式).

(2) 由 (1) 中公式易知

$$\begin{aligned}&T_1=x,\\&T_2=2x^2-1,\end{aligned}$$

① 因为 $2^n=(1+1)^n=(\mathrm{C}_n^0+\mathrm{C}_n^2+\mathrm{C}_n^4+\cdots)+(\mathrm{C}_n^1+\mathrm{C}_n^3+\mathrm{C}_n^5+\cdots)$, $0=0^n=(1+(-1))^n=(\mathrm{C}_n^0+\mathrm{C}_n^2+\mathrm{C}_n^4+\cdots)-(\mathrm{C}_n^1+\mathrm{C}_n^3+\mathrm{C}_n^5+\cdots)$, 所以 $(\mathrm{C}_n^0+\mathrm{C}_n^2+\mathrm{C}_n^4+\cdots)=(\mathrm{C}_n^1+\mathrm{C}_n^3+\mathrm{C}_n^5+\cdots)=2^{n-1}$.

$$T_3 = x^3 + 3x(x^2-1) = 4x^3 - 3x,$$
$$T_4 = x^4 + 6x^2(x^2-1) + (x^2-1)^2 = 8x^4 - 8x^2 + 1.$$

图像略.

注　由和差化积公式可知

$$\cos(n+1)\theta + \cos(n-1)\theta = 2\cos\theta\cos n\theta,$$

因此

$$\cos(n+1)\theta = 2\cos\theta\cos n\theta - \cos(n-1)\theta,$$

故有一般的递推公式

$$T_{n+1}(x) = 2xT_n(x) - T_{n-1}(x), \quad n \in \mathbb{N},$$

其中 $T_0(x) := 1$, $T_1(x) := x$.

(3) 由于 $0 \leqslant n\arccos x \leqslant n\pi$, 所以欲使 $T_n(x) = \cos(n\arccos x) = 0$, 可得

$$n\arccos x = \frac{(2k-1)\pi}{2}, \quad k \in \{1, 2, \cdots, n\},$$

即

$$\arccos x = \frac{(2k-1)\pi}{2n}, \quad k \in \{1, 2, \cdots, n\},$$

所以

$$x = \cos\frac{(2k-1)\pi}{2n}, \quad k \in \{1, 2, \cdots, n\},$$

即 n 个根为

$$x_1 = \cos\frac{\pi}{2n} > x_2 = \cos\frac{3\pi}{2n} > \cdots > x_n = \cos\frac{(2n-1)\pi}{2n}.$$

因此由 (1) 中公式可知

$$T_n(x) = 2^{n-1}(x-x_1)(x-x_2)\cdots(x-x_n).$$

此外, 若 n 为奇数, 则 $x_{\frac{n+1}{2}} = \cos\frac{n\pi}{2n} = 0$. 若 n 为偶数, 则 $\forall k \in \{1, 2, \cdots, n\}$, $x_k \neq 0$.

欲使 $|T_n(x)| = 1$, 则

$$n\arccos x = k\pi, \quad k \in \{0, 1, 2, \cdots, n\},$$

即

$$\arccos x = \frac{k\pi}{n}, \quad k \in \{0, 1, 2, \cdots, n\},$$

因此

$$x=\cos\frac{k\pi}{n},\quad k\in\{0,1,2,\cdots,n\},$$

即 $|T_n(x)|=1$ 在闭区间 $[-1,1]$ 中的 $n+1$ 个点

$$\tilde{x}_0=1>\tilde{x}_1=\cos\frac{\pi}{n}>\tilde{x}_2=\cos\frac{2\pi}{n}>\cdots>\tilde{x}_{n-1}=\cos\frac{(n-1)\pi}{n}>\tilde{x}_n=-1$$

达到最大值, 且还有 $T_n(\tilde{x}_k)=(-1)^k$. 此外, 若 n 为偶数, 则 $\tilde{x}_{\frac{n}{2}}=\cos\frac{\pi}{2}=0$. 若 n 为奇数, 则 $\forall k\in\{1,2,\cdots,n\}$, $\tilde{x}_k\neq 0$.

(4) 记 $\tilde{T}_n(x):=2^{1-n}T_n(x)$, 根据 (3), 我们有 $|\tilde{T}_n(x)|$ 在 $\tilde{x}_k=\cos\frac{k\pi}{n}(k=0,1,\cdots,n)$ 达到最大值, 并且 $\tilde{T}_n(\tilde{x}_k)=(-1)^k 2^{1-n}$. 显然 $\tilde{T}_n(x)$ 是 x^n 项系数为 1 的 n 次多项式. 于是原问题等价于证明: 对于任一 x^n 项系数为 1 的 n 次多项式 $P_n(x)$, 有

$$\max_{-1\leqslant x\leqslant 1}|P_n(x)|\geqslant\max_{-1\leqslant x\leqslant 1}|\tilde{T}_n(x)|=2^{1-n},\tag{$*$}$$

并且如果 $P_n(x)$ 不是 $\tilde{T}_n(x)$, 不等式严格成立.

首先, 我们观察到对于 $f(x),g(x)\in C[a,b]$, 如果 $\max\limits_{a\leqslant x\leqslant b}|f(x)|>\max\limits_{a\leqslant x\leqslant b}|g(x)|$, 则 $f(x)$ 与 $f(x)-g(x)$ 在 $|f(x)|$ 达到最大值的点处有相同的符号. 假如存在一个 $P_n(x)$ 使得 $\max\limits_{-1\leqslant x\leqslant 1}|P_n(x)|<\max\limits_{-1\leqslant x\leqslant 1}|\tilde{T}_n(x)|$, 那么在 $\tilde{x}_k(k=0,1,\cdots,n)$ 处 $\tilde{T}_n(x)-P_n(x)$ 与 $\tilde{T}_n(x)$ 的符号一样, 这意味着 $\tilde{T}_n(x)-P_n(x)$ 在 $[-1,1]$ 上变号 n 次, 然而其是阶不超过 $n-1$ 次的多项式, 于是我们得到矛盾, 因此 $(*)$ 式成立.

唯一性可以由最佳逼近多项式的唯一性得到. 这需要利用切比雪夫定理, 即 n 次多项式 $P_n(x)$ 是 $f\in C[a,b]$ 的最佳逼近多项式的充要条件是 $P_n(x)$ 在 $[a,b]$ 上至少存在 $n+2$ 个切比雪夫交错点①. 这里我们简要证明一下一般的唯一性. 首先观察到如果 $p_n(x),q_n(x)$ 同时为 f 的最佳逼近多项式, 即 $\Delta(p_n)=\Delta(q_n)=E_n(f)$, 那么 $r_n(x):=\frac{p_n(x)+q_n(x)}{2}$ 也是 f 的最佳逼近多项式, 这是由于

$$E_n(f)\leqslant\Delta(r_n)\leqslant\frac{1}{2}\Delta(p_n)+\frac{1}{2}\Delta(q_n)=E_n(f).$$

因此由切比雪夫定理, 存在 $r_n(x)$ 的切比雪夫交错点 $x_0<x_1<\cdots<x_{n+1}$ 使得 $\forall k\in\{0,1,\cdots,n+1\}$, $|f(x_k)-r_n(x_k)|=E_n(f)$. 如果 $f(x_k)-r_n(x_k)=E_n(f)$, 则

$$f(x_k)-r_n(x_k)=\Delta(p_n)\geqslant f(x_k)-p_n(x_k),$$

---

① 对 $f\in C[a,b]$, 若存在点 $x_0<x_1<\cdots<x_{n+1}$ 使得 $f(x_i)-P_n(x_i)=(-1)^i\Delta(P_n)\cdot\alpha$, 其中 $\Delta(P_n)=\max\limits_{x\in[a,b]}|f(x)-P_n(x)|$, 而 α 是等于 1 或 -1 的常数, 则称 $x_0<x_1<\cdots<x_{n+1}$ 为切比雪夫交错点.

即 $p_n(x_k) \geqslant r_n(x_k)$, 再由 $r_n(x_k) = \dfrac{p_n(x_k) + q_n(x_k)}{2}$ 可知 $p_n(x_k) \geqslant q_n(x_k)$. 同理

$$f(x_k) - r_n(x_k) = \Delta(q_n) \geqslant f(x_k) - q_n(x_k),$$

即 $q_n(x_k) \geqslant r_n(x_k)$, 进而 $q_n(x_k) \geqslant p_n(x_k)$. 于是 $p_n(x_k) = q_n(x_k)$. 如果 $f - r_n(x_k) = -E_n(f)$, 通过类似的讨论我们依然有 $p_n(x_k) = q_n(x_k)$. 又由于 $p_n(x)$ 和 $q_n(x)$ 是 n 阶多项式, 那么一定有 $p_n(x) \equiv q_n(x)$. □

第 4 章 微 分 学

4.1 可微函数

一、知识点总结与补充

1. 导数和微分

(1) 一些基本概念:

- 自变量的增量: $\mathrm{d}x(h) = \Delta x(h) = (x+h) - x = h$.
- 函数 (相应于自变量的这个增量) 的增量:

$$\Delta f(x;h) = f(x+h) - f(x) = \mathrm{d}f(x)(h) + o(h) = f'(x)h + o(h).$$

- 导数 (微商):

$$f'(x) = \frac{\mathrm{d}f(x)}{\mathrm{d}x} = \lim_{\substack{h\to 0\\ x+h,x\in E}} \frac{f(x+h)-f(x)}{h}.$$

- 微分: $\mathrm{d}f(x)(h) = f'(x)h$, $\mathrm{d}f(x) = f'(x)\mathrm{d}x$.

(2) 左导数与右导数:

- 左导数:

$$f'_-(x_0) = \lim_{\substack{h\to -0\\ x_0+h,x_0\in E}} \frac{f(x_0+h)-f(x_0)}{h} = \lim_{\substack{h\to +0\\ x_0-h,x_0\in E}} \frac{f(x_0-h)-f(x_0)}{-h}.$$

- 右导数:

$$f'_+(x_0) = \lim_{\substack{h\to +0\\ x_0+h,x_0\in E}} \frac{f(x_0+h)-f(x_0)}{h}.$$

- f 在点 x_0 可导 $\Leftrightarrow f'_-(x_0) = f'_+(x_0)$.

2. 切线与法线

(1) 曲线: $y = f(x)$ 或 $f(x) - y = 0$.

(2) 点: $(x_0, y_0) = (x_0, f(x_0))$.

(3) 切线斜率: $k = f'(x_0)$.

(4) 切线方程: $y - f(x_0) = f'(x_0)(x - x_0)$ 或 $f'(x_0)(x-x_0) - (y-y_0) = 0$.

(5) 法线斜率: $\tilde{k}=-\dfrac{1}{k}=-\dfrac{1}{f'(x_0)}$.

(6) 法线方程: $y-f(x_0)=-\dfrac{1}{f'(x_0)}(x-x_0)$ 或 $(x-x_0)+f'(x_0)(y-y_0)=0$.

(7) 切向量: $\boldsymbol{\tau}=(1,f'(x_0))$.

(8) 法向量: $\boldsymbol{n}=(f'(x_0),-1)$.

3. 可微与连续的关系

在一点处可微的函数必定在此点处连续, 反之则未必.

二、例题讲解

1. 证明: $\forall\alpha>1$, 函数 $f(x)=x^{\alpha}\mathcal{D}(x)$ 仅在点 $x=0$ 处可导.

证　当 $x_0\neq 0$ 时, 由归结原则可知 $f(x)$ 在点 $x_0\neq 0$ 处不连续, 所以不可导. 当 $x_0=0$ 时, $\forall\alpha>1$,

$$\lim_{x\to 0}\frac{f(x)-f(0)}{x-0}=\lim_{x\to 0}x^{\alpha-1}\mathcal{D}(x)=0,$$

所以 $f(x)$ 在点 $x_0=0$ 处可导, 且 $f'(0)=0$. □

2. 设 f 是定义在 $\mathbb{R}$ 上的函数, $f'(0)=1$, 且对任何 $x_1,x_2\in\mathbb{R}$, 都有 $f(x_1+x_2)=f(x_1)\cdot f(x_2)$. 证明: $\forall x\in\mathbb{R}$, 都有 $f'(x)=f(x)$.

证　因为 $f(0)=f(0+0)=f(0)\cdot f(0)$, 所有 $f(0)=0$ 或 $f(0)=1$. 若 $f(0)=0$, 则 $\forall x\in\mathbb{R}$, $f(x)=f(x+0)=f(x)\cdot f(0)=0$, 即 $f(x)\equiv 0$, 因此 $f'(x)\equiv 0$, 与 $f'(0)=1$ 矛盾. 故必有 $f(0)=1$, 因此 $\forall x\in\mathbb{R}$,

$$\begin{aligned}f'(x)&=\lim_{\Delta x\to 0}\frac{f(x+\Delta x)-f(x)}{\Delta x}=\lim_{\Delta x\to 0}\frac{f(x)\cdot f(\Delta x)-f(x)}{\Delta x}\\&=f(x)\lim_{\Delta x\to 0}\frac{f(\Delta x)-1}{\Delta x}=f(x)\lim_{\Delta x\to 0}\frac{f(\Delta x)-f(0)}{\Delta x}=f(x)\cdot f'(0)=f(x).\end{aligned}$$

□

注　事实上, 通过求解微分方程 $f'(x)=f(x)$ 可知这里的函数 $f(x)=\mathrm{e}^x$.

三、习题参考解答 (4.1 节)

1. 设函数

$$f(x)=\begin{cases}x^m\sin\dfrac{1}{x}, & x\neq 0,\\ 0, & x=0,\end{cases}$$

其中 $m\in\mathbb{N}$. 试问:

(1) m 等于何值时, f 在 $x=0$ 连续.

(2) m 等于何值时, f 在 $x=0$ 可导.

证 (1) 当 $m\in\mathbb{N}$ 时, $\lim\limits_{x\to0}x^m\sin\dfrac{1}{x}=0=f(0)$, 所以此时 f 在 $x=0$ 连续.

(2) 当 $m=1$ 时, 显然 $\lim\limits_{x\to0}\dfrac{f(x)-f(0)}{x-0}=\lim\limits_{x\to0}\sin\dfrac{1}{x}$ 不存在, 所以此时 f 在 $x=0$ 不可导. 当 $m\in\mathbb{N}\backslash\{1\}$ 时,

$$\lim_{x\to0}\frac{f(x)-f(0)}{x-0}=\lim_{x\to0}x^{m-1}\sin\frac{1}{x}=0,$$

所以此时 f 在 $x=0$ 可导. □

注 事实上, 由上述证明过程可知, $\forall m\in(0,+\infty)$, f 在 $x=0$ 连续; $\forall m\in(1,+\infty)$, f 在 $x=0$ 可导.

2. 设函数 f 在点 x_0 存在左右导数, 试证: f 在点 x_0 连续.

证 由 f 在点 x_0 存在左导数可知, 当 $\Delta x<0$ 时,

$$\Delta y=f'_-(x_0)\Delta x+o(\Delta x),$$

因此 $\lim\limits_{\Delta x\to-0}\Delta y=0$, 故 f 在点 x_0 左连续. 同理由 f 在点 x_0 存在右导数可知, f 在点 x_0 右连续. 综上可知, f 在点 x_0 连续. □

3. 设 $g(0)=g'(0)=0$,

$$f(x)=\begin{cases}g(x)\sin\dfrac{1}{x}, & x\neq0,\\ 0, & x=0,\end{cases}$$

求 $f'(0)$.

解 因为 $g(0)=g'(0)=0$, 所以

$$g'(0)=\lim_{x\to0}\frac{g(x)-g(0)}{x-0}=\lim_{x\to0}\frac{g(x)}{x}=0,$$

而 $\left|\sin\dfrac{1}{x}\right|\leqslant1$, 因此

$$f'(0)=\lim_{x\to0}\frac{f(x)-f(0)}{x-0}=\lim_{x\to0}\frac{g(x)}{x}\sin\frac{1}{x}=0. \quad □$$

4. 设 $f(x)=x^n+a_1x^{n-1}+\cdots+a_n$ 的最大零点为 x_0. 证明: $f'(x_0)\geqslant0$.

证 x_0 为连续函数 $f(x)$ 的最大零点, 因此由介值性定理可知, $f(x)$ 于 $(x_0,+\infty)$ 恒正或恒负. 又因为 $\lim\limits_{x\to+\infty}f(x)=+\infty$, 所以 $\forall x\in(x_0,+\infty)$, $f(x)>0$, 进而 $\dfrac{f(x)}{x-x_0}>0$. 因此由 f 在 x_0 可导可知

$$f'(x_0)=f'_+(x_0)=\lim_{x\to x_0+0}\frac{f(x)-f(x_0)}{x-x_0}=\lim_{x\to x_0+0}\frac{f(x)}{x-x_0}\geqslant0. \quad □$$

5. 证明: (1) 椭圆

$$\frac{x^2}{a^2}+\frac{y^2}{b^2}=1$$

在点 (x_0,y_0) 处的切线方程是

$$\frac{xx_0}{a^2}+\frac{yy_0}{b^2}=1.$$

(2) 由置于半轴为 $a>b>0$ 的椭圆的两焦点 $F_1=(-\sqrt{a^2-b^2},0)$, $F_2=(\sqrt{a^2-b^2},0)$ 之一处的光源发出的光线被椭圆镜会聚在另一焦点处.

证 (1) 椭圆的方程可以写成

$$y=f(x)=\pm b\sqrt{1-\frac{x^2}{a^2}}=\pm\frac{b}{a}\sqrt{a^2-x^2}.$$

因此当 $y_0\neq 0$ 时,

$$\begin{aligned}f'(x_0)&=\lim_{x\to x_0}\frac{f(x)-f(x_0)}{x-x_0}=\pm\frac{b}{a}\lim_{x\to x_0}\frac{\sqrt{a^2-x^2}-\sqrt{a^2-x_0^2}}{x-x_0}\\&=\pm\frac{b}{a}\lim_{x\to x_0}\frac{(a^2-x^2)-(a^2-x_0^2)}{(x-x_0)(\sqrt{a^2-x^2}+\sqrt{a^2-x_0^2})}\\&=\mp\frac{b}{a}\lim_{x\to x_0}\frac{x_0+x}{\sqrt{a^2-x^2}+\sqrt{a^2-x_0^2}}\\&=\mp\frac{b}{a}\cdot\frac{x_0}{\sqrt{a^2-x_0^2}}=-\frac{b^2}{a^2}\cdot\frac{x_0}{y_0},\end{aligned}$$

故在点 (x_0,y_0) 处的切线方程是

$$y-y_0=-\frac{b^2}{a^2}\cdot\frac{x_0}{y_0}(x-x_0),$$

整理得

$$\frac{x_0(x-x_0)}{a^2}+\frac{y_0(y-y_0)}{b^2}=0.$$

再利用

$$\frac{x_0^2}{a^2}+\frac{y_0^2}{b^2}=1$$

即得

$$\frac{xx_0}{a^2}+\frac{yy_0}{b^2}=1,$$

显然该式对 $y_0=0$ 也成立.

(2) 由 (1) 可知在点 $P=(x_0,y_0)$ 处的法向量为 $\boldsymbol{n}=\left(\frac{x_0}{a^2},\frac{y_0}{b^2}\right)$. 记

$$\boldsymbol{e}_1:=\overrightarrow{PF_1}=(-\sqrt{a^2-b^2}-x_0,-y_0),\quad \boldsymbol{e}_2:=\overrightarrow{PF_2}=(\sqrt{a^2-b^2}-x_0,-y_0).$$

则

$$\begin{aligned}\langle\boldsymbol{e}_1,\boldsymbol{n}\rangle&=-\frac{x_0}{a^2}\sqrt{a^2-b^2}-x_0\frac{x_0}{a^2}-y_0\frac{y_0}{b^2}=-\frac{x_0}{a^2}\sqrt{a^2-b^2}-1,\\ \langle\boldsymbol{e}_2,\boldsymbol{n}\rangle&=\frac{x_0}{a^2}\sqrt{a^2-b^2}-x_0\frac{x_0}{a^2}-y_0\frac{y_0}{b^2}=\frac{x_0}{a^2}\sqrt{a^2-b^2}-1,\end{aligned}$$

故容易算得

$$\cos\widehat{\boldsymbol{e}_1\boldsymbol{n}}=\frac{\langle\boldsymbol{e}_1,\boldsymbol{n}\rangle}{|\boldsymbol{e}_1||\boldsymbol{n}|}=-\frac{1}{a}\cdot\frac{1}{|\boldsymbol{n}|},$$

且

$$\cos\widehat{\boldsymbol{e}_2\boldsymbol{n}}=\frac{\langle\boldsymbol{e}_2,\boldsymbol{n}\rangle}{|\boldsymbol{e}_2||\boldsymbol{n}|}=-\frac{1}{a}\cdot\frac{1}{|\boldsymbol{n}|}.$$

因此 $\cos\widehat{\boldsymbol{e}_1\boldsymbol{n}}=\cos\widehat{\boldsymbol{e}_2\boldsymbol{n}}$, 这就说明了置于椭圆的两焦点 F_1 与 F_2 之一处的光源发出的光线被椭圆镜会聚在另一焦点处. □

6. 处处不可导的连续周期函数例子. 置

$$\Psi_0(x)=\begin{cases}x, & 0\leqslant x\leqslant\frac{1}{2},\\ 1-x, & \frac{1}{2}\leqslant x\leqslant 1,\end{cases}$$

并以周期 1 延拓这个函数到全数轴. 延拓后的周期函数用 φ_0 表示. 还设

$$\varphi_n(x)=\frac{1}{4^n}\varphi_0(4^nx).$$

函数 φ_n 周期为 4^{-n}, 且除了点 $x=\frac{k}{2^{2n+1}}(k\in\mathbb{Z})$ 以外处处有导数, 导数等于 1 或 -1. 设

$$f(x)=\sum_{n=1}^{\infty}\varphi_n(x).$$

证明: 函数 f 在 $\mathbb{R}$ 上有定义且连续, 但处处没有导数 (这个例子属于现代著名的荷兰数学家范德瓦尔登. 没有导数的连续函数的最初的例子是由波尔察诺 (1830 年) 和魏尔斯特拉斯 (1860 年) 构造的).

证 首先, $\forall x\in\mathbb{R}$, 显然 $0\leqslant\varphi_0(x)\leqslant\frac{1}{2}$. 因此 $\forall n\in\mathbb{N}$, $\varphi_n(x)\geqslant 0$, 即级数 $\sum\limits_{n=1}^{\infty}\varphi_n(x)$ 为正项级数. 又由

$$\varphi_n(x)\leqslant\frac{1}{2}\cdot\frac{1}{4^n}$$

和正项等比级数 $\sum\limits_{n=1}^{\infty}\dfrac{1}{4^n}$ 收敛, 可知级数 $\sum\limits_{n=1}^{\infty}\varphi_n(x)$ 对任意的 $x\in\mathbb{R}$ 收敛, 即函数 f 在 $\mathbb{R}$ 上有定义. 又因为 $\forall x\in\mathbb{R}$,

$$f\left(x+\frac{1}{4}\right)=\sum_{n=1}^{\infty}\varphi_n\left(x+\frac{1}{4}\right)=\sum_{n=1}^{\infty}\varphi_n\left(x+4^{n-1}\frac{1}{4^n}\right)=\sum_{n=1}^{\infty}\varphi_n(x)=f(x),$$

且 $\forall t\in\left(0,\dfrac{1}{4}\right)$,

$$f(0+t)=f(t)=\sum_{n=1}^{\infty}\varphi_n(t)\geqslant\varphi_1(t)>0=f(0),$$

所以 f 还是以 $\dfrac{1}{4}$ 为最小正周期的周期函数.

下面证明 f 的连续性. 任意固定 $x_0\in\mathbb{R}$, $\forall\varepsilon>0$, 因为 $\sum\limits_{n=1}^{\infty}\dfrac{1}{4^n}$ 收敛, 所以由级数的柯西收敛准则可知, $\exists N\in\mathbb{N}$ 使得, $\sum\limits_{n=N+1}^{\infty}\dfrac{1}{4^n}<\dfrac{\varepsilon}{2}$. 再由 φ_0 的连续性可知, $\forall n\in\{1,2,\cdots,N\}$, $\varphi_n(x)$ 也在 $\mathbb{R}$ 上连续, 因此 $\exists\delta_n>0$, 使得 $\forall x\in U^{\delta_n}(x_0)$,

$$|\varphi_n(x)-\varphi_n(x_0)|<\frac{\varepsilon}{2N}.$$

现在令 $\delta:=\min\{\delta_1,\delta_2,\cdots,\delta_N\}$, 则 $\delta>0$, 且 $\forall x\in U^{\delta}(x_0)$, 我们有

$$\begin{aligned}|f(x)-f(x_0)|&=\left|\sum_{n=1}^{N}(\varphi_n(x)-\varphi_n(x_0))+\sum_{n=N+1}^{\infty}(\varphi_n(x)-\varphi_n(x_0))\right|\\&\leqslant\sum_{n=1}^{N}|\varphi_n(x)-\varphi_n(x_0)|+\sum_{n=N+1}^{\infty}(\varphi_n(x)+\varphi_n(x_0))\\&\leqslant N\cdot\frac{\varepsilon}{2N}+2\cdot\frac{1}{2}\cdot\sum_{n=N+1}^{\infty}\frac{1}{4^n}<\frac{\varepsilon}{2}+\frac{\varepsilon}{2}=\varepsilon.\end{aligned}$$

因此 f 在点 x_0 连续, 再由 $x_0\in\mathbb{R}$ 的任意性可知 f 在 $\mathbb{R}$ 上连续.

最后我们来证明 f 处处没有导数. 任意固定 $x_0\in\mathbb{R}$, 显然 $\exists x_1\in\left\{x_0+\dfrac{1}{4},x_0-\dfrac{1}{4}\right\}$ 使得

$$\frac{\varphi_0(x_1)-\varphi_0(x_0)}{x_1-x_0}\in\{1,-1\}.$$

同理, $\exists x_2\in\left\{x_0+\dfrac{1}{4^2},x_0-\dfrac{1}{4^2}\right\}$ 使得

$$\frac{\varphi_1(x_2)-\varphi_1(x_0)}{x_2-x_0}\in\{1,-1\}.$$

以此类推, 可知 $\forall n\in\mathbb{N}, \exists x_n\in\left\{x_0+\dfrac{1}{4^n}, x_0-\dfrac{1}{4^n}\right\}$ 使得

$$\frac{\varphi_{n-1}(x_n)-\varphi_{n-1}(x_0)}{x_n-x_0}\in\{1,-1\}. \tag{$*$}$$

显然当 $n\to\infty$ 时, $x_n\to x_0$. 固定 n, 当 $k\geqslant n$ 时,

$$\varphi_k\Big(x_0\pm\frac{1}{4^n}\Big)=\varphi_k\Big(x_0\pm 4^{k-n}\frac{1}{4^k}\Big)=\varphi_k(x_0),$$

所以 $\varphi_k(x_n)-\varphi_k(x_0)=0(\forall k\geqslant n)$. 又由 $(*)$ 式和 $\varphi_k(x)$ 的定义可知, 当 $1\leqslant k\leqslant n-1$ 时,

$$\frac{\varphi_k(x_n)-\varphi_k(x_0)}{x_n-x_0}\in\{1,-1\}. \tag{$**$}$$

因此, 当 $n\geqslant 2$ 时我们有

$$\frac{f(x_n)-f(x_0)}{x_n-x_0}=\sum_{k=1}^{\infty}\frac{\varphi_k(x_n)-\varphi_k(x_0)}{x_n-x_0}=\sum_{k=1}^{n-1}\frac{\varphi_k(x_n)-\varphi_k(x_0)}{x_n-x_0}.$$

记

$$\Delta_n:=\frac{f(x_n)-f(x_0)}{x_n-x_0},$$

则由 $(**)$ 式可知, 当 n 是奇数时 Δ_n 是偶数, 而当 n 是偶数时 Δ_n 是奇数, 由此即得

$$\lim_{n\to\infty}\frac{f(x_n)-f(x_0)}{x_n-x_0}=\lim_{n\to\infty}\Delta_n$$

不存在, 再由归结原则和 $x_0\in\mathbb{R}$ 的任意性即知 f 处处没有导数. □

注 将这里的 $\varphi_n(x)=\dfrac{1}{4^n}\varphi_0(4^nx)$ 换成 $\tilde{\varphi}_n(x)=\dfrac{1}{p^n}\varphi_0(p^nx)$(其中 $p\in\mathbb{N}\backslash\{1\}$), 结论还是成立的.

4.2 微分的基本法则

一、知识点总结与补充

1. 四则运算的微分法

(1) $(f+g)'(x)=(f'+g')(x)$.

(2) $(fg)'(x)=f'(x)g(x)+f(x)g'(x)$.

(3) $\left(\dfrac{f}{g}\right)'(x)=\dfrac{f'(x)g(x)-f(x)g'(x)}{g^2(x)}$, $g(x)\neq 0$.

2. 反函数的微分法

(1) 反函数的导数: 设函数 $y=f(x):X\to Y$ 和 $x=f^{-1}(y):Y\to X$ 互为反函数, 且分别在点 $x_0\in X$ 和 $f(x_0)=y_0\in Y$ 处连续. 如果函数 f 在点 x_0 处可微且 $f'(x_0)\neq 0$, 那么, 函数 f^{-1} 在点 y_0 也可微且

$$(f^{-1})'(y_0)=(f'(x_0))^{-1}.$$

(2) 一般公式:

$$(f^{-1})'(y)=\frac{\mathrm{d}x}{\mathrm{d}y}=\left(\frac{\mathrm{d}y}{\mathrm{d}x}\right)^{-1}=(f'(x))^{-1}=\big(f'(f^{-1}(y))\big)^{-1}.$$

(3) 双曲函数:

- 双曲正弦: $\sinh x=\dfrac{1}{2}(\mathrm{e}^x-\mathrm{e}^{-x})$.
- 双曲余弦: $\cosh x=\dfrac{1}{2}(\mathrm{e}^x+\mathrm{e}^{-x})$.
- 双曲正切: $\tanh x=\dfrac{\sinh x}{\cosh x}$.
- 双曲余切: $\coth x=\dfrac{\cosh x}{\sinh x}$.

(4) 反双曲函数:

- 面积正弦: $\operatorname{arsinh} y=\ln\left(y+\sqrt{1+y^2}\right):\mathbb{R}\to\mathbb{R}$.
- 面积余弦: $\operatorname{arcosh}_{\pm}y=\ln\left(y\pm\sqrt{y^2-1}\right):(1,\infty)\to\mathbb{R}$.
- 面积正切: $\operatorname{artanh} y=\dfrac{1}{2}\ln\dfrac{1+y}{1-y},\ |y|<1$.
- 面积余切: $\operatorname{arcoth} y=\dfrac{1}{2}\ln\dfrac{y+1}{y-1},\ |y|>1$.

3. 复合函数的微分法

(1) 复合函数的导数: 如果函数 $f:X\to Y\subset\mathbb{R}$ 在点 $x_0\in X$ 处可导, 而函数 $g:Y\to\mathbb{R}$ 在点 $y_0=f(x_0)\in Y$ 处可导, 那么这两个函数的复合 $(g\circ f):X\to\mathbb{R}$ 在点 x_0 处可导, 并且

$$(g\circ f)'(x_0)=g'(y_0)f'(x_0)=g'(f(x_0))f'(x_0)$$

或表示成

$$\left.\frac{\mathrm{d}(g\circ f)(x)}{\mathrm{d}x}\right|_{x=x_0}=\left.\frac{\mathrm{d}g(y)}{\mathrm{d}y}\right|_{y=f(x_0)}\cdot\left.\frac{\mathrm{d}f(x)}{\mathrm{d}x}\right|_{x=x_0}.$$

(2) 链式法则: $z=z(y)$, $y=y(x)$,

$$\frac{\mathrm{d}z}{\mathrm{d}x}=\frac{\mathrm{d}z}{\mathrm{d}y}\cdot\frac{\mathrm{d}y}{\mathrm{d}x}.$$

4. 基本初等函数的导数表

(1) $(C)' = 0 \quad (C$ 为常数).

(2) $(x^\alpha)' = \alpha x^{\alpha-1} \quad$ (当 $\alpha \in \mathbb{R}$ 时 $x > 0$; 当 $\alpha \in \mathbb{N}$ 时 $x \in \mathbb{R}$).

(3) $(a^x)' = a^x \ln a \quad (a > 0, a \neq 1)$.

(4) $(\log_a |x|)' = \dfrac{1}{x \ln a} \quad (x \in \mathbb{R}\backslash\{0\}$, 其中 $a > 0, a \neq 1)$.

(5) $(\sin x)' = \cos x$.

(6) $(\cos x)' = -\sin x$.

(7) $(\tan x)' = \dfrac{1}{\cos^2 x} = \sec^2 x \quad \left(x \neq \dfrac{\pi}{2} + k\pi, k \in \mathbb{Z}\right)$.

(8) $(\cot x)' = -\dfrac{1}{\sin^2 x} = -\csc^2 x \quad (x \neq k\pi, k \in \mathbb{Z})$.

(9) $(\sec x)' = \left(\dfrac{1}{\cos x}\right)' = \dfrac{\sin x}{\cos^2 x} = \sec x \tan x \quad \left(x \neq \dfrac{\pi}{2} + k\pi, k \in \mathbb{Z}\right)$.

(10) $(\csc x)' = \left(\dfrac{1}{\sin x}\right)' = -\dfrac{\cos x}{\sin^2 x} = -\csc x \cot x \quad (x \neq k\pi, k \in \mathbb{Z})$.

(11) $(\arcsin x)' = \dfrac{1}{\sqrt{1-x^2}} \quad (|x| < 1)$.

(12) $(\arccos x)' = -\dfrac{1}{\sqrt{1-x^2}} \quad (|x| < 1)$.

(13) $(\arctan x)' = \dfrac{1}{1+x^2}$.

(14) $(\mathrm{arccot} x)' = -\dfrac{1}{1+x^2}$.

(15) $(\sinh x)' = \cosh x$.

(16) $(\cosh x)' = \sinh x$.

(17) $(\tanh x)' = \dfrac{1}{\cosh^2 x}$.

(18) $(\coth x)' = -\dfrac{1}{\sinh^2 x} \quad (x \neq 0)$.

(19) $(\mathrm{arsinh}\, x)' = \left(\ln(x + \sqrt{x^2+1})\right)' = \dfrac{1}{\sqrt{1+x^2}}$.

(20) $(\mathrm{arcosh}\, x)' = \left(\ln(x \pm \sqrt{x^2-1})\right)' = \pm\dfrac{1}{\sqrt{x^2-1}} \quad (x > 1)$.

(21) $(\mathrm{artanh}\, x)' = \left(\dfrac{1}{2} \ln \dfrac{1+x}{1-x}\right)' = \dfrac{1}{1-x^2} \quad (|x| < 1)$.

(22) $(\mathrm{arcoth}\, x)' = \left(\dfrac{1}{2} \ln \dfrac{x+1}{x-1}\right)' = \dfrac{1}{1-x^2} \quad (|x| > 1)$.

5. 高阶导数和高阶微分

(1) 高阶导数的记号: $f^{(0)}(x) := f(x)$, $f'(x) = \dfrac{\mathrm{d}f(x)}{\mathrm{d}x}$, $f''(x) = \dfrac{\mathrm{d}^2 f(x)}{\mathrm{d}x^2}$, $f'''(x) = \dfrac{\mathrm{d}^3 f(x)}{\mathrm{d}x^3}$, $f^{(n)}(x) = \dfrac{\mathrm{d}^n f(x)}{\mathrm{d}x^n}(n \in \mathbb{N} \cup \{0\})$.

(2) 高阶微分的记号: $\mathrm{d}^n f(x) = f^{(n)}(x)\mathrm{d}x^n$.

(3) 集合上的 n 阶连续可微函数: $f^{(n)}(x) \in C(E;\mathbb{R})$. 记号: $C^{(n)}(E;\mathbb{R})$, 或简记为 $C^n(E)$, 特别地, $C^{(0)}(E) = C(E)$.

(4) 高阶导数的莱布尼茨公式:

$$(uv)^{(n)} = \sum_{m=0}^{n} \mathrm{C}_n^m u^{(n-m)} v^{(m)}.$$

6. 最简单的隐函数 (参数方程) 的微分法

(1) 参数方程: t 为参数,

$$\begin{cases} x = x(t), \\ y = y(t). \end{cases}$$

(2) 一阶导数:

$$\frac{\mathrm{d}y}{\mathrm{d}x} = \frac{\dfrac{\mathrm{d}y}{\mathrm{d}t}}{\dfrac{\mathrm{d}x}{\mathrm{d}t}} = \frac{y'_t}{x'_t}.$$

(3) 二阶导数:

$$\frac{\mathrm{d}^2 y}{\mathrm{d}x^2} = \frac{\mathrm{d}\left(\dfrac{\mathrm{d}y}{\mathrm{d}x}\right)}{\mathrm{d}x} = \frac{\dfrac{\mathrm{d}\left(\dfrac{\mathrm{d}y}{\mathrm{d}x}\right)}{\mathrm{d}t}}{\dfrac{\mathrm{d}x}{\mathrm{d}t}} = \frac{\left(\dfrac{y'_t}{x'_t}\right)'_t}{x'_t} = \frac{\dfrac{y''_{tt}x'_t - y'_t x''_{tt}}{(x'_t)^2}}{x'_t} = \frac{y''_{tt}x'_t - y'_t x''_{tt}}{(x'_t)^3}.$$

二、例题讲解

1. 对数求导法. 设

$$y = \frac{(x+4)^5 (x-3)^{\frac{1}{4}}}{(x-2)^3 (x+1)^{\frac{1}{2}}}, \quad x > 3,$$

求 y'.

解 两边取对数得

$$\ln y = 5\ln(x+4) + \frac{1}{4}\ln(x-3) - 3\ln(x-2) - \frac{1}{2}\ln(x+1),$$

再由复合函数的链式求导法则可知

$$\frac{y'}{y}=\frac{5}{x+4}+\frac{1}{4(x-3)}-\frac{3}{x-2}-\frac{1}{2(x+1)},$$

因此

$$y'=y\cdot\frac{y'}{y}=\frac{(x+4)^5(x-3)^{\frac{1}{4}}}{(x-2)^3(x+1)^{\frac{1}{2}}}\left(\frac{5}{x+4}+\frac{1}{4(x-3)}-\frac{3}{x-2}-\frac{1}{2(x+1)}\right).\quad\square$$

2. 极坐标下的导数公式. 设曲线在极坐标下的方程为 $\rho=\rho(\theta)$, 显然其直角坐标为

$$\begin{cases}x=\rho\cos\theta=\rho(\theta)\cos\theta,\\ y=\rho\sin\theta=\rho(\theta)\sin\theta,\end{cases}$$

求 $\dfrac{\mathrm{d}y}{\mathrm{d}x}$.

解　由参数方程的导数公式可知

$$\frac{\mathrm{d}y}{\mathrm{d}x}=\frac{\dfrac{\mathrm{d}y}{\mathrm{d}\theta}}{\dfrac{\mathrm{d}x}{\mathrm{d}\theta}}=\frac{\rho'(\theta)\sin\theta+\rho(\theta)\cos\theta}{\rho'(\theta)\cos\theta-\rho(\theta)\sin\theta}.\quad\square$$

3. 设

$$f(x)=\begin{cases}\ln(x^2-3), & x\geqslant 2,\\ 3x^2-8x+4, & x<2,\end{cases}$$

求 $f'(x)$.

解　当 $x>2$ 时, $f'(x)=\dfrac{2x}{x^2-3}$. 当 $x<2$ 时, $f'(x)=6x-8$. 当 $x=2$ 时,

$$\begin{aligned}f'_+(2)&=\lim_{x\to 2+0}\frac{f(x)-f(2)}{x-2}=\lim_{x\to 2+0}\frac{\ln(x^2-3)-0}{x-2}\\&=\lim_{x\to 2+0}\frac{\ln(1+(x^2-4))}{x^2-4}\cdot(x+2)=1\cdot 4=4,\end{aligned}$$

$$\begin{aligned}f'_-(2)&=\lim_{x\to 2-0}\frac{f(x)-f(2)}{x-2}=\lim_{x\to 2-0}\frac{3x^2-8x+4-0}{x-2}\\&=\lim_{x\to 2-0}\frac{(x-2)(3x-2)}{x-2}=\lim_{x\to 2-0}(3x-2)=4,\end{aligned}$$

因此 $f'(2)=4$, 故

$$f'(x)=\begin{cases}\dfrac{2x}{x^2-3}, & x\geqslant 2,\\ 6x-8, & x<2.\end{cases}\quad\square$$

4. 设 $f(x)=\arctan\dfrac{1}{x}$, 计算 $f'(x)$.

解　可以直接求复合函数的导数, 也可以根据公式

$$\arctan\frac{1}{x}+\arctan x=\frac{\pi}{2}$$

直接得到 $f'(x)=-\dfrac{1}{1+x^2}$. □

三、习题参考解答 (4.2 节)

1. 求下列函数的导函数.

(1) $y=\ln(\ln x)$.　　(2) $y=\ln(x+\sqrt{1+x^2})$.

(3) $y=2^{\sin x}$.　　(4) $y=x^{x^x}$.

解　(1) $y'=\dfrac{1}{\ln x}\cdot\dfrac{1}{x}=\dfrac{1}{x\ln x}$.

(2) $y'=\dfrac{1}{x+\sqrt{1+x^2}}\cdot\left(1+\dfrac{x}{\sqrt{1+x^2}}\right)=\dfrac{1}{x+\sqrt{1+x^2}}\cdot\dfrac{\sqrt{1+x^2}+x}{\sqrt{1+x^2}}=\dfrac{1}{\sqrt{1+x^2}}$.

(3) $y'=2^{\sin x}\cdot\ln 2\cdot\cos x$.

(4) 采用对数求导法. 对 $y=x^{x^x}$ 两边取对数得 $\ln y=x^x\ln x$, 再取对数得 $\ln(\ln y)=x\ln x+\ln(\ln x)$, 两边求导得

$$\frac{1}{\ln y}\cdot\frac{1}{y}\cdot y'=\ln x+x\cdot\frac{1}{x}+\frac{1}{\ln x}\cdot\frac{1}{x},$$

因此

$$\begin{aligned}y'&=y\cdot\ln y\cdot\left(\ln x+1+\frac{1}{x\ln x}\right)\\&=x^{x^x}\cdot x^x\ln x\cdot\left(\ln x+1+\frac{1}{x\ln x}\right)\\&=x^{x^x}\cdot x^x\cdot\left(\ln^2 x+\ln x+\frac{1}{x}\right).\end{aligned}$$

□

2. 求下列由参量方程所确定的导数 $\dfrac{\mathrm{d}y}{\mathrm{d}x}$.

(1) $\begin{cases}x=\cos^4 t,\\ y=\sin^4 t,\end{cases}\quad t=\dfrac{\pi}{3}$.　　(2) $\begin{cases}x=\dfrac{t}{1+t},\\ y=\dfrac{1-t}{1+t},\end{cases}\quad t>0$.

解 (1) $\dfrac{\mathrm{d}y}{\mathrm{d}t}=4\sin^3 t\cos t$, $\dfrac{\mathrm{d}x}{\mathrm{d}t}=-4\cos^3 t\sin t$, 所以

$$\frac{\mathrm{d}y}{\mathrm{d}x}=\frac{\frac{\mathrm{d}y}{\mathrm{d}t}}{\frac{\mathrm{d}x}{\mathrm{d}t}}=\frac{4\sin^3 t\cos t}{-4\cos^3 t\sin t}=-\tan^2 t,$$

故 $\left.\dfrac{\mathrm{d}y}{\mathrm{d}x}\right|_{t=\frac{\pi}{3}}=-\tan^2\dfrac{\pi}{3}=-3$.

(2) $\dfrac{\mathrm{d}y}{\mathrm{d}t}=\dfrac{-2}{(1+t)^2}$, $\dfrac{\mathrm{d}x}{\mathrm{d}t}=\dfrac{1}{(1+t)^2}$, 所以

$$\frac{\mathrm{d}y}{\mathrm{d}x}=\frac{\frac{\mathrm{d}y}{\mathrm{d}t}}{\frac{\mathrm{d}x}{\mathrm{d}t}}=\frac{\frac{-2}{(1+t)^2}}{\frac{1}{(1+t)^2}}=-2,\quad t>0.$$ □

3. 设曲线方程 $x=1-t^2$, $y=t-t^2$, 求它在下列点处的切线方程与法线方程.

(1) $t=1$. (2) $t=\dfrac{\sqrt{2}}{2}$.

解 $\dfrac{\mathrm{d}y}{\mathrm{d}t}=1-2t$, $\dfrac{\mathrm{d}x}{\mathrm{d}t}=-2t$, 所以

$$\frac{\mathrm{d}y}{\mathrm{d}x}=\frac{\frac{\mathrm{d}y}{\mathrm{d}t}}{\frac{\mathrm{d}x}{\mathrm{d}t}}=\frac{1-2t}{-2t}.$$

(1) $t=1$, $x(1)=0$, $y(1)=0$, $\left.\dfrac{\mathrm{d}y}{\mathrm{d}x}\right|_{t=1}=\left.\dfrac{1-2t}{-2t}\right|_{t=1}=\dfrac{1}{2}$. 因此切线方程为 $y-0=\dfrac{1}{2}(x-0)$, 即 $y=\dfrac{1}{2}x$. 又法线方程为 $y-0=-2(x-0)$, 即 $y=-2x$.

(2) $t=\dfrac{\sqrt{2}}{2}$, $x\left(\dfrac{\sqrt{2}}{2}\right)=\dfrac{1}{2}$, $y\left(\dfrac{\sqrt{2}}{2}\right)=\dfrac{\sqrt{2}-1}{2}$, $\left.\dfrac{\mathrm{d}y}{\mathrm{d}x}\right|_{t=\frac{\sqrt{2}}{2}}=\left.\dfrac{1-2t}{-2t}\right|_{t=\frac{\sqrt{2}}{2}}=\dfrac{2-\sqrt{2}}{2}$. 因此切线方程为 $y-\dfrac{\sqrt{2}-1}{2}=\dfrac{2-\sqrt{2}}{2}\left(x-\dfrac{1}{2}\right)$, 即 $y=\dfrac{2-\sqrt{2}}{2}x+\dfrac{3\sqrt{2}-4}{4}$. 又法线方程为 $y-\dfrac{\sqrt{2}-1}{2}=\dfrac{2}{\sqrt{2}-2}\left(x-\dfrac{1}{2}\right)=-(\sqrt{2}+2)\left(x-\dfrac{1}{2}\right)$, 即 $y=-(\sqrt{2}+2)x+\dfrac{2\sqrt{2}+1}{2}$. □

4. 证明曲线

$$\begin{cases} x = a(\cos t + t\sin t), \\ y = a(\sin t - t\cos t) \end{cases}$$

上任一点的法线到原点距离等于 a.

证　任取 t_0, 对应点为 $(x_0, y_0) = (a(\cos t_0 + t_0 \sin t_0), a(\sin t_0 - t_0 \cos t_0))$. 又因为

$$\frac{\mathrm{d}y}{\mathrm{d}x} = \frac{\frac{\mathrm{d}y}{\mathrm{d}t}}{\frac{\mathrm{d}x}{\mathrm{d}t}} = \frac{a(\cos t - \cos t + t\sin t)}{a(-\sin t + \sin t + t\cos t)} = \frac{\sin t}{\cos t} = \tan t,$$

所以在 (x_0, y_0) 的法线斜率为 $-\cot t_0$, 进而法线方程为 $y - a(\sin t_0 - t_0\cos t_0) = -\cot t_0(x - a(\cos t_0 + t_0 \sin t_0))$, 即 $x\cos t_0 + y\sin t_0 - a = 0$, 因此该法线到原点的距离

$$d = \frac{|\cos t_0 \cdot 0 + \sin t_0 \cdot 0 - a|}{\sqrt{\cos^2 t_0 + \sin^2 t_0}} = a. \qquad \square$$

5. 设 f 为二阶可导函数, 求下列各函数的二阶导数.

(1) $y = f(\ln x)$.　　(2) $y = f(x^5)$.　　(3) $y = f(f(x))$.

解　(1) $y' = f'(\ln x) \cdot \dfrac{1}{x}$, 因此

$$y'' = f''(\ln x) \cdot \frac{1}{x} \cdot \frac{1}{x} + f'(\ln x) \cdot \left(-\frac{1}{x^2}\right) = \frac{f''(\ln x) - f'(\ln x)}{x^2}.$$

(2) $y' = f'(x^5) \cdot 5x^4$, 因此

$$y'' = f''(x^5) \cdot 5x^4 \cdot 5x^4 + f'(x^5) \cdot 20x^3 = 5x^3\big(5x^5 f''(x^5) + 4f'(x^5)\big).$$

(3) $y' = f'(f(x)) \cdot f'(x)$, 因此

$$y'' = f''(f(x)) \cdot \big(f'(x)\big)^2 + f'(f(x)) \cdot f''(x). \qquad \square$$

6. 求下列各函数的 n 阶导数.

(1) $y = \dfrac{1}{x(1-x)}$.　　(2) $y = \dfrac{x^n}{1-x}$.

解　(1) $y = \dfrac{1}{x(1-x)} = \dfrac{1}{x} - \dfrac{1}{x-1}$, 所以

$$\begin{aligned} y^{(n)} &= (-1)^n n! x^{-(n+1)} - (-1)^n n!(x-1)^{-(n+1)} \\ &= (-1)^n n! x^{-(n+1)} + (-1)^{n+1} n!(x-1)^{-(n+1)} \\ &= (-1)^n n! x^{-(n+1)} + n!(1-x)^{-(n+1)} \\ &= n!\left(\frac{(-1)^n}{x^{n+1}} + \frac{1}{(1-x)^{n+1}}\right). \end{aligned}$$

(2)

$$y=\frac{x^n}{1-x}=\frac{x^n-1+1}{1-x}=\frac{1}{1-x}-\frac{1-x^n}{1-x}=-\frac{1}{x-1}-\sum_{k=0}^{n-1}x^k,$$

因此

$$y^{(n)}=-\left(\frac{1}{x-1}\right)^{(n)}-0=-(-1)^n n!(x-1)^{-(n+1)}=\frac{n!}{(1-x)^{n+1}}.\qquad\square$$

7. 求下列由参量方程所确定的函数的二阶导数 $\dfrac{\mathrm{d}^2y}{\mathrm{d}x^2}$.

(1) $\begin{cases}x=a\cos^3 t,\\ y=a\sin^3 t.\end{cases}$　　(2) $\begin{cases}x=\mathrm{e}^t\cos t,\\ y=\mathrm{e}^t\sin t.\end{cases}$

解　(1) $\dfrac{\mathrm{d}y}{\mathrm{d}t}=3a\sin^2 t\cos t$, $\dfrac{\mathrm{d}x}{\mathrm{d}t}=-3a\cos^2 t\sin t$, 所以

$$\frac{\mathrm{d}y}{\mathrm{d}x}=\frac{\frac{\mathrm{d}y}{\mathrm{d}t}}{\frac{\mathrm{d}x}{\mathrm{d}t}}=\frac{3a\sin^2 t\cos t}{-3a\cos^2 t\sin t}=-\tan t.$$

因此

$$\frac{\mathrm{d}^2y}{\mathrm{d}x^2}=\frac{\frac{\mathrm{d}\left(\frac{\mathrm{d}y}{\mathrm{d}x}\right)}{\mathrm{d}t}}{\frac{\mathrm{d}x}{\mathrm{d}t}}=\frac{-(\tan t)'}{-3a\cos^2 t\sin t}=\frac{-\frac{1}{\cos^2 t}}{-3a\cos^2 t\sin t}=\frac{1}{3a\cos^4 t\sin t}.$$

(2) $\dfrac{\mathrm{d}y}{\mathrm{d}t}=\mathrm{e}^t\sin t+\mathrm{e}^t\cos t=\mathrm{e}^t(\cos t+\sin t)$, $\dfrac{\mathrm{d}x}{\mathrm{d}t}=\mathrm{e}^t\cos t-\mathrm{e}^t\sin t=\mathrm{e}^t(\cos t-\sin t)$, 所以

$$\frac{\mathrm{d}y}{\mathrm{d}x}=\frac{\frac{\mathrm{d}y}{\mathrm{d}t}}{\frac{\mathrm{d}x}{\mathrm{d}t}}=\frac{\mathrm{e}^t(\cos t+\sin t)}{\mathrm{e}^t(\cos t-\sin t)}=\frac{\cos t+\sin t}{\cos t-\sin t}.$$

因此

$$\frac{\mathrm{d}^2y}{\mathrm{d}x^2}=\frac{\frac{\mathrm{d}\left(\frac{\mathrm{d}y}{\mathrm{d}x}\right)}{\mathrm{d}t}}{\frac{\mathrm{d}x}{\mathrm{d}t}}=\frac{\left(\frac{\cos t+\sin t}{\cos t-\sin t}\right)'}{\mathrm{e}^t(\cos t-\sin t)}$$

$$= \frac{(\cos t - \sin t)^2 + (\cos t + \sin t)^2}{\mathrm{e}^t(\cos t - \sin t)^3} = \frac{2}{\mathrm{e}^t(\cos t - \sin t)^3}. \qquad \square$$

8. 设函数 $y = f(x)$ 在点 x 三阶可导, 且 $f'(x) \neq 0$. 若 $f(x)$ 存在反函数 $x = f^{-1}(y)$, 试用 $f'(x)$, $f''(x)$ 以及 $f'''(x)$ 表示 $(f^{-1})'''(y)$.

解 由反函数的导数公式可知

$$(f^{-1})'(y) = \frac{\mathrm{d}x}{\mathrm{d}y} = \left(\frac{\mathrm{d}y}{\mathrm{d}x}\right)^{-1} = \frac{1}{f'(x)},$$

因此

$$\begin{aligned}(f^{-1})''(y) &= \frac{\mathrm{d}^2x}{\mathrm{d}y^2} = \frac{\mathrm{d}}{\mathrm{d}y}\left(\frac{\mathrm{d}x}{\mathrm{d}y}\right) = \frac{\mathrm{d}}{\mathrm{d}x}\left(\frac{\mathrm{d}x}{\mathrm{d}y}\right) \cdot \frac{\mathrm{d}x}{\mathrm{d}y} \\ &= \frac{\mathrm{d}}{\mathrm{d}x}\left(\frac{1}{f'(x)}\right) \cdot \frac{1}{f'(x)} = -\frac{f''(x)}{\big(f'(x)\big)^2} \cdot \frac{1}{f'(x)} = -\frac{f''(x)}{\big(f'(x)\big)^3},\end{aligned}$$

故

$$\begin{aligned}(f^{-1})'''(y) &= \frac{\mathrm{d}^3x}{\mathrm{d}y^3} = \frac{\mathrm{d}}{\mathrm{d}y}\left(\frac{\mathrm{d}^2x}{\mathrm{d}y^2}\right) = \frac{\mathrm{d}}{\mathrm{d}x}\left(\frac{\mathrm{d}^2x}{\mathrm{d}y^2}\right) \cdot \frac{\mathrm{d}x}{\mathrm{d}y} \\ &= \frac{\mathrm{d}}{\mathrm{d}x}\left(-\frac{f''(x)}{\big(f'(x)\big)^3}\right) \cdot \frac{1}{f'(x)} \\ &= -\frac{f'''(x)\big(f'(x)\big)^3 - f''(x) \cdot 3\big(f'(x)\big)^2 f''(x)}{\big(f'(x)\big)^6} \cdot \frac{1}{f'(x)} \\ &= \frac{3\big(f''(x)\big)^2 - f'(x)f'''(x)}{\big(f'(x)\big)^5}.\end{aligned} \qquad \square$$

9. (1) 举出一个连续函数, 它仅在已知点 $a_1, a_2, \cdots, a_n$ 不可导.

(2) 举出一个函数, 它仅在点 $a_1, a_2, \cdots, a_n$ 可导.

解 (1) 显然函数 $f_1(x) = \sum\limits_{k=1}^{n} |x - a_k|$ 或 $f_2(x) = \prod\limits_{k=1}^{n} |x - a_k|$ 满足要求.

(2) 由 4.1 节例题 1 可知函数 $f(x) = \prod\limits_{k=1}^{n} (x - a_k)^2 \cdot \mathcal{D}(x)$ 满足要求. $\square$

10. 设 $\alpha_0, \alpha_1, \cdots, \alpha_n$ 是给定的实数. 求出在固定的点 $x_0 \in \mathbb{R}$ 有导数

$$P_n^{(k)}(x_0) = \alpha_k, \quad k = 0, 1, \cdots, n$$

的 n 阶多项式 $P_n(x)$.

解 设 $P_n(x) = c_0 + c_1(x - x_0) + \cdots + c_n(x - x_0)^n$. 首先, 令 $x = x_0$, 则 $P_n(x_0) = c_0$, 因此 $c_0 = P_n(x_0) = P_n^{(0)}(x_0) = \alpha_0$. 其次, $\forall k \in \{1, \cdots, n\}$, 由莱布

尼茨公式易知 $P_n^{(k)}(x_0)=k!c_k$, 因此 $c_k=\dfrac{1}{k!}P_n^{(k)}(x_0)=\dfrac{1}{k!}\alpha_k$, 故

$$P_n(x)=\alpha_0+\frac{1}{1!}\alpha_1(x-x_0)+\cdots+\frac{1}{n!}\alpha_n(x-x_0)^n.$$

□

11. 计算 $f'(x)$, 如果

(1) $f(x)=\begin{cases}\exp\left(-\dfrac{1}{x^2}\right), & x\neq 0,\\ 0, & x=0.\end{cases}$

(2) $f(x)=\begin{cases}x^2\sin\dfrac{1}{x}, & x\neq 0,\\ 0, & x=0.\end{cases}$

(3) 验证问题 (1) 中的函数在 $\mathbb{R}$ 上任意次可微, 且 $f^{(n)}(0)=0$.

(4) 验证问题 (2) 中的函数的导数在 $\mathbb{R}$ 上有定义, 但不是 $\mathbb{R}$ 上的连续函数.

(5) 证明函数

$$f(x)=\begin{cases}\exp\left(-\dfrac{1}{(1+x)^2}-\dfrac{1}{(1-x)^2}\right), & -1<x<1,\\ 0, & |x|\geqslant 1\end{cases}$$

在 $\mathbb{R}$ 上任意次可微.

解　(1) 当 $x\neq 0$ 时,

$$f'(x)=\frac{2}{x^3}\exp\Big(-\frac{1}{x^2}\Big),$$

当 $x=0$ 时,

$$f'(0)=\lim_{x\to 0}\frac{f(x)-f(0)}{x-0}=\lim_{x\to 0}\frac{\exp\left(-\dfrac{1}{x^2}\right)}{x}\xlongequal{t=\frac{1}{x}}\lim_{t\to\infty}\frac{t}{\mathrm{e}^{t^2}}=0.$$

因此

$$f'(x)=\begin{cases}\dfrac{2}{x^3}\exp\left(-\dfrac{1}{x^2}\right), & x\neq 0,\\ 0, & x=0.\end{cases}$$

(2) 当 $x\neq 0$ 时,

$$f'(x)=2x\sin\frac{1}{x}-\cos\frac{1}{x},$$

当 $x=0$ 时,

$$f'(0)=\lim_{x\to 0}\frac{f(x)-f(0)}{x-0}=\lim_{x\to 0}x\sin\frac{1}{x}=0.$$

因此

$$f'(x)=\begin{cases}2x\sin\dfrac{1}{x}-\cos\dfrac{1}{x}, & x\neq 0,\\ 0, & x=0.\end{cases}$$

(3) 只需证明如下结论即可: $\forall n\in\mathbb{N}$, 当 $x\neq 0$ 时,

$$f^{(n)}(x)=P_{3n}\left(\frac{1}{x}\right)\exp\left(-\frac{1}{x^2}\right),$$

其中 $P_{3n}(t)$ 为关于 t 的次数不超过 $3n$ 的多项式, 且当 $x=0$ 时, $f^{(n)}(0)=0$. 首先, 当 $n=1$ 时, 由问题 (1) 的结果可知此时结论成立. 假设结论对 $n\in\mathbb{N}$ 成立, 往证结论对 $n+1$ 也成立. 事实上, 当 $x\neq 0$ 时,

$$\begin{aligned}f^{(n+1)}(x)&=\left(f^{(n)}(x)\right)'=\left(P_{3n}\left(\frac{1}{x}\right)\exp\left(-\frac{1}{x^2}\right)\right)'\\&=P_{3n}'\left(\frac{1}{x}\right)\cdot\frac{-1}{x^2}\exp\left(-\frac{1}{x^2}\right)+P_{3n}\left(\frac{1}{x}\right)\cdot\frac{2}{x^3}\exp\left(-\frac{1}{x^2}\right)\\&=\left(P_{3n}'\left(\frac{1}{x}\right)\cdot\frac{-1}{x^2}+P_{3n}\left(\frac{1}{x}\right)\cdot\frac{2}{x^3}\right)\exp\left(-\frac{1}{x^2}\right)\\&=P_{3(n+1)}\left(\frac{1}{x}\right)\exp\left(-\frac{1}{x^2}\right),\end{aligned}$$

且

$$\begin{aligned}f^{(n+1)}(0)&=\lim_{x\to 0}\frac{f^{(n)}(x)-f^{(n)}(0)}{x-0}\\&=\lim_{x\to 0}P_{3n+1}\left(\frac{1}{x}\right)\exp\left(-\frac{1}{x^2}\right)\xlongequal{t=\frac{1}{x}}\lim_{t\to\infty}\frac{P_{3n+1}(t)}{\mathrm{e}^{t^2}}=0.\end{aligned}$$

因此由数学归纳原理可知结论成立.

(4) 由问题 (2) 的结果可知函数的导数在 $\mathbb{R}$ 上有定义, 但由于 $\lim\limits_{x\to 0}f'(x)=\lim\limits_{x\to 0}\left(2x\sin\dfrac{1}{x}-\cos\dfrac{1}{x}\right)$ 不存在, 故 $f'(x)$ 在点 $x=0$ 不连续, 因此 $f'(x)$ 不是 $\mathbb{R}$ 上的连续函数.

(5) 当 $|x|>1$ 时, $f'(x)\equiv 0$. 当 $-1<x<1$ 时,

$$f'(x)=\left(\frac{2}{(1+x)^3}-\frac{2}{(1-x)^3}\right)\exp\left(-\frac{1}{(1+x)^2}-\frac{1}{(1-x)^2}\right).$$

当 $x=1$ 时,

$$f_-'(1)=\lim_{x\to 1-0}\frac{f(x)-f(1)}{x-1}=\lim_{x\to 1-0}\frac{\exp\left(-\dfrac{1}{(1+x)^2}-\dfrac{1}{(1-x)^2}\right)}{x-1}$$

$$= \mathrm{e}^{-\frac{1}{4}} \lim_{x\to 1-0} \frac{\mathrm{e}^{-\frac{1}{(1-x)^2}}}{x-1} \xlongequal{t=\frac{1}{1-x}} \mathrm{e}^{-\frac{1}{4}} \lim_{t\to\infty} \frac{-t}{\mathrm{e}^{t^2}} = 0,$$

又由 $f'_+(1)=0$ 可知 $f'(1)=0$. 同理, 我们还有 $f'(-1)=0$. 因此

$$f'(x) = \begin{cases} \left(\dfrac{2}{(1+x)^3} - \dfrac{2}{(1-x)^3}\right)\exp\left(-\dfrac{1}{(1+x)^2} - \dfrac{1}{(1-x)^2}\right), & -1<x<1, \\ 0, & |x| \geqslant 1. \end{cases}$$

最后再采用类似于问题 (3) 中的数学归纳法即可知 f 在 $\mathbb{R}$ 上任意次可微. □

12. 设 $f \in C^{(\infty)}(\mathbb{R})$. 证明: 当 $x \neq 0$ 时, 有

$$\frac{1}{x^{n+1}} f^{(n)}\left(\frac{1}{x}\right) = (-1)^n \frac{\mathrm{d}^n}{\mathrm{d}x^n}\left[x^{n-1} f\left(\frac{1}{x}\right)\right].$$

证　首先, 当 $n=0$ 时, 结论显然成立. 当 $n=1$ 时,

$$(-1)^1 \frac{\mathrm{d}}{\mathrm{d}x}\left[x^{1-1} f\left(\frac{1}{x}\right)\right] = (-1)\frac{\mathrm{d}}{\mathrm{d}x}\left[f\left(\frac{1}{x}\right)\right] = (-1)(-1)\frac{1}{x^2} f'\left(\frac{1}{x}\right) = \frac{1}{x^2} f'\left(\frac{1}{x}\right),$$

此时结论成立. 假设结论对 $n \in \mathbb{N}$ 成立, 往证结论对 $n+1$ 也成立. 事实上, 由莱布尼茨公式和归纳假设可知

$$\begin{aligned}
&(-1)^{n+1} \frac{\mathrm{d}^{n+1}}{\mathrm{d}x^{n+1}}\left[x^{n+1-1} f\left(\frac{1}{x}\right)\right] = (-1)^{n+1} \frac{\mathrm{d}^{n+1}}{\mathrm{d}x^{n+1}}\left[x \cdot x^{n-1} f\left(\frac{1}{x}\right)\right] \\
&= (-1)^{n+1} \sum_{m=0}^{n+1} \mathrm{C}_{n+1}^m \frac{\mathrm{d}^{n+1-m} x}{\mathrm{d}x^{n+1-m}} \cdot \frac{\mathrm{d}^m}{\mathrm{d}x^m}\left[x^{n-1} f\left(\frac{1}{x}\right)\right] \\
&= (-1)^{n+1}\left\{(n+1)\frac{\mathrm{d}^n}{\mathrm{d}x^n}\left[x^{n-1} f\left(\frac{1}{x}\right)\right] + x\frac{\mathrm{d}^{n+1}}{\mathrm{d}x^{n+1}}\left[x^{n-1} f\left(\frac{1}{x}\right)\right]\right\} \\
&= -\left\{(n+1)(-1)^n \frac{\mathrm{d}^n}{\mathrm{d}x^n}\left[x^{n-1} f\left(\frac{1}{x}\right)\right] + x\frac{\mathrm{d}}{\mathrm{d}x}\left\{(-1)^n \frac{\mathrm{d}^n}{\mathrm{d}x^n}\left[x^{n-1} f\left(\frac{1}{x}\right)\right]\right\}\right\} \\
&= -\left\{(n+1)\frac{1}{x^{n+1}} f^{(n)}\left(\frac{1}{x}\right) + x\frac{\mathrm{d}}{\mathrm{d}x}\left\{\frac{1}{x^{n+1}} f^{(n)}\left(\frac{1}{x}\right)\right\}\right\} \\
&= -\left\{(n+1)\frac{1}{x^{n+1}} f^{(n)}\left(\frac{1}{x}\right) + x \cdot (-1)(n+1)\frac{1}{x^{n+2}} f^{(n)}\left(\frac{1}{x}\right)\right. \\
&\qquad \left. + x \cdot \frac{1}{x^{n+1}} \cdot (-1)\frac{1}{x^2} f^{(n+1)}\left(\frac{1}{x}\right)\right\} \\
&= \frac{1}{x^{n+1+1}} f^{(n+1)}\left(\frac{1}{x}\right).
\end{aligned}$$

因此由数学归纳原理可知结论成立. □

13. 设 f 是在 $\mathbb{R}$ 上可微的函数. 证明:

(1) 若 f 是偶函数, 则 f' 是奇函数.

(2) 若 f 是奇函数, 则 f' 是偶函数.

证　(1) 若 f 是偶函数, 则 $\forall x \in \mathbb{R}$, $f(-x) = f(x)$, 两边求导得 $-f'(-x) = f'(x)$, 因此 f' 是奇函数.

(2) 若 f 是奇函数, 则 $\forall x \in \mathbb{R}$, $-f(-x) = f(x)$, 两边求导得 $f'(-x) = f'(x)$, 因此 f' 是偶函数. □

14. 证明: (1) 函数 $f(x)$ 在点 x_0 可微当且仅当 $f(x) - f(x_0) = \varphi(x)(x - x_0)$, 其中 $\varphi(x)$ 是在 x_0 连续的函数 (并且在这种情况下 $\varphi(x_0) = f'(x_0)$).

(2) 若 $f(x) - f(x_0) = \varphi(x)(x - x_0)$ 且 $\varphi \in C^{(n-1)}(U(x_0))$, 其中 $U(x_0)$ 是点 x_0 的邻域, 则函数 $f(x)$ 在点 x_0 处有 n 阶导数 $f^{(n)}(x_0)$.

证　(1) 参见《讲义》4.2.3 小节引理 1.

(2) 当 $n = 1$ 时, 由 (1) 可知结论成立. 当 $n \geqslant 2$ 时, 由莱布尼茨公式可知

$$\begin{aligned} f^{(n-1)}(x) &= \big(f(x_0) + \varphi(x)(x - x_0)\big)^{(n-1)} \\ &= \sum_{k=0}^{n-1} \mathrm{C}_{n-1}^{k} \varphi^{(n-1-k)}(x)(x - x_0)^{(k)} \\ &= \varphi^{(n-1)}(x)(x - x_0) + (n-1)\varphi^{(n-2)}(x), \end{aligned}$$

进而 $f^{(n-1)}(x_0) = (n-1)\varphi^{(n-2)}(x_0)$, 因此

$$\begin{aligned} f^{(n)}(x_0) &= \lim_{x \to x_0} \frac{f^{(n-1)}(x) - f^{(n-1)}(x_0)}{x - x_0} \\ &= \lim_{x \to x_0} \varphi^{(n-1)}(x) + (n-1) \lim_{x \to x_0} \frac{\varphi^{(n-2)}(x) - \varphi^{(n-2)}(x_0)}{x - x_0} \\ &= \varphi^{(n-1)}(x_0) + (n-1)\varphi^{(n-1)}(x_0) = n\varphi^{(n-1)}(x_0). \end{aligned}$$ □

15. 设 $f_{ij}(x)(i, j = 1, 2, \cdots, n)$ 为可导函数, 证明:

$$\frac{\mathrm{d}}{\mathrm{d}x} \begin{vmatrix} f_{11}(x) & f_{12}(x) & \cdots & f_{1n}(x) \\ f_{21}(x) & f_{22}(x) & \cdots & f_{2n}(x) \\ \vdots & \vdots & & \vdots \\ f_{n1}(x) & f_{n2}(x) & \cdots & f_{nn}(x) \end{vmatrix} = \sum_{k=1}^{n} \begin{vmatrix} f_{11}(x) & f_{12}(x) & \cdots & f_{1n}(x) \\ f_{21}(x) & f_{22}(x) & \cdots & f_{2n}(x) \\ \vdots & \vdots & & \vdots \\ f'_{k1}(x) & f'_{k2}(x) & \cdots & f'_{kn}(x) \\ \vdots & \vdots & & \vdots \\ f_{n1}(x) & f_{n2}(x) & \cdots & f_{nn}(x) \end{vmatrix}.$$

证 n 阶方阵 A 的行列式为

$$\det A=\sum_{\sigma\in S_n}(-1)^{\operatorname{sgn}\sigma}a_{1\sigma(1)}a_{2\sigma(2)}\cdots a_{n\sigma(n)},$$

其中 a_{ij} 是矩阵 A 的第 i 行第 j 列的元素, S_n 由 $1,2,\cdots,n$ 的所有排列 σ 组成, 当 σ 是偶排列的时候 $\operatorname{sgn}\sigma=0$, 当 σ 是奇排列的时候 $\operatorname{sgn}\sigma=1$. 于是

$$\begin{aligned}F(x):=&\begin{vmatrix}f_{11}(x) & f_{12}(x) & \cdots & f_{1n}(x)\\ f_{21}(x) & f_{22}(x) & \cdots & f_{2n}(x)\\ \vdots & \vdots & & \vdots\\ f_{n1}(x) & f_{n2}(x) & \cdots & f_{nn}(x)\end{vmatrix}\\ =&\sum_{\sigma\in S_n}(-1)^{\operatorname{sgn}\sigma}f_{1\sigma(1)}(x)f_{2\sigma(2)}(x)\cdots f_{n\sigma(n)}(x),\end{aligned}$$

所以

$$\begin{aligned}\frac{\mathrm{d}}{\mathrm{d}x}F(x)&=\sum_{\sigma\in S_n}(-1)^{\operatorname{sgn}\sigma}\sum_{k=1}^{n}f_{1\sigma(1)}(x)f_{2\sigma(2)}(x)\cdots f'_{k\sigma(k)}(x)\cdots f_{n\sigma(n)}(x)\\ &=\sum_{k=1}^{n}\sum_{\sigma\in S_n}(-1)^{\operatorname{sgn}\sigma}f_{1\sigma(1)}(x)f_{2\sigma(2)}(x)\cdots f'_{k\sigma(k)}(x)\cdots f_{n\sigma(n)}(x)\\ &=\sum_{k=1}^{n}\begin{vmatrix}f_{11}(x) & f_{12}(x) & \cdots & f_{1n}(x)\\ f_{21}(x) & f_{22}(x) & \cdots & f_{2n}(x)\\ \vdots & \vdots & & \vdots\\ f'_{k1}(x) & f'_{k2}(x) & \cdots & f'_{kn}(x)\\ \vdots & \vdots & & \vdots\\ f_{n1}(x) & f_{n2}(x) & \cdots & f_{nn}(x)\end{vmatrix},\end{aligned}$$

从而结论成立. □

4.3 微分学的基本定理

一、知识点总结与补充

1. 内极值点

函数 $f:E\to\mathbb{R}$ 的极值点 $x_0\in E$ 叫做内极值点, 如果 x_0 既是集 $E_-=\{x\in E|x<x_0\}$ 的极限点也是集 $E_+=\{x\in E|x>x_0\}$ 的极限点.

2. 费马引理

如果函数 $f: E \to \mathbb{R}$ 在内极值点 $x_0 \in E$ 处可微, 则 $f'(x_0) = 0$.

注 费马引理给出了可微函数的内极值点的必要条件. 对于非内极值点, 结论 $f'(x_0) = 0$ 一般说来是不成立的. 费马引理在几何上表示, 在可微函数的内极值点处, 函数图像的切线是水平的.

3. 微分中值定理

(1) **罗尔定理** 若函数 $f: [a,b] \to \mathbb{R}$ 在闭区间 $[a,b]$ 上连续, 且在开区间 (a,b) 中可微, 并且 $f(a) = f(b)$, 那么存在点 $\xi \in (a,b)$, 使得 $f'(\xi) = 0$.

(2) **拉格朗日中值定理** 如果函数 $f: [a,b] \to \mathbb{R}$ 在闭区间 $[a,b]$ 上连续, 且在开区间 (a,b) 中可微, 那么存在点 $\xi \in (a,b)$, 使得 $f(b) - f(a) = f'(\xi)(b-a)$.

注 拉格朗日中值定理在几何上表示, 在某一点 $(\xi, f(\xi))$ 处, 其中 $\xi \in (a,b)$, 函数图像的切线平行于连接点 $(a, f(a))$, $(b, f(b))$ 的弦. 拉格朗日中值公式还有其他几种常用写法:

- $f(b) - f(a) = f'(a + \theta(b-a))(b-a)$, $0 < \theta < 1$.
- $f(a+h) - f(a) = f'(a+\theta h)h$, $0 < \theta < 1$.

(3) **柯西中值定理** 设 $x = x(t)$ 及 $y = y(t)$ 是在闭区间 $[\alpha, \beta]$ 上连续且在开区间 (α, β) 中可微的函数, 那么存在点 $\tau \in (\alpha, \beta)$, 使得

$$x'(\tau)(y(\beta) - y(\alpha)) = y'(\tau)(x(\beta) - x(\alpha)).$$

如果对于任意 $t \in (\alpha, \beta)$ 有 $x'(t) \neq 0$, 则 $x(\beta) \neq x(\alpha)$ 且成立等式

$$\frac{y(\beta) - y(\alpha)}{x(\beta) - x(\alpha)} = \frac{y'(\tau)}{x'(\tau)}.$$

注 如果这里的函数 $x = x(t)$ 及 $y = y(t)$ 表示某曲线的参数方程, 则柯西中值定理在几何上表示, 在某一点 $(x(\tau), y(\tau))$ 处, 其中参数 $\tau \in (\alpha, \beta)$, 函数图像的切线平行于连接点 $(x(\alpha), y(\alpha))$, $(x(\beta), y(\beta))$ 的弦.

4. 泰勒公式

(1) $f(x)$ 在点 x_0 处的 n 阶泰勒多项式:

$$P_n(x_0; x) = P_n(x) = f(x_0) + \frac{f'(x_0)}{1!}(x - x_0) + \cdots + \frac{f^{(n)}(x_0)}{n!}(x - x_0)^n.$$

(2) n 阶泰勒多项式余项: $r_n(x_0; x) := f(x) - P_n(x_0; x)$.

(3) n 阶泰勒公式:

$$f(x) = f(x_0) + \frac{f'(x_0)}{1!}(x - x_0) + \cdots + \frac{f^{(n)}(x_0)}{n!}(x - x_0)^n + r_n(x_0; x).$$

(4) 常见的余项公式:

• 具有拉格朗日余项的泰勒公式: 如果在以 x_0, x 为端点的闭区间上函数 f 连同它的前 n 阶导数连续, 而在这个区间的内点处它有 $n+1$ 阶导数, 那么存在位于 x_0 和 x 之间的点 ξ 使得

$$f(x)=f(x_0)+\frac{f'(x_0)}{1!}(x-x_0)+\cdots+\frac{f^{(n)}(x_0)}{n!}(x-x_0)^n+\frac{f^{(n+1)}(\xi)}{(n+1)!}(x-x_0)^{n+1},$$

即拉格朗日余项

$$r_n(x_0;x)=\frac{f^{(n+1)}(\xi)}{(n+1)!}(x-x_0)^{n+1}.$$

• 局部泰勒公式 (具有佩亚诺余项的泰勒公式): 设 E 是以 $x_0\in\mathbb{R}$ 为端点的闭区间. 如果函数 $f:E\to\mathbb{R}$ 在点 x_0 处有直到 n 阶的导数 $f'(x_0),\cdots,f^{(n)}(x_0)$, 那么

$$\begin{aligned}f(x)=f(x_0)&+\frac{f'(x_0)}{1!}(x-x_0)+\cdots+\frac{f^{(n)}(x_0)}{n!}(x-x_0)^n\\&+o((x-x_0)^n),\quad x\to x_0,x\in E,\end{aligned}$$

即佩亚诺余项

$$r_n(x_0;x)=o((x-x_0)^n),\quad x\to x_0,x\in E.$$

• 渐近公式: 如果 $f^{(n+1)}(x)$ 在 x_0 的邻域内有界, 那么

$$f(x)=f(x_0)+\frac{f'(x_0)}{1!}(x-x_0)+\cdots+\frac{f^{(n)}(x_0)}{n!}(x-x_0)^n+O((x-x_0)^{n+1}).$$

5. 泰勒级数

如果函数 $f(x)$ 在点 x_0 处有任意阶导数, 那么级数

$$f(x_0)+\frac{1}{1!}f'(x_0)(x-x_0)+\cdots+\frac{1}{n!}f^{(n)}(x_0)(x-x_0)^n+\cdots$$

叫做函数 f 在点 x_0 处的泰勒级数.

注 不应该认为每个无穷可微的函数的泰勒级数都在点 x_0 的某个邻域内收敛. 也不应该认为, 如果泰勒级数收敛, 它就一定收敛到产生它的函数.

6. 一些初等函数的泰勒展开式

• $x\in\mathbb{R}$,

$$\mathrm{e}^x=1+\frac{1}{1!}x+\frac{1}{2!}x^2+\cdots+\frac{1}{n!}x^n+\cdots.$$

• $0<a\neq 1$, $x\in\mathbb{R}$,

$$a^x=1+\frac{\ln a}{1!}x+\frac{\ln^2 a}{2!}x^2+\cdots+\frac{\ln^n a}{n!}x^n+\cdots.$$

- $x \in \mathbb{R}$,

$$\sin x = x - \frac{1}{3!}x^3 + \frac{1}{5!}x^5 - \cdots + \frac{(-1)^n}{(2n+1)!}x^{2n+1} + \cdots .$$

- $x \in \mathbb{R}$,

$$\cos x = 1 - \frac{1}{2!}x^2 + \frac{1}{4!}x^4 - \cdots + \frac{(-1)^n}{(2n)!}x^{2n} + \cdots .$$

- $x \in \mathbb{R}$,

$$\sinh x = x + \frac{1}{3!}x^3 + \frac{1}{5!}x^5 + \cdots + \frac{1}{(2n+1)!}x^{2n+1} + \cdots .$$

- $x \in \mathbb{R}$,

$$\cosh x = 1 + \frac{1}{2!}x^2 + \frac{1}{4!}x^4 + \cdots + \frac{1}{(2n)!}x^{2n} + \cdots .$$

- $-1 < x \leqslant 1$,

$$\ln(1+x) = x - \frac{1}{2}x^2 + \frac{1}{3}x^3 - \cdots + \frac{(-1)^{n-1}}{n}x^n + \cdots .$$

- $\alpha \in \mathbb{R}$, $|x| < 1$,

$$(1+x)^\alpha = 1 + \frac{\alpha}{1!}x + \frac{\alpha(\alpha-1)}{2!}x^2 + \cdots + \frac{\alpha(\alpha-1)\cdots(\alpha-n+1)}{n!}x^n + \cdots .$$

- $\alpha = n \in \mathbb{N}$, $x \in \mathbb{R}$,

$$\begin{aligned}(1+x)^n &= 1 + \frac{n}{1!}x + \frac{n(n-1)}{2!}x^2 + \cdots + \frac{n(n-1)\cdots 1}{n!}x^n \\ &= 1 + \mathrm{C}_n^1 x + \mathrm{C}_n^2 x^2 + \cdots + \mathrm{C}_n^n x^n.\end{aligned}$$

7. 一些初等函数当 $x \to 0$ 时的渐近公式表

$$\mathrm{e}^x = 1 + \frac{1}{1!}x + \frac{1}{2!}x^2 + \cdots + \frac{1}{n!}x^n + O(x^{n+1}),$$

$$\cos x = 1 - \frac{1}{2!}x^2 + \frac{1}{4!}x^4 - \cdots + \frac{(-1)^n}{(2n)!}x^{2n} + O(x^{2n+2}),$$

$$\sin x = x - \frac{1}{3!}x^3 + \cdots + \frac{(-1)^n}{(2n+1)!}x^{2n+1} + O(x^{2n+3}),$$

$$\cosh x = 1 + \frac{1}{2!}x^2 + \frac{1}{4!}x^4 + \cdots + \frac{1}{(2n)!}x^{2n} + O(x^{2n+2}),$$

$$\sinh x = x + \frac{1}{3!}x^3 + \cdots + \frac{1}{(2n+1)!}x^{2n+1} + O(x^{2n+3}),$$

$$\ln(1+x) = x - \frac{1}{2}x^2 + \frac{1}{3}x^3 - \cdots + \frac{(-1)^{n-1}}{n!}x^n + O(x^{n+1}),$$

$$(1+x)^\alpha = 1 + \frac{\alpha}{1!}x + \frac{\alpha(\alpha-1)}{2!}x^2 + \cdots + \frac{\alpha(\alpha-1)\cdots(\alpha-n+1)}{n!}x^n + O(x^{n+1}).$$

二、例题讲解

1. 证明: (1) 函数 f 在点 x_0 可导, $|f|$ 在点 x_0 未必可导.

(2) 函数 $|f|$ 在点 x_0 可导, f 在点 x_0 未必可导.

(3) 设 $x_0 \in E$ 既是集 $E_- = \{x \in E | x < x_0\}$ 的极限点也是集 $E_+ = \{x \in E | x > x_0\}$ 的极限点, 若 $f: E \to \mathbb{R}$ 在点 x_0 连续, 且函数 $|f|$ 在点 x_0 可导, 则 f 在点 x_0 必可导且

$$f'(x_0) = \mathrm{sgn} f(x_0) \cdot |f|'(x_0).$$

证 (1) 反例: $f(x) = x, x_0 = 0$. 显然 $f'(0) = 1$, 但 $|f(x)| = |x|$ 在点 $x_0 = 0$ 不可导.

(2) 反例:

$$f(x) = \begin{cases} 1, & x \in \mathbb{Q}, \\ -1, & x \in \mathbb{R} \backslash \mathbb{Q}. \end{cases}$$

显然 $|f(x)| \equiv 1$ 在每一点的导数均为 0, 而 f 在每一点不连续进而不可导.

(3) 分三种情况讨论:

• 若 $f(x_0) > 0$, 则由 f 在点 x_0 的连续性可知, 存在 x_0 的某邻域 $U_E(x_0)$, 使得 $\forall x \in U_E(x_0)$, $f(x) > 0$, 因此 $|f(x)| = f(x)$, 进而 $f'(x_0) = |f|'(x_0)$.

• 若 $f(x_0) < 0$, 同理可证 $f'(x_0) = -|f|'(x_0)$.

• 若 $f(x_0) = 0$, 则 $x = x_0$ 为 $|f|$ 的内极小值点, 又因为 $|f|$ 在点 x_0 可导, 所以由费马引理可知 $|f|'(x_0) = 0$, 因此

$$\lim_{\Delta x \to 0} \left| \frac{f(x_0 + \Delta x) - f(x_0)}{\Delta x} \right| = \lim_{\Delta x \to 0} \left| \frac{|f(x_0 + \Delta x)| - |f(x_0)|}{\Delta x} \right| = \left| |f|'(x_0) \right| = 0,$$

故

$$f'(x_0) = \lim_{\Delta x \to 0} \frac{f(x_0 + \Delta x) - f(x_0)}{\Delta x} = 0. \qquad \square$$

2. 导数极限定理. 设 f 在点 x_0 的某邻域 $U(x_0)$ 上连续, 在 $\mathring{U}(x_0)$ 内可导, 且 $\lim\limits_{x \to x_0} f'(x)$ 存在, 则 f 在点 x_0 可导, 且 $f'(x_0) = \lim\limits_{x \to x_0} f'(x)$.

证 $\forall x \in \mathring{U}^+(x_0)$, 显然 f 在 $[x_0, x]$ 上满足拉格朗日中值定理的条件, 所以 $\exists \xi \in (x_0, x)$ 使得

$$\frac{f(x) - f(x_0)}{x - x_0} = f'(\xi).$$

由于 $x_0 < \xi < x$, 所以当 $x \to x_0 + 0$ 时, $\xi \to x_0 + 0$, 因此

$$f'_+(x_0) = \lim_{x \to x_0 + 0} \frac{f(x) - f(x_0)}{x - x_0} = \lim_{\xi \to x_0 + 0} f'(\xi) = f'(x_0 + 0).$$

同理可证 $f'_-(x_0)=f'(x_0-0)$, 再由 $\lim\limits_{x\to x_0}f'(x)$ 存在可知

$$f'_+(x_0)=f'(x_0+0)=\lim_{x\to x_0}f'(x)=f'(x_0-0)=f'_-(x_0),$$

因此 $f'(x_0)=\lim\limits_{x\to x_0}f'(x)$. □

注　对 4.2 节例题 3, 分段函数 f 在分段点 $x_0=2$ 连续, 且当 $x>2$ 时, $f'(x)=\dfrac{2x}{x^2-3}$, 当 $x<2$ 时, $f'(x)=6x-8$. 又因为

$$f'(2+0)=\lim_{x\to 2+0}f'(x)=\lim_{x\to 2+0}\frac{2x}{x^2-3}=4,$$
$$f'(2-0)=\lim_{x\to 2-0}f'(x)=\lim_{x\to 2+0}(6x-8)=4,$$

所以由导数极限定理, $f'(2)=4$.

3. 设 f 于 $[a,b]$ 连续, 于 (a,b) 可导, 证明: 如果 f 不是线性函数, 则 $\exists\xi_1,\xi_2\in(a,b)$ 使得

$$f'(\xi_1)>\frac{f(b)-f(a)}{b-a},\quad f'(\xi_2)<\frac{f(b)-f(a)}{b-a}.$$

证　记

$$F(x):=f(x)-f(a)-\frac{f(b)-f(a)}{b-a}(x-a),$$

则 $F(a)=F(b)=0$. 由于 f 不是线性函数, 所以 $F(x)\not\equiv 0$, 从而 $\exists x_0\in(a,b)$ 使得 $F(x_0)\neq 0$. 不妨设 $F(x_0)>0$, 由于 $F(x)$ 在 $[a,x_0]$ 与 $[x_0,b]$ 上都满足拉格朗日中值定理的条件, 所以分别存在 $\xi_1\in(a,x_0)$, $\xi_2\in(x_0,b)$ 使得

$$F'(\xi_1)=\frac{F(x_0)-F(a)}{x_0-a}=\frac{F(x_0)}{x_0-a}>0,$$
$$F'(\xi_2)=\frac{F(b)-F(x_0)}{b-x_0}=\frac{-F(x_0)}{b-x_0}<0.$$

而 $F'(\xi_1)=f'(\xi_1)-\dfrac{f(b)-f(a)}{b-a}$, $F'(\xi_2)=f'(\xi_2)-\dfrac{f(b)-f(a)}{b-a}$, 因此结论成立. □

4. 设函数 f 在 $[a,b]$ 上连续, 在 (a,b) 上可导, 且 $a\cdot b>0$. 证明: 存在 $\xi,\eta\in(a,b)$, 使得

$$f'(\xi)=\frac{a+b}{2\eta}f'(\eta).$$

证　由本节习题 4 可知, 存在 $\eta\in(a,b)$, 使得

$$f(b)-f(a)=\frac{f'(\eta)}{2\eta}(b^2-a^2).$$

再根据拉格朗日中值定理, 存在 $\xi \in (a,b)$, 使得

$$f(b)-f(a)=f'(\xi)(b-a).$$

于是, 我们有

$$f'(\xi)=\frac{f(b)-f(a)}{b-a}=(a+b)\frac{f'(\eta)}{2\eta},$$

从而结论成立. □

5. 如果 f 是 $[a,b]$ 上的可微函数, 并且 $f(a)=f(b)=0$, $f'(a)f'(b)>0$. 证明: $f'(x)=0$ 在 (a,b) 上至少有两个解.

证 不妨假设 $f'(a)>0$, $f'(b)>0$. 于是, 存在 $a_1\in(a,b)$, 使得 $f(a_1)>f(a)=0$. 类似地, 存在 $b_1\in(a_1,b)$, 使得 $f(b_1)<0$. 因此根据介值性定理, 存在 $c\in(a_1,b_1)$, 使得 $f(c)=0$. 于是存在 $\xi\in(a,c)\subset(a,b)$, $\eta\in(c,b)\subset(a,b)$, 使得 $f'(\xi)=f'(\eta)=0$. □

6. 假设 f 在 $[0,a]$ 上二阶可微, 并且对于任意的 $0\leqslant x\leqslant a$, $|f''(x)|\leqslant M$, 这里 $M>0$ 是一个给定的常数. 证明: 如果 f 在 $(0,a)$ 上取到最大值, 则

$$|f'(0)|+|f'(a)|\leqslant Ma.$$

证 假设 $c\in(0,a)$, 使得 $f(c)=\max\limits_{0\leqslant x\leqslant a}f(x)$. 于是 $f'(c)=0$, 并且由拉格朗日中值定理可知, 存在 $\xi_1\in(0,c)$, 使得

$$f'(0)=f'(c)-f''(\xi_1)c=-f''(\xi_1)c.$$

同样地, 存在 $\xi_2\in(c,a)$, 使得

$$f'(a)=f'(c)+f''(\xi_2)(a-c)=f''(\xi_2)(a-c).$$

因此我们有 $|f'(0)|\leqslant Mc$, $|f'(a)|\leqslant M(a-c)$, 于是 $|f'(0)|+|f'(a)|\leqslant Ma$. □

7. 判断下面叙述是否一定正确:

(1) f 在 (a,b) 上可微, 如果 $\lim\limits_{x\to a+0}f(x)=+\infty$, 那么 $\lim\limits_{x\to a+0}f'(x)=+\infty$.

(2) f 在 (a,b) 上可微, 如果 $\lim\limits_{x\to a+0}f'(x)=+\infty$, 那么 $\lim\limits_{x\to a+0}f(x)=+\infty$.

(3) f 在 $(a,+\infty)$ 上可微, 如果 $\lim\limits_{x\to+\infty}f(x)$ 存在, 那么 $\lim\limits_{x\to+\infty}f'(x)$ 存在.

(4) f 在 $(a,+\infty)$ 上可微, 如果 $\lim\limits_{x\to+\infty}f'(x)$ 存在, 那么 $\lim\limits_{x\to+\infty}f(x)$ 存在.

解 (1) 不一定. 比如 $f(x)=\dfrac{1}{x}+\cos\dfrac{1}{x}$, 定义在 $\left(0,\dfrac{\pi}{2}\right)$ 上.

(2) 不一定. 比如 $f(x)=\sqrt[3]{x}$, 定义在 $(0,1)$ 上.

(3) 不一定. 比如 $f(x)=\dfrac{\sin x^2}{x}$, 定义在 $(0,+\infty)$ 上.

(4) 不一定. 比如 $f(x)=\cos(\ln x)$, 定义在 $(0,+\infty)$ 上. □

三、习题参考解答 (4.3 节)

1. 证明: (1) 方程 $x^3-3x+c=0$(这里 c 为常数) 在区间 $[0,1]$ 内不可能有两个不同的实根.

(2) 方程 $x^n+px+q=0$(n 为正整数, p,q 为实数) 当 n 为偶数时至多有两个实根, 当 n 为奇数时至多有三个实根.

证　(1) 设 $f(x)=x^3-3x+c$, 则 $f'(x)=3x^2-3$. 现假设 $f(x)=0$ 在 $[0,1]$ 内有两个不同的实根 $x_1<x_2$, 即 $f(x_1)=f(x_2)=0$. 由罗尔定理可知, $\exists\xi\in(x_1,x_2)\subset(0,1)$ 使得 $f'(\xi)=0$. 但由 $f'(x)=3x^2-3$ 可知, $\forall x\in(0,1)$, $f'(x)<0$, 从而导致矛盾.

(2) 设 $f(x)=x^n+px+q$, 则 $f'(x)=nx^{n-1}+p$. 当 $n\leqslant 3$ 时, 结论显然成立. 当 $n\geqslant 4$ 为偶数时, 若结论不成立, 则存在 $x_1<x_2<x_3$ 使得 $f(x_1)=f(x_2)=f(x_3)=0$. 由罗尔定理可知, $\exists\xi_1\in(x_1,x_2)$, $\xi_2\in(x_2,x_3)$ 使得 $f'(\xi_1)=f'(\xi_2)=0$. 而奇数次方程 $f'(x)=0$ 有且仅有一个实根 $\left(-\dfrac{p}{n}\right)^{\frac{1}{n-1}}$, 矛盾.

当 $n\geqslant 4$ 为奇数时, 若结论不成立, 同理可证, $\exists\xi_1<\xi_2<\xi_3$ 使得 $f'(\xi_1)=f'(\xi_2)=f'(\xi_3)=0$. 而偶数次方程 $f'(x)=0$ 最多只有两个实根, 从而也导致矛盾. □

2. 设 f 为 $[a,b]$ 上二阶可导函数, $f(a)=f(b)=0$, 并存在一点 $c\in(a,b)$ 使得 $f(c)>0$. 证明至少存在一点 $\xi\in(a,b)$, 使得 $f''(\xi)<0$.

证　显然 f 于 $[a,c]$ 满足拉格朗日中值定理的条件, 因此 $\exists\xi_1\in(a,c)$ 使得

$$f'(\xi_1)=\frac{f(c)-f(a)}{c-a}=\frac{f(c)}{c-a}>0.$$

同理, $\exists\xi_2\in(c,b)$ 使得

$$f'(\xi_2)=\frac{f(b)-f(c)}{b-c}=\frac{-f(c)}{b-c}<0.$$

又由于 f' 于 $[\xi_1,\xi_2]$ 也满足拉格朗日中值定理的条件, 因此 $\exists\xi\in(\xi_1,\xi_2)\subset(a,b)$ 使得

$$f''(\xi)=\frac{f'(\xi_2)-f'(\xi_1)}{\xi_2-\xi_1}<0.$$ □

3. 设函数 f 在 (a,b) 上可导, 且 f' 单调, 证明 f' 在 (a,b) 上连续.

证　$\forall x_0\in(a,b)$, 由于 f' 在上单调, 所以右极限 $f'(x_0+0)=\lim\limits_{x\to x_0+0}f'(x)$ 与左极限 $f'(x_0-0)=\lim\limits_{x\to x_0-0}f'(x)$ 都存在. 因此由 f 在 x_0 可导及导数极限定理的证明 (见例题 2) 可知

$$f'(x_0+0)=f'_+(x_0)=f'(x_0)=f'_-(x_0)=f'(x_0-0).$$

这就说明了 f' 在点 x_0 连续, 进而由 $x_0 \in (a,b)$ 的任意性可知 f' 在 (a,b) 上连续. □

4. 设函数 f 在 $[a,b]$ 上连续, 在 (a,b) 内可导. 证明: 存在 $\xi \in (a,b)$, 使得

$$2\xi[f(b)-f(a)]=(b^2-a^2)f'(\xi).$$

证 1 令

$$F(x):=x^2[f(b)-f(a)]-(b^2-a^2)f(x),$$

则 F 在 $[a,b]$ 上连续, 在 (a,b) 内可导且 $F(a)=F(b)=a^2f(b)-b^2f(a)$, 因此由罗尔定理可知, $\exists\xi\in(a,b)$ 使得 $F'(\xi)=0$, 即

$$2\xi[f(b)-f(a)]-(b^2-a^2)f'(\xi)=0.$$

证 2 令 $g(x)=x^2$, 则显然 f 和 g 满足柯西中值定理的条件, 因此 $\exists\xi\in(a,b)$ 使得

$$g'(\xi)[f(b)-f(a)]=2\xi[f(b)-f(a)]=f'(\xi)[g(b)-g(a)]=(b^2-a^2)f'(\xi).$$ □

5. 利用泰勒公式求下列极限.

(1) $\lim\limits_{x\to0}\dfrac{\mathrm{e}^x\sin x-x(1+x)}{x^3}$.

(2) $\lim\limits_{x\to\infty}\left[x-x^2\ln\left(1+\dfrac{1}{x}\right)\right]$.

解 (1) 由泰勒公式可知, 当 $x\to0$ 时,

$$\mathrm{e}^x=1+x+\frac{x^2}{2!}+O(x^3),$$
$$\sin x=x-\frac{x^3}{3!}+O(x^5).$$

因此

$$\mathrm{e}^x\sin x=x+x^2+\frac{x^3}{3}+O(x^4),$$

故

$$\begin{aligned}\lim_{x\to0}\frac{\mathrm{e}^x\sin x-x(1+x)}{x^3}&=\lim_{x\to0}\frac{x+x^2+\dfrac{x^3}{3}+O(x^4)-x(1+x)}{x^3}\\&=\lim_{x\to0}\left(\frac{1}{3}+O(x)\right)=\frac{1}{3}.\end{aligned}$$

(2) 因为当 $x \to \infty$ 时, $\frac{1}{x} \to 0$, 所以由泰勒公式可知

$$\ln\left(1+\frac{1}{x}\right) = \frac{1}{x} - \frac{1}{2x^2} + O\left(\frac{1}{x^3}\right),$$

因此

$$x - x^2\ln\left(1+\frac{1}{x}\right) = x - x^2\left(\frac{1}{x} - \frac{1}{2x^2} + O\left(\frac{1}{x^3}\right)\right) = \frac{1}{2} + O\left(\frac{1}{x}\right),$$

故

$$\lim_{x\to\infty}\left[x - x^2\ln\left(1+\frac{1}{x}\right)\right] = \lim_{x\to\infty}\left(\frac{1}{2} + O\left(\frac{1}{x}\right)\right) = \frac{1}{2}.$$ □

6. 选择数 a 和 b 使得函数 $f(x) = \cos x - \frac{1+ax^2}{1+bx^2}$ 当 $x \to 0$ 时是尽可能高阶的无穷小量.

解 当 $x \to 0$ 时, $bx^2 \to 0$, 所以

$$\cos x = 1 - \frac{1}{2!}x^2 + \frac{1}{4!}x^4 - \frac{1}{6!}x^6 + O(x^8),$$

且

$$\frac{1}{1+bx^2} = 1 - bx^2 + \left(bx^2\right)^2 - \left(bx^2\right)^3 + O\left(\left(bx^2\right)^4\right) = 1 - bx^2 + b^2x^4 - b^3x^6 + O(x^8).$$

因此

$$\begin{aligned}
&\cos x - \frac{1+ax^2}{1+bx^2} \\
={}& 1 - \frac{1}{2!}x^2 + \frac{1}{4!}x^4 - \frac{1}{6!}x^6 + O(x^8) \\
&- \left(1+ax^2\right)\left(1 - bx^2 + b^2x^4 - b^3x^6 + O(x^8)\right) \\
={}& 1 - \frac{1}{2!}x^2 + \frac{1}{4!}x^4 - \frac{1}{6!}x^6 + O(x^8) \\
&- \left(1 - bx^2 + b^2x^4 - b^3x^6 + O(x^8)\right) \\
&- \left(ax^2 - abx^4 + ab^2x^6 - ab^3x^8 + O(x^{10})\right) \\
={}& \left(b - a - \frac{1}{2!}\right)x^2 + \left(ab - b^2 + \frac{1}{4!}\right)x^4 + \left(b^3 - ab^2 - \frac{1}{6!}\right)x^6 + O(x^8).
\end{aligned}$$

为了使得函数 $f(x)$ 当 $x \to 0$ 时是尽可能高阶的无穷小量, 选择数 a 和 b 满足

$$\begin{cases} b - a - \dfrac{1}{2!} = 0, \\ ab - b^2 + \dfrac{1}{4!} = 0, \end{cases}$$

由此解得 $a=-\frac{5}{12}$, $b=\frac{1}{12}$. 此时

$$f(x)=\left(b^3-ab^2-\frac{1}{6!}\right)x^6+O(x^8)=\frac{1}{480}x^6+O(x^8)$$

是可能的最高阶的无穷小量. □

7. 求 $\lim\limits_{x\to\infty} x\left[\frac{1}{\mathrm{e}}-\left(\frac{x}{x+1}\right)^x\right]$.

解 当 $x\to\infty$ 时, $t=\frac{1}{x}\to 0$, 所以 $x=\frac{1}{t}$, 且

$$\begin{aligned}\left(\frac{x}{x+1}\right)^x&=\left(\frac{1}{1+t}\right)^{\frac{1}{t}}=\mathrm{e}^{\frac{1}{t}\ln\frac{1}{1+t}}=\mathrm{e}^{-\frac{1}{t}\ln(1+t)}\\&=\mathrm{e}^{-\frac{1}{t}\left(t-\frac{1}{2}t^2+O(t^3)\right)}=\mathrm{e}^{-1+\frac{1}{2}t+O(t^2)},\end{aligned}$$

进而

$$\left[\frac{1}{\mathrm{e}}-\left(\frac{x}{x+1}\right)^x\right]=\mathrm{e}^{-1}-\mathrm{e}^{-1+\frac{1}{2}t+O(t^2)}=\mathrm{e}^{-1}\left[1-\mathrm{e}^{\frac{1}{2}t+O(t^2)}\right].$$

当 $t\to 0$ 时, $u=\frac{1}{2}t+O(t^2)\to 0$, 所以

$$1-\mathrm{e}^{\frac{1}{2}t+O(t^2)}=1-\mathrm{e}^u=-u+O(u^2)=-\frac{1}{2}t+O(t^2),$$

因此

$$\begin{aligned}\lim_{x\to\infty} x\left[\frac{1}{\mathrm{e}}-\left(\frac{x}{x+1}\right)^x\right]&=\lim_{t\to 0}\frac{1}{t}\cdot\mathrm{e}^{-1}\left(-\frac{1}{2}t+O(t^2)\right)\\&=\mathrm{e}^{-1}\lim_{t\to 0}\left(-\frac{1}{2}+O(t)\right)=-\frac{1}{2\mathrm{e}}.\end{aligned}$$ □

8. 写出函数 e^x 在零点处的一个泰勒公式, 使能按它在闭区间 $-1\leqslant x\leqslant 2$ 上计算 e^x 的值精确到 10^{-3}.

解 e^x 在点 $x_0=0$ 处具有拉格朗日余项的泰勒公式为

$$\mathrm{e}^x=1+x+\frac{1}{2!}x^2+\cdots+\frac{1}{n!}x^n+\frac{1}{(n+1)!}\mathrm{e}^{\xi}x^{n+1},\quad |\xi|<|x|.$$

显然在闭区间 $-1\leqslant x\leqslant 2$ 上, 余项

$$|r_n(0;x)|=\frac{1}{(n+1)!}\mathrm{e}^{\xi}|x|^{n+1}<\frac{|x|^{n+1}}{(n+1)!}\mathrm{e}^{|x|}\leqslant\frac{2^{n+1}}{(n+1)!}\mathrm{e}^2<9\cdot\frac{2^{n+1}}{(n+1)!}.$$

欲要精确到 10^{-3}, 即要求 $|r_n(0;x)| \leqslant 10^{-3}$, 因此只要 n 满足下式即可

$$9 \cdot \frac{2^{n+1}}{(n+1)!} \leqslant 10^{-3}.$$

容易算出当 $n=10$ 时, 该条件满足, 因此泰勒多项式 $P_{10}(x)=\sum\limits_{k=0}^{10} \dfrac{1}{k!}x^k$ 即满足要求. □

9. 设 f 是在零点无穷可微的函数. 证明:

(1) 若 f 是偶函数, 则它在零这点的泰勒级数只含有 x 的偶次幂.

(2) 若 f 是奇函数, 则它在零这点的泰勒级数只含有 x 的奇次幂.

证 由 4.2 节习题 13 可知, 若 f 是偶函数, 则它的奇数阶导函数是奇函数, 因此它在零这点的奇数阶导数为零, 故其泰勒级数只含有 x 的偶次幂. 同理, 若 f 是奇函数, 则它的偶数阶导函数是奇函数, 因此它在零这点的偶数阶导数为零, 故其泰勒级数只含有 x 的奇次幂. □

10. 证明: 若 $f \in C^{(\infty)}_{[-1,1]}$, $f^{(n)}(0)=0$, $n=0,1,2,\cdots$, 并且存在常数 C 使得

$$\sup_{-1\leqslant x\leqslant 1} |f^{(n)}(x)| \leqslant n!C, \quad n \in \mathbb{N}, \tag{$*$}$$

那么, 在 $[-1,1]$ 上 $f(x)\equiv 0$.

证 由已知条件可知, $f(x)$ 在点 $x_0=0$ 处具有拉格朗日余项的 n 阶泰勒公式为

$$f(x)=0+\frac{1}{(n+1)!}f^{(n+1)}(\xi)x^{n+1}, \quad |\xi|<|x|\leqslant 1.$$

进而我们有

$$|f(x)| \leqslant \frac{|x|^{n+1}}{(n+1)!} \sup_{-1\leqslant x\leqslant 1} |f^{(n+1)}(x)| \leqslant \frac{|x|^{n+1}}{(n+1)!}(n+1)!C = C|x|^{n+1}.$$

当 $|x|<1$ 时, 令 $n\to\infty$ 得 $|f(x)|\leqslant 0$, 因此 $f(x)=0$, 再由 f 在 ± 1 处的连续性可知, 在 $[-1,1]$ 上 $f(x)\equiv 0$. □

注 若将这里的条件 $(*)$ 改为

$$\sup_{-1\leqslant x\leqslant 1} |f^{(n)}(x)| \leqslant n!C^n, \quad n \in \mathbb{N},$$

同样的结论仍然成立, 只需对上述证明稍作修改即可.

11. 证明: 若 $x>0$, 则

(1) $\sqrt{x+1}-\sqrt{x}=\dfrac{1}{2\sqrt{x+\theta(x)}}$, 其中 $\dfrac{1}{4}\leqslant \theta(x) \leqslant \dfrac{1}{2}$.

(2) $\lim\limits_{x\to+0}\theta(x)=\dfrac{1}{4}, \lim\limits_{x\to+\infty}\theta(x)=\dfrac{1}{2}$.

证 (1) 对函数 $\sqrt{t}$ 于 $[x,x+1]$ 应用拉格朗日中值定理可知

$$\sqrt{x+1}-\sqrt{x}=\frac{1}{2\sqrt{x+\theta(x)}},\quad 0<\theta(x)<1.$$

因此

$$\theta(x)=\frac{\sqrt{x(x+1)}}{2}-\frac{x}{2}+\frac{1}{4}. \tag{$*$}$$

又由于

$$\frac{x}{2}<\frac{\sqrt{x(x+1)}}{2}<\frac{2x+1}{4},$$

因此 $\dfrac{1}{4}<\theta(x)<\dfrac{1}{2}$.

(2) 由 $(*)$ 式可知

$$\lim_{x\to+0}\theta(x)=\lim_{x\to+0}\left(\frac{\sqrt{x(x+1)}}{2}-\frac{x}{2}+\frac{1}{4}\right)=\frac{1}{4},$$

且

$$\begin{aligned}\lim_{x\to+\infty}\theta(x)&=\lim_{x\to+\infty}\left(\frac{\sqrt{x(x+1)}}{2}-\frac{x}{2}+\frac{1}{4}\right)\\&=\lim_{x\to+\infty}\left(\frac{x}{2\left(\sqrt{x(x+1)}+x\right)}+\frac{1}{4}\right)=\frac{1}{4}+\frac{1}{4}=\frac{1}{2}.\end{aligned}$$ □

12. 设函数 f 在 $[a,b]$ 上连续, 在 (a,b) 上可导, 且 $a\cdot b>0$. 证明: 存在 $\xi\in(a,b)$, 使得

$$\frac{1}{a-b}\begin{vmatrix}a & b\\ f(a) & f(b)\end{vmatrix}=f(\xi)-\xi f'(\xi).$$

证 令 $F(x)=\dfrac{f(x)}{x}, G(x)=\dfrac{1}{x}$, 显然 F 和 G 满足柯西中值定理的条件, 因此 $\exists\xi\in(a,b)$ 使得

$$\frac{F(b)-F(a)}{G(b)-G(a)}=\frac{F'(\xi)}{G'(\xi)}.$$

而

$$\frac{F(b)-F(a)}{G(b)-G(a)}=\frac{\dfrac{f(b)}{b}-\dfrac{f(a)}{a}}{\dfrac{1}{b}-\dfrac{1}{a}}=\frac{af(b)-bf(a)}{a-b}=\frac{1}{a-b}\begin{vmatrix}a & b\\ f(a) & f(b)\end{vmatrix},$$

且

$$\frac{F'(\xi)}{G'(\xi)}=\frac{\dfrac{f'(\xi)\xi-f(\xi)}{\xi^2}}{-\dfrac{1}{\xi^2}}=f(\xi)-\xi f'(\xi),$$

因此结论成立. □

13. 设函数 f 在 $[a,b]$ 上二阶可导, $f'(a)=f'(b)=0$. 证明: 存在一点 $\xi\in(a,b)$, 使得

$$|f''(\xi)|\geqslant\frac{4}{(b-a)^2}|f(b)-f(a)|.$$

证　由具有拉格朗日余项的泰勒公式可知

$$f\left(\frac{a+b}{2}\right)=f(a)+f'(a)\frac{b-a}{2}+\frac{f''(\xi_1)}{2}\left(\frac{b-a}{2}\right)^2,\qquad a<\xi_1<\frac{a+b}{2},$$

$$f\left(\frac{a+b}{2}\right)=f(b)+f'(b)\frac{a-b}{2}+\frac{f''(\xi_2)}{2}\left(\frac{a-b}{2}\right)^2,\qquad \frac{a+b}{2}<\xi_2<b.$$

两式相减并利用 $f'(a)=f'(b)=0$ 即得

$$|f(b)-f(a)|=\frac{(b-a)^2}{8}\big|f''(\xi_1)-f''(\xi_2)\big|\leqslant\frac{(b-a)^2}{8}\big(|f''(\xi_1)|+|f''(\xi_2)|\big).$$

令 $\xi\in\{\xi_1,\xi_2\}$, 使得

$$|f''(\xi)|=\max\{|f''(\xi_1)|,|f''(\xi_2)|\},$$

则 $\xi\in(a,b)$ 且

$$|f''(\xi)|\geqslant\frac{4}{(b-a)^2}|f(b)-f(a)|.$$ □

14. 证明: 若函数 f 在开区间 I 上定义且可微, $[a,b]\subset I$, 则

(1) 函数 $f'(x)$(不必是连续的!) 在 $[a,b]$ 上取遍 $f'(a)$ 和 $f'(b)$ 之间的一切值 (这是达布定理).

(2) 若还有 $f''(x)$ 在 (a,b) 中存在, 则存在点 $\xi\in(a,b)$, 使得

$$f'(b)-f'(a)=f''(\xi)(b-a).$$

证　(1) 若 $f'(a)=f'(b)$, 则取 $\xi=a$ 或 $\xi=b$ 即可. 现在设 $f'(a)\neq f'(b)$, k 为介于 $f'(a)$ 和 $f'(b)$ 之间的任一实数. 记 $F(x):=f(x)-kx$, 则 $F(x)$ 在 $[a,b]$ 上可导, 且 $F'(a)\cdot F'(b)=(f'(a)-k)(f'(b)-k)<0$. 不妨设 $F'(a)>0$, $F'(b)<0$. 因此 $\exists x_1\in\mathring{U}^+(a)$, $x_2\in\mathring{U}^-(b)$, 使得 $x_1<x_2$ 且

$$F(x_1)>F(a),\quad F(x_2)>F(b).$$

又显然 F 在 $[a,b]$ 上连续, 因此 $\exists\xi\in[a,b]$ 使得 F 在 ξ 取得最大值, 由上式可知 $\xi\in(a,b)$, 这说明 ξ 是 F 的内极大值点, 因此由费马引理可知 $F'(\xi)=0$, 即 $f'(\xi)=k$.

(2) 记

$$G(x):=f'(x)-f'(a)-\frac{f'(b)-f'(a)}{b-a}(x-a),$$

则 $G(a)=G(b)=0$ 且 G 在 (a,b) 中可导. 若 $\forall x\in(a,b)$, $G(x)\equiv 0$, 则 $G'(x)\equiv 0$, 因此任取 $\xi\in(a,b)$ 均有 $G'(\xi)=0$, 即 $f''(\xi)=\dfrac{f'(b)-f'(a)}{b-a}$.

现在设 $\exists x_0\in(a,b)$ 使得 $G(x_0)\neq 0$. 不妨设 $G(x_0)>0$, 则由达布定理可知函数 G 作为函数 $f(x)-f'(a)x-\dfrac{1}{2}\dfrac{f'(b)-f'(a)}{b-a}(x-a)^2$ 的导函数具有介值性质, 因此 $\exists\xi_1\in(a,x_0),\xi_2\in(x_0,b)$ 使得 $G(\xi_1)=\dfrac{G(a)+G(x_0)}{2}=\dfrac{G(x_0)}{2}$, $G(\xi_2)=\dfrac{G(x_0)+G(b)}{2}=\dfrac{G(x_0)}{2}$. 故对函数 G 在区间 $[\xi_1,\xi_2]\subset(a,b)$ 上应用罗尔定理可知, $\exists\xi\in(\xi_1,\xi_2)\subset(a,b)$ 使得 $G'(\xi)=0$, 即 $f'(b)-f'(a)=f''(\xi)(b-a)$.

□

注 由达布定理可知, 若函数 $f(x)$ 在区间 $[a,b]$ 上满足, $\forall x\in[a,b]$, $f'(x)\neq 0$, 则 f 在该区间上严格单调.

15. 函数 $f(x)$ 在全数轴上可微且 $f'(x)$ 可以不连续.

(1) 证明: 函数 $f'(x)$ 只可能有第二类间断点.

(2) 指出下述对于 $f'(x)$ 的连续性的“证明”中的错误:

设 x_0 是 $\mathbb{R}$ 中任意一点且 $f'(x_0)$ 是函数 f 在点 x_0 处的导数. 根据导数的定义和拉格朗日定理

$$f'(x_0)=\lim_{x\to x_0}\frac{f(x)-f(x_0)}{x-x_0}=\lim_{x\to x_0}f'(\xi)=\lim_{\xi\to x_0}f'(\xi),$$

其中 ξ 是 x_0 和 x 之间的点, 从而当 $x\to x_0$ 时也趋于 x_0.

证 (1) 反证法. 假设 x_0 是 $f'(x)$ 的一个第一类间断点, 则 $f'(x_0+0)$ 与 $f'(x_0-0)$ 都存在. 显然 x_0 是 f 的连续点, 故由导数极限定理的证明 (例题 2) 可知

$$f'(x_0+0)=f'_+(x_0),\quad f'(x_0-0)=f'_-(x_0).$$

又由于 f 在点 x_0 可导, 所以

$$f'(x_0+0)=f'_+(x_0)=f'(x_0)=f'_-(x_0)=f'(x_0-0).$$

这与 x_0 是 $f'(x)$ 的第一类间断点矛盾.

(2) 证明中

$$\lim_{x\to x_0} f'(\xi)=\lim_{\xi\to x_0} f'(\xi)$$

这个式子未必成立, 因为 $\xi=\xi(x)$, $\lim\limits_{x\to x_0} f'(\xi)=\lim\limits_{x\to x_0} f'(\xi(x))$ 存在不能保证 $\lim\limits_{\xi\to x_0} f'(\xi)$ 存在. □

16. 证明: 若函数 f 在点 x_0 处有直到 $n+1$ 阶导数且 $f^{n+1}(x_0)\neq 0$, 则泰勒公式的拉格朗日型余项

$$r_{n-1}(x_0;x)=\frac{1}{n!}f^{(n)}(x_0+\theta(x-x_0))(x-x_0)^n,$$

其中的量 $\theta=\theta(x)$ 当 $x\to x_0$ 时趋于 $\dfrac{1}{n+1}$.

证　由已知条件和具有佩亚诺余项的泰勒公式可知, 当 $x\to x_0$ 时,

$$\begin{aligned}f(x)=&f(x_0)+\sum_{k=1}^{n-1}\frac{f^{(k)}(x_0)}{k!}(x-x_0)^k\\&+\frac{f^{(n)}(x_0)}{n!}(x-x_0)^n+\frac{f^{(n+1)}(x_0)}{(n+1)!}(x-x_0)^{n+1}+o((x-x_0)^{n+1}).\end{aligned}$$

因此拉格朗日型余项

$$\begin{aligned}r_{n-1}(x_0;x)&=\frac{f^{(n)}(x_0+\theta(x-x_0))}{n!}(x-x_0)^n\\&=\frac{f^{(n)}(x_0)}{n!}(x-x_0)^n+\frac{f^{(n+1)}(x_0)}{(n+1)!}(x-x_0)^{n+1}+o((x-x_0)^{n+1}),\end{aligned}$$

这蕴含着

$$\frac{f^{(n)}(x_0+\theta(x-x_0))-f^{(n)}(x_0)}{n!(x-x_0)}=\frac{f^{(n+1)}(x_0)}{(n+1)!}+o(1).$$

两边取极限 $(x\to x_0)$ 并注意到 $\theta=\theta(x)\in(0,1)$ 及

$$\lim_{x\to x_0}\theta(x)\cdot(x-x_0)=0$$

即得

$$\begin{aligned}&\lim_{x\to x_0}\frac{f^{(n)}(x_0+\theta(x-x_0))-f^{(n)}(x_0)}{n!(x-x_0)}\\=&\lim_{x\to x_0}\frac{1}{n!}\cdot\frac{f^{(n)}(x_0+\theta(x)\cdot(x-x_0))-f^{(n)}(x_0)}{\theta(x)\cdot(x-x_0)}\cdot\theta(x)\\=&\frac{f^{(n+1)}(x_0)}{n!}\cdot\lim_{x\to x_0}\theta(x)=\frac{f^{(n+1)}(x_0)}{(n+1)!},\end{aligned}$$

由此及 $f^{n+1}(x_0) \neq 0$ 即得

$$\lim_{x \to x_0} \theta(x) = \frac{n!}{(n+1)!} = \frac{1}{n+1}. \qquad \square$$

17. 证明: (1) 在实系数多项式 $P(x)$ 的两个实根之间存在它的导数 $P'(x)$ 的根.

(2) 若多项式 $P(x)$ 有重根, 则多项式 $P'(x)$ 也有这个根, 但重数少 1.

(3) 若 $Q(x)$ 是多项式 $P(x)$ 和 $P'(x)$ 的最大公因式, 其中 $P'(x)$ 是多项式 $P(x)$ 的导数, 则多项式 $\dfrac{P(x)}{Q(x)}$ 以多项式 $P(x)$ 的根为根, 且都是一重的.

证 (1) 设 $x_1 < x_2$ 为实系数多项式 $P(x)$ 的两个实根, 所以 $P(x_1) = P(x_2) = 0$. 由拉格朗日中值定理可知, $\exists \xi \in (x_1, x_2)$, 使得 $0 = P(x_1) - P(x_2) = P'(\xi)(x_1 - x_2)$, 又因为 $x_1 - x_2 < 0$, 所以 $P'(\xi) = 0$, 因此 $\xi \in (x_1, x_2)$ 即为满足要求的 $P'(x)$ 的实根.

(2) 设 x_0 为 $P(x)$ 的 k 重根, 则 $P(x) = (x - x_0)^k Q(x)$, 其中 $Q(x_0) \neq 0$. 显然

$$\begin{aligned} P'(x) &= k(x-x_0)^{k-1}Q(x) + (x-x_0)^k Q'(x) \\ &= (x-x_0)^{k-1}\big(kQ(x) + (x-x_0)Q'(x)\big) =: (x-x_0)^{k-1}R(x), \end{aligned}$$

又因为 $R(x_0) = kQ(x_0) \neq 0$, 所以 x_0 为 $P'(x)$ 的 $k-1$ 重根.

(3) 记 $R(x) := \dfrac{P(x)}{Q(x)}$. 显然, 如果 $R(\tilde{x}) = 0$, 那么 $P(\tilde{x}) = Q(\tilde{x}) \cdot R(\tilde{x}) = 0$, 即 $R(x)$ 的根都是 $P(x)$ 的根. 对 $P(x)$ 的任一根 x_0, 设其重数为 k, 则 $P(x) = (x-x_0)^k p(x)$, 其中 $p(x_0) \neq 0$. 由 (2) 可知 $Q(x) = (x-x_0)^{k-1} q(x)$, 其中 $q(x_0) \neq 0$. 因此

$$R(x) := \frac{P(x)}{Q(x)} = (x-x_0)\frac{p(x)}{q(x)} =: (x-x_0)r(x),$$

其中 $r(x_0) = \dfrac{p(x_0)}{q(x_0)} \neq 0$, 所以 x_0 是 $R(x)$ 的一重根, 进而结论成立. $\square$

18. 证明: (1) 任一多项式 $P(x)$ 都可表成 $c_0 + c_1(x-x_0) + \cdots + c_n(x-x_0)^n$ 的形式.

(2) 存在唯一的 n 阶多项式 $P(x)$ 使得当 $E \ni x \to x_0$ 时,

$$f(x) - P(x) = o\big((x-x_0)^n\big).$$

这里 f 是定义在集 E 上的函数, 而 x_0 是 E 的极限点.

证　(1) 对任一多项式 $P(x)=a_0+a_1x+\cdots+a_nx^n$, 因为 $P(x)\in C^\infty(\mathbb{R})$, 所以对任意固定的 $x_0\in\mathbb{R}$, 有具有拉格朗日余项的泰勒公式

$$P(x)=P(x_0)+\frac{P'(x_0)}{1!}(x-x_0)+\cdots+\frac{P^{(n)}(x_0)}{n!}(x-x_0)^n+\frac{P^{(n+1)}(\xi)}{(n+1)!}(x-x_0)^{n+1},$$

其中 ξ 介于 x_0 和 x 之间. 又因为

$$\begin{aligned}
&P(x_0)=a_0+a_1x_0+\cdots+a_nx_0^n,\\
&P'(x_0)=a_1+2a_2x_0+\cdots+na_nx_0^{n-1},\\
&P''(x_0)=2a_2+3\cdot 2a_3x_0+\cdots+n(n-1)a_nx_0^{n-2},\\
&\qquad\cdots\cdots\\
&P^{(n)}(x_0)=n!a_n,\\
&P^{(n+1)}(x)\equiv 0,
\end{aligned}$$

所以, 取

$$\begin{aligned}
&c_0=a_0+a_1x_0+\cdots+a_nx_0^n,\\
&c_1=\frac{a_1+2a_2x_0+\cdots+na_nx_0^{n-1}}{1!},\\
&c_2=\frac{2a_2+3\cdot 2a_3x_0+\cdots+n(n-1)a_nx_0^{n-2}}{2!},\\
&\qquad\cdots\cdots\\
&c_n=\frac{n!a_n}{n!}=a_n
\end{aligned}$$

即可得到表达式: $P(x)=c_0+c_1(x-x_0)+\cdots+c_n(x-x_0)^n$.

(2) 参见《讲义》4.3.3 小节命题 3. □

19. (1) 将拉格朗日定理用于函数 $\dfrac{1}{x^\alpha}$, 其中 $\alpha>0$, 证明对于 $2\leqslant n\in\mathbb{N}$ 和 $\alpha>0$ 成立不等式

$$\frac{1}{n^{1+\alpha}}<\frac{1}{\alpha}\left(\frac{1}{(n-1)^\alpha}-\frac{1}{n^\alpha}\right).$$

(2) 用问题 (1) 的结果证明级数 $\sum\limits_{n=1}^{\infty}\dfrac{1}{n^\sigma}$ 当 $\sigma>1$ 时收敛.

证　(1) 对函数 $\dfrac{1}{x^\alpha}$ 于 $[n-1,n]$ 上应用拉格朗日中值定理可知, $\exists\xi\in(n-1,n)$ 使得

$$\frac{1}{n^\alpha}-\frac{1}{(n-1)^\alpha}=\frac{-\alpha}{\xi^{1+\alpha}}<\frac{-\alpha}{n^{1+\alpha}},$$

因此有

$$\frac{1}{n^{1+\alpha}} < \frac{1}{\alpha}\left(\frac{1}{(n-1)^\alpha} - \frac{1}{n^\alpha}\right).$$

(2) 令 $\alpha = \sigma - 1$, 则 $\alpha > 0$, 因此由 (1) 可知, $\forall n \geqslant 2$,

$$\frac{1}{n^\sigma} < \frac{1}{\sigma-1}\left(\frac{1}{(n-1)^{\sigma-1}} - \frac{1}{n^{\sigma-1}}\right),$$

进而 $\forall m \geqslant 2,\ m \in \mathbb{N}$, 我们有

$$\begin{aligned} S_m &= \sum_{n=1}^{m} \frac{1}{n^\sigma} = 1 + \sum_{n=2}^{m} \frac{1}{n^\sigma} \\ &\leqslant 1 + \sum_{n=2}^{m} \frac{1}{\sigma-1}\left(\frac{1}{(n-1)^{\sigma-1}} - \frac{1}{n^{\sigma-1}}\right) \\ &= 1 + \frac{1}{\sigma-1}\left(1 - \frac{1}{m^{\sigma-1}}\right) < 1 + \frac{1}{\sigma-1}, \end{aligned}$$

这说明了部分和数列 $\{S_m\}_{m\in\mathbb{N}}$ 有界, 因此正项级数 $\sum\limits_{n=1}^{\infty} \frac{1}{n^\sigma}$ 当 $\sigma > 1$ 时收敛. □

4.4 用微分学的方法研究函数

一、知识点总结与补充

1. 函数单调的条件

开区间 $(a,b) = E$ 上可微的函数 $f : E \to \mathbb{R}$ 在此区间内单调性与它的导数 f' 在此区间的符号 (正、负) 彼此之间有下述关系.

- $f'(x) > 0 \Rightarrow f$ 递增 $\Rightarrow f'(x) \geqslant 0$.
- $f'(x) \geqslant 0 \Rightarrow f$ 不减 $\Rightarrow f'(x) \geqslant 0$.
- $f'(x) \equiv 0 \Rightarrow f \equiv \text{const}$ (常数) $\Rightarrow f'(x) \equiv 0$.
- $f'(x) \leqslant 0 \Rightarrow f$ 不增 $\Rightarrow f'(x) \leqslant 0$.
- $f'(x) < 0 \Rightarrow f$ 递减 $\Rightarrow f'(x) \leqslant 0$.

2. 函数内极值点条件

(1) 内极值点的必要条件: 要使点 x_0 是定义在这点的邻域中的函数 $f : U(x_0) \to \mathbb{R}$ 的极值点, 必须成立下列两个条件之一: 或者函数在 x_0 不可微, 或者 $f'(x_0) = 0$.

(2) 用一阶导数表达的极值的充分条件: 设 $f : U(x_0) \to \mathbb{R}$ 是定义在点 x_0 的邻域内的函数, 在点 x_0 处连续且在它的空心邻域 $\mathring{U}(x_0)$ 中可微. 那么下列断语成立.

• $(\forall x \in \mathring{U}^-(x_0)(f'(x) < 0)) \wedge (\forall x \in \mathring{U}^+(x_0)(f'(x) < 0)) \Rightarrow (f$ 在 x_0 处没有极值).

• $(\forall x \in \mathring{U}^-(x_0)(f'(x) < 0)) \wedge (\forall x \in \mathring{U}^+(x_0)(f'(x) > 0)) \Rightarrow (x_0$ 是 f 的严格局部极小值点).

• $(\forall x \in \mathring{U}^-(x_0)(f'(x) > 0)) \wedge (\forall x \in \mathring{U}^+(x_0)(f'(x) < 0)) \Rightarrow (x_0$ 是 f 的严格局部极大值点).

• $(\forall x \in \mathring{U}^-(x_0)(f'(x) > 0)) \wedge (\forall x \in \mathring{U}^+(x_0)(f'(x) > 0)) \Rightarrow (f$ 在 x_0 处没有极值).

(3) 用高阶导数表达的极值的充分条件: 设函数 $f: U(x_0) \to \mathbb{R}$ 在 x_0 有直到 n 阶导数 $(n > 1)$, 满足: $f'(x_0) = \cdots = f^{(n-1)}(x_0) = 0$ 而 $f^{(n)}(x_0) \neq 0$, 则

• 当 n 为奇数时, 在 x_0 处 f 无极值;

• 当 n 为偶数时, f 有极值, 此时若 $f^{(n)}(x_0) > 0$, 则有严格局部极小值, 而若 $f^{(n)}(x_0) < 0$, 则有严格局部极大值.

3. 函数的凸性

(1) 凸函数的定义: 设 f 为定义在区间 $I = (a, b)$ 上的函数, $\forall x_1, x_2 \in I$, 及 $\forall \alpha_1 \geqslant 0, \alpha_2 \geqslant 0, \alpha_1 + \alpha_2 = 1$,

• 若总有 $f(\alpha_1 x_1 + \alpha_2 x_2) \leqslant \alpha_1 f(x_1) + \alpha_2 f(x_2)$, 则称 f 为 I 上的凸函数 (又称下凸函数);

• 若总有 $f(\alpha_1 x_1 + \alpha_2 x_2) \geqslant \alpha_1 f(x_1) + \alpha_2 f(x_2)$, 则称 f 为 I 上的凹函数 (又称上凸函数);

• 若当 $x_1 \neq x_2$, $\alpha_1 \cdot \alpha_2 \neq 0$ 时, 上面的不等式改为严格不等式, 则称相应的函数为严格凸函数和严格凹函数.

注　几何上, 凸性意味着连接 $(x_1, f(x_1))$ 与 $(x_2, f(x_2))$ 的线段位于曲线的上方, 或者说, 平面上位于函数图像上方的点的集合 $E = \{(x, y) \in \mathbb{R}^2 | x \in (a, b), f(x) < y\}$ 是凸集; 而凹性意味着连接 $(x_1, f(x_1))$ 与 $(x_2, f(x_2))$ 的线段位于曲线的下方, 或者说, 平面上位于函数图像下方的点之集 $E = \{(x, y) \in \mathbb{R}^2 | x \in (a, b), f(x) > y\}$ 是凸集.

(2) 凸函数与凹函数的关系: f 为 I 上的凸函数 $\Leftrightarrow -f$ 为 I 上的凹函数; f 为 I 上的严格凸函数 $\Leftrightarrow -f$ 为 I 上的严格凹函数.

(3) f 为 I 上的凸函数 $\Leftrightarrow \forall x_1, x_2 \in I$, $x_1 < x < x_2$, 总有

$$\frac{f(x) - f(x_1)}{x - x_1} \leqslant \frac{f(x_2) - f(x_1)}{x_2 - x_1} \leqslant \frac{f(x_2) - f(x)}{x_2 - x}.$$

(4) 设 f 在区间 I 上可导, 则以下论断相互等价:

• f 为 I 上的 (严格) 凸函数.

- f' 为 I 上的 (严格) 增函数.
- $\forall x_1, x_2 \in I$, 有 (严格) 不等式 $f(x_2) \geqslant f'(x_1)(x_2 - x_1) + f(x_1)$.

注 几何上, 该不等式意味着 $f:(a,b) \to \mathbb{R}$ 在 (a,b) 上是 (下) 凸的当且仅当函数的图像的一切点都不位于此图像的任何一条切线的下方. 同时, 要使函数是严格凸的, 必须且只需图像上所有的点除了切点本身以外都严格地位于这条切线的上方. 该不等式还有如下等价写法: $\forall x_1, x_2 \in I$, $x_1 < x_2$,

$$f'(x_1) \leqslant \frac{f(x_2) - f(x_1)}{x_2 - x_1} \leqslant f'(x_2).$$

(5) 要使在开区间 (a,b) 上有二阶导数的函数 $f:(a,b) \to \mathbb{R}$ 在这个区间上是 (下) 凸的, 必须且只需在 (a,b) 上有 $f''(x) \geqslant 0$. 如果 $f''(x) > 0$ 在 (a,b) 上成立的话, 那么这已充分保障函数 $f:(a,b) \to \mathbb{R}$ 是严格凸的.

(6) 拐点的定义: 设 $f: U(x_0) \to \mathbb{R}$ 是在 $x_0 \in \mathbb{R}$ 的邻域中定义且可微的函数. 若在集 $\mathring{U}^-(x_0)$ 上函数下 (上) 凸, 而在集 $\mathring{U}^+(x_0)$ 上函数上 (下) 凸, 则图像的点 $(x_0, f(x_0))$ 叫做它的拐点.

(7) 关于拐点的一些特征:

- 若曲线 $y = f(x)$ 在 $(x_0, f(x_0))$ 处有穿过曲线的切线, 则 $(x_0, f(x_0))$ 为曲线 $y = f(x)$ 的拐点 $\iff$ 在切点的近旁曲线在切线的两侧分别是严格凸与严格凹的.
- 拐点横坐标 x_0 的分析特征: 设 f 在点 x_0 处二阶可导, 若点 $(x_0, f(x_0))$ 为曲线 $y = f(x)$ 的拐点, 则 $f''(x_0) = 0$.
- 设 f 在点 x_0 处可导, 在某 $\mathring{U}(x_0)$ 内二阶可导. 若在某 $\mathring{U}^-(x_0)$ 与 $\mathring{U}^+(x_0)$ 上 $f''(x)$ 的符号相反, 则 $(x_0, f(x_0))$ 为曲线 $y = f(x)$ 的拐点.
- 不应该认为, 曲线在某点处从切线的一侧转到另一侧是判断此点为拐点的充分条件. 需知可以发生这样的情形, 在这点的无论是左邻域中还是右邻域中曲线都不保持确定的凸性.

4. 一些经典不等式

(1) 杨格 (Young) 不等式: 设 $a > 0$, $b > 0$, $p \neq 0, 1$, $q \neq 0, 1$, $\dfrac{1}{p} + \dfrac{1}{q} = 1$. 那么

$$a^{\frac{1}{p}} b^{\frac{1}{q}} \leqslant \frac{1}{p} a + \frac{1}{q} b, \quad p > 1,$$
$$a^{\frac{1}{p}} b^{\frac{1}{q}} \geqslant \frac{1}{p} a + \frac{1}{q} b, \quad p < 1.$$

两个不等式中的等号仅当 $a = b$ 时成立.

(2) 赫尔德 (Hölder) 不等式: 设 $x_i \geqslant 0$, $y_i \geqslant 0$ $(i=1,\cdots,n)$ 且 $\frac{1}{p}+\frac{1}{q}=1$. 那么

$$\sum_{i=1}^{n} x_i y_i \leqslant \left(\sum_{i=1}^{n} x_i^p\right)^{\frac{1}{p}} \cdot \left(\sum_{i=1}^{n} y_i^q\right)^{\frac{1}{q}}, \quad p>1,$$

$$\sum_{i=1}^{n} x_i y_i \geqslant \left(\sum_{i=1}^{n} x_i^p\right)^{\frac{1}{p}} \cdot \left(\sum_{i=1}^{n} y_i^q\right)^{\frac{1}{q}}, \quad p<1, p\neq 0. \qquad (*)$$

当 $p<0$ 时, $(*)$ 式中假定 $x_i>0$ $(i=1,\cdots,n)$. 两个不等式中的等号仅当向量 $(x_1^p,\cdots,x_n^p)$ 和向量 $(y_1^q,\cdots,y_n^q)$ 共线时成立.

(3) 闵可夫斯基 (Minkowski) 不等式: 设 $x_i \geqslant 0$, $y_i \geqslant 0$ $(i=1,\cdots,n)$. 那么

$$\left(\sum_{i=1}^{n}(x_i+y_i)^p\right)^{\frac{1}{p}} \leqslant \left(\sum_{i=1}^{n} x_i^p\right)^{\frac{1}{p}} + \left(\sum_{i=1}^{n} y_i^q\right)^{\frac{1}{q}}, \quad p>1,$$

$$\left(\sum_{i=1}^{n}(x_i+y_i)^p\right)^{\frac{1}{p}} \geqslant \left(\sum_{i=1}^{n} x_i^p\right)^{\frac{1}{p}} + \left(\sum_{i=1}^{n} y_i^q\right)^{\frac{1}{q}}, \quad p<1, p\neq 0.$$

两个不等式中等号仅当向量 $(x_1,\cdots,x_n)$ 和向量 $(y_1,\cdots,y_n)$ 共线时成立.

(4) 詹生 (Jensen) 不等式: 若 $f:(a,b)\to\mathbb{R}$ 是凸函数, $x_1,\cdots,x_n$ 是开区间 (a,b) 的点, $\alpha_1,\cdots,\alpha_n$ 是非负实数使 $\alpha_1+\cdots+\alpha_n=1$, 则成立不等式

$$f(\alpha_1 x_1+\cdots+\alpha_n x_n) \leqslant \alpha_1 f(x_1)+\cdots+\alpha_n f(x_n).$$

严格凸性对应于严格詹生不等式, 亦即, 若数 $\alpha_1,\cdots,\alpha_n$ 异于零, 则等号当且仅当 $x_1=\cdots=x_n$ 时成立.

5. 洛必达法则

设函数 $f:(a,b)\to\mathbb{R}$ 和 $g:(a,b)\to\mathbb{R}$ 在开区间 (a,b) 上可微 $(-\infty\leqslant a<b\leqslant+\infty)$, 并且在 (a,b) 上 $g'(x)\neq 0$ 且

$$\frac{f'(x)}{g'(x)}\to A, \quad x\to a+0, \ -\infty\leqslant A\leqslant+\infty.$$

那么, 只要下面两种情况有一种成立, 就有

$$\frac{f(x)}{g(x)}\to A, \quad x\to a+0.$$

这两种情况是: 当 $x\to a+0$ 时,

(1) $\frac{0}{0}$ 型不定式: $(f(x)\to 0)\wedge(g(x)\to 0)$.

(2) $\frac{*}{\infty}$ 型不定式: $g(x)\to\infty$.

当 $x\to b-0$ 时类似的结论也成立.

注　其他形如: $\infty-\infty$, $0\cdot\infty$, 1^{∞}, 0^0, ∞^0 等的不定式可转化为 $\frac{0}{0}$ 或 $\frac{*}{\infty}$ 型. 若 $\lim\limits_{x\to a+0}\frac{f'(x)}{g'(x)}$ 不存在, 并不能说明 $\lim\limits_{x\to a+0}\frac{f(x)}{g(x)}$ 不存在. 不能对任何比式极限都按洛必达法则求解, 首先必须注意它是不是不定式极限, 是否满足洛必达法则的其他条件.

6. 函数的图像

(1) (斜) 渐近线: 直线 $y=c_0+c_1x$ 叫做当 $x\to-\infty$(当 $x\to+\infty$) 时函数 $y=f(x)$ 的图像的渐近线, 如果当 $x\to-\infty$(当 $x\to+\infty$) 时 $f(x)-(c_0+c_1x)=o(1)$.

(2) 竖直渐近线: 直线 $x=a$ 叫做当 $x\to a-0$(当 $x\to a+0$) 时函数 $y=f(x)$ 的图像的竖直渐近线, 如果当 $x\to a-0$(当 $x\to a+0$) 时 $f(x)\to\infty$.

(3) (斜) 渐近线的计算公式: $x\to-\infty$, $y=c_0+c_1x$, 则 $c_1=\lim\limits_{x\to-\infty}\frac{f(x)}{x}$, $c_0=\lim\limits_{x\to-\infty}(f(x)-c_1x)$.

(4) 作函数图像的一般步骤:

- 指出函数的定义域.
- 记下函数的明显特性 (例如, 奇偶性、周期性, 其图像经过最简单的坐标变换与已知函数图像重合).
- 查明函数在趋向定义域的边界点时的渐近性状, 特别地, 如果有渐近线的话, 把渐近线求出来.
- 求出函数单调的区间并标出函数的局部极值点.
- 明确表出图像的凸性特征并标出拐点.
- 标出图像的特殊点, 尤其是与坐标轴的交点, 若这样的点存在且能算出的话.

二、例题讲解

1. 求极限 $\lim\limits_{n\to\infty}n\left(\mathrm{e}-\left(1+\frac{1}{n}\right)^n\right)$.

解　由归结原则, 只需求如下函数极限即可:

$$\lim_{x\to 0}\frac{1}{x}\left(\mathrm{e}-(1+x)^{\frac{1}{x}}\right)=\lim_{x\to 0}\frac{\mathrm{e}-(1+x)^{\frac{1}{x}}}{x}.$$

而

$$J := \lim_{x\to 0}\frac{\mathrm{e}-(1+x)^{\frac{1}{x}}}{x} = \lim_{x\to 0}\frac{\mathrm{e}-\mathrm{e}^{\frac{1}{x}\ln(1+x)}}{x} = \mathrm{e}\cdot\lim_{x\to 0}\frac{1-\mathrm{e}^{\frac{\ln(1+x)}{x}-1}}{x}.$$

又因为当 $x\to 0$ 时, $\dfrac{\ln(1+x)}{x}-1\to 0$, 因此 $\left(\mathrm{e}^{\frac{\ln(1+x)}{x}-1}-1\right)\sim\left(\dfrac{\ln(1+x)}{x}-1\right)$, 所以由洛必达法则可知

$$\begin{aligned}J &= \mathrm{e}\cdot\lim_{x\to 0}\frac{1-\dfrac{\ln(1+x)}{x}}{x} = \mathrm{e}\cdot\lim_{x\to 0}\frac{x-\ln(1+x)}{x^2}\\ &= \mathrm{e}\cdot\lim_{x\to 0}\frac{1-\dfrac{1}{1+x}}{2x} = \mathrm{e}\cdot\lim_{x\to 0}\frac{1+x-1}{2x(1+x)}\\ &= \mathrm{e}\cdot\lim_{x\to 0}\frac{1}{2(1+x)} = \frac{\mathrm{e}}{2}.\end{aligned}$$ □

注 类似于 4.3 节习题 7, 此题也可利用泰勒公式求解.

2. 设 f 是开区间 I 上的凸函数, 则对任意的闭子区间 $[a,b]\subset I$, f 在 $[a,b]$ 上满足 Lipschitz 条件, 即 $\exists L>0$ 使得, $\forall x',x''\in[a,b]$,

$$|f(x')-f(x'')|\leqslant L|x'-x''|.$$

证 显然, $\exists a',b'\in I$ 使得 $a'<a<b<b'$. $\forall x',x''\in[a,b]$, 不妨设 $x'<x''$. 因为 f 是开区间 I 上的凸函数, 所以

$$\frac{f(a)-f(a')}{a-a'}\leqslant\frac{f(x')-f(a')}{x'-a'}\leqslant\frac{f(x'')-f(x')}{x''-x'}\leqslant\frac{f(b')-f(x')}{b'-x'}\leqslant\frac{f(b')-f(b)}{b'-b}.$$

令

$$L=\max\left\{\left|\frac{f(a)-f(a')}{a-a'}\right|,\left|\frac{f(b')-f(b)}{b'-b}\right|,1\right\},$$

则 $L>0$, 且

$$\left|\frac{f(x'')-f(x')}{x''-x'}\right|\leqslant L,$$

即 $|f(x')-f(x'')|\leqslant L|x'-x''|$. □

3. 设 f 为 (a,b) 内可微凸函数. 证明: $\forall x_0\in(a,b)$, $\exists x_1,x_2\in(a,b)$, 使得

$$\frac{f(x_1)-f(x_2)}{x_1-x_2}=f'(x_0).$$

证 $\forall x_0\in(a,b)$, 令 $h_0=\min\left\{\dfrac{x_0-a}{2},\dfrac{b-x_0}{2}\right\}$, 则 $h_0>0$, 且 $[x_0-h_0,x_0+h_0]\subset(a,b)$. 令

$$g(x)=\frac{f(x+h_0)-f(x)}{h_0},$$

则 g 于 $(a,b-h_0)$ 上连续. 又因为 f 在 (a,b) 内可微, 所以由拉格朗日中值定理可知, $\exists\xi_1\in(x_0-h_0,x_0),\xi_2\in(x_0,x_0+h_0)$ 使得

$$g(x_0-h_0)=\frac{f(x_0)-f(x_0-h_0)}{h_0}=f'(\xi_1),$$
$$g(x_0)=\frac{f(x_0+h_0)-f(x_0)}{h_0}=f'(\xi_2).$$

再由 f 的凸性可知 f' 在 (a,b) 上单调递增, 故

$$g(x_0-h_0)=f'(\xi_1)\leqslant f'(x_0)\leqslant f'(\xi_2)=g(x_0),$$

而由 g 于 $[x_0-h_0,x_0]$ 上的连续性及介值性定理可知, $\exists\eta\in[x_0-h_0,x_0]$ 使得 $g(\eta)=f'(x_0)$. 令 $x_1=\eta+h_0$, $x_2=\eta$, 则 $x_1,x_2\in(a,b)$ 且

$$\frac{f(x_1)-f(x_2)}{x_1-x_2}=\frac{f(\eta+h_0)-f(\eta)}{h_0}=g(\eta)=f'(x_0).$$ □

4. 设 $\phi(x)$ 是 $[0,+\infty)$ 上的连续凹函数. 证明: 如果 $0\leqslant\alpha\leqslant x_1\leqslant x_2$, 则有

$$\phi(x_2)-\phi(x_1)\leqslant\phi(x_2-\alpha)-\phi(x_1-\alpha).$$

证 根据 ϕ 的凹性, $\forall y_4>y_3\geqslant y_2>y_1\geqslant 0$, 我们有

$$\frac{\phi(y_4)-\phi(y_3)}{y_4-y_3}\leqslant\frac{\phi(y_2)-\phi(y_1)}{y_2-y_1}.$$

因此当 $y_4\geqslant y_3\geqslant y_2\geqslant y_1\geqslant 0$ 且 $y_4-y_3=y_2-y_1=\alpha\geqslant 0$ 时, 我们有

$$\phi(y_4)-\phi(y_3)\leqslant\phi(y_2)-\phi(y_1). \tag{$*$}$$

对于 $0\leqslant\alpha\leqslant x_1\leqslant x_2$, 我们必有

$$x_1-\alpha\leqslant x_2-\alpha\leqslant x_1\leqslant x_2$$

或者

$$x_1-\alpha\leqslant x_1\leqslant x_2-\alpha\leqslant x_2.$$

对于第一种情况, 由 $(*)$ 式我们有 $\phi(x_2)-\phi(x_1)\leqslant\phi(x_2-\alpha)-\phi(x_1-\alpha)$. 对于第二种情况, 再次由 $(*)$ 式我们有 $\phi(x_2)-\phi(x_2-\alpha)\leqslant\phi(x_1)-\phi(x_1-\alpha)$. 于是结论成立. □

5. 证明: $\lim\limits_{n\to+\infty}n\sin(2\pi en!)=2\pi$.

证 1 由泰勒公式可知

$$\begin{aligned} n\sin(2\pi e n!) &= n\sin\left(2\pi n!\sum_{k=0}^{\infty}\frac{1}{k!}\right) \\ &= n\sin\left(2\pi\sum_{k=1}^{\infty}\frac{1}{(n+1)(n+2)\cdots(n+k)}\right) = 2\pi\frac{n}{n+1}+o(1), \end{aligned}$$

所以我们有 $\lim\limits_{n\to\infty} n\sin(2\pi e n!) = 2\pi$.

证 2 首先 $n\sin(2\pi e n!)=n\sin(2\pi R_n)$, 这里 $R_n :=\sum\limits_{k=1}^{\infty}\frac{1}{(n+1)(n+2)\cdots(n+k)}$. 显然

$$\frac{1}{n+1} < R_n < \sum_{k=1}^{\infty}\frac{1}{(n+1)^k} = \frac{1}{n}.$$

因此, 我们有 $\lim\limits_{n\to\infty} R_n = 0$, $\lim\limits_{n\to\infty} nR_n = 1$. 于是

$$\lim_{n\to\infty} n\sin(2\pi e n!) = \lim_{n\to\infty} 2\pi n R_n\frac{\sin 2\pi R_n}{2\pi R_n} = 2\pi.$$ □

6. (1) 设 $n\in\mathbb{N}\backslash\{1\}$, 证明方程 $x^n + x^{n-1} + \cdots + x = 1$ 在 $\left(\frac{1}{2},1\right)$ 上存在唯一的根, 记作 a_n.

(2) 证明 $\{a_n\}$ 收敛, 并且 $\lim\limits_{n\to\infty} a_n = \frac{1}{2}$.

(3) 证明 $a_n - \frac{1}{2} \sim \left(\frac{1}{2}\right)^{n+2}$, $n\to\infty$.

证 (1) 考虑连续函数 $f(x) = x^n + x^{n-1} + \cdots + x - 1$, 于是 $\forall n > 1$, 我们有

$$f\left(\frac{1}{2}\right) = \left(\frac{1}{2}\right)^n + \cdots + \frac{1}{2} - 1 = -\left(\frac{1}{2}\right)^n < 0, \quad f(1) = n-1 > 0.$$

因此由介值性定理可知, 存在 $a_n\in\left(\frac{1}{2},1\right)$, 使得 $f(a_n)=0$. 又因为 $\forall x\in\left(\frac{1}{2},1\right)$,

$$f'(x) = nx^{n-1} + (n-1)x^{n-2} + \cdots + 1 > 0,$$

所以 f 在 $\left(\frac{1}{2},1\right)$ 上严格单调递增, 这意味着 $f(x)=0$ 在 $\left(\frac{1}{2},1\right)$ 上的解是唯一的.

(2) 我们先证明 $\{a_n\}$ 是单调递减有界的序列. 事实上, 由 $a_n^n + \cdots + a_n = 1$, $a_{n+1}^{n+1} + \cdots + a_{n+1} = 1$, 我们有

$$a_{n+1}^{n+1} + (a_{n+1} - a_n)\left(\sum_{i=0}^{n-1} a_n^i a_{n+1}^{n-1-i} + \sum_{i=0}^{n-2} a_n^i a_{n+1}^{n-2-i} + \cdots + 1\right) = 0.$$

再根据 $a_n, a_{n+1} > \dfrac{1}{2}$, 我们有 $a_{n+1} < a_n$. 因此, 存在 $a \in \left[\dfrac{1}{2}, 1\right)$ 使得 $\lim\limits_{n\to\infty} a_n = a$. 此外由

$$a_n^{n+1} - 1 = (a_n - 1)(a_n^n + \cdots + a_n + 1) = 2(a_n - 1),$$

我们有 $\lim\limits_{n\to\infty} a_n = \dfrac{1}{2}$.

(3) 由 $a_n^{n+1} - 2a_n + 1 = 0$, 我们有

$$\begin{aligned} 2\left(a_n - \frac{1}{2}\right) = a_n^{n+1} &= \left(a_n - \frac{1}{2} + \frac{1}{2}\right)^{n+1} \\ &= \left(\frac{1}{2}\right)^{n+1} (1 + (2a_n - 1))^{n+1} = \left(\frac{1}{2}\right)^{n+1} (1 + b_n)^{\frac{1}{b_n}(n+1)b_n}, \end{aligned}$$

其中 $b_n = 2a_n - 1$. 又由于 $\lim\limits_{n\to\infty} b_n = 0$, 且

$$\lim_{n\to\infty} (n+1)b_n = \lim_{n\to\infty} (n+1)a_n^{n+1} = 0,$$

所以我们有

$$\lim_{n\to\infty} (1 + b_n)^{\frac{1}{b_n}(n+1)b_n} = \mathrm{e}^0 = 1,$$

这意味着 $a_n - \dfrac{1}{2} \sim \left(\dfrac{1}{2}\right)^{n+2}$. □

三、习题参考解答 (4.4 节)

1. 应用函数的单调性证明下列不等式.

(1) $\tan x > x - \dfrac{x^3}{3}$, $x \in \left(0, \dfrac{\pi}{2}\right)$.

(2) $\dfrac{2x}{\pi} < \sin x < x$, $x \in \left(0, \dfrac{\pi}{2}\right)$.

证 (1) 令 $f(x) = \tan x - x + \dfrac{x^3}{3}$, $x \in \left[0, \dfrac{\pi}{2}\right)$. 因为 $\forall x \in \left(0, \dfrac{\pi}{2}\right)$, $f'(x) = \dfrac{1}{\cos^2 x} - 1 + x^2 = \tan^2 x + x^2 > 0$, 且 $f(x)$ 于点 $x = 0$ 连续, 所以 $f(x)$ 于 $\left[0, \dfrac{\pi}{2}\right)$ 上严格单调递增, 因此 $\forall x \in \left(0, \dfrac{\pi}{2}\right)$, $f(x) > f(0) = 0$.

(2) 令 $f(x) = x - \sin x$, $x \in \left[0, \dfrac{\pi}{2}\right)$. 因为 $\forall x \in \left(0, \dfrac{\pi}{2}\right)$, $f'(x) = 1 - \cos x > 0$, 且 $f(x)$ 于点 $x = 0$ 连续, 所以 $f(x)$ 于 $\left[0, \dfrac{\pi}{2}\right)$ 上严格单调递增, 因此 $\forall x \in \left(0, \dfrac{\pi}{2}\right)$, $f(x) > f(0) = 0$.

令 $g(x)=\dfrac{\sin x}{x}$, $x\in\left(0,\dfrac{\pi}{2}\right]$. 显然 $g'(x)=\dfrac{x\cos x-\sin x}{x^2}$. 再令 $h(x)=x\cos x-\sin x$, $x\in\left[0,\dfrac{\pi}{2}\right)$. 因为 $\forall x\in\left(0,\dfrac{\pi}{2}\right)$, $h'(x)=\cos x-x\sin x-\cos x=-x\sin x<0$, 且 $h(x)$ 于点 $x=0$ 连续, 所以 $h(x)$ 于 $\left[0,\dfrac{\pi}{2}\right)$ 上严格单调递减, 因此 $\forall x\in\left(0,\dfrac{\pi}{2}\right)$, $h(x)<h(0)=0$, 进而 $g'(x)=\dfrac{h(x)}{x^2}<0$. 再由 $g(x)$ 于点 $x=\dfrac{\pi}{2}$ 连续, 所以 $g(x)$ 于 $\left(0,\dfrac{\pi}{2}\right]$ 上严格单调递减, 因此 $\forall x\in\left(0,\dfrac{\pi}{2}\right)$, $\dfrac{\sin x}{x}=g(x)>g\left(\dfrac{\pi}{2}\right)=\dfrac{2}{\pi}$. □

2. 求下列不定式极限.

(1) $\lim\limits_{x\to 0}\dfrac{e^x-1}{\sin x}$.　(2) $\lim\limits_{x\to\frac{\pi}{2}}\dfrac{\tan x-6}{\sec x+5}$.

(3) $\lim\limits_{x\to 0}\left(\dfrac{1}{x}-\dfrac{1}{e^x-1}\right)$.　(4) $\lim\limits_{x\to 1}x^{\frac{1}{1-x}}$.

(5) $\lim\limits_{x\to +0}\sin x\ln x$.　(6) $\lim\limits_{x\to 0}\left(\dfrac{\tan x}{x}\right)^{\frac{1}{x^2}}$.

(7) $\lim\limits_{x\to\frac{\pi}{4}}(\tan x)^{\tan 2x}$.　(8) $\lim\limits_{x\to +\infty}\left(\dfrac{\pi}{2}-\arctan x\right)^{\frac{1}{\ln x}}$.

解　利用洛必达法则求解.

(1)

$$\lim_{x\to 0}\frac{e^x-1}{\sin x}=\lim_{x\to 0}\frac{e^x}{\cos x}=1.$$

(2)

$$\lim_{x\to\frac{\pi}{2}}\frac{\tan x-6}{\sec x+5}=\lim_{x\to\frac{\pi}{2}}\frac{\sec^2 x}{\sec x\tan x}=\lim_{x\to\frac{\pi}{2}}\frac{1}{\sin x}=1.$$

(3)

$$\begin{aligned}\lim_{x\to 0}\left(\frac{1}{x}-\frac{1}{e^x-1}\right)&=\lim_{x\to 0}\frac{e^x-1-x}{x(e^x-1)}=\lim_{x\to 0}\frac{e^x-1}{e^x-1+xe^x}\\&=\lim_{x\to 0}\frac{e^x}{e^x+e^x+xe^x}=\frac{1}{2}.\end{aligned}$$

(4)

$$\lim_{x\to 1}x^{\frac{1}{1-x}}=\lim_{x\to 1}e^{\frac{1}{1-x}\ln x}=e^{\lim\limits_{x\to 1}\frac{\ln x}{1-x}}=e^{\lim\limits_{x\to 1}\frac{\frac{1}{x}}{-1}}=e^{-1}.$$

(5)

$$\lim_{x\to+0}\sin x\ln x=\lim_{x\to+0}\frac{\sin x}{x}\cdot\lim_{x\to+0}\frac{\ln x}{\frac{1}{x}}=1\cdot\lim_{x\to+0}\frac{\frac{1}{x}}{-\frac{1}{x^2}}=\lim_{x\to+0}(-x)=0.$$

(6)

$$\begin{aligned}\lim_{x\to0}\left(\frac{\tan x}{x}\right)^{\frac{1}{x^2}}&=\lim_{x\to0}\mathrm{e}^{\frac{1}{x^2}\ln\frac{\tan x}{x}}=\mathrm{e}^{\lim\limits_{x\to0}\frac{\ln\frac{\tan x}{x}}{x^2}}=\mathrm{e}^{\lim\limits_{x\to0}\frac{\frac{x}{\tan x}\cdot\frac{\frac{x}{\cos^2 x}-\tan x}{x^2}}{2x}}\\&=\mathrm{e}^{\lim\limits_{x\to0}\frac{x}{\tan x}\cdot\lim\limits_{x\to0}\frac{1}{\cos^2 x}\cdot\lim\limits_{x\to0}\frac{x-\sin x\cos x}{2x^3}}=\mathrm{e}^{1\cdot\lim\limits_{x\to0}\frac{x-\frac{1}{2}\sin 2x}{2x^3}}\\&=\mathrm{e}^{\lim\limits_{x\to0}\frac{1-\cos 2x}{6x^2}}=\mathrm{e}^{\lim\limits_{x\to0}\frac{2\sin 2x}{12x}}=\mathrm{e}^{\lim\limits_{x\to0}\frac{4\cos 2x}{12}}=\mathrm{e}^{\frac{1}{3}}.\end{aligned}$$

(7)

$$\begin{aligned}\lim_{x\to\frac{\pi}{4}}(\tan x)^{\tan 2x}&=\lim_{x\to\frac{\pi}{4}}\mathrm{e}^{\tan 2x\ln\tan x}=\mathrm{e}^{\lim\limits_{x\to\frac{\pi}{4}}\tan 2x\ln\tan x}\\&=\mathrm{e}^{\lim\limits_{x\to\frac{\pi}{4}}\frac{\ln\tan x}{\cot 2x}}=\mathrm{e}^{\lim\limits_{x\to\frac{\pi}{4}}\frac{\cot x\sec^2 x}{-2\csc^2 2x}}\\&=\mathrm{e}^{\lim\limits_{x\to\frac{\pi}{4}}\frac{\frac{2}{\sin 2x}}{\frac{-2}{\sin^2 2x}}}=\mathrm{e}^{\lim\limits_{x\to\frac{\pi}{4}}(-\sin 2x)}=\mathrm{e}^{-1}.\end{aligned}$$

(8)

$$\lim_{x\to+\infty}\left(\frac{\pi}{2}-\arctan x\right)^{\frac{1}{\ln x}}=\lim_{x\to+\infty}\mathrm{e}^{\frac{1}{\ln x}\ln\left(\frac{\pi}{2}-\arctan x\right)}=\mathrm{e}^{\lim\limits_{x\to+\infty}\frac{\ln\left(\frac{\pi}{2}-\arctan x\right)}{\ln x}}$$

$$=\mathrm{e}^{\lim\limits_{x\to+\infty}\frac{-\frac{x}{1+x^2}}{\frac{\pi}{2}-\arctan x}}=\mathrm{e}^{\lim\limits_{x\to+\infty}\frac{-\frac{1-x^2}{(1+x^2)^2}}{-\frac{1}{1+x^2}}}=\mathrm{e}^{\lim\limits_{x\to+\infty}\frac{1-x^2}{1+x^2}}=\mathrm{e}^{-1}.$$ □

3. 求下列函数的极值.

(1) $f(x)=\dfrac{2x}{1+x^2}$.

(2) $f(x)=\dfrac{(\ln x)^2}{x}$.

解 (1) $f'(x)=\dfrac{2(1-x^2)}{(1+x^2)^2}$, 令 $f'(x)=0$ 解得 $x_1=-1$, $x_2=1$. 显然当 $x\in(-\infty,-1)$ 时, $f'(x)<0$, 当 $x\in(-1,1)$ 时, $f'(x)>0$, 当 $x\in(1,+\infty)$ 时, $f'(x)<0$. 因此 $f(x)$ 在点 $x_1=-1$ 取得极小值 $f(-1)=-1$, 在点 $x_2=1$ 取得极大值 $f(1)=1$.

(2) $\forall x > 0$, $f'(x) = \dfrac{2\ln x - (\ln x)^2}{x^2}$, $f''(x) = \dfrac{2 - 6\ln x + 2(\ln x)^2}{x^3}$. 令 $f'(x) = 0$ 解得 $x_1 = 1$, $x_2 = \mathrm{e}^2$. 因为 $f''(1) = 2 > 0$, $f''(\mathrm{e}^2) = -\dfrac{2}{\mathrm{e}^6} < 0$, 所有 $f(x)$ 在点 $x_1 = 1$ 取得极小值 $f(1) = 0$, 在点 $x_2 = \mathrm{e}^2$ 取得极大值 $f(\mathrm{e}^2) = \dfrac{4}{\mathrm{e}^2}$. □

4. 求下列函数在给定区间上的最大、最小值.

(1) $f(x) = 2\tan x - \tan^2 x$, $\left[0, \dfrac{\pi}{2}\right)$.

(2) $f(x) = \sqrt{x}\ln x$, $(0, +\infty)$.

解 (1) $f'(x) = 2\dfrac{1}{\cos^2 x} - 2\tan x\dfrac{1}{\cos^2 x} = 2\dfrac{\cos x - \sin x}{\cos^3 x}$. 令 $f'(x) = 0$ 解得 $x_0 = \dfrac{\pi}{4}$. 显然当 $x \in \left[0, \dfrac{\pi}{4}\right)$ 时, $f'(x) > 0$, 当 $x \in \left(\dfrac{\pi}{4}, \dfrac{\pi}{2}\right)$ 时, $f'(x) < 0$. 因此 $f(x)$ 在点 $x_0 = \dfrac{\pi}{4}$ 取得极大值 $f\left(\dfrac{\pi}{4}\right) = 1$. 又因为 $f(0) = 0$,

$$\lim_{x \to \frac{\pi}{2} - 0} f(x) \xlongequal{t = \tan x} \lim_{t \to +\infty} (2t - t^2) = -\infty,$$

所以 $f(x)$ 在点 $x_0 = \dfrac{\pi}{4}$ 取得最大值 $f\left(\dfrac{\pi}{4}\right) = 1$, 而在 $\left[0, \dfrac{\pi}{2}\right)$ 上无最小值.

(2) $f'(x) = \dfrac{\ln x + 2}{2\sqrt{x}}$. 令 $f'(x) = 0$ 解得 $x_0 = \mathrm{e}^{-2}$. 显然当 $x \in (0, \mathrm{e}^{-2})$ 时, $f'(x) < 0$, 当 $x \in (\mathrm{e}^{-2}, +\infty)$ 时, $f'(x) > 0$. 因此 $f(x)$ 在点 $x_0 = \mathrm{e}^{-2}$ 取得极小值 $f(\mathrm{e}^{-2}) = -\dfrac{2}{\mathrm{e}}$. 又因为 $\lim\limits_{x \to +0} f(x) = 0$, $\lim\limits_{x \to +\infty} f(x) = +\infty$, 所以 $f(x)$ 在点 $x_0 = \mathrm{e}^{-2}$ 取得最小值 $f(\mathrm{e}^{-2}) = -\dfrac{2}{\mathrm{e}}$, 而在 $(0, +\infty)$ 上无最大值. □

5. 在抛物线 $y^2 = 4x$ 上哪一点的法线被抛物线所截之线段为最短.

解 任取抛物线上一点 (x_0, y_0), 则 $y_0^2 = 4x_0$, 且 $\left.\dfrac{\mathrm{d}x}{\mathrm{d}y}\right|_{y = y_0} = \dfrac{y_0}{2}$, 因此该点的法线方程为

$$y - y_0 = -\frac{y_0}{2}(x - x_0) = -\frac{y_0}{2}\left(x - \frac{y_0^2}{4}\right).$$

从而当 $y_0 \neq 0$ 时可解得法线与抛物线的另一个交点为 $(x_1, y_1) = \Bigg(\dfrac{(8 + y_0^2)^2}{4y_0^2},$

$-\dfrac{8+y_0^2}{y_0}\Big)$, 因此所截之线段的长度 d 满足

$$\begin{aligned}d^2 &= (x_1-x_0)^2+(y_1-y_0)^2 = \left(\frac{(8+y_0^2)^2}{4y_0^2}-\frac{y_0^2}{4}\right)^2+\left(-\frac{8+y_0^2}{y_0}-y_0\right)^2\\ &= \left(\frac{64+16y_0^2}{4y_0^2}\right)^2+\left(\frac{8+2y_0^2}{y_0}\right)^2\\ &= \left(\frac{4(4+y_0^2)}{y_0^2}\right)^2+\left(\frac{2(4+y_0^2)}{y_0}\right)^2=\frac{4(4+y_0^2)^3}{y_0^4}.\end{aligned}$$

令 $f(y):=\dfrac{4(4+y^2)^3}{y^4}$, 则 $f'(y)=\dfrac{8(4+y^2)^2(y^2-8)}{y^5}$. 由 $f'(y)=0$ 解得 $y=\pm2\sqrt{2}$, 进而 $x=\dfrac{y^2}{4}=2$. 又由于 $\lim\limits_{y\to0}f(y)=+\infty$, $\lim\limits_{y\to\infty}f(y)=+\infty$, 因此 $(2,\pm2\sqrt{2})$ 即为所求的点. □

6. 证明: (1) 若 f 为凸函数, λ 为非负实数, 则 λf 为凸函数.

(2) 若 f,g 均为凸函数, 则 $f+g$ 为凸函数.

(3) 若 f 为区间 I 上凸函数, g 为 $J\supset f(I)$ 上凸增函数, 则 $g\circ f$ 为 I 上凸函数.

证 (1) 若 f 为定义在区间 I 上的凸函数, 则 $\forall x_1,x_2\in I$, $\forall\alpha\in[0,1]$,

$$f(\alpha x_1+(1-\alpha)x_2)\leqslant\alpha f(x_1)+(1-\alpha)f(x_2).$$

因为 λ 为非负实数, 所以

$$\lambda f(\alpha x_1+(1-\alpha)x_2)\leqslant\alpha\lambda f(x_1)+(1-\alpha)\lambda f(x_2),$$

即

$$(\lambda f)(\alpha x_1+(1-\alpha)x_2)\leqslant\alpha(\lambda f)(x_1)+(1-\alpha)(\lambda f)(x_2),$$

则 λf 为凸函数.

(2) 若 f,g 均为定义在区间 I 上的凸函数, 则 $\forall x_1,x_2\in I$, $\forall\alpha\in[0,1]$,

$$\begin{aligned}f(\alpha x_1+(1-\alpha)x_2)&\leqslant\alpha f(x_1)+(1-\alpha)f(x_2),\\ g(\alpha x_1+(1-\alpha)x_2)&\leqslant\alpha g(x_1)+(1-\alpha)g(x_2),\end{aligned}$$

所以

$$f(\alpha x_1+(1-\alpha)x_2)+g(\alpha x_1+(1-\alpha)x_2)\leqslant\alpha\big(f(x_1)+g(x_1)\big)+(1-\alpha)\big(f(x_2)+g(x_2)\big),$$

即

$$(f+g)(\alpha x_1+(1-\alpha)x_2)\leqslant \alpha(f+g)(x_1)+(1-\alpha)(f+g)(x_2),$$

则 $f+g$ 为凸函数.

(3) 若 f 为定义在区间 I 上的凸函数, 则 $\forall x_1,x_2\in I$, $\forall \alpha\in[0,1]$,

$$f(\alpha x_1+(1-\alpha)x_2)\leqslant \alpha f(x_1)+(1-\alpha)f(x_2).$$

又因为 g 为 $J\supset f(I)$ 上凸增函数, 所以

$$g\big(f(\alpha x_1+(1-\alpha)x_2)\big)\leqslant g\big(\alpha f(x_1)+(1-\alpha)f(x_2)\big)\leqslant \alpha g\big(f(x_1)\big)+(1-\alpha)g\big(f(x_2)\big),$$

即

$$(g\circ f)(\alpha x_1+(1-\alpha)x_2)\big)\leqslant \alpha(g\circ f)(x_1)+(1-\alpha)(g\circ f)(x_2),$$

则 $g\circ f$ 为 I 上凸函数. □

7. 设 $x=(x_1,\cdots,x_n)$, $\alpha=(\alpha_1\ \cdots,\alpha_n)$, 且对于 $i=1,2,\cdots,n,x_i>0$, $\alpha_i>0$, 还有 $\sum\limits_{i=1}^{n}\alpha_i=1$. 对于任意的数 $t\neq 0$, 我们考察数 $x_1,x_2,\cdots,x_n$ 以 $\alpha_1,\cdots,\alpha_n$ 加权的 t 阶平均

$$M_t(x,\alpha)=\left(\sum_{i=1}^{n}\alpha_i x_i^t\right)^{\frac{1}{t}}.$$

特别地, 当 $\alpha_1=\cdots=\alpha_n=\dfrac{1}{n}$ 且 $t=-1,1,2$ 时, 分别得到调和平均、算术平均及二阶平均. 证明:

(1) $\lim\limits_{t\to 0}M_t(x,\alpha)=x_1^{\alpha_1}\cdot\cdots\cdot x_n^{\alpha_n}$, 即几何平均可以作为极限而得到.

(2) $\lim\limits_{t\to+\infty}M_t(x,\alpha)=\max\limits_{1\leqslant i\leqslant n}x_i$.

(3) $\lim\limits_{t\to-\infty}M_t(x,\alpha)=\min\limits_{1\leqslant i\leqslant n}x_i$.

(4) $M_t(x,\alpha)$ 在 $\mathbb{R}$ 上是 t 的非减函数 (M_0 由 (1) 中极限定义), 并且若 $n>1$, 所有的 x_i 不同为一数, 则 $M_t(x,\alpha)$ 是严格递增的.

证　(1) 由洛必达法则可知

$$\lim_{t\to 0} M_t(x,\alpha)=\lim_{t\to 0}\left(\sum_{i=1}^{n}\alpha_i x_i^t\right)^{\frac{1}{t}}=\exp\left(\lim_{t\to 0}\frac{\ln\sum\limits_{i=1}^{n}\alpha_i x_i^t}{t}\right)$$

$$=\exp\left(\lim_{t\to 0}\frac{\sum\limits_{i=1}^{n}\alpha_i x_i^t\ln x_i}{\sum\limits_{i=1}^{n}\alpha_i x_i^t}\right)=\exp\left(\frac{\lim\limits_{t\to 0}\sum\limits_{i=1}^{n}\alpha_i x_i^t\ln x_i}{\lim\limits_{t\to 0}\sum\limits_{i=1}^{n}\alpha_i x_i^t}\right)$$

$$=\exp\left(\frac{\sum\limits_{i=1}^{n}\alpha_i\ln x_i}{\sum\limits_{i=1}^{n}\alpha_i}\right)=\exp\left(\sum_{i=1}^{n}\alpha_i\ln x_i\right)$$

$$=\exp\left(\sum_{i=1}^{n}\ln x_i^{\alpha_i}\right)=\exp\left(\ln\prod_{i=1}^{n}x_i^{\alpha_i}\right)=x_1^{\alpha_1}\cdot\cdots\cdot x_n^{\alpha_n}.$$

另外一种证明: 当 $t\to 0$ 时, 由泰勒公式可知

$$\begin{aligned}\frac{1}{t}\ln\sum_{i=1}^{n}\alpha_i {x_i}^t&=\frac{1}{t}\ln\left(1+\sum_{i=1}^{n}\alpha_i({x_i}^t-1)\right)\\&=\frac{1}{t}\ln\left(1+\sum_{i=1}^{n}\alpha_i(\mathrm{e}^{t\ln x_i}-1)\right)\\&=\frac{1}{t}\ln\left(1+\sum_{i=1}^{n}\alpha_i\Big(t\ln x_i+O(t^2)\Big)\right)\\&=\frac{1}{t}\left(\sum_{i=1}^{n}\alpha_i\Big(t\ln x_i\Big)+O(t^2)\right)\\&=\sum_{i=1}^{n}\alpha_i\ln x_i+O(t)=\ln\prod_{i=1}^{n}x_i^{\alpha_i}+O(t).\end{aligned}$$

又因为 $M_t(x,\alpha)=\exp\left(\frac{1}{t}\ln\sum\limits_{i=1}^{n}\alpha_i {x_i}^t\right)$, 所以

$$\lim_{t\to 0}M_t(x,\alpha)=\exp\left(\lim_{t\to 0}\left(\ln\prod_{i=1}^{n}x_i^{\alpha_i}+O(t)\right)\right)=x_1^{\alpha_1}\cdots x_n^{\alpha_n}.$$

(2) 不妨设 $x_1 = \max\limits_{1\leqslant i\leqslant n} x_i$. 显然 $\forall t > 0$,

$$\alpha_1^{\frac{1}{t}} x_1 = \left(\alpha_1 x_1^t\right)^{\frac{1}{t}} \leqslant M_t(x,\alpha) \leqslant \left(\sum_{i=1}^n \alpha_i x_1^t\right)^{\frac{1}{t}} = x_1,$$

又因为 $\lim\limits_{t\to+\infty} \alpha_1^{\frac{1}{t}} x_1 = x_1$, 所以由迫敛性可知

$$\lim_{t\to+\infty} M_t(x,\alpha) = x_1 = \max_{1\leqslant i\leqslant n} x_i.$$

(3) 不妨设 $x_n = \min\limits_{1\leqslant i\leqslant n} x_i$. 显然 $\forall t < 0$,

$$\alpha_n^{\frac{1}{t}} x_n = \left(\alpha_n x_n^t\right)^{\frac{1}{t}} \geqslant M_t(x,\alpha) \geqslant \left(\sum_{i=1}^n \alpha_i x_n^t\right)^{\frac{1}{t}} = x_n,$$

又因为 $\lim\limits_{t\to-\infty} \alpha_n^{\frac{1}{t}} x_n = x_n$, 所以由迫敛性可知

$$\lim_{t\to-\infty} M_t(x,\alpha) = x_n = \min_{1\leqslant i\leqslant n} x_i.$$

(4) 当 $0 < t_1 < t_2$ 时, 记 $f(y) := y^{\frac{t_2}{t_1}}$, 显然 f 在 $(0,+\infty)$ 上是严格凸的, 因此由詹生不等式可知

$$\left(\sum_{i=1}^n \alpha_i {x_i}^{t_1}\right)^{\frac{t_2}{t_1}} = f\left(\sum_{i=1}^n \alpha_i {x_i}^{t_1}\right) \leqslant \sum_{i=1}^n \alpha_i f({x_i}^{t_1}) = \sum_{i=1}^n \alpha_i {x_i}^{t_2},$$

进而有

$$M_{t_1}(x,\alpha) = \left(\sum_{i=1}^n \alpha_i {x_i}^{t_1}\right)^{\frac{1}{t_1}} \leqslant \left(\sum_{i=1}^n \alpha_i {x_i}^{t_2}\right)^{\frac{1}{t_2}} = M_{t_2}(x,\alpha).$$

因此 $M_t(x,\alpha)$ 在 $(0,+\infty)$ 上是非减函数. 同理可证, $M_t(x,\alpha)$ 在 $(-\infty,0)$ 上也是非减函数, 再由 M_0 之定义可知, $M_t(x,\alpha)$ 在点 $t=0$ 连续, 故而 $M_t(x,\alpha)$ 在 $\mathbb{R}$ 上是 t 的非减函数. 若 $n>1$, 所有的 x_i 不同为一数, 则詹生不等式为严格的, 从而导致 $M_t(x,\alpha)$ 是严格递增的. □

8. 证明:

$$|1+x|^p \geqslant 1 + px + c_p\varphi_p(x),$$

其中 c_p 是只依赖于 p 的正的常数, 而当 $1 < p \leqslant 2$ 时,

$$\varphi_p(x) = \begin{cases} |x|^2, & |x| \leqslant 1, \\ |x|^p, & |x| > 1. \end{cases}$$

当 $2 < p$ 时, 在 $\mathbb{R}$ 上 $\varphi_p(x) = |x|^p$.

证 记 $g(x) = |1+x|^p - 1 - px$, $x \in \mathbb{R}$, 则由 $p > 1$ 可知

$$g'(x) = p|1+x|^{p-1}\mathrm{sgn}(1+x) - p = p\Big(|1+x|^{p-1}\mathrm{sgn}(1+x) - 1\Big),$$

且当 $x \neq -1$ 时,

$$g''(x) = p(p-1)|1+x|^{p-2}.$$

容易看出当 $x < 0$ 时, $g'(x) < 0$, 当 $x > 0$ 时, $g'(x) > 0$. 再由 g 在点 $x = 0$ 的连续性可知, $\forall x \in \mathbb{R} \setminus \{0\}$, $g(x) > g(0) = 0$.

注意到, 当 $x = 0$ 时, 结论显然成立. 当 $x \neq 0$ 时, 再引入函数

$$f(x) = \frac{g(x)}{\varphi_p(x)},$$

显然 $f(x)$ 在 $\mathbb{R} \setminus \{0\}$ 上连续, 且 $\forall x \in \mathbb{R} \setminus \{0\}$, $f(x) > 0$. 此外, 由 $\varphi_p(x)$ 的定义还可知

$$\lim_{x\to\infty} f(x) = \lim_{x\to\infty} \frac{|1+x|^p - 1 - px}{|x|^p} = 1.$$

因此 $\exists R_p > 0$, 使得 $\forall |x| > R_p$, $f(x) \geqslant \dfrac{1}{2}$.

当 $1 < p \leqslant 2$ 时, 由洛必达法则可知

$$\lim_{x\to 0} f(x) = \lim_{x\to 0} \frac{g(x)}{|x|^2} = \lim_{x\to 0} \frac{g'(x)}{2x} = \lim_{x\to 0} \frac{g''(x)}{2} = \frac{p(p-1)}{2} > 0.$$

因此 $\exists \delta_p \in (0, R_p)$, 使得 $\forall x \in \mathring{U}^{\delta_p}(0)$, $f(x) \geqslant \dfrac{p(p-1)}{4} > 0$. 再利用 f 的连续性和正性可知, 其于 $[-R_p, -\delta_p]$ 和 $[\delta_p, R_p]$ 上分别存在最小值 $m_p^- > 0$ 和 $m_p^+ > 0$. 现在, 令

$$c_p = \min\left\{m_p^-, m_p^+, \frac{1}{2}, \frac{p(p-1)}{4}\right\},$$

则由前述证明可知 $\forall x \in \mathbb{R} \setminus \{0\}$, $f(x) \geqslant c_p > 0$, 即此时结论成立.

当 $p > 2$ 时, 再次由洛必达法则可知

$$\lim_{x\to 0} f(x) = \lim_{x\to 0} \frac{g(x)}{|x|^p} = \lim_{x\to 0} \frac{g'(x)}{p|x|^{p-1}\mathrm{sgn}x} = \lim_{x\to 0} \frac{g''(x)}{p(p-1)|x|^{p-2}} = +\infty.$$

利用与 $1 < p \leqslant 2$ 情形类似的证明可知此时结论也成立. □

9. 验证: 当 $0 < |x| < \dfrac{\pi}{2}$ 时, $\cos x < \left(\dfrac{\sin x}{x}\right)^3$.

证　因为 $\cos x$ 与 $\left(\dfrac{\sin x}{x}\right)^3$ 均为偶函数, 故只需对 $0<x<\dfrac{\pi}{2}$ 证明即可. 显然

$$\cos x<\left(\frac{\sin x}{x}\right)^3 \Leftrightarrow x<\sin x(\cos x)^{-\frac{1}{3}}.$$

令 $f(x):=x-\sin x(\cos x)^{-\frac{1}{3}},\ x\in\left[0,\dfrac{\pi}{2}\right)$. 显然

$$\begin{aligned}f'(x)&=1-\cos x\cdot(\cos x)^{-\frac{1}{3}}-\sin x\cdot\left(-\frac{1}{3}\right)(\cos x)^{-\frac{4}{3}}\cdot(-\sin x)\\&=1-(\cos x)^{\frac{2}{3}}-\frac{1}{3}(\cos x)^{-\frac{4}{3}}(1-\cos^2 x)=1-\frac{2}{3}(\cos x)^{\frac{2}{3}}-\frac{1}{3}(\cos x)^{-\frac{4}{3}}.\end{aligned}$$

令

$$g(t):=1-\frac{2}{3}t^{\frac{2}{3}}-\frac{1}{3}t^{-\frac{4}{3}},\quad t\in(0,1].$$

显然

$$g'(t)=-\frac{4}{9}t^{-\frac{1}{3}}+\frac{4}{9}t^{-\frac{7}{3}}=\frac{4}{9}t^{-\frac{7}{3}}(1-t^2)>0,$$

又因为 g 于 $t=1$ 连续, 所以 $\forall t\in(0,1)$, $g(t)<g(1)=0$, 因此 $\forall x\in\left(0,\dfrac{\pi}{2}\right)$, $f'(x)<0$. 再由 f 在 $x=0$ 的连续性可知, $\forall x\in\left(0,\dfrac{\pi}{2}\right)$, $f(x)<f(0)=0$, 从而结论成立. □

注　此题也可利用具有拉格朗日余项的泰勒公式来证明.

10. 研究函数 $f(x)$ 并做出它的图像.

(1) $f(x)=\arctan\log_2\cos\left(\pi x+\dfrac{\pi}{4}\right)$.

(2) $f(x)=\arccos\left(\dfrac{3}{2}-\sin x\right)$.

(3) $f(x)=\sqrt[3]{x(x+3)^2}$.

(4) 做出在极坐标系中由方程 $\varphi=\dfrac{\rho}{\rho^2+1}$, $\rho\geqslant 0$ 给定的曲线, 并标出它的渐近线.

(5) 指出在知道了函数 $y=f(x)$ 的图像之后怎样得到函数 $f(x)+B$, $Af(x)$, $f(x+b)$, $f(ax)$, 特别是 $-f(x)$ 和 $f(-x)$ 的图像.

解　(1) $f(x)=\arctan\log_2\cos\left(\pi x+\dfrac{\pi}{4}\right)$ 的定义域为 $\bigcup\limits_{k\in\mathbb{Z}}\left(-\dfrac{3}{4}+2k,\dfrac{1}{4}+2k\right)$, 周期为 2, 故这里只考虑 $k=0$, 即 $x\in\left(-\dfrac{3}{4},\dfrac{1}{4}\right)$ 即可. 由 $f(x)=0$ 解得 $x_1=-\dfrac{1}{4}$.

又显然 $f(0)=-\arctan\dfrac{1}{2}$. 再由

$$f'(x)=\frac{1}{1+\log_2^2\cos\left(\pi x+\dfrac{\pi}{4}\right)}\cdot\frac{1}{\cos\left(\pi x+\dfrac{\pi}{4}\right)\ln 2}\cdot(-1)\sin\left(\pi x+\frac{\pi}{4}\right)\cdot\pi$$
$$=\frac{-\pi}{\ln 2}\cdot\frac{1}{1+\log_2^2\cos\left(\pi x+\dfrac{\pi}{4}\right)}\cdot\tan\left(\pi x+\frac{\pi}{4}\right),$$

得如下性质:

x	$\left(-\frac{3}{4},-\frac{1}{4}\right)$	$-\frac{1}{4}$	$\left(-\frac{1}{4},\frac{1}{4}\right)$
$f'(x)$	+	0	−
$f(x)$	↗	最大值 0	↘

图像略.

(2) $f(x)=\arccos\left(\dfrac{3}{2}-\sin x\right)$ 的定义域为 $\bigcup\limits_{k\in\mathbb{Z}}\left[\dfrac{\pi}{6}+2k\pi,\dfrac{5\pi}{6}+2k\pi\right]$, 周期为 2π, 故这里只考虑 $k=0$, 即 $x\in\left[\dfrac{\pi}{6},\dfrac{5\pi}{6}\right]$ 即可. 显然 $0\leqslant f(x)\leqslant\dfrac{\pi}{3}$. 由 $f(x)=0$ 解得 $x_1=\dfrac{\pi}{6}$, $x_2=\dfrac{5\pi}{6}$. 又

$$f'(x)=-\frac{1}{\sqrt{1-\left(\dfrac{3}{2}-\sin x\right)^2}}\cdot(-\cos x)=\frac{\cos x}{\sqrt{1-\left(\dfrac{3}{2}-\sin x\right)^2}},\quad x\neq\frac{\pi}{6},\frac{5\pi}{6}.$$

由 $f'(x)=0$ 解得 $x_3=\dfrac{\pi}{2}$. 进而

$$f''(x)=\frac{-\sin x\cdot\sqrt{1-\left(\dfrac{3}{2}-\sin x\right)^2}-\cos x\dfrac{-2\left(\dfrac{3}{2}-\sin x\right)\cdot(-\cos x)}{2\sqrt{1-\left(\dfrac{3}{2}-\sin x\right)^2}}}{1-\left(\dfrac{3}{2}-\sin x\right)^2}$$
$$=\frac{-\sin x\cdot\left(1-\left(\dfrac{3}{2}-\sin x\right)^2\right)-\cos^2 x\left(\dfrac{3}{2}-\sin x\right)}{\left(1-\left(\dfrac{3}{2}-\sin x\right)^2\right)^{\frac{3}{2}}}$$

$$= \frac{-\frac{3}{2}\left(\sin^2 x - \frac{3}{2}\sin x + 1\right)}{\left(1-\left(\frac{3}{2}-\sin x\right)^2\right)^{\frac{3}{2}}}, \quad x \neq \frac{\pi}{6}, \frac{5\pi}{6}.$$

显然当 $x \in \left(\frac{\pi}{6}, \frac{5\pi}{6}\right)$ 时, $t := \sin x \in \left(\frac{1}{2}, 1\right]$, 所以 $g(t) = t^2 - \frac{3}{2}t + 1 > 0$, 因此 $f''(x) < 0$. 具体性质列表如下:

x	$\frac{\pi}{6}$	$\left(\frac{\pi}{6}, \frac{\pi}{2}\right)$	$\frac{\pi}{2}$	$\left(\frac{\pi}{2}, \frac{5\pi}{6}\right)$	$\frac{5\pi}{6}$
$f'(x)$	∞	$+$	0	$-$	∞
$f''(x)$	∞	$-$	$-\frac{2\sqrt{3}}{3}$	$-$	∞
$f(x)$	最小值 0	凹增 ↗	最大值 $\frac{\pi}{3}$	凹减 ↘	最小值 0

此外该函数无渐近线. 图像略.

(3) 由 $f(x) = 0$ 解得 $x_1 = 0$, $x_2 = -3$. 又 $f'(x) = x^{-\frac{2}{3}}(x+3)^{-\frac{1}{3}}(x+1)$, 由 $f'(x) = 0$ 解得 $x_3 = -1$. 还有 $f''(x) = -2x^{-\frac{5}{3}}(x+3)^{-\frac{4}{3}}$. 具体性质列表如下:

x	$(-\infty, -3)$	-3	$(-3, -1)$	-1	$(-1, 0)$	0	$(0, +\infty)$
$f'(x)$	$+$	∞	$-$	0	$+$	∞	$+$
$f''(x)$	$+$	∞	$+$	$2^{-\frac{1}{3}}$	$+$	∞	$-$
$f(x)$	凸增 ↗	极大值 0	凸减 ↘	极小值 $-4^{\frac{1}{3}}$	凸增 ↗	拐点 $(0,0)$	凹增 ↗

下面考虑渐近线. 因为

$$c_1 = \lim_{x\to\infty} \frac{f(x)}{x} = \lim_{x\to\infty} x^{-\frac{2}{3}}(x+3)^{\frac{2}{3}} = \lim_{x\to\infty}\left(\frac{x+3}{x}\right)^{\frac{2}{3}} = 1,$$

$$\begin{aligned} c_0 &= \lim_{x\to\infty}(f(x) - c_1 x) = \lim_{x\to\infty}\left(x^{\frac{1}{3}}(x+3)^{\frac{2}{3}} - x\right) \\ &= \lim_{x\to\infty} \frac{\left(1+\frac{3}{x}\right)^{\frac{2}{3}} - 1}{\frac{1}{x}} = \lim_{x\to\infty} \frac{\frac{2}{3}\left(1+\frac{3}{x}\right)^{-\frac{1}{3}} \cdot \left(\frac{-3}{x^2}\right)}{-\frac{1}{x^2}} \\ &= \lim_{x\to\infty} 2\left(1+\frac{3}{x}\right)^{-\frac{1}{3}} = 2, \end{aligned}$$

所以渐近线方程为 $y = c_0 + c_1 x = 2 + x$. 图像略.

(4) 显然曲线通过坐标原点 $(\rho_0,\varphi_0)=(0,0)$. 又 $\varphi'=\dfrac{1-\rho^2}{(\rho^2+1)^2}$, 由 $\varphi'=0$ 解得 $\rho_1=1$. 还有 $\varphi''=\dfrac{2\rho(\rho^2-3)}{(\rho^2+1)^3}$, 由 $\varphi''=0$ 解得 $\rho_2=\sqrt{3}$ 和 $\rho_0=0$. 具体性质列表如下:

ρ	0	$(0,1)$	1	$(1,\sqrt{3})$	$\sqrt{3}$	$(\sqrt{3},+\infty)$
φ'	1	+	0	−	$-\frac{1}{8}$	−
φ''	0	−	$-\frac{1}{2}$	−	0	+
φ	最小值 0	凹增 ↗	最大值 $\frac{1}{2}$	凹减 ↘	拐点 $\left(\sqrt{3},\frac{\sqrt{3}}{4}\right)$	凸减 ↘

下面考虑渐近线. 直角坐标 $x=\rho\cos\varphi=\rho\cos\left(\dfrac{\rho}{\rho^2+1}\right)\in\left[\rho\cos\dfrac{1}{2},\rho\right]$, $y=\rho\sin\varphi=\rho\sin\left(\dfrac{\rho}{\rho^2+1}\right)\in[0,1)\cap\left[0,\rho\sin\dfrac{1}{2}\right]$. 因为

$$c_1=\lim_{x\to+\infty}\frac{f(x)}{x}=\lim_{\rho\to+\infty}\tan\left(\frac{\rho}{\rho^2+1}\right)=0,$$

$$\begin{aligned}c_0&=\lim_{x\to+\infty}(f(x)-c_1x)=\lim_{\rho\to+\infty}\rho\sin\left(\frac{\rho}{\rho^2+1}\right)\\&=\lim_{\rho\to+\infty}\frac{\sin\left(\dfrac{\rho}{\rho^2+1}\right)}{\dfrac{\rho}{\rho^2+1}}\frac{\rho^2}{\rho^2+1}=1,\end{aligned}$$

所以 (水平) 渐近线方程为 $y=c_0+c_1x\equiv1$. 图像略.

(5) 在知道了函数 $y=f(x)$ 的图像之后,

- 通过竖直方向关于 y 轴正半轴平移 B 得到函数 $f(x)+B$ 的图像;
- 通过竖直方向关于坐标原点伸缩 $|A|$(加关于 x 轴对称, 若 $A<0$) 得到函数 $Af(x)$ 的图像;
- 通过水平方向关于 x 轴正半轴平移 $-b$ 得到函数 $f(x+b)$ 的图像;
- 通过水平方向关于坐标原点伸缩 $\dfrac{1}{|a|}$ (加关于 y 轴对称, 若 $a<0$) 得到函数 $f(ax)$ 的图像.

特别地,

- 通过关于 x 轴对称得到函数 $-f(x)$ 的图像;
- 通过关于 y 轴对称得到函数 $f(-x)$ 的图像. □

11. 证明: 如果 $f \in C(a,b)$ 且对于任意的点 $x_1, x_2 \in (a,b)$ 成立不等式

$$f\left(\frac{x_1+x_2}{2}\right) \leqslant \frac{f(x_1)+f(x_2)}{2},$$

那么, 函数 f 在 (a,b) 上是凸的.

证 我们将分三步给出证明.

第一步: 我们将利用数学归纳法证明: $\forall n \in \mathbb{N}, \forall m \in \{1, \cdots, 2^n-1\}, \forall x_1, x_2 \in (a,b)$, 都有

$$f\left(\frac{m}{2^n}x_1 + \left(1-\frac{m}{2^n}\right)x_2\right) \leqslant \frac{m}{2^n}f(x_1) + \left(1-\frac{m}{2^n}\right)f(x_2).$$

当 $n=1$ 时, $m=1$, $\frac{m}{2^n}=\frac{1}{2}$, 由所给条件可知结论成立. 假设当 $n=k$ 时结论也成立, 往证当 $n=k+1$ 时结论也成立. 事实上, $n=k+1$ 时, 若 $m=2^k<2^{k+1}-1$, 则 $\frac{m}{2^{k+1}}=\frac{1}{2}$, 由所给条件可知结论成立. 而当 $m \in \{1, \cdots, 2^{k+1}-1\}\backslash\{2^k\}$ 时, 因为 $\frac{m}{2^{k+1}}$ 与 $1-\frac{m}{2^{k+1}}$ 中必有一个小于 $\frac{1}{2}$, 我们不妨假设 $\frac{m}{2^{k+1}}<\frac{1}{2}$, 即 $m<2^k$, 所以由所给条件和归纳假设可知

$$\begin{aligned}
&f\left(\frac{m}{2^{k+1}}x_1 + \left(1-\frac{m}{2^{k+1}}\right)x_2\right) = f\left(\frac{m}{2^{k+1}}x_1 + \left(\frac{1}{2}-\frac{m}{2^{k+1}}\right)x_2 + \frac{1}{2}x_2\right)\\
=\ &f\left(\frac{1}{2}\left(\frac{m}{2^k}x_1 + \left(1-\frac{m}{2^k}\right)x_2\right) + \frac{1}{2}x_2\right) \leqslant \frac{1}{2}f\left(\frac{m}{2^k}x_1 + \left(1-\frac{m}{2^k}\right)x_2\right) + \frac{1}{2}f(x_2)\\
\leqslant\ &\frac{1}{2}\left(\frac{m}{2^k}f(x_1) + \left(1-\frac{m}{2^k}\right)f(x_2)\right) + \frac{1}{2}f(x_2) = \frac{m}{2^{k+1}}f(x_1) + \left(1-\frac{m}{2^{k+1}}\right)f(x_2).
\end{aligned}$$

因此由数学归纳原理可知结论成立.

第二步: 我们证明: $\forall \lambda \in (0,1)$, $\exists \lambda_n = \frac{m_n}{2^n}$ 使得 $\lim\limits_{n\to\infty} \lambda_n = \lambda$. 事实上: $\forall \lambda \in (0,1)$, $\forall n \in \mathbb{N}$, 由阿基米德原理可知, $\exists m_n \in \mathbb{N}$ 使得 $\frac{m_n-1}{2^n} \leqslant \lambda < \frac{m_n}{2^n}$. 令 $\lambda_n = \frac{m_n}{2^n}$, 则 $\lambda < \lambda_n \leqslant \lambda + \frac{1}{2^n}$, 进而由迫敛性可知 $\lim\limits_{n\to\infty} \lambda_n = \lambda$.

第三步: 证明 f 的凸性. $\forall \lambda \in (0,1)$, 由第二步可知, $\exists \lambda_n = \frac{m_n}{2^n}$ 使得 $\lim\limits_{n\to\infty} \lambda_n = \lambda$. 而由第一步又可知, $\forall x_1, x_2 \in (a,b)$, $\forall n \in \mathbb{N}$,

$$f(\lambda_n x_1 + (1-\lambda_n)x_2) \leqslant \lambda_n f(x_1) + (1-\lambda_n) f(x_2),$$

再由 f 的连续性可知

$$\begin{aligned} f\big(\lambda x_1+(1-\lambda)x_2\big) &= f\Big(\lim_{n\to\infty}\big(\lambda_n x_1+(1-\lambda_n)x_2\big)\Big) \\ &= \lim_{n\to\infty} f\big(\lambda_n x_1+(1-\lambda_n)x_2\big) \\ &\leqslant \lim_{n\to\infty}\big(\lambda_n f(x_1)+(1-\lambda_n)f(x_2)\big) \\ &= \lambda f(x_1)+(1-\lambda)f(x_2), \end{aligned}$$

这就说明了函数 f 在 (a,b) 上是凸的. □

12. 证明: (1) 若凸函数 $f:\mathbb{R}\to\mathbb{R}$ 有界, 则它是常值函数.

(2) 若对于凸函数 $f:\mathbb{R}\to\mathbb{R}$,

$$\lim_{x\to-\infty}\frac{f(x)}{x}=\lim_{x\to+\infty}\frac{f(x)}{x}=0,$$

则 f 是常值函数.

(3) 对于定义在区间 $a<x<+\infty$(或 $-\infty<x<a$) 上的任意的凸函数 f, 比值 $\dfrac{f(x)}{x}$ 当 x 沿着函数的定义域趋于无穷时趋于有限极限或趋于无穷.

证 (1) 反证法. 假设凸函数 $f:\mathbb{R}\to\mathbb{R}$ 不是常值函数, 则 $\exists x_1<x_2$ 使得 $f(x_1)\neq f(x_2)$. 若 $f(x_1)<f(x_2)$, 则由 f 的凸性可知, $\forall n\in\mathbb{N}$,

$$0<\frac{f(x_2)-f(x_1)}{x_2-x_1}\leqslant\frac{f(x_2+n)-f(x_2)}{(x_2+n)-x_2}=\frac{f(x_2+n)-f(x_2)}{n},$$

进而

$$f(x_2+n)\geqslant f(x_2)+n\cdot\frac{f(x_2)-f(x_1)}{x_2-x_1},$$

令 $n\to\infty$, 得到

$$\lim_{n\to\infty}f(x_2+n)=+\infty,$$

与 f 的有界性矛盾.

若 $f(x_1)>f(x_2)$, 同理可知

$$\lim_{n\to\infty}f(x_1-n)\geqslant\lim_{n\to\infty}\left(f(x_1)-n\cdot\frac{f(x_2)-f(x_1)}{x_2-x_1}\right)=+\infty,$$

也与 f 的有界性矛盾. 因此可知 f 是常值函数.

(2) 反证法. 假设凸函数 $f:\mathbb{R}\to\mathbb{R}$ 不是常值函数, 则 $\exists x_1<x_2$ 使得 $f(x_1)\neq f(x_2)$. 若 $f(x_1)<f(x_2)$, 则由 f 的凸性可知, $\forall n\in\mathbb{N}$,

$$0<\frac{f(x_2)-f(x_1)}{x_2-x_1}\leqslant\frac{f(|x_2|+1)-f(x_2)}{(|x_2|+1)-x_2}\leqslant\frac{f((n+1)(|x_2|+1))-f(|x_2|+1)}{n(|x_2|+1)},$$

进而

$$\frac{f((n+1)(|x_2|+1))}{(n+1)(|x_2|+1)} \geqslant \frac{1}{n+1}\cdot\frac{f(|x_2|+1)}{|x_2|+1}+\frac{n}{n+1}\cdot\frac{f(x_2)-f(x_1)}{x_2-x_1},$$

令 $n\to\infty$, 得到

$$\lim_{n\to\infty}\frac{f((n+1)(|x_2|+1))}{(n+1)(|x_2|+1)} \geqslant \frac{f(x_2)-f(x_1)}{x_2-x_1}>0,$$

与 $\lim\limits_{x\to+\infty}\dfrac{f(x)}{x}=0$ 矛盾.

若 $f(x_1)>f(x_2)$, 同理可知与 $\lim\limits_{x\to-\infty}\dfrac{f(x)}{x}=0$ 矛盾. 因此 f 是常值函数.

(3) 仅对 $a<x<+\infty$ 的情形给出证明, $-\infty<x<a$ 的证明是类似的. 令

$$F(x):=\frac{f(x)-f(a+1)}{x-(a+1)},$$

则由 f 的凸性可知, $\forall a+1<x_1<x_2$,

$$F(x_1)=\frac{f(x_1)-f(a+1)}{x_1-(a+1)}\leqslant\frac{f(x_2)-f(a+1)}{x_2-(a+1)}=F(x_2),$$

即 $F(x)$ 在 $(a+1,+\infty)$ 上是单调递增的, 所以极限 $\lim\limits_{x\to+\infty}F(x)=:A$, $-\infty<A\leqslant+\infty$. 因此

$$\begin{aligned}\lim_{x\to+\infty}\frac{f(x)}{x}&=\lim_{x\to+\infty}\frac{f(x)}{x-(a+1)}\cdot\frac{x-(a+1)}{x}\\&=\lim_{x\to+\infty}\left(\frac{f(x)-f(a+1)}{x-(a+1)}+\frac{f(a+1)}{x-(a+1)}\right)\cdot\lim_{x\to+\infty}\frac{x-(a+1)}{x}\\&=(A+0)\cdot 1=A.\end{aligned}$$

□

13. 证明: 若 $f:(a,b)\to\mathbb{R}$ 是凸函数, 则

(1) 在任意点 $x\in(a,b)$ 处, 它有左导数 f'_- 和右导数 f'_-:

$$f'_-(x)=\lim_{h\to-0}\frac{f(x+h)-f(x)}{h},\quad f'_+(x)=\lim_{h\to+0}\frac{f(x+h)-f(x)}{h},$$

并且 $f'_-(x)\leqslant f'_+(x)$.

(2) 当 $x_1,x_2\in(a,b)$ 且 $x_1<x_2$ 时成立不等式 $f'_+(x_1)\leqslant f'_-(x_2)$.

(3) $f(x)$ 的图像的角点 (使 $f'_-(x)\neq f'_+(x)$ 的点) 的集合是至多可数集.

证　(1) $\forall x \in (a,b), \forall h \in (a-x,0)$, 因为 $f:(a,b)\to\mathbb{R}$ 是凸函数, 所以

$$g(h) := \frac{f(x+h)-f(x)}{h} = \frac{f(x)-f(x+h)}{x-(x+h)}$$
$$\leqslant \frac{f\left(x+\dfrac{b-x}{2}\right)-f(x)}{x+\dfrac{b-x}{2}-x} = \frac{f\left(x+\dfrac{b-x}{2}\right)-f(x)}{\dfrac{b-x}{2}},$$

即函数 $g(h)$ 在 $(a-x,0)$ 上有上界. 再次由 f 的凸性可知, $\forall h_1,h_2 \in (a-x,0)$, $h_1<h_2$,

$$g(h_1) = \frac{f(x)-f(x+h_1)}{-h_1} \leqslant \frac{f(x)-f(x+h_2)}{-h_2} = g(h_2),$$

因此 $g(h)$ 在 $(a-x,0)$ 上单调递增, 故

$$f'_-(x) = \lim_{h\to -0}\frac{f(x+h)-f(x)}{h} = \lim_{h\to -0} g(h)$$

存在. 同理可证 $f'_+(x)$ 也存在. 进而由 4.1 节习题 2 还可知, f 为 (a,b) 上的连续函数.

现在, $\forall h \in (0,a-x)\cap(0,b-x)$, 同样由 f 的凸性可知

$$\frac{f(x+(-h))-f(x)}{-h} = \frac{f(x)-f(x-h)}{h} \leqslant \frac{f(x+h)-f(x)}{h},$$

令 $h\to+0$, 两边取极限即得 $f'_-(x)\leqslant f'_+(x)$.

(2) $\forall x_1,x_2\in(a,b)$, $x_1<x_2$, $\forall h \in \left(0,\dfrac{x_2-x_1}{2}\right)$, 由 f 的凸性可知

$$\frac{f(x_1+h)-f(x_1)}{h} \leqslant \frac{f(x_2)-f(x_1)}{x_2-x_1} \leqslant \frac{f(x_2)-f(x_2-h)}{h}$$
$$= \frac{f(x_2+(-h))-f(x_2)}{-h},$$

令 $h\to+0$, 两边取极限即得 $f'_+(x_1)\leqslant f'_-(x_2)$.

(3) 记 $f(x)$ 的图像的角点的集合为 Λ. 若 $\Lambda=\varnothing$, 结论显然成立. 下面考虑 $\Lambda\neq\varnothing$ 的情形. 由 (1) 和 (2) 可知, $\forall x_1,x_2\in(a,b)$, $x_1<x_2$, 我们有

$$f'_-(x_1)\leqslant f'_+(x_1)\leqslant f'_-(x_2)\leqslant f'_+(x_2).$$

因此 $f'_-(x)$ 是单调递增函数, 且 $\forall x_0\in\Lambda$, 由 $f'_-(x_0)<f'_+(x_0)$ 可知

$$\lim_{x\to x_0-0} f'_-(x) \leqslant f'_-(x_0) < f'_+(x_0) \leqslant \lim_{x\to x_0+0} f'_-(x),$$

因此 x_0 为函数 $f'_-(x)$ 的 (第一类) 间断点, 即 Λ 是单调递增函数 $f'_-(x)$ 的间断点集 Ω 的子集, 而由《讲义》3.2.2 小节推论 2 知 Ω 至多可数, 故 Λ 是至多可数集. □

14. 曲线在一点处的曲率、曲率半径和曲率中心. 设有一点在平面上运动. 其运动规律由一对关于时间二次可微的坐标函数 $x = x(t)$, $y = y(t)$ 确定. 这时它描画出一条曲线, 对此, 我们说这条曲线是以参数形式 $x = x(t)$, $y = y(t)$ 给定的. 由函数 $y = f(x)$ 的图像给出曲线的情形只是一种特殊参数形式, 此时, 可以认为 $x = t$ 而 $y = f(t)$. 我们想指出一个刻画曲线在一点处的弯曲程度的数, 就像圆半径的倒数可以作为圆周弯曲程度的指标. 我们下边使用的正是这个对比.

(1) 求出点的加速度向量 $\boldsymbol{a}(t) = (\ddot{x}(t), \ddot{y}(t))$ 的切向分量 $\boldsymbol{a}_t$ 和法向分量 $\boldsymbol{a}_n$, 即把 $\boldsymbol{a}$ 表成和式 $\boldsymbol{a}_t + \boldsymbol{a}_n$, 其中向量 $\boldsymbol{a}_t$ 与速度向量 $\boldsymbol{v}(t) = (\dot{x}(t), \dot{y}(t))$ 共线, 也就是说, 它的方向是沿轨迹切线的, 而向量 $\boldsymbol{a}_n$ 的方向是沿轨迹的法向的.

(2) 证明: 当沿着半径为 r 的圆周运动时成立关系式

$$r = \frac{|\boldsymbol{v}(t)|^2}{|\boldsymbol{a}_n(t)|}.$$

(3) 当沿着任意的曲线运动时, 考虑到 (2), 自然把量

$$r(t) = \frac{|\boldsymbol{v}(t)|^2}{|\boldsymbol{a}_n(t)|}$$

叫做曲线在点 $(x(t), y(t))$ 处的**曲率半径**.

证明: 曲率半径按公式

$$r(t) = \frac{(\dot{x}^2 + \dot{y}^2)^{3/2}}{|\dot{x}\ddot{y} - \dot{y}\ddot{x}|}$$

来计算.

(4) 平面曲线在给定点 $(x(t), y(t))$ 处的曲率半径的倒数叫做**绝对曲率**. 与绝对曲率一道, 还考虑量

$$k(t) = \frac{\dot{x}\ddot{y} - \dot{y}\ddot{x}}{(\dot{x}^2 + \dot{y}^2)^{3/2}},$$

这个量叫做**曲率**.

证明: 曲率的符号表示曲线相对切线旋转的方向. 分析曲率有怎样的量纲.

(5) 证明: 函数 $y = f(x)$ 的图像在点 $(x, f(x))$ 处的曲率可按公式

$$k(x) = \frac{y''(x)}{[1 + (y')^2(x)]^{3/2}}$$

来计算. 研究 $k(x)$ 的符号, 亦即 $y''(x)$ 的符号与图像凸的方向的对应关系.

(6) 选择常数 a, b, R 使得圆周 $(x-a)^2+(y-b)^2=R^2$ 与一条确定的以参数形式给出的曲线 $x=x(t)$, $y=y(t)$ 在点 $x_0=x(t_0)$, $y_0=y(t_0)$ 处以尽可能高的阶数相切. 假定 $x(t)$, $y(t)$ 二次可微且 $(\dot{x}(t_0),\dot{y}(t_0))\neq(0,0)$.

上述圆周叫做曲线在点 (x_0,y_0) 处的密切圆周. 它的中心叫做曲线在点 (x_0,y_0) 处的曲率中心. 验证它的半径与在 (3) 中定义的在这点处曲线的曲率半径相同.

(7) 静止的质点在重力作用下从具抛物形剖面的冰山顶上开始下滑, 剖面方程是 $x+y^2=1$, $x\geqslant 0$, $y\geqslant 0$. 计算质点落地前的运动轨道.

解 (1) 轨迹切向方向上的单位向量为

$$\boldsymbol{\tau}=\frac{\boldsymbol{v}(t)}{|\boldsymbol{v}(t)|}=\left(\frac{\dot{x}}{\sqrt{\dot{x}^2+\dot{y}^2}},\frac{\dot{y}}{\sqrt{\dot{x}^2+\dot{y}^2}}\right)=\frac{1}{\sqrt{\dot{x}^2+\dot{y}^2}}(\dot{x},\dot{y}),$$

而法向方向$\left(\text{相对切线方向逆时针旋转 }\dfrac{\pi}{2}\text{, 即向左偏转 }\dfrac{\pi}{2}\right)$上的单位向量为

$$\boldsymbol{n}=\left(\frac{-\dot{y}}{\sqrt{\dot{x}^2+\dot{y}^2}},\frac{\dot{x}}{\sqrt{\dot{x}^2+\dot{y}^2}}\right)=\frac{1}{\sqrt{\dot{x}^2+\dot{y}^2}}(-\dot{y},\dot{x}).$$

因此

$$\boldsymbol{a}_t=(\boldsymbol{a}\cdot\boldsymbol{\tau})\boldsymbol{\tau}=\frac{\dot{x}\ddot{x}+\dot{y}\ddot{y}}{\sqrt{\dot{x}^2+\dot{y}^2}}\boldsymbol{\tau}=\frac{\dot{x}\ddot{x}+\dot{y}\ddot{y}}{\dot{x}^2+\dot{y}^2}(\dot{x},\dot{y}),$$

而

$$\boldsymbol{a}_n=(\boldsymbol{a}\cdot\boldsymbol{n})\boldsymbol{n}=\frac{\dot{x}\ddot{y}-\dot{y}\ddot{x}}{\sqrt{\dot{x}^2+\dot{y}^2}}\boldsymbol{n}=\frac{\dot{x}\ddot{y}-\dot{y}\ddot{x}}{\dot{x}^2+\dot{y}^2}(-\dot{y},\dot{x}).$$

(2) 当沿着半径为 r 的圆周运动时, $x^2(t)+y^2(t)=r^2$, 两边同时对 t 求导得

$$2x\dot{x}+2y\dot{y}=2\boldsymbol{r}\cdot\boldsymbol{v}=0,$$

其中向量 $\boldsymbol{r}=(x,y)$. 因此 $\boldsymbol{r}$ 与 $\boldsymbol{v}$(进而与 $\boldsymbol{a}_t$) 正交, 从而 $\boldsymbol{r}$ 与 $\boldsymbol{n}$(进而与 $\boldsymbol{a}_n$) 平行. 上式两边再同时对 t 求导得

$$2x\ddot{x}+2y\ddot{y}+2\dot{x}^2+2\dot{y}^2=2\boldsymbol{r}\cdot\boldsymbol{a}+2|\boldsymbol{v}|^2=0.$$

又因为 $\boldsymbol{a}=\boldsymbol{a}_t+\boldsymbol{a}_n$, 所以由 $\boldsymbol{r}\cdot\boldsymbol{a}_t=0$ 得

$$\boldsymbol{r}\cdot\boldsymbol{a}=\boldsymbol{r}\cdot\boldsymbol{a}_t+\boldsymbol{r}\cdot\boldsymbol{a}_n=\boldsymbol{r}\cdot\boldsymbol{a}_n,$$

因此我们有

$$\boldsymbol{r}\cdot\boldsymbol{a}_n+|\boldsymbol{v}|^2=0,$$

进而再由 $\boldsymbol{r}$ 与 $\boldsymbol{a}_n$ 平行可知

$$|\boldsymbol{v}|^2=||\boldsymbol{v}|^2|=|-\boldsymbol{r}\cdot\boldsymbol{a}_n|=r\cdot|\boldsymbol{a}_n|,$$

因此

$$r=\frac{|\boldsymbol{v}(t)|^2}{|\boldsymbol{a}_n(t)|}.$$

(3) 由 (1) 可知

$$|\boldsymbol{a}_n(t)|=\frac{|\dot{x}\ddot{y}-\dot{y}\ddot{x}|}{\sqrt{\dot{x}^2+\dot{y}^2}},$$

又由 $|v(t)|^2=\dot{x}^2+\dot{y}^2$ 得

$$r(t)=\frac{|\boldsymbol{v}(t)|^2}{|\boldsymbol{a}_n(t)|}=\frac{(\dot{x}^2+\dot{y}^2)^{\frac{3}{2}}}{|\dot{x}\ddot{y}-\dot{y}\ddot{x}|}.$$

(4) 由 (1) 可知, 曲率

$$k(t)=\frac{\dot{x}\ddot{y}-\dot{y}\ddot{x}}{(\dot{x}^2+\dot{y}^2)^{\frac{3}{2}}}=\frac{\boldsymbol{a}_n(t)\cdot\boldsymbol{n}(t)}{|\boldsymbol{v}(t)|^2}=\frac{|\boldsymbol{a}_n(t)|}{|\boldsymbol{v}(t)|^2}\cdot\cos\theta,$$

其中 $\theta\in\{0,\pi\}$. 因此当 $k(t)>0$ 时, $\theta=0$, 即法向加速度 $\boldsymbol{a}_n(t)$ 与 $\boldsymbol{n}(t)$ 同向, 而法线方向 $\boldsymbol{n}(t)$ 为相对切线方向向左偏转 $\dfrac{\pi}{2}$, 因此说明曲线相对于切线向左偏转. 同理当 $k(t)<0$ 时, $\theta=\pi$, 即法向加速度 $\boldsymbol{a}_n(t)$ 与 $\boldsymbol{n}(t)$ 反向, 因此说明曲线相对于切线向右偏转. 此外当 $k(t)=0$ 时, $\boldsymbol{a}_n(t)=0$, 因此说明曲线相对于切线无偏转. 由曲率的定义可知, 其量纲为长度的倒数.

(5) $y=f(x)$ 可表示为 $x=t$ 且 $y=f(t)$, 所以

$$\dot{x}=1,\quad \ddot{x}=0,\quad \dot{y}=y'(x),\quad \ddot{y}=y''(x),$$

因此

$$k(x)=\frac{y''(x)}{[1+(y')^2(x)]^{\frac{3}{2}}}.$$

此外, $k(x)\geqslant0\Leftrightarrow y''(x)\geqslant0\Leftrightarrow$ 图像是凸的. 而 $k(x)\leqslant0\Leftrightarrow y''(x)\leqslant0\Leftrightarrow$ 图像是凹的.

(6) 圆周方程 $(x-a)^2+(y-b)^2=R^2$ 两边关于 x 求导得

$$2(x-a)+2(y-b)y'=0,$$

所以

$$y'(x)=-\frac{x-a}{y-b},$$

进而有

$$y''(x) = -\frac{y-b-(x-a)y'}{(y-b)^2} = -\frac{(x-a)^2+(y-b)^2}{(y-b)^3} = -\frac{R^2}{(y-b)^3}.$$

又关于曲线 $x = x(t), y = y(t), \frac{\mathrm{d}y}{\mathrm{d}x} = \frac{\dot{y}}{\dot{x}}$,

$$\frac{\mathrm{d}^2 y}{\mathrm{d}x^2} = \frac{\dot{x}\ddot{y} - \dot{y}\ddot{x}}{\dot{x}^3}.$$

欲使圆周和曲线 $x = x(t), y = y(t)$ 在点 $(x_0, y_0) = (x(t_0), y(t_0))$ 处以尽可能高的阶数相切, 可令

$$\begin{cases} y'(x_0) = -\dfrac{x(t_0)-a}{y(t_0)-b} = \dfrac{\dot{y}(t_0)}{\dot{x}(t_0)}, \\ y''(x_0) = -\dfrac{R^2}{(y(t_0)-b)^3} = \dfrac{\dot{x}(t_0)\ddot{y}(t_0) - \dot{y}(t_0)\ddot{x}(t_0)}{\dot{x}^3(t_0)}, \end{cases}$$

再结合 $(x(t_0)-a)^2 + (y(t_0)-b)^2 = R^2$ 可解得

$$R = \frac{(\dot{x}^2(t_0)+\dot{y}^2(t_0))^{\frac{3}{2}}}{|\dot{x}(t_0)\ddot{y}(t_0) - \dot{y}(t_0)\ddot{x}(t_0)|}$$

和

$$a = x(t_0) - \frac{\dot{y}(t_0)(\dot{x}^2(t_0)+\dot{y}^2(t_0))}{\dot{x}(t_0)\ddot{y}(t_0) - \dot{y}(t_0)\ddot{x}(t_0)}, \quad b = y(t_0) + \frac{\dot{x}(t_0)(\dot{x}^2(t_0)+\dot{y}^2(t_0))}{\dot{x}(t_0)\ddot{y}(t_0) - \dot{y}(t_0)\ddot{x}(t_0)}.$$

显然这里求得的半径与在 (3) 中定义的在这点处曲线的曲率半径相同.

(7) 抛物线方程 $x + y^2 = 1(x \geqslant 0, y \geqslant 0)$ 两边对 x 求导得 $1 + 2yy' = 0$, 因此 $y' = -\frac{1}{2y}$, 进而

$$y'' = -\frac{-1}{(2y)^2}2y' = -\frac{1}{4y^3}.$$

因此抛物线的切线方向的单位向量为

$$\boldsymbol{\tau}_p(y) = \frac{1}{\sqrt{(x')^2+(y')^2}}(x', y') = \frac{1}{\sqrt{1+4y^2}}(2y, -1),$$

法向方向的单位向量为

$$\boldsymbol{n}_p(y) = \frac{1}{\sqrt{(x')^2+(y')^2}}(-y', x') = \frac{1}{\sqrt{1+4y^2}}(1, 2y),$$

曲率半径为

$$r_p(y)=\frac{[1+(y')^2(x)]^{\frac{3}{2}}}{|y''(x)|}=\frac{(1+4y^2)^{\frac{3}{2}}}{2}.$$

设质点的运动轨道方程为 $y=f(x)$, 设点 (x_0,y_0) 为质点与冰山开始脱离的点, 则当 $x\in[0,x_0]$ 时 $f(x)=\sqrt{1-x}$, 且运动轨道在该点的切线方向 (即速度方向) 的单位向量

$$\boldsymbol{\tau}_0=\boldsymbol{\tau}_p(y_0)=\frac{1}{\sqrt{1+4y_0^2}}(2y_0,-1),$$

法向方向的单位向量

$$\boldsymbol{n}_0=\boldsymbol{n}_p(y_0)=\frac{1}{\sqrt{1+4y_0^2}}(1,2y_0),$$

曲率半径

$$r_0=r_p(y_0)=\frac{(1+4y_0^2)^{\frac{3}{2}}}{2}.$$

又由重力加速度 $\boldsymbol{g}=(0,-g)$ 可知质点在该脱离点的法向加速度的大小为

$$|\boldsymbol{a}_{n,0}|=|\boldsymbol{g}_{n,0}|=|\boldsymbol{g}\cdot\boldsymbol{n}_0|=|\boldsymbol{g}\cdot\boldsymbol{n}_p(y_0)|=g\frac{2y_0}{\sqrt{1+4y_0^2}}.$$

由能量守恒定律可知, $g(1-y_0)=\dfrac{1}{2}|\boldsymbol{v}_0|^2$, 因此再由曲率半径的定义可知

$$\frac{(1+4y_0^2)^{\frac{3}{2}}}{2}=r_0=\frac{|\boldsymbol{v}_0|^2}{|\boldsymbol{a}_{n,0}|}=\frac{2g(1-y_0)}{g\dfrac{2y_0}{\sqrt{1+4y_0^2}}}=\frac{(1-y_0)\sqrt{1+4y_0^2}}{y_0},$$

即

$$\frac{1+4y_0^2}{2}=\frac{1-y_0}{y_0},$$

由此解得 $y_0=\dfrac{1}{2}$, 所以 $x_0=1-y_0^2=\dfrac{3}{4}$, 即脱离点为 $\left(\dfrac{3}{4},\dfrac{1}{2}\right)$. 此外由速度大小 $|\boldsymbol{v}_0|=\sqrt{2g(1-y_0)}=\sqrt{g}$ 和速度方向 $\boldsymbol{\tau}_0=\dfrac{1}{\sqrt{1+4y_0^2}}(2y_0,-1)=\dfrac{1}{\sqrt{2}}(1,-1)$ 可知, 速度向量

$$\boldsymbol{v}_0=|\boldsymbol{v}_0|\boldsymbol{\tau}_0=\left(\sqrt{\frac{g}{2}},-\sqrt{\frac{g}{2}}\right).$$

从脱离点开始, 质点将以 $y_0=\dfrac{1}{2}$ 为初始高度, 以 v_0 为初始速度做斜下抛运动, 容

易求出此时其运动轨道的参数方程为

$$\begin{cases} x = \dfrac{3}{4} + \sqrt{\dfrac{g}{2}}t, \\ y = \dfrac{1}{2} - \sqrt{\dfrac{g}{2}}t - \dfrac{1}{2}gt^2, \end{cases}$$

其中 $0 \leqslant t \leqslant \dfrac{\sqrt{6}-\sqrt{2}}{2\sqrt{g}}$, 因此我们得到

$$y = -\left(x - \frac{3}{4}\right)^2 - \left(x - \frac{3}{4}\right) + \frac{1}{2} = -x^2 + \frac{x}{2} + \frac{11}{16}, \quad x \in \left[\frac{3}{4}, \frac{1+2\sqrt{3}}{4}\right].$$

综上可知, 质点总体的运动轨道方程为

$$\begin{cases} y = \sqrt{1-x}, & x \in \left[0, \dfrac{3}{4}\right], \\ y = -x^2 + \dfrac{x}{2} + \dfrac{11}{16}, & x \in \left[\dfrac{3}{4}, \dfrac{1+2\sqrt{3}}{4}\right]. \end{cases}$$

□

4.5 复数 初等函数彼此间的联系

&

4.6 自然科学中应用微分学的一些例子

一、知识点总结与补充

1. 复数的表示

(1) 虚单位 i: $\mathrm{i}^2 = -1$.

(2) 复数集: $\mathbb{C}$.

(3) 代数形式: $z = x + \mathrm{i}y$, 实部 $\Re z := x$, 虚部 $\Im z := y$.

(4) 三角形式: $z = r(\cos\varphi + \mathrm{i}\sin\varphi)$, $x = r\cos\varphi$, $y = r\sin\varphi$.

(5) 指数形式: $z = r\mathrm{e}^{\mathrm{i}\varphi}$.

(6) 模: $r = |z| = |x + \mathrm{i}y| = \sqrt{x^2 + y^2}$.

(7) 辐角: $\operatorname{Arg} z = \operatorname{Arg}\big(r(\cos\varphi + \mathrm{i}\sin\varphi)\big) := \{\varphi + 2k\pi : k \in \mathbb{Z}\}$.

(8) 辐角主支 (主辐角): $\arg z \in [0, 2\pi)$, 辐角公式为

$$
[0,2\pi)\ni\arg z=\begin{cases}\arctan\dfrac{y}{x}, & z\ \text{在第一象限 (含实轴正半轴)},\\ \dfrac{\pi}{2}, & z\ \text{在虚轴正半轴},\\ \arctan\dfrac{y}{x}+\pi, & z\ \text{在第二、三象限 (含实轴负半轴)},\\ \dfrac{3\pi}{2}, & z\ \text{在虚轴负半轴},\\ \arctan\dfrac{y}{x}+2\pi, & z\ \text{在第四象限}.\end{cases}
$$

(9) 另一种辐角主支 (主辐角): $\arg z\in(-\pi,\pi]$, 辐角公式为

$$
(-\pi,\pi]\ni\arg z=\begin{cases}\arctan\dfrac{y}{x}, & z\ \text{在第一、四象限 (含实轴正半轴)},\\ \dfrac{\pi}{2}, & z\ \text{在虚轴正半轴},\\ \arctan\dfrac{y}{x}+\pi, & z\ \text{在第二象限 (含实轴负半轴)},\\ \arctan\dfrac{y}{x}-\pi, & z\ \text{在第三象限},\\ -\dfrac{\pi}{2}, & z\ \text{在虚轴负半轴}.\end{cases}
$$

2. 复数的基本运算

(1) 共轭复数: $\bar{z}:=\overline{x+\mathrm{i}y}=x-\mathrm{i}y=\overline{r\mathrm{e}^{\mathrm{i}\varphi}}=r\mathrm{e}^{-\mathrm{i}\varphi}$.

(2) 实部 $\Re z=x=\dfrac{z+\bar{z}}{2}$, 虚部 $\Im z=y=\dfrac{z-\bar{z}}{2\mathrm{i}}$.

(3) 加减法: $z_1\pm z_2=(x_1+\mathrm{i}y_1)\pm(x_2+\mathrm{i}y_2)=(x_1\pm x_2)+\mathrm{i}(y_1\pm y_2)$.

(4) 乘法:

$$
\begin{aligned}
&z_1\cdot z_2=(x_1+\mathrm{i}y_1)\cdot(x_2+\mathrm{i}y_2)=(x_1x_2-y_1y_2)+\mathrm{i}(x_1y_2+y_1x_2),\\
&z_1\cdot z_2=r_1(\cos\varphi_1+\mathrm{i}\sin\varphi_1)\cdot r_2(\cos\varphi_2+\mathrm{i}\sin\varphi_2)\\
&\qquad\quad=r_1r_2(\cos(\varphi_1+\varphi_2)+\mathrm{i}\sin(\varphi_1+\varphi_2)),\\
&z_1\cdot z_2=r_1\mathrm{e}^{\mathrm{i}\varphi_1}\cdot r_2\mathrm{e}^{\mathrm{i}\varphi_2}=r_1r_2\mathrm{e}^{\mathrm{i}(\varphi_1+\varphi_2)},\\
&\operatorname{Arg}(z_1\cdot z_2)=\operatorname{Arg}z_1+\operatorname{Arg}z_2.
\end{aligned}
$$

(5) 除法:

$$
\begin{aligned}
&\frac{z_1}{z_2}=\frac{x_1+\mathrm{i}y_1}{x_2+\mathrm{i}y_2}=\frac{z_1\overline{z_2}}{z_2\overline{z_2}}=\frac{(x_1x_2+y_1y_2)+\mathrm{i}(y_1x_2-x_1y_2)}{x_2^2+y_2^2},\\
&\frac{z_1}{z_2}=r_1\mathrm{e}^{\mathrm{i}\varphi_1}\cdot r_2^{-1}\mathrm{e}^{-\mathrm{i}\varphi_2}=\frac{r_1}{r_2}\mathrm{e}^{\mathrm{i}(\varphi_1-\varphi_2)}.
\end{aligned}
$$

(6) $z \cdot \bar{z} = |z|^2 = |\bar{z}|^2$, $z^{-1} = \dfrac{\bar{z}}{|z|^2} = r^{-1}\mathrm{e}^{-\mathrm{i}\varphi}$.

(7) 乘方 (棣莫弗公式):

$$z^n = \big(r(\cos\varphi + \mathrm{i}\sin\varphi)\big)^n = r^n(\cos n\varphi + \mathrm{i}\sin n\varphi) = r^n\mathrm{e}^{\mathrm{i}n\varphi}.$$

(8) 开方: $a = \rho(\cos\psi + \mathrm{i}\sin\psi)$, $z^n = a$, 复数 a 有 n 个不同的根:

$$z_k = \sqrt[n]{\rho}\left(\cos\left(\frac{\psi}{n} + \frac{2\pi}{n}k\right) + \mathrm{i}\sin\left(\frac{\psi}{n} + \frac{2\pi}{n}k\right)\right), \quad k = 0, 1, \cdots, n-1,$$

且

$$z_0 + z_1 + \cdots + z_{n-1} = \sqrt[n]{\rho}\mathrm{e}^{\mathrm{i}\frac{\psi}{n}}\sum_{k=0}^{n-1}\mathrm{e}^{\mathrm{i}\frac{2\pi}{n}k} = \sqrt[n]{\rho}\mathrm{e}^{\mathrm{i}\frac{\psi}{n}}\frac{1 - \mathrm{e}^{\mathrm{i}\frac{2n\pi}{n}}}{1 - \mathrm{e}^{\mathrm{i}\frac{2\pi}{n}}} = 0.$$

3. 极限、连续性、可微性

(1) 距离:

$$d(z_1, z_2) := |z_1 - z_2| = |(x_1 - x_2) + \mathrm{i}(y_1 - y_2)| = \sqrt{(x_1 - x_2)^2 + (y_1 - y_2)^2}.$$

(2) 邻域: $\{z \in \mathbb{C} : |z - z_0| < \varepsilon\}$.

(3) 极限:

$$\begin{aligned}\lim_{n\to\infty} z_n = z_0 &\Leftrightarrow \lim_{n\to\infty}|z_n - z_0| = 0\\ &\Leftrightarrow \left(\lim_{n\to\infty}\Re z_n = \lim_{n\to\infty}x_n = x_0 = \Re z_0\right)\\ &\quad\wedge\left(\lim_{n\to\infty}\Im z_n = \lim_{n\to\infty}y_n = y_0 = \Im z_0\right).\end{aligned}$$

(4) 基本列 (柯西列) 的定义: 复数序列 $\{z_n\}$ 叫做基本列或柯西列, 如果对于任意的 $\varepsilon > 0$, 都存在 $N \in \mathbb{N}$, 使当 $m, n > N$ 时, $|z_m - z_n| < \varepsilon$ 成立.

(5) 基本列: 复数列是基本的 $\Leftrightarrow$ 复数列的项的实部列和虚部列都是基本的.

(6) 柯西准则: 复数列收敛当且仅当它是基本列.

(7) 复变函数的连续性: $\lim\limits_{z\to z_0} f(z) = f(z_0)$.

(8) 复变函数的可微性: $f(z) - f(z_0) = f'(z_0)(z - z_0) + o(z - z_0)$.

(9) 复变函数的导数: $f'(z_0) = \lim\limits_{z\to z_0}\dfrac{f(z) - f(z_0)}{z - z_0}$.

4. 复数项级数与幂级数

(1) 复数项级数收敛的柯西准则: 级数 $z_1 + z_2 + \cdots + z_n + \cdots$ 收敛当且仅当 $\forall\varepsilon > 0$, $\exists N \in \mathbb{N}$, 使得对于任意 $n > m > N$ 有 $|z_m + z_{m+1} + \cdots + z_n| < \varepsilon$.

(2) 复数项级数收敛的必要条件: $\lim\limits_{n\to\infty} z_n = 0$.

(3) 复数项级数的绝对收敛: 若级数绝对收敛, 则它收敛.

(4) 复数项级数的重排: 若复数项级数 $z_1+z_2+\cdots+z_n+\cdots$ 绝对收敛, 则重排它的项所得的级数 $z_{n_1}+z_{n_2}+\cdots+z_{n_k}+\cdots$ 同样绝对收敛, 且收敛到同一个和.

(5) 复数项级数的乘积: 绝对收敛级数的乘积是绝对收敛的, 它的和等于作为乘数的级数的和的乘积.

(6) 幂级数的定义: 形如 $c_0+c_1(z-z_0)+\cdots+c_n(z-z_0)^n+\cdots$ 的级数叫做幂级数.

(7) 幂级数的收敛半径 (柯西–阿达马公式): $R=\left(\overline{\lim\limits_{n\to\infty}}\sqrt[n]{|c_n|}\right)^{-1}$.

(8) 幂级数收敛半径的另一个公式 (比式公式): $R=\lim\limits_{n\to\infty}\dfrac{|a_n|}{|a_{n+1}|}$.

注 此公式对于缺项 (无限多个项的系数为 0) 的幂级数不适用.

(9) 收敛圆: 幂级数在以点 z_0 为中心以 R 为半径的圆 $|z-z_0|<R$ 内绝对收敛; 在这个圆的外部的任何点处都发散. 若 $R=0$, 则此时整个收敛圆蜕化成级数的唯一的收敛点 z_0.

(10) 关于幂级数的阿贝尔第一定理: 若幂级数对于某个值 z^* 收敛, 则它对于任意满足 $|z-z_0|<|z^*-z_0|$ 的 z 都绝对收敛.

(11) 幂级数的微分法: 幂级数 $f(z)=\sum\limits_{n=0}^{\infty}c_n(z-z_0)^n$ 的和是定义在其收敛圆内的无穷可微函数, 而且, 有

$$f^{(k)}(z)=\sum_{n=0}^{\infty}\frac{\mathrm{d}^k}{\mathrm{d}z^k}(c_n(z-z_0)^n),\quad k=0,1,\cdots$$

以及

$$c_n=\frac{f^{(n)}(z_0)}{n!},n=0,1,\cdots.$$

(12) 解析的定义: 说函数在点 $z_0\in\mathbb{C}$ 处解析, 指的是它在这点的某个邻域内可以表示成下述 (“解析的”) 形式:

$$f(z)=\sum_{n=0}^{\infty}c_n(z-z_0)^n,$$

即关于 $z-z_0$ 的幂级数的和.

(13) 幂级数的解析性: 幂级数的和在它的收敛圆的任意内点解析.

5. 常用的复变函数

(1) 指数函数: $\mathrm{e}^z=\exp z:=1+\dfrac{1}{1!}z+\cdots+\dfrac{1}{n!}z^n+\cdots$.

(2) 余弦函数: $\cos z := 1 - \frac{1}{2!}z^2 + \cdots + \frac{(-1)^n}{(2n)!}z^{2n} + \cdots = \frac{1}{2}(\mathrm{e}^{\mathrm{i}z} + \mathrm{e}^{-\mathrm{i}z})$.

(3) 正弦函数: $\sin z := \frac{1}{1!}z - \frac{1}{3!}z^3 + \cdots + \frac{(-1)^n}{(2n+1)!}z^{2n+1} + \cdots = \frac{1}{2\mathrm{i}}(\mathrm{e}^{\mathrm{i}z} - \mathrm{e}^{-\mathrm{i}z})$.

(4) 欧拉公式: $\mathrm{e}^{\mathrm{i}z} = \cos z + \mathrm{i}\sin z,\ z \in \mathbb{C}$.

(5) 双曲余弦函数: $\cosh z = \frac{1}{2}(\mathrm{e}^z + \mathrm{e}^{-z}) = \cos \mathrm{i}z$.

(6) 双曲正弦函数: $\sinh z = \frac{1}{2}(\mathrm{e}^z - \mathrm{e}^{-z}) = -\mathrm{i}\sin \mathrm{i}z$.

(7) 指数函数的性质:

- $\exp(z_1 + z_2) = \exp z_1 \cdot \exp z_2$.
- 周期性: $\exp(z + \mathrm{i}2\pi) = \exp z$.

6. 复数域 $\mathbb{C}$ 的代数封闭性

(1) 代数封闭性的定义: 称数域 $\mathbb{Y}$ 具有代数封闭性, 如果任何 $\mathbb{Y}$ 系数多项式在 $\mathbb{Y}$ 中都有根.

(2) **代数基本定理** 每个次数 $n \geqslant 1$ 的复系数多项式 $P(z) = c_0 + c_1 z + \cdots + c_n z^n$ 在 $\mathbb{C}$ 中都有根.

(3) 实系数多项式的根: 实系数多项式 $P(z) = a_0 + \cdots + a_n z^n$ 并不总有实根. 但若 $P(z_0) = 0$, 则亦有 $P(\bar{z}_0) = 0$.

(4) 因式分解: 任何一个次数 $n \geqslant 1$ 的复系数多项式 $P(z) = c_0 + \cdots + c_n z^n$ 都可以表示成

$$P(z) = c_n(z - z_1)\cdots(z - z_n),$$

其中 $z_1, \cdots, z_n \in \mathbb{C}$($z_1, \cdots, z_n$ 不必互不相同), 并且若不计较因子的次序, 则该表达式是唯一的.

(5) 根的重数: 把展开式 $P(z) = c_n(z - z_1)\cdots(z - z_n)$ 中相同的因子乘在一起, 可以把它改写成

$$P(z) = c_n(z - z_1)^{k_1}\cdots(z - z_p)^{k_p},$$

数 k_j 叫做根 z_j 的重数. 多项式 $P(z)$ 的每个重数为 $k_j > 1$ 的根都是多项式 $P'(z)$ 的 $k_j - 1$ 重根.

(6) 实系数多项式的因式分解: 任何实系数多项式 $P(z) = a_0 + \cdots + a_n z^n$ 都可以展开成一次和二次实系数多项式的乘积.

(7) 有理分式的表达式: 两个多项式的比 $R(x) = \frac{P(x)}{Q(x)} = p(x) + \frac{r(x)}{Q(x)}$, 其中 $Q(x) \neq$const, 分式 $\frac{r(x)}{Q(x)}$ 为真分式 (分子的次数小于分母的次数).

(8) 真分式的最简分式分解:

• 若 $Q(z)=(z-z_1)^{k_1}\cdots(z-z_p)^{k_p}$ 且 $\dfrac{P(z)}{Q(z)}$ 是真分式, 则存在唯一的下述形式的表达式

$$\frac{P(z)}{Q(z)}=\sum_{j=1}^{p}\left(\sum_{k=1}^{k_j}\frac{a_{jk}}{(z-z_j)^k}\right).$$

• 若 $P(x)$ 和 $Q(x)$ 是实系数多项式且

$$Q(x)=(x-x_1)^{k_1}\cdots(x-x_l)^{k_l}(x^2+p_1x+q_1)^{m_1}\cdots(x^2+p_nx+q_n)^{m_n},$$

则对于真分式 $\dfrac{P(x)}{Q(x)}$ 存在唯一的下述形式的表达式

$$\frac{P(x)}{Q(x)}=\sum_{j=1}^{l}\left(\sum_{k=1}^{k_j}\frac{a_{jk}}{(x-x_j)^k}\right)+\sum_{j=1}^{n}\left(\sum_{k=1}^{m_j}\frac{b_{jk}x+c_{jk}}{(x^2+p_jx+q_j)^k}\right),$$

其中 a_{jk}, b_{jk}, c_{jk} 都是实数.

• 万能方法: 待定系数法.

二、例题讲解

1. 求缺项 (无限多个项的系数为 0) 幂级数的收敛半径的另外两个方法:

(1) 变量替换法: 利用变量替换将原来缺项的幂级数变换为不缺项的幂级数, 求出不缺项幂级数的收敛半径后再转换为原缺项级数的收敛半径. 如欲求缺项的实变量幂级数 $\sum\limits_{n=0}^{\infty}\dfrac{1}{2^n}x^{2n}$ 的收敛半径, 可做变量替换, 令 $y=x^2$, 则得到不缺项的幂级数 $\sum\limits_{n=0}^{\infty}\dfrac{1}{2^n}y^n$, 由比式公式得其收敛半径为

$$R_y=\lim_{n\to\infty}\frac{\left|\dfrac{1}{2^n}\right|}{\left|\dfrac{1}{2^{n+1}}\right|}=2,$$

因此得原级数的收敛半径为 $R_x=\sqrt{2}$.

注　此题也可直接利用柯西–阿达马公式计算, 但要注意 $\dfrac{1}{2^n}$ 为 x^{2n} 的系数, 所以

$$R=\left(\varlimsup_{n\to\infty}\sqrt[n]{|c_n|}\right)^{-1}=\left(\lim_{n\to\infty}\sqrt[2n]{|c_{2n}|}\right)^{-1}=\left(\lim_{n\to\infty}\sqrt[2n]{2^{-n}}\right)^{-1}=\sqrt{2}.$$

(2) 整项替换法: 将原来缺项的幂级数的项 (连带系数一起) 直接看成不缺项的一般级数的通项, 再利用一般级数的比式法或根式法求出原幂级数的收敛半径.

仍以缺项的实变量幂级数 $\sum\limits_{n=0}^{\infty}\dfrac{1}{2^n}x^{2n}$ 为例, 令 $u_n=\dfrac{1}{2^n}x^{2n}$, 则得到不缺项的一般级数 $\sum\limits_{n=0}^{\infty}u_n$. 因为

$$\lim_{n\to\infty}\frac{|u_{n+1}|}{|u_n|}=\lim_{n\to\infty}\frac{\dfrac{1}{2^{n+1}}|x|^{2(n+1)}}{\dfrac{1}{2^n}|x|^{2n}}=\frac{1}{2}|x|^2,$$

所以由比式法可知, 当 $\dfrac{1}{2}|x|^2<1$, 即 $|x|<\sqrt{2}$ 时, 级数 $\sum\limits_{n=0}^{\infty}u_n=\sum\limits_{n=0}^{\infty}\dfrac{1}{2^n}x^{2n}$ 绝对收敛, 而当 $\dfrac{1}{2}|x|^2>1$, 即 $|x|>\sqrt{2}$ 时, 级数 $\sum\limits_{n=0}^{\infty}u_n=\sum\limits_{n=0}^{\infty}\dfrac{1}{2^n}x^{2n}$ 发散. 因此得原级数的收敛半径为 $R=\sqrt{2}$.

注　对级数 $\sum\limits_{n=0}^{\infty}u_n$ 也可利用根式法. 因为

$$\lim_{n\to\infty}\sqrt[n]{|u_n|}=\lim_{n\to\infty}\sqrt[n]{\left|\frac{1}{2^n}x^{2n}\right|}=\frac{1}{2}|x|^2,$$

同样可知原级数的收敛半径为 $R=\sqrt{2}$.

2. 求实变量幂级数 $\sum\limits_{n=1}^{\infty}\dfrac{(x-1)^{2n}}{n-3^{2n}}$ 的收敛半径和收敛域.

解　先求收敛半径. 我们用三种方法来求.

(1) 柯西–阿达马公式:

$$R=\left(\varlimsup_{n\to\infty}\sqrt[n]{|c_n|}\right)^{-1}=\left(\lim_{n\to\infty}\sqrt[2n]{|c_{2n}|}\right)^{-1}=\left(\lim_{n\to\infty}\sqrt[2n]{\frac{1}{|n-3^{2n}|}}\right)^{-1}=3.$$

(2) 变量替换法: 令 $y=(x-1)^2$, 则得到不缺项的幂级数 $\sum\limits_{n=1}^{\infty}\dfrac{y^n}{n-3^{2n}}$, 由根式公式得其收敛半径为

$$R_y=\left(\lim_{n\to\infty}\sqrt[n]{\frac{1}{|n-3^{2n}|}}\right)^{-1}=9,$$

因此得原级数的收敛半径为 $R_x=3$.

(3) 整项替换法: 令 $u_n=\dfrac{(x-1)^{2n}}{n-3^{2n}}$, 因为

$$\lim_{n\to\infty}\sqrt[n]{|u_n|}=\lim_{n\to\infty}\sqrt[n]{\frac{|x-1|^{2n}}{|n-3^{2n}|}}=\frac{1}{9}|x-1|^2,$$

所以可知原级数的收敛半径为 $R=3$.

最后, 我们来求收敛域. 注意收敛半径为 3, 中心为 1, 所以两个端点分别为 -2 和 4. 当 $x=-2$ 或 $x=4$ 时, 因为

$$\lim_{n\to\infty}\frac{(-3)^{2n}}{n-3^{2n}}=\lim_{n\to\infty}\frac{3^{2n}}{n-3^{2n}}=-1\neq 0,$$

所以级数 $\sum\limits_{n=1}^{\infty}\frac{(-3)^{2n}}{n-3^{2n}}=\sum\limits_{n=1}^{\infty}\frac{3^{2n}}{n-3^{2n}}$ 均发散, 因此原级数的收敛域为 $(-2,4)$. □

三、习题参考解答 (4.5 节)

1. 使用复数的几何解释:

(1) 解释不等式 $|z_1+z_2|\leqslant|z_1|+|z_2|$ 和 $|z_1+\cdots+z_n|\leqslant|z_1|+\cdots+|z_n|$.

(2) 指出平面 $\mathbb{C}$ 上满足关系式 $|z-1|+|z+1|\leqslant 3$ 的点的几何位置.

(3) 表出数 1 的所有的 n 次根并求它们的和.

(4) 解释由公式 $z\mapsto\bar{z}$ 给出的平面 $\mathbb{C}$ 的变换的效用.

解 (1) 不等式 $|z_1+z_2|\leqslant|z_1|+|z_2|$ 表示三角形法则, $|z_1+\cdots+z_n|\leqslant|z_1|+\cdots+|z_n|$ 表示多边形法则. 此外仅当各个向量 (复数) 方向相同 (即辐角相等) 时等号成立.

(2) 平面 $\mathbb{C}$ 上关系式 $|z-1|+|z+1|\leqslant 3$ 表示中心在原点, 长半径为 $\frac{3}{2}$、短半径为 $\frac{\sqrt{5}}{2}$、焦点为 $(\pm1,0)$ 的椭圆形 (包含内部):

$$\frac{x^2}{\left(\frac{3}{2}\right)^2}+\frac{y^2}{\left(\frac{\sqrt{5}}{2}\right)^2}\leqslant 1.$$

(3) $z^n=1=\cos 0+\mathrm{i}\sin 0$, 复数 1 有 n 个不同的根:

$$z_k=\cos\frac{2\pi k}{n}+\mathrm{i}\sin\frac{2\pi k}{n}=\mathrm{e}^{\mathrm{i}\frac{2\pi k}{n}},\quad k=0,1,\cdots,n-1,$$

且

$$z_0+z_1+\cdots+z_{n-1}=\sum_{k=0}^{n-1}\mathrm{e}^{\mathrm{i}\frac{2\pi}{n}k}=\frac{1-\mathrm{e}^{\mathrm{i}\frac{2n\pi}{n}}}{1-\mathrm{e}^{\mathrm{i}\frac{2\pi}{n}}}=0.$$

(4) 公式 $z\mapsto\bar{z}$ 给出的平面 $\mathbb{C}$ 的变换是关于实轴的对称变换. □

2. 求和.

(1) $1+q+\cdots+q^n$.

(2) $1+q+\cdots+q^n+\cdots$, $|q|<1$.

(3) $1+\mathrm{e}^{\mathrm{i}\varphi}+\cdots+\mathrm{e}^{\mathrm{i}n\varphi}$.

(4) $1+r\mathrm{e}^{\mathrm{i}\varphi}+\cdots+r^n\mathrm{e}^{\mathrm{i}n\varphi}$.

(5) $1+r\mathrm{e}^{\mathrm{i}\varphi}+\cdots+r^n\mathrm{e}^{\mathrm{i}n\varphi}+\cdots$, $|r|<1$.

(6) $1+r\cos\varphi+\cdots+r^n\cos n\varphi$.

(7) $1+r\cos\varphi+\cdots+r^n\cos n\varphi+\cdots$, $|r|<1$.

(8) $1+r\sin\varphi+\cdots+r^n\sin n\varphi$.

(9) $1+r\sin\varphi+\cdots+r^n\sin n\varphi+\cdots$, $|r|<1$.

解　(1)

$$1+q+\cdots+q^n=\begin{cases} n+1, & q=1,\\ \dfrac{1-q^{n+1}}{1-q}, & q\neq 1.\end{cases}$$

(2) 当 $|q|<1$ 时, $\lim\limits_{n\to\infty}|q|^n=0$, 所以

$$1+q+\cdots+q^n+\cdots=\lim_{n\to\infty}\frac{1-q^{n+1}}{1-q}=\frac{1}{1-q}.$$

(3)

$$1+\mathrm{e}^{\mathrm{i}\varphi}+\cdots+\mathrm{e}^{\mathrm{i}n\varphi}=\begin{cases} n+1, & \varphi=0,\\ \dfrac{1-\mathrm{e}^{\mathrm{i}(n+1)\varphi}}{1-\mathrm{e}^{\mathrm{i}\varphi}}, & \varphi\neq 0.\end{cases}$$

(4)

$$1+r\mathrm{e}^{\mathrm{i}\varphi}+\cdots+r^n\mathrm{e}^{\mathrm{i}n\varphi}=\begin{cases} n+1, & (r=1)\wedge(\varphi=0)\text{或}(r=-1)\wedge(\varphi=\pi),\\ \dfrac{1-r^{n+1}\mathrm{e}^{\mathrm{i}(n+1)\varphi}}{1-r\mathrm{e}^{\mathrm{i}\varphi}}, & \text{其他情形}.\end{cases}$$

(5) 当 $|r|<1$ 时, $\lim\limits_{n\to\infty}r^n=0$, 所以

$$1+r\mathrm{e}^{\mathrm{i}\varphi}+\cdots+r^n\mathrm{e}^{\mathrm{i}n\varphi}+\cdots=\lim_{n\to\infty}\frac{1-r^{n+1}\mathrm{e}^{\mathrm{i}(n+1)\varphi}}{1-r\mathrm{e}^{\mathrm{i}\varphi}}=\lim_{n\to\infty}\frac{1}{1-r\mathrm{e}^{\mathrm{i}\varphi}}.$$

(6)

$$\begin{aligned}&1+r\cos\varphi+\cdots+r^n\cos n\varphi\\ =&\frac{1}{2}\Big(\big(1+r\mathrm{e}^{\mathrm{i}\varphi}+\cdots+r^n\mathrm{e}^{\mathrm{i}n\varphi}\big)+\big(1+r\mathrm{e}^{-\mathrm{i}\varphi}+\cdots+r^n\mathrm{e}^{-\mathrm{i}n\varphi}\big)\Big)\\ =&\begin{cases} n+1, & (r=1)\wedge(\varphi=0)\text{或}\\ & (r=-1)\wedge(\varphi=\pi),\\ \dfrac{1}{2}\left(\dfrac{1-r^{n+1}\mathrm{e}^{\mathrm{i}(n+1)\varphi}}{1-r\mathrm{e}^{\mathrm{i}\varphi}}+\dfrac{1-r^{n+1}\mathrm{e}^{-\mathrm{i}(n+1)\varphi}}{1-r\mathrm{e}^{-\mathrm{i}\varphi}}\right), & \text{其他情形}\end{cases}\end{aligned}$$

$$=\begin{cases} n+1, & (r=1)\wedge(\varphi=0) \text{ 或 } \\ & (r=-1)\wedge(\varphi=\pi), \\ \dfrac{1-r\cos\varphi-r^{n+1}\cos(n+1)\varphi+r^{n+2}\cos n\varphi}{1-2r\cos\varphi+r^2}, & \text{其他情形}. \end{cases}$$

(7) 当 $|r|<1$ 时, $\lim\limits_{n\to\infty} r^n=0$, 所以

$$\begin{aligned} &1+r\cos\varphi+\cdots+r^n\cos n\varphi+\cdots \\ =&\frac{1}{2}\lim_{n\to\infty}\left(\frac{1-r^{n+1}\mathrm{e}^{\mathrm{i}(n+1)\varphi}}{1-r\mathrm{e}^{\mathrm{i}\varphi}}+\frac{1-r^{n+1}\mathrm{e}^{-\mathrm{i}(n+1)\varphi}}{1-r\mathrm{e}^{-\mathrm{i}\varphi}}\right) \\ =&\frac{1}{2}\left(\frac{1}{1-r\mathrm{e}^{\mathrm{i}\varphi}}+\frac{1}{1-r\mathrm{e}^{-\mathrm{i}\varphi}}\right)=\frac{1-r\cos\varphi}{1-2r\cos\varphi+r^2}. \end{aligned}$$

(8)

$$\begin{aligned} &1+r\sin\varphi+\cdots+r^n\sin n\varphi \\ =&1+\frac{1}{2\mathrm{i}}\left(\left(1+r\mathrm{e}^{\mathrm{i}\varphi}+\cdots+r^n\mathrm{e}^{\mathrm{i}n\varphi}\right)-\left(1+r\mathrm{e}^{-\mathrm{i}\varphi}+\cdots+r^n\mathrm{e}^{-\mathrm{i}n\varphi}\right)\right) \\ =&\begin{cases} 1, & (r=1)\wedge(\varphi=0)\text{或} \\ & (r=-1)\wedge(\varphi=\pi), \\ 1+\dfrac{1}{2\mathrm{i}}\left(\dfrac{1-r^{n+1}\mathrm{e}^{\mathrm{i}(n+1)\varphi}}{1-r\mathrm{e}^{\mathrm{i}\varphi}}-\dfrac{1-r^{n+1}\mathrm{e}^{-\mathrm{i}(n+1)\varphi}}{1-r\mathrm{e}^{-\mathrm{i}\varphi}}\right), & \text{其他情形} \end{cases} \\ =&\begin{cases} 1, & (r=1)\wedge(\varphi=0)\text{或} \\ & (r=-1)\wedge(\varphi=\pi), \\ 1+\dfrac{r\sin\varphi-r^{n+1}\sin(n+1)\varphi+r^{n+2}\sin n\varphi}{1-2r\cos\varphi+r^2}, & \text{其他情形}. \end{cases} \end{aligned}$$

(9) 当 $|r|<1$ 时, $\lim\limits_{n\to\infty} r^n=0$, 所以

$$\begin{aligned} &1+r\sin\varphi+\cdots+r^n\sin n\varphi+\cdots \\ =&1+\frac{1}{2\mathrm{i}}\lim_{n\to\infty}\left(\frac{1-r^{n+1}\mathrm{e}^{\mathrm{i}(n+1)\varphi}}{1-r\mathrm{e}^{\mathrm{i}\varphi}}-\frac{1-r^{n+1}\mathrm{e}^{-\mathrm{i}(n+1)\varphi}}{1-r\mathrm{e}^{-\mathrm{i}\varphi}}\right) \\ =&1+\frac{1}{2\mathrm{i}}\left(\frac{1}{1-r\mathrm{e}^{\mathrm{i}\varphi}}-\frac{1}{1-r\mathrm{e}^{-\mathrm{i}\varphi}}\right)=1+\frac{r\sin\varphi}{1-2r\cos\varphi+r^2}. \end{aligned}$$ □

3. 求出复数 $\lim\limits_{n\to\infty}\left(1+\dfrac{z}{n}\right)^n$ 的模和辐角并证实这个数是 e^z.

解 记 $w_n := \left(1+\dfrac{z}{n}\right)^n$, $w := \lim\limits_{n\to\infty} w_n$. 因为

$$\begin{aligned}|w_n|^2 = w_n \cdot \overline{w_n} &= \left(1+\frac{z}{n}\right)^n \cdot \left(1+\frac{\bar{z}}{n}\right)^n \\ &= \left(\left(1+\frac{z}{n}\right)\cdot\left(1+\frac{\bar{z}}{n}\right)\right)^n \\ &= \left(1+\frac{|z|^2}{n^2}+\frac{z+\bar{z}}{n}\right)^n \\ &= \left(1+\frac{|z|^2+2n\Re z}{n^2}\right)^n,\end{aligned}$$

所以

$$\begin{aligned}|w| = \lim_{n\to\infty}|w_n| &= \lim_{n\to\infty}\left(1+\frac{|z|^2+2n\Re z}{n^2}\right)^{\frac{n}{2}} \\ &= \lim_{n\to\infty}\left(1+\frac{|z|^2+2n\Re z}{n^2}\right)^{\frac{n^2}{|z|^2+2n\Re z}\cdot\frac{|z|^2+2n\Re z}{n^2}\cdot\frac{n}{2}} \\ &= \mathrm{e}^{\lim\limits_{n\to\infty}\frac{|z|^2+2n\Re z}{n^2}\cdot\frac{n}{2}} = \mathrm{e}^{\lim\limits_{n\to\infty}\frac{|z|^2+2n\Re z}{2n}} = \mathrm{e}^{\Re z}.\end{aligned}$$

设 $z = x + \mathrm{i}y$, 当 n 充分大时, 我们有

$$\arg\left(1+\frac{z}{n}\right) = \arctan\frac{\dfrac{y}{n}}{1+\dfrac{x}{n}} =: \varphi_n \in \left(-\frac{\pi}{2},\frac{\pi}{2}\right) \subset \left(-\pi,\pi\right].$$

所以

$$\operatorname{Arg} w_n = \{n\varphi_n + 2k\pi : k \in \mathbb{Z}\}.$$

又由归结原则和洛必达法则可知

$$\lim_{n\to\infty} n\varphi_n = \lim_{n\to\infty} n\arctan\frac{\dfrac{y}{n}}{1+\dfrac{x}{n}} = \lim_{t\to 0}\frac{\arctan\dfrac{ty}{1+tx}}{t}$$

$$= \lim_{t\to 0}\frac{\dfrac{1}{1+\left(\dfrac{ty}{1+tx}\right)^2}\cdot\dfrac{y(1+tx)-tyx}{(1+tx)^2}}{1} = \lim_{t\to 0}\frac{y}{(1+tx)^2+(ty)^2} = y = \Im z.$$

因此

$$\operatorname{Arg} w = \{\Im z + 2k\pi : k \in \mathbb{Z}\}.$$

显然

$$e^z = e^{\Re z + i\Im z} = e^{\Re z}\cdot e^{i\Im z},$$

所以 $|e^z| = e^{\Re z}$, $\operatorname{Arg} e^z = \{\Im z + 2k\pi : k\in\mathbb{Z}\}$, 因此有 $w = e^z$. □

4. (1) 证明关于 w 的方程 $e^w = z$ 有解 $w = \ln|z| + i\operatorname{Arg} z$. 自然认为 w 是数 z 的自然对数. 因此 $w = \operatorname{Ln} z$ 不是函数关系式, 因为 $\operatorname{Arg} z$ 是多值的.

(2) 求出 $\operatorname{Ln} 1$ 和 $\operatorname{Ln} i$.

(3) 置 $z^\alpha = e^{\alpha \operatorname{Ln} z}$. 求 1^π 和 i^i.

(4) 使用表达式 $w = \sin z = \dfrac{1}{2i}(e^{iz} - e^{-iz})$, 求出对于 $z = \arcsin w$ 的表达式.

(5) 在 $\mathbb{C}$ 中有没有点能使 $|\sin z| = 2$?

解　(1) 由 e^a 的周期性可知

$$e^{\operatorname{Ln} z} = e^{\ln|z| + i\operatorname{Arg} z} = e^{\ln|z|}e^{i\operatorname{Arg} z} = |z|e^{i\arg z} = z.$$

(2)

$$\operatorname{Ln} 1 = \ln|1| + i\operatorname{Arg} 1 = i2k\pi,\quad k\in\mathbb{Z},$$
$$\operatorname{Ln} i = \ln|i| + i\operatorname{Arg} i = i\left(\frac{\pi}{2} + 2k\pi\right),\quad k\in\mathbb{Z}.$$

(3)

$$1^\pi = e^{\pi \operatorname{Ln} 1} = e^{\pi\cdot i2k\pi} = e^{i2k\pi^2},\quad k\in\mathbb{Z},$$
$$i^i = e^{i\operatorname{Ln} i} = e^{i\cdot i\left(\frac{\pi}{2}+2k\pi\right)} = e^{-\left(\frac{\pi}{2}+2k\pi\right)},\quad k\in\mathbb{Z}.$$

(4) 由

$$w = \sin z = \frac{1}{2i}(e^{iz} - e^{-iz}) = \frac{1}{2i}\cdot\frac{(e^{iz})^2 - 1}{e^{iz}},$$

可知 $(e^{iz})^2 - 2iwe^{iz} - 1 = 0$, 由此解得

$$e^{iz} = iw \pm i\sqrt{w^2-1} = i\left(w \pm \sqrt{w^2-1}\right) = e^{i\frac{\pi}{2}}\left(w \pm \sqrt{w^2-1}\right),$$

进而得到 $e^{i(\frac{\pi}{2}-z)} = \dfrac{1}{w \pm \sqrt{w^2-1}} = w \mp \sqrt{w^2-1}$, 因此

$$z = \arcsin w = \frac{\pi}{2} - \frac{1}{i}\operatorname{Ln}\left(w \mp \sqrt{w^2-1}\right) = \frac{\pi}{2} + i\operatorname{Ln}\left(w \mp \sqrt{w^2-1}\right).$$

注　同理

$$\arccos w = \frac{1}{i}\operatorname{Ln}\left(w \pm \sqrt{w^2-1}\right) = -i\operatorname{Ln}\left(w \pm \sqrt{w^2-1}\right).$$

(5) 设 $\sin z=2$, 则由 (4) 可知

$$z=\arcsin 2=\frac{\pi}{2}+\mathrm{i}\,\mathrm{Ln}\left(2\pm\sqrt{3}\right)=\frac{\pi}{2}+\mathrm{i}\ln\left(2\pm\sqrt{3}\right)+2k\pi,\quad k\in\mathbb{Z}$$

即可使得 $|\sin z|=2$. □

5. (1) 研究一下是不是在平面 $\mathbb{C}$ 的所有的点处函数 $f(z)=\dfrac{1}{1+z^2}$ 都连续.

(2) 在 $z_0=0$ 处把函数 $\dfrac{1}{1+z^2}$ 展开成幂级数并求它的收敛半径.

(3) 对函数 $\dfrac{1}{1+\lambda^2z^2}$ 求解问题 (1) 和 (2), 其中 $\lambda\in\mathbb{R}$ 是参数. 关于平面 $\mathbb{C}$ 上什么样的点的相互位置决定收敛半径, 你有没有什么想法? 当限制在实轴上关于 $x\in\mathbb{R}$ 来展开函数 $f(x)=\dfrac{1}{1+\lambda^2x^2}(\lambda\in\mathbb{R})$ 时, 此事能明白否?

解 (1) 当 $z=\pm\mathrm{i}$ 时 $f(z)$ 没有定义, 又因为当 $z\to\pm\mathrm{i}$ 时, 容易看出 $1+z^2\to 0$, 所以

$$\lim_{z\to\pm\mathrm{i}}f(z)=\lim_{z\to\pm\mathrm{i}}\frac{1}{1+z^2}=\infty,$$

因此 $f(z)$ 在点 $\pm\mathrm{i}$ 不连续. 而 $\forall z_0\in\mathbb{C}\backslash\{\pm\mathrm{i}\}$, 当 $\mathbb{C}\backslash\{\pm\mathrm{i}\}\ni z\to z_0$ 时, 容易看出

$$\lim_{z\to z_0}(f(z)-f(z_0))=\lim_{z\to z_0}\left(\frac{1}{1+z^2}-\frac{1}{1+z_0^2}\right)=\lim_{z\to z_0}\frac{(z_0+z)(z_0-z)}{(1+z^2)(1+z_0^2)}=0,$$

因此 $f(z)$ 在点 $z_0\in\mathbb{C}\backslash\{\pm\mathrm{i}\}$ 连续.

(2) 由《讲义》4.5.2 小节例 1 可知当 $|(\mathrm{i}z)^2|=|z|^2<1$, 即当 $|z|<1$ 时,

$$\begin{aligned}\frac{1}{1+z^2}&=\frac{1}{1-(\mathrm{i}z)^2}=1+(\mathrm{i}z)^2+(\mathrm{i}z)^4+\cdots+(\mathrm{i}z)^{2n}+\cdots\\&=1-z^2+z^4+\cdots+(-1)^nz^{2n}+\cdots,\end{aligned}$$

且其收敛半径为 $R=1$.

(3) 记 $f_\lambda(z)=\dfrac{1}{1+\lambda^2z^2}, \lambda\in\mathbb{R}$.

关于问题 (1), 如果 $\lambda=0$, 则 $f_0(z)\equiv 1$ 显然处处连续. 如果 $\lambda\neq 0$, 则容易看出 $f_\lambda(z)$ 在点 $z_\lambda=\pm\dfrac{\mathrm{i}}{\lambda}$ 无定义, 且不连续, 而在其他点连续.

关于问题 (2), 如果 $\lambda=0$, 则 $f_0(z)\equiv 1$, 显然收敛半径为 $R_0=+\infty$. 如果 $\lambda\neq 0$, 则容易看出, 当 $|(\mathrm{i}\lambda z)^2|=\lambda^2|z|<1$, 即当 $|z|<\dfrac{1}{|\lambda|}$ 时,

$$\begin{aligned}f_\lambda(z)&=\frac{1}{1-(\mathrm{i}\lambda z)^2}=1+(\mathrm{i}\lambda z)^2+(\mathrm{i}\lambda z)^4+\cdots+(\mathrm{i}\lambda z)^{2n}+\cdots\\&=1-\lambda^2z^2+\lambda^4z^4+\cdots+(-1)^n\lambda^{2n}z^{2n}+\cdots,\end{aligned}$$

且其收敛半径为 $R=\dfrac{1}{|\lambda|}$.

收敛半径是由复平面上奇点和选择点的相互位置决定的, 限制在实轴上的复解析函数就是实解析的, 就是说限制在实轴上的函数的幂级数展开就是复的情况的限制. □

6. (1) 研究一下柯西函数

$$f(z)=\begin{cases}\mathrm{e}^{-\frac{1}{z^2}}, & z\neq 0,\\ 0, & z=0\end{cases}$$

在点 $z=0$ 处是否连续.

(2) 习题 (1) 中的函数 f 在实轴上的限制 $f|_{\mathbb{R}}$ 是否连续?

(3) (1) 中的函数 f 在点 $z_0=0$ 处有泰勒级数吗?

(4) 有没有在 $z_0\in\mathbb{C}$ 解析的函数, 它的泰勒级数只在点 z_0 处收敛?

(5) 想出一个只在点 z_0 处收敛的幂级数 $\sum\limits_{n=0}^{\infty}c_n(z-z_0)^n$.

解 (1) 当 $x=0$, $y\to 0$ 时, $z=x+\mathrm{i}y=\mathrm{i}y\to 0$, 而

$$\lim_{y\to 0}\mathrm{e}^{\frac{1}{y^2}}=+\infty,$$

因此柯西函数在点 $z=0$ 处不连续.

(2) 因为

$$\lim_{x\to 0}\mathrm{e}^{-\frac{1}{x^2}}=0=f(0),$$

所以显然 $f|_{\mathbb{R}}$ 在 $\mathbb{R}$ 上连续.

(3) 无.

(4) 无.

(5) 欲使幂级数 $\sum\limits_{n=0}^{\infty}c_n(z-z_0)^n$ 只在点 z_0 处收敛, 即要求收敛半径为 $R=0$, 而根据柯西–阿达马公式, 即要求 $\overline{\lim\limits_{n\to\infty}}\sqrt[n]{|c_n|}=+\infty$, 因此选取 $c_n=n^n$ 即可. □

7. (1) 在幂级数 $\sum\limits_{n=0}^{\infty}A_n(z-a)^n$ 中作形式的代换 $z-a=(z-z_0)+(z_0-a)$ 并合并同类项, 将得到一个级数 $\sum\limits_{n=0}^{\infty}c_n(z-z_0)^n$, 试用量 A_k, $(z_0-a)^k$, $k=0,1,\cdots$ 表示这个级数的系数.

(2) 试验证, 如果原级数在圆 $|z-a|<R$ 中收敛, 而 $|z_0-a|=r<R$, 则定义 $c_n(n=0,1,\cdots)$ 的那些级数绝对收敛, 而且, 级数 $\sum\limits_{n=0}^{\infty}c_n(z-z_0)^n$ 当 $|z-z_0|<R-r$ 时收敛.

(3) 试证, 如果在圆 $|z-a|<R$ 中有 $f(z)=\sum\limits_{n=0}^{\infty}A_n(z-a)^n$, 而 $|z_0-a|<R$, 那么, 在圆 $|z-z_0|<R-|z_0-a|$ 中函数 f 有幂级数表示 $f(z)=\sum\limits_{n=0}^{\infty}c_n(z-z_0)^n$.

证 (1) 因为

$$(z-a)^n=((z-z_0)+(z_0-a))^n=\sum_{k=0}^{n}\mathrm{C}_n^k(z_0-a)^{n-k}(z-z_0)^k,$$

所以形式上, 我们有

$$\begin{aligned}\sum_{n=0}^{\infty}A_n(z-a)^n&=\sum_{n=0}^{\infty}A_n\sum_{k=0}^{n}\mathrm{C}_n^k(z_0-a)^{n-k}(z-z_0)^k\\&=\sum_{k=0}^{\infty}\sum_{n=k}^{\infty}A_n\mathrm{C}_n^k(z_0-a)^{n-k}(z-z_0)^k\\&=\sum_{n=0}^{\infty}\sum_{k=n}^{\infty}A_k\mathrm{C}_k^n(z_0-a)^{k-n}(z-z_0)^n.\end{aligned}$$

令

$$c_n=\sum_{k=n}^{\infty}A_k\mathrm{C}_k^n(z_0-a)^{k-n},$$

则有

$$\sum_{n=0}^{\infty}A_n(z-a)^n=\sum_{n=0}^{\infty}c_n(z-z_0)^n.$$

(2) 当 $r<R,\ k\geqslant n$ 时, 因为 $\forall\theta\in(0,1)$,

$$(r+\theta(R-r))^k=\sum_{j=0}^{k}\mathrm{C}_k^j r^{k-j}(\theta(R-r))^j\geqslant\mathrm{C}_k^n r^{k-n}(\theta(R-r))^n,$$

所以

$$\begin{aligned}|A_k\mathrm{C}_k^n(z_0-a)^{k-n}|&\leqslant|A_k|\mathrm{C}_k^n|z_0-a|^{k-n}=|A_k|\mathrm{C}_k^n r^{k-n}\\&\leqslant(\theta(R-r))^{-n}|A_k|(r+\theta(R-r))^k.\end{aligned}$$

又因为原级数在圆 $|z-a|<R$ 中收敛, 所以 $\sum\limits_{k=0}^{\infty}|A_k|(r+\theta(R-r))^k$ 收敛 (记其和为 S_θ), 因此由比较原则可知定义 c_n 的级数绝对收敛, 且

$$|c_n|\leqslant(\theta(R-r))^{-n}S_\theta.$$

当 $|z-z_0|<R-r$ 时, 显然 $\exists\theta'\in[0,1)$ 使得 $|z-z_0|=\theta'(R-r)$. 所以

$$|c_n||z-z_0|^n\leqslant(\theta(R-r))^{-n}S_\theta(\theta'(R-r))^n=S_\theta\left(\frac{\theta'}{\theta}\right)^n.$$

取 $\theta=\dfrac{1+\theta'}{2}$, 则 $0\leqslant\theta'<\theta<1$, 因此由 $\sum\limits_{n=0}^{\infty}\left(\dfrac{\theta'}{\theta}\right)^n$ 收敛及比较原则可知 $\sum\limits_{n=0}^{\infty}|c_n||z-z_0|^n$ 收敛, 进而级数 $\sum\limits_{n=0}^{\infty}c_n(z-z_0)^n$ 当 $|z-z_0|<R-r$ 时收敛.

(3) 如果在圆 $|z-a|<R$ 中有 $f(z)=\sum\limits_{n=0}^{\infty}A_n(z-a)^n$, 则由《讲义》4.5.4 小节定理 1 可知, 当 $|z-a|<R$ 时,

$$f^{(m)}(z)=\sum_{n=0}^{\infty}\frac{\mathrm{d}^m}{\mathrm{d}z^m}\big(A_n(z-a)^n\big),\quad m=0,1,\cdots$$

且 $A_n=\dfrac{f^{(n)(a)}}{n!}$, $n=0,1,\cdots$. 所以当 $r:=|z_0-a|<R$ 时,

$$\begin{aligned}f^{(m)}(z_0)&=\sum_{n=m}^{\infty}A_nn(n-1)\cdots(n-m+1)(z_0-a)^{n-m}\\&=m!\sum_{n=m}^{\infty}A_n\mathrm{C}_n^m(z_0-a)^{n-m}.\end{aligned}$$

又由 (2) 可知

$$c_m=\sum_{n=m}^{\infty}A_n\mathrm{C}_n^m(z_0-a)^{n-m},$$

因此我们有 $f^{(m)}(z_0)=m!c_m$, 即 $c_m=\dfrac{f^{(m)}(z_0)}{m!}$, $m=0,1,\cdots$. 这就说明了 $\sum\limits_{n=0}^{\infty}c_n(z-z_0)^n$ 为 f 生成的泰勒级数, 而由 (2) 可知其在圆 $|z-z_0|<R-|z_0-a|=R-r$ 中收敛, 因此接下来只需证明其收敛于 $f(z)$ 即可.

因为

$$c_n=\sum_{k=n}^{\infty}A_k\mathrm{C}_k^n(z_0-a)^{k-n}=\left(\sum_{k=n}^{N}+\sum_{k=N+1}^{\infty}\right)A_k\mathrm{C}_k^n(z_0-a)^{k-n},$$

所以 $\forall N \in \mathbb{N}$,

$$\begin{aligned}
&\sum_{n=0}^{N} c_n(z-z_0)^n \\
=&\left(\sum_{n=0}^{N}\sum_{k=n}^{N}+\sum_{n=0}^{N}\sum_{k=N+1}^{\infty}\right)A_k\mathrm{C}_k^n(z_0-a)^{k-n}(z-z_0)^n \\
=&\left(\sum_{k=0}^{N}\sum_{n=0}^{k}+\sum_{k=N+1}^{\infty}\sum_{n=0}^{N}\right)A_k\mathrm{C}_k^n(z_0-a)^{k-n}(z-z_0)^n \\
=&\left(\sum_{k=0}^{N}\sum_{n=0}^{k}+\sum_{k=N+1}^{\infty}\left(\sum_{n=0}^{k}-\sum_{n=N+1}^{k}\right)\right)A_k\mathrm{C}_k^n(z_0-a)^{k-n}(z-z_0)^n \\
=&\left(\sum_{k=0}^{N}+\sum_{k=N+1}^{\infty}\right)\sum_{n=0}^{k}A_k\mathrm{C}_k^n(z_0-a)^{k-n}(z-z_0)^n \\
&-\sum_{k=N+1}^{\infty}\sum_{n=N+1}^{k}A_k\mathrm{C}_k^n(z_0-a)^{k-n}(z-z_0)^n \\
=&\sum_{k=0}^{\infty}A_k(z-a)^k-\sum_{k=N+1}^{\infty}\sum_{n=N+1}^{k}A_k\mathrm{C}_k^n(z_0-a)^{k-n}(z-z_0)^n \\
=&f(z)-\sum_{k=N+1}^{\infty}\sum_{n=N+1}^{k}A_k\mathrm{C}_k^n(z_0-a)^{k-n}(z-z_0)^n,
\end{aligned}$$

因此

$$\sum_{n=0}^{N} c_n(z-z_0)^n-f(z)=-\sum_{k=N+1}^{\infty}\sum_{n=N+1}^{k}A_k\mathrm{C}_k^n(z_0-a)^{k-n}(z-z_0)^n=:J_N.$$

容易看出

$$\begin{aligned}
|J_N| &\leqslant \sum_{k=N+1}^{\infty}\sum_{n=N+1}^{k}|A_k|\mathrm{C}_k^n|z_0-a|^{k-n}|z-z_0|^n \\
&\leqslant \sum_{k=N+1}^{\infty}\sum_{n=0}^{k}|A_k|\mathrm{C}_k^n|z_0-a|^{k-n}|z-z_0|^n \\
&\leqslant \sum_{k=N+1}^{\infty}|A_k|(|z_0-a|+|z-z_0|)^k.
\end{aligned}$$

在圆 $|z-z_0|<R-|z_0-a|$ 中显然有 $|z_0-a|+|z-z_0|<R$, 而 $\sum\limits_{k=0}^{\infty}A_k(z-a)^k$

在圆 $|z-a|<R$ 中 (绝对) 收敛, 所以 $\forall\varepsilon>0$, $\exists N\in\mathbb{N}$ 使得

$$\sum_{k=N+1}^{\infty}|A_k|(|z_0-a|+|z-z_0|)^k<\varepsilon,$$

因此 $|J_N|<\varepsilon$, 这就说明了 $\sum\limits_{n=0}^{\infty}c_n(z-z_0)^n$ 在圆 $|z-z_0|<R-|z_0-a|=R-r$ 中收敛于 $f(z)$. □

8. 验证: (1) 当点 $z\in\mathbb{C}$ 跑遍圆周 $|z|=r>1$ 时, 点 $w=z+z^{-1}$ 跑遍以 0 为中心、点 ± 2 为焦点的椭圆周.

(2) 当作复数平方时, 更准确地说, 在映射 $w\mapsto w^2$ 下这样的椭圆周将变成以 0 为焦点的跑遍两次的椭圆周.

(3) 在映射 $w\mapsto w^2$ 下, 任何以零为中心的椭圆周将变成以 0 为焦点的椭圆周.

证 (1) 因为 $w=z+z^{-1}=\dfrac{z^2+1}{z}$, $|z|=r>1$, 所以

$$\begin{aligned}|w-2|+|w+2|&=\left|\frac{z^2+1}{z}-2\right|+\left|\frac{z^2+1}{z}+2\right|\\&=\left|\frac{(z-1)^2}{z}\right|+\left|\frac{(z+1)^2}{z}\right|\\&=\frac{1}{r}(|z-1|^2+|z+1|^2)\\&=\frac{2}{r}(|z|^2+1)=\frac{2(r^2+1)}{r}.\end{aligned}$$

此即为复形式的椭圆周方程. 若令 $c=2$, $a=\dfrac{r^2+1}{r}>c$, $b=\sqrt{a^2-c^2}=\dfrac{r^2-1}{r}>0$, $w=u+\mathrm{i}v$, 则得到实形式的椭圆周方程

$$\frac{u^2}{a^2}+\frac{v^2}{b^2}=1.$$

(2) 设实形式的椭圆周方程为

$$\frac{u^2}{a^2}+\frac{v^2}{b^2}=1,\quad a>b>0.$$

则其参数形式为 $u=a\cos\varphi$, $v=b\sin\varphi$. 因此

$$\begin{aligned}w^2&=(u+\mathrm{i}v)^2=u^2-v^2+\mathrm{i}2uv\\&=a^2\cos^2\varphi-b^2\sin^2\varphi+\mathrm{i}2ab\cos\varphi\sin\varphi\\&=\frac{a^2-b^2}{2}+\frac{a^2+b^2}{2}\cos 2\varphi+\mathrm{i}ab\sin 2\varphi.\end{aligned}$$

记 $A = \dfrac{a^2+b^2}{2}$, $B = ab$, 则 $A > B$, $C = \sqrt{A^2-B^2} = \dfrac{a^2-b^2}{2} > 0$, 且 $w^2 = C + A\cos 2\varphi + \mathrm{i}B\sin 2\varphi =: \tilde{u} + \mathrm{i}\tilde{v}$. 因此我们有

$$\frac{(\tilde{u}-C)^2}{A^2} + \frac{\tilde{v}^2}{B^2} = 1,$$

从而得到以 0 为焦点的跑遍两次的椭圆周.

(3) 设 $a > b > 0$, $x = a\cos\varphi$, $y = b\sin\varphi$, $z = x+\mathrm{i}y$ 位于以 0 为中心的标准椭圆周上. 再令 $w = z\cdot \mathrm{e}^{\mathrm{i}\theta}$, 其中 $\theta \in [0,\pi)$ 为固定常数, 则 w 位于以 0 为中心将标准椭圆周逆时针旋转 θ 角的斜椭圆周上. 由 (2) 可知, 若记 $A = \dfrac{a^2+b^2}{2}$, $B = ab$, 则 $A > B$, $C = \sqrt{A^2-B^2} = \dfrac{a^2-b^2}{2} > 0$, 且 $z^2 = C + A\cos 2\varphi + \mathrm{i}B\sin 2\varphi =: \tilde{u} + \mathrm{i}\tilde{v}$, 即 z^2 位于以 0 为焦点的椭圆周上. 显然 $w^2 = (z\cdot \mathrm{e}^{\mathrm{i}\theta})^2 = z^2\cdot \mathrm{e}^{\mathrm{i}2\theta}$, 所以可知 w^2 位于以 0 为焦点将上述椭圆周逆时针旋转 2θ 角的斜椭圆周上. □

四、习题参考解答 (4.6 节)

1. 证明: 如果点的运动规律 $x = x(t)$ 满足简谐振动方程 $m\ddot{x} + kx = 0$, 那么

(1) 量 $E = \dfrac{m\dot{x}^2(t)}{2} + \dfrac{kx^2(t)}{2}$ 是常数 ($E = K + U$ 是点在时刻 t 的动能 $K = \dfrac{m\dot{x}^2(t)}{2}$ 与势能 $U = \dfrac{kx^2(t)}{2}$ 的和).

(2) 如果 $x(0) = 0$ 且 $\dot{x}(0) = 0$, 那么 $x(t) \equiv 0$.

(3) 存在唯一的一个满足初始条件 $x(0) = x_0$ 且 $\dot{x}(0) = v_0$ 的运动

$$x = x(t).$$

(4) 验证: 如果点在有摩擦的介质中运动且 $x = x(t)$ 满足方程

$$m\ddot{x} + \alpha\dot{x} + kx = 0, \quad \alpha > 0,$$

那么, 量 E(见 (1)) 是递减的. 求出 E 递减的速度, 并根据 E 的物理意义解释所得结果的物理意义.

证 (1) 因为

$$\frac{\mathrm{d}E}{\mathrm{d}t} = m\dot{x}\ddot{x} + kx\dot{x} = \dot{x}(m\ddot{x} + kx) = 0,$$

所以 E 是常数.

(2) 如果 $x(0) = 0$ 且 $\dot{x}(0) = 0$, 则 $E(0) = 0$, 进而由 (1) 可知 $E \equiv 0$, 因此 $x(t) \equiv 0$.

(3) 由《讲义》4.6.3 小节可知, 存在满足初始条件 $x(0)=x_0$ 且 $\dot{x}(0)=v_0$ 的运动

$$x=x(t)=x_0\cos\sqrt{\frac{k}{m}}t+v_0\sqrt{\frac{m}{k}}\sin\sqrt{\frac{k}{m}}t=\sqrt{x_0^2+v_0^2\frac{m}{k}}\sin\left(\sqrt{\frac{k}{m}}t+\alpha\right),$$

其中 $\alpha=\arcsin\dfrac{x_0}{\sqrt{x_0^2+v_0^2\dfrac{m}{k}}}$.

往证唯一性. 设 $x_1=x_1(t)$ 和 $x_2=x_2(t)$ 都是满足初始条件 $x(0)=x_0$ 且 $\dot{x}(0)=v_0$ 的运动, 则显然 $m\ddot{x}_1+kx_1=m\ddot{x}_2+kx_2=0$. 记 $y=x_1-x_2$, 则有 $y(0)=0$, $\dot{y}(0)=0$, 且 $m\ddot{y}+ky=0$, 因此由 (2) 可知 $y\equiv 0$, 即 $x_1=x_2$, 从而唯一性得证.

(4) 因为

$$\frac{\mathrm{d}E}{\mathrm{d}t}=\dot{x}(m\ddot{x}+kx)=-\alpha(\dot{x})^2\leqslant 0,$$

所以量 E 是递减的, 其递减的速度为 $\alpha(\dot{x})^2$, 说明了点的运动速度越快, 其机械能递减的速度越快. □

2. 在胡克中心力作用下的运动 (**平面振子**). 作为 4.6.3 小节中线性振子方程 (4.6.6) 的发展, 我们将考察 $m\ddot{\boldsymbol{r}}(t)=-k\boldsymbol{r}(t)$, 它是在中心力作用下质量为 m 的质点的向径 $\boldsymbol{r}(t)$ 所满足的方程, 这个中心力与质点到中心点的距离 $|\boldsymbol{r}(t)|$ 成正比, 比例系数为 $k>0$. 如果质点与中心是胡克弹性联结, 譬如, 用一个弹性系数为 k 的弹簧联结, 就产生这种力.

(1) 微分向量积 $\boldsymbol{r}(t)\times\dot{\boldsymbol{r}}(t)$, 将证明, 质点是在过中心且包含向量 $\boldsymbol{r}_0=\boldsymbol{r}(t_0)$, $\dot{\boldsymbol{r}}_0=\dot{\boldsymbol{r}}(t_0)$, 即质点的初始位置向量和初始速度向量的平面内运动 (平面振子). 如果向量 $\boldsymbol{r}_0=\boldsymbol{r}(t_0)$, $\dot{\boldsymbol{r}}_0=\dot{\boldsymbol{r}}(t_0)$ 共线, 则运动在包含中心和向量 $\boldsymbol{r}_0$ 的直线内进行 (4.6.3 小节中研究的线性振子).

(2) 验证: 平面振子的轨道是椭圆, 而且, 质点沿它作周期运动. 试求回转周期.

(3) 试证: 量 $E=m\dot{\boldsymbol{r}}^2(t)+k\boldsymbol{r}^2(t)$ 守恒 (不随时间变化).

(4) 试证: 初始条件 $\boldsymbol{r}_0=\boldsymbol{r}(t_0)$, $\dot{\boldsymbol{r}}_0=\dot{\boldsymbol{r}}(t_0)$ 完全确定质点在随后时间的运动.

证 (1) 因为

$$\frac{\mathrm{d}}{\mathrm{d}t}(\boldsymbol{r}(t)\times\dot{\boldsymbol{r}}(t))=\dot{\boldsymbol{r}}(t)\times\dot{\boldsymbol{r}}(t)+\boldsymbol{r}(t)\times\ddot{\boldsymbol{r}}(t)=0+\boldsymbol{r}(t)\times\left(-\frac{k}{m}r(t)\right)=0,$$

所以 $\boldsymbol{r}(t)\times\dot{\boldsymbol{r}}(t)\equiv\boldsymbol{r}_0\times\dot{\boldsymbol{r}}_0$, 因此结论成立.

(2) 选取直接坐标系使得平面振子所在的平面为 xOy, 因此我们有

$$m\ddot{\boldsymbol{r}}(t)=-k\boldsymbol{r}(t)\Leftrightarrow\begin{cases}m\ddot{x}+kx=0,\\ m\ddot{y}+ky=0.\end{cases}$$

记 $\boldsymbol{r}_0=(x_0,y_0)$, $\dot{\boldsymbol{r}}_0=(u_0,v_0)$, 则由习题 1(3) 可知存在唯一解

$$x=x(t)=x_0\cos\sqrt{\frac{k}{m}}t+u_0\sqrt{\frac{m}{k}}\sin\sqrt{\frac{k}{m}}t=\sqrt{x_0^2+u_0^2\frac{m}{k}}\sin\left(\sqrt{\frac{k}{m}}t+\alpha\right),$$

$$y=y(t)=y_0\cos\sqrt{\frac{k}{m}}t+v_0\sqrt{\frac{m}{k}}\sin\sqrt{\frac{k}{m}}t=\sqrt{y_0^2+v_0^2\frac{m}{k}}\sin\left(\sqrt{\frac{k}{m}}t+\beta\right),$$

其中 $\alpha=\arcsin\dfrac{x_0}{\sqrt{x_0^2+u_0^2\dfrac{m}{k}}}$, $\beta=\arcsin\dfrac{y_0}{\sqrt{y_0^2+v_0^2\dfrac{m}{k}}}$. 容易算得

$$\frac{x^2}{x_0^2+u_0^2\dfrac{m}{k}}+\frac{y^2}{y_0^2+v_0^2\dfrac{m}{k}}-\frac{2xy\cos(\alpha-\beta)}{\sqrt{x_0^2+u_0^2\dfrac{m}{k}}\cdot\sqrt{y_0^2+v_0^2\dfrac{m}{k}}}=\sin^2(\alpha-\beta),$$

此即说明了平面振子的轨道是椭圆, 其回转周期为 $T=2\pi\sqrt{\dfrac{m}{k}}$.

(3) 因为

$$\frac{\mathrm{d}E}{\mathrm{d}t}=2m\dot{\boldsymbol{r}}\cdot\ddot{\boldsymbol{r}}+2k\boldsymbol{r}\cdot\dot{\boldsymbol{r}}=2\dot{\boldsymbol{r}}(m\ddot{\boldsymbol{r}}+k\boldsymbol{r})=0,$$

所以 E 守恒.

(4) 设 $\boldsymbol{r}_1=\boldsymbol{r}_1(t)$ 和 $\boldsymbol{r}_2=\boldsymbol{r}_2(t)$ 都是满足初始条件 $\boldsymbol{r}_0=\boldsymbol{r}(t_0)$, $\dot{\boldsymbol{r}}_0=\dot{\boldsymbol{r}}(t_0)$ 的运动, 则显然 $m\ddot{\boldsymbol{r}}_1+k\boldsymbol{r}_1=m\ddot{\boldsymbol{r}}_2+k\boldsymbol{r}_2=0$. 记 $\boldsymbol{R}=\boldsymbol{r}_1-\boldsymbol{r}_2$, 则有 $\boldsymbol{R}(t_0)=0$, $\dot{\boldsymbol{R}}(t_0)=0$, 且 $m\ddot{\boldsymbol{R}}+k\boldsymbol{R}=0$. 由 (3) 可知 $\boldsymbol{R}\equiv 0$, 即 $\boldsymbol{r}_1=\boldsymbol{r}_2$, 从而结论成立. □

第 5 章 积 分 学

5.1 原函数与不定积分

一、知识点总结与补充

1. 微分与不定积分的联系

(1) $\left[\int f(x)\mathrm{d}x\right]' = f(x)$.

(2) $\mathrm{d}\int f(x)\mathrm{d}x = f(x)\mathrm{d}x$.

(3) $\int f'(x)\mathrm{d}x = \int \mathrm{d}f(x) = f(x) + c$.

2. 不定积分的基本公式

(1) 线性性质:

$$\int (\alpha u(x) + \beta v(x))\mathrm{d}x = \alpha \int u(x)\mathrm{d}x + \beta \int v(x)\mathrm{d}x.$$

(2) 分部积分:

$$\int u(x)\mathrm{d}v(x) = u(x)v(x) - \int v(x)\mathrm{d}u(x).$$

(3) 变量替换 (第一换元积分法): 若在某区间 I_x 上, $\int f(x)\mathrm{d}x = F(x) + c$, 而 $\varphi : I_t \to I_x$ 是区间 I_t 到 I_x 的光滑 (即连续可微) 映射, 则

$$\int (f \circ \varphi)(t)\varphi'(t)\mathrm{d}t \xlongequal{\text{凑微分}} \int (f \circ \varphi)(t)\mathrm{d}\varphi(t) \xlongequal{\text{变量替换}\varphi(t)=x} \int f(x)\mathrm{d}x$$
$$= F(x) + c \xlongequal{\text{代回原变量}x=\varphi(t)} F(\varphi(t)) + c.$$

(4) 变量替换 (第二换元积分法): 若 $\varphi : I_t \to I_x$ 是区间 I_t 到 $I_x = \varphi(I_t)$ 的光滑 (即连续可微) 映射, 且 $\varphi'(t) \neq 0$, 而在区间 I_t 上, $\int (f\circ\varphi)(t)\varphi'(t)\mathrm{d}t = G(t)+c$, 则

$$\int f(x)\mathrm{d}x \xlongequal{\text{变量替换}x=\varphi(t)} \int (f \circ \varphi)(t)\mathrm{d}\varphi(t) = \int (f \circ \varphi)(t)\varphi'(t)\mathrm{d}t$$
$$= G(t) + c \xlongequal{\text{代回原变量}t=\varphi^{-1}(x)} G(\varphi^{-1}(x)) + c.$$

3. 简单的不定积分表

(1) $\int x^{\alpha}\mathrm{d}x=\frac{1}{\alpha+1}x^{\alpha+1}+c\ \ (\alpha\neq-1)$. (2) $\int\frac{1}{x}\mathrm{d}x=\ln|x|+c$.

(3) $\int a^{x}\mathrm{d}x=\frac{1}{\ln a}a^{x}+c\ \ (0<a\neq1)$. (4) $\int \mathrm{e}^{x}\mathrm{d}x=\mathrm{e}^{x}+c$.

(5) $\int\sin x\mathrm{d}x=-\cos x+c$. (6) $\int\cos x\mathrm{d}x=\sin x+c$.

(7) $\int\frac{1}{\cos^2 x}\mathrm{d}x=\tan x+c$. (8) $\int\frac{1}{\sin^2 x}\mathrm{d}x=-\cot x+c$.

(9) $\int\frac{1}{\sqrt{1-x^2}}\mathrm{d}x=\begin{cases}\arcsin x+c,\\-\arccos x+\tilde{c}.\end{cases}$ (10) $\int\frac{1}{1+x^2}\mathrm{d}x=\begin{cases}\arctan x+c,\\-\mathrm{arccot}x+\tilde{c}.\end{cases}$

(11) $\int\sinh x\mathrm{d}x=\cosh x+c$. (12) $\int\cosh x\mathrm{d}x=\sinh x+c$.

(13) $\int\frac{1}{\cosh^2 x}\mathrm{d}x=\tanh x+c$. (14) $\int\frac{1}{\sinh^2 x}\mathrm{d}x=-\coth x+c$.

(15) $\int\frac{1}{\sqrt{x^2\pm1}}\mathrm{d}x=\ln|x+\sqrt{x^2\pm1}|+c$. (16) $\int\frac{1}{1-x^2}\mathrm{d}x=\frac{1}{2}\ln\left|\frac{1+x}{1-x}\right|+c$.

4. 有理函数的不定积分

(1) 有理函数: $R(x)=\frac{P(x)}{Q(x)}=$ 多项式 $+$ 真分式 $=$ 多项式 $+\sum$ 最简分式.

(2) 最简分式: $\frac{1}{(x-a)^k}$ 和 $\frac{bx+c}{(x^2+px+q)^k}$. $k\in\mathbb{N}$.

(3)

$$\int(x-a)^{-k}\mathrm{d}x=\begin{cases}\frac{1}{-k+1}(x-a)^{-k+1}+c, & k\neq1,\\ \ln|x-a|+c, & k=1.\end{cases}$$

(4)

$$\int\frac{bx+c}{(x^2+px+q)^k}\mathrm{d}x=\int\frac{\alpha u+\beta}{(u^2+a^2)^k}\mathrm{d}u,$$

其中 $\alpha=b,\beta=c-\frac{bp}{2}$.

(5)

$$\int\frac{u}{(u^2+a^2)^k}\mathrm{d}u=\frac{1}{2}\int\frac{\mathrm{d}(u^2+a^2)}{(u^2+a^2)^k}=\begin{cases}\frac{1}{2(1-k)}(u^2+a^2)^{1-k}, & k\neq1,\\ \frac{1}{2}\ln(u^2+a^2), & k=1.\end{cases}$$

(6) 记 $I_k=\int\frac{\mathrm{d}u}{(u^2+a^2)^k}$, 则有递推关系式

$$I_{k+1}=\frac{1}{2ka^2}\frac{u}{(u^2+a^2)^k}+\frac{2k-1}{2ka^2}I_k,$$

其中

$$I_1=\int\frac{\mathrm{d}u}{u^2+a^2}=\frac{1}{a}\int\frac{\mathrm{d}\left(\frac{u}{a}\right)}{1+\left(\frac{u}{a}\right)^2}=\frac{1}{a}\arctan\frac{u}{a}+c.$$

(7) 有理函数的原函数: 任何有理函数 $R(x)=\frac{P(x)}{Q(x)}$ 的原函数都可由有理函数以及超越函数 ln 和 arctan 表出. 如果将原函数的有理部分通分, 则其公分母是多项式 $Q(x)$ 分解出的全部因子的乘积, 只是幂次比在 $Q(x)$ 中少 1.

5. 三角函数有理式的不定积分

(1)

$$\int R(\cos x,\sin x)\mathrm{d}x\xlongequal{t=\tan\frac{x}{2}}\int R\left(\frac{1-t^2}{1+t^2},\frac{2t}{1+t^2}\right)\frac{2}{1+t^2}\mathrm{d}t.$$

(2)

$$\int R(\cos^2x,\sin^2x)\mathrm{d}x\xlongequal{t=\tan x}\int R\left(\frac{1}{1+t^2},\frac{t^2}{1+t^2}\right)\frac{\mathrm{d}t}{1+t^2}.$$

(3)

$$\int r(\tan x)\mathrm{d}x\xlongequal{t=\tan x}\int r(t)\frac{\mathrm{d}t}{1+t^2}.$$

(4)

$$\int R(\cos x,\sin^2x)\sin x\mathrm{d}x=-\int R(\cos x,\sin^2x)\mathrm{d}\cos x\xlongequal{t=\cos x}-\int R(t,1-t^2)\mathrm{d}t.$$

(5)

$$\int R(\cos^2x,\sin x)\cos x\mathrm{d}x=\int R(\cos^2x,\sin x)\mathrm{d}\sin x\xlongequal{t=\sin x}\int R(1-t^2,t)\mathrm{d}t.$$

6. $\int R(x,y(x))\mathrm{d}x$ 型的不定积分

(1) $y=\sqrt[n]{\frac{ax+b}{cx+d}}(n\in\mathbb{N})$: $t^n=\frac{ax+b}{cx+d}$, $x=\frac{t^nd-b}{a-ct^n}$, $y=t$.

(2) $y=\sqrt{ax^2+bx+c}$:

- 欧拉替换:

– $\int R(t,\sqrt{t^2+1})\mathrm{d}t$: $\sqrt{t^2+1}=tu+1$ 或 $\sqrt{t^2+1}=tu-1$ 或 $\sqrt{t^2+1}=t-u$.

– $\int R(t,\sqrt{t^2-1})\mathrm{d}t$: $\sqrt{t^2-1}=(t-1)u$ 或 $\sqrt{t^2-1}=(t+1)u$ 或 $\sqrt{t^2-1}=t-u$.

– $\int R(t,\sqrt{1-t^2})\mathrm{d}t$: $\sqrt{1-t^2}=u(1-t)$ 或 $\sqrt{1-t^2}=u(1+t)$ 或 $\sqrt{1-t^2}=ut\pm 1$.

- 双曲函数和三角函数替换:

–
$$\int R(t,\sqrt{t^2+1})\mathrm{d}t \xlongequal{t=\sinh\varphi} \int R(\sinh\varphi,\cosh\varphi)\cosh\varphi\mathrm{d}\varphi.$$

–
$$\int R(t,\sqrt{t^2-1})\mathrm{d}t \xlongequal{t=\cosh\varphi} \int R(\cosh\varphi,\sinh\varphi)\sinh\varphi\mathrm{d}\varphi.$$

–
$$\int R(t,\sqrt{1-t^2})\mathrm{d}t \xlongequal{t=\sin\varphi} \int R(\sin\varphi,\cos\varphi)\cos\varphi\mathrm{d}\varphi,$$
$$\int R(t,\sqrt{1-t^2})\mathrm{d}t \xlongequal{t=\cos\varphi} -\int R(\cos\varphi,\sin\varphi)\sin\varphi\mathrm{d}\varphi.$$

(3) 椭圆积分. 考虑积分 $\int R(x,\sqrt{P(x)})\mathrm{d}x$, 其中 $P(x)$ 是次数 $n>2$ 的多项式, 阿贝尔和刘维尔曾经证明, 这样的积分一般说来已不能用初等函数表示. 当 $n=3$ 和 $n=4$ 时, 积分叫做椭圆积分, 而当 $n>4$ 时叫做超椭圆积分.

- 三个标准椭圆积分:

$$\int \frac{\mathrm{d}x}{\sqrt{(1-x^2)(1-k^2x^2)}},$$

$$\int \frac{x^2\mathrm{d}x}{\sqrt{(1-x^2)(1-k^2x^2)}},$$

$$\int \frac{\mathrm{d}x}{(1+hx^2)\sqrt{(1-x^2)(1-k^2x^2)}},$$

其中 h,k 是参数, $k\in(0,1)$.

- 经替换 $x=\sin\varphi$, 这些积分可化为下列积分或它们的线性组合:

– (拉格朗日形式的) 第一类椭圆积分: $\int \frac{\mathrm{d}\varphi}{\sqrt{1-k^2\sin^2\varphi}}$.

– (拉格朗日形式的) 第二类椭圆积分: $\int \sqrt{1-k^2\sin^2\varphi}\mathrm{d}\varphi$.

– (拉格朗日形式的) 第三类椭圆积分: $\displaystyle\int \frac{\mathrm{d}\varphi}{(1-h^2\sin^2\varphi)\sqrt{1-k^2\sin^2\varphi}}$.

• 用 $F(k,\varphi)$ 和 $E(k,\varphi)$ 分别代表由条件 $F(k,0)=0$ 和 $E(k,0)=0$ 确定的第一类椭圆积分和第二类椭圆积分.

二、例题讲解

1. 指出下列计算是否有问题: 因为

$$\begin{aligned}\int\frac{\mathrm{d}x}{x\ln x}&=\int\frac{1}{\ln x}\mathrm{d}\ln x=\frac{1}{\ln x}\cdot\ln x-\int\ln x\mathrm{d}\frac{1}{\ln x}\\&=1-\int\ln x\cdot\frac{-1}{x\ln^2 x}\mathrm{d}x=1+\int\frac{\mathrm{d}x}{x\ln x},\end{aligned}$$

所以 $0=1$?

解 $\displaystyle\int\frac{\mathrm{d}x}{x\ln x}=1+\int\frac{\mathrm{d}x}{x\ln x}$ 没问题, 因为不定积分不是一个函数而是一个函数类. 该题可计算如下:

$$\int\frac{\mathrm{d}x}{x\ln x}=\int\frac{1}{\ln x}\mathrm{d}\ln x=\ln|\ln x|+c.$$ □

2. 求不定积分 $\displaystyle\int\frac{\arctan\sqrt{x}}{\sqrt{x}+\sqrt{x^3}}\mathrm{d}x$.

解

$$\begin{aligned}&\int\frac{\arctan\sqrt{x}}{\sqrt{x}+\sqrt{x^3}}\mathrm{d}x=\int\frac{\arctan\sqrt{x}}{\sqrt{x}(1+x)}\mathrm{d}x\\&=2\int\arctan\sqrt{x}\mathrm{d}\arctan\sqrt{x}=(\arctan\sqrt{x})^2+c.\end{aligned}$$ □

3. 求不定积分 $\displaystyle\int\frac{x^2}{\sqrt{a^2-x^2}}\mathrm{d}x,\ a>0$.

解 由第二换元积分法

$$\begin{aligned}&\int\frac{x^2}{\sqrt{a^2-x^2}}\mathrm{d}x\xlongequal[t\in(-\frac{\pi}{2},\frac{\pi}{2})]{x=a\sin t}\int\frac{a^2\sin^2 t}{a\cos t}\cdot a\cos t\mathrm{d}t\\&=a^2\int\sin^2 t\mathrm{d}t=\frac{a^2}{2}\int(1-\cos 2t)\mathrm{d}t=\frac{a^2}{2}\left(t-\frac{1}{2}\sin 2t\right)+c\\&=\frac{a^2}{2}(t-\sin t\cos t)+c=\frac{a^2}{2}\left(\arcsin\frac{x}{a}-\frac{x}{a^2}\sqrt{a^2-x^2}\right)+c.\end{aligned}$$ □

4. 求不定积分 $\displaystyle\int\frac{\mathrm{d}x}{\sqrt{(x-a)(b-x)}},\ a\neq b$.

解 不妨设 $a<b$, 因为 $\dfrac{x-a}{b-a}+\dfrac{b-x}{b-a}=1$, 所以可设 $x-a=(b-a)\sin^2 t, t\in\left(0,\dfrac{\pi}{2}\right)$, 从而 $b-x=(b-a)\cos^2 t$, 且 $\mathrm{d}x=\mathrm{d}(a+(b-a)\sin^2 t)=2(b-a)\sin t\cos t\mathrm{d}t$, 因此

$$\int\frac{\mathrm{d}x}{\sqrt{(x-a)(b-x)}}=\int\frac{2(b-a)\sin t\cos t\mathrm{d}t}{\sqrt{(b-a)^2\sin^2 t\cos^2 t}}$$

$$=\int 2\mathrm{d}t=2t+c=2\arctan\sqrt{\frac{x-a}{b-x}}+c$$

$$=2\arcsin\sqrt{\frac{x-a}{b-a}}+c=2\arccos\sqrt{\frac{b-x}{b-a}}+c.$$ □

5. 求不定积分 $\displaystyle\int\sec x\mathrm{d}x$.

解 利用万能公式替换可知

$$\int\sec x\mathrm{d}x=\int\frac{\mathrm{d}x}{\cos x}\xlongequal{t=\tan\frac{x}{2}}\int\frac{1+t^2}{1-t^2}\cdot\frac{2}{1+t^2}\mathrm{d}t=\int\frac{2}{1-t^2}\mathrm{d}t$$

$$=\int\frac{1}{1+t}\mathrm{d}t+\int\frac{1}{1-t}\mathrm{d}t=\ln|1+t|-\ln|1-t|+c$$

$$=\ln\left|\frac{1+t}{1-t}\right|+c=\ln\left|\frac{1+\tan\frac{x}{2}}{1-\tan\frac{x}{2}}\right|+c,$$

进而通过一些三角公式的运算可得

$$\int\sec x\mathrm{d}x=\ln|\sec x+\tan x|+c$$

$$=-\ln|\sec x-\tan x|+c=\frac{1}{2}\ln\frac{1+\sin x}{1-\sin x}+c.$$ □

6. 求不定积分 $\displaystyle\int\sec^3 x\mathrm{d}x$.

解

$$\int\sec^3 x\mathrm{d}x=\int\sec x\mathrm{d}\tan x=\sec x\tan x-\int\tan x\mathrm{d}\sec x$$

$$=\sec x\tan x-\int\sec x\tan^2 x\mathrm{d}x$$

$$=\sec x\tan x-\int\sec x(\sec^2 x-1)\mathrm{d}x$$

$$=\sec x\tan x+\int\sec x\mathrm{d}x-\int\sec^3 x\mathrm{d}x,$$

所以由例题 5 可知

$$\int \sec^3 x\mathrm{d}x = \frac{1}{2}\left(\sec x\tan x + \int \sec x\mathrm{d}x\right)$$
$$= \frac{1}{2}(\sec x\tan x + \ln|\sec x + \tan x|) + c.$$ □

7. 求不定积分 $I_n = \int x^n \cos x\mathrm{d}x,\ n \in \mathbb{N}$.

解 当 $n \geqslant 2$ 时,

$$\begin{aligned} I_n &= \int x^n \cos x\mathrm{d}x = \int x^n \mathrm{d}\sin x \\ &= x^n \sin x - n\int x^{n-1}\sin x\mathrm{d}x \\ &= x^n \sin x + n\int x^{n-1}\mathrm{d}\cos x \\ &= x^n \sin x + nx^{n-1}\cos x - n(n-1)\int x^{n-2}\cos x\mathrm{d}x, \end{aligned}$$

所以有递推公式

$$I_n = x^n \sin x + nx^{n-1}\cos x - n(n-1)I_{n-2}, \quad n \geqslant 2.$$

而 $I_0 = \int \cos x\mathrm{d}x = \sin x + c$, $I_1 = x\sin x + \cos x + c$. □

三、习题参考解答 (5.1 节)

1. 验证 $y = \dfrac{x^2}{2}\mathrm{sgn}x$ 是 $|x|$ 在 $(-\infty, +\infty)$ 上的一个原函数.

证 显然

$$y = \frac{x^2}{2}\mathrm{sgn}x = \begin{cases} \dfrac{x^2}{2}, & x \geqslant 0, \\ -\dfrac{x^2}{2}, & x < 0, \end{cases}$$

所以, 当 $x > 0$ 时, $y' = x = |x|$, 当 $x < 0$ 时, $y' = -x = |x|$, 而当 $x = 0$ 时,

$$y'_-(0) = \lim_{x\to-0}\frac{-\dfrac{x^2}{2} - 0}{x - 0} = 0,$$
$$y'_+(0) = \lim_{x\to+0}\frac{\dfrac{x^2}{2} - 0}{x - 0} = 0,$$

因此 $y'(0) = 0 = |0|$. 综上可知, $\forall x \in (-\infty, +\infty)$, $y' = |x|$, 即 $y = \dfrac{x^2}{2}\mathrm{sgn}x$ 是 $|x|$ 在 $(-\infty, +\infty)$ 上的一个原函数. □

2. 求下列不定积分:

(1) $\int \frac{\cos 2x}{\cos x - \sin x}\mathrm{d}x$.

(2) $\int \frac{\cos 2x}{\cos^2 x \cdot \sin^2 x}\mathrm{d}x$.

(3) $\int \sqrt{x\sqrt{x\sqrt{x}}}\mathrm{d}x$.

(4) $\int \left(\sqrt{\frac{1+x}{1-x}}+\sqrt{\frac{1-x}{1+x}}\right)\mathrm{d}x$.

(5) $\int \mathrm{e}^{-|x|}\mathrm{d}x$.

(6) $\int |\sin x|\mathrm{d}x$.

解 (1)

$$\int \frac{\cos 2x}{\cos x - \sin x}\mathrm{d}x = \int \frac{\cos^2 x - \sin^2 x}{\cos x - \sin x}\mathrm{d}x = \int (\cos x + \sin x)\mathrm{d}x = \sin x - \cos x + c.$$

(2)

$$\begin{aligned}\int \frac{\cos 2x}{\cos^2 x \cdot \sin^2 x}\mathrm{d}x &= \int \frac{\cos^2 x - \sin^2 x}{\cos^2 x \cdot \sin^2 x}\mathrm{d}x = \int \frac{\mathrm{d}x}{\sin^2 x} - \int \frac{\mathrm{d}x}{\cos^2 x}\\ &= \int \csc^2 x\mathrm{d}x - \int \sec^2 x\mathrm{d}x = -\cot x - \tan x + c.\end{aligned}$$

(3)

$$\int \sqrt{x\sqrt{x\sqrt{x}}}\mathrm{d}x = \int x^{\frac{1}{2}+\frac{1}{4}+\frac{1}{8}}\mathrm{d}x = \int x^{\frac{7}{8}}\mathrm{d}x = \frac{8}{15}x^{\frac{15}{8}} + c.$$

(4)

$$\begin{aligned}\int \left(\sqrt{\frac{1+x}{1-x}}+\sqrt{\frac{1-x}{1+x}}\right)\mathrm{d}x &= \int \left(\frac{1+x}{\sqrt{1-x^2}}+\frac{1-x}{\sqrt{1-x^2}}\right)\mathrm{d}x\\ &= \int \frac{2}{\sqrt{1-x^2}}\mathrm{d}x = 2\arcsin x + c.\end{aligned}$$

(5) 当 $x \geqslant 0$ 时,

$$\int \mathrm{e}^{-|x|}\mathrm{d}x = \int \mathrm{e}^{-x}\mathrm{d}x = -\mathrm{e}^{-x} + c_1,$$

而当 $x \leqslant 0$ 时,

$$\int \mathrm{e}^{-|x|}\mathrm{d}x = \int \mathrm{e}^{x}\mathrm{d}x = \mathrm{e}^{x} + c_2.$$

所以欲使原函数在 $x=0$ 处连续就需要 $1+c_2=-1+c_1$, 因此 $c_1=2+c_2$, 故

$$\int \mathrm{e}^{-|x|}\mathrm{d}x = c + \begin{cases} 2-\mathrm{e}^{-x}, & x \geqslant 0,\\ \mathrm{e}^{x}, & x \leqslant 0.\end{cases}$$

(6) $\forall k\in\mathbb{Z}$, 当 $x\in[2k\pi,(2k+1)\pi]$ 时,

$$\int|\sin x|\mathrm{d}x=\int\sin x\mathrm{d}x=-\cos x+c_k^1,$$

而当 $x\in[(2k+1)\pi,(2k+2)\pi]$ 时,

$$\int|\sin x|\mathrm{d}x=-\int\sin x\mathrm{d}x=\cos x+c_k^2.$$

所以欲使原函数在点 $(2k+1)\pi$ 连续就需要 $1+c_k^1=-1+c_k^2$, 因此 $c_k^2=2+c_k^1$. 而欲使原函数在点 $(2k+2)\pi$ 也连续, 则类似地还需要 $1+c_k^2=-1+c_{k+1}^1$, 因此 $c_{k+1}^1=2+c_k^2=4+c_k^1$. 于是

$$\int|\sin x|\mathrm{d}x=c+\begin{cases}-\cos x+4k, & x\in[2k\pi,(2k+1)\pi],\ k\in\mathbb{Z},\\ \cos x+4k+2, & x\in[(2k+1)\pi,(2k+2)\pi],\ k\in\mathbb{Z}.\end{cases}$$ □

3. 应用换元积分法求下列不定积分:

(1) $\int(1+x)^n\mathrm{d}x$.　　(2) $\int\left(\frac{1}{\sqrt{3-x^2}}+\frac{1}{\sqrt{1-3x^2}}\right)\mathrm{d}x$.

(3) $\int\csc x\mathrm{d}x$.　　(4) $\int\frac{\mathrm{d}x}{x\ln x}$.

(5) $\int\frac{\mathrm{d}x}{x\ln x\ln\ln x}$.　　(6) $\int\frac{x^3}{x^8-2}\mathrm{d}x$.

(7) $\int\frac{\mathrm{d}x}{\sqrt{x^2+3}}$.　　(8) $\int\frac{x^5}{\sqrt{1-x^2}}\mathrm{d}x$.

(9) $\int x(1-2x)^{99}\mathrm{d}x$.　　(10) $\int\frac{\ln 2x}{x\ln 4x}\mathrm{d}x$.

(11) $\int\frac{\mathrm{d}x}{x^4\sqrt{x^2-1}}$.

解　(1)

$$\begin{aligned}\int(1+x)^n\mathrm{d}x&\xlongequal{t=1+x}\int t^n\mathrm{d}t\\&=\begin{cases}\dfrac{t^{n+1}}{n+1}+c, & n\neq-1,\\ \ln|t|+c, & n=-1\end{cases}=\begin{cases}\dfrac{(1+x)^{n+1}}{n+1}+c, & n\neq-1,\\ \ln|1+x|+c, & n=-1.\end{cases}\end{aligned}$$

(2)

$$\int\left(\frac{1}{\sqrt{3-x^2}}+\frac{1}{\sqrt{1-3x^2}}\right)\mathrm{d}x=\int\frac{\mathrm{d}\dfrac{x}{\sqrt{3}}}{\sqrt{1-\left(\dfrac{x}{\sqrt{3}}\right)^2}}+\frac{1}{\sqrt{3}}\int\frac{\mathrm{d}(\sqrt{3}x)}{\sqrt{1-(\sqrt{3}x)^2}}$$

$$=\arcsin\frac{x}{\sqrt{3}}+\frac{1}{\sqrt{3}}\arcsin(\sqrt{3}x)+c.$$

(3) 利用万能公式替换可知

$$\int\csc x\mathrm{d}x=\int\frac{\mathrm{d}x}{\sin x}\xlongequal{t=\tan\frac{x}{2}}\int\frac{1+t^2}{2t}\cdot\frac{2}{1+t^2}\mathrm{d}t$$

$$=\int\frac{\mathrm{d}t}{t}=\ln|t|+c=\ln\left|\tan\frac{x}{2}\right|+c,$$

进而通过一些三角公式的运算可得

$$\int\csc x\mathrm{d}x=\ln|\csc x-\cot x|+c=-\ln|\csc x+\cot x|+c.$$

(4) 参见例题 1:

$$\int\frac{\mathrm{d}x}{x\ln x}=\int\frac{1}{\ln x}\mathrm{d}\ln x=\ln|\ln x|+c.$$

(5)

$$\int\frac{\mathrm{d}x}{x\ln x\ln\ln x}=\int\frac{\mathrm{d}\ln x}{\ln x\ln\ln x}=\int\frac{\mathrm{d}\ln\ln x}{\ln\ln x}=\ln|\ln\ln x|+c.$$

(6)

$$\int\frac{x^3}{x^8-2}\mathrm{d}x=\frac{1}{4}\int\frac{\mathrm{d}x^4}{(x^4)^2-(\sqrt{2})^2}\xlongequal{t=x^4}\frac{1}{4}\int\frac{\mathrm{d}t}{t^2-(\sqrt{2})^2}$$

$$=\frac{1}{4}\cdot\frac{1}{2\sqrt{2}}\int\left(\frac{1}{t-\sqrt{2}}-\frac{1}{t+\sqrt{2}}\right)\mathrm{d}t$$

$$=\frac{1}{8\sqrt{2}}\ln\left|\frac{t-\sqrt{2}}{t+\sqrt{2}}\right|+c=\frac{1}{8\sqrt{2}}\ln\left|\frac{x^4-\sqrt{2}}{x^4+\sqrt{2}}\right|+c.$$

(7) 由例题 5 可知

$$\int\frac{\mathrm{d}x}{\sqrt{x^2+3}}\xlongequal[t\in(-\frac{\pi}{2},\frac{\pi}{2})]{x=\sqrt{3}\tan t}\int\frac{\sqrt{3}\sec^2t\mathrm{d}t}{\sqrt{3}\sec^2t}=\int\sec t\mathrm{d}t=\ln|\sec t+\tan t|+\tilde{c}$$

$$=\ln\left|\sqrt{1+\tan^2t}+\tan t\right|+\tilde{c}=\ln\left|\frac{\sqrt{x^2+3}}{\sqrt{3}}+\frac{x}{\sqrt{3}}\right|+\tilde{c}=\ln|\sqrt{x^2+3}+x|+c.$$

(8)

$$\int \frac{x^5}{\sqrt{1-x^2}}\mathrm{d}x \xlongequal[t\in(-\frac{\pi}{2},\frac{\pi}{2})]{x=\sin t} \int \frac{\sin^5 t}{\cos t}\cdot \cos t\mathrm{d}t = \int \sin^5 t\mathrm{d}t = -\int (1-\cos^2 t)^2 \mathrm{d}\cos t$$

$$= -\int (1-2\cos^2 t+\cos^4 t)\mathrm{d}\cos t = -\cos t+\frac{2}{3}\cos^3 t-\frac{1}{5}\cos^5 t+c$$

$$= -(1-x^2)^{\frac{1}{2}}+\frac{2}{3}(1-x^2)^{\frac{3}{2}}-\frac{1}{5}(1-x^2)^{\frac{5}{2}}+c.$$

(9)

$$\int x(1-2x)^{99}\mathrm{d}x \xlongequal{t=1-2x} \int \frac{1-t}{2}\cdot t^{99}\cdot\left(-\frac{1}{2}\mathrm{d}t\right)$$

$$= \frac{1}{4}\int (t^{100}-t^{99})\mathrm{d}t = \frac{1}{4}\left(\frac{t^{101}}{101}-\frac{t^{100}}{100}\right)+c$$

$$= \frac{1}{4}\left(\frac{(1-2x)^{101}}{101}-\frac{(1-2x)^{100}}{100}\right)+c.$$

(10)

$$\int \frac{\ln 2x}{x\ln 4x}\mathrm{d}x = \int \frac{\ln 2x}{\ln 4x}\mathrm{d}\ln 4x = \int \frac{\ln 4x-\ln 2}{\ln 4x}\mathrm{d}\ln 4x$$

$$= \int \left(1-\frac{\ln 2}{\ln 4x}\right)\mathrm{d}\ln 4x = \ln 4x-\ln 2\cdot\ln|\ln 4x|+c.$$

(11)

$$\int \frac{\mathrm{d}x}{x^4\sqrt{x^2-1}} \xlongequal[t\in(-\frac{\pi}{2},0)\cup(0,\frac{\pi}{2})]{x=\sec t\cdot \mathrm{sgn} t} \int \frac{\sec t\cdot\tan t\cdot \mathrm{sgn} t\mathrm{d}t}{(\sec t\cdot \mathrm{sgn} t)^4|\tan t|}$$

$$= \int \cos^3 t\mathrm{d}t = \int (1-\sin^2 t)\mathrm{d}\sin t = \sin t-\frac{1}{3}\sin^3 t+c$$

$$= \frac{\sqrt{x^2-1}}{x}-\frac{1}{3}\frac{(x^2-1)^{\frac{3}{2}}}{x^3}+c.$$ □

4. 应用分部积分法求下列不定积分:

(1) $\int \arcsin x\mathrm{d}x$.　　(2) $\int \ln x\mathrm{d}x$.

(3) $\int x^2\cos x\mathrm{d}x$.　　(4) $\int \frac{\ln x}{x^3}\mathrm{d}x$.

(5) $\int (\ln x)^2\mathrm{d}x$.　　(6) $\int x\arctan x\mathrm{d}x$.

(7) $\int \left[\ln(\ln x)+\frac{1}{\ln x}\right]\mathrm{d}x$.　　(8) $\int \sqrt{x^2-5}\mathrm{d}x$.

(9) $\int \sqrt{x^2+3}\mathrm{d}x$.

解 (1)

$$\int \arcsin x\mathrm{d}x = x\arcsin x - \int \frac{x}{\sqrt{1-x^2}}\mathrm{d}x = x\arcsin x + \sqrt{1-x^2} + c.$$

(2)

$$\int \ln x\mathrm{d}x = x\ln x - \int x\cdot\frac{1}{x}\mathrm{d}x = x\ln x - x + c.$$

(3)

$$\int x^2\cos x\mathrm{d}x = \int x^2\mathrm{d}\sin x = x^2\sin x - 2\int x\sin x\mathrm{d}x = x^2\sin x + 2\int x\mathrm{d}\cos x$$

$$= x^2\sin x + 2x\cos x - 2\int\cos x\mathrm{d}x = x^2\sin x + 2x\cos x - 2\sin x + c.$$

(4)

$$\int \frac{\ln x}{x^3}\mathrm{d}x = -\frac{1}{2}\int \ln x\mathrm{d}x^{-2}$$

$$= -\frac{1}{2}\ln x\cdot x^{-2} + \frac{1}{2}\int\frac{1}{x^3}\mathrm{d}x = -\frac{\ln x}{2x^2} - \frac{1}{4x^2} + c.$$

(5)

$$\int(\ln x)^2\mathrm{d}x = x(\ln x)^2 - 2\int x\cdot\ln x\cdot\frac{1}{x}\mathrm{d}x$$

$$= x(\ln x)^2 - 2\int\ln x\mathrm{d}x = x(\ln x)^2 - 2x\ln x + 2\int x\cdot\frac{1}{x}\mathrm{d}x$$

$$= x(\ln x)^2 - 2x\ln x + 2x + c.$$

(6)

$$\int x\arctan x\mathrm{d}x = \frac{1}{2}\int\arctan x\mathrm{d}x^2 = \frac{1}{2}x^2\arctan x - \frac{1}{2}\int\frac{x^2}{1+x^2}\mathrm{d}x$$

$$= \frac{1}{2}x^2\arctan x - \frac{1}{2}\int\left(1-\frac{1}{1+x^2}\right)\mathrm{d}x$$

$$= \frac{1}{2}x^2\arctan x - \frac{1}{2}x + \frac{1}{2}\arctan x + c.$$

(7)

$$\int\left[\ln(\ln x) + \frac{1}{\ln x}\right]\mathrm{d}x = \int\ln(\ln x)\mathrm{d}x + \int\frac{x}{x\ln x}\mathrm{d}x$$

$$= \int\ln(\ln x)\mathrm{d}x + \int x\mathrm{d}\ln(\ln x)$$

$$= \int\ln(\ln x)\mathrm{d}x + x\ln(\ln x) - \int\ln(\ln x)\mathrm{d}x$$

$$= x\ln(\ln x) + c.$$

(8) 利用简单的不定积分表可知

$$\int \frac{1}{\sqrt{x^2-5}}\mathrm{d}x = \int \frac{1}{\sqrt{\left(\frac{x}{\sqrt{5}}\right)^2-1}}\mathrm{d}\left(\frac{x}{\sqrt{5}}\right)$$

$$= \ln\left|\frac{x}{\sqrt{5}}+\sqrt{\left(\frac{x}{\sqrt{5}}\right)^2-1}\right|+\tilde{c} = \ln|x+\sqrt{x^2-5}|+c,$$

因此

$$\begin{aligned} I = \int \sqrt{x^2-5}\mathrm{d}x &= x\sqrt{x^2-5} - \int \frac{x^2}{\sqrt{x^2-5}}\mathrm{d}x \\ &= x\sqrt{x^2-5} - \int \frac{x^2-5+5}{\sqrt{x^2-5}}\mathrm{d}x \\ &= x\sqrt{x^2-5} - \int \sqrt{x^2-5}\mathrm{d}x - 5\int \frac{1}{\sqrt{x^2-5}}\mathrm{d}x \\ &= x\sqrt{x^2-5} - I - 5\ln|x+\sqrt{x^2-5}|, \end{aligned}$$

所以

$$I = \int \sqrt{x^2-5}\mathrm{d}x = \frac{x}{2}\sqrt{x^2-5} - \frac{5}{2}\ln|x+\sqrt{x^2-5}|+c.$$

(9) 由习题 3(7) 可知

$$\begin{aligned} I = \int \sqrt{x^2+3}\mathrm{d}x &= x\sqrt{x^2+3} - \int \frac{x^2}{\sqrt{x^2+3}}\mathrm{d}x \\ &= x\sqrt{x^2+3} - \int \frac{x^2+3-3}{\sqrt{x^2+3}}\mathrm{d}x \\ &= x\sqrt{x^2+3} - \int \sqrt{x^2+3}\mathrm{d}x + 3\int \frac{1}{\sqrt{x^2+3}}\mathrm{d}x \\ &= x\sqrt{x^2+3} - I + 3\ln|x+\sqrt{x^2+3}|, \end{aligned}$$

所以

$$I = \int \sqrt{x^2+3}\mathrm{d}x = \frac{x}{2}\sqrt{x^2+3} + \frac{3}{2}\ln|x+\sqrt{x^2+3}|+c.$$ □

5. 证明: 若 $I(m,n) = \int \cos^m x \sin^n x \mathrm{d}x$, 则当 $n, m = 2, 3, \cdots$ 时,

$$\begin{aligned} I(m,n) &= \frac{\cos^{m-1} x \sin^{n+1} x}{m+n} + \frac{m-1}{m+n} I(m-2,n) \\ &= -\frac{\cos^{m+1} x \sin^{n-1} x}{m+n} + \frac{n-1}{m+n} I(m,n-2). \end{aligned}$$

证 由分部积分公式可知

$$I(m,n)=\int\cos^m x\sin^n x\mathrm{d}x=\int\cos^{m-1}x\sin^n x\mathrm{d}\sin x$$

$$=\cos^{m-1}x\sin^{n+1}x-\int\sin x\mathrm{d}(\cos^{m-1}x\sin^n x)$$

$$=\cos^{m-1}x\sin^{n+1}x-\int\sin x\big(-(m-1)\cos^{m-2}x\sin^{n+1}x+n\cos^m x\sin^{n-1}x\big)\mathrm{d}x$$

$$=\cos^{m-1}x\sin^{n+1}x+(m-1)\int\cos^{m-2}x\sin^n x(1-\cos^2 x)\mathrm{d}x-nI(m,n)$$

$$=\cos^{m-1}x\sin^{n+1}x+(m-1)\int\cos^{m-2}x\sin^n x\mathrm{d}x-(m-1)I(m,n)-nI(m,n)$$

$$=\cos^{m-1}x\sin^{n+1}x+(m-1)I(m-2,n)+(1-m-n)I(m,n),$$

所以

$$I(m,n)=\frac{\cos^{m-1}x\sin^{n+1}x}{m+n}+\frac{m-1}{m+n}I(m-2,n).$$

类似地, 可证得

$$I(m,n)=-\frac{\cos^{m+1}x\sin^{n-1}x}{m+n}+\frac{n-1}{m+n}I(m,n-2).$$ □

6. 求下列不定积分:

(1) $\int\frac{x^3}{x-1}\mathrm{d}x$. (2) $\int\frac{\mathrm{d}x}{1+x^4}$.

(3) $\int\frac{\mathrm{d}x}{1+\tan x}$. (4) $\int\frac{x^2}{\sqrt{1+x-x^2}}\mathrm{d}x$.

(5) $\int\frac{1}{x^2}\sqrt{\frac{1-x}{1+x}}\mathrm{d}x$. (6) $\int\frac{\sqrt{x}-2\sqrt[3]{x}-1}{\sqrt[4]{x}}\mathrm{d}x$.

(7) $\int\frac{\mathrm{d}x}{x\sqrt{x^2-1}}$. (8) $\int\frac{\arcsin x}{x^2}\mathrm{d}x$.

(9) $\int\frac{\mathrm{d}x}{\sqrt{\sin x\cos^7 x}}$. (10) $\int\frac{\sqrt[3]{1+\sqrt[4]{x}}}{\sqrt{x}}\mathrm{d}x$.

(11) $\int\frac{\mathrm{d}x}{\sqrt[4]{1+x^4}}$.

解 (1)

$$\int\frac{x^3}{x-1}\mathrm{d}x=\int\Big(\frac{x^3-1}{x-1}+\frac{1}{x-1}\Big)\mathrm{d}x=\int(x^2+x+1)\mathrm{d}x+\int\frac{\mathrm{d}x}{x-1}$$

$$=\frac{1}{3}x^3+\frac{1}{2}x^2+x+\ln|x-1|+c.$$

(2) 由

$$\begin{aligned}x^4+1=&(x^2)^2+1+2x^2-2x^2=(x^2+1)^2-2x^2\\=&(x^2+1+\sqrt{2}x)(x^2+1-\sqrt{2}x),\end{aligned}$$

易知

$$\frac{1}{1+x^4}=\frac{\frac{\sqrt{2}}{4}x+\frac{1}{2}}{x^2+\sqrt{2}x+1}+\frac{-\frac{\sqrt{2}}{4}x+\frac{1}{2}}{x^2-\sqrt{2}x+1},$$

所以

$$\begin{aligned}\int\frac{\mathrm{d}x}{1+x^4}=&\frac{\sqrt{2}}{8}\int\left(\frac{2x+\sqrt{2}}{x^2+\sqrt{2}x+1}-\frac{2x-\sqrt{2}}{x^2-\sqrt{2}x+1}\right)\mathrm{d}x\\&+\frac{1}{4}\int\left(\frac{1}{\left(x+\frac{\sqrt{2}}{2}\right)^2+\left(\frac{\sqrt{2}}{2}\right)^2}+\frac{1}{\left(x-\frac{\sqrt{2}}{2}\right)^2+\left(\frac{\sqrt{2}}{2}\right)^2}\right)\mathrm{d}x\\=&\frac{\sqrt{2}}{8}\ln\frac{x^2+\sqrt{2}x+1}{x^2-\sqrt{2}x+1}+\frac{\sqrt{2}}{4}\big(\arctan(\sqrt{2}x+1)+\arctan(\sqrt{2}x-1)\big)+c.\end{aligned}$$

(3)

$$\begin{aligned}\int\frac{\mathrm{d}x}{1+\tan x}\xlongequal{t=\tan x}&\int\frac{\mathrm{d}t}{(1+t)(1+t^2)}=\frac{1}{2}\int\left(\frac{1}{1+t}-\frac{t-1}{1+t^2}\right)\mathrm{d}t\\=&\frac{1}{2}\int\frac{\mathrm{d}t}{1+t}-\frac{1}{4}\int\frac{2t}{1+t^2}\mathrm{d}t+\frac{1}{2}\int\frac{\mathrm{d}t}{1+t^2}\\=&\frac{1}{2}\ln|1+t|-\frac{1}{4}\ln(1+t^2)+\frac{1}{2}\arctan t+c\\=&\frac{1}{4}\ln\frac{(1+t)^2}{1+t^2}+\frac{1}{2}\arctan t+c\\=&\frac{1}{4}\ln\frac{(1+\tan x)^2}{1+\tan^2 x}+\frac{1}{2}x+c\\=&\frac{1}{2}\ln|\sin x+\cos x|+\frac{x}{2}+c.\end{aligned}$$

(4)

$$\begin{aligned}\int\frac{x^2}{\sqrt{1+x-x^2}}\mathrm{d}x=&\int\frac{x^2}{\sqrt{\frac{5}{4}-\left(x-\frac{1}{2}\right)^2}}\mathrm{d}x\\&\xlongequal[t\in(-\frac{\pi}{2},\frac{\pi}{2})]{x-\frac{1}{2}=\frac{\sqrt{5}}{2}\sin t}\int\left(\frac{1}{2}+\frac{\sqrt{5}}{2}\sin t\right)^2\mathrm{d}t\end{aligned}$$

$$
\begin{aligned}
&= \int\left(\frac{1}{4}+\frac{\sqrt{5}}{2}\sin t+\frac{5}{4}\sin^2 t\right)\mathrm{d}t \\
&= \frac{1}{4}t-\frac{\sqrt{5}}{2}\cos t+\frac{5}{8}t-\frac{5}{16}\sin 2t+c \\
&= \frac{7}{8}t-\frac{\sqrt{5}}{2}\cos t-\frac{5}{16}\sin 2t+c \\
&= \frac{7}{8}\arcsin\frac{2x-1}{\sqrt{5}}-\frac{2x+3}{4}\sqrt{1+x-x^2}+c.
\end{aligned}
$$

(5) 利用简单的不定积分表可知

$$
\int\frac{1}{1-t^2}\mathrm{d}t=\frac{1}{2}\ln\left|\frac{1+t}{1-t}\right|+c,
$$

所以

$$
\begin{aligned}
\int\frac{1}{x^2}\sqrt{\frac{1-x}{1+x}}\mathrm{d}x &\xlongequal{t=\sqrt{\frac{1-x}{1+x}}} \int\left(\frac{1+t^2}{1-t^2}\right)^2\cdot t\cdot\frac{-4t}{(1+t^2)^2}\mathrm{d}t \\
&= -4\int\frac{t^2}{(1-t^2)^2}\mathrm{d}t=2\int\frac{t}{(1-t^2)^2}\mathrm{d}(1-t^2) \\
&= -2\int t\mathrm{d}\left(\frac{1}{1-t^2}\right)=-2\left(\frac{t}{1-t^2}-\int\frac{\mathrm{d}t}{1-t^2}\right) \\
&= \frac{2t}{t^2-1}+2\int\frac{\mathrm{d}t}{1-t^2}=\frac{2t}{t^2-1}+\ln\left|\frac{1+t}{1-t}\right|+c \\
&= -\frac{\sqrt{1-x^2}}{x}+\ln\left|\frac{1+\sqrt{1-x^2}}{x}\right|+c.
\end{aligned}
$$

(6)

$$
\begin{aligned}
\int\frac{\sqrt{x}-2\sqrt[3]{x}-1}{\sqrt[4]{x}}\mathrm{d}x &\xlongequal{t=x^{\frac{1}{12}}} \int\frac{t^6-2t^4-1}{t^3}\cdot 12t^{11}\mathrm{d}t \\
&= 12\int(t^{14}-2t^{12}-t^8)\mathrm{d}t=\frac{4}{5}t^{15}-\frac{24}{13}t^{13}-\frac{4}{3}t^9+c \\
&= \frac{4}{5}x^{\frac{5}{4}}-\frac{24}{13}x^{\frac{13}{12}}-\frac{4}{3}x^{\frac{3}{4}}+c.
\end{aligned}
$$

(7)

$$
\int\frac{\mathrm{d}x}{x\sqrt{x^2-1}} \xlongequal[t\in(-\frac{\pi}{2},0)\cup(0,\frac{\pi}{2})]{x=\sec t\cdot\mathrm{sgn}t} \int\frac{\sec t\cdot\tan t\cdot\mathrm{sgn}t\mathrm{d}t}{\sec t\cdot\mathrm{sgn}t|\tan t|}
$$

$$
=\int\mathrm{sgn}t\mathrm{d}t=|t|+c=\arccos\frac{1}{|x|}+c=\frac{\pi}{2}-\arcsin\frac{1}{|x|}+c
$$

$$=\begin{cases}\arccos\dfrac{1}{x}+c=\dfrac{\pi}{2}-\arcsin\dfrac{1}{x}+c, & x>1,\\ \arccos\dfrac{-1}{x}+c=\dfrac{\pi}{2}+\arcsin\dfrac{1}{x}+c=\pi-\arccos\dfrac{1}{x}+c, & x<-1.\end{cases}$$

(8) 由习题 3(3) 可知

$$\begin{aligned}\int\frac{\arcsin x}{x^2}\mathrm{d}x&\xlongequal{t=\arcsin x}\int\frac{t\cos t}{\sin^2 t}\mathrm{d}t=\int\frac{t}{\sin^2 t}\mathrm{d}\sin t=-\int t\mathrm{d}\frac{1}{\sin t}\\&=-\frac{t}{\sin t}+\int\csc t\mathrm{d}t=-\frac{t}{\sin t}-\ln|\csc t+\cot t|+c\\&=-\frac{\arcsin x}{x}-\ln\left|\frac{1+\sqrt{1-x^2}}{x}\right|+c.\end{aligned}$$

(9) 设 $t=\tan x$, 则 $\sin x=\dfrac{t}{\sqrt{1+t^2}}$, $\cos x=\dfrac{1}{\sqrt{1+t^2}}$, 所以

$$\begin{aligned}\int\frac{\mathrm{d}x}{\sqrt{\sin x\cos^7 x}}&=\int\frac{\mathrm{d}t}{(1+t^2)\sqrt{\dfrac{t}{\sqrt{1+t^2}}\cdot\left(\dfrac{1}{\sqrt{1+t^2}}\right)^7}}\\&=\int\frac{\mathrm{d}t}{\dfrac{\sqrt{t}}{1+t^2}}=\int(t^{-\frac{1}{2}}+t^{\frac{3}{2}})\mathrm{d}t\\&=2t^{\frac{1}{2}}+\frac{2}{5}t^{\frac{5}{2}}+c=2\sqrt{\tan x}\left(1+\frac{1}{5}\tan^2 x\right)+c.\end{aligned}$$

(10) 设 $u=1+\sqrt[4]{x}$, 则 $x=(u-1)^4$, $\mathrm{d}x=4(u-1)^3\mathrm{d}u$, 所以

$$\begin{aligned}\int\frac{\sqrt[3]{1+\sqrt[4]{x}}}{\sqrt{x}}\mathrm{d}x&=4\int\frac{\sqrt[3]{u}(u-1)^3}{(u-1)^2}\mathrm{d}u\\&=4\int(u^{\frac{4}{3}}-u^{\frac{1}{3}})\mathrm{d}u=\frac{12}{7}u^{\frac{7}{3}}-3u^{\frac{4}{3}}+c\\&=\frac{12}{7}(1+\sqrt[4]{x})^{\frac{7}{3}}-3(1+\sqrt[4]{x})^{\frac{4}{3}}+c.\end{aligned}$$

(11) 设 $\dfrac{1}{x^4}+1=t^4$, $t>1$. 当 $x>0$ 时, 显然 $t=\dfrac{\sqrt[4]{1+x^4}}{x}$, $x=\dfrac{1}{\sqrt[4]{t^4-1}}$, $\mathrm{d}x=\dfrac{-t^3}{\sqrt[4]{(t^4-1)^5}}\mathrm{d}t$, 所以

$$\int\frac{\mathrm{d}x}{\sqrt[4]{1+x^4}}=\int\frac{\mathrm{d}x}{x\sqrt[4]{\dfrac{1}{x^4}+1}}=-\int\frac{\sqrt[4]{t^4-1}}{t}\cdot\frac{t^3}{\sqrt[4]{(t^4-1)^5}}\mathrm{d}t$$

$$\begin{aligned}
&= -\int \frac{t^2}{t^4-1}\mathrm{d}t = -\frac{1}{2}\int\left(\frac{1}{t^2-1}+\frac{1}{t^2+1}\right)\mathrm{d}t \\
&= -\frac{1}{2}\cdot\frac{1}{2}\int\left(\frac{1}{t-1}-\frac{1}{t+1}\right)\mathrm{d}t - \frac{1}{2}\int\frac{1}{t^2+1}\mathrm{d}t \\
&= \frac{1}{4}\ln\left|\frac{t+1}{t-1}\right| - \frac{1}{2}\arctan t + c \\
&= \frac{1}{4}\ln\left|\frac{\sqrt[4]{1+x^4}+x}{\sqrt[4]{1+x^4}-x}\right| - \frac{1}{2}\arctan\frac{\sqrt[4]{1+x^4}}{x} + c.
\end{aligned}$$

当 $x<0$ 时, 可得同样的结果, 因此我们有

$$\int\frac{\mathrm{d}x}{\sqrt[4]{1+x^4}} = \frac{1}{4}\ln\left|\frac{\sqrt[4]{1+x^4}+x}{\sqrt[4]{1+x^4}-x}\right| - \frac{1}{2}\arctan\frac{\sqrt[4]{1+x^4}}{x} + c.$$

□

7. 设欲求原函数

$$\int R(\cos x, \sin x)\mathrm{d}x,$$

其中 $R(u,v)=\dfrac{P(u,v)}{Q(u,v)}$ 是有理函数.

证明: (1) 若 $R(-u,v)=R(u,v)$, 则 $R(u,v)$ 形如 $R_1(u^2,v)$.

(2) 若 $R(-u,v)=-R(u,v)$, 则 $R(u,v)=R_2(u^2,v)u$, 且替换 $t=\sin x$ 把上述积分有理化.

(3) 若 $R(-u,-v)=R(u,v)$, 则 $R(u,v)=R_3\left(\dfrac{u}{v},v^2\right)$, 且替换 $t=\tan x$ 把上述积分有理化.

证 (1) 固定 v, 设 $P(u,v)=P_1+P_2$, $Q(u,v)=Q_1+Q_2$, 其中 P_1,Q_1 为 u 的偶数次幂的和, P_2,Q_2 为 u 的奇数次幂的和. 则由 $R(-u,v)=R(u,v)$ 可知 $\dfrac{P_1-P_2}{Q_1-Q_2}=\dfrac{P_1+P_2}{Q_1+Q_2}$, 所以有 $\dfrac{P_1}{Q_1}=\dfrac{P_2}{Q_2}=\dfrac{P_1+P_2}{Q_1+Q_2}=R$, 因此 $R(u,v)=\dfrac{P_1}{Q_1}=R_1(u^2,v)$, 其中 R_1 为有理函数.

(2) 设 $R^*(u,v)=\dfrac{R(u,v)}{u}$, 则有理函数

$$R^*(-u,v)=\frac{R(-u,v)}{-u}=\frac{-R(u,v)}{-u}=\frac{R(u,v)}{u}=R^*(u,v),$$

所以由 (1) 可知 $R^*(u,v)=R_2(u^2,v)$, 其中 R_2 为有理函数. 因此我们有 $R(u,v)=R^*(u,v)u=R_2(u^2,v)u$, 且

$$\int R(\cos x,\sin x)\mathrm{d}x=\int R_2(\cos^2 x,\sin x)\cos x\mathrm{d}x \xlongequal{t=\sin x} \int R_2(1-t^2,t)\mathrm{d}t.$$

(3) 记 $R(u,v)=R\left(\frac{u}{v}v,v\right)=:\widetilde{R}\left(\frac{u}{v},v\right)$, 所以

$$\widetilde{R}\left(\frac{u}{v},-v\right)=\widetilde{R}\left(\frac{-u}{-v},-v\right)=R(-u,-v)=R(u,v)=\widetilde{R}\left(\frac{u}{v},v\right).$$

类似于 (1), 我们有

$$\widetilde{R}\left(\frac{u}{v},v\right)=R_3\left(\frac{u}{v},v^2\right),$$

其中 R_3 为有理函数. 因此 $R(u,v)=R_3\left(\frac{u}{v},v^2\right)$, 且

$$\int R(\cos x,\sin x)\mathrm{d}x=\int R_3\left(\frac{1}{\tan x},\sin^2 x\right)\mathrm{d}x\xlongequal{t=\tan x}\int R_3\left(\frac{1}{t},\frac{t^2}{1+t^2}\right)\cdot\frac{1}{1+t^2}\mathrm{d}t.$$

□

8. $\int R(x,\sqrt{ax^2+bx+c})\mathrm{d}x$ 型积分:

(1) 验证: 经下列欧拉替换

$$t=\sqrt{ax^2+bx+c}\pm\sqrt{a}x,\quad 若a>0,$$

$$t=\sqrt{\frac{a(x-x_1)}{x-x_2}},\quad 若x_1,x_2是三项式ax^2+bx+c的实根,$$

积分

$$\int R(x,\sqrt{ax^2+bx+c})\mathrm{d}x$$

被化为有理函数的积分.

(2) 设 (x_0,y_0) 是曲线 $y^2=ax^2+bx+c$ 上的点, 而 t 是过点 (x_0,y_0) 与曲线在点 (x,y) 处相交的直线的斜率. 通过 (x_0,y_0) 和 t 来表示坐标 (x,y) 并把这些公式与欧拉替换联系起来.

(3) 由代数方程 $P(x,y)=0$ 确定的曲线, 如果能借助于有理函数 $x(t)$, $y(t)$ 用参数形式 $x=x(t)$, $y=y(t)$ 表示的话, 就叫做*有理曲线*. 证明: 若 $R(u,v)$ 是有理函数, $y(x)$ 是满足给出有理曲线的方程 $P(x,y)=0$ 的一个代数函数, 那么 $\int R(x,y(x))\mathrm{d}x$ 归结为有理函数的积分.

(4) 证明: 永远可以把积分 $\int R(x,\sqrt{ax^2+bx+c})\mathrm{d}x$ 归结为计算下列六种类型的积分:

$$\int P(x)\mathrm{d}x,\quad \int\frac{\mathrm{d}x}{(x-x_0)^k},\quad \int\frac{(Ax+B)\mathrm{d}x}{(x^2+px+q)^m},$$

$$\int\frac{P(x)\mathrm{d}x}{\sqrt{ax^2+bx+c}},\quad \int\frac{\mathrm{d}x}{(x-x_0)^k\sqrt{ax^2+bx+c}},\quad \int\frac{(Ax+B)\mathrm{d}x}{(x^2+px+q)^m\sqrt{ax^2+bx+c}},$$

其中 $P(x)$ 为实系数多项式, k,m 为正整数, x_0,a,b,c,A,B,p,q 为实常数且 $p^2-4q<0$.

证 (1) 当 $a>0$ 且 $t=\sqrt{ax^2+bx+c}\pm\sqrt{a}x$ 时, 显然

$$\sqrt{ax^2+bx+c}=t\mp\sqrt{a}x,$$

由此解得

$$x=\frac{t^2-c}{b\pm 2t\sqrt{a}},$$

因此

$$\sqrt{ax^2+bx+c}=t\mp\sqrt{a}\frac{t^2-c}{b\pm 2t\sqrt{a}}=\frac{\pm\sqrt{a}t^2+bt\pm\sqrt{a}c}{b\pm 2t\sqrt{a}},$$

从而

$$\begin{aligned}&\int R(x,\sqrt{ax^2+bx+c})\mathrm{d}x\\=&\int R\left(\frac{t^2-c}{b\pm 2t\sqrt{a}},\frac{\pm\sqrt{a}t^2+bt\pm\sqrt{a}c}{b\pm 2t\sqrt{a}}\right)\cdot\frac{2(\pm\sqrt{a}t^2+bt\pm\sqrt{a}c)}{(b\pm 2t\sqrt{a})^2}\mathrm{d}t.\end{aligned}$$

当 x_1,x_2 是三项式 ax^2+bx+c 的实根且 $t=\sqrt{\dfrac{a(x-x_1)}{x-x_2}}$ 时, 显然

$$t^2(x-x_2)=a(x-x_1),$$

由此解得

$$x=\frac{x_2t^2-ax_1}{t^2-a},$$

因此

$$x-x_2=\frac{x_2t^2-ax_1}{t^2-a}-x_2=\frac{x_2t^2-ax_1-x_2t^2+ax_2}{t^2-a}=\frac{a(x_2-x_1)}{t^2-a},$$

进而

$$ax^2+bx+c=a(x-x_1)(x-x_2)=t^2(x-x_2)^2=t^2\frac{a^2(x_2-x_1)^2}{(t^2-a)^2},$$

从而

$$\int R(x,\sqrt{ax^2+bx+c})\mathrm{d}x=\int R\left(\frac{x_2t^2-ax_1}{t^2-a},\frac{|a(x_2-x_1)|t}{|t^2-a|}\right)\cdot\frac{2a(x_1-x_2)t}{(t^2-a)^2}\mathrm{d}t.$$

(2) 一方面

$$y^2=(y_0+t(x-x_0))^2=t^2(x-x_0)^2+2y_0t(x-x_0)+y_0^2,$$

另一方面

$$y^2=ax^2+bx+c=a(x-x_0)^2+(2ax_0+b)(x-x_0)+ax_0^2+bx_0+c,$$

所以由 $y_0^2=ax_0^2+bx_0+c$ 可得

$$(t^2-a)(x-x_0)^2+(2y_0t-2ax_0-b)(x-x_0)=0,$$

由此解得

$$x=\frac{x_0t^2-2y_0t+ax_0+b}{t^2-a},$$

进而

$$y=y_0+t(x-x_0)=\frac{-y_0t^2+(2ax_0+b)t-ay_0}{t^2-a}.$$

当 $x_1,x_2=x_0$ 是三项式 ax^2+bx+c 的实根时, 显然 $y_0=0$ 且 $x_1+x_0=-\dfrac{b}{a}$, 从而

$$x=\frac{x_0t^2-2y_0t+ax_0+b}{t^2-a}=\frac{x_2t^2-ax_1}{t^2-a},$$

进而

$$t^2=\frac{a(x-x_1)}{x-x_2},$$

与上述欧拉替换一致.

(3) 由 $x=x(t),\ y(x)=y(x(t))=y(t)$ 可知

$$\int R(x,y(x))\mathrm{d}x \xlongequal[y=y(t)]{x=x(t)} \int R(x(t),y(t))x'(t)\mathrm{d}t=\int \widetilde{R}(t)\mathrm{d}t,$$

其中 $\widetilde{R}(t)$ 为关于 t 的有理函数.

(4) 记 $y(x)=\sqrt{ax^2+bx+c}$, 则

$$R(x,y)=\frac{\displaystyle\sum_{n=0}^{N_1}\left(\sum_{m=0}^{M_1}a_{m,n}y^m\right)x^n}{\displaystyle\sum_{n=0}^{N_2}\left(\sum_{m=0}^{M_2}b_{m,n}y^m\right)x^n}=\frac{\displaystyle y\sum_{n=0}^{N_1+M_1-1}a_n'x^n+\sum_{n=0}^{N_1+M_1}a_nx^n}{\displaystyle y\sum_{n=0}^{N_2+M_2-1}b_n'x^n+\sum_{n=0}^{N_2+M_2}b_nx^n}$$

$$\xlongequal[N=N_2+M_2]{\widetilde{N}=N_1+M_1}\frac{\displaystyle y\sum_{n=0}^{\widetilde{N}-1}a_n'x^n+\sum_{n=0}^{\widetilde{N}}a_nx^n}{\displaystyle y\sum_{n=0}^{N-1}b_n'x^n+\sum_{n=0}^{N}b_nx^n}$$

$$=\frac{\left(\displaystyle y\sum_{n=0}^{\widetilde{N}-1}a_n'x^n+\sum_{n=0}^{\widetilde{N}}a_nx^n\right)\left(\displaystyle y\sum_{n=0}^{N-1}b_n'x^n-\sum_{n=0}^{N}b_nx^n\right)}{\left(\displaystyle y\sum_{n=0}^{N-1}b_n'x^n\right)^2-\left(\displaystyle\sum_{n=0}^{N}b_nx^n\right)^2}$$

$$\xlongequal[K=2N]{L=\widetilde{N}+N}\frac{\displaystyle y\sum_{n=0}^{L-1}d_n'x^n+\sum_{n=0}^{L}d_nx^n}{\displaystyle\sum_{n=0}^{K}c_nx^n}=\frac{\displaystyle y^{-1}\sum_{n=0}^{L+1}d_n''x^n+\sum_{n=0}^{L}d_nx^n}{\displaystyle\sum_{n=0}^{K}c_nx^n}$$

$$=:y^{-1}\frac{P_1(x)}{Q(x)}+\frac{P_2(x)}{Q(x)}.$$

因此

$$R(x,y)=y^{-1}\left(q(x)+\sum_{j=1}^{l}\left(\sum_{k=1}^{k_j}\frac{a_{jk}'}{(x-x_j)^k}\right)+\sum_{j=1}^{i}\left(\sum_{k=1}^{m_j}\frac{b_{jk}'x+c_{jk}'}{(x^2+p_jx+q_j)^k}\right)\right)$$
$$+p(x)+\sum_{j=1}^{l}\left(\sum_{k=1}^{k_j}\frac{a_{jk}}{(x-x_j)^k}\right)+\sum_{j=1}^{i}\left(\sum_{k=1}^{m_j}\frac{b_{jk}x+c_{jk}}{(x^2+p_jx+q_j)^k}\right),$$

其中

$$Q(x)=(x-x_1)^{k_1}\cdots(x-x_l)^{k_l}(x^2+p_1x+q_1)^{m_1}\cdots(x^2+p_nx+q_n)^{m_i},$$

从而结论成立. □

9. 形如

$$\frac{\mathrm{d}y}{\mathrm{d}x}=\frac{f(x)}{g(y)}$$

的微分方程叫做分离变量的方程, 因为可以把它改写成

$$g(y)\mathrm{d}y=f(x)\mathrm{d}x,$$

这里变量 x 和 y 已被分开. 分开变量之后就可以分别计算原函数而解出方程:

$$\int g(y)\mathrm{d}y=\int f(x)\mathrm{d}x+c.$$

试解方程:

(1) $2x^3yy'+y^2=2$.

(2) $xyy'=\sqrt{1+x^2}$.

(3) $y'=\cos(y+x)$, 令 $u(x)=y(x)+x$.

(4) $x^2y'-\cos 2y=1$, 并挑出当 $x\to+\infty$ 时满足条件 $y(x)\to 0$ 的解.

解　(1) 由 $2x^3yy'+y^2=2$ 得

$$\frac{\mathrm{d}y}{\mathrm{d}x}=\frac{2-y^2}{y}\cdot\frac{1}{2x^3}.$$

显然 $y^2=2$ 是一个特解. 当 $y^2\neq 2$ 时, 我们有

$$\int\frac{y}{2-y^2}\mathrm{d}y=\int\frac{1}{2x^3}\mathrm{d}x,$$

所以

$$-\frac{1}{2}\ln|2-y^2|=-\frac{1}{4x^2}+c',$$

从而得解的表达式

$$y^2=2+c\mathrm{e}^{\frac{1}{2x^2}},\quad c\in\mathbb{R}.$$

(2) 由 $xyy'=\sqrt{1+x^2}$ 得

$$\frac{\mathrm{d}y}{\mathrm{d}x}=\frac{1}{y}\cdot\frac{\sqrt{1+x^2}}{x},$$

所以

$$\int y\mathrm{d}y=\int\frac{\sqrt{1+x^2}}{x}\mathrm{d}x.$$

由分部积分公式可知

$$\begin{aligned}\int\frac{\sqrt{1+x^2}}{x}\mathrm{d}x&=x\cdot\frac{\sqrt{1+x^2}}{x}-\int x\cdot\mathrm{d}\left(\frac{\sqrt{1+x^2}}{x}\right)\\&=\sqrt{1+x^2}+\int\frac{1}{x\sqrt{1+x^2}}\mathrm{d}x,\end{aligned}$$

而由习题 3(3) 可知

$$\int \frac{1}{x\sqrt{1+x^2}}\mathrm{d}x \xlongequal[0<|t|<\frac{\pi}{2}]{x=\tan t} \int \frac{1}{\tan t\cdot\sec t}\cdot\sec^2 t\mathrm{d}t$$

$$=\int \csc t\mathrm{d}t = -\ln|\csc t+\cot t| + c' = -\ln\left|\frac{1+\sqrt{1+x^2}}{x}\right| + c',$$

因此我们有

$$\frac{1}{2}y^2 = \sqrt{1+x^2} - \ln\left|\frac{1+\sqrt{1+x^2}}{x}\right| + c',$$

从而得解的表达式

$$y^2 = 2\sqrt{1+x^2} - \ln\left(\frac{1+\sqrt{1+x^2}}{x}\right)^2 + c,\quad c\in\mathbb{R}.$$

(3) 令 $u(x)=y(x)+x$, 则 $u'(x)=y'(x)+1=\cos(y+x)+1=\cos u+1$, 所以

$$\frac{\mathrm{d}u}{\mathrm{d}x} = \cos u + 1.$$

该方程显然我们有特解: $u=\pi+2k\pi$, $k\in\mathbb{Z}$, 从而得原方程的特解

$$y_0(x) = u(x) - x = -x + \pi + 2k\pi,\quad k\in\mathbb{Z}.$$

当 $\cos u+1\neq 0$ 时, 我们有

$$\int \frac{\mathrm{d}u}{\cos u+1} = \int \mathrm{d}x = x + c.$$

而

$$\int \frac{\mathrm{d}u}{\cos u+1} \xlongequal{t=\tan\frac{u}{2}} \int \frac{\frac{2\mathrm{d}t}{1+t^2}}{\frac{1-t^2}{1+t^2}+1} = \int \mathrm{d}t = t + c = \tan\frac{u}{2} + c',$$

因此我们有

$$\tan\frac{u}{2} = x + c,$$

所以

$$u = 2\arctan(x+c) + 2k\pi,\quad k\in\mathbb{Z},$$

进而得解的表达式

$$y = u - x = 2\arctan(x+c) - x + 2k\pi,\quad k\in\mathbb{Z},\ c\in\mathbb{R}$$

和特解

$$y = y_0(x) = u(x) - x = -x + \pi + 2k\pi, \quad k \in \mathbb{Z}.$$

(4) 由 $x^2y' - \cos 2y = 1$ 得

$$\frac{\mathrm{d}y}{\mathrm{d}x} = \frac{1+\cos 2y}{x^2}$$

显然我们有特解: $y = \dfrac{\pi}{2} + k\pi$, $k \in \mathbb{Z}$, 但不满足条件: 当 $x \to +\infty$ 时, $y(x) \to 0$.

当 $1 + \cos 2y \neq 0$ 时, 我们有

$$\int \frac{\mathrm{d}y}{1+\cos 2y} = \int \frac{\mathrm{d}x}{x^2},$$

而

$$\int \frac{\mathrm{d}y}{1+\cos 2y} = \int \frac{\mathrm{d}y}{2\cos^2 y} = \int \frac{\sec^2 y}{2}\mathrm{d}y = \frac{1}{2}\tan y + c',$$

所以我们有

$$\frac{1}{2}\tan y = -\frac{1}{x} + c, \quad c \in \mathbb{R}.$$

令 $x \to +\infty$, $y \to 0$, 得 $c = 0$, 所以得满足条件的唯一解

$$y = \arctan\frac{-2}{x} = -\arctan\frac{2}{x}.$$ □

5.2 定 积 分

5.2.1 积分定义和可积函数集的描述

&

5.2.2 积分的性质

一、知识点总结与补充

1. 黎曼积分的定义

$$\int_a^b f(x)\mathrm{d}x := \lim_{\lambda(P)\to 0}\sigma(f;P,\xi) = \lim_{\lambda(P)\to 0}\sum_{i=1}^n f(\xi_i)\Delta x_i.$$

注 $\displaystyle\int_a^a f(x)\mathrm{d}x = 0, \int_b^a f(x)\mathrm{d}x = -\int_a^b f(x)\mathrm{d}x.$

2. 黎曼可积的条件

(1) **柯西准则** $f \in \mathcal{R}[a,b]$ 的充要条件是: $\forall \varepsilon > 0$, $\exists \delta > 0$, 使对区间 $[a,b]$ 上的任何带标志点的分划 $(P',\xi'),(P'',\xi'')$, 只要 $\lambda(P') < \delta$ 和 $\lambda(P'') < \delta$, 就有

$$|\sigma(f;P',\xi') - \sigma(f;P'',\xi'')| < \varepsilon$$

或

$$\left|\sum_{i=1}^{n'} f(\xi_i')\Delta x_i' - \sum_{i=1}^{n''} f(\xi_i'')\Delta x_i''\right| < \varepsilon.$$

(2) 可积性的必要条件: $(f \in \mathcal{R}[a,b]) \Rightarrow (f$ 在 $[a,b]$ 上有界).

(3) **勒贝格定理** (判别法) $(f \in \mathcal{R}[a,b]) \Leftrightarrow (f$ 在 $[a,b]$ 上有界$)\wedge(f$ 在 $[a,b]$ 上几乎处处连续). 证明见下文例题 5.

(4) 可积性的充要条件:

• $(f \in \mathcal{R}[a,b]) \Leftrightarrow \lim\limits_{\lambda(P)\to 0} \sum\limits_{i=1}^{n} \omega(f;\Delta_i)\Delta x_i = 0.$

• 有界实函数 $f:[a,b]\to\mathbb{R}$ 在闭区间 $[a,b]$ 上黎曼可积的充分必要条件是极限

$$\underline{I} = \lim_{\lambda(P)\to 0} s(f;P), \quad \overline{I} = \lim_{\lambda(P)\to 0} S(f;P)$$

存在且相等. 这时, 它们的公共值

$$I\,(=\underline{I}=\overline{I}) = \int_a^b f(x)\mathrm{d}x.$$

注 1 上、下积分和 (达布和) 的基本性质

$$s(f;P) = \sum_{i=1}^{n} \inf_{x\in\Delta_i} f(x)\Delta x_i = \inf_{\xi}\sigma(f;P,\xi)$$

$$\leqslant \sigma(f;P,\xi) \leqslant S(f;P) = \sum_{i=1}^{n} \sup_{x\in\Delta_i} f(x)\Delta x_i = \sup_{\xi}\sigma(f;P,\xi).$$

注 2 下达布积分

$$\underline{I} = \lim_{\lambda(P)\to 0} s(f;P) = \sup_{P} s(f;P),$$

上达布积分

$$\overline{I} = \lim_{\lambda(P)\to 0} S(f;P) = \inf_{P} S(f;P),$$

参见 5.2.1 小节习题 5.

• $f \in \mathcal{R}[a,b]$, 当且仅当对于任何 $\varepsilon > 0$, 存在区间 $[a,b]$ 的分划 P 使

$$S(f;P) - s(f;P) = \sum_{i=1}^{n} \omega(f;\Delta_i)\Delta x_i < \varepsilon.$$

参见 5.2.1 小节习题 5.

• 有界函数 $f \in \mathcal{R}[a,b]$, 当且仅当对于任何 $\varepsilon, \eta > 0$, 存在区间 $[a,b]$ 的分划 P, 使振幅不小于 η 的子区间的长度之和小于 ε.

注　利用前一个充要条件很容易证明该结论.

(5) 常用的可积性的充分条件: 闭区间 $[a,b]$ 上的函数 f 若满足下列条件之一, 则其在该区间上可积.

• $f \in C[a,b]$;

• $[a,b]$ 上的有界函数 f 在该区间上至多有有限多个不连续点;

• f 是 $[a,b]$ 上的单调函数.

3. 黎曼积分的基本性质

(1) $\mathcal{R}[a,b]$ 是一个向量空间.

(2) 线性性: $\forall f, g \in \mathcal{R}[a,b]$, $\forall \alpha, \beta \in \mathbb{R}$, 成立

$$\int_a^b \big(\alpha f(x) + \beta g(x)\big)\mathrm{d}x = \alpha \int_a^b f(x)\mathrm{d}x + \beta \int_a^b g(x)\mathrm{d}x.$$

注　积分是可积函数向量空间上的线性泛函.

(3) 子区间可积性: $f \in \mathcal{R}[a,b] \Rightarrow f|_{[c,d]} \in \mathcal{R}[c,d]$, 如果 $[c,d] \subset [a,b]$.

(4) 积分区间可加性: $f \in \mathcal{R}[a,b] \Leftrightarrow \forall c \in (a,b)$, $f|_{[a,c]} \in \mathcal{R}[a,c], f|_{[c,b]} \in \mathcal{R}[c,b]$, 此时有

$$\int_a^b f(x)\mathrm{d}x = \int_a^c f(x)\mathrm{d}x + \int_c^b f(x)\mathrm{d}x.$$

注　积分区间可加性表明积分是定向区间的可加函数, 其定义为: 设每个由闭区间 $[a,b]$ 的点 α, β 组成的有序点对 (α, β) 对应于一个数 $I(\alpha, \beta)$, 而且对于任意三点 $\alpha, \beta, \gamma \in [a,b]$, 成立等式

$$I(\alpha, \gamma) = I(\alpha, \beta) + I(\beta, \gamma).$$

则函数 $I(\alpha, \beta)$ 就叫做在包含于闭区间 $[a,b]$ 中的区间上定义的定向区间的可加函数.

(5) 乘积可积性: $f, g \in \mathcal{R}[a,b] \Rightarrow (f \cdot g) \in \mathcal{R}[c,d]$.

(6) 积分不等式: 设 $f, g \in \mathcal{R}[a,b]$.

• 若 $f(x) \geqslant 0$, $\forall x \in [a,b]$, 则 $\displaystyle\int_a^b f(x)\mathrm{d}x \geqslant 0$.

• 若 $f(x) \leqslant g(x)$, $\forall x \in [a,b]$, 则 $\displaystyle\int_a^b f(x)\mathrm{d}x \leqslant \int_a^b g(x)\mathrm{d}x$.

• $|f| \in \mathcal{R}[a,b]$, 且 $\displaystyle\left|\int_a^b f(x)dx\right| \leqslant \int_a^b |f(x)|\mathrm{d}x \leqslant C(b-a)$, 其中 $|f(x)| \leqslant C$, $\forall x \in [a,b]$.

(7) 若 $f, g \in \mathcal{R}[a,b]$ 且几乎处处 $f = g$, 则 $\displaystyle\int_a^b f(x)\mathrm{d}x = \int_a^b g(x)\mathrm{d}x$.

注 参见 5.2.1 小节习题 4.

(8) 若 $f \in \mathcal{R}[a,b]$ 且仅在 $[a,b]$ 中的有限个点处 $g(x) \neq f(x)$, 则 $g \in \mathcal{R}[a,b]$ 且 $\displaystyle\int_a^b f(x)\mathrm{d}x = \int_a^b g(x)\mathrm{d}x$.

注 由上一条性质和勒贝格定理 (判别法) 直接即得结论. 不利用勒贝格定理的证明见下文例题 1.

(9) 设 $f : [a,b] \to \mathbb{R}$ 是区间 $[a,b]$ 上的可积函数, 它在区间 $[c,d]$ 中取值. 又设函数 $g : [c,d] \to \mathbb{R}$ 是连续的. 则复合函数 $g \circ f \in \mathcal{R}[a,b]$.

4. 零测度集的基本性质

(1) 定义: 称集合 $E \subset \mathbb{R}$(在勒贝格意义下) 有零测度或称它是一个零测度集, 如果 $\forall \varepsilon > 0$, 存在集合 E 的由最多可数个开区间组成的覆盖 $\{I_k\}$, 且这些区间的长度和 $\sum\limits_{k=1}^{\infty} |I_k|$ 不超过 ε.

(2) 一个点或有限多个点的集合是零测度集.

(3) 有限多个或可数多个零测度集的并是零测度集.

(4) 零测度集的子集本身也是零测度集.

(5) 当 $a < b$ 时, 区间 $[a,b]$ 不是零测度集.

(6) 数轴 $\mathbb{R}$ 上的全部有理点的集合 $\mathbb{Q}$ 是一个零测度集.

5. 特殊函数的黎曼积分

(1) 狄利克雷 (Dirichlet) 函数

$$\mathcal{D}(x) = \begin{cases} 1, & x \in \mathbb{Q}, \\ 0, & x \in \mathbb{R} \setminus \mathbb{Q} \end{cases}$$

在闭区间 $[0,1]$ 上不可积.

(2) 黎曼 (Riemann) 函数

$$\mathcal{R}(x) = \begin{cases} \dfrac{1}{n}, & x = \dfrac{m}{n} \in \mathbb{Q} \text{ 且 } \dfrac{m}{n} \text{ 是既约分数}, \\ 0, & x \in \mathbb{R} \setminus \mathbb{Q} \end{cases}$$

在任何区间 $[a,b] \subset \mathbb{R}$ 上是可积的且 $\displaystyle\int_a^b \mathcal{R}(x)\mathrm{d}x = 0$.

6. 变限积分

(1) 变上限积分: $F(x) = \displaystyle\int_a^x f(t)\mathrm{d}t,\ x \in [a,b]$.

(2) 变下限积分: $F(x)=\int_x^b f(t)\mathrm{d}t,\ x\in[a,b]$.

(3) 设 $f\in\mathcal{R}[a,b]$, 则变限积分 $F\in C[a,b]$.

7. 积分中值定理

(1) **积分第一中值定理** 设 $f,g\in\mathcal{R}[a,b], m=\inf\limits_{x\in[a,b]}f(x), M=\sup\limits_{x\in[a,b]}f(x)$. 如果函数 g 在区间 $[a,b]$ 上不变号, 则 $\exists\mu\in[m,M]$ 满足

$$\int_a^b(f\cdot g)(x)\mathrm{d}x=\mu\int_a^b g(x)\mathrm{d}x.$$

如果还有 $f\in C[a,b]$, 则 $\exists\xi\in(a,b)$ 使

$$\int_a^b(f\cdot g)(x)\mathrm{d}x=f(\xi)\int_a^b g(x)\mathrm{d}x.$$

注 广义加权平均

$$\frac{1}{\int_a^b g(x)\mathrm{d}x}\int_a^b f(x)g(x)\mathrm{d}x=\int_a^b f(x)\left(\frac{g(x)}{\int_a^b g(t)\mathrm{d}t}\right)\mathrm{d}x=f(\xi).$$

(2) **积分第二中值定理** (波内公式) 如果 $f,g\in\mathcal{R}[a,b]$, 且 g 在 $[a,b]$ 上单调, 则存在点 $\xi\in[a,b]$ 使

$$\int_a^b(f\cdot g)(x)\mathrm{d}x=g(a)\int_a^\xi f(x)\mathrm{d}x+g(b)\int_\xi^b f(x)\mathrm{d}x.$$

(3) **引理** 如果 $f,g\in\mathcal{R}[a,b]$, 而 g 在 $[a,b]$ 上非负, 不增, 则存在 $\xi\in[a,b]$ 使

$$\int_a^b(f\cdot g)(x)\mathrm{d}x=g(a)\int_a^\xi f(x)\mathrm{d}x.$$

(4) **引理** 如果 $f,g\in\mathcal{R}[a,b]$, 而 g 在 $[a,b]$ 上非负, 不减, 则存在 $\eta\in[a,b]$ 使

$$\int_a^b(f\cdot g)(x)\mathrm{d}x=g(b)\int_\eta^b f(x)\mathrm{d}x.$$

二、例题讲解

1. 证明: 若 $f\in\mathcal{R}[a,b]$ 且仅在 $[a,b]$ 中的有限个点处 $g(x)\neq f(x)$, 则 $g\in\mathcal{R}[a,b]$ 且 $\int_a^b f(x)\mathrm{d}x=\int_a^b g(x)\mathrm{d}x$.

证 我们利用可积定义证明. 不妨设仅有 $g(b) \neq f(b)$. 记 $I := \int_a^b f(x)\mathrm{d}x$. 因为 $f \in \mathcal{R}[a,b]$, 所以 $\forall \varepsilon > 0$, $\exists \delta_1 > 0$ 使得, 对 $[a,b]$ 的任何带标志点的分划 (P,ξ), 只要其参数 $\lambda(P) < \delta_1$, 就有

$$\left|\sum_{i=1}^n f(\xi_i)\Delta x_i - I\right| < \frac{\varepsilon}{2}.$$

因此

$$\begin{aligned}\left|\sum_{i=1}^n g(\xi_i)\Delta x_i - I\right| &\leqslant \left|\sum_{i=1}^n g(\xi_i)\Delta x_i - \sum_{i=1}^n f(\xi_i)\Delta x_i\right| + \left|\sum_{i=1}^n f(\xi_i)\Delta x_i - I\right| \\ &< \sum_{i=1}^n |g(\xi_i) - f(\xi_i)| \cdot \lambda(P) + \frac{\varepsilon}{2} \\ &= |g(\xi_n) - f(\xi_n)| \cdot \lambda(P) + \frac{\varepsilon}{2} \\ &\leqslant |g(b) - f(b)| \cdot \lambda(P) + \frac{\varepsilon}{2}.\end{aligned}$$

令

$$\delta = \min\left\{\delta_1, \frac{\varepsilon}{2|g(b) - f(b)|}\right\},$$

则当 $\lambda(P) < \delta$ 时,

$$\left|\sum_{i=1}^n g(\xi_i)\Delta x_i - I\right| < \frac{\varepsilon}{2} + \frac{\varepsilon}{2} = \varepsilon,$$

故 $g \in \mathcal{R}[a,b]$ 且 $\int_a^b f(x)\mathrm{d}x = \int_a^b g(x)\mathrm{d}x$. □

2. 证明:

$$\lim_{n\to+\infty} \int_0^{\frac{\pi}{2}} \mathrm{e}^x \cos^n x\mathrm{d}x = 0.$$

证 令 $F_n(x) := \int_0^x \mathrm{e}^t \cos^n t\mathrm{d}t$, $x \in \left[0, \frac{\pi}{2}\right]$, 则由《讲义》5.2.2 小节引理 3 可知, $F_n(x) \in C\left[0, \frac{\pi}{2}\right]$. 又因为 $F_n(0) = 0$, 所以 $\forall \varepsilon > 0$, $\exists \delta \in \left(0, \frac{\pi}{4}\right)$ 使得

$$0 \leqslant F_n(\delta) = \int_0^\delta \mathrm{e}^t \cos^n t\mathrm{d}t < \frac{\varepsilon}{2}.$$

此外, 我们还有

$$0 \leqslant \int_\delta^{\frac{\pi}{2}} \mathrm{e}^t \cos^n t\mathrm{d}t \leqslant \mathrm{e}^{\frac{\pi}{2}}(\cos\delta)^n \int_0^{\frac{\pi}{2}} 1\mathrm{d}t = \frac{\pi}{2}\mathrm{e}^{\frac{\pi}{2}}(\cos\delta)^n.$$

又显然 $\lim\limits_{n\to\infty}(\cos\delta)^n=0$, 所以 $\exists N\in\mathbb{N}$ 使得, $\forall n>N$, $(\cos\delta)^n<\dfrac{\varepsilon}{\pi \mathrm{e}^{\frac{\pi}{2}}}$, 因此

$$0\leqslant\int_\delta^{\frac{\pi}{2}}\mathrm{e}^t\cos^n t\mathrm{d}t<\frac{\varepsilon}{2},$$

故

$$0\leqslant\int_0^{\frac{\pi}{2}}\mathrm{e}^x\cos^n x\mathrm{d}x=\int_0^\delta\mathrm{e}^t\cos^n t\mathrm{d}t+\int_\delta^{\frac{\pi}{2}}\mathrm{e}^t\cos^n t\mathrm{d}t<\frac{\varepsilon}{2}+\frac{\varepsilon}{2}=\varepsilon,$$

从而结论成立. □

3. **黎曼引理** 证明: 若 $f\in\mathcal{R}[a,b]$, 则

$$\lim_{\lambda\to\infty}\int_a^b f(x)\sin\lambda x\mathrm{d}x=\lim_{k\to\infty}\int_a^b f(x)\cos\lambda x\mathrm{d}x=0.$$

证 只证 $\lim\limits_{\lambda\to\infty}\int_a^b f(x)\sin\lambda x\mathrm{d}x=0$. 因为 $f\in\mathcal{R}[a,b]$, 所以由《讲义》5.2.1 小节命题 2′ 可知, $\forall\varepsilon>0$, 存在 $[a,b]$ 的分划 P 使得

$$\sum_{i=1}^n\omega(f;\Delta_i)\Delta x_i<\frac{\varepsilon}{2}.$$

记 $m_i=\inf\limits_{x\in\Delta_i}f(x)$, $i=1,\cdots,n$. 因为

$$\begin{aligned}&\left|\int_a^b f(x)\sin\lambda x\mathrm{d}x\right|=\left|\sum_{i=1}^n\int_{x_{i-1}}^{x_i}f(x)\sin\lambda x\mathrm{d}x\right|\\ \leqslant&\sum_{i=1}^n\int_{x_{i-1}}^{x_i}|f(x)-m_i|\cdot|\sin\lambda x|\mathrm{d}x+\sum_{i=1}^n\left|\int_{x_{i-1}}^{x_i}m_i\sin\lambda x\mathrm{d}x\right|\\ \leqslant&\sum_{i=1}^n\omega(f;\Delta_i)\Delta x_i+\sum_{i=1}^n|m_i|\cdot\left|\frac{\cos\lambda x_{i-1}-\cos\lambda x_i}{\lambda}\right|\\ <&\frac{\varepsilon}{2}+\frac{2}{|\lambda|}\sum_{i=1}^n|m_i|,\end{aligned}$$

所以当 $|\lambda|>\dfrac{4\sum\limits_{i=1}^n|m_i|}{\varepsilon}$ 时,

$$\left|\int_a^b f(x)\sin\lambda x\mathrm{d}x\right|<\frac{\varepsilon}{2}+\frac{\varepsilon}{2}=\varepsilon,$$

从而结论成立. □

4. 证明: 若 $f\in C[0,2\pi]$, 则

$$\lim_{n\to\infty}\int_0^{2\pi} f(x)|\sin nx|\mathrm{d}x=\frac{2}{\pi}\int_0^{2\pi} f(x)\mathrm{d}x.$$

证 由积分第一中值定理可知, $\forall k\in\{1,\cdots,n\}$, $\exists\xi_k\in\left[\dfrac{2(k-1)\pi}{n},\dfrac{2k\pi}{n}\right]$ 使得

$$\begin{aligned}\int_0^{2\pi} f(x)|\sin nx|\mathrm{d}x&=\sum_{k=1}^{n}\int_{\frac{2(k-1)\pi}{n}}^{\frac{2k\pi}{n}} f(x)|\sin nx|\mathrm{d}x=\sum_{k=1}^{n} f(\xi_k)\int_{\frac{2(k-1)\pi}{n}}^{\frac{2k\pi}{n}}|\sin nx|\mathrm{d}x\\&=\sum_{k=1}^{n} f(\xi_k)\frac{1}{n}\int_0^{2\pi}|\sin t|\mathrm{d}t=\sum_{k=1}^{n} f(\xi_k)\frac{4}{n}=\frac{2}{\pi}\sum_{k=1}^{n} f(\xi_k)\frac{2\pi}{n},\end{aligned}$$

而显然

$$\int_0^{2\pi} f(x)\mathrm{d}x=\lim_{n\to\infty}\sum_{k=1}^{n} f(\xi_k)\frac{2\pi}{n},$$

所以

$$\lim_{n\to\infty}\int_0^{2\pi} f(x)|\sin nx|\mathrm{d}x=\frac{2}{\pi}\int_0^{2\pi} f(x)\mathrm{d}x.$$ □

5. **勒贝格定理** 证明: $(f\in\mathcal{R}[a,b])\Leftrightarrow(f$在$[a,b]$上有界$)\wedge(f$在$[a,b]$ 上几乎处处连续).

证 我们的证明要用到如下的可积的充要条件: 有界函数 $f\in\mathcal{R}[a,b]$, 当且仅当对于任何 $\varepsilon,\eta>0$, 存在区间 $[a,b]$ 的分划 P, 使振幅不小于 η 的子区间的长度之和小于 ε.

一方面, 设 f 在 $[a,b]$ 上有界且几乎处处连续, 则其不连续点集 $I\subset[a,b]$ 为零测度集, 从而 $\forall\varepsilon>0$, 存在 I 的由最多可数个开区间组成的覆盖 $\{I_k\}$, 且这些区间的长度和 $\sum\limits_{k=1}^{\infty}|I_k|$ 不超过 ε. 另一方面, $\forall\eta>0$, $\forall x_0\in[a,b]\backslash I=:J$, 因为 f 在 x_0 连续, 所以显然存在邻域 $U(x_0)$, 使得 $\omega(f;U(x_0))<\eta$. 因此我们得到 $[a,b]$ 的一个开覆盖 $\{I_k\}\cup\{U(x)\}_{x\in J}=:\mathcal{O}$, 从而由 1.3 节例题 2(勒贝格引理) 可知, 存在 $\delta>0$, 使得 $\forall x',x''\in[a,b]$ 满足 $|x'-x''|<\delta$, 存在 $\mathcal{O}_\alpha\in\mathcal{O}$ 使得 $x',x''\in\mathcal{O}_\alpha$. 对区间 $[a,b]$ 做等距分划 P 使 $\lambda(P)=\max\limits_{1\leqslant i\leqslant n}\Delta x_i<\delta$, 则 $\forall i\in\{1,\cdots,n\}$, $\exists\mathcal{O}_i\in\mathcal{O}$ 使得 $\Delta_i\subset\mathcal{O}_i$. 因此由开覆盖 $\mathcal{O}$ 的构造和上边的可积的充要条件可知, $f\in\mathcal{R}[a,b]$.

现在, 设 $f\in\mathcal{R}[a,b]$, 由可积的必要条件可知 f 在 $[a,b]$ 上有界, 再由上边的可积的充要条件还可知, $\forall\varepsilon,\eta>0$, 存在区间 $[a,b]$ 的分划 P, 使振幅不小于 η 的子区间的长度之和小于 ε. 记 $I_\eta=\{x\in[a,b]:\omega(f,x)\geqslant\eta\}$, 则 $\forall x\in I_\eta$, 或者 x 落在振幅不小于 η 的子区间内部, 或者 x 是分划 P 的某分点, 而这样的 (有限个)

分点组成的集合显然可用有限个长度任意小的开区间覆盖, 进而 I_η 可用总长度小于 ε 的有限个开区间覆盖, 因此 I_η 为零测度集. 而 f 的不连续点集 $I=\bigcup_{m=1}^{\infty} I_{\frac{1}{2^m}}$, 因此由《讲义》5.2.1 小节引理 2 可知 I 仍为零测度集, 即 f 在 $[a,b]$ 上几乎处处连续. □

6. 假设 f 在 $[a,b]$ 上连续, 并且 $\int_a^b f(x)\mathrm{d}x=\int_a^b xf(x)\mathrm{d}x=0$. 证明: 存在 $x_1,x_2\in(a,b)$, $x_1\neq x_2$ 使得 $f(x_1)=f(x_2)=0$.

证 由 $\int_a^b f(x)\mathrm{d}x=0$ 和积分第一中值定理可知, $\exists x_1\in(a,b)$, 使得 $f(x_1)=0$. 假设 f 在 (a,b) 内只有这一个零点, 那么 f 在 (a,x_1) 和 (x_1,b) 上不变号, 于是

$$\int_a^{x_1} f(x)\mathrm{d}x=\int_a^b f(x)\mathrm{d}x-\int_{x_1}^b f(x)\mathrm{d}x=-\int_{x_1}^b f(x)\mathrm{d}x\neq 0,$$

进而再次由积分第一中值定理可知, $\exists\xi_1\in(a,x_1),\xi_2\in(x_1,b)$ 使得

$$\begin{aligned}\int_a^b xf(x)\mathrm{d}x&=\int_a^{x_1} xf(x)\mathrm{d}x+\int_{x_1}^b xf(x)\mathrm{d}x\\&=\xi_1\int_a^{x_1} f(x)\mathrm{d}x+\xi_2\int_{x_1}^b f(x)\mathrm{d}x=(\xi_2-\xi_1)\int_{x_1}^b f(x)\mathrm{d}x\neq 0,\end{aligned}$$

从而与条件 $\int_a^b xf(x)\mathrm{d}x=0$ 矛盾, 因此结论成立. □

7. 假设 f 在 $\left[0,\frac{\pi}{2}\right]$ 上连续, 在 $\left(0,\frac{\pi}{2}\right)$ 内可微, 并且 $\int_0^{\frac{\pi}{2}}\cos^2 xf(x)\mathrm{d}x=0$. 证明: $\exists\xi\in\left(0,\frac{\pi}{2}\right)$, 使得 $f'(\xi)=2f(\xi)\tan\xi$.

证 令 $\phi(x)=\cos^2 xf(x)$, 由 $\int_0^{\frac{\pi}{2}}\phi(x)\mathrm{d}x=0$ 和积分第一中值定理可知, $\exists x_0\in\left(0,\frac{\pi}{2}\right)$, 使得 $\phi(x_0)=\cos^2 x_0f(x_0)=0$, 即 $f(x_0)=0$. 再由 ϕ 在 $\left[0,\frac{\pi}{2}\right]$ 上连续, 在 $\left(0,\frac{\pi}{2}\right)$ 内可微, 及 $\phi(x_0)=\phi\left(\frac{\pi}{2}\right)=0$, 根据拉格朗日中值定理可知, $\exists\xi\in\left(x_0,\frac{\pi}{2}\right)$, 使得

$$\phi'(\xi)=-2\sin\xi\cos\xi f(\xi)+\cos^2\xi f'(\xi)=0,$$

即 $f'(\xi)=2f(\xi)\tan\xi$. □

三、习题参考解答 (5.2.1 小节)

1. 试证: 如果 $f,g\in\mathcal{R}[a,b]$ 且 f,g 是实的, 则 $\max\{f,g\}\in\mathcal{R}[a,b]$, $\min\{f,g\}\in\mathcal{R}[a,b]$.

证　因为 $f, g \in \mathcal{R}[a,b]$, 所以由《讲义》5.2.1 小节命题 4 可知 $f+g, |f-g| \in \mathcal{R}[a,b]$, 进而

$$\max\{f,g\} = \frac{f+g+|f-g|}{2}, \quad \min\{f,g\} = \frac{f+g-|f-g|}{2} \in \mathcal{R}[a,b]. \qquad \square$$

2. 设 f 在 $[a,b]$ 上有界, $\{a_n\} \subset [a,b]$, $\lim\limits_{n\to\infty} a_n = c$. 证明: 若 f 在 $[a,b]$ 上只有 $a_n(n=1,2,\cdots)$ 为其间断点, 则 f 在 $[a,b]$ 上可积.

证 1　因为可数点集 $\{a_n : n \in \mathbb{N}\}$ 为零测度集, 所以由勒贝格判别法可知 f 在 $[a,b]$ 上可积.

证 2　下面给出不利用勒贝格判别法的证明. 不妨设 $c=b$, 因为 f 在 $[a,b]$ 上有界, 所以 $\exists M>0$ 使得, $\forall x \in [a,b]$, $|f(x)| \leqslant M$. 又因为 $\lim\limits_{n\to\infty} a_n = b$, 所以 $\forall \varepsilon > 0$, $\exists N \in \mathbb{N}$ 使得 $\forall n > N$, $a_n \in (b-\delta_1, b]$, 这里 $\delta_1 = \min\left\{\dfrac{\varepsilon}{8M}, \dfrac{b-a}{4}\right\} > 0$. 这就说明了 f 在闭区间 $[a, b-\delta_1]$ 上至多有有限个 (N 个) 间断点, 因此由《讲义》5.2.1 小节命题 2 之推论 1 可知 $f \in \mathcal{R}[a, b-\delta_1]$, 故再由命题 $2'$ 可知 $\exists \delta_2 > 0$, 使得对 $[a, b-\delta_1]$ 的任何参数 $\lambda(P') < \delta_2$ 的分划 P' 总有

$$\sum_{P'} \omega(f|_{[a,b-\delta_1]}; \Delta_i)\Delta x_i < \frac{\varepsilon}{2}.$$

令 $\delta := \min\{\delta_1, \delta_2\}$, 则 $\delta > 0$. 对 $[a,b]$ 的任何参数 $\lambda(P) < \delta$ 的分划 P, 显然 $\widetilde{P} = P \cup \{b-\delta_1\}$ 满足 $\lambda(\widetilde{P}) < \delta$, 且 $\widetilde{P} \cap [a, b-\delta_1] =: P'$ 构成 $[a, b-\delta_1]$ 的满足参数小于 δ_2 的分划. 因此

$$\begin{aligned}
\sum_{P} \omega(f;\Delta_i)\Delta x_i &= \sum_{\Delta_i \subset [a,b-\delta_1]} \omega(f;\Delta_i)\Delta x_i + \sum_{\Delta_i \not\subset [a,b-\delta_1]} \omega(f;\Delta_i)\Delta x_i \\
&\leqslant \sum_{P'} \omega(f|_{[a,b-\delta_1]};\Delta_i)\Delta x_i + \omega(f;[b-\delta_1-\delta, b])(\delta_1+\delta) < \frac{\varepsilon}{2} + 2M \cdot \frac{2\varepsilon}{8M} = \varepsilon,
\end{aligned}$$

从而 $f \in \mathcal{R}[a,b]$.

注　利用习题 5(6) 可简化证 2 后边部分的证明. $\square$

3. 设函数 f 在 $[a,b]$ 上有定义, 且对于任给的 $\varepsilon > 0$, 存在 $[a,b]$ 上的可积函数 g, 使得

$$|f(x) - g(x)| < \varepsilon, \quad x \in [a,b].$$

证明: f 在 $[a,b]$ 上可积.

证　$\forall \varepsilon > 0$, 由条件, 存在 $[a,b]$ 上的可积函数 g, 使得

$$|f(x) - g(x)| < \varepsilon, \quad x \in [a,b]. \tag{$*$}$$

由 g 的可积性可知, $\exists\delta>0$, 使得对 $[a,b]$ 的参数 $\lambda(P)<\delta$ 的分划 P 总成立

$$\sum_{i=1}^{n}\omega(g;\Delta_i)\Delta x_i<\varepsilon.$$

$\forall i=1,\cdots,n$, 当 $\forall x',x''\in\Delta_i$ 时, 由 $(*)$ 式我们有

$$\begin{aligned}|f(x')-f(x'')|&\leqslant|f(x')-g(x')|+|f(x'')-g(x'')|+|g(x')-g(x'')|\\&<\varepsilon+\varepsilon+\omega(g;\Delta_i),\end{aligned}$$

进而

$$\omega(f;\Delta_i)=\sup_{x',x''\in\Delta_i}|f(x')-f(x'')|\leqslant 2\varepsilon+\omega(g;\Delta_i),$$

因此

$$\sum_{i=1}^{n}\omega(f;\Delta_i)\Delta x_i<2(b-a)\varepsilon+\varepsilon=(2(b-a)+1)\varepsilon.$$

故 f 在 $[a,b]$ 上可积. □

4. 试证: (1) 如果 $f,g\in\mathcal{R}[a,b]$, 在 $[a,b]$ 上几乎处处有 $f(x)=g(x)$, 则

$$\int_a^b f(x)\mathrm{d}x=\int_a^b g(x)\mathrm{d}x.$$

(2) 如果 $f\in\mathcal{R}[a,b]$, 在 $[a,b]$ 上几乎处处有 $f(x)=g(x)$, 则甚至当 g 在 $[a,b]$ 上定义且有界时, 它也可能是黎曼不可积的.

证 (1) 令 $h(x)=f(x)-g(x)$, 则显然 $h\in\mathcal{R}[a,b]$ 且 $\int_a^b h(x)\mathrm{d}x=\int_a^b f(x)\mathrm{d}x-\int_a^b g(x)\mathrm{d}x$. 假设 $\int_a^b h(x)\mathrm{d}x\neq 0$. 若 $\int_a^b h(x)\mathrm{d}x>0$, 我们断言, 存在 $[\alpha,\beta]\subset[a,b]$ 使得 $h(x)>0$, $\forall x\in[\alpha,\beta]$. 否则, 在任何 $[\alpha,\beta]\subset[a,b]$ 上都至少有一点 $f(\xi)\leqslant 0$, 则与之相对应的积分和都可以非正, 于是极限亦为非正, 即 $\int_a^b h(x)\mathrm{d}x\leqslant 0$, 矛盾, 故上述断言成立. 而此断言又与在 $[a,b]$ 上几乎处处有 $f(x)=g(x)$ 矛盾, 故 $\int_a^b h(x)\mathrm{d}x>0$ 是不成立的. 同理可证 $\int_a^b h(x)\mathrm{d}x<0$ 也是不成立的, 故我们有 $\int_a^b h(x)\mathrm{d}x=0$, 即 $\int_a^b f(x)\mathrm{d}x=\int_a^b g(x)\mathrm{d}x$.

(2) 只需考虑 $[a,b]=[0,1]$, 黎曼函数 $f=\mathcal{R}(x)$, 狄利克雷函数 $g(x)=\mathcal{D}(x)$ 即可. □

5. 达布定理

(1) 设 $s(f;P)$ 和 $S(f;P)$ 是在闭区间 $[a,b]$ 上定义的有界实值函数对应于这个区间的分划 P 的下达布和及上达布和. 试证: 对于闭区间 $[a,b]$ 的任两个分划

P_1, P_2, 成立

$$s(f;P_1) \leqslant S(f;P_2).$$

(2) 设分划 $\tilde{P}$ 是闭区间 $[a,b]$ 的分划 P 的开拓, 而 $\Delta_{i_1},\cdots,\Delta_{i_k}$ 是分划 P 的那样一些区间, 它们包含着属于分划 $\tilde{P}$ 但不属于分划 P 的点. 试证: 成立如下估计:

$$0 \leqslant S(f;P) - S(f;\tilde{P}) \leqslant \omega(f;[a,b])(\Delta x_{i_1} + \cdots + \Delta x_{i_k}),$$

$$0 \leqslant s(f;\tilde{P}) - s(f;P) \leqslant \omega(f;[a,b])(\Delta x_{i_1} + \cdots + \Delta x_{i_k}).$$

(3) $\underline{I} = \sup\limits_P s(f;P)$, $\overline{I} = \inf\limits_P S(f;P)$ 分别叫做函数 f 在闭区间 $[a,b]$ 上的下达布积分及上达布积分. 试证: $\underline{I} \leqslant \overline{I}$.

(4) 试证达布定理

$$\underline{I} = \lim_{\lambda(P)\to 0} s(f;P); \quad \overline{I} = \lim_{\lambda(P)\to 0} S(f;P).$$

(5) 试证: $(f \in \mathcal{R}[a,b]) \Leftrightarrow (\underline{I} = \overline{I})$(达布判别法).

(6) 试证: $f \in \mathcal{R}[a,b]$, 当且仅当对于任何 $\varepsilon > 0$ 存在区间 $[a,b]$ 的分划 P 使 $S(f;P) - s(f;P) < \varepsilon$.

证 (1) 设 $P = P_1 \cup P_2$, 易知

$$s(f;P_1) \leqslant s(f;P) \leqslant S(f;P) \leqslant S(f;P_2).$$

(2) 只证第一个不等式, 第二个类似.

$$0 \leqslant S(f;P) - S(f;\tilde{P}) = \sum_{j=1}^{k}\left(M_{i_j}\Delta x_{i_j} - \sum_{m=1}^{m_j} M_{i_{jm}}\Delta x_{i_{jm}}\right)$$

$$= \sum_{j=1}^{k}\sum_{m=1}^{m_j}(M_{i_j} - M_{i_{jm}})\Delta x_{i_{jm}} \leqslant \omega(f;[a,b])(\Delta x_{i_1} + \cdots + \Delta x_{i_k}).$$

(3) 由 (1) 可知 $\underline{I} = \sup\limits_P s(f;P)$ 及 $\overline{I} = \inf\limits_P S(f;P)$ 都存在且 $\underline{I} \leqslant \overline{I}$.

(4) 只证 $\overline{I} = \lim\limits_{\lambda(P)\to 0} S(f;P)$. $\forall \varepsilon > 0$, 由 (3) 可知, 存在某分划 P'(n 个小区间), 使得

$$S(f;P') < \overline{I} + \frac{\varepsilon}{2}. \qquad (*)$$

又对 $[a,b]$ 的任意分划 P, 由 (2) 可知

$$S(f;P) \leqslant S(f;P \cup P') + \omega(f;[a,b])\sum_{j=1}^{k}\Delta x_{i_j}$$

$$\leqslant S(f;P') + \omega(f;[a,b])n\lambda(P).$$

因此只要

$$\lambda(P) < \delta := \frac{\varepsilon}{2n\omega(f;[a,b])+1}$$

就有

$$S(f;P) \leqslant S(f;P') + \frac{\varepsilon}{2}.$$

再由 (*) 式可知

$$\overline{I} \leqslant S(f;P) < \overline{I} + \varepsilon,$$

即 $\overline{I} = \lim\limits_{\lambda(P)\to 0} S(f;P)$.

(5) 一方面, 若 $\underline{I} = \overline{I}$, 则由

$$s(f;P) \leqslant \sigma(f;P,\xi) \leqslant S(f;P)$$

和 (4) 可知

$$\underline{I} = \lim_{\lambda(P)\to 0} s(f;P) \leqslant \lim_{\lambda(P)\to 0} \sigma(f;P,\xi) \leqslant \lim_{\lambda(P)\to 0} S(f;P) = \overline{I} = \underline{I}.$$

因此

$$\int_a^b f(x)\mathrm{d}x = \lim_{\lambda(P)\to 0} \sigma(f;P,\xi) = \underline{I} = \overline{I}.$$

另一方面, 若 $f \in \mathcal{R}[a,b]$, 记

$$I := \int_a^b f(x)\mathrm{d}x = \lim_{\lambda(P)\to 0} \sigma(f;P,\xi),$$

则 $\forall \varepsilon > 0$, 存在 $\delta > 0$, 使得对 $[a,b]$ 的参数 $\lambda(P) < \delta$ 的任意分划 P,

$$|\sigma(f;P,\xi) - I| < \varepsilon,$$

进而

$$|s(f;P) - I| \leqslant \varepsilon, \quad |S(f;P) - I| \leqslant \varepsilon.$$

因此

$$\underline{I} = \lim_{\lambda(P)\to 0} s(f;P) = I = \lim_{\lambda(P)\to 0} S(f;P) = \overline{I}.$$

(6) 必要性. 若 $f \in \mathcal{R}[a,b]$, 则由 (5) 可知, $\underline{I} = \overline{I}$, 所以 $\lim\limits_{\lambda(P)\to 0} S(f;P) - s(f;P) = 0$, 因此 $\forall \varepsilon > 0$ 存在区间 $[a,b]$ 的分划 P 使 $S(f;P) - s(f;P) < \varepsilon$.

充分性. 设 $\forall \varepsilon > 0$, 存在区间 $[a,b]$ 的分划 P 使 $S(f;P) - s(f;P) < \varepsilon$. 则由

$$s(f;P) \leqslant \underline{I} \leqslant \overline{I} \leqslant S(f;P)$$

可知

$$0 \leqslant \overline{I} - \underline{I} \leqslant S(f;P) - s(f;P) < \varepsilon.$$

由 ε 的任意性可知 $\underline{I} = \overline{I}$, 再由 (5) 可知 $f \in \mathcal{R}[a,b]$. □

四、习题参考解答 (5.2.2 小节)

1. 证明下列不等式:

(1) $\dfrac{\pi}{2} < \displaystyle\int_0^{\frac{\pi}{2}} \dfrac{\mathrm{d}x}{\sqrt{1-\dfrac{1}{2}\sin^2 x}} < \dfrac{\pi}{\sqrt{2}}$.

(2) $3\sqrt{\mathrm{e}} < \displaystyle\int_{\mathrm{e}}^{4\mathrm{e}} \dfrac{\ln x}{\sqrt{x}}\mathrm{d}x < 6$.

证 (1) 因为当 $x \in \left[0, \dfrac{\pi}{2}\right]$ 时, $0 \leqslant \sin x \leqslant 1$, 所以

$$1 \leqslant \frac{1}{\sqrt{1-\dfrac{1}{2}\sin^2 x}} \leqslant \sqrt{2},$$

因此由定积分的性质可知

$$\frac{\pi}{2} = \int_0^{\frac{\pi}{2}} 1\mathrm{d}x < \int_0^{\frac{\pi}{2}} \frac{\mathrm{d}x}{\sqrt{1-\dfrac{1}{2}\sin^2 x}} < \int_0^{\frac{\pi}{2}} \sqrt{2}\mathrm{d}x = \frac{\pi}{\sqrt{2}}.$$

(2) 记 $f(x) = \dfrac{\ln x}{\sqrt{x}}$, 显然 $f'(x) = \dfrac{\dfrac{1}{x}\cdot\sqrt{x} - \ln x \cdot \dfrac{1}{2\sqrt{x}}}{x} = \dfrac{1-\ln\sqrt{x}}{x\sqrt{x}}$. 显然当 $x = \mathrm{e}^2 \in (\mathrm{e}, 4\mathrm{e})$ 时, $f'(\mathrm{e}^2) = 0$, 从而易知当 $x \in [\mathrm{e}, 4\mathrm{e}]$ 时,

$$\frac{1}{\sqrt{\mathrm{e}}} = \min\{f(\mathrm{e}), f(4\mathrm{e})\} \leqslant f(x) \leqslant f(\mathrm{e}^2) = \frac{2}{\mathrm{e}},$$

因此由定积分的性质可知

$$3\sqrt{\mathrm{e}} = \int_{\mathrm{e}}^{4\mathrm{e}} \frac{1}{\sqrt{\mathrm{e}}}\mathrm{d}x < \int_{\mathrm{e}}^{4\mathrm{e}} \frac{\ln x}{\sqrt{x}}\mathrm{d}x < \int_{\mathrm{e}}^{4\mathrm{e}} \frac{2}{\mathrm{e}}\mathrm{d}x = 6. \qquad \square$$

2. 试证: 如果 $f \in \mathcal{R}[a,b]$ 且在 $[a,b]$ 上有 $f(x) \geqslant 0$, 则

(1) 当在 $f(x)$ 的某一连续点 $x_0 \in [a,b]$ 有 $f(x_0) > 0$ 时, 必成立严格不等式

$$\int_a^b f(x)\mathrm{d}x > 0.$$

(2) 从条件 $\displaystyle\int_a^b f(x)\mathrm{d}x = 0$ 可推出在 $[a,b]$ 上几乎处处成立 $f(x) = 0$.

证 (1) 如果 $f \in \mathcal{R}[a,b]$ 且在 $[a,b]$ 上有 $f(x) \geqslant 0$, 则 $\forall [\alpha,\beta] \subset [a,b]$, $\int_\alpha^\beta f(x)\mathrm{d}x \geqslant 0$. 当在 $f(x)$ 的某一连续点 $x_0 \in [a,b]$ 有 $f(x_0) > 0$ 时 (不妨设 $x_0 \in (a,b)$), 则 $\exists U^\delta(x_0) \subset [a,b]$ 使得 $f(x) \geqslant \dfrac{f(x_0)}{2} > 0$. 因此

$$\begin{aligned}\int_a^b f(x)\mathrm{d}x &= \int_a^{x_0-\delta} f(x)\mathrm{d}x + \int_{x_0-\delta}^{x_0+\delta} f(x)\mathrm{d}x + \int_{x_0+\delta}^b f(x)\mathrm{d}x \\ &\geqslant 0 + \frac{f(x_0)}{2} \cdot 2\delta + 0 = f(x_0)\delta > 0.\end{aligned}$$

(2) 由 $f \in \mathcal{R}[a,b]$ 及勒贝格定理可知 f 几乎处处连续. 设 $\int_a^b f(x)\mathrm{d}x = 0$. 若 $x_0 \in [a,b]$ 为 f 的连续点, 且 $f(x_0) > 0$, 则由 (1) 可知 $\int_a^b f(x)\mathrm{d}x > 0$, 与 $\int_a^b f(x)\mathrm{d}x = 0$ 矛盾. 从而在 f 的所有连续点处 $f = 0$, 即在 $[a,b]$ 上几乎处处成立 $f(x) = 0$. □

3. 试证: 如果 $f \in \mathcal{R}[a,b]$, $m = \inf\limits_{x\in(a,b)} f(x)$, $M = \sup\limits_{x\in(a,b)} f(x)$, 则

(1) $\int_a^b f(x)\mathrm{d}x = \mu(b-a)$, 其中 $\mu \in [m, M]$.

(2) 当 f 在 $[a,b]$ 上连续时, 存在点 $\xi \in (a,b)$ 使

$$\int_a^b f(x)\mathrm{d}x = f(\xi)(b-a).$$

证 (1) 令

$$\tilde{f}(x) = \begin{cases} m, & x = a, \\ f(x), & x \in (a,b), \\ M, & x = b. \end{cases}$$

则 $\tilde{f} \in \mathcal{R}[a,b]$, $\int_a^b \tilde{f}(x)\mathrm{d}x = \int_a^b f(x)\mathrm{d}x$, 且 $\inf\limits_{x\in[a,b]} \tilde{f}(x) = m$, $\sup\limits_{x\in[a,b]} \tilde{f}(x) = M$. 因此由《讲义》5.2.2 小节推论 2 可知, $\exists \mu \in [m, M]$ 使得

$$\int_a^b f(x)\mathrm{d}x = \int_a^b \tilde{f}(x)\mathrm{d}x = \mu(b-a).$$

(2) 当 f 在 $[a,b]$ 上连续时, 若存在点 $\xi \in (a,b)$ 使

$$f(\xi) = \mu := \frac{1}{b-a}\int_a^b f(x)\mathrm{d}x,$$

则结论成立. 若 $\forall x \in (a,b)$, $f(x) \neq \mu$, 则由连续函数的介值性可知必有 $f(x) > \mu(\forall x \in (a,b))$ 或 $f(x) < \mu(\forall x \in (a,b))$. 因此由练习 2(1) 可知 $\int_a^b (f(x)-\mu)\mathrm{d}x \neq 0$, 此与 μ 的定义矛盾. □

4. 试证: 如果 $f \in C[a,b]$, $f(x) \geqslant 0$ 在 $[a,b]$ 上成立, 以及 $M = \max\limits_{x\in[a,b]} f(x)$, 则

$$\lim_{n\to+\infty}\left[\int_a^b f^n(x)\mathrm{d}x\right]^{\frac{1}{n}} = M.$$

证 若 $M=0$, 则 $f(x)\equiv 0$, 结论显然成立. 若 $M>0$, 则 $\forall 0<\varepsilon<M$, $\exists[\alpha,\beta]\subset[a,b]$ 使得

$$0 < M-\varepsilon \leqslant f(x) \leqslant M, \quad \forall x \in [\alpha,\beta],$$

所以

$$(M-\varepsilon)^n(\beta-\alpha) \leqslant \int_\alpha^\beta f^n(x)\mathrm{d}x \leqslant \int_a^b f^n(x)\mathrm{d}x \leqslant M^n(b-a),$$

进而

$$(M-\varepsilon)(\beta-\alpha)^{\frac{1}{n}} \leqslant \left[\int_a^b f^n(x)\mathrm{d}x\right]^{\frac{1}{n}} \leqslant M(b-a)^{\frac{1}{n}}.$$

令 $n\to+\infty$ 即得

$$M-\varepsilon \leqslant \lim_{n\to+\infty}\left[\int_a^b f^n(x)\mathrm{d}x\right]^{\frac{1}{n}} \leqslant M.$$

由 ε 的任意性可知结论成立. □

5. 试证: (1) $\ln(1+n) < 1+\dfrac{1}{2}+\cdots+\dfrac{1}{n} < 1+\ln n$.

(2) $\lim\limits_{n\to\infty}\dfrac{1+\dfrac{1}{2}+\cdots+\dfrac{1}{n}}{\ln n} = 1$.

证 (1) 利用 $\dfrac{1}{x}$ 的单调性可知, 对 $k=1,2,\cdots,n$,

$$\frac{1}{k+1} = \int_k^{k+1}\frac{\mathrm{d}x}{k+1} < \int_k^{k+1}\frac{\mathrm{d}x}{x} = \ln(k+1)-\ln k < \int_k^{k+1}\frac{\mathrm{d}x}{k} = \frac{1}{k}.$$

左边不等式对 $k=1,\cdots,n-1$ 求和得 $1+\dfrac{1}{2}+\cdots+\dfrac{1}{n} < 1+\ln n$, 再右边不等式对 $k=1,\cdots,n$ 求和得 $\ln(1+n) < 1+\dfrac{1}{2}+\cdots+\dfrac{1}{n}$.

(2) 由 (1) 可知

$$\frac{\ln(1+n)}{\ln n}<\frac{1+\frac{1}{2}+\cdots+\frac{1}{n}}{\ln n}<\frac{1+\ln n}{\ln n},$$

而

$$\lim_{n\to\infty}\frac{\ln(1+n)}{\ln n}=\lim_{n\to\infty}\frac{1+\ln n}{\ln n}=1,$$

所以 $\lim\limits_{n\to\infty}\dfrac{1+\frac{1}{2}+\cdots+\frac{1}{n}}{\ln n}=1.$ □

5.2.3 积分和导数

一、知识点总结与补充

1. 原函数的存在定理

(1) 变限积分的可微性: 若 $f\in\mathcal{R}[a,b]$, 且 f 在某点 $x\in[a,b]$ 连续, 则变限积分 $F(x)=\int_a^x f(t)\mathrm{d}t$ 在这个点可微, 而且成立 $F'(x)=f(x)$.

(2) 原函数的存在定理: 闭区间 $[a,b]$ 上的每个连续函数 $f:[a,b]\to\mathbb{R}$ 在该区间上都有一个原函数, 而且区间 $[a,b]$ 上的函数 f 的任一原函数都有 $G(x)=\int_a^x f(t)\mathrm{d}t+c$ 的形式, 其中 c 是一个常数.

(3) 广义原函数: 区间上的连续函数 $x\mapsto F(x)$ 叫做定义在该区间上的函数 $x\mapsto f(x)$ 的原函数 (广义原函数), 如果最多除去有限多个点以外, 在该区间上成立关系 $F'(x)=f(x)$.

(4) 广义原函数的存在定理: 如果函数 $f:[a,b]\to\mathbb{R}$ 有界且仅有有限多个间断点, 则 f 在 $[a,b]$ 上有 (广义) 原函数, 而且 f 在 $[a,b]$ 上的任一原函数都具有 $G(x)=\int_a^x f(t)\mathrm{d}t+c$ 的形式.

2. 牛顿–莱布尼茨公式

如果 $f:[a,b]\to\mathbb{R}$ 是有界且仅有有限个间断点的函数, 则 $f\in\mathcal{R}[a,b]$ 且

$$\int_a^b f(x)\mathrm{d}x=F(x)|_a^b=F(b)-F(a),$$

其中 $F:[a,b]\to\mathbb{R}$ 是 f 在闭区间 $[a,b]$ 上的任一原函数.

3. 定积分的分部积分公式

如果函数 $u(x)$ 和 $v(x)$ 在以 a 和 b 为端点的闭区间上连续可微, 则成立关系

$$\int_a^b(u\cdot v')(x)\mathrm{d}x=(u\cdot v)(x)|_a^b-\int_a^b(v\cdot u')(x)\mathrm{d}x$$

或

$$\int_a^b u\mathrm{d}v = u\cdot v|_a^b - \int_a^b v\mathrm{d}u.$$

4. 定积分中的变量替换公式

(1) 如果 $\varphi:[\alpha,\beta]\to[a,b]$ 是从闭区间 $\alpha\leqslant t\leqslant\beta$ 到闭区间 $a\leqslant x\leqslant b$ 的连续可微映射, 且 $\varphi(\alpha)=a$ 和 $\varphi(\beta)=b$, 则 $\forall f\in C[a,b]$, 函数 $f(\varphi(t))\varphi'(t)$ 在闭区间 $[\alpha,\beta]$ 上连续且成立等式

$$\int_a^b f(x)\mathrm{d}x = \int_\alpha^\beta f(\varphi(t))\varphi'(t)\mathrm{d}t.$$

(2) 设 $\varphi:[\alpha,\beta]\to[a,b]$ 是从闭区间 $\alpha\leqslant t\leqslant\beta$ 到闭区间 $a\leqslant x\leqslant b$ 的连续可微且严格单调映射, 而且 $\varphi(\alpha)=a,\varphi(\beta)=b$, 或 $\varphi(\alpha)=b,\varphi(\beta)=a$. 则 $\forall f\in\mathcal{R}[a,b]$, 函数 $f(\varphi(t))\varphi'(t)$ 在区间 $[\alpha,\beta]$ 上可积且成立等式:

$$\int_{\varphi(\alpha)}^{\varphi(\beta)} f(x)\mathrm{d}x = \int_\alpha^\beta f(\varphi(t))\varphi'(t)\mathrm{d}t.$$

5. 变上下限积分的求导公式

设 f 为连续函数, u,v 均为可导函数, 则

$$\frac{\mathrm{d}}{\mathrm{d}x}\int_{u(x)}^{v(x)} f(t)\mathrm{d}t = f(v(x))v'(x) - f(u(x))u'(x).$$

6. 具积分型余项的泰勒公式

如果函数 $t\mapsto f(t)$ 在以 a 和 x 为端点的闭区间上有直到 n 阶连续导数, 则有泰勒公式

$$f(x)=f(a)+\frac{f'(a)}{1!}(x-a)+\cdots+\frac{f^{(n-1)}(a)}{(n-1)!}(x-a)^{n-1}+r_{n-1}(a;x),$$

其中 $r_{n-1}(a;x)$ 是如下的积分形式泰勒余项:

$$r_{n-1}(a;x)=\frac{1}{(n-1)!}\int_a^x f^{(n)}(t)(x-t)^{n-1}\mathrm{d}t.$$

7. 特殊函数的定积分

(1) 奇、偶函数的积分: 设 $f\in\mathcal{R}[-a,a]$, 则

$$\int_{-a}^a f(x)\mathrm{d}x = \begin{cases} 2\int_0^a f(x)\mathrm{d}x, & f\text{是偶函数},\\ 0, & f\text{是奇函数}. \end{cases}$$

(2) 周期函数的积分: 设 f 是定义在 $\mathbb{R}$ 上的以 T 为周期的周期函数, 如果 f 在每个有限区间上可积, 则对于任何 $a\in\mathbb{R}$ 成立等式

$$\int_a^{a+T} f(x)\mathrm{d}x = \int_0^T f(x)\mathrm{d}x,$$

也就是说, 周期函数在长度等于它的周期的区间上的积分不依赖于积分区间在数轴上的位置.

(3) 积分平均: 称 $\mu=\dfrac{1}{b-a}\displaystyle\int_a^b f(x)\mathrm{d}x$ 为函数 $f(x)$ 在区间 $[a,b]$ 上的积分平均值.

(4) 平均函数的正则性:

• 平均函数: 设 f 是在 $\mathbb{R}$ 上定义且在任何区间上都可积的函数. 用 f 构造新函数

$$F_\delta(x)=\frac{1}{2\delta}\int_{x-\delta}^{x+\delta}f(t)\mathrm{d}t=\frac{1}{2\delta}\int_{-\delta}^{\delta}f(x+u)\mathrm{d}u.$$

它在点 x 处的值是 f 在点 x 的 δ-邻域中的积分平均值. 称 $F_\delta(x)$ 为 f 的平均函数.

• 正则性: 如果 f 在任何区间 $[a,b]$ 上都可积, 则 $F_\delta\in C(\mathbb{R})$; 而如果 $f\in C(\mathbb{R})$, 则 $F_\delta\in C^1(\mathbb{R})$ 且

$$F_\delta'(x)=\frac{f(x+\delta)-f(x-\delta)}{2\delta}.$$

• 收敛性: 如果 $f\in C(\mathbb{R})$, 则

$$\lim_{\delta\to+0}F_\delta(x)=f(x).$$

二、例题讲解

1. 证明: 连续的奇函数的一切原函数皆为偶函数, 连续的偶函数的原函数中只有一个是奇函数.

证 记 $F(x)=\displaystyle\int_0^x f(t)\mathrm{d}t$, 则 f 的一切原函数为 $G(x)=F(x)+c$. 当 f 为奇函数时, 因为 $f(-u)=-f(u)$, 所以

$$\begin{aligned}G(-x)&=F(-x)+c=\int_0^{-x}f(t)\mathrm{d}t+c\\&\xlongequal{u=-t}-\int_0^x f(-u)\mathrm{d}u+c=\int_0^x f(u)\mathrm{d}u+c=G(x),\end{aligned}$$

因此一切 $G(x)$ 皆为偶函数.

当 f 为偶函数时, 因为 $f(-u)=f(u)$, 所以

$$\begin{aligned}G(-x)&=F(-x)+c=\int_0^{-x}f(t)\mathrm{d}t+c\\&\xlongequal{u=-t}-\int_0^x f(-u)\mathrm{d}u+c=-\int_0^x f(u)\mathrm{d}u+c\\&=-F(x)+c=-G(x)+2c,\end{aligned}$$

因此当且仅当 $c=0$ 时, $G(-x)=-G(x)$, 即只有 $F(x)$ 这一个原函数为奇函数.

□

2. **施瓦茨不等式** 证明: 若 $f,g\in\mathcal{R}[a,b]$, 则

$$\int_a^b f(x)g(x)\mathrm{d}x\leqslant\left(\int_a^b f^2(x)\mathrm{d}x\right)^{\frac{1}{2}}\cdot\left(\int_a^b g^2(x)\mathrm{d}x\right)^{\frac{1}{2}}.$$

证 显然如下关于 t 的二次多项式

$$\int_a^b f^2(x)\mathrm{d}x+2t\int_a^b f(x)g(x)\mathrm{d}x+t^2\int_a^b g^2(x)\mathrm{d}x=\int_a^b (f(x)+tg(x))^2\mathrm{d}x\geqslant 0,$$

因此其判别式

$$\Delta=4\left(\int_a^b f(x)g(x)\mathrm{d}x\right)^2-4\int_a^b f^2(x)\mathrm{d}x\cdot\int_a^b g^2(x)\mathrm{d}x\leqslant 0,$$

从而结论成立. □

3. **闵可夫斯基不等式** 证明: 若 $f,g\in\mathcal{R}[a,b]$, 则

$$\left(\int_a^b (f(x)+g(x))^2\mathrm{d}x\right)^{\frac{1}{2}}\leqslant\left(\int_a^b f^2(x)\mathrm{d}x\right)^{\frac{1}{2}}+\left(\int_a^b g^2(x)\mathrm{d}x\right)^{\frac{1}{2}}.$$

证 由施瓦茨不等式可知

$$\begin{aligned}&\int_a^b (f(x)+g(x))^2\mathrm{d}x=\int_a^b f^2(x)\mathrm{d}x+\int_a^b g^2(x)\mathrm{d}x+2\int_a^b f(x)g(x)\mathrm{d}x\\ \leqslant&\int_a^b f^2(x)\mathrm{d}x+\int_a^b g^2(x)\mathrm{d}x+2\left(\int_a^b f^2(x)\mathrm{d}x\right)^{\frac{1}{2}}\cdot\left(\int_a^b g^2(x)\mathrm{d}x\right)^{\frac{1}{2}}\\ =&\left(\left(\int_a^b f^2(x)\mathrm{d}x\right)^{\frac{1}{2}}+\left(\int_a^b g^2(x)\mathrm{d}x\right)^{\frac{1}{2}}\right)^2,\end{aligned}$$

因此结论成立. □

4. 假设 f 在 $[a,b]$ 上连续, $f(x)>0$, $\forall x\in[a,b]$. 令 $F(x)=\int_a^x f(t)\mathrm{d}t+\int_b^x \frac{1}{f(t)}\mathrm{d}t$, 证明: $F(x)=0$ 在 $[a,b]$ 上有唯一的解.

证 由 f 的连续性, 我们有 $F(x)$ 在 $[a,b]$ 上可微, 并且

$$F'(x)=f(x)+\frac{1}{f(x)}>0.$$

于是, $F(x)$ 严格单调递增. 再由

$$F(a)=\int_b^a \frac{1}{f(t)}\mathrm{d}t<0,\quad F(b)=\int_a^b f(t)\mathrm{d}t>0$$

可知 $F(x)=0$ 在 $[a,b]$ 上有唯一的解. □

5. 考虑 $\mathbb{R}$ 上的连续函数 f, 证明: 如果 $f(x)\equiv\int_0^x f(t)\mathrm{d}t$, 那么 $f(x)\equiv 0$.

证　由 $f(x)\equiv\int_0^x f(t)\mathrm{d}t$, 可以知道 f 是可微的, 并且 $f'=f$. 于是 $f(x)=Ce^x$, 再根据 $f(0)=0$, 我们有 $C=0$, 因此 $f(x)\equiv 0$. □

6. 考虑 $[0,2]$ 上正的连续函数 f, 证明: $\forall x\in[0,1]$,

$$\int_0^1 \ln f(x+t)\mathrm{d}t=\int_0^x \ln\frac{f(u+1)}{f(u)}\mathrm{d}u+\int_0^1 \ln f(u)\mathrm{d}u.$$

证　易见

$$\begin{aligned}\int_0^1 \ln f(x+t)\mathrm{d}t&=\int_x^{x+1}\ln f(u)\mathrm{d}u=\int_0^{x+1}\ln f(u)\mathrm{d}u-\int_0^x \ln f(u)\mathrm{d}u\\&=\int_1^{x+1}\ln f(u)\mathrm{d}u-\int_0^x \ln f(u)\mathrm{d}u+\int_0^1 \ln f(u)\mathrm{d}u,\end{aligned}$$

再根据

$$\int_1^{x+1}\ln f(u)\mathrm{d}u=\int_0^x \ln f(v+1)\mathrm{d}v=\int_0^x \ln f(u+1)\mathrm{d}u,$$

我们有

$$\int_0^1 \ln f(x+t)\mathrm{d}t=\int_0^x \ln\frac{f(u+1)}{f(u)}\mathrm{d}u+\int_0^1 \ln f(u)\mathrm{d}u.$$ □

7. 假设 $f\in C^1[1,\infty)$, 且 $\forall x\in[1,+\infty)$,

$$f'(x)=\frac{1}{1+f^2(x)}\left(\sqrt{\frac{1}{x}}-\sqrt{\ln\left(1+\frac{1}{x}\right)}\right).$$

证明: f 在 $[1,\infty)$ 上有界.

证　$\forall x\geqslant 1$, 易知 $\dfrac{1}{x}>\ln\left(1+\dfrac{1}{x}\right)>\dfrac{1}{1+x}$, 于是

$$0<f'(x)\leqslant\sqrt{\frac{1}{x}}-\sqrt{\ln\left(1+\frac{1}{x}\right)}\leqslant\sqrt{\frac{1}{x}}-\sqrt{\frac{1}{1+x}}\leqslant\frac{1}{2x\sqrt{x}},$$

所以 f 在 $[1,\infty)$ 上单调递增, 且 $\forall x\in[1,+\infty)$,

$$0\leqslant f(x)-f(1)=\int_1^x f'(t)\mathrm{d}t\leqslant\int_1^x\frac{1}{2t\sqrt{t}}\mathrm{d}t=1-\frac{1}{\sqrt{x}}<1.$$

因此, f 在 $[1,\infty)$ 上有界. □

8. 设 f 在 $[a,b]$ 上连续. 证明: $\lim\limits_{h\to 0}\int_a^b \frac{f(x+h)-f(x)}{h}\mathrm{d}x = f(b)-f(a)$.

证 由积分第一中值定理可知

$$\begin{aligned}\int_a^b \frac{f(x+h)-f(x)}{h}\mathrm{d}x &= \frac{1}{h}\left(\int_a^b f(x+h)\mathrm{d}x - \int_a^b f(x)\mathrm{d}x\right)\\ &= \frac{1}{h}\left(\int_{a+h}^{b+h} f(x)\mathrm{d}x - \int_a^b f(x)\mathrm{d}x\right)\\ &= \frac{1}{h}\left(-\int_a^{a+h} f(x)\mathrm{d}x + \int_b^{b+h} f(x)\mathrm{d}x\right)\\ &= -f(\xi_1)+f(\xi_2),\end{aligned}$$

其中, $a<\xi_1<a+h$, $b<\xi_2<b+h$. 于是, 我们有

$$\lim_{h\to 0}\int_a^b \frac{f(x+h)-f(x)}{h}\mathrm{d}x = \lim_{h\to 0}\big(f(\xi_2)-f(\xi_1)\big) = f(b)-f(a). \qquad \square$$

9. 设 $f\in C^2[a,b]$, $f\left(\frac{a+b}{2}\right)=0$. 证明: $\exists\xi\in[a,b]$, 使得

$$f''(\xi) = \frac{24}{(b-a)^3}\int_a^b f(x)\mathrm{d}x.$$

证 $\forall x\in[a,b]$, 由具有拉格朗日余项的泰勒公式可知, 存在位于 $\frac{a+b}{2}$ 和 x 之间的点 η 使得

$$f(x) = f\Big(\frac{a+b}{2}\Big) + f'\Big(\frac{a+b}{2}\Big)\Big(x-\frac{a+b}{2}\Big) + \frac{1}{2}f''(\eta)\Big(x-\frac{a+b}{2}\Big)^2,$$

于是再由 $f\left(\frac{a+b}{2}\right)=0$ 得

$$\begin{aligned}\int_a^b f(x)\mathrm{d}x &= \int_a^b f'\Big(\frac{a+b}{2}\Big)\Big(x-\frac{a+b}{2}\Big)\mathrm{d}x + \frac{1}{2}\int_a^b f''(\eta)\Big(x-\frac{a+b}{2}\Big)^2\mathrm{d}x\\ &= \frac{1}{2}\int_a^b f''(\eta)\Big(x-\frac{a+b}{2}\Big)^2\mathrm{d}x.\end{aligned}$$

令 $M=\max\limits_{x\in[a,b]} f''(x)$, $m=\min\limits_{x\in[a,b]} f''(x)$. 那么, 我们有

$$m \leqslant \frac{\displaystyle\int_a^b f''(\eta)\Big(x-\frac{a+b}{2}\Big)^2\mathrm{d}x}{\displaystyle\int_a^b \Big(x-\frac{a+b}{2}\Big)^2\mathrm{d}x} = \frac{24\displaystyle\int_a^b f(x)\mathrm{d}x}{(b-a)^3} \leqslant M.$$

于是, 由 $f'' \in C[a,b]$ 及介值性定理可知, 存在 $\xi \in (a,b)$, 使得

$$f''(\xi) = \frac{24}{(b-a)^3}\int_a^b f(x)\mathrm{d}x. \qquad \square$$

10. 设函数 f 满足 $f(0) = 1$, $\lim\limits_{x\to+\infty} f(x) = A$, 并且 $\forall x > 0$, $f'(x) = \dfrac{1}{\mathrm{e}^x + |f(x)|}$. 证明: $1 \leqslant A \leqslant 1 + \ln 2$.

证 因为 $\forall x > 0$, $f'(x) > 0$, 所以 f 是单调递增的, 并且 $1 \leqslant f(x) \leqslant A$. 于是, $\forall x > 0$, 我们有

$$\frac{1}{\mathrm{e}^x + A} \leqslant f'(x) \leqslant \frac{1}{\mathrm{e}^x + 1},$$

进而

$$\begin{aligned} 0 \leqslant &\frac{1}{A}\ln(1+A) - \frac{1}{A}\ln(1+A\mathrm{e}^{-x}) = \int_0^x \frac{1}{\mathrm{e}^t + A}\mathrm{d}t \\ \leqslant &f(x) - f(0) = \int_0^x f'(t)\mathrm{d}t \leqslant \int_0^x \frac{1}{\mathrm{e}^t+1}\mathrm{d}t = \ln 2 - \ln(1+\mathrm{e}^{-x}). \end{aligned}$$

令 $x \to +\infty$, 我们有 $0 \leqslant A - 1 \leqslant \ln 2$. $\square$

11. 设 f 在 $[a,b]$ 上连续且单调递增. 证明:

$$\int_a^b xf(x)\mathrm{d}x \geqslant \frac{a+b}{2}\int_a^b f(x)\mathrm{d}x.$$

证 1 (变上限积分) 令 $F(x) = \displaystyle\int_a^x tf(t)\mathrm{d}t - \frac{a+x}{2}\int_a^x f(t)\mathrm{d}t$, $x \in [a,b]$. 于是, 由 f 的单调递增性, 我们有 $\forall x \in [a,b]$,

$$\begin{aligned} F'(x) &= xf(x) - \frac{1}{2}\int_a^x f(t)\mathrm{d}t - \frac{a+x}{2}f(x) \\ &= \frac{x-a}{2}f(x) - \frac{1}{2}\int_a^x f(t)\mathrm{d}t \\ &= \frac{1}{2}\int_a^x (f(x) - f(t))\mathrm{d}t \geqslant 0. \end{aligned}$$

因此

$$F(b) = \int_a^b xf(x)\mathrm{d}x - \frac{a+b}{2}\int_a^b f(x)\mathrm{d}x \geqslant F(a) = 0.$$

证 2 (定积分) 由 f 单调递增, $\forall x \in [a,b]$, 我们有 $\left(x - \dfrac{a+b}{2}\right)\left(f(x) - f\left(\dfrac{a+b}{2}\right)\right) \geqslant 0$. 因此

$$\int_a^b \left(x - \frac{a+b}{2}\right)\left(f(x) - f\left(\frac{a+b}{2}\right)\right)\mathrm{d}x \geqslant 0,$$

进而

$$\int_a^b\left(x-\frac{a+b}{2}\right)f(x)\mathrm{d}x\geqslant f\left(\frac{a+b}{2}\right)\int_a^b\left(x-\frac{a+b}{2}\right)\mathrm{d}x=0.$$

由此即得

$$\int_a^b xf(x)\mathrm{d}x\geqslant\frac{a+b}{2}\int_a^b f(x)\mathrm{d}x.$$

证 3 (积分中值定理) 由积分第一中值定理可知

$$\begin{aligned}\int_a^b\left(x-\frac{a+b}{2}\right)f(x)\mathrm{d}x&=\int_a^{\frac{a+b}{2}}\left(x-\frac{a+b}{2}\right)f(x)\mathrm{d}x+\int_{\frac{a+b}{2}}^b\left(x-\frac{a+b}{2}\right)f(x)\mathrm{d}x\\&=f(\xi_1)\int_a^{\frac{a+b}{2}}\left(x-\frac{a+b}{2}\right)\mathrm{d}x+f(\xi_2)\int_{\frac{a+b}{2}}^b\left(x-\frac{a+b}{2}\right)\mathrm{d}x,\end{aligned}$$

其中, $a\leqslant\xi_1\leqslant\dfrac{a+b}{2}\leqslant\xi_2\leqslant b$. 再根据

$$-\int_a^{\frac{a+b}{2}}\left(x-\frac{a+b}{2}\right)\mathrm{d}x=\int_{\frac{a+b}{2}}^b\left(x-\frac{a+b}{2}\right)\mathrm{d}x=\frac{1}{8}(b-a)^2,$$

以及 f 在 $[a,b]$ 上单调递增, 我们有

$$\int_a^b\left(x-\frac{a+b}{2}\right)f(x)\mathrm{d}x=\frac{1}{8}(b-a)^2(-f(\xi_1)+f(\xi_2))\geqslant 0,$$

进而结论成立.

证 4 (两次积分) 首先, 根据单调性, $\forall t,x\in[a,b]$, 我们有 $(t-x)(f(t)-f(x))\geqslant 0$. 固定 x, 对 t 进行积分, 我们有

$$\int_a^b tf(t)\mathrm{d}t-x\int_a^b f(t)\mathrm{d}t+(b-a)xf(x)-\frac{1}{2}(b^2-a^2)f(x)\geqslant 0.$$

再关于 x 积分, 我们有

$$\begin{aligned}&(b-a)\int_a^b tf(t)\mathrm{d}t-\frac{1}{2}(b^2-a^2)\int_a^b f(t)\mathrm{d}t\\&+(b-a)\int_a^b xf(x)\mathrm{d}x-\frac{1}{2}(b^2-a^2)\int_a^b f(x)\mathrm{d}x\geqslant 0,\end{aligned}$$

整理即得结论. □

12. 假设 f'' 在 $[a,b]$ 上存在, 并且 $\forall x\in[a,b]$, $f''(x)<0$. 证明: $\int_a^b f(x)\mathrm{d}x\leqslant (b-a)f\left(\frac{a+b}{2}\right)$.

证 记 $x_0=\frac{a+b}{2}$, 由具有拉格朗日余项的泰勒公式可知, 存在位于 x_0 和 x 之间的点 ξ 使得

$$f(x)=f(x_0)+f'(x_0)(x-x_0)+\frac{f''(\xi)}{2!}(x-x_0)^2.$$

又因为 $\forall x\in[a,b]$, $f''(x)<0$, 我们有 $f(x)\leqslant f(x_0)+f'(x)(x-x_0)$. 进而再由

$$\int_a^b f(x_0)\mathrm{d}x=f(x_0)(b-a)=(b-a)f\Big(\frac{a+b}{2}\Big),$$

$$\int_a^b f'(x_0)(x-x_0)\mathrm{d}x=f'(x_0)\int_a^b\Big(x-\frac{a+b}{2}\Big)\mathrm{d}x=0,$$

我们有 $\int_a^b f(x)\mathrm{d}x\leqslant(b-a)f\left(\frac{a+b}{2}\right)$. □

13. 设 f 在 $[0,1]$ 上可微, 并且 $0<f'(x)<1$, $\forall x\in(0,1)$, $f(0)=0$. 证明:

$$\left(\int_0^1 f(x)\mathrm{d}x\right)^2>\int_0^1 f^3(x)\mathrm{d}x.$$

证 1 令 $F(x)=\left(\int_0^x f(t)\mathrm{d}t\right)^2-\int_0^x f^3(t)\mathrm{d}t$, 那么 F 是可微的, 并且

$$F'(x)=2f(x)\int_0^x f(t)\mathrm{d}t-f^3(x)=f(x)\left(2\int_0^x f(t)\mathrm{d}t-f^2(x)\right).$$

记 $g(x)=2\int_0^x f(t)\mathrm{d}t-f^2(x)$, 那么 $\forall x\in(0,1)$,

$$g'(x)=2f(x)-2f(x)f'(x)=2f(x)(1-f'(x))>0.$$

再由 $g(0)=0$, 我们知道 $\forall x\in(0,1)$, $g(x)>0$, 进而 $F'(x)=f(x)g(x)>0$. 再根据 $F\in C[0,1]$, 我们有 $F(1)>F(0)=0$.

证 2 由柯西中值定理可知, $\exists\xi\in(0,1)$, $\eta\in(0,\xi)$ 使得

$$\frac{\left(\int_0^1 f(x)\mathrm{d}x\right)^2}{\int_0^1 f^3(x)\mathrm{d}x}=\frac{\left(\int_0^1 f(x)\mathrm{d}x\right)^2-\left(\int_0^0 f(x)\mathrm{d}x\right)^2}{\int_0^1 f^3(x)\mathrm{d}x-\int_0^0 f^3(x)\mathrm{d}x}=\frac{2f(\xi)\int_0^\xi f(x)\mathrm{d}x}{f^3(\xi)}$$

$$=\frac{2f(\xi)\int_0^\xi f(x)\mathrm{d}x-2f(0)\int_0^0 f(x)\mathrm{d}x}{f^3(\xi)-f^3(0)}=\frac{2f'(\eta)\int_0^\eta f(x)\mathrm{d}x+2f^2(\eta)}{3f^2(\eta)f'(\eta)}.$$

再由 $2\int_0^\eta f(x)\mathrm{d}x > 2\int_0^\eta f(x)f'(x)\mathrm{d}x = f^2(\eta)$, 我们有

$$\frac{\left(\int_0^1 f(x)\mathrm{d}x\right)^2}{\int_0^1 f^3(x)\mathrm{d}x} = \frac{2f'(\eta)\int_0^\eta f(x)\mathrm{d}x + 2f^2(\eta)}{3f^2(\eta)f'(\eta)}$$

$$> \frac{f^2(\eta)f'(\eta) + 2f^2(\eta)f'(\eta)}{3f^2(\eta)f'(\eta)} = 1. \qquad \square$$

三、习题参考解答 (5.2.3 小节)

1. 计算下列定积分:

(1) $\int_0^1 \frac{1-x^2}{1+x^2}\mathrm{d}x$. (2) $\int_{\mathrm{e}}^{\mathrm{e}^2} \frac{1}{x\ln x}\mathrm{d}x$.

(3) $\int_0^{\frac{\pi}{3}} \tan^2 x\mathrm{d}x$. (4) $\int_0^4 \frac{\mathrm{d}x}{1+\sqrt{x}}$.

解 (1)

$$\int_0^1 \frac{1-x^2}{1+x^2}\mathrm{d}x = \int_0^1 \left(\frac{2}{1+x^2} - 1\right)\mathrm{d}x = (2\arctan x - x)\Big|_0^1 = \frac{\pi}{2} - 1.$$

(2)

$$\int_{\mathrm{e}}^{\mathrm{e}^2} \frac{1}{x\ln x}\mathrm{d}x = (\ln|\ln x|)\Big|_{\mathrm{e}}^{\mathrm{e}^2} = \ln 2.$$

(3)

$$\int_0^{\frac{\pi}{3}} \tan^2 x\mathrm{d}x = \int_0^{\frac{\pi}{3}} (\sec^2 x - 1)\mathrm{d}x = (\tan x - x)\Big|_0^{\frac{\pi}{3}} = \sqrt{3} - \frac{\pi}{3}.$$

(4)

$$\int_0^4 \frac{\mathrm{d}x}{1+\sqrt{x}} \xlongequal{t=\sqrt{x}} \int_0^2 \frac{2t\mathrm{d}t}{1+t} = 2\int_0^2 \left(1 - \frac{1}{1+t}\right)\mathrm{d}t$$

$$= 2(t - \ln|1+t|)\Big|_0^2 = 4 - 2\ln 3. \qquad \square$$

2. 利用积分求

(1) $\lim\limits_{n\to\infty}\left[\frac{n}{(n+1)^2} + \cdots + \frac{n}{(2n)^2}\right]$.

(2) $\lim\limits_{n\to\infty}\frac{1^\alpha + 2^\alpha + \cdots + n^\alpha}{n^{\alpha+1}}$, $\alpha \geqslant 0$.

(3) $\lim\limits_{n\to\infty}\dfrac{1}{n}\left(\sin\dfrac{\pi}{n}+\sin\dfrac{2\pi}{n}+\cdots+\sin\dfrac{(n-1)\pi}{n}\right)$.

解 由定积分定义可知

(1)

$$\lim_{n\to\infty}\left[\frac{n}{(n+1)^2}+\cdots+\frac{n}{(2n)^2}\right]=\lim_{n\to\infty}\left[\frac{1}{\left(1+\dfrac{1}{n}\right)^2}+\cdots+\frac{1}{\left(1+\dfrac{n}{n}\right)^2}\right]\cdot\frac{1}{n}$$

$$=\lim_{n\to\infty}\sum_{i=1}^{n}\frac{1}{\left(1+\dfrac{i}{n}\right)^2}\cdot\frac{1}{n}=\int_0^1\frac{1}{(1+x)^2}\mathrm{d}x=-\frac{1}{1+x}\bigg|_0^1=\frac{1}{2}.$$

(2)

$$\lim_{n\to\infty}\frac{1^\alpha+2^\alpha+\cdots+n^\alpha}{n^{\alpha+1}}=\lim_{n\to\infty}\sum_{i=1}^{n}\left(\frac{i}{n}\right)^\alpha\cdot\frac{1}{n}=\int_0^1 x^\alpha\mathrm{d}x=\frac{x^{\alpha+1}}{\alpha+1}\bigg|_0^1=\frac{1}{\alpha+1}.$$

(3)

$$\begin{aligned}&\lim_{n\to\infty}\frac{1}{n}\left(\sin\frac{\pi}{n}+\sin\frac{2\pi}{n}+\cdots+\sin\frac{(n-1)\pi}{n}\right)\\&=\lim_{n\to\infty}\left(\sin\frac{\pi}{n}+\sin\frac{2\pi}{n}+\cdots+\sin\frac{(n-1)\pi}{n}+\sin\frac{n\pi}{n}\right)\cdot\frac{1}{n}\\&=\lim_{n\to\infty}\sum_{i=1}^{n}\sin\frac{i\pi}{n}\cdot\frac{1}{n}=\int_0^1\sin\pi x\mathrm{d}x=-\frac{\cos\pi x}{\pi}\bigg|_0^1=\frac{2}{\pi},\end{aligned}$$

或

$$\begin{aligned}&\lim_{n\to\infty}\frac{1}{n}\left(\sin\frac{\pi}{n}+\sin\frac{2\pi}{n}+\cdots+\sin\frac{(n-1)\pi}{n}\right)\\&=\lim_{n\to\infty}\left(\sin\frac{\pi}{n}+\sin\frac{2\pi}{n}+\cdots+\sin\frac{(n-1)\pi}{n}+\sin\frac{n\pi}{n}\right)\cdot\frac{1}{n}\\&=\frac{1}{\pi}\lim_{n\to\infty}\sum_{i=1}^{n}\sin\frac{i\pi}{n}\cdot\frac{\pi}{n}=\frac{1}{\pi}\int_0^\pi\sin x\mathrm{d}x=-\frac{\cos x}{\pi}\bigg|_0^\pi=\frac{2}{\pi}.\end{aligned}$$

□

3. 设 f 为连续函数, u,v 均为可导函数, 且可实行复合 $f\circ u$ 与 $f\circ v$. 证明:

$$\frac{\mathrm{d}}{\mathrm{d}x}\int_{u(x)}^{v(x)}f(t)\mathrm{d}t=f(v(x))v'(x)-f(u(x))u'(x).$$

证 任取 f 定义域内一点 a, 设 $F(x)=\int_a^x f(t)\mathrm{d}t$, 则由《讲义》5.2.3 小节引理 6 可知 $F'(x)=f(x)$. 又由

$$\int_{u(x)}^{v(x)} f(t)\mathrm{d}t=F(v(x))-F(u(x))$$

可知

$$\begin{aligned}&\frac{\mathrm{d}}{\mathrm{d}x}\int_{u(x)}^{v(x)} f(t)\mathrm{d}t=\frac{\mathrm{d}}{\mathrm{d}x}(F(v(x))-F(u(x)))\\=&F'(v(x))v'(x)-F'(u(x))u'(x)=f(v(x))v'(x)-f(u(x))u'(x).\end{aligned}$$

□

4. 设 f 在 $[a,b]$ 上连续, $F(x)=\int_a^x f(t)(x-t)\mathrm{d}t$. 证明: $F''(x)=f(x)$, $x\in[a,b]$.

证 显然

$$F(x)=\int_a^x f(t)(x-t)\mathrm{d}t=x\int_a^x f(t)\mathrm{d}t-\int_a^x tf(t)\mathrm{d}t,$$

因此由《讲义》5.2.3 小节引理 6 可知

$$F'(x)=\int_a^x f(t)\mathrm{d}t+xf(x)-xf(x)=\int_a^x f(t)\mathrm{d}t,$$

进而 $F''(x)=f(x)$, $x\in[a,b]$. □

5. 求下列极限:

(1) $\displaystyle\lim_{x\to0}\frac{1}{x}\int_0^x\cos t^2\mathrm{d}t$. (2) $\displaystyle\lim_{x\to\infty}\frac{\left(\int_0^x \mathrm{e}^{t^2}\mathrm{d}t\right)^2}{\int_0^x \mathrm{e}^{2t^2}\mathrm{d}t}$.

解 由洛必达法则可知

(1)

$$\lim_{x\to0}\frac{1}{x}\int_0^x\cos t^2\mathrm{d}t=\lim_{x\to0}\frac{\int_0^x\cos t^2\mathrm{d}t}{x}=\lim_{x\to0}\frac{\cos x^2}{1}=1.$$

(2)

$$\lim_{x\to\infty}\frac{\left(\int_0^x \mathrm{e}^{t^2}\mathrm{d}t\right)^2}{\int_0^x \mathrm{e}^{2t^2}\mathrm{d}t}=\lim_{x\to\infty}\frac{2\int_0^x \mathrm{e}^{x^2}\mathrm{d}t\cdot\mathrm{e}^{x^2}}{\mathrm{e}^{2x^2}}=\lim_{x\to\infty}\frac{2\int_0^x \mathrm{e}^{t^2}\mathrm{d}t}{\mathrm{e}^{x^2}}$$

$$= \lim_{x\to\infty} \frac{2e^{x^2}}{2xe^{x^2}} = \lim_{x\to\infty} \frac{1}{x} = 0.$$ □

6. 计算下列定积分:

(1) $\int_0^2 x^2\sqrt{4-x^2}dx$.　　(2) $\int_0^1 \frac{dx}{(x^2-x+1)^{3/2}}$.

(3) $\int_0^{\frac{\pi}{2}} e^x \sin x dx$.　　(4) $\int_0^1 x^2\sqrt{\frac{1-x}{1+x}}dx$.

(5) $\int_0^{\frac{\pi}{2}} \frac{\cos\theta}{\sin\theta+\cos\theta}d\theta$.

解　(1)

$$\begin{aligned}\int_0^2 x^2\sqrt{4-x^2}dx &\overset{x=2\sin t}{=\!=\!=} \int_0^{\frac{\pi}{2}} 4\sin^2 t\cdot 2\cos t\cdot 2\cos t dt\\ &= \int_0^{\frac{\pi}{2}} 16\sin^2 t\cos^2 t dt = 4\int_0^{\frac{\pi}{2}} \sin^2 2t dt\\ &= 2\int_0^{\frac{\pi}{2}} (1-\cos 4t)dt = 2\left(t-\frac{1}{4}\sin 4t\right)\Big|_0^{\frac{\pi}{2}} = \pi.\end{aligned}$$

(2)

$$\begin{aligned}\int_0^1 \frac{dx}{(x^2-x+1)^{3/2}} &= \int_0^1 \frac{dx}{\left(\frac{3}{4}+\left(x-\frac{1}{2}\right)^2\right)^{3/2}}\\ &= \frac{8}{3\sqrt{3}}\int_0^1 \frac{dx}{\left(1+\left(\frac{2x-1}{\sqrt{3}}\right)^2\right)^{3/2}}\\ &\overset{\frac{2x-1}{\sqrt{3}}=\tan t}{=\!=\!=\!=} \frac{8}{3\sqrt{3}}\int_{-\frac{\pi}{6}}^{\frac{\pi}{6}} \frac{\frac{\sqrt{3}}{2}\sec^2 t dt}{\left(\sec^2 t\right)^{3/2}}\\ &= \frac{4}{3}\int_{-\frac{\pi}{6}}^{\frac{\pi}{6}} \cos t dt = \frac{4}{3}\sin t\Big|_{-\frac{\pi}{6}}^{\frac{\pi}{6}} = \frac{4}{3}.\end{aligned}$$

(3) 因为

$$\begin{aligned}\int_0^{\frac{\pi}{2}} e^x\sin x dx &= \int_0^{\frac{\pi}{2}} \sin x de^x = e^x\sin x\Big|_0^{\frac{\pi}{2}} - \int_0^{\frac{\pi}{2}} e^x\cos x dx\\ &= e^{\frac{\pi}{2}} - \int_0^{\frac{\pi}{2}} \cos x de^x = e^{\frac{\pi}{2}} - e^x\cos x\Big|_0^{\frac{\pi}{2}} - \int_0^{\frac{\pi}{2}} e^x\sin x dx\end{aligned}$$

$$=\mathrm{e}^{\frac{\pi}{2}}+1-\int_0^{\frac{\pi}{2}}\mathrm{e}^x\sin x\mathrm{d}x,$$

所以

$$\int_0^{\frac{\pi}{2}}\mathrm{e}^x\sin x\mathrm{d}x=\frac{1}{2}(\mathrm{e}^{\frac{\pi}{2}}+1).$$

(4)

$$\int_0^1 x^2\sqrt{\frac{1-x}{1+x}}\mathrm{d}x=\int_0^1\frac{x^2(1-x)}{\sqrt{1-x^2}}\mathrm{d}x\xlongequal{x=\sin t}\int_0^{\frac{\pi}{2}}\frac{\sin^2 t(1-\sin t)}{\cos t}\cos t\mathrm{d}t$$

$$=\int_0^{\frac{\pi}{2}}(\sin^2 t-\sin^3 t)\mathrm{d}t=\int_0^{\frac{\pi}{2}}\frac{1-\cos 2t}{2}\mathrm{d}t+\int_0^{\frac{\pi}{2}}(1-\cos^2 t)\mathrm{d}\cos t$$

$$=\left(\frac{t}{2}-\frac{\sin 2t}{4}\right)\Bigg|_0^{\frac{\pi}{2}}+\left(\cos t-\frac{1}{3}\cos^3 t\right)\Bigg|_0^{\frac{\pi}{2}}=\frac{\pi}{4}-\frac{2}{3}.$$

(5)

$$\begin{aligned}\int_0^{\frac{\pi}{2}}\frac{\cos\theta}{\sin\theta+\cos\theta}\mathrm{d}\theta&=\frac{1}{2}\int_0^{\frac{\pi}{2}}\frac{\cos\theta+\sin\theta-\sin\theta+\cos\theta}{\sin\theta+\cos\theta}\mathrm{d}\theta\\&=\frac{1}{2}\int_0^{\frac{\pi}{2}}\mathrm{d}\theta+\frac{1}{2}\int_0^{\frac{\pi}{2}}\frac{\mathrm{d}(\sin\theta+\cos\theta)}{\sin\theta+\cos\theta}\\&=\frac{\pi}{4}+\frac{1}{2}\ln|\sin\theta+\cos\theta|\Big|_0^{\frac{\pi}{2}}=\frac{\pi}{4}.\end{aligned}$$ □

7. 设 f 为连续函数. 证明:

(1) $\int_0^{\frac{\pi}{2}}f(\sin x)\mathrm{d}x=\int_0^{\frac{\pi}{2}}f(\cos x)\mathrm{d}x.$

(2) $\int_0^{\pi}xf(\sin x)\mathrm{d}x=\frac{\pi}{2}\int_0^{\pi}f(\sin x)\mathrm{d}x.$

证　(1)

$$\int_0^{\frac{\pi}{2}}f(\sin x)\mathrm{d}x\xlongequal{x=\frac{\pi}{2}-t}-\int_{\frac{\pi}{2}}^0 f(\cos t)\mathrm{d}t=\int_0^{\frac{\pi}{2}}f(\cos t)\mathrm{d}t=\int_0^{\frac{\pi}{2}}f(\cos x)\mathrm{d}x.$$

(2) 因为

$$\begin{aligned}\int_0^{\pi}xf(\sin x)\mathrm{d}x&\xlongequal{x=\pi-t}-\int_{\pi}^0(\pi-t)f(\sin t)\mathrm{d}t\\&=\pi\int_0^{\pi}f(\sin t)\mathrm{d}t-\int_0^{\pi}tf(\sin t)\mathrm{d}t\\&=\pi\int_0^{\pi}f(\sin x)\mathrm{d}x-\int_0^{\pi}xf(\sin x)\mathrm{d}x,\end{aligned}$$

所以

$$\int_0^{\pi} xf(\sin x)\mathrm{d}x = \frac{\pi}{2}\int_0^{\pi} f(\sin x)\mathrm{d}x. \qquad \square$$

8. 设 f 为 $[0,2\pi]$ 上的单调递减函数. 证明: 对任何正整数 n 恒有

$$\int_0^{2\pi} f(x)\sin nx\mathrm{d}x \geqslant 0.$$

证 由积分第二中值定理可知, $\exists\xi\in[0,2\pi]$ 使得

$$\begin{aligned}\int_0^{2\pi} f(x)\sin nx\mathrm{d}x =& f(0)\int_0^{\xi}\sin nx\mathrm{d}x + f(2\pi)\int_{\xi}^{2\pi}\sin nx\mathrm{d}x\\ =& -f(0)\frac{\cos nx}{n}\bigg|_0^{\xi} - f(2\pi)\frac{\cos nx}{n}\bigg|_{\xi}^{2\pi}\\ =&\frac{f(0)(1-\cos n\xi)-f(2\pi)(1-\cos n\xi)}{n}\\ =&\frac{f(0)-f(2\pi)}{n}(1-\cos n\xi)\geqslant 0.\end{aligned} \qquad \square$$

9.(1) 试证: 开区间上的任何连续函数在该区间上都有原函数.

(2) 试证: 如果 $f\in C^{(1)}[a,b]$, 则 f 可以表示成区间 $[a,b]$ 上的两个不减函数之差.

证 (1) 设开区间为 (a,b), $f\in C(a,b)$. 任取 $x_0\in(a,b)$, 记

$$F(x) = \int_{x_0}^{x} f(x)\mathrm{d}x, x\in(a,b).$$

则易知 $F'(x)=f(x)$, 因此结论成立.

(2) 因为 $f\in C^{(1)}[a,b]$, 所以 $(f')_+ := \max\{f',0\}, (f')_- := -\min\{f',0\}\in C[a,b]$, 进而 $(f')_+,(f')_-\in\mathcal{R}[a,b]$. 注意到 $f'=(f')_+-(f')_-$, 则我们有

$$\begin{aligned}f(x) =& \int_{\frac{a+b}{2}}^{x} f'(x)\mathrm{d}x + f\left(\frac{a+b}{2}\right)\\ =&\left(\int_{\frac{a+b}{2}}^{x}(f')_+\mathrm{d}x\right) - \left(\int_{\frac{a+b}{2}}^{x}(f')_-\mathrm{d}x - f\left(\frac{a+b}{2}\right)\right) =: f_1(x)-f_2(x),\end{aligned}$$

显然 $f_1'=(f')_+\geqslant 0$, $f_2'=(f')_-\geqslant 0$, 故 f_1 和 f_2 单调不减, 从而结论成立. $\square$

10. 试证: 如果 $f\in C(\mathbb{R})$, 则对于任意确定的区间 $[a,b]$, 根据给定的 $\varepsilon>0$, 可以取 $\delta>0$, 使在区间 $[a,b]$ 上成立不等式 $|F_\delta(x)-f(x)|<\varepsilon$, 其中 F_δ 是例 9 中的平均函数.

证 记 $G_\delta(x) := F_\delta(x)-f(x)$, 则由《讲义》5.2.3 小节例 9 和命题 8 的结论可知 $G_\delta\in C(\mathbb{R})$, 且 $\forall x\in\mathbb{R}$, $\lim\limits_{\delta\to+0} G_\delta(x)=0$. 因为 $G_\delta(x)\in C[a,b]$, 所以 $G_\delta(x)$

于 $[a,b]$ 上一致连续, 因此 $\forall\varepsilon>0$, $\exists\gamma>0$, 使得 $\forall x',x''\in[a,b]$, $|x'-x''|<\gamma$, 都有

$$|G_\delta(x')-G_\delta(x'')|<\frac{\varepsilon}{2}.$$

将 $[a,b]$ 作 $\left[\dfrac{b-a}{\gamma}\right]+1=:n$ 等分, 记为 Δ_i, $i=1,\cdots,n$, 则每一个小区间的长度 $\Delta x_i<\gamma$. 现在, $\forall i\in\{1,\cdots,n\}$, 任取 $\xi_i\in\Delta_i$, 从而由 $\lim\limits_{\delta\to+0}G_\delta(\xi_i)=0$ 可知, $\exists\delta_i>0$, 使得 $|G_\delta(\xi_i)|<\dfrac{\varepsilon}{2}$. 令 $\delta=\min\{\delta_1,\cdots,\delta_n\}$, 则 $\delta>0$. $\forall x\in[a,b]$, 显然 $\exists i_x\in\{1,\cdots,n\}$ 使得 $x\in\Delta_{i_x}$, 因此我们有

$$|G_\delta(x)|\leqslant|G_\delta(x)-G_\delta(\xi_{i_x})|+|G_\delta(\xi_{i_x})|<\frac{\varepsilon}{2}+\frac{\varepsilon}{2}=\varepsilon. \qquad \square$$

11. 试证: 如果 $f:\mathbb{R}\to\mathbb{R}$ 是在每个闭区间 $[a,b]\subset\mathbb{R}$ 上可积的周期函数, 则函数

$$F(x)=\int_a^x f(t)\mathrm{d}t$$

可以表示成线性函数与周期函数之和的形式.

证 设 f 的周期为 $T>0$. 记 $\bar{f}:=\dfrac{1}{T}\displaystyle\int_0^T f(s)\mathrm{d}s$, $F_1(x):=\displaystyle\int_a^x(f(t)-\bar{f})\mathrm{d}t$, $F_2(x)=\displaystyle\int_a^x\bar{f}\mathrm{d}t$, 显然 $F_2(x)=\bar{f}\cdot(x-a)$ 为线性函数, 且

$$F(x)=\int_a^x(f(t)-\bar{f})\mathrm{d}t+\int_a^x\bar{f}\mathrm{d}t=F_1(x)+F_2(x).$$

往证 F_1 为周期函数. 因为 $f(t)-\bar{f}$ 的周期也是 T, 所以 $\forall x\in\mathbb{R}$,

$$F_1(x+T)-F_1(x)=\int_a^{x+T}(f(t)-\bar{f})\mathrm{d}t-\int_a^x(f(t)-\bar{f})\mathrm{d}t$$
$$=\int_x^{x+T}(f(t)-\bar{f})\mathrm{d}t=\int_0^T(f(t)-\bar{f})\mathrm{d}t=\int_0^T f(t)\mathrm{d}t-\bar{f}T=0,$$

因此 F_1 是以 T 为周期的周期函数. $\square$

12. 若 f 在 $[0,1]$ 上连续可微, 且 $f(0)=0$, 则

$$\int_0^1|f(x)f'(x)|\mathrm{d}x\leqslant\frac{1}{2}\int_0^1|f'(x)|^2\mathrm{d}x.$$

证 令 $g(x)=\displaystyle\int_0^x|f'(t)|\mathrm{d}t$, $x\in[0,1]$. 显然 $g'(x)=|f'(x)|$. 由 $f(0)=0$ 可知

$$|f(x)|=|f(x)-f(0)|=\left|\int_0^x f'(t)\mathrm{d}t\right|\leqslant\int_0^x|f'(t)|\mathrm{d}t=g(x),$$

所以由施瓦茨不等式可知

$$\begin{aligned}\int_0^1 |f(x)f'(x)|\mathrm{d}x &\leqslant \int_0^1 g(x)|f'(x)|\mathrm{d}x = \int_0^1 g(x)g'(x)\mathrm{d}x\\ &= \int_0^1 g(x)\mathrm{d}g(x) = \frac{1}{2}g^2(x)\Big|_0^1 = \frac{1}{2}(g^2(1)-0)\\ &= \frac{1}{2}\left(\int_0^1 |f'(t)|\mathrm{d}t\right)^2 = \frac{1}{2}\left(\int_0^1 1\cdot|f'(t)|\mathrm{d}t\right)^2\\ &\leqslant \frac{1}{2}\cdot\int_0^1 1^2\mathrm{d}t\cdot\int_0^1 |f'(t)|^2\mathrm{d}t = \frac{1}{2}\int_0^1 |f'(x)|^2\mathrm{d}x.\end{aligned}$$ □

注 采用分段处理的方法, 我们可类似地证明如下结论: 若 f 在 $[0,1]$ 上连续可微, 且 $f(0)=f(1)=0$, 则

$$\int_0^1 |f(x)f'(x)|\mathrm{d}x \leqslant \frac{1}{4}\int_0^1 |f'(x)|^2\mathrm{d}x.$$

5.2.4 定积分的一些应用

一、知识点总结与补充

1. 定向区间的可加函数和积分

(1) 基本性质:

- $\forall \alpha,\beta,\gamma\in[a,b]$, $I(\alpha,\gamma)=I(\alpha,\beta)+I(\beta,\gamma)$.
- $I(\alpha,\alpha)=0$.
- $I(\alpha,\beta)=-I(\beta,\alpha)$.
- $F(x):=I(a,x)$, $I(\alpha,\beta)=F(\beta)-F(\alpha)$.

(2) 可加函数能由积分产生的一个充分条件: 设可加函数 $I(\alpha,\beta)$ 对于区间 $[a,b]$ 的点 α,β 有定义, 且存在函数 $f\in\mathcal{R}[a,b]$, 它与 I 以下述方式相联系: 对于任意区间 $[\alpha,\beta], a\leqslant\alpha<\beta\leqslant b$, 成立关系:

$$\inf_{x\in[\alpha,\beta]} f(x)(\beta-\alpha) \leqslant I(\alpha,\beta) \leqslant \sup_{x\in[\alpha,\beta]} f(x)(\beta-\alpha).$$

那么

$$I(a,b)=\int_a^b f(x)\mathrm{d}x.$$

2. 道路的长度

(1) 曲线: 简单道路 (参数化曲线) 与任意道路的区别在于当我们沿着它的承载子运动时不会回到曾经经过的任何点, 亦即在任何地方它都不与自己的轨迹相交, 除非是在终点 (此时, 给定的简单道路是闭的).

(2) 道路的长度的计算公式: 光滑道路 ($C^{(1)}$ 类道路)$\Gamma:[a,b]\to\mathbb{R}^3$, $\Gamma(t)=(x(t),y(t),z(t))=\boldsymbol{r}(t)$, 速度 $\boldsymbol{v}(t)=(\dot{x}(t),\dot{y}(t),\dot{z}(t))$,

• 弧微分:

$$\mathrm{d}s=\sqrt{(\mathrm{d}x)^2+(\mathrm{d}y)^2+(\mathrm{d}z)^2}=\sqrt{\dot{x}^2(t)+\dot{y}^2(t)+\dot{z}^2(t)}\mathrm{d}t=|\boldsymbol{v}(t)|\mathrm{d}t.$$

• $\mathbb{R}^3$ 中的光滑道路:

$$l[a,b]=\int_a^b\sqrt{\dot{x}^2(t)+\dot{y}^2(t)+\dot{z}^2(t)}\mathrm{d}t=\int_a^b\mathrm{d}s.$$

• $\mathbb{R}^2$ 中的光滑道路: $z(t)\equiv 0$,

$$l[a,b]=\int_a^b\sqrt{\dot{x}^2(t)+\dot{y}^2(t)}\mathrm{d}t.$$

• $\mathbb{R}^2$ 中的光滑曲线 (直角坐标): 函数 $y=f(x)$, $x\in[a,b]$, 曲线 $\Gamma:[a,b]\to\mathbb{R}^2$, $\Gamma(x)=(x,f(x))$,

$$l[a,b]=\int_a^b\sqrt{1+(f')^2(x)}\mathrm{d}x.$$

• $\mathbb{R}^2$ 中的光滑曲线 (极坐标): $r=r(\theta)$, $\theta\in[\alpha,\beta]$,

$$l(\alpha,\beta)=\int_\alpha^\beta\sqrt{r^2(\theta)+(r')^2(\theta)}\mathrm{d}\theta.$$

(3) 光滑道路的长度与 x, y, z 坐标系和参数形式选取的无关性:

• 定义: 称道路 $\tilde{\Gamma}:[\alpha,\beta]\to\mathbb{R}^3$ 是从道路 $\Gamma:[a,b]\to\mathbb{R}^3$ 借助于参数的容许替换得出的, 如果存在光滑映射 $T:[\alpha,\beta]\to[a,b]$ 使 $T(\alpha)=a, T(\beta)=b$, 在 $[\alpha,\beta]$ 上有 $T'(\tau)>0$, 且 $\tilde{\Gamma}=\Gamma\circ T$.

• 命题: 如果光滑道路 $\tilde{\Gamma}:[\alpha,\beta]\to\mathbb{R}^3$ 是从光滑道路 $\Gamma:[a,b]\to\mathbb{R}^3$ 借助于参数的容许替换得出的, 则这两条道路的长相等.

• 曲线的长不依赖于它的光滑参数形式的选取.

• 分段光滑道路的长定义为组成它的诸光滑道路长之和, 分段光滑道路的长经过参数的容许替换仍然不变.

3. 平面图形的面积

(1) 直角坐标系下曲边梯形的面积的计算公式:

• 曲边直角梯形的代数面积: $G=\{(x,y):a\leqslant x\leqslant b, y(y-f(x))\leqslant 0\}$, $f\in C[a,b]$,

$$\widetilde{S}(a,b)=\int_a^b f(x)\mathrm{d}x.$$

• 曲边直角梯形的面积: $G=\{(x,y):a\leqslant x\leqslant b,y(y-f(x))\leqslant 0\}$, $f\in C[a,b]$,

$$S(a,b)=\int_a^b|f(x)|\mathrm{d}x.$$

• x 型域的面积: $G=\{(x,y):a\leqslant x\leqslant b,(y-f_1(x))(y-f_2(x))\leqslant 0\}$, $f_1,f_2\in C[a,b]$,

$$S(a,b)=\int_a^b|f_2(x)-f_1(x)|\mathrm{d}x.$$

• y 型域的面积: $G=\{(x,y):c\leqslant y\leqslant d,(x-g_1(y))(x-g_2(y))\leqslant 0\}$, $g_1,g_2\in C[c,d]$,

$$S(c,d)=\int_c^d|g_2(y)-g_1(y)|\mathrm{d}y.$$

(2) 极坐标系下平面图形的面积的计算公式:

• 曲边扇形的面积: $G=\{(r,\theta):\alpha\leqslant\theta\leqslant\beta,(r-r_1(\theta))(r-r_2(\theta))\leqslant 0\}$, $r_1,r_2\in C[\alpha,\beta]$,

$$S(\alpha,\beta)=\frac{1}{2}\int_\alpha^\beta|r_2^2(\theta)-r_1^2(\theta)|\mathrm{d}\theta.$$

4. 已知平行截面面积的立体的体积

(1) 已知平行截面面积的立体的体积的一般计算公式: $x\in[a,b]$, 截面面积 $S(x)\in C[a,b]$,

$$V(a,b)=\int_a^b S(x)\mathrm{d}x.$$

(2) 旋转体 (绕 x 轴旋转) 的体积的计算公式: 曲边直角梯形 $G=\{(x,y):a\leqslant x\leqslant b,y(y-f(x))\leqslant 0\}$ 绕 x 轴旋转一周所得的旋转体, $f\in C[a,b]$,

$$V(a,b)=\pi\int_a^b f^2(x)\mathrm{d}x.$$

(3) 旋转体 (绕 y 轴旋转) 的体积的计算公式: 曲边直角梯形 $G=\{(x,y):0\leqslant a\leqslant x\leqslant b,0\leqslant y\leqslant f(x)\}$ 绕 y 轴旋转一周所得的旋转体, $f\in C[a,b]$,

$$V(a,b)=2\pi\int_a^b xf(x)\mathrm{d}x.$$

5. 椭圆积分

(1) 第一类椭圆积分:

- 第一类勒让德椭圆积分:

$$F(k,\varphi)=\int_0^{\varphi}\frac{\mathrm{d}\theta}{\sqrt{1-k^2\sin^2\theta}}.$$

- 第一类全椭圆积分: $K(k)=F\left(k,\dfrac{\pi}{2}\right)$.

(2) 第二类椭圆积分:

- 第二类勒让德椭圆积分:

$$E(k,\varphi)=\int_0^{\varphi}\sqrt{1-k^2\sin^2\theta}\mathrm{d}\theta.$$

- 第二类全椭圆积分: $E(k)=E\left(k,\dfrac{\pi}{2}\right)$.
- 椭圆

$$\frac{x^2}{a^2}+\frac{y^2}{b^2}=1,\quad a\geqslant b>0$$

的周长 $l=4aE(k)$.

二、例题讲解

1. 悬链线 $y=\dfrac{1}{2}(\mathrm{e}^x+\mathrm{e}^{-x})$ 在 $x\in[0,u]$ 上的一段弧长和曲边梯形面积分别记为 $l(u)$ 和 $S(u)$. 证明: $\forall u>0$, $l(u)=S(u)$.

证　显然 $y'=\dfrac{1}{2}(\mathrm{e}^x-\mathrm{e}^{-x})$, 所以

$$\sqrt{1+(y')^2}=\sqrt{1+\frac{1}{4}(\mathrm{e}^x-\mathrm{e}^{-x})^2}=\frac{1}{2}(\mathrm{e}^x+\mathrm{e}^{-x})=y,$$

因此弧长

$$l(u)=\int_0^u\sqrt{1+(y')^2}\mathrm{d}x=\int_0^u y\mathrm{d}x,$$

而曲边梯形面积 $S(u)=\displaystyle\int_0^u y\mathrm{d}x$, 故 $l(u)=S(u)$. □

2. 设阿基米德螺线 $r=a\theta$, $a>0$, $\theta\geqslant 0$, $S_0(0\leqslant\theta\leqslant 2\pi)$, $S_1(2\pi\leqslant\theta\leqslant 4\pi),\cdots$ 分别表示螺线每相邻两卷之间的面积. 证明: $S_1,S_2,\cdots$ 为等差数列.

证　对 $k=0,1,\cdots$, 记 $A_0=S_0,A_1=S_0+S_1,A_2=S_0+S_1+S_2,\cdots$, 则我们有

$$A_k=\frac{1}{2}\int_{2k\pi}^{2(k+1)\pi}(a\theta)^2\mathrm{d}\theta=\frac{1}{2}a^2\cdot\frac{1}{3}\theta^3\bigg|_{2k\pi}^{2(k+1)\pi}=\frac{4}{3}a^2\pi^3(3k^2+3k+1).$$

所以 $S_0=A_0=\dfrac{4}{3}a^2\pi^3$, 且对 $k=1,2,\cdots$,

$$S_k=A_k-A_{k-1}=\frac{4}{3}a^2\pi^3\big((3k^2+3k+1)-(3(k-1)^2+3(k-1)+1)\big)=8a^2\pi^3k,$$

故 $S_1,S_2,\cdots$ 为等差数列. □

3. 求 $0\leqslant y\leqslant\sin x,\ 0\leqslant x\leqslant\pi$ 所示平面图形绕 y 轴旋转所得立体的体积.

解 1

$$V=2\pi\int_0^{\pi}x\sin x\mathrm{d}x=2\pi^2.$$

解 2

$$\begin{aligned}V&=\pi\int_0^1(\pi-\arcsin y)^2\mathrm{d}y-\pi\int_0^1(\arcsin y)^2\mathrm{d}y\\&=\pi\int_0^1(\pi^2-2\pi\arcsin y)\mathrm{d}y=2\pi^2.\end{aligned}$$ □

三、习题参考解答 (5.2.4 小节)

1. 抛物线 $y^2=2x$ 把圆 $x^2+y^2\leqslant 8$ 分成两部分, 求这两部分面积之比.

解 由面积公式可知

$$S_{小}=2\int_0^2\left(\sqrt{8-y^2}-\frac{y^2}{2}\right)\mathrm{d}y=2\pi+\frac{4}{3},$$

所以

$$S_{大}=S_{圆}-S_{小}=8\pi-\left(2\pi+\frac{4}{3}\right)=6\pi-\frac{4}{3},$$

因此

$$\frac{S_{小}}{S_{大}}=\frac{2\pi+\dfrac{4}{3}}{6\pi-\dfrac{4}{3}}=\frac{3\pi+2}{9\pi-2}.$$ □

2. 求心形线 $r=a(1+\cos\theta)(a>0)$ 所围图形的面积.

解 由极坐标下的面积公式可知

$$S=2\cdot\frac{1}{2}\int_0^{\pi}a^2(1+\cos\theta)^2\mathrm{d}\theta=\frac{3}{2}\pi a^2.$$ □

3. 求二曲线 $r=\sin\theta$ 与 $r=\sqrt{3}\cos\theta$ 所围公共部分的面积.

解 由极坐标下的面积公式可知

$$S=\frac{1}{2}\int_0^{\frac{\pi}{3}}\sin^2\theta\mathrm{d}\theta+\frac{1}{2}\int_{\frac{\pi}{3}}^{\frac{\pi}{2}}3\cos^2\theta\mathrm{d}\theta=\frac{5\pi}{24}-\frac{\sqrt{3}}{4}.$$ □

4. 求下列平面曲线绕轴旋转所围成立体的体积:

(1) $y=\sin x$, $0\leqslant x\leqslant\pi$, 绕 x 轴.

(2) $r=a(1+\cos\theta)(a>0)$, 绕极轴.

(3) $\dfrac{x^2}{a^2}+\dfrac{y^2}{b^2}=1$, 绕 y 轴.

解 (1)

$$V=\pi\int_0^{\pi}\sin^2 x\mathrm{d}x=\frac{\pi^2}{2}.$$

(2)

$$\begin{aligned}V=&\pi\int_{-\frac{a}{4}}^{2a}y_{外}^2\mathrm{d}x-\pi\int_{-\frac{a}{4}}^{0}y_{内}^2\mathrm{d}x\\=&\pi\int_{\frac{2}{3}\pi}^{0}a^2(1+\cos\theta)^2\sin^2\theta(a(1+\cos\theta)\cos\theta)'\mathrm{d}\theta\\&-\pi\int_{\frac{2}{3}\pi}^{\pi}a^2(1+\cos\theta)^2\sin^2\theta(a(1+\cos\theta)\cos\theta)'\mathrm{d}\theta\\=&\pi\int_{\pi}^{0}a^2(1+\cos\theta)^2\sin^2\theta(a(1+\cos\theta)\cos\theta)'\mathrm{d}\theta\\=&\pi a^3\int_{\pi}^{0}(1+\cos^2\theta+2\cos\theta)\sin^2\theta(-\sin\theta\cos\theta-(1+\cos\theta)\sin\theta)\mathrm{d}\theta\\=&\pi a^3\int_0^{\pi}(\sin^3\theta+2\sin^3\theta\cos\theta+\sin^3\theta\cos^2\theta)(1+2\cos\theta)\mathrm{d}\theta=\frac{8}{3}\pi a^3.\end{aligned}$$

注 这里相当于利用柱坐标, 另一个公式 (利用球坐标公式 $\int_0^{2\pi}\mathrm{d}\varphi\int_0^{\pi}\mathrm{d}\theta\cdot\int_0^{r}\rho^2\sin\theta\mathrm{d}\rho$):

$$V=\frac{2}{3}\pi\int_0^{\pi}r^3\sin\theta\mathrm{d}\theta=\frac{8}{3}\pi a^3.$$

(3)

$$V=\pi\int_{-b}^{b}x^2\mathrm{d}y=2\pi\int_0^{b}x^2\mathrm{d}y=2\pi\int_0^{b}a^2\left(1-\frac{y^2}{b^2}\right)\mathrm{d}y=\frac{4}{3}\pi a^2 b.$$ □

5. 导出曲边梯形 $0\leqslant y\leqslant f(x)$, $0\leqslant a\leqslant x\leqslant b$ 绕 y 轴旋转所得立体的体积公式为

$$V=2\pi\int_a^b xf(x)\mathrm{d}x.$$

证　根据体积的概念, 应当成立以下关系: 如果 $a \leqslant \alpha < \beta < \gamma \leqslant b$, 则

$$V(\alpha, \gamma) = V(\alpha, \beta) + V(\beta, \gamma)$$

且

$$2\pi \inf_{x\in[\alpha,\beta]} xf(x)(\beta-\alpha) \leqslant V(\alpha, \beta) \leqslant 2\pi \sup_{x\in[\alpha,\beta]} xf(x)(\beta-\alpha).$$

因此, 根据《讲义》5.2.4 小节命题 9, 有

$$V = 2\pi \int_a^b xf(x)\mathrm{d}x.$$

□

6. 求下列曲线的弧长:

(1) $x = a\cos^3 t$, $y = a\sin^3 t(a > 0)$, $0 \leqslant t \leqslant 2\pi$.

(2) $x = a(\cos t + t\sin t)$, $y = a(\sin t - t\cos t)(a > 0)$, $0 \leqslant t \leqslant 2\pi$.

(3) $r = a\sin^3 \dfrac{\theta}{3}(a > 0)$, $0 \leqslant \theta \leqslant 3\pi$.

解　(1) 由弧长公式可知

$$l = \int_0^{2\pi} \sqrt{\dot{x}^2(t) + \dot{y}^2(t)}\mathrm{d}t = \int_0^{2\pi} 3a\sqrt{\sin^2 t\cos^2 t}\mathrm{d}t = 6a.$$

(2) 由弧长公式可知

$$l = \int_0^{2\pi} \sqrt{\dot{x}^2(t) + \dot{y}^2(t)}\mathrm{d}t = \int_0^{2\pi} at\mathrm{d}t = 2\pi^2 a.$$

(3) 由极坐标下的弧长公式可知

$$l = \int_0^{3\pi} \sqrt{r^2(\theta) + (r')^2(\theta)}\mathrm{d}\theta = \int_0^{3\pi} a\sin^2 \frac{\theta}{3}\mathrm{d}\theta = \frac{3}{2}\pi a.$$

□

7. 一个直径为 20m 的半球形容器内盛满了水. 试问把水抽尽需做多少功?

解　取球心为坐标原点, 半球形容器的底部为 x 轴正半轴, 则我们有

$$W = \int_0^{10} gx\pi\left(\left(\frac{20}{2}\right)^2 - x^2\right)\mathrm{d}x = 2500g\pi.$$

□

8. 半径为 r 的球体沉入水中, 其比重与水相同. 试问将球体从水中捞出需做多少功?

解　因为球体的比重与水相同, 故可设球体刚好位于水面下, 即球体顶部与水面在同一水平面上, 取垂直向下的方向为 x 轴正半轴, 球心为坐标原点, 则我们有

$$W = \int_{-r}^{r} g(r-x)\pi(r^2 - x^2)\mathrm{d}x = \frac{4}{3}g\pi r^4.$$

□

5.2.5 反常积分

一、知识点总结与补充

1. 反常积分的基本概念

(1) 定义:

$$\int_a^{\omega} f(x)\mathrm{d}x := \lim_{b\to\omega}\int_a^b f(x)\mathrm{d}x.$$

- 无穷 (限) 积分: $\omega=+\infty$.
- 瑕积分: $\omega\in\mathbb{R}$.

(2) 绝对收敛: 称反常积分是绝对收敛的, 如果积分 $\displaystyle\int_a^{\omega}|f(x)|\mathrm{d}x$ 收敛.

(3) 条件收敛: 反常积分如果收敛, 但不绝对收敛, 则说它是条件收敛的反常积分.

(4) 瑕点 ω 为积分区间 $[a,b]$ 的内点:

$$\int_a^b f(x)\mathrm{d}x =: \int_a^{\omega} f(x)\mathrm{d}x + \int_{\omega}^b f(x)\mathrm{d}x.$$

(5) 两个奇异点: 任取 (ω_1,ω_2) 中一点 c,

$$\int_{\omega_1}^{\omega_2} f(x)\mathrm{d}x =: \int_{\omega_1}^{c} f(x)\mathrm{d}x + \int_{c}^{\omega_2} f(x)\mathrm{d}x.$$

(6) 主值积分 (瑕点 ω 为积分区间 $[a,b]$ 的内点):

$$\begin{aligned}&\text{V.P.}\int_a^b f(x)\mathrm{d}x = \text{P.V.}\int_a^b f(x)\mathrm{d}x\\ :=&\lim_{\delta\to+0}\left(\int_a^{\omega-\delta} f(x)\mathrm{d}x+\int_{\omega+\delta}^b f(x)\mathrm{d}x\right)=\lim_{\delta\to+0}\int_{[a,b]\setminus U^{\delta}(\omega)} f(x)\mathrm{d}x.\end{aligned}$$

(7) 主值积分 (实数轴上的积分):

$$\text{V.P.}\int_{-\infty}^{+\infty} f(x)\mathrm{d}x = \text{P.V.}\int_{-\infty}^{+\infty} f(x)\mathrm{d}x := \lim_{R\to+\infty}\int_{-R}^{R} f(x)\mathrm{d}x.$$

2. 反常积分的基本性质

设 $x\mapsto f(x)$ 和 $x\mapsto g(x)$ 是定义在区间 $[a,\omega)$ 上且在任何闭区间 $[a,b]\subset[a,\omega)$ 上可积的函数. 设对它们能定义反常积分 $\displaystyle\int_a^{\omega} f(x)\mathrm{d}x$ 和 $\displaystyle\int_a^{\omega} g(x)\mathrm{d}x$.

(1) 如果 $\omega\in\mathbb{R}, f\in\mathcal{R}[a,\omega]$, 则积分 $\displaystyle\int_a^{\omega} f(x)\mathrm{d}x$ 的值, 无论理解做反常积分还是常义积分都是一样的.

(2) 对于任何 $\lambda_1, \lambda_2 \in \mathbb{R}$, 函数 $\lambda_1 f + \lambda_2 g$ 在反常积分意义下在 $[a, \omega)$ 上可积, 而且成立等式

$$\int_a^\omega (\lambda_1 f + \lambda_2 g)(x)\mathrm{d}x = \lambda_1 \int_a^\omega f(x)\mathrm{d}x + \lambda_2 \int_a^\omega g(x)\mathrm{d}x.$$

(3) 如果 $c \in [a, \omega)$, 则

$$\int_a^\omega f(x)\mathrm{d}x = \int_a^c f(x)\mathrm{d}x + \int_c^\omega f(x)\mathrm{d}x.$$

(4) (变量替换) 如果 $\varphi : [\alpha, \gamma) \to [a, \omega)$ 是光滑、严格单调映射, $\varphi(\alpha) = a$, 且 $[\alpha, \gamma) \ni \beta \to \gamma$ 时有 $\varphi(\beta) \to \omega$, 那么, 函数 $t \mapsto (f \circ \varphi)(t)\varphi'(t)$ 在 $[\alpha, \gamma)$ 上的反常积分存在且成立等式

$$\int_a^\omega f(x)\mathrm{d}x = \int_\alpha^\gamma (f \circ \varphi)(t)\varphi'(t)\mathrm{d}t.$$

(5) (分部积分) 如果 $f, g \in C^{(1)}[a, \omega)$, 且存在极限 $\lim\limits_{[a,\omega)\ni x\to\omega} (f \cdot g)(x)$, 则函数 $f \cdot g'$ 和 $f' \cdot g$ 在区间 $[a, \omega)$ 上反常积分意义下同时可积或不可积, 且当它们可积时成立等式

$$\int_a^\omega (f \cdot g')(x)\mathrm{d}x = (f \cdot g)(x)\Big|_a^\omega - \int_a^\omega (f' \cdot g)(x)\mathrm{d}x.$$

其中

$$(f \cdot g)(x)\Big|_a^\omega = \lim_{[a,\omega)\ni x\to\omega} (f \cdot g)(x) - (f \cdot g)(a).$$

3. 反常积分收敛性的判别法

(1) 柯西判别法: 如果函数 $x \mapsto f(x)$ 定义在区间 $[a, \omega)$ 上, 而且在任何闭区间 $[a, b] \subset [a, \omega)$ 上可积, 则当且仅当对任何 $\varepsilon > 0$ 存在 $B \in [a, \omega)$ 使对一切 $b_1, b_2 \in [a, \omega), B < b_1, B < b_2$, 成立关系

$$\left|\int_{b_1}^{b_2} f(x)\mathrm{d}x\right| < \varepsilon$$

时, 积分 $\displaystyle\int_a^\omega f(x)\mathrm{d}x$ 收敛.

(2) 绝对收敛的反常积分必收敛且

$$\left|\int_a^\omega f(x)\mathrm{d}x\right| \leqslant \left|\int_a^\omega |f(x)|\mathrm{d}x\right|.$$

(3) 设非负函数 $f:[a,\omega)\to\mathbb{R}$ 满足 $f\in\mathcal{R}[a,b],\forall b\in[a,\omega)$. 则当且仅当函数 $F(b)=\int_a^b f(x)\mathrm{d}x$ 在 $[a,\omega)$ 上有界时, 反常积分 $\int_a^\omega f(x)\mathrm{d}x$ 存在.

(4) 级数收敛性的积分准则: 如果 $x\mapsto f(x)$ 是定义在 $[1,+\infty)$ 上的非负、不增且在每个闭区间 $[1,b]\subset[1,+\infty)$ 上可积的函数, 则级数

$$\sum_{n=1}^{\infty}f(n)=f(1)+f(2)+\cdots$$

和积分

$$\int_1^{\infty}f(x)\mathrm{d}x$$

同时收敛或同时发散.

(5) 反常积分的比较定理: 设函数 $x\mapsto f(x),x\mapsto g(x)$ 在区间 $[a,\omega)$ 上定义, 且在任何闭区间 $[a,b]\subset[a,\omega)$ 上可积. 如果在 $[a,\omega)$ 上有

$$0\leqslant f(x)\leqslant g(x),$$

则从积分 $\int_a^\omega g(x)\mathrm{d}x$ 的收敛性可以导出积分 $\int_a^\omega f(x)\mathrm{d}x$ 的收敛性, 而且成立不等式

$$\int_a^\omega f(x)\mathrm{d}x\leqslant\int_a^\omega g(x)\mathrm{d}x;$$

而积分 $\int_a^\omega f(x)\mathrm{d}x$ 的发散性可以导出积分 $\int_a^\omega g(x)\mathrm{d}x$ 的发散性.

(6) 积分收敛性的阿贝尔–狄利克雷准则: 设 $x\mapsto f(x),x\mapsto g(x)$ 是定义在区间 $[a,\omega)$ 上并在任何闭区间 $[a,b]\subset[a,\omega)$ 上可积的函数. 那么, 为使反常积分

$$\int_a^\omega(f\cdot g)(x)\mathrm{d}x$$

收敛, 只需成立

- 积分 $\int_a^\omega f(x)\mathrm{d}x$ 收敛,
- 函数 g 在 $[a,\omega)$ 上单调、有界;

或者成立

- 函数 $F(b)=\int_a^b f(x)\mathrm{d}x$ 在 $[a,\omega)$ 上有界,
- 函数 $g(x)$ 当 $x\to\omega,x\in[a,\omega)$ 时单调趋于零.

4. 一些特殊的反常积分

(1) 反常积分 $\int_1^{+\infty}\frac{\mathrm{d}x}{x^\alpha}$ 仅当 $\alpha>1$ 时收敛且

$$\int_1^{+\infty}\frac{\mathrm{d}x}{x^\alpha}=\frac{1}{\alpha-1},\quad \alpha>1.$$

(2) 反常积分 $\int_0^1\frac{\mathrm{d}x}{x^\alpha}$ 仅当 $\alpha<1$ 时收敛且

$$\int_0^1\frac{\mathrm{d}x}{x^\alpha}=\frac{1}{1-\alpha},\quad \alpha<1.$$

(3) 瑕积分 $\int_{x_0+0}\frac{\mathrm{d}x}{(x-x_0)^\alpha}$ 仅当 $\alpha<1$ 时收敛.

(4) 反常积分 $\int_0^{+\infty}\frac{\mathrm{d}x}{x^\alpha}$ 发散.

(5) 欧拉–泊松积分 (高斯积分): 积分 $\int_{-\infty}^{+\infty}\mathrm{e}^{-x^2}\mathrm{d}x$ 收敛且

$$\int_{-\infty}^{+\infty}\mathrm{e}^{-x^2}\mathrm{d}x=\sqrt{\pi}.$$

(6) 积分对数:

$$\operatorname{li}x=\begin{cases}\displaystyle\int_0^x\frac{\mathrm{d}t}{\ln t}, & 0<x<1,\\ \displaystyle\mathrm{V.P.}\int_0^x\frac{\mathrm{d}t}{\ln t}, & x>1.\end{cases}$$

在后一种情形, 符号 V.P. 涉及的是区间 $(0,x]$ 上唯一的内部奇异点 1.

二、例题讲解

1. 无穷积分 $\int_a^{+\infty}f(x)\mathrm{d}x$ 收敛与 $\lim\limits_{x\to+\infty}f(x)=0$ 的关系.

解 (1) $\lim\limits_{x\to+\infty}f(x)=0$ 不能推出 $\int_a^{+\infty}f(x)\mathrm{d}x$ 收敛, 反例: $f(x)=\frac{1}{x}$, $a=1$.

(2) $\int_a^{+\infty}f(x)\mathrm{d}x$ 收敛不能推出 $\lim\limits_{x\to+\infty}f(x)=0$, 反例:

$$f(x)=\begin{cases}0, & x\in\left[n-1,n-\dfrac{1}{n2^n}\right),\\ n, & x\in\left[n-\dfrac{1}{n2^n},n\right),\end{cases}\qquad n=1,2,\cdots.$$

显然 $\lim\limits_{x\to+\infty} f(x)\neq 0$ 且 f 于 $[0,+\infty)$ 无界, 又

$$\int_0^{+\infty} f(x)\mathrm{d}x=\lim_{n\to+\infty}\int_0^n f(x)\mathrm{d}x=\sum_{n=1}^{+\infty}\frac{n}{n2^n}=\sum_{n=1}^{+\infty}\frac{1}{2^n}=1.$$ □

2. 举例说明, 瑕积分 $\int_\omega^b f(x)\mathrm{d}x$ 收敛, 但 $\int_\omega^b f^2(x)\mathrm{d}x$ 不一定收敛.

解 $\int_0^1 \frac{1}{\sqrt{x}}\mathrm{d}x$ 收敛, 但 $\int_0^1\left(\frac{1}{\sqrt{x}}\right)^2\mathrm{d}x=\int_0^1\frac{1}{x}\mathrm{d}x$ 发散. □

3. 举例说明:

(1) 无穷积分 $\int_a^{+\infty} f(x)\mathrm{d}x$ 收敛, 但 $\int_a^{+\infty} f^2(x)\mathrm{d}x$ 不一定收敛.

(2) 无穷积分 $\int_a^{+\infty} f(x)\mathrm{d}x$ 绝对收敛, $\int_a^{+\infty} f^2(x)\mathrm{d}x$ 也不一定收敛.

解 (1) 反例: $\int_1^{+\infty}\frac{\sin x}{\sqrt{x}}\mathrm{d}x$ 收敛, 但

$$\int_1^{+\infty}\frac{\sin^2 x}{x}\mathrm{d}x=\frac{1}{2}\int_1^{+\infty}\left(\frac{1}{x}-\frac{\cos 2x}{x}\right)\mathrm{d}x \text{ 发散.}$$

(2) 反例:

$$f(x)=\begin{cases}0, & x\in\left[n-1,n-\dfrac{1}{4^n}\right),\\ (-2)^n, & x\in\left[n-\dfrac{1}{4^n},n\right),\end{cases}\qquad n=1,2,\cdots.$$

$$\int_0^{+\infty}|f(x)|\mathrm{d}x=\sum_{n=1}^{\infty}\frac{2^n}{4^n}=1,\quad \int_0^{+\infty}f^2(x)\mathrm{d}x=\sum_{n=1}^{\infty}\frac{4^n}{4^n}=+\infty.$$ □

4. 设 f 在 $[a,b)$ 上连续, b 为瑕点. 证明: 若 $\int_a^b f^2(x)\mathrm{d}x$ 收敛, 则 $\int_a^b f(x)\mathrm{d}x$ 必绝对收敛.

证 显然

$$|f(x)|\leqslant\frac{1}{2}(1+f^2(x)),$$

而 $\int_a^b(1+f^2(x))\mathrm{d}x$ 收敛, 所以由比较判别法可知, $\int_a^b|f(x)|\mathrm{d}x$ 收敛. □

5. 证明: 若无穷积分 $\int_a^{+\infty} f(x)\mathrm{d}x$ 绝对收敛, $\lim\limits_{x\to+\infty} g(x)=A$ 存在, 则 $\int_a^{+\infty} f(x)g(x)\mathrm{d}x$ 必绝对收敛.

证 因为 $\lim\limits_{x\to+\infty} g(x) = A$, 所以 $\exists N \in \mathbb{N}$ 使得, $\forall x > N$, $|g(x)| \leqslant M := \max\{|A+1|, |A-1|\}$, 进而有 $|f(x)g(x)| \leqslant M|f(x)|$, 因此由比较判别法可知 $\displaystyle\int_a^{+\infty} f(x)g(x)\mathrm{d}x$ 绝对收敛. □

注 若 $\displaystyle\int_a^{+\infty} f(x)\mathrm{d}x$ 改为条件收敛, 则 $\displaystyle\int_a^{+\infty} f(x)g(x)\mathrm{d}x$ 不一定收敛. 反例: $\displaystyle\int_a^{+\infty} f(x)\mathrm{d}x = \int_1^{+\infty} \frac{\sin x}{\sqrt{x}}\mathrm{d}x$ 条件收敛, $\lim\limits_{x\to+\infty} g(x) = \lim\limits_{x\to+\infty}\left(1 + \dfrac{\sin x}{\sqrt{x}}\right) = 1$,

$$\begin{aligned}\int_a^{+\infty} f(x)g(x)\mathrm{d}x &= \int_1^{+\infty}\left(\frac{\sin x}{\sqrt{x}} + \frac{\sin^2 x}{x}\right)\mathrm{d}x \\ &= \int_1^{+\infty}\frac{\sin x}{\sqrt{x}} + \frac{1}{2}\int_1^{+\infty}\left(\frac{1}{x} - \frac{\cos 2x}{x}\right)\mathrm{d}x\end{aligned}$$

发散.

6. 举例说明

$$\lim_{\mathbb{N}\ni n\to+\infty}\int_a^n f(x)\mathrm{d}x = A \tag{$*$}$$

未必蕴含着无穷积分

$$\int_a^{+\infty} f(x)\mathrm{d}x = \lim_{\mathbb{R}\ni u\to+\infty}\int_a^u f(x)\mathrm{d}x = A. \tag{$**$}$$

解 反例:

$$f(x) = \begin{cases} -1, & x \in \left[n-1, n-\dfrac{1}{2}\right), \\ 1, & x \in \left[n-\dfrac{1}{2}, n\right), \end{cases} \qquad n = 1, 2, \cdots.$$

记 $F(u) := \displaystyle\int_0^u f(x)\mathrm{d}x$. 因为 $F(n) = \displaystyle\int_0^n f(x)\mathrm{d}x = 0$, 所以 $\lim\limits_{\mathbb{N}\ni n\to+\infty}\displaystyle\int_0^n f(x)\mathrm{d}x = 0$. 又因为

$$F\left(n+\frac{1}{2}\right) = F(n) + \int_n^{n+\frac{1}{2}}(-1)\mathrm{d}x = 0 + \left(-\frac{1}{2}\right) = -\frac{1}{2},$$

所以

$$\lim_{\mathbb{N}\ni n\to+\infty} F\left(n+\frac{1}{2}\right) = -\frac{1}{2} \neq 0 = \lim_{\mathbb{N}\ni n\to+\infty} F(n),$$

因此 $\lim\limits_{\mathbb{R}\ni u\to+\infty}\displaystyle\int_0^u f(x)\mathrm{d}x$ 不存在, 即 $\displaystyle\int_0^{+\infty} f(x)\mathrm{d}x$ 不收敛. □

注 显然, 由归结原则可知, $(**)$ 蕴含着 $(*)$. 而若 f 不变号, 则 $F(u)$ 单调, 从而 $(*)$ 蕴含着 $(**)$.

7. 设 $\forall u>0$, 函数 $f(x)$ 于 $[0,u]$ 上可积. 证明: 若 $\lim\limits_{x\to+\infty}f(x)=0$, 且 $\lim\limits_{\mathbb{N}\ni n\to+\infty}\int_0^n f(x)\mathrm{d}x=A$, 则 $\int_0^{+\infty}f(x)\mathrm{d}x=A$.

证 因为 $\lim\limits_{x\to+\infty}f(x)=0$, 所以 $\forall\varepsilon>0$, $\exists X>0$, 使得 $\forall x>X$, $|f(x)|<\frac{\varepsilon}{2}$. 又由 $\lim\limits_{\mathbb{N}\ni n\to+\infty}\int_0^n f(x)\mathrm{d}x=A$ 可知, $\exists N\in\mathbb{N}$ 且 $N\geqslant X$, 使得 $\forall n>N$, $\left|\int_a^n f(x)\mathrm{d}x-A\right|<\frac{\varepsilon}{2}$. 因此当 $N<n<u\leqslant n+1$ 时,

$$\begin{aligned}\left|\int_a^u f(x)\mathrm{d}x-A\right|&\leqslant\left|\int_a^u f(x)\mathrm{d}x-\int_a^n f(x)\mathrm{d}x\right|+\left|\int_a^n f(x)\mathrm{d}x-A\right|\\&\leqslant\int_n^u|f(x)|\mathrm{d}x+\frac{\varepsilon}{2}\leqslant(u-n)\frac{\varepsilon}{2}+\frac{\varepsilon}{2}<\varepsilon,\end{aligned}$$

这就说明了

$$\int_0^{+\infty}f(x)\mathrm{d}x=\lim_{u\to+\infty}\int_a^u f(x)\mathrm{d}x=A. \qquad\square$$

三、习题参考解答 (5.2.5 小节)

1. 讨论下列无穷积分是否收敛? 若收敛, 则求其值:

(1) $\int_{-\infty}^{+\infty}\frac{\mathrm{d}x}{4x^2+4x+5}$. (2) $\int_0^{+\infty}\mathrm{e}^{-x}\sin x\mathrm{d}x$.

(3) $\int_{-\infty}^{+\infty}\mathrm{e}^{x}\sin x\mathrm{d}x$.

解 (1) 显然

$$\int_{-\infty}^{+\infty}\frac{\mathrm{d}x}{4x^2+4x+5}=\int_{-\infty}^{+\infty}\frac{\mathrm{d}x}{(2x+1)^2+2^2}=\frac{1}{4}\arctan\left(x+\frac{1}{2}\right)\Bigg|_{-\infty}^{+\infty}=\frac{\pi}{4}.$$

(2) 显然

$$\begin{aligned}\int_0^{+\infty}\mathrm{e}^{-x}\sin x\mathrm{d}x&=\lim_{b\to+\infty}\int_0^b\mathrm{e}^{-x}\sin x\mathrm{d}x\\&=\lim_{b\to+\infty}\left(-\frac{\mathrm{e}^{-x}}{2}(\sin x+\cos x)\right)\Bigg|_0^b=\frac{1}{2}.\end{aligned}$$

(3) 因为

$$\lim_{b\to+\infty}\int_0^b\mathrm{e}^{x}\sin x\mathrm{d}x=\lim_{b\to+\infty}\left(\frac{\mathrm{e}^{x}}{2}(\sin x-\cos x)\right)\Bigg|_0^b$$

不存在, 所以原无穷积分发散. □

2. 讨论下列瑕积分是否收敛? 若收敛, 则求其值:

(1) $\int_0^2 \frac{\mathrm{d}x}{\sqrt{|x-1|}}$.　　(2) $\int_0^1 \frac{\mathrm{d}x}{\sqrt{x-x^2}}$.

(3) $\int_0^1 \frac{\mathrm{d}x}{x(\ln x)^p}$.

解 (1) 瑕点为 1, 所以

$$\int_0^2 \frac{\mathrm{d}x}{\sqrt{|x-1|}} = \int_0^1 \frac{\mathrm{d}x}{\sqrt{1-x}} + \int_1^2 \frac{\mathrm{d}x}{\sqrt{x-1}}$$
$$= -2(1-x)^{\frac{1}{2}}\Big|_0^1 + 2(x-1)^{\frac{1}{2}}\Big|_1^2 = 4.$$

(2) 瑕点为 0 和 1, 所以

$$\int_0^1 \frac{\mathrm{d}x}{\sqrt{x-x^2}} = \int_0^{\frac{1}{2}} \frac{\mathrm{d}x}{\sqrt{x-x^2}} + \int_{\frac{1}{2}}^1 \frac{\mathrm{d}x}{\sqrt{x-x^2}}$$
$$= \int_0^{\frac{1}{2}} \frac{\mathrm{d}x}{\sqrt{\frac{1}{4}-\left(x-\frac{1}{2}\right)^2}} + \int_{\frac{1}{2}}^1 \frac{\mathrm{d}x}{\sqrt{\frac{1}{4}-\left(x-\frac{1}{2}\right)^2}}$$
$$= \arcsin(2x-1)\Big|_0^{\frac{1}{2}} + \arcsin(2x-1)\Big|_{\frac{1}{2}}^1 = \pi.$$

(3) 瑕点为 0 和 1, 所以

$$\int_0^1 \frac{\mathrm{d}x}{x(\ln x)^p} = \int_0^1 (\ln x)^{-p}\mathrm{d}\ln x = \begin{cases} \ln|\ln x|\Big|_0^1 = -\infty, & p=1, \\ \dfrac{1}{1-p}(\ln x)^{1-p}\Big|_0^1 = \infty, & p \neq 1, \end{cases}$$

因此发散. □

3. 证明: 若 $\int_a^{+\infty} f(x)\mathrm{d}x$ 收敛, 且存在极限 $\lim\limits_{x\to+\infty} f(x) = A$, 则 $A=0$.

证 反证法. 若 $\lim\limits_{x\to+\infty} f(x) = A \neq 0$, 不妨设 $A>0$. 则由极限的性质可知, $\exists M > a$ 使得, $\forall x > M$, $f(x) \geqslant \frac{A}{2} > 0$, 从而

$$\int_M^{+\infty} f(x)\mathrm{d}x \geqslant \int_M^{+\infty} \frac{A}{2}\mathrm{d}x = +\infty,$$

因此与 $\int_a^{+\infty} f(x)\mathrm{d}x$ 收敛矛盾. □

4. 证明: 若 f 在 $[a,+\infty)$ 上可导, 且 $\int_a^{+\infty} f(x)\mathrm{d}x$ 与 $\int_a^{+\infty} f'(x)\mathrm{d}x$ 都收敛, 则 $\lim\limits_{x\to+\infty} f(x)=0$.

证 设 $\int_a^{+\infty} f'(x)\mathrm{d}x=B$, 所以

$$B=\lim_{u\to+\infty}\int_a^u f'(x)\mathrm{d}x=\lim_{u\to+\infty} f(u)-f(a),$$

因此

$$\lim_{u\to+\infty} f(u)=f(a)+B=:A.$$

又由 $\int_a^{+\infty} f(x)\mathrm{d}x$ 收敛及习题 3 之结论可知 $\lim\limits_{x\to+\infty} f(x)=A=0$. □

5. 讨论下列无穷积分是绝对收敛还是条件收敛:

(1) $\int_1^{+\infty}\dfrac{\sin\sqrt{x}}{x}\mathrm{d}x$. (2) $\int_0^{+\infty}\dfrac{\operatorname{sgn}(\sin x)}{1+x^2}\mathrm{d}x$.

(3) $\int_{\mathrm{e}}^{+\infty}\dfrac{\ln(\ln x)}{\ln x}\sin x\mathrm{d}x$.

解 (1) 因为

$$\int_1^{+\infty}\frac{\sin\sqrt{x}}{x}\mathrm{d}x \xlongequal{t=\sqrt{x}} 2\int_1^{+\infty}\frac{\sin t}{t}\mathrm{d}t,$$

所以由《讲义》5.2.5 小节例 31 可知该无穷积分条件收敛.

(2) 因为

$$\left|\frac{\operatorname{sgn}(\sin x)}{1+x^2}\right|\leqslant\frac{1}{1+x^2},$$

所以该无穷积分绝对收敛.

(3) 当 $x\geqslant\mathrm{e}^3$ 时,

$$\left|\frac{\ln(\ln x)}{\ln x}\sin x\right|\geqslant\frac{\ln(\ln x)}{\ln x}\sin^2 x=\frac{\ln(\ln x)}{2\ln x}-\frac{\ln(\ln x)}{2\ln x}\cos 2x\geqslant 0, \qquad (*)$$

由 $\dfrac{\ln(\ln x)}{2\ln x}\geqslant\dfrac{1}{2x}$ 及 $\int_{\mathrm{e}^3}^{+\infty}\dfrac{1}{2x}\mathrm{d}x$ 发散可知 $\int_{\mathrm{e}^3}^{+\infty}\dfrac{\ln(\ln x)}{2\ln x}\mathrm{d}x$ 发散, 所以 $\int_{\mathrm{e}}^{+\infty}\dfrac{\ln(\ln x)}{2\ln x}\mathrm{d}x$ 发散且 $\int_{\mathrm{e}}^{+\infty}\dfrac{\ln(\ln x)}{2\ln x}\mathrm{d}x=+\infty$.

令 $g(x)=\dfrac{\ln(\ln x)}{2\ln x}$, 则当 $x\geqslant\mathrm{e}^3$ 时, $g'(x)=\dfrac{1-\ln(\ln x)}{2x\ln^2 x}<0$, 所以当 $x\to+\infty$ 时 $g\searrow 0$. 令 $F(u)=\int_{\mathrm{e}^3}^u\cos 2x\mathrm{d}x$, 则 $\forall u>\mathrm{e}^3$, $|F(u)|\leqslant 1$, 所以

由狄利克雷判别法可知 $\int_{e}^{+\infty}\frac{\ln(\ln x)}{2\ln x}\cos 2x\mathrm{d}x$ 收敛, 因此由 (*) 可知

$$\int_{e}^{+\infty}\left|\frac{\ln(\ln x)}{\ln x}\sin x\right|\mathrm{d}x$$

发散.

类似地, 再次由狄利克雷判别法可知原无穷积分 $\int_{e}^{+\infty}\frac{\ln(\ln x)}{\ln x}\sin x\mathrm{d}x$ 收敛, 故条件收敛. □

6. 讨论下列瑕积分的收敛性:

(1) $\int_0^{\pi}\frac{\sin x}{x^{3/2}}\mathrm{d}x$.　　(2) $\int_0^1\frac{\mathrm{d}x}{\sqrt{x}\ln x}$.

(3) $\int_0^1\frac{1}{x^{\alpha}}\sin\frac{1}{x}\mathrm{d}x$.

解　(1) 因为

$$\lim_{x\to+0}x^{\frac{1}{2}}\frac{\sin x}{x^{\frac{3}{2}}}=\lim_{x\to+0}\frac{\sin x}{x}=1,$$

所以瑕积分收敛.

(2) 因为

$$\lim_{x\to+0}x^{\frac{2}{3}}\frac{1}{\sqrt{x}\ln x}=\lim_{x\to+0}\frac{x^{\frac{1}{6}}}{\ln x}=\lim_{x\to+0}\frac{\frac{1}{6}x^{-\frac{5}{6}}}{\frac{1}{x}}=0,$$

所以 $\int_0^{\frac{1}{2}}\frac{\mathrm{d}x}{\sqrt{x}\ln x}$ 收敛.

同理, 因为

$$\lim_{x\to1-0}(x-1)\frac{1}{\sqrt{x}\ln x}=\lim_{x\to1-0}\frac{x-1}{\ln x}=\lim_{x\to1-0}\frac{1}{\frac{1}{x}}=1,$$

所以 $\int_{\frac{1}{2}}^1\frac{\mathrm{d}x}{\sqrt{x}\ln x}$ 发散, 故原瑕积分 $\int_0^1\frac{\mathrm{d}x}{\sqrt{x}\ln x}$ 发散.

(3) 当 $\alpha<1$ 时, 因为 $\left|\frac{1}{x^{\alpha}}\sin\frac{1}{x}\right|\leqslant\frac{1}{x^{\alpha}}$, 所以瑕积分绝对收敛.

当 $\alpha\geqslant2$ 时, 若瑕积分收敛, 则由阿贝尔判别法可知 $\int_0^1\frac{1}{x^{\alpha}}\sin\frac{1}{x}\cdot x^{\alpha-2}\mathrm{d}x$ 收敛, 但事实上,

$$\int_0^1\frac{1}{x^{\alpha}}\sin\frac{1}{x}\cdot x^{\alpha-2}\mathrm{d}x=\int_0^1\frac{1}{x^2}\sin\frac{1}{x}\mathrm{d}x=-\int_0^1\sin\frac{1}{x}\mathrm{d}\left(\frac{1}{x}\right)=\cos\frac{1}{x}\bigg|_0^1$$

发散, 故原瑕积分发散.

当 $1 \leqslant \alpha < 2$ 时,

$$\int_0^1 \frac{1}{x^\alpha}\sin\frac{1}{x}\mathrm{d}x \xlongequal{t=\frac{1}{x}} \int_1^{+\infty}\frac{\sin t}{t^{2-\alpha}}\mathrm{d}t,$$

因为 $\forall u > 1$, $\left|\int_1^u \sin t\mathrm{d}t\right| \leqslant 2$, 且当 $t \to +\infty$ 时 $\dfrac{1}{t^{2-\alpha}} \searrow 0$, 所以由狄利克雷判别法可知 $\displaystyle\int_0^1 \frac{1}{x^\alpha}\sin\frac{1}{x}\mathrm{d}x$ 收敛, 类似于《讲义》5.2.5 小节例 31 还可知其不绝对收敛, 因此此时瑕积分条件收敛. □

7. 证明: 若 $\displaystyle\int_a^{+\infty} f(x)\mathrm{d}x$ 绝对收敛, 且 $\displaystyle\lim_{x\to+\infty} f(x) = 0$, 则 $\displaystyle\int_a^{+\infty} f^2(x)\mathrm{d}x$ 必定收敛.

证 因为 $\displaystyle\lim_{x\to+\infty} f(x) = 0$, 所以 $\exists M > a$ 使得, $\forall x > M$, $|f(x)| < 1$, 所以 $f^2(x) = |f(x)|\cdot|f(x)| \leqslant |f(x)|$, 因此由 $\displaystyle\int_a^{+\infty} f(x)\mathrm{d}x$ 绝对收敛及比较判别法可知 $\displaystyle\int_a^{+\infty} f^2(x)\mathrm{d}x$ 收敛. □

8. 证明: 若 f 是 $[a,+\infty)$ 上的单调函数, 且 $\displaystyle\int_a^{+\infty} f(x)\mathrm{d}x$ 收敛, 则 $\displaystyle\lim_{x\to+\infty} f(x) = 0$, 且 $f(x) = o\left(\dfrac{1}{x}\right)$, $x \to +\infty$.

证 不妨设 f 单调递增. 若 f 在 $[a,+\infty)$ 上单调递增无上界, 则 $\forall M > 0$, $\exists N > a$ 使得, $\forall x \geqslant N$, $f(x) \geqslant M$, 从而 $\displaystyle\int_N^{+\infty} f(x)\mathrm{d}x = +\infty$, 矛盾. 所以 f 在 $[a,+\infty)$ 上单调递增有上界, 因此 $\displaystyle\lim_{x\to+\infty} f(x) = A$ 存在, 故再由习题 3 之结论可知 $\displaystyle\lim_{x\to+\infty} f(x) = A = 0$. 因此再由 $\displaystyle\int_a^{+\infty} f(x)\mathrm{d}x$ 收敛的柯西准则可知, $\forall \varepsilon > 0$, $\exists N > \max\{a, 0\}$ 使得, 当 $x > \dfrac{x}{2} > N$ 时,

$$0 \leqslant -\frac{1}{2}xf(x) = -\int_{\frac{x}{2}}^x f(x)\mathrm{d}t \leqslant -\int_{\frac{x}{2}}^x f(t)\mathrm{d}t = \left|\int_{\frac{x}{2}}^x f(t)\mathrm{d}t\right| < \varepsilon,$$

所以 $\displaystyle\lim_{x\to+\infty} xf(x) = 0$, 即 $f(x) = o\left(\dfrac{1}{x}\right)$, $x \to +\infty$. □

9. 证明: 若 f 在 $[a,+\infty)$ 上一致连续, 且 $\displaystyle\int_a^{+\infty} f(x)\mathrm{d}x$ 收敛, 则

$$\lim_{x\to+\infty} f(x) = 0.$$

证 因为 f 在 $[a,+\infty)$ 上一致连续, 所以 $\forall\varepsilon>0$, $\exists\delta\in(0,\varepsilon)$ 使得当 $x',x''\in[a,+\infty)$ 且 $|x'-x''|<\delta$ 时, $|f(x')-f(x'')|<\dfrac{\varepsilon}{2}$. 再由 $\displaystyle\int_a^{+\infty}f(x)\mathrm{d}x$ 收敛的柯西准则可知, 对上述 δ, $\exists N>a$ 使得, 当 $x_1,x_2>N$ 时, $\left|\displaystyle\int_{x_1}^{x_2}f(x)\mathrm{d}x\right|<\dfrac{\delta^2}{2}$.

现在, $\forall x>N$, 取 $x_1,x_2>N$ 使得 $x_1<x<x_2$ 且 $x_2-x_1=\delta$, 则

$$\begin{aligned}|f(x)\delta|=&\left|\int_{x_1}^{x_2}f(x)\mathrm{d}t-\int_{x_1}^{x_2}f(t)\mathrm{d}t+\int_{x_1}^{x_2}f(t)\mathrm{d}t\right|\\ \leqslant&\int_{x_1}^{x_2}|f(x)-f(t)|\mathrm{d}t+\left|\int_{x_1}^{x_2}f(t)\mathrm{d}t\right|\\ <&\frac{\varepsilon}{2}\delta+\frac{\delta^2}{2}<\frac{\varepsilon}{2}\delta+\frac{\varepsilon}{2}\delta=\varepsilon\delta,\end{aligned}$$

所以 $|f(x)|<\varepsilon$, 从而 $\lim\limits_{x\to+\infty}f(x)=0$. □

注 若 f 在 $[a,+\infty)$ 上连续, 且 $\displaystyle\int_a^{+\infty}f(x)\mathrm{d}x$ 收敛, 不能推出 $\lim\limits_{x\to+\infty}f(x)=0$. 反例:

$$f(x)=\begin{cases}0, & x\in\left[n-1,n-\dfrac{1}{2^{n-1}}\right),\\ 2^n(x-n)+2, & x\in\left[n-\dfrac{1}{2^{n-1}},n-\dfrac{1}{2^n}\right),\quad n=1,2,\cdots.\\ -2^n(x-n), & x\in\left[n-\dfrac{1}{2^n},n\right),\end{cases}$$

容易看出 f 在 $[0,+\infty)$ 上连续, 且

$$\int_0^{+\infty}f(x)\mathrm{d}x=\sum_{n=1}^{\infty}\frac{1}{2^n}=1,$$

但 $\lim\limits_{x\to+\infty}f(x)\neq0$.

10. 试证: (1) 积分

$$\int_1^{+\infty}\frac{\sin x}{x^\alpha}\mathrm{d}x,\quad \int_1^{+\infty}\frac{\cos x}{x^\alpha}\mathrm{d}x$$

只当 $\alpha>0$ 时收敛, 而且只当 $\alpha>1$ 时绝对收敛.

(2) 菲涅尔积分

$$C(x)=\frac{1}{\sqrt{2}}\int_0^{\sqrt{x}}\cos t^2\mathrm{d}t,\quad S(x)=\frac{1}{\sqrt{2}}\int_0^{\sqrt{x}}\sin t^2\mathrm{d}t$$

在区间 $(0,+\infty)$ 上是无穷可微函数, 而且当 $x\to+\infty$ 时, 它们都有极限.

证 (1) 只考虑 $\int_1^{+\infty}\frac{\sin x}{x^\alpha}\mathrm{d}x$, $\int_1^{+\infty}\frac{\cos x}{x^\alpha}\mathrm{d}x$ 是类似的. 当 $\alpha\leqslant 0$ 时, 若 $\int_1^{+\infty}\frac{\sin x}{x^\alpha}\mathrm{d}x$ 收敛, 则由阿贝尔判别法可知 $\int_1^{+\infty}\frac{\sin x}{x^\alpha}\cdot x^\alpha\mathrm{d}x$ 收敛, 但事实上,

$$\int_1^{+\infty}\frac{\sin x}{x^\alpha}\cdot x^\alpha\mathrm{d}x=\int_1^{+\infty}\sin x\mathrm{d}x=-\cos x|_1^{+\infty}$$

发散, 故当 $\alpha\leqslant 0$ 时 $\int_1^{+\infty}\frac{\sin x}{x^\alpha}\mathrm{d}x$ 发散.

当 $\alpha>1$ 时, 因为 $\left|\frac{\sin x}{x^\alpha}\right|\leqslant\frac{1}{x^\alpha}$, 所以此时 $\int_1^{+\infty}\frac{\sin x}{x^\alpha}\mathrm{d}x$ 绝对收敛.

当 $0<\alpha\leqslant 1$ 时, 因为 $\forall u>1$, $\left|\int_1^u\sin x\mathrm{d}x\right|\leqslant 2$, 且当 $x\to+\infty$ 时 $\frac{1}{x^\alpha}\searrow 0$, 所以由狄利克雷判别法可知 $\int_1^{+\infty}\frac{\sin x}{x^\alpha}\mathrm{d}x$ 收敛, 类似于《讲义》5.2.5 小节例 31 还可知其不绝对收敛, 因此此时 $\int_1^{+\infty}\frac{\sin x}{x^\alpha}\mathrm{d}x$ 条件收敛.

(2) 只考虑 $C(x)=\frac{1}{\sqrt{2}}\int_0^{\sqrt{x}}\cos t^2\mathrm{d}t$, $S(x)=\frac{1}{\sqrt{2}}\int_0^{\sqrt{x}}\sin t^2\mathrm{d}t$ 是类似的. 由《讲义》5.2.3 小节习题 3 可知, $C'(x)=\frac{1}{\sqrt{2}}\cos x\cdot\frac{1}{2\sqrt{x}}$, 进而可知 $C(x)\in C^\infty(0,+\infty)$. 显然

$$C(x)=\frac{1}{\sqrt{2}}\int_0^{\sqrt{x}}\cos t^2\mathrm{d}t\xlongequal{u=t^2}\frac{1}{\sqrt{2}}\int_0^x\cos u\cdot\frac{1}{2\sqrt{u}}\mathrm{d}u=\frac{1}{2\sqrt{2}}\int_0^x\frac{\cos u}{\sqrt{u}}\mathrm{d}u.$$

由 (1) 可知 $\int_1^{+\infty}\frac{\cos u}{\sqrt{u}}\mathrm{d}u$ 收敛, 又由 $\left|\frac{\cos u}{\sqrt{u}}\right|\leqslant\frac{1}{\sqrt{u}}$ 可知 $\int_0^1\frac{\cos u}{\sqrt{u}}\mathrm{d}u$ 也收敛, 所以当 $x\to+\infty$ 时, 极限

$$\lim_{x\to+\infty}C(x)=\int_1^{+\infty}\frac{\cos u}{\sqrt{u}}\mathrm{d}u+\int_0^1\frac{\cos u}{\sqrt{u}}\mathrm{d}u$$

存在. □

11. 试证: (1) 函数

$$\mathrm{Fi}(x)=\frac{1}{\sqrt{\pi}}\int_{-x}^x\mathrm{e}^{-t^2}\mathrm{d}t$$

叫做概率误差积分, 常用符号 $\mathrm{erf}(x)$ 表示, 它是在 $\mathbb{R}$ 上定义的奇函数, 无穷可微且当 $x\to+\infty$ 时有极限.

(2) 如果 (1) 中所说的极限等于 1 (确实如此), 则当 $x \to +\infty$ 时, 有

$$\operatorname{erf}(x)=\frac{2}{\sqrt{\pi}}\int_0^x \mathrm{e}^{-t^2}\mathrm{d}t=1-\frac{2}{\sqrt{\pi}}\mathrm{e}^{-x^2}\left(\frac{1}{2x}-\frac{1}{2^2x^3}+\frac{1\cdot 3}{2^3x^5}-\frac{1\cdot 3\cdot 5}{2^4x^7}+o\left(\frac{1}{x^7}\right)\right).$$

证 (1) 因为 $\forall x\in\mathbb{R}$,

$$\operatorname{erf}(-x)=\frac{1}{\sqrt{\pi}}\int_x^{-x}\mathrm{e}^{-t^2}\mathrm{d}t=-\frac{1}{\sqrt{\pi}}\int_{-x}^{x}\mathrm{e}^{-t^2}\mathrm{d}t=-\operatorname{erf}(x),$$

所以 $\operatorname{erf}(x)$ 是在 $\mathbb{R}$ 上定义的奇函数. 又由《讲义》5.2.3 小节练习 3 可知

$$\frac{\mathrm{d}\operatorname{erf}}{\mathrm{d}x}=\frac{1}{\sqrt{\pi}}(\mathrm{e}^{-x^2}-\mathrm{e}^{-(-x)^2}\cdot(-1))=\frac{2}{\sqrt{\pi}}\mathrm{e}^{-x^2},$$

进而可知 $\operatorname{erf}(x)\in C^\infty(\mathbb{R})$. 再由《讲义》5.2.5 小节例 33 可知 $\operatorname{erf}(x)$ 当 $x\to+\infty$ 时有极限.

(2) 由分部积分公式可知

$$\frac{\sqrt{\pi}}{2}\cdot\big(1-\operatorname{erf}(x)\big)=\int_0^{+\infty}\mathrm{e}^{-t^2}\mathrm{d}t-\int_0^{x}\mathrm{e}^{-t^2}\mathrm{d}t=\int_x^{+\infty}\mathrm{e}^{-t^2}\mathrm{d}t$$

$$=\int_x^{+\infty}\frac{1}{-2t}\mathrm{d}\mathrm{e}^{-t^2}=\mathrm{e}^{-t^2}\cdot\frac{1}{-2t}\bigg|_x^{+\infty}-\int_x^{+\infty}\mathrm{e}^{-t^2}\cdot\frac{1}{2t^2}\mathrm{d}t$$

$$=\mathrm{e}^{-x^2}\cdot\frac{1}{2x}+\int_x^{+\infty}\frac{1}{2^2t^3}\mathrm{d}\mathrm{e}^{-t^2}$$

$$=\mathrm{e}^{-x^2}\cdot\frac{1}{2x}+\mathrm{e}^{-t^2}\cdot\frac{1}{2^2t^3}\bigg|_x^{+\infty}+\int_x^{+\infty}\mathrm{e}^{-t^2}\cdot\frac{3}{2^2t^4}\mathrm{d}t$$

$$=\mathrm{e}^{-x^2}\left(\frac{1}{2x}-\frac{1}{2^2x^3}\right)+\int_x^{+\infty}\frac{3}{-2^3t^5}\mathrm{d}\mathrm{e}^{-t^2}$$

$$=\mathrm{e}^{-x^2}\left(\frac{1}{2x}-\frac{1}{2^2x^3}\right)+\mathrm{e}^{-t^2}\cdot\frac{3}{-2^3t^5}\bigg|_x^{+\infty}-\int_x^{+\infty}\mathrm{e}^{-t^2}\cdot\frac{3\cdot 5}{2^3t^6}\mathrm{d}t$$

$$=\mathrm{e}^{-x^2}\left(\frac{1}{2x}-\frac{1}{2^2x^3}+\frac{3}{2^3x^5}\right)+\int_x^{+\infty}\frac{3\cdot 5}{2^4t^7}\mathrm{d}\mathrm{e}^{-t^2}$$

$$=\mathrm{e}^{-x^2}\left(\frac{1}{2x}-\frac{1}{2^2x^3}+\frac{3}{2^3x^5}\right)+\mathrm{e}^{-t^2}\cdot\frac{3\cdot 5}{2^4t^7}\bigg|_x^{+\infty}+\int_x^{+\infty}\mathrm{e}^{-t^2}\cdot\frac{3\cdot 5\cdot 7}{2^4t^8}\mathrm{d}t$$

$$=\mathrm{e}^{-x^2}\left(\frac{1}{2x}-\frac{1}{2^2x^3}+\frac{3}{2^3x^5}-\frac{3\cdot 5}{2^4x^7}\right)+\int_x^{+\infty}\mathrm{e}^{-t^2}\cdot\frac{3\cdot 5\cdot 7}{2^4t^8}\mathrm{d}t,$$

又由洛必达法则可知

$$\lim_{x\to+\infty} x^7 e^{x^2}\int_x^{+\infty} e^{-t^2}\cdot\frac{3\cdot5\cdot7}{2^4t^8}dt=\lim_{x\to+\infty}\frac{\displaystyle\int_x^{+\infty} e^{-t^2}\cdot\frac{3\cdot5\cdot7}{2^4t^8}dt}{x^{-7}e^{-x^2}}$$

$$=\lim_{x\to+\infty}\frac{-e^{-x^2}\cdot\dfrac{3\cdot5\cdot7}{2^4x^8}}{(-7)x^{-8}e^{-x^2}+x^{-7}(-2x)e^{-x^2}}=\lim_{x\to+\infty}\frac{-\dfrac{3\cdot5\cdot7}{2^4}}{(-7)+(-2x^2)}=0,$$

因此结论成立. □

第 6 章　拓扑空间及映射的极限与连续性

6.1　拓 扑 空 间

一、知识点总结与补充

1. 实数集 $\mathbb{R}$ 上的几个特殊拓扑结构

(1) 平凡 (最弱) 拓扑: $\tau_t = \{\varnothing, \mathbb{R}\}$.

(2) 离散 (最强) 拓扑: $\tau_s = 2^{\mathbb{R}}$, 这里 $2^{\mathbb{R}}$ 为 $\mathbb{R}$ 的所有子集的集合, 即 $\mathbb{R}$ 的幂集.

(3) 欧氏 (标准) 拓扑: $\tau_e = \{U : U\text{是若干个开区间的并集}\}$, 这里“若干”可以是有限、无穷, 也可以是零.

2. 拓扑空间 $(X;\tau)$ 中的一些特殊集合

(1) 闭集的性质:

- $\varnothing$ 和 X 都是闭集.
- 任意多个闭集的交集是闭集.
- 有限个闭集的并集是闭集.

(2) 集合的内部的性质:

- $\mathring{E}$ 是包含在 E 中的所有开集的并集, 因此是包含在 E 中的最大开集.
- (E 是开集) $\Leftrightarrow$ ($\mathring{E} = E$).

(3) 集合的极限点的定义: 称 $x \in X$ 是 $E \subset X$ 的极限点, 如果对于点 x 的任意邻域 $U(x)$, 集合 $E \cap (U(x)\backslash\{x\}) \neq \varnothing$.

(4) 集合的闭包的记号: $\overline{E} = E \cup E'$, 其中 E' 为 E 的所有极限点的集合, 即 E 的导集.

(5) 闭包与内部的关系: 若拓扑空间的子集 E 与 F 互为余集, 则 $\overline{E}$ 与 $\mathring{F}$ 互为余集.

(6) 集合的闭包的性质:

- $\overline{E}$ 是包含 E 的所有闭集的交集, 因此是包含 E 的最小闭集.
- (E 是闭集) $\Leftrightarrow$ ($\overline{E} = E$).

(7) 处处稠密集: 称集合 $E \subset X$ 是拓扑空间 $(X;\tau)$ 中的处处稠密集, 如果对任意点 $x \in X$ 和它的任一邻域 $U(x)$, 交集 $E \cap U(x) \neq \varnothing$. 此时显然有 $\overline{E} = X$.

(8) 开集 (闭集, 邻域, 内点, 内部, 极限点, 闭包等) 概念是相对概念. 设 $B \subset A \subset X$, 则

• 若 B 是 X 的开 (闭) 集, 则 B 也是 A 的开 (闭) 集.

• 若 A 是 X 的开 (闭) 集, 且 B 是 A 的开 (闭) 集, 则 B 也是 X 的开 (闭) 集.

(9) 开邻域与邻域: 根据邻域的定义, 很多情况下我们不妨取某点的邻域是在拓扑空间中包含这个点的开集.

(10) A 是拓扑空间 $(X;\tau)$ 的开集等价于 $\forall x \in A$, 存在 x 的一个邻域 $U(x)$, 使得 $U(x) \subset A$.

3. 度量空间

(1) 定义: 设 X 是个集合. 若 $\forall x, y \in X$, 都有唯一确定的实数 $d(x,y)$ 与之对应, 满足公理:

• 唯一性: $d(x,y)=0 \Leftrightarrow x=y$;

• 对称性: $d(x,y)=d(y,x)$;

• 三角不等式: $d(x,y) \leqslant d(x,z)+d(z,y)$,

则称 $(X;d)$ 为度量空间, $d(\cdot,\cdot)$ 为 X 上的度量, X 中的元素为点. 简记 $X=(X,d)$.

(2) 非负性: $d(x,y) \geqslant 0, \forall x, y \in X$. 该性质可由度量公理推出.

(3) 度量空间是拓扑空间, 更是豪斯多夫 (Hausdorff) 空间, 即空间的任意两个不同点有不相交的邻域.

4. 紧集

(1) 定义: 拓扑空间 $(X;\tau)$ 中的集合 K 称为紧集, 如果能从 X 的任一覆盖 K 的开集族中选出 K 的有限覆盖.

(2) 与拓扑空间中集合成为开集或闭集的相对性质不同, 集合成为紧集的性质在下述意义下是绝对的, 即不依赖于它作为哪个空间的子空间.

(3) 紧集具有下述性质:

• **紧集的闭性引理**　如果 K 是豪斯多夫空间 $(X;\tau)$ 中的紧集, 那么 K 是 X 的闭子集.

• **紧集套引理**　如果 $K_1 \supset K_2 \supset \cdots \supset K_n \supset \cdots$ 是豪斯多夫空间中的非空紧集套, 那么 $\bigcap\limits_{n=1}^{\infty} K_n$ 非空.

• **紧集的闭子集引理**　紧集 K 的闭子集 F 是紧集.

(4) 度量紧集:

• **有限 ε-网引理**　如果度量空间 $(K;d)$ 是紧的, 那么对任意的 $\varepsilon>0$, 在 $(K;d)$ 中 K 有有限的 ε-网.

• 有界性: 如果度量空间 $(K;d)$ 是紧的, 则它是有界的.

• **预备引理**　如果从度量空间 $(K;d)$ 的任一点列中可以选出在 K 中收敛的子列, 则

– $\forall \varepsilon > 0$, K 有有限 ε-网;

– K 的任一非空闭子集套有非空的交集.

• **度量紧集的准则**　度量空间 $(K;d)$ 是紧的, 当且仅当它的任一点列有子列收敛到 K 中某个点.

5. 度量空间的完备化

(1) 定义: 完备度量空间 $(Y;d_Y)$ 称为度量空间 $(X;d_X)$ 的完备化, 如果在 $(Y;d_Y)$ 中有与 $(X;d_X)$ 等距的处处稠密的子空间.

(2) 命题: 每个度量空间都有 (唯一的) 完备化空间.

6. 欧氏空间 $\mathbb{R}^m$

(1) $\mathbb{R}^m$ 中的线性结构:

• m 维向量空间 $\mathbb{R}^m = \{x = (x^1, \cdots, x^m) : x^i \in \mathbb{R}, i = 1, \cdots, m\}$ 的基底:

$$e_i = (0, \cdots, 0, \underbrace{1}_{\text{第 } i \text{ 个}}, 0, \cdots, 0), \quad i = 1, \cdots, m.$$

• 向量 $x = x^1 e_1 + \cdots + x^m e_m$. 我们约定, 向量的指标记在向量的下方, 向量的坐标的指标记在它的上方.

• 爱因斯坦和式约定: $x = x^i e_i$. 这里认为同一个指标在上方与下方都出现, 就意味着关于这个指标在它的变化范围内求和.

(2) 向量空间的范数: 向量空间 X 上任何一个满足如下四个条件的函数 $\|\cdot\| : X \to \mathbb{R}$ 称为向量空间 X 的范数:

• 非负性: $\|x\| \geqslant 0$;

• $\|x\| = 0 \Leftrightarrow x = 0$;

• 齐次性: $\|\lambda x\| = |\lambda| \|x\|$, 其中 $\lambda \in \mathbb{R}$;

• 三角不等式: $\|x_1 + x_2\| \leqslant \|x_1\| + \|x_2\|$.

(3) $\mathbb{R}^m$ 中向量 $x = (x^1, \cdots, x^m)$ 的范数:

$$\|x\| = \sqrt{(x^1)^2 + \cdots + (x^m)^2}.$$

(4) 定义 $d(x_1, x_2) := \|x_1 - x_2\|$, 则 $d(\cdot, \cdot)$ 是 $\mathbb{R}^m$ 上的距离, 它使 $\mathbb{R}^m$ 成为度量空间.

(5) $\mathbb{R}^m$ 的欧几里得结构:

• 数量积 (内积) 的性质:

– $\langle x, x \rangle \geqslant 0$;

– $(\langle x, x \rangle = 0) \Leftrightarrow (x = 0)$;

– $\langle x_1, x_2\rangle = \langle x_2, x_1\rangle$;

– $\langle \lambda x_1, x_2\rangle = \lambda\langle x_1, x_2\rangle$, 其中 $\lambda \in \mathbb{R}$;

– $\langle x_1 + x_2, x_3\rangle = \langle x_1, x_3\rangle + \langle x_2, x_3\rangle$.

- 欧几里得空间: 规定了数量积的空间 $\mathbb{R}^m$ 称为欧几里得空间.
- 两向量称为正交的, 如果它们的数量积为零.
- 若 $\mathbb{R}^m$ 的基底为正交规范基底, 则向量 x 与 y 的数量积有很简单的形式:

$$\langle x, y\rangle = \delta_{ij}x^i y^j = x^1y^1 + \cdots + x^m y^m.$$

数量积具有这种形式的坐标称为笛卡儿坐标.

- 数量积与向量的范数的关系:

– $\langle x, x\rangle = \|x\|^2$.

– $\langle x, y\rangle = \|x\|\|y\|\cos\varphi$, 其中角 $\varphi \in [0, \pi]$ 称为向量 x 与向量 y 之间的夹角.

7. 欧氏空间 $\mathbb{R}^m$ 的完备性

(1) **柯西准则**　点列 $\{x_n\} \subset \mathbb{R}^m$ 收敛 $\Leftrightarrow \forall\varepsilon > 0$, $\exists N > 0$, 当 $n > N$ 时, $\forall p \in \mathbb{N}$, $d(x_n, x_{n+p}) < \varepsilon$.

(2) **闭集套定理**　设 $\{D_n\}$ 为 $\mathbb{R}^m$ 中一直径趋于零的闭集套, 则存在唯一的 $x_0 \in D_n$, $n = 1, 2, \cdots$.

(3) **极限点定理**　若 $E \subset \mathbb{R}^m$ 为有界无限点集, 则 E 在 $\mathbb{R}^m$ 中至少有一个极限点. 特别地, 有界无限点列 $\{x_n\} \subset \mathbb{R}^m$ 必存在收敛子列 $\{x_{n_k}\}$.

(4) **有限覆盖定理**　设 $E \subset \mathbb{R}^m$ 为一个有界闭集, $\{\Delta_\alpha\}$ 为 E 的一个开覆盖, 则存在 $\{\Delta_1, \Delta_2, \cdots, \Delta_n\} \subset \{\Delta_\alpha\}$ 使得 $E \subset \bigcup\limits_{i=1}^{n} \Delta_i$.

注　$E \subset \mathbb{R}^m$ 是紧集 $\Leftrightarrow E$ 是 $\mathbb{R}^m$ 中的有界闭集.

二、例题讲解

1. 写出集合 $X = \{a, b\}$ 的所有拓扑.

解　共有 4 个:

$$\tau_1 = \{\varnothing, X\} = \{\varnothing, \{a, b\}\}, \qquad \tau_2 = \{\varnothing, \{a, b\}, \{a\}\},$$

$$\tau_3 = \{\varnothing, \{a, b\}, \{b\}\}, \qquad \tau_4 = \{\varnothing, \{a, b\}, \{a\}, \{b\}\}.$$

□

2. 设 $X = \{x, y, z\}$. 判断 X 的下列子集是不是拓扑? 如果不是, 请添加最少的子集使其成为拓扑.

(1) $\{\varnothing, X, \{x\}, \{y, z\}\}$;

(2) $\{\varnothing, X, \{x, y\}, \{x, z\}\}$;

(3) $\{\varnothing, X, \{x, y\}, \{x, z\}, \{y, z\}\}$.

解　(1) 是拓扑.

(2) 不是拓扑, 添加子集 $\{x\}$.

(3) 不是拓扑, 添加子集 $\{x\}$, $\{y\}$ 和 $\{z\}$. □

3. 考虑实数集 $\mathbb{R}$ 上的子集族 $\tau=\{(-\infty,a):-\infty\leqslant a\leqslant+\infty\}$, 其中当 $a=-\infty$ 时, $(-\infty,a)$ 表示 $\varnothing$, 当 $a=+\infty$ 时, $(-\infty,a)=\mathbb{R}$. 证明: $(\mathbb{R};\tau)$ 是拓扑空间.

证 不难验证如下的拓扑公理:

(1) 由定义, 显然 $\varnothing,\mathbb{R}\in\tau$.

(2) 如果 $\forall a\in A$, $(-\infty,a)\in\tau$, 则 $\bigcup\limits_{a\in A}(-\infty,a)=(-\infty,\sup A)\in\tau$.

(3) 如果 $\forall i=1,\cdots,n$, $(-\infty,a_i)\in\tau$, 则 $\bigcap\limits_{i=1}^{n}(-\infty,a_i)=(-\infty,\min\{a_1,\cdots,a_n\})\in\tau$. 因此 $(\mathbb{R};\tau)$ 是拓扑空间. □

4. 设 τ_1,τ_2 都是 X 上的拓扑, 证明 $\tau_1\cap\tau_2$ 也是 X 上的拓扑.

证 记 $\tau=\tau_1\cap\tau_2$, 我们来验证如下的拓扑公理:

(1) 对 $i=1,2$, 显然 $\varnothing,X\in\tau_i$, 所以 $\varnothing,X\in\tau$.

(2) 如果 $\forall\alpha\in A$, $G_\alpha\in\tau$, 则对 $i=1,2$, $G_\alpha\in\tau_i$, 所以由 τ_i 是拓扑可知 $\bigcup\limits_{\alpha\in A}G_\alpha\in\tau_i$, 因此 $\bigcup\limits_{\alpha\in A}G_\alpha\in\tau$.

(3) 如果 $\forall j=1,\cdots,n$, $G_j\in\tau$, 则对 $i=1,2$, $G_j\in\tau_i$, 再次由 τ_i 是拓扑可知 $\bigcap\limits_{j=1}^{n}G_j\in\tau_i$, 因此 $\bigcap\limits_{j=1}^{n}G_j\in\tau$.

故 $\tau=\tau_1\cap\tau_2$ 也是 X 上的拓扑. □

注 $\tau_1\cup\tau_2$ 未必是 X 上的拓扑. 可考虑例题 2 中的例子, 设 $X=\{x,y,z\}$, $\tau_1=\big\{\varnothing,X,\{x\},\{y,z\}\big\}$, $\tau_2=\big\{\varnothing,X,\{x\},\{x,y\},\{x,z\}\big\}$, 容易看出 τ_1,τ_2 都是 X 上的拓扑, 但

$$\tau_1\cup\tau_2=\big\{\varnothing,X,\{x\},\{x,y\},\{x,z\},\{y,z\}\big\}$$

不是 X 上的拓扑. 当然 $\tau_1\cup\tau_2$ 也可能成为一个拓扑, 比如当 $\tau_1\subset\tau_2$ 时即可.

5. 设欧氏空间 $\mathbb{R}^2$ 的子集 $E=\left\{\left(x,\sin\dfrac{1}{x}\right):x\in(0,1)\right\}$, 求 $\overline{E}$.

解 不难证明

$$\overline{E}=E\cup\{(1,\sin 1)\}\cup\{(0,y):y\in[-1,1]\},$$

具体细节从略. □

6. 给定拓扑空间 $(X;\tau)$, 令 $x,y\in X$, 我们称 x,y 可分离, 如果其中每个点附近存在一个不包含另一个点的邻域. 证明下面叙述等价:

(1) 任意单点集是闭集.

(2) 任意两个不同的点可分离.

证　(1)⇒(2): 在 X 中任意选两个不同的点 x,y, 由于 $\{x\}$ 和 $\{y\}$ 是闭集, 我们有 $X\backslash\{x\}$ 和 $X\backslash\{y\}$ 分别是 y 和 x 的不包含另外一个点的邻域.

(2)⇒(1): 对于某个点 $x\in X$, 要证明 $\{x\}$ 是闭集, 只需要证明 $X\backslash\{x\}$ 是开集. 对于 $X\backslash\{x\}$ 中的任意一个点 y, 根据 x,y 可分离, 存在 y 的一个邻域 $U_y\subset X\backslash\{x\}$. 因此, $X\backslash\{x\}$ 是一个开集. □

注　这种类型的拓扑空间我们一般称为 τ_1-空间 (参见 6.1.1 小节习题 3), 容易证明上面的性质等价于:

(3) X 的每个子集是包含它的所有的开集的交.

(4) X 中的每个有限的子集都是闭集.

(5) X 中每个余有限的子集都是开集.

(6) 对于 X 的任意一个子集 S, $x\in X$, 那么 x 是 S 的极限点当且仅当 x 的每个开邻域包含 S 的无穷多个点.

7. 令 X 是一个拓扑空间, 记 $X\times X$ 的对角空间 $D:=\{(x,x)\in X\times X: x\in X\}$. 证明: X 是豪斯多夫空间当且仅当 D 是 $X\times X$ 中的闭集.

证　如果 D 是 $X\times X$ 中的闭集, 想要证明 X 是豪斯多夫空间, 只需要证明对于 X 中的任意两不同点 x,y, 存在 U,V 分别为 x,y 的邻域, 使得 $U\cap V=\varnothing$. 考虑点 $p=(x,y)\in(X\times X)\backslash D$, 因为 D 是 $X\times X$ 中的闭集, 则存在 p 的一个开邻域 B, 使得 $B\subset(X\times X)\backslash D$. 再根据 $X\times X$ 中拓扑的定义可知, 存在 x,y 的邻域 $U,V\subset X$, 使得 $B=U\times V$. 显然 $U\cap V=\varnothing$, 因此 X 是豪斯多夫空间.

如果 X 是豪斯多夫空间, 想要证明 D 在 $X\times X$ 中是闭集, 只需要证明 $(X\times X)\setminus D$ 是开集. 任取一点 $p\in(X\times X)\setminus D$, 我们有 $p=(x,y)$, $x\neq y$. 于是存在 x,y 的开邻域 U,V, 使得 $U\cap V=\varnothing$, 那么 $(U\times V)\cap D=\varnothing$, 从而结论成立. □

8. 令 X 是一个豪斯多夫空间, 举出例子使得 X 不满足下面的任意一个条件:

(1) X 的每一点都有一个可数的邻域系.

(2) 对于 X 中的任意两个不同的点 x,y, 存在闭邻域 U_x,V_y, 使得 $U_x\cap V_y=\varnothing$.

(3) 对于 X 中的任意一个点 x 和任一闭集 C, 其中 $x\notin C$, 那么存在开邻域 $U_x,V_C\supset C$, 使得 $U_x\cap V_C=\varnothing$.

(4) 对于 X 中的任意两个闭集 C 和 D, 其中 $C\cap D=\varnothing$, 那么存在开邻域 $U_C\supset C,V_D\supset D$, 使得 $U_C\cap V_D=\varnothing$.

解　(1) 考虑一个不可数集合 X, 取定 $a\in X$. 定义 τ 是 X 的子集 V 构成的集合, 其中 V 满足 $X\setminus V$ 是有限集或者 $a\notin V$. 容易验证 τ 是 X 上的一个拓扑并且 $(X;\tau)$ 是豪斯多夫空间.

下面证明 $(X;\tau)$ 不满足 (1). 如果满足的话, 我们假设 $\{V_n : n\in\mathbb{N}\}$ 是 a 点的一个可数的邻域系. 那么对于任意的 $n\in\mathbb{N}$, $X\backslash V_n$ 是有限集, 从而我们有

$$X\Big\backslash\left(\bigcap_{n=1}^{\infty}V_n\right)=\bigcup_{n=1}^{\infty}(X\backslash V_n)$$

是可数的. 又因为 X 不可数, 故存在点 $y\in\bigcap\limits_{n=1}^{\infty}V_n$, 使得 $y\neq a$. 于是, $X\backslash\{y\}$ 是 a 的一个邻域, 从而对某个 $m\in\mathbb{N}$ 我们有 $V_m\subset X\backslash\{y\}$, 矛盾.

(2) 考虑正整数集合 $\mathbb{Z}^+$, 令 a,b 是两个不同的整数并且 $b\neq 0$, 记

$$S(a,b):=\{a+kb\in\mathbb{Z}^+ : k\in\mathbb{Z}\}.$$

容易验证所有 $S(a,b)$ 的全体构成 $\mathbb{Z}^+$ 的一组拓扑基. 记

$$\mathcal{B}:=\{S(a,b):\gcd(a,b)=1\}.$$

于是 $\mathcal{B}$ 是 $\mathbb{Z}^+$ 的一组更小的基.

首先, 我们说明这个拓扑空间是豪斯多夫空间. 对于任意的两个不同的正整数 $m,n\in\mathbb{Z}^+$, 取 $d=|m-n|$, 我们能找到整数 $t>d$, 使得 $\gcd(m,t)=\gcd(n,t)=1$. 考虑 $S(m,t)$ 和 $S(n,t)$, 根据 $m+tx=n+ty$ 没有整数解我们有 $S(m,t)\cap S(n,t)=\varnothing$, 即上述定义的拓扑空间是一个豪斯多夫空间 (可参见 6.1.1 小节习题 1).

下面说明这个空间不满足 (2). 首先, 对于 $S(a,b)$, 我们有

$$b\mathbb{Z}^+:=\{n\in\mathbb{Z}^+ : b|n\}\subset\overline{S(a,b)}.$$

对于任意两个不相交的邻域 U_m,U_n, 有 $S(m,a),S(n,b)$, 使得

$$m\in S(m,a)\subset U_m,\quad n\in S(n,b)\subset U_n.$$

然后取 $g=ab$, 则 g 既在 $\overline{S(m,a)}$ 中, 又在 $\overline{S(n,b)}$ 中, 这意味着 $\overline{S(m,a)}\cap\overline{S(n,b)}\neq\varnothing$, 从而该豪斯多夫空间不满足 (2).

(3) 在 $\mathbb{R}$ 上定义拓扑 τ_M, 其中 τ_M 由形如 $(a,b)\setminus K$ 的集合生成, 其中 $K=\left\{\dfrac{1}{n}:n\in\mathbb{N}\right\}$. 显然 $(\mathbb{R},\tau_M)$ 是豪斯多夫空间, 并且 K 是这个拓扑空间的一个闭子集. 由于 0 和 K 不能分离, 我们有 $(\mathbb{R},\tau_M)$ 不满足条件 (3).

(4) 实际上, (3) 的例子就足够了. 我们给一个满足 (3) 但不满足 (4) 的例子. 考虑 $[0,1)\times[0,1)$, 其上定义的拓扑 τ 由 $\{[a,b)\times[c,d):0\leqslant a<b\leqslant 1,0\leqslant c<d\leqslant 1\}$ 生成. 能够证明这个豪斯多夫空间满足 (3) 不满足 (4), 具体细节从略. □

注　满足条件 (1) 的拓扑空间通常称为第一可数空间, 实际上我们知道第一可数空间与豪斯多夫空间互不蕴含, X 上取平凡拓扑即是第一可数而非豪斯多夫的. 满足条件 (2) 的拓扑空间通常称为完全豪斯多夫空间, 有的文献里也称为 $\tau_{2\frac{1}{2}}$-空间. 满足条件 (3) 的空间通常称为正则空间, 有时候也称为 τ_3-空间. 满足条件 (4) 的空间通常称为正规空间, 有时候也称为 τ_4-空间.

9. 假设 X 是豪斯多夫空间,《讲义》6.1.1 小节命题 3 已证明了 X 中任意的紧子集都是闭集. 若 X 不是豪斯多夫空间, 结论是否仍然成立?

解　如果 X 不是豪斯多夫空间, 那么其中的紧集不一定是闭的, 比如 X 上取平凡拓扑, 其上的任一非空真子集 A 是紧的但不是闭的. 即使要求 X 是 τ_1-空间, 其上的紧集也不一定是闭的. 比如 $\mathbb{R}$ 上赋予余有限拓扑 $\tau_f=\{\varnothing\}\cup\{\mathbb{R}\backslash A: A$ 是 $\mathbb{R}$ 的有限子集$\}$, 其上的集合 $B=\left\{0,1,\dfrac{1}{2},\dfrac{1}{3},\cdots\right\}$ 是紧的但不是闭的. □

注　对于非豪斯多夫空间, 紧集的闭包也不一定是紧集. 比如考虑一个无限集 X, $a\in X$, 记 τ 是 X 中包含 a 的任意子集全体以及空集组成的集族, 于是单点集 $A=\{a\}$ 是 X 中的紧集, 但 $\overline{A}=X$ 不是紧的.

10. 令 $(X;\tau)$ 是一个拓扑空间, $\{x_n\}_{n\in\mathbb{N}}$ 是 X 上的一个无穷序列, 我们称 $\{x_n\}_{n\in\mathbb{N}}$ 收敛到 $a\in X$, 如果对于 a 的任意的开邻域 $U\in\tau$, 存在 $N\in\mathbb{N}$, 使得 $\forall n>N$, 我们有 $x_n\in U$. 证明: 如果 $(X;\tau)$ 是一个豪斯多夫空间, $\{x_n\}_{n\in\mathbb{N}}$ 是 X 上的任一收敛序列, 则 $\{x_n\}_{n\in\mathbb{N}}$ 的极限唯一.

证　假定极限不唯一. 记 $\lim\limits_{n\to\infty}x_n=a$, $\lim\limits_{n\to\infty}x_n=b$, 其中 $a\neq b$. 由于 X 是豪斯多夫空间, 则存在 a,b 的邻域 U_a,U_b 使得 $U_a\cap U_b=\varnothing$. 于是根据收敛序列的定义, 存在 $N_a,N_b\in\mathbb{N}$, 使得对于 $n>N_a$, 我们有 $x_n\in U_a$, 以及对于 $n>N_b$, 我们有 $x_n\in U_b$. 选取 $N=\max\{N_a,N_b\}$, 那么对于 $n>N$, 我们有 $x_n\in U_a\cap U_b=\varnothing$, 矛盾. □

11. 在度量空间 $(X;d)$ 中, 记闭球 $\widetilde{B}(a;r)=\{x\in X:d(a,x)\leqslant r\}$.

(1) 证明 $\widetilde{B}(a;r)$ 是闭集.

(2) 举例说明 $\overline{B(a;r)}=\widetilde{B}(a;r)$ 不一定成立.

证　(1) $\forall x\in(\widetilde{B}(a;r))^c$, 由闭球的定义显然有 $d(a,x)>r$, 于是 $\forall y\in B(x,d(a,x)-r)$,

$$d(a,y)\geqslant d(a,x)-d(x,y)>d(a,x)-(d(a,x)-r)=r,$$

所以 $B(x,d(a,x)-r)\subset(\widetilde{B}(a;r))^c$, 这说明 $(\widetilde{B}(a;r))^c$ 是开集, 从而 $\widetilde{B}(a;r)$ 是闭集.

(2) 反例: 把 $X=\mathbb{Z}$ 看作欧氏空间 $\mathbb{R}$ 的度量子空间, 则 $\overline{B(0;1)}=B(0;1)=\{0\}$, 而 $\widetilde{B}(0;1)=\{-1,0,1\}$, 故此时 $\overline{B(a;r)}\neq\widetilde{B}(a;r)$. □

12. 给定拓扑空间 $(X;\tau)$, 证明:

(1) E 是 X 的稠密子集 $\Leftrightarrow$ $(\forall G\in\tau\backslash\{\varnothing\},\ G\cap E\neq\varnothing)$.

(2) 若 A 是 X 的稠密子集, B 是 A 的稠密子集, 则 B 也是 X 的稠密子集.

证 (1) 首先, 注意到

$$\overline{E}=\{x\in X: x \text{ 的每个邻域与 } E \text{ 都有交点}\}.$$

设 E 是 X 的稠密子集. $\forall G\in\tau\backslash\{\varnothing\}$, 任取 $x\in G\subset X=\overline{E}$, 则 G 为 x 的邻域, 从而 $G\cap E\neq\varnothing$.

反之, 设 $\forall G\in\tau\backslash\{\varnothing\}$, $G\cap E\neq\varnothing$. $\forall x\in X$, 对 x 的每个邻域 U, 则存在 $G_x\in\tau\backslash\{\varnothing\}$ 使得 $x\in G_x\subset U$, 所以 $G_x\cap E\neq\varnothing$, 因此 $U\cap E\neq\varnothing$, 从而 $x\in\overline{E}$, 故 $\overline{E}=X$, 即 E 是 X 的稠密子集.

(2) $\forall G\in\tau\backslash\{\varnothing\}$, 因为 A 在 X 中稠密, 所以由 (1) 可知, $G\cap A$ 是 A 中的非空开集. 又因为 B 在 A 中稠密, 所以再次由 (1) 可知, $G\cap B=(G\cap A)\cap B\neq\varnothing$, 因此由 (1) 得 B 也是 X 的稠密子集. □

13. 证明: (1) 度量空间中的闭集必为可数个开集的交.

(2) 度量空间中的开集必为可数个闭集的并.

证 (1) 设 F 是度量空间 $(X;d)$ 中的闭集. 定义点 a 到集合 $E\subset X$ 的距离为 $d(a,E):=\inf\limits_{x\in E}d(a,x)$, 再令

$$G_n=\left\{x\in X: d(x,F)<\frac{1}{n}\right\}.$$

容易看出 $F=\bigcap\limits_{n=1}^{\infty}G_n$. 又 $\forall n\in\mathbb{N}$, $\forall x\in G_n$, 取 $r_x=\dfrac{1}{n}-d(x,F)$, 则 $r_x>0$, 且 $\forall y\in B(x;r_x)=\{y\in X: d(x,y)<r_x\}$,

$$\begin{aligned}d(y,F)&\leqslant d(x,y)+d(x,F)<r_x+d(x,F)\\&=\frac{1}{n}-d(x,F)+d(x,F)=\frac{1}{n},\end{aligned}$$

所以 $y\in G_n$, 进而 $B(x,r_x)\subset G_n$, 因此 G_n 为开集, 从而结论成立.

(2) 设 G 是度量空间 $(X;d)$ 中的开集, 则 $F=X\backslash G$ 是 $(X;d)$ 中的闭集, 从而由 (1) 可知存在开集 G_n, $n=1,2,\cdots$ 使得 $F=\bigcap\limits_{n=1}^{\infty}G_n$, 因此

$$G=X\backslash F=X\Bigg\backslash\left(\bigcap_{n=1}^{\infty}G_n\right)=\bigcup_{n=1}^{\infty}(X\backslash G_n).$$

$\forall n \in \mathbb{N}$, 记 $F_n = X \backslash G_n$, 则 F_n 是 $(X;d)$ 中的闭集, 且 $G = \bigcup\limits_{n=1}^{\infty} F_n$, 从而结论成立. □

14. 证明: 任意的度量空间 X 都是正规空间, 即满足条件: 任意两个不相交的闭集 C 和 D 都存在开邻域 $U_C \supset C, V_D \supset D$, 使得 $U_C \cap V_D = \varnothing$.

证　假设 C, D 是 X 上的两个不相交的闭子集. 令两个集合间的距离

$$d(C,D) := \inf\{d(x_1,x_2) : x_1 \in C, x_2 \in D\}.$$

对每个 $x \in C$, 记 $r_x := \dfrac{d(x,D)}{3}$, 因为 $C \cap D = \varnothing$, 所以 $r_x > 0$. 同样地, 对每个 $y \in D$, $s_y := \dfrac{d(y,C)}{3} > 0$. 令 $U_x = B(x;r_x)$, $V_y = B(y;s_y)$, 再令

$$U = \bigcup_{x\in C} U_x, \quad V = \bigcup_{y \in D} V_y.$$

于是 $C \subset U$, $D \subset V$. 如果 $U \cap V \neq \varnothing$, 则 $\exists z \in U \cap V$. 于是我们有对某个 $x \in C$, $z \in U_x$, 因此 $d(x,z) < r_x$. 同样地, 对某个 $y \in D$, $z \in V_y$, 因此 $d(y,z) < s_y$. 我们不妨假设 $r_x \geqslant s_y$, 那么我们有

$$3r_x = d(x,D) \leqslant d(x,y) \leqslant d(x,z) + d(y,z) < r_x + s_y \leqslant 2r_x,$$

矛盾, 故而我们有 $U \cap V = \varnothing$. □

15. ($\mathbb{R}^m$ 中紧集的有限覆盖定理的勒贝格形式)　设 E 是 $\mathbb{R}^m$ 中的紧集 (有界闭集), $\Delta = \{\Delta_\alpha\}$ 为 E 的一个开覆盖, 则存在 $\delta > 0$(称 δ 为勒贝格数), 使得 $\forall x \in E$, 存在 $\Delta_\alpha \in \Delta$ 使得 $B(x;\delta) \subset \Delta_\alpha$.

证　反证法. 若不然, 则 $\forall n \in \mathbb{N}$, 存在 $x_n \in E$, 使得 $\forall \Delta_\alpha \in \Delta$, $B\left(x_n;\dfrac{1}{n}\right) \Big\backslash \Delta_\alpha \neq \varnothing$. 因为 E 是有界闭集, 所以由极限点定理可知, $\{x_n\}$ 必存在收敛子列 $\{x_{n_k}\}$ 使得 $\lim\limits_{k\to\infty} x_{n_k} = x_0 \in E$. 于是存在 Δ_{α_0} 使得 $x_0 \in \Delta_{\alpha_0}$. 又因为 Δ_{α_0} 是开集, 所以存在 $N \in \mathbb{N}$ 使得 $B\left(x_0;\dfrac{2}{N}\right) \subset \Delta_{\alpha_0}$. 对 $\varepsilon = \dfrac{1}{N} > 0$, 显然存在 $K > N$ 使得当 $k > K$ 时, $d(x_{n_k},x_0) < \dfrac{1}{N}$. 因此, 当 $x \in B\left(x_{n_k};\dfrac{1}{n_k}\right)$ 时, 我们有

$$d(x,x_0) \leqslant d(x,x_{n_k}) + d(x_{n_k},x_0) < \frac{1}{n_k} + \frac{1}{N} < \frac{1}{K} + \frac{1}{N} < \frac{2}{N},$$

即 $x \in B\left(x_0;\dfrac{2}{N}\right)$, 于是 $B\left(x_{n_k};\dfrac{1}{n_k}\right) \subset B\left(x_0;\dfrac{2}{N}\right) \subset \Delta_{\alpha_0}$, 从而与 $B\left(x_{n_k};\dfrac{1}{n_k}\right) \Big\backslash \Delta_{\alpha_0} \neq \varnothing$ 矛盾, 从而结论成立. □

注　由经典的有限覆盖定理, 可以认为这里的 Δ 是 E 的有限开覆盖.

三、习题参考解答 (6.1.1 小节)

1.(1) 在自然数集 $\mathbb{N}$ 中, 令公差 d 与 n 互质的等差序列为 $n \in \mathbb{N}$ 的邻域. 试问, 这样生成的拓扑空间是否是豪斯多夫空间?

(2) $\mathbb{N}$ 作为取标准拓扑的实数集 $\mathbb{R}$ 的子空间时具有怎样的拓扑?

(3) 写出 $\mathbb{R}$ 的所有开子集.

解 (1) $\forall n_1 \neq n_2 \in \mathbb{N}$, 取质数 d 使得 $d > n_1 + n_2$, 则显然 d 与 n_1 和 n_2 均互质, 从而得 n_1 的邻域 $U(n_1) = \{n_1 + kd : k = 0, 1, \cdots\}$ 和 n_2 的邻域 $U(n_2) = \{n_2 + kd : k = 0, 1, \cdots\}$. 若 $U(n_1) \cap U(n_2) \neq \varnothing$, 则存在 k_1, k_2 使得 $n_1 + k_1 d = n_2 + k_2 d$. 显然 $k_1 \neq k_2$, 所以 $|k_1 - k_2| \geqslant 1$, 因此

$$d = |d| = \frac{|n_2 - n_1|}{|k_1 - k_2|} \leqslant n_1 + n_2 < d,$$

矛盾, 故 $U(n_1) \cap U(n_2) = \varnothing$, 从而说明了这样生成的拓扑空间是豪斯多夫空间.

(2) $\forall n \in \mathbb{N}$, 因为开区间 $\left(n - \dfrac{1}{2}, n + \dfrac{1}{2}\right)$ 是取标准拓扑 τ_e 的实数集 $\mathbb{R}$ 中的开集, 所以 $\{n\} = \mathbb{N} \cap \left(n - \dfrac{1}{2}, n + \dfrac{1}{2}\right)$ 是 $\mathbb{N}$ 作为 $(\mathbb{R}; \tau_e)$ 的子空间的开集, 因此诱导拓扑 $\tau_{\mathbb{N}}$ 是离散拓扑, 即 $\tau_{\mathbb{N}} = \{N = \mathbb{N} \cap U : U \in \tau_e\} = 2^{\mathbb{N}}$, 其拓扑基为 $\{\{n\} : n \in \mathbb{N}\}$.

(3) $\mathbb{R}$ 的所有开子集的集合

$$\tau_e = \varnothing \cup \left\{ U_{n,\mathcal{I}} = \bigcup_{\substack{i=1,\cdots,n \\ I_i \in \mathcal{I}}} I_i : n \in \mathbb{N} \cup \{+\infty\} \right\},$$

这里 $\mathcal{I}$ 是 $\mathbb{R}$ 中互不相交的 (有限或无限) 开区间的集合. □

2.(1) 试用闭集的语言叙述拓扑空间的公理.

(2) 证明 $\overline{(\overline{E})} = \overline{E}$.

(3) 证明: 任一集合的边界是闭集.

(4) 证明: 如果 F 是 $(X; \tau)$ 的闭集, G 是 $(X; \tau)$ 的开集, 那么 $G \backslash F$ 是 $(X; \tau)$ 的开集.

(5) 证明: 如果 $(Y; \tau_Y)$ 是拓扑空间 $(X; \tau_X)$ 的子空间, 集合 E 满足: $E \subset Y \subset X$, 且 $E \in \tau_X$, 那么 $E \in \tau_Y$.

证 (1) 设 $\mathcal{F}$ 是 X 的一个子集族 (其中的集合称为闭集), 则拓扑空间的公理可用闭集的语言叙述为:

- $\varnothing \in \mathcal{F}$; $X \in \mathcal{F}$.
- $(\forall \alpha \in A; \mathcal{F}_\alpha \in \mathcal{F}) \Rightarrow \bigcap\limits_{\alpha \in A} \mathcal{F}_\alpha \in \mathcal{F}$.

- $(\mathcal{F}_i \in \mathcal{F}; i=1,\cdots,n) \Rightarrow \bigcup_{i=1}^{n} \mathcal{F}_i \in \mathcal{F}$.

(2) 记 $A := \{F : F\text{是闭集且}F \supset E\}$, 则 $\left(\bigcap_{F\in A} F\right)^c = \bigcup_{F\in A} F^c$ 是开集, 从而 $\bigcap_{F\in A} F \supset E$ 是闭集. 一方面, $\forall x \in \left(\bigcap_{F\in A} F\right)^c$, 存在 x 的邻域 $U(x)$ 使得 $U(x) \subset \left(\bigcap_{F\in A} F\right)^c \subset E^c$, 所以 $U(x)\cap E = \varnothing$, 故 $x \in \overline{E}^c$, 因此 $\overline{E} \subset \bigcap_{F\in A} F$. 另一方面, $\forall x \in \overline{E}^c$, 由闭包的定义可知, 存在 x 的邻域 $U(x)$ 使得 $U(x)\cap E = \varnothing$, 所以 $U(x) \subset E^c$, 从而闭集 $\left(U(x)\right)^c \supset E$, 故 $\left(U(x)\right)^c \in A$, 进而 $\left(U(x)\right)^c \supset \bigcap_{F\in A} F$, 所以 $x \in U(x) \subset \left(\bigcap_{F\in A} F\right)^c$, 因此 $\overline{E} \supset \bigcap_{F\in A} F$. 综上可知, $\overline{E} = \bigcap_{F\in A} F$, 即 $\overline{E}$ 是包含 E 的所有闭集的交集, 因此 $\overline{E}$ 是闭集, 进而可知 $\overline{(\overline{E})} = \overline{E}$.

(3) 由 (2) 可知 $\overline{E}$ 和 $\left(\mathring{E}\right)^c = \overline{E^c}$ 都是闭集, 从而 $\mathring{E}$ 是开集, 且 $\partial E = \overline{E}\backslash\mathring{E} = \overline{E}\cap\left(\mathring{E}\right)^c$ 也是闭集.

(4) F 是 $(X;\tau)$ 的闭集, 所以 $F^c = X\backslash F$ 是开集, 而 G 也是 $(X;\tau)$ 的开集, 因此 $G\backslash F = G\cap F^c$ 是 $(X;\tau)$ 的开集.

(5) 因为 $E \subset Y \subset X$, 所以 $E = Y\cap E$, 又 $E \in \tau_X$, 所以由子空间的定义可知 $E \in \tau_Y$. □

3. 给定拓扑空间 $(X;\tau)$, 如果其任意单点集都是闭集, 则称它是强意义下的拓扑空间或 τ_1-空间. 试证:

(1) 任何豪斯多夫空间都是 τ_1-空间 (豪斯多夫空间叫 τ_2-空间).

(2) 并非所有 τ_1-空间都是 τ_2-空间.

(3) 两点集 $X=\{a,b\}$, 在其中定义开集族 $\tau=\{\varnothing, X\}$, 则它不是 τ_1-空间.

(4) 在 τ_1-空间中, 集合 F 是闭集, 当且仅当它包含自己的一切极限点.

证 (1) $\forall x \in X$, $\forall y \in X\backslash\{x\}$, 则 $y \neq x$, 因为 $(X;\tau)$ 是豪斯多夫空间, 所以存在邻域 $U(x), U(y) \in \tau$ 使得 $U(x) \ni x$, $U(y) \ni y$ 且 $U(x)\cap U(y) = \varnothing$. 所以 $U(y) \not\ni x$, 因此 $U(y) \subset X\backslash\{x\}$, 所以 $X\backslash\{x\} \in \tau$, 所以单点集 $\{x\}$ 是闭集, 从而豪斯多夫空间 $(X;\tau)$ 是 τ_1-空间.

(2) 考虑实数集 $\mathbb{R}$ 上的余有限拓扑 $\tau_f = \{\varnothing\}\cup\{\mathbb{R}\backslash A : A\text{是}\mathbb{R}\text{的有限子集}\}$. $\forall x \in \mathbb{R}$, 显然 $\mathbb{R}\backslash\{x\} \in \tau_f$, 所以单点集 $\{x\}$ 是闭集, 从而 $(\mathbb{R};\tau_f)$ 是 τ_1-空间. 但是 $\forall x, y \in \mathbb{R}$, $x \neq y$, 对 τ_f 中任何 x 的邻域 $U(x)$ 和 y 的邻域 $U(y)$, 显然 $\mathbb{R}\backslash U(x)$ 和 $\mathbb{R}\backslash U(y)$ 都是有限集, 所以

$$U(x)\cap U(y) = \mathbb{R}\backslash\Big(\left(\mathbb{R}\backslash U(x)\right)\cup\left(\mathbb{R}\backslash U(y)\right)\Big) \neq \varnothing,$$

因此 $(\mathbb{R};\tau_f)$ 不是 τ_2-空间.

此外,《讲义》6.1.1 小节例 3 中的连续函数的芽集所成的拓扑空间也是 τ_1-空间, 但不是 τ_2-空间.

(3) 因为 $(\{a\})^c = \{b\} \notin \tau = \{\varnothing, X\}$, 所以这里的 $(X;\tau)$ 不是 τ_1-空间.

(4) 由习题 2(2) 的证明可知, $\overline{F}$ 是包含 F 的所有闭集的交集, 因此易知结论成立. □

四、习题参考解答 (6.1.2 小节)

1. 验证: 若 $(X;d)$ 是度量空间, 则 $\left(X;\dfrac{d}{1+d}\right)$ 也是度量空间, 而且度量 d 和 $\dfrac{d}{1+d}$ 在 X 上导出同一个拓扑.

证 首先验证 $\tilde{d} := \dfrac{d}{1+d}$ 是 X 上的一个度量:

(1) $\tilde{d}(x_1,x_2) = \dfrac{d(x_1,x_2)}{1+d(x_1,x_2)} = 0 \Leftrightarrow d(x_1,x_2) = 0 \Leftrightarrow x_1 = x_2$.

(2) $\tilde{d}(x_1,x_2) = \dfrac{d(x_1,x_2)}{1+d(x_1,x_2)} = \dfrac{d(x_2,x_1)}{1+d(x_2,x_1)} = \tilde{d}(x_2,x_1)$.

(3) 考虑函数 $f(t) = \dfrac{t}{1+t}$, $t \geqslant 0$. 因为 $f'(t) = \dfrac{1}{(1+t)^2} > 0$, 所以 f 严格单调递增. 又 $\forall t, s \in [0,+\infty)$, 显然

$$f(t+s) = \frac{t+s}{1+t+s} = \frac{t}{1+t+s} + \frac{s}{1+t+s} \leqslant \frac{t}{1+t} + \frac{s}{1+s} = f(t) + f(s),$$

从而有

$$\begin{aligned}\tilde{d}(x_1,x_3) &= f\big(d(x_1,x_3)\big) \leqslant f\big(d(x_1,x_2) + d(x_2,x_3)\big)\\ &\leqslant f\big(d(x_1,x_2)\big) + f\big(d(x_2,x_3)\big) = \tilde{d}(x_1,x_2) + \tilde{d}(x_2,x_3).\end{aligned}$$

因此, $\left(X;\dfrac{d}{1+d}\right)$ 也是度量空间.

下面我们来证明 $\tilde{d}$ 诱导的 X 上的拓扑正是由 d 诱导的拓扑: 显然 $\forall r \in (0,1)$, $\forall x_1, x_2 \in X$,

$$\tilde{d}(x_1,x_2) = \frac{d(x_1,x_2)}{1+d(x_1,x_2)} < r \Leftrightarrow d(x_1,x_2) < \frac{r}{1-r},$$

所以 $\forall a \in X$, $B_{\tilde{d}}(a;r) = B_d\left(a;\dfrac{r}{1-r}\right)$, 因此由度量空间开子集的定义可知, 度量 d 和 $\dfrac{d}{1+d}$ 在 X 上导出同一个拓扑. □

2.(1) “任意闭集族的并集是闭集” 对吗?

(2) 集合的一切边界点是否都是它的极限点?

(3) 集合的边界点的任意邻域是否总是既含有该集合的内点又含有该集合的外点?

解　(1) 不对, 反例: 在装备了标准拓扑的 $\mathbb{R}$ 中, $\forall n \in \mathbb{N}\backslash\{1\}$, $F_n = \left[\dfrac{1}{n}, 1\right]$ 都是闭集, 但 $\bigcup\limits_{n=2}^{\infty} F_n = (0,1]$ 不是闭集. 类似地, 也可以考虑闭集族 $E_n = \left[0, 1-\dfrac{1}{n}\right]$, $n = 2, 3, \cdots$.

(2) 未必, 如 $E = [0,1] \cup \{2\}$, 易知 $\partial E = \{0,1,2\}$, 而孤立边界点 2 不是 E 的极限点.

(3) 未必, 如 (2) 中的集合 $E = [0,1] \cup \{2\}$ 的孤立边界点 2 的邻域 $U^{\frac{1}{2}}(2)$ 中不含有该集合的内点, 而集合 $F = (-1,0) \cup (0,1)$ 的边界点 0 的邻域 $U^{\frac{1}{2}}(0)$ 中不含有该集合的外点. □

3. 设 $(Y; d_Y)$ 是度量空间 $(X; d_X)$ 的子空间.

(1) 证明: 对于 Y 中的任意开 (闭) 集 $G_Y(F_Y)$, 可以找到 X 中的开 (闭) 集 $G_X(F_X)$ 使得 $G_Y = Y \cap G_X (F_Y = Y \cap F_X)$.

(2) 验证: 如果 Y 中的开集 G'_Y, G''_Y 互不相交, 那么可以选择 X 中相应的集合 G'_X, G''_X, 使得它们也没有公共点.

证　(1) 首先, 由子空间的定义, $\forall a \in Y \subset X$, $r > 0$, 显然有

$$B_Y(a;r) = \{y \in Y : d_Y(a,y) < r\} = \{y \in Y \subset X : d_X(a,y) < r\} = Y \cap B_X(a;r).$$

对于 Y 中的任意开集 G_Y, 显然 $\forall x \in G_Y$, $\exists r_x > 0$ 使得 $B_Y(x; r_x) \subset G_Y$, 所以

$$G_Y = \bigcup_{x \in G_Y} B_Y(x; r_x) = \bigcup_{x \in G_Y} \big(Y \cap B_X(x; r_x)\big) = Y \cap \left(\bigcup_{x \in G_Y} B_X(x; r_x)\right).$$

令 $G_X := \bigcup\limits_{x \in G_Y} B_X(x; r_x)$, 则 G_X 是 X 中的开集且 $G_Y = Y \cap G_X$.

对于 Y 中的任意闭集 F_Y, $Y \backslash F_Y$ 为 Y 中的开集, 因此由已证关于开集的结论可知, 存在 X 中的开集 $\widetilde{G}_X$ 使得 $Y \backslash F_Y = Y \cap \widetilde{G}_X$. 所以

$$F_Y = Y \backslash \big(Y \backslash F_Y\big) = Y \backslash \big(Y \cap \widetilde{G}_X\big) = Y \backslash \widetilde{G}_X = Y \cap \big(X \backslash \widetilde{G}_X\big).$$

令 $F_X := X \backslash \widetilde{G}_X$, 则 F_X 是 X 中的闭集且 $F_Y = Y \cap F_X$.

(2) 根据 (1), 对于 Y 中两个互不相交的开集 G'_Y, G''_Y, 存在 X 中的开集 $\hat{G}'_X, \hat{G}''_X$, 使得 $G'_Y = Y \cap \hat{G}'_X$, $G''_Y = Y \cap \hat{G}''_X$. 显然 $D := \overline{\hat{G}'_X \cap \hat{G}''_X}$ 为 X 中的闭集. 令 $G'_X = \hat{G}'_X \backslash D$, $G''_X = \hat{G}''_X \backslash D$. 容易证明 G'_X 和 G''_X 都是开集, 并且 $G'_X \cap G''_X = \varnothing$, 从而易见结论成立. □

4. 拓扑空间的子集称为相对紧的, 如果它的闭包是紧集. 举出 $\mathbb{R}^n$ 的相对紧子集的例子.

解 对 $\mathbb{R}^n$ 中的任何有界子集 E, 其闭包 $\overline{E}$ 是 $\mathbb{R}^n$ 中的有界闭集, 因而是紧集, 故可知 $\mathbb{R}^n$ 中的任何有界集合 E 都是相对紧的. □

5. 拓扑空间称为局部紧集, 如果这个空间的每个点有相对紧的邻域. 举出局部紧但不紧的拓扑空间的例子.

解 如装备标准拓扑的实数集 $\mathbb{R}$ 及其诱导的任意的开子集所成的子空间. □

6. 证明: 对任一局部紧但不紧的豪斯多夫空间 $(X;\tau_X)$, 存在紧拓扑空间 $(Y;\tau_Y)$, 使得 $X\subset Y$, 而 $Y\setminus X$ 由一个点组成, 并且空间 $(X;\tau_X)$ 是拓扑空间 $(Y;\tau_Y)$ 的子空间.

证 任取 $\omega\notin X$, 令 $Y=X\cup\{\omega\}$, 并定义 $\tau_Y=\tau_X\cup\tau_\omega$, 其中

$$\tau_\omega:=\{G_\omega=Y\backslash K:K\text{是}(X;\tau_X)\text{的紧子集}^{①}\}.$$

显然 $\varnothing\in\tau_X\subset\tau_Y$, $Y=Y\backslash\varnothing\in\tau_Y$. 又由上述定义容易看出, $\forall G_X\in\tau_X$, $G_\omega\in\tau_\omega$, 存在 $(X;\tau_X)$ 的紧子集 K 使得 $G_\omega=Y\backslash K$, 所以 $K\backslash G_X$ 也是 $(X;\tau_X)$ 的紧子集, 且 $G_X\backslash K\in\tau_X$, 因此我们有

$$G_X\cup G_\omega=G_X\cup(Y\backslash K)=Y\backslash(K\backslash G_X)\in\tau_\omega,$$
$$G_X\cap G_\omega=G_X\cap(Y\backslash K)=G_X\backslash K\in\tau_X.$$

类似地, 如果 $\forall\alpha\in A$, $G_\omega^\alpha\in\tau_\omega$, 那么

$$\bigcup_{\alpha\in A}G_\omega^\alpha=\bigcup_{\alpha\in A}Y\backslash K^\alpha=Y\Bigg\backslash\left(\bigcap_{\alpha\in A}K^\alpha\right)\in\tau_\omega.$$

如果 $\forall i=1,\cdots,n$, $G_\omega^i\in\tau_\omega$, 那么

$$\bigcap_{i=1}^{n}G_\omega^i=\bigcap_{i=1}^{n}Y\backslash K^i=Y\Bigg\backslash\left(\bigcup_{i=1}^{n}K^i\right)\in\tau_\omega.$$

综上可知, $(Y;\tau_Y)$ 是拓扑空间. 又 $\forall G_X\in\tau_X\subset\tau_Y$, 显然 $G_X=X\cap G_X$, 所以 $(X;\tau_X)$ 是 $(Y;\tau_Y)$ 的子空间.

最后, 我们来证明拓扑空间 $(Y;\tau_Y)$ 的紧性. 任取 Y 的开覆盖 $\mathcal{U}$, 则存在开集 $G_\omega\in\tau_\omega\cap\mathcal{U}$, 使得 $\omega\in G_\omega$, 所以 $Y\backslash G_\omega=K$ 为 $(X;\tau_X)$ 的紧子集. 又因为 $X\in\tau_Y$, 所以 $\{\omega\}=Y\backslash X$ 为 $(Y;\tau_Y)$ 的闭子集, 从而 $\forall G\in\mathcal{U}$, $G\backslash\{\omega\}=G\cap X$ 为 $(Y;\tau_Y)$ 的开子集, 因此紧集 K 可以被其开覆盖 $\widetilde{\mathcal{U}}=\{G\backslash\{\omega\}:G\in\mathcal{U}\}$ 的有

① 这里 K 可取为 $\varnothing$. 又因为 $(X;\tau_X)$ 不紧, 所以 $K\neq X$, 即 $\{\infty\}\notin\tau_\omega$.

限子族覆盖, 记为 $\{G^i\backslash\{\omega\}: i=1,2,\cdots,n\}$. 现在取 $\mathcal{U}$ 的对应子族 $\{G_\omega\}\cup\{G^i, i=1,2,\cdots,n\}$ 即可覆盖 Y, 从而说明了 $(Y;\tau_Y)$ 是紧的. □

注 1　由证明可知, $\omega\in X'$, 且 $\overline{X}=Y$. 此外, 由 $(X;\tau_X)$ 是局部紧的豪斯多夫空间还可知, 拓扑空间 $(Y;\tau_Y)$ 也是豪斯多夫空间.

注 2　若去掉题目中的豪斯多夫空间条件, 则考虑另一种特殊的拓扑 $\widetilde{\tau}_Y=\tau_X\cup\{Y\}$, 容易验证 $(Y;\widetilde{\tau}_Y)$ 是拓扑空间, 且 $(X;\tau_X)$ 是 $(Y;\widetilde{\tau}_Y)$ 的子空间. 关于紧性, 只需注意到覆盖 Y 的开集族必须包含开集 $\{Y\}$, 而一个开集 $\{Y\}$ 即可覆盖 Y.

7. 度量空间的子集叫全有界集, 如果对于任意的 $\varepsilon>0$, 它都有有限 ε-网.

(1) 验证: 集合全有界性定义与其叙述中的 ε-网的点是取自其本身还是其所在空间无关.

(2) 试证: 完备度量空间中的集合是紧集, 当且仅当它全有界而且是闭集.

(3) 举例说明, 度量空间中的闭有界集未必是全有界的, 因此, 也未必是紧集.

证　(1) 设 M 是度量空间 $(X;d)$ 中的全有界集, $\forall\varepsilon>0$, 其对应的有限 ε-网记为 $N_\varepsilon=\{y_1,\cdots,y_n\}$. 显然 $N_\varepsilon\subset X$, 由 ε-网的定义可知, $\forall x\in M$, $\exists i\in\{1,\cdots,n\}$ 使得 $y_i\in N_\varepsilon$ 且 $d(x,y_i)<\varepsilon$, 所以 $x\in B(y_i;\varepsilon)$, 于是 $M\subset\bigcup\limits_{i=1}^{n}B(y_i;\varepsilon)$, 进而

$$M=M\cap\left(\bigcup_{i=1}^{n}B(y_i;\varepsilon)\right)=\bigcup_{i=1}^{n}\left(M\cap B(y_i;\varepsilon)\right)=:\bigcup_{i=1}^{n}A_i.$$

记 $\Lambda=\{j\in\{1,\cdots,n\}:A_j\neq\varnothing\}$, 显然 Λ 非空且 $M=\bigcup\limits_{j\in\Lambda}A_j$. 所以 $\forall j\in\Lambda$, $A_j\neq\varnothing$, 因此必存在 $x_j\in A_j\subset M$. 令 $\widetilde{N}=\{x_j:j\in\Lambda\}$, 则显然 $\widetilde{N}\subset M$. $\forall x\in M$, 因为 $M=\bigcup\limits_{j\in\Lambda}A_j$, 所以 $\exists j\in\Lambda$ 使得 $x\in A_j\subset B(y_j;\varepsilon)$, 因此

$$d(x,x_j)\leqslant d(y_j,x)+d(y_j,x_j)<2\varepsilon,$$

由此我们得到了 M 的有限 2ε-网 $\widetilde{N}$ 且 $\widetilde{N}\subset M$. 最后再由 ε 的任意性可知要证的结论成立.

(2) 设 M 是完备度量空间 $(X;d)$ 中的紧集, 则由《讲义》6.1.1 小节命题 3 和 6.1.2 小节命题 4 可知, M 全有界而且是闭集.

反之, 设 M 是完备度量空间 $(X;d)$ 中的全有界闭集, 则由 (1) 可知, $\forall\varepsilon>0$, M 有有限 ε-网 $N_\varepsilon\subset M$, 使得 $\forall x\in M$, $\exists y\in N_\varepsilon$ 使得 $d(x,y)<\varepsilon$. 任取 M 中的点列 $\{x_n\}$. 首先, 对有限 1-网 N_1, 显然 $\exists y_1\in N_1\subset M$ 及 $\{x_n\}$ 的子列 $\left\{x_n^{(1)}\right\}$ 使得 $\left\{x_n^{(1)}\right\}\subset B(y_1;1)$. 同理, 对有限 $\dfrac{1}{2}$-网 N_2, $\exists y_2\in N_2\subset M$ 及 $\left\{x_n^{(1)}\right\}$ 的子列 $\left\{x_n^{(2)}\right\}$ 使得 $\left\{x_n^{(2)}\right\}\subset B\left(y_2;\dfrac{1}{2}\right)$. 重复此过程, 一般地, 对有限 $\dfrac{1}{k}$-网 N_k,

$\exists y_k \in N_k \subset M$ 及 $\{x_n^{(k-1)}\}$ 的子列 $\{x_n^{(k)}\}$ 使得 $\{x_n^{(k)}\} \subset B\left(y_k; \dfrac{1}{k}\right)$. 这样我们得到了一列子列: $\{x_n^{(1)}\}, \{x_n^{(2)}\}, \cdots, \{x_n^{(k)}\}, \cdots$. 最后再抽出对角线子列 $\{x_k^{(k)}\}$, 它就是一个基本列. 事实上, $\forall \varepsilon > 0$, 当 $n > \dfrac{2}{\varepsilon}$ 时, $\forall p \in \mathbb{N}$,

$$d\big(x_{n+p}^{(n+p)}, x_n^{(n)}\big) \leqslant d\big(y_n, x_{n+p}^{(n+p)}\big) + d\big(y_n, x_n^{(n)}\big) < \frac{1}{n} + \frac{1}{n} = \frac{2}{n} < \varepsilon.$$

因为度量空间 $(X;d)$ 是完备的, 所以 $\lim\limits_{k\to\infty} x_k^{(k)} = x_* \in X$, 又因为 M 是 $(X;d)$ 中的闭集, 所以 $x_* \in M$, 因此再由《讲义》6.1.2 小节命题 5 可知 M 是紧集.

(3) 反例: 设 $X_2 = \left\{x = \{x^k\}_{k=1}^{\infty} : x^k \in \mathbb{R}, \sum\limits_{k=1}^{\infty}(x^k)^2 < +\infty\right\}$, $d(x,y) = \left(\sum\limits_{k=1}^{\infty}(x^k - y^k)^2\right)^{\frac{1}{2}}$, 不难验证 $(X_2;d) =: l_2$ 是完备的度量空间 (参见 12.1 节习题 3(1)). 考虑 l_2 的子集 $E = \{e_n\}_{n=1}^{\infty}$, 其中

$$e_n = (0, 0, \cdots, 0, \underbrace{1}_{\text{第}n\text{个}}, 0, \cdots).$$

显然, $\forall m, n \in \mathbb{N}$, 若 $m \neq n$, 则 $d(e_m, e_n) = \sqrt{2}$, 从而易见 E 是 l_2 的有界闭集, 但不是全有界的, 所以由 (2) 可知其也不是紧集.

注　由《讲义》6.1.2 小节推论 1 的证明易见, 度量空间中的全有界集必是有界的. □

8.(1) 证明以下的闭球套引理. 设 $(X;d)$ 是度量空间, $\widetilde{B}(x_1;r_1) \supset \widetilde{B}(x_2;r_2) \supset \cdots \supset \widetilde{B}(x_n;r_n) \supset \cdots$ 是 X 中的半径趋于零的闭球套. 那么, 空间 $(X;d)$ 完备, 当且仅当对于任意这样的序列, 存在唯一的点属于这个序列中的每一个球.

(2) 证明: 如果在上述引理的条件中, 去掉 $r_n \to 0$, $n \to \infty$ 的要求, 那么, 甚至当空间完备时, $\bigcap\limits_{n=1}^{\infty} \widetilde{B}(x_n;r_n)$ 也可以是空集.

证　(1) "$\Rightarrow$": 设度量空间 $(X;d)$ 完备. 对于 X 中的任意满足 $r_n \to 0(n \to \infty)$ 的闭球套 $\widetilde{B}(x_1;r_1) \supset \widetilde{B}(x_2;r_2) \supset \cdots \supset \widetilde{B}(x_n;r_n) \supset \cdots$, 容易看出点列 $\{x_n\}$ 是 $(X;d)$ 中的基本列, 从而由空间的完备性可知, $\exists x_* \in X$ 使得 $\lim\limits_{n\to\infty} x_n = x_*$. 所以 $\forall n \in \mathbb{N}$, $x_* \in \widetilde{B}(x_n;r_n)$, 进而 $x_* \in \bigcap\limits_{n=1}^{\infty} \widetilde{B}(x_n;r_n)$, 最后由 $r_n \to 0$ 还可知这样的点 x_* 是唯一的.

"$\Leftarrow$": 对于度量空间 $(X;d)$ 中的任意基本列 $\{x_n\}$. $\forall k \in \mathbb{N}$, 令 $r_k = \dfrac{1}{2^k}$, 则显然 $\lim\limits_{k\to\infty} r_k = 0$. 因为 $\{x_n\}$ 是基本列, 所以对 $\dfrac{r_1}{2} > 0$, $\exists n_1 \in \mathbb{N}$ 使得 $\forall n \geqslant n_1$, $d(x_{n_1}, x_n) < \dfrac{r_1}{2}$. 又因为 $\{x_{n_1+n}\}$ 仍然是基本列, 所以对 $\dfrac{r_2}{2} > 0$, $\exists n_2 \in \mathbb{N}$ 使

得 $n_2 > n_1$ 且 $\forall n \geqslant n_2$, $d(x_{n_2}, x_n) < \dfrac{r_2}{2}$. 重复此过程, 一般地, 对 $\dfrac{r_k}{2} > 0$, $\exists n_k \in \mathbb{N}$ 使得 $n_k > n_{k-1}$ 且 $\forall n \geqslant n_k$, $d(x_{n_k}, x_n) < \dfrac{r_k}{2}$. 这样我们得到了点列 $x_{n_1}, x_{n_2}, \cdots, x_{n_k}, \cdots$. 由上述构造过程可知, $\forall k \in \mathbb{N}$, 如果 $x \in \widetilde{B}(x_{n_{k+1}}; r_{k+1}) \subset X$, 则

$$d(x_{n_k}, x) \leqslant d(x_{n_k}, x_{n_{k+1}}) + d(x_{n_{k+1}}, x) \leqslant \frac{r_k}{2} + r_{k+1} = r_k,$$

因此 $\widetilde{B}(x_{n_k}; r_k) \supset \widetilde{B}(x_{n_{k+1}}; r_{k+1})$, 从而得到了半径趋于零的闭球套 $\widetilde{B}(x_{n_1}; r_1) \supset \widetilde{B}(x_{n_2}; r_2) \supset \cdots \supset \widetilde{B}(x_{n_k}; r_k) \supset \cdots$. 于是由所给条件可知, 存在唯一的点 $x_* \in \bigcap\limits_{k=1}^{\infty} \widetilde{B}(x_{n_k}; r_k) \subset X$, 因此

$$\lim_{k\to\infty} d(x_*, x_{n_k}) \leqslant \lim_{k\to\infty} r_k = 0.$$

又因为 $\{x_n\}$ 是基本列, 所以我们有 $\lim\limits_{n\to\infty} x_n = x_* \in X$, 这就证明了度量空间 $(X; d)$ 是完备的.

(2) 反例: 任取严格单调递减数列 $\{r_n\} \subset \mathbb{R}^+$ 满足 $\lim\limits_{n\to\infty} r_n = r_0 > 0$. 考虑习题 7 中所用的完备度量空间 l_2 的子空间 $X = \left\{x_n = \dfrac{r_n}{\sqrt{2}} e_n\right\}_{n=1}^{\infty}$, 其中 $e_n = (0, 0, \cdots, 0, \underbrace{1}_{\text{第}n\text{个}}, 0, \cdots)$. 容易看出 $\forall m, n \in \mathbb{N}$, $m > n$, 我们有

$$r_0 < r_m < d(x_m, x_n) = \left(\frac{(r_m)^2}{2} + \frac{(r_n)^2}{2}\right)^{\frac{1}{2}} < r_n, \tag{$*$}$$

所以 X 中无非平凡的基本列, 因此 X 也完备. 此外, 对 X 中的闭球列

$$\widetilde{B}_X(x_1; r_1), \widetilde{B}_X(x_2; r_2), \cdots \widetilde{B}_X(x_n; r_n), \cdots,$$

由 $(*)$ 式还可以看出 $\forall m > n$, $x_m \in \widetilde{B}_X(x_n; r_n)$ 但 $x_n \notin \widetilde{B}_X(x_m; r_m)$, 因此该闭球列是闭球套 $\widetilde{B}(x_1; r_1) \supset \widetilde{B}(x_2; r_2) \supset \cdots \supset \widetilde{B}(x_n; r_n) \supset \cdots$ 且 $\bigcap\limits_{n=1}^{\infty} \widetilde{B}(x_n; r_n) = \varnothing$.

□

9.(1) 在度量空间 $(X; d)$ 中, 称集合 $E \subset X$ 是无处稠密的, 如果它在任一球内都不稠密, 即对于任一球 $B(x; r)$, 可以找到球 $B(x_1; r_1) \subset B(x; r)$, 使得 $B(x_1; r_1)$ 中没有集合 E 的点. 集合 E 称为 X 中的第一纲集, 如果它可以表示为可数个无处稠密集的并. X 中不是第一纲集的集称为第二纲集. 试证: 完备的度量空间是 (自身中的) 第二纲集.

(2) 试证: 如果函数 $f \in C^{\infty}[a, b]$, 且满足: $\forall x \in [a, b]$, $\exists n \in \mathbb{N}$, $\forall m > n$, 有 $f^{(m)}(x) = 0$, 那么函数 f 是多项式.

证 (1) 首先, 如果 $E\subset X$ 是无处稠密集, 则由定义可知, $\forall B(x;r)$, $\exists B(x_1;r_1)\subset B(x;r)$ 使得 $B(x_1;r_1)\cap E=\varnothing$, 因此 $\widetilde{B}\left(x_1;\dfrac{r_1}{2}\right)\cap\overline{E}=\varnothing$, 这里 $\widetilde{B}$ 表示闭球. 于是易见, $E\subset X$ 是无处稠密集 $\Leftrightarrow$ $\forall B(x;r)$, $\exists B(x';r')\subset B(x;r)$ 使得 $\widetilde{B}(x';r')\cap\overline{E}=\varnothing$.

下面采用反证法证明要证的结论. 假设 X 不是第二纲集, 则 X 是第一纲集, 因此 $X=\bigcup\limits_{n=1}^{\infty}E_n$, 其中 $E_n\subset X$ 是无处稠密集. 对任意的球 $B(x_0;r_0)$, 因为 E_1 是无处稠密集, 所以由上边的等价定义可知 $\exists B(x_1;r_1)\subset B(x_0;r_0)$, 使得 $r_1<1$ 且 $\widetilde{B}(x_1;r_1)\cap\overline{E_1}=\varnothing$. 再对球 $B(x_1;r_1)$, 又因为 E_2 是无处稠密集, 同理由等价定义可知 $\exists B(x_2;r_2)\subset B(x_1;r_1)$, 使得 $r_2<\dfrac{1}{2}$ 且 $\widetilde{B}(x_2;r_2)\cap\overline{E_2}=\varnothing$, 因此

$$\widetilde{B}(x_2;r_2)\cap(\overline{E_1}\cup\overline{E_2})=\left(\widetilde{B}(x_2;r_2)\cap\overline{E_1}\right)\cup\left(\widetilde{B}(x_2;r_2)\cap\overline{E_2}\right)=\varnothing\cup\varnothing=\varnothing.$$

重复此过程, 一般地, 对球 $B(x_{n-1};r_{n-1})$, 因为 E_n 是无处稠密集, 所以 $\exists B(x_n;r_n)\subset B(x_{n-1};r_{n-1})$, 使得 $r_n<\dfrac{1}{n}$ 且 $\widetilde{B}(x_n;r_n)\cap\overline{E_n}=\varnothing$, 因此

$$\widetilde{B}(x_n;r_n)\cap\left(\bigcup_{i=1}^{n}\overline{E_i}\right)=\bigcup_{i=1}^{n}\left(\widetilde{B}(x_n;r_n)\cap\overline{E_i}\right)=\varnothing,\quad \forall n\in\mathbb{N}.\tag{$*$}$$

这样我们得到了闭球套

$$\widetilde{B}(x_0;r_0)\supset\widetilde{B}(x_1;r_1)\supset\cdots\supset\widetilde{B}(x_n;r_n)\supset\cdots.$$

而由上述构造可知, $\forall n,p\in\mathbb{N}$,

$$d(x_{n+p},x_n)\leqslant r_n<\frac{1}{n},\tag{$**$}$$

所以 $\{x_n\}$ 是基本列, 又由于度量空间 $(X;d)$ 完备, 因此 $\exists x_*\in X$ 使得 $\lim\limits_{n\to\infty}x_n=x_*$. 此外, 在 $(**)$ 式中令 $p\to\infty$, 我们有 $\forall n\in\mathbb{N}$, $d(x_*,x_n)\leqslant r_n$, 即 $x_*\in\widetilde{B}(x_n;r_n)$, 进而由 $(*)$ 式可知 $x_*\notin\bigcup\limits_{n=1}^{\infty}\overline{E_n}=X$, 由此导致矛盾, 故 X 是第二纲集.

(2) 反证法. 假设函数 f 不是多项式. 因为 $f(x)\in C^{\infty}[a,b]$, 所以 $\forall n\in\mathbb{N}$, $F_n:=\{x\in[a,b]:\forall m>n,f^{(m)}(x)=0\}$ 为完备度量空间 $[a,b]$ 中的闭集. 由已知条件可见, $F_1\subset F_2\subset\cdots\subset F_n\subset\cdots$, 且 $\bigcup\limits_{n=1}^{\infty}F_n=[a,b]$. 再记 $X:=\{x\in[a,b]:\forall(\alpha,\beta)\ni x,f|_{(\alpha,\beta)}\text{不是多项式}\}$, 则由反证假设可知 X 为 $[a,b]$ 中的非空闭集, 从而 X 完备. 又显然

$$X=X\cap[a,b]=X\cap\left(\bigcup_{n=1}^{\infty}F_n\right)=\bigcup_{n=1}^{\infty}(X\cap F_n).$$

此外由 (1) 可知, 完备子空间 X 是第二纲集, 所以 $\exists n_0 \in \mathbb{N}$ 使得闭集 $X \cap F_{n_0}$ 不是无处稠密集, 于是 $\exists(\alpha_0,\beta_0) \subset \big(X \cap F_{n_0}\big)$, 因此 $\forall m > n_0$, 由 $F_{n_0} \subset F_m$ 可知 $f^{(m)}|_{(\alpha_0,\beta_0)}(x) \equiv 0$, 从而 $f|_{(\alpha_0,\beta_0)}$ 为不超过 n_0 次的多项式, 此又与 $(\alpha_0,\beta_0) \subset X$ 矛盾. 这就证明了函数 f 必是多项式. □

五、习题参考解答 (6.1.3 小节)

1. 设 $E_1, E_2 \subset \mathbb{R}^m$, 量 $d(E_1,E_2) := \inf\limits_{\substack{x_1\in E_1\\ x_2\in E_2}} d(x_1,x_2)$ 称为集合 E_1 与 E_2 之间的距离. 举例说明: 在 $\mathbb{R}^m$ 中存在没有公共点的闭集 E_1, E_2 使 $d(E_1,E_2)=0$.

解　取 $E_1 = \mathbb{N} \subset \mathbb{R}^1$, $E_2 = \left\{n + \dfrac{1}{2n} : n \in \mathbb{N}\right\} \subset \mathbb{R}^1$, 易见 E_1 和 E_2 都是 $\mathbb{R}^1$ 中的闭集且 $E_1 \cap E_2 = \varnothing$, 再由 $\lim\limits_{n\to\infty}\left(n + \dfrac{1}{2n} - n\right) = 0$ 还可知 $d(E_1,E_2)=0$.

此外, 取 $\widetilde{E}_1 = \{(x^1,x^2) \in \mathbb{R}^2 : x^2 = 0\}$, $\widetilde{E}_2 = \{(x^1,x^2) \in \mathbb{R}^2 : x^2 = \dfrac{1}{x^1}, x^1 > 0\}$, 易见 $\widetilde{E}_1$ 和 $\widetilde{E}_2$ 也满足要求. □

2.(1) 在空间 $\mathbb{R}^k$ 中, 二维球面 S^2 和圆周 S^1 能不能有那样的位置关系: 从球面上任意点到圆周上任意点的距离都是一样的.

(2) 对任意维球面 $S^m, S^n \subset \mathbb{R}^k$ 研究问题 (1): 试问, 当 m,n,k 有什么关系时, 所说的位置关系成立.

解　(1) 设 $k \geqslant 5$, 令

$$S^2 = \left\{x \in \mathbb{R}^k : (x^1)^2 + (x^2)^2 + (x^3)^2 = 1,\ x^j = 0, j \in \{1,\cdots,k\}\backslash\{1,2,3\}\right\},$$
$$S^1 = \left\{y \in \mathbb{R}^k : (y^4)^2 + (y^5)^2 = 1,\ y^j = 0, j \in \{1,\cdots,k\}\backslash\{4,5\}\right\},$$

所以 $\forall x \in S^2$, $y \in S^1$, $d(x,y) = \sqrt{2}$, 即从球面上任意点到圆周上任意点的距离都是一样的.

(2) 类似地, 当 $k \geqslant m+n+2$ 时, 所说的位置关系成立. □

6.2　拓扑空间的连续映射

一、知识点总结与补充

1. 映射极限的定义与基本性质

(1) 一般定义: 设 $f: X \to Y$ 是从集合 X(经常考虑拓扑空间) 到拓扑空间 Y 的映射, X 中具有确定基底 $\mathcal{B} = \{B\}$. 定义

$$\lim_{\mathcal{B}} f(x) = A := \forall V(A) \subset Y, \exists B \in \mathcal{B}(f(B) \subset V(A)).$$

(2) 记号: 对于点 $a \in X$ 的去心邻域基 $\mathcal{B} = \{\mathring{U}(a)\}$ 仍采用以前的记号 $x \to a$.

(3) 如果 $(X; d_X)$ 和 $(Y; d_Y)$ 是两个度量空间, 那么极限的 ε-δ 语言为

$$\begin{aligned}&\lim_{x \to a} f(x) = A\\ \Leftrightarrow &\forall \varepsilon > 0, \exists \delta > 0, \forall x \in X(0 < d_X(a, x) < \delta \Rightarrow d_Y(A, f(x)) < \varepsilon).\end{aligned}$$

(4) 对定义于拓扑直积 $(X \times Y; \tau_X \times \tau_Y)$、取值于拓扑空间 $(Z; \tau_Z)$ 的映射 $f: X \times Y \to Z$, $(x, y) \mapsto f(x, y)$:

• 任意固定 $x \in X$, 作映射 $f_x: Y \to Z$, $Y \ni y \mapsto z = f_x(y) = f(x, y) \in Z$, 称 f_x 的极限为 f 关于 Y 的极限.

• 任意固定 $y \in Y$, 作映射 $f_y: X \to Z$, $X \ni x \mapsto z = f_y(x) = f(x, y) \in Z$, 称 f_y 的极限为 f 关于 X 的极限.

(5) 极限的唯一性: 设 X 是具有基 $\mathcal{B}$ 的集合, Y 是豪斯多夫空间. 若 $f: X \to Y$ 的极限存在, 则其极限必是唯一的.

(6) 映射的最终有界性: 如果从具有基 $\mathcal{B}$ 的集合 X 到度量空间 Y 的映射 $f: X \to Y$ 关于基 $\mathcal{B}$ 有极限, 那么它关于这个基底最终有界, 即存在 $B \in \mathcal{B}$, 使得 f 在 B 上有界.

(7) 复合映射的极限: 设 X 是具有基 $\mathcal{B}_X$ 的集合, Y 是具有基 $\mathcal{B}_Y$ 的集合, Z 是拓扑空间. 考虑映射 $X \xrightarrow{f} Y \xrightarrow{g} Z$. 假设 $\lim\limits_{\mathcal{B}_Y} g(y)$ 存在, 且 $\forall B_Y \in \mathcal{B}_Y, \exists B_X \in \mathcal{B}_X$ 使得 $f(B_X) \subset B_Y$. 则复合映射 $g \circ f: X \to Z$ 有关于基 $\mathcal{B}_X$ 的极限, 并且

$$\lim_{\mathcal{B}_X} (g \circ f)(x) = \lim_{\mathcal{B}_Y} g(y).$$

(8) 柯西准则: 设 X 是具有基 $\mathcal{B}$ 的集合; $f: X \to Y$ 是从 X 到完备度量空间 $(Y; d)$ 的映射, 则

$$\exists \lim_{\mathcal{B}} f(x) \Leftrightarrow \forall \varepsilon > 0, \exists B \in \mathcal{B}(\omega(f; B) < \varepsilon).$$

注 称量 $\omega(f, E) = \sup\limits_{x_1, x_2 \in E} d(f(x_1), f(x_2))$ 为映射 $f: X \to Y$ 在集合 $E \subset X$ 上的振幅, 其中 Y 是度量空间.

2. 映射连续性的定义与基本性质

(1) 一般定义: 从拓扑空间 $(X; \tau_X)$ 到拓扑空间 $(Y; \tau_Y)$ 的映射

$$f: X \to Y \text{在} a \in X \text{连续} := \forall V(f(a)), \exists U(a)(f(U(a)) \subset V(f(a))).$$

(2) 映射在一点的连续性是一个局部性质.

(3) 如果 $(X;d_X)$ 和 $(Y;d_Y)$ 是两个度量空间, 那么连续的 ε-δ 语言为

$$\begin{aligned}&f:X\to Y \text{ 在 } a\in X \text{ 连续}\\ \Leftrightarrow&\forall\varepsilon>0,\exists\delta>0,\forall x\in X(d_X(a,x)<\delta\Rightarrow d_Y(f(a),f(x))<\varepsilon).\end{aligned}$$

(4) 连续映射的记号: 从 X 到 Y 的连续映射的集合用记号 $C(X;Y)$ 表示.

(5) 对定义于拓扑直积 $(X\times Y;\tau_X\times\tau_Y)$、取值于拓扑空间 $(Z;\tau_Z)$ 的映射 $f:X\times Y\to Z,\ (x,y)\mapsto f(x,y)$:

- 称 f 是关于 Y 连续的, 如果 $\forall x\in X$, 映射 $f_x:Y\to Z$ 是连续的.
- 称 f 是关于 X 连续的, 如果 $\forall y\in X$, 映射 $f_y:X\to Z$ 是连续的.
- 若 f 连续, 则它关于 Y 和 X 也连续.

(6) 映射连续性准则: 从拓扑空间 $(X;\tau_X)$ 到拓扑空间 $(Y;\tau_Y)$ 的映射 $f:X\to Y$ 连续, 当且仅当 Y 的任何开 (闭) 子集的原像是 X 中的开 (闭) 集.

(7) 同胚:

• 同胚映射: 称从一个拓扑空间 $(X;\tau_X)$ 到另一个拓扑空间 $(Y;\tau_Y)$ 的双射 $f:X\to Y$ 是同胚的或者同胚, 如果它本身和它的逆映射 $f^{-1}:Y\to X$ 都是连续的.

• 同胚空间: 称两个拓扑空间 $(X;\tau_X)$ 和 $(Y;\tau_Y)$ 是同胚的 (记为 $X\cong Y$), 如果存在从其中一个空间到另一个空间上的同胚映射.

• 从拓扑性质的观点来看, 同胚空间是完全相同的, 拓扑空间的同胚性是拓扑空间集合中的等价关系.

• 在同胚下保持不变的概念称为拓扑概念, 在同胚下保持不变的性质称为拓扑性质, 在同胚下保持不变的量称为拓扑不变量.

(8) 连续映射的复合的连续性: 设 $(X;\tau_X),(Y;\tau_Y),(Z;\tau_Z)$ 是拓扑空间, 如果映射 $g:Y\to Z$ 在点 $b\in Y$ 连续, 映射 $f:X\to Y$ 在点 $a\in X$ 连续, 而且 $f(a)=b$, 那么这两个映射的复合 $g\circ f:X\to Z$ 在点 $a\in X$ 连续.

(9) 映射在连续点邻域内的有界性: 如果拓扑空间 $(X;\tau)$ 到度量空间 $(Y;d)$ 的映射 $f:X\to Y$ 在某个点 $a\in X$ 连续, 那么它在这个点的某个邻域内有界.

(10) 度量空间上的映射连续性准则: 从度量空间 $(X;d_X)$ 到度量空间 $(Y;d_Y)$ 的映射 $f:X\to Y$ 在点 $a\in X$ 连续, 当且仅当 $\omega(f;a):=\lim\limits_{r\to 0}\omega(f;B(a;r))=0$.

3. 连续映射的整体性质

(1) 紧集上连续映射的性质:

• 在连续映射下, 紧集的像是紧集.

• 最值性: 紧集 K 上的连续实函数 $f:K\to\mathbb{R}$ 在紧集的某个点取得最大 (最小) 值.

• 一致连续性: 从度量紧集 K 到度量空间 $(Y;d_Y)$ 的连续映射 $f:K\to Y$ 是一致连续的.

注 从度量空间 $(X;d_X)$ 到度量空间 $(Y;d_Y)$ 的映射

$$f:X\to Y\text{一致连续} := \forall\varepsilon>0,\exists\delta>0,\forall E\subset X(d(E)<\delta\Rightarrow\omega(f;E)<\varepsilon).$$

(2) 连通性: 在连续映射下, 连通拓扑空间的像是连通的.

注 如果 X 是区间, $Y=\mathbb{R}$, 我们得到古典的连续实值函数的介值性定理.

4. 一些特殊的连续映射

(1) 常值映射: $f:X\to Y$(即 $f(X)=y_0\in Y$) 是连续映射.

(2) 恒同映射: $\mathrm{id}_X:X\to X$(即 $\mathrm{id}_X(x)=x$, $\forall x\in X$) 是连续映射, 同时也是同胚映射.

注 这里要求定义域和值域上取同样的拓扑结构, 否则结论不一定成立.

(3) 含入映射 (包含映射): 设 A 是 X 的子空间, 含入映射 $i_A:A\to X$(即 $i_A(a)=a$, $\forall a\in A$) 是连续映射.

(4) 限制映射: $f:X\to Y$ 连续, A 是 X 的子空间, 限制映射 $f|_A=f\circ i_A$ 是连续映射. 显然, 含入映射 $i_A=\mathrm{id}_X|_A$.

(5) 嵌入映射: 如果 $f:X\to Y$ 是单的连续映射, 并且 $f:X\to f(X)$ 是同胚映射 (在 $f(X)\subset Y$ 上取子空间拓扑), 则称 $f:X\to Y$ 是嵌入映射. 特别地, 含入映射 $i_A:X\supset A\to X$ 是嵌入映射.

(6) 收缩映射: 如果连续映射 $r:X\to A\subset X$ 满足 $r\circ i_A=\mathrm{id}_A$, 则称其为收缩映射.

(7) 如果 X 是离散拓扑空间, 或者 Y 是平凡拓扑空间, 则 $f:X\to Y$ 一定是连续的.

5. 压缩映射

(1) 定义: 称从度量空间 $(X;d)$ 到自身中的映射 $f:X\to X$ 是压缩映射, 如果存在数 $q\in(0,1)$, 使得对于 X 中的任意两点 x_1,x_2, 成立不等式 $d(f(x_1),f(x_2))\leqslant qd(x_1,x_2)$.

(2) 皮卡–巴拿赫不动点原理 (压缩映像原理): 从完备度量空间 $(X;d)$ 到自身中的压缩映射 $f:X\to X$ 有唯一的不动点[①]a. 另外, 对于任意点 $x_0\in X$, 迭代序列 $x_0,x_1=f(x_0),\cdots,x_{n+1}=f(x_n),\cdots$ 收敛到 a. 收敛速度由如下估计式给出:

$$d(a,x_n)\leqslant\frac{q^n}{1-q}d(x_1,x_0).$$

(3) 压缩映射是 (一致) 连续的.

① 称点 $a\in X$ 为映射 $f:X\to X$ 的不动点, 如果 $f(a)=a$.

(4) 不动点的稳定性: 设 $(X;d)$ 是完备度量空间; $(\Omega;\tau)$ 是拓扑空间 (参变量空间). 假设每个参变量 $t\in\Omega$ 对应一个压缩映射 $f_t:X\to X$, 它们满足以下条件:

• 族 $\{f_t,t\in\Omega\}$ 一致压缩, 即 $\exists q\in(0,1)$, 使得对于每个映射 f_t 是 q-压缩的;

• 对于每个 $x\in X$, 映射 $f_t(x):\Omega\to X$ 作为 t 的函数在某点 $t_0\in\Omega$ 连续, 即 $\lim\limits_{t\to t_0}f_t(x)=f_{t_0}(x)$,

那么, 方程 $x=f_t(x)$ 的解 $a(t)\in X$ 在点 t_0 连续地依赖于 t, 即 $\lim\limits_{t\to t_0}a(t)=a(t_0)$.

6. 线性映射

(1) 定义: 从一个向量空间 X 到另一个向量空间 Y 的映射 $L:X\to Y$ 称为 (实) 线性的, 如果对于任意的 $x_1,x_2\in X$ 和 $\lambda_1,\lambda_2\in\mathbb{R}$, 有 $L(\lambda_1x_1+\lambda_2x_2)=\lambda_1L(x_1)+\lambda_2L(x_2)$.

(2) 线性赋范空间 $\mathcal{L}(\mathbb{R}^m,\mathbb{R}^n)$①与线性赋范空间 $M_{m,n}(\mathbb{R})$②同构, 如下映射 Φ 是从 $\mathcal{L}(\mathbb{R}^m,\mathbb{R}^n)$ 到 $M_{m,n}(\mathbb{R})$ 的线性一一映射:

$$\Phi:\mathcal{L}(\mathbb{R}^m,\mathbb{R}^n)\to M_{m,n}(\mathbb{R}),\quad L\mapsto\Phi_L=(a_i^j),$$

其中 $a_i^j=(Le_i)^j$, $i=1,\cdots,m$, $j=1,\cdots,n$, $\{e_1,\cdots,e_m\}$ 是 $\mathbb{R}^m$ 中给定的基底. 于是, $L(e_i)=a_i^j\tilde{e}_j$, 其中 $\{\tilde{e}_1,\cdots,\tilde{e}_n\}$ 是 $\mathbb{R}^n$ 中给定的基底. 因此, 线性映射 $L:\mathbb{R}^m\to\mathbb{R}^n$ 写成分量形式为 $L^j(x)=(L(x))^j=a_i^jx^i$, $\forall x=(x^1,\cdots,x^m)\in\mathbb{R}^m$, 从而其列向量形式为

$$L(x)=\begin{pmatrix}L^1(x)\\ \vdots\\ L^n(x)\end{pmatrix}=\begin{pmatrix}a_1^1&\cdots&a_m^1\\ \vdots&&\vdots\\ a_1^n&\cdots&a_m^n\end{pmatrix}\begin{pmatrix}x^1\\ \vdots\\ x^m\end{pmatrix}.$$

注　当 $n=1$ 时, 线性函数 $L:\mathbb{R}^m\to\mathbb{R}$ 都能表达成 $L(x)=\xi\cdot x=\langle\xi,x\rangle$ 的形式, 其中 ξ 是由函数 L 唯一确定的 $\mathbb{R}^m$ 中的向量.

(3) $L(x)=O(x)$, $x\to0$.

(4) 线性映射 $L\in\mathcal{L}(\mathbb{R}^m,\mathbb{R}^n)$ 是 (一致) 连续的.

7. 多变量函数的极限的性质

(1) $\mathbb{R}^n$ 中的收敛是按坐标收敛:

$$\lim_{\mathcal{B}}f(x)=A\Leftrightarrow\lim_{\mathcal{B}}f^i(x)=A^i\ (i=1,\cdots,n).$$

(2) 一般而言, 多变量函数的极限不可以通过逐次按坐标求极限的方法来得到.

① $\mathcal{L}(\mathbb{R}^m,\mathbb{R}^n)$ 为从 $\mathbb{R}^m$ 到 $\mathbb{R}^n$ 的线性映射全体组成的集合.

② $M_{m,n}(\mathbb{R})$ 为 $m\times n$ (实数) 矩阵全体组成的集合.

(3) 二元函数 $f(x,y)$ 的重极限 $\lim\limits_{(x,y)\to(x_0,y_0)} f(x,y)$, 累次极限 $\lim\limits_{y\to y_0}\lim\limits_{x\to x_0} f(x,y)$ 和 $\lim\limits_{x\to x_0}\lim\limits_{y\to y_0} f(x,y)$ 的存在性是相互独立的, 其中任何一个或两个的存在都不能保证其他量的存在. 但我们有如下结论:

- 若重极限与一个累次极限都存在, 则二者必相等①.
- 若重极限与两个累次极限都存在, 则三者必相等.
- 若两个累次极限都存在但不相等, 则重极限必不存在.

8. 多变量连续函数的性质

(1) 多变量函数 f 在某点连续当且仅当每个函数 $f^i(i=1,\cdots,n)$ 在这点连续.

(2) 若多变量函数 $f,g:E\to\mathbb{R}^n$ 都在点 $a\in E\subset\mathbb{R}^m$ 连续, 则它们的线性组合 $\alpha f+\beta g$ 和数量积 $f\cdot g:=\langle f,g\rangle$ 都在点 a 连续.

(3) 若实值函数 $f,g:E\to\mathbb{R}$ 都在点 $a\in E\subset\mathbb{R}^m$ 连续, 则它们的商 $\left(\dfrac{f}{g}\right):E\to\mathbb{R}$(其中 $g(x)\neq 0, x\in E$) 在点 a 连续.

(4) 投影函数

$$\pi^i:\mathbb{R}^m\to\mathbb{R},\quad x\mapsto\pi^i(x)=x^i,\quad \forall\, x=(x^1,\cdots,x^m)\in\mathbb{R}^m$$

在任一点 $a=(a^1,\cdots,a^m)\in\mathbb{R}^m$ 连续.

(5) 对于任何定义在 $\mathbb{R}$ 上的函数 $x\mapsto f(x)$, 可以考察定义在 $\mathbb{R}^2$ 上的函数 $(x,y)\overset{F}{\mapsto}f(x)$. 这时, 如果函数 f 在 $\mathbb{R}$ 上连续, 那么新函数 $F=f\circ\pi^1$ 在 $\mathbb{R}^2$ 上连续.

9. 路连通集与连通集

(1) 道路: $\mathbb{R}^n$ 中的道路是从实轴上的区间 $I\subset\mathbb{R}$ 到 $\mathbb{R}^n$ 中的连续映射.

(2) 路连通集: 集合 $E\subset\mathbb{R}^n$ 称为路连通的 (也叫弧式连通的), 如果对于 E 中任意一对点 x_0 与 x_1, 总存在一条以 x_0 与 x_1 为两个端点的道路 $\Gamma:I\to E$, 并且它的承载子在 E 中.

(3) 一切路连通集是 (拓扑) 连通集.

(4) $\mathbb{R}^n$ 中路连通集与连通集:

• $\mathbb{R}^n$ 中任一凸集是路连通集.

• 一切连通开集是路连通集, 因此 $\mathbb{R}^n$ 中的开域 = 路连通开集. 但当 $n>1$ 时, 并非所有连通集都是路连通的.

(5) 在 $\mathbb{R}$ 中只有 (有限或无限) 区间 (开区间、半开区间、闭区间) 是连通的.

(6) 路连通空间在连续映射下的像集也是路连通的 (证明见后边的例题 9).

---

① 证明见后边的例题 6.

二、例题讲解

1. 设 X 为度量空间, F_1, F_2 为 X 中的两个不相交的闭集. 证明: 存在定义在 X 上的连续函数 $f(x)$ 使得, 当 $x \in F_1$ 时, $f(x)=0$, 当 $x \in F_2$ 时, $f(x)=1$.

证　记点 x 到集合 $E \subset X$ 的距离为 $d(x,E) := \inf\limits_{y\in E} d(x,y)$. 任意固定 E, $\forall x_1, x_2 \in X$, 由

$$d(x_2,y) \leqslant d(x_1,x_2)+d(x_1,y), \quad \forall y \in E$$

可知

$$d(x_2,E)=\inf_{y\in E} d(x_2,y) \leqslant d(x_1,x_2)+\inf_{y\in E} d(x_1,y)=d(x_1,x_2)+d(x_1,E),$$

进而由 x_1 和 x_2 的对称性可知

$$|d(x_1,E)-d(x_2,E)| \leqslant d(x_1,x_2),$$

这就说明了 $d(x,E)$ 是 x 的 (一致) 连续函数.

令 $f(x)=\dfrac{d(x,F_1)}{d(x,F_1)+d(x,F_2)}$, $x \in X$. 因为 $F_1 \cap F_2 = \varnothing$, 所以 $\forall x \in X$, $d(x,F_1)+d(x,F_2) \neq 0$, 且当 $x \in F_1$ 时, $f(x)=0$, 当 $x \in F_2$ 时, $f(x)=1$. 此外, 由 $d(x,F_1)$ 和 $d(x,F_2)$ 关于 x 的连续性可知 $f(x)$ 是 X 上的连续函数. □

2. 设 f 是由度量空间 X 到度量空间 Y 中的连续映射, E 在 X 中稠密. 证明: $f(E)$ 在 $f(X)$ 中稠密.

证　任取 $y \in f(X)$, 则 $\exists x \in X$ 使得 $y=f(x)$. 因为 E 在度量空间 X 中稠密, 所以存在点列 $\{x_n\} \subset E$ 使得 $\lim\limits_{n\to\infty} d_X(x,x_n)=0$. 再由 f 的连续性可知, $\lim\limits_{n\to\infty} d_Y(f(x)=y, f(x_n))=0$, 而显然 $\{f(x_n)\} \subset f(E)$, 因此可知 $f(E)$ 在 $f(X)$ 中稠密. □

3. 一些同胚空间的例子.

(1) 开区间 (作为欧氏空间 $\mathbb{R}^1$ 的子空间) 同胚于 $\mathbb{R}^1$(参见 6.2.2 小节习题 3).

(2) 欧氏空间 $\mathbb{R}^n$ 中的单位开球 $B^n(0;1)$ 同胚于 $\mathbb{R}^n$. 同胚映射

$$f(x)=\frac{x}{1-\|x\|}, \quad x \in B^n(0;1).$$

(3) $\mathbb{R}^n \backslash \{0\} \cong \mathbb{R}^n \backslash \widetilde{B}^n(0;1)$. 同胚映射

$$f(x)=x+\frac{x}{\|x\|}, \quad x \in \mathbb{R}^n \backslash \{0\},$$

其几何意义为每一点背向原点移动单位长.

(4) 单位球面 $S^n=\{x\in\mathbb{R}^{n+1}:\|x\|=1\}$ 去掉一点 $P=\{0,\cdots,0,1\}$ 后同胚于 $\mathbb{R}^n=\{x\in\mathbb{R}^{n+1}:x^{n+1}=0\}$. 同胚映射可取球极投影, 即把从 P 出发的每条射线与 S^n 的交点投影到它和赤道平面 $\mathbb{R}^n$ 的交点上去. 当 $n=2$ 时,

$$f(x)=f(x^1,x^2,x^3)=\left(\frac{x^1}{1-x^3},\frac{x^2}{1-x^3},0\right),\quad x\in S^2.$$

(5) 单位圆周 $S^1=\{x\in\mathbb{R}^2:\|x\|=1\}$ 同胚于单位正方形 $Q=(\{-1,1\}\times[-1,1])\cup([-1,1]\times\{-1,1\})$. 同胚映射可取中心投影

$$p(x)=p(x^1,x^2)=\left(\frac{x^1}{\|x\|},\frac{x^2}{\|x\|}\right),\quad x\in Q.$$

(6) 欧氏空间 $\mathbb{R}^3$ 中的环面

$$T^2=\{\big((2+\cos\theta)\cos\varphi,(2+\cos\theta)\sin\varphi,\sin\theta\big):\theta,\varphi\in\mathbb{R}\}$$

同胚于 $S^1\times S^1$. 同胚映射

$$f(x,y)=f((x^1,x^2),(y^1,y^2))=\big((2+x^1)y^1,(2+x^1)y^2,x^2\big),\quad (x,y)\in S^1\times S^1.\ \square$$

4. 设 $(X;d)$ 是一个完备度量空间, 映射 $f:X\to X$ 满足

$$a_n:=\sup_{x,y\in X}\frac{d(f^n(x),f^n(y))}{d(x,y)}\to 0,\quad n\to\infty.$$

证明: 映射 f 在 X 中必有唯一的不动点.

证 因为 $\lim\limits_{n\to\infty}a_n=0$, 所以对 $\varepsilon=\dfrac{1}{2}>0$, $\exists n_0\in\mathbb{N}$ 使得 $a_{n_0}<\dfrac{1}{2}$, 因此我们有, $\forall x,y\in X$, $d(f^{n_0}(x),f^{n_0}(y))\leqslant\dfrac{1}{2}d(x,y)$, 即 f^{n_0} 是压缩映射, 再由 6.2.3 小节习题 2(1) 可知, 映射 f 在 X 中必有唯一的不动点. $\square$

5. 设 M 是 $\mathbb{R}^n$ 中的有界闭集, 映射 $f:M\to M$ 满足

$$d(f(x),f(y))<d(x,y),\quad \forall x,y\in M,\ x\neq y.$$

证明: f 在 M 中存在唯一的不动点.

证 记 $g(x):=d(x,f(x))$, $x\in M$. $\forall x,y\in M$, $x\neq y$, 由已知条件和《讲义》6.1.2 小节三角不等式的推论 (6.1.12) 式可知

$$\begin{aligned}|g(x)-g(y)|&=|d(x,f(x))-d(y,f(y))|\\&\leqslant d(x,y)+d(f(x),f(y))<d(x,y)+d(x,y)=2d(x,y),\end{aligned}$$

这就说明了非负函数 $g(x)$ 在 M 上 (一致) 连续. 又因为 M 是 $\mathbb{R}^n$ 中的有界闭集, 所以 $\exists x_0 \in M$ 使得 $g(x_0) = \min\limits_{x\in M} g(x)$.

假设 $g(x_0) > 0$, 则由已知条件我们有

$$g(f(x_0)) = d(f(x_0), f^2(x_0)) < d(x_0, f(x_0)) = g(x_0).$$

又因为 $f(x_0) \in M$, 从而与 $g(x_0)$ 是最小值矛盾, 故必有 $g(x_0) = 0$, 即 $x_0 = f(x_0)$, 因此 x_0 是 f 在 M 中的不动点. 假设 f 在 M 中还有另外一个不动点 $x_1 \neq x_0$, 则由

$$d(x_0, x_1) = d(f(x_0), f(x_1)) < d(x_0, x_1)$$

可导致矛盾, 从而得到不动点的唯一性. □

注　这里的条件 "M 是 $\mathbb{R}^n$ 中的有界闭集" 一般不能去掉 (参见 6.2.3 小节习题 1).

6. 若二元函数 $f(x, y)$ 在点 $P_0 = (x_0, y_0)$ 存在重极限 $\lim\limits_{(x,y)\to(x_0,y_0)} f(x, y)$ 与累次极限 $\lim\limits_{x\to x_0} \lim\limits_{y\to y_0} f(x, y)$, 则二者必相等.

证　记 $\lim\limits_{(x,y)\to(x_0,y_0)} f(x, y) =: A$, 则 $\forall \varepsilon > 0$, $\exists \delta > 0$ 使得, $\forall P = (x, y) \in B(P_0; \delta)\backslash\{P_0\}$,

$$|f(x, y) - A| < \varepsilon. \tag{$*$}$$

又由累次极限 $\lim\limits_{x\to x_0} \lim\limits_{y\to y_0} f(x, y)$ 存在可知, $\forall x \in (x_0 - \delta, x_0) \cup (x_0, x_0 + \delta)$, 存在 $\lim\limits_{y\to y_0} f(x, y) =: \varphi(x)$, 进而在 $(*)$ 式中令 $y \to y_0$ 得 $|\varphi(x) - A| \leqslant \varepsilon$, 因此即得

$$\lim_{x\to x_0} \lim_{y\to y_0} f(x, y) = \lim_{x\to x_0} \varphi(x) = A = \lim_{(x,y)\to(x_0,y_0)} f(x, y).$$ □

7. 求极限: $\lim\limits_{(x,y)\to(0,0)} xy\dfrac{x^2 - y^2}{x^2 + y^2}$.

解 1　显然

$$0 \leqslant \left|xy\frac{x^2 - y^2}{x^2 + y^2}\right| \leqslant \frac{1}{2}|x^2 - y^2| \leqslant \frac{1}{2}(x^2 + y^2),$$

而 $\lim\limits_{(x,y)\to(0,0)} (x^2 + y^2) = 0$, 所以 $\lim\limits_{(x,y)\to(0,0)} xy\dfrac{x^2 - y^2}{x^2 + y^2} = 0$.

解 2　利用极坐标, 设 $x = r\cos\theta$, $y = r\sin\theta$, 所以

$$0 \leqslant \left|xy\frac{x^2 - y^2}{x^2 + y^2}\right| = \frac{1}{4}r^2|\sin 4\theta| \leqslant \frac{1}{4}r^2.$$

而 $\lim\limits_{r\to 0} \dfrac{1}{4}r^2 = 0$, 因此 $\lim\limits_{(x,y)\to(0,0)} xy\dfrac{x^2 - y^2}{x^2 + y^2} = 0$. □

8. 设函数 f 在有界开集 $E \subset \mathbb{R}^n$ 上一致连续. 证明:

(1) 可将 f 连续延拓到 E 的边界.

(2) f 在 E 上有界.

证 (1) 任取 $P_0 \in \partial E$. 因为 f 在 E 上一致连续, 所以 $\forall \varepsilon > 0$, $\exists \delta > 0$ 使得, 当 $P', P'' \in E$ 且 $d(P', P'') < \delta$ 时, $|f(P') - f(P'')| < \varepsilon$. 特别地, 当 $P', P'' \in B_E\left(P_0; \dfrac{\delta}{2}\right)$ 时, 亦有 $|f(P') - f(P'')| < \varepsilon$, 因此存在 $\lim\limits_{E \ni P \to P_0} f(P) = A_0$. 令 $f(P_0) := A_0$, 则 $\lim\limits_{E \ni P \to P_0} f(P) = f(P_0)$, 这样就将 f 连续延拓到了边界点 P_0, 最后再由 $P_0 \in \partial E$ 的任意性即得结论.

(2) 由 (1) 可将 f 连续延拓到 E 的边界得到 $\overline{E}$ 上的连续函数 $\widetilde{f}$. 显然 $\overline{E} = E \cup (\partial E)$ 是 $\mathbb{R}^n$ 中的有界闭集, 从而是紧集, 因此 $\widetilde{f}$ 在 $\overline{E}$ 上有界, 进而 $f = \widetilde{f}|_E$ 在 E 上有界. □

9. 路连通空间在连续映射下的像集也是路连通的.

证 设 X 是路连通空间, 任取 $y_0, y_1 \in f(X)$, 则存在 $x_0, x_1 \in X$ 使得 $f(x_0) = y_0$, $f(x_1) = y_1$. 因为 X 是路连通的, 所有存在 X 中从 x_0 到 x_1 的道路 Γ, 于是 $f \circ \Gamma$ 就是 $f(X)$ 中从 y_0 到 y_1 的道路, 这就说明了 $f(X)$ 是路连通的. □

10. 设 f 在 $[a, b]$ 上可微, 并且满足

(1) $f(x) \in [a, b]$, $\forall x \in [a, b]$.

(2) $\exists q > 0$ 使得, $\forall x \in [a, b]$, $|f'(x)| \leqslant q < 1$.

证明: f 是一个压缩映射.

证 任取 $x, y \in [a, b]$, 根据拉格朗日中值定理, 我们有

$$|f(x) - f(y)| = |f'(\xi)(x - y)| = |f'(\xi)||x - y| \leqslant q|x - y|.$$

因此, 根据压缩映射的定义, f 是 $[a, b]$ 上的压缩映射. □

11. 我们称拓扑空间 X 到 Y 上的映射 f 是开 (闭) 映射, 如果对任意的 X 中的开 (闭) 集 O, $f(O)$ 是 Y 中的开 (闭) 集. 显然, 如果 X 到 Y 上的一一映射 (既单又满)f 是连续的开映射, 那么 f 一定是 X 到 Y 的同胚映射. 判断下面叙述是否正确:

(1) 如果 $f: X \to Y$ 既是开映射又是闭映射, 那么 f 是连续的.

(2) 如果 $f: X \to Y$ 既是连续的又是开映射, 那么 f 是闭映射.

(3) 如果 $f: X \to Y$ 既是连续的又是闭映射, 那么 f 是开映射.

证 (1) 不一定. 比如考虑 $X = \{(x, y) \in \mathbb{R}^2 : x^2 + y^2 = 1\}$, $Y = [0, 2\pi)$. 定义 $f(x, y) = \theta$, 其中 $x = \cos\theta$, $y = \sin\theta$, $0 \leqslant \theta < 2\pi$. 容易证明 f^{-1} 是连续映射, 于是 f 既是开映射又是闭映射. 下面我们来证明 f 在点 $(1, 0)$ 不连续. 考虑

$(x_n, y_n) \to (1, 0)$, $n \to \infty$, 其中 $x_n = \cos\theta_n$, $y_n = \sin\theta_n$. 因此, 我们有

$$\lim_{(x_n,y_n)\to(1,0+)} \theta_n = 0, \qquad \lim_{(x_n,y_n)\to(1,0-)} \theta_n = 2\pi.$$

这就说明了 f 在 $(1,0)$ 不连续.

(2) 不一定. 比如考虑 $X = \mathbb{R}^2$, $Y = \mathbb{R}$. 考虑投影映射 $P(x, y) = x$, 显然 P 是开映射, 并且 P 连续. 易见

$$F := \left\{(x, y) : y = \frac{1}{x} > 0\right\}$$

是 X 上的闭子集, 然而 $P(F) = (0, +\infty)$ 不是 Y 中的闭集.

(3) 不一定. 比如考虑 $X = Y = [0, 2]$. 令

$$f(x) = \begin{cases} 0, & 0 \leqslant x \leqslant 1, \\ x - 1, & 1 < x \leqslant 2. \end{cases}$$

于是 f 是连续的. 由于 X, Y 都是紧的度量空间, 因此 f 把 X 中的闭集映成 Y 中的闭集. 然而, 对于 X 中的开集 $G = (0, 1)$, $f(G) = \{0\}$ 不是 Y 中的开集. 因此 f 不是开映射. □

12. 设 $\Omega \subset \mathbb{R}^m$ 是一个非空集合.

(1) 证明函数 $f : \mathbb{R}^m \to \mathbb{R}$, $f(x) = \inf\limits_{y\in\Omega} \|y - x\|$ 是一个连续函数.

(2) 若 Ω 是闭集, 证明对任意 x, 存在 $y^* \in \Omega$ 使得 $f(x) = \|y^* - x\|$.

(3) 若 Ω_1, Ω_2 是非空闭集并且其中至少一个有界, 证明存在 $x^* \in \Omega_1$, $y^* \in \Omega_2$, 使得

$$\|x^* - y^*\| = \inf_{x\in\Omega_1, y\in\Omega_2} \|x - y\|.$$

证　(1) 对 $x \in \mathbb{R}^m$ 以及任意 $\varepsilon > 0$, 存在 $y \in \Omega$ 使得

$$\|y - x\| < f(x) + \varepsilon.$$

所以对任意 $x' \in \mathbb{R}^m$,

$$f(x') \leqslant \|y - x'\| \leqslant \|y - x\| + \|x - x'\| < f(x) + \varepsilon + \|x - x'\|.$$

再根据 ε 的任意性以及对称性, 我们有

$$|f(x') - f(x)| \leqslant \|x' - x\|,$$

所以 f 连续.

(2) $\forall n\in\mathbb{N}$, 取 $y_n\in\Omega$ 使得

$$\|y_n-x\|<f(x)+\frac{1}{n}. \qquad (*)$$

于是

$$\|y_n\|\leqslant\|y_n-x\|+\|x\|<f(x)+\frac{1}{n}+\|x\|\leqslant f(x)+1+\|x\|.$$

因此 $\{y_n\}$ 是有界点列, 从而有收敛子列, 不妨仍记为 $\{y_n\}$. 记 $y^*=\lim\limits_{n\to\infty}y_n$. 因为 Ω 是闭集, 所以 $y^*\in\Omega$, 在 $(*)$ 式中令 $n\to\infty$, 我们得到

$$f(x)\geqslant\|y^*-x\|.$$

另一方面, 根据 f 的定义我们有

$$f(x)\leqslant\|y^*-x\|.$$

因此, $f(x)=\|y^*-x\|$.

(3) 设 Ω_1 是非空的有界闭集. 由 (1) 可知 $f(x)=\inf\limits_{y\in\Omega_1}\|y-x\|$ 连续, 从而 f 在紧集 Ω_1 上某点 $x^*\in\Omega_1$ 取到最小值 $f(x^*)$. 因此对于任意 $x\in\Omega_1$ 以及任意的 $y\in\Omega_2$,

$$f(x^*)\leqslant f(x)\leqslant\|y-x\|.$$

再根据 (2), 存在 $y^*\in\Omega_2$ 使得

$$f(x^*)=\|x^*-y^*\|.$$

所以 $\|x^*-y^*\|=\inf\limits_{x\in\Omega_1,y\in\Omega_2}\|x-y\|$. □

三、习题参考解答 (6.2.2 小节)

1.(1) 如果映射 $f:X\to Y$ 连续, 那么 X 中的开集 (闭集) 的像是否为 Y 中的开集 (闭集)?

(2) 如果在映射 $f:X\to Y$ 下, 不仅开集的原像是开集, 而且开集的像也是开集, 那么 f 是否一定为同胚映射?

(3) 如果映射 $f:X\to Y$ 连续, 并且是满单射, 那么它是否总是同胚的?

(4) 同时满足条件 (2) 和 (3) 的映射是否是同胚的?

解 (1) 不一定. 反例 1: 考虑连续函数 $f:X=(0,1)\to Y=\mathbb{R}$, $f(x)\equiv 2$, 易见在 X 中的开集 $(0,1)$ 的像 $\{2\}$ 为 Y 中的闭集, 不是开集.

反例 2: 考虑连续映射 $f:X=[0,1)\to Y=S^1:=\{z\in\mathbb{C}:|z|=1\}$, $f(x)=\mathrm{e}^{\mathrm{i}2\pi x}$, 易见在 X 中的闭集 $\left[\dfrac{1}{2},1\right)$ 的像 $\left\{\mathrm{e}^{\mathrm{i}2\pi x}:x\in\left[\dfrac{1}{2},1\right)\right\}$ 不是 Y 中的闭集.

(2) 不一定. 反例: 考虑连续函数 $f: X=[0,1)\to Y=[0,2]$, $f(x)=x$, 则由映射的连续性准则可知开集的原像是开集. 又因为 X 是 Y 中的开子集, 所以 X 中开集的像也是 Y 中的开集. 但映射 f 显然不是双射, 因此不是同胚映射.

(3) 不一定. 考虑 (1) 中的反例: 对于连续双射 $f: X=[0,1)\to Y=S^1$, $f(x)=\mathrm{e}^{\mathrm{i}2\pi x}$, 易见在 X 中的开集 $\left[0,\dfrac{1}{2}\right)$ 的像 $\left\{\mathrm{e}^{\mathrm{i}2\pi x}: x\in\left[0,\dfrac{1}{2}\right)\right\}$ 不是 Y 中的开集, 所以由映射的连续性准则可知 f^{-1} 不连续, 因此 f 不是同胚的.

(4) 由映射的连续性准则和同胚的定义可知, 同时满足条件 (2) 和 (3) 的映射是同胚的. □

2. 试证: (1) 从紧集到豪斯多夫空间的连续双射是同胚映射.

(2) 如果去掉值域空间的豪斯多夫性要求, 一般说来, 上述断言不成立.

解　(1) 因为紧集的闭子集是紧的, 所以在连续映射下, 其像也是豪斯多夫空间的紧子集, 从而是豪斯多夫空间的闭集, 这就说明了任意闭集的像是闭集, 从而由映射的连续性准则可知 f^{-1} 连续, 因此该连续双射是同胚映射.

(2) 反例: 考虑从装备标准拓扑的欧氏空间 $(\mathbb{R};\tau_e)$ 的紧集 K 到装备平凡拓扑的空间 $(\mathbb{R};\tau_t)$(非豪斯多夫空间) 的子集 K 的恒同映射: $\mathrm{id}_K: K\to K$(即 $\mathrm{id}_K(x)=x$, $\forall x\in K$), 易见 id_K 是连续双射, 但该映射不是同胚映射. □

3. 说明 $\mathbb{R}^n$ 的以下子集: 直线、直线上的开区间、直线上的闭区间、球面及环面, 作为拓扑空间是否 (两两) 同胚.

解　(1) 开区间 (a,b) 与开区间 $(-1,1)$ 同胚: 考虑如下同胚映射即可

$$f(x)=-1+\frac{2}{b-a}(x-a),\quad x\in(a,b).$$

(2) 开区间 $(-1,1)$ 与 $\mathbb{R}^1$ 同胚: 考虑如下同胚映射即可

$$g(x)=\frac{x}{1-|x|},\quad x\in(-1,1).$$

(3) 开区间 (a,b) 与 $\mathbb{R}^1$ 同胚: 由 (1) 和 (2) 并注意到同胚关系是等价关系即得结论, 或者直接考虑复合映射 $g\circ f$.

(4) 闭区间 $[a,b]$, 球面 S^{n-1}, 环面 T^{n-1} 均不同胚于开区间 (a,b): 由同胚的定义和连续映射的紧性性质即得结论.

(5) 闭区间 $[a,b]$, 球面 S^{n-1} 和环面 T^{n-1} 两两互不同胚: 由同胚的定义和连续映射的连通性质即得结论. □

四、习题参考解答 (6.2.3 小节)

1. 证明: 在压缩映像原理中条件 $d(f(x_1),f(x_2))\leqslant qd(x_1,x_2)(0<q<1)$ 不能用更弱的条件 $d(f(x_1),f(x_2))<d(x_1,x_2)$ 来代替.

证 设 $X=\mathbb{R}$, $f(x)=\dfrac{\pi}{2}+x-\arctan x$. 由拉格朗日中值定理可知, $\forall x_1,x_2\in\mathbb{R}$, $x_1\neq x_2$, $\exists\xi$ 介于 x_1 和 x_2 之间使得

$$d(f(x_1),f(x_2))=|f(x_1)-f(x_2)|=\frac{\xi^2}{1+\xi^2}|x_1-x_2|<|x_1-x_2|=d(x_1,x_2).$$

但 $f(x)=x$, 即 $\arctan x=\dfrac{\pi}{2}$ 这是不可能的, 因此这样的函数 f 在 $\mathbb{R}$ 中无不动点. □

注 如果 $q=0$, 那么 $f:X\to X$ 是一个常值映射, 那么 f 在 X 上依然存在唯一的不动点. 如果 $q=1$, 这个例子告诉我们不动点不一定存在, 不过在某些情况下也可以推出不动点的存在性, 但唯一性不成立. 考虑 n 维欧氏空间 $\mathbb{R}^n$ 中的紧致凸子集 K, 如果 $f:K\to K$ 满足条件: 存在 q, $0\leqslant q\leqslant 1$, 使得对于 K 中任意两点 x_1,x_2, 成立不等式 $d(f(x_1),f(x_2))\leqslant qd(x_1,x_2)$, 那么 f 存在不动点.

2.(1) 证明: 如果从完备的度量空间 $(X;d)$ 到自身的映射 $f:X\to X$ 的某次迭代 $f^n:X\to X$ 是压缩映射, 那么 f 有唯一的不动点.

(2) 验证: 对于任意闭区间 $I\subset\mathbb{R}$, 《讲义》6.2.3 小节例 2 中所研究的映射 $A:C(I;\mathbb{R})\to C(I;\mathbb{R})$ 的某次迭代 A^n 是压缩映射.

(3) 从 (2) 推证:《讲义》6.2.3 小节例 2 中求得的局部解 $y=y_0\mathrm{e}^{x-x_0}$ 实际上是原来方程在整个数直线上的解.

证 (1) 因为 $f^n:X\to X$ 是压缩映射, 所以由压缩映像原理可知, $\exists x_0\in X$ 使得 $f^n(x_0)=x_0$, 进而

$$f^n(f(x_0))=f^{n+1}(x_0)=f(f^n(x_0))=f(x_0),$$

因此 $f(x_0)\in X$ 也是 f^n 的不动点, 于是由压缩映射 f^n 的不动点的唯一性可知 $f(x_0)=x_0$, 即 x_0 是 f 的不动点.

下面我们采用反证法来证明不动点的唯一性. 假设 $x_1\neq x_2$ 是 f 的两个不动点, 那么我们有

$$f^n(x_1)=f^{n-1}(f(x_1))=f^{n-1}(x_1)=\cdots=f(x_1)=x_1,$$

同理我们还有 $f^n(x_2)=x_2$, 即 $x_1\neq x_2$ 是 f^n 的两个不动点, 从而与压缩映射 f^n 的不动点的唯一性矛盾.

(2) 易见

$$\begin{aligned}&(Ay)(x)=y_0+\int_{x_0}^{x}y(x_1)\mathrm{d}x_1,\\&(A^2y)(x)=(A(Ay))(x)=y_0+\int_{x_0}^{x}(Ay)(x_2)\mathrm{d}x_2\end{aligned}$$

$$= y_0\Big(1 + (x - x_0)\Big) + \int_{x_0}^{x}\int_{x_0}^{x_2} y(x_1)\mathrm{d}x_1\mathrm{d}x_2,$$

$$\cdots\cdots$$

$$\begin{aligned}(A^n y)(x) &= (A(A^{n-1}y))(x) = y_0 + \int_{x_0}^{x}(A^{n-1}y)(x_n)\mathrm{d}x_n\\ &= y_0\left(1 + (x - x_0) + \cdots + \frac{1}{(n-1)!}(x - x_0)^{n-1}\right)\\ &\quad + \int_{x_0}^{x}\int_{x_0}^{x_n}\cdots\int_{x_0}^{x_2} y(x_1)\mathrm{d}x_1\cdots\mathrm{d}x_{n-1}\mathrm{d}x_n,\end{aligned}$$

所以 $\forall y_1, y_2 \in C(I;\mathbb{R})$, 我们有

$$\begin{aligned}d(A^n y_1, A^n y_2) &= \max_{x\in I}\left|\int_{x_0}^{x}\int_{x_0}^{x_n}\cdots\int_{x_0}^{x_2}\big(y_1(x_1) - y_2(x_1)\big)\mathrm{d}x_1\cdots\mathrm{d}x_{n-1}\mathrm{d}x_n\right|\\ &\leqslant \max_{x\in I}\left|\int_{x_0}^{x}\int_{x_0}^{x_n}\cdots\int_{x_0}^{x_2}\big|y_1(x_1) - y_2(x_1)\big|\mathrm{d}x_1\cdots\mathrm{d}x_{n-1}\mathrm{d}x_n\right|\\ &\leqslant \max_{x\in I}\left|\int_{x_0}^{x}\int_{x_0}^{x_n}\cdots\int_{x_0}^{x_2} 1\mathrm{d}x_1\cdots\mathrm{d}x_{n-1}\mathrm{d}x_n\right|\cdot d(y_1, y_2)\\ &= \max_{x\in I}\frac{1}{n!}|x - x_0|^n\cdot d(y_1, y_2) \leqslant \frac{|I|^n}{n!}\cdot d(y_1, y_2).\end{aligned}$$

又因为 $\lim\limits_{n\to\infty}\dfrac{|I|^n}{n!} = 0$, 所以 $\exists n_0 \in \mathbb{N}$ 使得 $\dfrac{|I|^{n_0}}{n_0!} \leqslant \dfrac{1}{2}$, 从而 A^{n_0} 是压缩映射.

(3) $\forall x \in \mathbb{R}$, 显然存在闭区间 $I_x \supset \{x_0, x\}$, 于是由 (2) 可知, $\exists n_x \in \mathbb{N}$ 使得 A^{n_x} 是压缩映射, 再由 (1) 可知, A 在 $C(I_x;\mathbb{R})$ 中有唯一的不动点. 再由函数 $y(t) = y_0\mathrm{e}^{t-x_0} \in C(I_x;\mathbb{R})$ 及

$$(Ay)(t) = y_0 + \int_{x_0}^{t} y_0\mathrm{e}^{s-x_0}\mathrm{d}t = y_0 + y_0\mathrm{e}^{t-x_0} - y_0 = y_0\mathrm{e}^{t-x_0} = y(t)$$

可知该不动点即为函数 $y(t) = y_0\mathrm{e}^{t-x_0}$, $t \in I_x$. 最后, 由 $x \in \mathbb{R}$ 的任意性即得结论. □

3. 设从度量空间 $(X;d)$ 到自身的映射 $f: X \to X$ 是压缩映射, 求证 $f^n (n \in \mathbb{N})$ 也是压缩映射, 并说明逆命题不一定成立.

证　因为 $f: X \to X$ 是压缩映射, 所以 $\exists q \in (0,1)$, 使得 $\forall x, y \in X$, $d(f(x), f(y)) \leqslant qd(x,y)$, 从而由数学归纳法可知, $\forall n \in \mathbb{N}$, $d(f^n(x), f^n(y)) \leqslant q^n d(x,y)$. 又因为 $q \in (0,1)$, 所以 $q^n \leqslant q$, 于是 $d(f^n(x), f^n(y)) \leqslant qd(x,y)$, 即 f^n 也是压缩映射.

逆命题不一定成立. 反例: $X=[0,2]$,

$$f(x)=\begin{cases}0, & x\in[0,1],\\ 1, & x\in(1,2].\end{cases}$$

显然 $f(f(x))\equiv 0$, $\forall x\in[0,2]$, 因此 $f^2:[0,2]\to[0,2]$ 是压缩映射. 又因为 $f:[0,2]\to[0,2]$ 不连续, 而压缩映射必连续, 故 f 不是压缩映射. □

注 即使 f 是连续的, 并且 $f^n(n\in\mathbb{N})$ 是压缩映射, 我们也不一定能得到 f 是压缩映射. 比如考虑 $X=[0,1]$, 取欧氏度量, $f(x)=\dfrac{1}{2}\sqrt{x}$. 那么 $f^2(x)=\dfrac{1}{4}x$ 是压缩映射, 然而 f 不是压缩映射.

五、习题参考解答 (6.2.4 小节)

1. 设 $f\in C(\mathbb{R}^m;\mathbb{R})$. 证明:

(1) 集合 $E_1=\{x\in\mathbb{R}^m\big|f(x)<c\}$ 是 $\mathbb{R}^m$ 中的开集.

(2) 集合 $E_2=\{x\in\mathbb{R}^m\big|f(x)\leqslant c\}$ 是 $\mathbb{R}^m$ 中的闭集.

(3) 集合 $E_3=\{x\in\mathbb{R}^m\big|f(x)=c\}$ 是 $\mathbb{R}^m$ 中的闭集.

(4) 如果 $x\to\infty$ 时, $f(x)\to+\infty$, 则 E_2, E_3 是 $\mathbb{R}^m$ 中的紧集.

(5) 对任意的函数 $f:\mathbb{R}^m\to\mathbb{R}$, 集合 $E_4=\{x\in\mathbb{R}^m\big|\omega(f;x)\geqslant\varepsilon\}$ 是 $\mathbb{R}^m$ 中的闭集.

证 (1) 方法 1: $\forall x\in E_1$, 显然 $f(x)<c$. 因为 $f\in C(\mathbb{R}^m;\mathbb{R})$, 所以 $\exists B(x;\delta)$, 使得 $\forall y\in B(x;\delta)$, $f(y)<c$, 即 $B(x;\delta)\subset E_1$, 从而 E_1 是 $\mathbb{R}^m$ 中的开集.

方法 2: 直接利用连续函数的性质可知, 开集 $(-\infty,c)$ 的原像 E_1 是开集.

(2) 方法 1: 若 $x_0\in E_2'$, 则存在序列 $\{x_n\}\subset E_2$ 使得 $\lim\limits_{n\to\infty}x_n=x_0$. 于是 $\forall n\in\mathbb{N}$, $f(x_n)\leqslant c$, 又因为 $f\in C(\mathbb{R}^m;\mathbb{R})$, 所以 $f(x_0)=\lim\limits_{n\to\infty}f(x_n)\leqslant c$, 即 $x_0\in E_2$, 因此 E_2 是 $\mathbb{R}^m$ 中的闭集.

方法 2: 类似于 (1) 可知 $\mathbb{R}^m\backslash E_2=\{x\in\mathbb{R}^m\big|f(x)>c\}$ 是 $\mathbb{R}^m$ 中的开集, 所以 E_2 是 $\mathbb{R}^m$ 中的闭集.

方法 3: 直接利用连续函数的性质可知, 闭集 $(-\infty,c]$ 的原像 E_2 是闭集.

(3) 由 (1) 和 (2), 显然 $E_3=E_2\backslash E_1$ 是 $\mathbb{R}^m$ 中的闭集.

(4) 因为 $\lim\limits_{x\to\infty}f(x)=+\infty$, 所以 $\forall c$, $\exists M>0$ 使得当 $|x|>M$ 时, $f(x)>c$, 因此 $\forall x\in E_2$, $|x|\leqslant M$, 即 E_2 是有界闭集, 从而 E_2 是 $\mathbb{R}^m$ 中的紧集, 而 E_3 作为 E_2 的闭子集也是紧集.

(5) $\forall x\in\mathbb{R}^m\backslash E_4$, 则 $\omega(f;x)=\lim\limits_{r\to+0}\omega(f;B(x;r))<\varepsilon$, 所以 $\exists r>0$ 使得 $\omega(f;B(x;r))<\varepsilon$. 又 $\forall y\in B(x;r)$, $\exists r_y>0$ 使得 $B(y;r_y)\subset B(x;r)$, 因

此 $\omega(f;B(y;r_y)) \leqslant \omega(f;B(x;r)) < \varepsilon$, 从而 $\omega(f;y) \leqslant \omega(f;B(y;r_y)) < \varepsilon$, 即 $y \in \mathbb{R}^m \backslash E_4$, 于是 $\mathbb{R}^m \backslash E_4$ 是 $\mathbb{R}^m$ 中的开集, 进而 E_4 是 $\mathbb{R}^m$ 中的闭集. □

2. 讨论下列极限:

(1) $\lim\limits_{(x,y)\to(0,0)} \dfrac{\sin(x^2+y^2)}{x^2+y^2}$.　　(2) $\lim\limits_{(x,y)\to(0,0)} (x+y)\sin\dfrac{1}{x^2+y^2}$.

(3) $\lim\limits_{(x,y)\to(0,0)} \dfrac{x^2y^2}{x^2y^2+(x-y)^2}$.　　(4) $\lim\limits_{(x,y)\to(0,0)} \dfrac{x^3+y^3}{x^2+y}$.

(5) $\lim\limits_{(x,y)\to(0,0)} \dfrac{x^2y^2}{x^3+y^3}$.　　(6) $\lim\limits_{(x,y)\to(0,0)} \dfrac{\mathrm{e}^x-\mathrm{e}^y}{\sin(xy)}$.

(7) $\lim\limits_{(x,y)\to(+\infty,+\infty)} (x^2+y^2)\mathrm{e}^{-(x+y)}$.　　(8) $\lim\limits_{(x,y)\to(+\infty,+\infty)} \left(1+\dfrac{1}{xy}\right)^{x\sin y}$.

解　(1) 显然

$$\lim_{(x,y)\to(0,0)} \frac{\sin(x^2+y^2)}{x^2+y^2} = \lim_{t\to 0}\frac{\sin t}{t} = 1.$$

(2) 因为 $\lim\limits_{(x,y)\to(0,0)}(x+y) = 0$, $\left|\sin\dfrac{1}{x^2+y^2}\right| \leqslant 1$, 所以

$$\lim_{(x,y)\to(0,0)} (x+y)\sin\frac{1}{x^2+y^2} = 0.$$

(3) 因为 $\forall k \in \mathbb{R}$,

$$\lim_{\substack{(x,y)\to(0,0)\\ y=kx}} \frac{x^2y^2}{x^2y^2+(x-y)^2} = \lim_{x\to 0}\frac{k^2x^2}{k^2x^2+(1-k)^2} = \begin{cases} 1, & k=1,\\ 0, & k\neq 1,\end{cases}$$

所以 $\lim\limits_{(x,y)\to(0,0)} \dfrac{x^2y^2}{x^2y^2+(x-y)^2}$ 不存在.

(4) 因为 $\forall k \in \mathbb{R}\backslash\{0\}$,

$$\lim_{\substack{(x,y)\to(0,0)\\ y=kx^3-x^2}} \frac{x^3+y^3}{x^2+y} = \lim_{x\to 0}\frac{1+(kx^2-x)^3}{k} = \frac{1}{k},$$

所以 $\lim\limits_{(x,y)\to(0,0)} \dfrac{x^3+y^3}{x^2+y}$ 不存在.

(5) 因为 $\forall k \in \mathbb{R}\backslash\{0\}$,

$$\lim_{\substack{(x,y)\to(0,0)\\ y^3=kx^4-x^3}} \frac{x^2y^2}{x^3+y^3} = \lim_{x\to 0}\frac{(kx-1)^{\frac{2}{3}}}{k} = \frac{1}{k},$$

所以 $\lim\limits_{(x,y)\to(0,0)}\dfrac{x^2y^2}{x^3+y^3}$ 不存在.

(6) 因为 $\forall k\in\mathbb{R}$,

$$\lim_{\substack{(x,y)\to(0,0)\\ y=x-kx^2}}\frac{x-y}{xy}=\lim_{x\to 0}\frac{k}{1-kx}=k,$$

所以 $\lim\limits_{(x,y)\to(0,0)}\dfrac{x-y}{xy}$ 不存在. 假设存在 $\lim\limits_{(x,y)\to(0,0)}\dfrac{\mathrm{e}^x-\mathrm{e}^y}{\sin(xy)}=:A$, 则

$$\begin{aligned}\lim_{(x,y)\to(0,0)}\frac{x-y}{xy}&=\lim_{(x,y)\to(0,0)}\frac{1}{\mathrm{e}^y}\cdot\frac{x-y}{\mathrm{e}^{x-y}-1}\cdot\frac{\sin(xy)}{xy}\cdot\frac{\mathrm{e}^x-\mathrm{e}^y}{\sin(xy)}\\&=1\cdot 1\cdot 1\cdot A=A,\end{aligned}$$

矛盾, 因此 $\lim\limits_{(x,y)\to(0,0)}\dfrac{\mathrm{e}^x-\mathrm{e}^y}{\sin(xy)}$ 不存在.

(7) 显然 $\forall x>0,y>0$,

$$0<(x^2+y^2)\mathrm{e}^{-(x+y)}<(x+y)^2\mathrm{e}^{-(x+y)},$$

而

$$\lim_{(x,y)\to(+\infty,+\infty)}(x+y)^2\mathrm{e}^{-(x+y)}=\lim_{t\to+\infty}t^2\mathrm{e}^{-t}=0,$$

所以 $\lim\limits_{(x,y)\to(+\infty,+\infty)}(x^2+y^2)\mathrm{e}^{-(x+y)}=0$.

(8) 易见

$$\begin{aligned}\lim_{(x,y)\to(+\infty,+\infty)}\left(1+\frac{1}{xy}\right)^{x\sin y}&=\lim_{(x,y)\to(+\infty,+\infty)}\left[\left(1+\frac{1}{xy}\right)^{xy}\right]^{\frac{x\sin y}{xy}}\\&=\mathrm{e}^{\lim\limits_{t\to+\infty}\frac{\sin y}{y}}=\mathrm{e}^0=1.\end{aligned}$$

□

3. 讨论下列函数的连续性:

(1) $f(x,y)=\begin{cases}\dfrac{\sin(xy)}{y}, & y\neq 0,\\ 0, & y=0.\end{cases}$　(2) $f(x,y)=\begin{cases}0, & x\ 为无理数,\\ y, & x\ 为有理数.\end{cases}$

解　(1) 显然当 $y_0\neq 0$ 时, $\forall x_0\in\mathbb{R}$, f 在 (x_0,y_0) 连续. 又因为 $\forall x_0\in\mathbb{R}$,

$$\lim_{(x,y)\to(x_0,0)}\frac{\sin(xy)}{y}=\lim_{(x,y)\to(x_0,0)}\frac{\sin(xy)}{xy}\cdot x=1\cdot\lim_{(x,y)\to(x_0,0)}x=x_0,$$

所以仅当 $x_0=0$ 时 f 在 $(x_0,0)$ 连续. 综上可知, f 在 $\{(x,y)\in\mathbb{R}^2: y\neq 0\}\cup\{(0,0)\}$ 上连续.

(2) 显然

$$f(x,y)-f(x_0,y_0)=\begin{cases}0, & x_0\text{ 和 } x \text{ 均为无理数},\\ y-y_0, & x_0\text{ 和 } x \text{ 均为有理数},\\ y, & x_0\text{ 为无理数, } x\text{ 为有理数},\\ -y_0, & x_0\text{ 为有理数, } x\text{ 为无理数},\end{cases}$$

于是当且仅当 $y_0=0$ 时, $\lim\limits_{(x,y)\to(x_0,y_0)}\big(f(x,y)-f(x_0,y_0)\big)=0$, 因此 f 在 $\{(x,y)\in\mathbb{R}^2: y=0\}$ 上连续. □

4. 设

$$f(x,y)=\frac{1}{1-xy},\quad (x,y)\in D=[0,1)\times[0,1),$$

证明: f 在 D 上连续, 但不一致连续.

证　f 在 D 上的连续性是显然的, 下面我们来证明 f 不一致连续. 令 $\varepsilon_0=\dfrac{1}{16}$, $\forall\delta\in\left(0,\dfrac{1}{2}\right)$, 取 $x_1=y_1=1-2\delta$, $x_2=y_2=1-\delta$. 显然 $(x_1,y_1),(x_2,y_2)\in D$, 且 $d((x_1,y_1),(x_2,y_2))=\sqrt{2}\delta$. 因为

$$\begin{aligned}|f(x_1,y_1)-f(x_2,y_2)|&=\left|\frac{1}{1-x_1y_1}-\frac{1}{1-x_2y_2}\right|\\&=\frac{2-3\delta}{4\delta(1-\delta)(2-\delta)}>\frac{1}{16}=\varepsilon_0,\end{aligned}$$

所以这就说明了 f 在 D 上不一致连续. □

5. 拓扑空间称为是局部连通的, 如果它的每个点 x 的任一邻域 $U(x)$ 都具有连通的子邻域 $V(x)\subset U(x)$.

(1) 证明: 从局部连通性还不能推出拓扑空间的连通性.

(2) $\mathbb{R}^2$ 中的集合 E 是函数 $x\mapsto \sin\dfrac{1}{x}(x\neq 0)$ 的图形加上纵轴上的区间 $\{(x,y)\in\mathbb{R}^2 \big| x=0\wedge|y|\leqslant 1\}$. 在 E 上装备由 $\mathbb{R}^2$ 诱导出的拓扑. 证明, 这样得到的拓扑空间是连通的, 但不是局部连通的.

证　(1) 显然作为欧氏空间 $\mathbb{R}$ 子空间的 $E=(0,1)\cup(2,3)$ 是局部连通的, 但不是连通的.

(2) 记

$$E_1^-:=\left\{(x,y)\in\mathbb{R}^2: y=\sin\frac{1}{x}, x<0\right\},$$

$$E_1^+ := \left\{(x,y)\in\mathbb{R}^2 : y=\sin\frac{1}{x}, x>0\right\},$$
$$E_2 := \{(x,y)\in\mathbb{R}^2 : x=0, |y|\leqslant 1\},$$

再记 $E_1 := E_1^- \cup E_1^+$, 则 $E_1 \cap E_2 = \varnothing$, $E = E_1 \cup E_2$, 且 $\overline{E_1} = E$, 即 E_1 是 E 的稠密子集. 此外, 易见 $E_1^- \cong (-\infty, 0)$ 和 $E_1^+ \cong (0, +\infty)$ 都是连通集. 设 E_0 是 E 的既开又闭子集. 如果 $E_0 \neq \varnothing$, 则 $\exists P_0 = (x_0, y_0) \in E_0$, 于是 E_0 是 $P_0 \in E$ 的邻域, 因此由 $\overline{E_1} = E$ 可知 $E_0 \cap E_1 \neq \varnothing$, 从而

$$(E_0\cap E_1^-)\cup(E_0\cap E_1^+) = E_0\cap(E_1^-\cup E_1^+) = E_0\cap E_1 \neq \varnothing.$$

如果 $E_0 \cap E_1^- \neq \varnothing$, 则 $E_0 \cap E_1^-$ 是连通集 E_1^- 的既开又闭非空子集, 所以 $E_0 \cap E_1^- = E_1^-$, 即 $E_1^- \subset E_0$, 进而 $\overline{E_1^-} = E_1^- \cup E_2 \subset \overline{E_0} = E_0$. 同理, 如果 $E_0 \cap E_1^+ \neq \varnothing$, 则 $\overline{E_1^+} = E_1^+ \cup E_2 \subset E_0$. 假设 $E_0 \cap E_1^- \neq \varnothing$, $E_0 \cap E_1^+ = \varnothing$, 则 $E_0 = E_1^- \cup E_2$, 而 $E_1^- \cup E_2$ 不是开集, 所以导致矛盾. 同理, 假设 $E_0 \cap E_1^- = \varnothing$, $E_0 \cap E_1^+ \neq \varnothing$, 则也导致矛盾, 从而必有 $E_0 \cap E_1^- \neq \varnothing$, $E_0 \cap E_1^+ \neq \varnothing$, 于是 $E = E_1^- \cup E_1^+ \cup E_2 \subset E_0$, 即 $E_0 = E$, 这就说明了 E 是连通的.

下面我们来证明 E 不是局部连通的. 取原点 $O = (0,0)$ 及其邻域 $U = \{(x,y)\in E : y \neq -1\}$. 考虑投影函数 $\pi^1 : U \to \mathbb{R}$, $\pi^1(x,y) = x$, $(x,y)\in U$, 则 π^1 连续且

$$\pi^1(U) = \mathbb{R}\Bigg\backslash\left\{\frac{1}{2k\pi - \dfrac{\pi}{2}} : k\in\mathbb{Z}\right\}.$$

在 $\pi^1(U)$ 中, 显然包含点 0 的连通子集只能是 $\{0\}$, 所以 U 中包含点 $O = (0,0)$ 的连通子集必包含于 $\{0\}$ 的原像 $(\pi^1)^{-1}(\{0\}) = E_2\backslash\{0,-1\}$ 中, 而 $E_2\backslash\{0,-1\}$ 不是 O 的邻域, 因此 U 中包含 O 的连通子集都不是 O 的邻域, 即点 O 的邻域 U 中不包含 O 的任何连通子邻域, 这就说明了 E 不是局部连通的. □

6. 称拓扑空间 $(X;\tau)$ 是弧式连通的, 如果对于它的任意两个点, 可以用位于 X 中的一条路径连接. 更确切地说, 就是对于 X 中的任意两个点 A 和 B, 有从闭区间 $[a,b]\subset\mathbb{R}$ 到 X 中的连续映射 $f: I=[a,b]\to X$, 使得 $f(a)=A$, $f(b)=B$.

(1) 证明: 一切弧式连通空间是连通的.

(2) 证明: $\mathbb{R}^n$ 中任一凸集是弧式连通的.

(3) 验证: $\mathbb{R}^n$ 中的连通开子集均弧式连通.

(4) 试证: 当 $n>1$ 时, 不是所有 $\mathbb{R}^n$ 的连通子集都是弧式连通的.

(5) 证明: $\mathbb{R}^n$ 中的球面 $S(a;r)$ 是弧式连通的, 但在另外的度量空间中, 作为集合, 它装备了完全不同的拓扑, 一般来说, 可能不再是连通的.

(6) 验证: 在拓扑空间中不可能不穿过集合的边界用路径连接这个集合的内点和外点.

证　(1) 设 $(X;\tau)$ 是弧式连通的. 再设 X_0 是 X 的既开又闭非空子集, 则 $\exists x_0 \in X_0 \subset X$. 因为 $(X;\tau)$ 是弧式连通的, 所以 $\forall x \in X$, 有 X 中道路 $f_x : I = [a,b] \to X$, 使得 $f(a) = x_0$, $f(b) = x$. $\forall x \in X$, 令 $C_x = f_x(I)$, 则 $x_0 \in X_0 \cap C_x$, C_x 是 X 的连通子集, 且 $X = \bigcup\limits_{x\in X} C_x$. 于是 $\forall x \in X$, $X_0 \cap C_x$ 是连通集 C_x 的既开又闭非空子集, 所以 $X_0 \cap C_x = C_x$, 即 $C_x \subset X_0$. 因此我们有 $X = \bigcup\limits_{x\in X} C_x \subset X_0$, 即 $X_0 = X$, 这就证明了 $(X;\tau)$ 是连通的.

(2) 设 U 是 $\mathbb{R}^n$ 中的凸集, 则由凸集定义, 对于 U 中的任意两个点 A 和 B, 线段 $\overline{AB} \subset E$, 因此可定义从 A 到 B 的道路为: $f(t) = (1-t)A + tB$, $\forall t \in I = [0,1]$, 显然 $f(I) = \overline{AB} \subset E$, 从而说明了凸集 U 是弧式连通的.

(3) 设 G 是 $\mathbb{R}^n$ 中的非空连通开子集. 任取 $x_0 \in G$, 设 $U(x_0)$ 为 G 中所有与 x_0 有 G 中道路相连接的点的集合, 则由定义易见 $U(x_0)$ 是弧式连通的. $\forall x \in U(x_0)$, 则存在 G 中的道路连接 x_0 和 x, 又因为 G 是 $\mathbb{R}^n$ 中的开集, 所以 $\exists r_x > 0$ 使得 $B(x;r_x) \subset G$. $\forall y \in B(x;r_x)$, 显然存在 $B(x;r_x)$ 中的线段连接 x 和 y, 从而存在 G 中的道路连接 x_0 和 y, 因此 $y \in U(x_0)$, 即 $B(x;r_x) \subset U(x_0)$, 于是 $U(x_0)$ 是包含 x_0 的开集. 假设 $G\backslash U(x_0) \neq \varnothing$, 由已证之结论, $\forall x' \in G\backslash U(x_0)$, $U(x')$ 都是包含 x' 的开集, 所以

$$G\backslash U(x_0) = \bigcup_{x'\in G\backslash U(x_0)} U(x').$$

也是开集, 从而 G 有非空不交开集分解 $G = U(x_0) \cup \big(G\backslash U(x_0)\big)$, 与 G 是连通集相矛盾. 于是我们有 $G\backslash U(x_0) = \varnothing$, 即 $U(x_0) = G$, 这就证明了 G 是弧式连通的.

(4) 由习题 5(2) 可知, $\mathbb{R}^2$ 中的子集

$$E = \left\{(x,y) \in \mathbb{R}^2 : y = \sin\frac{1}{x}, x \neq 0\right\} \cup \{(x,y) \in \mathbb{R}^2 : x = 0, |y| \leqslant 1\}$$

是连通的. 往证 E 不是弧式连通的. 我们用反证法来证明在 E 中不存在从 $(0,0)$ 到 $(1,\sin 1)$ 的道路. 假设存在一条这样的道路 $f(t) = (x(t), y(t))$, $t \in [0,1]$. 因为 $f(t)$ 连续, 所以 $x(t)$ 也连续, 于是 $\forall t \in (0,1]$, 集合 $x([0,t]) \subset \mathbb{R}$ 连通, 从而 $x([0,t])$ 是一个区间. 特别地, 如果 $x(t) > 0$, 则一定存在 $t' \in (0,t)$ 使得 $x(t') > 0$ 且 $y(t') = 1$. 于是可以归纳地构造一个数列 $\{t_i\}$, 使得每个 $t_{i+1} \in (0,t_i)$ 并且 $x(t_i) > 0$, $y(t_i) = 1$. 显然数列 $\{t_i\}$ 是一个单调递减的有界数列, 故 $\exists c \in [0,1)$ 使得 $\lim\limits_{i\to\infty} t_i = c$, 因此 $y(c) = 1$.

另一方面, 每个 $x([t_{i+1},t_i])$ 连通, 所以存在 $s_i\in[t_{i+1},t_i]$ 使得 $x(s_i)>0$ 且 $y(s_i)=-1$. 这样又得到一个以 c 为极限的数列 $\{s_i\}$, 于是 $y(c)=-1$, 矛盾. 这就说明了在 E 中不存在从 $(0,0)$ 到 $(1,\sin 1)$ 的道路, 从而 E 不是弧式连通的.

(5) 首先证明 $\mathbb{R}^n(n>1)$ 中的球面 $S(a;r)$ 是弧式连通的. 任取两不同点 $A,B\in S(a;r)$, 再取 $N\in S(a;r)\backslash\{A,B\}$, 则 $S(a;r)\backslash\{N\}\cong\mathbb{R}^{n-1}$, 所以由 $\mathbb{R}^{n-1}$ 是弧式连通的和"弧式连通空间在连续映射下的像集也是弧式连通的"这一性质 (见前边的例题 9) 可知, $S(a;r)\backslash\{N\}$ 也是弧式连通的, 从而存在 $S(a;r)\backslash\{N\}$ 中的道路 f 连接 A 和 B, 显然 f 也是 $S(a;r)$ 中连接 A 和 B 的道路, 因此 $S(a;r)$ 是弧式连通的, 从而由 (1) 它也是连通的.

如果考虑欧氏空间 $\mathbb{R}^n$ 的度量子空间 $X=\mathbb{Z}^n$ 中的球面

$$S(0;1)=\{x\in\mathbb{Z}^n: x=\pm e_k, k=1,\cdots,n\},$$

其中 $e_k=(0,\cdots,0,\underbrace{1}_{\text{第}k\text{个}},0,\cdots,0)$. 因为 $\forall k\in\{1,\cdots,n\}$, 单点集 $\{e_k\}$ 和 $\{-e_k\}$ 都是 X 中的闭集, 所以球面 $S(0;1)=\{e_1\}\cup\big(S(0;1)\backslash\{e_1\}\big)$ 是不连通的.

(6) 假设 X 是一个拓扑空间, K 是 X 的一个子集, p 是 K 的一个外点, q 是 K 的一个内点, 设 $r:[0,1]\to X$ 是 X 中连接 p,q 的一条道路, 并且 $r(0)=p$, $r(1)=q$. 记

$$E=\{t\in[0,1]: r(t)\text{ 不是 }K\text{ 的内点}\}.$$

因为 $r([0,1])\cap(X\backslash\mathring{K})$ 是 $r([0,1])$ 中的非空闭集, 所以由 r 的连续性可知, $E=r^{-1}\big(r([0,1])\cap(X\backslash\mathring{K})\big)$ 是 $[0,1]$ 中的非空闭集, 于是其下确界 $\inf E$ 能够取到, 即存在 $t_0\in E$, 使得 $t_0=\inf E$.

下面证明 $r(t_0)$ 是 K 的一个边界点. 首先根据 $t_0\in E$, 我们知道 $r(t_0)$ 不是集合 K 的内点. 如果 $r(t_0)$ 是 K 的外点, 那么根据外点的定义, 存在包含 $r(t_0)$ 的开邻域 U_0, 使得 $U_0\cap K=\varnothing$. 再次由 r 的连续性可知, 存在 $\varepsilon>0$, 使得 $r([t_0-\varepsilon,t_0+\varepsilon])\subset U_0$, 这意味着 $r(t_0-\varepsilon)$ 也不是 K 的内点, 这与 t_0 的最小性矛盾. 因此 $r(t_0)$ 是 K 的边界点, 从而结论成立. □

第 7 章　多变量函数微分学

7.1　多变量函数的微分
&
7.2　微分法的基本定律

一、知识点总结与补充

1. 微分的概念与记号

(1) 多变量函数 $f:\mathbb{R}^m \supset E \to \mathbb{R}^n$.

(2) 自变量增量: $\Delta x(h) := (x+h)-x = h$.

(3) 函数增量: $\Delta f(x;h) := f(x+h)-f(x)$.

(4) 微分 (切映射、导映射)$L(x) \in \mathcal{L}(\mathbb{R}^m, \mathbb{R}^n)$:

$$\Delta f(x;h) = f(x+h)-f(x) = L(x)h + o(h), \quad h \to 0.$$

(5) 微分的记号: $\mathrm{d}f(x)$, $Df(x)$, $f'(x)$.

(6) 切空间的记号: $\mathbb{R}^m$ 在点 $x \in \mathbb{R}^m$ 的切空间记为 $T\mathbb{R}^m_x \equiv \mathbb{R}^m$.

(7) $\mathrm{d}f(x)$ 是线性映射 $\mathrm{d}f(x): T\mathbb{R}^m_x \to T\mathbb{R}^n_{f(x)}$.

(8) 分量形式:

$$\Delta f^i(x;h) = f^i(x+h) - f^i(x) = L^i(x)h + o(h), \quad h \to 0,\ i = 1, \cdots, n.$$

(9) 微分是唯一的.

(10) 若函数在一点可微, 则它在此点连续.

2. 实值函数的偏导数

(1) 实值函数 $f:\mathbb{R}^m \supset E \to \mathbb{R}$.

(2) 偏导数的定义与记号:

$$\frac{\partial f}{\partial x^i}(x) := \partial_i f(x) := D_i f(x) := f'_{x^i}(x) := \lim_{t\to 0}\frac{f(x+te_i)-f(x)}{t}.$$

(3) 可微性蕴含着偏导数存在, 且有坐标表示: $\mathrm{d}f(x)h = \dfrac{\partial f}{\partial x^i}(x)h^i$.

(4) 投影函数: $\Delta\pi^i(x,h) = \mathrm{d}\pi^i(x)h = h^i = \pi^i(h)$. 如果把 $\pi^i(x)$ 记作 $x^i(x)$, 则有 $\mathrm{d}\pi^i(x)h = \mathrm{d}x^i h = h^i$.

(5) 实值函数微分的一般表示: $\mathrm{d}f(x)=\dfrac{\partial f}{\partial x^i}(x)\mathrm{d}x^i$.

3. 雅可比矩阵与微分

(1) 多变量函数的雅可比矩阵:

$$\frac{\partial(f^1,\cdots,f^n)}{\partial(x^1,\cdots,x^m)}(x):=f'(x)=(\partial_i f^j(x))=\begin{pmatrix}\dfrac{\partial f^1}{\partial x^1}(x) & \cdots & \dfrac{\partial f^1}{\partial x^m}(x)\\ \vdots & & \vdots\\ \dfrac{\partial f^n}{\partial x^1}(x) & \cdots & \dfrac{\partial f^n}{\partial x^m}(x)\end{pmatrix}.$$

(2) 微分的坐标表示 (列向量形式): $\forall h=(h^1,\cdots,h^m)\in\mathbb{R}^m$,

$$\mathrm{d}f(x)h=\begin{pmatrix}\mathrm{d}f^1(x)h\\ \vdots\\ \mathrm{d}f^n(x)h\end{pmatrix}=\begin{pmatrix}\partial_i f^1(x)h^i\\ \vdots\\ \partial_i f^n(x)h^i\end{pmatrix}=\begin{pmatrix}\dfrac{\partial f^1}{\partial x^1}(x) & \cdots & \dfrac{\partial f^1}{\partial x^m}(x)\\ \vdots & & \vdots\\ \dfrac{\partial f^n}{\partial x^1}(x) & \cdots & \dfrac{\partial f^n}{\partial x^m}(x)\end{pmatrix}\begin{pmatrix}h^1\\ \vdots\\ h^m\end{pmatrix}.$$

(3) 微分的一般表示 (列向量形式):

$$\mathrm{d}f(x)=\begin{pmatrix}\mathrm{d}f^1(x)\\ \vdots\\ \mathrm{d}f^n(x)\end{pmatrix}=\begin{pmatrix}\dfrac{\partial f^1}{\partial x^1}(x) & \cdots & \dfrac{\partial f^1}{\partial x^m}(x)\\ \vdots & & \vdots\\ \dfrac{\partial f^n}{\partial x^1}(x) & \cdots & \dfrac{\partial f^n}{\partial x^m}(x)\end{pmatrix}\begin{pmatrix}\mathrm{d}x^1\\ \vdots\\ \mathrm{d}x^m\end{pmatrix}.$$

4. 微分法的基本定律

(1) 线性性质: $(\lambda_1 f_1+\lambda_2 f_2)'(x)=(\lambda_1 f_1'+\lambda_2 f_2')(x)$.

(2) 实值函数的乘法与除法的微分法:

- $(f\cdot g)'(x)=g(x)f'(x)+f(x)g'(x)$.
- $\left(\dfrac{f}{g}\right)'(x)=\dfrac{1}{g^2(x)}(g(x)f'(x)-f(x)g'(x))$.

(3) 复合映射的微分法: 复合映射的微分 $\mathrm{d}(g\circ f)(x):T\mathbb{R}^m_x\to T\mathbb{R}^k_{g(f(x))}$ 等于微分 $\mathrm{d}f(x):T\mathbb{R}^m_x\to T\mathbb{R}^n_y$ 与微分 $\mathrm{d}g(y):T\mathbb{R}^n_y\to T\mathbb{R}^k_{g(y)}$ 的复合 $\mathrm{d}g(y)\circ\mathrm{d}f(x)$, 于是对 $z=g(y)$,

$$\begin{aligned}(g\circ f)'(x)&=\frac{\partial(z^1,\cdots,z^k)}{\partial(x^1,\cdots,x^m)}(x)\\&=\frac{\partial(z^1,\cdots,z^k)}{\partial(y^1,\cdots,y^n)}(y)\cdot\frac{\partial(y^1,\cdots,y^n)}{\partial(x^1,\cdots,x^m)}(x)=g'(f(x))f'(x).\end{aligned}$$

特别地, 对复合实值函数 $g\circ f$:

$$\mathbb{R}^m \xrightarrow{f} \mathbb{R}^n \xrightarrow{g} \mathbb{R}, \quad (x^1,\cdots,x^m) \xmapsto{f} (y^1,\cdots,y^n) \xmapsto{g} z,$$

我们有如下链式法则:

$$\frac{\partial z}{\partial x^i}=\frac{\partial z}{\partial y^1}\frac{\partial y^1}{\partial x^i}+\cdots+\frac{\partial z}{\partial y^n}\frac{\partial y^n}{\partial x^i}, \quad i=1,\cdots,m.$$

(4) 逆映射的微分法: 互逆的可微映射在对应的点处有互逆的切映射, 即

$$(f^{-1})'(f(x))=J_{f^{-1}}(f(x))=[J_f(x)]^{-1}=[f'(x)]^{-1}.$$

5. 实值函数在一点沿向量的导数与梯度

(1) f 在点 $x_0\in\mathbb{R}^m$ 沿向量 $v\in T\mathbb{R}^m_{x_0}$ 的导数:

$$D_vf(x_0):=\lim_{t\to 0}\frac{f(x_0+tv)-f(x_0)}{t}.$$

(2) 沿向量的导数的表示公式:

$$D_vf(x_0)=\mathrm{d}f(x_0)v=\langle \mathrm{grad}f(x_0),v\rangle,$$

其中, 梯度 $\mathrm{grad}f(x_0)\in T\mathbb{R}^m_{x_0}$(在笛卡儿坐标系下) 有坐标表达式

$$\mathrm{grad}f(x_0)=\left(\frac{\partial f}{\partial x^1},\cdots,\frac{\partial f}{\partial x^m}\right)(x_0).$$

(3) 沿向量的导数的线性性质: $D_{\lambda_1v_1+\lambda_2v_2}f(x_0)=\lambda_1D_{v_1}f(x_0)+\lambda_2D_{v_2}f(x_0)$.

(4) 方向导数: 沿给定方向的单位向量 $e=(\cos\alpha_1,\cdots,\cos\alpha_m)\in T\mathbb{R}^m_{x_0}$ 的导数 $D_ef(x_0)$, 通常称为方向导数. 于是

$$D_ef(x_0)=\langle \mathrm{grad}f(x_0),e\rangle=\frac{\partial f}{\partial x^1}(x_0)\cos\alpha_1+\cdots+\frac{\partial f}{\partial x^m}(x_0)\cos\alpha_m.$$

特别地, $D_{e_i}f(x_0)=\dfrac{\partial f}{\partial x^i}(x_0)$, $i=1,\cdots,m$.

(5) 梯度的几何意义: 梯度方向是函数值增长速度最快的方向.

二、例题讲解

1. 设二元函数 f 和 g 满足如下条件:

(1) f 和 g 在点 $(0,0)$ 的去心邻域 $\mathring{U}((0,0))$ 内可微;

(2) $\lim\limits_{(x,y)\to(0,0)}f(x,y)=\lim\limits_{(x,y)\to(0,0)}g(x,y)=0$;

(3) $\forall x, y \in \mathring{U}((0,0))$, $xg'_x(x,y) + yg'_y(x,y) \neq 0$;

(4) $\displaystyle\lim_{(x,y)\to(0,0)} \frac{xf'_x(x,y) + yf'_y(x,y)}{xg'_x(x,y) + yg'_y(x,y)} = A$.

证明: $\displaystyle\lim_{(x,y)\to(0,0)} \frac{f(x,y)}{g(x,y)} = A$.

证　令 $x = r\cos\theta$, $y = r\sin\theta$, 则极限过程 $(x,y) \to (0,0)$ 相当于 $r = \sqrt{x^2+y^2} \to 0$ (关于 $\theta \in [0, 2\pi]$ 一致). 记

$$F(r,\theta) = f(r\cos\theta, r\sin\theta),$$
$$G(r,\theta) = g(r\cos\theta, r\sin\theta),$$

则由条件 (2) 我们有, 关于 θ 一致地,

$$\lim_{r\to 0} F(r,\theta) = \lim_{r\to 0} G(r,\theta) = 0.$$

显然

$$F'_r(r,\theta) = f'_x(r\cos\theta, r\sin\theta)\cos\theta + f'_y(r\cos\theta, r\sin\theta)\sin\theta,$$
$$G'_r(r,\theta) = g'_x(r\cos\theta, r\sin\theta)\cos\theta + g'_y(r\cos\theta, r\sin\theta)\sin\theta,$$

所以由条件 (4) 我们还有, 关于 θ 一致地,

$$\begin{aligned}\lim_{r\to 0}\frac{F'_r(r,\theta)}{G'_r(r,\theta)} &= \lim_{r\to 0}\frac{f'_x(r\cos\theta, r\sin\theta)r\cos\theta + f'_y(r\cos\theta, r\sin\theta)r\sin\theta}{g'_x(r\cos\theta, r\sin\theta)r\cos\theta + g'_y(r\cos\theta, r\sin\theta)r\sin\theta}\\ &= \lim_{(x,y)\to(0,0)}\frac{xf'_x(x,y) + yf'_y(x,y)}{xg'_x(x,y) + yg'_y(x,y)} = A,\end{aligned}$$

于是由一元函数的洛必达法则可知, 关于 θ 一致地,

$$\lim_{r\to 0}\frac{F(r,\theta)}{G(r,\theta)} = \lim_{r\to 0}\frac{F'_r(r,\theta)}{G'_r(r,\theta)} = A,$$

因此

$$\lim_{(x,y)\to(0,0)}\frac{f(x,y)}{g(x,y)} = \lim_{r\to 0}\frac{F(r,\theta)}{G(r,\theta)} = A.$$ □

注　若记 $\boldsymbol{r} = (x,y)$, 则

$$D_{\boldsymbol{r}}f(x,y) = \langle \mathrm{grad} f(x,y), \boldsymbol{r}\rangle = xf'_x(x,y) + yf'_y(x,y),$$

同理 $D_{\boldsymbol{r}}g(x,y) = xg'_x(x,y) + yg'_y(x,y)$, 于是上述结论可表示成

$$\lim_{(x,y)\to(0,0)}\frac{f(x,y)}{g(x,y)} = \lim_{(x,y)\to(0,0)}\frac{D_{\boldsymbol{r}}f(x,y)}{D_{\boldsymbol{r}}g(x,y)} = A,$$

可以将其看成高维的洛必达法则.

三、习题参考解答 (7.2 节)

1. 设

$$f(x,y)=\begin{cases}y\sin\dfrac{1}{x^2+y^2}, & x^2+y^2\neq 0,\\ 0, & x^2+y^2=0,\end{cases}$$

考察函数 f 在原点 $(0,0)$ 的偏导数.

解　显然

$$f'_x(0,0)=\lim_{x\to 0}\frac{f(x,0)-f(0,0)}{x}=\lim_{x\to 0}\frac{0-0}{x}=0.$$

又因为

$$\lim_{y\to 0}\frac{f(0,y)-f(0,0)}{y}=\lim_{y\to 0}\frac{y\sin\dfrac{1}{y^2}-0}{y}=\lim_{y\to 0}\sin\frac{1}{y^2}$$

不存在, 所以偏导数 $f'_y(0,0)$ 不存在. □

2. 求下列映射的微分:

(1) $z=\arctan\dfrac{y}{x}$.　　(2) $u=x^{y^z}$.

(3) $f(x,y)=(x\sin y,(x-y)^2,2y^2)$.　　(4) $f(x,y,z)=(x^2+y,y\mathrm{e}^{x+z})$.

解　(1) 因为 $z'_x=\dfrac{-y}{x^2+y^2}$, $z'_y=\dfrac{x}{x^2+y^2}$, 所以

$$\mathrm{d}z=\frac{-y}{x^2+y^2}\mathrm{d}x+\frac{x}{x^2+y^2}\mathrm{d}y.$$

(2) 因为 $u'_x=y^zx^{y^z-1}$, $u'_y=x^{y^z}\ln x\cdot zy^{z-1}$, $u'_z=x^{y^z}\ln x\cdot y^z\ln y$, 所以

$$\mathrm{d}u=y^zx^{y^z-1}\mathrm{d}x+zy^{z-1}x^{y^z}\ln x\mathrm{d}y+y^zx^{y^z}\ln x\cdot\ln y\mathrm{d}z.$$

(3) 易见其雅可比矩阵为

$$f'(x,y)=\frac{\partial(f^1,f^2,f^3)}{\partial(x,y)}=\begin{pmatrix}\dfrac{\partial f^1}{\partial x} & \dfrac{\partial f^1}{\partial y}\\ \dfrac{\partial f^2}{\partial x} & \dfrac{\partial f^2}{\partial y}\\ \dfrac{\partial f^3}{\partial x} & \dfrac{\partial f^3}{\partial y}\end{pmatrix}(x,y)=\begin{pmatrix}\sin y & x\cos y\\ 2(x-y) & -2(x-y)\\ 0 & 4y\end{pmatrix},$$

因此

$$\mathrm{d}f(x,y)=\begin{pmatrix}\sin y & x\cos y\\ 2(x-y) & -2(x-y)\\ 0 & 4y\end{pmatrix}\begin{pmatrix}\mathrm{d}x\\ \mathrm{d}y\end{pmatrix}=\begin{pmatrix}\sin y\mathrm{d}x+x\cos y\mathrm{d}y\\ 2(x-y)\mathrm{d}x-2(x-y)\mathrm{d}y\\ 4y\mathrm{d}y\end{pmatrix}.$$

(4) 易见其雅可比矩阵为

$$f'(x,y,z)=\frac{\partial(f^1,f^2)}{\partial(x,y,z)}=\begin{pmatrix}\dfrac{\partial f^1}{\partial x} & \dfrac{\partial f^1}{\partial y} & \dfrac{\partial f^1}{\partial z}\\ \dfrac{\partial f^2}{\partial x} & \dfrac{\partial f^2}{\partial y} & \dfrac{\partial f^2}{\partial z}\end{pmatrix}(x,y,z)=\begin{pmatrix}2x & 1 & 0\\ y\mathrm{e}^{x+z} & \mathrm{e}^{x+z} & y\mathrm{e}^{x+z}\end{pmatrix},$$

因此

$$\mathrm{d}f(x,y,z)=\begin{pmatrix}2x & 1 & 0\\ y\mathrm{e}^{x+z} & \mathrm{e}^{x+z} & y\mathrm{e}^{x+z}\end{pmatrix}\begin{pmatrix}\mathrm{d}x\\ \mathrm{d}y\\ \mathrm{d}z\end{pmatrix}=\begin{pmatrix}2x\mathrm{d}x+\mathrm{d}y\\ y\mathrm{e}^{x+z}\mathrm{d}x+\mathrm{e}^{x+z}\mathrm{d}y+y\mathrm{e}^{x+z}\mathrm{d}z\end{pmatrix}.$$

□

3. 求下列复合函数的偏导数:

(1) 设 $z=x^2\ln y$, $x=\dfrac{u}{v}$, $y=3u-2v$, 求 $\dfrac{\partial z}{\partial u}$, $\dfrac{\partial z}{\partial v}$.

(2) 设 $u=f\left(\dfrac{x}{y},\dfrac{y}{z}\right)$, 求 $\dfrac{\partial u}{\partial x}$, $\dfrac{\partial u}{\partial y}$, $\dfrac{\partial u}{\partial z}$.

解 (1) 由链式法则公式, 我们有

$$\frac{\partial z}{\partial u}=\frac{\partial z}{\partial x}\frac{\partial x}{\partial u}+\frac{\partial z}{\partial y}\frac{\partial y}{\partial u}=\frac{u}{v^2}\left(2\ln(3u-2v)+\frac{3u}{3u-2v}\right),$$
$$\frac{\partial z}{\partial v}=\frac{\partial z}{\partial x}\frac{\partial x}{\partial v}+\frac{\partial z}{\partial y}\frac{\partial y}{\partial v}=\frac{-2u^2}{v^3}\left(\ln(3u-2v)+\frac{v}{3u-2v}\right).$$

(2) 由链式法则公式, 我们有

$$\frac{\partial u}{\partial x}=\partial_1 f\cdot\frac{1}{y}+\partial_2 f\cdot 0=\frac{1}{y}\partial_1 f,$$
$$\frac{\partial u}{\partial y}=\partial_1 f\cdot\frac{-x}{y^2}+\partial_2 f\cdot\frac{1}{z}=\frac{-x}{y^2}\partial_1 f+\frac{1}{z}\partial_2 f,$$
$$\frac{\partial u}{\partial z}=\partial_1 f\cdot 0+\partial_2 f\cdot\frac{-y}{z^2}=\frac{-y}{z^2}\partial_2 f.$$

□

4. 设 $f(x,y)$ 可微, 证明: 在坐标旋转变换

$$x=u\cos\theta-v\sin\theta,\quad y=u\sin\theta+v\cos\theta$$

之下, $(f'_x)^2+(f'_y)^2$ 是一个形式不变量, 即若

$$g(u,v)=f(u\cos\theta-v\sin\theta,u\sin\theta+v\cos\theta),$$

则必有 $(f'_x)^2+(f'_y)^2=(g'_u)^2+(g'_v)^2$, 其中旋转角 θ 是常数.

证　显然

$$\begin{pmatrix} x \\ y \end{pmatrix} = \begin{pmatrix} \cos\theta & -\sin\theta \\ \sin\theta & \cos\theta \end{pmatrix} \begin{pmatrix} u \\ v \end{pmatrix}.$$

由链式法则公式, 我们有

$$g'_u = f'_x \cos\theta + f'_y \sin\theta, \quad g'_v = f'_x(-\sin\theta) + f'_y \cos\theta,$$

即

$$\begin{pmatrix} g'_u \\ g'_v \end{pmatrix} = \begin{pmatrix} \cos\theta & \sin\theta \\ -\sin\theta & \cos\theta \end{pmatrix} \begin{pmatrix} f'_x \\ f'_y \end{pmatrix} = \begin{pmatrix} \cos\theta & -\sin\theta \\ \sin\theta & \cos\theta \end{pmatrix}^{-1} \begin{pmatrix} f'_x \\ f'_y \end{pmatrix}.$$

容易算得 $(g'_u)^2 + (g'_v)^2 = (f'_x)^2 + (f'_y)^2$.　□

5. 设函数 $u = \ln\dfrac{1}{r}$, 其中 $r = \sqrt{(x-a)^2 + (y-b)^2 + (z-c)^2}$, 求 u 的梯度, 并指出在空间哪些点上成立等式 $|\mathrm{grad}\, u| = 1$.

解　因为

$$\frac{\partial u}{\partial x} = \frac{\partial u}{\partial r}\frac{\partial r}{\partial x} = \frac{a-x}{r^2}, \quad \frac{\partial u}{\partial y} = \frac{\partial u}{\partial r}\frac{\partial r}{\partial y} = \frac{b-y}{r^2}, \quad \frac{\partial u}{\partial z} = \frac{\partial u}{\partial r}\frac{\partial r}{\partial z} = \frac{c-z}{r^2},$$

所以

$$|\mathrm{grad}\, u| = \frac{1}{r^2}|(a-x, b-y, c-z)| = \frac{1}{r},$$

因此当 $r = 1$ 时, 即在单位球面

$$S^2((a,b,c);1) = \{(x,y,z) \in \mathbb{R}^3 : (x-a)^2 + (y-b)^2 + (z-c)^2 = 1\}$$

上成立等式 $|\mathrm{grad}\, u| = 1$.　□

6. 设 $r = \sqrt{x^2 + y^2 + z^2}$, 试求: (1) $\mathrm{grad}\, r$; (2) $\mathrm{grad}\,\dfrac{1}{r}$.

解　(1)

$$\mathrm{grad}\, r = \left(\frac{\partial r}{\partial x}, \frac{\partial r}{\partial y}, \frac{\partial r}{\partial z}\right) = \frac{1}{r}(x,y,z).$$

(2) 设 $u = \dfrac{1}{r}$, 则

$$\mathrm{grad}\,\frac{1}{r} = \mathrm{grad}\, u = \left(\frac{\partial u}{\partial x}, \frac{\partial u}{\partial y}, \frac{\partial u}{\partial z}\right) = \frac{\partial u}{\partial r}\left(\frac{\partial r}{\partial x}, \frac{\partial r}{\partial y}, \frac{\partial r}{\partial z}\right) = -\frac{1}{r^3}(x,y,z).$$ □

7. 设 $f(x,y)$ 可微, v_1 与 v_2 是 $\mathbb{R}^2$ 上的一组线性无关向量. 证明: 若 $D_{v_i} f(x,y) \equiv 0 (i = 1,2)$, 则 $f(x,y) \equiv$ 常数.

证 由已知条件, 我们有

$$D_{v_i}f(x,y)=\langle \mathrm{grad}f(x,y),v_i\rangle\equiv 0,\quad i=1,2.$$

$\forall(x,y)=(t\cos\alpha,t\sin\alpha)\in\mathbb{R}^2$, 记 $e=(\cos\alpha,\sin\alpha)$. 固定 α, 考虑 t 的函数 $g(t):=f(t\cos\alpha,t\sin\alpha)$. 因为 v_1 与 v_2 线性无关, 所以 $\exists a,b\in\mathbb{R}$ 使得 $e=av_1+bv_2$. 因此

$$\begin{aligned}g'(t)&=f'_x(t\cos\alpha,t\sin\alpha)\cos\alpha+f'_y(t\cos\alpha,t\sin\alpha)\sin\alpha\\&=\langle \mathrm{grad}f(t\cos\alpha,t\sin\alpha),e\rangle=D_ef(t\cos\alpha,t\sin\alpha)\\&=\langle \mathrm{grad}f(t\cos\alpha,t\sin\alpha),av_1+bv_2\rangle\\&=a\langle \mathrm{grad}f(t\cos\alpha,t\sin\alpha),v_1\rangle+b\langle \mathrm{grad}f(t\cos\alpha,t\sin\alpha),v_2\rangle\equiv 0.\end{aligned}$$

于是

$$f(x,y)=f(t\cos\alpha,t\sin\alpha)=g(t)\equiv g(0)=f(0,0),$$

即 $f(x,y)$ 是常值函数. □

8. (1) 画出函数 $z=x^2+4y^2$ 的图像, 其中 x, y, z 是 $\mathbb{R}^3$ 中的笛卡儿坐标.

(2) 设 $f:G\to\mathbb{R}$ 是定义在区域 $G\subset\mathbb{R}^m$ 上的数值函数, 如果函数 f 在集合 $E\subset G$ 上仅有一个值 ($f(E)=c$), 精确地说, $E=f^{-1}(c)$, 则称集合 E 是函数 f 的等高集 (c-等高面). 在 $\mathbb{R}^2$ 中画出函数 $f(x,y)=x^2+4y^2$ 的等高集的图像.

(3) 求函数 $f(x,y)=x^2+4y^2$ 的梯度, 并且证明: 在任一点 (x,y) 处, 向量 $\mathrm{grad}\,f$ 与函数 f 过此点的等高线垂直.

(4) 利用 (1)—(3) 的结果, 在曲面 $z=x^2+4y^2$ 上求出点 $(2,1,8)$ 到它的最低点 $(0,0,0)$ 的最短路径.

解 (1) 略.

(2) 显然当 $c>0$ 时, c-等高集为椭圆 $\{(x,y)\in\mathbb{R}^2:x^2+4y^2=c\}$. 当 $c=0$ 时, 等高集退化为一点 $\{0,0\}$. 图像略.

(3) 易见 $\mathrm{grad}f=(2x,8y)$, 又由 $x^2+4y^2=c$ 可得 $2x+8y\dfrac{\mathrm{d}y}{\mathrm{d}x}=0$, 所以向量 $\tau(x,y)=(8y,-2x)$ 与等高线相切. 显然

$$D_{\tau(x,y)}f(x,y)=\langle \mathrm{grad}f(x,y),\tau(x,y)\rangle=2x\cdot 8y+8y\cdot(-2x)\equiv 0,$$

这就说明了, 在任一点 (x,y) 处, $\mathrm{grad}\,f$ 与函数 f 过此点的等高线垂直.

(4) 因为点沿着梯度的反方向下降最快, 所以最短路径应该满足如下微分方程:

$$8y\mathrm{d}x-2x\mathrm{d}y=0,\quad y(0)=0.$$

由此解得 $y=\dfrac{1}{16}x^4$, 因此在曲面 $z=x^2+4y^2$ 上点 $(2,1,8)$ 到点 $(0,0,0)$ 的最短路径为

$$\Gamma(t)=\big(2(1-t),(1-t)^4,4(1-t)^2+4(1-t)^8\big),\quad t\in[0,1]. \qquad \square$$

9. 我们说在空间 $\mathbb{R}^m$ 的区域 G 中给定了一个向量场, 如果每一点 $x\in G$ 都对应于某个向量 $v(x)\in T\mathbb{R}^m_x$. 区域 G 上的向量场 $v(x)$ 称为势场 (位场), 如果存在一个数值函数 $U:G\to\mathbb{R}$, 使得 $v(x)=\operatorname{grad}U(x)$. 函数 $U(x)$ 称为场 $v(x)$ 的势 (位)(在物理中, 通常称 $-U(x)$ 为势函数, 如果向量场是力场, 则称 $U(x)$ 为力函数).

(1) 设 $f_1(x,y)=x^2+y^2$; $f_2(x,y)=-(x^2+y^2)$; $f_3(x,y)=\arctan\dfrac{x}{y}(y>0)$; $f_4(x,y)=xy$. 在笛卡儿坐标平面上画出上面各个函数的梯度场.

(2) 根据牛顿定律, 位于点 $O\in\mathbb{R}^3$ 的质量为 m 的质点对位于点 $x\in\mathbb{R}^3(x\neq 0)$ 的质量为 1 的质点的引力是 $\boldsymbol{F}=-\dfrac{m}{|\boldsymbol{r}|^3}\boldsymbol{r}$, 其中 $\boldsymbol{r}$ 是向量 $\overrightarrow{Ox}$(我们省去了引力常数 G). 证明: 区域 $\mathbb{R}^3\setminus\{O\}$ 上的向量场 $\boldsymbol{F}(x)$ 是势场.

(3) 证明: 放在点 $(\xi_i,\eta_i,\zeta_i)(i=1,\cdots,n)$ 处质量为 $m_i(i=1,\cdots,n)$ 的质点在这些点的外面所建立的牛顿力场的势函数是

$$U(x,y,z)=\sum_{i=1}^n\frac{m_i}{\sqrt{(x-\xi_i)^2+(y-\eta_i)^2+(z-\zeta_i)^2}}.$$

解　(1) 容易求出

$$\operatorname{grad}f_1=(2x,2y),\qquad \operatorname{grad}f_2=-(2x,2y),$$

$$\operatorname{grad}f_3=\frac{1}{x^2+y^2}(y,-x),\qquad \operatorname{grad}f_4=(y,x).$$

图像略.

(2) 设 $U(x)=\dfrac{m}{|\boldsymbol{r}|}$, $x\in\mathbb{R}^3\setminus\{O\}$, 则由习题 6(2) 可知

$$\operatorname{grad}U(x)=-\frac{m}{|\boldsymbol{r}|^3}\boldsymbol{r}=\boldsymbol{F}(x),$$

因此, 区域 $\mathbb{R}^3\setminus\{O\}$ 上的向量场 $\boldsymbol{F}(x)$ 是势场.

(3) 记 $\boldsymbol{r}_i=(x-\xi_i,y-\eta_i,z-\zeta_i)$, $i=1,\cdots,n$. 则由 (2) 易见

$$\operatorname{grad}U(x,y,z)=\operatorname{grad}\sum_{i=1}^n\frac{m_i}{|\boldsymbol{r}_i|}=\sum_{i=1}^n\operatorname{grad}\frac{m_i}{|\boldsymbol{r}_i|}$$

$$= \sum_{i=1}^{n} \left(-\frac{m_i}{|\boldsymbol{r}_i|^3}\boldsymbol{r}_i \right) = \sum_{i=1}^{n} \boldsymbol{F}_i(x,y,z) = \boldsymbol{F}(x,y,z),$$

从而结论得证. □

7.3 多变量实值函数微分学的基本事实

一、知识点总结与补充

1. 中值定理

(1) 实值函数在闭区间上的中值定理: 设 $f: G \to \mathbb{R}$ 是定义在区域 $G \subset \mathbb{R}^m$ 上的实值函数, 闭区间 $[x, x+h] \subset G$. 如果 f 在闭区间 $[x, x+h]$ 上连续, 在开区间 $(x, x+h)$ 上可微, 则存在点 $\xi = x + \theta h \in (x, x+h)$(其中 $0 < \theta < 1$), 使得下式成立

$$f(x+h) - f(x) = f'(\xi)h = \frac{\partial f}{\partial x^i}(x+\theta h)h^i.$$

(2) 推论: 如果函数 $f: G \to \mathbb{R}$ 在区域 $G \subset \mathbb{R}^m$ 上可微, 并且在 G 的任一点 x 它的微分等于零, 则 f 在 G 上是常数.

2. 多变量函数可微性的充分条件

设 $f: U(x) \to \mathbb{R}$ 是定义在点 $x = (x^1, \cdots, x^m)$ 的邻域 $U(x) \subset \mathbb{R}^m$ 上的函数. 如果函数 f 在邻域 $U(x)$ 上每一点的所有偏导数 $\dfrac{\partial f}{\partial x^1}, \cdots, \dfrac{\partial f}{\partial x^m}$ 都存在, 且它们在点 x 连续, 则函数 f 在此点可微.

3. 高阶偏导数

(1) 二阶偏导数的记号:

$$\frac{\partial^2 f}{\partial x^j \partial x^i}(x) = \partial_{ji} f(x) = \partial_j(\partial_i f)(x).$$

(2) 记号: $C^{(k)}(G;\mathbb{R})$(或 $C^{(k)}(G)$) 表示区域 $G \subset \mathbb{R}^m$ 上具有直到 k 阶连续偏导数的函数 $f: G \to \mathbb{R}$ 的集合.

(3) 命题: 如果 $f \in C^{(k)}(G;\mathbb{R})$, 则偏导数的值 $\partial_{i_1 \cdots i_k} f(x)$ 不依赖于对 $x^{i_1}, \cdots, x^{i_k}$ 微分的次序, 也就是说, 任意排列的指标 $i_1, \cdots, i_k$ 都不会改变偏导数的值.

4. 泰勒公式

如果函数 $f: U(x) \to \mathbb{R}$ 在点 $x \in \mathbb{R}^m$ 的邻域 $U(x) \subset \mathbb{R}^m$ 上有定义, 并且属于函数类 $C^{(n)}(U(x);\mathbb{R})$, 而 $[x, x+h] \subset U(x)$, 则有

$$\begin{aligned} & f(x^1 + h^1, \cdots, x^m + h^m) - f(x^1, \cdots, x^m) \\ = & \sum_{k=1}^{n-1} \frac{1}{k!}(h^1\partial_1 + \cdots + h^m\partial_m)^k f(x) + r_{n-1}(x;h), \end{aligned}$$

其中余项 $r_{n-1}(x;h)$ 可写成下面三种形式:

(1) 积分形式的余项:

$$r_{n-1}(x;h)=\int_0^1 \frac{(1-t)^{n-1}}{(n-1)!}(h^1\partial_1+\cdots+h^m\partial_m)^n f(x+th)\mathrm{d}t.$$

(2) 拉格朗日形式的余项:

$$r_{n-1}(x;h)=\frac{1}{n!}(h^1\partial_1+\cdots+h^m\partial_m)^n f(x+\theta h),\quad 0<\theta<1.$$

(3) 佩亚诺形式的余项:

$$r_{n-1}(x;h)=\frac{1}{n!}(h^1\partial_1+\cdots+h^m\partial_m)^n f(x)+o(\|h\|^n),\quad h\to 0,$$

因此

$$\begin{aligned}&f(x^1+h^1,\cdots,x^m+h^m)-f(x^1,\cdots,x^m)\\&=\sum_{k=1}^{n}\frac{1}{k!}(h^1\partial_1+\cdots+h^m\partial_m)^k f(x)+r_n(x;h),\end{aligned}$$

其中 $r_n(x;h)=o(\|h\|^n)$, $h\to 0$.

5. 阿达马引理

设 $f:U\to\mathbb{R}$ 是定义在点 $0\in\mathbb{R}^m$ 的凸邻域 U 上的 $C^{(p)}(U;\mathbb{R})(p\geqslant 1)$ 类函数且 $f(0)=0$, 则存在函数 $g_i\in C^{(p-1)}(U;\mathbb{R})(i=1,\cdots,m)$, 使得在 U 内下述等式成立

$$f(x^1,\cdots,x^m)=\sum_{i=1}^{m}x^i g_i(x^1,\cdots,x^m),$$

且 $g_i(0)=\dfrac{\partial f}{\partial x^i}(0)$.

6. 多变量函数的极值

(1) 临界点: 点 x_0 称为映射 $f:\mathbb{R}^m\supset U(x_0)\to\mathbb{R}^n$ 的临界点, 如果映射在这点的雅可比矩阵的秩小于 $\min\{m,n\}$. 特别地, 当 $n=1$ 时, 如果函数 $f:\mathbb{R}^m\supset U(x_0)\to\mathbb{R}$ 的所有偏导数都等于零, 则点 x_0 为临界点. 实值函数的临界点同时也称为这个函数的稳定点.

(2) 函数取得极值的必要条件: 设函数 $f:U(x_0)\to\mathbb{R}$ 定义在 x_0 的邻域 $U(x_0)\subset\mathbb{R}^m$ 上, 并且它在点 x_0 关于每个变量 $x^1,\cdots,x^m$ 存在偏导数. 如果函数 f 在点 x_0 有局部极值, 则有

$$\frac{\partial f}{\partial x^1}(x_0)=0,\cdots,\frac{\partial f}{\partial x^m}(x_0)=0,$$

即 x_0 为 f 的稳定点.

(3) 黑塞矩阵: 设 f 是在点 $x\in\mathbb{R}^m$ 处二阶连续可微的函数, 其梯度映射 $f'(x)=\left(\dfrac{\partial f}{\partial x^1},\cdots,\dfrac{\partial f}{\partial x^m}\right)(x)$ 的微分

$$f''(x)=\frac{\partial(\partial_1 f,\cdots,\partial_m f)}{\partial(x^1,\cdots,x^m)}(x)=\begin{pmatrix}\dfrac{\partial^2 f}{\partial x^1\partial x^1} & \cdots & \dfrac{\partial^2 f}{\partial x^m\partial x^1}\\ \vdots & & \vdots\\ \dfrac{\partial^2 f}{\partial x^1\partial x^m} & \cdots & \dfrac{\partial^2 f}{\partial x^m\partial x^m}\end{pmatrix}(x)$$

叫做 f 在 x 处的黑塞矩阵, 它导出 $\mathbb{R}^m$ 上的对称双线性函数: $\forall\, u=(u^1,\cdots,u^m)$, $v=(v^1,\cdots,v^m)\in\mathbb{R}^m$,

$$H(x)[u,v]=u\cdot f''(x)\cdot v^{\mathrm{T}}=\sum_{i,j}u^i v^j\frac{\partial^2 f}{\partial x^i\partial x^j}(x).$$

(4) 非退化临界点: 设 x_0 是定义在点 x_0 的邻域 $U\subset\mathbb{R}^m$ 上属于 $C^{(2)}(U;\mathbb{R})$ 的函数 f 的临界点. 如果 f 在这点的黑塞矩阵的行列式 $\det(f''(x_0))\neq 0$, 则称 x_0 是函数 f 的非退化临界点.

(5) 函数是否取得极值的充分条件: 设 $f:U(x_0)\to\mathbb{R}$ 是定义在 x_0 的邻域 $U(x_0)\subset\mathbb{R}^m$ 上且属于 $C^{(2)}(U(x_0);\mathbb{R})$ 的函数, 点 x_0 是函数 f 的临界点. 如果函数在 x_0 的泰勒展开式

$$\begin{aligned}&f(x_0^1+h^1,\cdots,x_0^m+h^m)\\&=f(x_0^1,\cdots,x_0^m)+\frac{1}{2!}\sum_{i,j=1}^m\frac{\partial^2 f}{\partial x^i\partial x^j}(x_0)h^ih^j+o(\|h\|^2)\end{aligned}$$

中的二次型

$$\sum_{i,j=1}^m\frac{\partial^2 f}{\partial x^i\partial x^j}(x_0)h^ih^j\equiv\partial_{ij}f(x_0)h^ih^j$$

- 有确定的符号, 则函数 f 在 x_0 取得局部极值. 当二次型是正定的时候, f 在 x_0 取得严格局部极小值; 当二次型是负定的时候, f 在 x_0 取得严格局部极大值.

- 具有不同的符号, 则函数 f 在 x_0 没有极值.

(6) 研究二次型确定性的西尔维斯特准则: 具有对称矩阵

$$\begin{pmatrix}a_{11} & \cdots & a_{1m}\\ \vdots & & \vdots\\ a_{m1} & \cdots & a_{mm}\end{pmatrix}$$

的二次型 $\sum\limits_{i,j=1}^{m} a_{ij}x^i x^j$ 正定, 当且仅当, 它的矩阵的所有主子式都大于零; 它负定, 当且仅当, $a_{11} < 0$, 且每一主子式与下一阶主子式有相反的符号.

(7) 在寻求函数的最大值或最小值时, 除了必须研究内部的临界点外, 还要研究定义域的边界点, 因为函数的最大值或最小值可能在边界点取到.

7. 与多变量函数有关的某些几何形象

考虑在点

$$x_0 = (x_0^1, \cdots, x_0^m) \in G \subset \mathbb{R}^m$$

可微的连续函数

$$y = f(x^1, \cdots, x^m) : G \subset \mathbb{R}^m \to \mathbb{R}.$$

(1) 函数的图像 (m 维曲面):

$$S = \{(x^1, \cdots, x^m, f(x^1, \cdots, x^m)) : (x^1, \cdots, x^m) \in G\},$$

其中的点可以用曲线坐标 $x = (x^1, \cdots, x^m) \in G$ 表示.

(2) S 在点 $P_0 = (x_0^1, \cdots, x_0^m, f(x_0^1, \cdots, x_0^m))$ 处的切平面方程:

$$y = f(x_0^1, \cdots, x_0^m) + \sum_{i=1}^{m} \frac{\partial f}{\partial x^i}(x_0^1, \cdots, x_0^m)(x^i - x_0^i).$$

注　函数 $y = f(x)$ 在点 x_0 的可微性与这个函数的图像在点 P_0 存在切平面是等价的.

(3) S 在点 P_0 处的法向量:

$$\boldsymbol{n} = \left(\frac{\partial f}{\partial x^1}(x_0), \cdots, \frac{\partial f}{\partial x^m}(x_0), -1\right).$$

(4) S 在点 P_0 处的切平面是由 m 维曲面 S 上通过点 $P_0 \in S$ 的曲线的切向量组成的 $\mathbb{R}^{m+1}$ 中的超平面.

二、例题讲解

1. 设 $x^1, \cdots, x^m$ 是 $\mathbb{R}^m$ 中的笛卡儿坐标. 按照运算法则

$$\Delta f = \sum_{i=1}^{m} \frac{\partial^2 f}{\partial {x^i}^2}(x^1, \cdots, x^m)$$

作用于函数 $f \in C^{(2)}(G; \mathbb{R})$ 的微分算子

$$\Delta = \sum_{i=1}^{m} \frac{\partial^2}{\partial {x^i}^2}$$

称为拉普拉斯算子. 关于区域 $G \subset \mathbb{R}^m$ 中的函数 f 的方程 $\Delta f = 0$ 称为拉普拉斯方程, 而它的解称为区域 G 中的调和函数.

(1) 证明: 如果 $x = (x^1, \cdots, x^m)$, $\|x\| = \sqrt{\sum\limits_{i=1}^{m}(x^i)^2}$, 则函数 $f(x) = \|x\|^{2-m}$ 当 $m > 2$ 时是区域 $\mathbb{R}^m\backslash\{0\}$ 中的调和函数, 其中 $0 = (0, \cdots, 0)$.

(2) 证明: 定义于 $t > 0$ 且 $x = (x^1, \cdots, x^m) \in \mathbb{R}^m$ 的函数

$$f(x^1, \cdots, x^m, t) = \frac{1}{(2a\sqrt{\pi t})^m}\mathrm{e}^{-\frac{\|x\|^2}{4a^2 t}}$$

满足热传导方程

$$\frac{\partial f}{\partial t} = a^2 \Delta f,$$

即在函数定义域中的任何点都有

$$\frac{\partial f}{\partial t} = a^2 \sum_{i=1}^{m} \frac{\partial^2 f}{\partial {x^i}^2}.$$

证 (1) $\forall i \in \{1, \cdots, m\}$, $x \in \mathbb{R}^m\backslash\{0\}$,

$$\frac{\partial f}{\partial x^i}(x) = (2-m)\|x\|^{2-m-1} \cdot \frac{x^i}{\|x\|} = (2-m)\|x\|^{-m} \cdot x^i.$$

进而

$$\begin{aligned}\frac{\partial^2 f}{\partial {x^i}^2}(x) &= (2-m)(-m)\|x\|^{-m-1} \cdot \frac{x^i}{\|x\|} \cdot x^i + (2-m)\|x\|^{-m} \cdot 1 \\ &= (2-m)\|x\|^{-m-2}\big(-m(x^i)^2 + \|x\|^2\big),\end{aligned}$$

于是

$$\begin{aligned}\Delta f = \sum_{i=1}^{m} \frac{\partial^2 f}{\partial {x^i}^2}(x) &= (2-m)\|x\|^{-m-2}\left(-m\sum_{i=1}^{m}(x^i)^2 + \sum_{i=1}^{m}\|x\|^2\right) \\ &= (2-m)\|x\|^{-m-2}\left(-m\|x\|^2 + m\|x\|^2\right) = 0.\end{aligned}$$

(2) $\forall t > 0$, $x \in \mathbb{R}^m$,

$$\begin{aligned}\frac{\partial f}{\partial t}(x,t) &= \frac{1}{(2a\sqrt{\pi})^m}\left(-\frac{m}{2}t^{-\frac{m}{2}-1} \cdot \mathrm{e}^{-\frac{\|x\|^2}{4a^2 t}} + t^{-\frac{m}{2}} \cdot \mathrm{e}^{-\frac{\|x\|^2}{4a^2 t}} \cdot \frac{\|x\|^2}{4a^2 t^2}\right) \\ &= \frac{1}{(2a\sqrt{\pi})^m} \cdot t^{-\frac{m}{2}-1} \cdot \left(-\frac{m}{2} + \frac{\|x\|^2}{4a^2 t}\right) \cdot \mathrm{e}^{-\frac{\|x\|^2}{4a^2 t}},\end{aligned}$$

又 $\forall i\in\{1,\cdots,m\}$,

$$\begin{aligned}\frac{\partial f}{\partial x^i}(x,t)&=\frac{1}{(2a\sqrt{\pi})^m}\cdot t^{-\frac{m}{2}}\cdot \mathrm{e}^{-\frac{\|x\|^2}{4a^2t}}\cdot\frac{-2x^i}{4a^2t}\\&=\frac{1}{(2a\sqrt{\pi})^m}\cdot t^{-\frac{m}{2}-1}\cdot\frac{-1}{2a^2}\cdot x^i\cdot \mathrm{e}^{-\frac{\|x\|^2}{4a^2t}},\end{aligned}$$

进而

$$\begin{aligned}\frac{\partial^2 f}{\partial {x^i}^2}(x)&=\frac{1}{(2a\sqrt{\pi})^m}\cdot t^{-\frac{m}{2}-1}\cdot\frac{-1}{2a^2}\cdot\left(\mathrm{e}^{-\frac{\|x\|^2}{4a^2t}}+x^i\cdot \mathrm{e}^{-\frac{\|x\|^2}{4a^2t}}\cdot\frac{-2x^i}{4a^2t}\right)\\&=\frac{1}{(2a\sqrt{\pi})^m}\cdot t^{-\frac{m}{2}-1}\cdot\frac{1}{a^2}\cdot\left(-\frac{1}{2}+\frac{(x^i)^2}{4a^2t}\right)\cdot \mathrm{e}^{-\frac{\|x\|^2}{4a^2t}},\end{aligned}$$

于是

$$\begin{aligned}a^2\Delta f&=a^2\sum_{i=1}^m\frac{\partial^2 f}{\partial {x^i}^2}(x)=\frac{1}{(2a\sqrt{\pi})^m}\cdot t^{-\frac{m}{2}-1}\cdot\left(-\sum_{i=1}^m\frac{1}{2}+\sum_{i=1}^m\frac{(x^i)^2}{4a^2t}\right)\cdot \mathrm{e}^{-\frac{\|x\|^2}{4a^2t}}\\&=\frac{1}{(2a\sqrt{\pi})^m}\cdot t^{-\frac{m}{2}-1}\cdot\left(-\frac{m}{2}+\frac{\|x\|^2}{4a^2t}\right)\cdot \mathrm{e}^{-\frac{\|x\|^2}{4a^2t}}=\frac{\partial f}{\partial t}(x,t).\end{aligned}$$ □

2. 设在 $\mathbb{R}^2$ 上函数 $u=f(x,y)$ 满足 $\dfrac{\partial^2 f}{\partial y\partial x}\equiv 0$, 求该二阶偏微分方程的解 u.

解　令 $F(x,y)=f(x,y)-f(x,0)$, 则由中值定理可知, $\exists\theta_1\in(0,1)$ 使得

$$\frac{\partial F}{\partial x}(x,y)=\frac{\partial f}{\partial x}(x,y)-\frac{\partial f}{\partial x}(x,0)=\frac{\partial^2 f}{\partial y\partial x}(x,\theta_1 y)\cdot y\equiv 0.$$

进而再次利用中值定理我们有, $\exists\theta_2\in(0,1)$ 使得

$$F(x,y)-F(0,y)=\frac{\partial F}{\partial x}(\theta_2 x,y)\cdot x\equiv 0.$$

于是 $\forall(x,y)\in\mathbb{R}^2$,

$$F(x,y)=F(0,y)=f(0,y)-f(0,0),$$

进而若令 $f(x,0)=\varphi(x)$, $f(0,y)-f(0,0)=\psi(y)$, 则

$$\begin{aligned}u=f(x,y)&=f(x,0)+F(x,y)\\&=f(x,0)+f(0,y)-f(0,0)=\varphi(x)+\psi(y),\end{aligned}$$

这里 $\varphi(x)$ 为关于 x 的任意一元可微函数, 而 $\psi(y)$ 为关于 y 的任意一元函数. □

注 该二阶偏微分方程也可以通过先对 y 求不定积分再对 x 求不定积分的方法求解.

3. 设 $\Omega\subset\mathbb{R}^2$ 是有界区域, 可微函数 $f(x,y)$ 满足

$$\begin{cases}\dfrac{\partial f}{\partial x}(x,y)+\dfrac{\partial f}{\partial y}(x,y)=kf(x,y), & (x,y)\in\Omega,\\ f(x,y)=0, \quad (x,y)\in\partial\Omega.\end{cases}$$

证明: $f(x,y)=0, \forall(x,y)\in\Omega$.

证 $\forall a\in\mathbb{R}$, 考虑 $g(t)=f(t,t+a)$. 易见

$$\begin{aligned}g'(t)&=\frac{\partial f}{\partial x}\cdot\frac{\partial x}{\partial t}+\frac{\partial f}{\partial y}\cdot\frac{\partial y}{\partial t}=\frac{\partial f}{\partial x}(t,t+a)+\frac{\partial f}{\partial y}(t,t+a)\\&=kf(t,t+a)=kg(t),\end{aligned}$$

所以

$$g(t)=\mathrm{e}^{k(t-t_0)}g(t_0).$$

于是

$$f(t,t+a)=\mathrm{e}^{k(t-t_0)}f(t_0,t_0+a).$$

对任意 $(x,y)\in\Omega$, 考虑过 (x,y) 的直线 $Y=X+(y-x)$, 该直线必然与有界区域 Ω 的边界 $\partial\Omega$ 相交, 设交点为 (x_0,y_0), 则 $y=x+y_0-x_0$, 因此

$$f(x,y)=\mathrm{e}^{k(x-x_0)}f(x_0,y_0)=0. \qquad \square$$

4. 设二元函数 f 可微. 证明: 对于任意的 $t>0$, 存在 (ξ,η) 满足 $\xi^2+\eta^2=t$, 且

$$\eta\frac{\partial f}{\partial x}(\xi,\eta)=\xi\frac{\partial f}{\partial y}(\xi,\eta).$$

证 令 $g(\theta)=f(\sqrt{t}\cos\theta,\sqrt{t}\sin\theta)$. 则 g 可微, 且

$$g'(\theta)=-\sqrt{t}\sin\theta\cdot\frac{\partial f}{\partial x}(\sqrt{t}\cos\theta,\sqrt{t}\sin\theta)+\sqrt{t}\cos\theta\cdot\frac{\partial f}{\partial y}(\sqrt{t}\cos\theta,\sqrt{t}\sin\theta).$$

又因为 g 是以 2π 为周期的连续函数, 所以在 $[0,2\pi]$ 上有最大值, 且最大值点是稳定点, 因此存在 $\theta_0\in[0,2\pi]$ 使得 $g'(\theta_0)=0$. 记 $\xi=\sqrt{t}\cos\theta_0$, $\eta=\sqrt{t}\sin\theta_0$, 则

$$\eta\frac{\partial f}{\partial x}(\xi,\eta)-\xi\frac{\partial f}{\partial y}(\xi,\eta)=0. \qquad \square$$

5. 设 M_n 为所有 n 阶实数矩阵组成的线性空间, $\det: M_n\to\mathbb{R}$ 是对矩阵取行列式的函数. 证明 det 是可微函数, 并求 det 在 $A\in M_n$ 处的微分.

证　易见

$$\det A=\sum_{\sigma\in S_n}(-1)^{\operatorname{sgn}\sigma}a_{1\sigma(1)}a_{2\sigma(2)}\cdots a_{n\sigma(n)},$$

其中 a_{ij} 是矩阵 A 的第 i 行第 j 列的元素, S_n 由 $1,2,\cdots,n$ 的所有排列 σ 组成, 当 σ 是偶排列的时候 $\operatorname{sgn}\sigma=0$, 当 σ 是奇排列的时候 $\operatorname{sgn}\sigma=1$. 记 E_{ij} 为第 i 行第 j 列的元素为 1, 其他元素为 0 的 n 阶方阵, 它们构成了 M_n 的一组基, 相应的坐标函数

$$L_{ij}:M_n\to\mathbb{R},\quad L_{ij}(A)=a_{ij}$$

是线性函数, 于是 $A=\sum\limits_{1\leqslant i,j\leqslant n}L_{ij}(A)E_{ij}$, 从而

$$\det A=\sum_{\sigma\in S_n}(-1)^{\operatorname{sgn}\sigma}L_{1\sigma(1)}(A)L_{2\sigma(2)}(A)\cdots L_{n\sigma(n)}(A),$$

因此 det 是可微函数. 将行列式按第 i 行展开, 我们得到

$$\det(A+tE_{ij})=\det A+tA_{ij}^*,$$

其中 A_{ij}^* 为矩阵 A 对应于 a_{ij} 的代数余子式. 所以 $\dfrac{\partial\det}{\partial E_{ij}}(A)=A_{ij}^*$, 因此 $\forall B\in TM_n(A)=M_n$,

$$\mathrm{d}\det(A)(B)=\sum_{1\leqslant i,j\leqslant n}\frac{\partial\det}{\partial E_{ij}}(A)L_{ij}(B)=\sum_{1\leqslant i,j\leqslant n}A_{ij}^*L_{ij}(B)=\operatorname{tr}(A^{*\mathrm{T}}B).\quad\square$$

三、习题参考解答 (7.3 节)

1. 求下列函数的所有二阶偏导数:

(1) $z=\mathrm{e}^x(\cos y+x\sin y)$.　　(2) $z=f(xy^2,x^2y)$.

(3) $u=f(x^2+y^2+z^2)$.　　(4) $z=f\left(x+y,xy,\dfrac{x}{y}\right)$.

解　(1) 容易求出

$$\frac{\partial z}{\partial x}=\mathrm{e}^x(\cos y+x\sin y+\sin y),$$
$$\frac{\partial z}{\partial y}=\mathrm{e}^x(x\cos y-\sin y),$$

进而有

$$\frac{\partial^2 z}{\partial x^2}=\mathrm{e}^x(\cos y+x\sin y+2\sin y),$$

$$\frac{\partial^2 z}{\partial y \partial x} = \frac{\partial^2 z}{\partial x \partial y} = \mathrm{e}^x(\cos y + x\cos y - \sin y),$$
$$\frac{\partial^2 z}{\partial y^2} = -\mathrm{e}^x(\cos y + x\sin y).$$

(2) 容易求出

$$\frac{\partial z}{\partial x} = y^2\partial_1 f(xy^2, x^2y) + 2xy\partial_2 f(xy^2, x^2y),$$
$$\frac{\partial z}{\partial y} = 2xy\partial_1 f(xy^2, x^2y) + x^2\partial_2 f(xy^2, x^2y),$$

进而有 (对 $f \in C^2(\mathbb{R}^2)$)

$$\frac{\partial^2 z}{\partial x^2} = y^4\partial_{11}f + 4xy^3\partial_{12}f + 4x^2y^2\partial_{22}f + 2y\partial_2 f,$$
$$\frac{\partial^2 z}{\partial y \partial x} = \frac{\partial^2 z}{\partial x \partial y} = 2xy^3\partial_{11}f + 5x^2y^2\partial_{12}f + 2x^3y\partial_{22}f + 2y\partial_1 f + 2x\partial_2 f,$$
$$\frac{\partial^2 z}{\partial y^2} = 4x^2y^2\partial_{11}f + 4x^3y\partial_{12}f + x^4\partial_{22}f + 2x\partial_1 f.$$

(3) 容易求出

$$\frac{\partial u}{\partial x} = 2xf'(x^2+y^2+z^2),$$
$$\frac{\partial u}{\partial y} = 2yf'(x^2+y^2+z^2),$$
$$\frac{\partial u}{\partial z} = 2zf'(x^2+y^2+z^2),$$

进而有 (对 $f \in C^2(\mathbb{R})$)

$$\frac{\partial^2 u}{\partial x^2} = 2f' + 4x^2f'', \qquad \frac{\partial^2 u}{\partial y^2} = 2f' + 4y^2f'',$$
$$\frac{\partial^2 u}{\partial z^2} = 2f' + 4z^2f'', \qquad \frac{\partial^2 u}{\partial y \partial x} = \frac{\partial^2 u}{\partial x \partial y} = 4xyf'',$$
$$\frac{\partial^2 u}{\partial z \partial y} = \frac{\partial^2 u}{\partial y \partial z} = 4yzf'', \qquad \frac{\partial^2 u}{\partial x \partial z} = \frac{\partial^2 z}{\partial z \partial x} = 4zxf''.$$

(4) 容易求出

$$\frac{\partial z}{\partial x} = \partial_1 f\left(x+y, xy, \frac{x}{y}\right) + y\partial_2 f\left(x+y, xy, \frac{x}{y}\right) + \frac{1}{y}\partial_3 f\left(x+y, xy, \frac{x}{y}\right),$$
$$\frac{\partial z}{\partial y} = \partial_1 f\left(x+y, xy, \frac{x}{y}\right) + x\partial_2 f\left(x+y, xy, \frac{x}{y}\right) + \frac{-x}{y^2}\partial_3 f\left(x+y, xy, \frac{x}{y}\right),$$

进而有 (对 $f\in C^2(\mathbb{R}^3)$)

$$\begin{aligned}\frac{\partial^2 z}{\partial x^2}&=\partial_{11}f+y^2\partial_{22}f+\frac{1}{y^2}\partial_{33}f+2y\partial_{12}f+2\partial_{23}f+\frac{2}{y}\partial_{31}f,\\ \frac{\partial^2 z}{\partial y\partial x}&=\partial_{11}f+xy\partial_{22}f+\frac{-x}{y^3}\partial_{33}f+(x+y)\partial_{12}f+\frac{y-x}{y^2}\partial_{31}f+\partial_2 f+\frac{-1}{y^2}\partial_3 f,\\ \frac{\partial^2 z}{\partial y^2}&=\partial_{11}f+x^2\partial_{22}f+\frac{x^2}{y^4}\partial_{33}f+2x\partial_{12}f+\frac{-2x^2}{y^2}\partial_{23}f+\frac{-2x}{y^2}\partial_{31}f+\frac{2x}{y^3}\partial_3 f.\quad\square\end{aligned}$$

2. 求函数 $f(x,y)=\ln(1+x+y)$ 在点 $(0,0)$ 处的具有拉格朗日形式余项的泰勒公式.

解　容易求出, $\forall k\in\mathbb{N}$, $\partial_{i_1\cdots i_k}\ln(1+x+y)=\dfrac{(-1)^{k-1}(k-1)!}{(1+x+y)^k}$, 因此 $f=\ln(1+x+y)$ 具有拉格朗日形式余项的 n 阶泰勒公式为

$$\begin{aligned}&\ln(1+x+y)\\ =&\sum_{k=1}^{n}\frac{(-1)^{k-1}}{k}(x+y)^k+\frac{(-1)^n}{n+1}\cdot\left(\frac{x+y}{1+\theta x+\theta y}\right)^{n+1}\\ =&\sum_{k=1}^{n}\frac{(-1)^{k-1}}{k}\sum_{j=0}^{k}\mathrm{C}_k^j x^j y^{k-j}+\frac{(-1)^n}{n+1}\cdot\left(\frac{x+y}{1+\theta x+\theta y}\right)^{n+1},\quad \theta\in(0,1).\quad\square\end{aligned}$$

3. 设函数 f 在点 (x_0,y_0) 可微, 且在该点给定了 n 个单位向量 v_i, $i=1,2,\cdots,n$, 相邻两个向量之间的夹角为 $\dfrac{2\pi}{n}$. 证明

$$\sum_{i=1}^{n}D_{v_i}f(x_0,y_0)=0.$$

证　记 $v_i=(\cos\alpha_i,\sin\alpha_i)$, $i=1,\cdots,n$, 其中 $\alpha_{i+1}-\alpha_i=\dfrac{2\pi}{n}$. 利用欧拉公式易见

$$\sum_{i=1}^{n}(\cos\alpha_i+\mathrm{i}\sin\alpha_i)=\sum_{k=0}^{n-1}\mathrm{e}^{\mathrm{i}(\alpha_1+\frac{2k\pi}{n})}=\mathrm{e}^{\mathrm{i}\alpha_1}\frac{1-\mathrm{e}^{\mathrm{i}2\pi}}{1-\mathrm{e}^{\mathrm{i}\frac{2\pi}{n}}}=0,$$

于是 $\sum\limits_{i=1}^{n}\cos\alpha_i=\sum\limits_{i=1}^{n}\sin\alpha_i=0$, 因此

$$\sum_{i=1}^{n}D_{v_i}f(x_0,y_0)=\sum_{i=1}^{n}\left(\frac{\partial f}{\partial x}(x_0,y_0)\cos\alpha_i+\frac{\partial f}{\partial y}(x_0,y_0)\sin\alpha_i\right)$$

$$= \frac{\partial f}{\partial x}(x_0, y_0)\sum_{i=1}^{n}\cos\alpha_i + \frac{\partial f}{\partial y}(x_0, y_0)\sum_{i=1}^{n}\sin\alpha_i$$
$$= \frac{\partial f}{\partial x}(x_0, y_0)\cdot 0 + \frac{\partial f}{\partial y}(x_0, y_0)\cdot 0 = 0. \qquad \square$$

4. 设 $z = f(x,y)$ 是定义在区域 $G \subset \mathbb{R}^2$ 上的连续可微函数类 $C^{(1)}(G;\mathbb{R})$ 中的函数.

(1) 如果 $\dfrac{\partial f}{\partial y}(x,y) \equiv 0$, $(x,y) \in G$, 那么可以判定函数 f 在 G 上不依赖于 y 吗?

(2) 区域 G 具备什么条件, 才能使得上述问题有肯定的回答?

解 (1) 不可以, 比如考虑定义在 $\mathbb{R}^2$ 中区域

$$G = \big([1,2]\times[1,4]\big)\cup\big((2,3]\times[1,2]\big)\cup\big((2,3]\times[3,4]\big)$$

上的函数

$$f(x,y) = \begin{cases} 0, & 1 \leqslant x \leqslant 2, 1 \leqslant y \leqslant 4, \\ (x-2)^2, & 2 < x \leqslant 3, 3 \leqslant y \leqslant 4, \\ -(x-2)^2, & 2 < x \leqslant 3, 1 \leqslant y \leqslant 2. \end{cases}$$

易见 $f \in C^{(1)}(G;\mathbb{R})$, 且 $\dfrac{\partial f}{\partial y}(x,y) \equiv 0$. 此外, $\forall x_0 \in (2,3]$, $y_1 \in [3,4]$, $y_2 \in [1,2]$,

$$f(x_0, y_1) = (x_0-2)^2 \neq -(x_0-2)^2 = f(x_0, y_2).$$

(2) 如果区域 G 满足条件: $\forall P_1 = (x, y_1), P_2 = (x, y_2) \in G$, 线段 $\overline{P_1P_2} \subset G$, 则由实值函数在闭区间上的中值定理可知, $\forall (x,y_1), (x,y_2) \in G$, $\exists \theta \in (0,1)$ 使得

$$f(x,y_1) - f(x,y_2) = \frac{\partial f}{\partial y}(x, \theta y_1 + (1-\theta)y_2)(y_1 - y_2) = 0,$$

即函数 f 在 G 上不依赖于 y. $\square$

5. (1) 证明: 设函数

$$f(x,y) = \begin{cases} xy\dfrac{x^2-y^2}{x^2+y^2}, & x^2+y^2 \neq 0, \\ 0, & x^2+y^2 = 0. \end{cases}$$

则有

$$\frac{\partial^2 f}{\partial x \partial y}(0,0) = 1 \neq -1 = \frac{\partial^2 f}{\partial y \partial x}(0,0).$$

(2) 证明: 如果函数 $f(x,y)$ 在点 (x_0,y_0) 的邻域 U 上有偏导数 $\frac{\partial f}{\partial x}, \frac{\partial f}{\partial y}$, 混合导数 $\frac{\partial^2 f}{\partial x\partial y}\left(或 \frac{\partial^2 f}{\partial y\partial x}\right)$ 在 U 上存在且在点 (x_0,y_0) 连续, 则混合导数 $\frac{\partial^2 f}{\partial y\partial x}$ $\left(相应地 \frac{\partial^2 f}{\partial x\partial y}\right)$ 在这点也存在且有

$$\frac{\partial^2 f}{\partial x\partial y}(x_0,y_0)=\frac{\partial^2 f}{\partial y\partial x}(x_0,y_0).$$

证　(1) 容易求出

$$\frac{\partial f}{\partial x}=\begin{cases}\dfrac{y(x^4+4x^2y^2-y^4)}{(x^2+y^2)^2}, & x^2+y^2\neq 0,\\ 0, & x^2+y^2=0,\end{cases}$$

$$\frac{\partial f}{\partial y}=\begin{cases}\dfrac{x(x^4-4x^2y^2-y^4)}{(x^2+y^2)^2}, & x^2+y^2\neq 0,\\ 0, & x^2+y^2=0,\end{cases}$$

进而有

$$\frac{\partial^2 f}{\partial x\partial y}(0,0)=\lim_{h_1\to 0}\frac{\dfrac{\partial f}{\partial y}(h_1,0)-\dfrac{\partial f}{\partial y}(0,0)}{h_1}=\lim_{h_1\to 0}\frac{h_1}{h_1}=1,$$
$$\frac{\partial^2 f}{\partial y\partial x}(0,0)=\lim_{h_2\to 0}\frac{\dfrac{\partial f}{\partial x}(0,h_2)-\dfrac{\partial f}{\partial x}(0,0)}{h_2}=\lim_{h_2\to 0}\frac{-h_2}{h_2}=-1.$$

(2) 只证明第一种情况, 第二种情况是类似的. 显然 $\exists r>0$ 使得 $B=B((x_0,y_0);r)\subset U$. 类似于《讲义》7.3.3 小节定理 3 的证明, 引入辅助函数

$$F(h^1,h^2)=f(x_0+h^1,y_0+h^2)-f(x_0+h^1,y_0)-f(x_0,y_0+h^2)+f(x_0,y_0),$$

其中假定增量 $h=(h^1,h^2)$ 足够小, 使得 $(x_0+h^1,y_0+h^2)\in B$.

记 $\varphi(t)=f(x_0+h^1,y_0+th^2)-f(x_0,y_0+th^2)$, 那么由拉格朗日定理可知, $\exists\theta\in(0,1)$ 使得

$$\begin{aligned}F(h^1,h^2)&=\varphi(1)-\varphi(0)=\varphi'(\theta)\\&=\left(\frac{\partial f}{\partial y}(x_0+h^1,y_0+\theta h^2)-\frac{\partial f}{\partial y}(x_0,y_0+\theta h^2)\right)h^2.\end{aligned}$$

于是由混合导数 $\dfrac{\partial^2 f}{\partial x\partial y}$ 在 $B\subset U$ 上存在可知

$$\begin{aligned}&\frac{\partial f}{\partial x}(x_0,y_0+h^2)-\frac{\partial f}{\partial x}(x_0,y_0)\\=&\lim_{h_1\to 0}\frac{f(x_0+h_1,y_0+h^2)-f(x_0,y_0+h^2)}{h_1}\\&-\lim_{h_1\to 0}\frac{f(x_0+h_1,y_0)-f(x_0,y_0)}{h_1}\\=&\lim_{h_1\to 0}\frac{F(h^1,h^2)}{h^1}=\lim_{h_1\to 0}\frac{\left(\dfrac{\partial f}{\partial y}(x_0+h^1,y_0+\theta h^2)-\dfrac{\partial f}{\partial y}(x_0,y_0+\theta h^2)\right)}{h^1}h^2\\=&\frac{\partial^2 f}{\partial x\partial y}(x_0,y_0+\theta h^2)h^2,\end{aligned}$$

因此再由 $\dfrac{\partial^2 f}{\partial x\partial y}$ 在点 (x_0,y_0) 连续, 我们有

$$\begin{aligned}\frac{\partial^2 f}{\partial y\partial x}(x_0,y_0)&=\lim_{h_2\to 0}\frac{\dfrac{\partial f}{\partial x}(x_0,y_0+h^2)-\dfrac{\partial f}{\partial x}(x_0,y_0)}{h^2}\\&=\lim_{h_2\to 0}\frac{\partial^2 f}{\partial x\partial y}(x_0,y_0+\theta h^2)=\frac{\partial^2 f}{\partial x\partial y}(x_0,y_0).\end{aligned}$$

□

6. (1) 设 $I^m=\{x=(x^1,\cdots,x^m)\in\mathbb{R}^m\,|\,|x^i|\leqslant c^i,\ i=1,\cdots,m\}$ 是 m 维区间, I 是闭区间 $[a,b]\subset\mathbb{R}$. 证明: 如果函数 $f(x,y)=f(x^1,\cdots,x^m,y)$ 在集合 $I^m\times I$ 上有定义且连续, 则对任意的 $\varepsilon>0$, 存在 $\delta>0$, 使得当 $x\in I^m$, $y_1,y_2\in I$ 且 $|y_1-y_2|<\delta$ 时, 恒有 $|f(x,y_1)-f(x,y_2)|<\varepsilon$.

(2) 证明: 函数

$$F(x)=\int_a^b f(x,y)\mathrm{d}y$$

在区间 I^m 上定义且连续.

(3) 证明: 若 $f\in C(I^m;\mathbb{R})$, 则函数 $\mathcal{F}(x,t)=f(tx)$ 在 $I^m\times I^1$ 上定义且连续, 其中 $I^1=\{t\in\mathbb{R}\,|\,|t|\leqslant 1\}$.

(4) 证明阿达马引理: 若 $f\in C^{(1)}(I^m;\mathbb{R})$ 且 $f(0)=0$, 则存在函数 $g_1,\cdots,g_m\in C(I^m;\mathbb{R})$, 使得在 I^m 中成立

$$f(x^1,\cdots,x^m)=\sum_{i=1}^m x^i g_i(x^1,\cdots,x^m),$$

且

$$g_i(0)=\frac{\partial f}{\partial x^i}(0)\quad(i=1,\cdots,m).$$

证　(1) 显然 $I^m \times I$ 是 $\mathbb{R}^{m+1}$ 中的紧集, 因此连续函数 $f(x,y)$ 在 $I^m \times I$ 上一致连续, 于是 $\forall \varepsilon > 0$, $\exists \delta > 0$ 使得, 当 $(x_1,y_1),(x_2,y_2) \in I^m \times I$ 且 $d((x_1,y_1),(x_2,y_2)) < \delta$ 时, $|f(x,y_1) - f(x,y_2)| < \varepsilon$. 特别地, 当 $x_1 = x_2 = x \in I^m$ 且 $|y_1 - y_2| < \delta$ 时, 必有 $d((x,y_1),(x,y_2)) = |y_1 - y_2| < \delta$, 因此 $|f(x,y_1) - f(x,y_2)| < \varepsilon$.

(2) 因为 f 在 $I^m \times I$ 上连续, 所以对任意固定的 $x \in I^m$, $f(x,y)$ 关于 y 连续, 从而定积分 $F(x) = \displaystyle\int_a^b f(x,y)\mathrm{d}y$ 有意义. 类似于 (1), 由 f 的一致连续性可知, $\forall \varepsilon > 0$, 存在 $\delta > 0$, 使得当 $y \in I = [a,b]$, $x_1, x_2 \in I^m$ 且 $|x_1 - x_2| < \delta$ 时, 恒有 $|f(x_1,y) - f(x_2,y)| < \dfrac{\varepsilon}{b-a}$. 因此

$$|F(x_1) - F(x_2)| \leqslant \int_a^b |f(x_1,y) - f(x_2,y)|\mathrm{d}y < \frac{\varepsilon}{b-a}\int_a^b \mathrm{d}y = \varepsilon,$$

从而函数 F 在区间 I^m 上 (一致) 连续.

(3) 显然 $\forall t \in I^1$, $\forall x \in I^m$, 我们有 $tx \in I^m$, 于是函数 $\mathcal{F}(x,t) = f(tx)$ 在 $I^m \times I^1$ 上有定义. 记 $g(x,t) = tx$, $(x,t) \in I^m \times I^1$, 易见 $g \in C(I^m \times I^1; I^m)$. 又因为 $f \in C(I^m; \mathbb{R})$, 所以复合函数 $\mathcal{F} = f \circ g$ 在 $I^m \times I^1$ 上连续.

(4) 由 (3) 可知, $\mathcal{F}(x,t) = f(tx) \in C^{(1)}(I^m \times I^1; \mathbb{R})$, 且

$$\frac{\partial \mathcal{F}}{\partial t}(x,t) = \sum_{i=1}^m x^i \frac{\partial f}{\partial x^i}(tx).$$

又由 (2) 可知, 对 $i = 1, \cdots, m$,

$$g_i(x) := \int_0^1 \frac{\partial f}{\partial x^i}(tx)\mathrm{d}t \in C(I^m; \mathbb{R}),$$

且

$$g_i(0) := \int_0^1 \frac{\partial f}{\partial x^i}(0)\mathrm{d}t = \frac{\partial f}{\partial x^i}(0).$$

此外, 我们有

$$\begin{aligned} f(x^1, \cdots, x^m) &= f(x) - f(0) = \mathcal{F}(x,1) - \mathcal{F}(x,0) \\ &= \int_0^1 \frac{\partial \mathcal{F}}{\partial t}(x,t)\mathrm{d}t = \sum_{i=1}^m x^i \int_0^1 \frac{\partial f}{\partial x^i}(tx)\mathrm{d}t = \sum_{i=1}^m x^i g_i(x^1, \cdots, x^m). \end{aligned}$$ □

7. 证明下面的罗尔定理对于多变量函数的推广: 如果函数 f 在闭球 $\overline{B}(0;r)$ 上连续, 在它的边界上等于零并且在球 $B(0;r)$ 的内点可微, 则这个球至少有一个内点是函数的临界点.

证 因为闭球 $\overline{B}(0;r)$ 是紧集, 所以连续函数 f 在 $\overline{B}(0;r)$ 中可取得最大值和最小值. 若 $f\equiv 0$, $\forall x\in\overline{B}(0;r)$, 则任取一内点即可. 若 $f\not\equiv 0$, 则 $\exists x_0\in B(0;r)$ 使得 $f(x_0)\neq 0$. 不妨假设 $f(x_0)>0$, 则 f 在 $\overline{B}(0;r)$ 中的最大值必在球的内部取得, 即 $\exists x_*\in B(0;r)$ 使得 $f(x_*)=\max\limits_{\overline{B}(0;r)} f$, 于是 $f(x_*)$ 也是局部极大值, 因此 $x_*\in B(0;r)$ 为函数的临界点. □

8. 证明: 函数 $f(x,y)=(y-x^2)(y-3x^2)$ 在坐标原点没有极值, 虽然它在任何一条通过坐标原点的直线上的限制在原点取得局部严格极小值.

证 易见坐标原点 $(0,0)$ 是函数 $f(x,y)=(y-x^2)(y-3x^2)$ 的稳定点. 记

$$
\begin{aligned}
&A:=\{(x,y)\in\mathbb{R}^2: x^2<y<3x^2\},\\
&B:=\{(x,y)\in\mathbb{R}^2: y<x^2 \text{ 或者 } y>3x^2\}.
\end{aligned}
$$

易见, 当 $(x,y)\in A$ 时, $f(x,y)<0$, 而当 $(x,y)\in B$ 时, $f(x,y)>0$. 于是对 $(0,0)$ 的任意邻域 U, 存在 $(x_1,y_1)\in A$, $(x_2,y_2)\in B$, 因此 $f(x_1,y_2)<f(0,0)=0<f(x_2,y_2)$, 故函数 f 在 $(0,0)$ 没有极值.

现在考虑函数 f 在任何一条通过坐标原点的直线 L 上的限制 $f|_L$. 我们根据直线的斜率分三种情况讨论.

(1) 竖直直线: 此时 $f|_L=y^2$, $y\in\mathbb{R}$, 显然 $f|_L$ 在 $y=0$ 取得局部严格极小值.

(2) 水平直线: 此时 $f|_L=3x^4$, $x\in\mathbb{R}$, 显然 $f|_L$ 在 $x=0$ 取得局部严格极小值.

(3) 倾斜直线: 设直线斜率为 $k\neq 0$, 此时 $f|_L=(kx-x^2)(kx-3x^2)=:F(x)$, $x\in\mathbb{R}$. 容易算出 $F'(0)=0$, $F''(0)=2k^2>0$, 因此 F 即 $f|_L$ 在 $x=0$ 取得局部严格极小值. □

9. 求函数 $z=\sin x+\sin y-\sin(x+y)$ 在 $\{(x,y)\,|\,x\geqslant 0,y\geqslant 0,x+y\leqslant 2\pi\}$ 内的最大值与最小值.

解 设 $z=f(x,y)=\sin x+\sin y-\sin(x+y)$, $D=\{(x,y)\,|\,x\geqslant 0,y\geqslant 0,x+y\leqslant 2\pi\}$. 由

$$
\begin{cases}
f'_x=\cos x-\cos(x+y)=2\sin\dfrac{2x+y}{2}\sin\dfrac{y}{2}=0,\\[2ex]
f'_y=\cos y-\cos(x+y)=2\sin\dfrac{x+2y}{2}\sin\dfrac{x}{2}=0
\end{cases}
$$

解得 f 在区域 D 的内部的唯一稳定点 $P_0=\left(\dfrac{2\pi}{3},\dfrac{2\pi}{3}\right)$. 因为连续函数 f 在有界闭区域 D 上必有最大值和最小值, 且 $f|_{\partial D}\equiv 0$, 所以 $f\left(\dfrac{2\pi}{3},\dfrac{2\pi}{3}\right)=\dfrac{3}{2}\sqrt{3}$ 为 f

在 D 上的最大值, 而 f 在 ∂D 恒为最小值 0. □

10. 在已知周长为 $2p$ 的一切三角形中, 求出面积为最大的三角形.

解　设三角形其中两条边的长为 x 和 y, 则第三条边的长为 $z = 2p - x - y$, 于是三角形的面积

$$S = \sqrt{p(p-x)(p-y)(p-z)} = \sqrt{p(p-x)(p-y)(x+y-p)}.$$

为求 S 的最大值, 我们只需求如下函数的最大值即可:

$$f(x,y) = (p-x)(p-y)(x+y-p), \quad (x,y) \in D,$$

其中 $D = \{(x,y) \in \mathbb{R}^2 : 0 < x, y < p, x+y > p\}$. 由

$$\begin{cases} f'_x = (p-y)(2p-2x-y) = 0, \\ f'_y = (p-x)(2p-2y-x) = 0 \end{cases}$$

解得 f 在区域 D 的内部的唯一稳定点 $(x_0, y_0) = \left(\dfrac{2p}{3}, \dfrac{2p}{3}\right)$, 此时 $z_0 = 2p - x_0 - y_0 = \dfrac{2p}{3}$. 通过类似于习题 9 的分析可知, 当 $x_0 = y_0 = z_0 = \dfrac{2p}{3}$, 即当三角形是等边 (正) 三角形时, 函数 f 进而面积 S 取得最大值 $S_{\max} = \dfrac{\sqrt{3}}{9}p^2$. □

7.4　隐函数定理

&

7.5　隐函数定理的一些推论

一、知识点总结与补充

1. 隐函数定理

设映射 $F: W \to \mathbb{R}^n$ 定义在点 $(x_0, y_0) \in \mathbb{R}^{m+n}$ 的邻域 W 上, 并且满足下述条件:

1°　$F(x_0, y_0) = 0$;

2°　$F(x, y)$ 在点 (x_0, y_0) 连续;

3°　$F'_y(x, y)$ 在 W 有定义, 且在点 (x_0, y_0) 连续;

4°　$F'_y(x_0, y_0)$ 是可逆映射 (即 $\exists (F'_y(x_0, y_0))^{-1} \in \mathcal{L}(\mathbb{R}^n; \mathbb{R}^n)$).

则存在 $\mathbb{R}^m$ 中点 x_0 的邻域 $U = U(x_0)$, $\mathbb{R}^n$ 中点 y_0 的邻域 $V = V(y_0)$, 以及映射 $f: U \to V$, 使得

(1) $U \times V \subset W$.

(2) $\big($在 $U\times V$ 中 $F(x,y)=0\big)\Longleftrightarrow\big(y=f(x)$, 其中 $x\in U$, 而 $f(x)\in V\big)$.

(3) $y_0=f(x_0)$.

(4) f 在点 x_0 连续.

(5) 若还设 $F:W\to\mathbb{R}^n$ 在 (x_0,y_0) 的某个邻域中连续, 则隐函数 f 在 x_0 的某个邻域中连续.

(6) 若还设在 W 中也存在偏导数 $F'_x(x,y)$, 且 $F'_x(x,y)$ 在点 (x_0,y_0) 连续, 那么隐函数 $y=f(x)$ 在点 x_0 可微, 而且

$$f'(x_0)=-(F'_y(x_0,y_0))^{-1}\circ(F'_x(x_0,y_0)).$$

(7) 若还设 $F\in C^{(k)}(W;\mathbb{R}^n), k\geqslant 1$, 那么隐函数 $y=f(x)$ 在点 $x_0\in\mathbb{R}^m$ 的某个邻域 U 内属于 $C^{(k)}(U;\mathbb{R}^n)$. 此外,

$$f'(x)=-(F'_y(x,f(x)))^{-1}\circ(F'_x(x,f(x))).$$

注 如果 $m=n$, 我们还有雅可比行列式的关系式:

$$\det\frac{\partial(y^1,\cdots,y^n)}{\partial(x^1,\cdots,x^n)}=(-1)^n\left(\det\frac{\partial(F^1,\cdots,F^n)}{\partial(y^1,\cdots,y^n)}\right)^{-1}\cdot\det\frac{\partial(F^1,\cdots,F^n)}{\partial(x^1,\cdots,x^n)}.$$

2. 隐函数表示的曲面

假定函数 $F:G\to\mathbb{R}$ 定义在区域 $G\subset\mathbb{R}^m$ 上并且属于 $C^{(1)}(G;\mathbb{R})$. 设 $x_0=(x_0^1,\cdots,x_0^m)\in G, F(x_0)=F(x_0^1,\cdots,x_0^m)=0$, 且 x_0 不是函数 F 的临界点, 即

$$\operatorname{grad}F(x_0)=\left(\frac{\partial F}{\partial x^1},\cdots,\frac{\partial F}{\partial x^m}\right)(x_0)\neq 0.$$

(1) 在函数 F 的非临界点 x_0 的邻域中, 方程 $F(x^1,\cdots,x^m)=0$ 给出 $(m-1)$ 维曲面.

(2) 该曲面的切平面 (超平面) 方程为

$$\sum_{i=1}^m F'_{x^i}(x_0)(x^i-x_0^i)=0.$$

若记 $\xi=x-x_0$, 则该方程等价于

$$D_\xi F(x_0)=\langle\operatorname{grad}F(x_0),\xi\rangle=0.$$

(3) 如果在 $\mathbb{R}^m$ 中给定的是欧几里得结构, 那么梯度向量 $\operatorname{grad}F(x_0)$ 在点 $x_0\in\mathbb{R}^m$ 处与函数 F 的 r-等高集 $F(x)=r$ 所表示的曲面正交, 即该曲面在点 $x_0\in\mathbb{R}^m$ 处的切平面的法向量 $\boldsymbol{n}=\operatorname{grad}F(x_0)$.

3. 微分同胚

(1) 定义: 从 $\mathbb{R}^m$ 中的开集 U 到开集 V 上的映射 $f: U \to V$ 称为 $C^{(p)}$ 类微分同胚或 p 级光滑微分同胚 $(p=0,1,2,\cdots)$, 如果

- $f \in C^{(p)}(U;V)$;
- f 是双射;
- $f^{-1} \in C^{(p)}(V;U)$.

(2) $C^{(0)}$ 类微分同胚称为同胚.

(3) 通常我们只考虑光滑的情况, 即 $p \in \mathbb{N}$ 或 $p=\infty$ 的情况, 并统称为微分同胚.

(4) 最简微分同胚: 定义在开集 $U \subset \mathbb{R}^m$ 上的微分同胚 $g: U \to \mathbb{R}^m$ 称为最简微分同胚, 如果它的坐标表示式为

$$\begin{cases} y^i = x^i, \quad i \in \{1,\cdots,m\},\ i \neq j, \\ y^j = g^j(x^1,\cdots,x^m). \end{cases}$$

即微分同胚 $g: U \to \mathbb{R}^m$ 仅仅改变被映点坐标中的一个.

4. 反函数定理

如果映射 $f: G \to \mathbb{R}^m$ 定义在区域 $G \subset \mathbb{R}^m$ 上, 且具有下列条件

1° $f \in C^{(p)}(G;\mathbb{R}^m),\ p \geqslant 1$;

2° $y_0 = f(x_0),\ x_0 \in G$;

3° $f'(x_0)$ 有逆阵,

则存在点 x_0 的邻域 $U(x_0) \subset G$ 和点 y_0 的邻域 $V(y_0)$, 使得 $f: U(x_0) \to V(y_0)$ 是 $C^{(p)}$ 类微分同胚, 且当 $x \in U(x_0), y = f(x) \in V(y_0)$ 时, 有

$$(f^{-1})'(y) = [f'(x)]^{-1}.$$

5. 反函数定理的应用——坐标变换

(1) 线性变换: $L: \mathbb{R}^m_x \to \mathbb{R}^m_y,\ A = (a^j_i),\ y^j = a^j_i x^i$, 写成列向量形式即为 $y = Ax$. 线性变换 L 有定义在整个 $\mathbb{R}^m_y$ 上的逆变换 $L^{-1}: \mathbb{R}^m_y \to \mathbb{R}^m_x$, 当且仅当, 矩阵 A 有逆阵, 即 $\det A \neq 0$.

(2) 二维极坐标: 从半平面 $\mathbb{R}^2_+ = \{(\rho,\varphi) \in \mathbb{R}^2 | \rho \geqslant 0\}$ 到平面 $\mathbb{R}^2$ 的映射 $f: \mathbb{R}^2_+ \to \mathbb{R}^2$ 由公式

$$\begin{cases} x = \rho\cos\varphi, \\ y = \rho\sin\varphi \end{cases}$$

给出, 这个映射的雅可比行列式

$$\det\frac{\partial(x,y)}{\partial(\rho,\varphi)} = \det\begin{pmatrix} \cos\varphi & -\rho\sin\varphi \\ \sin\varphi & \rho\cos\varphi \end{pmatrix} = \rho,$$

因此其在 $\rho > 0$ 时是局部微分同胚的. 由于函数 $\cos\varphi, \sin\varphi$ 的周期性, 从笛卡儿坐标转到极坐标时常常需要选取角度 φ 的分支 (常选择 $\varphi \in [0, 2\pi)$).

(3) 三维极坐标 (球坐标): 映射 $f : [0, +\infty) \times [0, \pi] \times [0, 2\pi] \to \mathbb{R}^3$ 由公式

$$\begin{cases} z = \rho\cos\psi, \\ x = \rho\sin\psi\cos\varphi, \\ y = \rho\sin\psi\sin\varphi \end{cases}$$

给出, 这个映射的雅可比行列式

$$\begin{aligned} \det\frac{\partial(x, y, z)}{\partial(\rho, \psi, \varphi)} &= \det\frac{\partial(z, x, y)}{\partial(\rho, \psi, \varphi)} \\ &= \det\begin{pmatrix} \cos\psi & -\rho\sin\psi & 0 \\ \sin\psi\cos\varphi & \rho\cos\psi\cos\varphi & -\rho\sin\psi\sin\varphi \\ \sin\psi\sin\varphi & \rho\cos\psi\sin\varphi & \rho\sin\psi\cos\varphi \end{pmatrix} \\ &= \rho^2\sin\psi, \end{aligned}$$

因此其在 $\rho > 0$ 且 $\psi \in (0, \pi)$ 时是局部微分同胚的.

(4) m 维极坐标: 映射 $f : [0, +\infty) \times [0, \pi] \times \cdots \times [0, \pi] \times [0, 2\pi] \to \mathbb{R}^m$ 由公式

$$\begin{cases} x^1 = \rho\cos\varphi_1, \\ x^2 = \rho\sin\varphi_1\cos\varphi_2, \\ \cdots\cdots \\ x^{m-1} = \rho\sin\varphi_1\sin\varphi_2\cdots\sin\varphi_{m-2}\cos\varphi_{m-1}, \\ x^m = \rho\sin\varphi_1\sin\varphi_2\cdots\sin\varphi_{m-2}\sin\varphi_{m-1} \end{cases}$$

给出, 这个映射的雅可比行列式

$$\det\frac{\partial(x^1, x^2, \cdots, x^m)}{\partial(\rho, \varphi_1, \cdots, \varphi_{m-1})} = \rho^{m-1}\sin^{m-2}\varphi_1\sin^{m-3}\varphi_2\cdots\sin\varphi_{m-2},$$

因此其在雅可比行列式不为零的地方是局部微分同胚的.

(5) 三维柱面坐标: 映射 $f : [0, +\infty) \times [0, 2\pi] \times (-\infty, +\infty) \to \mathbb{R}^3$ 由公式

$$\begin{cases} x = \rho\cos\varphi, \\ y = \rho\sin\varphi, \\ z = z \end{cases}$$

给出, 这个映射的雅可比行列式

$$\det\frac{\partial(x,y,z)}{\partial(\rho,\varphi,z)}=\det\begin{pmatrix}\cos\varphi & -\rho\sin\varphi & 0\\ \sin\varphi & \rho\cos\varphi & 0\\ 0 & 0 & 1\end{pmatrix}=\rho,$$

因此其在 $\rho>0$ 时是局部微分同胚的.

6. 局部地把光滑映射化为典则形式

(1) 映射的秩: 区域 $U\subset\mathbb{R}^m$ 上的光滑映射 $f:U\to\mathbb{R}^n$ 在点 $x\in U$ 的秩, 指的是, 它在这点的切映射的秩, 即矩阵 $f'(x)$ 的秩. 映射 f 在点 x 的秩通常记作 $\operatorname{rank}f(x)$.

(2) 秩定理. 设 $f:U\to\mathbb{R}^n$ 是定义在点 $x_0\in\mathbb{R}^m$ 的邻域 $U\subset\mathbb{R}^m$ 上的映射, $f\in C^{(p)}(U;\mathbb{R}^n),p\geqslant 1$, 且在每点 $x\in U$ 映射 f 有同一秩 k, 即 $\operatorname{rank}f(x)\equiv k\,(\forall x\in U)$. 则存在点 x_0 与点 $y_0=f(x_0)$ 的邻域 $O(x_0)$ 与 $O(y_0)$ 以及定义在它们上面的 $C^{(p)}$ 类微分同胚:

$$\begin{aligned}&\varphi:O(x_0)\to\varphi(O(x_0))\subset\mathbb{R}^m,\quad x\mapsto u,\quad u_0=\varphi(x_0),\\ &\psi:O(y_0)\to\psi(O(y_0))\subset\mathbb{R}^n,\quad y\mapsto v,\quad v_0=\psi(y_0),\end{aligned}$$

使得在点 u_0 的邻域 $O(u_0)=\varphi(O(x_0))$ 内, 映射 $v=\psi\circ f\circ\varphi^{-1}$ 的坐标表示式如下

$$(u^1,\cdots,u^k,\cdots,u^m)=u\mapsto v=(v^1,\cdots,v^n)=(u^1,\cdots,u^k,0,\cdots,0).$$

(3) 秩定理的意义: 对任意具有常数秩的光滑映射 $f:(x^1,\cdots,x^m)\mapsto(y^1,\cdots,y^n)$, 可以选取坐标 $(u^1,\cdots,u^m)$ 代替 $(x^1,\cdots,x^m)$, 选取坐标 $(v^1,\cdots,v^n)$ 代替 $(y^1,\cdots,y^n)$, 使得映射 f 在这些新坐标下局部地具有 k 秩线性映射的典则形式.

(4) 如果秩定理的映射 $f:U\to\mathbb{R}^n$ 在点 x_0 的邻域 $U\subset\mathbb{R}^m$ 中任一点的秩都是 n, 那么点 $y_0=f(x_0)$ 是集合 $f(U)$ 的内点, 即点 y_0 和它的某个邻域都含在 $f(U)$ 中.

7. 函数的相关性

(1) 定义: 连续函数组 $f^i(x^1,\cdots,x^m)\,(i=1,\cdots,n)$ 在点 $x_0=(x_0^1,\cdots,x_0^m)$ 的邻域内称为函数独立, 如果对于定义在点

$$y_0=(y_0^1,\cdots,y_0^n)=(f^1(x_0),\cdots,f^n(x_0))=f(x_0)$$

邻域上的任何一个连续函数 $F(y^1,\cdots,y^n)$, 仅当 $F(y^1,\cdots,y^n)\equiv 0$ 在点 y_0 的邻域内成立时, 关系式

$$F(f^1(x^1,\cdots,x^m),\cdots,f^n(x^1,\cdots,x^m))\equiv 0$$

才在点 x_0 的邻域内成立.

如果函数组不是函数独立的, 则称它函数相关.

(2) 命题: 如果 $f^i(x)(i=1,\cdots,n)$ 是在点 $x_0\in\mathbb{R}^m$ 的邻域 $U(x_0)$ 上定义的一组光滑函数, 且雅可比矩阵 $\dfrac{\partial(f^1,\cdots,f^n)}{\partial(x^1,\cdots,x^m)}$ 在任一点 $x\in U$ 的秩都是 k, 则

• 当 $k=n$ 时, 函数组在点 x_0 的邻域内是函数独立的.

• 当 $k<n$ 时, 存在点 x_0 的邻域及 k 个函数, 设为 $f^1,\cdots,f^k$, 使得其余 $n-k$ 个函数在这个邻域内可以表成如下形式

$$f^i(x)=g^i(f^1(x),\cdots,f^k(x))\quad(i=k+1,\cdots,n),$$

其中, $g^i(y^1,\cdots,y^k)$ 是定义在点 $y_0=(f^1(x_0),\cdots,f^n(x_0))$ 邻域上的光滑函数且仅依赖于动点 $y=(y^1,\cdots,y^n)$ 的 k 个坐标.

8. 局部地分解微分同胚为最简形式的复合

如果 $f:G\to\mathbb{R}^m$ 是开集 $G\subset\mathbb{R}^m$ 上的微分同胚, 则对任一点 $x_0\in G$, 都存在它的一个邻域, 在其中表示式 $f=g_1\circ\cdots\circ g_m$ 成立, 这里 $g_1,\cdots,g_m$ 是最简微分同胚. 简言之, 即 $\mathbb{R}^m$ 中的微分同胚可局部地分解为 m 个最简微分同胚的复合.

9. 莫尔斯引理

设 G 是 $\mathbb{R}^m$ 中的开集, $f\in C^{(3)}(G;\mathbb{R})$, $x_0\in G$ 是 f 的非退化临界点. 则存在从原点 $0\in\mathbb{R}^m$ 的某邻域 V 到点 $x_0\in\mathbb{R}^m$ 的邻域 U 的微分同胚 $g:V\to U$, 使得 $\forall y\in V$ 有

$$(f\circ g)(y)=f(x_0)-[(y^1)^2+\cdots+(y^k)^2]+[(y^{k+1})^2+\cdots+(y^m)^2].$$

注 这里, 数 k 称为临界点的指标, 其不依赖于引入变量替换的方式, 也就是说, 不依赖于使函数有典则形式的具体坐标.

二、例题讲解

1. 设 $\varphi\in C^{(2)}(\mathbb{R}^2;\mathbb{R})$. 请用

$$\begin{cases}u=x+at,\\ v=x-at\end{cases}$$

把弦振动方程

$$\frac{\partial^2\varphi}{\partial t^2}=a^2\frac{\partial^2\varphi}{\partial x^2},\quad a>0$$

变换成以 u,v 为自变量的形式.

解　因为

$$\det\frac{\partial(u,v)}{\partial(x,t)}=\begin{vmatrix}\dfrac{\partial u}{\partial x} & \dfrac{\partial u}{\partial t}\\ \dfrac{\partial v}{\partial x} & \dfrac{\partial v}{\partial t}\end{vmatrix}=\begin{vmatrix}1 & a\\ 1 & -a\end{vmatrix}=-2a<0,$$

所以上述变量替换有逆变换且

$$\frac{\partial\varphi}{\partial x}=\frac{\partial\varphi}{\partial u}\cdot\frac{\partial u}{\partial x}+\frac{\partial\varphi}{\partial v}\cdot\frac{\partial v}{\partial x}=\frac{\partial\varphi}{\partial u}+\frac{\partial\varphi}{\partial v},$$
$$\frac{\partial\varphi}{\partial t}=\frac{\partial\varphi}{\partial u}\cdot\frac{\partial u}{\partial t}+\frac{\partial\varphi}{\partial v}\cdot\frac{\partial v}{\partial t}=a\left(\frac{\partial\varphi}{\partial u}-\frac{\partial\varphi}{\partial v}\right).$$

进而我们有

$$\begin{aligned}\frac{\partial^2\varphi}{\partial x^2}&=\frac{\partial}{\partial x}\left(\frac{\partial\varphi}{\partial x}\right)=\frac{\partial}{\partial u}\left(\frac{\partial\varphi}{\partial x}\right)\cdot\frac{\partial u}{\partial x}+\frac{\partial}{\partial v}\left(\frac{\partial\varphi}{\partial x}\right)\cdot\frac{\partial v}{\partial x}\\&=\frac{\partial^2\varphi}{\partial u^2}+\frac{\partial^2\varphi}{\partial u\partial v}+\frac{\partial^2\varphi}{\partial v\partial u}+\frac{\partial^2\varphi}{\partial v^2}\\&=\frac{\partial^2\varphi}{\partial u^2}+2\frac{\partial^2\varphi}{\partial u\partial v}+\frac{\partial^2\varphi}{\partial v^2},\end{aligned}$$

类似地, 还有

$$\begin{aligned}\frac{\partial^2\varphi}{\partial t^2}&=\frac{\partial}{\partial t}\left(\frac{\partial\varphi}{\partial t}\right)=\frac{\partial}{\partial u}\left(\frac{\partial\varphi}{\partial t}\right)\cdot\frac{\partial u}{\partial t}+\frac{\partial}{\partial v}\left(\frac{\partial\varphi}{\partial t}\right)\cdot\frac{\partial v}{\partial t}\\&=a\left(\frac{\partial^2\varphi}{\partial u^2}-\frac{\partial^2\varphi}{\partial u\partial v}\right)\cdot a+a\left(\frac{\partial^2\varphi}{\partial v\partial u}-\frac{\partial^2\varphi}{\partial v^2}\right)\cdot(-a)\\&=a^2\left(\frac{\partial^2\varphi}{\partial u^2}-2\frac{\partial^2\varphi}{\partial u\partial v}+\frac{\partial^2\varphi}{\partial v^2}\right),\end{aligned}$$

将这两个式子代入弦振动方程

$$\frac{\partial^2\varphi}{\partial t^2}=a^2\frac{\partial^2\varphi}{\partial x^2}$$

即得

$$\frac{\partial^2\varphi}{\partial u\partial v}=\frac{\partial^2\varphi}{\partial v\partial u}=0.$$ □

注　由 7.3 节例题 2 可知, 该方程的解为 $\varphi(u,v)=f(u)+g(v)$, 其中 f 和 g 是属于 $C^{(1)}(\mathbb{R};\mathbb{R})$ 的任意一元函数. 再替换为原变量即得原弦振动方程的解为 $\varphi(x,y)=f(x+at)+g(x-at)$. □

2. 设 $E\subset\mathbb{R}^n$ 是闭集, $U\subset\mathbb{R}^m$, $F:U\times E\to\mathbb{R}^n$ 满足

1° 对任意 $x \in U$, $y \in E$, 都有 $F(x,y) \in E$;

2° 存在 $0 < \lambda < 1$ 使得对任意 $x \in U$, $y_1, y_2 \in E$, 都有

$$\|F(x,y_1) - F(x,y_2)\| \leqslant \lambda \|y_1 - y_2\|.$$

证明:

(1) 对任意 $x \in U$, 存在唯一的 $y(x) \in E$, 使得 $F(x, y(x)) = y(x)$.

(2) 若 $F(x,y)$ 关于 x 连续, 则 $y(x)$ 关于 x 连续.

证 (1) 任意固定 $x \in U$. 对任意的 $y_0 \in E$, 令 $y_n = F(x, y_{n-1})$, $n = 1, 2, \cdots$. 因为 $\forall n \in \mathbb{N} \cup \{0\}$,

$$\|y_{n+2} - y_{n+1}\| = \|F(x, y_{n+1}) - F(x, y_n)\| \leqslant \lambda \|y_{n+1} - y_n\|,$$

从而我们有

$$\|y_{n+1} - y_n\| \leqslant \lambda^n \|y_1 - y_0\|,$$

进而 $\forall p \in \mathbb{N}$,

$$\|y_{n+p} - y_n\| \leqslant \sum_{k=1}^{p} \|y_{n+k} - y_{n+k-1}\| \leqslant \sum_{k=1}^{p} \lambda^{n+k-1} \|y_1 - y_0\| \leqslant \frac{\lambda^n}{1-\lambda} \|y_1 - y_0\|,$$

所以 $\{y_n\}$ 是柯西列, 因此存在 $y = \lim\limits_{n\to\infty} y_n$. 又由于 E 是闭集, 所以 $y \in E$.

对于其他初值 $\hat{y}_0 \in E$, 我们也有收敛点列 $\{\hat{y}_n\}$ 及相应的极限 $\hat{y} \in E$. 因为

$$\|\hat{y}_{n+1} - y_{n+1}\| = \|F(x, \hat{y}_n) - F(x, y_n)\| \leqslant \lambda \|\hat{y}_n - y_n\| \leqslant \lambda^{n+1} \|\hat{y}_0 - y_0\|,$$

所以 $\hat{y} = y$, 即极限与初值无关, 记为 $y(x)$.

在不等式

$$\|y_{n+p} - y_n\| \leqslant \frac{\lambda^n}{1-\lambda} \|y_1 - y_0\|$$

中令 $p \to \infty$, 我们有

$$\|y(x) - y_n\| \leqslant \frac{\lambda^n}{1-\lambda} \|y_1 - y_0\|,$$

于是

$$\begin{aligned}
\|F(x, y(x)) - y(x)\| &\leqslant \|F(x, y(x)) - y_{n+1}\| + \|y_{n+1} - y(x)\| \\
&= \|F(x, y(x)) - F(x, y_n)\| + \|y_{n+1} - y(x)\| \\
&\leqslant \lambda \|y(x) - y_n\| + \|y_{n+1} - y(x)\| \to 0.
\end{aligned}$$

因此, $F(x, y(x)) = y(x)$. 根据上述讨论, 这个不动点是唯一的不动点.

(2) 易见, $\forall x, x' \in U$,

$$\begin{aligned}\|y(x')-y(x)\| &= \|F(x',y(x'))-F(x,y(x))\| \\ &\leqslant \|F(x',y(x'))-F(x',y(x))\|+\|F(x',y(x))-F(x,y(x))\| \\ &\leqslant \lambda\|y(x')-y(x)\|+\|F(x',y(x))-F(x,y(x))\|,\end{aligned}$$

于是

$$\|y(x')-y(x)\| \leqslant \frac{1}{1-\lambda}\|F(x',y(x))-F(x,y(x))\|,$$

因此由 $F(x,y)$ 关于 x 连续可知 $y(x)$ 连续. □

注　此题一定意义上可以看作隐函数定理的某种推广. 如果 F 是一个光滑函数, 考虑 $G(x,y)=F(x,y)-y$, 条件 2° 告诉我们 $G'_y \neq 0$, 因此由隐函数定理立即得到函数 $y(x)$ 存在并且可微. 此外, 此题也可利用《讲义》6.2.3 小节命题 7 关于压缩映像原理的不动点稳定性的一般结论直接得以证明.

3. 证明矩阵方程 $X(t)^2+tAX(t)=I$ 有满足 $X(0)=I$ 的 C^∞ 解, 并求 $X(t)$ 在 $t=0$ 处的二阶泰勒展开.

解　令 $F(t,X)=X^2+tAX-I$, 则 $F(t,X)$ 是 C^∞ 映射, $F(0,I)=0$. 又因为

$$F'_X(t,X)(Y)=XY+YX+tAY,$$

所以 $F'_X(0,I)(Y)=2Y$, 从而 $F'_X(0,I)$ 是可逆线性映射, 因此由隐函数定理可知, 在 $(t,X)=(0,I)$ 的一个邻域中 $F(t,X)=0$ 有 C^∞ 解 $X(t)$, 满足 $X(0)=I$.

对 $X(t)^2+tAX(t)=I$ 关于 t 求导, 得

$$X(t)X'(t)+X'(t)X(t)+AX(t)+tAX'(t)=0,$$

于是 $X'(0)=-\dfrac{1}{2}A$. 进一步求导得到

$$2X'(t)^2+X(t)X''(t)+X''(t)X(t)+2AX'(t)+tAX''(t)=0,$$

所以 $X''(0)=\dfrac{1}{4}A^2$, 因此

$$X(t)=I-\frac{t}{2}A+\frac{t^2}{8}A^2+o(t^2),\quad t\to 0.$$ □

三、习题参考解答 (7.4 节)

1. 求由下列方程所确定的隐函数的导数或偏导数:

(1) $\ln\sqrt{x^2+y^2}=\arctan\dfrac{y}{x}$, 求 $\dfrac{\mathrm{d}y}{\mathrm{d}x}$.

(2) $z=f(x+y+z,xyz)$, 求 $\dfrac{\partial z}{\partial x}, \dfrac{\partial x}{\partial y}, \dfrac{\partial y}{\partial z}$.

(3) $F(x,x+y,x+y+z)=0$, 求 $\dfrac{\partial z}{\partial x}, \dfrac{\partial z}{\partial y}, \dfrac{\partial^2 z}{\partial x^2}$.

(4) $\begin{cases} x-u^2-yv=0, \\ y-v^2-xu=0, \end{cases}$ 求雅可比行列式 $\det\dfrac{\partial(u,v)}{\partial(x,y)}$.

解 (1) 设 $F(x,y)=\ln\sqrt{x^2+y^2}-\arctan\dfrac{y}{x}$, 于是

$$F'_x=\frac{x+y}{x^2+y^2},\quad F'_y=\frac{y-x}{x^2+y^2},$$

因此

$$\frac{\mathrm{d}y}{\mathrm{d}x}=-\frac{F'_x}{F'_y}=\frac{x+y}{x-y},\quad x\neq y.$$

(2) 设 $F(x,y,z)=z-f(x+y+z,xyz)$, 于是

$$F'_x=-\partial_1 f-yz\partial_2 f,\quad F'_y=-\partial_1 f-zx\partial_2 f,\quad F'_z=1-\partial_1 f-xy\partial_2 f,$$

因此

$$\begin{aligned}\frac{\partial z}{\partial x}&=-\frac{F'_x}{F'_z}=\frac{\partial_1 f+yz\partial_2 f}{1-\partial_1 f-xy\partial_2 f},\\ \frac{\partial x}{\partial y}&=-\frac{F'_y}{F'_x}=-\frac{\partial_1 f+zx\partial_2 f}{\partial_1 f+yz\partial_2 f},\\ \frac{\partial y}{\partial z}&=-\frac{F'_z}{F'_y}=\frac{1-\partial_1 f-xy\partial_2 f}{\partial_1 f+zx\partial_2 f}.\end{aligned}$$

(3) 设 $G(x,y,z)=F(x,x+y,x+y+z)$, 于是

$$G'_x=\partial_1 F+\partial_2 F+\partial_3 F,\quad G'_y=\partial_2 F+\partial_3 F,\quad G'_z=\partial_3 F,$$

因此

$$\begin{aligned}\frac{\partial z}{\partial x}&=-\frac{G'_x}{G'_z}=-\frac{\partial_1 F+\partial_2 F+\partial_3 F}{\partial_3 F},\\ \frac{\partial z}{\partial y}&=-\frac{G'_y}{G'_z}=-\frac{\partial_2 F+\partial_3 F}{\partial_3 F}.\end{aligned}$$

此外,

$$\frac{\partial^2 z}{\partial x^2}=\frac{\partial}{\partial x}\left(\frac{\partial z}{\partial x}\right)=-\frac{\partial}{\partial x}\left((\partial_1 F+\partial_2 F+\partial_3 F)\cdot(\partial_3 F)^{-1}\right)$$

$$
\begin{aligned}
&= -(\partial_3 F)^{-1} \cdot \bigg(\partial_{11}F + \partial_{21}F + \partial_{12}F + \partial_{22}F + \partial_{13}F + \partial_{23}F \\
&\quad + (\partial_{31}F + \partial_{32}F + \partial_{33}F) \cdot \left(1 + \frac{\partial z}{\partial x}\right)\bigg) - (\partial_1 F + \partial_2 F + \partial_3 F) \\
&\quad \cdot (-1) \cdot (\partial_3 F)^{-2} \bigg(\partial_{13}F + \partial_{23}F + \partial_{33}F \cdot \left(1 + \frac{\partial z}{\partial x}\right)\bigg),
\end{aligned}
$$

代入

$$
\frac{\partial z}{\partial x} = -\frac{\partial_1 F + \partial_2 F + \partial_3 F}{\partial_3 F}
$$

可得

$$
\begin{aligned}
\frac{\partial^2 z}{\partial x^2} &= -(\partial_3 F)^{-3} \cdot \Big((\partial_3 F)^2 (\partial_{11}F + 2\partial_{21}F + \partial_{22}F) \\
&\quad - 2\partial_3 F (\partial_1 F + \partial_2 F) \cdot (\partial_{31}F + \partial_{32}F) + (\partial_1 F + \partial_2 F)^2 \partial_{33}F \Big).
\end{aligned}
$$

(4) 记 $F^1(x,y,u,v) = x - u^2 - yv$, $F^2(x,y,u,v) = y - v^2 - xu$, 所以可得如下雅可比行列式

$$
\det \frac{\partial(F^1, F^2)}{\partial(u,v)} = \begin{vmatrix} -2u & -y \\ -x & -2v \end{vmatrix} = 4uv - xy,
$$

$$
\det \frac{\partial(F^1, F^2)}{\partial(x,y)} = \begin{vmatrix} 1 & -v \\ -u & 1 \end{vmatrix} = 1 - uv,
$$

因此根据乘积矩阵的行列式性质可知雅可比行列式

$$
\det \frac{\partial(u,v)}{\partial(x,y)} = (-1)^2 \left(\det \frac{\partial(F^1, F^2)}{\partial(u,v)} \right)^{-1} \cdot \det \frac{\partial(F^1, F^2)}{\partial(x,y)} = \frac{1 - uv}{4uv - xy}.
$$

注　也可先利用隐函数定理求出雅可比矩阵为

$$
\frac{\partial(u,v)}{\partial(x,y)} = \frac{1}{4uv - xy} \begin{pmatrix} 2v + yu & -y - 2v^2 \\ -x - 2u^2 & 2u + xv \end{pmatrix},
$$

再得雅可比行列式

$$
\det \frac{\partial(u,v)}{\partial(x,y)} = \frac{1 - uv}{4uv - xy}. \qquad \square
$$

2. 设 $F(x,y,z) = 0$ 可以确定连续可微隐函数: $x = x(y,z)$, $y = y(z,x)$, $z = z(x,y)$, 试证:

$$
\frac{\partial x}{\partial y} \cdot \frac{\partial y}{\partial z} \cdot \frac{\partial z}{\partial x} = -1.
$$

证 因为

$$\frac{\partial x}{\partial y}=-\frac{F_y'}{F_x'},\quad \frac{\partial y}{\partial z}=-\frac{F_z'}{F_y'},\quad \frac{\partial z}{\partial x}=-\frac{F_x'}{F_z'},$$

所以

$$\frac{\partial x}{\partial y}\cdot\frac{\partial y}{\partial z}\cdot\frac{\partial z}{\partial x}=\left(-\frac{F_y'}{F_x'}\right)\cdot\left(-\frac{F_z'}{F_y'}\right)\cdot\left(-\frac{F_x'}{F_z'}\right)=-1.$$

□

3. 试证: 方程

$$z^n+c_1z^{n-1}+\cdots+c_n=0$$

的根, 当它们互不相同时光滑地依赖于方程的系数.

证 对 $i=1,\cdots,n$, $z=(z_1,\cdots,z_n)\in\mathbb{C}^n$, $c=(c_1,\cdots,c_n)\in\mathbb{C}^n$, 定义复值函数

$$F_i:\mathbb{C}^n\times\mathbb{C}^n\to\mathbb{C},\quad (z,c)\mapsto F_i(z,c)=(z_i)^n+c_1(z_i)^{n-1}+\cdots+c_n.$$

显然当 $i\neq j$ 时, $\dfrac{\partial F_i}{\partial z_j}=0$. 记 $F=(F_1,\cdots,F_n)$, 则得光滑映射 $F\in C^\infty(\mathbb{C}^n\times\mathbb{C}^n;\mathbb{C}^n)$. 如果方程 $z^n+c_1z^{n-1}+\cdots+c_n=0$ 有 n 个互不相同的根 $z_1,\cdots,z_n\in\mathbb{C}$, 则对 $i=1,\cdots,n$, 我们有 $F_i(z,c)=0$, 且 $\dfrac{\partial F_i}{\partial z_i}(z,c)\neq 0$. 于是 $F(z,c)=0$ 且

$$\det F_z'(z,c)=\frac{\partial F_1}{\partial z_1}(z,c)\cdot\cdots\cdot\frac{\partial F_n}{\partial z_n}(z,c)\neq 0.$$

因此由隐函数定理可知

$$z'(c)=-(F_z'(z,c))^{-1}\circ F_c'(z,c),$$

且 $z=z(c)\in C^\infty(\mathbb{C}^n;\mathbb{C}^n)$. □

四、习题参考解答 (7.5 节)

1. 计算 $\mathbb{R}^m$ 中由极坐标到笛卡儿坐标的坐标变换

$$\begin{cases}x^1=\rho\cos\varphi_1,\\ x^2=\rho\sin\varphi_1\cos\varphi_2,\\ \cdots\cdots\\ x^{m-1}=\rho\sin\varphi_1\sin\varphi_2\cdot\cdots\cdot\sin\varphi_{m-2}\cos\varphi_{m-1},\\ x^m=\rho\sin\varphi_1\sin\varphi_2\cdot\cdots\cdot\sin\varphi_{m-2}\sin\varphi_{m-1}\end{cases}$$

的雅可比行列式.

解 1　显然我们有

$$F^1(\rho,\varphi_1,\cdots,\varphi_{m-1},x^1,\cdots,x^m):=\rho^2-\big((x^1)^2+\cdots+(x^m)^2\big)=0,$$
$$F^2(\rho,\varphi_1,\cdots,\varphi_{m-1},x^1,\cdots,x^m):=\rho^2\sin^2\varphi_1-\big((x^2)^2+\cdots+(x^m)^2\big)=0,$$
$$\cdots\cdots$$
$$F^m(\rho,\varphi_1,\cdots,\varphi_{m-1},x^1,\cdots,x^m):=\rho^2\sin^2\varphi_1\cdots\sin^2\varphi_{m-1}-(x^m)^2=0,$$

于是有如下雅可比矩阵的关系:

$$\frac{\partial(F^1,F^2,\cdots,F^m)}{\partial(\rho,\varphi_1,\cdots,\varphi_{m-1})}+\frac{\partial(F^1,F^2,\cdots,F^m)}{\partial(x^1,x^2,\cdots,x^m)}\cdot\frac{\partial(x^1,x^2,\cdots,x^m)}{\partial(\rho,\varphi_1,\cdots,\varphi_{m-1})}=0.$$

又由于

$$\det\frac{\partial(F^1,F^2,\cdots,F^m)}{\partial(x^1,x^2,\cdots,x^m)}=\begin{vmatrix}-2x^1&-2x^2&\cdots&-2x^m\\0&-2x^2&\cdots&-2x^m\\\vdots&\vdots&&\vdots\\0&0&\cdots&-2x^m\end{vmatrix}=(-1)^m2^mx^1\cdots x^m$$
$$=(-1)^m2^m\rho^m\sin^{m-1}\varphi_1\cdots\sin\varphi_{m-1}\cos\varphi_1\cdots\cos\varphi_{m-1},$$

而

$$\det\frac{\partial(F^1,F^2,\cdots,F^m)}{\partial(\rho,\varphi_1,\cdots,\varphi_{m-1})}$$
$$=\begin{vmatrix}2\rho&0&\cdots&0\\2\rho\sin^2\varphi_1&2\rho^2\sin\varphi_1\cos\varphi_1&\cdots&0\\\vdots&\vdots&&\vdots\\(2\rho\sin^2\varphi_1\cdots\sin^2\varphi_{m-1})&(2\rho^2\sin\varphi_1\cdots\sin^2\varphi_{m-1}\cos\varphi_1)&\cdots&(2\rho^2\sin^2\varphi_1\cdots\sin\varphi_{m-1}\cos\varphi_{m-1})\end{vmatrix}$$
$$=2^m\rho^{2m-1}\sin^{2m-3}\varphi_1\cdots\sin\varphi_{m-1}\cos\varphi_1\cdots\cos\varphi_{m-1},$$

因此

$$\det\frac{\partial(x^1,x^2,\cdots,x^n)}{\partial(\rho,\varphi_1,\cdots,\varphi_{m-1})}=(-1)^m\left(\det\frac{\partial(F^1,F^2,\cdots,F^m)}{\partial(x^1,x^2,\cdots,x^m)}\right)^{-1}$$

$$\cdot \det \frac{\partial(F^1, F^2, \cdots, F^m)}{\partial(\rho, \varphi_1, \cdots, \varphi_{m-1})}$$
$$= \rho^{m-1} \sin^{m-2} \varphi_1 \sin^{m-3} \varphi_2 \cdots \sin \varphi_{m-2}.$$

解 2　引入中间变量

$$\begin{cases} t^1 = \rho \cos \varphi_1, \\ t^2 = \rho \sin \varphi_1, \\ t^3 = \varphi_2, \\ \cdots\cdots \\ t^m = \varphi_{m-1}, \end{cases}$$

则有

$$\begin{cases} x^1 = t^1, \\ x^2 = t^2 \cos t^3, \\ \cdots\cdots \\ x^{m-1} = t^2 \sin t^3 \cdot \ \cdots \ \cdot \sin t^{m-1} \cos t^m, \\ x^m = t^2 \sin t^3 \cdot \ \cdots \ \cdot \sin t^{m-1} \sin t^m. \end{cases}$$

易见

$$\det \frac{\partial(t^1, t^2, \cdots, t^m)}{\partial(\rho, \varphi_1, \cdots, \varphi_{m-1})} = \begin{vmatrix} \dfrac{\partial(t^1, t^2)}{\partial(\rho, \varphi_1)} & 0 \\ 0 & E_{(m-2)\times(m-2)} \end{vmatrix}$$
$$= \det \frac{\partial(t^1, t^2)}{\partial(\rho, \varphi_1)} = \begin{vmatrix} \cos \varphi_1 & -\rho \sin \varphi_1 \\ \sin \varphi_1 & \rho \cos \varphi_1 \end{vmatrix} = \rho,$$

再由

$$\det \frac{\partial(x^1, x^2, \cdots, x^m)}{\partial(t^1, t^2, \cdots, t^m)} = \begin{vmatrix} 1 & 0 \\ 0 & \dfrac{\partial(x^2, \cdots, x^m)}{\partial(t^2, \cdots, t^m)} \end{vmatrix} = \det \frac{\partial(x^2, \cdots, x^m)}{\partial(t^2, \cdots, t^m)},$$

我们有

$$\det \frac{\partial(x^1, x^2, \cdots, x^n)}{\partial(\rho, \varphi_1, \cdots, \varphi_{m-1})} = \det \frac{\partial(x^1, x^2, \cdots, x^m)}{\partial(t^1, t^2, \cdots, t^m)} \cdot \det \frac{\partial(t^1, t^2, \cdots, t^m)}{\partial(\rho, \varphi_1, \cdots, \varphi_{m-1})}$$
$$= \rho \cdot \det \frac{\partial(x^2, \cdots, x^m)}{\partial(t^2, \cdots, t^m)}.$$

于是由数学归纳法我们有

$$\begin{aligned}&\det\frac{\partial(x^1,x^2,\cdots,x^n)}{\partial(\rho,\varphi_1,\cdots,\varphi_{m-1})}\\&=\rho\cdot(\rho\sin\varphi_1)\cdot(\rho\sin\varphi_1\sin\varphi_2)\cdots(\rho\sin\varphi_1\sin\varphi_2\cdots\sin\varphi_{m-2})\\&=\rho^{m-1}\sin^{m-2}\varphi_1\sin^{m-3}\varphi_2\cdots\sin\varphi_{m-2}.\end{aligned}$$

□

2. (1) 设 $F:U\to\mathbb{R}$ 是定义在非临界点 $x_0=(x_0^1,\cdots,x_0^m)\in\mathbb{R}^m$ 邻域 U 上的光滑函数, 证明: 在点 x_0 的某个邻域 $\tilde{U}\subset U$ 中存在曲线坐标 $(\xi^1,\cdots,\xi^m)$, 使得满足条件 $F(x)=F(x_0)$ 的 x 的点集在这个新坐标下用方程 $\xi^m=0$ 给出.

(2) 设 $\varphi,\psi\in C^{(k)}(D;\mathbb{R})$, 而且, 在区域 D 中成立 $(\varphi(x)=0)\Rightarrow(\psi(x)=0)$, 试证: 如果 $\operatorname{grad}\varphi\neq 0$, 则在 D 中成立分解式 $\psi=\theta\cdot\varphi$, 这里 $\theta\in C^{(k-1)}(D;\mathbb{R})$.

证　(1) 因为 $x_0=(x_0^1,\cdots,x_0^m)\in\mathbb{R}^m$ 是非临界点, 所以

$$\operatorname{grad}F(x_0)=\left(\frac{\partial F}{\partial x^1}(x_0),\cdots,\frac{\partial F}{\partial x^m}(x_0)\right)\neq 0,$$

于是 $\exists j_0\in\{1,\cdots,m\}$ 使得 $\dfrac{\partial F}{\partial x^{j_0}}(x_0)\neq 0$.

若 $j_0=m$, 则令

$$\begin{cases}\xi^j=x^j-x_0^j,\quad j\in\{1,\cdots,m\}\backslash\{m\},\\ \xi^m=F(x)-F(x_0),\end{cases}$$

从而

$$\det\frac{\partial(\xi^1,\cdots,\xi^m)}{\partial(x^1,\cdots,x^m)}(x_0)=\begin{vmatrix}E\\ \operatorname{grad}F(x_0)\end{vmatrix}=\frac{\partial F}{\partial x^m}(x_0)\neq 0,$$

因此由反函数定理可知, 该映射是从点 x_0 的某个邻域 $\tilde{U}\subset U$ 到 $\xi_0=(0,\cdots,0)$ 的邻域上的微分同胚, 且

$$F(x)=F(x_0)\Leftrightarrow\xi^m=0.$$

若 $j_0\neq m$, 则令

$$\begin{cases}\xi^j=x^j-x_0^j,\quad j\in\{1,\cdots,m\}\backslash\{j_0,m\},\\ \xi^{j_0}=x^m-x_0^m,\\ \xi^m=F(x)-F(x_0),\end{cases}$$

从而通过交换 x^{j_0} 与 x^m 的位置可知

$$\det \frac{\partial(\xi^1,\cdots,\xi^{j_0},\cdots,\xi^m)}{\partial(x^1,\cdots,x^{j_0},\cdots,x^m)}(x_0) = -\det \frac{\partial(\xi^1,\cdots,\xi^{j_0},\cdots,\xi^m)}{\partial(x^1,\cdots,x^m,\cdots,x^{j_0})}(x_0)$$

$$= -\left|\begin{matrix} E \\ \left(\frac{\partial F}{\partial x^1}(x_0),\cdots,\frac{\partial F}{\partial x^m}(x_0),\cdots,\frac{\partial F}{\partial x^{j_0}}(x_0)\right)\end{matrix}\right| = -\frac{\partial F}{\partial x^{j_0}}(x_0) \neq 0,$$

因此通过类似于上边的讨论, 我们得到同样的结论.

(2) 若 $\forall x \in D$, $\varphi(x) \neq 0$, 则显然 $\theta(x) = \dfrac{\psi(x)}{\varphi(x)} \in C^{(k-1)}(D;\mathbb{R})$ 即满足要求.

若 $\exists x_0 \in D$ 使得 $\varphi(x_0) = 0$, 则由 $\operatorname{grad}\varphi \neq 0$ 和 (1) 中的证明可知, 存在从 $D \subset \mathbb{R}^m$ 到 $\xi_0 = (0,\cdots,0) \in \mathbb{R}^m$ 的邻域 $O \subset \mathbb{R}^m$ 上的 $C^{(k)}$ 类微分同胚 $g: x \mapsto \xi = g(x)$, 使得

$$\xi^m = \varphi(x) - \varphi(x_0) = \varphi(x).$$

于是我们有 $\psi(g^{-1}(\xi^1,\cdots,\xi^{m-1},0)) = 0$, 再利用具有积分形式余项的泰勒公式, 我们有

$$\begin{aligned}
\psi(g^{-1}(\xi)) &= \psi(g^{-1}(\xi)) - \psi(g^{-1}(\xi^1,\cdots,\xi^{m-1},0)) \\
&= \int_0^1 \frac{\mathrm{d}\psi(g^{-1}(\xi^1,\cdots,\xi^{m-1},t\xi^m))}{\mathrm{d}t}\mathrm{d}t \\
&= \xi^m \int_0^1 \frac{\partial\psi\circ g^{-1}}{\partial\xi^m}(\xi^1,\cdots,\xi^{m-1},t\xi^m)\mathrm{d}t =: \xi^m h(\xi).
\end{aligned}$$

记 $\theta(x) = h(g(x))$, 则 $\theta \in C^{(k-1)}(D;\mathbb{R})$, 且由上式我们有 $\psi(x) = \theta(x)\cdot\varphi(x)$. □

3. 设 $f: \mathbb{R}^2 \to \mathbb{R}^2$ 是满足柯西–黎曼方程组

$$\frac{\partial f^1}{\partial x^1} = \frac{\partial f^2}{\partial x^2}, \quad \frac{\partial f^1}{\partial x^2} = -\frac{\partial f^2}{\partial x^1}$$

的光滑映射.

(1) 证明: 这个映射在某点的雅可比行列式等于零的充要条件是 $f'(x)$ 在这点是零矩阵.

(2) 证明: 如果 $f'(x) \neq 0$, 则 f 在点 x 的邻域内有确定的逆映射 f^{-1} 且满足柯西–黎曼方程组.

证　(1) 记 $\det\dfrac{\partial(f^1,f^2)}{\partial(x^1,x^2)}(x)=:J(x)$. 由柯西–黎曼方程组可知

$$J(x)=\begin{vmatrix}\dfrac{\partial f^1}{\partial x^1}(x) & \dfrac{\partial f^1}{\partial x^2}(x)\\ \dfrac{\partial f^2}{\partial x^1}(x) & \dfrac{\partial f^2}{\partial x^2}(x)\end{vmatrix}=\begin{vmatrix}\dfrac{\partial f^1}{\partial x^1}(x) & \dfrac{\partial f^1}{\partial x^2}(x)\\ -\dfrac{\partial f^1}{\partial x^2}(x) & \dfrac{\partial f^1}{\partial x^1}(x)\end{vmatrix}=\left(\frac{\partial f^1}{\partial x^1}(x)\right)^2+\left(\frac{\partial f^1}{\partial x^2}(x)\right)^2,$$

进而在某点 $x_0\in\mathbb{R}^2$,

$$J(x_0)=0\Leftrightarrow\frac{\partial f^1}{\partial x^1}(x_0)=\frac{\partial f^1}{\partial x^2}(x_0)=\frac{\partial f^2}{\partial x^1}(x_0)=\frac{\partial f^2}{\partial x^2}(x_0)=0\Leftrightarrow f'(x_0)=0.$$

(2) 记 $f(x)=:y$. 如果 $f'(x)\neq 0$, 则由 (1) 可知 $J(x)\neq 0$, 于是由反函数定理可知, f 在点 x 的某邻域 $U(x)$ 内有确定的逆映射 $f^{-1}:V(y)=f(U(x))\to U(x)$, 且当 $\tilde{x}\in U(x)$, $\tilde{y}=f(\tilde{x})\in V(y)$ 时, 我们有

$$\frac{\partial((f^{-1})^1,(f^{-1})^2)}{\partial(y^1,y^2)}(\tilde{y})=(f^{-1})'(\tilde{y})=[f'(\tilde{x})]^{-1}=\big(J(\tilde{x})\big)^{-1}\begin{pmatrix}\dfrac{\partial f^2}{\partial x^2} & -\dfrac{\partial f^1}{\partial x^2}\\ -\dfrac{\partial f^2}{\partial x^1} & \dfrac{\partial f^1}{\partial x^1}\end{pmatrix}(\tilde{x}).$$

因此由 f 所满足的柯西–黎曼方程组可知

$$\begin{aligned}\frac{\partial(f^{-1})^1}{\partial y^1}(\tilde{y})&=\big(J(\tilde{x})\big)^{-1}\frac{\partial f^2}{\partial x^2}(\tilde{x})=\big(J(\tilde{x})\big)^{-1}\frac{\partial f^1}{\partial x^1}(\tilde{x})=\frac{\partial(f^{-1})^2}{\partial y^2}(\tilde{y}),\\ \frac{\partial(f^{-1})^1}{\partial y^2}(\tilde{y})&=-\big(J(\tilde{x})\big)^{-1}\frac{\partial f^1}{\partial x^2}(\tilde{x})=\big(J(\tilde{x})\big)^{-1}\frac{\partial f^2}{\partial x^1}(\tilde{x})=-\frac{\partial(f^{-1})^2}{\partial y^1}(\tilde{y}),\end{aligned}$$

即 f^{-1} 也满足柯西–黎曼方程组. □

4. (1) 对于函数 $f:\mathbb{R}\to\mathbb{R}$, 直接证明莫尔斯引理.

(2) 阐明下面函数在坐标原点是否适合莫尔斯引理: $f(x)=x^3$, $f(x)=x\sin\dfrac{1}{x}$, $f(x)=\mathrm{e}^{-\frac{1}{x^2}}\sin^2\dfrac{1}{x}$, $f(x,y)=x^3-3xy^2$, $f(x,y)=x^2$.

(3) 证明: 函数 $f\in C^{(3)}(\mathbb{R}^m;\mathbb{R})$ 的非退化临界点是孤立的, 也就是说, 对每个这样的点存在一个邻域, 使得除该点本身外, 没有函数 f 其他的临界点.

(4) 证明: 在莫尔斯引理中, 函数 f 在非退化临界点邻域中典则形式的负数平方项的个数 k 不依赖于引入变量替换的方式, 也就是说, 不依赖于使函数有典则形式的具体坐标. 这个数 k 称为临界点的指标.

证　(1) 设 $f\in C^{(3)}(\mathbb{R};\mathbb{R})$, $x_0\in\mathbb{R}$ 是 f 的非退化临界点. 显然 $f'(x_0)=0$, $f''(x_0)\neq 0$, 于是存在 x_0 的邻域 $U(x_0)$ 使得, $\forall x\in U(x_0)$, $\operatorname{sgn} f''(x)=$

$\operatorname{sgn} f''(x_0) \neq 0$. 令

$$y = g(x) = \operatorname{sgn}(x - x_0)\sqrt{|f(x) - f(x_0)|}, \quad x \in U(x_0).$$

易见 $g \in C^{(1)}(U(x_0); \mathbb{R})$, 且 $g'(x) > 0$, $\forall x \in U(x_0)$. 于是由反函数定理可知, $g^{-1} : V(0) = g(U(x_0)) \to U(x_0)$ 是 $C^{(1)}$ 类微分同胚. 此外, $\forall y \in V(0)$, 我们还有

$$(f \circ g^{-1})(y) = f(x) = f(x_0) + \operatorname{sgn} f''(x_0)(g(x))^2 = f(x_0) + \operatorname{sgn} f''(x_0) y^2,$$

从而莫尔斯引理得证.

(2)

- $f(x) = x^3$, $f'(0) = 3x^2|_{x=0} = 0$, $f''(0) = 6x|_{x=0} = 0$, 所以坐标原点是退化临界点, 因此不适合莫尔斯引理.

- $f(x) = x \sin \dfrac{1}{x}$, 因为

$$\lim_{x \to 0} f'(x) = \lim_{x \to 0} \left(\sin \frac{1}{x} - \frac{1}{x} \cos \frac{1}{x} \right) \neq 0,$$

所以也不适合.

- $f(x) = \mathrm{e}^{-\frac{1}{x^2}} \sin^2 \dfrac{1}{x}$, 易见

$$\lim_{x \to 0} f'(x) = \lim_{x \to 0} f''(x) = 0,$$

所以也不适合.

- $f(x, y) = x^3 - 3xy^2$, 因为

$$f'(0,0) = \left(\frac{\partial f}{\partial x}, \frac{\partial f}{\partial y} \right)(0,0) = (3x^2 - 3y^2, -6xy)|_{(x,y)=(0,0)} = (0,0),$$

而黑塞矩阵的行列式

$$H(0,0) = \begin{vmatrix} \dfrac{\partial^2 f}{\partial x \partial x} & \dfrac{\partial^2 f}{\partial y \partial x} \\ \dfrac{\partial^2 f}{\partial x \partial y} & \dfrac{\partial^2 f}{\partial y \partial y} \end{vmatrix}(0,0) = \begin{vmatrix} 0 & 0 \\ 0 & 0 \end{vmatrix} = 0,$$

所以也不适合.

- $f(x, y) = x^2$, 因为

$$f'(0,0) = \left(\frac{\partial f}{\partial x}, \frac{\partial f}{\partial y} \right)(0,0) = (2x, 0)|_{(x,y)=(0,0)} = (0,0),$$

而黑塞矩阵的行列式

$$H(0,0)=\begin{vmatrix}\dfrac{\partial^2 f}{\partial x\partial x} & \dfrac{\partial^2 f}{\partial y\partial x}\\ \dfrac{\partial^2 f}{\partial x\partial y} & \dfrac{\partial^2 f}{\partial y\partial y}\end{vmatrix}(0,0)=\begin{vmatrix}2 & 0\\ 0 & 0\end{vmatrix}=0,$$

所以也不适合.

(3) 记

$$H(x)=\begin{pmatrix}\dfrac{\partial^2 f}{\partial x^1\partial x^1} & \cdots & \dfrac{\partial^2 f}{\partial x^m\partial x^1}\\ \vdots & & \vdots\\ \dfrac{\partial^2 f}{\partial x^1\partial x^m} & \cdots & \dfrac{\partial^2 f}{\partial x^m\partial x^m}\end{pmatrix}(x).$$

若 $x_0\in\mathbb{R}^m$ 为函数 $f\in C^{(3)}(\mathbb{R}^m;\mathbb{R})$ 的非退化临界点, 则 $f'(x_0)=0$ 而 $\det H(x_0)\neq 0$. 令 $y=g(x):=f'(x)$, 易见 $g\in C^{(2)}(\mathbb{R}^m;\mathbb{R}^m)$, 且 $g(x_0)=f'(x_0)=0$, $\det g'(x_0)=\det H(x_0)\neq 0$, 于是由反函数定理可知, 存在 x_0 的邻域 $U(x_0)$ 和 0 的邻域 $V(0)$ 使得 $g:V(0)\to U(x_0)$ 为 $C^{(2)}$ 类微分同胚. 因此当 $x\in\mathring{U}(x_0)$ 时, $g(x)\neq g(x_0)$, 即邻域 $U(x_0)$ 中除 x_0 外没有函数 f 其他的临界点.

(4) 反证法. 假设 $g:V_1(0)\to U_1(x_0)$ 和 $h:V_2(0)\to U_2(x_0)$ 是满足莫尔斯引理结论的分别具有不同指标 k 和 l 的微分同胚, 不妨设 $k>l$. 记 $U:=U_1(x_0)\cap U_2(x_0)$, $V_g:=g^{-1}(U)$, $V_h:=h^{-1}(U)$, 则 $h^{-1}\circ g|_{V_g}$ 是从 V_g 到 V_h 的微分同胚, 且 $\forall x\in U$, $y=g^{-1}(x)$, $z=h^{-1}(x)$, 我们有

$$\begin{aligned}f(x)&=(f\circ g)(y)=f(x_0)-[(y^1)^2+\cdots+(y^k)^2]+[(y^{k+1})^2+\cdots+(y^m)^2]\\ &=(f\circ h)(y)=f(x_0)-[(z^1)^2+\cdots+(z^l)^2]+[(z^{l+1})^2+\cdots+(y^m)^2].\end{aligned}$$

因此我们得到

$$\begin{aligned}&-[(y^1)^2+\cdots+(y^k)^2]+[(y^{k+1})^2+\cdots+(y^m)^2]\\ =&-[(z^1)^2+\cdots+(z^l)^2]+[(z^{l+1})^2+\cdots+(z^m)^2].\end{aligned}\qquad(*)$$

显然存在 $0\in\mathbb{R}^m$ 的球形邻域 $B\subset V_g$. $\forall y\in B$, 令

$$F(y):=(h^{-1}\circ g)(y^1,\cdots,y^k,0,\cdots,0),$$

则 $\operatorname{rank}F\equiv k$. 又因为 $k>l$, 所以 $\exists\alpha=(\alpha^1,\cdots,\alpha^k)\in\mathbb{R}^k\backslash\{0\}$ 使得

$$\sum_{i=1}^{k}\alpha^{i}\begin{pmatrix}\dfrac{\partial F^{1}}{\partial y^{i}}(0)\\ \vdots\\ \dfrac{\partial F^{l}}{\partial y^{i}}(0)\end{pmatrix}=0.$$

但因为 $\operatorname{rank}F\equiv k$, 所以

$$\sum_{i=1}^{k}\alpha^{i}\begin{pmatrix}\dfrac{\partial F^{1}}{\partial y^{i}}(0)\\ \vdots\\ \dfrac{\partial F^{k}}{\partial y^{i}}(0)\end{pmatrix}\neq 0,$$

因此 $\exists j_0\in\{l+1,\cdots,k\}$ 使得

$$\sum_{i=1}^{k}\alpha^{i}\frac{\partial F^{j_0}}{\partial y^{i}}(0)\neq 0.$$

显然当 $\varepsilon>0$ 充分小时,

$$y_\varepsilon=\varepsilon(\alpha^1,\cdots,\alpha^k,0,\cdots,0)\in B,$$

于是

$$-[(y_\varepsilon^1)^2+\cdots+(y_\varepsilon^k)^2]+[(y_\varepsilon^{k+1})^2+\cdots+(y_\varepsilon^m)^2]=-\varepsilon^2\|\alpha\|_{\mathbb{R}^k}^2<0. \qquad (**)$$

$\forall j=1,\cdots,k$, 由 $F^j(0)=0$ 和泰勒公式可知

$$F^j(y_\varepsilon)=F^j(y_\varepsilon)-F^j(0)=\varepsilon\sum_{i=1}^{k}\alpha^{i}\frac{\partial F^{j}}{\partial y^{i}}(0)+o(\varepsilon)\|\alpha\|_{\mathbb{R}^k},\quad \varepsilon\to 0.$$

因此我们可以选取 $\varepsilon>0$ 进一步充分小使得

$$\begin{aligned}&-[(z_\varepsilon^1)^2+\cdots+(z_\varepsilon^l)^2]+[(z_\varepsilon^{l+1})^2+\cdots+(z_\varepsilon^m)^2]\\ \geqslant&-[(F^1(y_\varepsilon))^2+\cdots+(F^l(y_\varepsilon))^2]+(F^{j_0}(y_\varepsilon))^2\\ =&-l\Big(\varepsilon\cdot 0+o(\varepsilon)\|\alpha\|_{\mathbb{R}^k}\Big)^2+\left(\varepsilon\sum_{i=1}^{k}\alpha^{i}\frac{\partial F^{j_0}}{\partial y^{i}}(0)+o(\varepsilon)\|\alpha\|_{\mathbb{R}^k}\right)^2\\ =&\,\varepsilon^2\left(\sum_{i=1}^{k}\alpha^{i}\frac{\partial F^{j_0}}{\partial y^{i}}(0)\right)^2+o(\varepsilon^2)>0,\end{aligned}$$

此式结合 (∗∗) 式与 (∗) 式产生矛盾. 于是我们必有 $k=l$.

注　证明中 (∗) 式后边的部分也可以采用线性代数中惯性定理的证明方法.

□

7.6　$\mathbb{R}^n$ 中的曲面和条件极值理论

一、知识点总结与补充

1. $\mathbb{R}^n$ 中的 k 维曲面

(1) k-道路: $\mathbb{R}^n$ 中的 k-道路定义为连续映射 $f: I^k=\{x\in\mathbb{R}^k\,|\,a^i\leqslant x\leqslant b^i, i=1,\cdots,k\}\to\mathbb{R}^n$, 它的像 $f(I^k)$ 可能完全不是我们想象的 $\mathbb{R}^n$ 中的 k 维曲面.

(2) k 维曲面: 集合 $S\subset\mathbb{R}^n$ 称为 $\mathbb{R}^n$ 中的 k 维光滑曲面 (或 $\mathbb{R}^n$ 中的 k 维子流形), 如果每点 $x_0\in S$ 在 $\mathbb{R}^n$ 中有邻域 $U(x_0)$ 以及微分同胚

$$\varphi: U(x_0)\to I^n:=\{t\in\mathbb{R}^n\,|\,|t^i|\leqslant 1, i=1,\cdots,n\}\quad(\mathbb{R}^n\text{中的单位正方体})$$

使得集合 $S\cap U(x_0)$ 在这个微分同胚下的像在 I^n 中的部分是由关系式 $t^{k+1}=0,\cdots,t^n=0$ 确定的 $\mathbb{R}^n$ 中的 k 维平面.

- 用微分同胚 φ 的光滑程度来衡量曲面 S 的光滑程度.
- k 维曲面定义中的单位立方体的角色纯粹是约定的.
- k 维曲面的定义可简述如下: 集合 $S\subset\mathbb{R}^n$ 称为 $\mathbb{R}^n$ 中的 k 维曲面 (k 维子流形), 如果对于每点 $x_0\in S$, 可以指出一个邻域 $U(x_0)$ 和这样一组坐标 $t^1,\cdots,t^n$, 使得集合 $S\cap U(x_0)$ 的点能用关系式 $t^{k+1}=\cdots=t^n=0$ 给出. 换言之, 在 k 维曲面 S 上任一点 $x_0\in S$ 邻域内的点可以用参数给出, 即利用映射

$$I^k\ni(t^1,\cdots,t^k)\mapsto(x^1,\cdots,x^n)=\psi(t^1,\cdots,t^k)\in S.$$

作为这样的映射可以取 $\varphi^{-1}: I^n\to U(x_0)$ 在 k 维平面 $t^{k+1}=\cdots=t^n=0$ 上的限制:

$$\psi(t^1,\cdots,t^k)=\varphi^{-1}(t^1,\cdots,t^k,0,\cdots,0).$$

于是

$$S\cap U(x_0)\cong I^k=I^n\cap\{t\in\mathbb{R}^n: t^{k+1}=\cdots=t^n=0\}.$$

2. 一些曲面的例子

(1) 空间 $\mathbb{R}^n$ 本身是 $C^{(\infty)}$ 类 n 维曲面.

(2) 空间 $\mathbb{R}^n$ 的子空间 $\{x \in \mathbb{R}^n : x^{k+1} = \cdots = x^n = 0\}$ 是 $\mathbb{R}^n$ 中的 k 维曲面.

(3) 定义在某个区域 $G \subset \mathbb{R}^{n-1}$ 上的光滑函数 $x^n = f(x^1, \cdots, x^{n-1})$ 的图像是 $\mathbb{R}^n$ 中的 $(n-1)$ 维光滑曲面.

(4) 空间 $\mathbb{R}^n$ 中曲面的一般坐标形式: 设 $F^i(x^1, \cdots, x^n)(i = 1, \cdots, n-k)$ 是光滑函数组, 它的秩是 $n-k$, 则由关系式

$$\begin{cases} F^1(x^1, \cdots, x^n) = 0, \\ \cdots\cdots \\ F^{n-k}(x^1, \cdots, x^n) = 0 \end{cases}$$

确定的集合 S 是 $\mathbb{R}^n$ 中的 k 维曲面.

注 记 $x = (x^1, \cdots, x^n)$, $F = (F^1, \cdots, F^{n-k})$, 则上述方程组可写成

$$F(x) = 0.$$

(5) $\mathbb{R}^n$ 中的光滑 k-道路 $f : I^k \to \mathbb{R}^n$ 的像 $f(I^k)$ 是 $\mathbb{R}^n$ 中的 k-维光滑曲面, 如果它的秩为 k.

3. 切空间

(1) 切空间的定义: 如果 k 维曲面 $S \subset \mathbb{R}^n (1 \leqslant k \leqslant n)$ 在点 $x_0 \in S$ 的邻域内借助参数形式的光滑映射 $(t^1, \cdots, t^k) = t \mapsto x = (x^1, \cdots, x^n)$ 给出, $x_0 = x(0)$ 且矩阵 $x'(0)$ 的秩为 k, 那么, 称在 $\mathbb{R}^n$ 中用矩阵形式的参数式 $x - x_0 = x'(0)t$ 给出的 k 维平面为曲面 S 在点 $x_0 \in S$ 的切平面或切空间.

(2) 记号: 曲面 S 在 $x \in S$ 的切空间用记号 TS_x 表示.

(3) 线性映射 $t \mapsto x'(0)t$, 它是局部定义曲面 S 的映射 $t \mapsto x(t)$ 的切映射, 把空间 $\mathbb{R}^k = T\mathbb{R}^k_0$ 映成平面 $TS_{x(0)}$.

(4) $\mathbb{R}^n$ 中用 $F(x) = 0$ 给出的 k 维曲面 S(见上面的例子 2(4)) 在点 $x_0 \in S$ 的切空间 $TS_{x_0} \subset \mathbb{R}^n$ 的方程为

$$F'_x(x_0)(x - x_0) = 0.$$

该方程等价于向量方程

$$F'_x(x_0) \cdot \xi = 0,$$

其中 $\xi = x - x_0 \in TS_{x_0}$.

(5) 光滑曲面 $S \subset \mathbb{R}^n$ 在点 $x_0 \in S$ 的切空间 TS_{x_0} 是由曲面 S 上过点 x_0 的光滑曲线在点 x_0 的切向量组成的.

4. 条件极值

(1) 条件极值问题: 求 n 个变量的实值函数

$$y = f(x^1, \cdots, x^n)$$

在变量满足方程组

$$\begin{cases} F^1(x^1, \cdots, x^n) = 0, \\ \cdots\cdots \\ F^m(x^1, \cdots, x^n) = 0 \end{cases}$$

的条件下的极值. 如果函数组 $F^1, \cdots, F^m$ 的秩是 $n-k$, 则该条件给出 $\mathbb{R}^n$ 中某个 k 维光滑曲面 S. 从几何观点看就是寻求函数 f 在曲面 S 上的极值. 更精确地, 就是考察函数 f 在曲面 S 上的限制 $f|_S$ 并寻求函数 $f|_S$ 的极值.

(2) 条件极值的必要条件: 设 $D \subset \mathbb{R}^n$ 是开集, $f \in C^{(1)}(D; \mathbb{R})$, S 是 D 中的光滑曲面, $x_0 \in S$ 不是 f 的临界点. 如果 x_0 是函数 $f|_S$ 的局部极值点, 则有

$$TS_{x_0} \subset TN_{x_0},$$

其中 TS_{x_0} 是曲面 S 在 x_0 的切空间, 而 TN_{x_0} 是曲面 $N = \{x \in D | f(x) = f(x_0)\}$ 在 x_0 的切空间.

• 条件 "x_0 不是函数 f 的临界点" 不是本质的限制. 事实上, 如果 $x_0 \in S$ 已经是函数 $f: D \to \mathbb{R}$ 的临界点或极值点, 那么, 显然它也是函数 $f|_S$ 的可疑点或极值点. 因此, 这里真正需要研究的新问题是, 函数 $f|_S$ 可能有那样的临界点和极值点, 它们不是函数 f 的临界点和极值点.

• 由于 $f'(x_0) \neq 0$, 集合 N 是 $\mathbb{R}^n$ 中的 $n-1$ 维光滑曲面, 且 TN_{x_0} 由下述方程表示:

$$f'(x_0) \cdot \xi = 0.$$

• 条件极值必要条件的等价解析写法:

$$(TS_{x_0} \subset TN_{x_0}) \Leftrightarrow \operatorname{grad} f(x_0) = \sum_{i=1}^{m} \lambda_i \operatorname{grad} F^i(x_0).$$

(3) 拉格朗日乘数法:

• 拉格朗日函数: $L(x, \lambda) = f(x) - \sum\limits_{i=1}^{m} \lambda_i F^i(x)$.

• L 取极值的必要条件:

$$\begin{cases} \dfrac{\partial L}{\partial x^j}(x, \lambda) = \dfrac{\partial f}{\partial x^j}(x) - \displaystyle\sum_{i=1}^{m} \lambda_i \dfrac{\partial F^i}{\partial x^j}(x) = 0, & j = 1, \cdots, n, \\ \dfrac{\partial L}{\partial \lambda^i}(x, \lambda) = F^i(x) = 0, & i = 1, \cdots, m. \end{cases}$$

• 如果函数组 $F^1, \cdots, F^m$ 任一点 $x \in S$ 的秩都是 $n-k=m$, 则向量 $\operatorname{grad} F^i(x)(i=1, \cdots, m)$ 线性无关, 因此因子 $\lambda_i(i=1, \cdots, m)$ 是唯一确定的.

• 拉格朗日函数常常写成下面形式

$$L(x,\lambda)=f(x)+\sum_{i=1}^{m}\lambda_i F^i(x),$$

这个形式仅仅是作了一个非本质的替换, 即用 λ_i 替换 $-\lambda_i$.

(4) 条件极值的充分条件: 设 $D\subset\mathbb{R}^n$ 是开集, $f\in C^{(2)}(D;\mathbb{R})$, S 是用方程组

$$\begin{cases} F^1(x^1,\cdots,x^n)=0,\\ \cdots\cdots \\ F^m(x^1,\cdots,x^n)=0 \end{cases}$$

表示的 D 中的曲面, 其中 $F^i\in C^{(2)}(D;\mathbb{R})(i=1,\cdots,m)$ 且函数组 $\{F^1,\cdots,F^m\}$ 在区域 D 中任一点的秩等于 m. 设拉格朗日函数

$$L(x)=L(x,\lambda)=f(x^1,\cdots,x^n)-\sum_{i=1}^{m}\lambda_i F^i(x^1,\cdots,x^n)$$

中的参数 $\lambda_1,\cdots,\lambda_m$ 已根据函数 $f|_S$ 在点 $x_0\in S$ 取极值的必要条件

$$\operatorname{grad} f(x_0)=\sum_{i=1}^{m}\lambda_i\operatorname{grad} F^i(x_0)$$

选定[①]. 如果二次型

$$\frac{\partial^2 L}{\partial x^i\partial x^j}(x_0)\xi^i\xi^j$$

• 对任意的向量 $\xi\in TS_{x_0}$ 有确定的符号, 则点 x_0 是函数 $f|_S$ 的极值点. 如果二次型在 TS_{x_0} 上是正定的, 则 x_0 是函数 $f|_S$ 的严格局部极小值点; 如果二次型在 TS_{x_0} 上是负定的, 则 x_0 是函数 $f|_S$ 的严格局部极大值点.

• 在 TS_{x_0} 上的值具有不同的符号, 则点 x_0 不是函数 $f|_S$ 的极值点.

注 利用该充分条件的实际困难是: 在向量 $\xi=(\xi^1,\cdots,\xi^n)\in TS_{x_0}$ 的坐标中只有 $k=n-m$ 个是无关的. 因此, 在这种情况下, 对于二次型直接应用西尔维斯特准则, 一般来说, 是什么也得不到的: 二次型在 $T\mathbb{R}^n_{x_0}$ 上可能是不定的, 但在 TS_{x_0} 上确是定的. 如果从表示切空间 TS_{x_0} 的方程组

$$\begin{cases} \dfrac{\partial F^1}{\partial x^1}(x_0)\xi^1+\cdots+\dfrac{\partial F^1}{\partial x^n}(x_0)\xi^n=0,\\ \cdots\cdots \\ \dfrac{\partial F^m}{\partial x^1}(x_0)\xi^1+\cdots+\dfrac{\partial F^m}{\partial x^n}(x_0)\xi^n=0 \end{cases}$$

① λ 确定后, 从 $L(x,\lambda)$ 得到只依赖于 x 的函数, 从而可用 $L(x)$ 表示它.

中把向量 ξ 的 m 个坐标用其余的 k 个独立坐标表示出来, 并将所得到的线性形式代入二次型 $\dfrac{\partial^2 L}{\partial x^i \partial x^j}(x_0)\xi^i\xi^j$, 那么, 我们就得到具有 k 个独立变量的二次型, 这个二次型的确定性问题已经可以利用西尔维斯特准则来研究了.

二、例题讲解

1. 设闭球 $\overline{B}(0;r)$ 上的连续映射 $f:\mathbb{R}^m \supset \overline{B}(0;r) \to \mathbb{R}^n$ 于开球 $B(0;r)$ 内可微, 且存在非零向量 $v \in \mathbb{R}^n$ 使得

$$\langle v, f(x)\rangle = v \cdot f(x) = 0, \quad \forall x \in \partial B(0;r). \tag{$*$}$$

证明: 存在 $\xi \in B(0;r)$ 使得, 如下 (列向量形式的) 关系式成立:

$$v \cdot f'(\xi)u = 0, \quad \forall u \in \mathbb{R}^m. \tag{$**$}$$

证　令 $g(x) = v \cdot f(x)$, $x \in \overline{B}(0;r)$. 则由已知条件可见, 函数 $g:\overline{B}(0;r) \to \mathbb{R}$ 于闭球 $\overline{B}(0;r)$ 上连续, 于开球 $B(0;r)$ 内可微, 且 $g(x) = 0$, $\forall x \in \partial B(0;r)$. 因此由 7.3 节习题 7 可知, $\exists \xi \in B(0;r)$ 使得 $\operatorname{grad} g(\xi) = 0$, 进而 $\forall u \in \mathbb{R}^m$,

$$v \cdot f'(\xi)u = \operatorname{grad} g(\xi) \cdot u = 0. \qquad \square$$

注　这里的开球 $B(0;r)$ 可换成任一有界开区域. 此外, 若 $\operatorname{rank} f = m \leqslant n$, 则映射 $f:\mathbb{R}^m \supset \overline{B}(0;r) \to \mathbb{R}^n$ 的像 $f(\overline{B}(0;r)) = S$ 是 $\mathbb{R}^n$ 中的 m 维光滑曲面. 因此上述结论的几何意义是: 如果曲面 S 在边界上的点都位于一个平面 Π(其法向量为 v) 上 (见 $(*)$ 式), 则必可在球内部找到一点 ξ, 使得曲面在点 $f(\xi)$ 的切平面 $TS_{f(\xi)}$ 与 Π 平行 (见 $(**)$ 式), 这是高维的罗尔定理.

2. (1) 证明: $\gamma = \{(x,y) \in \mathbb{R}^2 : xy + \mathrm{e}^{x+y} = 0, x > 0\}$ 是一个 C^∞ 函数 $f:(0,+\infty) \to \mathbb{R}$ 的图像, 从而是一条 C^∞ 曲线.

(2) 求上述函数 f 的最大值.

解　(1) 令 $F(x,y) = xy + \mathrm{e}^{x+y}$, $x > 0$, $y \in \mathbb{R}$. 则 F 是 C^∞ 函数, 且

$$\frac{\partial F}{\partial y}(x,y) = x + \mathrm{e}^{x+y} > 0, \quad \forall x > 0, y \in \mathbb{R}.$$

所以对任意 $x > 0$, F 关于 y 严格单调递增. 又对任意 $x > 0$,

$$\lim_{y\to-\infty} F(x,y) = -\infty, \qquad \lim_{y\to+\infty} F(x,y) = +\infty,$$

所以由隐函数定理可知, 对任意 $x>0$, 存在唯一的实数 $y=f(x)$ 使得 $F(x,f(x))=0$, 且 f 是 C^∞ 函数, 进而 $\gamma = \{(x,f(x)) : x > 0\}$ 是一条 C^∞ 曲线.

(2) 对 $xf(x)+\mathrm{e}^{x+f(x)}=0$ 求导, 我们有

$$f(x)+xf'(x)+\mathrm{e}^{x+f(x)}(1+f'(x))=0.$$

于是

$$f'(x)=-\frac{f(x)+\mathrm{e}^{x+f(x)}}{x+\mathrm{e}^{x+f(x)}}=\frac{(1-x)\mathrm{e}^{x+f(x)}}{x(x+\mathrm{e}^{x+f(x)})},$$

所以当 $0<x<1$ 时, $f'(x)>0$, f 在 $(0,1]$ 上严格递增, 当 $x>1$ 时,$f'(x)<0$, f 在 $[1,+\infty)$ 上严格递减. 因此 f 在 $x=1$ 处取得最大值. 再根据 $y+\mathrm{e}^{1+y}=0$ 我们得到 $y=-1$, 所以 $f(1)=-1$ 是 f 的最大值. □

3. 证明: 球面 $S_1: x^2+y^2+z^2=R^2$ 与锥面 $S_2: x^2+y^2=a^2z^2$ 正交, $R,a>0$, 这里两曲面正交是指它们在交点处的法向量互相垂直.

证 记 $F(x,y,z)=x^2+y^2+z^2-R^2$, $G(x,y,z)=x^2+y^2-a^2z^2$, 则 S_1, S_2 在点 (x,y,z) 处的法向量分别为 $v_1=(x,y,z)$, $v_2=(x,y,-a^2z)$, 于是

$$v_1\cdot v_2=x^2+y^2-a^2z^2=0,$$

即 S_1 与 S_2 正交. □

三、习题参考解答 (7.6 节)

1. 道路与曲面.

(1) 设 $f: I\to\mathbb{R}^2$ 是定义在区间 $I\subset\mathbb{R}$ 上且属于 $C^{(1)}(I;\mathbb{R}^2)$ 类的函数. 把这个映射看作 $\mathbb{R}^2$ 中的道路. 举例说明它的承载子 $f(I)$ 可能不是 $\mathbb{R}^2$ 中的子流形, 而它在 $\mathbb{R}^3=\mathbb{R}^1\times\mathbb{R}^2$ 中的图像却总是 $\mathbb{R}^3$ 中的一维子流形, 这个子流形在 $\mathbb{R}^2$ 上的投影正是上面所指出的承载子 $f(I)$.

(2) 当 I 是 $\mathbb{R}^k$ 中的区间, $f\in C^{(1)}(I;\mathbb{R}^n)$ 时, 证明: 映射 $f: I\to\mathbb{R}^n$ 的图像是 $\mathbb{R}^k\times\mathbb{R}^n$ 中的 k 维光滑曲面, 这个曲面在子空间 $\mathbb{R}^n$ 上的投影正是 $f(I)$.

(3) 证明: 如果 $f_1: I_1\to S$, $f_2: I_2\to S$ 是同一个 k 维曲面 $S\subset\mathbb{R}^n$ 的两个光滑参数式, 并且无论 f_1 在 I_1 上或者 f_2 在 I_2 上都没有临界点, 则映射 $f_1^{-1}\circ f_2: I_2\to I_1$ 与映射 $f_2^{-1}\circ f_1: I_1\to I_2$ 是光滑的.

证 (1) 反例: 考虑函数 $f=(f^1,f^2): t\mapsto(x,y)=f(t)$, 其中

$$\begin{cases}x=f^1(t)=t-t^3=t(1-t)(1+t),\\ y=f^2(t)=1-t^4=(1-t)(1+t)(1+t^2),\end{cases}\qquad t\in I=[-2,2].$$

显然 $f\in C^{(1)}(I;\mathbb{R}^2)$, 且容易算得 $f(\pm1)=(0,0)$, $f'(1)=(-2,-4)$, $f'(-1)=(-2,4)$, 于是 $f(I)$ 在自交点 $(0,0)$ 有不共线的切线, 因此 $f(I)$ 不是 $\mathbb{R}^2$ 中的子流形.

现在考虑 f 在 $\mathbb{R}^3=\mathbb{R}^1\times\mathbb{R}^2$ 中的图像

$$G=\{(t,x,y)\in\mathbb{R}^3: t\in I,(x,y)=f(t)\}.$$

定义映射

$$\varphi=(\varphi^1,\varphi^2,\varphi^3):(t,x,y)\mapsto s=(s^1,s^2,s^3)=\varphi(t,x,y),$$

其中

$$\begin{cases}s^1=\varphi^1(t,x,y)=t-t_0,\\ s^2=\varphi^2(t,x,y)=x-(t-t^3),\\ s^3=\varphi^3(t,x,y)=y-(1-t^4).\end{cases}$$

显然 $\varphi\in C^{(1)}(I\times\mathbb{R}^2;\mathbb{R}^3)$ 且

$$\det\frac{\partial(s^1,s^2,s^3)}{\partial(t,x,y)}=\begin{vmatrix}1&0&0\\-1+3t^2&1&0\\4t^3&0&1\end{vmatrix}\equiv 1.$$

于是在新坐标系 s^1,s^2,s^3 中, f 在 $\mathbb{R}^3$ 中的图像 G 可用条件 $s^2=s^3=0$ 给出, 即 G 是 $\mathbb{R}^3$ 中的一维子流形, 且其在 $\mathbb{R}^2$ 上的投影正是 $f(I)$.

(2) 考虑映射 $f:I\to\mathbb{R}^n$ 在 $\mathbb{R}^k\times\mathbb{R}^n$ 中的图像

$$S=\{(x,y)\in\mathbb{R}^k\times\mathbb{R}^n: x\in I,y=f(x)\}.$$

定义映射

$$\varphi:(x,y)\mapsto t=\varphi(x,y),$$

其中

$$\begin{cases}t^i=\varphi^i(x,y)=x^i, & i=1,\cdots k,\\ t^i=\varphi^i(x,y)=y^{i-k}-f^{i-k}(x), & i=k+1,\cdots,k+n.\end{cases}$$

因为 $f\in C^{(1)}(I;\mathbb{R}^n)$, 所以 $\varphi\in C^{(1)}(I\times\mathbb{R}^n;\mathbb{R}^k\times\mathbb{R}^n)$ 且

$$\det\frac{\partial(t^1,\cdots,t^k,t^{k+1},\cdots,t^{k+n})}{\partial(x^1,\cdots,x^k,y^1,\cdots,y^n)}=\begin{vmatrix}E&0\\-f'(x)&E\end{vmatrix}\equiv 1.$$

于是在新坐标系 $t^1,\cdots,t^k,t^{k+1},\cdots,t^{k+n}$ 中, f 在 $\mathbb{R}^k\times\mathbb{R}^n$ 中的图像 S 可用条件 $t^{k+1}=\cdots=t^{k+n}=0$ 给出, 即 S 是 $\mathbb{R}^k\times\mathbb{R}^n$ 中的 k 维光滑曲面, 且其在 $\mathbb{R}^n$ 上的投影正是 $f(I)$.

(3) 由已知条件可知 $f_1 \in C^{(1)}(I_1; S)$, $f_2 \in C^{(1)}(I_2; S)$, $\operatorname{rank} f_1 = \operatorname{rank} f_1 \equiv k$, 且存在区间 $I \subset \mathbb{R}^n$ 上的微分同胚 φ_1 和 φ_2 使得

$$f_1(t_1^1, \cdots, t_1^k) = \varphi_1(t_1^1, \cdots, t_1^k, 0, \cdots, 0), \quad \forall t_1 = (t_1^1, \cdots, t_1^k) \in I_1,$$
$$f_2(t_2^1, \cdots, t_2^k) = \varphi_2(t_2^1, \cdots, t_2^k, 0, \cdots, 0), \quad \forall t_2 = (t_2^1, \cdots, t_2^k) \in I_2.$$

又因为 $\forall t_2 = (t_2^1, \cdots, t_2^k) \in I_2$,

$$(f_1^{-1} \circ f_2)(t_2^1, \cdots, t_2^k) = (\varphi_1^{-1} \circ \varphi_2)(t_2^1, \cdots, t_2^k, 0, \cdots, 0),$$

所以 $\operatorname{rank}(f_1^{-1} \circ f_2) \equiv k$, 且 $f_1^{-1} \circ f_2 \in C^{(1)}(I_2; I_1)$. 同理 $\operatorname{rank}(f_2^{-1} \circ f_1) \equiv k$, 且 $f_2^{-1} \circ f_1 \in C^{(1)}(I_1; I_2)$. □

2. 在笛卡儿坐标 x, y 的平面 $\mathbb{R}^2$ 上画出函数 $f(x, y) = xy$ 的等高集和曲线 $S = \{(x, y) \in \mathbb{R}^2 \mid x^2 + y^2 = 1\}$. 利用所得到的图形对函数 $f|_S$ 的极值问题进行充分的研究.

解 图形略. 显然 $\forall (x, y) \in S$,

$$\operatorname{grad} f(x, y) = (y, x) \neq 0.$$

令 $F(x, y) = x^2 + y^2 - 1$, 于是 $(F'_x, F'_y) = 2(x, y)$, 因此由图形特点可知, 仅当 $(x, y) \in S$ 且满足 $\dfrac{y}{x} = \dfrac{x}{y}$ 时, 即当 $(x, y) = \left(\pm\dfrac{\sqrt{2}}{2}, \pm\dfrac{\sqrt{2}}{2}\right)$ 时, $f|_S$ 取得极大值 $\dfrac{1}{2}$, 当 $(x, y) = \left(\pm\dfrac{\sqrt{2}}{2}, \mp\dfrac{\sqrt{2}}{2}\right)$ 时, $f|_S$ 取得极小值 $-\dfrac{1}{2}$. □

3. 在笛卡儿坐标 x, y 的平面 $\mathbb{R}^2$ 上定义了下面的 $C^{(\infty)}(\mathbb{R}^2; \mathbb{R})$ 类函数:

$$f(x, y) = x^2 - y; \quad F(x, y) = \begin{cases} x^2 - y + \mathrm{e}^{-\frac{1}{x^2}} \sin \dfrac{1}{x}, & x \neq 0, \\ x^2 - y, & x = 0. \end{cases}$$

(1) 画出函数 $f(x, y)$ 的等高集 (等高曲线) 和由关系式 $F(x, y) = 0$ 给出的曲线 S.

(2) 研究函数 $f|_S$ 的极值.

(3) 证明: 二次型 $\partial_{ij} f(x_0) \xi^i \xi^j$ 在 TS_{x_0} 上定型的条件, 与定理 2 中的二次型 $\partial_{ij} L(x_0) \xi^i \xi^j$ 在 TS_{x_0} 上定型的条件不同, 并非判断函数 $f|_S$ 可疑点 $x_0 \in S$ 为极值点的充分条件.

(4) 试检验: 点 $x_0 = (0, 0)$ 是不是函数 f 的临界点, 以及, 能否像 (3) 中那样借助于泰勒公式的第二项 (即二次项) 研究函数 f 在该点邻域的性态.

解 (1) 略.

(2) 由 $F(x,y)=0$ 可得

$$y=g(x)=\begin{cases}x^2+\mathrm{e}^{-\frac{1}{x^2}}\sin\dfrac{1}{x}, & x\neq 0,\\ 0, & x=0.\end{cases}$$

于是

$$f|_S=\begin{cases}-\mathrm{e}^{-\frac{1}{x^2}}\sin\dfrac{1}{x}, & x\neq 0,\\ 0, & x=0.\end{cases}$$

由 $(f|_S)'(x)=0$ 解得 $x=0$ 和方程 $\tan\dfrac{1}{x}=\dfrac{x}{2}$ 的所有实根 $\pm x_1,\pm x_2,\cdots$, 其中 $0<x_1<x_2<\cdots$. 显然 $(0,g(0))=(0,0)$ 不是极值点. 又通过简单的计算我们发现 $\forall j\in\mathbb{N}$, $\operatorname{sgn}(f|_S)''(\pm x_j)=\pm 1$, 因此 $(x_j,g(x_j))\in S$ 为极小值点, $(-x_j,g(-x_j))\in S$ 为极大值点.

(3) 易见, 黑塞矩阵

$$H(x,y)\equiv\begin{pmatrix}2&0\\0&0\end{pmatrix}.$$

当 $x_0=(0,0)$ 时, 显然 TS_{x_0} 可表示为 $\xi^2=0$, 从而二次型

$$\partial_{ij}f(x_0)\xi^i\xi^j=2(\xi^1)^2$$

在 TS_{x_0} 上是正定的, 但由 (2) 已知 $x_0=(0,0)\in S$ 不是 $f|_S$ 的极值点.

而当 $x_0=(\tilde{x},\tilde{y}=g(\tilde{x}))\neq(0,0)$ 时, TS_{x_0} 可表示为

$$\xi^2=\left(2\tilde{x}+\mathrm{e}^{-\frac{1}{\tilde{x}^2}}\left(\frac{2}{\tilde{x}^3}\sin\frac{1}{\tilde{x}}-\frac{1}{\tilde{x}^2}\cos\frac{1}{\tilde{x}}\right)\right)\xi^1,$$

从而二次型

$$\partial_{ij}f(x_0)\xi^i\xi^j=2(\xi^1)^2$$

在 TS_{x_0} 上也是正定的, 但由 (2) 已知 $x_0=(-x_j,g(-x_j))\in S(j\in\mathbb{N})$ 不是 $f|_S$ 的极小值点. 因此, 结论得证.

(4) 易见 $\operatorname{grad} f(0,0)=(0,-1)$, 于是点 $x_0=(0,0)$ 不是函数 f 的临界点. 又

$$f(x,y)=-y+x^2=0+0x+(-1)y+x^2+0xy+0y^2,$$

因此显然不能借助二次项 x^2 来研究函数 f 在 $x_0=(0,0)$ 邻域的性态. □

4. 设 $a^1,a^2,\cdots,a^n$ 为已知的 n 个正数.

(1) 求函数 $f(x^1,x^2,\cdots,x^n)=\sum\limits_{k=1}^{n}a^kx^k$ 在限制条件 $(x^1)^2+(x^2)^2+\cdots+(x^n)^2\leqslant 1$ 下的最大值.

(2) 求函数 $f(x^1,x^2,\cdots,x^n)=(x^1)^2+(x^2)^2+\cdots+(x^n)^2$ 在限制条件

$$\sum_{k=1}^{n}a^kx^k=1$$

下的最小值.

解 (1) 因为 $\dfrac{\partial f}{\partial x^k}=a^k>0,\ k=1,\cdots,n$, 所以最大值不在单位球内部 $\sum\limits_{k=1}^{n}(x^k)^2<1$ 取得. 于是我们接下来只需考虑条件

$$F(x^1,\cdots,x^n)=\sum_{k=1}^{n}(x^k)^2-1=0.$$

令拉格朗日函数

$$L(x^1,\cdots,x^n,\lambda)=\sum_{k=1}^{n}a^kx^k-\lambda\left(\sum_{k=1}^{n}(x^k)^2-1\right).$$

由

$$\begin{cases}L'_{x^k}=a^k-2\lambda x^k=0, \quad k=1,\cdots,n,\\ L'_{\lambda}=-\left(\displaystyle\sum_{k=1}^{n}(x^k)^2-1\right)=0\end{cases}$$

解得

$$\lambda=\pm\frac{1}{2}\left(\sum_{k=1}^{n}(a^k)^2\right)^{\frac{1}{2}}, \quad x^k=\pm a^k\left(\sum_{k=1}^{n}(a^k)^2\right)^{-\frac{1}{2}}.$$

又因为 $\sum\limits_{k=1}^{n}(x^k)^2-1=0$ 表示的集合为紧集, 所以连续函数 f 必有最大值, 因此其在点

$$\left(a^1\left(\sum_{k=1}^{n}(a^k)^2\right)^{-\frac{1}{2}},\cdots,a^n\left(\sum_{k=1}^{n}(a^k)^2\right)^{-\frac{1}{2}}\right)$$

取得最大值 $f_{\max}=\left(\sum\limits_{k=1}^{n}(a^k)^2\right)^{\frac{1}{2}}$.

(2) 记

$$F(x^1,\cdots,x^n)=\sum_{k=1}^{n}a^kx^k-1,$$

并记 $F(x)=0$ 表示的曲面为 S. 令拉格朗日函数

$$L(x^1,\cdots,x^n,\lambda)=\sum_{k=1}^{n}(x^k)^2-\lambda\left(\sum_{k=1}^{n}a^kx^k-1\right).$$

由

$$\begin{cases}L'_{x^k}=2x^k-\lambda a^k=0, \quad k=1,\cdots,n,\\ L'_\lambda=-\left(\sum\limits_{k=1}^{n}a^kx^k-1\right)=0\end{cases}$$

解得

$$\lambda=2\left(\sum_{k=1}^{n}(a^k)^2\right)^{-1}, \quad x^k=a^k\left(\sum_{k=1}^{n}(a^k)^2\right)^{-1}.$$

于是

$$f\left(a^1\left(\sum_{k=1}^{n}(a^k)^2\right)^{-1},\cdots,a^n\left(\sum_{k=1}^{n}(a^k)^2\right)^{-1}\right)=\left(\sum_{k=1}^{n}(a^k)^2\right)^{-1}.$$

又因为当任一 $x^k\to\infty$ 时, $f\to+\infty$, 所以必有 $R>0$ 使得 $\forall x\in\mathbb{R}^n\backslash\widetilde{B}(0;R)$, $f(x)>\left(\sum\limits_{k=1}^{n}(a^k)^2\right)^{-1}$. 因此对于连续函数 f, 我们有

$$\min_S f=\min_{S\cap\widetilde{B}(0;R)}f=\left(\sum_{k=1}^{n}(a^k)^2\right)^{-1}. \qquad \square$$

第 8 章　重　积　分

8.1　n 维区间上的黎曼积分
&
8.2　集合上的积分

一、知识点总结与补充

1. $\mathbb{R}^n$ 中的区间和它的测度

(1) $\mathbb{R}^n$ 中的区间 (坐标平行多面体):

$$I=I_{a,b}=\{x\in\mathbb{R}^n:a\leqslant x\leqslant b\}=\{x\in\mathbb{R}^n:a^i\leqslant x^i\leqslant b^i,i=1,\cdots,n\},$$

其中 $a=(a^1,\cdots,a^n),b=(b^1,\cdots,b^n)\in\mathbb{R}^n$.

(2) $\mathbb{R}^n$ 中的区间的测度 (体积):

$$\mu(I)=|I|=\prod_{i=1}^{n}(b^i-a^i).$$

(3) $\mathbb{R}^n$ 中的区间的测度的性质:

- 齐次性: 如果 $\lambda I_{a,b}:=I_{\lambda a,\lambda b}$, 其中 $\lambda\geqslant 0$, 那么 $|\lambda I_{a,b}|=\lambda^n|I_{a,b}|$.
- 可加性: 如果区间 $I,I_1,\cdots,I_k$ 满足 $I=\bigcup\limits_{i=1}^{k}I_i$ 且区间 $I_1,\cdots,I_k$ 两两没有公共内点, 那么 $|I|=\sum\limits_{i=1}^{k}|I_i|$.
- 如果区间 I 被有限的一组区间 $I_1,\cdots,I_k$ 覆盖, 即 $I\subset\bigcup\limits_{i=1}^{k}I_i$, 那么 $|I|\leqslant\sum\limits_{i=1}^{k}|I_i|$.

2. n 维区间上的黎曼积分的定义

(1) 区间的分划和分划集的基:

- 区间 I 的分划: $P=\{I_1,\cdots,I_k\}$, $I=\bigcup\limits_{j=1}^{k}I_j$.
- 分划 P 的参数: $\lambda(P):=\max\limits_{1\leqslant j\leqslant k}d(I_j)$.
- 带 "标志点" 的分划 (P,ξ): $\xi=(\xi_1,\cdots,\xi_k)$, $\xi_j\in I_j$, $j=1,\cdots,k$.

• 分划集 $\mathcal{P} = \{(P,\xi)\}$ 的基 $\lambda(P) \to 0$: $\mathcal{B} = \{B_d : d > 0\}$, 其中 $B_d := \{(P,\xi) \in \mathcal{P} : \lambda(P) < d\}$.

(2) (黎曼) 积分和: $\sigma(f,P,\xi) := \sum\limits_{i=1}^{k} f(\xi_i)|I_i|$, 其中 $f : I \to \mathbb{R}$ 是区间 I 上的实值函数.

(3) (黎曼) 积分:

$$\int_I f(x)\mathrm{d}x = \underbrace{\int \cdots \int_I}_{n} f(x^1,\cdots,x^n)\mathrm{d}x^1\cdots\mathrm{d}x^n$$

$$= \int_I f(x^1,\cdots,x^n)\mathrm{d}x^1\cdots\mathrm{d}x^n = \lim_{\lambda(P)\to 0} \sigma(f,P,\xi).$$

注 通常称该积分为重积分 (与 I 的维数 n 相应称作二重积分、三重积分等等). 如果上述极限存在, 则称函数 $f : I \to \mathbb{R}$ 是区间 I 上的 (黎曼) 可积函数.

(4) 区间上 (黎曼) 可积函数类: 所有区间 I 上黎曼可积函数组成的集合用记号 $\mathcal{R}(I)$ 表示.

3. $\mathbb{R}^n$ 中的零测度集

(1) 零测度集的定义: 称集合 $E \subset \mathbb{R}^n$(在勒贝格意义下) 有 (n 维) 零测度或称之为零测度集, 如果 $\forall \varepsilon > 0$, 存在集合 E 的由至多可数个 n 维区间组成的覆盖 $\{I_i\}$, 且这些区间的体积之和 $\sum\limits_i |I_i|$ 不超过 ε.

(2) 零测度集的性质:

• 单点集和有限个点组成的集都是零测度集.

• 有限个或可数个零测度集的并是零测度集.

• 零测度集的子集也是零测度集.

• 非退化区间 $I_{a,b} \subset \mathbb{R}^n(a < b$, 即 $a^i < b^i$, $i = 1,\cdots,n)$ 不是零测度集.

• 在零测度集的定义中把用区间族 $\{I_i\}$ 覆盖集合 E 理解为通常意义的覆盖, 即 $E \subset \bigcup\limits_i I_i$, 也可以理解为更严格意义下的覆盖, 即要求 E 的每一点至少是 $\{I_i\}$ 中某一区间的内点. 零测度集类不会因两种不同的理解有所改变, 换言之, 在零测度集的定义中的区间是闭的还是开的, 是无关紧要的.

(3) 一些特殊的零测度集:

• $\mathbb{R}^n$ 中的有理点 (所有坐标为有理数的点) 集是可数集, 因而是零测度集.

• 连续函数 $f : M \to \mathbb{R}$ (其中 $M \subset \mathbb{R}^{n-1}$) 的图形

$$G = \{(x^1,\cdots,x^{n-1},f(x)) : x = (x^1,\cdots,x^{n-1}) \in M\}$$

是 $\mathbb{R}^n$ 中的 n 维零测度集.

- $\mathbb{R}^n$ 中的紧集 K 是零测度集, 当且仅当对任意 $\varepsilon > 0, K$ 能用有限多个区间覆盖, 而且这些区间的体积之和小于 ε.

(4) "几乎处处成立" 的概念: 称某个性质几乎在集合 M 的所有点成立, 或者说在 M 上几乎处处成立, 如果使得这个性质不成立的 M 的子集有零测度.

4. 康托尔定理的一个推广

(1) 函数 $f: E \to \mathbb{R}$ 在集合 E 上的振幅: $\omega(f;E) := \sup\limits_{x_1,x_2\in E} |f(x_1) - f(x_2)|$.

(2) 函数 $f: E \to \mathbb{R}$ 在点 $x \in E$ 的振幅: $\omega(f;x) := \lim\limits_{\delta\to 0} \omega(f;U_E^\delta(x))$, 其中 $U_E^\delta(x)$ 是点 x 在集合 E 中的 δ-邻域.

(3) 引理 (康托尔定理的一个推广): 若对于函数 $f: K \to \mathbb{R}$ 在紧集 K 的每一点都成立关系式 $\omega(f;x) \leqslant \omega_0$, 则 $\forall \varepsilon > 0$, $\exists \delta > 0$, 使对于任一点 $x \in K$ 满足不等式 $\omega(f;U_K^\delta(x)) < \omega_0 + \varepsilon$.

注 当 $\omega_0 = 0$ 时, 这个断言变为紧集上连续函数必一致连续的康托尔定理.

5. 达布积分

(1) 基本假设: 设 f 是区间 I 上的有界实值函数, 而 $P = \{I_i\}$ 是 I 的分划. 设 $m_i = \inf\limits_{x\in I_i} f(x)$, $M_i = \sup\limits_{x\in I_i} f(x)$.

(2) (达布) 下积分和: $s(f,P) = \sum\limits_i m_i|I_i|$, (达布) 上积分和: $S(f,P) = \sum\limits_i M_i|I_i|$.

(3) 积分和的性质:

- $s(f,P) = \inf\limits_\xi \sigma(f,P,\xi) \leqslant \sigma(f,P,\xi) \leqslant \sup\limits_\xi \sigma(f,P,\xi) = S(f,P)$.
- 如果区间 I 的分划 P' 是由分割分划 P 的区间得到的, 那么

$$s(f,P) \leqslant s(f,P') \leqslant S(f,P') \leqslant S(f,P).$$

- 对于区间 I 的任意一对分划 P_1, P_2, 成立不等式 $s(f,P_1) \leqslant S(f,P_2)$.

(4) (达布) 下积分: $\underline{\mathcal{J}} = \sup\limits_P s(f,P)$, (达布) 上积分: $\overline{\mathcal{J}} = \inf\limits_P S(f,P)$.

(5) 达布积分与达布和的关系: $s(f,P) \leqslant \underline{\mathcal{J}} \leqslant \overline{\mathcal{J}} \leqslant S(f,P)$.

(6) 达布定理: 对于任意的有界函数 $f: I \to \mathbb{R}$ 成立如下断言:

$$\left(\exists \lim_{\lambda(P)\to 0} s(f,P)\right) \wedge \left(\lim_{\lambda(P)\to 0} s(f,P) = \underline{\mathcal{J}}\right);$$
$$\left(\exists \lim_{\lambda(P)\to 0} S(f,P)\right) \wedge \left(\lim_{\lambda(P)\to 0} S(f,P) = \overline{\mathcal{J}}\right).$$

(7) 达布积分的记号:

$$\underline{\mathcal{J}} = \underline{\int}_I f(x)\mathrm{d}x, \quad \overline{\mathcal{J}} = \overline{\int}_I f(x)\mathrm{d}x.$$

6. 黎曼可积的条件

(1) **柯西准则**　$f \in \mathcal{R}(I)$ 的充要条件是: $\forall \varepsilon > 0, \exists \delta > 0$, 使对区间 I 上的任何带标志点的分划 $(P', \xi'), (P'', \xi'')$, 只要 $(P', \xi'), (P'', \xi'') \in B_\delta$, 就有

$$|\sigma(f; P', \xi') - \sigma(f; P'', \xi'')| < \varepsilon.$$

(2) 可积性的必要条件: $(f \in \mathcal{R}(I)) \Rightarrow (f$ 在 I 上有界).

(3) **勒贝格准则**　$(f \in \mathcal{R}(I)) \Leftrightarrow (f\text{在}I\text{上有界}) \wedge (f\text{在}I\text{上几乎处处连续})$.

(4) **达布准则**　$(f \in \mathcal{R}(I)) \Leftrightarrow (f\text{在}I\text{上有界}) \wedge (\underline{\mathcal{J}} = \overline{\mathcal{J}})$.

注　如果函数可积, 那么它的达布下积分 $\underline{\mathcal{J}}$ 与达布上积分 $\overline{\mathcal{J}}$ 一致, 且等于这个函数的积分值.

7. (有界) 集上的积分

(1) 函数 $f : \mathbb{R}^n \supset E \to \mathbb{R}$ 的零延拓:

$$f_{\chi_E}(x) = \begin{cases} f(x), & x \in E, \\ 0, & x \in \mathbb{R}^n \backslash E, \end{cases}$$

其中 E 的特征函数为

$$\chi_E(x) = \begin{cases} 1, & x \in E, \\ 0, & x \in \mathbb{R}^n \backslash E. \end{cases}$$

注　函数 $\chi_E(x)$ 在且仅在 E 的边界点间断. 函数 f_{χ_E} 的间断点或者与 f 在 E 上的间断点相同, 或者属于 ∂E.

(2) 函数 $f : E \to \mathbb{R}$ 在有界集 $E \in \mathbb{R}^n$ 上的积分:

$$\int_E f(x)\mathrm{d}x := \int_{I \supset E} f_{\chi_E}(x)\mathrm{d}x,$$

其中 I 是任一包含集合 E 的区间. 如果等式右边的积分不存在, 则说 f 在集合 E 上不 (黎曼) 可积. 否则就说 f 在集合 E 上 (黎曼) 可积.

(3) (黎曼) 可积函数类: 由在集合 E 上黎曼可积的一切函数组成的集合用记号 $\mathcal{R}(E)$ 表示.

(4) $\forall I_1, I_2 \supset E$,

$$\int_{I_1} f_{\chi_E}(x)\mathrm{d}x = \int_{I_2} f_{\chi_E}(x)\mathrm{d}x = \int_{I_1 \cap I_2} f_{\chi_E}(x)\mathrm{d}x = \int_E f(x)\mathrm{d}x.$$

(5) **勒贝格准则**　函数 $f : E \to \mathbb{R}$ 在容许集 E 上可积 $\Leftrightarrow$ f 有界且在 E 上几乎处处连续.

8. 容许集

(1) 容许集的定义: 称集合 $E \subset \mathbb{R}^n$ 是容许的, 如果它在 $\mathbb{R}^n$ 中有界, 且它的边界 ∂E 是 (勒贝格意义下的) 零测度集.

(2) 一些特殊的容许集:

• $\mathbb{R}^3(\mathbb{R}^n)$ 中的立方体, 四面体和球都是容许集.

• 设定义在 $n-1$ 维区间 $I \subset \mathbb{R}^{n-1}$ 上的函数 $\varphi_i : I \to \mathbb{R}, i = 1, 2$, 在任意点 $x \in I$, 满足 $\varphi_1(x) < \varphi_2(x)$. 如果这两个函数连续, 那么 $\mathbb{R}^n$ 中由这两个函数的图形和位于区间 I 的边界 ∂I 上的侧柱面所围的区域是 $\mathbb{R}^n$ 中的容许集.

(3) 集合边界的性质: 对于任意集合 $E, E_1, E_2 \subset \mathbb{R}^n$,

• ∂E 是 $\mathbb{R}^n$ 中的闭集.

• $\partial(E_1 \cup E_2) \subset \partial E_1 \cup \partial E_2$.

• $\partial(E_1 \cap E_2) \subset \partial E_1 \cup \partial E_2$.

• $\partial(E_1 \setminus E_2) \subset \partial E_1 \cup \partial E_2$.

(4) 容许集的性质:

• 有限个容许集的并或交是容许集.

• 容许集的差也是容许集.

• 容许集的边界是 $\mathbb{R}^n$ 中的紧集. 因此, 它可以用体积之和任意接近于零的有限区间组来覆盖.

• 如果 E 是容许集, 那么函数 $\chi_E(x)$ 就几乎在空间 $\mathbb{R}^n$ 的所有点连续.

(5) 容许集的测度 (体积):

• 定义: 称量

$$\mu(E) := \int_E 1 \cdot \mathrm{d}x = \int_{I \supset E} \chi_E(x)\mathrm{d}x$$

为有界集 $E \subset \mathbb{R}^n$ 的 (若尔当) 测度或体积, 如果这里的 (黎曼) 积分存在的话.

注 容许集且只有容许集才是该定义意义下的可测集.

• 量 $\mu(E)$ 的几何意义: 设 E 是容许集, 那么

$$\mu(E) = \int_{I \supset E} \chi_E(x)\mathrm{d}x = \underline{\int}_{I \supset E} \chi_E(x)\mathrm{d}x = \overline{\int}_{I \supset E} \chi_E(x)\mathrm{d}x.$$

于是, 下积分和等于分划 P 位于 E 内的区间的体积 (这是内接于 E 的多面体的体积) 之和, 而上积分和等于分划 P 的与集合 E 有公共点的那些区间的体积 (外切多面体的体积) 之和. 所以 $\mu(E)$ 是当 $\lambda(P) \to 0$ 时内接于 E 的多面体体积和外切于 E 的多面体体积的公共极限.

• 通常称 $n=1$ 时的体积为长度, 而 $n=2$ 时为面积.

• 若尔当意义下的零测度集: 集合 $E\subset\mathbb{R}^n$ 称为若尔当意义下的零测度集 (零体积集), 如果对于任意的 $\varepsilon>0$, 它可以用满足 $\sum\limits_{i=1}^{k}|I_i|<\varepsilon$ 的有限区间组 $I_1,\cdots,I_k$ 覆盖.

注　若尔当零测度集类比勒贝格零测度集类小. 比如有理点集是勒贝格零测度集但不是若尔当零测度集.

• 若尔当可测集: 集合 E 称为若尔当可测的, 如果 E 有界, 并且它的边界有若尔当零测度.

(6) 容许集类 = 若尔当可测集类.

二、例题讲解

1. 讨论函数

$$f(x,y)=\begin{cases}\cos\dfrac{1}{xy}, & x\neq 0\text{ 且 }y\neq 0,\\ 1, & x=0\text{ 或 }y=0\end{cases}$$

在区间 $D=[0,1]\times[0,1]$ 上的可积性.

解　易见有界函数 f 在 D 上的不连续点集为

$$A=\{(0,y):y\in[0,1]\}\cup\{(x,0):x\in[0,1]\},$$

显然 A 为若尔当零测度集, 进而为勒贝格零测度集, 于是 f 在 D 上可积. □

三、习题参考解答 (8.1 节)

1. (1) 证明: 零测度集没有内点.

(2) 证明: 说集合没有内点, 绝非意味着这个集合是零测度集.

(3) 构造一个零测度集, 使它的闭包等于整个空间 $\mathbb{R}^n$.

(4) 称集合 $E\subset I$ 有零体积, 如果对任意的 $\varepsilon>0$, 可以用满足 $\sum\limits_{i=1}^{k}|I_i|<\varepsilon$ 的有限区间组 $I_1,\cdots,I_k$ 覆盖它. 试问, 是否一切有界的零测度集都有零体积?

(5) 试证: 如果集合 $E\subset\mathbb{R}^n$ 是直线 $\mathbb{R}$ 和 $(n-1)$ 维零测度集 $e\subset\mathbb{R}^{n-1}$ 的直积 $\mathbb{R}\times e$, 那么 E 是 n 维零测度集.

证　(1) 反证法. 假设 $x_0\in E$ 为零测度集 $E\in\mathbb{R}^n$ 的内点, 则由内点定义可知, $\exists\delta>0$ 使得 $B(x_0;\delta)\subset E$, 从而区间

$$I=\left\{x\in\mathbb{R}^n:|x^i-x_0^i|\leqslant\frac{\delta}{2\sqrt{n}},i=1,\cdots,n\right\}\subset B(x_0;\delta)\subset E.$$

因此 $|I|=\left(\dfrac{\delta}{\sqrt{n}}\right)^n>0$. 而 I 作为零测度集 E 的子集也是零测度集, 矛盾.

(2) 设 $E=\mathbb{R}^n\backslash\mathbb{Q}^n$, 其中 $\mathbb{Q}^n=\{x\in\mathbb{R}^n: x^i\in\mathbb{Q}, i=1,\cdots,n\}$. 易见集合 E 没有内点. 假设 E 为零测度集, 则由 $\mathbb{Q}^n$ 为零测度集可知 $\mathbb{R}^n=E\cup\mathbb{Q}^n$ 也为零测度集, 矛盾. 因此 E 不是零测度集.

(3) 易见 $\mathbb{Q}^n$ 为零测度集, 且 $\overline{\mathbb{Q}^n}=\mathbb{R}^n$.

(4) 易见集合 $E=\mathbb{Q}^n\cap[0,1]^n$ 是有界的零测度集, 但没有零体积. 事实上, 假设 E 有零体积, 则 $\forall\varepsilon\in(0,1)$, 存在有限闭区间组 $I_1,\cdots,I_k$ 使得 $I:=\bigcup\limits_{i=1}^{k}I_i\supset E$ 且 $\sum\limits_{i=1}^{k}|I_i|<\varepsilon$. 显然 $I_1,\cdots,I_k$ 不能覆盖 $[0,1]^n$, 所以 $J:=[0,1]^n\backslash I$ 为 $[0,1]^n$ 中的非空开集, 因此 $\exists x_0\in J$, $\exists\delta>0$ 使得 $B(x_0;\delta)\subset J$, 进而 $\exists y_0\in\mathbb{Q}^n\cap B(x_0;\delta)$. 于是 $y_0\in E\backslash I=\varnothing$, 矛盾.

(5) $\forall\varepsilon>0$, $\forall m\in\mathbb{Z}$, 因为 $e\subset\mathbb{R}^{n-1}$ 是 $(n-1)$ 维零测度集, 所以存在至多可数个 $(n-1)$ 维区间 $I_1^m,\cdots,I_i^m,\cdots$ 使得 $\bigcup\limits_{i=1}^{\infty}I_i^m\supset e$ 且 $\sum\limits_{i=1}^{\infty}|I_i^m|<\dfrac{\varepsilon}{2^{|m|}}$. 因此

$$\bigcup_{m=-\infty}^{+\infty}\bigcup_{i=1}^{\infty}[m,m+1]\times I_i^m\supset\mathbb{R}\times e=E$$

且

$$\sum_{m=-\infty}^{+\infty}\sum_{i=1}^{\infty}\mu\big([m,m+1]\times I_i^m\big)=\sum_{m=-\infty}^{+\infty}\sum_{i=1}^{\infty}|I_i^m|<\sum_{m=-\infty}^{+\infty}\frac{\varepsilon}{2^{|m|}}=3\varepsilon,$$

注意到每一个 $[m,m+1]\times I_i^m$ 是 n 维区间, 这就说明了 $E=\mathbb{R}\times e$ 是 n 维零测度集. □

2. (1) 在 $\mathbb{R}^n$ 中构造与狄利克雷函数类似的函数, 并证明: 有界函数 $f: I\to\mathbb{R}$ 几乎在区间 I 的所有点等于零, 这并不意味着 $f\in\mathcal{R}(I)$.

(2) 试证: 如果 $f\in\mathcal{R}(I)$ 且几乎在区间 I 的所有点 $f(x)=0$, 则 $\int_I f(x)\mathrm{d}x=0$.

证 (1) 设区间 $I\subset\mathbb{R}^n$, 令

$$f(x)=\begin{cases}1, & x\in\mathbb{Q}^n\cap I,\\ 0, & x\in I\backslash\mathbb{Q}^n.\end{cases}$$

因为 $\mathbb{Q}^n\cap I$ 是零测度集, 所以有界函数 $f: I\to\mathbb{R}$ 几乎在区间 I 的所有点等于零, 但由 $\mathbb{Q}^n\cap I$ 在 I 中的稠密性可知

$$\underline{\mathcal{J}}=\underline{\int_I}f(x)\mathrm{d}x=0,\quad \overline{\mathcal{J}}=\overline{\int_I}f(x)\mathrm{d}x=1.$$

于是 $f \notin \mathcal{R}(I)$.

(2) 对任一分划 $P=\{I_i\}$, 因为几乎在区间 I 的所有点 $f(x)=0$, 所以 $\forall i$, 可取 $\xi_i \in I_i$ 使得 $f(\xi_i)=0$, 于是积分和 $\sigma(f,P,\xi)=\sum\limits_{i=1}^{k} f(\xi_i)|I_i|=0$. 又因为 $f \in \mathcal{R}(I)$, 所以 $\displaystyle\int_I f(x)\mathrm{d}x=\lim_{\lambda(P)\to 0}\sigma(f,P,\xi)=0$. □

3. (1) 证明: 定义在区间 $I \subset \mathbb{R}^n$ 上的实值函数 $f: I \to \mathbb{R}$ 在 I 上可积, 当且仅当对任意的 $\varepsilon>0$, 存在区间 I 的分划 P, 使得 $S(f,P)-s(f,P)<\varepsilon$.

(2) 利用 (1) 的结果, 并假定研究的是实值函数 $f: I \to \mathbb{R}$, 那么勒贝格准则的充分性部分的证明可以作某些简化. 试独立地完成这些简化.

证 (1) 先设 $f \in \mathcal{R}(I)$, 则由达布准则可知, f 在 I 上有界且

$$\lim_{\lambda(P)\to 0} s(f,P)=\underline{\mathcal{J}}=\overline{\mathcal{J}}=\lim_{\lambda(P)\to 0} S(f,P).$$

因此, $\forall \varepsilon>0$, 存在区间 I 的分划 P, 使得 $S(f,P)-s(f,P)<\varepsilon$.

反之, 假设对任意的 $\varepsilon>0$, 存在区间 I 的分划 P, 使得 $S(f,P)-s(f,P)<\varepsilon$. 于是由关系式 $s(f,P)\leqslant \underline{\mathcal{J}} \leqslant \overline{\mathcal{J}} \leqslant S(f,P)$ 可知

$$0 \leqslant \overline{\mathcal{J}}-\underline{\mathcal{J}} \leqslant S(f,P)-s(f,P)<\varepsilon.$$

再由 ε 的任意性可知 $\underline{\mathcal{J}}=\overline{\mathcal{J}}$, 因此再次利用达布准则即得有界函数 $f \in \mathcal{R}(I)$.

(2) 设 f 在区间 I 上有界且几乎处处连续. $\forall \varepsilon>0$, 令 $E_\varepsilon=\{x \in I: \omega(f;x)\geqslant \varepsilon\}$. 按条件, E_ε 是零测度集. 显然 E_ε 是 I 中的紧集, 于是存在 $\mathbb{R}^n$ 中的有限区间组 $I_1,\cdots,I_k$ 使得 $E_\varepsilon \subset \bigcup\limits_{i=1}^{k} I_i$ 且 $\sum\limits_{i=1}^{k}|I_i|<\varepsilon$. 记 $C_1=\bigcup\limits_{i=1}^{k} I_i$, 而用 C_2 表示以 I_i 的中心为中心、相似系数为 2 的区间之并, 记为 $C_2=\bigcup\limits_{i=1}^{k} I_i^2$. 显然, E_ε 严格地位于 C_2 的内部 $\mathring{C}_2=C_2 \setminus \partial C_2$. 于是, $E_\varepsilon \subset C_1 \subset \mathring{C}_2 \subset C_2$. 此外, 由 C_2 的定义易见可将其表示为有限个两两无相交内部的区间的并 $C_2=\bigcup\limits_{j=1}^{h} \widetilde{I}_j^2$, 其中 $\mathring{\widetilde{I}}{}_{j_1}^2 \cap \mathring{\widetilde{I}}{}_{j_2}^2=\varnothing, \forall j_1 \neq j_2$, 且

$$\sum_{j=1}^{h}|\widetilde{I}_j^2| \leqslant \sum_{i=1}^{k}|I_i^2|=2^n\sum_{i=1}^{k}|I_i|<2^n\varepsilon. \qquad (*)$$

记 $K:=I \setminus \mathring{C}_2$, 则 K 是紧集. 根据构造 $E_\varepsilon \subset I \cap \mathring{C}_2=I \setminus K$, 在任意点 $x \in K$ 都有 $\omega(f;x)<\varepsilon$. 由《讲义》8.1.2 小节引理 4, 有 $\delta>0$ 使对任意的点对 $x_1,x_2 \in K$, 只要 $|x_1-x_2|<\delta$ 就有 $|f(x_1)-f(x_2)|<2\varepsilon$. 显然, 存在 K 的分划 $P'=\{I'_1,\cdots,I'_m\}$ 使得 $\lambda(P')<\delta$. 于是 $\omega(f;I'_l)\leqslant 2\varepsilon, l=1,\cdots,m$.

令 $I_j''=I\cap\widetilde{I}_j^2$, $j=1,\cdots,h$, 从而得到 $I\cap C_2$ 的分划 $P''=\{I_1'',\cdots,I_h''\}$. 因此由 K 的分划 P' 和 $I\cap C_2$ 的分划 P'' 我们得到 I 的分划 $P=P'\cup P''$, 从而再由在 I 上 $|f(x)|\leqslant M$ 以及 $(*)$ 式, 我们有

$$
\begin{aligned}
S(f,P)-s(f,P)&=\sum_{l=1}^{m}\omega(f;I_l')|I_l'|+\sum_{j=1}^{h}\omega(f;I_j'')|I_j''|\\
&\leqslant 2\varepsilon\sum_{l=1}^{m}|I_l'|+2M\sum_{j=1}^{h}|I_j''|\leqslant 2\varepsilon|I|+2M\sum_{j=1}^{h}|\widetilde{I}_j^2|\\
&<2\varepsilon|I|+2M\cdot 2^n\varepsilon=(2|I|+2^{n+1}M)\varepsilon.
\end{aligned}
$$

最后, 利用 (1) 的结果即可知 $f\in\mathcal{R}(I)$. □

四、习题参考解答 (8.2 节)

1. (1) 试证: 如果集合 $E\subset\mathbb{R}^n$ 使得 $\mu(E)=0$, 那么对于这个集的闭包 $\overline{E}$ 也成立等式 $\mu(\overline{E})=0$.

(2) 试举出有界的勒贝格零测度集 E, 使 E 的闭包 $\overline{E}$ 不是勒贝格零测度集的例子.

(3) 试说明: 是否应把引理 3 的断言 (2) 理解为: 对于紧集来说, 若尔当零测度集概念和勒贝格零测度集概念是一致的.

(4) 证明: 如果有界集 $E\subset\mathbb{R}^n$ 在超平面 $\mathbb{R}^{n-1}$ 上的射影有 $n-1$ 维零体积, 那么集合 E 本身有 n 维零体积.

(5) 试证: 没有内点的若尔当可测集有零体积.

证　(1) 若 $\mu(E)=0$, 则由若尔当零测度集的定义可知, $\forall\varepsilon>0$, 存在有限闭区间组 $I_1,\cdots,I_k$ 使得 $\bigcup\limits_{i=1}^{k}I_i\supset E$ 且 $\sum\limits_{i=1}^{k}|I_i|<\varepsilon$. 显然 $\bigcup\limits_{i=1}^{k}I_i$ 为 $\mathbb{R}^n$ 中的闭集, 所以 $\overline{E}\subset\bigcup\limits_{i=1}^{k}I_i$, 因此再次由若尔当零测度集的定义可知 $\mu(\overline{E})=0$.

(2) 易见集合 $E=\mathbb{Q}^n\cap[0,1]^n$ 是有界的勒贝格零测度集, 但其闭包 $\overline{E}=[0,1]^n$ 不是勒贝格零测度集.

(3) 由《讲义》8.1 节中引理 3 的断言 (2) 和若尔当零测度集的概念及勒贝格零测度集的概念易见对于紧集来说, 二者是一致的.

(4) 因为 $E\subset\mathbb{R}^n$ 有界, 所以 $\exists M>0$ 使得 $E\subset\widetilde{E}\times[-M,M]$, 其中 $\widetilde{E}$ 为 E 在超平面 $\mathbb{R}^{n-1}$ 上的射影. 又因为 $\widetilde{E}$ 有 $n-1$ 维零体积, 所以 $\forall\varepsilon>0$, 存在有限 $n-1$ 维区间组 $\widetilde{I}_1,\cdots,\widetilde{I}_k$ 使得 $\bigcup\limits_{i=1}^{k}\widetilde{I}_i\supset\widetilde{E}$ 且 $\sum\limits_{i=1}^{k}|\widetilde{I}_i|<\dfrac{\varepsilon}{2M}$. 令 $I_i=\widetilde{I}_i\times[-M,M]$, $i=1,\cdots,k$, 则每一个 I_i 为 n 维区间, 且

$$\bigcup_{i=1}^{k} I_i \supset \widetilde{E} \times [-M, M] \supset E,$$

此外还满足

$$\sum_{i=1}^{k} |I_i| = 2M \sum_{i=1}^{k} |\widetilde{I}_i| < 2M \cdot \frac{\varepsilon}{2M} = \varepsilon,$$

因此 E 本身有 n 维零体积.

(5) 若 E 没有内点, 则 $E = \partial E$, 而 E 若尔当可测, 所以 $\mu(E) = \mu(\partial E) = 0$.

□

2. (1) 如果 E 不是容许集 (若尔当可测的), 《讲义》8.2 节定义 1 所引进的函数 f 在有界集 E 上的积分是否存在?

(2) 在有界但不若尔当可测的集 E 上的常值函数是否可积?

(3) 断言 "如果函数 f 在集合 E 上可积, 那么这个函数在集合 E 的任一子集 $A \subset E$ 上的限制 $f|_A$ 是 A 上的可积函数" 是否正确?

(4) 对于定义在有界 (但不一定若尔当可测) 集 E 上的函数 $f: E \to \mathbb{R}$, 指出它在 E 上的黎曼积分存在的必要条件和充分条件.

解 (1) 不一定. 易见 $E = \mathbb{Q}^n \cap [0,1]^n$ 有界, 但由于 $\partial E = [0,1]^n$ 不是零测度集, 所以 E 不是容许集. 对函数 $f(x) \equiv 0, \forall x \in E$, 显然

$$\int_E f(x)\mathrm{d}x = \int_{I \supset E} 0\mathrm{d}x = 0.$$

对函数 $g(x) \equiv 1, \forall x \in E$, 由 $\chi_{_E}(x)$ 的处处不连续性和勒贝格准则可知

$$\int_E g(x)\mathrm{d}x = \int_{I \supset E} \chi_{_E}(x)\mathrm{d}x$$

不存在.

(2) 不一定, 参见 (1) 中的例子.

(3) 该断言不正确. 比如, 考虑集合 $E = [0,1]^n \in \mathbb{R}^n$, 子集 $A = \mathbb{Q}^n \cap [0,1]^n$, 函数 $f(x) \equiv 1, \forall x \in E$. 显然 $\displaystyle\int_E f(x)\mathrm{d}x = \mu(E) = 1$, 而由 (1) 可知 $\displaystyle\int_A f|_A(x)\mathrm{d}x$ 不存在.

(4) 对有界集 E, 由集上积分的定义可知

$$\begin{aligned} f \in \mathcal{R}(E) &\Leftrightarrow f_{\chi_{_E}} \text{在任一} I \supset E \text{上有界且几乎处处连续} \\ &\Leftrightarrow f_{\chi_{_E}} \text{在} \ \overline{E} \ \text{上有界且几乎处处连续} \\ &\Leftrightarrow f \text{在} \ E \ \text{上有界, 在} \mathring{E} \text{内几乎处处连续}, \end{aligned}$$

且集合 $\{x\in\partial E:\omega(f_{\chi_E};x)>0\}$ 是若尔当零测度集. □

3. (1) 设 E 是勒贝格零测度集, 而 $f:E\to\mathbb{R}$ 是 E 上的连续有界函数, f 是否总在 E 上可积?

(2) 对若尔当零测度集 E 回答问题 (1).

(3) 如果 (1) 中所指的函数 f 的积分存在, 积分值等于多少?

解 (1) 不一定, 参见习题 2(1).

(2) 若 $\mu(E)=0$, 则由习题 1(1) 可知 $\mu(\overline{E})=0$, 从而 E 是容许集. 又因为 f 是 E 上的连续有界函数, 所以由《讲义》8.2.2 小节定理 1 可知, $f\in\mathcal{R}(E)$.

(3) 若 (1) 中所指的勒贝格零测度集 E 上的连续有界函数 f 的积分存在, 则函数 $f_{\chi_E}(x)$ 几乎处处为零, 于是根据 8.1 节习题 2(2), 我们有

$$\int_E f(x)\mathrm{d}x=\int_{I\supset E}f_{\chi_E}(x)\mathrm{d}x=0.$$ □

8.3 积分的一般性质 & 8.4 化重积分为累次积分

一、知识点总结与补充

1. 黎曼积分的基本性质

(1) 线性性: 设 $E\subset\mathbb{R}^n$ 是有界集.

- $\mathcal{R}(E)$ 关于通常的函数加法和函数与数的乘法运算是线性空间.
- 积分 $\displaystyle\int_E:\mathcal{R}(E)\to\mathbb{R}$ 是空间 $\mathcal{R}(E)$ 上的线性泛函.
- $(f\in\mathcal{R}(E))\wedge$ (在 E 上几乎处处有 $f(x)=0$) $\Rightarrow\left(\displaystyle\int_E f(x)\mathrm{d}x=0\right)$.

注 如果两个可积函数在集合 E 的几乎所有的点都相等, 那么它们在 E 上的积分也相等. 所以, 如果把在集 E 上几乎处处相等的函数作成一个等价类, 作线性空间 $\mathcal{R}(E)$ 的商空间, 那么, 由这些等价类组成一个线性空间 $\tilde{\mathcal{R}}(E)$, 积分也将是 $\tilde{\mathcal{R}}(E)$ 上的线性泛函.

- 若 $\mu(E)=0$, 则对任一有界函数 $f:E\to\mathbb{R}$ 成立 $\displaystyle\int_E f(x)\mathrm{d}x=0$.

(2) 可加性: 设 E_1,E_2 是 $\mathbb{R}^n$ 中的容许集, 而 f 是定义在 $E_1\cup E_2$ 上的函数.

- 成立关系式

$$\left(\exists\int_{E_1\cup E_2}f(x)\mathrm{d}x\right)\Leftrightarrow\left(\exists\int_{E_1}f(x)\mathrm{d}x\right)\wedge\left(\exists\int_{E_2}f(x)\mathrm{d}x\right)\Rightarrow\exists\int_{E_1\cap E_2}f(x)\mathrm{d}x.$$

• 如果还有 $\mu(E_1 \cap E_2) = 0$, 那么在积分存在的条件下成立等式

$$\int_{E_1 \cup E_2} f(x)\mathrm{d}x = \int_{E_1} f(x)\mathrm{d}x + \int_{E_2} f(x)\mathrm{d}x.$$

注 $\chi_{E_1 \cup E_2}(x) = \chi_{E_1}(x) + \chi_{E_2}(x) - \chi_{E_1 \cap E_2}(x)$.

(3) 函数乘积的可积性: 如果函数 $f, g \in \mathcal{R}(E)$, 那么 f 和 g 的乘积 $fg \in \mathcal{R}(E)$.

2. 积分的估计

(1) 一般估计: 如果 $f \in \mathcal{R}(E)$, 则 $|f| \in \mathcal{R}(E)$, 且

$$\left|\int_E f(x)\mathrm{d}x\right| \leqslant \int_E |f|(x)\mathrm{d}x.$$

(2) 非负函数的积分: $(f \in \mathcal{R}(E)) \wedge (\forall x \in E(f(x) \geqslant 0)) \Rightarrow \int_E f(x)\mathrm{d}x \geqslant 0$.

(3) 积分不等式:

• $(f, g \in \mathcal{R}(E)) \wedge (f \leqslant g$, 在 E 上$) \Rightarrow \left(\int_E f(x)\mathrm{d}x \leqslant \int_E g(x)\mathrm{d}x\right)$.

• 如果 $f \in \mathcal{R}(E)$ 并在容许集 E 的每一点满足不等式 $m \leqslant f(x) \leqslant M$, 那么

$$m\mu(E) \leqslant \int_E f(x)\mathrm{d}x \leqslant M\mu(E).$$

注 如果还假定定义在 E 上的非负函数 $g \in \mathcal{R}(E)$, 那么

$$m\int_E g(x)\mathrm{d}x \leqslant \int_E f(x)g(x)\mathrm{d}x \leqslant M\int_E g(x)\mathrm{d}x.$$

(4) 积分平均: 如果 $f \in \mathcal{R}(E)$, $m = \inf\limits_{x \in E} f(x)$, $M = \sup\limits_{x \in E} f(x)$, 那么有数 $\theta \in [m, M]$ 使得 $\int_E f(x)\mathrm{d}x = \theta\mu(E)$.

(5) **积分中值定理** 如果 E 是连通的容许集, 函数 $f: E \to \mathbb{R}$ 连续, 那么有点 $\xi \in E$ 使得

$$\int_E f(x)\mathrm{d}x = f(\xi)\mu(E).$$

(6) 如果在容许集 (即若尔当可测集) E 上非负函数 f 的积分等于零, 则在 I 上几乎处处有 $f(x) = 0$.

3. 富比尼定理

设 $X \times Y$ 是 $\mathbb{R}^{m+n}$ 中的区间, 它是区间 $X \subset \mathbb{R}^m$ 和区间 $Y \subset \mathbb{R}^n$ 的直积. 如

果函数 $f: X\times Y\to\mathbb{R}$ 在 $X\times Y$ 上可积 (即重积分 $\int_{X\times Y}f(x,y)\mathrm{d}x\mathrm{d}y$ 存在), 那么 (累次) 积分 $\int_X\mathrm{d}x\int_Y f(x,y)\mathrm{d}y$ 与 (累次) 积分 $\int_Y\mathrm{d}y\int_X f(x,y)\mathrm{d}x$ 都存在, 且

$$\int_{X\times Y}f(x,y)\mathrm{d}x\mathrm{d}y=\int_X\mathrm{d}x\int_Y f(x,y)\mathrm{d}y=\int_Y\mathrm{d}y\int_X f(x,y)\mathrm{d}x.$$

注 关于记号 $\int_X\mathrm{d}x\int_Y f(x,y)\mathrm{d}y$ 应作如下理解: 对于固定的 $x\in X$ 计算区间 Y 上的积分 $F(x)=\int_Y f(x,y)\mathrm{d}y$, 再将所得的函数 $F: X\to\mathbb{R}$ 在区间 X 上积分. 这时, 如果对于某个点 $x\in X$ 积分 $\int_Y f(x,y)\mathrm{d}y$ 不存在, 那么令 $F(x)$ 等于区间 $[\underline{J}(x),\overline{J}(x)]$ 中的任何一个数, 其中 $\underline{J}(x)=\underline{\int}_Y f(x,y)\mathrm{d}y$ (下积分), $\overline{J}(x)=\overline{\int}_Y f(x,y)\mathrm{d}y$ (上积分). 使 $\underline{J}(x)\neq\overline{J}(x)$ 的点 $x\in X$ 的集合是 X 中的 m 维零测度集, $F\in\mathcal{R}(X)$. 记号 $\int_Y\mathrm{d}y\int_X f(x,y)\mathrm{d}x$ 有类似的意义.

4. 富比尼定理的一些推论

(1) 如果区间 $I\subset\mathbb{R}^n$ 是区间 $I_i=[a^i,b^i](i=1,\cdots,n)$ 的直积, 那么

$$\int_I f(x)\mathrm{d}x=\int_{a^n}^{b^n}\mathrm{d}x^n\int_{a^{n-1}}^{b^{n-1}}\mathrm{d}x^{n-1}\cdots\int_{a^1}^{b^1}f(x^1,x^2,\cdots,x^n)\mathrm{d}x^1.$$

(2) 设 D 是 $\mathbb{R}^{n-1}$ 中的有界集, 而 $E=\{(x,y)\in\mathbb{R}^n:(x\in D)\wedge(\varphi_1(x)\leqslant y\leqslant\varphi_2(x))\}$. 若 $f\in\mathcal{R}(E)$, 则

$$\int_E f(x,y)\mathrm{d}x\mathrm{d}y=\int_D\mathrm{d}x\int_{\varphi_1(x)}^{\varphi_2(x)}f(x,y)\mathrm{d}y.$$

注 如果 $D\subset\mathbb{R}^{n-1}$ 若尔当可测, 而函数 $\varphi_i: D\to\mathbb{R}(i=1,2)$ 连续, 那么集合 $E\subset\mathbb{R}^n$ 若尔当可测且

$$\mu(E)=\int_D(\varphi_2(x)-\varphi_1(x))\mathrm{d}x.$$

(3) 设 E 是区间 $I\subset\mathbb{R}^n$ 中的可测集. 把 I 表为 $n-1$ 维区间 I_x 和区间 I_y 的直积 $I=I_x\times I_y$. 则对几乎所有的值 $y_0\in I_y$, 集合 E 用 $n-1$ 维超平面 $y=y_0$ 所截得的截面 $E_{y_0}=\{(x,y)\in E: y=y_0\}$ 是这个超平面的可测子集, 而且

$$\mu(E)=\int_{I_y}\tilde{\mu}(E_y)\mathrm{d}y,$$

其中 $\tilde{\mu}(E_y)$ 当 E_y 可测时是集合 E_y 的 $n-1$ 维测度, 而当 E_y 不可测时, 它表示数 $\underline{\int}_{E_y} 1\cdot \mathrm{d}x$ 和 $\overline{\int}_{E_y} 1\cdot \mathrm{d}x$ 之间的任意一个数.

(4) 卡瓦列里原理: 设 A 和 B 是空间 $\mathbb{R}^3$ 中两个有体积 (即若尔当可测) 的物体. 设

$$A_c=\{(x,y,z)\in A: z=c\} \quad \text{和} \quad B_c=\{(x,y,z)\in B: z=c\}$$

是用平面 $z=c$ 分别截物体 A 和 B 所得的截面. 如果对于每个 $c\in\mathbb{R}$, 集合 A_c, B_c 可测并有相同的面积, 那么物体 A 和 B 有相同的体积.

注　卡瓦列里原理可以推广到任意维空间 $\mathbb{R}^n$ 中.

(5) 欧氏空间 $\mathbb{R}^n$ 中半径为 r 的球 $B=\{x\in\mathbb{R}^n: |x|\leqslant r\}$ 的体积 V_n 公式:

$$V_{2k+1}=2\frac{(2\pi)^k}{(2k+1)!!}r^{2k+1}, \quad V_{2k}=\frac{(2\pi)^k}{(2k)!!}r^{2k},$$

其中 $k\in\mathbb{N}$, 而且这两个公式中第一个公式对 $k=0$ 也成立.

5. 富比尼定理在二重积分中的常见应用公式

(1) x 型域: $D=\{(x,y): a\leqslant x\leqslant b, f_1(x)\leqslant y\leqslant f_2(x)\}$, $f_1, f_2\in C[a,b]$, $f\in\mathcal{R}(D)$,

$$\iint\limits_D f(x,y)\mathrm{d}x\mathrm{d}y=\int_a^b \mathrm{d}x\int_{f_1(x)}^{f_2(x)} f(x,y)\mathrm{d}y.$$

(2) y 型域: $D=\{(x,y): c\leqslant y\leqslant d, g_1(y)\leqslant x\leqslant g_2(y)\}$, $g_1, g_2\in C[c,d]$, $f\in\mathcal{R}(D)$,

$$\iint\limits_D f(x,y)\mathrm{d}x\mathrm{d}y=\int_c^d \mathrm{d}y\int_{g_1(y)}^{g_2(y)} f(x,y)\mathrm{d}x.$$

6. 富比尼定理在三重积分中的常见应用公式

(1) 先一重后二重积分: $V=\{(x,y,z): (x,y)\in D, f_1(x,y)\leqslant z\leqslant f_2(x,y)\}$, $D\subset\mathbb{R}^2$ 为可测集, $f_1, f_2\in C(D)$, $f\in\mathcal{R}(V)$,

$$\iiint\limits_V f(x,y,z)\mathrm{d}x\mathrm{d}y\mathrm{d}z=\iint\limits_D \mathrm{d}x\mathrm{d}y\int_{f_1(x,y)}^{f_2(x,y)} f(x,y,z)\mathrm{d}z.$$

(2) 先二重后一重积分: $V=\big\{(x,y,z): a\leqslant z\leqslant b, (x,y)\in D_z\big\}$, $D_z\subset\mathbb{R}^2$ 为可测区域, $f\in\mathcal{R}(V)$,

$$\iiint\limits_V f(x,y,z)\mathrm{d}x\mathrm{d}y\mathrm{d}z=\int_a^b \mathrm{d}z\iint\limits_{D_z} f(x,y,z)\mathrm{d}x\mathrm{d}y.$$

二、例题讲解

1. 设

$$D=\{(x,y):(x-2)^2+(y-1)^2\leqslant 2\},$$

试比较 $\iint\limits_D (x+y)^2\mathrm{d}x\mathrm{d}y$ 与 $\iint\limits_D (x+y)^3\mathrm{d}x\mathrm{d}y$ 的大小.

解 由 $(x-2)^2+(y-1)^2\leqslant 2$ 可知

$$\begin{aligned}x+y&=-\frac{1}{2}\big((x-2)^2+(y-1)^2-2\big)+\frac{1}{2}(x^2+y^2-2x+3)\\&\geqslant\frac{1}{2}(x^2+y^2-2x+3)=\frac{1}{2}\big((x-1)^2+y^2\big)+1\geqslant 1,\end{aligned}$$

所以

$$(x+y)^2\leqslant(x+y)^3,\quad \forall(x,y)\in D,$$

因此

$$\iint\limits_D (x+y)^2\mathrm{d}x\mathrm{d}y\leqslant\iint\limits_D (x+y)^3\mathrm{d}x\mathrm{d}y.$$ □

2. 计算函数

$$f(x,y)=\begin{cases}1, & y\leqslant \mathrm{e}^x,\\ 0, & y>\mathrm{e}^x\end{cases}$$

在区域 $D=[0,1]\times[0,\mathrm{e}]$ 上的重积分.

解 显然 $D=D_1\cup D_2$, 且 $\mu(D_1\cap D_2)=0$, 其中

$$D_1=\{(x,y):x\in[0,1],y\in[0,\mathrm{e}^x]\},\quad D_2=\{(x,y):x\in[0,1],y\in[\mathrm{e}^x,\mathrm{e}]\}.$$

于是由重积分的性质和富比尼定理可知

$$\begin{aligned}&\iint\limits_D f(x,y)\mathrm{d}x\mathrm{d}y=\iint\limits_{D_1} f(x,y)\mathrm{d}x\mathrm{d}y+\iint\limits_{D_2} f(x,y)\mathrm{d}x\mathrm{d}y\\&=\int_0^1\left(\int_0^{\mathrm{e}^x}1\mathrm{d}y+\int_{\mathrm{e}^x}^{\mathrm{e}}0\mathrm{d}y\right)\mathrm{d}x=\int_0^1\mathrm{e}^x\mathrm{d}x=\mathrm{e}-1.\end{aligned}$$ □

3. 求三重积分 $\iiint\limits_V x\mathrm{e}^{y+z}\mathrm{d}x\mathrm{d}y\mathrm{d}z$, 其中 V 是由曲面 $y=x^2(x\geqslant 0)$ 和平面 $y=x$, $x+y+z=2$, $z=0$ 所围成的区域.

解 易见 $V=\{(x,y,z):(x,y)\in D, f_1(x,y)\leqslant z\leqslant f_2(x,y)\}$, 其中 $D=\{(x,y):0\leqslant x\leqslant 1,\, x^2\leqslant y\leqslant x\}$, 且 $\forall (x,y)\in D$, $f_1(x,y)=0$, $f_2(x,y)=2-x-y$. 于是利用先一重后二重积分的公式可知

$$\begin{aligned}&\iiint\limits_V x\mathrm{e}^{y+z}\mathrm{d}x\mathrm{d}y\mathrm{d}z=\iint\limits_D \mathrm{d}x\mathrm{d}y\int_0^{2-x-y}x\mathrm{e}^{y+z}\mathrm{d}z\\&=\iint\limits_D x(\mathrm{e}^{2-x}-\mathrm{e}^y)\mathrm{d}x\mathrm{d}y=\int_0^1\mathrm{d}x\int_{x^2}^x x(\mathrm{e}^{2-x}-\mathrm{e}^y)\mathrm{d}y\\&=\int_0^1\left((x^2-x^3)\mathrm{e}^{2-x}-x\mathrm{e}^x+x\mathrm{e}^{x^2}\right)\mathrm{d}x\\&=11\mathrm{e}-4\mathrm{e}^2-1+\frac{1}{2}\mathrm{e}-\frac{1}{2}=\frac{23}{2}\mathrm{e}-4\mathrm{e}^2-\frac{3}{2}.\end{aligned}$$

□

4. (重积分与不等式) 设 $\Omega\subset\mathbb{R}^n$ 为可测区域, $p\geqslant 1$, 且 $|f|^p, |g|^p\in\mathcal{R}(\Omega)$. 记

$$\|f\|_p:=\left(\int_\Omega |f(x)|^p\mathrm{d}x\right)^{\frac{1}{p}},$$

则我们有如下不等式:

(1) 赫尔德 (Hölder) 不等式: $\dfrac{1}{p}+\dfrac{1}{q}=1,\, p,q>1$,

$$\|fg\|_1\leqslant\|f\|_p\|g\|_q.$$

(2) 闵可夫斯基 (Minkowski) 不等式: $p\geqslant 1$,

$$\|f+g\|_p\leqslant\|f\|_p+\|g\|_p.$$

证 (1) 不妨设 $\|f\|_p>0$, $\|g\|_q>0$. 令

$$a=\frac{|f|}{\|f\|_p},\quad b=\frac{|g|}{\|g\|_q},$$

则由杨格 (Young) 不等式 $ab\leqslant\dfrac{1}{p}a^p+\dfrac{1}{q}b^q$ 可知

$$\frac{|f|\cdot|g|}{\|f\|_p\|g\|_q}\leqslant\frac{1}{p}\frac{|f|^p}{\|f\|_p^p}+\frac{1}{q}\frac{|g|^q}{\|g\|_q^q},$$

于是我们有

$$\frac{\displaystyle\int_\Omega |f|\cdot|g|\mathrm{d}x}{\|f\|_p\|g\|_q}\leqslant\frac{1}{p}\frac{\displaystyle\int_\Omega|f|^p\mathrm{d}x}{\|f\|_p^p}+\frac{1}{q}\frac{\displaystyle\int_\Omega|g|^q\mathrm{d}x}{\|g\|_q^q}=\frac{1}{p}+\frac{1}{q}=1,$$

从而结论成立. 此外易见, 在赫尔德不等式中等号成立的条件是: 存在常数 A 和 B, 使得 $A^2+B^2\neq 0$ 且 $A|f(x)|^p=B|g(x)|^q$ 几乎处处成立.

(2) 当 $p=1$ 时, 结论显然成立. 当 $p>1$ 时, 记 $h=|f|+|g|$, 则

$$|f+g|^p\leqslant(|f|+|g|)^p=h^p=h\cdot h^{p-1}=|f|\cdot h^{p-1}+|g|\cdot h^{p-1}.$$

不妨设 $\int_\Omega h^p\mathrm{d}x>0$, 于是由赫尔德不等式可知

$$\begin{aligned}&\int_\Omega|f+g|^p\mathrm{d}x\leqslant\int_\Omega h^p\mathrm{d}x\leqslant\int_\Omega|f|\cdot h^{p-1}\mathrm{d}x+\int_\Omega|g|\cdot h^{p-1}\mathrm{d}x\\&\leqslant\|f\|_p\left(\int_\Omega h^{(p-1)\cdot\frac{p}{p-1}}\mathrm{d}x\right)^{\frac{p-1}{p}}+\|g\|_p\left(\int_\Omega h^{(p-1)\cdot\frac{p}{p-1}}\mathrm{d}x\right)^{\frac{p-1}{p}}\\&=(\|f\|_p+\|g\|_p)\left(\int_\Omega h^p\mathrm{d}x\right)^{\frac{p-1}{p}},\end{aligned}$$

因此我们有

$$\|f+g\|_p\leqslant\left(\int_\Omega h^p\mathrm{d}x\right)^{\frac{1}{p}}=\left(\int_\Omega h^p\mathrm{d}x\right)^{1-\frac{p-1}{p}}\leqslant\|f\|_p+\|g\|_p.$$

此外易见, 在闵可夫斯基不等式中等号成立的条件是: 存在非负常数 A 和 B, 使得 $A^2+B^2\neq 0$ 且 $Af(x)=Bg(x)$ 几乎处处成立. □

5. 设 $f(x)$ 是 $[a,b]$ 上的正的连续函数, 证明:

$$\int_a^b\int_a^b\frac{f(x)}{f(y)}\mathrm{d}x\mathrm{d}y\geqslant(b-a)^2.$$

证 由赫尔德不等式可知

$$\begin{aligned}&\int_a^b\int_a^b\frac{f(x)}{f(y)}\mathrm{d}x\mathrm{d}y=\left(\int_a^b f(x)\mathrm{d}x\right)\left(\int_a^b\frac{1}{f(x)}\mathrm{d}x\right)\\&\geqslant\left(\int_a^b\sqrt{f(x)}\cdot\frac{1}{\sqrt{f(x)}}\mathrm{d}x\right)^2=(b-a)^2.\end{aligned}$$ □

6. 设 $f(x)=\int_0^x\int_t^x\mathrm{e}^{-s^2}\mathrm{d}s\mathrm{d}t$, 求 $f'(x)$ 和 $f(x)$.

解 令 $F(x,t)=\int_t^x\mathrm{e}^{-s^2}\mathrm{d}s$, $G(x,u)=\int_0^u F(x,t)\mathrm{d}t$, 则 $f(x)=G(x,u(x))$, 其中 $u(x)=x$. 由《讲义》8.4 节习题 3 可知

$$f'(x)=\frac{\partial G}{\partial x}+\frac{\partial G}{\partial u}\frac{\partial u}{\partial x}=\frac{\partial\int_0^u F(x,t)\mathrm{d}t}{\partial x}+F(x,x)\cdot 1$$

$$= \int_0^u \frac{\partial F(x,t)}{\partial x} \mathrm{d}t + 0 \cdot 1 = \int_0^x \mathrm{e}^{-x^2} \mathrm{d}t = x\mathrm{e}^{-x^2}.$$

再根据 $f(0) = 0$, 求得 $f(x) = \frac{1}{2} - \frac{1}{2}\mathrm{e}^{-x^2}$. □

7. 求极限 $\lim\limits_{y \to 0} \int_0^1 \frac{x}{y^2} \mathrm{e}^{-\frac{x^2}{y^2}} \mathrm{d}x$.

解

$$\lim_{y \to 0} \int_0^1 \frac{x}{y^2} \mathrm{e}^{-\frac{x^2}{y^2}} \mathrm{d}x = \frac{1}{2} \lim_{y \to 0} \int_0^1 \mathrm{e}^{-\frac{x^2}{y^2}} \mathrm{d}\left(\frac{x^2}{y^2}\right) = \frac{1}{2} \lim_{y \to 0} \left(1 - \mathrm{e}^{-\frac{1}{y^2}}\right) = \frac{1}{2}.$$ □

注 这是一个极限运算与积分运算不可交换的例子, 因为

$$\int_0^1 \left(\lim_{y \to 0} \frac{x}{y^2} \mathrm{e}^{-\frac{x^2}{y^2}}\right) \mathrm{d}x = \int_0^1 0 \mathrm{d}x = 0.$$

三、习题参考解答 (8.3 节)

1. 设 E 是具非零测度的若尔当可测集, 而 $f: E \to \mathbb{R}$ 是 E 上的连续非负可积函数, $M = \sup\limits_{x \in E} f(x)$. 试证

$$\lim_{n \to \infty} \left(\int_E f^n(x) \mathrm{d}x\right)^{1/n} = M.$$

证 若 $M = 0$, 则 $f(x) \equiv 0$, 结论显然成立. 若 $M > 0$, 则 $\forall 0 < \varepsilon < M$, $\exists \widetilde{E} \subset E$ 使得 $\mu(\widetilde{E}) \neq 0$ 且

$$0 < M - \varepsilon \leqslant f(x) \leqslant M, \quad \forall x \in \widetilde{E},$$

所以

$$(M - \varepsilon)\big(\mu(\widetilde{E})\big)^{\frac{1}{n}} \leqslant \left[\int_E f^n(x) \mathrm{d}x\right]^{\frac{1}{n}} \leqslant M\big(\mu(E)\big)^{\frac{1}{n}}.$$

令 $n \to \infty$ 即得

$$M - \varepsilon \leqslant \lim_{n \to \infty} \left[\int_E f^n(x) \mathrm{d}x\right]^{\frac{1}{n}} \leqslant M.$$

由 ε 的任意性可知结论成立. □

2. 设 E 是 $\mathbb{R}^n$ 中的若尔当可测集, 而且 $\mu(E) > 0$. 验证: 如果 $\varphi \in C(E; \mathbb{R})$, 而 $f: \mathbb{R} \to \mathbb{R}$ 是凸函数, 那么

$$f\left(\frac{1}{\mu(E)} \int_E \varphi(x) \mathrm{d}x\right) \leqslant \frac{1}{\mu(E)} \int_E (f \circ \varphi)(x) \mathrm{d}x.$$

证　因为 $f:\mathbb{R}\to\mathbb{R}$ 是凸函数, 所以由《讲义》4.4 节习题 13 及其证明可知

(1) $f\in C(\mathbb{R};\mathbb{R})$;

(2) $\forall x\in\mathbb{R}$, $f'_-(x)$ 与 $f'_+(x)$ 都存在且 $f'_-(x)\leqslant f'_+(x)$;

(3) $\forall x_1<x_2$, $f'_+(x_1)\leqslant \dfrac{f(x_2)-f(x_1)}{x_2-x_1}\leqslant f'_-(x_2)$.

我们断言: $\forall x,y\in\mathbb{R}$, 成立不等式

$$f(x)\geqslant f(y)+\frac{f'_-(y)+f'_+(y)}{2}(x-y). \tag{$*$}$$

事实上, 当 $x=y$ 时, 断言显然成立. 当 $x>y$ 时, 由 (2) 和 (3) 可知

$$f(x)\geqslant f(y)+f'_+(y)(x-y)\geqslant f(y)+\frac{f'_-(y)+f'_+(y)}{2}(x-y),$$

断言成立. 当 $x<y$ 时, 同理可知

$$f(x)\geqslant f(y)+f'_-(y)(x-y)\geqslant f(y)+\frac{f'_-(y)+f'_+(y)}{2}(x-y),$$

此时断言也成立.

由于 $\mu(E)>0$, $\varphi\in C(E;\mathbb{R})$, 因此再由 (1) 可知积分 $\displaystyle\int_E\varphi(x)\mathrm{d}x$ 和 $\displaystyle\int_E(f\circ\varphi)(x)\mathrm{d}x$ 都存在. 令 $c=\dfrac{1}{\mu(E)}\displaystyle\int_E\varphi(x)\mathrm{d}x$, 则由 $(*)$ 式可知 $\forall x\in E$,

$$(f\circ\varphi)(x)=f(\varphi(x))\geqslant f(c)+\frac{f'_-(c)+f'_+(c)}{2}(\varphi(x)-c).$$

于是, 我们有

$$\begin{aligned}\int_E(f\circ\varphi)(x)\mathrm{d}x&\geqslant\int_E\left(f(c)+\frac{f'_-(c)+f'_+(c)}{2}(\varphi(x)-c)\right)\mathrm{d}x\\&=f(c)\mu(E)+\frac{f'_-(c)+f'_+(c)}{2}\left(\int_E\varphi(x)\mathrm{d}x-c\mu(E)\right)\\&=f(c)\mu(E)+\frac{f'_-(c)+f'_+(c)}{2}\cdot 0=f(c)\mu(E),\end{aligned}$$

由此即得

$$f\left(\frac{1}{\mu(E)}\int_E\varphi(x)\mathrm{d}x\right)=f(c)\leqslant\frac{1}{\mu(E)}\int_E(f\circ\varphi)(x)\mathrm{d}x. \qquad\square$$

3. (1) 试证: 若 E 是 $\mathbb{R}^n$ 中的若尔当可测集, 而 E 上的可积函数 $f:E\to\mathbb{R}$ 在它的内点 $a\in E$ 连续, 则

$$\lim_{\delta\to+0}\frac{1}{\mu(U_E^\delta(a))}\int_{U_E^\delta(a)}f(x)\mathrm{d}x=f(a),$$

其中 $U_E^\delta(a)$ 表示点 a 在集 E 中的 δ-邻域.

(2) 验证: 如果把条件 "a 是 E 的内点" 用条件 "对任意的 $\delta>0$ 有 $\mu(U_E^\delta(a))>0$" 来代替, 上面的关系仍然成立.

证 (1) 由所给条件可知, $\forall\varepsilon>0$, $\exists\delta_0>0$ 使得, $\forall\delta\in(0,\delta_0]$, $U_E^\delta(a)=U^\delta(a)\cap E=U^\delta(a)$ 且 $\forall x\in U_E^\delta(a)$, $|f(x)-f(a)|<\varepsilon$. 显然 $\mu(U_E^\delta(a))=\mu(U^\delta(a))>0$, 于是我们有

$$f(a)-\varepsilon\leqslant\frac{1}{\mu(U_E^\delta(a))}\int_{U_E^\delta(a)}f(x)\mathrm{d}x\leqslant f(a)+\varepsilon,$$

由此即得

$$\lim_{\delta\to+0}\frac{1}{\mu(U_E^\delta(a))}\int_{U_E^\delta(a)}f(x)\mathrm{d}x=f(a).$$

(2) 由 (1) 的证明过程易见, 此时结论也成立. □

四、习题参考解答 (8.4 节)

1. 利用富比尼定理和正函数积分的正性, 在 $\dfrac{\partial^2 f}{\partial x\partial y}$, $\dfrac{\partial^2 f}{\partial y\partial x}$ 是连续函数的假设下给出混合导数等式 $\dfrac{\partial^2 f}{\partial x\partial y}=\dfrac{\partial^2 f}{\partial y\partial x}$ 的简单证明.

证 反证法. 假设 $\exists(x_0,y_0)\in\mathbb{R}^2$ 使得 $\dfrac{\partial^2 f}{\partial x\partial y}(x_0,y_0)\neq\dfrac{\partial^2 f}{\partial y\partial x}(x_0,y_0)$. 令 $g(x,y)=\dfrac{\partial^2 f}{\partial x\partial y}(x,y)-\dfrac{\partial^2 f}{\partial y\partial x}(x,y)$, 则有 $g(x_0,y_0)\neq 0$, 不妨设 $g(x_0,y_0)>0$. 因为 g 是连续函数, 所以 $\exists\delta>0$ 使得 $\forall(x,y)\in[x_0-\delta,x_0+\delta]\times[y_0-\delta,y_0+\delta]=:I$, $g(x,y)>0$, 因此由正函数积分的正性可知 $\displaystyle\iint_I g(x,y)\mathrm{d}x\mathrm{d}y>0$. 但是由富比尼定理我们又有

$$\begin{aligned}
&\iint_I g(x,y)\mathrm{d}x\mathrm{d}y=\iint_I\left(\frac{\partial^2 f}{\partial x\partial y}(x,y)-\frac{\partial^2 f}{\partial y\partial x}(x,y)\right)\mathrm{d}x\mathrm{d}y\\
=&\int_{x_0-\delta}^{x_0+\delta}\mathrm{d}x\int_{y_0-\delta}^{y_0+\delta}\frac{\partial^2 f}{\partial x\partial y}(x,y)\mathrm{d}y-\int_{y_0-\delta}^{y_0+\delta}\mathrm{d}y\int_{x_0-\delta}^{x_0+\delta}\frac{\partial^2 f}{\partial y\partial x}(x,y)\mathrm{d}x\\
=&\int_{x_0-\delta}^{x_0+\delta}\left(\frac{\partial f}{\partial x}(y_0+\delta)-\frac{\partial f}{\partial x}(y_0-\delta)\right)\mathrm{d}x\\
&-\int_{y_0-\delta}^{y_0+\delta}\left(\frac{\partial f}{\partial y}(x_0+\delta)-\frac{\partial f}{\partial y}(x_0-\delta)\right)\mathrm{d}y\\
=&\Big[\big(f(x_0+\delta,y_0+\delta)-f(x_0-\delta,y_0+\delta)\big)
\end{aligned}$$

$$
\begin{aligned}
&-\left(f(x_0+\delta,y_0-\delta)-f(x_0-\delta,y_0-\delta)\right)\Big]\\
&-\Big[\left(f(x_0+\delta,y_0+\delta)-f(x_0+\delta,y_0-\delta)\right)\\
&-\left(f(x_0-\delta,y_0+\delta)-f(x_0-\delta,y_0-\delta)\right)\Big]=0,
\end{aligned}
$$

矛盾. □

注 此题也可先证明 $\forall (x,y)$, $\iint\limits_{I_\delta} g(x,y)\mathrm{d}x\mathrm{d}y=0$, 其中 $I_\delta=[x-\delta,x+\delta]\times[y-\delta,y+\delta]$, $\delta>0$. 再利用 8.3 节习题 3 即可知

$$g(x,y)=\lim_{\delta\to+0}\frac{1}{|I_\delta|}\iint\limits_{I_\delta} g(x,y)\mathrm{d}x\mathrm{d}y=\lim_{\delta\to+0}0=0.$$

2. 设 $f:I_{a,b}\to\mathbb{R}$ 是定义在区间

$$I_{a,b}=\{x\in\mathbb{R}^n:a^i\leqslant x^i\leqslant b^i,\ i=1,\cdots,n\}$$

上的连续函数, 而函数 $F:I_{a,b}\to\mathbb{R}$ 由等式

$$F(x)=\int_{I_{a,x}}f(t)\mathrm{d}t$$

所定义, 其中 $I_{a,x}\subset I_{a,b}$. 试求这个函数关于变量 $x^1,\cdots,x^n$ 的偏导数.

证 $\forall x=(x^1,x^2,\cdots,x^n)\in\mathbb{R}^n$, 记 $\tilde{x}=(x^2,\cdots,x^n)$, 再记

$$\widetilde{I}_{\tilde{a},\tilde{b}}=\{\tilde{x}\in\mathbb{R}^{n-1}:x=(x^1,\tilde{x})\in I_{a,b}\}.$$

由富比尼定理可知, $\forall x\in I_{a,b}$,

$$F(x^1,\tilde{x})=F(x)=\int_{I_{a,x}}f(t)\mathrm{d}t=\int_{a^1}^{x^1}\left(\int_{\widetilde{I}_{\tilde{a},\tilde{x}}}f(t^1,\tilde{t})\mathrm{d}\tilde{t}\right)\mathrm{d}t^1.$$

令

$$G(t^1,\tilde{x})=\int_{\widetilde{I}_{\tilde{a},\tilde{x}}}f(t^1,\tilde{t})\mathrm{d}\tilde{t},\quad (t^1,\tilde{x})\in I_{a,b},$$

则

$$F(x^1,\tilde{x})=\int_{a^1}^{x^1}G(t^1,\tilde{x})\mathrm{d}t^1.$$

由 f 在 $I_{a,b}$ 上的 (一致) 连续性可知, $\forall\varepsilon>0$, $\exists\delta>0$ 使得, 当 $\tilde{t}\in\widetilde{I}_{\tilde{a},\tilde{b}}$, $t_1^1,t_2^1\in[a^1,b^1]$ 且 $|t_1^1-t_2^1|<\delta$ 时, $|f(t_1^1,\tilde{t})-f(t_2^1,\tilde{t})|<\varepsilon$. 于是 $\forall\tilde{x}\in\widetilde{I}_{\tilde{a},\tilde{b}}$, 我们有

$$|G(t_1^1,\tilde{x})-G(t_2^1,\tilde{x})|\leqslant\int_{\widetilde{I}_{\tilde{a},\tilde{b}}}|f(t_1^1,\tilde{t})-f(t_2^1,\tilde{t})|\mathrm{d}\tilde{t}\leqslant\varepsilon|\widetilde{I}_{\tilde{a},\tilde{b}}|.$$

因此 G 关于 $t^1 \in [a^1, b^1]$ 也是 (一致) 连续的, 从而由一元函数变上限积分的性质可知

$$\frac{\partial F}{\partial x^1}(x^1, \tilde{x}) = G(x^1, \tilde{x}) = \int_{\widetilde{I}_{\tilde{a},\tilde{x}}} f(x^1, \tilde{t})\mathrm{d}\tilde{t} = \int_{a^2}^{x^2} \mathrm{d}t^2 \cdots \int_{a^n}^{x^n} f(x^1, t^2, \cdots, t^n)\mathrm{d}t^n.$$

其他 $n-1$ 个偏导数是类似的. □

3. 定义在矩形 $I = [a, b] \times [c, d] \subset \mathbb{R}^2$ 上的连续函数 $f(x, y)$ 在 I 有连续的偏导数 $\dfrac{\partial f}{\partial y}$.

(1) 设 $F(y) = \displaystyle\int_a^b f(x, y)\mathrm{d}x$. 从等式

$$F(y) = \int_a^b \left(\int_c^y \frac{\partial f}{\partial t}(x, t)\mathrm{d}t + f(x, c) \right) \mathrm{d}x$$

出发, 验证莱布尼茨法则:

$$F'(y) = \int_a^b \frac{\partial f}{\partial y}(x, y)\mathrm{d}x.$$

(2) 设 $G(x, y) = \displaystyle\int_a^x f(t, y)\mathrm{d}t$, 求 $\dfrac{\partial G}{\partial x}$ 和 $\dfrac{\partial G}{\partial y}$.

(3) 设 $H(y) = \displaystyle\int_a^{h(y)} f(x, y)\mathrm{d}x$, 其中 $h \in C^{(1)}[a, b]$. 求 $H'(y)$.

证 (1) 由富比尼定理可知

$$\begin{aligned} F(y) &= \int_a^b \left(\int_c^y \frac{\partial f}{\partial t}(x, t)\mathrm{d}t + f(x, c) \right) \mathrm{d}x \\ &= \int_c^y \left(\int_a^b \frac{\partial f}{\partial t}(x, t)\mathrm{d}x \right) \mathrm{d}t + \int_a^b f(x, c)\mathrm{d}x. \end{aligned}$$

令

$$g(t) = \int_a^b \frac{\partial f}{\partial t}(x, t)\mathrm{d}x, \quad t \in [c, d],$$

则

$$F(y) = \int_c^y g(t)\mathrm{d}t + \int_a^b f(x, c)\mathrm{d}x.$$

类似于习题 2 的证明可知 $g \in C[c, d]$, 且

$$F'(y) = g(y) + 0 = \int_a^b \frac{\partial f}{\partial y}(x, y)\mathrm{d}x.$$

(2) 由 f 的连续性和一元函数变上限积分的性质可知

$$\frac{\partial G}{\partial x}(x,y)=f(x,y).$$

再由 (1) 可知

$$\frac{\partial G}{\partial y}(x,y)=\int_a^x \frac{\partial f}{\partial y}(t,y)\mathrm{d}t.$$

(3) 易见 $H(y)=G(h(y),y)$, 因此由复合函数的求导法则可得

$$\begin{aligned}H'(y)&=\frac{\partial G}{\partial x}(h(y),y)\cdot h'(y)+\frac{\partial G}{\partial y}(h(y),y)\\&=f(h(y),y)\cdot h'(y)+\int_a^{h(y)}\frac{\partial f}{\partial y}(t,y)\mathrm{d}t\\&=f(h(y),y)\cdot h'(y)+\int_a^{h(y)}\frac{\partial f}{\partial y}(x,y)\mathrm{d}x.\end{aligned}$$ □

4. 研究积分序列

$$\begin{aligned}F_0(x)&=\int_0^x f(y)\mathrm{d}y,\\F_n(x)&=\int_0^x \frac{(x-y)^n}{n!}f(y)\mathrm{d}y,\quad n\in\mathbb{N},\end{aligned}$$

其中 $f\in C(\mathbb{R};\mathbb{R})$.

(1) 验证: $F_n'(x)=F_{n-1}(x)$; $F_n^{(k)}(0)=0$, 如果 $k\leqslant n$; $F_n^{(n+1)}(x)=f(x)$.

(2) 试证:

$$\int_0^x \mathrm{d}x_1\int_0^{x_1}\mathrm{d}x_2\cdots\int_0^{x_{n-1}}f(x_n)\mathrm{d}x_n=\frac{1}{(n-1)!}\int_0^x (x-y)^{n-1}f(y)\mathrm{d}y.$$

证 (1) 由习题 3(3) 可见, $\forall n\in\mathbb{N}$,

$$F_n'(x)=\frac{(x-x)^n}{n!}f(x)+\int_0^x\frac{n(x-y)^{n-1}}{n!}f(y)\mathrm{d}y=F_{n-1}(x).$$

于是当 $k\leqslant n$ 时,

$$\begin{aligned}&F_n^{(k)}(x)=(F_n')^{(k-1)}(x)=F_{n-1}^{(k-1)}(x)\\&=(F_{n-1}')^{(k-2)}(x)=F_{n-2}^{(k-2)}(x)=\cdots=F_{n-(k-1)}'(x)=F_{n-k}(x),\end{aligned}$$

因此

$$F_n^{(k)}(0)=F_{n-k}(0)=0,$$

且

$$F_n^{(n+1)}(x) = (F_n^{(n)})'(x) = F_0'(x) = f(x).$$

(2) 由 (1) 可知

$$\begin{aligned}
&\int_0^x \mathrm{d}x_1 \int_0^{x_1} \mathrm{d}x_2 \cdots \int_0^{x_{n-1}} f(x_n)\mathrm{d}x_n \\
=& \int_0^x \mathrm{d}x_1 \int_0^{x_1} \mathrm{d}x_2 \cdots \int_0^{x_{n-2}} \mathrm{d}x_{n-1} \int_0^{x_{n-1}} F_n^{(n+1)}(x_n)\mathrm{d}x_n \\
=& \int_0^x \mathrm{d}x_1 \int_0^{x_1} \mathrm{d}x_2 \cdots \int_0^{x_{n-2}} \left(F_n^{(n)}(x_{n-1}) - F_n^{(n)}(0)\right)\mathrm{d}x_{n-1} \\
=& \int_0^x \mathrm{d}x_1 \int_0^{x_1} \mathrm{d}x_2 \cdots \int_0^{x_{n-2}} F_n^{(n)}(x_{n-1})\mathrm{d}x_{n-1} \\
=& \cdots = \int_0^x F_n''(x_{n-1})\mathrm{d}x_1 = F_n'(x) - F_n'(0) \\
=& F_n'(x) = F_{n-1}(x) = \frac{1}{(n-1)!}\int_0^x (x-y)^{n-1} f(y)\mathrm{d}y.
\end{aligned}$$ □

注 该等式也可利用数学归纳法及 (1) 中结论证明.

5. (1) 设 $f: E \to \mathbb{R}$ 是定义在集

$$E = \{(x,y) \in \mathbb{R}^2 : 0 \leqslant x \leqslant 1 \wedge 0 \leqslant y \leqslant x\}$$

上的连续函数. 试证:

$$\int_0^1 \mathrm{d}x \int_0^x f(x,y)\mathrm{d}y = \int_0^1 \mathrm{d}y \int_y^1 f(x,y)\mathrm{d}x.$$

(2) 用累次积分 $\int_0^{2\pi} \mathrm{d}x \int_0^{\sin x} 1 \cdot \mathrm{d}y$ 为例说明为什么不能根据富比尼定理把每个累次积分写为二重积分.

证 (1) 显然

$$\begin{aligned}
E &= \{(x,y) \in \mathbb{R}^2 : 0 \leqslant x \leqslant 1 \wedge 0 \leqslant y \leqslant x\} \\
&= \{(x,y) \in \mathbb{R}^2 : 0 \leqslant y \leqslant 1 \wedge y \leqslant x \leqslant 1\}.
\end{aligned}$$

于是由《讲义》8.4.2 小节推论 2 易见

$$\int_0^1 \mathrm{d}x \int_0^x f(x,y)\mathrm{d}y = \iint_E f(x,y)\mathrm{d}x\mathrm{d}y = \int_0^1 \mathrm{d}y \int_y^1 f(x,y)\mathrm{d}x.$$

(2) 显然

$$\int_0^{2\pi} \mathrm{d}x \int_0^{\sin x} 1 \cdot \mathrm{d}y = \int_0^{2\pi} \sin x \mathrm{d}x = 0.$$

记

$$E = \{(x,y) \in \mathbb{R}^2 : 0 \leqslant x \leqslant 2\pi \wedge y(y - \sin x) \leqslant 0\},$$

则

$$\int_E 1\mathrm{d}x\mathrm{d}y = \mu(E) = 2\int_0^{\pi} \sin x \mathrm{d}x = 4 > 0,$$

所以结论成立. □

8.5 重积分中的变量替换

一、知识点总结与补充

1. 预备知识

(1) 支集定义: 给定区域 $D \subset \mathbb{R}^n$ 中的函数 $f: D \to \mathbb{R}$, 称 D 中使 $f(x) \neq 0$ 的点组成的集合的闭包为 f 的支集, 记作 $\operatorname{supp} f$, 即 $\operatorname{supp} f := \overline{\{x \in D : f(x) \neq 0\}}$.

(2) 开集的性质: 空间 $\mathbb{R}^n$ 的任一开子集 D 可以表为可列个两两没有公共内点的闭区间的并集.

(3) 可测集和光滑映射的性质: 设 $\varphi : D_t \to D_x$ 是开集 $D_t \subset \mathbb{R}^n$ 到开集 $D_x \subset \mathbb{R}^n$ 的微分同胚, 则成立以下的断言.

- 若 $E_t \subset D_t$ 是 (勒贝格) 零测度集, 则它的像 $\varphi(E_t) \subset D_x$ 也是零测度集.
- 设集合 $E_t \subset \overline{E}_t \subset D_t$. 若 E_t 的 (若尔当) 体积为零, 则 $\varphi(E_t) = E_x \subset \overline{E}_x \subset D_x$, 且 E_x 也有零体积.
- 如果 (若尔当) 可测集 $E_t \subset \overline{E}_t \subset D_t$, 那么它的像 $E_x = \varphi(E_t)$ 是可测集, 并且 $\overline{E}_x \subset D_x$.

2. 变量替换公式

如果 $\varphi : D_t \to D_x$ 是有界开集 $D_t \subset \mathbb{R}^n$ 到有界开集 $D_x = \varphi(D_t) \subset \mathbb{R}^n$ 的微分同胚, 而 $f \in \mathcal{R}(D_x)$ 且 $\operatorname{supp} f$ 是 D_x 中的紧集, 那么 $f \circ \varphi |\det \varphi'| \in \mathcal{R}(D_t)$ 且有公式

$$\int_{D_x = \varphi(D_t)} f(x)\mathrm{d}x = \int_{D_t} f \circ \varphi(t) |\det \varphi'(t)| \mathrm{d}t.$$

3. 可测集在映射下的变量替换

设 $\varphi : D_t \to D_x$ 是有界开集 $D_t \subset \mathbb{R}^n$ 到有界开集 $D_x \subset \mathbb{R}^n$ 上的微分同胚; E_t 和 E_x 是 D_t 和 D_x 的相应子集, 而且有 $\overline{E}_t \subset D_t, \overline{E}_x \subset D_x$ 以及 $E_x = \varphi(E_t)$.

若 $f \in \mathcal{R}(E_x)$, 则 $f \circ \varphi|\det \varphi'| \in \mathcal{R}(E_t)$, 而且成立等式

$$\int_{E_x} f(x)\mathrm{d}x = \int_{E_t} (f \circ \varphi|\det \varphi'|)(t)\mathrm{d}t.$$

4. 积分的不变性

函数 f 在集合 $E \subset \mathbb{R}^n$ 上的积分值与 $\mathbb{R}^n$ 中的笛卡儿坐标系的选择无关.

注 集合 $E \subset \mathbb{R}^n$ 的若尔当测度与 $\mathbb{R}^n$ 中笛卡儿坐标系的选择无关, 或者也可以说, 若尔当测度关于欧氏空间的运动群是不变的.

5. 可忽略集

设 $\varphi : D_t \to D_x$ 是若尔当可测集 $D_t \subset \mathbb{R}^n_t$ 到若尔当可测集 $D_x \subset \mathbb{R}^n_x$ 上的映射. 如果在 D_t 和 D_x 中有这样的勒贝格零测度集 S_t, S_x, 它们使得 $D_t \setminus S_t$ 和 $D_x \setminus S_x$ 是开集, 而 φ 是 $D_t \setminus S_t$ 到 $D_x \setminus S_x$ 上的微分同胚, 并且从第一个到第二个的变换有有界的雅可比行列式, 那么对任一函数 $f \in \mathcal{R}(D_x)$, 也有 $(f \circ \varphi)|\det \varphi'| \in \mathcal{R}(D_t \setminus S_t)$, 并且

$$\int_{D_x} f(x)\mathrm{d}x = \int_{D_t \setminus S_t} ((f \circ \varphi)|\det \varphi'|)(t)\mathrm{d}t.$$

此外, 若 $|\det \varphi'|$ 的值在 D_t 有定义且有界, 则

$$\int_{D_x} f(x)\mathrm{d}x = \int_{D_t} ((f \circ \varphi)|\det \varphi'|)(t)\mathrm{d}t.$$

注 事实上, 由所给条件可知, S_x 和 S_t 为若尔当零测度集.

6. 常见的坐标变换公式和积分变量替换公式

笛卡儿坐标下的可测集记为 D, 曲线坐标下的可测集记为 $\widetilde{D}$. 在可忽略集的意义下, 我们有如下积分变量替换公式.

(1) 二维极坐标: 在坐标变换

$$\begin{cases} x = r\cos\varphi, \\ y = r\sin\varphi \end{cases}$$

下, 我们有

$$\iint\limits_{D} f(x, y)\mathrm{d}x\mathrm{d}y = \iint\limits_{\widetilde{D}} f(r\cos\varphi, r\sin\varphi)r\mathrm{d}r\mathrm{d}\varphi.$$

(2) 三维极坐标 (球坐标): 在坐标变换

$$\begin{cases} z = r\cos\psi, \\ x = r\sin\psi\cos\varphi, \\ y = r\sin\psi\sin\varphi \end{cases}$$

下, 我们有

$$\iiint\limits_{D} f(x,y,z)\mathrm{d}x\mathrm{d}y\mathrm{d}z=\iiint\limits_{\widetilde{D}} f(r\cos\psi, r\sin\psi\cos\varphi, r\sin\psi\sin\varphi)r^2\sin\psi\mathrm{d}r\mathrm{d}\psi\mathrm{d}\varphi.$$

(3) n 维极坐标: 在坐标变换

$$\begin{cases} x^1 = r\cos\varphi_1, \\ x^2 = r\sin\varphi_1\cos\varphi_2, \\ \cdots\cdots \\ x^{n-1} = r\sin\varphi_1\sin\varphi_2\cdots\sin\varphi_{n-2}\cos\varphi_{n-1}, \\ x^n = r\sin\varphi_1\sin\varphi_2\cdots\sin\varphi_{n-2}\sin\varphi_{n-1} \end{cases}$$

下, 我们有

$$\begin{aligned} &\underbrace{\int\cdots\int\limits_{D}}_{n} f(x^1,x^2,\cdots,x^n)\mathrm{d}x^1\mathrm{d}x^2\cdots\mathrm{d}x^n \\ =&\underbrace{\int\cdots\int\limits_{\widetilde{D}}}_{n} f(r\cos\varphi_1, r\sin\varphi_1\cos\varphi_2,\cdots, r\sin\varphi_1\sin\varphi_2\cdots\sin\varphi_{n-2}\sin\varphi_{n-1}) \\ &\cdot r^{n-1}\sin^{n-2}\varphi_1\cdots\sin\varphi_{n-2}\mathrm{d}r\mathrm{d}\varphi_1\cdots\mathrm{d}\varphi_{n-1}. \end{aligned}$$

(4) 三维柱面坐标: 在坐标变换

$$\begin{cases} x = r\cos\varphi, \\ y = r\sin\varphi, \\ z = z \end{cases}$$

下, 我们有

$$\iiint\limits_{D} f(x,y,z)\mathrm{d}x\mathrm{d}y\mathrm{d}z = \iiint\limits_{\widetilde{D}} f(r\cos\varphi, r\sin\varphi, z)r\mathrm{d}r\mathrm{d}\varphi\mathrm{d}z.$$

二、例题讲解

1. 求重积分 $\iint\limits_{D} xy^2\mathrm{e}^{|x|}\mathrm{d}x\mathrm{d}y$, 其中 $D=\{(x,y):|x|+|y|\leqslant 1\}$.

解 显然 $D = D_1 \cup D_2$, 且 $\mu(D_1 \cap D_2) = 0$, 其中

$$D_1 = D \cap \{(x,y) : x \geqslant 0\}, \quad D_2 = D \cap \{(x,y) : x \leqslant 0\}.$$

记 $f(x,y) = xy^2\mathrm{e}^{|x|}$, 易见 $\forall (x,y) \in D_2$, 我们有 $(-x,y) \in D_1$(即 D_1 与 D_2 关于轴对称) 且 $f(-x,y) = -f(x,y)$(即 f 关于 x 为奇函数), 于是由重积分的性质和变量替换公式可知

$$\begin{aligned}\iint\limits_D f(x,y)\mathrm{d}x\mathrm{d}y &= \iint\limits_{D_1} f(x,y)\mathrm{d}x\mathrm{d}y + \iint\limits_{D_2} f(x,y)\mathrm{d}x\mathrm{d}y \\ &= \iint\limits_{D_1} f(x,y)\mathrm{d}x\mathrm{d}y - \iint\limits_{D_2} f(-x,y)\mathrm{d}x\mathrm{d}y \\ &= \iint\limits_{D_1} f(x,y)\mathrm{d}x\mathrm{d}y - \iint\limits_{D_1} f(x,y)\mathrm{d}x\mathrm{d}y = 0.\end{aligned}$$ □

注 对于在某种对称区域上的具有特殊对称性的函数的积分, 有时可利用对称性适当简化其计算.

2. 求由曲线

$$\left(\frac{x^2}{a^2} + \frac{y^2}{b^2}\right)^2 = \frac{x^2}{a^2} - \frac{y^2}{b^2}, \quad a, b > 0$$

所围成的面积.

解 利用广义极坐标

$$\begin{cases} x = ar\cos\theta, \\ y = br\sin\theta, \end{cases}$$

于是曲线的方程为 $r^2 = \cos^2\theta - \sin^2\theta = \cos 2\theta$, 这是双纽线的极坐标方程. 又因为

$$\det\frac{\partial(x,y)}{\partial(r,\theta)} = \begin{vmatrix} a\cos\theta & -ar\sin\theta \\ b\sin\theta & br\cos\theta \end{vmatrix} = abr,$$

所以由重积分的变量替换公式, 几何对称性和富比尼定理可知原曲线所围成的图形 D 的面积为

$$\mu(D) = \iint\limits_D 1\mathrm{d}x\mathrm{d}y = 4\int_0^{\frac{\pi}{4}} \mathrm{d}\theta \int_0^{\sqrt{\cos 2\theta}} abr\mathrm{d}r = 2ab\int_0^{\frac{\pi}{4}} \cos 2\theta \mathrm{d}\theta = ab.$$ □

3. 设函数 $f(x)$ 在 $[0, +\infty)$ 上连续可导, 且 $f(0) = 0$. 试求:

$$\lim_{t\to+0} \frac{1}{\pi t^4} \iiint\limits_{V_t} f(\sqrt{x^2+y^2+z^2})\mathrm{d}x\mathrm{d}y\mathrm{d}z,$$

其中 $V_t=\{(x,y,z):x^2+y^2+z^2\leqslant t^2\}$.

解　利用球坐标

$$\begin{cases}x=r\sin\varphi\cos\theta,\\ y=r\sin\varphi\sin\theta,\\ z=r\cos\varphi,\end{cases}$$

于是

$$\widetilde{V}_t=\{(r,\varphi,\theta):0\leqslant r\leqslant t,\ 0\leqslant\varphi\leqslant\pi,\ 0\leqslant\theta\leqslant 2\pi\},$$

所以由重积分的变量替换公式和富比尼定理可知

$$\iiint\limits_{V_t}f(\sqrt{x^2+y^2+z^2})\mathrm{d}x\mathrm{d}y\mathrm{d}z=\iiint\limits_{\widetilde{V}_t}f(r)r^2\sin\varphi\mathrm{d}r\mathrm{d}\varphi\mathrm{d}\theta$$
$$=\int_0^{2\pi}\mathrm{d}\theta\int_0^{\pi}\sin\varphi\mathrm{d}\varphi\int_0^t f(r)r^2\mathrm{d}r=4\pi\int_0^t f(r)r^2\mathrm{d}r.$$

因此由洛必达法则和 $f(0)=0$ 可得

$$\lim_{t\to+0}\frac{1}{\pi t^4}\iiint\limits_{V_t}f(\sqrt{x^2+y^2+z^2})\mathrm{d}x\mathrm{d}y\mathrm{d}z=\lim_{t\to+0}\frac{4\displaystyle\int_0^t f(r)r^2\mathrm{d}r}{t^4}$$
$$=\lim_{t\to+0}\frac{4f(t)t^2}{4t^3}=\lim_{t\to+0}\frac{f(t)}{t}=\lim_{t\to+0}\frac{f(t)-f(0)}{t-0}=f'_+(0).$$ □

4. 证明: $\displaystyle\int_0^1\int_0^1(xy)^{xy}\mathrm{d}x\mathrm{d}y=\int_0^1 t^t\mathrm{d}t$.

证　首先, 我们有

$$\int_0^1\int_0^1(xy)^{xy}\mathrm{d}x\mathrm{d}y=\int_0^1\mathrm{d}x\int_0^1(xy)^{xy}\mathrm{d}y$$
$$=\int_0^1\frac{\mathrm{d}x}{x}\int_0^1(xy)^{xy}\mathrm{d}(xy)=\int_0^1\frac{\mathrm{d}x}{x}\int_0^x t^t\mathrm{d}t.$$

令 $f(x)=\displaystyle\int_0^x t^t\mathrm{d}t$, 则 $f'(x)=x^x$, 于是

$$\int_0^1\int_0^1(xy)^{xy}\mathrm{d}x\mathrm{d}y=\int_0^1 f(x)\mathrm{d}(\ln x)=f(x)\ln x\Big|_0^1-\int_0^1 x^x\ln x\mathrm{d}x$$
$$=0-\int_0^1 x^x\ln x\mathrm{d}x=-\int_0^1 x^x\big((x\ln x)'-1\big)\mathrm{d}x$$

$$= \int_0^1 t^t \mathrm{d}t - \int_0^1 \mathrm{e}^{x\ln x}(x\ln x)'\mathrm{d}x.$$

再根据

$$\int_0^1 \mathrm{e}^{x\ln x}(x\ln x)'\mathrm{d}x = \int_0^1 (\mathrm{e}^{x\ln x})'\mathrm{d}x = \mathrm{e}^{x\ln x}|_0^1 = 0,$$

我们有 $\int_0^1\int_0^1 (xy)^{xy}\mathrm{d}x\mathrm{d}y = \int_0^1 t^t\mathrm{d}t.$ □

三、习题参考解答 (8.5 节)

1. (1) 验证: 在微分同胚 φ 下可测集 E 的测度和它的像集 $\varphi(E)$ 的测度满足关系式 $\mu(\varphi(E)) = \theta\mu(E)$, 其中

$$\theta \in \left[\inf_{t\in E}|\det\varphi'(t)|, \sup_{t\in E}|\det\varphi'(t)|\right].$$

(2) 特别地, 如果 E 是连通集, 那么可以找到点 $\tau \in E$, 使得 $\mu(\varphi(E)) = |\det\varphi'(\tau)|\mu(E)$.

证 (1) 由《讲义》8.5.4 小节命题 1 的变量替换公式可知

$$\mu(\varphi(E)) = \int_{\varphi(E)} 1\mathrm{d}x = \int_E |\det\varphi'(t)|\mathrm{d}t.$$

若 $\mu(E) = 0$, 则 $\mu(\varphi(E)) = 0$, 结论显然成立. 若 $\mu(E) \neq 0$, 令 $\theta = \dfrac{\mu(\varphi(E))}{\mu(E)}$, 则由重积分的性质可见

$$\theta \in \left[\inf_{t\in E}|\det\varphi'(t)|, \sup_{t\in E}|\det\varphi'(t)|\right].$$

(2) 由 $|\det\varphi'(t)|$ 的连续性和重积分的中值定理易见结论成立. □

2. 计算下列重积分:

(1) $\iint\limits_D (x^2+y^2)\mathrm{d}x\mathrm{d}y$, 其中 $D = \{(x,y)\,|\,0 \leqslant x \leqslant 1,\ \sqrt{x} \leqslant y \leqslant 2\sqrt{x}\}$.

(2) $\iint\limits_D \sqrt{x}\mathrm{d}x\mathrm{d}y$, 其中 $D = \{(x,y)\,|\,x^2+y^2 \leqslant x\}$.

(3) $\iint\limits_D \sin\sqrt{x^2+y^2}\mathrm{d}x\mathrm{d}y$, 其中 $D = \{(x,y)\,|\,\pi^2 \leqslant x^2+y^2 \leqslant 4\pi^2\}$.

(4) $\iint\limits_D (x+y)\sin(x-y)\mathrm{d}x\mathrm{d}y$, 其中 $D = \{(x,y)\,|\,0 \leqslant x+y \leqslant \pi,\ 0 \leqslant x-y \leqslant \pi\}$.

(5) $\iiint\limits_V \frac{1}{(1+x+y+z)^3}\mathrm{d}x\mathrm{d}y\mathrm{d}z$, 其中 V 是由 $x+y+z=1$ 与三个坐标面所围成的区域.

(6) $\iiint\limits_V y\cos(x+z)\mathrm{d}x\mathrm{d}y\mathrm{d}z$, 其中 V 是由 $y=\sqrt{x}$, $y=0$, $z=0$ 及 $x+z=\frac{\pi}{2}$ 所围成的区域.

(7) $\iiint\limits_V z^2\mathrm{d}x\mathrm{d}y\mathrm{d}z$, 其中 V 是由 $x^2+y^2+z^2\leqslant 1$ 和 $x^2+y^2+z^2\leqslant 2z$ 所确定.

(8) $\iiint\limits_V \mathrm{e}^{\sqrt{\frac{x^2}{4}+\frac{y^2}{9}+\frac{z^2}{25}}}\mathrm{d}x\mathrm{d}y\mathrm{d}z$, 其中 $V=\left\{(x,y,z)\,\middle|\,\frac{x^2}{4}+\frac{y^2}{9}+\frac{z^2}{25}\leqslant 1\right\}$.

解 (1) 由富比尼定理可知

$$\iint\limits_D (x^2+y^2)\mathrm{d}x\mathrm{d}y=\int_0^1\mathrm{d}x\int_{\sqrt{x}}^{2\sqrt{x}}(x^2+y^2)\mathrm{d}y=\int_0^1\left(x^{\frac{5}{2}}+\frac{7}{3}x^{\frac{3}{2}}\right)\mathrm{d}x=\frac{128}{105}.$$

(2) 显然

$$D=\{(x,y)\,|\,0\leqslant x\leqslant 1,\ -\sqrt{x-x^2}\leqslant y\leqslant\sqrt{x-x^2}\},$$

于是由富比尼定理可知

$$\iint\limits_D \sqrt{x}\mathrm{d}x\mathrm{d}y=\int_0^1\mathrm{d}x\int_{-\sqrt{x-x^2}}^{\sqrt{x-x^2}}\sqrt{x}\mathrm{d}y$$
$$=\int_0^1 2x\sqrt{1-x}\mathrm{d}x\xlongequal{t=\sqrt{1-x}}\int_0^1 4(t^2-t^4)\mathrm{d}t=\frac{8}{15}.$$

(3) 变换为极坐标 $x=r\cos\theta$, $y=r\sin\theta$, 我们有

$$\widetilde{D}=\{(r,\theta)\,|\,0\leqslant\theta\leqslant 2\pi,\ \pi\leqslant r\leqslant 2\pi\}.$$

于是由重积分的变量替换公式和富比尼定理可知

$$\iint\limits_D \sin\sqrt{x^2+y^2}\mathrm{d}x\mathrm{d}y=\iint\limits_{\widetilde{D}} r\sin r\mathrm{d}r\mathrm{d}\theta$$
$$=\int_0^{2\pi}\mathrm{d}\theta\int_\pi^{2\pi}r\sin r\mathrm{d}r=2\pi\int_\pi^{2\pi}r\sin r\mathrm{d}r=-6\pi^2.$$

(4) 令

$$\begin{cases} u = x + y, \\ v = x - y, \end{cases}$$

即

$$\begin{cases} x = \dfrac{u+v}{2}, \\ y = \dfrac{u-v}{2}, \end{cases}$$

于是

$$\widetilde{D} = \{(u,v) \mid 0 \leqslant u \leqslant \pi,\ 0 \leqslant v \leqslant \pi\},$$

且

$$\det \frac{\partial(x,y)}{\partial(u,v)} = \begin{vmatrix} \frac{1}{2} & \frac{1}{2} \\ \frac{1}{2} & -\frac{1}{2} \end{vmatrix} = -\frac{1}{2},$$

因此由重积分的变量替换公式和富比尼定理可知

$$\iint\limits_{D} (x+y)\sin(x-y)\mathrm{d}x\mathrm{d}y = \iint\limits_{\widetilde{D}} u\sin v \cdot \frac{1}{2}\mathrm{d}u\mathrm{d}v$$

$$= \frac{1}{2}\int_0^\pi u\mathrm{d}u \int_0^\pi \sin v\mathrm{d}v = \frac{1}{2}\cdot\frac{\pi^2}{2}\cdot 2 = \frac{\pi^2}{2}.$$

(5) 显然

$$V = \{(x,y,z) : (x,y) \in D,\ 0 \leqslant z \leqslant 1 - x - y\},$$

其中

$$D = \{(x,y) : 0 \leqslant x \leqslant 1,\ 0 \leqslant y \leqslant 1 - x\}.$$

于是由富比尼定理可知

$$\iiint\limits_{V} \frac{1}{(1+x+y+z)^3}\mathrm{d}x\mathrm{d}y\mathrm{d}z = \iint\limits_{D} \mathrm{d}x\mathrm{d}y \int_0^{1-x-y} \frac{1}{(1+x+y+z)^3}\mathrm{d}z$$

$$= \frac{1}{2}\iint\limits_{D} \left((1+x+y)^{-2} - \frac{1}{4}\right)\mathrm{d}x\mathrm{d}y$$

$$= \frac{1}{2}\int_0^1 \mathrm{d}x \int_0^{1-x} \left((1+x+y)^{-2} - \frac{1}{4}\right)\mathrm{d}y$$

$$= \frac{1}{2}\int_0^1 \left((1+x)^{-1} - \frac{1}{2} - \frac{1}{4}(1-x)\right)\mathrm{d}y = \frac{\ln 2}{2} - \frac{5}{16}.$$

(6) 显然

$$V=\left\{(x,y,z):(x,y)\in D,\ 0\leqslant z\leqslant \frac{\pi}{2}-x\right\},$$

其中

$$D=\left\{(x,y):0\leqslant x\leqslant \frac{\pi}{2},\ 0\leqslant y\leqslant \sqrt{x}\right\}.$$

于是由富比尼定理可知

$$\iiint\limits_V y\cos(x+z)\mathrm{d}x\mathrm{d}y\mathrm{d}z=\iint\limits_D \mathrm{d}x\mathrm{d}y\int_0^{\frac{\pi}{2}-x} y\cos(x+z)\mathrm{d}x\mathrm{d}z$$

$$=\iint\limits_D y(1-\sin x)\mathrm{d}x\mathrm{d}y=\int_0^{\frac{\pi}{2}}\mathrm{d}x\int_0^{\sqrt{x}} y(1-\sin x)\mathrm{d}y$$

$$=\int_0^{\frac{\pi}{2}}\frac{1}{2}x(1-\sin x)\mathrm{d}x=\frac{\pi^2}{16}-\frac{1}{2}.$$

(7) 显然 $V=V_1\cup V_2$, 其中

$$V_1=\left\{(x,y,z):0\leqslant z\leqslant \frac{1}{2},\ (x,y)\in D_z^1\right\},\quad D_z^1=\{(x,y):x^2+y^2\leqslant 2z-z^2\},$$

而

$$V_2=\left\{(x,y,z):\frac{1}{2}\leqslant z\leqslant 1,\ (x,y)\in D_z^2\right\},\quad D_z^2=\{(x,y):x^2+y^2\leqslant 1-z^2\}.$$

于是

$$\iiint\limits_{V_1} z^2\mathrm{d}x\mathrm{d}y\mathrm{d}z=\int_0^{\frac{1}{2}}\mathrm{d}z\iint\limits_{D_z^1} z^2\mathrm{d}x\mathrm{d}y=\int_0^{\frac{1}{2}} z^2\cdot\pi(2z-z^2)\mathrm{d}z=\frac{\pi}{40},$$

且

$$\iiint\limits_{V_2} z^2\mathrm{d}x\mathrm{d}y\mathrm{d}z=\int_{\frac{1}{2}}^1\mathrm{d}z\iint\limits_{D_z^2} z^2\mathrm{d}x\mathrm{d}y=\int_{\frac{1}{2}}^1 z^2\cdot\pi(1-z^2)\mathrm{d}z=\frac{47\pi}{480},$$

因此

$$\iiint\limits_{V_1} z^2\mathrm{d}x\mathrm{d}y\mathrm{d}z=\iiint\limits_{V_1} z^2\mathrm{d}x\mathrm{d}y\mathrm{d}z+\iiint\limits_{V_1} z^2\mathrm{d}x\mathrm{d}y\mathrm{d}z=\frac{\pi}{40}+\frac{47\pi}{480}=\frac{59\pi}{480}.$$

(8) 利用广义球坐标

$$\begin{cases}x=2r\sin\varphi\cos\theta,\\ y=3r\sin\varphi\sin\theta,\\ z=5r\cos\varphi,\end{cases}$$

于是

$$\widetilde{V}=\{(r,\varphi,\theta):0\leqslant r\leqslant 1,\ 0\leqslant\varphi\leqslant\pi,\ 0\leqslant\theta\leqslant 2\pi\},$$

且

$$\det\frac{\partial(x,y,z)}{\partial(r,\varphi,\theta)}=\begin{vmatrix}2\sin\varphi\cos\theta & 2r\cos\varphi\cos\theta & -2r\sin\varphi\sin\theta\\ 3\sin\varphi\sin\theta & 3r\cos\varphi\sin\theta & 3r\sin\varphi\cos\theta\\ 5\cos\varphi & -5r\sin\varphi & 0\end{vmatrix}=30r^2\sin\varphi,$$

因此由重积分的变量替换公式和富比尼定理可知

$$\iiint\limits_{V}\mathrm{e}^{\sqrt{\frac{x^2}{4}+\frac{y^2}{9}+\frac{z^2}{25}}}\mathrm{d}x\mathrm{d}y\mathrm{d}z=\iiint\limits_{\widetilde{V}}\mathrm{e}^{r}\cdot 30r^2\sin\varphi\mathrm{d}r\mathrm{d}\varphi\mathrm{d}\theta$$

$$=30\int_0^{2\pi}\mathrm{d}\theta\int_0^{\pi}\sin\varphi\mathrm{d}\varphi\int_0^1 r^2\mathrm{e}^r\mathrm{d}r=30\cdot 2\pi\cdot 2\cdot(\mathrm{e}-2)=120\pi(\mathrm{e}-2).\qquad\square$$

8.6 反常重积分

一、知识点总结与补充

1. 基本定义

(1) 集合的竭尽递增列: 称可测集列 $\{E_n\}$ 为集合 $E\subset\mathbb{R}^n$ 的竭尽递增列, 如果对任意 $n\in\mathbb{N}$ 有 $E_n\subset E_{n+1}\subset E$, 且 $\bigcup\limits_{n=1}^{\infty}E_n=E$.

(2) 竭尽递增列的性质: 若 $\{E_n\}$ 是可测集 E 的竭尽递增列, 则

- $\lim\limits_{n\to\infty}\mu(E_n)=\mu(E)$.
- 对任意的函数 $f\in\mathcal{R}(E)$ 有 $f|_{E_n}\in\mathcal{R}(E_n)$ 且

$$\lim_{n\to\infty}\int_{E_n}f(x)\mathrm{d}x=\int_E f(x)\mathrm{d}x.$$

(3) 反常积分的定义: 设 $\{E_n\}$ 是集合 E 的竭尽递增列, 而函数 $f:E\to\mathbb{R}$ 在集合 $E_n\in\{E_n\}$ 上可积, 则称量

$$\int_E f(x)\mathrm{d}x:=\lim_{n\to\infty}\int_{E_n}f(x)\mathrm{d}x$$

为函数 f 在集合 E 上的反常积分, 如果所指的极限存在且其值与集合 E 的竭尽递增列的选择无关. 当所指的极限存在时, 则说这个积分存在或收敛. 而如果那种对 E 的所有竭尽递增列共同的极限不存在, 就说函数 f 在集合 E 上的积分不存在或积分发散.

(4) 反常积分与常义积分的关系: 若 E 是可测集, $f \in \mathcal{R}(E)$, 则在上述反常积分定义的意义下 f 在 E 上的积分存在, 且与函数 f 在集合 E 上的常义积分相等.

(5) 主值积分: 研究以下形式的特殊竭尽递增列. 设在区域 D 上定义的函数 $f: D \to \mathbb{R}$ 在集合 $E \subset \partial D$ 的邻域中无界. 这时, 我们从 D 中去掉那些包含在集 E 的 ε-邻域中的点, 得到区域 $D(\varepsilon) \subset D$. 当 $\varepsilon \to 0$ 时, 这些区域生成 D 的竭尽递增列. 如果区域 D 无界, 那么它的递增列可以用在 D 中取无穷远点的邻域的余集的方法得到. 正是这些特殊的竭尽递增列把我们在研究直线上反常积分时已讲过的反常积分的主值意义 (柯西意义) 下的收敛性概念直接推广到任意维空间的情形.

2. 反常积分收敛性的判别法

(1) 非负函数反常积分存在的充分条件: 若函数 $f: E \to \mathbb{R}$ 非负, 并设上述反常积分定义中所指的极限对集合 E 的某个竭尽递增列 $\{E_n\}$ 存在, 则函数 f 在集合 E 上的反常积分收敛.

(2) 控制收敛判别法 (比较检验法): 设 f 和 g 是定义在集合 E 上并在 E 的同一些可测子集上可积的函数, 且在 E 上成立 $|f|(x) \leqslant g(x)$. 则从反常积分 $\displaystyle\int_E g(x)\mathrm{d}x$ 的收敛性能推出积分 $\displaystyle\int_E |f|(x)\mathrm{d}x$ 和 $\displaystyle\int_E f(x)\mathrm{d}x$ 的收敛性.

(3) 在前述反常积分定义的意义下, 函数 $|f|$ 的积分收敛性等价于函数 f 的积分收敛性. 而这种情况在我们以前研究直线上的反常积分时是没有的, 那时我们区分了反常积分的绝对收敛性和非绝对 (条件) 收敛性.

3. 一些特殊的反常积分

(1) 只在 $\alpha < n$ 时, 函数 $\dfrac{1}{r^\alpha(x)}$ 在原点的有界去心邻域 $U(0) \subset \mathbb{R}^n$ 上按反常积分意义可积, 其中 $r(x) = d(0, x)$.

(2) 只在 $\alpha > n$ 时, 函数 $\dfrac{1}{r^\alpha(x)}$ 在无穷远点的邻域 $U(\infty) \subset \mathbb{R}^n$ 上按反常积分意义可积, 其中 $r(x) = d(0, x)$.

(3) 只在 $\alpha < n-k$ 时, 反常积分 $\displaystyle\int_{I \setminus I_k} \frac{1}{d^\alpha(x)}\mathrm{d}x$ 收敛, 其中 $I = \{x \in \mathbb{R}^n : 0 \leqslant x^i \leqslant 1, i = 1, \cdots, n\}$ 是 n 维方体, 而 I_k 是它的由条件 $x^{k+1} = \cdots = x^n = 0$ 给定的 k 维边界, $d(x)$ 是点 $x \in I \setminus I_k$ 到边界 I_k 的距离.

(4) 设函数 $f: \mathbb{R}_+ \to \mathbb{R}$ 定义在非负数集 $\mathbb{R}_+$ 上: $f(x) = \dfrac{(-1)^{n-1}}{n}$, 若 $n-1 \leqslant x < n, n \in \mathbb{N}$. f 的反常积分 $\displaystyle\int_0^{+\infty} f(x)\mathrm{d}x$ 在以前的理解下是存在的 (条件收敛),

且 $\int_0^{+\infty} f(x)\mathrm{d}x = \sum\limits_{n=1}^{\infty} \dfrac{(-1)^{n-1}}{n}$. 而 f 在前述反常积分定义的意义下不存在, 那里所要求的极限与竭尽递增列选取的无关性等价于级数的和与它的项的排列的无关性, 而后者正好等价于绝对收敛性.

(5) 在求开集上的反常积分时, 可以仅考虑由可测紧集组成的竭尽递增列.

4. 反常积分中的变量替换

(1) 变量替换公式: 设 $\varphi: D_t \to D_x$ 是开集 $D_t \subset \mathbb{R}_t^n$ 到开集 $D_x \subset \mathbb{R}_x^n$ 上的微分同胚映射, 而函数 $f: D_x \to \mathbb{R}$ 在集合 D_x 的任何可测紧子集上都可积. 若反常积分 $\int_{D_x} f(x)\mathrm{d}x$ 收敛, 则积分 $\int_{D_t} ((f\circ\varphi)|\det\varphi'|)(t)\mathrm{d}t$ 也收敛, 且

$$\int_{D_x} f(x)\mathrm{d}x = \int_{D_t} ((f\circ\varphi)|\det\varphi'|)(t)\mathrm{d}t.$$

(2) 可忽略集: 设 $\varphi: D_t \to D_x$ 是开集 D_t 到开集 D_x 的映射, 又设在 D_t 和 D_x 中可以指出零测度集 S_t, S_x, 使 $D_t \setminus S_t, D_x \setminus S_x$ 是开集, 而 φ 是 $D_t \setminus S_t$ 到 $D_x \setminus S_x$ 上的微分同胚. 如果在这些条件下, 反常积分 $\int_{D_x} f(x)\mathrm{d}x$ 收敛, 则积分 $\int_{D_t\setminus S_t} ((f\circ\varphi)|\det\varphi'|)(t)\mathrm{d}t$ 也收敛, 且

$$\int_{D_x} f(x)\mathrm{d}x = \int_{D_t\setminus S_t} ((f\circ\varphi)|\det\varphi'|)(t)\mathrm{d}t.$$

如果还设 $|\det\varphi'|$ 在 D_t 的任何紧子集上都有定义且有界, 则函数 $(f\circ\varphi)|\det\varphi'|$ 在 D_t 上按反常积分意义可积, 且有等式

$$\int_{D_x} f(x)\mathrm{d}x = \int_{D_t} ((f\circ\varphi)|\det\varphi'|)(t)\mathrm{d}t.$$

二、例题讲解

1. 设 $D \subset \mathbb{R}^n$, $f: D \to \mathbb{R}$. 证明: 反常积分 $\int_D |f(x)|\mathrm{d}x$ 收敛的充要条件是: 存在 D 的一个竭尽递增列 $\{D_n\}$ 和常数 M, 使得

$$\int_{D_n} |f(x)|\mathrm{d}x \leqslant M, \quad \forall n \in \mathbb{N}.$$

证 先证必要性. 设反常积分 $\int_D |f(x)|\mathrm{d}x$ 收敛. 任取 D 的一个竭尽递增列 $\{D_n\}$, 由反常积分的定义可知, $\lim\limits_{n\to\infty}\int_{D_n} |f(x)|\mathrm{d}x$ 存在, 于是存在 M 使得

$\int_{D_n} |f(x)|\mathrm{d}x \leqslant M, \forall n \in \mathbb{N}$.

再证充分性. 假设存在 D 的一个竭尽递增列 $\{D_n\}$ 和常数 M, 使得 $I_n := \int_{D_n} |f(x)|\mathrm{d}x \leqslant M, \forall n \in \mathbb{N}$. 于是 $\{I_n\}$ 为单调递增有界数列, 因此必有 $\lim\limits_{n\to\infty} I_n = I$ 存在, 再由《讲义》8.6.1 小节命题 1 即可知反常积分 $\int_D |f(x)|\mathrm{d}x$ 收敛. □

2. 判断下列反常积分的敛散性并求其值:

$$\iint\limits_D \frac{y^2 - x^2}{(x^2+y^2)^2}\mathrm{d}x\mathrm{d}y,$$

其中 $D = [0,1] \times [1+\infty)$.

证 记 $D_n = [0,1] \times [1,n]$, $n \in \mathbb{N}$. 由富比尼定理可知

$$\iint\limits_{D_n} \frac{y^2-x^2}{(x^2+y^2)^2}\mathrm{d}x\mathrm{d}y = \int_0^1 \mathrm{d}x \int_1^n \frac{y^2-x^2}{(x^2+y^2)^2}\mathrm{d}y = \int_0^1 \mathrm{d}x \int_1^n \frac{\partial}{\partial y}\left(\frac{-y}{y^2+x^2}\right)\mathrm{d}y$$

$$= \int_0^1 \left(\frac{1}{1+x^2} - \frac{n}{n^2+x^2}\right)\mathrm{d}x = \frac{\pi}{4} - \arctan\frac{1}{n} < \frac{\pi}{4}.$$

又因为 $\frac{y^2-x^2}{(x^2+y^2)^2} \geqslant 0, \forall (x,y) \in D$, 所以由《讲义》8.6.1 小节命题 1 即可知反常积分收敛且

$$\iint\limits_D \frac{y^2-x^2}{(x^2+y^2)^2}\mathrm{d}x\mathrm{d}y = \lim_{n\to\infty} \iint\limits_{D_n} \frac{y^2-x^2}{(x^2+y^2)^2}\mathrm{d}x\mathrm{d}y = \lim_{n\to\infty}\left(\frac{\pi}{4} - \arctan\frac{1}{n}\right) = \frac{\pi}{4}.$$

□

3. 设 D 是 $\mathbb{R}^m$ 中的开集, 而函数 $f: D \to \mathbb{R}$ 在包含于 D 的任何可测紧集上可积.

(1) 请证明: 如果函数 $|f|$ 在 D 上的反常积分发散, 则可以找到集合 D 的竭尽递增列 $\{E_n\}$, 使得每一个集合 E_n 都是 D 中的由有限个 m 维区间组成的初等紧集, 并且当 $n \to \infty$ 时,

$$\int_{E_n} |f|(x)\mathrm{d}x \to +\infty.$$

(2) 请验证: 如果函数 f 在某个集合上的积分收敛, 而 $|f|$ 的积分发散, 则以下函数的积分也应当发散:

$$f_+ = \frac{1}{2}(|f| + f), \quad f_- = \frac{1}{2}(|f| - f).$$

(3) 请证明: 在 (1) 中的竭尽递增列 $\{E_n\}$ 可以选得使对于任何 $n \in \mathbb{N}$, 以下关系式成立:

$$\int_{E_{n+1}\setminus E_n} f_+(x)\mathrm{d}x > \int_{E_n} |f|(x)\mathrm{d}x + n.$$

(4) 请利用下积分和证明: 如果 $\int_E f_+(x)\mathrm{d}x > A$, 则存在由有限个区间组成的初等紧集 $F \subset E$, 使得 $\int_F f(x)\mathrm{d}x > A$.

(5) 请从 (3) 和 (4) 推出, 存在初等紧集 $F_n \subset E_{n+1}\setminus E_n$, 使得

$$\int_{F_n} f(x)\mathrm{d}x > \int_{E_n} |f|(x)\mathrm{d}x + n.$$

(6) 请利用 (5) 证明: 集合 $G_n = F_n \cup E_n$ 是集合 D 中的初等紧集 (即由有限个区间组成的集), 它们一起组成 D 的竭尽递增列, 并且当 $n \to \infty$ 时, 以下关系式成立:

$$\int_{G_n} f(x)\mathrm{d}x \to +\infty.$$

因此, 如果 $|f|$ 的积分发散, 则函数 f 的积分也发散 (在《讲义》8.6 节定义 2 的意义下).

证 (1) 仿照《讲义》8.5.2 小节引理 1 证明的开头部分, 对 $n \in \mathbb{N}$, 将 $\mathbb{R}^m$ 等分成边长为 $\dfrac{1}{2^n}$ 的 m 维小区间并把包含于

$$D \cap \{x = (x^1, \cdots, x^m) \in \mathbb{R}^m : |x^i| < n,\, i = 1, \cdots, m\}$$

内的那些小区间之并集作为 E_n. 显然 $\{E_n\}$ 是集合 D 的竭尽递增列, 且每一个集合 E_n 都是 D 中的由有限个两两没有公共内点的 m 维闭区间组成的初等紧集. 此外, 由例题 1 还可知

$$\left\{\int_{E_n} |f|(x)\mathrm{d}x : n \in \mathbb{N}\right\}$$

为非负单调递增无上界数列, 因此存在 $\{E_n\}$ 的子列 (还是 D 的竭尽递增列) 仍记为 $\{E_n\}$, 使得当 $n \to \infty$ 时,

$$\int_{E_n} |f|(x)\mathrm{d}x \to +\infty.$$

(2) 因为

$$|f| = 2f_+ - f = 2f_- + f,$$

所以由反证法很容易得到结论成立.

(3) 如果 f 在 D 上的反常积分收敛, 而 $|f|$ 的反常积分发散, 则由 (2) 可知 f_+ 在 D 上的反常积分也发散, 于是再由 (1) 可知, 可通过再次选取子列的方式得到新的竭尽递增列, 仍记为 $\{E_n\}$, 使对于任何 $n\in\mathbb{N}$,

$$\int_{E_{n+1}} f_+(x)\mathrm{d}x > 2\int_{E_n} |f|(x)\mathrm{d}x + n.$$

于是

$$\begin{aligned}\int_{E_{n+1}\setminus E_n} f_+(x)\mathrm{d}x &> \int_{E_n} |f|(x)\mathrm{d}x + \int_{E_n} \big(|f|(x) - f_+(x)\big)\mathrm{d}x + n\\ &\geqslant \int_{E_n} |f|(x)\mathrm{d}x + n.\end{aligned}$$

(4) 如果 $\displaystyle\int_E f_+(x)\mathrm{d}x > A$, 则类似于 (1) 我们可知, 存在初等紧集 $\widetilde{E} = \bigcup\limits_{i=1}^{k} I_i \subset E$ 使得

$$\int_{\widetilde{E}} f_+(x)\mathrm{d}x = \sum_{i=1}^{k}\int_{I_i} f_+(x)\mathrm{d}x > A.$$

于是, 对 $i=1,\cdots,k$, 存在 I_i 的分划 $P_i=\{I_{ij}\}$ 使得

$$\sum_{i=1}^{k} s(f_+,P_i) = \sum_{i=1}^{k}\sum_{j} m_{ij}|I_{ij}| > A,$$

其中 $m_{ij} = \inf\limits_{x\in I_{ij}} f_+(x)$. 令所有使得 $m_{ij}>0$ 的区间 I_{ij} 的并集为 F, 则 $F\subset E$ 也是初等紧集. 又因为 $\forall x\in F$, $f(x)=f_+(x)$, 所以我们有

$$\int_F f(x)\mathrm{d}x = \int_F f_+(x)\mathrm{d}x \geqslant \sum_{i=1}^{k} s(f_+,P_i) > A.$$

(5) $\forall n\in\mathbb{N}$, 令 $A_n = \displaystyle\int_{E_n} |f|(x)\mathrm{d}x + n$, 由 (3) 可知 $\displaystyle\int_{E_{n+1}\setminus E_n} f_+(x)\mathrm{d}x > A_n$, 再由 (4) 即得, 存在初等紧集 $F_n\subset E_{n+1}\setminus E_n$, 使得

$$\int_{F_n} f(x)\mathrm{d}x > A_n = \int_{E_n} |f|(x)\mathrm{d}x + n.$$

(6) 显然每个集合 $G_n = F_n\cup E_n$ 也是集合 D 中的初等紧集, 又由 $E_n\subset G_n\subset E_{n+1}\subset G_{n+1}$ 可知, $\{G_n\}$ 也是 D 的竭尽递增列. 又因为

$$\int_{E_n} f(x)\mathrm{d}x \geqslant -\int_{E_n} |f|(x)\mathrm{d}x,$$

所以再由 (5) 可知

$$\int_{G_n} f(x)\mathrm{d}x = \int_{F_n} f(x)\mathrm{d}x + \int_{E_n} f(x)\mathrm{d}x$$

$$> \int_{E_n} |f|(x)\mathrm{d}x + n - \int_{E_n} |f|(x)\mathrm{d}x = n.$$

因此当 $n \to \infty$ 时, 显然有

$$\int_{G_n} f(x)\mathrm{d}x \to +\infty.$$

综合以上结果可见, 如果函数 $|f|$ 的积分发散, 则 f 的积分也发散 (在《讲义》8.6 节定义 2 的意义下). □

注 该结论再结合《讲义》8.6.2 小节命题 2 已证之结果 "函数 $|f|$ 的积分收敛性蕴含函数 f 的积分收敛性" 即得如下事实: 在《讲义》8.6 节定义 2 的意义下, 函数 $|f|$ 的积分收敛性等价于函数 f 的积分收敛性.

4. 证明:

$$\int_0^{\infty}\int_0^{\infty} \mathrm{e}^{-u-v}u^{x-1}v^{y-1}\mathrm{d}u\mathrm{d}v = \int_0^{\infty} \mathrm{e}^{-z}z^{x+y-1}\mathrm{d}z \cdot \int_0^1 t^{x-1}(1-t)^{y-1}\mathrm{d}t.$$

证 令 $u = f(z,t) = zt$, $v = g(z,t) = z(1-t)$, 再记 $\varphi : (z,t) \to (u,v)$. 于是, $z = u+v$, $t = \dfrac{u}{u+v}$, 因此我们有

$$\int_0^{\infty}\int_0^{\infty} \mathrm{e}^{-u-v}u^{x-1}v^{y-1}\mathrm{d}u\mathrm{d}v = \int_0^{\infty}\int_0^1 \mathrm{e}^{-z}(zt)^{x-1}(z(1-t))^{y-1}|\det\varphi'|\mathrm{d}t\mathrm{d}z$$

$$= \int_0^{\infty}\int_0^1 \mathrm{e}^{-z}(zt)^{x-1}(z(1-t))^{y-1}z\mathrm{d}t\mathrm{d}z$$

$$= \int_0^{\infty} \mathrm{e}^{-z}z^{x+y-1}\mathrm{d}z \cdot \int_0^1 t^{x-1}(1-t)^{y-1}\mathrm{d}t.$$ □

三、习题参考解答 (8.6 节)

1. 指出对于怎样的参数 p, q, 积分

$$\iint\limits_{0<|x|+|y|\leqslant 1} \frac{\mathrm{d}x\mathrm{d}y}{|x|^p + |y|^q}$$

收敛.

解 类似于《讲义》8.6.3 小节例 6, 由明显的对称性, 只需在 $x \geqslant 0, y \geqslant 0$ 且 $0 < x+y \leqslant 1$ 的区域 D 上研究积分即可.

当 $p \leqslant 0$ 或 $q \leqslant 0$ 时, 显然

$$0 \leqslant \frac{1}{|x|^p + |y|^q} \leqslant 1, \quad \forall (x,y) \in D,$$

此时为可测集 D 上连续函数的常义积分, 于是必收敛.

当 $p > 0$ 且 $q > 0$ 时, 易见所研究积分的收敛性等价于研究同一个函数在 $G = \{(x,y) \in D : 0 < x^p + y^q \leqslant a\}$ 上积分的收敛性, 其中 $a > 0$ 是充分小的数以使曲线 $x^p + y^q = a$ 当 $x \geqslant 0, y \geqslant 0$ 时含于 D. 类似于《讲义》8.6.3 小节例 6, 按如下公式引进广义极坐标 (r, φ):

$$x = (r\cos^2\varphi)^{1/p}, \quad y = (r\sin^2\varphi)^{1/q},$$

于是我们得到

$$\iint\limits_{G} \frac{\mathrm{d}x\mathrm{d}y}{x^p + y^q} = \frac{2}{p \cdot q} \iint\limits_{\substack{0<\varphi<\frac{\pi}{2} \\ 0<r\leqslant a}} (r^{\frac{1}{p}+\frac{1}{q}-2} \cos^{\frac{2}{p}-1}\varphi \sin^{\frac{2}{q}-1}\varphi)\mathrm{d}r\mathrm{d}\varphi.$$

利用由区间

$$I_{\varepsilon\eta} = \{(r,\varphi) \in \mathbb{R}^2 : 0 < \varepsilon \leqslant \varphi \leqslant \pi/2 - \varepsilon \wedge \eta \leqslant r \leqslant a\}$$

作成的区间

$$\{(r,\varphi) \in \mathbb{R}^2 | 0 < \varphi < \pi/2 \wedge 0 < r \leqslant a\}$$

的竭尽递增列, 并应用富比尼定理, 我们得到

$$\begin{aligned}
&\iint\limits_{\substack{0<\varphi<\frac{\pi}{2} \\ 0<r\leqslant a}} (r^{\frac{1}{p}+\frac{1}{q}-2} \cos^{\frac{2}{p}-1}\varphi \sin^{\frac{2}{q}-1}\varphi)\mathrm{d}r\mathrm{d}\varphi \\
=& \left(\lim_{\varepsilon\to 0} \int_{\varepsilon}^{\frac{\pi}{2}-\varepsilon} \cos^{\frac{2}{p}-1}\varphi \sin^{\frac{2}{q}-1}\varphi \mathrm{d}\varphi\right) \cdot \left(\lim_{\eta\to 0} \int_{\eta}^{a} r^{\frac{1}{p}+\frac{1}{q}-2}\mathrm{d}r\right) \\
=& \left(\lim_{\varepsilon\to 0} \frac{1}{2} \int_{\varepsilon}^{\frac{\pi}{2}-\varepsilon} (1-\sin^2\varphi)^{\frac{1}{p}-1}(\sin^2\varphi)^{\frac{1}{q}-1}\mathrm{d}\sin^2\varphi\right) \cdot \left(\lim_{\eta\to 0} \int_{\eta}^{a} r^{\frac{1}{p}+\frac{1}{q}-2}\mathrm{d}r\right).
\end{aligned}$$

当 $p > 0$ 且 $q > 0$ 时, 这两个极限中的第一个显然有限, 而第二个只有当 $\dfrac{1}{p}+\dfrac{1}{q} > 1$ 时有限.

综上可知, 仅当 $p \leqslant 0$, 或者 $q \leqslant 0$, 或者 $p > 0$ 且 $q > 0$ 且 $\dfrac{1}{p} + \dfrac{1}{q} > 1$ 时原来

的积分收敛. □

2. (1) $\lim\limits_{A\to\infty}\int_0^A \cos x^2\mathrm{d}x$ 是否存在?

(2) 积分 $\int_{\mathbb{R}^1}\cos x^2\mathrm{d}x$ 在《讲义》8.6 节定义 2 的意义下是否收敛?

(3) 验证

$$\lim_{n\to\infty}\iint\limits_{|x|\leqslant n,|y|\leqslant n}\sin(x^2+y^2)\mathrm{d}x\mathrm{d}y=\pi$$

和

$$\lim_{n\to\infty}\iint\limits_{x^2+y^2\leqslant 2n\pi}\sin(x^2+y^2)\mathrm{d}x\mathrm{d}y=0,$$

证明: $\sin(x^2+y^2)$ 在平面 $\mathbb{R}^2$ 上的积分发散.

证 (1) 由 5.2.5 小节习题 10 易见 $\lim\limits_{A\to\infty}\int_0^A \cos x^2\mathrm{d}x$ 存在. 类似地,

$$\lim_{A\to\infty}\int_0^A \sin x^2\mathrm{d}x$$

也存在. 事实上, 我们还有 (参见 14.2 节习题 7)

$$\lim_{A\to\infty}\int_0^A \cos x^2\mathrm{d}x=\lim_{A\to\infty}\int_0^A \sin x^2\mathrm{d}x=\sqrt{\frac{\pi}{8}}.$$

(2) 再次由 5.2.5 小节习题 10 可知极限

$$\lim_{A\to\infty}\int_{-A}^A |\cos x^2|\mathrm{d}x=2\lim_{A\to\infty}\int_0^A |\cos x^2|\mathrm{d}x$$

不存在, 因此积分 $\int_{\mathbb{R}^1}|\cos x^2|\mathrm{d}x$ 在定义 2 的意义下不收敛, 于是 $\int_{\mathbb{R}^1}\cos x^2\mathrm{d}x$ 也在定义 2 的意义下不收敛.

(3) 记 $D_n=\{(x,y):|x|\leqslant n,|y|\leqslant n\}$, $\widetilde{D}_n=\{(x,y):x^2+y^2\leqslant 2n\pi\}$, $n\in\mathbb{N}$. 由富比尼定理和 (1) 中结果可知

$$\begin{aligned}&\lim_{n\to\infty}\iint\limits_{D_n}\sin(x^2+y^2)\mathrm{d}x\mathrm{d}y\\&=4\lim_{n\to\infty}\left(\int_0^n \sin x^2\mathrm{d}x\cdot\int_0^n \cos y^2\mathrm{d}y+\int_0^n \cos x^2\mathrm{d}x\cdot\int_0^n \sin y^2\mathrm{d}y\right)\\&=8\lim_{n\to\infty}\int_0^n \sin x^2\mathrm{d}x\cdot\lim_{n\to\infty}\int_0^n \cos x^2\mathrm{d}x=8\cdot\sqrt{\frac{\pi}{8}}\cdot\sqrt{\frac{\pi}{8}}=\pi.\end{aligned}$$

此外, 由重积分的变量替换公式可知

$$\lim_{n\to\infty}\iint\limits_{\widetilde{D}_n}\sin(x^2+y^2)\mathrm{d}x\mathrm{d}y=\lim_{n\to\infty}\int_0^{2\pi}\mathrm{d}\theta\int_0^{\sqrt{2n\pi}}r\sin r^2\mathrm{d}r$$

$$=\lim_{n\to\infty}\pi\big(1-\cos(2n\pi)\big)=0.$$

因为 $\{D_n\}$ 和 $\{\widetilde{D}_n\}$ 都是 $\mathbb{R}^2$ 的竭尽递增列, 所以由反常积分的定义可知 $\sin(x^2+y^2)$ 在平面 $\mathbb{R}^2$ 上的积分发散. □

3. (1) 计算积分 $\displaystyle\int_0^1\int_0^1\int_0^1\frac{\mathrm{d}x\mathrm{d}y\mathrm{d}z}{x^py^qz^r}$.

(2) 对反常积分 (其实, 对常义积分也一样) 用富比尼定理时应小心. 试证积分

$$\iint\limits_{x\geqslant1,y\geqslant1}\frac{x^2-y^2}{(x^2+y^2)^2}\mathrm{d}x\mathrm{d}y$$

发散, 可是两个累次积分

$$\int_1^{+\infty}\mathrm{d}x\int_1^{+\infty}\frac{x^2-y^2}{(x^2+y^2)^2}\mathrm{d}y$$

和

$$\int_1^{+\infty}\mathrm{d}y\int_1^{+\infty}\frac{x^2-y^2}{(x^2+y^2)^2}\mathrm{d}x$$

都收敛.

(3) 证明: 若 $f\in C(\mathbb{R}^2;\mathbb{R})$, 且在 $\mathbb{R}^2$ 上有 $f\geqslant0$, 则从两个累次积分

$$\int_{-\infty}^{+\infty}\mathrm{d}x\int_{-\infty}^{+\infty}f(x,y)\mathrm{d}y,\quad\int_{-\infty}^{+\infty}\mathrm{d}y\int_{-\infty}^{+\infty}f(x,y)\mathrm{d}x$$

中任一个存在可推出积分 $\displaystyle\iint\limits_{\mathbb{R}^2}f(x,y)\mathrm{d}x\mathrm{d}y$ 收敛, 并且等于这个累次积分的值.

证 (1) 由《讲义》8.6.1 小节命题 1 易见, 当 $p,q,r<1$ 时,

$$\int_0^1\int_0^1\int_0^1\frac{\mathrm{d}x\mathrm{d}y\mathrm{d}z}{x^py^qz^r}=\lim_{n\to\infty}\int_{\frac1n}^1\int_{\frac1n}^1\int_{\frac1n}^1\frac{\mathrm{d}x\mathrm{d}y\mathrm{d}z}{x^py^qz^r}$$

$$=\lim_{n\to\infty}\int_{\frac1n}^1\frac{1}{x^p}\mathrm{d}x\int_{\frac1n}^1\frac{1}{y^q}\mathrm{d}y\int_{\frac1n}^1\frac{1}{z^r}\mathrm{d}z=\lim_{n\to\infty}\frac{1-n^{p-1}}{1-p}\cdot\frac{1-n^{q-1}}{1-q}\cdot\frac{1-n^{r-1}}{1-r}$$

$$=\frac{1}{(1-p)(1-q)(1-r)}.$$

(2) 记

$$D=\{(x,y):2y\leqslant x\leqslant 3y,\,x\geqslant 1,\,y\geqslant 1\}.$$

显然当 $(x,y)\in D$ 时, $3y^2\leqslant x^2-y^2\leqslant 8y^2$, $5y^2\leqslant x^2+y^2\leqslant 10y^2$, 于是

$$x^2-y^2\geqslant 3y^2=\frac{3}{10}\cdot 10y^2\geqslant\frac{3}{10}(x^2+y^2),$$

进而

$$\left|\frac{x^2-y^2}{(x^2+y^2)^2}\right|=\frac{x^2-y^2}{(x^2+y^2)^2}\geqslant\frac{3}{10r^2},$$

其中 $r=\sqrt{x^2+y^2}$. 因此由比较判别法可知反常积分

$$\iint\limits_{x\geqslant 1,y\geqslant 1}\left|\frac{x^2-y^2}{(x^2+y^2)^2}\right|\mathrm{d}x\mathrm{d}y$$

发散, 从而反常积分

$$\iint\limits_{x\geqslant 1,y\geqslant 1}\frac{x^2-y^2}{(x^2+y^2)^2}\mathrm{d}x\mathrm{d}y$$

也发散.

此外我们还有, 累次积分

$$\int_1^{+\infty}\mathrm{d}x\int_1^{+\infty}\frac{x^2-y^2}{(x^2+y^2)^2}\mathrm{d}y=\int_1^{+\infty}\mathrm{d}x\lim_{n\to+\infty}\int_1^n\frac{\partial}{\partial y}\left(\frac{y}{y^2+x^2}\right)\mathrm{d}y$$
$$=\int_1^{+\infty}\lim_{n\to+\infty}\left(\frac{n}{n^2+x^2}-\frac{1}{1+x^2}\right)\mathrm{d}x=\int_1^{+\infty}\left(-\frac{1}{1+x^2}\right)\mathrm{d}x=-\frac{\pi}{4},$$

而累次积分

$$\int_1^{+\infty}\mathrm{d}y\int_1^{+\infty}\frac{x^2-y^2}{(x^2+y^2)^2}\mathrm{d}x=\int_1^{+\infty}\mathrm{d}y\lim_{n\to+\infty}\int_1^n\frac{\partial}{\partial x}\left(\frac{-x}{x^2+y^2}\right)\mathrm{d}x$$
$$=\int_1^{+\infty}\lim_{n\to+\infty}\left(\frac{1}{1+y^2}-\frac{n}{n^2+y^2}\right)\mathrm{d}y=\int_1^{+\infty}\left(\frac{1}{1+y^2}\right)\mathrm{d}x=\frac{\pi}{4}.$$

(3) 不妨设累次积分

$$\int_{-\infty}^{+\infty}\mathrm{d}x\int_{-\infty}^{+\infty}f(x,y)\mathrm{d}y=:I$$

存在. $\forall A>0$, 记 $D_A=\{(x,y)\in\mathbb{R}^2:|x|\leqslant A,\,|y|\leqslant A\}$. 因为 $f\in C(\mathbb{R}^2;\mathbb{R})$ 且 $f\geqslant 0$, 所以 $\forall A>0$,

$$\iint\limits_{D_A}f(x,y)\mathrm{d}x\mathrm{d}y=\int_{-A}^{A}\mathrm{d}x\int_{-A}^{A}f(x,y)\mathrm{d}y\leqslant I,$$

因此由例题 1 可知, f 在 $\mathbb{R}^2$ 上的积分收敛且

$$\iint\limits_{\mathbb{R}^2} f(x,y)\mathrm{d}x\mathrm{d}y = \lim_{A\to+\infty}\iint\limits_{D_A} f(x,y)\mathrm{d}x\mathrm{d}y \leqslant I.$$

接下来只需证明

$$\iint\limits_{\mathbb{R}^2} f(x,y)\mathrm{d}x\mathrm{d}y = I$$

即可.

任意固定 $B>0$, 因为

$$\int_{-B}^{B}\mathrm{d}x\int_{-\infty}^{+\infty} f(x,y)\mathrm{d}y \leqslant \int_{-\infty}^{+\infty}\mathrm{d}x\int_{-\infty}^{+\infty} f(x,y)\mathrm{d}y = I,$$

所以存在 $M>0$ 使得 $\forall x\in[-B,B]$, $\forall A>0$, 我们有

$$\int_{-A}^{A} f(x,y)\mathrm{d}y \leqslant \int_{-\infty}^{+\infty} f(x,y)\mathrm{d}y \leqslant M.$$

由附注的引理可知

$$\begin{aligned}
&\int_{[-B,B]\times\mathbb{R}} f(x,y)\mathrm{d}x\mathrm{d}y = \lim_{A\to+\infty}\int_{[-B,B]\times[-A,A]} f(x,y)\mathrm{d}x\mathrm{d}y \\
=&\lim_{A\to+\infty}\int_{-B}^{B}\mathrm{d}x\int_{-A}^{A} f(x,y)\mathrm{d}y = \int_{-B}^{B}\mathrm{d}x\lim_{A\to+\infty}\int_{-A}^{A} f(x,y)\mathrm{d}y \\
=&\int_{-B}^{B}\mathrm{d}x\int_{-\infty}^{+\infty} f(x,y)\mathrm{d}y,
\end{aligned}$$

因此

$$\begin{aligned}
&\iint\limits_{\mathbb{R}^2} f(x,y)\mathrm{d}x\mathrm{d}y = \lim_{B\to+\infty}\int_{[-B,B]\times\mathbb{R}} f(x,y)\mathrm{d}x\mathrm{d}y \\
=&\lim_{B\to+\infty}\int_{-B}^{B}\mathrm{d}x\int_{-\infty}^{+\infty} f(x,y)\mathrm{d}y = \int_{-\infty}^{+\infty}\mathrm{d}x\int_{-\infty}^{+\infty} f(x,y)\mathrm{d}y = I.
\end{aligned}$$ □

注 (引理) 设函数族 $\{g_t:[a,b]\to\mathbb{R}, t\in T\}$ 满足:

- $\forall t\in T$, $\displaystyle\int_a^b g_t(x)\mathrm{d}x$ 存在;
- 存在常数 $M>0$ 使得 $\forall x\in[a,b]$, $\forall t\in T$, 成立 $|g_t(x)|\leqslant M$;
- $\forall x\in[a,b]$, $\varphi(x)=\lim\limits_{T\ni t\to t_0} g_t(x)$;

- $\int_a^b \varphi(x)\mathrm{d}x$ 存在.

则

$$\lim_{t\to t_0}\int_a^b g_t(x)\mathrm{d}x=\int_a^b \varphi(x)\mathrm{d}x.$$

证明可参见: F.M. 菲赫金哥尔茨著, 徐献瑜, 冷生明, 梁文骐译, 《微积分学教程(第二卷)(第 8 版)》第十四章 §4, 高等教育出版社, 2006.

4. 证明: 若 $f\in C(\mathbb{R};\mathbb{R})$, 则

$$\lim_{h\to+0}\frac{1}{\pi}\int_{-1}^{1}\frac{h}{h^2+x^2}f(x)\mathrm{d}x=f(0).$$

证 当 $h>0$ 时, 显然

$$\begin{aligned}\frac{1}{\pi}\int_{-1}^{1}\frac{h}{h^2+x^2}f(x)\mathrm{d}x=&\frac{1}{\pi}\int_{-1}^{-h^{\frac13}}\frac{h}{h^2+x^2}f(x)\mathrm{d}x+\frac{1}{\pi}\int_{h^{\frac13}}^{1}\frac{h}{h^2+x^2}f(x)\mathrm{d}x\\&+\frac{1}{\pi}\int_{-h^{\frac13}}^{h^{\frac13}}\frac{h}{h^2+x^2}f(x)\mathrm{d}x.\end{aligned}$$

由定积分的第一中值定理可知, $\exists\xi\in[-h^{\frac13},h^{\frac13}]$ 使得

$$\begin{aligned}&\lim_{h\to+0}\frac{1}{\pi}\int_{-h^{\frac13}}^{h^{\frac13}}\frac{h}{h^2+x^2}f(x)\mathrm{d}x=\lim_{h\to+0}\frac{1}{\pi}f(\xi)\int_{-h^{\frac13}}^{h^{\frac13}}\frac{h}{h^2+x^2}\mathrm{d}x\\=&\lim_{h\to+0}\frac{2}{\pi}f(\xi)\arctan h^{-\frac23}=\frac{2}{\pi}\cdot f(0)\cdot\frac{\pi}{2}=f(0).\end{aligned}$$

再由

$$\begin{aligned}0\leqslant&\lim_{h\to+0}\left|\frac{1}{\pi}\int_{-1}^{-h^{\frac13}}\frac{h}{h^2+x^2}f(x)\mathrm{d}x+\frac{1}{\pi}\int_{h^{\frac13}}^{1}\frac{h}{h^2+x^2}f(x)\mathrm{d}x\right|\\\leqslant&\lim_{h\to+0}\frac{2}{\pi}\max_{-1\leqslant x\leqslant 1}|f(x)|\frac{h}{h^2+h^{\frac23}}=0,\end{aligned}$$

可知

$$\lim_{h\to+0}\frac{1}{\pi}\int_{-1}^{1}\frac{h}{h^2+x^2}f(x)\mathrm{d}x=f(0).$$ □

注 记 $F(h)=\dfrac{1}{\pi}\displaystyle\int_{-1}^{1}\frac{h}{h^2+x^2}f(x)\mathrm{d}x,\ h\in\mathbb{R}$, 显然 $F(-h)=-F(h)$, 于是

$$\lim_{h\to-0}F(h)=\lim_{t\to+0}F(-t)=-\lim_{t\to+0}F(t)=-f(0).$$

5. 设 D 是 $\mathbb{R}^n$ 中带有光滑边界的有界区域, 而 S 是含于 D 的边界中的 k 维光滑曲面. 证明: 如果 $f \in C(D;\mathbb{R})$ 有估计 $|f| < \dfrac{1}{d^{n-k-\varepsilon}}$, 其中 $d = d(S,x)$ 是从点 $x \in D$ 到 S 的距离, 而 $\varepsilon > 0$, 则函数 f 在 D 上的积分收敛.

证 显然 D 是可测集, 因此不妨设 D 是开区域. 如果 $\varepsilon \geqslant n-k \geqslant 1$, 则 f 于 D 上有界, 从而由 $f \in C(D;\mathbb{R})$ 和勒贝格准则可知 f 在 D 上的积分存在.

现在考虑 $0 < \varepsilon < n-k$ 的情形. 由 D 和 S 的性质可见, $\forall y \in S$, 存在 y 在 $\overline{D} \subset \mathbb{R}^n$ 中的邻域 $U_{\overline{D}(y)}$ 和微分同胚

$$\varphi_y : U_{\overline{D}(y)} \to I^n := \{t \in \mathbb{R}^n : 0 \leqslant t^i \leqslant 1, i = 1, \cdots, n\}$$

使得 $\varphi_y\big(S \cap U_{\overline{D}(y)}\big) = I^k$, 其中

$$I^k := \{t \in \mathbb{R}^n : 0 \leqslant t^i \leqslant 1, i = 1, \cdots, k, t^{k+1} = \cdots = t^n = 0\}.$$

于是

$$\bigcup_{y \in S} \big(S \cap U_{\overline{D}(y)}\big) \supset \overline{S},$$

又因为 $\overline{S} \subset \partial D$ 是紧集, 所以存在 $y_1, \cdots, y_m \in S$ 使得

$$\bigcup_{j=1}^{m} \big(S \cap U_{\overline{D}(y_j)}\big) \supset \overline{S}.$$

由《讲义》8.6.2 小节例 3 和反常积分的变量替换公式易见, 对 $j = 1, \cdots, m$, 我们有

$$\begin{aligned}\int_{U_D(y_j)} \frac{1}{d(S,x)^{n-k-\varepsilon}} \mathrm{d}x &= \int_{U_D(y_j)} \frac{1}{d(S \cap U_{\overline{D}(y)}, x)^{n-k-\varepsilon}} \mathrm{d}x \\ &\leqslant C \int_{I^n \setminus I^k} \frac{1}{d(I^k, t)^{n-k-\varepsilon}} \mathrm{d}t < +\infty.\end{aligned}$$

因此

$$\int_{\bigcup\limits_{j=1}^{m} U_D(y_j)} \frac{1}{d(S,x)^{n-k-\varepsilon}} \mathrm{d}x \leqslant \sum_{j=1}^{m} \int_{U_D(y_j)} \frac{1}{d(S,x)^{n-k-\varepsilon}} \mathrm{d}x < +\infty,$$

于是由比较判别法即可知函数 f 在 D 上的积分收敛. □

第 9 章　流形 (曲面) 及微分形式

9.1　线性代数准备知识

一、知识点总结与补充

1. 线性代数基本知识

(1) 基底: 设 $e_1,\cdots,e_n$ 为线性空间 X 的基底, 则 $\forall x\in X$ 有表示 $x=x^ie_i$.

(2) 基底变换: 设 $\tilde{e}_1,\cdots,\tilde{e}_n$ 是 X 的另一基底, 且

$$\tilde{e}_j=c_j^ie_i,\quad j=1,\cdots,n.$$

(3) 坐标变换规律: 设 $x=x^ie_i=\tilde{x}^j\tilde{e}_j$, 则

$$x^i=c_j^i\tilde{x}^j,\quad i=1,\cdots,n.$$

(4) 共轭基底: 设 X^* 是 X 的共轭空间 (即由 X 上的所有线性函数 $F:X\to\mathbb{R}$ 组成的空间), 而 $e^1,\cdots,e^n$ 是 X^* 的基底, 它与 X 的基底 $e_1,\cdots,e_n$ 是共轭的, 即 $e^i(e_j)=\delta_j^i$. 显然 $e^i(x)=x^i$.

(5) 共轭基底变换规律: 设 $\tilde{e}^1,\cdots,\tilde{e}^n$ 是 $\tilde{e}_1,\cdots,\tilde{e}_n$ 的共轭基底, 则

$$e^i=c_j^i\tilde{e}^j,\quad i=1,\cdots,n.$$

(6) 共轭坐标变换规律: 设 $F=F_ie^i=\tilde{F}_j\tilde{e}^j$, 其中 $F_i=F(e_i)$, $\tilde{F}_j=F(\tilde{e}_j)$, 则

$$\tilde{F}_j=c_j^iF_i,\quad j=1,\cdots,n.$$

2. 形式代数

(1) k-形式的定义: 设 X,Y 为线性空间, 以 X^k 记 k 个 X 的直积. 映射 $F^k:X^k\to Y$ 称为 X 上的 k-形式, 如果 $F^k(x_1,\cdots,x_k)$ 关于每个变量当取定其他变量的值时是线性的.

(2) 实值 k-形式空间: 全体实值 k-形式之集记为 $\mathfrak{F}^k$, $\mathfrak{F}^k$ 关于 k-形式的标准加法与数乘运算 (即线性运算) 构成线性空间.

(3) 张量积: 对于任意的 k-形式和 l-形式 F^k,F^l, 定义其张量积运算 $\otimes$ 如下:

$$(F^k\otimes F^l)(x_1,\cdots,x_k,x_{k+1},\cdots,x_{k+l}):=F^k(x_1,\cdots,x_k)F^l(x_{k+1},\cdots,x_{k+l}).$$

据定义 $F^k\otimes F^l$ 是 $k+l$ 次的形式 F^{k+l}. 张量积有以下性质:

- $(\lambda F^k)\otimes F^l=\lambda(F^k\otimes F^l)$.
- $(F_1^k+F_2^k)\otimes F^l=F_1^k\otimes F^l+F_2^k\otimes F^l$.
- $F^k\otimes(F_1^l+F_2^l)=F^k\otimes F_1^l+F^k\otimes F_2^l$.
- $(F^k\otimes F^l)\otimes F^m=F^k\otimes(F^l\otimes F^m)$.

线性空间 X 上的形式之集 $\mathfrak{F}=\{\mathfrak{F}^k\}$ 关于线性运算和张量积运算是分次代数 $\mathfrak{F}=\bigoplus\limits_k\mathfrak{F}^k$, 其中, 在进入直和的每个空间 $\mathfrak{F}^k$ 的范围内能进行线性运算, 且当 $F^k\in\mathfrak{F}^k, F^l\in\mathfrak{F}^l$ 时, 有 $F^k\otimes F^l\in\mathfrak{F}^{k+l}$.

(4) k-形式的坐标表示和变换规律:

- 坐标表示:

$$e^{i_1}\otimes\cdots\otimes e^{i_k},\quad 1\leqslant i_1,\cdots,i_k\leqslant n=\dim X$$

构成实值 k-形式空间 $\mathfrak{F}^k$ 的基底, 且 $\dim\mathfrak{F}^k=n^k$, 于是任何形式 $F^k\in\mathfrak{F}^k$ 能表成

$$F^k=a_{i_1\cdots i_k}e^{i_1}\otimes\cdots\otimes e^{i_k},\quad \text{其中}\quad a_{i_1\cdots i_k}=F^k(e_{i_1},\cdots,e_{i_k}),$$

即对任何 $x_1=x^{i_1}e_{i_1},\cdots,x_k=x^{i_k}e_{i_k}\in X$,

$$F^k(x_1,\cdots,x_k)=a_{i_1\cdots i_k}x^{i_1}\cdot\cdots\cdot x^{i_k}.$$

- (张量) 变换规律: 若 $\tilde{a}_{j_1\cdots j_k}=F^k(\tilde{e}_{j_1},\cdots,\tilde{e}_{j_k})$, 则

$$\tilde{a}_{j_1\cdots j_k}=c_{j_1}^{i_1}\cdot\cdots\cdot c_{j_k}^{i_k}a_{i_1\cdots i_k}.$$

3. 斜对称形式代数

(1) 斜对称 k-形式的定义: k-形式 ω 称为斜对称的, 如果将任二变量调换位置时其值变号:

$$\omega(x_1,\cdots,x_i,\cdots,x_j,\cdots,x_k)=-\omega(x_1,\cdots,x_j,\cdots,x_i,\cdots,x_k).$$

(2) 实值斜对称 k-形式空间: $\mathfrak{F}^k$ 中由一切斜对称 k-形式构成的子空间记作 Ω^k.

(3) 斜对称形式的简单例子:

- 空间 $\mathbb{R}^3$ 内向量的向量积 $[\boldsymbol{\xi}_1,\boldsymbol{\xi}_2]$ 是在线性空间 $\mathbb{R}^3$ 内取值的双线性斜对称形式.
- 对于由空间 $\mathbb{R}^k$ 内以向量 $\boldsymbol{\xi}_1,\cdots,\boldsymbol{\xi}_k$ 为棱的平行多面体, 有向体积 $V(\boldsymbol{\xi}_1,\cdots,\boldsymbol{\xi}_k)=\det(\boldsymbol{\xi}_i^j)$ 是 $\mathbb{R}^k$ 内的实值斜对称 k-形式.

(4) 形式的斜对称化: 形式的斜对称化算子 $A : \mathfrak{F}^k \to \Omega^k$ 定义为

$$AF^k(x_1, \cdots, x_k) := \frac{1}{k!}\delta_{1\cdots k}^{i_1\cdots i_k}F^k(x_{i_1}, \cdots, x_{i_k}),$$

这里广义 Kronecker-δ 记号

$$\delta_{1\cdots k}^{i_1\cdots i_k} = \begin{cases} 1, & \begin{pmatrix} i_1 & \cdots & i_k \\ 1 & \cdots & k \end{pmatrix} \text{为偶排列}, \\ -1, & \begin{pmatrix} i_1 & \cdots & i_k \\ 1 & \cdots & k \end{pmatrix} \text{为奇排列}, \\ 0, & \begin{pmatrix} i_1 & \cdots & i_k \\ 1 & \cdots & k \end{pmatrix} \text{不是排列}. \end{cases}$$

斜对称化算子有以下性质:

- $A\omega = \omega,\ \forall \omega \in \Omega^k$.
- $A(F_1^k + F_2^k) = AF_1^k + AF_2^k$.
- $A(\lambda F^k) = \lambda AF^k$.

(5) 斜对称化算子的坐标表示: 显然

$$AF^k = a_{i_1\cdots i_k}A(e^{i_1} \otimes \cdots \otimes e^{i_k}).$$

而由 k 阶行列式

$$\det(\boldsymbol{\xi}_i^j) = \delta_{1\cdots k}^{i_1\cdots i_k}\xi_{i_1}^1 \cdot \cdots \cdot \xi_{i_k}^k$$

可知

$$A(e^{i_1} \otimes \cdots \otimes e^{i_k})(x_1, \cdots, x_k) = \frac{1}{k!}\begin{vmatrix} e^{i_1}(x_1) & \cdots & e^{i_k}(x_1) \\ \vdots & & \vdots \\ e^{i_1}(x_k) & \cdots & e^{i_k}(x_k) \end{vmatrix} = \frac{1}{k!}\begin{vmatrix} x_1^{i_1} & \cdots & x_1^{i_k} \\ \vdots & & \vdots \\ x_k^{i_1} & \cdots & x_k^{i_k} \end{vmatrix}.$$

(6) 外积: 在斜对称形式类中, 引入如下外积运算 $\wedge$:

$$\omega^k \wedge \omega^l := \frac{(k+l)!}{k!l!}A(\omega^k \otimes \omega^l).$$

因此 $\omega^k \wedge \omega^l$ 是 $k+l$ 次的斜对称形式 ω^{k+l}. 斜对称形式的外积有下列性质:

- $(\omega_1^k + \omega_2^k) \wedge \omega^l = \omega_1^k \wedge \omega^l + \omega_2^k \wedge \omega^l$.
- $(\lambda\omega^k) \wedge \omega^l = \lambda(\omega^k \wedge \omega^l)$.

- $\omega^k \wedge \omega^l = (-1)^{kl}\omega^l \wedge \omega^k$.
- $(\omega^k \wedge \omega^l) \wedge \omega^m = \omega^k \wedge (\omega^l \wedge \omega^m)$.

向量空间 X 上的斜对称形式之集 $\Omega = \{\Omega^k\}$ 关于线性运算及外积运算是等级代数 $\Omega = \bigoplus\limits_{k=0}^{\dim X} \Omega^k$. 在每个线性空间 Ω^k 的范围内可进行线性运算, 而当 $\omega^k \in \Omega^k, \omega^l \in \Omega^l$ 时, 有 $\omega^k \wedge \omega^l \in \Omega^{k+l}$.

(7) 共轭基底的外积的行列式表示:

$$e^{i_1} \wedge \cdots \wedge e^{i_k}(x_1, \cdots, x_k) = \begin{vmatrix} e^{i_1}(x_1) & \cdots & e^{i_k}(x_1) \\ \vdots & & \vdots \\ e^{i_1}(x_k) & \cdots & e^{i_k}(x_k) \end{vmatrix} = \det\left(e^{i_j}(x_l)\right),$$

于是

$$e^{i_1} \wedge \cdots \wedge e^{i_k} = k! A(e^{i_1} \otimes \cdots \otimes e^{i_k}).$$

(8) 斜对称形式的坐标表示:

$$e^{i_1} \wedge \cdots \wedge e^{i_k}, \quad 1 \leqslant i_1 < \cdots < i_k \leqslant n = \dim X$$

构成实值斜对称 k-形式空间 Ω^k 的基底, 且 $\dim \Omega^k = C_n^k$, 于是任何形式 $\omega \in \Omega^k$ 能表成

$$\omega = \frac{1}{k!} a_{i_1 \cdots i_k} e^{i_1} \wedge \cdots \wedge e^{i_k} = \sum_{1 \leqslant i_1 < \cdots < i_k \leqslant n} a_{i_1 \cdots i_k} e^{i_1} \wedge \cdots \wedge e^{i_k},$$

其中 $a_{i_1 \cdots i_k} = \omega(e_{i_1}, \cdots, e_{i_k})$.

4. 线性空间中的线性映射及共轭空间中的共轭映射

(1) 共轭映射: 设 X, Y 为实数域 (或其他数域, 但对 X, Y 是同样的域) 上的线性空间, 并设 $l: X \to Y$ 为 X 到 Y 内的线性映射. 线性映射 $l: X \to Y$ 以自然的方式产生了一个与它共轭的映射 $l^*: \mathfrak{F}_Y \to \mathfrak{F}_X$, 使得对 $F_Y^k \in \mathfrak{F}_Y^k$,

$$(l^* F_Y^k)(x_1, \cdots, x_k) := F_Y^k(l x_1, \cdots, l x_k).$$

(2) 共轭映射的性质:

- $l^*(\mathfrak{F}_Y^k) \subset \mathfrak{F}_X^k$, $l^*(\Omega_Y^k) \subset \Omega_X^k$.
- 映射 l^* 是线性的.
- $l^*(F^p \otimes F^q) = (l^* F^p) \otimes (l^* F^q)$.
- $l^*(A F^p) = A(l^* F^p)$.
- $l^*(\omega^p \wedge \omega^q) = (l^* \omega^p) \wedge (l^* \omega^q)$.

(3) 共轭映射的坐标变换规律: 设 $e_1,\cdots,e_m$ 是 X 的基底, $\tilde{e}_1,\cdots,\tilde{e}_n$ 是 Y 的基底, 且 $l(e_i)=c_i^j\tilde{e}_j, i\in\{1,\cdots,m\}, j\in\{1,\cdots,n\}$.

• (张量) 变换规律: 若

$$F_Y^k(y_1,\cdots,y_k)=F_Y^k(\tilde{e}_{j_1},\cdots,\tilde{e}_{j_k})y^{j_1}\cdot\cdots\cdot y_k^{j_k}=:b_{j_1\cdots j_k}y^{j_1}\cdot\cdots\cdot y_k^{j_k},$$

则

$$(l^*F_Y^k)(x_1,\cdots,x_k)=a_{i_1\cdots i_k}x_1^{i_1}\cdot\cdots\cdot x_k^{i_k},$$

其中

$$a_{i_1\cdots i_k}=c_{i_1}^{j_1}\cdot\cdots\cdot c_{i_k}^{j_k}b_{j_1\cdots j_k}.$$

• 共轭空间中的基底变换规律: $(l^*\tilde{e}^j)(x)=c_i^je^i(x)$.

• 斜对称 k-形式空间中的基底变换规律:

$$\begin{aligned}l^*(\tilde{e}^{j_1}\wedge\cdots\wedge\tilde{e}^{j_k})=&c_{i_1}^{j_1}\cdot\cdots\cdot c_{i_k}^{j_k}e^{i_1}\wedge\cdots\wedge e^{i_k}\\=&\sum_{1\leqslant i_1<\cdots<i_k\leqslant m}\begin{vmatrix}c_{i_1}^{j_1}&\cdots&c_{i_1}^{j_k}\\\vdots&&\vdots\\c_{i_k}^{j_1}&\cdots&c_{i_k}^{j_k}\end{vmatrix}e^{i_1}\wedge\cdots\wedge e^{i_k}.\end{aligned}$$

于是

$$l^*\left(\sum_{1\leqslant j_1<\cdots<j_k\leqslant n}b_{j_1\cdots j_k}\tilde{e}^{j_1}\wedge\cdots\wedge\tilde{e}^{j_k}\right)=\sum_{1\leqslant i_1<\cdots<i_k\leqslant m}a_{i_1\cdots i_k}e^{i_1}\wedge\cdots\wedge e^{i_k},$$

其中

$$a_{i_1\cdots i_k}=\sum_{1\leqslant j_1<\cdots<j_k\leqslant n}\begin{vmatrix}c_{i_1}^{j_1}&\cdots&c_{i_1}^{j_k}\\\vdots&&\vdots\\c_{i_k}^{j_1}&\cdots&c_{i_k}^{j_k}\end{vmatrix}b_{j_1\cdots j_k}.$$

二、例题讲解

1. n 维欧氏空间 $\mathbb{R}^n$ 上的内积 $g:(\mathbb{R}^n)^2\to\mathbb{R}$, $g(x_1,x_2)=\langle x_1,x_2\rangle$ 是 $\mathbb{R}^n$ 上的对称 2-形式, 即 $g\in\mathfrak{F}^2(\mathbb{R}^n)$. $\forall x=x^ie_i\in\mathbb{R}^n$, 记 $x_i=g(x,e_i)$, $1\leqslant i\leqslant n$. 再记 $g_{ij}=g(e_i,e_j)$, $1\leqslant i,j\leqslant n$. 请写出 x_i 和 g_{ij} 在基底变换 $\tilde{e}_k=c_k^ie_i(1\leqslant k\leqslant n)$ 下的变换规律.

解　首先, 易见

$$\tilde{x}_k=g(x,\tilde{e}_k)=g(x,c_k^ie_i)=c_k^ig(x,e_i)=c_k^ix_i.$$

此外还有如下的 (张量) 变换规律

$$\tilde{g}_{kl}=g(\tilde{e}_k,\tilde{e}_l)=g(c_k^ie_i,c_l^je_j)=c_k^ic_l^jg(e_i,e_j)=c_k^ic_l^jg_{ij}.$$ □

三、习题参考解答 (9.1 节)

1. 举例证明: 一般来说,

(1) $F^k \otimes F^l \neq F^l \otimes F^k$.

(2) $A(F^k \otimes F^l) \neq AF^k \otimes AF^l$.

(3) 对于 $F^k, F^l \in \Omega$, 并非总有 $F^k \otimes F^l \in \Omega$.

解 (1) 设 $X = \mathbb{R}^3$, $F^3(x_1, x_2, x_3) = \det(x_i^j)$, $F^2(y_1, y_2) = \langle y_1, y_2 \rangle$, 易见

$$(F^3 \otimes F^2)(e_1, e_2, e_3, e_1, e_1) = F^3(e_1, e_2, e_3)F^2(e_1, e_1) = 1 \cdot 1 = 1,$$

而

$$(F^2 \otimes F^3)(e_1, e_2, e_3, e_1, e_1) = F^2(e_1, e_2)F^3(e_3, e_1, e_1) = 0 \cdot 0 = 0,$$

于是 $F^3 \otimes F^2 \neq F^2 \otimes F^3$.

(2) 设 $X = \mathbb{R}^3$, $F^3(x_1, x_2, x_3) = \det(x_i^j)$, 由 $F^3 \in \Omega^3$ 可知 $AF^3 = F^3$, 于是

$$(AF^3 \otimes AF^3)(e_1, e_2, e_3, e_1, e_2, e_3) = (F^3 \otimes F^3)(e_1, e_2, e_3, e_1, e_2, e_3) = 1.$$

又因为

$$A(F^3 \otimes F^3)(e_1, e_2, e_3, e_1, e_2, e_3) = -A(F^3 \otimes F^3)(e_1, e_2, e_3, e_1, e_2, e_3),$$

所以

$$A(F^3 \otimes F^3)(e_1, e_2, e_3, e_1, e_2, e_3) = 0,$$

因此 $A(F^3 \otimes F^3) \neq AF^3 \otimes AF^3$.

(3) 设 $X = \mathbb{R}^3$, $F^3(x_1, x_2, x_3) = \det(x_i^j)$, 显然 $F^3 \in \Omega^3$ 且

$$(F^3 \otimes F^3)(e_1, e_2, e_3, e_1, e_2, e_3) = 1.$$

若 $F^3 \otimes F^3 \in \Omega$, 则

$$(F^3 \otimes F^3)(e_1, e_2, e_3, e_1, e_2, e_3) = -(F^3 \otimes F^3)(e_1, e_2, e_3, e_1, e_2, e_3),$$

于是

$$(F^3 \otimes F^3)(e_1, e_2, e_3, e_1, e_2, e_3) = 0,$$

矛盾, 故 $F^3 \otimes F^3 \notin \Omega$. □

2. (1) 试证: 若 $e_1, \cdots, e_n$ 是线性空间 X 的基底, 而 $e^1, \cdots, e^n$ 是 X 上的线性函数 (即 X 的共轭空间 X^* 的元素), 且满足 $e^j(e_i) = \delta_i^j$, 则 $e^1, \cdots, e^n$ 是 X^* 内的基底.

(2) 验证: 由形如 $e^{i_1}\otimes\cdots\otimes e^{i_k}$ 的 k-形式能构成空间 $\mathfrak{F}^k=\mathfrak{F}^k(X)$ 的基底. 设 $\dim X=n$, 试求此空间 $\mathfrak{F}^k$ 的维数 $(\dim\mathfrak{F}^k)$.

(3) 验证: 由形如 $e^{i_1}\wedge\cdots\wedge e^{i_k}$ 的形式, 能构成空间 $\Omega^k=\Omega^k(X)$ 的基底, 设已知 $\dim X=n$, 试求 $\dim\Omega^k$.

(4) 试证: 若 $\Omega=\bigoplus\limits_{k=0}^{n}\Omega^k$, 则 $\dim\Omega=2^n$.

证　(1) 如果有一组实数 $a_1,\cdots,a_n\in\mathbb{R}$ 使得线性组合 a_je^j 为零函数, 则对 $i=1,\cdots,n$,

$$0=a_je^j(e_i)=a_j\delta_i^j=a_i,$$

即 $e^1,\cdots,e^n$ 是线性无关的.

此外, 若 $F\in X^*$, 则 $\forall x=x^ie_i\in X$, 由 $e^i(x)=x^i(i=1,\cdots,n)$ 可知

$$F(x)=F(x^ie_i)=x^iF(e_i)=F(e_i)e^i(x),$$

于是 $F=F(e_i)e^i$, 即 F 是 $e^1,\cdots,e^n$ 的线性组合, 组合系数是 $F(e_i),i=1,\cdots,n$. 因此 $e^1,\cdots,e^n$ 是 X^* 内的基底.

(2) 如果有一组实数 $a_{i_1\cdots i_k}\in\mathbb{R}(1\leqslant i_1,\cdots,i_k\leqslant n=\dim X)$ 使得线性组合 $a_{i_1\cdots i_k}e^{i_1}\otimes\cdots\otimes e^{i_k}$ 为零形式, 则对任意的 $1\leqslant j_1,\cdots,j_k\leqslant n$,

$$\begin{aligned}0&=a_{i_1\cdots i_k}(e^{i_1}\otimes\cdots\otimes e^{i_k})(e_{j_1},\cdots,e_{j_k})\\&=a_{i_1\cdots i_k}e^{i_1}(e_{j_1})\cdots e^{i_k}(e_{j_k})\\&=a_{i_1\cdots i_k}\delta_{j_1}^{i_1}\cdots\delta_{j_k}^{i_k}=a_{j_1\cdots j_k},\end{aligned}$$

即形如 $e^{i_1}\otimes\cdots\otimes e^{i_k}$ 的 k-形式是线性无关的.

此外, 若 $F^k\in\mathfrak{F}^k=\mathfrak{F}^k(X)$, 则对任何 $x_1=x^{i_1}e_{i_1},\cdots,x_k=x^{i_k}e_{i_k}\in X$,

$$\begin{aligned}F^k(x_1,\cdots,x_k)&=F^k(x^{i_1}e_{i_1},\cdots,x^{i_k}e_{i_k})\\&=x^{i_1}\cdots x^{i_k}F^k(e_{i_1},\cdots,e_{i_k})\\&=F^k(e_{i_1},\cdots,e_{i_k})e^{i_1}(x_1)\cdots e^{i_k}(x_k)\\&=F^k(e_{i_1},\cdots,e_{i_k})(e^{i_1}\otimes\cdots\otimes e^{i_k})(x_1,\cdots,x_k),\end{aligned}$$

于是

$$F^k=F^k(e_{i_1},\cdots,e_{i_k})e^{i_1}\otimes\cdots\otimes e^{i_k},$$

即 F^k 是形如 $e^{i_1}\otimes\cdots\otimes e^{i_k}$ 的 k-形式的线性组合, 组合系数是 $F^k(e_{i_1},\cdots,e_{i_k})$, $1\leqslant i_1,\cdots,i_k\leqslant n$. 因此形如 $e^{i_1}\otimes\cdots\otimes e^{i_k}$ 的 k-形式构成空间 $\mathfrak{F}^k$ 的基底, 显然 $\dim\mathfrak{F}^k=n^k$.

(3) 如果有一组实数 $a_{i_1\cdots i_k}\in\mathbb{R}(1\leqslant i_1<\cdots<i_k\leqslant n=\dim X)$ 使得线性组合 $a_{i_1\cdots i_k}e^{i_1}\wedge\cdots\wedge e^{i_k}$ 为零形式, 则对任意的 $1\leqslant j_1<\cdots<j_k\leqslant n$,

$$\begin{aligned}0&=\sum_{1\leqslant i_1<\cdots<i_k\leqslant n}a_{i_1\cdots i_k}(e^{i_1}\wedge\cdots\wedge e^{i_k})(e_{j_1},\cdots,e_{j_k})\\&=\sum_{1\leqslant i_1<\cdots<i_k\leqslant n}a_{i_1\cdots i_k}k!\big(A(e^{i_1}\otimes\cdots\otimes e^{i_k})\big)(e_{j_1},\cdots,e_{j_k})\\&=\sum_{1\leqslant i_1<\cdots<i_k\leqslant n}a_{i_1\cdots i_k}\delta_{j_1\cdots j_k}^{l_1\cdots l_k}(e^{i_1}\otimes\cdots\otimes e^{i_k})(e_{l_1},\cdots,e_{l_k})\\&=\sum_{1\leqslant i_1<\cdots<i_k\leqslant n}a_{i_1\cdots i_k}\delta_{j_1\cdots j_k}^{l_1\cdots l_k}\delta_{l_1}^{i_1}\cdots\delta_{l_k}^{i_k}\\&=\sum_{1\leqslant i_1<\cdots<i_k\leqslant n}a_{i_1\cdots i_k}\delta_{j_1\cdots j_k}^{i_1\cdots i_k}=a_{j_1\cdots j_k},\end{aligned}$$

即形如 $e^{i_1}\wedge\cdots\wedge e^{i_k}(1\leqslant i_1<\cdots<i_k\leqslant n)$ 的斜对称形式是线性无关的. 这里, 记号

$$\delta_{j_1\cdots j_k}^{l_1\cdots l_k}=\begin{cases}1, & (l_1\cdots l_k)\text{ 为 }(j_1\cdots j_k)\text{ 的偶排列},\\-1, & (l_1\cdots l_k)\text{ 为 }(j_1\cdots j_k)\text{ 的奇排列}.\end{cases}$$

此外, 若 $\omega^k\in\Omega^k=\Omega^k(X)\subset\mathfrak{F}^k(X)$, 则由 (2) 可知

$$\omega^k=\omega^k(e_{i_1},\cdots,e_{i_k})e^{i_1}\otimes\cdots\otimes e^{i_k},$$

进而由 $A\omega^k=\omega^k$ 我们得到

$$\begin{aligned}\omega^k=A\omega^k&=\omega^k(e_{i_1},\cdots,e_{i_k})A(e^{i_1}\otimes\cdots\otimes e^{i_k})\\&=\frac{1}{k!}\omega^k(e_{i_1},\cdots,e_{i_k})e^{i_1}\wedge\cdots\wedge e^{i_k}\\&=\sum_{1\leqslant i_1<\cdots<i_k\leqslant n}\omega^k(e_{i_1},\cdots,e_{i_k})e^{i_1}\wedge\cdots\wedge e^{i_k},\end{aligned}$$

即 ω^k 是形如 $e^{i_1}\otimes\cdots\otimes e^{i_k}(1\leqslant i_1<\cdots<i_k\leqslant n)$ 的斜对称形式的线性组合, 组合系数是 $\omega^k(e_{i_1},\cdots,e_{i_k})$, $1\leqslant i_1<\cdots<i_k\leqslant n$. 因此形如 $e^{i_1}\otimes\cdots\otimes e^{i_k}(1\leqslant i_1<\cdots<i_k\leqslant n)$ 的斜对称形式构成空间 Ω^k 的基底, 显然 $\dim\Omega^k=\mathrm{C}_n^k$.

(4) 由 (3) 可知

$$\dim\Omega=\sum_{k=0}^n\dim\Omega^k=\sum_{k=0}^n\mathrm{C}_n^k=2^n.\qquad\square$$

9.2 流　　形

一、知识点总结与补充

1. 流形的基本概念

(1) 流形的定义: n 维流形, 指这样的拓扑空间 M, 它具有豪斯多夫拓扑及可数拓扑基, 其上的每一点都有一个邻域 U, 或同胚于整个空间 $\mathbb{R}^n$, 或同胚于半空间 $H^n=\{x\in\mathbb{R}^n: x^1\leqslant 0\}$. 这里的数 n 叫做流形 M 的维数, 通常记作 $\dim M$.

(2) 流形定义中实现同胚的映射 $\varphi:\mathbb{R}^n\to U\subset M$(或 $\varphi: H^n\to U\subset M$), 叫做流形 M 的局部图, 并称 $\mathbb{R}^n$(或 H^n) 为参数域, 而 U 为该图在流形 M 上的有效域. 局部图赋予每个点 $x\in U$ 自己的对应点 $t\in\varphi^{-1}(x)\in\mathbb{R}^n$ 的坐标. 如此在图的有效域 U 内导出了局部坐标系, 因此, 习惯上称映射 φ, 更完整的表示是序对 (U,φ), 是有效域 U 的图.

注　流形 M, 不会因为把 $\mathbb{R}^n$ 及 H^n 换成与 $\mathbb{R}^n$ 及 H^n 同胚的 $\mathbb{R}^n$ 内的参数域而改变. 例如, 代替 $\mathbb{R}^n$, 人们常用 $\mathbb{R}^n$ 中开方体 $I^n=\{x\in\mathbb{R}^n:|x^i|<1, i=1,\cdots,n\}$ (或 $I^n=\{x\in\mathbb{R}^n: 0<x^i<1, i=1,\cdots,n\}$), 或开球 B^n 作为局部图的标准参数域; 而代替 H^n 以 $\tilde{I}^n=\{x\in\mathbb{R}^n: 0<x^1\leqslant 1,$ 且 $0<x^i<1, i=2,\cdots,n\}$.

(3) 图册, 指这样的一组图 $\{(U_\alpha,\varphi_\alpha)\}$, 它们的有效域之集能覆盖整个流形: $M=\bigcup\limits_\alpha U_\alpha$.

(4) k 维曲面: 若集合 $M=S\subset\mathbb{R}^n$ 是 k 维流形, 则又称 S 是 $\mathbb{R}^n$ 中的 k 维曲面. 图 $\varphi: I^k\to U\subset S$ 将局部地给出曲面 $S\subset\mathbb{R}^n$ 的参数方程 $x=\varphi(t)$, 这样一来, k 维曲面本身就能局部地看成变了形的标准 k 维区间 $I^k\subset\mathbb{R}^k$.

(5) 只用一张图就表示出来的流形通常称为初等流形. 例如连续函数 $f: I^k\to\mathbb{R}$ 在 $\mathbb{R}^{k+1}$ 内的图像 $S=\{(t,f(t))\in\mathbb{R}^{k+1}: t\in I^k\}$ 是初等流形.

2. 光滑 (无边) 曲面

(1) 7.6 节中定义的光滑曲面也是在上述定义的意义下的曲面.

(2) 命题: 若映射 $\varphi: I^k\to U\subset S$ 属于 $C^{(1)}(I^k;\mathbb{R}^n)$ 类, 且在方体 I^k 的每一点有最大秩 k, 则存在 $\varepsilon>0$ 及从 n 维方体 $I^n_\varepsilon:=\{t\in\mathbb{R}^n:|t^i|<\varepsilon, i=1,\cdots,n\}$ 到空间 $\mathbb{R}^n$ 的微分同胚 $\varphi_\varepsilon: I^n_\varepsilon\to\mathbb{R}^n$, 使得 $\varphi|_{I^k\cap I^n_\varepsilon}=\varphi_\varepsilon|_{I^k\cap I^n_\varepsilon}$. 换言之, 在所给条件下, 映射 $\varphi: I^k\to U\subset S$ 在局部上是 n 维方体 I^n_ε 的微分同胚在 k 维方体 $I^k_\varepsilon:=I^k\cap I^n_\varepsilon$ 上的限制.

(3) 光滑曲面的定义: 如果上述定义的 $\mathbb{R}^n$ 中的 k 维曲面的图册之每张局部图是光滑的 ($C^{(m)}$ 类, $m\geqslant 1$) 映射, 且在其定义域的每点的秩为 k, 就称它为 ($C^{(m)}$ 类, $m\geqslant 1$) 光滑曲面.

注

- 该定义与 7.6 节中光滑曲面的定义等价.
- 映射 $\varphi: I^k \to U \subset S$ 关于秩的条件很重要.
- 不要把 $C^{(m)}$ 类光滑道路与 $C^{(m)}$ 类光滑曲线这两个概念混淆了.

(4) 一些光滑曲面的例子:

- 若 $F^i \in C^{(m)}(\mathbb{R}^n;\mathbb{R}), i=1,\cdots,n-k$ 是一组光滑函数, 且方程组

$$\begin{cases} F^1(x^1,\cdots,x^k,x^{k+1},\cdots,x^n)=0, \\ \cdots\cdots \\ F^{n-k}(x^1,\cdots,x^k,x^{k+1},\cdots,x^n)=0 \end{cases}$$

在属于其解集 S 的每一点处的秩为 $n-k$, 则此方程组或者没有解, 或者其解的集合 S 在 $\mathbb{R}^n$ 中构成 $C^{(m)}$ 类 k 维光滑曲面 S.

- 球面: $(x^1)^2+\cdots+(x^n)^2=r^2(r>0)$ 是 $\mathbb{R}^n$ 内的 $n-1$ 维光滑曲面.

- 对于 $\mathbb{R}^2$ 内的一维球面, 即圆 $(x^1)^2+(x^2)^2=r^2$, 利用极坐标: $x^1=r\cos\theta$, $x^2=r\sin\theta$, 容易用极角 θ 把它局部参数化. 为构成圆的图册, 两张图就够了. 但是, 只用一张标准图是不够的.

- 对于 $\mathbb{R}^3$ 内的二维球面 $(x^1)^2+(x^2)^2+(x^3)^2=r^2$, 能用极 (球) 坐标把它参数化, 用 ψ 表示向量 (x^1,x^2,x^3) 与轴 Ox^3 的正向之间的夹角 $(0\leqslant\psi\leqslant\pi)$, 而用 φ 表示向径 (x^1,x^2,x^3) 在平面 (x^1,x^2) 上射影的极角, 得到

$$\begin{cases} x^3=r\cos\psi, \\ x^2=r\sin\psi\sin\varphi, \\ x^1=r\sin\psi\cos\varphi. \end{cases}$$

- 在一般情形, $\mathbb{R}^n$ 内的极坐标 $(r,\theta_1,\cdots,\theta_{n-1})$ 用下述关系引入:

$$\begin{cases} x^1=r\cos\theta_1, \\ x^2=r\sin\theta_1\cos\theta_2, \\ \cdots\cdots \\ x^{n-1}=r\sin\theta_1\sin\theta_2\cdots\sin\theta_{n-2}\cos\theta_{n-1}, \\ x^n=r\sin\theta_1\sin\theta_2\cdots\sin\theta_{n-2}\sin\theta_{n-1}. \end{cases}$$

- 柱面: $(x^1)^2+\cdots+(x^k)^2=r^2(k<n,\ r>0)$ 是 $\mathbb{R}^n$ 内的 $n-1$ 维曲面, 它是变量 $(x^1,\cdots,x^k)$ 的平面内的 $k-1$ 维球面与变量 $(x^{k+1},\cdots,x^n)$ 的 $n-k$ 维平

面的直积. 显然, 若把 $\mathbb{R}^k$ 内的 $k-1$ 维球面上点的极坐标 $\theta_1,\cdots,\theta_{k-1}$ 取作 $n-1$ 个参量 $(t^1,\cdots,t^{n-1})$ 中的前 $k-1$ 个, 而令 $t^k,\cdots,t^{n-1}$ 分别等于 $x^{k+1},\cdots,x^n$, 就能把这个曲面局部参数化.

• 旋转曲面: 设空间 $\mathbb{R}^3$ 的笛卡儿坐标为 (x,y,z), 在平面 $x=0$ 中取一条不与 Oz 轴相交的曲线 (一维曲面), 并将它绕 Oz 轴旋转, 就得到一个二维 (旋转) 曲面. 可把这条曲线 (经线) 的局部坐标及 (比如) 旋转角 (纬线上的局部坐标) 作为此二维曲面的局部坐标. 特别地, 若平面 $x=0$ 上的曲线取以点 $(0,b,0)$ 为中心, 半径为 a 的圆, 则当 $0<a<b$ 时, 得到二维环面, 俗称轮胎曲面. 它的参数方程能写成

$$\begin{cases} x=(b+a\cos\psi)\cos\varphi, \\ y=(b+a\cos\psi)\sin\varphi, \\ z=a\sin\psi \end{cases}$$

的形式, 其中 ψ 是在原来的圆 (子午线) 上的角参数, 而 φ 是纬线上的角参数. 由此可见, 二维环面是两个圆的直积.

• 默比乌斯带, 克莱因瓶.

3. 带边流形

(1) 流形的边界的定义: 在流形定义中所说的同胚 $\varphi: H^n\to U$ 下, 点 $x\in U$ 称为流形 M 的边界点, 如果 $\varphi^{-1}(x)\in\partial H^n=\{t\in\mathbb{R}^n: t^1=0\}$. 流形 M 的所有边界点的集合叫做流形的边界, 通常用记号 ∂M 表示.

注　由定义可见, $\partial M\subset M$.

(2) 布劳威尔定理 (内点的拓扑不变性): 在集 $E\subset\mathbb{R}^n$ 到集 $\varphi(E)\subset\mathbb{R}^n$ 上的同胚映射 $\varphi: E\to\varphi(E)$ 下, 集合 E 的内点变成集合 $\varphi(E)$ 的内点.

(3) 习惯上, 人们常常称流形 M 为无边流形如果 $\partial M=\varnothing$, 称 M 为带边流形如果 $\partial M\neq\varnothing$.

(4) n 维带边流形 M 的边界 ∂M 是 $(n-1)$ 维无边流形. 实际上, 流形 M 的图册中, 形如 $\varphi_i: H^n\to U_i$ 的图在 ∂H^n 上的限制, 构成了 ∂M 的图册.

4. 光滑流形与光滑映射

(1) 坐标替换函数: 如果流形 M 的两张图 $(U_i,\varphi_i),(U_j,\varphi_j)$ 的有效域 U_i,U_j 相交, 即 $U_i\cap U_j\neq\varnothing$, 则在集合 $I_{ij}=\varphi_i^{-1}(U_j)$ 和 $I_{ji}=\varphi_j^{-1}(U_i)$ 间自然地建立了一个互逆的同胚 $\varphi_{ij}: I_{ij}\to I_{ji}$ 与 $\varphi_{ji}: I_{ji}\to I_{ij}$. 这里 $\varphi_{ij}=\varphi_j^{-1}\circ\varphi_i|_{I_{ij}}$, $\varphi_{ji}=\varphi_i^{-1}\circ\varphi_j|_{I_{ji}}$. 经常把这些同胚叫做坐标替换函数, 因为它们在有效域的公共部分 $U_i\cap U_j$ 内, 能实现从一个局部坐标系到另一个局部坐标系的转换.

(2) 光滑图册: 称流形的图册是 ($C^{(k)}$ 类或解析) 光滑图册, 如果图册中所有坐标替换函数都是 (具相应光滑性的) 光滑函数.

(3) 等价图册: 称两个具相同光滑性的图册是等价的, 如果它们的并集构成具同样光滑性的图册.

(4) 只用一张图构成的图册, 可以认为它是要多光滑就多光滑的. 在 $\mathbb{R}^1$ 上可建立不同的无限光滑的图册, 它们的并是具事先给定的 $C^{(k)}$ 光滑性的图册.

(5) 光滑流形: 流形 M 连同在 M 上给出的具已知光滑度的等价图册类, 叫做 ($C^{(k)}$ 类, 解析类) 光滑流形. 光滑流形是一个对 (M, A), 其中 M 是流形, 而 A 是 M 上具给定光滑度的图册.

(6) 流形上的光滑结构: 流形上具给定光滑度的等价图册的集合, 常叫做该流形上具给定光滑度的光滑结构. 在具相同拓扑的流形上, 可能存在不同的光滑结构, 甚至有具相同光滑度的不同的光滑结构.

(7) 紧流形与连通流形: 如果流形作为拓扑空间是紧的 (连通的), 就称它为紧流形 (连通流形).

(8) 命题: 如果流形 M 是连通的, 那么它是线连通的.

(9) 光滑映射: 设 M, N 都是 $C^{(k)}$ 类的光滑流形, $f: M \to N$ 为映射. 如果对于每一点 $x \in M$, 任给 $f(x)$ 的局部坐标图 (V, ψ), 存在 x 的局部坐标图 (U, φ) 使得 $f(U) \subset V$ 且 $\psi^{-1} \circ f \circ \varphi : \varphi^{-1}(U) \to \psi^{-1}(V)$ 是 $C^{(l)}$ 类的, 则称 f 为 M 到 N 的 $C^{(l)}$ 映射.

注

- 当 $l \leqslant k$ 时, 光滑映射的定义有意义且合理的 (与选用的局部图无关).
- M 到 $\mathbb{R}^1$ 内的光滑映射是 M 上的光滑函数. 光滑函数 $f: M \to \mathbb{R}^1$ 在流形 M 上的次数不能超过该流形的光滑的次数.
- $\mathbb{R}^1$(或 $\mathbb{R}^1$ 内的线段) 到 M 内的光滑映射是 M 上的光滑道路.

5. 流形及其边界的定向

(1) 相容图: 光滑流形上的两张图的有效域或不相交, 或相交且在它们的公共有效域内从一图的局部坐标到另一图的局部坐标的变换是处处有正的雅可比的微分同胚, 就说这两张图是相容的.

(2) 定向图册: 光滑流形 (M, A) 的图册 A 叫做流形 M 的定向图册, 如果它的图是两两相容的.

(3) 可定向流形: 如果流形 M 具有定向图册, 就说它是可定向流形. 反之就说它是不可定向流形.

(4) 等价定向图册: 流形的两个定向图册之并, 如果仍是一个定向图册, 则称它们是定向图册.

(5) 定向和定向流形: 流形 M 的定向图册集按上述等价关系所得的等价类叫做它的定向图册类或定向. 一个流形, 如果它有指定的定向图册类, 就叫做定向流形.

(6) 命题: 连通流形, 或者不可定向, 或者有两种不同的定向.

(7) 命题: 可定向光滑 n 维流形的边界是可定向 $n-1$ 维流形, 它与原流形具有同样的光滑度.

(8) 与流形的定向和谐的边界定向: 若

$$A(M)=\{(H^n,\varphi_i,U_i)\}\cup\{(\mathbb{R}^n,\varphi_j,U_j)\}$$

是流形 M 的定向图册, 则图集

$$A(\partial M)=\{(\mathbb{R}^{n-1},\varphi_i|_{\partial H^n=\mathbb{R}^{n-1}},\partial U_i)\}$$

是流形 M 的边界 ∂M 的定向图册. 用这个图册给出的边界定向, 叫做与流形的定向和谐的边界定向.

(9) 给 $\mathbb{R}^n$ 内的曲面定向的一些结论:

• 对 $\mathbb{R}^n$ 的标架定向: $\mathbb{R}^n$ 的所有标架分为两个等价类, 所谓给出 $\mathbb{R}^n$ 的定向, 就是按照明确的定义从 $\mathbb{R}^n$ 的两个定向标架类中指定一个. 定向空间 $\mathbb{R}^n$, 就是空间 $\mathbb{R}^n$ 连同它的一个固定的标架.

• 对 $\mathbb{R}^n$ 的坐标系定向: $\mathbb{R}^n$ 内的标架产生出 $\mathbb{R}^n$ 内的坐标系, 当实现坐标系变换的方阵有正的雅可比时, 就把这样的坐标系置于同一类中, 就得到 $\mathbb{R}^n$ 中定向坐标系类.

• 对区域 $G\subset\mathbb{R}^n$ 的曲线坐标定向: 在连通域 G 内引出的曲线坐标系, 恰好分成两个等价类. 这样的等价类叫做区域 G 的定向曲线坐标系类. 给区域 G 定向, 就是在 G 内指定它的一个定向曲线坐标系类.

• 对曲面 $S\subset\mathbb{R}^n$ 定向: 与给区域定向类似.

• 对已定向的空间中的曲面定向: 欧氏空间 $\mathbb{R}^n$ 中 $n-1$ 维曲面的可定向性, 等价于在曲面上存在非零连续法向量场.

• 曲面的侧: 欧氏空间 $\mathbb{R}^n$ 内的连通 $n-1$ 维曲面上, 如果存在 (单值) 连续单位法向量场, 就称此曲面为双侧曲面. 默比乌斯带是单侧曲面.

• 对曲线定向: 我们常常用曲线在某点的切向量, 来规定曲线的定向. 这时, 我们常常不说 "曲线的定向", 而说 "沿曲线运动的方向". 如果在平面 $\mathbb{R}^2$ 上取它的一个定向标架, 并且给定一条闭曲线, 设此曲线界定的区域为 D, $\boldsymbol{n}$ 为曲线的外法向量 (对 D 来说), $\boldsymbol{v}$ 是环绕速度向量, 则认为当标架 $\boldsymbol{n},\boldsymbol{v}$ 与 $\mathbb{R}^2$ 的定向标架同类时, 曲线绕 D 的方向为正方向. 这是说, 例如, 在平面上惯用的 (右手) 标架下, 对于曲线限定的区域来说, "反时针" 运动是正环绕方向, 当沿曲线正环绕方向运动时, 曲线所限定的区域始终位于 "左侧". 鉴于此, 对平面或平面区域的定向, 经常不用 $\mathbb{R}^2$ 中的标架, 而用环绕某个闭曲线 (通常用圆周) 的运动正方向来给出. 给定这样一个方向, 实质上就是指出了从标架的第一个向量最简捷地旋转到第二个向量的旋转方向, 这等价于在平面上给定了定向标架类.

(10) 分片光滑曲面:

• 分片光滑曲面的归纳定义:

– 我们约定, 一个点是具有任意光滑性的零维曲面.

– 如果 $\mathbb{R}^n$ 中的一个一维曲面 (曲线) 在去掉该曲面上的有限个或可数个零维曲面 (点) 后成为若干个一维光滑曲面 (曲线), 则原来的曲面称为分片光滑一维曲面 (分段光滑曲线).

– 如果 k 维曲面 $S \subset \mathbb{R}^n$ 在去掉该曲面上的有限个或可数个维数不超过 $k-1$ 的分片光滑曲面后成为若干个 k 维光滑曲面 S_i(带边界或不带边界), 则原来的曲面 S 称为分片光滑 k 维曲面.

• 分片光滑曲面的定向:

– 对于点 (零维曲面), 给它标上 $+$, $-$ 号来给它定向. 特别是线段 $[a,b] \subset \mathbb{R}$ 的边界由两个点 a 和 b 组成. 如果线段 $[a,b]$ 是从 a 到 b 定向, 那么线段端点的和谐定向是: $(a,-)$, $(b,+)$, 另记为 $-a$, $+b$.

– 设 $S \subset \mathbb{R}^n$ 是分片光滑 k 维 $(k>0)$ 曲面, S_{i_1} 和 S_{i_2} 是它的两个已被定向的光滑曲面, 且它们沿 $k-1$ 维光滑曲面块 (棱)Γ 彼此衔接. 这时, 在 Γ 上产生了分别与 S_{i_1} 和 S_{i_2} 的定向和谐的两个定向. 如果在任何这样的棱 $\Gamma \subset \overline{S}_{i_1} \cap \overline{S}_{i_1}$ 上, 这两个定向都是相反的, 就认为 S_{i_1} 与 S_{i_2} 的定向是和谐的. 如果 $\overline{S}_{i_1} \cap \overline{S}_{i_1}$ 是空集或维数小于 $k-1$, 就认为 S_{i_1} 与 S_{i_2} 的任何定向都和谐.

• 可定向分片光滑曲面的定义: 称分片光滑 k 维 $(k>0)$ 曲面是可定向的, 假如不计有限个或可数个维数不超过 $k-1$ 的分片光滑曲面, 它是一些光滑且能和谐定向的可定向曲面 S_i 的并.

6. 单位分解

(1) 单位分解: 设 M 是 $C^{(k)}$ 光滑类的流形, X 是 M 的子集. 称由函数 $e_\alpha \in C^{(k)}(M;\mathbb{R})$ 构成的函数组 $E=\{e_\alpha, \alpha \in A\}$ 为集 X 上的 k 阶光滑或 $C^{(k)}$ 类单位分解, 如果

• $0 \leqslant e_\alpha(x) \leqslant 1$ 对任意函数 $e_\alpha \in E$ 及任意 $x \in M$ 成立;

• $\forall x \in X$, 有 x 在 M 中的邻域 $U(x)$, 使得 E 中只有有限多个函数在 $U(x)$ 上不恒等于零;

• $\sum\limits_{e_\alpha \in E} \alpha(x) \equiv 1$ 在 X 上成立.

(2) 从属于覆盖的单位分解: 设 $\mathfrak{O}=\{o_\beta, \beta \in B\}$ 是集 $X \subset M$ 的开覆盖. 称 $E=\{e_\alpha; \alpha \in A\}$ 为 X 的从属于覆盖 $\mathfrak{O}$ 的单位分解, 如果 E 是 X 的单位分解, 且每个函数 $e_\alpha \in E$ 的支集都包含在集族 $\mathfrak{O}$ 的某个集合内.

(3) 命题: 设 $\{(U_i,\varphi_i), i=1,\cdots,m\}$ 是流形 M 的某个 k-阶光滑图册中的有限多个图构成的图组, 它们的有效域构成紧集 $K \subset M$ 的覆盖. 那么在 K 上存在

着从属于覆盖 $\{U_i, i=1,\cdots,m\}$ 的 $C^{(k)}$ 类单位分解.

(4) 若 M 是紧流形, A 是 M 上的 $C^{(k)}$ 类图册, 则在 M 上存在从属于图册 A 的图的有效域的有限单位分解 $\{e_1,\cdots,e_l\}$.

(5) 对流形 M 中的任何紧集 K 及任何包含 K 的开集 $G\subset M$, 存在函数 $f:M\to\mathbb{R}$, 它与流形 M 同样光滑, 在 K 上, $f(x)\equiv 1$ 且 $\mathrm{supp}f\subset G$.

(6) 每个紧光滑 n 维流形 M, 微分同胚于维数 N 足够大的空间 $\mathbb{R}^N$ 内的某个紧光滑曲面.

7. 流形在其一点的切空间和余切空间

(1) 基本假设: 设 M 是一个 n 维光滑流形, 具有图册 A, $p\in M$. 置

$$F_p:=\{(f,G_f):p\in G_f\subset M, G_f\text{是 } M \text{ 的开集}; f:G_f\to\mathbb{R} \text{ 是光滑的}\}.$$

在 F_p 中引入等价关系 “$\sim$”:

$$(f_1,G_{f_1})\sim(f_2,G_{f_2})\quad \text{若} \exists \text{ 含 } p \text{ 的开集 } G\subset G_{f_1}\cap G_{f_2} \text{ 使得 } f_1|_G\equiv f_2|_G.$$

(2) 切向量: 称映射 $\xi_p:F_p\to\mathbb{R}, f\mapsto\xi_p f$ 为 p 点处的一个切向量, 如果它满足:

- 若 $(f,G)\sim(f_1,G_1)$, 则 $\xi_p f=\xi_p f_1$;
- 线性性: $\xi_p(af+bg)=a\xi_p f+b\xi_p g, \forall\, a,b\in\mathbb{R}$;
- 导性: $\xi_p(f\cdot g)=g(p)\xi_p f+f(p)\xi_p g$.

(3) 切空间: 置 $TM_p:=\{\xi_p\,|\,\xi_p\text{为 } p \text{ 点处的切向量}\}$. 定义运算:

$$(a\xi_1+b\xi_2)f=a\xi_1 f+b\xi_2 f,\quad \forall\,\xi_1,\xi_2\in TM_p,\ a,b\in\mathbb{R}.$$

于是, TM_p 形成一个向量空间, 称其为 p 点处的切空间.

(4) 设 $(U,\varphi)\in A$ 是含 p 的一张图, 对应的局部坐标系为 $x=(x^1,\cdots,x^n)\in\mathbb{R}^n$, 即 $x(p)=(x^1(p),\cdots,x^n(p))$, 换言之, $x^j(p)$ 是 $\varphi^{-1}(p)$ 的第 j 个坐标, $j=1,\cdots,n$. 于是有切映射: $j=1,\cdots,n$,

$$\frac{\partial}{\partial x^j}:F_p\to\mathbb{R},\quad \frac{\partial}{\partial x^j}f=\frac{\partial(f\circ\varphi)}{\partial x^j}(\varphi^{-1}(p)).$$

(5) TM_p 是 n 维向量空间, $\left\{\dfrac{\partial}{\partial x^1},\cdots,\dfrac{\partial}{\partial x^n}\right\}$ 构成它的一组基底, 且任何 $\xi_p\in TM_p$ 可表为

$$\xi_p=\sum_{i=1}^n(\xi_p x^i)\frac{\partial}{\partial x^i}=:\sum_{i=1}^n\xi^i\frac{\partial}{\partial x^i}.$$

(6) 切空间的基底在局部坐标变换时的变换规律: 设有两个局部坐标系 $(U_\alpha, \varphi_\alpha), \{x^i\}$ 和 $(U_\beta, \varphi_\beta), \{y^j\}$, 则坐标基的变换规律为

$$\frac{\partial}{\partial y^j} = \sum_{i=1}^{n} \frac{\partial x^i}{\partial y^j} \frac{\partial}{\partial x^i}, \quad j = 1, \cdots, n.$$

(7) 切向量的坐标变换规律: 设

$$\xi_p = \sum_{j=1}^{n} \beta^j \frac{\partial}{\partial y^j} = \sum_{i=1}^{n} \alpha^i \frac{\partial}{\partial x^i} \in TM_p,$$

则切向量的坐标的变化规律为

$$\alpha^i = \sum_{j=1}^{n} \frac{\partial x^i}{\partial y^j} \beta^j, \quad i = 1, \cdots, n.$$

又因为局部坐标变换的雅可比矩阵 $\left(\dfrac{\partial x^j}{\partial y^i}\right)$ 和 $\left(\dfrac{\partial y^j}{\partial x^i}\right)$ 互逆, 所以切向量的坐标的变化规律还可以写成

$$\beta^j = \sum_{i=1}^{n} \frac{\partial y^j}{\partial x^i} \alpha^i, \quad j = 1, \cdots, n.$$

(8) 余切空间: 与流形 M 在点 $p \in M$ 处的切空间 TM_p 共轭的空间 T^*M_p 叫做流形 M 在点 p 的余切空间.

(9) T^*M_p 具有与 $\left\{\dfrac{\partial}{\partial x^1}, \cdots, \dfrac{\partial}{\partial x^n}\right\}$ 共轭的基底 $\{\mathrm{d}x^1, \cdots, \mathrm{d}x^n\}$. 换言之, $\mathrm{d}x^i\left(\dfrac{\partial}{\partial x^j}\right) = \delta^i_j$.

(10) 共轭基底在局部坐标变换时的变换规律:

$$\mathrm{d}y^j = \sum_{i=1}^{n} \frac{\partial y^j}{\partial x^i} \mathrm{d}x^i, \quad j = 1, \cdots, n.$$

二、例题讲解

1. ($\mathbb{R}^n$ 中球形域上的光滑截断函数) 设 $0 < r_1 < r_2$, 则存在函数 $F \in C^\infty(\mathbb{R}^n; \mathbb{R})$ 使得

$$F|_{B(0;r_1)} \equiv 1, \quad F|_{\mathbb{R}^n \setminus B(0;r_2)} \equiv 0.$$

证 仿照《讲义》9.2.6 小节的引理 1, 首先定义函数

$$g(x) = \frac{1}{(x - r_1^2)(x - r_2^2)}, \quad x \in (r_1^2, r_2^2),$$

进而定义函数

$$G(x)=\begin{cases}\mathrm{e}^{g(x)}, & x\in(r_1^2,r_2^2),\\ 0, & x\in\mathbb{R}\backslash(r_1^2,r_2^2).\end{cases}$$

易见 $G\in C^\infty(\mathbb{R};\mathbb{R})$. 再令

$$f(x)=\frac{\displaystyle\int_x^{+\infty}G(x)\mathrm{d}x}{\displaystyle\int_{-\infty}^{+\infty}G(x)\mathrm{d}x},$$

从而 $f\in C^\infty(\mathbb{R};\mathbb{R})$ 且当 $x\leqslant r_1^2$ 时 $f(x)\equiv 1$, 而当 $x\geqslant r_2^2$ 时 $f(x)\equiv 0$. 因此取

$$F(x^1,\cdots,x^n)=f\big((x^1)^2+\cdots+(x^n)^2\big)$$

即满足要求. □

2. 证明: 如果 n 维流形 M 的切丛平凡, 即 $TM\cong M\times\mathbb{R}^n$, 那么 M 一定可定向.

证　由于 M 的切丛平凡, 存在 n 个非平凡的向量场构成了 M 上切空间的一组基. 令 $e_1,\cdots,e_n$ 是 $\mathbb{R}^n$ 的一组基, $e^1,\cdots,e^n$ 是其对偶基. 那么 $\lambda: M\to\Lambda^nTM\cong M\times\Lambda^n\mathbb{R}^n$, 定义为 $\lambda(p)=(p,e^1\wedge\cdots\wedge e^n)$, 是 M 上的非平凡的 n 形式, 因此 M 可定向. □

三、习题参考解答 (9.2 节)

1. 对于每个由条件

$$\begin{aligned}&E_\alpha=\{(x,y)\in\mathbb{R}^2\,|\,x^2-y^2=\alpha\},\\&E_\alpha=\{(x,y,z)\in\mathbb{R}^3\,|\,x^2-y^2=\alpha\},\\&E_\alpha=\{(x,y,z)\in\mathbb{R}^3\,|\,x^2+y^2-z^2=\alpha\},\\&E_\alpha=\{z\in\mathbb{C}\,|\,|z^2-1|=\alpha\}\end{aligned}$$

确定的依赖参数 $\alpha\in\mathbb{R}$ 的集合 E_α, 说明

(1) E_α 是不是曲面;

(2) 如果是, E_α 是多少维的曲面;

(3) E_α 是不是连通曲面.

解

- $E_\alpha=\{(x,y)\in\mathbb{R}^2\,|\,x^2-y^2=\alpha\}$:

– 当 $\alpha=0$ 时, 由《讲义》7.6.1 小节例 7 可知, E_0 不是 $\mathbb{R}^2$ 中的一维曲面.

– 当 $\alpha \neq 0$ 时, 记 $F(x,y) = x^2 - y^2 - \alpha$, 易见 $\operatorname{rank}F \equiv 1$, 所以 E_α 是 $\mathbb{R}^2$ 中的一维曲面. 此外, 显然 E_α 是不连通的.

- $E_\alpha = \{(x,y,z) \in \mathbb{R}^3 \mid x^2 - y^2 = \alpha\}$:

– 当 $\alpha = 0$ 时, 易见 E_0 不是 $\mathbb{R}^3$ 中的二维曲面.

– 当 $\alpha \neq 0$ 时, 记 $F(x,y,z) = x^2 - y^2 - \alpha$, 易见 $\operatorname{rank}F \equiv 1$, 所以 E_α 是 $\mathbb{R}^3$ 中的二维曲面. 此外, 显然 E_α 也是不连通的.

- $E_\alpha = \{(x,y,z) \in \mathbb{R}^3 \mid x^2 + y^2 - z^2 = \alpha\}$:

– 当 $\alpha = 0$ 时, 易见 E_0 不是 $\mathbb{R}^3$ 中的二维曲面.

– 当 $\alpha \neq 0$ 时, 记 $F(x,y,z) = x^2 + y^2 - z^2 - \alpha$, 易见 $\operatorname{rank}F \equiv 1$, 所以 E_α 是 $\mathbb{R}^3$ 中的二维 (绕 Oz 轴) 旋转曲面. 此外, 易见 E_α 当 $\alpha > 0$ 时是连通的, 而当 $\alpha < 0$ 时是不连通的.

- $E_\alpha = \{z \in \mathbb{C} \mid |z^2 - 1| = \alpha\}$:

– 当 $\alpha = 0$ 时, 易见 $E_0 = \{-1, 1\}$ 不是 $\mathbb{C}$ 中的一维曲面.

– 当 $\alpha = 1$ 时, 易见双纽线 E_1 也不是 $\mathbb{C}$ 中的一维曲面.

– 当 $\alpha > 0$ 且 $\alpha \neq 1$ 时, 显然

$$E_\alpha = \{z = (x,y) \in \mathbb{C} \mid (x^2 + y^2)^2 - 2(x^2 - y^2) + 1 - \alpha^2 = 0\}.$$

记

$$F(x,y,z) = (x^2 + y^2)^2 - 2(x^2 - y^2) + 1 - \alpha^2,$$

易见 $\operatorname{rank}F \equiv 1$, 所以 E_α 是 $\mathbb{C}$ 中的一维曲面. 此外, 由注记中卡西尼卵形线的一般结果可知, E_α 对应于 $a = 1$, $c = \sqrt{\alpha}$ 的情形. 于是 E_α 当 $\alpha > 1$ 时是连通的, 而当 $0 < \alpha < 1$ 时是不连通的. □

注 卡西尼卵形线方程为

$$(x^2 + y^2)^2 - 2a^2(x^2 - y^2) + a^4 - c^4 = 0, \quad a, c > 0.$$

其复数形式为

$$|z^2 - a^2| = |z - a| \cdot |z + a| = c^2.$$

- 当 $c = 0$ 时, 卡西尼卵形线退化为两个点 $(-a, 0)$ 和 $(a, 0)$.
- 当 $c = a > 0$ 时, 卡西尼卵形线化为双纽线.
- 当 $0 < c < a$ 时, 卡西尼卵形线不连通.
- 当 $c > a > 0$ 时, 卡西尼卵形线连通.

2. 设 $f: \mathbb{R}^n \to \mathbb{R}^n$ 是满足条件 $f \circ f = f$ 的光滑映射,

(1) 证明集 $f(\mathbb{R}^n)$ 是 $\mathbb{R}^n$ 内的光滑曲面.

(2) 这个曲面的维数由映射 f 的什么特征性质确定?

证　由 $f\circ f=f$ 可知 $f'(f(x))f'(x)=f'(x), \forall x\in\mathbb{R}^n$, 且

$$f(\mathbb{R}^n)=\{y\in\mathbb{R}^n: f(y)=y\}.$$

于是 $\forall y\in f(\mathbb{R}^n)\subset\mathbb{R}^n$, 我们有 $f'(y)f'(y)=f'(y)$, 即 $f'(y)$ 为幂等矩阵, 所以 $\mathrm{rank}f'(y)+\mathrm{rank}(f'(y)-E)=n$ 且 $\mathrm{rank}f'(y)=\mathrm{tr}f'(y)$. 再由 f 的光滑性可知 $\mathrm{tr}f'(y)$ 是一个连续函数, 而 $\mathrm{tr}f'(y)=\mathrm{rank}f'(y)$ 是一个整数, 因此 $\mathrm{tr}f'(y)$ 是一个常数. 记 $F(y)=f(y)-y, y\in\mathbb{R}^n$, 则

$$\mathrm{rank}F(y)=\mathrm{rank}(f'(y)-E)=n-\mathrm{tr}f'(y)\equiv n-\mathrm{tr}f'(f(0)),\quad \forall y\in f(\mathbb{R}^n).$$

因此 f 的不动点集 $f(\mathbb{R}^n)$ 是 $\mathbb{R}^n$ 内的光滑曲面, 其维数

$$\dim f(\mathbb{R}^n)=\mathrm{rank}f'(f(0))=\mathrm{tr}f'(f(0))$$

由映射 f 的雅可比矩阵在 f 的不动点处的秩或迹确定. □

3. 设 $e_0,e_1,\cdots,e_n$ 是欧氏空间 $\mathbb{R}^{n+1}$ 的标准正交基底, $x=x^0e_0+x^1e_1+\cdots+x^ne_n$, $\{x\}$ 是点 $(x^0,x^1,\cdots,x^n)$, $e_1,\cdots,e_n$ 是 $\mathbb{R}^n\subset\mathbb{R}^{n+1}$ 内的基底. 公式

$$\psi_1=\frac{x-x^0e_0}{1-x^0},\ x\neq e_0,\quad \psi_2=\frac{x-x^0e_0}{1+x^0},\ x\neq -e_0$$

分别给出从点 $\{e_0\}$ 及 $\{-e_0\}$ 出发的球极平面射影:

$$\psi_1: S^n\setminus\{e_0\}\to\mathbb{R}^n,\quad \psi_2: S^n\setminus\{-e_0\}\to\mathbb{R}^n.$$

(1) 说明这些映射的几何意义.

(2) 验证: 若 $t\in\mathbb{R}^n$ 且 $t\neq 0$, 则 $(\psi_2\circ\psi_1^{-1})(t)=\dfrac{t}{|t|^2}$, 这里

$$\psi_1^{-1}=\left(\psi_1|_{S^n\setminus\{e_0\}}\right)^{-1}.$$

(3) 证明: 两个图 $\psi_1^{-1}=\varphi_1:\mathbb{R}^n\to S^n\setminus\{e_0\}$, $\psi_2^{-1}=\varphi_2:\mathbb{R}^n\to S^n\setminus\{-e_0\}$ 构成球面 $S^n\subset\mathbb{R}^{n+1}$ 的图册.

(4) 证明: 球面的任何图册, 必定有不少于两张图.

证　(1) 从点 $\{e_0\}$ 出发通过点 $x\in S^n\setminus\{e_0\}$ 的射线与 $\mathbb{R}^{n+1}$ 中的超平面 $\mathbb{R}^n$ 的交点即为 $\psi_1(x)$, 同理从点 $\{-e_0\}$ 出发通过点 $x\in S^n\setminus\{-e_0\}$ 的射线与 $\mathbb{R}^{n+1}$ 中的超平面 $\mathbb{R}^n$ 的交点即为 $\psi_2(x)$.

(2) $\forall x\in S^n\setminus\{e_0\}$, 记 $t:=\psi_1(x)=\dfrac{x-x^0e_0}{1-x^0}$, 易见

$$|x|^2=|x^0e_0+(1-x^0)t|^2=(x^0)^2+(1-x^0)^2|t|^2=1,$$

于是 $\dfrac{1+x^0}{1-x^0}=|t|^2$, 由此解得 $x^0=\dfrac{|t|^2-1}{1+|t|^2}$, 所以可知

$$x=\psi_1^{-1}(t)=\frac{|t|^2-1}{1+|t|^2}e_0+\frac{2}{1+|t|^2}t,\quad t\in\mathbb{R}^n\subset\mathbb{R}^{n+1}.$$

因此 $\forall t\in\mathbb{R}^n$ 且 $t\neq 0$, 我们有

$$(\psi_2\circ\psi_1^{-1})(t)=\psi_2(x)=\frac{x-x^0e_0}{1+x^0}=\frac{1-x^0}{1+x^0}t=\frac{t}{|t|^2}.$$

(3) 由 (2) 可知

$$\varphi_1(t)=\psi_1^{-1}(t)=\frac{|t|^2-1}{1+|t|^2}e_0+\frac{2}{1+|t|^2}t,\quad t\in\mathbb{R}^n\subset\mathbb{R}^{n+1}.$$

类似于地, 我们还有

$$\varphi_2(t)=\psi_2^{-1}(t)=\frac{1-|t|^2}{1+|t|^2}e_0+\frac{2}{1+|t|^2}t,\quad t\in\mathbb{R}^n\subset\mathbb{R}^{n+1}.$$

又易见 $\big(S^n\setminus\{e_0\}\big)\cup\big(S^n\setminus\{-e_0\}\big)=S^n$, 所以结论成立.

(4) 由球面的紧性和紧性在拓扑变换下的不变性可知结论成立. □

4. (1) 验证: 属于区域 $G\subset\mathbb{R}^n$ 的同一定向类的曲线坐标系在 G 内产生的连续标架场, 在每一点 $x\in G$ 分别给出的标架, 是空间 TG_x 的同一定向类中的标架.

(2) 试证: 在连通区域 $G\subset\mathbb{R}^n$ 内, 连续标架场恰好分成两个定向类.

(3) 以球面为例说明, 即使在光滑曲面 $S\subset\mathbb{R}^n$ 上不存在连续切空间标架场, 光滑曲面 S 仍可能是可定向的.

(4) 试证: 在连通的可定向曲面上, 恰好能给出两种不同的定向.

证 (1) 设满足条件 $x=\varphi_i(t_i)$ 的一对微分同胚 $\varphi_i:D_i\to G(i=1,2)$ 在区域 G 内产生出属于同一定向类的两个曲线坐标系 $(t_1^1,\cdots,t_1^n)$ 及 $(t_2^1,\cdots,t_2^n)$, 则微分同胚 $\varphi_2^{-1}\circ\varphi_1:D_1\to D_2$ 的雅可比矩阵 $J=\left(\dfrac{\partial t_2^i}{\partial t_1^j}\right)$ 具有正的行列式. 于是, 这两个曲线坐标系在 G 内产生的连续标架场, 在每一点 $x\in G$ 给出的切空间 TG_x 的标架分别为 $\boldsymbol{\xi}_{1,1}=\varphi_1'\big(\varphi_1^{-1}(x)\big)\boldsymbol{e}_1,\cdots,\boldsymbol{\xi}_{1,n}=\varphi_1'\big(\varphi_1^{-1}(x)\big)\boldsymbol{e}_n$ 和 $\boldsymbol{\xi}_{2,1}=\varphi_2'\big(\varphi_2^{-1}(x)\big)\boldsymbol{e}_1,\cdots,\boldsymbol{\xi}_{2,n}=\varphi_2'\big(\varphi_2^{-1}(x)\big)\boldsymbol{e}_n$. 易见 $\forall j\in\{1,\cdots,n\}$,

$$\boldsymbol{\xi}_{1,j}=\frac{\partial\varphi_1}{\partial t_1^j}(t_1)=\frac{\partial\varphi_2}{\partial t_2^i}(t_2)\frac{\partial t_2^i}{\partial t_1^j}(t_1)=J_j^i\boldsymbol{\xi}_{2,i},$$

于是从标架 $\boldsymbol{\xi}_{2,1},\cdots,\boldsymbol{\xi}_{2,n}$ 到标架 $\boldsymbol{\xi}_{1,1},\cdots,\boldsymbol{\xi}_{1,n}$ 的变换方阵 J 具有正的行列式, 因此两个标架属于同一定向标架类.

(2) 首先, 由区域的连通性可导出连续标架场在所有的 $x \in G$ 的标架属于同一定向标架类. 而在每一点 $x \in G$, 空间 TG_x 恰好有两个定向标架类, 于是可知, 连续标架场恰好分成两个定向类, 在每一点 $x \in G$ 其标架属于空间 TG_x 的同一个定向标架类的标架场分在同一个定向类中.

(3) S^{n-1} 上不存在连续切空间标架场等价于 S^{n-1} 上的切丛非平凡. 实际上, S^{n-1} 的切丛平凡仅当 S^{n-1} 是 S^1, S^3, S^7 的时候成立. 所以只有当 $n \neq 2,4,8$ 的时候, S^{n-1} 上不存在连续切空间标架场. 由习题 3 可知, 如下两个图构成球面 $S^{n-1} \subset \mathbb{R}^n$ 的图册:

$$x = \varphi_1(t_1) = \left(\frac{|t_1|^2 - 1}{1+|t_1|^2}, \frac{2}{1+|t_1|^2}t_1^1, \cdots, \frac{2}{1+|t_1|^2}t_1^{n-1}\right), \quad t_1 \in \mathbb{R}^{n-1},$$

$$x = \varphi_2(t_2) = \left(\frac{1 - |t_2|^2}{1+|t_2|^2}, \frac{2}{1+|t_2|^2}t_2^1, \cdots, \frac{2}{1+|t_2|^2}t_2^{n-1}\right), \quad t_2 \in \mathbb{R}^{n-1},$$

且

$$(\varphi_2^{-1} \circ \varphi_1)(t_1) = \frac{t_1}{|t_1|^2}, \quad t_1 \in \mathbb{R}^{n-1}\backslash\{0\}.$$

因为

$$\det(\varphi_2^{-1} \circ \varphi_1)' = -\frac{1}{|t_1|^{2(n-1)}} < 0,$$

所以若令

$$\tilde{\varphi}_1(s_1) = \left(\frac{|s_1|^2 - 1}{1+|s_1|^2}, \frac{2}{1+|s_1|^2}s_1^1, \cdots, \frac{2}{1+|s_1|^2}\left(-s_1^{n-1}\right)\right), \quad s_1 \in \mathbb{R}^{n-1},$$

则图 $\tilde{\varphi}_1$ 和 φ_2 即为 S^{n-1} 的定向图册, 于是球面 $S^{n-1} \subset \mathbb{R}^n$ 可定向.

(4) 见《讲义》9.2.5 小节命题 4. □

5. (1) 在空间 $\mathbb{R}^n$ 内指定一个子空间 $\mathbb{R}^{n-1}$, 取向量 $\boldsymbol{v} \in \mathbb{R}^n \setminus \mathbb{R}^{n-1}$, 及子空间 $\mathbb{R}^{n-1}$ 的两个标架 $(\boldsymbol{\xi}_1, \cdots, \boldsymbol{\xi}_{n-1})$, $(\widetilde{\boldsymbol{\xi}}_1, \cdots, \widetilde{\boldsymbol{\xi}}_{n-1})$. 验证: 这两个标架属于空间 $\mathbb{R}^{n-1}$ 的同一个定向类, 当且仅当 $(\boldsymbol{v}, \boldsymbol{\xi}_1, \cdots, \boldsymbol{\xi}_{n-1})$, $(\boldsymbol{v}, \widetilde{\boldsymbol{\xi}}_1, \cdots, \widetilde{\boldsymbol{\xi}}_{n-1})$ 给出空间 $\mathbb{R}^n$ 的同一个定向.

(2) 试证: 光滑超曲面 $S \subset \mathbb{R}^n$ 可定向, 当且仅当在 S 上存在 S 的连续单位法向量场. 特别地, 由此产生双侧曲面的定向.

(3) 试证: 若 $\mathrm{grad}F \neq 0$, 则由方程 $F(x^1, \cdots, x^n) = 0$ 给出的曲面是可定向曲面 (假定方程有解).

(4) 将上面结果推广到由方程组给出的曲面的情形.

(5) 阐明为什么在 $\mathbb{R}^3$ 中不是每个二维光滑曲面都能用方程 $F(x,y,z) = 0$ 给出, 这里 F 是没有临界点 (亦即满足条件 $\mathrm{grad}F \neq 0$) 的光滑函数.

证 (1) 设子空间 $\mathbb{R}^{n-1}$ 的两个标架 $(\boldsymbol{\xi}_1,\cdots,\boldsymbol{\xi}_{n-1})$ 和 $(\widetilde{\boldsymbol{\xi}}_1,\cdots,\widetilde{\boldsymbol{\xi}}_{n-1})$ 属于空间 $\mathbb{R}^{n-1}$ 的同一个定向类, 则存在具有正行列式的 $n-1$ 阶方阵 (a_j^i) 使得 $\widetilde{\boldsymbol{\xi}}_j = a_j^i\boldsymbol{\xi}_i$, $j=1,\cdots,n-1$. 设从空间 $\mathbb{R}^n$ 的标架 $(\boldsymbol{v},\boldsymbol{\xi}_1,\cdots,\boldsymbol{\xi}_{n-1})$ 到标架 $(\boldsymbol{v},\widetilde{\boldsymbol{\xi}}_1,\cdots,\widetilde{\boldsymbol{\xi}}_{n-1})$ 的变换由 n 阶方阵 (b_j^i) 实现, 则显然

$$b_j^i=\begin{cases}a_{j-1}^{i-1}, & i\neq 1\text{且}\, j\neq 1,\\ 1, & i=1,j=1,\\ 0, & i=1,j\neq 1\,\text{或}\, i\neq 1,j=1.\end{cases}$$

因此 $\det(b_j^i)=\det(a_j^i)>0$, 从而 $(\boldsymbol{v},\boldsymbol{\xi}_1,\cdots,\boldsymbol{\xi}_{n-1})$ 和 $(\boldsymbol{v},\widetilde{\boldsymbol{\xi}}_1,\cdots,\widetilde{\boldsymbol{\xi}}_{n-1})$ 给出空间 $\mathbb{R}^n$ 的同一个定向. 同理, 逆命题也成立.

(2) 设光滑超曲面 $S\subset\mathbb{R}^n$ 可定向, 则存在定向图册 $A(S)=\{(U_\alpha,\varphi_\alpha)\}$. 于是在每一点 $x\in S$, 存在 $U_\alpha\ni x$ 和由坐标系产生的 TS_x 中的定向标架 $\boldsymbol{\xi}_1=\varphi'_\alpha(t_\alpha)\boldsymbol{e}_1,\cdots,\boldsymbol{\xi}_{n-1}=\varphi'_\alpha(t_\alpha)\boldsymbol{e}_{n-1}$. 类似于习题 4(1) 可知, 这样确定的定向标架类与坐标的选取无关. 再由本题 (1) 中的结论可知, 使得 $(\boldsymbol{n},\boldsymbol{\xi}_1,\cdots,\boldsymbol{\xi}_{n-1})$ 与 $\mathbb{R}^n$ 的定向一致的单位法向量是唯一的. 因此, 我们就得到了 S 上的一个连续依赖于点的定向标架类和连续单位法向量场.

反之, 设在光滑超曲面 $S\subset\mathbb{R}^n$ 上存在 S 的连续单位法向量场 $\boldsymbol{n}$, 则可以选取切空间的定向标架类使得标架 $(\boldsymbol{n},\boldsymbol{\xi}_1,\cdots,\boldsymbol{\xi}_n)$ 与 $\mathbb{R}^n$ 的定向一致, 这样就得到了 S 上的一个连续依赖于点的定向标架类. 于是就可在每一点 $x\in S$ 的充分小的 $\varepsilon=\varepsilon(x)$ 邻域中引入坐标 $t=(t^1,\cdots,t^{n-1})$ 使得在该 ε 邻域的所有点的切空间中与由坐标轴的单位切向量组成的标架 $(\boldsymbol{e}_1,\cdots,\boldsymbol{e}_{n-1})$ 对应的标架都属于上述得到的定向标架类. 对曲面 S 上的所有点都建立这样的图, 我们就得到了 S 的图册, 又因为此时坐标替换函数的雅可比行列式都是正的, 所以所得图册为定向图册, 故光滑超曲面 $S\subset\mathbb{R}^n$ 可定向.

(3) 若 $\mathrm{grad}F\neq 0$, 显然由方程 $F(x^1,\cdots,x^n)=0$(假定方程有解) 给出的曲面是 $n-1$ 维光滑曲面. 又其单位法向量场 $\boldsymbol{n}=\dfrac{\mathrm{grad}F}{|\mathrm{grad}F|}$ 显然是连续的, 故由 (2) 可知该曲面可定向.

(4) 设 $F^i(x^1,\cdots,x^n)(i=1,\cdots,n-k)$ 是光滑函数组, 它的秩是 $n-k$, 则由关系式

$$\begin{cases}F^1(x^1,\cdots,x^n)=0,\\ \cdots\cdots\\ F^{n-k}(x^1,\cdots,x^n)=0\end{cases}$$

确定的 k 维光滑曲面 $S\subset\mathbb{R}^n$ 是可定向曲面. 证明如下:

设曲面 S 的切空间的标架为 $\boldsymbol{\xi}_1,\cdots,\boldsymbol{\xi}_k$, 则由 $\mathrm{grad}F^1,\cdots,\mathrm{grad}F^{n-k}$ 线性无关且正交于 S 可知, $(\boldsymbol{\xi}_1,\cdots,\boldsymbol{\xi}_k,\mathrm{grad}F^1,\cdots,\mathrm{grad}F^{n-k})$ 在每一点为线性无关向量组, 从而为 $\mathbb{R}^n$ 中的标架. 在 S 的每一点指定一个切空间的定向标架类, 使得标架 $(\boldsymbol{\xi}_1,\cdots,\boldsymbol{\xi}_k,\mathrm{grad}F^1,\cdots,\mathrm{grad}F^{n-k})$ 与 $\mathbb{R}^n$ 的定向一致. 显然这个 S 上的定向标架类连续依赖于点, 于是再由 (2) 中后半部分的证明可知, 曲面 S 可定向.

(5) 假设在 $\mathbb{R}^3$ 中每个二维光滑曲面都能用方程 $F(x,y,z)=0$ 给出, 其中 F 是没有临界点的光滑函数, 则由 (3) 可知, $\mathbb{R}^3$ 中每个二维光滑曲面都是可定向曲面. 然而这是不可能的, 比如默比乌斯带即是 $\mathbb{R}^3$ 中的二维光滑不可定向曲面, 因此结论成立. □

6. (1) 设 $S\subset\mathbb{R}^n$ 为一曲面, $\overline{S}$ 是 S 在 $\mathbb{R}^n$ 内的闭包. 试问, 集 $\overline{S}\setminus S$ 是不是 S 的边界?

(2) 曲面 $S_1=\{(x,y)\in\mathbb{R}^2\,|\,1<x^2+y^2<2\}$, $S_2=\{(x,y)\in\mathbb{R}^2\,|\,0<x^2+y^2\}$ 是否有边界?

(3) 求出曲面 $S_1=\{(x,y)\in\mathbb{R}^2\,|\,1\leqslant x^2+y^2<2\}$, $S_2=\{(x,y)\in\mathbb{R}^2\,|\,1\leqslant x^2+y^2\}$ 的边界.

解　(1) 由流形边界的定义可知, $\partial S\subset S$, 所以集 $\overline{S}\setminus S$ 不是 S 的边界.

(2) 由流形边界的定义可知, 这里的 S_1 和 S_2 没有边界.

(3) 易见 $\partial S_1=\partial S_2=\{(x,y)\in\mathbb{R}^2\,|\,x^2+y^2=1\}$. □

7. 举出一个这样的例子: 曲面不可定向, 但其边界可定向.

解　易见, 默比乌斯带不可定向, 但其边界可定向. □

8. (1) 立方体 $I^k=\{x\in\mathbb{R}^k\,|\,|x^i|<1, i=1,\cdots,k\}$ 的每个面平行于空间 $\mathbb{R}^k$ 中的相应的 $k-1$ 维坐标超平面. 所以能够把这个超平面的标架与坐标系看作立方体的界面上的标架与坐标系. 请指出, 在哪些界面上, 这样得到的定向与用 $\mathbb{R}^k$ 的定向导出的方体 I^k 的定向和谐, 在哪些面上不和谐. 试依次研究 $k=2$, $k=3$ 及 $k=n$ 的情形.

(2) 在半球面 $S=\{(x,y,z)\in\mathbb{R}^3\,|\,x^2+y^2+z^2=1\wedge z>0\}$ 的某区域内, 使用局部图 $(t^1,t^2)\mapsto(\sin t^1\cos t^2,\sin t^1\sin t^2,\cos t^1)$, 而在此半球面的边界 ∂S 的某区域内, 使用局部图 $t\mapsto(\cos t,\sin t,0)$. 试说明这些图是否给出曲面 S 与其边界 ∂S 的和谐定向.

(3) 在半球面 S 及其边界 ∂S 上, 试建立由 (2) 中的局部图导出的标架场.

(4) 在半球面 S 的边界 ∂S 上, 给出一个标架, 使它确定的边界定向与在 (3) 内得到的给半球面定向的标架和谐.

(5) 借助 $S\subset\mathbb{R}^3$ 的法向量, 给出在 (3) 内所得到的半球面的定向.

证　(1) 对 $i=1,\cdots,k$, 记界面

$$\Gamma_{i,1}:=\{x\in\mathbb{R}^k\,|\,x^i=1,|x^j|<1,j\neq i\},$$
$$\Gamma_{i,-1}:=\{x\in\mathbb{R}^k\,|\,x^i=-1,|x^j|<1,j\neq i\}.$$

于是界面 $\Gamma_{i,1}$ 和 $\Gamma_{i,-1}$ 的参数化表示分别为

$$I^{k-1}\ni t=(t^1,\cdots,t^{k-1})\mapsto x=(t^1,\cdots,t^{i-1},1,t^i,\cdots,t^{k-1})\in\Gamma_{i,1},$$
$$I^{k-1}\ni t=(t^1,\cdots,t^{k-1})\mapsto x=(t^1,\cdots,t^{i-1},-1,t^i,\cdots,t^{k-1})\in\Gamma_{i,-1}.$$

两个界面上的坐标确定的定向标架都是 $\boldsymbol{e}_1,\cdots,\boldsymbol{e}_{i-1},\boldsymbol{e}_{i+1},\cdots,\boldsymbol{e}_k$, 界面 $\Gamma_{i,1}$ 上的法向量 $\boldsymbol{e}_i$ 和界面 $\Gamma_{i,-1}$ 上的法向量 $-\boldsymbol{e}_i$ 是 I^k 的外法向量, 把标架 $\boldsymbol{e}_i,\boldsymbol{e}_1,\cdots,\boldsymbol{e}_{i-1}$, $\boldsymbol{e}_{i+1},\cdots,\boldsymbol{e}_k$ 中的 $\boldsymbol{e}_i$ 经过 $i-1$ 次向后调换就变成了 $\mathbb{R}^k$ 的标架 $\boldsymbol{e}_1,\cdots,\boldsymbol{e}_k$, 同理, 把标架 $-\boldsymbol{e}_i,\boldsymbol{e}_1,\cdots,\boldsymbol{e}_{i-1},\boldsymbol{e}_{i+1},\cdots,\boldsymbol{e}_k$ 中的 $-\boldsymbol{e}_i$ 经过 $i-1$ 次向后调换就变成了 $\mathbb{R}^k$ 的标架 $-\boldsymbol{e}_1,\cdots,\boldsymbol{e}_k$. 于是我们可得如下结论:

- $k=2$: $\Gamma_{1,1}$ 和 $\Gamma_{2,-1}$ 与 I^2 的定向和谐, 而 $\Gamma_{2,1}$ 和 $\Gamma_{1,-1}$ 与 I^2 的定向不和谐.
- $k=3$: $\Gamma_{1,1}$, $\Gamma_{3,1}$ 和 $\Gamma_{2,-1}$ 与 I^3 的定向和谐, 而 $\Gamma_{2,1}$, $\Gamma_{1,-1}$ 和 $\Gamma_{3,-1}$ 与 I^3 的定向不和谐.
- $k=n$: 对于 $\Gamma_{i,1}$, 当 i 为奇数时与 I^n 的定向和谐, 而当 i 为偶数时与 I^n 的定向不和谐. 对于 $\Gamma_{i,-1}$ 恰好相反, 即当 i 为偶数时与 I^n 的定向和谐, 而当 i 为奇数时与 I^n 的定向不和谐. 一般地, 对 $m\in\{-1,1\}$, 当 $(-1)^{\frac{m+1}{2}+i}=1$ 时 $\Gamma_{i,m}$ 与 I^n 的定向和谐, 而当 $(-1)^{\frac{m+1}{2}+i}=-1$ 时 $\Gamma_{i,m}$ 与 I^n 的定向不和谐.

(2) 记

$$(t^1,t^2)\overset{\varphi}{\longmapsto}(\sin t^1\cos t^2,\sin t^1\sin t^2,\cos t^1)\in S,$$

则当 $t^1=\dfrac{\pi}{2}$ 时, 我们得到

$$\varphi\left(\frac{\pi}{2},t^2\right)=(\cos t^2,\sin t^2,0)\in\partial S,$$

由此可见半球面的边界 ∂S 的局部图 $t\overset{\psi}{\longmapsto}(\cos t,\sin t,0)$ 给出的定向与半球面 S 的局部图 φ 给出的定向和谐.

(3) 半球面 S: 记 $\boldsymbol{e}_1=(1,0)$, $\boldsymbol{e}_2=(0,1)$, 因为

$$\varphi'(t^1,t^2)=\begin{pmatrix}\cos t^1\cos t^2 & -\sin t^1\sin t^2\\ \cos t^1\sin t^2 & \sin t^1\cos t^2\\ -\sin t^1 & 0\end{pmatrix},$$

所以

$$\boldsymbol{\xi}_1 = \varphi'(t^1, t^2)\boldsymbol{e}_1 = (\cos t^1 \cos t^2, \cos t^1 \sin t^2, -\sin t^1),$$
$$\boldsymbol{\xi}_2 = \varphi'(t^1, t^2)\boldsymbol{e}_2 = (-\sin t^1 \sin t^2, \sin t^1 \cos t^2, 0),$$

从而得到由局部图 φ 导出的标架场.

半球面的边界 ∂S: 因为

$$\psi'(t) = \begin{pmatrix} -\sin t \\ \cos t \\ 0 \end{pmatrix},$$

所以

$$\boldsymbol{\xi} = (-\sin t, \cos t, 0),$$

从而得到由局部图 ψ 导出的标架场.

(4) 取外法向量 $\boldsymbol{n} = (0, 0, -1)$, 考虑 (3) 中的 $\boldsymbol{\xi}$, 易见 $(\boldsymbol{n}, \boldsymbol{\xi})$ 与 $(\boldsymbol{\xi}_1, \boldsymbol{\xi}_2)$ 属于同一定向类, 于是 $\boldsymbol{\xi}$ 即满足要求.

(5) 显然可取 S 的法向量为球体的相应的外法向量, 即可取

$$\boldsymbol{n} = [\boldsymbol{\xi}_1, \boldsymbol{\xi}_2] = (\sin^2 t^1 \cos t^2, \sin^2 t^1 \sin t^2, \cos t^1 \sin t^1). \qquad \square$$

9. 验证: 假如只要求每点 $x \in M$ 有邻域 $U(x) \subset M$ 同胚于半空间 H^n 的开子集, 定义 1 所引入的对象 (流形) 并不改变.

证　因为 $\mathbb{R}^n$ 同胚于半空间 H^n 的开子集 $\tilde{I} = \{x \in H^n : -1 < x^i < 0,\ i = 1, \cdots, n\}$, 而 H^n 本身也是半空间 H^n 的开子集, 故结论成立. $\square$

10. 设 (M, A) 与 $(\widetilde{M}, \widetilde{A})$ 是具同样光滑度的两个 $C^{(k)}$ 流形. 称这两个光滑流形 (或它们的光滑结构) 是同构的, 如果在图册 $A, \widetilde{A}$ 下, 存在那样的 $C^{(k)}$ 类映射 $f : M \to \widetilde{M}$, 它有同一光滑类 $C^{(k)}$ 的逆映射 $f^{-1} : \widetilde{M} \to M$.

(1) 试证: $\mathbb{R}$ 上具同样光滑性的结构彼此同构.

(2) 验证例 8 中的命题, 并说明它们与习题 (1) 是否矛盾.

(3) 试证: 在圆周 S^1(一维球面) 上, 任意两个 C^∞-结构是同构的. 注意, 这一断言对于维数不超过 6 的球面仍然正确, 而在 S^7 上, 米尔诺①证明了, 存在不同构的 C^∞-结构.

证　(1) 考虑 $\mathbb{R}$ 的 $C^{(k)}$ 类光滑图册 $A = \{(U_i, \varphi_i)\}$ 和 $\tilde{A} = \{(\tilde{U}_j, \tilde{\varphi}_j)\}$. 映射 $f : \mathbb{R} \to \mathbb{R}$ 定义为 $f(x) = x$. 于是 f 诱导了图册 A 和 $\tilde{A}$ 之间的同构. 这是

① 米尔诺 (J.Milnor)(1931—)——最卓越的美国现代数学家之一, 他的主要工作在代数拓扑与拓扑流形两个方面.

因为当 $U_i\cap\tilde{U}_j\neq\varnothing$ 时, $\tilde{\varphi}_j^{-1}\circ f\circ\varphi_i:\varphi_i^{-1}(U_i\cap\tilde{U}_j)\to\tilde{\varphi}_j^{-1}(\tilde{U}_j)$ 是良定义的并且 $\tilde{\varphi}_j^{-1}\circ f\circ\varphi_i$ 是 $C^{(k)}$ 映射.

(2) 对于图册 $\{(\mathbb{R},\varphi(x)=x),(\mathbb{R},\tilde{\varphi}(x))\}$, 由于其坐标替换函数为 $\varphi^{-1}\circ\tilde{\varphi}=\tilde{\varphi}$ 和 $\tilde{\varphi}^{-1}\circ\varphi=\tilde{\varphi}^{-1}$, 故结论成立. 但这与 (1) 并不矛盾, 此时从流形 $\big(\mathbb{R},\{(\mathbb{R},\varphi)\}\big)$ 到流形 $\big(\mathbb{R},\{(\mathbb{R},\tilde{\varphi})\}\big)$ 的映射可取为 $f=\tilde{\varphi}$.

(3) 考虑 $f:\mathbb{R}\to S^1,x\mapsto f(x)=\mathrm{e}^{\mathrm{i}x}$, 容易看出这个映射是一个局部同胚. 实际上, 这是 S^1 上的万有覆盖空间 $\mathbb{R}$ 到 S^1 的覆盖映射. 这样我们就能把 S^1 上的坐标图册通过 f 拉回到 $\mathbb{R}$, 从而构成 $\mathbb{R}$ 上的坐标图册, 再根据 (1) 的结果, 我们有 S^1 上的任意两个光滑结构都同构. □

注 同一个流形的光滑结构同构等价于这两个图册等价.

11. 设 S 是 n 维流形 M 的子集. 如果对任意的点 $x_0\in S$, 有流形 M 的那样的图 $x=\varphi(t)$, 它的有效域 U 包含 x_0, 而对于集 $S\cap U$, 在图 φ 的参数 $t=(t^1,\cdots,t^n)$ 的变化区域内存在由关系 $t^{k+1}=0,\cdots,t^n=0$ 定义的 k 维曲面与之对应, 则称 S 为流形 M 的 k 维子流形.

(1) 试证: 由流形 M 的结构在 S 上自然地诱导出 k 维流形结构, 它与流形 M 的结构有同样的光滑度.

(2) 请自己证实 $\mathbb{R}^n$ 内的 k 维曲面 S 确实是 $\mathbb{R}^n$ 的 k 维子流形.

(3) 试证: 从直线 $\mathbb{R}^1$ 到环面 T^2 内的光滑同胚映射 $f:\mathbb{R}^1\to T^2$ 的像 $f(\mathbb{R}^1)$, 可能是 T^2 的处处稠密的子集, 这时它将不是环面的一维子流形, 尽管它还是抽象一维流形.

(4) 如果对 n 维流形 M 的子集 S 中任一点 x_0, 都能找到流形 M 的局部图, 其有效域 U 含有 x_0, 且集合 $S\cap U$ 在图的参数域内对应于空间 $\mathbb{R}^n$ 的某个 k 维曲面, 就认为 $S\subset M$ 是 n 维流形 M 的 k 维子流形. 试验证, 这并没有改变原来的子流形概念的外延.

证 (1) 记 n 维流形 M 上的一个 $C^{(m)}$ 类光滑图册为 $A=\{(U_\alpha,\varphi_\alpha)\}$, 再记

$$\tilde{A}=\{(S\cap U_\alpha,\psi_\alpha):\psi_\alpha=\varphi_\alpha|_{\varphi_\alpha^{-1}(S\cap U_\alpha)},\ (U_\alpha,\varphi_\alpha)\in A\}.$$

首先, $\forall x_0\in S$, 由 k 维子流形的定义可知, $\exists(U_0,\varphi_0)\in A$ 使得 $x_0\in U_0$, 且 $\varphi_0^{-1}(S\cap U_0)$ 为 $\mathbb{R}^n$ 中的 k 维曲面 $\Sigma_0\subset\{t\in\mathbb{R}^n:t^{k+1}=\cdots=t^n=0\}$. 于是 $x_0\in S\cap U_0$ 且 $\psi_0=\varphi_0|_{\varphi_0^{-1}(S\cap U_0)}=\varphi_0|_{\Sigma_0}$. 由此可见, 由流形 (M,A) 的结构在 S 上自然地诱导出了 k 维流形结构 $(S,\tilde{A})$. 又由

$$\psi_{\alpha\beta}=\psi_\beta^{-1}\circ\psi_\alpha|_{\psi_\alpha^{-1}(S\cap U_\beta)}=\varphi_\beta^{-1}\circ\varphi_\alpha|_{\varphi_\alpha^{-1}(S\cap U_\beta)}$$

可知 $\psi_{\alpha\beta}$ 与 $\varphi_{\alpha\beta}$ 的光滑度相同, 进而可知 $(S,\tilde{A})$ 的光滑度与 (M,A) 相同.

(2) 见《讲义》9.2.2 小节命题 1.

(3) 任意固定 $\lambda\in\mathbb{R}\backslash\mathbb{Q}$, 映射 $f:\mathbb{R}^1\to T^2$ 定义如下:

$$(x,y,z)=f(t)=\big((b+a\cos t)\cos(\lambda t),(b+a\cos t)\sin(\lambda t),a\sin t\big),\quad \forall t\in\mathbb{R}^1.$$

不难证明映射 f 是光滑同胚且 $f(\mathbb{R}^1)$ 是 T^2 的处处稠密的子集 (可参考 2.1 节例题 11 和习题 9). 于是易见, 虽然 $f(\mathbb{R}^1)$ 是抽象一维流形, 但它不是环面的一维子流形.

(4) 因为 $\mathbb{R}^n$ 中的 k 维曲面 $\varphi^{-1}(S\cap U)$ 的光滑度与 (M,A) 相同且可进一步用满足 $s^{k+1}=\cdots=s^n=0$ 的参数式表示, 故结论成立. □

12. 设 X 是豪斯多夫拓扑空间 (流形), 而 G 是空间 X 的同胚变换群. 称群 G 为空间 X 的离散变换群, 如果对于任意两点 $x_1,x_2\in X$(也可能重合), 总存在它们各自的邻域 U_1,U_2, 使得集 $\{g\in G\,|\,g(U_1)\cap U_2\neq\varnothing\}$ 是有限集.

(1) 由此推知, 对任何点 $x\in X$, 它的轨道 $\{g(x)\in X\,|\,g\in G\}$ 是离散的, 而它的稳定子 $G_x=\{g\in G\,|\,g(x)=x\}$ 是有限的.

(2) 验证: 若 G 是距离空间 X 的等距变换群, 且具有 (1) 中所给出的两个性质, 则 G 是 X 的离散变换群.

(3) 试在离散群 G 的轨道的集合 X/G 上, 引入自然拓扑空间 (流形) 结构.

(4) 具离散变换群 G 的拓扑空间 (流形) 的闭子集 F 叫做群 G 的基本域, 如果它是 X 的开子集的闭包, 而且, 形如 $g(F)$ 的集合 $(g\in G)$ 两两没有公共内点, 并构成空间 X 的局部有限的覆盖. 试说明: 在例 13—例 15 中, 群 G 的商空间 (轨道)X/G 怎样借助 “粘合” 某些边界点从 F 做出.

证　(1) 任意固定 $x\in X$, $\forall g_0(x)\in X$, 因为 G 是离散变换群, 所以对 $x,g_0(x)\in X$, 存在 x 和 $g_0(x)$ 的邻域 U_1,U_2, 使得集 $\{g\in G\,|\,g(U_1)\cap U_2\neq\varnothing\}$ 是有限集, 记为 $\{g_1,\cdots,g_k\}$. 于是, $\forall g\in G\backslash\{g_1,\cdots,g_k\}$, $g(x)\notin U_2$. 又因为 X 是豪斯多夫拓扑空间, 所以存在 $g_0(x)$ 的邻域 $U\subset U_2$ 使得 $\forall i\in\{1,\cdots,k\}$, 或者 $g_i(x)=g_0(x)$, 或者 $g_i(x)\notin U$. 因此 $\forall g\in G$, 如果 $g(x)\neq g_0(x)$, 则有 $g(x)\notin U$, 即 $g_0(x)$ 为孤立点, 故可知 x 的轨道 $\{g(x)\in X\,|\,g\in G\}$ 是离散的.

同理, 因为 G 是离散变换群, 所以对 $x=x$, 存在 x 的邻域 U_1,U_2, 使得集 $\{g\in G\,|\,g(U_1)\cap U_2\neq\varnothing\}$ 是有限集. 于是使得 $g(U_1)\ni x$ 的 g 只有有限个, 由此即可知稳定子 $G_x=\{g\in G\,|\,g(x)=x\}$ 是有限的.

(2) 若 G 是距离空间 $(X;d)$ 的等距变换群, 则显然其是同胚变换群. $\forall x_1,x_2\in X$, 我们分两种情况讨论. 情况 1: x_1, x_2 不在同一个轨道里. 考虑 x_1 的轨道 $\{g(x_1)\in X\,|\,g\in G\}=:\Gamma_{x_1}$, 则 $x_2\notin\Gamma_{x_1}$ 且由条件 (1) 可知 Γ_{x_1} 是一个离散点集. 记

$$r_1=\inf_{p\in\Gamma_{x_1}}d(p,x_2),$$

易见 $r_1>0$. 取 $U_1=B(x_1;r_1/2)$, $U_2=B(x_2;r_1/2)$, 则 $\forall g\in G$, 由 $d(g(x_1),x_2)\geqslant r_1$ 可知 $g(U_1)\cap U_2=\varnothing$.

情况 2: x_1, x_2 在同一个轨道里. 此时, 存在 $g_0 \in G$ 使得 $g_0(x_1) = x_2 \in \Gamma_{x_1}$. 记

$$r_2 = \inf_{\substack{p,q\in\Gamma_{x_1}\\ p\neq q}} d(p,q),$$

易见 $r_2 > 0$. 取 $U_1 = B(x_1; r_2/2)$, $U_2 = B(x_2; r_2/2)$, $\forall g \in G$, 若 $g(x_1) \neq x_2$, 则由 $d(g(x_1), x_2) \geqslant r_2$ 可知 $g(U_1) \cap U_2 = \varnothing$; 若 $g(x_1) = x_2$, 显然 $(g \circ g_0^{-1})(x_2) = g(x_1) = x_2$, 于是 $g \circ g_0^{-1} \in G_{x_2}$, 而由条件 (1) 可知这样的 g 至多有有限个, 故集 $\{g \in G \mid g(U_1) \cap U_2 \neq \varnothing\}$ 是有限集. 综合情况 1 和情况 2 可知 G 是 X 的离散变换群.

(3) 考虑商映射 $\pi : X \to X/G$. 那么 X/G 的拓扑由商映射 π 诱导, 即 U 是 X/G 中的开集如果 $\pi^{-1}U$ 是 X 中的开集.

(4) 例 13 中 $X = \mathbb{R}^2$, G 由 T_a 诱导, X/G 是把平移后的点粘起来, 基本域就是对应的条形区域. 例 14 中 X/G 就是 2 维的环面, 基本域就是方格, 把方格的对边沿同一方向粘起来即可. 例 15 中 X/G 就是克莱因瓶, 即把基本域的一组对边沿同一方向粘起来, 而另一组对边按照相反的方向粘起来. □

13. (1) 李群①是装备了那样的解析流形结构的群, 其中映射 $(g_1, g_2) \mapsto g_1 \cdot g_2$, $g \mapsto g^{-1}$ 分别是 $G \times G$ 到 G 和 G 到 G 内的解析映射. 试证例 11 和例 12 内所讨论的流形是李群.

(2) 拓扑群 (或连续群) 是装备了那样的拓扑的群, 群的乘法及求逆运算, 作为 $G \times G \to G$, $G \to G$ 的映射, 关于在 G 中装备的拓扑连续. 以有理数群 $\mathbb{Q}$ 为例证明, 并非每个拓扑群都是李群.

(3) 试证每个李群, 在 (2) 中定义的意义下是拓扑群.

(4) 已经证明②, 任何拓扑群 G, 如果它是一个流形, 则必是李群 (即 G 作为流形, 有使群变成了李群的解析结构). 试证, 任何群流形 (即任何李群) 必是可定向的流形.

证 (1) 例 11: 记从 $\mathbb{R}^{n^2}$ 到 $GL(n,\mathbb{R})$ 的同胚为 $g = \varphi(x)$, $x \in \mathbb{R}^{n^2}$, 于是从 $\mathbb{R}^{n^2} \times \mathbb{R}^{n^2}$ 到 $GL(n,\mathbb{R}) \times GL(n,\mathbb{R})$ 的同胚为 $(g_1, g_2) = (\varphi(x_1), \varphi(x_2)) =: \Phi(x_1, x_2)$. 再记从 $GL(n,\mathbb{R}) \times GL(n,\mathbb{R})$ 到 $GL(n,\mathbb{R})$ 的映射 $(g_1, g_2) \mapsto g_1 \cdot g_2$ 为 f, 从 $GL(n,\mathbb{R})$ 到 $GL(n,\mathbb{R})$ 的映射 $g \mapsto g^{-1}$ 为 h. 显然映射

$$\varphi^{-1} \circ f \circ \Phi : \mathbb{R}^{n^2} \times \mathbb{R}^{n^2} \to \mathbb{R}^{n^2}$$

可表示为

① 李 (M.S.Lie)(1842—1899)——著名的挪威数学家, 连续群 (李群) 的鼻祖; 罗巴切夫斯基国际奖的得奖者之一 (因将群论应用于几何论证于 1897 年获的奖). 现在, 李群在几何、拓扑及物理的数学方法中, 有根本的意义.

② 这就回答了所谓希尔伯特第 5 问题.

$$\left(\varphi^{-1} \circ f \circ \Phi(x_1, x_2)\right)^{i,j} = \sum_{k=1}^{n} x_1^{i,k} x_2^{k,j}, \quad i, j = 1, \cdots, n, \quad (x_1, x_2) \in \mathbb{R}^{n^2} \times \mathbb{R}^{n^2}.$$

该映射显然是解析的, 故 f 是解析的. 而映射

$$\varphi^{-1} \circ h \circ \varphi : \mathbb{R}^{n^2} \to \mathbb{R}^{n^2}$$

可表示为

$$\left(\varphi^{-1} \circ h \circ \varphi(x)\right)^{i,j} = \frac{(\varphi(x))^*_{ij}}{\det \varphi(x)}, \quad i, j = 1, \cdots, n, \quad x \in \mathbb{R}^{n^2},$$

其中矩阵 A^* 表示矩阵 A 的伴随矩阵. 易见 $\left(\varphi^{-1} \circ h \circ \varphi(x)\right)^{i,j}$ 为 x 的分量的有理分式, 故 h 也是解析的. 因此 $GL(n, \mathbb{R})$ 是李群.

例 12: 对于 $\mathbb{R}^2$ 中的圆周 $S^1 = \{\mathrm{e}^{-\mathrm{i}\alpha} \in \mathbb{C} : \alpha \in [0, 2\pi]\}$, 在 S^1 上的乘法 $\mathrm{e}^{-i\alpha_1} \cdot \mathrm{e}^{-i\alpha_2} = \mathrm{e}^{-i(\alpha_1+\alpha_2)}$ 和取逆 $\left(\mathrm{e}^{-i\alpha}\right)^{-1} = \mathrm{e}^{i\alpha}$ 显然都是解析的, 而 $SO(2, \mathbb{R})$ 等同于 S^1, 所以 $SO(2, \mathbb{R})$ 是李群. 同理, $O(2, \mathbb{R})$ 也是李群.

(2) 容易验证 $\mathbb{Q}$ 是一个拓扑群, 其上的拓扑由欧氏空间 $\mathbb{R}$ 的子空间拓扑诱导. 由于有理数集合是可数的, 那么如果 $\mathbb{Q}$ 是一个流形, 其维数一定是 0, 于是 $\mathbb{Q}$ 上的拓扑只能由离散拓扑诱导, 然而子空间拓扑不是离散拓扑, 这是因为 $\mathbb{Q}$ 中单点集不是开集. 因此 $\mathbb{Q}$ 不是一个李群.

(3) 根据李群的定义, 容易看出 G 上的乘法运算和取逆运算与拓扑相容, 则其是一个拓扑群.

(4) 根据李群切空间的平移不变性, 我们可以把任意点的切空间平移到单位元 e 的附近, 这意味着李群的切丛是平凡丛. 再根据例题 2 可知李群作为流形是可定向的. □

14. 拓扑空间的子集系叫做局部有限的, 假如空间的每个点, 都有一个只与集系中的有限多个集相交的邻域. 特别地, 可以谈论空间的局部有限覆盖.

称一集系内接在另一集系内, 假如第一个集系中的任意一个集, 至少包含在第二个集系的一个集中, 特别地, 可以谈论某集的一个覆盖内接在另一这样的覆盖中.

(1) 试证: 在 $\mathbb{R}^n$ 的任何开覆盖内, 可内接一个 $\mathbb{R}^n$ 的局部有限覆盖.

(2) 将 (1) 中的 $\mathbb{R}^n$ 换成任意流形 M, 解所得的问题.

(3) 试证: 在 $\mathbb{R}^n$ 上存在从属于它的任何给定开覆盖的单位分解.

(4) 验证: 断言 (3) 对任意流形仍然成立.

证　(1) 设 $\mathcal{G} = \{G_\alpha\}$ 是 $\mathbb{R}^n$ 的任一开覆盖. 令 $I_i = \{x \in \mathbb{R}^n : |x^j| \leqslant i, j = 1, \cdots, n\}$, $i \in \mathbb{N}$. 当 $i \in \mathbb{Z} \backslash \mathbb{N}$ 时, 令 $I_i = \varnothing$. 记 $B_i = I_i \backslash \mathring{I}_{i-1}$, $i \in \mathbb{N}$. 显然每一个 B_i 是 $\mathbb{R}^n$ 中的紧子集, 且 $B_i \cap I_{i-2} = \varnothing$, 于是 $\forall x \in B_i$, 存在以 x 为中心的闭

方体 C_x 使得 $C_x \cap I_{i-2} = \varnothing$, 且 C_x 含于某 $G_\alpha \in \mathcal{G}$ 中. 易见, 诸方体 C_x 的内部覆盖 B_i, 而 B_i 是紧的, 故存在有限方体族 $\mathcal{C}_i$, 使得其中这些方体的内部仍能覆盖 B_i. 令 $\mathcal{C} = \bigcup\limits_{i\in\mathbb{N}} \mathcal{C}_i$, 则 $\mathcal{C}$ 为可数方体族. 由上面的构造可知, 显然 $\mathcal{C}$ 内接于 $\mathcal{G}$. $\forall x \in \mathbb{R}^n$, 令 i 是使得 $x \in \mathring{I}_i$ 的最小自然数, 则显然 $x \in B_i$, 又因为 $\mathcal{C}_i$ 中的方体的内部覆盖 B_i, 所以 x 位于其中某个方体的内部. 这就说明了 $\mathcal{C}$ 中方体的内部覆盖 $\mathbb{R}^n$.

现在, $\forall x \in \mathbb{R}^n$, 仍令 i 是使得 $x \in \mathring{I}_i$ 的最小自然数. 再次由上面的构造可知, 属于各方体族 $\mathcal{C}_{i+2} \cup \mathcal{C}_{i+3} \cup \cdots$ 的每个方体不与 I_i 相交, 于是 x 的邻域 $\mathring{I}_i$ 只可能与属于方体族 $\mathcal{C}_1 \cup \cdots \cup \mathcal{C}_{i+1} \subset \mathcal{C}$ 的方体相交, 而这样的方体的个数是有限的, 故 $\mathcal{C}$ 是 $\mathbb{R}^n$ 的局部有限覆盖, 从而结论成立.

(2) 设 M 的一个可数拓扑基为 $\mathcal{B} = \{B_i : i \in \mathbb{N}\}$. $\forall x \in M$, 由流形的定义可知, 存在 x 的邻域 V_x 使得 V_x 同胚于 $\mathbb{R}^n$ 或 H^n, 而 $\mathbb{R}^n$ 和 H^n 显然是局部紧的 (即每一点都有一个邻域使得该邻域的闭包是紧的), 所以 M 也是局部紧的. 因此, $\forall x \in M$, 存在 x 的开邻域 U_x 使得 $\overline{U_x}$ 是紧的, 于是 U_x 是 $\mathcal{B}$ 中若干开集的并集, 记为 $U_x = \bigcup\limits_{j\in\mathbb{N}} B_{x,j}$. 因为 $\mathcal{U} = \{U_x : x \in M\}$ 是 M 的开覆盖, 所以 $\mathcal{B}_0 = \{B_{x,j} : x \in M, j \in \mathbb{N}\}$ 也是 M 的开覆盖, 但 $\mathcal{B}_0 \subset \mathcal{B}$, 所以 $\mathcal{B}_0$ 是可数的, 将之重新记为 $\mathcal{B}_0 = \{B_{i_k} : k \in \mathbb{N}\}$. 由于每一个 B_{i_k} 必定包含在 $\mathcal{U}$ 中的某个开集 U_k 内, 故 $\mathcal{U}$ 的子集 $\mathcal{U}_0 = \{U_k : k \in \mathbb{N}, B_{i_k} \subset U_k \in \mathcal{U}\}$ 是 M 的可数的开覆盖 (即 $\bigcup\limits_{k\in\mathbb{N}} U_k = M$), 且每一个 U_k 的闭包 $\overline{U_k}$ 是紧的.

令 $W_1 = U_1$, $K_1 = \overline{W_1}$, $\widetilde{K}_2 = K_1 \cup \overline{U_2}$. 显然 $\widetilde{K}_2$ 是紧的, 所以存在 $\mathcal{U}_0$ 中的有限个开集 (设为 $\{U_k : k = 1, \cdots, l_1\}$) 使得它们覆盖 $\widetilde{K}_2$. 再令 $W_2 = \bigcup\limits_{l=1}^{l_1} U_l$, $K_2 = \overline{W_2} = \bigcup\limits_{l=1}^{l_1} \overline{U_l}$, 易见 K_2 是紧的, 且 $K_1 \subset \widetilde{K}_2 \subset W_2 \subset \mathring{K}_2$, $U_2 \subset \overline{U_2} \subset K_2$. 利用数学归纳法, 假定已经有紧子集 $K_1, \cdots, K_j$, 满足

$$K_k \subset \mathring{K}_{k+1}, \quad k = 1, \cdots, j-1,$$

$$U_k \subset \overline{U_k} \subset K_k, \quad k = 1, \cdots, j,$$

令 $\widetilde{K}_{j+1} = K_j \cup \overline{U_{j+1}}$. 显然 $\widetilde{K}_{j+1}$ 也是紧的, 所以存在 $\mathcal{U}_0$ 中的有限个开集 (设为 $\{U_k : k = 1, \cdots, l_j\}$) 使得它们覆盖 $\widetilde{K}_{j+1}$. 再令 $W_{j+1} = \bigcup\limits_{l=1}^{l_j} U_l$, $K_{j+1} = \overline{W_{j+1}} = \bigcup\limits_{l=1}^{l_j} \overline{U_l}$, 易见 K_{j+1} 也是紧的, 且 $K_j \subset \widetilde{K}_{j+1} \subset W_{j+1} \subset \mathring{K}_{j+1}$, $U_{j+1} \subset \overline{U_{j+1}} \subset K_{j+1}$. 这样我们就得到了可数个紧集 $\{K_j : j \in \mathbb{N}\}$ 使得 $\forall j \in \mathbb{N}$, $K_j \subset \mathring{K}_{j+1}$ 且

$\bigcup\limits_{j\in\mathbb{N}} K_j = \bigcup\limits_{j\in\mathbb{N}} U_j = M$.

令 $K_{-1} = K_0 = \varnothing$, 再令 $V_j = \mathring{K}_{j+1}\backslash K_{j-2}$, $F_j = K_j\backslash\mathring{K}_{j-1}$, $j \in \mathbb{N}$. 易见, 每一个 V_j 是开子集, 每一个 $F_j \subset V_j$ 是紧子集, 且 $V_1 = \mathring{K}_2 \supset K_1$, $V_2 = \mathring{K}_3 \supset K_2$,

$$V_j = \mathring{K}_{j+1}\backslash K_{j-2} \supset K_j\backslash K_{j-2}, \quad j = 3, 4, \cdots,$$

于是 $\bigcup\limits_{j\in\mathbb{N}} V_j = \bigcup\limits_{j\in\mathbb{N}} K_j = M$. $\forall x \in M$, 由前面已证之结论 (M 是局部紧的) 可知, 存在 x 的开邻域 U_x 使得 $\overline{U_x}$ 是紧的, 于是存在 $\mathcal{V} = \{V_j : j \in \mathbb{N}\}$ 中的有限个开集 (记为 $\{V_{j_1}, \cdots, V_{j_{i_x}}\}$) 覆盖 $\overline{U_x}$. 易见, 当 $k \geqslant i_x + 3$ 时, $K_{k-2} \supset K_{i_x+1}$, 于是 $V_k = \mathring{K}_{k+1}\backslash K_{k-2} \subset \mathring{K}_{k+1}\backslash K_{i_x+1}$. 而 $\overline{U_x} \subset \bigcup\limits_{i=1}^{i_x} V_{j_i} \subset K_{i_x+1}$, 因此当 $k \geqslant i_x + 3$ 时 $\overline{U_x} \cap V_k = \varnothing$, 即 $\overline{U_x}$ 与 $\mathcal{V}$ 中至多 $i_x + 2$ 个开集相交, 故 $\mathcal{V}$ 是局部有限的.

现在, 设 $\mathcal{G} = \{G_\alpha\}$ 是 M 的任一开覆盖. 显然 $\bigcup\limits_{j\in\mathbb{N}} F_j = \bigcup\limits_{j\in\mathbb{N}} K_j = M$, 而每一个 $F_j \subset V_j$ 是紧子集, 于是存在 $\mathcal{G}$ 中的有限个开集 (记为 $\{G_{j,1}, \cdots, G_{j,m_j}\}$) 覆盖 F_j. 令 $W_{j,m} = V_j \cap G_{j,m} \subset G_{j,m}$, $j \in \mathbb{N}$, $m = 1, \cdots, m_j$, 则每一个 $W_{j,m}$ 是 M 的开子集, 且

$$\bigcup_{m=1}^{m_j} W_{j,m} = V_j \cap \left(\bigcup_{m=1}^{m_j} G_{j,m}\right) \supset V_j \cap F_j = F_j,$$

进而我们有

$$\bigcup_{j\in\mathbb{N}} \left(\bigcup_{m=1}^{m_j} W_{j,m}\right) \supset \bigcup_{j\in\mathbb{N}} F_j = M,$$

因此 $\mathcal{G}_0 = \{W_{j,m} : j \in \mathbb{N}, m = 1, \cdots, m_j\}$ 是 M 的内接于 $\mathcal{G}$ 的可数开覆盖. 由 $\mathcal{V}$ 的局部有限性易知 $\mathcal{G}_0$ 也是局部有限的. 此外, 由 $\overline{W_{j,m}} \subset \overline{V_j} \subset K_{j+1}$ 还可知每一个 $\overline{W_{j,m}}$ 是紧的.

(3) 设 $\mathcal{G} = \{G_\alpha\}$ 是 $\mathbb{R}^n$ 的任一开覆盖, 则由 (1) 的证明可知, 存在可数方体族 $\mathcal{Q} = \{Q_1, Q_2, \cdots\}$ 使得 $\mathcal{Q}$ 的内部覆盖 $\mathbb{R}^n$, 且 $\mathcal{Q}$ 是内接于 $\mathcal{G}$ 的 $\mathbb{R}^n$ 的局部有限覆盖. $\forall i \in \mathbb{N}$, 由《讲义》9.2.6 小节引理 1 的证明可知, 存在 $\psi_i \in C^\infty(\mathbb{R}^n; \mathbb{R})$ 使得, 当 $x \in \mathring{Q}_i$ 时, $\psi_i(x) > 0$, 而当 $x \in \mathbb{R}^n\backslash\mathring{Q}_i$ 时, $\psi_i(x) = 0$. 于是 $\mathrm{supp}\psi_i = Q_i$ 必包含在某 $G_\alpha \in \mathcal{G}$ 中.

$\forall x \in \mathbb{R}^n$, 因为 x 有一个邻域只与有限多个 $Q_i = \mathrm{supp}\psi_i$ 相交, 所以级数 $\lambda(x) = \sum\limits_{i\in\mathbb{N}} \psi_i(x)$ 为该邻域上有限个 C^∞ 函数的和, 从而必收敛且 $\lambda(x) \in C^\infty(\mathbb{R}^n; \mathbb{R})$. 此外, $\forall x \in \mathbb{R}^n = \bigcup\limits_{i\in\mathbb{N}} \mathring{Q}_i$, 显然存在 $Q_i \in \mathcal{Q}$ 使得 $x \in \mathring{Q}_i$, 于是

$\psi_i(x) > 0$, 所以 $\lambda(x) > 0$. 现在, $\forall i \in \mathbb{N}$, 令 $\varphi_i(x) = \dfrac{\psi_i(x)}{\lambda(x)}$, 则 $\{\varphi_1, \varphi_2, \cdots\}$ 即为 $\mathbb{R}^n$ 上从属于开覆盖 $\mathcal{G}$ 的单位分解.

(4) 设 $\mathcal{G} = \{G_\alpha\}$ 是光滑流形 M 的任一开覆盖, 则由 (2) 的证明可知, 存在由可数个开集构成的 M 的内接于 $\mathcal{G}$ 的局部有限开覆盖 $\mathcal{G}_0 = \{W_i : i \in \mathbb{N}\}$, 且每一个 $\overline{W_i}$ 是 M 的紧子集. 令 $W_0 = Z_0 = \varnothing$, 我们将利用数学归纳法证明: $\forall j \in \mathbb{N} \cup \{0\}$, 存在开集 $Z_0, \cdots, Z_j$ 使得 $\forall k \in \{0, \cdots, j\}$, $\overline{Z_k} \subset W_k$, 且

$$\left(\bigcup_{k=0}^{j} Z_k\right) \cup \left(\bigcup_{k=j+1}^{\infty} W_k\right) = M.$$

当 $j = 0$ 时, 由 W_0 和 Z_0 的定义可知结论显然成立. 假定当 $j \in \mathbb{N} \cup \{0\}$ 时结论成立, 我们来证明结论对 $j+1$ 也成立. 令

$$Z = \left(\bigcup_{k=0}^{j} Z_k\right) \cup \left(\bigcup_{k=j+2}^{\infty} W_k\right),$$

则由归纳假设可知 $Z \cup W_{j+1} = M$, 于是 $M \backslash Z \subset W_{j+1} \subset \overline{W_{j+1}}$. 而 $\overline{W_{j+1}}$ 是紧的, 所以闭子集 $M \backslash Z$ 也是紧的. 如果 $M \backslash Z = \varnothing$, 则在开覆盖 $\mathcal{G}_0$ 中去掉 W_{j+1}, 所以不妨假设 $M \backslash Z \neq \varnothing$. $\forall x \in M \backslash Z \subset W_{j+1}$, 由 (2) 已证之结论 ($M$ 是局部紧的) 可知, 存在 x 的开邻域 U_x 使得 $\overline{U_x}$ 是紧的且 $\overline{U_x} \subset W_{j+1}$. 于是存在紧集 $M \backslash Z$ 的开覆盖 $\{U_x : x \in M \backslash Z\}$ 的有限子覆盖, 记为 $\{U_k = U_{x_k} : k = 1, \cdots, l\}$. 令 $Z_{j+1} = \bigcup\limits_{k=1}^{l} U_k$, 则有

$$M \backslash Z \subset Z_{j+1} \subset \overline{Z_{j+1}} \subset \bigcup_{k=1}^{l} \overline{U_k} \subset W_{j+1}.$$

因此 $Z \cup Z_{j+1} \supset Z \cup (M \backslash Z) = M$, 从而上边的结论对 $j+1$ 也成立. 这样我们就把 $\mathcal{G}_0$ 中的每一个开集 W_i 缩小了一点得到了开集 Z_i 使得 $\overline{Z_i} \subset W_i$, 且 $\bigcup\limits_{i \in \mathbb{N}} Z_i = M$.

$\forall i \in \mathbb{N}$, 由《讲义》9.2.6 小节推论 1 之 2° 可知, 存在非负函数 $\psi_i \in C^\infty(M; \mathbb{R})$ 使得, 当 $x \in Z_i$ 时, $\psi_i(x) = 1$, 且 $\mathrm{supp}\psi_i \subset W_i$. $\forall x \in M$, 因为 $\mathcal{G}_0$ 是局部有限的, 所以 x 有一个开邻域 U 只与有限多个 $W_i \in \mathcal{G}_0$ 相交, 所以级数 $\lambda|_U = \sum\limits_{i \in \mathbb{N}} \psi_i|_U$ 为该邻域 U 上有限个 C^∞ 函数的和, 从而必收敛且 $\lambda|_U \in C^\infty(U; \mathbb{R})$. 因此 $\lambda = \sum\limits_{i \in \mathbb{N}} \psi_i \in C^\infty(M; \mathbb{R})$ 此外, $\forall x \in M = \bigcup\limits_{i \in \mathbb{N}} Z_i$, 显然存在 Z_{i_x} 使得 $x \in Z_{i_x}$, 于是 $\psi_{i_x}(x) = 1$, 所以 $\lambda(x) > 0$. 现在, $\forall i \in \mathbb{N}$, 令 $\varphi_i(x) = \dfrac{\psi_i(x)}{\lambda(x)}$, 则 $\{\varphi_1, \varphi_2, \cdots\}$ 即为 M 上从属于开覆盖 $\mathcal{G}_0$(进而从属于开覆盖 $\mathcal{G}$) 的单位分解. □

9.3 流形上的微分形式

一、知识点总结与补充

1. 微分形式

(1) 微分形式的定义: 称 ω^m 是 n 维光滑流形 M 上的 m 次微分形式, 如果在 M 的每一个切空间 $TM_p(p\in M)$ 上都定义了斜对称形式 $\omega^m(p):(TM_p)^m\to\mathbb{R}$.

(2) 微分形式的转移: 设图 $(U_\alpha,\varphi_\alpha)$ 和 (U_β,φ_β) 的有效域包含 $p\in M$, $\varphi_{\beta\alpha}$ 和 $\varphi_{\alpha\beta}$ 分别是坐标变换函数 $\varphi_\alpha^{-1}\circ\varphi_\beta$ 和 $\varphi_\beta^{-1}\circ\varphi_\alpha$, 则

$$x_\alpha=\varphi_{\beta\alpha}(x_\beta),\quad x_\beta=\varphi_{\alpha\beta}(x_\alpha),$$

$$\xi_\alpha=\varphi'_{\beta\alpha}(x_\beta)\xi_\beta,\quad \xi_\beta=\varphi'_{\alpha\beta}(x_\alpha)\xi_\alpha,$$

其中 x_α,x_β 分别在图 $(U_\alpha,\varphi_\alpha)$ 和 (U_β,φ_β) 内表示点 $p\in M$, 而 ξ_α,ξ_β 分别在图 $(U_\alpha,\varphi_\alpha)$ 和 (U_β,φ_β) 内表示切向量 $\xi\in TM_p$. 于是共轭映射 $(\varphi'_{\beta\alpha})^*=:\varphi^*_{\beta\alpha},(\varphi'_{\alpha\beta})^*=:\varphi^*_{\alpha\beta}$ 实现形式的转移 (显然 α,β 可以互换位置):

$$\omega_\alpha(x_\alpha)=\varphi^*_{\alpha\beta}(x_\alpha)\omega_\beta(x_\beta),$$

即

$$\omega_\alpha(x_\alpha)((\xi_1)_\alpha,\cdots,(\xi_m)_\alpha)=\omega_\beta(x_\beta)((\xi_1)_\beta,\cdots,(\xi_m)_\beta),$$

其中 $(\xi_1)_\alpha,\cdots,(\xi_m)_\alpha$, $(\xi_1)_\beta,\cdots,(\xi_m)_\beta$ 分别在图 $(U_\alpha,\varphi_\alpha)$ 和 (U_β,φ_β) 内表示向量 $\xi_1,\cdots,\xi_m\in TM_p$.

(3) 微分形式转移的坐标变换规律: 已知映射 $\varphi'_{\alpha\beta}(x_\alpha)$ 的矩阵 $(c_i^j)=\left(\dfrac{\partial x_\beta^j}{\partial x_\alpha^i}\right)(x_\alpha)$, 如果

$$\omega_\alpha(x_\alpha)=\sum_{1\leqslant i_1<\cdots<i_m\leqslant n}a_{i_1\cdots i_m}\mathrm{d}x_\alpha^{i_1}\wedge\cdots\wedge\mathrm{d}x_\alpha^{i_m},$$

且

$$\omega_\beta(x_\beta)=\sum_{1\leqslant j_1<\cdots<j_m\leqslant n}b_{j_1\cdots j_m}\mathrm{d}x_\beta^{j_1}\wedge\cdots\wedge\mathrm{d}x_\beta^{j_m},$$

则

$$\begin{aligned}&\sum_{1\leqslant i_1<\cdots<i_m\leqslant n}a_{i_1\cdots i_m}\mathrm{d}x_\alpha^{i_1}\wedge\cdots\wedge\mathrm{d}x_\alpha^{i_m}\\=&\sum_{\substack{1\leqslant i_1<\cdots<i_m\leqslant n\\1\leqslant j_1<\cdots<j_m\leqslant n}}b_{j_1\cdots j_m}\det\frac{\partial(x_\beta^{j_1},\cdots,x_\beta^{j_m})}{\partial(x_\alpha^{i_1},\cdots,x_\alpha^{i_m})}(x_\alpha)\mathrm{d}x_\alpha^{i_1}\wedge\cdots\wedge\mathrm{d}x_\alpha^{i_m}.\end{aligned}$$

(4) 光滑微分形式: 称 n 维光滑流形 M 上的 m 次微分形式 ω 属于 $C^{(k)}$ 光滑类 ($C^{(k)}$ 光滑微分形式), 如果在给出 M 上光滑结构的图册的任何图 $(U_\alpha,\varphi_\alpha)$ 内, 它的坐标表示

$$\omega_\alpha=\varphi_\alpha^*\omega=\sum_{1\leqslant i_1<\cdots<i_m\leqslant n}a_{i_1\cdots i_m}(x_\alpha)\mathrm{d}x_\alpha^{i_1}\wedge\cdots\wedge\mathrm{d}x_\alpha^{i_m}$$

的系数 $a_{i_1\cdots i_m}(x_\alpha)$ 都是 $C^{(k)}$ 类函数.

注　对于在流形上给出的微分形式, 以自然的方式 (逐点地) 定义加法、数乘及外积运算 (特别地, 乘以函数 $f:M\to\mathbb{R}$, 按定义, 函数是零次形式). 其中前两种运算, 把 M 上的 $C^{(k)}$ 类 m-形式的集合 Ω_k^m 变为线性空间. 当 $k=\infty$ 时, 通常把这个线性空间记作 Ω^m. 显然, 形式 $\omega^{m_1}\in\Omega_k^{m_1}$ 和 $\omega^{m_2}\in\Omega_k^{m_2}$ 的外积是形式 $\omega^{m_1+m_2}=\omega^{m_1}\wedge\omega^{m_2}\in\Omega_k^{m_1+m_2}$.

(5) 微分形式的一些例子:

- 光滑函数 f 的微分场 $\mathrm{d}f$ 是区域 $D\subset\mathbb{R}^n$ 内的 1-形式 (线性形式场):

$$\mathrm{d}f(x)=\frac{\partial f}{\partial x^1}\mathrm{d}x^1+\cdots+\frac{\partial f}{\partial x^n}\mathrm{d}x^n.$$

- 向量场 $\boldsymbol{F}$ 在欧氏空间 $\mathbb{R}^n$ 中的区域 D 内产生如下的微分 1-形式 $\omega_{\boldsymbol{F}}^1$(线性形式场):

$$\omega_{\boldsymbol{F}}^1(x)(\boldsymbol{\xi})=\langle\boldsymbol{F}(x),\boldsymbol{\xi}\rangle,\quad\forall\boldsymbol{\xi}\in TD_x.$$

它在笛卡儿坐标系内有分解式:

$$\omega_{\boldsymbol{F}}^1(x)=\langle\boldsymbol{F}(x),\cdot\rangle=\sum_{i=1}^n F^i(x)\mathrm{d}x^i.$$

- 向量场 $\boldsymbol{V}$ 在欧氏空间 $\mathbb{R}^n$ 中的区域 D 内产生如下的 $n-1$ 次微分形式 $\omega_{\boldsymbol{V}}^{n-1}$:

$$\omega_{\boldsymbol{V}}^{n-1}(x)=\sum_{i=1}^n(-1)^{i+1}V^i(x)\mathrm{d}x^1\wedge\cdots\wedge\widehat{\mathrm{d}x^i}\wedge\cdots\wedge\mathrm{d}x^n,$$

这里, 微分上的记号 $\frown$, 表示在这一项中应把该微分舍去.

注　当 $n=3$ 时, 形式 $\omega_{\boldsymbol{V}}^2$ 即是通常的向量混合积 $\omega_{\boldsymbol{V}}^2=(\boldsymbol{V},\cdot,\cdot)$, 即

$$\omega_{\boldsymbol{V}}^2(x)=V^1(x)\mathrm{d}x^2\wedge\mathrm{d}x^3+V^2(x)\mathrm{d}x^3\wedge\mathrm{d}x^1+V^3(x)\mathrm{d}x^1\wedge\mathrm{d}x^2.$$

2. 外微分

(1) 外微分的定义: 把具有以下三条性质的线性算子 $\mathrm{d}:\Omega_k^m\to\Omega_{k-1}^{m+1}$ 叫做外微分:

- $\mathrm{d}:\Omega_k^0\to\Omega_{k-1}^1$ 作用在任何函数 $f\in\Omega_k^0$ 上, 与将此函数作普通微分 $\mathrm{d}f$ 一样;

- $\mathrm{d}(\omega^{m_1}\wedge\omega^{m_2})=\mathrm{d}\omega^{m_1}\wedge\omega^{m_2}+(-1)^{m_1}\omega^{m_1}\wedge\mathrm{d}\omega^{m_2}$, 这里

$$\omega^{m_1}\in\Omega_k^{m_1},\quad \omega^{m_2}\in\Omega_k^{m_2};$$

- $\mathrm{d}^2:=\mathrm{d}\circ\mathrm{d}=0$.

(2) 算子 d 是存在且唯一的:

$$\mathrm{d}\left(\sum_{1\leqslant i_1<\cdots<i_m\leqslant n}c_{i_1\cdots i_m}(x)\mathrm{d}x^{i_1}\wedge\cdots\wedge\mathrm{d}x^{i_m}\right)=\sum_{1\leqslant i_1<\cdots<i_m\leqslant n}\mathrm{d}c_{i_1\cdots i_m}(x)\wedge\mathrm{d}x^{i_1}\wedge\cdots\wedge\mathrm{d}x^{i_m}.$$

(3) 算子 d 与形式的转移运算 φ^* 的交换性: $\mathrm{d}\varphi^*=\varphi^*\mathrm{d}$, 即 $\mathrm{d}\omega_\alpha=\mathrm{d}(\varphi^*_{\alpha\beta}\omega_\beta)=\varphi^*_{\alpha\beta}(\mathrm{d}\omega_\beta)$.

(4) 一些例子:

- 区域 $D\subset\mathbb{R}^3$ 内可微函数 (0-形式)$\omega=f(x,y,z)$ 的外微分

$$\mathrm{d}\omega=\mathrm{d}f=\frac{\partial f}{\partial x}\mathrm{d}x+\frac{\partial f}{\partial y}\mathrm{d}y+\frac{\partial f}{\partial z}\mathrm{d}z.$$

- 区域 $D\subset\mathbb{R}^2$ 内的微分 1-形式 $\omega=P(x,y)\mathrm{d}x+Q(x,y)\mathrm{d}y$ 的外微分

$$\mathrm{d}\omega(x,y)=\left(\frac{\partial Q}{\partial x}-\frac{\partial P}{\partial x}\right)(x,y)\mathrm{d}x\wedge\mathrm{d}y.$$

- 区域 $D\subset\mathbb{R}^3$ 内的微分 1-形式 $\omega=P\mathrm{d}x+Q\mathrm{d}y+R\mathrm{d}z$ 的外微分

$$\mathrm{d}\omega=\left(\frac{\partial R}{\partial y}-\frac{\partial Q}{\partial z}\right)\mathrm{d}y\wedge\mathrm{d}z+\left(\frac{\partial P}{\partial z}-\frac{\partial R}{\partial x}\right)\mathrm{d}z\wedge\mathrm{d}x+\left(\frac{\partial Q}{\partial x}-\frac{\partial P}{\partial y}\right)\mathrm{d}x\wedge\mathrm{d}y.$$

- 区域 $D\subset\mathbb{R}^3$ 内的微分 2-形式 $\omega=P\mathrm{d}y\wedge\mathrm{d}z+Q\mathrm{d}z\wedge\mathrm{d}x+R\mathrm{d}x\wedge\mathrm{d}y$ 的外微分

$$\mathrm{d}\omega=\left(\frac{\partial P}{\partial x}+\frac{\partial Q}{\partial y}+\frac{\partial R}{\partial z}\right)\mathrm{d}x\wedge\mathrm{d}y\wedge\mathrm{d}z.$$

(5) 数量场、向量场与微分形式: 在有向欧氏空间 $\mathbb{R}^3$ 内, 数量场 f 和 ρ、向量场 $\boldsymbol{F}$ 和 $\boldsymbol{V}$ 与微分形式间存在如下一一对应关系:

$$f\leftrightarrow\omega^0=f,\quad \boldsymbol{F}\leftrightarrow\omega^1_{\boldsymbol{F}}=\langle\boldsymbol{F},\cdot\rangle,\quad \boldsymbol{V}\leftrightarrow\omega^2_{\boldsymbol{V}}=(\boldsymbol{V},\cdot,\cdot),\quad \rho\leftrightarrow\omega^3_\rho=\rho\mathrm{d}x^1\wedge\mathrm{d}x^2\wedge\mathrm{d}x^3.$$

若记

$$\mathrm{grad}f=\left(\frac{\partial f}{\partial x^1},\frac{\partial f}{\partial x^2},\frac{\partial f}{\partial x^3}\right)\text{——数量场 } f \text{ 的梯度},$$

$$\text{rot}\boldsymbol{F} = \left(\frac{\partial F^3}{\partial x^2} - \frac{\partial F^2}{\partial x^3}, \frac{\partial F^1}{\partial x^3} - \frac{\partial F^3}{\partial x^1}, \frac{\partial F^2}{\partial x^1} - \frac{\partial F^1}{\partial x^2}\right) \text{——向量场 } \boldsymbol{F} \text{ 的旋度},$$

$$\text{div}\boldsymbol{V} = \frac{\partial V^1}{\partial x^1} + \frac{\partial V^2}{\partial x^2} + \frac{\partial V^3}{\partial x^3} \text{——向量场 } \boldsymbol{V} \text{ 的散度},$$

则

$$\mathrm{d}f = \omega^1_{\text{grad}f}, \quad \mathrm{d}\omega^1_{\boldsymbol{F}} = \omega^2_{\text{rot}\boldsymbol{F}}, \quad \mathrm{d}\omega^2_{\boldsymbol{V}} = \omega^3_{\text{div}\boldsymbol{V}}.$$

3. 向量与微分形式在 (欧氏空间之间的) 映射下的转移

(1) 映射: 设 $\varphi : U \to V, U \ni t \mapsto x = \varphi(t) \in V$ 是区域 $U \subset \mathbb{R}^m$ 到区域 $V \subset \mathbb{R}^n$ 的映射.

(2) 函数 (零形式) 在映射下的转移: $\varphi^* : \Omega^0(V) \to \Omega^0(U)$, $(\varphi^* f)(t) := f(\varphi(t)), \forall t \in U$.

(3) 一般形式的转移: $\varphi^* : \Omega^p(V) \to \Omega^p(U)$,

$$\varphi^*\omega(t)(\boldsymbol{\tau}_1, \cdots, \boldsymbol{\tau}_p) := \omega(\varphi(t))(\varphi'(t)\boldsymbol{\tau}_1, \cdots, \varphi'(t)\boldsymbol{\tau}_p).$$

(4) 拉回映射: 对每个光滑映射 $\varphi : U \to V$, 有映射 $\varphi^* : \Omega^p(V) \to \Omega^p(U)$ 与之对应, 它把 V 上定义的形式变成在区域 U 上定义的形式, φ^* 通常称为 φ 的拉回 (pull back) 映射.

(5) 拉回映射的性质:

- $\varphi^*(\omega' + \omega'') = \varphi^*(\omega') + \varphi^*(\omega'')$.
- $\varphi^*(\lambda\omega) = \lambda\varphi^*\omega$, $\lambda \in \mathbb{R}$.
- $(\psi \circ \varphi)^* = \varphi^* \circ \psi^*$.

(6) 微分形式转移的坐标表示变换规律:

$$\varphi^*\left(\sum_{1\leqslant i_1<\cdots<i_p\leqslant n} a_{i_1\cdots i_p}(x)\mathrm{d}x^{i_1} \wedge \cdots \wedge \mathrm{d}x^{i_p}\right)$$
$$= \sum_{\substack{1\leqslant i_1<\cdots<i_p\leqslant n \\ 1\leqslant j_1<\cdots<j_p\leqslant m}} a_{i_1\cdots i_p}(x(t)) \cdot \det \frac{\partial(x^{i_1}, \cdots, x^{i_p})}{\partial(t^{j_1}, \cdots, t^{j_p})}\mathrm{d}t^{j_1} \wedge \cdots \wedge \mathrm{d}t^{j_p}.$$

(7) 因为

$$\varphi^*(\mathrm{d}x^1 \wedge \cdots \wedge \mathrm{d}x^n) = \det\varphi'(t)\mathrm{d}t^1 \wedge \cdots \wedge \mathrm{d}t^n,$$

所以如果把重积分号下的 $f(x)\mathrm{d}x^1 \cdots \mathrm{d}x^n$ 改为 $f(x)\mathrm{d}x^1 \wedge \cdots \wedge \mathrm{d}x^n$, 则当微分同胚保定向 (即 $\det\varphi'(t) > 0$) 时, 重积分的变量替换公式

$$\int_{V=\varphi(U)} f(x)\mathrm{d}x = \int_U f(\varphi(t))\det\varphi'(t)\mathrm{d}t$$

能用形式的替换 $x=\varphi(t)$ 自动地得到, 即

$$\int_{\varphi(U)}\omega=\int_U\varphi^*\omega.$$

(8) 曲面上的微分形式: 如果光滑曲面 S 位于区域 $D\subset\mathbb{R}^n$ 内, 在 D 内定义了形式 ω, 那么由于在每点 x 处, $TS_x\subset TD_x$ 成立, 所以能够讨论 ω 在 TS_x 上的限制. 于是在 S 上产生了形式 $\omega|_S$, 自然把它叫做形式 ω 在曲面 S 上的限制. 正像曲面本身通常是局部地或整体地用参量表出, 利用微分形式的转移 (拉回映射) 可见, 曲面上的微分形式归根结底是在局部图的参数变化域上给出的.

二、例题讲解

1. 求 $\mathbb{R}^3\backslash\{(0,0,0)\}$ 中如下 2-形式的外微分:

$$\omega=\frac{x\mathrm{d}y\mathrm{d}z+y\mathrm{d}z\mathrm{d}x+z\mathrm{d}x\mathrm{d}y}{(x^2+y^2+z^2)^{3/2}}.$$

解　由《讲义》9.3.2 小节例 7 可知

$$\begin{aligned}
\mathrm{d}\omega&=\mathrm{d}\left(\frac{x\mathrm{d}y\mathrm{d}z+y\mathrm{d}z\mathrm{d}x+z\mathrm{d}x\mathrm{d}y}{(x^2+y^2+z^2)^{3/2}}\right)\\
&=\left(\frac{\partial}{\partial x}\left(\frac{x}{(x^2+y^2+z^2)^{3/2}}\right)+\frac{\partial}{\partial y}\left(\frac{y}{(x^2+y^2+z^2)^{3/2}}\right)\right.\\
&\quad\left.+\frac{\partial}{\partial z}\left(\frac{z}{(x^2+y^2+z^2)^{3/2}}\right)\right)\mathrm{d}x\wedge\mathrm{d}y\wedge\mathrm{d}z\\
&=\left(\left(\frac{1}{(x^2+y^2+z^2)^{3/2}}-\frac{3x^2}{(x^2+y^2+z^2)^{5/2}}\right)\right.\\
&\quad+\left(\frac{1}{(x^2+y^2+z^2)^{3/2}}-\frac{3y^2}{(x^2+y^2+z^2)^{5/2}}\right)\\
&\quad\left.+\left(\frac{1}{(x^2+y^2+z^2)^{3/2}}-\frac{3z^2}{(x^2+y^2+z^2)^{5/2}}\right)\right)\mathrm{d}x\wedge\mathrm{d}y\wedge\mathrm{d}z\\
&=0\mathrm{d}x\wedge\mathrm{d}y\wedge\mathrm{d}z=0.
\end{aligned}$$

□

三、习题参考解答 (9.3 节)

1. 计算下面的 $\mathbb{R}^n$ 内的微分形式 ω 在给定的向量组上的值.

(1) $\omega=x^2\mathrm{d}x^1$ 在向量 $\xi=(1,2,3)\in T\mathbb{R}^3_{(3,2,1)}$ 上的值.

(2) $\omega=\mathrm{d}x^1\wedge\mathrm{d}x^3+x^1\mathrm{d}x^2\wedge\mathrm{d}x^4$ 在向量序对 $\xi_1,\xi_2\in T\mathbb{R}^4_{(1,0,0,0)}$ 上的值, 其中 $\xi_1=(-1,0,1,1)$, $\xi_2=(0,-1,0,1)$.

(3) $\omega = \mathrm{d}f$, 这里 $f = x^1 + 2x^2 + \cdots + nx^n$, 在 $\xi = (1, -1, \cdots, (-1)^{n-1}) \in T\mathbb{R}^n_{(1,1,\cdots,1)}$ 的值.

解 (1) 因为 $\mathrm{d}x^1(\xi) = \xi^1 = 1$, 所以 $\omega(3,2,1)(\xi) = 2\mathrm{d}x^1(\xi) = 2 \cdot 1 = 2$.

(2) 因为

$$\mathrm{d}x^1 \wedge \mathrm{d}x^3(\xi_1, \xi_2) = \begin{vmatrix} \xi_1^1 & \xi_1^3 \\ \xi_2^1 & \xi_2^3 \end{vmatrix} = \begin{vmatrix} -1 & 1 \\ 0 & 0 \end{vmatrix} = 0,$$

$$\mathrm{d}x^2 \wedge \mathrm{d}x^4(\xi_1, \xi_2) = \begin{vmatrix} \xi_1^2 & \xi_1^4 \\ \xi_2^2 & \xi_2^4 \end{vmatrix} = \begin{vmatrix} 0 & 1 \\ -1 & 1 \end{vmatrix} = 1,$$

所以

$$\omega(1,0,0,0)(\xi_1, \xi_2) = \mathrm{d}x^1 \wedge \mathrm{d}x^3(\xi_1, \xi_2) + 1\mathrm{d}x^2 \wedge \mathrm{d}x^4(\xi_1, \xi_2) = 0 + 1 \cdot 1 = 1.$$

(3) 因为 $\omega = \mathrm{d}f = \mathrm{d}x^1 + 2\mathrm{d}x^2 + \cdots + n\mathrm{d}x^n$, 所以

$$\begin{aligned}
\omega(1,1,\cdots,1)(\xi) &= \mathrm{d}x^1(\xi) + 2\mathrm{d}x^2(\xi) + \cdots + n\mathrm{d}x^n(\xi) \\
&= \xi^1 + 2\xi^2 + \cdots + n\xi^n \\
&= 1 + 2 \cdot (-1) + \cdots + n \cdot (-1)^{n-1} \\
&= \frac{1 + (-1)^{n-1}(2n+1)}{4} = \begin{cases} -\dfrac{n}{2}, & n\text{为偶数}, \\ \dfrac{n+1}{2}, & n\text{为奇数}. \end{cases}
\end{aligned}$$

□

2. (1) 证明偶次形式 α 与任何次形式可交换, 即 $\alpha \wedge \beta = \beta \wedge \alpha$.

(2) 设 $\omega = \sum\limits_{i=1}^{n} \mathrm{d}p_i \wedge \mathrm{d}q^i$ 且 $\omega^n = \omega \wedge \omega \cdots \wedge \omega$($n$ 次). 验证

$$\begin{aligned}
\omega^n &= n!\mathrm{d}p_1 \wedge \mathrm{d}q^1 \wedge \cdots \wedge \mathrm{d}p_n \wedge \mathrm{d}q^n \\
&= n!(-1)^{\frac{n(n-1)}{2}} \mathrm{d}p_1 \wedge \cdots \wedge \mathrm{d}p_n \wedge \mathrm{d}q^1 \wedge \cdots \wedge \mathrm{d}q^n.
\end{aligned}$$

证 (1) 设 α 为 $2k$ 次形式, β 为 l 次形式, 则由《讲义》9.1 节外积的性质可知

$$\alpha \wedge \beta = (-1)^{2kl} \beta \wedge \alpha = \beta \wedge \alpha.$$

(2) 由《讲义》9.1 节外积的性质可知 $(\mathrm{d}p_i \wedge \mathrm{d}q^i) \wedge (\mathrm{d}p_i \wedge \mathrm{d}q^i) = 0$, $i = 1, \cdots, n$. 又因为 $\mathrm{d}p_i \wedge \mathrm{d}q^i$ 均为 2 次形式, 从而再由 (1) 的结论可得

$$\omega^n = \sum_{1 \leqslant i_1, \cdots, i_n \leqslant n} \left(\mathrm{d}p_{i_1} \wedge \mathrm{d}q^{i_1}\right) \wedge \cdots \wedge \left(\mathrm{d}p_{i_n} \wedge \mathrm{d}q^{i_n}\right)$$

$$= \sum_{\substack{1\leqslant i_1,\cdots,i_n\leqslant n\\ i_1,\cdots,i_n\text{互不相等}}} \left(\mathrm{d}p_{i_1}\wedge \mathrm{d}q^{i_1}\right)\wedge\cdots\wedge\left(\mathrm{d}p_{i_n}\wedge \mathrm{d}q^{i_n}\right)$$

$$= n!\mathrm{d}p_1\wedge \mathrm{d}q^1\wedge\cdots\wedge \mathrm{d}p_n\wedge \mathrm{d}q^n$$

$$= n!(-1)^{1+2+\cdots+n-1}\mathrm{d}p_1\wedge\cdots\wedge \mathrm{d}p_n\wedge \mathrm{d}q^1\wedge\cdots\wedge \mathrm{d}q^n$$

$$= n!(-1)^{\frac{n(n-1)}{2}}\mathrm{d}p_1\wedge\cdots\wedge \mathrm{d}p_n\wedge \mathrm{d}q^1\wedge\cdots\wedge \mathrm{d}q^n. \qquad \square$$

3. (1) 试将形式 $\omega=\mathrm{d}f$ 写成形式 $\mathrm{d}x^1,\cdots,\mathrm{d}x^n$ 的组合, 这里 $f(x)=(x^1)+(x^2)^2+\cdots+(x^n)^n$, 并求 ω 的微分.

(2) 验证: 对于任何函数 $f\in C^2(D,\mathbb{R})$, 必有 $\mathrm{d}^2f\equiv 0$, 其中 $\mathrm{d}^2=\mathrm{d}\circ\mathrm{d}$, 而 d 为外微分算子.

(3) 证明: 若形式 $\omega=a_{i_1\cdots i_k}(x)\mathrm{d}x^{i_1}\wedge\cdots\wedge\mathrm{d}x^{i_k}$ 的系数 $a_{i_1\cdots i_k}$ 属于 $C^2(D,\mathbb{R})$, 则在区域 D 内 $\mathrm{d}^2\omega\equiv 0$.

(4) 在形式 $\dfrac{y\mathrm{d}x-x\mathrm{d}y}{x^2+y^2}$ 的定义域内, 求它的外微分.

证　(1) 易见

$$\omega=\mathrm{d}f=\frac{\partial f}{\partial x^1}\mathrm{d}x^1+\cdots+\frac{\partial f}{\partial x^n}\mathrm{d}x^n=1\mathrm{d}x^1+\cdots+n(x^n)^{n-1}\mathrm{d}x^n,$$

于是

$$\mathrm{d}\omega=\mathrm{d}(\mathrm{d}f)=\mathrm{d}(1)\wedge\mathrm{d}x^1+\cdots+\mathrm{d}(n(x^n)^{n-1})\wedge\mathrm{d}x^n=0.$$

(2) 因为

$$\mathrm{d}f=\sum_{i=1}^n\frac{\partial f}{\partial x^i}\mathrm{d}x^i,$$

所以

$$\begin{aligned}\mathrm{d}^2f=\mathrm{d}(\mathrm{d}f)&=\sum_{i=1}^n\mathrm{d}\left(\frac{\partial f}{\partial x^i}\right)\wedge\mathrm{d}x^i\\&=\sum_{i=1}^n\sum_{j=1}^n\frac{\partial^2 f}{\partial x^j\partial x^i}\mathrm{d}x^j\wedge\mathrm{d}x^i\\&=\sum_{\substack{i,j=1,\cdots,n\\ i\neq j}}\frac{\partial^2 f}{\partial x^j\partial x^i}\mathrm{d}x^j\wedge\mathrm{d}x^i.\end{aligned}$$

又因为 $f\in C^2(D,\mathbb{R})$, 所以当 $i\neq j$ 时,

$$\frac{\partial^2 f}{\partial x^j\partial x^i}\mathrm{d}x^j\wedge\mathrm{d}x^i=-\frac{\partial^2 f}{\partial x^i\partial x^j}\mathrm{d}x^i\wedge\mathrm{d}x^j,$$

由此即得 $\mathrm{d}^2 f\equiv 0$.

(3) 易见

$$\mathrm{d}\omega=\sum_{i=1}^{n}\frac{\partial a_{i_1\cdots i_k}}{\partial x^i}(x)\mathrm{d}x^i\wedge\mathrm{d}x^{i_1}\wedge\cdots\wedge\mathrm{d}x^{i_k},$$

于是

$$\mathrm{d}^2\omega=\sum_{\substack{i,j=1,\cdots,n\\ i\neq j}}\frac{\partial^2 a_{i_1\cdots i_k}}{\partial x^j\partial x^i}(x)\mathrm{d}x^j\wedge\mathrm{d}x^i\wedge\mathrm{d}x^{i_1}\wedge\cdots\wedge\mathrm{d}x^{i_k},$$

类似于 (2), 再由 $a_{i_1\cdots i_k}$ 属于 $C^2(D,\mathbb{R})$ 即得 $\mathrm{d}^2\omega\equiv 0$.

(4)

$$\begin{aligned}\mathrm{d}\left(\frac{y\mathrm{d}x-x\mathrm{d}y}{x^2+y^2}\right)&=\frac{\partial}{\partial y}\left(\frac{y}{x^2+y^2}\right)\mathrm{d}y\wedge\mathrm{d}x+\frac{\partial}{\partial x}\left(\frac{-x}{x^2+y^2}\right)\mathrm{d}x\wedge\mathrm{d}y\\&=\frac{x^2-y^2}{(x^2+y^2)^2}\mathrm{d}y\wedge\mathrm{d}x+\frac{x^2-y^2}{(x^2+y^2)^2}\mathrm{d}x\wedge\mathrm{d}y=0.\end{aligned}$$

□

4. 求以下各形式的限制:

(1) $\mathrm{d}x^i$ 在超平面 $x^i=1$ 上的限制;

(2) $\mathrm{d}x\wedge\mathrm{d}y$ 在曲线 $x=x(t)$, $y=y(t)$, $a<t<b$ 上的限制;

(3) $\mathrm{d}x\wedge\mathrm{d}y$ 在由 $x=c$ 定义的 $\mathbb{R}^3$ 的平面上的限制;

(4) $\mathrm{d}y\wedge\mathrm{d}z+\mathrm{d}z\wedge\mathrm{d}x+\mathrm{d}x\wedge\mathrm{d}y$ 在 $\mathbb{R}^3$ 的标准单位方体的边界上的限制;

(5) $\omega_i=\mathrm{d}x^1\wedge\cdots\wedge\mathrm{d}x^{i-1}\wedge\widehat{\mathrm{d}x^i}\wedge\mathrm{d}x^{i+1}\wedge\cdots\wedge\mathrm{d}x^n$ 在 $\mathbb{R}^n$ 的标准单位方体的界面上的限制, 这里位于微分 $\mathrm{d}x^i$ 上的记号 $\frown$, 表示从所写的乘积中删去 $\mathrm{d}x^i$.

解　(1) $\mathbb{R}^n$ 中的超平面 $x^i=1$ 的参数表示为

$$x=\varphi(t)=(t^1,\cdots,t^{i-1},1,t^i,\cdots,t^{n-1}),\quad t=(t^1,\cdots,t^{n-1})\in\mathbb{R}^{n-1}.$$

于是由 $\dfrac{\partial x^i}{\partial t^j}=0(j=1,\cdots,n-1)$ 可知

$$\varphi^*(\mathrm{d}x^i)=\sum_{j=1}^{n-1}\frac{\partial x^i}{\partial t^j}\mathrm{d}t^j=0.$$

因此 $\mathrm{d}x^i$ 在超平面 $x^i=1$ 上的限制为 0.

(2) 由曲线的参数形式:

$$(x,y)=\varphi(t)=(x(t),y(t)),\quad a<t<b$$

可知

$$\varphi^*(\mathrm{d}x\wedge\mathrm{d}y)=\frac{\partial x}{\partial t}\frac{\partial y}{\partial t}\mathrm{d}t\wedge\mathrm{d}t=0.$$

因此 $\mathrm{d}x\wedge\mathrm{d}y$ 在曲线 $x=x(t)$, $y=y(t)$, $a<t<b$ 上的限制为 0.

(3) $\mathbb{R}^3$ 中的平面 $x=c$ 的参数表示为

$$(x,y,z)=\varphi(t)=(c,t^1,t^2),\quad t=(t^1,t^2)\in\mathbb{R}^2.$$

于是由 $\dfrac{\partial x}{\partial t^1}=\dfrac{\partial x}{\partial t^2}=0$ 可知

$$\varphi^*(\mathrm{d}x\wedge\mathrm{d}y)=\det\frac{\partial(x,y)}{\partial(t^1,t^2)}\mathrm{d}t^1\wedge\mathrm{d}t^2=0.$$

因此 $\mathrm{d}x\wedge\mathrm{d}y$ 在由 $x=c$ 定义的 $\mathbb{R}^3$ 的平面上的限制为 0.

(4) 类似地, 我们可知 $\mathrm{d}y\wedge\mathrm{d}z+\mathrm{d}z\wedge\mathrm{d}x+\mathrm{d}x\wedge\mathrm{d}y$ 在 $\mathbb{R}^3$ 的标准单位方体的边界 $x=0,1$, $y=0,1$, $z=0,1$ 上的限制分别为 $\mathrm{d}y\wedge\mathrm{d}z$, $\mathrm{d}z\wedge\mathrm{d}x$, $\mathrm{d}x\wedge\mathrm{d}y$.

(5) 同理可知 $\omega_i=\mathrm{d}x^1\wedge\cdots\wedge\mathrm{d}x^{i-1}\wedge\widehat{\mathrm{d}x^i}\wedge\mathrm{d}x^{i+1}\wedge\cdots\wedge\mathrm{d}x^n$ 在 $\mathbb{R}^n$ 的标准单位方体的界面 $x^i=0,1$ 上的限制为

$$\mathrm{d}x^1\wedge\cdots\wedge\mathrm{d}x^{i-1}\wedge\widehat{\mathrm{d}x^i}\wedge\mathrm{d}x^{i+1}\wedge\cdots\wedge\mathrm{d}x^n,$$

而在其他界面 $x^j=0,1(j\neq i)$ 上的限制为 0. □

5. 在 $\mathbb{R}^3$ 的球面坐标下, 求出以下各形式在以原点为中心、R 为半径的球面上的限制:

(1) $\mathrm{d}x$;

(2) $\mathrm{d}y$;

(3) $\mathrm{d}y\wedge\mathrm{d}z$.

解　$\mathbb{R}^3$ 中以原点为中心、R 为半径的球面的局部参数形式为

$$(x,y,z)=\varphi(\theta,\psi)=(R\sin\psi\cos\theta,R\sin\psi\sin\theta,R\cos\psi),\quad(\theta,\psi)\in(0,2\pi)\times(0,\pi).$$

因此在球面坐标下, 各形式在以原点为中心、R 为半径的球面上的限制分别为

(1) $\varphi^*(\mathrm{d}x)=\dfrac{\partial x}{\partial\theta}\mathrm{d}\theta+\dfrac{\partial x}{\partial\psi}\mathrm{d}\psi=-R\sin\psi\sin\theta\mathrm{d}\theta+R\cos\psi\cos\theta\mathrm{d}\psi$;

(2) $\varphi^*(\mathrm{d}y)=\dfrac{\partial y}{\partial\theta}\mathrm{d}\theta+\dfrac{\partial y}{\partial\psi}\mathrm{d}\psi=R\sin\psi\cos\theta\mathrm{d}\theta+R\cos\psi\sin\theta\mathrm{d}\psi$;

(3)

$$\begin{aligned}\varphi^*(\mathrm{d}y\wedge\mathrm{d}z)&=\det\frac{\partial(y,z)}{\partial(\theta,\psi)}\mathrm{d}\theta\wedge\mathrm{d}\psi=\begin{vmatrix}R\sin\psi\cos\theta & R\cos\psi\sin\theta\\ 0 & -R\sin\psi\end{vmatrix}\mathrm{d}\theta\wedge\mathrm{d}\psi\\&=-R^2\sin^2\psi\cos\theta\mathrm{d}\theta\wedge\mathrm{d}\psi.\end{aligned}$$

□

6. 映射 $\varphi:\mathbb{R}^2\to\mathbb{R}^2$ 由 $(u,v)\mapsto(u\cdot v,1)=(x,y)$ 给出. 试求:

(1) $\varphi^*(\mathrm{d}x)$;

(2) $\varphi^*(\mathrm{d}y)$;

(3) $\varphi^*(y\mathrm{d}x)$.

解 微分 1-形式转移的坐标表示变换规律为

$$\begin{aligned}&\varphi^*\big(a(x,y)\mathrm{d}x+b(x,y)\mathrm{d}y\big)\\=&a\big(\varphi(u,v)\big)\cdot\left(\frac{\partial x}{\partial u}\mathrm{d}u+\frac{\partial x}{\partial v}\mathrm{d}v\right)+b\big(\varphi(u,v)\big)\cdot\left(\frac{\partial y}{\partial u}\mathrm{d}u+\frac{\partial y}{\partial v}\mathrm{d}v\right)\\=&a(uv,1)\cdot(v\mathrm{d}u+u\mathrm{d}v)+b(uv,1)\cdot(0\mathrm{d}u+0\mathrm{d}v)\\=&a(uv,1)\cdot(v\mathrm{d}u+u\mathrm{d}v),\end{aligned}$$

于是

(1) $\varphi^*(\mathrm{d}x)=v\mathrm{d}u+u\mathrm{d}v$;

(2) $\varphi^*(\mathrm{d}y)=0$;

(3) $\varphi^*(y\mathrm{d}x)=1\cdot(v\mathrm{d}u+u\mathrm{d}v)=v\mathrm{d}u+u\mathrm{d}v$. □

7. 试证: 光滑的 k 维曲面可定向, 当且仅当在它上边存在无处退化的 k-形式.

证 必要性. 若光滑的 k 维曲面 S 可定向, 则存在定向图册 $A(S)=\{(U_\alpha,\varphi_\alpha)\}$ 使得 (S,A) 为定向曲面. 于是, 对 TS_x 上的任一属于该定向类的标架 $\boldsymbol{\xi}_1,\cdots,\boldsymbol{\xi}_k$, $\det(\langle\boldsymbol{\xi}_i,\boldsymbol{\xi}_j\rangle)>0$, 因此可定义 $\Omega(x)(\boldsymbol{\xi}_1,\cdots,\boldsymbol{\xi}_k)=\sqrt{\det(\langle\boldsymbol{\xi}_i,\boldsymbol{\xi}_j\rangle)}$, 这样就得到了 S 上的无处退化的 k-形式 Ω(称为体形式, 参见 10.2 节).

充分性. 设 ω 是光滑的 k 维曲面 S 上的无处退化的 k-形式, 且 $A=\{(U_\alpha,\varphi_\alpha):\alpha=1,2,\cdots\}$ 是 S 的光滑图册, 不妨设每一个 U_α 是连通的, 则每一个 $V_\alpha:=\varphi_\alpha^{-1}(U_\alpha)$ 也是连通的. 接下来, 我们考察每一个局部图. 设 $\varphi_\alpha^*(\omega|_{U_\alpha})=a_\alpha(t_\alpha)\mathrm{d}t_\alpha^1\wedge\cdots\wedge\mathrm{d}t_\alpha^k$, 其中 $a_\alpha\in C^\infty(V_\alpha)$. 因为 $\omega|_{U_\alpha}$ 在 U_α 上处处不为零, 所以 a_α 在 V_α 上处处不为零. 又因为 V_α 是连通的, 所以 a_α 在 V_α 上或者处处为正, 或者处处为负. 若 a_α 在 V_α 上处处为正, 则对局部图 $(U_\alpha,\varphi_\alpha)$ 不做改变. 若 a_α 在 V_α 上处处为负, 则令 $\tilde{t}_\alpha^1=-t_\alpha^1$, 而其他局部坐标分量不变, 并将该新的局部图仍记为 $(U_\alpha,\varphi_\alpha)$. 我们把这样得到的新的图册仍记为 A, 此时在每一个局部图 $(U_\alpha,\varphi_\alpha)$ 中, a_α 在 V_α 上处处为正. 假定 $U_\alpha\cap U_\beta\neq\varnothing$, 则对 $t_\alpha\in\varphi_\alpha^{-1}(U_\alpha\cap U_\beta)$ 和 $t_\beta\in\varphi_\beta^{-1}(U_\alpha\cap U_\beta)$, 我们有

$$\mathrm{d}t_\alpha^1\wedge\cdots\wedge\mathrm{d}t_\alpha^k=\frac{a_\beta(t_\beta)}{a_\alpha(t_\alpha)}\mathrm{d}t_\beta^1\wedge\cdots\wedge\mathrm{d}t_\beta^k,$$

于是

$$\det\frac{\partial(t_\alpha^1,\cdots,t_\alpha^k)}{\partial(t_\beta^1,\cdots,t_\beta^k)}=\frac{a_\beta}{a_\alpha}>0,$$

即 $\varphi_{\beta\alpha}=\varphi_\alpha^{-1}\circ\varphi_\beta$ 的雅可比行列式在 $\varphi_\beta^{-1}(U_\alpha\cap U_\beta)$ 上处处为正, 从而可知图 $(U_\alpha,\varphi_\alpha)$ 和图 (U_β,φ_β) 是相容的, 这就说明了新图册 A 是 S 的定向图册, 故光滑曲面 S 可定向. □

注　对一般的光滑流形, 上述结论仍然成立, 必要性的证明需要利用单位分解定理.

第 10 章　流形 (曲面) 上微分形式的积分

10.1　微分形式在流形上的积分

&

10.2　曲线积分与曲面积分

一、知识点总结与补充

1. 形式在流形上的积分

(1) 形式在 (一个图表示的) 流形上的积分的定义: 设 M 是 n 维光滑定向流形, 在它上边的局部坐标 $x^1, \cdots, x^n$ 和定向由其参数域 $D_x \subset \mathbb{R}^n$ 的一个图 $\varphi_x: D_x \to M$ 确定. 设 ω 是 M 上的 n-形式, 而 $a(x)\mathrm{d}x^1 \wedge \cdots \wedge \mathrm{d}x^n$ 是它在区域 D_x 上的坐标表示. 这时

$$\int_M \omega := \int_{D_x} a(x)\mathrm{d}x^1 \wedge \cdots \wedge \mathrm{d}x^n,$$

其中左边是被定义的形式 ω 沿定向流形 M 的积分, 而右端是函数 $a(x)$ 沿区域 D_x 的积分.

注　定义式的左端与在 M 上所取的坐标系无关.

(2) 形式的支集: 设 ω 是流形 M 上的形式.

- 把 M 中使 $\omega(x) \neq 0$ 的点的集的闭包叫做形式 ω 的支集, 用 $\mathrm{supp}\omega$ 表示.
- ω 叫做具紧支集的形式, 假如 $\mathrm{supp}\omega$ 是 M 中的紧集.

(3) 具紧支集的形式在 (多个图表示的) 流形上的积分的定义: 设 ω 是 n 维光滑流形 M 上的具紧支集的 n 次形式, M 由图册 A 定向. 又设 $\varphi_i: D_i \to U_i$, $\{(U_i, \varphi_i), i = 1, \cdots, m\}$ 是图册 A 的有限多个图构成的有限图组, 其有效域 $U_1, \cdots, U_m$ 覆盖 $\mathrm{supp}\omega$, 而 $e_1, \cdots, e_k$ 是从属于这个覆盖的 $\mathrm{supp}\omega$ 上的单位分解. 把某些图重复若干次, 即可认为 $m = k$ 且 $\mathrm{supp}e_i \subset U_i, i = 1, \cdots, m$. 称

$$\int_M \omega := \sum_{i=1}^m \int_{D_i} \varphi_i^*(e_i\omega)$$

为具紧支集的形式 ω 沿定向流形 M 的积分, 这里 $\varphi_i^*(e_i\omega)$ 是在相应的局部图的坐标变化区域 D_i 内, 形式 $e_i\omega|_{U_i}$ 的坐标表示.

2. 斯托克斯公式

(1) **斯托克斯公式**　设 M 是定向光滑 n 维流形, 而 ω 是 M 上具紧支集的 $n-1$ 次光滑微分形式. 则成立

$$\int_{\partial M}\omega=\int_M \mathrm{d}\omega,$$

其中流形 M 的边界 ∂M 的定向取得与 M 的定向和谐. 若 $\partial M=\varnothing$, 则 $\int_M \mathrm{d}\omega=0$.

(2) 如果 $\mathrm{supp}\omega$ 是严格位于 M 内 (即 $\mathrm{supp}\omega\cap\partial M=\varnothing$) 的紧集, 则 $\int_M \mathrm{d}\omega=0$.

(3) 若 M 是紧流形, 则 M 上的任何形式 ω 都是具紧支集的, 于是斯托克斯公式成立. 特别地, 当 M 是没有边界的紧流形时, 对于 M 上的任何光滑形式, 必有等式 $\int_M \mathrm{d}\omega=0$ 成立.

3. 曲面上微分形式的积分

(1) 定向曲面上微分形式的积分的定义:

• 若在区域 $D\subset\mathbb{R}^k$ 内给出了形式 $f(x)\mathrm{d}x^1\wedge\cdots\wedge\mathrm{d}x^k$, 则

$$\int_D f(x)\mathrm{d}x^1\wedge\cdots\wedge\mathrm{d}x^k:=\int_D f(x)\mathrm{d}x^1\cdots\mathrm{d}x^k.$$

• 若 $S\subset\mathbb{R}^n$ 是定向 k 维光滑曲面, $\varphi:D\to S$ 是它的参数表示, 而 ω 是 S 上的 k-形式, 则

$$\int_S\omega:=\pm\int_D\varphi^*\omega,$$

其中, 当 φ 的参数表示与 S 的给定方向和谐时取 $+$ 号, 否则取 $-$ 号.

• 若 $S\subset\mathbb{R}^n$ 是分片光滑 k 维定向曲面, ω 是 S 上的 k-形式 (在 S 有切平面的那些点上有定义), 则

$$\int_S\omega:=\sum_i\int_{S_i}\omega,$$

这里 $S_1,\cdots,S_m,\cdots$ 是 S 分解为光滑参数表示时的 k 维光滑面片, 片与片之交至多只能是较低维的分片光滑曲面.

注　改变曲面的定向将导致积分变号.

(2) 例子——力场 $\boldsymbol{F}$ 沿路径 γ 所做的功:

$$A=\int_\gamma\omega_{\boldsymbol{F}}^1=\int_\gamma F^1\mathrm{d}x^1+\cdots+F^n\mathrm{d}x^n\xlongequal{x=\varphi(t)}\int_{I=\varphi^{-1}(\gamma)}\langle\boldsymbol{F}(\varphi(t)),\varphi'(t)\rangle\mathrm{d}t.$$

(3) 例子——速度场 $\boldsymbol{V}$ 通过曲面 S 的流量:

$$F=\int_S \omega_{\boldsymbol{V}}^2=\int_S V^1\mathrm{d}x^2\wedge\mathrm{d}x^3+V^2\mathrm{d}x^3\wedge\mathrm{d}x^1+V^3\mathrm{d}x^1\wedge\mathrm{d}x^2$$

$$\xlongequal{x=\varphi(t)}\int_{I=\varphi^{-1}(S)}\begin{vmatrix} V^1(\varphi(t)) & V^2(\varphi(t)) & V^3(\varphi(t)) \\ \dfrac{\partial\varphi^1}{\partial t^1}(t) & \dfrac{\partial\varphi^2}{\partial t^1}(t) & \dfrac{\partial\varphi^3}{\partial t^1}(t) \\ \dfrac{\partial\varphi^1}{\partial t^2}(t) & \dfrac{\partial\varphi^2}{\partial t^2}(t) & \dfrac{\partial\varphi^3}{\partial t^2}(t) \end{vmatrix}\mathrm{d}t^1\mathrm{d}t^2.$$

4. 体积形式

(1) 定向 $\mathbb{R}^k$ 的体形式: 设 $\mathbb{R}^k$ 为具有内积 $\langle\cdot,\cdot\rangle$ 的定向欧氏空间. 称斜对称 k-形式 Ω 是 $\mathbb{R}^k$ 上与给定的定向和内积相应的体形式, 如果它在 $\mathbb{R}^k$ 的给定定向类的标准正交标架上的值为 1.

注 形式 Ω 不是由个别的标准正交标架确定, 而是由它的定向类来确定. 如果在 $\mathbb{R}^k$ 中固定一个正交标准基 $\boldsymbol{e}_1,\cdots,\boldsymbol{e}_k$, 则相应的体形式是唯一的: $\Omega=\pi^1\wedge\cdots\wedge\pi^k$, 其中 $\pi^1,\cdots,\pi^k$ 是 $\mathbb{R}^k$ 中向相应坐标轴的射影. 因此

$$\Omega(\boldsymbol{\xi}_1,\cdots,\boldsymbol{\xi}_k)=\begin{vmatrix} \xi_1^1 & \cdots & \xi_1^k \\ \vdots & & \vdots \\ \xi_k^1 & \cdots & \xi_k^k \end{vmatrix}.$$

(2) 定向曲面的体形式: 设 S 为位于欧氏空间 $\mathbb{R}^n$ 中的光滑 k-维定向曲面, 则在 S 的每个切平面 TS_x 上, 存在着与 S 的定向和谐的定向, 以及由 $\mathbb{R}^n$ 中的数量积诱导出的数量积, 而这表明, 也存在体形式 $\Omega(x)$. 这时在 S 上产生的微分 k-形式 Ω 叫做 S 上由 S 到 $\mathbb{R}^n$ 中的嵌入诱导出的体形式 (或体元素).

注 体形式只对定向曲面有定义.

(3)(用形式语言描述的) 定向光滑曲面的面积: 定向光滑曲面的面积是与曲面上选定的定向相应的体形式沿此曲面的积分.

(4) 分片光滑曲面的面积: 设 S 为 $\mathbb{R}^n$ 中的 k 维分片光滑 (定向或不定向) 曲面, $S_1,\cdots,S_m,\cdots$ 是 S 的有限个或可数个光滑参数化的小曲面, 任二者如果相交, 只能是不高于 $k-1$ 维的曲面, 且 $S=\bigcup\limits_i S_i$. 称所有曲面 S_i 的面积之和为曲面 S 的面积 (或 k 维体积).

(5) 在笛卡儿坐标下体积形式的表示: 设 S 为定向欧氏空间 $\mathbb{R}^n$ 中的光滑超曲面 ($n-1$ 维). 以它的连续单位法向量场 $\boldsymbol{\eta}(x)(x\in S)$ 作为 S 的定向. 设 V 是 $\mathbb{R}^n$ 中的 (n 维) 体形式, Ω 是 S 上的 ($n-1$ 维) 体形式. 如果在切空间 TS_x 中从由 TS_x 的单位法向量 $\boldsymbol{\eta}(x)$ 给定的定向类中取标架 $\boldsymbol{\xi}_1,\cdots,\boldsymbol{\xi}_{n-1}$, 则有

$$V(x)(\boldsymbol{\eta},\boldsymbol{\xi}_1,\cdots,\boldsymbol{\xi}_{n-1})=\Omega(x)(\boldsymbol{\xi}_1,\cdots,\boldsymbol{\xi}_{n-1}),$$

进而

$$\Omega(x)=\sum_{i=1}^{n}(-1)^{i-1}\eta^i(x)\mathrm{d}x^1\wedge\cdots\wedge\widehat{\mathrm{d}x^i}\wedge\cdots\wedge\mathrm{d}x^n$$

和

$$\eta^i(x)\Omega(x)=(-1)^{i-1}\mathrm{d}x^1\wedge\cdots\wedge\widehat{\mathrm{d}x^i}\wedge\cdots\wedge\mathrm{d}x^n.$$

注 1　对于 $\mathbb{R}^3$ 中的二维曲面 S, 常用 $\mathrm{d}\sigma$ 或 $\mathrm{d}S$ 表示它的体元素. 如果 x,y,z 是 $\mathbb{R}^3$ 中的笛卡儿坐标, 则

- $\mathrm{d}\sigma=\cos\alpha_1\mathrm{d}y\wedge\mathrm{d}z+\cos\alpha_2\mathrm{d}z\wedge\mathrm{d}x+\cos\alpha_3\mathrm{d}x\wedge\mathrm{d}y$;
- $\cos\alpha_1\mathrm{d}\sigma=\mathrm{d}y\wedge\mathrm{d}z$;
- $\cos\alpha_2\mathrm{d}\sigma=\mathrm{d}z\wedge\mathrm{d}x$;
- $\cos\alpha_3\mathrm{d}\sigma=\mathrm{d}x\wedge\mathrm{d}y$,

这里 $(\cos\alpha_1,\cos\alpha_2,\cos\alpha_3)(x)$ 是 S 在 $x\in S$ 处单位法向量的方向余弦 (坐标), 而后三个式子表示体元素在坐标平面上的射影的面积.

注 2　对于 $\mathbb{R}^2$ 中的一维曲面 (曲线)γ, 常用 $\mathrm{d}s$ 表示它的体元素. 如果 x,y 是 $\mathbb{R}^2$ 中的笛卡儿坐标, 则

- $\mathrm{d}s=\cos\alpha\mathrm{d}y-\cos\beta\mathrm{d}x=-\cos\beta\mathrm{d}x+\cos\alpha\mathrm{d}y$;
- $\cos\alpha\mathrm{d}s=\mathrm{d}y$;
- $\cos\beta\mathrm{d}s=-\mathrm{d}x$,

这里 $(\cos\alpha,\cos\beta)(x)$ 是 γ 在 $x\in\gamma$ 处单位法向量的方向余弦 (坐标). 若记切向量 $\boldsymbol{e}=(e^1,e^2)=(-\cos\beta,\cos\alpha)(x)$, 则有

$$e^1\mathrm{d}s=\mathrm{d}x,\quad e^2\mathrm{d}s=\mathrm{d}y,$$

这两个式子表示体元素在坐标轴上的射影的长度.

5. 参数曲面的面积

(1) 向量组 $\boldsymbol{\xi}_1,\cdots,\boldsymbol{\xi}_k$ 的格拉姆 (Gram) 矩阵: $G=(g_{ij})$, 其中 $g_{ij}=\langle\boldsymbol{\xi}_i,\boldsymbol{\xi}_j\rangle$.

(2) 以向量 $\boldsymbol{\xi}_1,\cdots,\boldsymbol{\xi}_k$ 为棱的平行多面体的有向体积:

$$V(\boldsymbol{\xi}_1,\cdots,\boldsymbol{\xi}_k)=\det(\boldsymbol{\xi}_i^j)=\sqrt{\det G}=\sqrt{\det(\langle\boldsymbol{\xi}_i,\boldsymbol{\xi}_j\rangle)}.$$

(3) 参数曲面的面积: 在欧氏空间 $\mathbb{R}^n$ 内, 用参数形式 $D\ni t\to\boldsymbol{r}(t)\in S$ 给定的 k 维光滑曲面 S 的面积 (或 k 维体积) 是形式 $\omega=\sqrt{\det(\langle\dot{\boldsymbol{r}}_i,\dot{\boldsymbol{r}}_j\rangle(t))}\,\mathrm{d}t^1\wedge\cdots\wedge\mathrm{d}t^k$ 在 D 上的积分:

$$V_k(S):=\int_D\sqrt{\det(\langle\dot{\boldsymbol{r}}_i,\dot{\boldsymbol{r}}_j\rangle(t))}\,\mathrm{d}t^1\cdots\mathrm{d}t^k.$$

(4) 特殊形式:

• $\mathbb{R}^n$ 内的曲线 S 的长度:

$$V_1(S) = \int_a^b |\dot{\boldsymbol{r}}(t)|\mathrm{d}t = \int_a^b \sqrt{(\dot{x}^1)^2 + \cdots + (\dot{x}^n)^2}(t)\mathrm{d}t.$$

• $\mathbb{R}^n$ 内的区域 S 的体积:

$$V_n(S) = \int_D |\det x'(t)|\mathrm{d}t = \int_S \mathrm{d}x = V(S).$$

• $\mathbb{R}^3$ 内的二维曲面 S 的面积:

$$\sigma := V_2(S) = \iint\limits_D \sqrt{EG - F^2}\mathrm{d}u\mathrm{d}v,$$

其中 $E := g_{11} = \langle \dot{\boldsymbol{r}}_1, \dot{\boldsymbol{r}}_1 \rangle$, $F := g_{12} = g_{21} = \langle \dot{\boldsymbol{r}}_1, \dot{\boldsymbol{r}}_2 \rangle$, $G := g_{22} = \langle \dot{\boldsymbol{r}}_2, \dot{\boldsymbol{r}}_2 \rangle$.

• 定义在区域 $D \subset \mathbb{R}^2$ 上的光滑实值函数 $z = f(x, y)$ 的图像的面积:

$$\sigma = \iint\limits_D \sqrt{1 + (f'_x)^2 + (f'_y)^2}\mathrm{d}x\mathrm{d}y.$$

(5) 分片光滑曲面的面积: 设 S 是 $\mathbb{R}^n$ 内的任意分片光滑 k 维曲面. 若从 S 上去掉有限个或可数个分片光滑的维数不超过 $k-1$ 的曲面后, 它被分割成有限个或可数个能光滑参数化的曲面 $S_1, \cdots, S_m, \cdots$, 则令

$$V_k(S) := \sum_\alpha V_k(S_\alpha).$$

注 在该定义中如果还要求把 S 分成若干块参数化光滑曲面 $S_1, \cdots, S_m, \cdots$ 的分割是局部有限分割也是可以的. 局部有限分割的意思是, 任何紧集 $K \subset S$, 只能与曲面 $S_1, \cdots, S_m, \cdots$ 中的有限多个有公共点. 更直观地说, 曲面 S 上的任何点, 必有只与 $S_1, \cdots, S_m, \cdots$ 中的有限个相交的邻域.

(6) 勒贝格零面积集: 设集 E 位于 k 维分片光滑曲面 S 上. 如果对于任意 $\varepsilon > 0$, 能用有限个或可列个可能彼此相交的曲面 $S_1, \cdots, S_m, \cdots (S_\alpha \subset S)$ 覆盖 E, 使得 $\sum\limits_\alpha V_k(S_\alpha) < \varepsilon$, 就说 E 是 k 维零测度集或勒贝格零面积集.

注 如果分片光滑曲面 $\tilde{S}$ 是由分片光滑曲面 S 去掉一个零面积集得到的, 那么曲面 $\tilde{S}$ 与曲面 S 面积一样.

6. 第一型与第二型积分

(1) 函数沿定向曲面的积分: 称微分形式 $\rho\Omega$ 的积分 $\int_S \rho\Omega$ 为函数 ρ 沿定向曲面 S 的积分, 其中 Ω 是 S 上 (与计算积分时所选的 S 的定向相应) 的体形式.

注　这样定义的积分与 S 的定向无关, 因为 S 的定向的改变已反映在相应的体形式的替换中了.

(2) 第一型曲面积分: 设 S 是分片光滑的 (定向或无定向) 曲面, ρ 是 S 上的函数. $S_1, \cdots, S_m, \cdots$ 是 S 的有限个或可数个光滑参数化的小曲面, 任二者如果相交, 只能是不高于 $k-1$ 维的曲面, 且 $S = \bigcup\limits_i S_i$. 则称函数 ρ 沿各个 S_i 积分之和 $\sum\limits_i \int_{S_i} \rho\Omega$ 为函数 ρ 沿曲面 S 的积分 $\int_S \rho\Omega$. 通常称它为第一型曲面积分.

(3) 第二型曲面积分: 为了把第一型积分具有与曲面定向无关的特点标识出来, 常称微分形式沿定向曲面的积分为第二型曲面积分.

(4) 第一型曲面积分与第二型曲面积分的联系: 因为在线性空间上, 次数等于空间的维数的诸斜对称形式都成比例, 所以在 k 维定向曲面 S 上给定的任何 k-形式 ω 与 S 上的体形式 Ω 满足关系 $\omega = \rho\Omega$, 其中 ρ 是 S 上与 ω 有关的函数. 因此

$$\int_S \omega = \int_S \rho\Omega,$$

亦即任何第二型积分都能写成相应的第一型积分的形式.

(5) 例子——力场 $\boldsymbol{F}$ 沿路径 γ 所做的功:

$$A = \int_\gamma \omega_{\boldsymbol{F}}^1 = \int_\gamma \langle \boldsymbol{F}, \boldsymbol{e} \rangle \mathrm{d}s = \int_\gamma \langle \boldsymbol{F}, \mathrm{d}\boldsymbol{s} \rangle,$$

这里 s 是 γ 上的自然参数, $\mathrm{d}s$ 是长度元素, $\boldsymbol{e}$ 是单位速度向量 (包含了 γ 定向的全部信息), $\mathrm{d}\boldsymbol{s} := \boldsymbol{e}\mathrm{d}s$ 是长度向量元素.

(6) 例子——速度场 $\boldsymbol{V}$ 通过曲面 S 的流量:

$$F = \int_S \omega_{\boldsymbol{V}}^2 = \int_S \langle \boldsymbol{V}, \boldsymbol{n} \rangle \mathrm{d}\sigma = \int_S \langle \boldsymbol{V}, \mathrm{d}\boldsymbol{\sigma} \rangle,$$

这里 $\mathrm{d}\sigma$ 是面积元素, $\boldsymbol{n}$ 是给出曲面定向的单位法向量 (包含了 S 定向的全部信息), $\mathrm{d}\boldsymbol{\sigma} := \boldsymbol{n}\mathrm{d}\sigma$ 是面积向量元素.

7. 斯托克斯定理在曲面积分中的推论

(1) 格林公式: 设 $\mathbb{R}^2$ 是建立了 x, y 坐标系的平面, $\overline{D}$ 是这平面内的紧区域, 它的边界是一条分段光滑曲线; 又设 P, Q 是闭区域 $\overline{D}$ 上的光滑函数. 这时, 成立以下关系

$$\iint\limits_{\overline{D}} \left(\frac{\partial Q}{\partial x} - \frac{\partial P}{\partial y} \right) \mathrm{d}x\mathrm{d}y = \iint\limits_{\overline{D}} \begin{vmatrix} \dfrac{\partial}{\partial x} & \dfrac{\partial}{\partial y} \\ P & Q \end{vmatrix} \mathrm{d}x\mathrm{d}y = \int_{\partial\overline{D}} P\mathrm{d}x + Q\mathrm{d}y,$$

其中右端是沿区域 $\overline{D}$ 的边界 $\partial\overline{D}$ 的积分, $\partial\overline{D}$ 的方向与区域 $\overline{D}$ 本身的方向和谐.

注 求 $\mathbb{R}^2$ 中区域面积的公式

$$\sigma(D)=\iint\limits_{D}\mathrm{d}x\mathrm{d}y=\frac{1}{2}\int_{\partial D}-y\mathrm{d}x+x\mathrm{d}y=-\int_{\partial D}y\mathrm{d}x=\int_{\partial D}x\mathrm{d}y.$$

(2) 高–奥公式: 设 $\mathbb{R}^3$ 是具坐标系 x,y,z 的空间; $\overline{D}$ 是 $\mathbb{R}^3$ 内的紧区域, 它的边界是分片光滑的曲面; P,Q,R 是闭域 $\overline{D}$ 上的光滑函数. 那么, 成立下面关系:

$$\iiint\limits_{\overline{D}}\left(\frac{\partial P}{\partial x}+\frac{\partial Q}{\partial y}+\frac{\partial R}{\partial z}\right)\mathrm{d}x\mathrm{d}y\mathrm{d}z=\iint\limits_{\partial\overline{D}}P\mathrm{d}y\wedge\mathrm{d}z+Q\mathrm{d}z\wedge\mathrm{d}x+R\mathrm{d}x\wedge\mathrm{d}y.$$

注 求 $\mathbb{R}^3$ 中区域体积的公式

$$\begin{aligned}V(D)&=\iiint\limits_{D}\mathrm{d}x\mathrm{d}y\mathrm{d}z=\frac{1}{3}\iint\limits_{\partial D}x\mathrm{d}y\wedge\mathrm{d}z+y\mathrm{d}z\wedge\mathrm{d}x+z\mathrm{d}x\wedge\mathrm{d}y\\&=\iint\limits_{\partial D}x\mathrm{d}y\wedge\mathrm{d}z=\iint\limits_{\partial D}y\mathrm{d}z\wedge\mathrm{d}x=\iint\limits_{\partial D}z\mathrm{d}x\wedge\mathrm{d}y.\end{aligned}$$

(3) $\mathbb{R}^3$ 中的斯托克斯公式: 设 S 是位于区域 $G\subset\mathbb{R}^3$ 内以 ∂S 为边界的定向分片光滑紧二维曲面, 在 G 内给定了 1-形式 $\omega=P\mathrm{d}x+Q\mathrm{d}y+R\mathrm{d}z$. 这时, 成立下面的关系式

$$\begin{aligned}&\int_{\partial S}P\mathrm{d}x+Q\mathrm{d}y+R\mathrm{d}z\\=&\iint\limits_{S}\left(\frac{\partial R}{\partial y}-\frac{\partial Q}{\partial z}\right)\mathrm{d}y\wedge\mathrm{d}z+\left(\frac{\partial P}{\partial z}-\frac{\partial R}{\partial x}\right)\mathrm{d}z\wedge\mathrm{d}x+\left(\frac{\partial Q}{\partial x}-\frac{\partial P}{\partial y}\right)\mathrm{d}x\wedge\mathrm{d}y\\=&\iint\limits_{S}\begin{vmatrix}\mathrm{d}y\mathrm{d}z&\mathrm{d}z\mathrm{d}x&\mathrm{d}x\mathrm{d}y\\\dfrac{\partial}{\partial x}&\dfrac{\partial}{\partial y}&\dfrac{\partial}{\partial z}\\P&Q&R\end{vmatrix},\end{aligned}$$

其中边界 ∂S 的定向取得与曲面 S 的定向和谐.

二、例题讲解

1. 设 γ 为平面上以 $\boldsymbol{n}$ 为外法线的封闭曲线, $\boldsymbol{v}$ 为任意常向量. 证明: $\oint_{\gamma}\cos(\boldsymbol{v},\boldsymbol{n})\mathrm{d}s=0$.

证 设法向量 $\boldsymbol{n}=(\cos\alpha,\cos\beta)$, $\boldsymbol{v}=(a,b)$, 则由切向量 $\boldsymbol{e}=(e^1,e^2)=(-\cos\beta,\cos\alpha)$ 和格林公式可知

$$\oint_{\gamma}\cos(\boldsymbol{v},\boldsymbol{n})\mathrm{d}s=\oint_{\gamma}\frac{a\cos\alpha+b\cos\beta}{\sqrt{a^2+b^2}}\mathrm{d}s$$

$$=\oint_{\gamma}\left(\frac{-b}{\sqrt{a^2+b^2}}e^1+\frac{a}{\sqrt{a^2+b^2}}e^2\right)\mathrm{d}s=\oint_{\gamma}\frac{-b}{\sqrt{a^2+b^2}}\mathrm{d}x+\frac{a}{\sqrt{a^2+b^2}}\mathrm{d}y$$

$$=\iint\limits_{D}\left(\frac{\partial}{\partial x}\left(\frac{a}{\sqrt{a^2+b^2}}\right)-\frac{\partial}{\partial y}\left(\frac{-b}{\sqrt{a^2+b^2}}\right)\right)\mathrm{d}x\mathrm{d}y=\iint\limits_{D}0\mathrm{d}x\mathrm{d}y=0. \qquad \Box$$

2. 设 $\boldsymbol{r}=(x,y,z)\in\mathbb{R}^3\backslash(0,0,0)$, $\boldsymbol{A}=\dfrac{\boldsymbol{r}}{|\boldsymbol{r}|^3}$, S 为一光滑封闭曲面, 其所围区域记为 V. 求当坐标原点 $(0,0,0)$ 分别在 V 的外部、V 的内部和 V 的边界 S 上时, 积分 $\oint\!\!\!\oint\limits_{S}\langle\boldsymbol{A},\mathrm{d}\boldsymbol{\sigma}\rangle$ 的值, 其中 S 的定向取外侧.

解　首先, 易见

$$\oint\!\!\!\oint\limits_{S}\langle\boldsymbol{A},\mathrm{d}\boldsymbol{\sigma}\rangle=\oint\!\!\!\oint\limits_{S}\frac{x}{|\boldsymbol{r}|^3}\mathrm{d}y\mathrm{d}z+\frac{y}{|\boldsymbol{r}|^3}\mathrm{d}z\mathrm{d}x+\frac{z}{|\boldsymbol{r}|^3}\mathrm{d}x\mathrm{d}y,$$

这里 S 的定向取外侧. 其次, 我们容易算得

$$\operatorname{div}\boldsymbol{A}=\frac{\partial}{\partial x}\left(\frac{x}{|\boldsymbol{r}|^3}\right)+\frac{\partial}{\partial y}\left(\frac{y}{|\boldsymbol{r}|^3}\right)+\frac{\partial}{\partial z}\left(\frac{z}{|\boldsymbol{r}|^3}\right)=0,\quad\forall(x,y,z)\neq(0,0,0).$$

下面我们来分情形计算积分 $\oint\!\!\!\oint\limits_{S}\langle\boldsymbol{A},\mathrm{d}\boldsymbol{\sigma}\rangle$ 的值.

(1) 原点 $(0,0,0)$ 在 V 的外部: 由高–奥公式可知

$$\oint\!\!\!\oint\limits_{S}\langle\boldsymbol{A},\mathrm{d}\boldsymbol{\sigma}\rangle=\iiint\limits_{V}0\mathrm{d}x\mathrm{d}y\mathrm{d}z=0.$$

(2) 原点 $(0,0,0)$ 在 V 的内部: 显然存在 $\varepsilon>0$ 使得以 $(0,0,0)$ 为中心, 以 ε 为半径的球面 S_ε 和球体 B_ε 包含在 V 的内部. 记 $V_\varepsilon=V\backslash B_\varepsilon$, 则由高–奥公式可知

$$\iint\limits_{S\cup S_\varepsilon}\langle\boldsymbol{A},\mathrm{d}\boldsymbol{\sigma}\rangle=\iiint\limits_{V_\varepsilon}0\mathrm{d}x\mathrm{d}y\mathrm{d}z=0.$$

于是再由球面 S_ε 的外法向量 $\boldsymbol{n}_\varepsilon=\dfrac{\boldsymbol{r}}{|\boldsymbol{r}|}$ 可知

$$\oint\!\!\!\oint\limits_{S}\langle\boldsymbol{A},\mathrm{d}\boldsymbol{\sigma}\rangle=-\oint\!\!\!\oint\limits_{S_\varepsilon}\langle\boldsymbol{A},-\boldsymbol{n}_\varepsilon\rangle\mathrm{d}\sigma=\oint\!\!\!\oint\limits_{S_\varepsilon}\langle\boldsymbol{A},\boldsymbol{n}_\varepsilon\rangle\mathrm{d}\sigma$$

$$=\oint\!\!\!\oint\limits_{S_\varepsilon}\frac{1}{|\boldsymbol{r}|^2}\mathrm{d}\sigma=\frac{1}{\varepsilon^2}\oint\!\!\!\oint\limits_{S_\varepsilon}\mathrm{d}\sigma=\frac{1}{\varepsilon^2}\cdot4\pi\varepsilon^2=4\pi.$$

(3) 原点 $(0,0,0)$ 在 V 的边界 S 上: 此时积分 $\oiint\limits_S \langle \boldsymbol{A}, \mathrm{d}\boldsymbol{\sigma}\rangle$ 为无界函数的反常积分, 但由

$$|\langle \boldsymbol{A}, \boldsymbol{n}\rangle| \leqslant |\boldsymbol{A}| = \frac{1}{|\boldsymbol{r}|^2}$$

易知该反常积分收敛. 因为曲面 S 是光滑的, 所以我们有

$$\lim_{\varepsilon\to+0}\frac{\sigma(S_\varepsilon\cap V)}{\varepsilon^2} = 2\pi.$$

类似于 (2) 的证明, 由高–奥公式我们还可知, 当 ε 充分小时,

$$\iint\limits_{(S\backslash B_\varepsilon)\cup(S_\varepsilon\cap V)} \langle \boldsymbol{A}, \mathrm{d}\boldsymbol{\sigma}\rangle = \iiint\limits_{V_\varepsilon} 0\mathrm{d}x\mathrm{d}y\mathrm{d}z = 0.$$

于是再由球面 S_ε 的外法向量 $\boldsymbol{n}_\varepsilon = \dfrac{\boldsymbol{r}}{|\boldsymbol{r}|}$ 可知

$$\begin{aligned}\oiint\limits_S \langle \boldsymbol{A}, \mathrm{d}\boldsymbol{\sigma}\rangle &= \lim_{\varepsilon\to+0}\iint\limits_{S\backslash B_\varepsilon}\langle \boldsymbol{A}, \mathrm{d}\boldsymbol{\sigma}\rangle = \lim_{\varepsilon\to+0}\left(-\iint\limits_{S_\varepsilon\cap V}\langle \boldsymbol{A}, -\boldsymbol{n}_\varepsilon\rangle \mathrm{d}\sigma\right)\\ &= \lim_{\varepsilon\to+0}\iint\limits_{S_\varepsilon\cap V}\frac{1}{|\boldsymbol{r}|^2}\mathrm{d}\sigma = \lim_{\varepsilon\to+0}\frac{\sigma(S_\varepsilon\cap V)}{\varepsilon^2} = 2\pi.\end{aligned}$$ □

三、习题参考解答 (10.2.1 小节)

1. (1) 设 x, y 是平面 $\mathbb{R}^2$ 上的笛卡儿坐标. 试说明: 形式

$$\omega = -\frac{y}{x^2+y^2}\mathrm{d}x + \frac{x}{x^2+y^2}\mathrm{d}y$$

是怎样的向量场的功形式.

(2) 试求 (1) 中的形式 ω 沿下列路径 γ_i 的积分: $[0,\pi] \ni t \stackrel{\gamma_1}{\longmapsto} (\cos t, \sin t) \in \mathbb{R}^2$; $[0,\pi] \ni t \stackrel{\gamma_2}{\longmapsto} (\cos t, -\sin t) \in \mathbb{R}^2$; 路径 γ_3 由诸点 $(1,0)$, $(1,1)$, $(-1,1)$, $(-1,0)$ 依次用线段连接而成; 路径 γ_4 由诸点 $(1,0)$, $(1,-1)$, $(-1,-1)$, $(-1,0)$ 依次用线段连接而成.

解 (1) 易见形式 ω 是向量场

$$F(x,y) = \left(-\frac{y}{x^2+y^2}, \frac{x}{x^2+y^2}\right)$$

的功形式.

(2) 形式 ω 沿路径 γ_1 的积分

$$\begin{aligned}\int_{\gamma_1}\omega&=\int_{\gamma_1}-\frac{y}{x^2+y^2}\mathrm{d}x+\frac{x}{x^2+y^2}\mathrm{d}y\\&=\int_0^{\pi}\left(-\frac{\sin t\cdot(-\sin t)}{\cos^2t+\sin^2t}+\frac{\cos t\cdot\cos t}{\cos^2t+\sin^2t}\right)\mathrm{d}t\\&=\int_0^{\pi}1\mathrm{d}t=\pi.\end{aligned}$$

形式 ω 沿路径 γ_2 的积分

$$\begin{aligned}\int_{\gamma_2}\omega&=\int_{\gamma_2}-\frac{y}{x^2+y^2}\mathrm{d}x+\frac{x}{x^2+y^2}\mathrm{d}y\\&=\int_0^{\pi}\left(-\frac{-\sin t\cdot(-\sin t)}{\cos^2t+\sin^2t}+\frac{\cos t\cdot(-\cos t)}{\cos^2t+\sin^2t}\right)\mathrm{d}t\\&=-\int_0^{\pi}1\mathrm{d}t=-\pi.\end{aligned}$$

记路径 γ_3 上的四个点分别为 $A(1,0)$, $B(1,1)$, $C(-1,1)$, $D(-1,0)$, 因为在 $\widehat{AB}$ 和 $\widehat{CD}$ 上 $\mathrm{d}x=0$, 在 $\widehat{BC}$ 上 $\mathrm{d}y=0$, 所以形式 ω 沿路径 γ_3 的积分

$$\begin{aligned}\int_{\gamma_3}\omega&=\int_{\widehat{AB}}\omega+\int_{\widehat{BC}}\omega+\int_{\widehat{CD}}\omega\\&=\int_{\widehat{AB}}\frac{x}{x^2+y^2}\mathrm{d}y+\int_{\widehat{BC}}-\frac{y}{x^2+y^2}\mathrm{d}x+\int_{\widehat{CD}}\frac{x}{x^2+y^2}\mathrm{d}y\\&=\int_0^1\frac{1}{1+y^2}\mathrm{d}y+\int_1^{-1}-\frac{1}{x^2+1}\mathrm{d}x+\int_1^0\frac{-1}{1+y^2}\mathrm{d}y\\&=4\int_0^1\frac{1}{1+t^2}\mathrm{d}t=4\cdot\frac{\pi}{4}=\pi.\end{aligned}$$

记路径 γ_4 上的四个点分别为 $A(1,0)$, $B(1,-1)$, $C(-1,-1)$, $D(-1,0)$, 类似于沿路径 γ_3 的积分, 形式 ω 沿路径 γ_4 的积分

$$\begin{aligned}\int_{\gamma_4}\omega&=\int_{\widehat{AB}}\frac{x}{x^2+y^2}\mathrm{d}y+\int_{\widehat{BC}}-\frac{y}{x^2+y^2}\mathrm{d}x+\int_{\widehat{CD}}\frac{x}{x^2+y^2}\mathrm{d}y\\&=\int_0^{-1}\frac{1}{1+y^2}\mathrm{d}y+\int_1^{-1}-\frac{-1}{x^2+1}\mathrm{d}x+\int_{-1}^0\frac{-1}{1+y^2}\mathrm{d}y\\&=-4\int_0^1\frac{1}{1+t^2}\mathrm{d}t=-\pi.\end{aligned}$$

□

2. 设 f 是在区域 $D\subset\mathbb{R}^n$ 内定义的光滑函数, γ 为 D 内以 $p_0\in D$ 为始点, $p_1\in D$ 为终点的光滑路径. 试求形式 $\omega=\mathrm{d}f$ 沿路径 γ 的积分.

解 不妨设 $\gamma(\alpha)=p_0$, $\gamma(\beta)=p_1$, 于是

$$\int_\gamma \omega=\int_\gamma \mathrm{d}f=\int_\gamma \sum_{i=1}^n \frac{\partial f}{\partial x^i}(x)\mathrm{d}x^i=\int_\alpha^\beta \sum_{i=1}^n \frac{\partial f}{\partial x^i}(\gamma(t))\frac{\mathrm{d}x^i}{\mathrm{d}t}(t)\mathrm{d}t$$
$$=\int_\alpha^\beta \mathrm{d}f(\gamma(t))=f(\gamma(t))\Big|_\alpha^\beta=f(p_1)-f(p_0).$$ □

3. (1) 求形式 $\omega=\mathrm{d}y\wedge\mathrm{d}z+\mathrm{d}z\wedge\mathrm{d}x$ 沿 $\mathbb{R}^3$ 内标准单位方体的边界的积分, 边界用外法向定向.

(2) 指出一个速度场, 使得 (1) 中的形式 ω 是它的流量形式.

解 (1) 记 $\mathbb{R}^3$ 内标准单位方体为 $I^3:=[0,1]^3$, 其边界分别为 $\Gamma_{x,0},\Gamma_{x,1},\Gamma_{y,0}$, $\Gamma_{y,1},\Gamma_{z,0},\Gamma_{z,1}$. 首先, 显然 $\displaystyle\int_{\Gamma_{z,0}}\omega+\int_{\Gamma_{z,1}}\omega=0+0=0$. 其次

$$\int_{\Gamma_{x,0}}\omega=\int_{\Gamma_{x,0}}\mathrm{d}y\wedge\mathrm{d}z=-\int_{[0,1]^2}\mathrm{d}y\mathrm{d}z=-1,$$

而

$$\int_{\Gamma_{x,1}}\omega=\int_{\Gamma_{x,1}}\mathrm{d}y\wedge\mathrm{d}z=\int_{[0,1]^2}\mathrm{d}y\mathrm{d}z=1,$$

于是 $\displaystyle\int_{\Gamma_{x,0}}\omega+\int_{\Gamma_{x,1}}\omega=0$. 同理

$$\int_{\Gamma_{y,0}}\omega+\int_{\Gamma_{y,1}}\omega=\int_{\Gamma_{y,0}}\mathrm{d}z\wedge\mathrm{d}x+\int_{\Gamma_{y,1}}\mathrm{d}z\wedge\mathrm{d}x=-1+1=0.$$

因此

$$\int_{\partial I^3}\omega=\left(\int_{\Gamma_{x,0}}\omega+\int_{\Gamma_{x,1}}\omega\right)+\left(\int_{\Gamma_{y,0}}\omega+\int_{\Gamma_{y,1}}\omega\right)+\left(\int_{\Gamma_{z,0}}\omega+\int_{\Gamma_{z,1}}\omega\right)=0.$$

(2) 显然, 形式 ω 是速度场 $\boldsymbol{V}=(1,1,0)$ 的流量形式. □

4. (1) 设 x,y,z 是 $\mathbb{R}^3$ 内的笛卡儿坐标. 试求速度场, 使形式

$$\omega=\frac{x\mathrm{d}y\wedge\mathrm{d}z+y\mathrm{d}z\wedge\mathrm{d}x+z\mathrm{d}x\wedge\mathrm{d}y}{(x^2+y^2+z^2)^{3/2}}$$

是它的流量形式.

(2) 求 (1) 中的形式沿球面 $x^2+y^2+z^2=R^2$ 的积分, 球面按外法向定向.

(3) 试证: 场 $\dfrac{(x,y,z)}{(x^2+y^2+z^2)^{3/2}}$ 通过球面 $(x-2)^2+y^2+z^2=1$ 的流量为零.

(4) 验证: (3) 中的场, 通过环面

$$\begin{cases} x = (b + a\cos\psi)\cos\varphi, \\ y = (b + a\cos\psi)\sin\varphi, \quad 0 < a < b \\ z = a\sin\psi, \end{cases}$$

的流量也等于零.

证　(1) 易见, 所求的速度场为

$$\boldsymbol{V} = \frac{1}{(x^2+y^2+z^2)^{3/2}}(x, y, z).$$

(2) 记球面 $x^2+y^2+z^2=R^2$ 为 S, 则其局部参数式为

$$(x, y, z) = (R\sin\psi\cos\varphi, R\sin\psi\sin\varphi, R\cos\psi), \quad (\psi, \varphi) \in (0, \pi) \times (0, 2\pi).$$

因此

$$\int_S \omega = \int_0^{2\pi} \mathrm{d}\varphi \int_0^{\pi} \begin{vmatrix} R^{-2}\sin\psi\cos\varphi & R^{-2}\sin\psi\sin\varphi & R^{-2}\cos\psi \\ R\cos\psi\cos\varphi & R\cos\psi\sin\varphi & -R\sin\psi \\ -R\sin\psi\sin\varphi & R\sin\psi\cos\varphi & 0 \end{vmatrix} \mathrm{d}\psi$$

$$= \int_0^{2\pi} \mathrm{d}\varphi \int_0^{\pi} \sin\psi \mathrm{d}\psi = 4\pi.$$

注　也可以利用《讲义》10.2.1 小节最后的例题中的参数形式, 但要注意定向与球面的外法向定向一致.

(3) 记球面 $(x-2)^2+y^2+z^2=1$ 为 S, 考虑其参数形式:

$$(x, y, z) = (2+\sin\psi, \cos\psi\cos\varphi, \cos\psi\sin\varphi), \quad (\varphi, \psi) \in (0, 2\pi) \times \left(-\frac{\pi}{2}, \frac{\pi}{2}\right).$$

场 $\dfrac{(x, y, z)}{(x^2+y^2+z^2)^{3/2}}$ 通过球面 S 的流量为

$$\int_S \omega = \int_0^{2\pi} \mathrm{d}\varphi \int_{-\frac{\pi}{2}}^{\frac{\pi}{2}} \frac{1}{(5+4\sin\psi)^{3/2}} \begin{vmatrix} 2+\sin\psi & \cos\psi\cos\varphi & \cos\psi\sin\varphi \\ 0 & -\cos\psi\sin\varphi & \cos\psi\cos\varphi \\ \cos\psi & -\sin\psi\cos\varphi & -\sin\psi\sin\varphi \end{vmatrix} \mathrm{d}\psi$$

$$= \int_0^{2\pi} \mathrm{d}\varphi \int_{-\frac{\pi}{2}}^{\frac{\pi}{2}} \frac{\cos\psi(1+2\sin\psi)}{(5+4\sin\psi)^{3/2}} \mathrm{d}\psi = -\pi \int_{-\frac{\pi}{2}}^{\frac{\pi}{2}} (1+2\sin\psi) \mathrm{d}(5+4\sin\psi)^{-1/2}$$

$$= -\pi\left((1+2\sin\psi)\cdot(5+4\sin\psi)^{-1/2}\Big|_{-\frac{\pi}{2}}^{\frac{\pi}{2}} - \int_{-\frac{\pi}{2}}^{\frac{\pi}{2}} (5+4\sin\psi)^{-1/2} \mathrm{d}(1+2\sin\psi) \right)$$

$$= -\pi\left(2-2\int_{-\frac{\pi}{2}}^{\frac{\pi}{2}}(5+4\sin\psi)^{-1/2}\cos\psi \mathrm{d}\psi\right) = -\pi\left(2-\int_{-\frac{\pi}{2}}^{\frac{\pi}{2}}\mathrm{d}(5+4\sin\psi)^{1/2}\right)$$

$$= -\pi\left(2-(5+4\sin\psi)^{1/2}\Big|_{-\frac{\pi}{2}}^{\frac{\pi}{2}}\right) = -\pi(2-2) = 0.$$

(4) 记环面为 S, 场 $\dfrac{(x,y,z)}{(x^2+y^2+z^2)^{3/2}}$ 通过环面 S 的流量为

$$\begin{aligned}\int_S \omega &= \int_0^{2\pi}\mathrm{d}\varphi\int_0^{2\pi}\frac{1}{((b+a\cos\psi)^2+(a\sin\psi)^2)^{3/2}} \\ &\quad\cdot\begin{vmatrix}(b+a\cos\psi)\cos\varphi & (b+a\cos\psi)\sin\varphi & a\sin\psi\\ -(b+a\cos\psi)\sin\varphi & (b+a\cos\psi)\cos\varphi & 0\\ -a\sin\psi\cos\varphi & -a\sin\psi\sin\varphi & a\cos\psi\end{vmatrix}\mathrm{d}\psi \\ &= \int_0^{2\pi}\mathrm{d}\varphi\int_0^{2\pi}\frac{a\cos\psi(b+a\cos\psi)^2+(a\sin\psi)^2(b+a\cos\psi)}{((b+a\cos\psi)^2+(a\sin\psi)^2)^{3/2}}\mathrm{d}\psi \\ &= 2\pi\int_0^{2\pi}\frac{a\cos\psi\big((b+a\cos\psi)^2+(a\sin\psi)^2\big)+b(a\sin\psi)^2}{((b+a\cos\psi)^2+(a\sin\psi)^2)^{3/2}}\mathrm{d}\psi \\ &= 2\pi\left(\int_0^{2\pi}\frac{a\cos\psi}{((b+a\cos\psi)^2+(a\sin\psi)^2)^{1/2}}\mathrm{d}\psi\right. \\ &\quad\left.+\int_0^{2\pi}\frac{b(a\sin\psi)^2}{((b+a\cos\psi)^2+(a\sin\psi)^2)^{3/2}}\mathrm{d}\psi\right),\end{aligned}$$

令

$$I = \int_0^{2\pi}\frac{a\cos\psi}{((b+a\cos\psi)^2+(a\sin\psi)^2)^{1/2}}\mathrm{d}\psi,$$

则

$$\begin{aligned}\int_S\omega &= 2\pi\left(I+\int_0^{2\pi}a\sin\psi\mathrm{d}\frac{1}{((b+a\cos\psi)^2+(a\sin\psi)^2)^{1/2}}\right) \\ &= 2\pi\left(I+a\sin\psi\cdot\frac{1}{((b+a\cos\psi)^2+(a\sin\psi)^2)^{1/2}}\Bigg|_0^{2\pi}\right. \\ &\quad\left.-\int_0^{2\pi}\frac{1}{((b+a\cos\psi)^2+(a\sin\psi)^2)^{1/2}}\mathrm{d}(a\sin\psi)\right) \\ &= 2\pi(I+0-I) = 0.\end{aligned}$$

□

注　易见

$$\mathrm{div}\boldsymbol{V}=\mathrm{div}\frac{(x,y,z)}{(x^2+y^2+z^2)^{3/2}}=0,\quad \forall(x,y,z)=(0,0,0),$$

所以这里的 (3) 和 (4) 如果利用《讲义》10.2.6 小节的高–奥公式来计算将很简单.

5. 微分方程 $\dfrac{\mathrm{d}y}{\mathrm{d}x}=\dfrac{f(x)}{g(y)}$ 叫做可分离变量的方程. 通常把它写成形如

$$g(y)\mathrm{d}y=f(x)\mathrm{d}x$$

的“变量分离”形式, 然后使它们的原函数相等

$$\int g(y)\mathrm{d}y=\int f(x)\mathrm{d}x,$$

以“解”它. 试用微分形式语言给这一算法一个具有更广泛意义的数学论证.

证　考虑 1-形式 $\omega^1=f(x)\mathrm{d}x-g(y)\mathrm{d}y$, 设微分方程的解曲线为 γ, 于是 $\omega^1|_\gamma=0$, 所以

$$\int_\gamma\omega^1=\int_\gamma f(x)\mathrm{d}x-g(y)\mathrm{d}y=0,$$

因此

$$\int_\gamma g(y)\mathrm{d}y=\int_\gamma f(x)\mathrm{d}x,$$

故结论成立. □

四、习题参考解答 (10.2.4 小节)

1. (1) 设 P 与 $\widetilde{P}$ 是欧氏空间 $\mathbb{R}^n$ 内的两个超平面, D 是 P 的子域, $\widetilde{D}$ 是 D 在超平面 $\widetilde{P}$ 上的正交投影. 试证 D 与 $\widetilde{D}$ 的 $n-1$ 维面积之间有关系: $\sigma(\widetilde{D})=\sigma(D)\cos\alpha$, 这里 α 是超平面 P 与 $\widetilde{P}$ 之间的夹角.

(2) 据 (1) 的结果, 指出三维欧氏空间内光滑函数 $z=f(x,y)$ 的图像面积元公式 $\mathrm{d}\sigma=\sqrt{1+(f_x')^2+(f_y')^2}\mathrm{d}x\mathrm{d}y$ 的几何意义.

(3) 设 S 是欧氏空间 $\mathbb{R}^3$ 内的曲面, 它用光滑向量函数 $\boldsymbol{r}=\boldsymbol{r}(u,v)$ 表示, 其定义域为 $D\subset\mathbb{R}^2$, 则曲面面积公式为

$$\sigma(S)=\iint\limits_D|[\boldsymbol{r}_u',\boldsymbol{r}_v']|\mathrm{d}u\mathrm{d}v,$$

其中 $[\boldsymbol{r}_u',\boldsymbol{r}_v']$ 是向量 $\dfrac{\partial\boldsymbol{r}}{\partial u},\dfrac{\partial\boldsymbol{r}}{\partial v}$ 的向量积.

(4) 设曲面 $S\subset\mathbb{R}^3$ 由方程 $F(x,y,z)=0$ 表示, 而曲面 S 的定义域 U 双方单值地正交投影于平面 (x,y) 的区域 D 上. 试证以下公式成立

$$\sigma(U)=\iint\limits_{D}\frac{|\mathrm{grad}F|}{|F_z'|}\mathrm{d}x\mathrm{d}y.$$

证 (1) 当 $\alpha=\dfrac{\pi}{2}$ 时, 结论显然成立. 下面考虑 $\alpha\neq\dfrac{\pi}{2}$ 的情形, 不妨设超平面 $\widetilde{P}$ 为 $\{(t,t^n)\in\mathbb{R}^n: t=(t^1,\cdots,t^{n-1})\in\mathbb{R}^{n-1}, t^n=0\}$, 超平面 P 的参数形式为 $\mathbb{R}^{n-1}\ni t\mapsto \boldsymbol{r}(t)=(t,t^{n-1}\tan\alpha)$. 于是

$$\det\big(\langle\dot{\boldsymbol{r}}_i,\dot{\boldsymbol{r}}_j\rangle(t)\big)\equiv\begin{vmatrix}E & 0\\ 0 & 1+\tan^2\alpha\end{vmatrix}=1+\tan^2\alpha=\frac{1}{\cos^2\alpha},$$

因此

$$\sigma(D)=\int_{\widetilde{D}}\sqrt{\det(\langle\dot{\boldsymbol{r}}_i,\dot{\boldsymbol{r}}_j\rangle(t))}\,\mathrm{d}t=\int_{\widetilde{D}}\frac{1}{\cos\alpha}\,\mathrm{d}t=\frac{1}{\cos\alpha}\cdot\sigma(\widetilde{D}),$$

由此即得 $\sigma(\widetilde{D})=\sigma(D)\cos\alpha$.

(2) 取 xy 坐标平面为 $\widetilde{P}$, 光滑函数 $z=f(x,y)$ 的图像在点 $(x,y,z=f(x,y))$ 的切平面为 P, 于是

$$\cos\alpha=\frac{1}{\sqrt{1+(f_x')^2+(f_y')^2}}.$$

则由 (1) 的结果可知面积元在 xy 坐标平面上的正交投影为

$$\mathrm{d}x\mathrm{d}y=\mathrm{d}\sigma\cos\alpha=\mathrm{d}\sigma\cdot\frac{1}{\sqrt{1+(f_x')^2+(f_y')^2}},$$

由此即得 $\mathrm{d}\sigma=\sqrt{1+(f_x')^2+(f_y')^2}\mathrm{d}x\mathrm{d}y$.

(3) 因为

$$\begin{aligned}\det\big(\langle\dot{\boldsymbol{r}}_i,\dot{\boldsymbol{r}}_j\rangle\big)&=\langle\dot{\boldsymbol{r}}_u,\dot{\boldsymbol{r}}_u\rangle\cdot\langle\dot{\boldsymbol{r}}_v,\dot{\boldsymbol{r}}_v\rangle-\langle\dot{\boldsymbol{r}}_u,\dot{\boldsymbol{r}}_v\rangle\cdot\langle\dot{\boldsymbol{r}}_v,\dot{\boldsymbol{r}}_u\rangle\\&=|\dot{\boldsymbol{r}}_u|^2\cdot|\dot{\boldsymbol{r}}_v|^2-\langle\dot{\boldsymbol{r}}_u,\dot{\boldsymbol{r}}_v\rangle^2=|[\boldsymbol{r}_u',\boldsymbol{r}_v']|^2,\end{aligned}$$

所以

$$\sigma(S)=\iint\limits_{D}\sqrt{\det\big(\langle\dot{\boldsymbol{r}}_i,\dot{\boldsymbol{r}}_j\rangle\big)}\mathrm{d}u\mathrm{d}v=\iint\limits_{D}|[\boldsymbol{r}_u',\boldsymbol{r}_v']|\mathrm{d}u\mathrm{d}v.$$

(4) 显然使得 $F_z'=0$ 的集合为零测集. 若 $F_z'\neq0$, 则由隐函数定理局部地可得函数 $z=f(x,y)$ 且 $f_x'=-\dfrac{F_x'}{F_z'}$, $f_y'=-\dfrac{F_y'}{F_z'}$, 因此

$$\sigma(U)=\iint\limits_{D}\sqrt{1+(f_x')^2+(f_y')^2}\mathrm{d}x\mathrm{d}y$$

$$= \iint\limits_D \frac{\sqrt{(F'_x)^2+(F'_y)^2+(F'_z)^2}}{|F'_z|}\mathrm{d}x\mathrm{d}y = \iint\limits_D \frac{|\mathrm{grad}F|}{|F'_z|}\mathrm{d}x\mathrm{d}y. \qquad \square$$

2. 试求球面 $S \subset \mathbb{R}^3$ 上由两条经线和两条纬线构成的球面矩形的面积.

解　设球面 $S \subset \mathbb{R}^3$ 的半径为 R. 易见两条经线和两条纬线本身的集合的面积为零, 我们考虑球面矩形的参数表达式

$$\boldsymbol{r}(\theta,\varphi) = \big(R\sin\varphi\cos\theta, R\sin\varphi\sin\theta, R\cos\varphi\big),$$

其中 $(\theta,\varphi) \in D = (\theta_1,\theta_2)\times(\varphi_1,\varphi_2) \subset (0,2\pi)\times(0,\pi)$. 容易算得

$$\langle \dot{\boldsymbol{r}}_\theta, \dot{\boldsymbol{r}}_\theta\rangle = R^2\sin^2\varphi,$$
$$\langle \dot{\boldsymbol{r}}_\theta, \dot{\boldsymbol{r}}_\varphi\rangle = 0,$$
$$\langle \dot{\boldsymbol{r}}_\varphi, \dot{\boldsymbol{r}}_\varphi\rangle = R^2,$$

于是 $\det\big(\langle \dot{\boldsymbol{r}}_i, \dot{\boldsymbol{r}}_j\rangle\big) = R^4\sin^2\varphi$, 因此球面矩形的面积

$$\begin{aligned}\sigma = \sigma(\theta_1,\theta_2,\varphi_1,\varphi_2) &= \iint\limits_D \sqrt{\det\big(\langle \dot{\boldsymbol{r}}_i, \dot{\boldsymbol{r}}_j\rangle\big)}\mathrm{d}\theta\mathrm{d}\varphi \\ &= \iint\limits_D R^2\sin\varphi\mathrm{d}\theta\mathrm{d}\varphi = R^2\cdot\int_{\theta_1}^{\theta_2}\mathrm{d}\theta\cdot\int_{\varphi_1}^{\varphi_2}\sin\varphi\mathrm{d}\varphi \\ &= R^2(\theta_2-\theta_1)(\cos\varphi_1-\cos\varphi_2). \qquad \square\end{aligned}$$

3. (1) 设 (r,φ,h) 为 $\mathbb{R}^3$ 内的柱坐标. 将位于平面 $\varphi=\varphi_0$ 上, 由方程 $r=r(s)$ 给定的曲线, 绕 h 轴旋转, 这里 s 是自然参数. 试证: 相应于参变量 $s\in[s_1,s_2]$ 的那段曲线旋转所成的曲面的面积为

$$\sigma = 2\pi\int_{s_1}^{s_2} r(s)\mathrm{d}s.$$

(2) 设 $y=f(x)$ 是定义在线段 $[a,b]\subset\mathbb{R}_+$ 上的光滑非负函数. 将其图形绕 x 轴及绕 y 轴旋转. 试用在 $[a,b]$ 上的积分的形式表出这两种旋转曲面的面积公式.

证　(1) 旋转曲面的参数形式为

$$\boldsymbol{r}(\varphi,s) = \big(r(s)\cos\varphi, r(s)\sin\varphi, h(s)\big),$$

其中 $(\varphi,s)\in D=(0,2\pi)\times(s_1,s_2)$. 因为 s 是自然参数, 所以 $(r'(s))^2+(h'(s))^2=1$. 又容易算得

$$\langle \dot{\boldsymbol{r}}_\varphi, \dot{\boldsymbol{r}}_\varphi\rangle = r^2(s),$$

$$\langle \dot{\boldsymbol{r}}_\varphi, \dot{\boldsymbol{r}}_s \rangle = 0,$$
$$\langle \dot{\boldsymbol{r}}_s, \dot{\boldsymbol{r}}_s \rangle = (r'(s))^2 + (h'(s))^2 = 1,$$

于是 $\det\left(\langle \dot{\boldsymbol{r}}_i, \dot{\boldsymbol{r}}_j \rangle\right) = r^2(s)$, 因此旋转曲面的面积

$$\begin{aligned}\sigma = \sigma(s_1, s_2) &= \iint\limits_D \sqrt{\det\left(\langle \dot{\boldsymbol{r}}_i, \dot{\boldsymbol{r}}_j \rangle\right)}\mathrm{d}\varphi\mathrm{d}s \\ &= \iint\limits_D r(s)\mathrm{d}\varphi\mathrm{d}s = \int_0^{2\pi}\mathrm{d}\varphi \cdot \int_{s_1}^{s_2} r(s)\mathrm{d}s \\ &= 2\pi\int_{s_1}^{s_2} r(s)\mathrm{d}s.\end{aligned}$$

(2) 取 s 是自然参数, 则 $s=s(x)=\int_a^x \sqrt{1+(f')^2(t)}\mathrm{d}t$, $\mathrm{d}s=\sqrt{1+(f')^2(x)}\mathrm{d}x$. 当曲线绕 x 轴旋转时, 以 x 轴为 h 轴选取柱坐标, 显然 $r(s) = f(x)$, $h = x$, 于是由 (1) 可知绕 x 轴旋转的旋转曲面的面积为

$$\sigma = 2\pi\int_{s(a)}^{s(b)} r(s)\mathrm{d}s = 2\pi\int_a^b f(x)\sqrt{1+(f')^2(x)}\mathrm{d}x.$$

同理, 当曲线绕 y 轴旋转时, 以 y 轴为 h 轴选取柱坐标, 此时 $r(s) = x$, $h = f(x)$, 再次由 (1) 可知绕 y 轴旋转的旋转曲面的面积为

$$\sigma = 2\pi\int_{s(a)}^{s(b)} r(s)\mathrm{d}s = 2\pi\int_a^b x\sqrt{1+(f')^2(x)}\mathrm{d}x. \qquad \square$$

4. (1) 设半径为 1 的球的球心在一条长为 L 的平面闭曲线上滑动. 试证: 由此所得筒状体的侧面积为 $2\pi \cdot 1 \cdot L$.

(2) 将半径为 a 的圆周, 绕着圆周所在平面中的轴旋转, 此轴距圆心的距离为 $b > a$, 试根据 (1) 的结果求旋转所得二维环面的面积.

证 (1) 取平面闭曲线的自然参数 $s \in [0, L]$, 闭曲线的参数形式为 $\boldsymbol{r}_1(s)$, 又取球心处与闭曲线垂直的平面和球相交的圆的角参数 $\theta \in [0, 2\pi]$, 该圆的参数形式为 $\boldsymbol{r}_2(\theta)$. 筒状体的侧面的参数形式为

$$\boldsymbol{r}(s, \theta) = \boldsymbol{r}_1(s) + \boldsymbol{r}_2(\theta),$$

其中 $(s, \theta) \in D = (0, L) \times (0, 2\pi)$. 容易算得

$$\langle \dot{\boldsymbol{r}}_s, \dot{\boldsymbol{r}}_s \rangle = 1,$$

$$\langle \dot{\boldsymbol{r}}_s, \dot{\boldsymbol{r}}_\theta \rangle = 0,$$
$$\langle \dot{\boldsymbol{r}}_\theta, \dot{\boldsymbol{r}}_\theta \rangle = 1,$$

于是 $\det\big(\langle \dot{\boldsymbol{r}}_i, \dot{\boldsymbol{r}}_j \rangle\big) = 1$, 因此筒状体的侧面积

$$\sigma = \iint\limits_D \sqrt{\det\big(\langle \dot{\boldsymbol{r}}_i, \dot{\boldsymbol{r}}_j \rangle\big)}\mathrm{d}s\mathrm{d}\theta = \iint\limits_D 1\mathrm{d}s\mathrm{d}\theta = \int_0^L \mathrm{d}s \int_0^{2\pi} \mathrm{d}\theta = 2\pi L.$$

注　事实上, 这里的筒状体的侧面同胚于圆柱面, 所以也可以直接利用习题 3(1) 的公式 $(r = 1, \varphi = \theta, h = s)$ 计算.

(2) 旋转所得二维环面可看作半径为 a 的球的球心在一条长为 $L = 2\pi b$ 的圆周上滑动, 因此由 (1) 的结果可知二维环面的面积为 $\sigma = 2\pi a \cdot 2\pi b = 4\pi^2 ab$. □

5. 在空间 $\mathbb{R}^3$ 内, 按笛卡儿坐标给出螺旋面:

$$y - x\tan\frac{z}{h} = 0, \quad |z| \leqslant \frac{\pi}{2}h.$$

试作出它的图形, 并求它的满足 $r^2 \leqslant x^2 + y^2 \leqslant R^2$ 的那一部分的面积.

解　图形略. 螺旋面的参数形式为

$$\boldsymbol{r}(\rho, \theta) = \big(\rho\cos\theta, \rho\sin\theta, h\theta\big),$$

其中 $(\rho, \theta) \in D = (r, R) \times \left(-\dfrac{\pi}{2}, \dfrac{\pi}{2}\right)$. 容易算得

$$\langle \dot{\boldsymbol{r}}_\rho, \dot{\boldsymbol{r}}_\rho \rangle = 1,$$
$$\langle \dot{\boldsymbol{r}}_\rho, \dot{\boldsymbol{r}}_\theta \rangle = 0,$$
$$\langle \dot{\boldsymbol{r}}_\theta, \dot{\boldsymbol{r}}_\theta \rangle = \rho^2 + h^2,$$

于是 $\det\big(\langle \dot{\boldsymbol{r}}_i, \dot{\boldsymbol{r}}_j \rangle\big) = \rho^2 + h^2$, 因此螺旋面满足 $r^2 \leqslant x^2 + y^2 \leqslant R^2$ 的那一部分的面积为

$$\begin{aligned}\sigma &= \iint\limits_D \sqrt{\det\big(\langle \dot{\boldsymbol{r}}_i, \dot{\boldsymbol{r}}_j \rangle\big)}\mathrm{d}\rho\mathrm{d}\theta = \iint\limits_D \sqrt{\rho^2 + h^2}\mathrm{d}\rho\mathrm{d}\theta \\ &= \int_r^R \sqrt{\rho^2 + h^2}\mathrm{d}\rho \cdot \int_{-\frac{\pi}{2}}^{\frac{\pi}{2}} \mathrm{d}\theta \\ &= \frac{\pi}{2}\left(R\sqrt{R^2 + h^2} - r\sqrt{r^2 + h^2} + h^2\ln\frac{R + \sqrt{R^2 + h^2}}{r + \sqrt{r^2 + h^2}}\right).\end{aligned}$$ □

五、习题参考解答 (10.2.6 小节)

1. 设 γ 是光滑曲线, $\mathrm{d}s$ 是 γ 上的长度元素.

(1) 试证 $\left|\int_\gamma f(s)\mathrm{d}s\right| \leqslant \int_\gamma |f(s)|\mathrm{d}s$, 这里 f 是定义在 γ 上并且使不等式两端都有意义的函数.

(2) 设在 γ 上 $|f(s)| \leqslant M$, 而 l 是曲线 γ 的长. 试证 $\left|\int_\gamma f(s)\mathrm{d}s\right| \leqslant Ml$.

(3) 关于沿着 k 维光滑曲面的第一型积分, 叙述并证明类似于问题 (1), (2) 的一般性命题.

证 设光滑曲线 γ 的参数形式为 $x = \varphi(t)$, $t \in [a,b]$. 于是 $s = s(t) = \int_a^t |\varphi'(\tau)|\mathrm{d}\tau$, $\mathrm{d}s = |\varphi'(t)|\mathrm{d}t$.

(1) 由定积分的性质可知

$$\left|\int_\gamma f(s)\mathrm{d}s\right| = \left|\int_a^b f(s(t))|\varphi'(t)|\mathrm{d}t\right| \leqslant \int_a^b |f(s(t))| \cdot |\varphi'(t)|\mathrm{d}t = \int_\gamma |f(s)|\mathrm{d}s.$$

(2) 同理, 我们有

$$\left|\int_\gamma f(s)\mathrm{d}s\right| \leqslant \int_a^b |f(s(t))| \cdot |\varphi'(t)|\mathrm{d}t \leqslant M\int_a^b |\varphi'(t)|\mathrm{d}t = Ms(b) = Ml.$$

(3) 设 S 是 k 维光滑曲面, $\mathrm{d}\sigma$ 是 S 上的面积元素, 则我们有如下的一般性命题:

- $\left|\int_S f(x)\mathrm{d}\sigma\right| \leqslant \int_S |f(x)|\mathrm{d}\sigma$, 这里 f 是定义在 S 上并且使不等式两端都有意义的函数.
- 设在 S 上 $|f(x)| \leqslant M$, 而 Σ 是曲面 S 的面积, 则 $\left|\int_S f(x)\mathrm{d}\sigma\right| \leqslant M\Sigma$.

利用曲面的参数形式和重积分的性质即可证明结论, 与第一型曲线积分类似, 具体细节从略. □

2. 计算下列第一型曲线积分:

(1) $\int_L xy\mathrm{d}s$, 其中 L 为椭圆 $\dfrac{x^2}{a^2} + \dfrac{y^2}{b^2} = 1$ 在第一象限中的部分.

(2) $\int_L (x^2 + y^2 + z^2)\mathrm{d}s$, 其中 L 为螺旋线 $x = a\cos t$, $y = a\sin t$, $z = bt$ $(0 \leqslant t \leqslant 2\pi)$ 的一段.

(3) $\int_L \sqrt{2y^2 + z^2}\mathrm{d}s$, 其中 L 是 $x^2 + y^2 + z^2 = 4$ 与 $x = y$ 相交的圆周.

(4) $\int_L x\mathrm{d}s$, 其中 L 为对数螺线 $r = a\mathrm{e}^{k\theta}$ $(k > 0)$ 在圆 $r = a$ 内的部分.

解　(1) L 的参数形式为

$$(x,y)=(a\cos\theta,b\sin\theta),\quad \theta\in\left[0,\frac{\pi}{2}\right],$$

于是

$$\begin{aligned}\int_L xy\mathrm{d}s=&\int_0^{\frac{\pi}{2}}a\cos\theta\cdot b\sin\theta\cdot\sqrt{(-a\sin\theta)^2+(b\cos\theta)^2}\mathrm{d}\theta\\=&\frac{1}{2}ab\int_0^{\frac{\pi}{2}}\sqrt{(a^2-b^2)\sin^2\theta+b^2}\mathrm{d}(\sin^2\theta)=\frac{ab(a^2+ab+b^2)}{3(a+b)}.\end{aligned}$$

(2) 易见

$$\begin{aligned}\int_L(x^2+y^2+z^2)\mathrm{d}s=&\int_0^{2\pi}\big((a\cos t)^2+(a\sin t)^2\\&+(bt)^2\big)\sqrt{(-a\sin t)^2+(a\cos t)^2+b^2}\mathrm{d}t\\=&\int_0^{2\pi}\big(a^2+b^2t^2\big)\sqrt{a^2+b^2}\mathrm{d}t=\frac{2\pi}{3}\sqrt{a^2+b^2}\big(3a^2+4\pi^2b^2\big).\end{aligned}$$

(3) 易见 L 是满足条件 $2y^2+z^2=4$ 的半径为 2 的圆周, 于是

$$\int_L\sqrt{2y^2+z^2}\mathrm{d}s=\int_L\sqrt{4}\mathrm{d}s=2\int_L\mathrm{d}s=2\cdot4\pi=8\pi.$$

(4) 由 $x=r\cos\theta=a\mathrm{e}^{k\theta}\cos\theta$, $y=r\sin\theta=a\mathrm{e}^{k\theta}\sin\theta$ 可得

$$\mathrm{d}s=a\sqrt{1+k^2}\mathrm{e}^{k\theta}\mathrm{d}\theta,$$

于是

$$\begin{aligned}\int_L x\mathrm{d}s=&\int_{-\infty}^0 a\mathrm{e}^{k\theta}\cos\theta\cdot a\sqrt{1+k^2}\mathrm{e}^{k\theta}\mathrm{d}\theta\\=&a^2\sqrt{1+k^2}\int_{-\infty}^0\mathrm{e}^{2k\theta}\cos\theta\mathrm{d}\theta=\frac{2a^2k\sqrt{1+k^2}}{1+4k^2}.\end{aligned}$$ □

3. 计算下列第二型曲线积分: (1) $\int_L(2a-y)\mathrm{d}x+\mathrm{d}y$, 其中 L 为摆线 $x=a(t-\sin t)$, $y=a(1-\cos t)$ $(0\leqslant t\leqslant 2\pi)$ 沿 t 增加方向的一段.

(2) $\oint_L y\mathrm{d}x+\sin x\mathrm{d}y$, 其中 L 为 $y=\sin x$ $(0\leqslant x\leqslant\pi)$ 与 x 轴所围的闭曲线, 依顺时针方向.

(3) $\int_L xyz\mathrm{d}z$, 其中 L 为 $x^2+y^2+z^2=1$ 与 $y=z$ 相交的圆, 其方向按曲线

依次经过 1, 2, 7, 8 卦限.

(4) $\int_L (y^2-z^2)\mathrm{d}x+(z^2-x^2)\mathrm{d}y+(x^2-y^2)\mathrm{d}z$, 其中 L 为球面 $x^2+y^2+z^2=1$ 在第一卦限部分的边界曲线, 其方向按曲线依次经过 xy 平面部分, yz 平面部分和 zx 平面部分.

解 (1) 由摆线的参数形式可知

$$\begin{aligned}&\int_L (2a-y)\mathrm{d}x+\mathrm{d}y\\ =&\int_0^{2\pi}\big(2a-a(1-\cos t)\big)\mathrm{d}\big(a(t-\sin t)\big)+\mathrm{d}\big(a(1-\cos t)\big)\\ =&\int_0^{2\pi}(a^2\sin^2 t+a\sin t)\mathrm{d}t=\pi a^2.\end{aligned}$$

(2) 因为在 x 轴上 $y\equiv 0$ 且 $\mathrm{d}y\equiv 0$, 所以

$$\oint_L y\mathrm{d}x+\sin x\mathrm{d}y=\int_0^{\pi}\sin x\mathrm{d}x+\sin x\cos x\mathrm{d}x=2.$$

(3) L 的参数形式为

$$(x,y,z)=\left(\cos\theta,\frac{\sqrt{2}}{2}\sin\theta,\frac{\sqrt{2}}{2}\sin\theta\right),$$

其中 θ 从 0 增加到 2π. 于是

$$\begin{aligned}\int_L xyz\mathrm{d}z&=\int_0^{2\pi}\cos\theta\cdot\frac{\sqrt{2}}{2}\sin\theta\cdot\frac{\sqrt{2}}{2}\sin\theta\cdot\frac{\sqrt{2}}{2}\cos\theta\mathrm{d}\theta\\ &=\frac{\sqrt{2}}{4}\int_0^{2\pi}\cos^2\theta\sin^2\theta\mathrm{d}\theta=\frac{\sqrt{2}}{16}\pi.\end{aligned}$$

(4) 将 L 依次经过 xy 平面的部分, yz 平面的部分和 zx 平面的部分分别记为 L_1, L_2, L_3, 易见其参数形式分别为

$$\begin{aligned}&L_1:\ (x,y,z)=(\cos\theta_1,\sin\theta_1,0),\quad \theta_1\text{ 从 0 增加到 }\frac{\pi}{2},\\ &L_2:\ (x,y,z)=(0,\cos\theta_2,\sin\theta_2),\quad \theta_2\text{ 从 0 增加到 }\frac{\pi}{2},\\ &L_3:\ (x,y,z)=(\sin\theta_1,0,\cos\theta_1),\quad \theta_3\text{ 从 0 增加到 }\frac{\pi}{2}.\end{aligned}$$

首先, 我们有

$$\int_{L_1}(y^2-z^2)\mathrm{d}x+(z^2-x^2)\mathrm{d}y+(x^2-y^2)\mathrm{d}z=\int_{L_1}y^2\mathrm{d}x-x^2\mathrm{d}y$$

$$=\int_0^{\frac{\pi}{2}}\left(\sin^2\theta_1\cdot(-\sin\theta)-\cos^2\theta\cdot\cos\theta\right)\mathrm{d}\theta=-\frac{4}{3}.$$

同理, 我们还有

$$\begin{aligned}&\int_{L_2}(y^2-z^2)\mathrm{d}x+(z^2-x^2)\mathrm{d}y+(x^2-y^2)\mathrm{d}z\\=&\int_{L_3}(y^2-z^2)\mathrm{d}x+(z^2-x^2)\mathrm{d}y+(x^2-y^2)\mathrm{d}z=-\frac{4}{3},\end{aligned}$$

因此

$$\int_L(y^2-z^2)\mathrm{d}x+(z^2-x^2)\mathrm{d}y+(x^2-y^2)\mathrm{d}z=\left(-\frac{4}{3}\right)\cdot 3=-4. \qquad \square$$

4. 计算下列第一型曲面积分:

(1) $\displaystyle\iint\limits_S(x+y+z)\mathrm{d}S$, 其中 S 为上半球面 $x^2+y^2+z^2=a^2$, $z\geqslant 0$.

(2) $\displaystyle\iint\limits_S(x^2+y^2)\mathrm{d}S$, 其中 S 为立体 $\sqrt{x^2+y^2}\leqslant z\leqslant 1$ 的边界曲面.

(3) $\displaystyle\iint\limits_S\frac{\mathrm{d}S}{x^2+y^2}$, 其中 S 为柱面 $x^2+y^2=R^2$ 被平面 $z=0$, $z=1$ 所截取的部分.

(4) $\displaystyle\iint\limits_S xyz\mathrm{d}S$, 其中 S 为平面 $x+y+z=1$ 在第一卦限中的部分.

解　(1) 显然 $z=f(x,y)=\sqrt{a^2-x^2-y^2}$, 于是

$$\mathrm{d}S=\sqrt{1+(f'_x)^2+(f'_y)^2}\mathrm{d}x\mathrm{d}y=\frac{a}{\sqrt{a^2-x^2-y^2}}\mathrm{d}x\mathrm{d}y,$$

因此

$$\iint\limits_S(x+y+z)\mathrm{d}S=\iint\limits_{x^2+y^2\leqslant a^2}\frac{a\left(x+y+\sqrt{a^2-x^2-y^2}\right)}{\sqrt{a^2-x^2-y^2}}\mathrm{d}x\mathrm{d}y=\pi a^3.$$

(2) 令 $D=\{(x,y):x^2+y^2\leqslant 1\}$, 易见 $S=S_1\cup S_2$, 其中

$$\begin{aligned}S_1&=\{(x,y,z):z=\sqrt{x^2+y^2},\ (x,y)\in D\},\\S_2&=\{(x,y,z):z=1,\ (x,y)\in D\}.\end{aligned}$$

首先, 我们有

$$\iint\limits_{S_2}(x^2+y^2)\mathrm{d}S=\iint_D(x^2+y^2)\mathrm{d}x\mathrm{d}y=\frac{\pi}{2}.$$

此外, 我们还有

$$\iint\limits_{S_1}(x^2+y^2)\mathrm{d}S=\iint_D(x^2+y^2)\sqrt{1+\left(\frac{x}{\sqrt{x^2+y^2}}\right)^2+\left(\frac{y}{\sqrt{x^2+y^2}}\right)^2}\mathrm{d}x\mathrm{d}y$$

$$=\sqrt{2}\iint_D(x^2+y^2)\mathrm{d}x\mathrm{d}y=\frac{\pi}{2}\sqrt{2}.$$

因此

$$\iint\limits_S(x^2+y^2)\mathrm{d}S=\frac{\pi}{2}+\frac{\pi}{2}\sqrt{2}=\frac{\pi}{2}(1+\sqrt{2}).$$

(3) 由 $x^2+y^2=R^2$ 易见

$$\iint\limits_S\frac{\mathrm{d}S}{x^2+y^2}=\iint\limits_S\frac{\mathrm{d}S}{R^2}=\frac{1}{R^2}\cdot 2\pi R\cdot 1=\frac{2\pi}{R}.$$

(4) 显然 $z=f(x,y)=1-x-y$, 于是

$$\mathrm{d}S=\sqrt{1+(f_x')^2+(f_y')^2}\mathrm{d}x\mathrm{d}y=\sqrt{3}\mathrm{d}x\mathrm{d}y,$$

因此若记 $D=\{(x,y):0\leqslant x\leqslant 1,\ 0\leqslant y\leqslant 1-x\}$, 则有

$$\iint\limits_S xyz\mathrm{d}S=\iint_D xy(1-x-y)\cdot\sqrt{3}\mathrm{d}x\mathrm{d}y=\frac{\sqrt{3}}{120}.$$ □

5. 计算下列第二型曲面积分:

(1) $\iint\limits_S(x+y)\mathrm{d}y\mathrm{d}z+(y+z)\mathrm{d}z\mathrm{d}x+(z+x)\mathrm{d}x\mathrm{d}y$, 其中 S 是以原点为中心, 边长为 2 的立方体表面并取外侧为正向.

(2) $\iint\limits_S xy\mathrm{d}y\mathrm{d}z+yz\mathrm{d}z\mathrm{d}x+xz\mathrm{d}x\mathrm{d}y$, 其中 S 是由平面 $x=y=z=0$ 和 $x+y+z=1$ 所围的四面体表面并取外侧为正向.

(3) $\iint\limits_S yz\mathrm{d}z\mathrm{d}x$, 其中 S 是球面 $x^2+y^2+z^2=1$ 的上半部分并取外侧为正向.

(4) $\iint\limits_S x^2\mathrm{d}y\mathrm{d}z+y^2\mathrm{d}z\mathrm{d}x+z^2\mathrm{d}x\mathrm{d}y$, 其中 S 是球面 $(x-a)^2+(y-b)^2+(z-c)^2=R^2$ 并取外侧为正向.

解 (1) 记 S 所围成的立方体为 V, 则由高–奥公式可知

$$\iint\limits_S(x+y)\mathrm{d}y\mathrm{d}z+(y+z)\mathrm{d}z\mathrm{d}x+(z+x)\mathrm{d}x\mathrm{d}y$$

$$= \iiint\limits_V \left(\frac{\partial}{\partial x}(x+y) + \frac{\partial}{\partial y}(y+z) + \frac{\partial}{\partial z}(z+x)\right)\mathrm{d}x\mathrm{d}y\mathrm{d}z$$

$$= \iiint\limits_V 3\mathrm{d}x\mathrm{d}y\mathrm{d}z = 3\cdot 2^3 = 24.$$

(2) 若记 $D = \{(x,y): 0 \leqslant x \leqslant 1, 0 \leqslant y \leqslant 1-x\}$, 则由对称性可知

$$\iint\limits_S xy\mathrm{d}y\mathrm{d}z + yz\mathrm{d}z\mathrm{d}x + xz\mathrm{d}x\mathrm{d}y$$

$$= 3\iint\limits_S xz\mathrm{d}x\mathrm{d}y = 3\iint\limits_D x(1-x-y)\mathrm{d}x\mathrm{d}y = \frac{1}{8}.$$

(3) S 的参数形式为

$$(x,y,z) = (\sin\varphi\cos\theta, \sin\varphi\sin\theta, \cos\varphi), \quad (\varphi,\theta) \in D = \left(0, \frac{\pi}{2}\right) \times (0, 2\pi).$$

于是由

$$\det \frac{\partial(z,x)}{\partial(\varphi,\theta)} = \sin^2\varphi\sin\theta$$

可知

$$\iint\limits_S yz\mathrm{d}z\mathrm{d}x = \iint\limits_D \sin\varphi\sin\theta\cdot\cos\varphi\cdot\sin^2\varphi\sin\theta\mathrm{d}\varphi\mathrm{d}\theta = \frac{\pi}{4}.$$

(4) 首先, 记 $D = \{(y,z): (y-b)^2 + (z-c)^2 \leqslant R^2 - a^2\}$, 则由 $x = a \pm \sqrt{R^2 - (y-b)^2 - (z-c)^2}$ 可知

$$\iint\limits_S x^2\mathrm{d}y\mathrm{d}z = \iint\limits_D \left(a + \sqrt{R^2-(y-b)^2-(z-c)^2}\right)^2\mathrm{d}y\mathrm{d}z$$

$$- \iint\limits_D \left(a - \sqrt{R^2-(y-b)^2-(z-c)^2}\right)^2\mathrm{d}y\mathrm{d}z$$

$$= 4a\iint\limits_D \sqrt{R^2-(y-b)^2-(z-c)^2}\mathrm{d}y\mathrm{d}z = \frac{8}{3}\pi R^3 a.$$

同理可得

$$\iint\limits_S y^2\mathrm{d}z\mathrm{d}x = \frac{8}{3}\pi R^3 b, \quad \iint\limits_S z^2\mathrm{d}x\mathrm{d}y = \frac{8}{3}\pi R^3 c.$$

因此

$$\iint\limits_S x^2\mathrm{d}y\mathrm{d}z + y^2\mathrm{d}z\mathrm{d}x + z^2\mathrm{d}x\mathrm{d}y = \frac{8}{3}\pi R^3(a+b+c).$$

□

6. 应用高斯公式计算下列曲面积分:

(1) $\unicode{x222F}_S yz\mathrm{d}y\mathrm{d}z + zx\mathrm{d}z\mathrm{d}x + xy\mathrm{d}x\mathrm{d}y$, 其中 S 是单位球面 $x^2+y^2+z^2=1$ 的外侧.

(2) $\unicode{x222F}_S x^2\mathrm{d}y\mathrm{d}z + y^2\mathrm{d}z\mathrm{d}x + z^2\mathrm{d}x\mathrm{d}y$, 其中 S 是立方体 $0 \leqslant x,y,z \leqslant a$ 表面的外侧.

(3) $\unicode{x222F}_S x^2\mathrm{d}y\mathrm{d}z + y^2\mathrm{d}z\mathrm{d}x + z^2\mathrm{d}x\mathrm{d}y$, 其中 S 是锥面 $x^2+y^2=z^2$ 与平面 $z=h$ 所围空间区域 $(0 \leqslant z \leqslant h)$ 的表面, 方向取外侧.

(4) $\iint_S x\mathrm{d}y\mathrm{d}z + y\mathrm{d}z\mathrm{d}x + z\mathrm{d}x\mathrm{d}y$, 其中 S 是上半球面 $z=\sqrt{a^2-x^2-y^2}$ 的外侧.

解 (1) 记 S 所围成的球体为 V, 则由高–奥公式可知

$$\begin{aligned}
&\unicode{x222F}_S yz\mathrm{d}y\mathrm{d}z + zx\mathrm{d}z\mathrm{d}x + xy\mathrm{d}x\mathrm{d}y\\
=&\iiint_V \left(\frac{\partial}{\partial x}(yz) + \frac{\partial}{\partial y}(zx) + \frac{\partial}{\partial z}(xy)\right)\mathrm{d}x\mathrm{d}y\mathrm{d}z\\
=&\iiint_V (0+0+0)\mathrm{d}x\mathrm{d}y\mathrm{d}z = 0.
\end{aligned}$$

(2) 记 S 所围成的立方体为 V, 则由高–奥公式可知

$$\begin{aligned}
&\unicode{x222F}_S x^2\mathrm{d}y\mathrm{d}z + y^2\mathrm{d}z\mathrm{d}x + z^2\mathrm{d}x\mathrm{d}y\\
=&\iiint_V \left(\frac{\partial}{\partial x}(x^2) + \frac{\partial}{\partial y}(y^2) + \frac{\partial}{\partial z}(z^2)\right)\mathrm{d}x\mathrm{d}y\mathrm{d}z\\
=&2\int_0^a \mathrm{d}x\int_0^a \mathrm{d}y\int_0^a (x+y+z)\mathrm{d}z = 3a^4.
\end{aligned}$$

(3) 记 S 所围成的空间区域为 V, 则由高–奥公式可知

$$\unicode{x222F}_S x^2\mathrm{d}y\mathrm{d}z + y^2\mathrm{d}z\mathrm{d}x + z^2\mathrm{d}x\mathrm{d}y = 2\iiint_V (x+y+z)\mathrm{d}x\mathrm{d}y\mathrm{d}z = \frac{\pi}{2}h^4.$$

(4) 补充曲面 $S_0 = \{(x,y,z) : x^2+y^2 \leqslant a^2,\ z=0\}$(方向取下侧) 使得 $S \cup S_0$

封闭, 并记其所围成的空间区域为 V. 易见

$$\iint_{S_0} x\mathrm{d}y\mathrm{d}z + y\mathrm{d}z\mathrm{d}x + z\mathrm{d}x\mathrm{d}y = 0,$$

于是由高–奥公式可知

$$\iint_S x\mathrm{d}y\mathrm{d}z + y\mathrm{d}z\mathrm{d}x + z\mathrm{d}x\mathrm{d}y = \iint_{S\cup S_0} x\mathrm{d}y\mathrm{d}z + y\mathrm{d}z\mathrm{d}x + z\mathrm{d}x\mathrm{d}y$$

$$= 3\iiint_V \mathrm{d}x\mathrm{d}y\mathrm{d}z = 3\cdot\frac{1}{2}\cdot\frac{4}{3}\pi a^3 = 2\pi a^3. \qquad \square$$

7. 应用斯托克斯公式计算下列曲线积分:

(1) $\oint_L (y^2+z^2)\mathrm{d}x + (x^2+z^2)\mathrm{d}y + (x^2+y^2)\mathrm{d}z$, 其中 L 为 $x+y+z=1$ 与三坐标面的交线, 它的走向使所围平面区域上侧在曲线的左侧.

(2) $\oint_L (z-y)\mathrm{d}x + (x-z)\mathrm{d}y + (y-x)\mathrm{d}z$, 其中 L 为以 $A(a,0,0)$, $B(0,a,0)$, $C(0,0,a)$ 为顶点的三角形沿 $ABCA$ 的方向.

解 (1) 记 L 所围平面区域为 S(方向取上侧), 则由斯托克斯公式可知

$$\oint_L (y^2+z^2)\mathrm{d}x + (x^2+z^2)\mathrm{d}y + (x^2+y^2)\mathrm{d}z$$

$$= 2\iint_S (y-z)\mathrm{d}y\mathrm{d}z + (z-x)\mathrm{d}z\mathrm{d}x + (x-y)\mathrm{d}x\mathrm{d}y.$$

容易算得

$$\iint_S (y-z)\mathrm{d}y\mathrm{d}z = \iint_S (z-x)\mathrm{d}z\mathrm{d}x = \iint_S (x-y)\mathrm{d}x\mathrm{d}y = 0,$$

于是

$$\oint_L (y^2+z^2)\mathrm{d}x + (x^2+z^2)\mathrm{d}y + (x^2+y^2)\mathrm{d}z = 2\cdot(0+0+0) = 0.$$

(2) 记 L 所围三角形区域为 S(方向取上侧), 则由斯托克斯公式可知

$$\oint_L (z-y)\mathrm{d}x + (x-z)\mathrm{d}y + (y-x)\mathrm{d}z = 2\iint_S \mathrm{d}y\mathrm{d}z + \mathrm{d}z\mathrm{d}x + \mathrm{d}x\mathrm{d}y.$$

容易算得

$$\iint_S \mathrm{d}y\mathrm{d}z = \iint_S \mathrm{d}z\mathrm{d}x = \iint_S \mathrm{d}x\mathrm{d}y = \frac{1}{2}a^2,$$

于是

$$\oint_L (z-y)\mathrm{d}x+(x-z)\mathrm{d}y+(y-x)\mathrm{d}z=2\cdot\frac{1}{2}a^2\cdot 3=3a^2. \qquad \square$$

8. (1) 试证: 如果格林公式中的函数 P, Q 满足 $\dfrac{\partial Q}{\partial x}-\dfrac{\partial P}{\partial y}=1$, 则区域 D 的面积 $\sigma(D)$, 可用公式 $\sigma(D)=\displaystyle\int_{\partial D} P\mathrm{d}x+Q\mathrm{d}y$ 求得.

(2) 设 x, y 是平面上的笛卡儿坐标, γ 是平面上一条曲线 (可能不闭). 说明积分 $\displaystyle\int_\gamma y\mathrm{d}x$ 的几何意义. 由此出发, 重新解释公式 $\sigma(D)=-\displaystyle\int_{\partial D} y\mathrm{d}x$.

(3) 利用这个公式求区域 $D=\left\{(x,y)\in\mathbb{R}^2\,\middle|\,\dfrac{x^2}{a^2}+\dfrac{y^2}{b^2}\leqslant 1\right\}$ 的面积, 以验证 (2) 中的公式.

证 (1) 由格林公式和所给条件易见

$$\sigma(D)=\iint_D 1\mathrm{d}x\mathrm{d}y=\iint_D\left(\frac{\partial Q}{\partial x}-\frac{\partial P}{\partial y}\right)\mathrm{d}x\mathrm{d}y=\int_{\partial D} P\mathrm{d}x+Q\mathrm{d}y.$$

(2) 由格林公式可知, 积分 $\displaystyle\int_\gamma y\mathrm{d}x$ 表示曲线 γ 上的点与在 x 上的投影点连接而成的线段在沿着 γ 前进时所扫过的面积的代数和 (当线段位于 γ 左侧时面积为负, 位于 γ 右侧时为正). 于是若 γ 为 D 的正向边界 ∂D, 则 $\displaystyle\int_{\partial D} y\mathrm{d}x$ 就表示 $-\sigma(D)$.

(3) 利用椭圆周的参数形式 $(x,y)=(a\cos t, b\sin t)$(其中 $t\in(0,2\pi)$) 和 (2) 中公式有

$$\sigma(D)=-\int_{\partial D} y\mathrm{d}x=-\int_0^{2\pi} b\sin t\mathrm{d}(a\cos t)=ab\int_0^{2\pi}\sin^2 t\mathrm{d}t=\pi ab. \qquad \square$$

9. 重积分中的分部积分法. 设 D 是 $\mathbb{R}^m$ 中的具正则 (光滑或分片光滑) 边界面的有界区域, 边界面由外单位法向量 $n=(n^1,\cdots,n^m)$ 定向. 设 f, g 是 $\overline{D}$ 中的光滑函数.

(1) 试证:

$$\int_D \partial_i f\mathrm{d}v=\int_{\partial D} f n^i\mathrm{d}\sigma.$$

(2) 试证以下分部积分公式:

$$\int_D (\partial_i f) g\mathrm{d}v=\int_{\partial D} f g n^i\mathrm{d}\sigma-\int_D f(\partial_i g)\mathrm{d}v.$$

证 (1) 由

$$n^i\mathrm{d}\sigma=(-1)^{i-1}\mathrm{d}x^1\wedge\cdots\wedge\widehat{\mathrm{d}x^i}\wedge\cdots\wedge\mathrm{d}x^n$$

和一般的斯托克斯公式可知

$$\begin{aligned}\int_{\partial D} fn^i \mathrm{d}\sigma &= \int_D \mathrm{d}\Big(f(-1)^{i-1}\mathrm{d}x^1\wedge\cdots\wedge\widehat{\mathrm{d}x^i}\wedge\cdots\wedge\mathrm{d}x^n\Big)\\ &= \int_D \partial_i f(-1)^{i-1}\mathrm{d}x^i\wedge\mathrm{d}x^1\wedge\cdots\wedge\widehat{\mathrm{d}x^i}\wedge\cdots\wedge\mathrm{d}x^n\\ &= \int_D \partial_i f\mathrm{d}x^1\wedge\cdots\wedge\mathrm{d}x^i\wedge\cdots\wedge\mathrm{d}x^n = \int_D \partial_i f\mathrm{d}v.\end{aligned}$$

(2) 由 (1) 可知

$$\int_{\partial D} fgn^i\mathrm{d}\sigma = \int_D \partial_i(fg)\mathrm{d}v = \int_D(\partial_i f)g\mathrm{d}v + \int_D f(\partial_i g)\mathrm{d}v,$$

因此结论成立. □

10.3　流形上的闭形式与恰当形式

一、知识点总结与补充

1. 庞加莱定理

(1) 闭形式与恰当形式: 考虑形式 $\omega\in\Omega^p(M)$.

• 称 ω 是闭形式, 若 $\mathrm{d}\omega=0$. 记流形 M 的所有闭 p-形式之集为 $Z^p(M)$.

• 当 $p>0$ 时, 如果存在形式 $\alpha\in\Omega^{p-1}(M)$ 使 $\omega=\mathrm{d}\alpha$, 则称 ω 是恰当形式. 记 M 上所有恰当 p-形式之集为 $B^p(M)$.

• 对于任何形式 $\omega\in\Omega^p(M)$, 关系式 $\mathrm{d}^2\omega=\mathrm{d}(\mathrm{d}\omega)=0$ 成立, 它说明 $Z^p(M)\supset B^p(M)$.

(2) 单点同伦: 称流形 M 为可缩 (对于一点 $x_0\in M$) 的, 或单点同伦的, 假如存在光滑映射 $h:M\times I\to M$, 这里 $I=\{t\in\mathbb{R}|0\leqslant t\leqslant 1\}$, 使 $h(x,1)=x$, 而 $h(x,0)=x_0$.

注　空间 $\mathbb{R}^n$, 借助于映射 $h(x,t)=tx$ 收缩于一点.

(3) **庞加莱定理**　设流形 M 可缩于一点, 则 M 上的任何闭 $(p+1)$-形式 $(p\geqslant 0)$ 都是恰当形式.

注

• 选取满足条件 $\mathrm{d}\alpha=\omega$ 的形式 α 通常具有很大的任意性.

• 在可缩流形 M 上, 满足条件 $\mathrm{d}\alpha=\mathrm{d}\beta=\omega$ 的任意两个形式 α,β, 其差是一个恰当形式.

• 流形上的任何闭形式是局部恰当的.

2. 同调与上同调

(1) 上同调群: 称商空间 $H^p(M) := Z^p(M)/B^p(M)$ 为流形 M 的 (实系数)p 维上同调群. 形式 $\omega \in Z^p(M)$ 所属的上同调类记作 $[\omega]$.

注

- ω_1 和 ω_2 是上同调的 $\Leftrightarrow \omega_1 - \omega_2 \in B^p(M)$, 即它们只相差一个恰当形式.
- $H^p(M) = \operatorname{Ker} \mathrm{d}^p / \operatorname{Im} \mathrm{d}^{p-1}$.

(2) 上同调群的基本性质:

- 若 $p > \dim M$, 则显然 $H^p(M) = 0$.
- 由庞加莱定理知, 如果 M 是可缩的, 则当 $p > 0$ 时, $H^p(M) = 0$.
- 在任何连通流形 M 上, 群 $H^0(M)$ 与 $\mathbb{R}$ 同构.
- 当 $p > 0$ 时, 有 $H^p(\mathbb{R}^n) = 0$, 而 $H^0(\mathbb{R}^n) \sim \mathbb{R}$.

(3) 与链相关的一些基本概念:

• 奇异方体: 将 p 维方体 $I^p \subset \mathbb{R}^n$ 映入流形 M 的光滑映射 $c : I^p \to M$, 叫做流形 M 上的奇异方体.

• 链: 任意有限个流形 M 上的奇异 p 维方体的形式的实系数线性组合 $\sum\limits_k \alpha_k c_k$ 叫做流形 M 上的 p 维 (奇异方体的) 链.

注　流形 M 上的 p 维链, 关于标准的加法及乘以实数的运算, 显然构成线性空间, 我们用 $C_p(M)$ 表示这个空间.

• 方体的边界: 称 $\mathbb{R}^p$ 中的 $p-1$ 维链

$$\partial I := \sum_{i=0}^{1} \sum_{j=1}^{p} (-1)^{i+j} c_{ij}$$

为 $\mathbb{R}^p$ 内的 p 维方体 I^p 的边界, 这里 $c_{ij} : I^{p-1} \to \mathbb{R}^p$ 是从 $p-1$ 维方体到 $\mathbb{R}^p$ 内的映射, 它是由方体 I^p 的相应边界往 $\mathbb{R}^p$ 内的典型嵌入诱导出的映射. 确切地说, 若

$$I^{p-1} = \{\tilde{x} \in \mathbb{R}^{p-1} | 0 \leqslant \tilde{x}^m \leqslant 1, m = 1, \cdots, p-1\},$$

则

$$c_{ij}(\tilde{x}) = \{\tilde{x}^1, \cdots, \tilde{x}^{j-1}, i, \tilde{x}^{j+1}, \cdots, \tilde{x}^{p-1}\} \in \mathbb{R}^p.$$

• 奇异方体的边界: p 维奇异方体 c 的边界 ∂c 是 $p-1$ 维链

$$\partial c := \sum_{i=0}^{1} \sum_{j=1}^{p} (-1)^{i+j} c \circ c_{ij}.$$

• 链的边界: p 维链 $\sum\limits_k \alpha_k c_k$ 的边界是 $p-1$ 维链

$$\partial\left(\sum_k \alpha_k c_k\right) := \sum_k \alpha_k \partial c_k.$$

注　因此, 在任何 p 维链空间 $C_p(M)$ 上, 定义了线性算子 $\partial = \partial_p : C_p(M) \to C_{p-1}(M)$, 且 $\partial \circ \partial = \partial^2 = 0$ 普遍成立.

• 闭链: 设 $z \in C_p(M)$. 如果 $\partial z = 0$, 就称它是 p 维闭链或 p-闭链. 记流形 M 上所有 p 维闭链之集为 $Z_p(M)$.

• 边界闭链: 设 $b \in C_p(M)$. 如果 $\exists\, a \in C_{p+1}(M)$, 使 $\partial a = b$, 则称 b 为流形 M 上的 p 维边界闭链. 记流形 M 上所有 p 维边界闭链之集为 $B_p(M)$.

• $Z_p(M) \supset B_p(M)$.

(4) 同调群: 商空间 $H_p(M) := Z_p(M)/B_p(M)$ 叫做流形 M 的 p 维 (实系数) 同调群. 闭链 $z \in Z_p(M)$ 的同调类记作 $[z]$.

注

• 如果两个闭链 $z_1, z_2 \in Z_p(M)$ 的差 $z_1 - z_2 \in B_p(M)$, 即它们只相差某个链的边界, 则称 z_1 与 z_2 同调.

• $H_p(M) = \operatorname{Ker} \partial_p / \operatorname{Im} \partial_{p+1}$.

(5) 微分形式沿奇异方体的积分: 设 $c : I \to M$ 是奇异 p 维方体, ω 是流形 M 上的 p-形式. 就称 $\displaystyle\int_c \omega := \int_I c^*\omega$ 为形式 ω 沿此奇异方体 c 的积分.

(6) 微分形式沿链的积分: 设 $\sum\limits_k \alpha_k c_k$ 是 p 维链, 而 ω 是流形 M 上的 p-形式. 就把 ω 沿着这些奇异方体积分的线性组合 $\sum\limits_k \alpha_k \displaystyle\int_{c_k} \omega$ 叫做形式 ω 沿着该链的积分.

(7) 微分形式沿链的积分的性质:

• 斯托克斯公式成立.

• 恰当形式沿闭链的积分为零.

• 闭形式沿链的边界的积分为零.

• 闭形式沿闭链的积分, 只与闭链的同调类有关.

• 闭形式沿闭链的积分, 只与形式的上同调类有关.

• 如果 p 次闭形式 ω_1, ω_2 与 p 维闭链 z_1, z_2 满足 $[\omega_1] = [\omega_2], [z_1] = [z_2]$, 那么 $\displaystyle\int_{z_1} \omega_1 = \int_{z_2} \omega_2$.

(8) 同调与上同调的关系: 在同构意义下, $H^p(M)=H_p^*(M)$, 这里 $H_p^*(M)$ 是 $H_p(M)$ 的共轭空间.

(9) 闭形式在闭链上的周期: 如果 ω 是 p 次闭形式, z 是流形 M 上的 p 维闭链, 则称量 $\mathrm{per}(z):=\int_a \omega$ 为形式 ω 在闭链 z 上的周期 (或者叫做闭链常数).

(10) 周期的性质: 如果闭链的线性组合构成边界闭链, 或者说它同调于零, 那么其相应周期的线性组合也等于零.

(11) 德拉姆第一定理: 闭形式为恰当形式的充要条件是它的所有周期都是零.

(12) 德拉姆第二定理: 如果把流形 M 上的每个 p 闭链 $z\in Z_p(M)$ 对应于一个数 $\mathrm{per}(z)$, 且保持条件

$$\left[\sum_k \alpha_k z_k\right]=0 \Longrightarrow \sum_k \alpha_k \mathrm{per}(z_k)=0,$$

则在 M 上存在闭 p-形式 ω, 使得对于任何闭链 $z\in Z_p(M)$, 有 $\int_z \omega=\mathrm{per}(z)$.

二、例题讲解

1. 从图上说明克莱因瓶是两个默比乌斯带沿着边界粘起来的.

解　把克莱因瓶的图从中间沿着如图 1 所示的线剪开再把上下两边粘起来, 于是克莱因瓶的图就可看成是分别的默比乌斯带沿着边界粘起来了. □

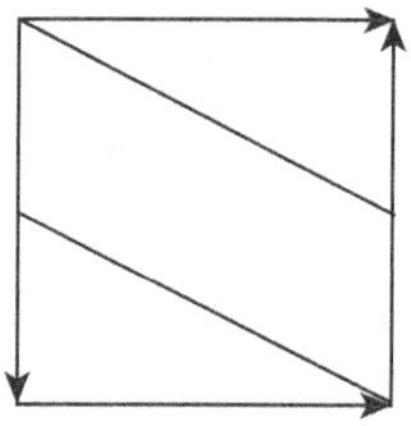

图 1

2. 说明: 把 S^1 的对径点粘起来同胚于 S^1.

解　显然, S^1 的对径点粘起来就是半圆圈把两个边界点粘起来, 因此, S^1 的对径点粘起来同胚于 S^1. □

三、习题参考解答 (10.3 节)

1. 用直接计算验证例 2 中所得的形式 α 确实满足方程 $\mathrm{d}\alpha=\omega$.

证　首先

$$\mathrm{d}\left(\left(\int_0^1 A(tx,ty,tz)t\mathrm{d}t\right)y\right)\wedge \mathrm{d}z-\mathrm{d}\left(\left(\int_0^1 A(tx,ty,tz)t\mathrm{d}t\right)z\right)\wedge \mathrm{d}y$$

$$
\begin{aligned}
=&\left(\int_0^1 \frac{\partial A}{\partial x}(tx,ty,tz)t^2\mathrm{d}t\right)y\mathrm{d}x\wedge\mathrm{d}z+\left(\int_0^1 \frac{\partial A}{\partial y}(tx,ty,tz)t^2\mathrm{d}t\right)y\mathrm{d}y\wedge\mathrm{d}z\\
&+\left(\int_0^1 A(tx,ty,tz)t\mathrm{d}t\right)\mathrm{d}y\wedge\mathrm{d}z-\left(\int_0^1 \frac{\partial A}{\partial x}(tx,ty,tz)t^2\mathrm{d}t\right)z\mathrm{d}x\wedge\mathrm{d}y\\
&-\left(\int_0^1 \frac{\partial A}{\partial z}(tx,ty,tz)t^2\mathrm{d}t\right)z\mathrm{d}z\wedge\mathrm{d}y-\left(\int_0^1 A(tx,ty,tz)t\mathrm{d}t\right)\mathrm{d}z\wedge\mathrm{d}y,
\end{aligned}
$$

其次

$$
\begin{aligned}
&\mathrm{d}\left(\left(\int_0^1 B(tx,ty,tz)t\mathrm{d}t\right)z\right)\wedge\mathrm{d}x-\mathrm{d}\left(\left(\int_0^1 B(tx,ty,tz)t\mathrm{d}t\right)x\right)\wedge\mathrm{d}z\\
=&\left(\int_0^1 \frac{\partial B}{\partial y}(tx,ty,tz)t^2\mathrm{d}t\right)z\mathrm{d}y\wedge\mathrm{d}x+\left(\int_0^1 \frac{\partial B}{\partial z}(tx,ty,tz)t^2\mathrm{d}t\right)z\mathrm{d}z\wedge\mathrm{d}x\\
&+\left(\int_0^1 B(tx,ty,tz)t\mathrm{d}t\right)\mathrm{d}z\wedge\mathrm{d}x-\left(\int_0^1 \frac{\partial B}{\partial x}(tx,ty,tz)t^2\mathrm{d}t\right)x\mathrm{d}x\wedge\mathrm{d}z\\
&-\left(\int_0^1 \frac{\partial B}{\partial y}(tx,ty,tz)t^2\mathrm{d}t\right)x\mathrm{d}y\wedge\mathrm{d}z-\left(\int_0^1 B(tx,ty,tz)t\mathrm{d}t\right)\mathrm{d}x\wedge\mathrm{d}z,
\end{aligned}
$$

再次

$$
\begin{aligned}
&\mathrm{d}\left(\left(\int_0^1 C(tx,ty,tz)t\mathrm{d}t\right)x\right)\wedge\mathrm{d}y-\mathrm{d}\left(\left(\int_0^1 C(tx,ty,tz)t\mathrm{d}t\right)y\right)\wedge\mathrm{d}x\\
=&\left(\int_0^1 \frac{\partial C}{\partial x}(tx,ty,tz)t^2\mathrm{d}t\right)x\mathrm{d}x\wedge\mathrm{d}y+\left(\int_0^1 \frac{\partial C}{\partial z}(tx,ty,tz)t^2\mathrm{d}t\right)x\mathrm{d}z\wedge\mathrm{d}y\\
&+\left(\int_0^1 C(tx,ty,tz)t\mathrm{d}t\right)\mathrm{d}x\wedge\mathrm{d}y-\left(\int_0^1 \frac{\partial C}{\partial y}(tx,ty,tz)t^2\mathrm{d}t\right)y\mathrm{d}y\wedge\mathrm{d}x\\
&-\left(\int_0^1 \frac{\partial C}{\partial z}(tx,ty,tz)t^2\mathrm{d}t\right)y\mathrm{d}z\wedge\mathrm{d}x-\left(\int_0^1 C(tx,ty,tz)t\mathrm{d}t\right)\mathrm{d}y\wedge\mathrm{d}x.
\end{aligned}
$$

因此由 $\dfrac{\partial A}{\partial x}+\dfrac{\partial B}{\partial y}+\dfrac{\partial C}{\partial z}=0$ 可知

$$
\begin{aligned}
\mathrm{d}\alpha=&\left(\left(\int_0^1 \frac{\partial A}{\partial y}(tx,ty,tz)t^2\mathrm{d}t\right)y+\left(\int_0^1 \frac{\partial A}{\partial z}(tx,ty,tz)t\mathrm{d}t^2\right)z\right.\\
&+2\int_0^1 A(tx,ty,tz)t\mathrm{d}t\\
&\left.-\left(\int_0^1 \frac{\partial B}{\partial y}(tx,ty,tz)t\mathrm{d}t^2+\int_0^1 \frac{\partial C}{\partial z}(tx,ty,tz)t\mathrm{d}t^2\right)x\right)\mathrm{d}y\wedge\mathrm{d}z
\end{aligned}
$$

$$\begin{aligned}
&+\Bigg(\bigg(\Big(\int_0^1 \frac{\partial B}{\partial z}(tx,ty,tz)t\mathrm{d}t^2\Big)z+\Big(\int_0^1 \frac{\partial B}{\partial x}(tx,ty,tz)t\mathrm{d}t^2\Big)x\\
&+2\int_0^1 B(tx,ty,tz)t\mathrm{d}t\\
&-\Big(\int_0^1 \frac{\partial C}{\partial z}(tx,ty,tz)t\mathrm{d}t^2+\int_0^1 \frac{\partial A}{\partial x}(tx,ty,tz)t\mathrm{d}t^2\Big)y\bigg)\mathrm{d}z\wedge\mathrm{d}x\\
&+\bigg(\Big(\int_0^1 \frac{\partial C}{\partial x}(tx,ty,tz)t\mathrm{d}t^2\Big)x+\Big(\int_0^1 \frac{\partial C}{\partial y}(tx,ty,tz)t\mathrm{d}t^2\Big)y\\
&+2\int_0^1 C(tx,ty,tz)t\mathrm{d}t\\
&-\Big(\int_0^1 \frac{\partial A}{\partial x}(tx,ty,tz)t\mathrm{d}t^2+\int_0^1 \frac{\partial B}{\partial y}(tx,ty,tz)t\mathrm{d}t^2\Big)z\bigg)\mathrm{d}x\wedge\mathrm{d}y\\
=&\Big(\int_0^1 \frac{\partial\big(A(tx,ty,tz)\big)}{\partial t}t^2\mathrm{d}t+\int_0^1 A(tx,ty,tz)\frac{\partial t^2}{\partial t}\mathrm{d}t\Big)\mathrm{d}y\wedge\mathrm{d}z\\
&+\Big(\int_0^1 \frac{\partial\big(B(tx,ty,tz)\big)}{\partial t}t^2\mathrm{d}t+\int_0^1 B(tx,ty,tz)\frac{\partial t^2}{\partial t}\mathrm{d}t\Big)\mathrm{d}z\wedge\mathrm{d}x\\
&+\Big(\int_0^1 \frac{\partial\big(C(tx,ty,tz)\big)}{\partial t}t^2\mathrm{d}t+\int_0^1 C(tx,ty,tz)\frac{\partial t^2}{\partial t}\mathrm{d}t\Big)\mathrm{d}x\wedge\mathrm{d}y\\
=&A(x,y,z)\mathrm{d}y\wedge\mathrm{d}z+B(x,y,z)\mathrm{d}z\wedge\mathrm{d}x+C(x,y,z)\mathrm{d}x\wedge\mathrm{d}y=\omega.
\end{aligned}$$ □

2. (1) 试证: $\mathbb{R}^2$ 内的任何单连通域 (定义见 11.3 节) 可收缩于一点.

(2) 试证: 对 $\mathbb{R}^3$ 来说, 上面的断言一般不成立.

证 (1) 设 D 为 $\mathbb{R}^2$ 内具有光滑边界 ∂D 的单连通域, 于是 $\overline{D}$ 是 $\mathbb{R}^2$ 内的单连通闭域, 故 ∂D 是 $\overline{D}$ 中的闭路, 记为 $\gamma:[0,1]\to\overline{D}$. 因此, 由单连通域的定义可知, 存在 γ 与点 $x_0\in\overline{D}$ 的光滑同伦, 这意味着存在从正方形 $I^2=\{(t^1,t^2)\in\mathbb{R}^2|0\leqslant t^i\leqslant 1, i=1,2\}$ 到区域 $\overline{D}$ 内的光滑可逆映射 $\Gamma:I^2\to\overline{D}$, 使对任何 $t^1,t^2\in[0,1]$ 成立: $\Gamma(t^1,0)=\gamma(t^1)$, $\Gamma(t^1,1)=x_0$, 以及 $\Gamma(0,t^2)=\Gamma(1,t^2)$. 现在, $\forall x\in\overline{D}$, 存在 $(t_x^1,t_x^2)=\Gamma^{-1}(x)\in I^2$ 使得 $\Gamma(t_x^1,t_x^2)=x$. 于是, 可定义光滑映射 $h:\overline{D}\times I\to\overline{D}$ 为 $h(x,t)=\Gamma\Big(\big(\Gamma^{-1}(x)\big)^1,1-t+t\big(\Gamma^{-1}(x)\big)^2\Big)$. 易见, 借助于映射 h, $\overline{D}$ 可收缩于点 x_0.

(2) 易见, $\mathbb{R}^3\backslash O$ 是 $\mathbb{R}^3$ 内的单连通域, 由庞加莱定理和 11.3 节习题 7 可知, $\mathbb{R}^3\backslash O$ 不可收缩于一点. □

注 (1) 也可以利用黎曼映照定理来证明, 考虑所有 $\mathbb{R}^2$ 中单连通区域的全纯同构意义下的等价类, 即只有 $\mathbb{R}^2$ 或者 $\mathbb{R}^2$ 中的单位圆盘, 它们都是可缩的, 故而结论成立.

3. 分析一下庞加莱定理的证明, 并证明: 如果把光滑映射 $h: M\times I\to M$, 看作一族依赖于参数 $t\in I$ 的映射 $h_t: M\to M$, 那么对于 M 上的任何闭形式 ω, 所有闭形式 $h_t^*\omega$, $t\in I$, 将属于同一个上同调类.

证　任意固定 $t\in I=[0,1]$, 考察映射 $j_t: M\to M\times I$, $j_t(x)=(x,t)$, 从而可得到映射 $j_t^*: \Omega^p(M\times I)\to\Omega^p(M)$. 易见, $\forall t\in I$, $h_t=h\circ j_t$, 因此 $h_t^*=j_t^*\circ h^*$. 于是, $\forall t\in[0,1)$, 由庞加莱定理的证明可知

$$K\big(\mathrm{d}(h^*\omega)\big)+\mathrm{d}\big(K(h^*\omega)\big)=j_1^*(h^*\omega)-j_t^*(h^*\omega)=\omega-h_t^*\omega.$$

因此, 再由 $\omega\in Z^{p+1}(M)$, 我们有

$$\omega-h_t^*\omega=\mathrm{d}\big(K(h^*\omega)\big)\in B^{p+1}(M),$$

即闭形式 $h_t^*\omega\in[\omega]$. □

4. (1) 利用定理 4 直接证明: 如果球面 S^2 上的闭 2-形式满足 $\displaystyle\int_{S^2}\omega=0$, 则 ω 是恰当形式.

(2) 试证: 群 $H^2(S^2)$ 同构于 $\mathbb{R}$.

(3) 试证: $H^1(S^2)=0$.

证　(1) 由条件可知 $\omega\in Z^2(S^2)$ 且 $\displaystyle\int_{S^2}\omega=0$. $\forall z\in Z_2(S^2)$, 若 $S^2\backslash z=\varnothing$, 则 $\displaystyle\int_z\omega=\int_{S^2}\omega=0$. 若 $S^2\backslash z\neq\varnothing$, 则存在 $Q\in S^2\backslash z$, 于是 $z\subset S^2\backslash\{Q\}$. 又显然 $z^*\omega\in Z^2(\mathbb{R}^2)$, 而由庞加莱定理可知, $\mathbb{R}^2$ 中的任一闭形式都是恰当的, 即 $z^*\omega\in[0]$, 因此 $\displaystyle\int_z\omega=0$. 由此可知, ω 的所有周期都是零, 再由定理 4 可知 ω 是恰当形式.

(2) 考虑映射 $f: H^2(S^2)\to\mathbb{R}$, $H^2(S^2)\ni[\omega]\mapsto f([\omega])=\displaystyle\int_{S^2}\omega$. 当 $[\omega_1]\neq[\omega_2]$ 时, 假设 $f([\omega_1])=f([\omega_2])$, 于是 $0=f([\omega_1])-f([\omega_2])=\displaystyle\int_{S^2}(\omega_1-\omega_2)$, 于是由 (1) 可知 $\omega_1-\omega_2\in B^2(S^2)$, 即 $[\omega_1]=[\omega_2]$, 矛盾, 故我们有 $f([\omega_1])\neq f([\omega_2])$. 此外, $\forall x\in\mathbb{R}$, 由德拉姆定理可知, $\exists\omega\in Z^2(S^2)$ 使得 $f([\omega])=\displaystyle\int_{S^2}\omega=x$. 因此, 群 $H^2(S^2)$ 同构于 $\mathbb{R}$.

(3) $\forall\omega\in Z^1(S^2)$, $\forall z\in Z_1(S^2)$, 易见存在 $Q\in S^2\backslash z$, 于是 $z\subset S^2\backslash\{Q\}$. 采用类似于 (1) 的证明可知, $\displaystyle\int_z\omega=0$. 由此可知, ω 的所有周期都是零, 再由定理 4 可知 $\omega\in B_1(S^2)$, 故 $H^1(S^2)=0$. □

5. 求群 $H^0(M)$, $H^1(M)$, $H^2(M)$, 如果:

(1) $M = S^1$——圆周;

(2) $M = T^2$——二维环面;

(3) $M = K^2$——克莱因瓶.

解　(1) $H^0(S^1) = \mathbb{R}$, $H^1(S^1) = \mathbb{R}$, $H^2(S^1) = 0$;

(2) $H^0(T^2) = \mathbb{R}$, $H^1(T^2) = \mathbb{R}^2$, $H^2(T^2) = \mathbb{R}$;

(3) $H^0(K^2) = \mathbb{R}$, $H^1(K^2) = \mathbb{R}$, $H^2(K^2) = 0$. □

第 11 章　向量分析与场论初步

11.1　向量分析的微分运算

一、知识点总结与补充

1. $\mathbb{R}^3$ 中的向量场与形式

(1) 在定向欧氏空间 $\mathbb{R}^3$ 内, 给定线性形式或双线性形式, 就等价于在 $\mathbb{R}^3$ 中给出相应的向量 $\boldsymbol{A}$ 或 $\boldsymbol{B}$:

$$A(\boldsymbol{\xi})=\langle\boldsymbol{A},\boldsymbol{\xi}\rangle,\quad B(\boldsymbol{\xi}_1,\boldsymbol{\xi}_2)=(\boldsymbol{B},\boldsymbol{\xi}_1,\boldsymbol{\xi}_2),$$

其中 $\boldsymbol{A},\boldsymbol{B},\boldsymbol{\xi},\boldsymbol{\xi}_1,\boldsymbol{\xi}_2\in\mathbb{R}^3$.

(2) 在 $\mathbb{R}^3$ 的区域 D 内给出了 1-形式 ω^1 或 2-形式 ω^2, 等价于在 D 中给出与这些形式对应的向量场 $\boldsymbol{A}$ 或 $\boldsymbol{B}$:

$$\omega^1_{\boldsymbol{A}}(\boldsymbol{\xi})=\langle\boldsymbol{A}(x),\boldsymbol{\xi}\rangle,\quad \omega^2_{\boldsymbol{B}}(\boldsymbol{\xi}_1,\boldsymbol{\xi}_2)=(\boldsymbol{B}(x),\boldsymbol{\xi}_1,\boldsymbol{\xi}_2),$$

其中 $\boldsymbol{A}(x),\boldsymbol{B}(x),\boldsymbol{\xi},\boldsymbol{\xi}_1,\boldsymbol{\xi}_2\in TD_x$.

(3) 数量场 $f:D\to\mathbb{R}$ 可用下述方法使 D 内的 0-形式或 3-形式与之对应:

$$\omega^0_f=f,\quad \omega^3_f=f\mathrm{d}V,$$

其中 $\mathrm{d}V$ 是定向欧氏空间 $\mathbb{R}^3$ 内的体积元素 (体积形式).

(4) 四种形式的笛卡儿坐标表示:

- $\omega^0_f=f$;
- $\omega^1_{\boldsymbol{A}}=A^1\mathrm{d}x^1+A^2\mathrm{d}x^2+A^3\mathrm{d}x^3$;
- $\omega^2_{\boldsymbol{B}}=B^1\mathrm{d}x^2\wedge\mathrm{d}x^3+B^2\mathrm{d}x^3\wedge\mathrm{d}x^1+B^3\mathrm{d}x^1\wedge\mathrm{d}x^2$;
- $\omega^3_\rho=\rho\mathrm{d}x^1\wedge\mathrm{d}x^2\wedge\mathrm{d}x^3$.

(5) 形式的运算与向量场或数量场的运算的对应关系:

- 同次形式的线性组合, 对应于这些形式所对应的场的线性组合.
- 设 $\boldsymbol{A},\boldsymbol{B},\boldsymbol{A}_1,\boldsymbol{A}_2$ 是欧氏空间 $\mathbb{R}^3$ 内的向量场, 则有

$$\omega^1_{\boldsymbol{A}_1}\wedge\omega^1_{\boldsymbol{A}_2}=\omega^2_{\boldsymbol{A}_1\times\boldsymbol{A}_2},\quad \omega^1_{\boldsymbol{A}}\wedge\omega^2_{\boldsymbol{B}}=\omega^3_{\boldsymbol{A}\cdot\boldsymbol{B}}.$$

2. 微分算子 grad, rot, div 及 ∇

(1) 与形式的外微分对应的微分算子的定义:

- 数量场的梯度 (grad): $\mathrm{d}\omega_f^0 =: \omega_{\mathrm{grad}f}^1$;
- 向量场的旋度 (rot): $\mathrm{d}\omega_{\boldsymbol{A}}^1 =: \omega_{\mathrm{rot}\boldsymbol{A}}^2$;
- 向量场的散度 (div): $\mathrm{d}\omega_{\boldsymbol{B}}^2 =: \omega_{\mathrm{div}\boldsymbol{B}}^3$.

(2) 微分算子的笛卡儿坐标表示 ($\boldsymbol{e}_1, \boldsymbol{e}_2, \boldsymbol{e}_3$ 是 $\mathbb{R}^3$ 内固定的正交标准基底):

- $\mathrm{grad}f = \boldsymbol{e}_1\dfrac{\partial f}{\partial x^1} + \boldsymbol{e}_2\dfrac{\partial f}{\partial x^2} + \boldsymbol{e}_3\dfrac{\partial f}{\partial x^3}$;
-

$$\begin{aligned}\mathrm{rot}\boldsymbol{A} &= \boldsymbol{e}_1\left(\frac{\partial A^3}{\partial x^2} - \frac{\partial A^2}{\partial x^3}\right) + \boldsymbol{e}_2\left(\frac{\partial A^1}{\partial x^3} - \frac{\partial A^3}{\partial x^1}\right) + \boldsymbol{e}_3\left(\frac{\partial A^2}{\partial x^1} - \frac{\partial A^1}{\partial x^2}\right)\\ &= \begin{vmatrix} \boldsymbol{e}_1 & \boldsymbol{e}_2 & \boldsymbol{e}_3 \\ \dfrac{\partial}{\partial x^1} & \dfrac{\partial}{\partial x^2} & \dfrac{\partial}{\partial x^3} \\ A^1 & A^2 & A^3 \end{vmatrix};\end{aligned}$$

- $\mathrm{div}\boldsymbol{B} = \dfrac{\partial B^1}{\partial x^1} + \dfrac{\partial B^2}{\partial x^2} + \dfrac{\partial B^3}{\partial x^3}$.

(3) 向量场 $\mathrm{rot}\boldsymbol{A}$ 一般叫做 $\boldsymbol{A}$ 的旋量场或旋转量场, 有时用记号 $\mathrm{curl}\boldsymbol{A}$ 代替记号 $\mathrm{rot}\boldsymbol{A}$.

(4) 哈密顿算子: $\nabla = \boldsymbol{e}_1\dfrac{\partial}{\partial x^1} + \boldsymbol{e}_2\dfrac{\partial}{\partial x^2} + \boldsymbol{e}_3\dfrac{\partial}{\partial x^3}$. 若把 ∇ 看成是在笛卡儿坐标下给定的向量场, 则

- $\mathrm{grad}f = \nabla f = \sum\limits_{i=1}^{3} \boldsymbol{e}_i\dfrac{\partial}{\partial x^i}f$;
- $\mathrm{rot}\boldsymbol{A} = \nabla \times \boldsymbol{A} = \sum\limits_{i=1}^{3} \boldsymbol{e}_i \times \dfrac{\partial}{\partial x^i}\boldsymbol{A}$;
- $\mathrm{div}\boldsymbol{B} = \nabla \cdot \boldsymbol{B} = \sum\limits_{i=1}^{3} \boldsymbol{e}_i \cdot \dfrac{\partial}{\partial x^i}\boldsymbol{B}$.

(5) 拉普拉斯算子 (调和算子): $\Delta := \mathrm{div}\,\mathrm{grad}$.

(6) 拉普拉斯算子的笛卡儿坐标表示 ($\boldsymbol{e}_1, \boldsymbol{e}_2, \boldsymbol{e}_3$ 是 $\mathbb{R}^3$ 内固定的正交标准基底):

- 对任何数值函数 f, $\Delta f = \nabla \cdot \nabla f = \dfrac{\partial^2 f}{\partial (x^1)^2} + \dfrac{\partial^2 f}{\partial (x^2)^2} + \dfrac{\partial^2 f}{\partial (x^3)^2}$.
- 对任何向量场 $\boldsymbol{A} = \boldsymbol{e}_1A^1 + \boldsymbol{e}_2A^2 + \boldsymbol{e}_3A^3$, $\Delta\boldsymbol{A} = \boldsymbol{e}_1\Delta A^1 + \boldsymbol{e}_2\Delta A^2 + \boldsymbol{e}_3\Delta A^3$.

3. 向量分析的一些微分公式

(1) 一阶微分公式:

- $\mathrm{rot}(f\boldsymbol{A}) = f\mathrm{rot}\boldsymbol{A} - \boldsymbol{A} \times \mathrm{grad}f$;

- $\operatorname{div}(f\boldsymbol{A}) = \boldsymbol{A}\cdot \operatorname{grad} f + f\operatorname{div}\boldsymbol{A}$;
- $\operatorname{div}(\boldsymbol{A}\times\boldsymbol{B}) = \boldsymbol{B}\cdot\operatorname{rot}\boldsymbol{A} - \boldsymbol{A}\cdot\operatorname{rot}\boldsymbol{B}$.

(2) 二阶微分公式:

- $\operatorname{rot}\operatorname{grad} f = \nabla\times\nabla f = 0$;
- $\operatorname{div}\operatorname{rot}\boldsymbol{A} = \nabla\cdot(\nabla\times\boldsymbol{A}) = 0$;
- $\operatorname{rot}\operatorname{rot}\boldsymbol{A} = \operatorname{grad}\operatorname{div}\boldsymbol{A} - \Delta\boldsymbol{A}$, 即 $\nabla\times(\nabla\times\boldsymbol{A}) = \nabla(\nabla\cdot\boldsymbol{A}) - \Delta\boldsymbol{A}$.

4. 曲线坐标下的向量运算

(1) 曲线坐标: 设 D 是具有数量积 $\langle\cdot,\cdot\rangle$, 标准正交基 $\{\boldsymbol{e}_1,\boldsymbol{e}_2,\boldsymbol{e}_3\}$ 和笛卡儿坐标系 $x=(x^1,x^2,x^3)$ 的 (定向) 欧氏空间 $\mathbb{R}^3$ 中的区域. 又设 $\mathbb{R}^3_t$ 是欧氏参数空间, 以 $t=(t^1,t^2,t^3)$ 记其坐标, 区域 $D_t\subset\mathbb{R}^3_t$, $\varphi: D_t\to D$ 是微分同胚. 通过 φ, 每点 $x\in D$ 获得它的曲线坐标 $t: x=\varphi(t)$.

(2) 基底的对应关系:

- 空间 $T\mathbb{R}^3_t$ 内的标准基底 $\boldsymbol{\xi}_1(t)=(1,0,0)$, $\boldsymbol{\xi}_2(t)=(0,1,0)$, $\boldsymbol{\xi}_3(t)=(0,0,1)$.
- 空间 $T\mathbb{R}^3_{x=\varphi(t)}$ 中的对应基底: 坐标方向向量

$$\boldsymbol{\xi}_i(x) = \varphi'(t)\boldsymbol{\xi}_i(t) = \frac{\partial\varphi(t)}{\partial t^i} = \sum_{j=1}^{3}\frac{\partial\varphi^j(t)}{\partial t^i}\boldsymbol{\xi}_j(t),\quad i=1,2,3.$$

(3) 向量关于基底的分解式的对应关系:

- $T\mathbb{R}^3_t$ 中的向量 $\boldsymbol{A}(t)$ 关于标准基底 $\boldsymbol{\xi}_1(t),\boldsymbol{\xi}_2(t),\boldsymbol{\xi}_3(t)$ 的分解式

$$\boldsymbol{A}(t) = \alpha_1\boldsymbol{\xi}_1(t) + \alpha_2\boldsymbol{\xi}_2(t) + \alpha_3\boldsymbol{\xi}_3(t).$$

- $T\mathbb{R}^3_x$ 中的向量 $\boldsymbol{A}(x)=\varphi'(t)\boldsymbol{A}(t)$ 关于对应基底的分解式

$$\boldsymbol{A}(x) = \alpha_1\boldsymbol{\xi}_1(x) + \alpha_2\boldsymbol{\xi}_2(x) + \alpha_3\boldsymbol{\xi}_3(x).$$

(4) $T\mathbb{R}^3_t$ 上的黎曼度量: $\mathrm{d}s^2 = g_{ij}(t)\mathrm{d}t^i\mathrm{d}t^j$, 其中二次形式的系数 $g_{ij}(t) = \langle\partial_i\varphi,\partial_j\varphi\rangle(t) = \langle\xi_i,\xi_j\rangle(x)$ 是标准基底下向量的两两数量积, 并且它完全确定了 $T\mathbb{R}^3_t$ 内的数量积: $\forall\boldsymbol{\tau}_1,\boldsymbol{\tau}_2\in T\mathbb{R}^3_t$,

$$\langle\boldsymbol{\tau}_1,\boldsymbol{\tau}_2\rangle_t := \langle\varphi'\boldsymbol{\tau}_1,\varphi'\boldsymbol{\tau}_2\rangle = g_{ij}(t)\tau_1^i\tau_2^j.$$

注 1　如果在某区域 $D_t\subset\mathbb{R}^3_t$ 内的每一点上给出了上述二次形式, 就说在这区域上给出了黎曼度量.

注 2　易见 $(\varphi')^{\mathrm{T}}\varphi' = (g_{ij})$, 且

$$\det\varphi' = \sqrt{\det(g_{ij})},\quad \sum_{k=1}^{3}\frac{\partial\varphi^k}{\partial t^i}\frac{\partial\varphi^k}{\partial t^j} = g_{ij},\quad \sum_{i=1}^{3}\frac{\partial\varphi^k}{\partial t^i}\frac{\partial\varphi^l}{\partial t^i} = g_{lk}.$$

(5) 三正交坐标网: 如果向量 $\boldsymbol{\xi}_i(x)\,(i=1,2,3)$ 在 $T\mathbb{R}^3_x$ 内正交, 则当 $i\neq j$ 时, $g_{ij}(t)=0$. 就说我们遇到的是三正交坐标网. 这就表示, 作为标准基底的向量 $\boldsymbol{\xi}_i(t)(i=1,2,3)$, 按 $T\mathbb{R}^3_t$ 内的数量积二次型是正交的.

(6) 对于三正交曲线坐标系, 黎曼度量具有下面特定的形式:

$$\mathrm{d}s^2=E_1(t)(\mathrm{d}t^1)^2+E_2(t)(\mathrm{d}t^2)^2+E_3(t)(\mathrm{d}t^3)^2,$$

其中 $E_i(t)=g_{ii}(t), i=1,2,3$.

注 1 在欧氏空间 $\mathbb{R}^3$ 的笛卡儿坐标 (x,y,z), 柱坐标 (r,φ,z) 及球坐标 (R,φ,θ) 下, 黎曼度量分别为

$$\begin{aligned}\mathrm{d}s^2&=\mathrm{d}x^2+\mathrm{d}y^2+\mathrm{d}z^2\\&=\mathrm{d}r^2+r^2\mathrm{d}\varphi^2+\mathrm{d}z^2\\&=\mathrm{d}R^2+R^2\cos^2\theta\mathrm{d}\varphi^2+R^2\mathrm{d}\theta^2.\end{aligned}$$

因此, 这三种坐标系在各自的定义域内都是三正交坐标系. 这里

$$(x,y,z)=(r\cos\varphi,r\sin\varphi,z)=(R\cos\theta\cos\varphi,R\cos\theta\sin\varphi,R\sin\theta).$$

注 2 对于三正交曲线坐标系, 我们还有如下性质:

$$(\varphi')^{\mathrm{T}}\varphi'=\begin{pmatrix}E_1&0&0\\0&E_2&0\\0&0&E_3\end{pmatrix},$$

由此即可知

$$\det\varphi'=\sqrt{E_1E_2E_3},\quad \sum_{k=1}^{3}\frac{\partial\varphi^k}{\partial t^i}\frac{\partial\varphi^k}{\partial t^j}=\delta_{ij}\sqrt{E_iE_j},\quad \sum_{i=1}^{3}\frac{\partial\varphi^k}{\partial t^i}\frac{\partial\varphi^l}{\partial t^i}=\delta_{kl}\sqrt{E_kE_l}.$$

(7) $T\mathbb{R}^3_t$ 内的标准基底 $(1,0,0),(0,1,0),(0,0,1)$ 的向量 $\boldsymbol{\xi}_1(t),\boldsymbol{\xi}_2(t),\boldsymbol{\xi}_3(t)$, 与它们对应的向量 $\boldsymbol{\xi}_i(x)\in T\mathbb{R}^3_x$ 一样, 具有模 $|\boldsymbol{\xi}_i|=\sqrt{g_{ii}}$. 在正交系内, $|\boldsymbol{\xi}_i|=\sqrt{E_i}=H_i$, $i=1,2,3$. H_1,H_2,H_3 通常叫做拉梅系数或拉梅参数. 因此, 坐标方向的单位向量 (即按向量内积意义下的单位向量) 在三正交系下, 在 $T\mathbb{R}^3_t$ 内的坐标表示为

$$\boldsymbol{e}_1(t)=\left(\frac{1}{\sqrt{E_1}},0,0\right),\quad \boldsymbol{e}_2(t)=\left(0,\frac{1}{\sqrt{E_2}},0\right),\quad \boldsymbol{e}_3(t)=\left(0,0,\frac{1}{\sqrt{E_3}}\right).$$

注 1 对于笛卡儿坐标系, 柱坐标系和球坐标系, 三个坐标方向的单位向量分别为

$$\boldsymbol{e}_x=(1,0,0),\quad \boldsymbol{e}_y=(0,1,0),\quad \boldsymbol{e}_z=(0,0,1),$$

$$\boldsymbol{e}_r = (1,0,0), \quad \boldsymbol{e}_\varphi = \left(0,\frac{1}{r},0\right), \quad \boldsymbol{e}_z = (0,0,1),$$

$$\boldsymbol{e}_R = (1,0,0), \quad \boldsymbol{e}_\varphi = \left(0,\frac{1}{R\cos\theta},0\right), \quad \boldsymbol{e}_\theta = \left(0,0,\frac{1}{R}\right).$$

注 2　对于三正交曲线坐标系, 若对 $i=1,2,3$, 记

$$\boldsymbol{e}_i(x) = \frac{\boldsymbol{\xi}_i(x)}{|\boldsymbol{\xi}_i(x)|} = \frac{1}{\sqrt{E_i(t)}}\frac{\partial\varphi(t)}{\partial t^i} = \varphi'(t)\boldsymbol{e}_i(t) = \frac{1}{\sqrt{E_i(t)}}\sum_{j=1}^{3}\frac{\partial\varphi^j(t)}{\partial t^i}\boldsymbol{\xi}_j(t).$$

则我们有 $\langle\boldsymbol{e}_i(x),\boldsymbol{e}_j(x)\rangle = \langle\boldsymbol{e}_i(t),\boldsymbol{e}_j(t)\rangle_t = \delta_{ij}$ 且

$$\sum_{k=1}^{3}\frac{1}{\sqrt{E_iE_j}}\frac{\partial\varphi^k}{\partial t^i}\frac{\partial\varphi^k}{\partial t^j} = \delta_{ij}, \quad \sum_{i=1}^{3}\frac{1}{E_i}\frac{\partial\varphi^k}{\partial t^i}\frac{\partial\varphi^l}{\partial t^i} = \delta_{kl}.$$

此外, 对 $i,j,k=1,2,3$ 且 i,j,k 互不相等, 我们还有

$$\boldsymbol{e}_i(x)\times\boldsymbol{e}_j(x) = \delta_{123}^{jik}\boldsymbol{e}_k(x),$$

这里

$$\delta_{123}^{ijk} = \begin{cases} 1, & \begin{pmatrix} i & j & k \\ 1 & 2 & 3 \end{pmatrix} \text{为偶排列}, \\ -1, & \begin{pmatrix} i & j & k \\ 1 & 2 & 3 \end{pmatrix} \text{为奇排列}. \end{cases}$$

(8) 与向量 $\boldsymbol{A}(x)\in T\mathbb{R}_x^3$ 对应的向量场 $\boldsymbol{A}(t)\in T\mathbb{R}_t^3$, 应按照单位坐标方向向量组成的基底 $\boldsymbol{e}_1(t),\boldsymbol{e}_2(t),\boldsymbol{e}_3(t)$ 来分解, 此场在每点 $t\in D_t$ 处的坐标表示为 $(A^1,A^2,A^3)(t)$, 即 $\boldsymbol{A}(t) = A^i(t)\boldsymbol{e}_i(t)$. 于是

$$\boldsymbol{A}(x) = \varphi'(t)\boldsymbol{A}(t) = \varphi'(t)A^i(t)\boldsymbol{e}_i(t) = A^i(t)\varphi'(t)\boldsymbol{e}_i(t) = A^i(t)\boldsymbol{e}_i(x),$$

且

$$\langle\boldsymbol{A}(x),\boldsymbol{B}(x)\rangle = \langle\boldsymbol{A}(t),\boldsymbol{B}(t)\rangle_t = \sum_{i=1}^{3}A^i(t)B^i(t).$$

注　为简单计, 以下公式均把标志所研究的向量和形式都是属于 t 点处的切空间的符号 t 省略. 于是向量 A 在一般的三正交曲线坐标系、笛卡儿坐标系、柱坐标系、球坐标系下分别有分解式

$$\begin{aligned}\boldsymbol{A} &= A^1\boldsymbol{e}_1 + A^2\boldsymbol{e}_2 + A^3\boldsymbol{e}_3 \\ &= A_x\boldsymbol{e}_x + A_y\boldsymbol{e}_y + A_z\boldsymbol{e}_z \\ &= A_r\boldsymbol{e}_r + A_\varphi\boldsymbol{e}_\varphi + A_z\boldsymbol{e}_z \\ &= A_R\boldsymbol{e}_R + A_\varphi\boldsymbol{e}_\varphi + A_\theta\boldsymbol{e}_\theta.\end{aligned}$$

(9) 微分形式的曲线坐标表示:

• 3-形式的曲线坐标表示: 在三正交曲线坐标系 t^1, t^2, t^3 下的体积形式 $\mathrm{d}V$ 具有以下形式:

$$\mathrm{d}V = \sqrt{\det g_{ij}}(t)\mathrm{d}t^1 \wedge \mathrm{d}t^2 \wedge \mathrm{d}t^3 = \sqrt{E_1\, E_2\, E_3}(t)\mathrm{d}t^1 \wedge \mathrm{d}t^2 \wedge \mathrm{d}t^3.$$

于是标量在各种曲线坐标系下都能写成形式

$$\omega_\rho^3 = \rho\mathrm{d}V = \rho\sqrt{E_1\, E_2\, E_3}\mathrm{d}t^1 \wedge \mathrm{d}t^2 \wedge \mathrm{d}t^3.$$

注　对于笛卡儿坐标系、柱坐标系、球坐标系, 分别有

$$\begin{aligned}\omega_\rho^3 &= \rho\mathrm{d}x \wedge \mathrm{d}y \wedge \mathrm{d}z\\ &= \rho r\mathrm{d}r \wedge \mathrm{d}\varphi \wedge \mathrm{d}z\\ &= \rho R^2\cos\theta\mathrm{d}R \wedge \mathrm{d}\varphi \wedge \mathrm{d}\theta.\end{aligned}$$

• 1-形式的曲线坐标表示: 由

$$\mathrm{d}t^j(\boldsymbol{e}_i) = \frac{1}{\sqrt{E_i}}\delta_j^i,\ \text{其中}\ \delta_j^i = \begin{cases}0, & i \neq j,\\ 1, & i = j\end{cases}$$

可得与向量 $\boldsymbol{A} = A^1\boldsymbol{e}_1 + A^2\boldsymbol{e}_2 + A^3\boldsymbol{e}_3$ 相对应的形式 $\omega_{\boldsymbol{A}}^1$ 的坐标表示式

$$\omega_{\boldsymbol{A}}^1 = A^1\sqrt{E_1}\mathrm{d}t^1 + A^2\sqrt{E_2}\mathrm{d}t^2 + A^3\sqrt{E_3}\mathrm{d}t^3.$$

注　对于笛卡儿坐标系、柱坐标系、球坐标系, 分别有

$$\begin{aligned}\omega_{\boldsymbol{A}}^1 &= A_x\mathrm{d}x + A_y\mathrm{d}y + A_z\mathrm{d}z\\ &= A_r\mathrm{d}r + A_\varphi r\mathrm{d}\varphi + A_z\mathrm{d}z\\ &= A_R\mathrm{d}R + A_\varphi R\cos\theta\mathrm{d}\varphi + A_\theta R\mathrm{d}\theta.\end{aligned}$$

• 2-形式的曲线坐标表示: 由

$$\mathrm{d}t^i \wedge \mathrm{d}t^j(\boldsymbol{e}_k, \boldsymbol{e}_l) = \frac{1}{\sqrt{E_iE_j}}\delta_{kl}^{ij},\ \text{其中}\ \delta_{kl}^{ij} = \begin{cases}0, & (i,j) \neq (k,l),\\ 1, & (i,j) = (k,l)\end{cases}$$

可得与向量 $\boldsymbol{B} = B^1\boldsymbol{e}_1 + B^2\boldsymbol{e}_2 + B^3\boldsymbol{e}_3$ 相对应的形式 $\omega_{\boldsymbol{B}}^2$ 的坐标表示式

$$\begin{aligned}\omega_{\boldsymbol{B}}^2 &= B^1\sqrt{E_2E_3}\mathrm{d}t^2 \wedge \mathrm{d}t^3 + B^2\sqrt{E_3E_1}\mathrm{d}t^3 \wedge \mathrm{d}t^1 + B^3\sqrt{E_1E_2}\mathrm{d}t^1 \wedge \mathrm{d}t^2\\ &= \sqrt{E_1E_2E_3}\left(\frac{B^1}{\sqrt{E_1}}\mathrm{d}t^2 \wedge \mathrm{d}t^3 + \frac{B^2}{\sqrt{E_2}}\mathrm{d}t^3 \wedge \mathrm{d}t^1 + \frac{B^3}{\sqrt{E_3}}\mathrm{d}t^1 \wedge \mathrm{d}t^2\right).\end{aligned}$$

注　对于笛卡儿坐标系、柱坐标系、球坐标系, 分别有

$$\begin{aligned}\omega_{\boldsymbol{B}}^2 &= B_x \mathrm{d}y \wedge \mathrm{d}z + B_y \mathrm{d}z \wedge \mathrm{d}x + B_z \mathrm{d}x \wedge \mathrm{d}y \\ &= B_r r \mathrm{d}\varphi \wedge \mathrm{d}z + B_\varphi \mathrm{d}z \wedge \mathrm{d}r + B_z r \mathrm{d}r \wedge \mathrm{d}\varphi \\ &= B_R R^2 \cos\theta \mathrm{d}\varphi \wedge \mathrm{d}\theta + B_\varphi R \mathrm{d}\theta \wedge \mathrm{d}R + B_\theta R\cos\theta \mathrm{d}R \wedge \mathrm{d}\varphi.\end{aligned}$$

(10) 算子 grad, rot 及 div 在一般的三正交曲线坐标系、笛卡儿坐标系、柱坐标系、球坐标系下的坐标表示.

- 算子 grad:

$$\begin{aligned}\mathrm{grad} f &= \frac{1}{\sqrt{E_1}}\frac{\partial f}{\partial t^1}\boldsymbol{e}_1 + \frac{1}{\sqrt{E_2}}\frac{\partial f}{\partial t^2}\boldsymbol{e}_2 + \frac{1}{\sqrt{E_3}}\frac{\partial f}{\partial t^3}\boldsymbol{e}_3 \\ &= \frac{\partial f}{\partial x}\boldsymbol{e}_x + \frac{\partial f}{\partial y}\boldsymbol{e}_y + \frac{\partial f}{\partial z}\boldsymbol{e}_z \\ &= \frac{\partial f}{\partial r}\boldsymbol{e}_r + \frac{1}{r}\frac{\partial f}{\partial \varphi}\boldsymbol{e}_\varphi + \frac{\partial f}{\partial z}\boldsymbol{e}_z \\ &= \frac{\partial f}{\partial R}\boldsymbol{e}_R + \frac{1}{R\cos\theta}\frac{\partial f}{\partial \varphi}\boldsymbol{e}_\varphi + \frac{1}{R}\frac{\partial f}{\partial \theta}\boldsymbol{e}_\theta.\end{aligned}$$

- 算子 rot:

$$\begin{aligned}\mathrm{rot}\boldsymbol{A} &= \frac{1}{\sqrt{E_1E_2E_3}}\begin{vmatrix}\sqrt{E_1}\boldsymbol{e}_1 & \sqrt{E_2}\boldsymbol{e}_2 & \sqrt{E_3}\boldsymbol{e}_3 \\ \dfrac{\partial}{\partial t^1} & \dfrac{\partial}{\partial t^2} & \dfrac{\partial}{\partial t^3} \\ \sqrt{E_1}A^1 & \sqrt{E_2}A^2 & \sqrt{E_3}A^3\end{vmatrix} \\ &= \left(\frac{\partial A_z}{\partial y} - \frac{\partial A_y}{\partial z}\right)\boldsymbol{e}_x + \left(\frac{\partial A_x}{\partial z} - \frac{\partial A_z}{\partial x}\right)\boldsymbol{e}_y + \left(\frac{\partial A_y}{\partial x} - \frac{\partial A_x}{\partial y}\right)\boldsymbol{e}_z \\ &= \frac{1}{r}\left(\frac{\partial A_z}{\partial \varphi} - \frac{\partial rA_\varphi}{\partial z}\right)\boldsymbol{e}_r + \left(\frac{\partial A_r}{\partial z} - \frac{\partial A_z}{\partial r}\right)\boldsymbol{e}_\varphi + \frac{1}{r}\left(\frac{\partial rA_\varphi}{\partial r} - \frac{\partial A_r}{\partial \varphi}\right)\boldsymbol{e}_z \\ &= \frac{1}{R\cos\theta}\left(\frac{\partial A_\theta}{\partial \varphi} - \frac{\partial A_\varphi\cos\theta}{\partial \theta}\right)\boldsymbol{e}_R + \frac{1}{R}\left(\frac{\partial A_R}{\partial \theta} - \frac{\partial RA_\theta}{\partial R}\right)\boldsymbol{e}_\varphi \\ &\quad + \frac{1}{R}\left(\frac{\partial RA_\varphi}{\partial R} - \frac{1}{\cos\theta}\frac{\partial A_R}{\partial \varphi}\right)\boldsymbol{e}_\theta.\end{aligned}$$

- 算子 div:

$$\begin{aligned}\mathrm{div}\boldsymbol{B} &= \frac{1}{\sqrt{E_1E_2E_3}}\left(\frac{\partial\sqrt{E_2E_3}B^1}{\partial t^1} + \frac{\partial\sqrt{E_3E_1}B^2}{\partial t^2} + \frac{\partial\sqrt{E_1E_2}B^3}{\partial t^3}\right) \\ &= \frac{\partial B_x}{\partial x} + \frac{\partial B_y}{\partial y} + \frac{\partial B_z}{\partial z} \\ &= \frac{1}{r}\left(\frac{\partial rB_r}{\partial r} + \frac{\partial B_\varphi}{\partial \varphi}\right) + \frac{\partial B_z}{\partial z}\end{aligned}$$

$$= \frac{1}{R^2\cos\theta}\left(\frac{\partial R^2\cos\theta B_R}{\partial R} + \frac{\partial R B_\varphi}{\partial\varphi} + \frac{\partial R\cos\theta B_\theta}{\partial\theta}\right).$$

(11) 拉普拉斯算子 $\Delta = \operatorname{div}\operatorname{grad}$ 在一般的三正交曲线坐标系、笛卡儿坐标系、柱坐标系、球坐标系下的坐标表示:

$$\begin{aligned}\Delta f =& \frac{1}{\sqrt{E_1E_2E_3}}\left(\frac{\partial}{\partial t^1}\left(\sqrt{\frac{E_2E_3}{E_1}}\frac{\partial f}{\partial t^1}\right) + \frac{\partial}{\partial t^2}\left(\sqrt{\frac{E_3E_1}{E_2}}\frac{\partial f}{\partial t^2}\right)\right.\\ &\left.+\frac{\partial}{\partial t^3}\left(\sqrt{\frac{E_1E_2}{E_3}}\frac{\partial f}{\partial t^3}\right)\right)\\ =&\frac{\partial^2 f}{\partial x^2}+\frac{\partial^2 f}{\partial y^2}+\frac{\partial^2 f}{\partial z^2}\\ =&\frac{1}{r}\frac{\partial}{\partial r}\left(r\frac{\partial f}{\partial r}\right)+\frac{1}{r^2}\frac{\partial^2 f}{\partial\varphi^2}+\frac{\partial^2 f}{\partial z^2}\\ =&\frac{1}{R^2}\frac{\partial}{\partial R}\left(R^2\frac{\partial f}{\partial R}\right)+\frac{1}{R^2\cos^2\theta}\frac{\partial^2 f}{\partial\varphi^2}+\frac{1}{R^2\cos^2\theta}\frac{\partial}{\partial\theta}\left(\cos\theta\frac{\partial f}{\partial\theta}\right).\end{aligned}$$

二、例题讲解

1. 对于三正交曲线坐标系, 记

$$\boldsymbol{e}_i(x) = \frac{1}{\sqrt{E_i(t)}}\frac{\partial\varphi(t)}{\partial t^i} = \varphi'(t)\boldsymbol{e}_i(t), \quad i=1,2,3.$$

证明: 对 $i,j,k=1,2,3$ 且 i,j,k 互不相等, 我们有 (这里对重复指标不做求和运算)

(1) $\dfrac{\partial \boldsymbol{e}_i(x)}{\partial t^i} = -\left(\dfrac{1}{\sqrt{E_j(t)}}\dfrac{\partial\sqrt{E_i(t)}}{\partial t^j}\boldsymbol{e}_j(x) + \dfrac{1}{\sqrt{E_k(t)}}\dfrac{\partial\sqrt{E_i(t)}}{\partial t^k}\boldsymbol{e}_k(x)\right)$;

(2) $\dfrac{\partial \boldsymbol{e}_i(x)}{\partial t^j} = \dfrac{1}{\sqrt{E_i(t)}}\dfrac{\partial\sqrt{E_j(t)}}{\partial t^i}\boldsymbol{e}_j(x)$.

证 (1) 首先, 易见

$$\left\langle\frac{\partial \boldsymbol{e}_i(x)}{\partial t^i}, \boldsymbol{e}_i(x)\right\rangle = \frac{1}{2}\frac{\partial\langle\boldsymbol{e}_i(x),\boldsymbol{e}_i(x)\rangle}{\partial t^i} = 0.$$

又由

$$\sum_{l=1}^{3}\frac{\partial\varphi^l(t)}{\partial t^i}\cdot\frac{\partial\varphi^l(t)}{\partial t^j} = 0$$

可知

$$\begin{aligned}\left\langle\frac{\partial \boldsymbol{e}_i(x)}{\partial t^i},\boldsymbol{e}_j(x)\right\rangle&=\sum_{l=1}^{3}\frac{\partial}{\partial t^i}\left(\frac{1}{\sqrt{E_i(t)}}\frac{\partial\varphi^l(t)}{\partial t^i}\right)\frac{1}{\sqrt{E_j(t)}}\frac{\partial\varphi^l(t)}{\partial t^j}\\&=\sum_{l=1}^{3}\frac{\partial}{\partial t^i}\left(\frac{1}{\sqrt{E_i(t)}}\right)\frac{\partial\varphi^l(t)}{\partial t^i}\frac{1}{\sqrt{E_j(t)}}\frac{\partial\varphi^l(t)}{\partial t^j}\\&\quad+\sum_{l=1}^{3}\frac{1}{\sqrt{E_i(t)}}\frac{\partial}{\partial t^i}\left(\frac{\partial\varphi^l(t)}{\partial t^i}\right)\frac{1}{\sqrt{E_j(t)}}\frac{\partial\varphi^l(t)}{\partial t^j}\\&=\frac{\partial}{\partial t^i}\left(\frac{1}{\sqrt{E_i(t)}}\right)\frac{1}{\sqrt{E_j(t)}}\sum_{l=1}^{3}\frac{\partial\varphi^l(t)}{\partial t^i}\frac{\partial\varphi^l(t)}{\partial t^j}\\&\quad+\frac{1}{\sqrt{E_i(t)}}\frac{1}{\sqrt{E_j(t)}}\frac{\partial}{\partial t^i}\left(\sum_{l=1}^{3}\frac{\partial\varphi^l(t)}{\partial t^i}\cdot\frac{\partial\varphi^l(t)}{\partial t^j}\right)\\&\quad-\frac{1}{\sqrt{E_i(t)}}\frac{1}{\sqrt{E_j(t)}}\sum_{l=1}^{3}\frac{\partial\varphi^l(t)}{\partial t^i}\frac{\partial}{\partial t^i}\left(\frac{\partial\varphi^l(t)}{\partial t^j}\right)\\&=0+0-\frac{1}{E_j(t)}\frac{\partial\sqrt{E_i(t)}}{\partial t^j}=-\frac{1}{E_j(t)}\frac{\partial\sqrt{E_i(t)}}{\partial t^j}.\end{aligned}$$

同理可知

$$\left\langle\frac{\partial \boldsymbol{e}_i(x)}{\partial t^i},\boldsymbol{e}_k(x)\right\rangle=-\frac{1}{E_k(t)}\frac{\partial\sqrt{E_i(t)}}{\partial t^k},$$

因此

$$\begin{aligned}\frac{\partial \boldsymbol{e}_i(x)}{\partial t^i}&=\left\langle\frac{\partial \boldsymbol{e}_i(x)}{\partial t^i},\boldsymbol{e}_i(x)\right\rangle\boldsymbol{e}_i(x)+\left\langle\frac{\partial \boldsymbol{e}_i(x)}{\partial t^i},\boldsymbol{e}_j(x)\right\rangle\boldsymbol{e}_j(x)+\left\langle\frac{\partial \boldsymbol{e}_i(x)}{\partial t^i},\boldsymbol{e}_k(x)\right\rangle\boldsymbol{e}_k(x)\\&=-\left(\frac{1}{\sqrt{E_j(t)}}\frac{\partial\sqrt{E_i(t)}}{\partial t^j}\boldsymbol{e}_j(x)+\frac{1}{\sqrt{E_k(t)}}\frac{\partial\sqrt{E_i(t)}}{\partial t^k}\boldsymbol{e}_k(x)\right).\end{aligned}$$

(2) 首先, 易见

$$\left\langle\frac{\partial \boldsymbol{e}_i(x)}{\partial t^j},\boldsymbol{e}_i(x)\right\rangle=\frac{1}{2}\frac{\partial\langle\boldsymbol{e}_i(x),\boldsymbol{e}_i(x)\rangle}{\partial t^j}=0.$$

又由

$$\frac{\partial\langle\boldsymbol{e}_i(x),\boldsymbol{e}_j(x)\rangle}{\partial t^j}=0$$

和 (1) 中结论可知

$$\left\langle\frac{\partial \boldsymbol{e}_i(x)}{\partial t^j},\boldsymbol{e}_j(x)\right\rangle$$

$$
\begin{aligned}
&=\frac{\partial\langle \boldsymbol{e}_i(x),\boldsymbol{e}_j(x)\rangle}{\partial t^j}-\left\langle \boldsymbol{e}_i(x),\frac{\partial \boldsymbol{e}_j(x)}{\partial t^j}\right\rangle\\
&=0-\left\langle \boldsymbol{e}_i(x),-\left(\frac{1}{\sqrt{E_k(t)}}\frac{\partial\sqrt{E_j(t)}}{\partial t^k}\boldsymbol{e}_k(x)+\frac{1}{\sqrt{E_i(t)}}\frac{\partial\sqrt{E_j(t)}}{\partial t^i}\boldsymbol{e}_i(x)\right)\right\rangle\\
&=\frac{1}{\sqrt{E_i(t)}}\frac{\partial\sqrt{E_j(t)}}{\partial t^i}.
\end{aligned}
$$

此外

$$
\begin{aligned}
\left\langle\frac{\partial \boldsymbol{e}_i(x)}{\partial t^j},\boldsymbol{e}_k(x)\right\rangle&=\sum_{l=1}^{3}\frac{\partial}{\partial t^j}\left(\frac{1}{\sqrt{E_i(t)}}\frac{\partial\varphi^l(t)}{\partial t^i}\right)\frac{1}{\sqrt{E_k(t)}}\frac{\partial\varphi^l(t)}{\partial t^k}\\
&=\sum_{l=1}^{3}\frac{\partial}{\partial t^j}\left(\frac{1}{\sqrt{E_i(t)}}\right)\frac{\partial\varphi^l(t)}{\partial t^i}\frac{1}{\sqrt{E_k(t)}}\frac{\partial\varphi^l(t)}{\partial t^k}\\
&\quad+\sum_{l=1}^{3}\frac{1}{\sqrt{E_i(t)}}\frac{\partial^2\varphi^l(t)}{\partial t^j\partial t^i}\frac{1}{\sqrt{E_k(t)}}\frac{\partial\varphi^l(t)}{\partial t^k}\\
&=\frac{\partial}{\partial t^j}\left(\frac{1}{\sqrt{E_i(t)}}\right)\frac{1}{\sqrt{E_j(t)}}\sum_{l=1}^{3}\frac{\partial\varphi^l(t)}{\partial t^i}\frac{\partial\varphi^l(t)}{\partial t^k}\\
&\quad+\frac{1}{2\sqrt{E_i(t)E_k(t)}}\left(\frac{\partial}{\partial t^j}\left(\sum_{l=1}^{3}\frac{\partial\varphi^l(t)}{\partial t^i}\frac{\partial\varphi^l(t)}{\partial t^k}\right)\right.\\
&\quad\left.+\frac{\partial}{\partial t^i}\left(\sum_{l=1}^{3}\frac{\partial\varphi^l(t)}{\partial t^j}\frac{\partial\varphi^l(t)}{\partial t^k}\right)-\frac{\partial}{\partial t^k}\left(\sum_{l=1}^{3}\frac{\partial\varphi^l(t)}{\partial t^j}\frac{\partial\varphi^l(t)}{\partial t^i}\right)\right)\\
&=0+\frac{1}{2\sqrt{E_i(t)E_k(t)}}\cdot(0+0-0)=0.
\end{aligned}
$$

因此

$$
\begin{aligned}
\frac{\partial \boldsymbol{e}_i(x)}{\partial t^j}&=\left\langle\frac{\partial \boldsymbol{e}_i(x)}{\partial t^j},\boldsymbol{e}_i(x)\right\rangle\boldsymbol{e}_i(x)+\left\langle\frac{\partial \boldsymbol{e}_i(x)}{\partial t^j},\boldsymbol{e}_j(x)\right\rangle\boldsymbol{e}_j(x)+\left\langle\frac{\partial \boldsymbol{e}_i(x)}{\partial t^j},\boldsymbol{e}_k(x)\right\rangle\boldsymbol{e}_k(x)\\
&=\frac{1}{\sqrt{E_i(t)}}\frac{\partial\sqrt{E_j(t)}}{\partial t^i}\boldsymbol{e}_j(x).
\end{aligned}
$$

□

注 事实上, 在三正交曲线坐标系下, 我们有

- $\nabla=\sum\limits_{i=1}^{3}\boldsymbol{e}_i(x)\dfrac{1}{\sqrt{E_i}}\dfrac{\partial}{\partial t^i}$;
- $\mathrm{grad}f=\nabla f=\sum\limits_{i=1}^{3}\boldsymbol{e}_i(x)\dfrac{1}{\sqrt{E_i}}\dfrac{\partial}{\partial t^i}f$;

- $\mathrm{rot}\boldsymbol{A}(x)=\nabla\times\boldsymbol{A}(x)=\sum\limits_{i=1}^{3}\boldsymbol{e}_i(x)\times\dfrac{1}{\sqrt{E_i}}\dfrac{\partial}{\partial t^i}\boldsymbol{A}(x),\ \boldsymbol{A}(x)=A^i(t)\boldsymbol{e}_i(x);$
- $\mathrm{div}\boldsymbol{B}(x)=\nabla\cdot\boldsymbol{B}(x)=\sum\limits_{i=1}^{3}\boldsymbol{e}_i(x)\cdot\dfrac{1}{\sqrt{E_i}}\dfrac{\partial}{\partial t^i}\boldsymbol{B}(x),\ \boldsymbol{B}(x)=B^i(t)\boldsymbol{e}_i(x).$

三、习题参考解答 (11.1 节)

1. 算子 grad, rot, div 及代数运算. 验证以下各式, 并用符号 grad, rot, div 把它们表出.

关于 grad:

(1) $\nabla(f+g)=\nabla f+\nabla g$.

(2) $\nabla(f\cdot g)=f\nabla g+g\nabla f$.

(3) $\nabla(\boldsymbol{A}\cdot\boldsymbol{B})=(\boldsymbol{B}\cdot\nabla)\boldsymbol{A}+(\boldsymbol{A}\cdot\nabla)\boldsymbol{B}+\boldsymbol{B}\times(\nabla\times\boldsymbol{A})+\boldsymbol{A}\times(\nabla\times\boldsymbol{B})$.

(4) $\nabla\left(\dfrac{1}{2}\boldsymbol{A}^2\right)=(\boldsymbol{A}\cdot\nabla)\boldsymbol{A}+\boldsymbol{A}\times(\nabla\times\boldsymbol{A})$.

关于 rot:

(5) $\nabla\times(f\boldsymbol{A})=f\nabla\times\boldsymbol{A}+\nabla f\times\boldsymbol{A}$.

(6) $\nabla\times(\boldsymbol{A}\times\boldsymbol{B})=(\boldsymbol{B}\cdot\nabla)\boldsymbol{A}-(\boldsymbol{A}\cdot\nabla)\boldsymbol{B}+(\nabla\cdot\boldsymbol{B})\boldsymbol{A}-(\nabla\cdot\boldsymbol{A})\boldsymbol{B}$.

关于 div:

(7) $\nabla\cdot(f\boldsymbol{A})=\nabla f\cdot\boldsymbol{A}+f\nabla\cdot\boldsymbol{A}$.

(8) $\nabla\cdot(\boldsymbol{A}\times\boldsymbol{B})=\boldsymbol{B}\cdot(\nabla\times\boldsymbol{A})-\boldsymbol{A}\cdot(\nabla\times\boldsymbol{B})$.

提示: $\boldsymbol{A}\cdot\nabla=A^1\dfrac{\partial}{\partial x^1}+A^2\dfrac{\partial}{\partial x^2}+A^3\dfrac{\partial}{\partial x^3}$, $\boldsymbol{B}\cdot\nabla\neq\nabla\cdot\boldsymbol{B}$, $\boldsymbol{A}\times(\boldsymbol{B}\times\boldsymbol{C})=\boldsymbol{B}(\boldsymbol{A}\cdot\boldsymbol{C})-\boldsymbol{C}(\boldsymbol{A}\cdot\boldsymbol{B})$.

证　(1) $\nabla(f+g)=\nabla f+\nabla g$ 可表示为 $\mathrm{grad}(f+g)=\mathrm{grad}f+\mathrm{grad}g$. 由《讲义》11.1.2 小节命题 2 可知

$$\begin{aligned}\omega^1_{\mathrm{grad}(f+g)}&=\mathrm{d}\omega^0_{f+g}=\mathrm{d}(f+g)=\mathrm{d}f+\mathrm{d}g\\&=\mathrm{d}\omega^0_f+\mathrm{d}\omega^0_g=\omega^1_{\mathrm{grad}f}+\omega^1_{\mathrm{grad}g}=\omega^1_{\mathrm{grad}f+\mathrm{grad}g},\end{aligned}$$

因此结论成立.

(2) $\nabla(f\cdot g)=f\nabla g+g\nabla f$ 可表示为 $\mathrm{grad}(f\cdot g)=f\mathrm{grad}g+g\mathrm{grad}f$. 由《讲义》11.1.2 小节命题 2 可知

$$\begin{aligned}\omega^1_{\mathrm{grad}(f\cdot g)}&=\mathrm{d}\omega^0_{f\cdot g}=\mathrm{d}(f\cdot g)=f\mathrm{d}g+g\mathrm{d}f\\&=f\mathrm{d}\omega^0_g+g\mathrm{d}\omega^0_f=f\omega^1_{\mathrm{grad}g}+g\omega^1_{\mathrm{grad}f}=\omega^1_{f\mathrm{grad}g+g\mathrm{grad}f},\end{aligned}$$

因此结论成立.

(3) $\nabla(\boldsymbol{A}\cdot\boldsymbol{B})=(\boldsymbol{B}\cdot\nabla)\boldsymbol{A}+(\boldsymbol{A}\cdot\nabla)\boldsymbol{B}+\boldsymbol{B}\times(\nabla\times\boldsymbol{A})+\boldsymbol{A}\times(\nabla\times\boldsymbol{B})$ 可表示为

$$\mathrm{grad}(\boldsymbol{A}\cdot\boldsymbol{B})=(\boldsymbol{B}\cdot\mathrm{grad})\boldsymbol{A}+(\boldsymbol{A}\cdot\mathrm{grad})\boldsymbol{B}+\boldsymbol{B}\times(\mathrm{rot}\boldsymbol{A})+\boldsymbol{A}\times(\mathrm{rot}\boldsymbol{B}).$$

在笛卡儿坐标系下, 由提示中的公式可知

$$\begin{aligned}\nabla(\boldsymbol{A}\cdot\boldsymbol{B})&=\boldsymbol{e}_i\frac{\partial}{\partial x^i}(\boldsymbol{A}\cdot\boldsymbol{B})=\boldsymbol{e}_i\left(\boldsymbol{B}\cdot\frac{\partial\boldsymbol{A}}{\partial x^i}\right)+\boldsymbol{e}_i\left(\boldsymbol{A}\cdot\frac{\partial\boldsymbol{B}}{\partial x^i}\right)\\&=\boldsymbol{B}\times\left(\boldsymbol{e}_i\times\frac{\partial\boldsymbol{A}}{\partial x^i}\right)+\frac{\partial\boldsymbol{A}}{\partial x^i}(\boldsymbol{B}\cdot\boldsymbol{e}_i)\\&\quad+\boldsymbol{A}\times\left(\boldsymbol{e}_i\times\frac{\partial\boldsymbol{B}}{\partial x^i}\right)+\frac{\partial\boldsymbol{B}}{\partial x^i}(\boldsymbol{A}\cdot\boldsymbol{e}_i)\\&=\boldsymbol{B}\times(\nabla\times\boldsymbol{A})+(\boldsymbol{B}\cdot\nabla)\boldsymbol{A}\\&\quad+\boldsymbol{A}\times(\nabla\times\boldsymbol{B})+(\boldsymbol{A}\cdot\nabla)\boldsymbol{B}.\end{aligned}$$

(4) $\nabla\left(\frac{1}{2}\boldsymbol{A}^2\right)=(\boldsymbol{A}\cdot\nabla)\boldsymbol{A}+\boldsymbol{A}\times(\nabla\times\boldsymbol{A})$ 可表示为 $\mathrm{grad}\left(\frac{1}{2}\boldsymbol{A}^2\right)=(\boldsymbol{A}\cdot\mathrm{grad})\boldsymbol{A}+\boldsymbol{A}\times(\mathrm{rot}\boldsymbol{A})$. 在 (3) 中取 $\boldsymbol{B}=\boldsymbol{A}$, 则有

$$\nabla\left(\frac{1}{2}\boldsymbol{A}^2\right)=\frac{1}{2}\nabla(\boldsymbol{A}\cdot\boldsymbol{A})=\boldsymbol{A}\times(\nabla\times\boldsymbol{A})+(\boldsymbol{A}\cdot\nabla)\boldsymbol{A}.$$

(5) $\nabla\times(f\boldsymbol{A})=f\nabla\times\boldsymbol{A}+\nabla f\times\boldsymbol{A}$ 可表示为 $\mathrm{rot}(f\boldsymbol{A})=f\mathrm{rot}\boldsymbol{A}+\mathrm{grad}f\times\boldsymbol{A}$. 由《讲义》11.1.2 小节命题 2 可知

$$\begin{aligned}\omega^2_{\mathrm{rot}(f\boldsymbol{A})}&=\mathrm{d}\omega^1_{f\boldsymbol{A}}=\mathrm{d}(f\omega^1_{\boldsymbol{A}})=\mathrm{d}f\wedge\omega^1_{\boldsymbol{A}}+f\mathrm{d}\omega^1_{\boldsymbol{A}}\\&=\omega^1_{\mathrm{grad}f}\wedge\omega^1_{\boldsymbol{A}}+f\omega^2_{\mathrm{rot}\boldsymbol{A}}=\omega^2_{\mathrm{grad}f\times\boldsymbol{A}}+\omega^2_{f\mathrm{rot}\boldsymbol{A}}\\&=\omega^2_{f\mathrm{rot}\boldsymbol{A}+\mathrm{grad}f\times\boldsymbol{A}},\end{aligned}$$

因此结论成立.

(6) $\nabla\times(\boldsymbol{A}\times\boldsymbol{B})=(\boldsymbol{B}\cdot\nabla)\boldsymbol{A}-(\boldsymbol{A}\cdot\nabla)\boldsymbol{B}+(\nabla\cdot\boldsymbol{B})\boldsymbol{A}-(\nabla\cdot\boldsymbol{A})\boldsymbol{B}$ 可表示为

$$\mathrm{rot}(\boldsymbol{A}\times\boldsymbol{B})=(\boldsymbol{B}\cdot\mathrm{grad})\boldsymbol{A}-(\boldsymbol{A}\cdot\mathrm{grad})\boldsymbol{B}+(\mathrm{div}\boldsymbol{B})\boldsymbol{A}-(\mathrm{div}\boldsymbol{A})\boldsymbol{B}.$$

在笛卡儿坐标系下, 由提示中的公式可知

$$\begin{aligned}\nabla\times(\boldsymbol{A}\times\boldsymbol{B})&=\boldsymbol{e}^i\times\frac{\partial}{\partial x^i}(\boldsymbol{A}\times\boldsymbol{B})\\&=\boldsymbol{e}^i\times\left(\frac{\partial\boldsymbol{A}}{\partial x^i}\times\boldsymbol{B}\right)+\boldsymbol{e}^i\times\left(\boldsymbol{A}\times\frac{\partial\boldsymbol{B}}{\partial x^i}\right)\\&=\frac{\partial\boldsymbol{A}}{\partial x^i}(\boldsymbol{e}^i\cdot\boldsymbol{B})-\boldsymbol{B}\left(\boldsymbol{e}^i\cdot\frac{\partial\boldsymbol{A}}{\partial x^i}\right)\\&\quad+\boldsymbol{A}\left(\boldsymbol{e}^i\cdot\frac{\partial\boldsymbol{B}}{\partial x^i}\right)-\frac{\partial\boldsymbol{B}}{\partial x^i}(\boldsymbol{e}^i\cdot\boldsymbol{A})\end{aligned}$$

$$
\begin{aligned}
&= (\boldsymbol{B}\cdot\nabla)\boldsymbol{A} - (\nabla\cdot\boldsymbol{A})\boldsymbol{B} \\
&\quad + (\nabla\cdot\boldsymbol{B})\boldsymbol{A} - (\boldsymbol{A}\cdot\nabla)\boldsymbol{B}.
\end{aligned}
$$

(7) $\nabla\cdot(f\boldsymbol{A}) = \nabla f\cdot\boldsymbol{A} + f\nabla\cdot\boldsymbol{A}$ 可表示为 $\operatorname{div}(f\boldsymbol{A}) = \operatorname{grad}f\cdot\boldsymbol{A} + f\operatorname{div}\boldsymbol{A}$. 由《讲义》11.1.2 小节命题 2 可知

$$
\begin{aligned}
\omega^3_{\operatorname{div}(f\boldsymbol{A})} &= \mathrm{d}\omega^2_{f\boldsymbol{A}} = \mathrm{d}(f\omega^2_{\boldsymbol{A}}) = \mathrm{d}f\wedge\omega^2_{\boldsymbol{A}} + f\mathrm{d}\omega^2_{\boldsymbol{A}} \\
&= \omega^1_{\operatorname{grad}f}\wedge\omega^2_{\boldsymbol{A}} + f\omega^3_{\operatorname{div}\boldsymbol{A}} = \omega^3_{\operatorname{grad}f\cdot\boldsymbol{A}} + \omega^3_{f\operatorname{div}\boldsymbol{A}} \\
&= \omega^3_{\operatorname{grad}f\cdot\boldsymbol{A}+f\operatorname{div}\boldsymbol{A}},
\end{aligned}
$$

因此结论成立.

(8) $\nabla\cdot(\boldsymbol{A}\times\boldsymbol{B}) = \boldsymbol{B}\cdot(\nabla\times\boldsymbol{A}) - \boldsymbol{A}\cdot(\nabla\times\boldsymbol{B})$ 可表示为 $\operatorname{div}(\boldsymbol{A}\times\boldsymbol{B}) = \boldsymbol{B}\cdot\operatorname{rot}\boldsymbol{A} - \boldsymbol{A}\cdot\operatorname{rot}\boldsymbol{B}$. 由《讲义》11.1.2 小节命题 2 可知

$$
\begin{aligned}
\omega^3_{\operatorname{div}(\boldsymbol{A}\times\boldsymbol{B})} &= \mathrm{d}\omega^2_{\boldsymbol{A}\times\boldsymbol{B}} = \mathrm{d}(\omega^1_{\boldsymbol{A}}\wedge\omega^1_{\boldsymbol{B}}) = \mathrm{d}\omega^1_{\boldsymbol{A}}\wedge\omega^1_{\boldsymbol{B}} - \omega^1_{\boldsymbol{A}}\wedge\mathrm{d}\omega^1_{\boldsymbol{B}} \\
&= \omega^2_{\operatorname{rot}\boldsymbol{A}}\wedge\omega^1_{\boldsymbol{B}} - \omega^1_{\boldsymbol{A}}\wedge\omega^2_{\operatorname{rot}\boldsymbol{B}} = \omega^1_{\boldsymbol{B}}\wedge\omega^2_{\operatorname{rot}\boldsymbol{A}} - \omega^1_{\boldsymbol{A}}\wedge\omega^2_{\operatorname{rot}\boldsymbol{B}} \\
&= \omega^3_{\boldsymbol{B}\cdot\operatorname{rot}\boldsymbol{A}} - \omega^3_{\boldsymbol{A}\cdot\operatorname{rot}\boldsymbol{B}} = \omega^3_{\boldsymbol{B}\cdot\operatorname{rot}\boldsymbol{A}-\boldsymbol{A}\cdot\operatorname{rot}\boldsymbol{B}},
\end{aligned}
$$

因此结论成立. □

2. (1) 将命题 6 中 5 个等式左端内的算子用笛卡儿坐标写出.

(2) 用直接计算的方法验证 (11.1.22) 式及 (11.1.23) 式.

(3) 用算子 ∇ 写出公式 (11.1.24), 并用向量代数验证它.

解　(1)

- $$
\begin{aligned}
\operatorname{rot}\operatorname{grad}f &= \boldsymbol{e}_x\Big(\frac{\partial^2}{\partial y\partial z} - \frac{\partial^2}{\partial z\partial y}\Big)f + \boldsymbol{e}_y\Big(\frac{\partial^2}{\partial z\partial x} - \frac{\partial^2}{\partial x\partial z}\Big)f \\
&\quad + \boldsymbol{e}_z\Big(\frac{\partial^2}{\partial x\partial y} - \frac{\partial^2}{\partial y\partial x}\Big)f = 0.
\end{aligned}
$$
- $$
\begin{aligned}
\operatorname{div}\operatorname{rot}\boldsymbol{A} &= \Big(\frac{\partial^2}{\partial y\partial z} - \frac{\partial^2}{\partial z\partial y}\Big)A^x + \Big(\frac{\partial^2}{\partial z\partial x} - \frac{\partial^2}{\partial x\partial z}\Big)A^y + \Big(\frac{\partial^2}{\partial x\partial y} - \frac{\partial^2}{\partial y\partial x}\Big)A^z \\
&= 0.
\end{aligned}
$$
- $$
\begin{aligned}
\operatorname{grad}\operatorname{div}\boldsymbol{A} &= \boldsymbol{e}_x\Big(\frac{\partial^2}{\partial x\partial x}A^x + \frac{\partial^2}{\partial x\partial y}A^y + \frac{\partial^2}{\partial x\partial z}A^z\Big) \\
&\quad + \boldsymbol{e}_y\Big(\frac{\partial^2}{\partial y\partial x}A^x + \frac{\partial^2}{\partial y\partial y}A^y + \frac{\partial^2}{\partial y\partial z}A^z\Big) \\
&\quad + \boldsymbol{e}_z\Big(\frac{\partial^2}{\partial z\partial x}A^x + \frac{\partial^2}{\partial z\partial y}A^y + \frac{\partial^2}{\partial z\partial z}A^z\Big).
\end{aligned}
$$

•

$$\begin{aligned}\operatorname{rot}\operatorname{rot}\boldsymbol{A}=&\boldsymbol{e}_x\left(-\left(\frac{\partial^2}{\partial y\partial y}+\frac{\partial^2}{\partial z\partial z}\right)A^x+\frac{\partial^2}{\partial y\partial x}A^y+\frac{\partial^2}{\partial z\partial x}A^z\right)\\&+\boldsymbol{e}_y\left(-\left(\frac{\partial^2}{\partial z\partial z}+\frac{\partial^2}{\partial x\partial x}\right)A^y+\frac{\partial^2}{\partial z\partial y}A^z+\frac{\partial^2}{\partial x\partial y}A^x\right)\\&+\boldsymbol{e}_z\left(-\left(\frac{\partial^2}{\partial x\partial x}+\frac{\partial^2}{\partial y\partial y}\right)A^z+\frac{\partial^2}{\partial x\partial z}A^x+\frac{\partial^2}{\partial y\partial z}A^y\right).\end{aligned}$$

• $\operatorname{div}\operatorname{grad}f=\left(\frac{\partial^2}{\partial x^2}+\frac{\partial^2}{\partial y^2}+\frac{\partial^2}{\partial z^2}\right)f.$

(2) 见 (1).

(3) $\operatorname{rot}\operatorname{rot}\boldsymbol{A}=\operatorname{grad}\operatorname{div}\boldsymbol{A}-\Delta\boldsymbol{A}$ 可表示为 $\nabla\times(\nabla\times\boldsymbol{A})=\nabla(\nabla\cdot\boldsymbol{A})-\nabla\cdot(\nabla\boldsymbol{A})$. 在笛卡儿坐标系下, 由习题 1 提示中的公式可知

$$\begin{aligned}\nabla\times(\nabla\times\boldsymbol{A})&=\boldsymbol{e}_i\times\frac{\partial}{\partial x^i}\left(\boldsymbol{e}_j\times\frac{\partial\boldsymbol{A}}{\partial x^j}\right)=\boldsymbol{e}_i\times\left(\boldsymbol{e}_j\times\frac{\partial^2\boldsymbol{A}}{\partial x^i\partial x^j}\right)\\&=\boldsymbol{e}_j\left(\boldsymbol{e}_i\cdot\frac{\partial^2\boldsymbol{A}}{\partial x^i\partial x^j}\right)-\frac{\partial^2\boldsymbol{A}}{\partial x^i\partial x^j}(\boldsymbol{e}_i\cdot\boldsymbol{e}_j)\\&=\boldsymbol{e}_j\frac{\partial}{\partial x^j}\left(\boldsymbol{e}_i\cdot\frac{\partial\boldsymbol{A}}{\partial x^i}\right)-\boldsymbol{e}_k\boldsymbol{e}_i\cdot\frac{\partial}{\partial x^i}\left(\boldsymbol{e}_j\frac{\partial A^k}{\partial x^j}\right)\\&=\nabla(\nabla\cdot\boldsymbol{A})-\nabla\cdot(\nabla\boldsymbol{A}).\end{aligned}$$

□

3. 试在: (1) 笛卡儿坐标下, (2) 柱坐标下, (3) 球坐标下分别写出场 $\boldsymbol{A}=\operatorname{grad}\frac{1}{r}$, 其中 $r=\sqrt{x^2+y^2+z^2}$.

(4) 设场 $\boldsymbol{A}$ 如上, 试求 $\operatorname{rot}\boldsymbol{A}$ 及 $\operatorname{div}\boldsymbol{A}$.

解 (1) 在笛卡儿坐标下, $\boldsymbol{A}=\operatorname{grad}\frac{1}{r}=-\frac{1}{r^3}(x\boldsymbol{e}_x+y\boldsymbol{e}_y+z\boldsymbol{e}_z)$.

(2) 在柱坐标下, 记 $\rho=\sqrt{x^2+y^2}$, 则 $\boldsymbol{A}=\operatorname{grad}\frac{1}{r}=-\frac{1}{r^3}(\rho\boldsymbol{e}_\rho+z\boldsymbol{e}_z)$.

(3) 在球坐标下, $\boldsymbol{A}=\operatorname{grad}\frac{1}{r}=-\frac{1}{r^2}\boldsymbol{e}_r$.

(4) 首先由《讲义》11.1.4 小节命题 5 可知, $\operatorname{rot}\boldsymbol{A}=\operatorname{rot}\operatorname{grad}\frac{1}{r}=0$. 又由 7.3 节例题 1 或《讲义》11.1.5 小节公式 (11.1.36) 可知 $\operatorname{div}\boldsymbol{A}=\operatorname{div}\operatorname{grad}\frac{1}{r}=\Delta\frac{1}{r}=0$.

□

4. 设函数 f 在柱坐标下有 $\ln\frac{1}{r}$ 的形式. 试分别在: (1) 笛卡儿坐标下, (2) 柱坐标下, (3) 球坐标下, 写出场 $\boldsymbol{A}=\operatorname{grad}f$.

(4) 求 $\operatorname{rot}\boldsymbol{A}$ 及 $\operatorname{div}\boldsymbol{A}$.

解　(1) 在笛卡儿坐标下, $\boldsymbol{A}=\operatorname{grad}\ln\dfrac{1}{r}=-\dfrac{1}{r^2}(x\boldsymbol{e}_x+y\boldsymbol{e}_y)$.

(2) 在柱坐标下, $\boldsymbol{A}=\operatorname{grad}\ln\dfrac{1}{r}=-\dfrac{1}{r}\boldsymbol{e}_r$.

(3) 在球坐标下, $\boldsymbol{A}=\operatorname{grad}\ln\dfrac{1}{r}=-\dfrac{1}{r}(\cos\theta\boldsymbol{e}_R-\sin\theta\boldsymbol{e}_\theta)$.

(4) 首先由《讲义》11.1.4 小节命题 5 可知, $\operatorname{rot}\boldsymbol{A}=\operatorname{rot}\operatorname{grad}\ln\dfrac{1}{r}=0$. 又由《讲义》11.1.5 小节公式 (11.1.36) 可知 $\operatorname{div}\boldsymbol{A}=\operatorname{div}\operatorname{grad}\ln\dfrac{1}{r}=\Delta\ln\dfrac{1}{r}=0$. □

5. 设空间 $\mathbb{R}^3$ 作为刚体, 绕某轴以不变的角速度 ω 旋转. 设 $\boldsymbol{v}$ 是在固定的瞬间, 点的线速度场.

(1) 在柱坐标下写出场 $\boldsymbol{v}$.

(2) 求 $\operatorname{rot}\boldsymbol{v}$.

(3) 指出场 $\operatorname{rot}\boldsymbol{v}$ 关于旋转轴的方向.

(4) 验证: 在空间的任何点处, $|\operatorname{rot}\boldsymbol{v}|=2\omega$.

(5) 说明 $\operatorname{rot}\boldsymbol{v}$ 的几何意义及 (4) 中揭示出的这个向量在空间每一点是常向量这一性质的几何意义.

解　取旋转轴 (右手系) 为 Oz.

(1) 易见 $\boldsymbol{v}=\omega r\boldsymbol{e}_\varphi$.

(2) 于是由《讲义》11.1.5 小节公式 (11.1.35) 可知 $\operatorname{rot}\boldsymbol{v}=2\omega\boldsymbol{e}_z$.

(3) 场 $\operatorname{rot}\boldsymbol{v}$ 始终与旋转轴 Oz 的方向平行.

(4) 记 $\boldsymbol{\Omega}:=\operatorname{rot}\boldsymbol{v}=2\omega\boldsymbol{e}_z$, 则

$$|\operatorname{rot}\boldsymbol{v}|^2=\langle\operatorname{rot}\boldsymbol{v},\operatorname{rot}\boldsymbol{v}\rangle=(\boldsymbol{\Omega}_r)^2+r^2(\boldsymbol{\Omega}_\varphi)^2+(\boldsymbol{\Omega}_z)^2\equiv(2\omega)^2,$$

于是 $|\operatorname{rot}\boldsymbol{v}|\equiv2\omega$.

(5) $\operatorname{rot}\boldsymbol{v}$ 为方向始终与旋转轴 Oz 平行, 大小为常数 2ω 的向量场, 表示了刚体绕旋转轴旋转的方向和快慢是不变的. □

6. 在固定的切空间 $T\mathbb{R}^3_p$, $p\in\mathbb{R}^3$, 试求当从 $\mathbb{R}^3$ 内的笛卡儿坐标系变到: (1) 柱坐标, (2) 球坐标, (3) 任意三正交坐标系时的坐标变换的公式.

(4) 应用 (3) 中所得公式及公式 (11.1.34)—(11.1.37), 直接验证向量场 $\operatorname{grad}f$, $\operatorname{rot}\boldsymbol{A}$ 及数量场 $\operatorname{div}\boldsymbol{A}$, Δf 关于为计算它们选取的坐标系是不变的.

解　(1) 从笛卡儿坐标系 (x,y,z) 变到柱坐标系 (r,φ,z) 时的坐标变换公式为

$$\begin{aligned}A_r&=\cos\varphi A_x+\sin\varphi A_y,\\A_\varphi&=-\sin\varphi A_x+\cos\varphi A_y,\end{aligned}$$

$$A_z = A_z.$$

(2) 从笛卡儿坐标系 (x, y, z) 变到球坐标系 (R, φ, θ) 时的坐标变换公式为

$$\begin{aligned} A_R &= \cos\theta\cos\varphi A_x + \cos\theta\sin\varphi A_y + \sin\theta A_z, \\ A_\varphi &= -\sin\varphi A_x + \cos\varphi A_y, \\ A_\theta &= -\sin\theta\cos\varphi A_x - \sin\theta\sin\varphi A_y + \cos\theta A_z. \end{aligned}$$

(3) 从笛卡儿坐标系 x 变到任意三正交坐标系 $t = \varphi^{-1}(x)$ 时的坐标变换公式: 对 $i = 1, 2, 3$,

$$\begin{aligned} A^i(t) &= \langle \boldsymbol{A}(t), \boldsymbol{e}_i(t)\rangle_t = \langle \varphi'(t)\boldsymbol{A}(t), \varphi'(t)\boldsymbol{e}_i(t)\rangle \\ &= \frac{1}{\sqrt{E_i(t)}}\langle \boldsymbol{A}(x), \varphi'(t)\boldsymbol{\xi}_i(t)\rangle = \frac{1}{\sqrt{E_i(t)}}\sum_{j=1}^{3}\frac{\partial\varphi^j}{\partial t^i}A^j(x). \end{aligned}$$

注 由该式及三正交坐标系的特征可得, 对 $k = 1, 2, 3$,

$$\begin{aligned} \sum_{i=1}^{3}\frac{1}{\sqrt{E_i(t)}}\frac{\partial\varphi^k}{\partial t^i}A^i(t) &= \sum_{i=1}^{3}\frac{1}{\sqrt{E_i(t)}}\frac{\partial\varphi^k}{\partial t^i}\left(\frac{1}{\sqrt{E_i(t)}}\sum_{j=1}^{3}\frac{\partial\varphi^j}{\partial t^i}A^j(x)\right) \\ &= \sum_{j=1}^{3}\left(\sum_{i=1}^{3}\frac{1}{\sqrt{E_i(t)}}\frac{\partial\varphi^k}{\partial t^i}\frac{1}{\sqrt{E_i(t)}}\frac{\partial\varphi^j}{\partial t^i}\right)A^j(x) \\ &= \sum_{j=1}^{3}\delta_{kj}A^j(x) = A^k(x), \end{aligned}$$

由此即得从三正交坐标系 t 变到笛卡儿坐标系 $x = \varphi(t)$ 时的坐标变换公式:

$$A^k(x) = \sum_{i=1}^{3}\frac{1}{\sqrt{E_i(t)}}\frac{\partial\varphi^k}{\partial t^i}A^i(t).$$

(4) 略. □

11.2 场论的积分公式

一、知识点总结与补充

1. 用向量表示的经典积分公式

(1) 形式 $\omega_{\boldsymbol{A}}^1$, $\omega_{\boldsymbol{B}}^2$ 的向量写法:

- $\omega_{\boldsymbol{A}}^1|_\gamma = \langle \boldsymbol{A}, \boldsymbol{e}\rangle \mathrm{d}s = \langle \boldsymbol{A}, \mathrm{d}\boldsymbol{s}\rangle = \boldsymbol{A}\cdot\mathrm{d}\boldsymbol{s}$;
- $\omega_{\boldsymbol{B}}^2|_S = \langle \boldsymbol{B}, \boldsymbol{n}\rangle \mathrm{d}\sigma = \langle \boldsymbol{B}, \mathrm{d}\boldsymbol{\sigma}\rangle = \boldsymbol{B}\cdot\mathrm{d}\boldsymbol{\sigma}$.

(2) 牛顿–莱布尼茨公式:

$$f(\gamma(b)) - f(\gamma(a)) = \int_{\partial\gamma} f = \int_{\gamma} (\mathrm{grad} f) \cdot \mathrm{d}\boldsymbol{s} = \int_{\gamma} (\nabla f) \cdot \mathrm{d}\boldsymbol{s}.$$

(3) 斯托克斯公式:

$$\oint_{\partial S} \boldsymbol{A} \cdot \mathrm{d}\boldsymbol{s} = \iint_{S} (\mathrm{rot}\boldsymbol{A}) \cdot \mathrm{d}\boldsymbol{\sigma} = \iint_{S} (\nabla \times \boldsymbol{A}) \cdot \mathrm{d}\boldsymbol{\sigma}.$$

(4) 高–奥公式:

$$\iint_{\partial V} \boldsymbol{B} \cdot \mathrm{d}\boldsymbol{\sigma} = \iiint_{V} \mathrm{div}\boldsymbol{B} \mathrm{d}V = \iiint_{V} (\nabla \cdot \boldsymbol{B}) \mathrm{d}V.$$

2. 一些进一步的积分公式

(1) 高–奥公式的向量形式:

- 散度定理: $\int_V \nabla \cdot \boldsymbol{B} \mathrm{d}V = \int_{\partial V} \mathrm{d}\boldsymbol{\sigma} \cdot \boldsymbol{B}$.
- 旋度定理: $\int_V \nabla \times \boldsymbol{A} \mathrm{d}V = \int_{\partial V} \mathrm{d}\boldsymbol{\sigma} \times \boldsymbol{A}$.
- 梯度定理: $\int_V \nabla f \mathrm{d}V = \int_{\partial V} \mathrm{d}\boldsymbol{\sigma} f$.

(2) 斯托克斯公式的向量形式:

- $\int_S \mathrm{d}\boldsymbol{\sigma} \cdot (\nabla \times \boldsymbol{A}) = \int_{\partial S} \mathrm{d}\boldsymbol{s} \cdot \boldsymbol{A}$.
- $\int_S (\mathrm{d}\boldsymbol{\sigma} \times \nabla) \times \boldsymbol{B} = \int_{\partial S} \mathrm{d}\boldsymbol{s} \times \boldsymbol{B}$.
- $\int_V \mathrm{d}\boldsymbol{\sigma} \times \nabla f = \int_{\partial S} \mathrm{d}\boldsymbol{s} f$.

(3) 格林公式:

- $\int_V \nabla f \cdot \nabla g \mathrm{d}V + \int_V g \nabla^2 f \mathrm{d}V = \int_{\partial V} (g \nabla f) \cdot \mathrm{d}\boldsymbol{\sigma} =: \int_{\partial V} g \frac{\partial f}{\partial n} \mathrm{d}\sigma$.
- $\int_V (g\nabla^2 f - f\nabla^2 g) \mathrm{d}V = \int_{\partial V} (g\nabla f - f\nabla g) \cdot \mathrm{d}\boldsymbol{\sigma} = \int_{\partial V} \left(g\frac{\partial f}{\partial n} - f\frac{\partial g}{\partial n} \right) \mathrm{d}\sigma$.
- 高斯定理: $\int_V \Delta f \mathrm{d}V = \int_{\partial V} \nabla f \cdot \mathrm{d}\boldsymbol{\sigma} = \int_{\partial V} \frac{\partial f}{\partial n} \mathrm{d}\sigma$.

二、例题讲解

1. 证明下列关于调和函数的一些结论:

(1) 有界连通区域中的调和函数在可以相差可加常值的情况下取决于它在该区域边界上的法向导数值.

(2) 如果有界区域中的调和函数在该区域边界上处处为零, 则它在整个区域中恒为零.

(3) 如果有界区域中的两个调和函数在该区域边界上的值相等, 则这两个函数在整个区域中都相等.

(4) (狄利克雷原理) 在所有在一个区域边界上取给定值的连续可微函数中, 该区域中的调和函数, 并且只有这个函数, 使狄利克雷积分 (即函数梯度的模的平方在区域上的积分) 取最小值.

证 (1) 设在有界连通区域 V 中成立 $\Delta f = \Delta g = 0$, 且在 ∂V 上 $\dfrac{\partial f}{\partial n} = \dfrac{\partial g}{\partial n}$. 令 $h = f - g$, 则易见在 V 中 $\Delta h = 0$, 且在 ∂V 上 $\dfrac{\partial h}{\partial n} = 0$. 于是

$$\int_V |\nabla h|^2 \mathrm{d}V = \int_{\partial V} h \frac{\partial h}{\partial n} \mathrm{d}\sigma = 0,$$

因此在 V 中 $\nabla h \equiv 0$, 即 $f - g = h \equiv C$, 从而结论成立.

(2) 设在有界区域 V 中成立 $\Delta f = 0$, 且在 ∂V 上 $f \equiv 0$. 于是

$$\int_V |\nabla f|^2 \mathrm{d}V = \int_{\partial V} f \frac{\partial f}{\partial n} \mathrm{d}\sigma = 0,$$

因此在 V 中 $\nabla f \equiv 0$, 即 $f \equiv C$. 又因为在 ∂V 上 $f \equiv 0$, 所以在 V 中 $f \equiv 0$.

(3) 只需考虑两个调和函数的差并利用 (2) 中的结论即可.

(4) 记所有在区域 V 的边界 ∂V 上取给定值 $h(x)$ 的连续可微函数类为 H, 即 $H = \{f \in C^1(\overline{V}) : f|_{\partial V} = h\}$. 定义泛函

$$J(f) = \frac{1}{2} \int_V |\nabla f|^2 \mathrm{d}V, \quad f \in H.$$

若 $f_0 \in H$ 且为区域 V 中的调和函数 (即 $\Delta f_0 = 0$), 则 $\forall f \in H$, 由格林公式和 $(f - f_0)|_{\partial V} = 0$ 可知

$$\begin{aligned}
J(f) = J(f_0 + f - f_0) &= \frac{1}{2} \int_V |\nabla f_0 + \nabla (f - f_0)|^2 \mathrm{d}V \\
&= \frac{1}{2} \int_V |\nabla f_0|^2 \mathrm{d}V + \frac{1}{2} \int_V |\nabla (f - f_0)|^2 \mathrm{d}V + \int_V (\nabla f_0) \cdot \nabla (f - f_0) \mathrm{d}V \\
&= J(f_0) + J(f - f_0) + \int_{\partial V} (f - f_0) \frac{\partial f_0}{\partial n} \mathrm{d}\sigma - \int_V (f - f_0) \Delta f_0 \mathrm{d}V \\
&= J(f_0) + J(f - f_0) + 0 - 0 = J(f_0) + J(f - f_0),
\end{aligned}$$

于是 $J(f) - J(f_0) \geqslant J(f - f_0) \geqslant 0$, 因此 $J(f) \geqslant J(f_0)$ 且等号仅当 $J(f - f_0) = 0$ 即 $f \equiv f_0$ 时成立. 故只有区域 V 中的调和函数使得狄利克雷积分取最小值, 而由 (3) 还可知这样的调和函数是唯一的. □

三、习题参考解答 (11.2 节)

1. 设电磁场是稳定的, 即不随时间而变. 于是麦克斯韦方程组 (11.1.16) 就分成了两个独立的部分——静电学方程组 $\nabla\cdot\boldsymbol{E}=\dfrac{\rho}{\varepsilon_0}$, $\nabla\times\boldsymbol{E}=0$ 及静磁学方程组 $\nabla\times\boldsymbol{B}=\dfrac{\boldsymbol{j}}{\varepsilon_0c^2}$, $\nabla\cdot\boldsymbol{B}=0$.

据高–奥公式, 方程 $\nabla\cdot\boldsymbol{E}=\dfrac{\rho}{\varepsilon_0}$($\rho$ 是电荷分布密度) 能化成关系式 $\displaystyle\int_S\boldsymbol{E}\cdot\mathrm{d}\boldsymbol{\sigma}=\dfrac{Q}{\varepsilon_0}$, 这里左端是闭曲面 S 上的电通量, 右端是位于曲面 S 所限区域内的电荷之和 Q 除以有量纲常数 ε_0. 在静电学中通常把这个关系叫做高斯定律. 试利用高斯定律在以下诸情况分别求出电场 $\boldsymbol{E}$.

(1) 电场 $\boldsymbol{E}$ 是由均匀带电的球面生成的. 这时, 并证明: 在球外, 它与把这样多的电荷安置在球心上生成的电场是一样的.

(2) 电场 $\boldsymbol{E}$ 是由均匀带电的直线生成的.

(3) 电场 $\boldsymbol{E}$ 是由均匀带电的平面生成的.

(4) 电场 $\boldsymbol{E}$ 是由均匀带电的两平行板生成的, 它们所带电量相等, 而电荷符号相反.

(5) 电场 $\boldsymbol{E}$ 是由均匀带电球体生成的.

解 (1) 设均匀带电的球面的球心为坐标原点, 球面半径为 R, 其上电荷面密度为常数 ρ. 记以原点为中心, 以 r 为半径的球面为 S_r, 再记位于 S_r 所限球体 B_r 内的电荷为 Q_r. 当 $0<r<R$ 时, 由高斯定律可知

$$|\boldsymbol{E}|\cdot 4\pi r^2=\int_{S_r}\boldsymbol{E}\cdot\mathrm{d}\boldsymbol{\sigma}=\frac{Q_r}{\varepsilon_0}=0,$$

所以在球 B_R 内, $\boldsymbol{E}\equiv 0$. 当 $r\geqslant R$ 时, 同样由高斯定律可知

$$|\boldsymbol{E}|\cdot 4\pi r^2=\int_{S_r}\boldsymbol{E}\cdot\mathrm{d}\boldsymbol{\sigma}=\frac{Q_r}{\varepsilon_0}=\frac{4\pi R^2\rho}{\varepsilon_0},$$

所以

$$\boldsymbol{E}(x,y,z)=\frac{4\pi R^2\rho}{4\pi\varepsilon_0}\frac{(x,y,z)}{\left(\sqrt{x^2+y^2+z^2}\right)^3}=\frac{R^2\rho}{\varepsilon_0}\frac{(x,y,z)}{\left(\sqrt{x^2+y^2+z^2}\right)^3},$$

进而由库仑定律可知在球 B_R 外, 这与把电荷 $4\pi R^2\rho$ 安置在球心上生成的电场是一样的.

(2) 设均匀带电的直线为 Oz 轴, 其上电荷线密度为常数 ρ. 记圆柱体 $V_{r,a,b}=\{(x,y,z)\in\mathbb{R}^3:x^2+y^2\leqslant r^2,\ a\leqslant z\leqslant b\}$ 的表面为 $S_{r,a,b}$, 位于 $V_{r,a,b}$ 内的电荷为

$Q_{r,a,b}$. 于是由高斯定律可知

$$|\boldsymbol{E}|\cdot 2\pi r(b-a)=\int_{S_{r,a,b}}\boldsymbol{E}\cdot\mathrm{d}\boldsymbol{\sigma}=\frac{Q_{r,a,b}}{\varepsilon_0}=\frac{\rho(b-a)}{\varepsilon_0},$$

因此可得

$$\boldsymbol{E}(x,y,z)=\frac{\rho}{2\pi\varepsilon_0}\frac{(x,y,0)}{x^2+y^2}.$$

(3) 设均匀带电的平面为 xOy 坐标平面, 其上电荷面密度为常数 ρ. 记长方体 $V_{r,a,b}=\{(x,y,z)\in\mathbb{R}^3:|x|\leqslant r,\ |y|\leqslant r,\ a\leqslant z\leqslant b\}$ 的表面为 $S_{r,a,b}$, 位于 $V_{r,a,b}$ 内的电荷为 $Q_{r,a,b}$. 于是由高斯定律可知

$$|\boldsymbol{E}|\cdot 2r^2=\int_{S_{r,a,b}}\boldsymbol{E}\cdot\mathrm{d}\boldsymbol{\sigma}=\frac{Q_{r,a,b}}{\varepsilon_0}=\frac{\rho r^2}{\varepsilon_0},$$

因此可得

$$\boldsymbol{E}(x,y,z)=\frac{\rho}{2\varepsilon_0}\frac{(0,0,z)}{|z|}.$$

(4) 设其中一个均匀带电的平面为 xOy 坐标平面, 其上电荷面密度为常数 ρ, 另一个均匀带电的平面为 $z=a$, 其上电荷面密度为常数 $-\rho$. 由 (3) 可知

$$\boldsymbol{E}(x,y,z)=\begin{cases}0, & z(z-a)>0,\\ \dfrac{\rho}{\varepsilon_0}\dfrac{(0,0,z)}{|z|}, & z(z-a)<0.\end{cases}$$

(5) 设均匀带电球体的球心为坐标原点, 半径为 R, 其上电荷体密度为常数 ρ. 记以原点为中心, 以 r 为半径的球面为 S_r, 再记位于 S_r 所限球体 B_r 内的电荷为 Q_r. 当 $0<r<R$ 时, 由高斯定律可知

$$|\boldsymbol{E}|\cdot 4\pi r^2=\int_{S_r}\boldsymbol{E}\cdot\mathrm{d}\boldsymbol{\sigma}=\frac{Q_r}{\varepsilon_0}=\frac{\frac{4}{3}\pi r^3\rho}{\varepsilon_0},$$

所以在球 B_R 内, $\boldsymbol{E}(x,y,z)=\dfrac{\rho}{3\varepsilon_0}(x,y,z)$. 当 $r\geqslant R$ 时, 同样由高斯定律可知

$$|\boldsymbol{E}|\cdot 4\pi r^2=\int_{S_r}\boldsymbol{E}\cdot\mathrm{d}\boldsymbol{\sigma}=\frac{Q_r}{\varepsilon_0}=\frac{\frac{4}{3}\pi R^3\rho}{\varepsilon_0},$$

所以

$$\boldsymbol{E}(x,y,z)=\frac{R^3\rho}{3\varepsilon_0}\frac{(x,y,z)}{\left(\sqrt{x^2+y^2+z^2}\right)^3}.$$

□

2. (1) 设 $r(p,q)=|p-q|$ 是欧氏空间 $\mathbb{R}^3$ 中二点 p, q 间的距离. 将 p 点固定, 得到点 $q\in\mathbb{R}^3$ 的函数 $r_p(q)=r(p,q)$. 试证 $\Delta r_p^{-1}(q)=-4\pi\delta(p;q)$, 其中 δ 是 δ-函数.

(2) 设 g 是区域 V 中的调和函数. 假定公式 (11.2.16) 中 $f=\dfrac{1}{r_p}$, 再考虑到上述结果就得到

$$-4\pi g(p)=\int_S\left(g\nabla\frac{1}{r_p}-\frac{1}{r_p}\nabla g\right)\cdot \mathrm{d}\boldsymbol{\sigma}.$$

给出这个等式的严格证明.

(3) 如果 S 是以 p 点为中心, 以 R 为半径的球面, 试根据上面的公式, 推导出下面等式

$$g(p)=\frac{1}{4\pi R^2}\int_S g\mathrm{d}\sigma.$$

这就是所谓的调和函数平均值定理.

(4) 试根据以上结论证明, 若 B 是由球面 S 所界的球, 而 $V(B)$ 是它的体积, 那么等式

$$g(p)=\frac{1}{V(B)}\int_B g\mathrm{d}V$$

也成立.

(5) 设 p, q 是欧氏平面 $\mathbb{R}^2$ 上的点, 把 (1) 中所考察的函数 $\dfrac{1}{r_p}$(这函数对应着安放在 p 点的点电荷的势) 取成 $\ln\dfrac{1}{r_p}$(该函数对应着空间中均匀带电直线的势). 试证 $\Delta\ln\dfrac{1}{r_p}=-2\pi\delta(p;q)$ 其中 $\delta(p;q)$ 是 $\mathbb{R}^2$ 中的 δ-函数.

(6) 重复 (1)—(4) 中的论证, 证明平面区域内的调和函数的平均值定理.

证　(1) 我们回忆一下 δ-函数 $\delta(p;q)$ 的定义:

$$\int_V\delta(p;q)\mathrm{d}V=\begin{cases}1, & p\in V,\\ 0, & p\notin V.\end{cases}$$

当 $V\not\ni p$ 时, 容易算得 $\Delta r_p^{-1}(q)=\nabla\cdot\nabla r_p^{-1}(q)=0, \forall q\in V$, 于是

$$\int_V\Delta r_p^{-1}(q)\mathrm{d}V=0=-4\pi\int_V\delta(p;q)\mathrm{d}V.$$

当 $V\ni p$ 时, 显然存在 $R>0$ 使得球 $B(p;R)\subset V$, 于是由高斯定理可知

$$\int_{\partial V}\nabla r_p^{-1}(q)\cdot\mathrm{d}\boldsymbol{\sigma}=\int_{V\setminus B(p;R)}\Delta r_p^{-1}(q)\mathrm{d}V+\int_{S(p;R)}\nabla r_p^{-1}(q)\cdot\mathrm{d}\boldsymbol{\sigma}$$

$$= 0 + \int_{S(p;R)} \nabla r_p^{-1}(q) \cdot \mathrm{d}\boldsymbol{\sigma} = \int_{S(p;R)} (-1)\frac{q-p}{r_p^3(q)} \cdot \frac{q-p}{r_p(q)}\mathrm{d}\boldsymbol{\sigma}$$
$$= \int_{S(p;R)} (-1)\frac{1}{r_p^2(q)}\mathrm{d}\boldsymbol{\sigma} = (-1)\frac{1}{R^2} \cdot 4\pi R^2 = -4\pi = -4\pi \int_V \delta(p;q)\mathrm{d}V.$$

因此从高–奥公式的观点来看, 我们有 $\Delta r_p^{-1}(q) = \nabla \cdot \nabla r_p^{-1}(q) = -4\pi\delta(p;q)$.

(2) 类似于 (1), 当 $\varepsilon > 0$ 充分小时, 由格林公式和高斯定理, 我们有

$$\begin{aligned}
&\int_S \left(g\nabla\frac{1}{r_p} - \frac{1}{r_p}\nabla g\right) \cdot \mathrm{d}\boldsymbol{\sigma} \\
=& \int_{V\setminus B(p;\varepsilon)} \left(g\Delta\frac{1}{r_p} - \frac{1}{r_p}\Delta g\right)\mathrm{d}V + \int_{S(p;\varepsilon)} \left(g\nabla\frac{1}{r_p} - \frac{1}{r_p}\nabla g\right) \cdot \mathrm{d}\boldsymbol{\sigma} \\
=& 0 + \int_{S(p;\varepsilon)} \left(g\nabla\frac{1}{r_p} - \frac{1}{r_p}\nabla g\right) \cdot \mathrm{d}\boldsymbol{\sigma} = -\frac{1}{\varepsilon^2}\int_{S(p;\varepsilon)} g\mathrm{d}\boldsymbol{\sigma} - \frac{1}{\varepsilon}\int_{S(p;\varepsilon)} \nabla g \cdot \mathrm{d}\boldsymbol{\sigma} \\
=& -\frac{1}{\varepsilon^2}\int_{S(p;\varepsilon)} g\mathrm{d}\boldsymbol{\sigma} - \frac{1}{\varepsilon}\int_{B(p;\varepsilon)} \Delta g\mathrm{d}V = -\frac{1}{\varepsilon^2}\int_{S(p;\varepsilon)} g\mathrm{d}\boldsymbol{\sigma} - 0 \\
=& -4\pi \cdot \frac{1}{4\pi\varepsilon^2}\int_{S(p;\varepsilon)} g\mathrm{d}\boldsymbol{\sigma}.
\end{aligned}$$

利用积分中值定理和 g 的光滑性即得

$$\int_S \left(g\nabla\frac{1}{r_p} - \frac{1}{r_p}\nabla g\right) \cdot \mathrm{d}\boldsymbol{\sigma} = -4\pi \cdot \lim_{\varepsilon\to+0} \frac{1}{4\pi\varepsilon^2}\int_{S(p;\varepsilon)} g\mathrm{d}\boldsymbol{\sigma} = -4\pi g(p).$$

(3) 记 S 所围球体为 B, 由 (2) 和高斯定理可知

$$\begin{aligned}
g(p) &= -\frac{1}{4\pi}\int_S \left(g\nabla\frac{1}{r_p} - \frac{1}{r_p}\nabla g\right) \cdot \mathrm{d}\boldsymbol{\sigma} \\
&= \frac{1}{4\pi R^2}\int_S g\mathrm{d}\boldsymbol{\sigma} + \frac{1}{4\pi R}\int_S \nabla g \cdot \mathrm{d}\boldsymbol{\sigma} \\
&= \frac{1}{4\pi R^2}\int_S g\mathrm{d}\boldsymbol{\sigma} + \frac{1}{4\pi R}\int_B \Delta g\mathrm{d}V \\
&= \frac{1}{4\pi R^2}\int_S g\mathrm{d}\boldsymbol{\sigma} + 0 = \frac{1}{4\pi R^2}\int_S g\mathrm{d}\boldsymbol{\sigma}.
\end{aligned}$$

(4) 设 B 的半径为 R. 由 (3) 可知, $\forall r \in (0,R]$, $\dfrac{1}{4\pi r^2}\displaystyle\int_{S(p;r)} g\mathrm{d}\boldsymbol{\sigma} = g(p)$, 于是

$$\frac{1}{V(B)}\int_B g\mathrm{d}V = \frac{1}{\frac{4}{3}\pi R^3}\int_0^R \mathrm{d}r\int_{S(p;r)} g\mathrm{d}\boldsymbol{\sigma}$$

$$
\begin{aligned}
&= \frac{1}{\frac{4}{3}\pi R^3}\int_0^R 4\pi r^2\left(\frac{1}{4\pi r^2}\int_{S(p;r)} g\mathrm{d}\boldsymbol{\sigma}\right)\mathrm{d}r\\
&= g(p)\cdot\frac{1}{\frac{4}{3}\pi R^3}\int_0^R 4\pi r^2\mathrm{d}r\\
&= g(p)\cdot\frac{1}{\frac{4}{3}\pi R^3}\cdot\frac{4}{3}\pi R^3 = g(p).
\end{aligned}
$$

(5) 记 $F^{\perp}=(-F^2,F^1)$, 定义算子 $\nabla^{\perp}=-\boldsymbol{e}_x\dfrac{\partial}{\partial y}+\boldsymbol{e}_y\dfrac{\partial}{\partial x}$, 于是

$$
\nabla^{\perp}f=-\boldsymbol{e}_x\frac{\partial f}{\partial y}+\boldsymbol{e}_y\frac{\partial f}{\partial x},\quad \nabla^{\perp}\cdot\boldsymbol{F}=-\frac{\partial F^1}{\partial y}+\frac{\partial F^2}{\partial x},
$$

且 $\nabla^{\perp}\cdot\nabla^{\perp}f=\Delta f$. 此外, 二维格林公式可写成

$$
\int_{\partial D}\boldsymbol{F}\cdot\mathrm{d}\boldsymbol{s}=\int_D\nabla^{\perp}\cdot\boldsymbol{F}\mathrm{d}\boldsymbol{\sigma}.
$$

进而我们还有如下公式:

$$
\begin{aligned}
&\int_{\partial D}(g\nabla^{\perp}f-f\nabla^{\perp}g)\cdot\mathrm{d}\boldsymbol{s}=\int_D\nabla^{\perp}\cdot(g\nabla^{\perp}f-f\nabla^{\perp}g)\mathrm{d}\boldsymbol{\sigma}\\
=&\int_D(\nabla^{\perp}g\cdot\nabla^{\perp}f+g\nabla^{\perp}\cdot\nabla^{\perp}f-\nabla^{\perp}f\cdot\nabla^{\perp}g-f\nabla^{\perp}\cdot\nabla^{\perp}g)\mathrm{d}\boldsymbol{\sigma}\\
=&\int_D(g\Delta f-f\Delta g)\mathrm{d}\boldsymbol{\sigma}. \qquad (*)
\end{aligned}
$$

特别地, 当 $g\equiv 1$ 时, 我们有

$$
\int_{\partial D}\nabla^{\perp}f\cdot\mathrm{d}\boldsymbol{s}=\int_D\Delta f\mathrm{d}\boldsymbol{\sigma}. \qquad (**)
$$

当 $\mathbb{R}^2\supset D\not\ni p$ 时, 容易算得 $\Delta\ln\dfrac{1}{r_p}=0,\ \forall q\in D$, 于是

$$
\int_D\Delta\ln\frac{1}{r_p}\mathrm{d}\boldsymbol{\sigma}=0=-2\pi\int_D\delta(p;q)\mathrm{d}\boldsymbol{\sigma}.
$$

当 $\mathbb{R}^2\supset D\ni p$ 时, 显然存在 $R>0$ 使得圆面 $B(p;R)\subset D$, 于是类似于 (1), 由公式 $(**)$ 可知

$$
\int_{\partial D}\nabla^{\perp}\ln\frac{1}{r_p}\cdot\mathrm{d}\boldsymbol{s}=\int_{D\backslash B(p;R)}\Delta\ln\frac{1}{r_p}\mathrm{d}\boldsymbol{\sigma}+\int_{S(p;R)}\nabla^{\perp}\ln\frac{1}{r_p}\cdot\mathrm{d}\boldsymbol{s}
$$

$$
\begin{aligned}
&= 0 + \int_{S(p;R)} \nabla^{\perp} \ln \frac{1}{r_p} \cdot \mathrm{d}\boldsymbol{s} = \int_{S(p;R)} (-1) \frac{(q-p)^{\perp}}{r_p^2(q)} \cdot \frac{(q-p)^{\perp}}{r_p(q)} \mathrm{d}\boldsymbol{s} \\
&= \int_{S(p;R)} (-1) \frac{1}{r_p(q)} \mathrm{d}\boldsymbol{s} = (-1) \frac{1}{R} \cdot 2\pi R = -2\pi = -2\pi \int_D \delta(p;q) \mathrm{d}\boldsymbol{\sigma}.
\end{aligned}
$$

因此从二维格林公式 (*) 的观点来看, 我们有 $\Delta \ln \dfrac{1}{r_p} = \nabla^{\perp} \cdot \nabla^{\perp} \ln \dfrac{1}{r_p} = -2\pi\delta(p;q)$.

(6) 首先, 类似于 (2), 当 $\varepsilon > 0$ 充分小时, 由公式 (*) 和 (**), 我们有

$$
\begin{aligned}
&\int_{\partial D} \left(g\nabla^{\perp} \ln \frac{1}{r_p} - \ln \frac{1}{r_p} \nabla^{\perp} g \right) \cdot \mathrm{d}\boldsymbol{s} \\
=& \int_{D \setminus B(p;\varepsilon)} \left(g\Delta \ln \frac{1}{r_p} - \ln \frac{1}{r_p} \Delta g \right) \mathrm{d}\boldsymbol{\sigma} + \int_{S(p;\varepsilon)} \left(g\nabla^{\perp} \ln \frac{1}{r_p} - \ln \frac{1}{r_p} \nabla^{\perp} g \right) \cdot \mathrm{d}\boldsymbol{s} \\
=& 0 + \int_{S(p;\varepsilon)} \left(g\nabla^{\perp} \ln \frac{1}{r_p} - \ln \frac{1}{r_p} \nabla^{\perp} g \right) \cdot \mathrm{d}\boldsymbol{s} \\
=& -\frac{1}{\varepsilon} \int_{S(p;\varepsilon)} g \mathrm{d}\boldsymbol{s} = -2\pi \cdot \frac{1}{2\pi\varepsilon} \int_{S(p;\varepsilon)} g \mathrm{d}\boldsymbol{s}.
\end{aligned}
$$

利用积分中值定理和 g 的光滑性即得

$$
\int_S \left(g\nabla^{\perp} \ln \frac{1}{r_p} - \ln \frac{1}{r_p} \nabla^{\perp} g \right) \cdot \mathrm{d}\boldsymbol{s} = -2\pi g(p).
$$

其次, 类似于 (3), 如果 S 是以 p 点为中心, 以 R 为半径的圆周, 则

$$
\begin{aligned}
g(p) &= -\frac{1}{2\pi} \int_S \left(g\nabla^{\perp} \ln \frac{1}{r_p} - \ln \frac{1}{r_p} \nabla^{\perp} g \right) \cdot \mathrm{d}\boldsymbol{s} \\
&= -\frac{1}{2\pi} \cdot \left(-\frac{1}{R} \int_S g \mathrm{d}\boldsymbol{s} \right) = \frac{1}{2\pi R} \int_S g \mathrm{d}\boldsymbol{s}.
\end{aligned}
$$

最后, 类似于 (4), 设 B 是由圆周 S 所界的圆面, 而 $\sigma(B)$ 是它的面积. 由于 $\forall r \in (0, R]$, $\dfrac{1}{2\pi r} \displaystyle\int_{S(p;r)} g \mathrm{d}\boldsymbol{s} = g(p)$, 于是

$$
\begin{aligned}
\frac{1}{\sigma(B)} \int_B g \mathrm{d}\sigma &= \frac{1}{\pi R^2} \int_0^R \mathrm{d}r \int_{S(p;r)} g \mathrm{d}\boldsymbol{s} \\
&= \frac{1}{\pi R^2} \int_0^R 2\pi r \left(\frac{1}{2\pi r} \int_{S(p;r)} g \mathrm{d}\boldsymbol{s} \right) \mathrm{d}r \\
&= g(p) \cdot \frac{1}{\pi R^2} \int_0^R 2\pi r \mathrm{d}r \\
&= g(p) \cdot \frac{1}{\pi R^2} \cdot \pi R^2 = g(p).
\end{aligned}
$$

这就证明了平面区域内的调和函数的平均值定理:

$$g(p) = \frac{1}{2\pi R}\int_S g\mathrm{d}\boldsymbol{s} = \frac{1}{\sigma(B)}\int_B g\mathrm{d}\boldsymbol{\sigma}. \qquad \square$$

3. 多维柯西中值定理.

经典的积分中值定理 (“拉格朗日定理”) 断言, 如果函数 $f: D \to \mathbb{R}$ 在可测连通紧集 $D \subset \mathbb{R}^n$ 上连续, 则存在点 $\xi \in D$ 使

$$\int_D f(x)\mathrm{d}x = f(\xi)\cdot|D|,$$

其中 $|D|$ 是 D 的测度 (体积).

(1) 现设 $f, g \in C(D;\mathbb{R})$, 亦即, f 和 g 是在 D 中定义的连续实值函数. 试证成立以下 “柯西定理”: 存在点 $\xi \in D$ 使

$$g(\xi)\int_D f(x)\mathrm{d}x = f(\xi)\int_D g(x)\mathrm{d}x.$$

(2) 设 D 是具光滑边界 ∂D 的紧区域, 而 $\boldsymbol{f}, \boldsymbol{g}$ 是 D 中的两个光滑向量场. 试证: 存在点 $\xi \in D$ 使

$$\mathrm{div}\boldsymbol{g}(\xi)\cdot\underset{\partial D}{\mathrm{Flux}}\boldsymbol{f} = \mathrm{div}\boldsymbol{f}(\xi)\cdot\underset{\partial D}{\mathrm{Flux}}\boldsymbol{g},$$

其中 $\underset{\partial D}{\mathrm{Flux}}$ 是向量场通过曲面 ∂D 的流量.

证　(1) 令

$$h(x) = f(x)\int_D g(x)\mathrm{d}x - g(x)\int_D f(x)\mathrm{d}x, \quad x \in D.$$

显然 $h \in C(D;\mathbb{R})$, 于是由拉格朗日定理可知, 存在点 $\xi \in D$ 使得

$$\int_D h(x)\mathrm{d}x = h(\xi)\cdot|D|.$$

而

$$\int_D h(x)\mathrm{d}x = \int_D f(x)\int_D g(x)\mathrm{d}x - \int_D g(x)\int_D f(x)\mathrm{d}x = 0,$$

于是

$$0 = h(\xi) = f(\xi)\int_D g(x)\mathrm{d}x - g(\xi)\int_D f(x)\mathrm{d}x,$$

从而柯西定理得证.

(2) 因为 $\mathrm{div}\boldsymbol{f}, \mathrm{div}\boldsymbol{g} \in C(D;\mathbb{R})$, 所以由已证的柯西定理可知, 存在点 $\xi \in D$ 使得

$$\mathrm{div}\boldsymbol{g}(\xi)\int_D \mathrm{div}\boldsymbol{f}(x)\mathrm{d}x = \mathrm{div}\boldsymbol{f}(\xi)\int_D \mathrm{div}\boldsymbol{g}(x)\mathrm{d}x.$$

再由高–奥公式和 $\underset{\partial D}{\text{Flux}}$ 的定义可知

$$\begin{aligned}&\text{div}\boldsymbol{g}(\xi)\cdot\underset{\partial D}{\text{Flux}}\boldsymbol{f}=\text{div}\boldsymbol{g}(\xi)\cdot\int_{\partial D}\boldsymbol{f}\cdot\text{d}\boldsymbol{\sigma}=\text{div}\boldsymbol{g}(\xi)\cdot\int_D\text{div}\boldsymbol{f}(x)\text{d}x\\=&\text{div}\boldsymbol{f}(\xi)\int_D\text{div}\boldsymbol{g}(x)\text{d}x=\text{div}\boldsymbol{f}(\xi)\cdot\int_{\partial D}\boldsymbol{g}\cdot\text{d}\boldsymbol{\sigma}=\text{div}\boldsymbol{f}(\xi)\cdot\underset{\partial D}{\text{Flux}}\boldsymbol{g}.\end{aligned}$$ □

11.3 势　场
&
11.4 应用例子

一、知识点总结与补充

1. 向量场的势

(1) 势场的定义: 设 $\boldsymbol{A}$ 是区域 $D\subset\mathbb{R}^n$ 内的向量场, 称函数 $U:D\to\mathbb{R}$ 是 $\boldsymbol{A}$ 的势, 如果 $\boldsymbol{A}=\text{grad}U$ 在 D 内成立. 具有势的场叫做势场.

(2) 势场的必要条件: 场 $\boldsymbol{A}:\mathbb{R}^n\supset D\to\mathbb{R}^n$ 成为势场的必要条件是: 在 D 内成立 $\text{d}\omega_{\boldsymbol{A}}^1=0$.

注　在笛卡儿坐标下, 场 $\boldsymbol{A}=(A^1,\cdots,A^n)$ 成为势场 $\boldsymbol{A}=\text{grad}U$(假设 U 足够光滑, 例如二阶偏导数连续) 的必要条件是: $\forall i,j=1,\cdots,n,\ \dfrac{\partial A^i}{\partial x^j}=\dfrac{\partial A^j}{\partial x^i}$. 在 $\mathbb{R}^3$ 中, 场 $\boldsymbol{A}$ 成为势场的必要条件能够写成 $\text{rot}\boldsymbol{A}=0$ 的形式.

(3) 向量场具有势的判别准则: 设向量场 $\boldsymbol{A}$ 在区域 $D\subset\mathbb{R}^n$ 内连续, 那么 $\boldsymbol{A}$ 在 D 内成为势场的充分且必要条件是它在 D 内的任何闭路 γ 上的环流量等于零: $\displaystyle\oint_\gamma\boldsymbol{A}\cdot\text{d}\boldsymbol{s}=0$.

注　此时, 沿区域 D 内的任何道路 (不一定闭) 的积分, 只与道路的起点与终点有关, 而与道路上的其他点无关. 此外, 为使场 $\boldsymbol{A}$ 成为势场, 只要条件 $\displaystyle\oint_\gamma\boldsymbol{A}\cdot\text{d}\boldsymbol{s}=0$ 对于光滑道路成立就够了, 或者, 即使只要对于由平行于坐标轴的线段组成的折线成立就够了.

(4) 同伦的概念: 设在区域 D 内有两条闭路 $\gamma_0:[0,1]\to D$ 及 $\gamma_1:[0,1]\to D$. 如果存在从正方形 $I^2=\{(t^1,t^2)\in\mathbb{R}^2|0\leqslant t^i\leqslant1,i=1,2\}$ 到区域 D 内的连续映射 $\Gamma:I^2\to D$, 使对任何 $t^1,t^2\in[0,1]$ 成立: $\Gamma(t^1,0)=\gamma_0(t^1)$, $\Gamma(t^1,1)=\gamma_1(t^1)$, 以及 $\Gamma(0,t^2)=\Gamma(1,t^2)$, 就说在区域 D 内有闭路 γ_0 到闭路 γ_1 的同伦 (或变形) 映射. 称两条闭路在一个区域内是同伦的, 如果能在该区域内使它们彼此同伦, 亦即, 能在该区域内建立从一条道路到另一条道路的同伦.

(5) 如果区域 D 内的 1-形式 $\omega_{\boldsymbol{A}}^1$ 能使 $\mathrm{d}\omega_{\boldsymbol{A}}^1 = 0$, 而闭路 γ_0 与 γ_1 在 D 内同伦, 则 $\displaystyle\int_{\gamma_0} \omega_{\boldsymbol{A}}^1 = \int_{\gamma_1} \omega_{\boldsymbol{A}}^1$.

(6) 单连通区域: 一个区域叫做单连通区域, 如果其中的任何闭路都与点同伦.

(7) 势场的充要条件: 若单连通区域 D 内的场 $\boldsymbol{A}$ 满足势场的必要条件 $\mathrm{d}\omega_{\boldsymbol{A}}^1 = 0$, 那么它就是 D 内的势场.

2. 向量势、恰当形式与闭形式

(1) 向量势的定义: 设 $\boldsymbol{A}, \boldsymbol{B}$ 都是区域 $D \subset \mathbb{R}^3$ 内的向量场. 如果在 D 内关系 $\boldsymbol{B} = \mathrm{rot}\boldsymbol{A}$ 成立, 就说 $\boldsymbol{A}$ 是 $\boldsymbol{B}$ 在 D 内的向量势.

(2) 管量场的定义: 我们称场 $\boldsymbol{B}$ 是管量场 (无源场), 如果它满足条件: $\mathrm{div}\boldsymbol{B}=0$.

(3) 如果向量场 $\boldsymbol{B} : \mathbb{R}^3 \supset D :\to \mathbb{R}^3$ 在 D 内有向量势, 则它必是 D 内的管量场.

(4) 由 10.3 节的庞加莱定理可知, 当向量场 $\boldsymbol{B}$ 满足条件 $\mathrm{div}\boldsymbol{B} = 0$ 时, 这个场 $\boldsymbol{B}$ 至少局部地是某个向量场的旋度.

3. 一些重要的数学物理方程

(1) 热传导方程:

$$\frac{\partial T}{\partial t} = a^2 \Delta T + f,$$

其中 a^2 为热扩散系数.

- 泊松方程: $\Delta T = \varphi$.
- 拉普拉斯方程: $\Delta T = 0$. 拉普拉斯方程的解叫做调和函数.

(2) 连续介质的连续性方程:

$$\frac{\partial \rho}{\partial t} + \mathrm{div}(\rho \boldsymbol{v}) = \frac{\partial \rho}{\partial t} + \nabla \cdot (\rho \boldsymbol{v}) = \frac{\partial \rho}{\partial t} + \boldsymbol{v} \cdot \nabla \rho + \rho \nabla \cdot \boldsymbol{v} = 0.$$

- 不可压缩介质: $\mathrm{div}\boldsymbol{v} = 0$.
- 变密度不可压缩介质的连续性方程: $\dfrac{\partial \rho}{\partial t} + \boldsymbol{v} \cdot \nabla \rho = 0$. 如果介质又是均匀的, 则 $\nabla \rho = 0$, 因而 $\dfrac{\partial \rho}{\partial t} = 0$.

(3) 连续介质动力学基本方程 (流体动力学的欧拉方程):

$$\frac{\partial \boldsymbol{v}}{\partial t} + (\boldsymbol{v} \cdot \nabla)\boldsymbol{v} = \boldsymbol{F} - \frac{1}{\rho} \nabla p.$$

(4) 波动方程:

$$\frac{\partial^2 p}{\partial t^2} = a^2 \Delta p + f,$$

其中 a 是在给定的介质内的声速.

注　一元齐次波动方程的解可参看 7.4 节和 7.5 节的例题 1.

二、例题讲解

1. 求区域 $D=\mathbb{R}^n\setminus O$ 内的形式

$$\omega^{n-1}=\frac{1}{\left((x^1)^2+\cdots+(x^n)^2\right)^{\frac{n}{2}}}\sum_{i=1}^{n}(-1)^{i-1}x^i\mathrm{d}x^1\wedge\cdots\wedge\widehat{\mathrm{d}x^i}\wedge\cdots\wedge\mathrm{d}x^n$$

在球面 $(x^1)^2+\cdots+(x^n)^2=R^2$(按外法向定向) 上的积分.

解　记球面 $(x^1)^2+\cdots+(x^n)^2=R^2$ 为 $S^{n-1}(O;R)$, 则其局部参数式为

$$\begin{cases}x^1=R\cos\theta_1,\\ x^2=R\sin\theta_1\cos\theta_2,\\ \cdots\cdots\\ x^{n-1}=R\sin\theta_1\sin\theta_2\cdots\sin\theta_{n-2}\cos\theta_{n-1},\\ x^n=R\sin\theta_1\sin\theta_2\cdots\sin\theta_{n-2}\sin\theta_{n-1},\end{cases}$$

其中 $(\theta_1,\cdots,\theta_{n-2},\theta_{n-1})\in(0,\pi)\times\cdots\times(0,\pi)\times(0,2\pi)$. 因此

$$\begin{aligned}\int_{S^{n-1}(O;R)}\omega^{n-1}&=\int_0^{2\pi}\mathrm{d}\theta_{n-1}\int_0^{\pi}\mathrm{d}\theta_{n-2}\cdots\int_0^{\pi}\frac{R}{R^n}\cdot R^{n-1}\sin^{n-2}\theta_1\cdots\sin\theta_{n-2}\mathrm{d}\theta_1\\&=\sigma(S(O;1))=\begin{cases}\dfrac{2\pi^m}{(m-1)!}, & n=2m,\\ \dfrac{2(2\pi)^m}{(2m-1)!!}, & n=2m+1.\end{cases}\end{aligned}$$ □

三、习题参考解答 (11.3 节)

1. 试证任何中心场 $\boldsymbol{A}=f(r)\boldsymbol{r}$ 是势场.

证　在球坐标系下, $\boldsymbol{A}=f(r)r\boldsymbol{e}_r$, 于是由《讲义》11.1.5 小节公式 (11.1.35) 可得 $\mathrm{rot}\boldsymbol{A}=0$. 又 $\mathbb{R}^3$ 是单连通区域, 所以由《讲义》11.3.4 小节命题 4 可知中心场 $\boldsymbol{A}=f(r)\boldsymbol{r}$ 是势场. □

2. 设 $\boldsymbol{F}=-\mathrm{grad}U$ 是有势力场. 试证在这种场内, 质点的稳定平衡位置在这个场的势 U 的极小点处.

证　质点的稳定平衡位置满足: $\boldsymbol{F}=-\mathrm{grad}U=0$ 且在平衡位置附近 $\boldsymbol{F}$ 指向该平衡位置. 于是 $\mathrm{grad}U=0$ 且 $\mathrm{grad}U$ 背离平衡位置, 这说明质点的稳定平衡位置恰好是势 U 的极小点. □

3. 检查以下各区域是不是单连通域:

(1) 圆 $\{(x,y)\in\mathbb{R}^2\,|\,x^2+y^2<1\}$.

(2) 空心圆 $\{(x,y)\in\mathbb{R}^2\,|\,0<x^2+y^2<1\}$.

(3) 空心球 $\{(x,y,z)\in\mathbb{R}^3\,|\,0<x^2+y^2+z^2<1\}$.

(4) 圆环 $\left\{(x,y)\in\mathbb{R}^2\,\middle|\,\dfrac{1}{2}<x^2+y^2<1\right\}$.

(5) 球环 $\left\{(x,y,z)\in\mathbb{R}^3\,\middle|\,\dfrac{1}{2}<x^2+y^2+z^2<1\right\}$.

(6) $\mathbb{R}^3$ 内的镯形域.

解　(1), (3) 和 (5) 是单连通域, 而 (2), (4) 和 (6) 不是单连通域. □

4. (1) 给出具固定端点道路的同伦的定义.

(2) 试证一个区域是单连通域的充要条件是, 具共同起点与终点的任意两条道路, 在 (1) 的定义之下同伦.

解　(1) 设 $\gamma_0:[0,1]\to D$ 及 $\gamma_1:[0,1]\to D$ 都是在区域 D 内的从 x 到 y 的道路. 如果存在从正方形 $I^2=\{(t^1,t^2)\in\mathbb{R}^2|0\leqslant t^i\leqslant 1, i=1,2\}$ 到区域 D 内的连续映射 $\Gamma:I^2\to D$, 使对任何 $t^1\in[0,1]$ 成立: $\Gamma(t^1,0)=\gamma_0(t^1)$, $\Gamma(t^1,1)=\gamma_1(t^1)$, 就称道路 γ_0 和 γ_1 是同伦的.

(2) 充分性: 设区域 D 内具共同起点与终点的任意两条道路在 (1) 的定义之下是同伦的. 对区域 D 内的任一闭路 $\gamma:[0,1]\to D$, 记 $\gamma_0(t)=\gamma\left(\dfrac{t}{2}\right)$, $\gamma_1(t)=\gamma\left(1-\dfrac{t}{2}\right)$, 则易见 $\gamma_0:[0,1]\to D$ 和 $\gamma_1:[0,1]\to D$ 为区域 D 内具共同起点 $x=\gamma(0)=\gamma(1)$ 与终点 $y=\gamma\left(\dfrac{1}{2}\right)$ 的两条道路. 于是由题设条件可知, 存在连续映射 $\Gamma:I^2\to D$, 使对任何 $t^1\in[0,1]$ 成立: $\Gamma(t^1,0)=\gamma_0(t^1)$, $\Gamma(t^1,1)=\gamma_1(t^1)$. 对 $(t^1,t^2)\in I^2$, 令

$$\widetilde{\Gamma}(t^1,t^2)=\begin{cases}\Gamma\big(2t^1,2t^2\big), & (t^1,t^2)\in\left[0,\dfrac{1}{2}\right]\times\left[0,\dfrac{1}{2}\right],\\[2mm] \Gamma\big(2(1-t^1),2t^2\big), & (t^1,t^2)\in\left[\dfrac{1}{2},1\right]\times\left[0,\dfrac{1}{2}\right],\\[2mm] \Gamma\big(4t^1(1-t^2),1\big), & (t^1,t^2)\in\left[0,\dfrac{1}{2}\right]\times\left[\dfrac{1}{2},1\right],\\[2mm] \Gamma\big(4(1-t^1)(1-t^2),1\big), & (t^1,t^2)\in\left[\dfrac{1}{2},1\right]\times\left[\dfrac{1}{2},1\right].\end{cases}$$

显然 $\widetilde{\Gamma}\in C(I^2;D)$, 且对任何 $t^1,t^2\in[0,1]$ 成立: $\widetilde{\Gamma}(t^1,0)=\gamma(t^1)$, $\widetilde{\Gamma}(t^1,1)=\Gamma(0,1)=x$, 以及 $\widetilde{\Gamma}(0,t^2)=\widetilde{\Gamma}(1,t^2)$. 这就说明了闭路 $\gamma:[0,1]\to D$ 与点 x 同伦,

因此 D 是单连通域.

必要性: 设区域 D 是单连通域, $\gamma_0:[0,1]\to D$ 和 $\gamma_1:[0,1]\to D$ 为区域 D 内具共同起点 $x_0=\gamma_0(0)=\gamma_1(0)$ 与终点 $x_1=\gamma_0(1)=\gamma_1(1)$ 的任意两条道路. 记 $\gamma_1^{-1}(t):=\gamma_1(1-t)$,

$$\gamma_1^{-1}\circ\gamma_0(t):=\begin{cases}\gamma_0(2t), & 0\leqslant t\leqslant\dfrac{1}{2},\\ \gamma_1^{-1}(2t)=\gamma_1\big(2(1-t)\big), & \dfrac{1}{2}<t\leqslant 1.\end{cases}$$

于是 $\gamma_1^{-1}\circ\gamma_0(t):[0,1]\to D$ 是一个闭道路, 从而根据 D 是单连通的, 存在连续映射 $\Gamma:I^2\to D$, 使得对任何 $t^1,t^2\in[0,1]$ 成立: $\Gamma(t^1,0)=x_0$, $\Gamma(t^1,1)=\gamma_1^{-1}\circ\gamma_0(t^1)$, $\Gamma(0,t^2)=\Gamma(1,t^2)$. 然后我们考虑

$$\widetilde{\Gamma}(t^1,t^2)=\begin{cases}\Gamma\big(t^1,1-2t^2\big), & (t^1,t^2)\in\left[0,\dfrac{1}{2}\right]\times\left[0,\dfrac{1}{2}\right],\\ \Gamma\left(\dfrac{1}{2},t^2(2t^1-1)+1-2t^2\right), & (t^1,t^2)\in\left[\dfrac{1}{2},1\right]\times\left[0,\dfrac{1}{2}\right],\\ \Gamma\left(1-t^1,2t^2-1\right), & (t^1,t^2)\in\left[0,\dfrac{1}{2}\right]\times\left[\dfrac{1}{2},1\right],\\ \Gamma\left(\dfrac{1}{2},(1-t^2)(2t^1-1)+2t^2-1\right), & (t^1,t^2)\in\left[\dfrac{1}{2},1\right]\times\left[\dfrac{1}{2},1\right].\end{cases}$$

显然 $\widetilde{\Gamma}\in C(I^2;D)$, 且对任何 $t^1\in[0,1]$ 成立: $\widetilde{\Gamma}(t^1,0)=x_1\circ\gamma_0(t^1)$, $\widetilde{\Gamma}(t^1,1)=x_1\circ\gamma_1(t^1)$. 于是 $x_1\circ\gamma_0$ 与 $x_1\circ\gamma_1$ 同伦, 再根据 $x_1\circ\gamma_k$ 与 γ_k 同伦, $k=0,1$, 我们有 γ_0 与 γ_1 同伦. □

5. 试证: (1) 圆周 S^1(一维球) 到二维球面 S^2 内的任何连续映射 $f:S^1\to S^2$, 沿着 S^2 可缩成一点 (即缩成常映射).

(2) 任何连续映射 $S^2\to S^1$ 也与映成一点的映射同伦.

(3) 任何连续映射 $f:S^1\to S^1$ 同伦于某映射 $\varphi\mapsto n\varphi$, 其中 n 是 $\mathbb{Z}$ 中的某个数, φ 是圆周上点的极角.

(4) 球面 S^2 到镯形区域内的任何连续映射同伦于映成一点的映射.

(5) 圆周 S^1 到镯形区域的任何连续映射, 同伦于一个绕着镯的洞跑过 n 次的闭路, 其中 $n\in\mathbb{Z}$.

证 (1) 首先, 选取一点 $x_0\in S^2$, 使得 $x_0\notin f(S^1)$. 那么, 易见 $f:S^1\to S^2$ 与 $f:S^1\to S^2\setminus\{x_0\}$ 同伦. 再根据 $S^2\setminus\{x_0\}$ 与 $\mathbb{R}^2$ 同胚, 以及 $\mathbb{R}^2$ 是单连通空间, 即可知 $f:S^1\to S^2$ 同伦于一个常值映射.

(2) 由于 S^2 是单连通的, 于是任何 S^2 到 S^1 的连续映射可以提升到 $\mathbb{R}$ 上, 而 $f:S^2\to\mathbb{R}$ 一定和常值映射 $c:S^2\to 0$ 同伦, 同伦映射可以由 $\Gamma(x,t)=tf(x)$ 给

出. 这里也可以利用连续映射保持紧性和连通性, $f(S^2)$ 就是 $\mathbb{R}$ 中的紧的连通集, 那就是 $\mathbb{R}$ 中的闭区间. 再根据 $\mathbb{R}$ 中的闭区间一定是可缩到一个点的, 于是任何连续映射 $f: S^2 \to \mathbb{R}$ 一定同伦于常值映射.

(3) 考虑 $S^1 \to S^1$ 的所有连续映射的同伦类, 这其实就是 S^1 的基本群 $\pi_1(S^1)$. 考虑映射 $\Phi: \mathbb{Z} \to \pi_1(S^1)$ 定义为 $n \to [w_n]$, $w_n(s) = \mathrm{e}^{2\pi i n s}$, $[w_n]$ 表示同伦于 w_n 的道路的等价类. 考虑覆盖映射 $p: \mathbb{R} \to S^1$ 定义为 $s \to \mathrm{e}^{2\pi i s}$. 令 $I = [0,1]$ 为 $\mathbb{R}$ 上的单位区间, 记 $\hat{w}_n: I \to \mathbb{R}$ 定义为 $\hat{w}_n(s) = ns$. 那么我们有 $w_n = p \circ \hat{w}_n$. 我们称 $\hat{w}_n$ 为 w_n 的提升. 并且我们可以证明 Φ 是一个群同构, 即任何连续映射都可以同伦到 $\varphi \mapsto n\varphi$ 的映射. 更细致的证明可以参考 [A.Hatcher, Algebraic Topology].

(4) 容易看出镯形区域同伦等价于 S^1. 那么 S^2 到镯形区域的连续映射的同伦类一定同构于 S^2 到 S^1 的连续映射的同伦类. 根据 (2), 我们有 S^2 到 S^1 的连续映射的同伦类只有一个, 那么, S^2 到镯形区域的连续映射的同伦类也只有一个, 即任何 S^2 到镯形区域的连续映射都同伦于常值映射.

(5) 类似于 (4), S^1 到镯形区域的连续映射的同伦类一定同构于 S^1 到 S^1 的连续映射的同伦类. 根据 (3), 我们有 S^1 到镯形区域的连续映射同伦于绕着镯的洞跑过 n 次的闭路. □

6. 众所周知以下的亥姆霍兹① 定理: 在欧氏定向空间 $\mathbb{R}^3$ 的区域 D 内, 任何光滑场 $\boldsymbol{F}$ 能分解为无旋场 $\boldsymbol{F}_1$ 与管量场 $\boldsymbol{F}_2$ 之和 $\boldsymbol{F} = \boldsymbol{F}_1 + \boldsymbol{F}_2$. 试证: 这种分解法的建立可归结为解某个泊松方程.

证　在欧氏定向空间 $\mathbb{R}^3$ 的区域 D 内, 若光滑场 $\boldsymbol{F}$ 能分解为无旋场 $\boldsymbol{F}_1$ 与管量场 $\boldsymbol{F}_2$ 之和 $\boldsymbol{F} = \boldsymbol{F}_1 + \boldsymbol{F}_2$, 则显然 $\mathrm{rot} F_1 = \nabla \times F_1 = 0$, $\mathrm{div} F_2 = \nabla \cdot F_2 = 0$. 于是, 在局部上, 存在函数 $\varphi: D \to \mathbb{R}$ 使得 $F_1 = \nabla\varphi$, 因此

$$\nabla \cdot F = \nabla \cdot F_1 + \nabla \cdot F_2 = \Delta\varphi + 0 = \Delta\varphi,$$

这是一个泊松方程.

反之, 若函数 φ 是泊松方程 $\Delta\varphi = \nabla \cdot F$ 的解, 则可令 $F_1 = \nabla\varphi$, $F_2 = F - F_1$. 易见 $\nabla \times F_1 = \nabla \times \nabla\varphi = 0$, $\nabla \cdot F_2 = \nabla \cdot F - \nabla \cdot F_1 = \Delta\varphi - \Delta\varphi = 0$, 从而得到分解式: $F = F_1 + F_2$, 其中 F_1 是无旋场, F_2 是管量场. □

7. 在区域 $\mathbb{R}^3 \setminus O$(即去掉点 O 的空间 $\mathbb{R}^3$) 内做一个

(1) 闭且非恰当的 2-形式;

(2) 无源向量场, 使它不是此区域内任何向量场的旋度.

① 亥姆霍兹 (Helmholtz)(1821—1894)——德国物理学家与数学家. 他是首先发现一般的能量守恒原理者之一. 顺便指出, 正是他首先确切地区分了力与能量的概念.

解　(1) 令 $\boldsymbol{B}=\dfrac{x\boldsymbol{e}_x+y\boldsymbol{e}_y+z\boldsymbol{e}_z}{(x^2+y^2+z^2)^{3/2}}$, $(x,y,z)\in\mathbb{R}^3\setminus O$. 再令 $\omega=\omega_{\boldsymbol{B}}^2=\dfrac{x\mathrm{d}y\wedge\mathrm{d}z+y\mathrm{d}z\wedge\mathrm{d}x+z\mathrm{d}x\wedge\mathrm{d}y}{(x^2+y^2+z^2)^{3/2}}$. 易见 $\mathrm{div}\boldsymbol{B}=0$, 于是 $\mathrm{d}\omega=\mathrm{d}\omega_{\boldsymbol{B}}^2=\omega_{\mathrm{div}\boldsymbol{B}}^3=0$, 即 $\omega=\omega_{\boldsymbol{B}}^2$ 为区域 $\mathbb{R}^3\setminus O$ 内的闭 2-形式. 假设 ω 是恰当形式, 则存在 1-形式 α 使得 $\omega=\mathrm{d}\alpha$. 于是对任何 $R>0$, 由斯托克斯公式可知 ω 沿着球面 $B(O;R)$(按外法向定向) 的积分

$$\int_{B(O;R)}\omega=\int_{B(O;R)}\mathrm{d}\alpha=0,$$

从而与 10.2.1 小节习题 4(2) 的结果相矛盾, 故 ω 是非恰当的.

(2) 易见 (1) 中的向量场 $\boldsymbol{B}$ 即满足要求. □

8. (1) 在区域 $D=\mathbb{R}^n\setminus O$(空间 $\mathbb{R}^n$ 去掉点 O) 内有闭而不恰当的 $p<n-1$ 形式吗?

(2) 在区域 $D=\mathbb{R}^n\setminus O$ 内建立一个闭而不恰当的 $p=n-1$ 形式.

解　(1) 设 ω^p 是区域 $D=\mathbb{R}^n\setminus O$ 内的闭 p-形式 $(0<p<n-1)$, 即 $\mathrm{d}\omega^p=0$. 因为 D 内 p 维球面的所有映像都同伦于常映像, 即 $\pi_p(D)$ 是平凡的, 所以由庞加莱定理可知 ω^p 是恰当的.

(2) 考虑区域 $D=\mathbb{R}^n\setminus O$ 内的如下 $p=n-1$ 形式

$$\omega^{n-1}=\frac{1}{\left((x^1)^2+\cdots+(x^n)^2\right)^{\frac{n}{2}}}\sum_{i=1}^n(-1)^{i-1}x^i\mathrm{d}x^1\wedge\cdots\wedge\widehat{\mathrm{d}x^i}\wedge\cdots\wedge\mathrm{d}x^n.$$

由 7.3 节例题 1 中的结论可知

$$\begin{aligned}\mathrm{d}\omega^{n-1}&=\sum_{i=1}^n(-1)^{i-1}\mathrm{d}\left(\frac{x^i}{\left((x^1)^2+\cdots+(x^n)^2\right)^{\frac{n}{2}}}\right)\wedge\mathrm{d}x^1\wedge\cdots\wedge\widehat{\mathrm{d}x^i}\wedge\cdots\wedge\mathrm{d}x^n\\&=\sum_{i=1}^n(-1)^{i-1}\frac{\partial}{\partial x^i}\left(\frac{x^i}{\left((x^1)^2+\cdots+(x^n)^2\right)^{\frac{n}{2}}}\right)\mathrm{d}x^i\wedge\mathrm{d}x^1\wedge\cdots\wedge\widehat{\mathrm{d}x^i}\wedge\cdots\wedge\mathrm{d}x^n\\&=\left(\sum_{i=1}^n\frac{\partial}{\partial x^i}\left(\frac{x^i}{\left((x^1)^2+\cdots+(x^n)^2\right)^{\frac{n}{2}}}\right)\right)\mathrm{d}x^1\wedge\cdots\wedge\mathrm{d}x^n=0,\end{aligned}$$

即 ω^{n-1} 是闭形式. 再采用习题 7(1) 的证明方法并利用例题 1 的结果可知 ω^{n-1} 是非恰当的. □

9. 如果 ω 是区域 $D\subset\mathbb{R}^n$ 内的闭 1-形式, 则根据命题 4, 任何点 $x\in D$ 有邻域 $U(x)$, 使 ω 在其内是恰当的. 下设 ω 是闭形式.

(1) 试证: 如果两条道路 $\gamma_i:[0,1]\to D$, $i=1,2$ 有共同的起点和终点, 并且只在闭区间 $[\alpha,\beta]\subset[0,1]$ 上不一样, 而且它们关于该区间的像位于同一个邻域 $U(x)$ 之内, 则 $\displaystyle\int_{\gamma_1}\omega=\int_{\gamma_2}\omega$.

(2) 试证: 对于任意一条道路 $[0,1]\ni t\mapsto\gamma(t)\in D$, 都存在数 $\delta>0$, 使得当道路 $\tilde{\gamma}$ 与 γ 有相同的起点与终点, 且偏离 γ 不超过 δ, 亦即 $\max\limits_{0\leqslant t\leqslant 1}|\tilde{\gamma}(t)-\gamma(t)|\leqslant\delta$ 时, 恒有 $\int_{\tilde{\gamma}}\omega=\int_{\gamma}\omega$.

(3) 试证: 如果具有共同起点与终点的二道路 γ_1,γ_2 作为固定端点道路, 在区域 D 内同伦, 那么, 对于 D 内的闭形式 ω 有 $\int_{\gamma_1}\omega=\int_{\gamma_2}\omega$.

证　(1) 显然 $\gamma_1|_{[\alpha,\beta]}$ 与 $-\gamma_2|_{[\alpha,\beta]}$ 组成 $U(x)$ 的闭路, 所以由 ω 在 $U(x)$ 内是恰当的可知 $\int_{(\gamma_1|_{[\alpha,\beta]})\cup(-\gamma_2|_{[\alpha,\beta]})}\omega=0$, 即 $\int_{\gamma_1|_{[\alpha,\beta]}}\omega=\int_{\gamma_2|_{[\alpha,\beta]}}\omega$, 因此 $\int_{\gamma_1}\omega=\int_{\gamma_2}\omega$.

(2) 因为 ω 是闭形式, 所以根据命题 4, $\forall t\in[0,1]$, $\gamma(t)\in D$ 在 D 中有球形邻域 $U(\gamma(t))$(其直径记为 $d(t)$), 使 ω 在其内是恰当的. 于是 $\{U(\gamma(t)):t\in[0,1]\}$ 组成紧集 $\gamma([0,1])$ 的开覆盖, 因此由紧集的有限覆盖定理的勒贝格形式 (见 6.1 节例题 15) 可知, 存在 $t_1<\cdots<t_m\in[0,1]$ 和 $\delta>0$ 使得, $\forall t\in[0,1]$, $\exists i\in\{1,\cdots,m\}$ 使得 $B(\gamma(t);2\delta)\subset U(\gamma(t_i))$. 又因为 $\gamma(t)$ 是一致连续的, 所以 $\exists\varepsilon>0$ 使得当 $t',t''\in[0,1]$ 且 $|t'-t''|<\varepsilon$ 时, $|\gamma(t')-\gamma(t'')|<\delta$. 将 $[0,1]$ 均分成 $k=\left[\dfrac{1}{\varepsilon}\right]+1$ 个小区间 $I^1,\cdots,I^k$, 记其分点为 $0=t^0<t^1<\cdots<t^k=1$. 于是, $\forall j\in\{1,\cdots,k\}$, $\exists i_j\in\{1,\cdots,m\}$ 使得 $\gamma(I^j)\subset U(\gamma(t_{i_j}))$. 当道路 $\tilde{\gamma}$ 与 γ 有相同的起点与终点, 且偏离 γ 不超过 δ 时, $\forall j\in\{1,\cdots,k\}$, 易见 $\tilde{\gamma}(I^j)\subset U(\gamma(t_{i_j}))$. 对 $j=0,1,\cdots,k$, 记从 $\tilde{\gamma}(t^j)$ 到 $\gamma(t^j)$ 的直线段为 L^j, 其中 L^0 和 L^k 退化为点 $\gamma(0)=\tilde{\gamma}(0)$ 和 $\gamma(1)=\tilde{\gamma}(1)$. 容易看出, $\forall j\in\{1,\cdots,k\}$, 我们有 $L^{j-1},L^j\subset U(\gamma(t_i))$. 记道路 γ 和 $\tilde{\gamma}$ 与小区间 $I^1,\cdots,I^k$ 对应的道路段分别为 $\gamma^1,\cdots,\gamma^k$ 和 $\tilde{\gamma}^1,\cdots,\tilde{\gamma}^k$, 则由 (1) 中结论可知, $\forall j\in\{1,\cdots,k\}$,

$$\int_{\gamma^j}\omega=\int_{(-L^{j-1})\cup\tilde{\gamma}^j\cup L^j}\omega=-\int_{L^{j-1}}\omega+\int_{\tilde{\gamma}^j}\omega+\int_{L^j}\omega.$$

因此, 我们有

$$\begin{aligned}\int_{\gamma}\omega&=\sum_{j=1}^{k}\int_{\gamma^j}\omega=-\sum_{j=1}^{k}\int_{L^{j-1}}\omega+\sum_{j=1}^{k}\int_{\tilde{\gamma}^j}\omega+\sum_{j=1}^{k}\int_{L^j}\omega\\&=\sum_{j=1}^{k}\int_{\tilde{\gamma}^j}\omega=\int_{\tilde{\gamma}}\omega.\end{aligned}$$

(3) 由 (2) 和定端同伦的定义易见结论成立. □

四、习题参考解答 (11.4 节)

1. 设连续介质运动的速度场 $\boldsymbol{v}$ 是势场. 试证当介质不可压缩时, 场 $\boldsymbol{v}$ 的势 φ 是调和函数, 即 $\Delta\varphi=0$(参看 (11.4.9) 式).

证　由 $\boldsymbol{v}=\nabla\varphi$ 和 $\mathrm{div}\boldsymbol{v}=0$ 易见

$$\Delta\varphi=\mathrm{div}\nabla\varphi=0.$$

□

2. 如果流动的速度场 $\boldsymbol{v}$ 具有 $\boldsymbol{v}=(v_x,v_y,0)$ 的形式, 很自然, 称它为平行平面流, 或者简称为平面流.

(1) 试证: 对于平面流, 不可压缩性的条件 $\mathrm{div}\boldsymbol{v}=0$ 及势性的条件 $\mathrm{rot}\boldsymbol{v}=0$ 分别有如下形式

$$\frac{\partial v_x}{\partial x}+\frac{\partial v_y}{\partial y}=0,\quad \frac{\partial v_x}{\partial y}-\frac{\partial v_y}{\partial x}=0.$$

(2) 试证: 至少在局部, 这些等式能够保证满足条件 $(-v_y,v_x)=\mathrm{grad}\psi$ 和 $(v_x,v_y)=\mathrm{grad}\varphi$ 的函数 $\psi(x,y)$, $\varphi(x,y)$ 存在.

(3) 试验证这些函数的等高线 $\varphi=c_1$, $\psi=c_2$ 正交, 并证明在稳定流动中, 曲线 $\psi=c$ 是介质质点运动的轨道. 这正是把函数 ψ 叫做流函数, 以区别于速度势函数 φ 的原因.

(4) 试证: 在函数 φ 与 ψ 足够光滑的假定下, 它们都是调和函数, 并且满足柯西–黎曼方程:

$$\frac{\partial\varphi}{\partial x}=\frac{\partial\psi}{\partial y},\quad \frac{\partial\varphi}{\partial y}=-\frac{\partial\psi}{\partial x}.$$

满足柯西–黎曼方程组的一对调和函数叫做共轭调和函数.

(5) 验证函数 $f(z)=(\varphi+\mathrm{i}\psi)(x,y)$ 是复变量 z 的可微函数, 其中 $z=x+\mathrm{i}y$. 这就决定了平面流体力学问题与复变函数论的联系.

证　(1) 因为 v_x 和 v_y 与 z 无关, 所以 $\mathrm{div}\boldsymbol{v}=0$ 有如下形式

$$\mathrm{div}\boldsymbol{v}=\frac{\partial v_x}{\partial x}+\frac{\partial v_y}{\partial y}+\frac{\partial 0}{\partial z}=\frac{\partial v_x}{\partial x}+\frac{\partial v_y}{\partial y}=0.$$

而 $\mathrm{rot}\boldsymbol{v}=0$ 有如下形式

$$\mathrm{rot}\boldsymbol{v}=\begin{vmatrix}\boldsymbol{e}_x & \boldsymbol{e}_y & \boldsymbol{e}_z\\ \dfrac{\partial}{\partial x} & \dfrac{\partial}{\partial y} & \dfrac{\partial}{\partial z}\\ v_x & v_y & 0\end{vmatrix}=0\boldsymbol{e}_x+0\boldsymbol{e}_y+\left(\frac{\partial v_y}{\partial x}-\frac{\partial v_x}{\partial y}\right)\boldsymbol{e}_z=0,$$

即 $\dfrac{\partial v_x}{\partial y}-\dfrac{\partial v_y}{\partial x}=0$.

(2) 由

$$\frac{\partial(-v_y)}{\partial y}-\frac{\partial v_x}{\partial x}=-\left(\frac{\partial v_x}{\partial x}+\frac{\partial v_y}{\partial y}\right)=0$$

和 (1) 中结论可知 $\mathrm{rot}(-v_y,v_x,0)=0$. 同理, 由

$$\frac{\partial v_x}{\partial y} - \frac{\partial v_y}{\partial x} = 0$$

和 (1) 中结论可知 $\mathrm{rot}(v_x, v_y, 0) = 0$. 因此由势场的充要条件可知结论成立.

(3) 由

$$\mathrm{grad}\psi \cdot \mathrm{grad}\varphi = (-v_y, v_x) \cdot (v_x, v_y) = -v_y v_x + v_x v_y = 0$$

可知等高线 $\varphi = c_1$ 与 $\psi = c_2$ 正交. 于是在稳定流动中, 曲线 $\psi = c$ 的切线方向与 $\mathrm{grad}\varphi = (v_x, v_y)$ 平行, 从而是介质质点运动的轨道.

(4) 易见

$$\Delta\psi = \frac{\partial(-v_y)}{\partial x} + \frac{\partial v_x}{\partial y} = \frac{\partial v_x}{\partial y} - \frac{\partial v_y}{\partial x} = 0,$$

$$\Delta\psi = \frac{\partial v_x}{\partial x} + \frac{\partial v_y}{\partial y} = 0,$$

且

$$\frac{\partial\varphi}{\partial x} = v_x = \frac{\partial\psi}{\partial y}, \quad \frac{\partial\varphi}{\partial y} = v_y = -\frac{\partial\psi}{\partial x}.$$

(5) 任意固定 $z_0 = x_0 + \mathrm{i}y_0 \in \mathbb{C}$, 由 φ 和 ψ 满足柯西–黎曼方程组可知

$$\begin{aligned} &\varphi(z) - \varphi(z_0) = \varphi(x, y) - \varphi(x_0, y_0) \\ =&\frac{\partial\varphi}{\partial x}(x_0, y_0)\Delta x + \frac{\partial\varphi}{\partial y}(x_0, y_0)\Delta y + o(z - z_0) \\ =&\frac{\partial\psi}{\partial y}(x_0, y_0)\Delta x - \frac{\partial\psi}{\partial x}(x_0, y_0)\Delta y + o(z - z_0), \end{aligned}$$

且

$$\begin{aligned} &\psi(z) - \psi(z_0) = \psi(x, y) - \psi(x_0, y_0) \\ =&\frac{\partial\psi}{\partial x}(x_0, y_0)\Delta x + \frac{\partial\psi}{\partial y}(x_0, y_0)\Delta y + o(z - z_0), \end{aligned}$$

这里 $z - z_0 = \Delta x + \mathrm{i}\Delta y$. 于是

$$\begin{aligned} f(z) - f(z_0) &= \big(\varphi(z) - \varphi(z_0)\big) + \mathrm{i}\big(\varphi(z) - \varphi(z_0)\big) \\ &= \left(\frac{\partial\psi}{\partial y}(x_0, y_0)\Delta x - \frac{\partial\psi}{\partial x}(x_0, y_0)\Delta y\right) \\ &\quad + \mathrm{i}\left(\frac{\partial\psi}{\partial x}(x_0, y_0)\Delta x + \frac{\partial\psi}{\partial y}(x_0, y_0)\Delta y\right) + o(z - z_0) \\ &= \left(\frac{\partial\psi}{\partial y}(x_0, y_0) + \mathrm{i}\frac{\partial\psi}{\partial x}(x_0, y_0)\right)(z - z_0) + o(z - z_0), \end{aligned}$$

由此可知 f 在 z_0 可微. □